HERMANN GRASSMANNS

GESAMMELTE

MATHEMATISCHE UND PHYSIKALISCHE WERKE.

AUF VERANLASSUNG

DER

MATHEMATISCH-PHYSISCHEN KLASSE

DER KGL. SÄCHSISCHEN GESELLSCHAFT DER WISSENSCHAFTEN

UND UNTER MITWIRKUNG DER HERREN:

JAKOB LÜROTH, EDUARD STUDY, JUSTUS GRASSMANN,
HERMANN GRASSMANN DER JÜNGERE, GEORG SCHEFFERS

HERAUSGEGEBEN

VON

FRIEDRICH ENGEL.

LEIPZIG,

DRUCK UND VERLAG VON B. G. TEUBNER.

1896.

HERMANN GRASSMANNS

GESAMMELTE

MATHEMATISCHE UND PHYSIKALISCHE WERKE.

ERSTEN BANDES ZWEITER THEIL:

DIE AUSDEHNUNGSLEHRE VON 1862.

IN GEMEINSCHAFT

MIT

HERMANN GRASSMANN DEM JÜNGEREN

HERAUSGEGEBEN

VON

FRIEDRICH ENGEL.

MIT 37 FIGUREN IM TEXT.

LEIPZIG,

DRUCK UND VERLAG VON B. G. TEUBNER.

1896.

Vorbemerkungen.

Die hiermit erscheinende zweite Ausdehnungslehre Grassmanns bildet den zweiten Theil und damit den Abschluss des ersten Bandes der gesammelten mathematischen und physikalischen Werke. Grassmanns Sohn Hermann hat sie vor dem Drucke einer genauen Durchsicht unterzogen und die Figuren, die an einzelnen Stellen wünschenswerth erschienen, hinzugefügt; er konnte bei dieser Durchsicht eine Reihe von Bemerkungen verwerthen, die ihm Study schon vor längerer Zeit mitgetheilt hatte. An der Drucklegung haben wir beide, Hermann Grassmann der Jüngere und ich in ganz gleicher Weise gearbeitet. Die Anmerkungen hinter dem Texte stammen ebenfalls von uns beiden, und zwar hat H. Grassmann die grösseren unter den von ihm verfassten Anmerkungen mit seinem Namen unterzeichnet. Wie beim ersten Theile so hat auch diesmal F. Meyer in Klausthal die zweite Korrektur mitgelesen; ferner hat uns auch noch Grassmanns zweiter Sohn Max beim Lesen der Korrektur unterstützt.

Gegenüber der ersten Ausdehnungslehre (von 1844) bezeichnet die zweite einen sehr wesentlichen Fortschritt, der sich nicht nur in der grösseren Mannigfaltigkeit des Inhaltes bemerklich macht, sondern namentlich auch in dem ganzen Aufbau. Die Ausdehnungslehre von 1844, so geistreich sie auch ist, steht doch auf keiner ganz sichern Grundlage; die Grundbegriffe, von denen Grassmann darin ausgeht, sind so allgemein und daher so inhaltlos, dass sie zum Aufbau eines wirklichen Systems nicht genügen, und Grassmann muss, um zu einem solchen Systeme zu gelangen, später stillschweigend in seine Grundbegriffe viel mehr hineinlegen, als die ursprünglich von ihm aufgestellten Erklärungen besagen. Ganz anders in der zweiten Ausdehnungslehre. Hier verzichtet Grassmann von vornherein darauf, sein System unabhängig von der Analysis zu entwickeln. Indem er aus der Elementarmathematik das Rechnen mit unbenannten und mit benannten Zahlen voraussetzt, stellt er den Begriff der extensiven Grösse auf und entwickelt sein ganzes System aus diesem Begriffe auf Grund einer Reihe von Definitionen über die Verknüpfung der extensiven Grössen mit den Zahlgrössen und unter einander. Auf diese Weise begründet er die Sätze der ersten Ausdehnungslehre ganz von Neuem und völlig einwandfrei und erweitert zugleich das Gebiet für die Anwendbarkeit seines Kalküls ganz ausserordentlich.

Man kann über die Zweckmässigkeit und über die Vortheile des Rechnens mit extensiven Grössen verschiedener Meinung sein: niemand aber wird leugnen können, dass die Wissenschaft der extensiven Grösse, wie sie Grassmann in seiner zweiten Ausdehnungslehre entwickelt hat, ein kunstvoll und durchaus folgerichtig aufgeführtes Gebäude bildet, das keine Lücken zeigt. Wenn man in einigen der von Grassmann selbst hinzugefügten Anmerkungen auf Aeusserungen stösst, die zum Widerspruch herausfordern, so darf man nicht vergessen, dass diese Anmerkungen nur „zur Erläuterung oder zur Begründung des gewählten Ganges“ dienen sollen (Vorrede S. 4), dass sie also im Zusammenhange des Ganzen nicht nothwendig, sondern nur Beiwerk sind. Wenn andrerseits die Darstellung der Differentialrechnung und der Funktionenlehre im zweiten und dritten Kapitel des zweiten Abschnitts nicht allen Anforderungen an Strenge genügt, so muss man sich erinnern, dass auch diese Auseinandersetzungen mehr beiläufig gemacht werden und dass es eine unbillige Forderung wäre, zu verlangen, ein Anfang der sechziger Jahre erschienenes Werk, das die Rechnung mit extensiven Grössen vollständig und auf ganz neuer Grundlage entwickelt, solle auch eine einwandfreie Darstellung der Differentialrechnung und Funktionentheorie bringen.

Wenn ich sage, dass Grassmanns Wissenschaft der extensiven Grösse ein kunstvoll und durchaus folgerichtig aufgeführtes Gebäude ist, das keine Lücken zeigt, so meine ich damit keineswegs, dass die Darstellung dieser Wissenschaft, die Grassmann in der zweiten Ausdehnungslehre gegeben hat, gar keine Unrichtigkeiten und Versehen enthalte. Im Gegentheil, solcher Unrichtigkeiten und Versehen finden sich eine ganze Reihe, aber sie sind alle von untergeordneter Bedeutung und betreffen niemals den Kern des Ganzen: sie alle sind zur Genüge dadurch erklärt, dass Grassmann bei der anstrengenden Thätigkeit seines Berufes nicht die Zeit fand, jede kleine Einzelheit, jede Verweisung auf frühere Sätze und dergleichen noch einmal genau nachzuprüfen. In Kleinigkeiten konnte er irren, das Ganze übersah und beherrschte er vollständig. Man kann in dieser Hinsicht auch auf Grassmann die Worte anwenden, die Lessing in seinem Laokoon über Winkelmann sagt: „Es ist kein geringes Lob, nur solche Fehler begangen zu haben, die ein Jeder hätte vermeiden können.“

Unter diesen Umständen darf man sich nicht wundern, dass die Zahl der Stellen, an denen eine Aenderung des Textes nöthig war, bei der zweiten Ausdehnungslehre recht gross ist, viel grösser als bei der ersten Ausdehnungslehre, in der die Einzelheiten entschieden sorgfältiger durchgearbeitet sind. Diese Aenderungen schienen uns aber unvermeidlich, da die zweite Ausdehnungslehre ja nicht zu den Werken gehört, die schon eine tiefgehende Wirkung ausgeübt haben, sondern vielmehr zu denen, die hoffentlich in der Zukunft mehr wirken werden als bisher. Es schien uns daher durchaus geboten, alle Ungenauigkeiten und Flüchtigkeiten zu beseitigen und den Text möglichst lesbar zu gestalten, so weit das die Pietät gegen den Wortlaut des Originals zuliess. Da aber jedermann das Recht hat, zu verlangen, dass er überall in der Lage sei, den ursprünglichen Wortlaut Grassmanns zu vergleichen, so sind alle Abweichungen vom Urtexte in einem Anhange zusammengestellt worden. Dagegen haben wir es nicht für nöthig gehalten, überall die Gründe anzugeben, die uns zu einer Aenderung des Urtextes bewogen haben.

Näher auf den Inhalt der zweiten Ausdehnungslehre einzugehen, ist hier nicht der Ort. Nur die Untersuchungen über das Pfaffsche Problem (Nr. 502—527) mögen hier ausdrücklich erwähnt werden. Diese Untersuchungen sind eine der schönsten Leistungen Grassmanns; aber man hat sie bisher fast vollständig unbeachtet gelassen, obwohl Lie schon vor zwanzig Jahren mehrfach und mit grossem Nachdrucke auf ihre Wichtigkeit hingewiesen hat. Neuerdings hat zwar Forsyth in seiner „Theory of differential equations", Part I, Cambridge 1890, den Grassmannschen Untersuchungen über das Pfaffsche Problem ein Kapitel gewidmet, „um Grassmann Gerechtigkeit zu erweisen", aber auch das hat an dem bisherigen Zustande nichts geändert, weil Forsyth sich im Wesentlichen mit einer Uebersetzung des Grassmannschen Textes begnügt hat, die ohne genaue Kenntniss der Ausdehnungslehre unverständlich bleibt. Ich habe deshalb hier in den Anmerkungen versucht, Grassmanns Untersuchungen über das Pfaffsche Problem in der Sprache der gewöhnlichen Analysis darzustellen, damit jeder sich überzeugen kann, was Grassmann für die Theorie dieses Problems geleistet hat.

Der zweite Theil des ersten Bandes erscheint gerade ein Jahr später, als in den Vorbemerkungen zum ersten Theile angekündigt worden war, ich hatte eben doch die Schwierigkeit der Aufgabe unterschätzt und will es daher unterlassen, einen bestimmten Zeitpunkt für das Erscheinen des zweiten Bandes anzugeben. Nur soviel will ich sagen, dass jetzt auch die Abhandlungen, die Study darin herausgeben wird, druckfertig vorliegen.

Leipzig, im Januar 1896.

Friedrich Engel.

Inhaltsverzeichniss

zum zweiten Theile des ersten Bandes.

Die

Ausdehnungslehre.

Vollständig und in strenger Form

bearbeitet

von

Hermann Grassmann,

Professor am Gymnasium zu Stettin.

BERLIN, 1862.

VERLAG VON TH. CHR. FR. ENSLIN.

(ADOLPH ENSLIN.)

Vorrede.

Das vorliegende Werk umfasst die gesammte Ausdehnungslehre, eine mathematische Wissenschaft, von welcher ich schon vor siebzehn Jahren den ersten Theil unter dem besonderen Titel: „Die lineale Ausdehnungslehre, ein neuer Zweig der Mathematik — Leipzig 1844, Verlag von Otto Wigand" herausgegeben habe. Ausserdem habe ich in der Vorrede des genannten Werkes die wesentlichsten Gegenstände angedeutet, welche nach meinem Plane den Inhalt des zweiten Theiles ausmachen sollten. Statt nun diesen zweiten Theil als Fortsetzung jenes ersteren zu veröffentlichen, und dadurch jenem Plane gemäss das begonnene Werk abzuschliessen, habe ich es vorgezogen, den in jenem behandelten Stoff auch in dies neue Werk mit aufzunehmen, und so ein zusammenhängendes Ganze zu liefern.

Der Hauptgrund, der mich dazu bewogen hat, ist die Schwierigkeit, welche nach dem Urtheile aller Mathematiker, deren Urtheil ich zu hören Gelegenheit fand, das Studium jenes Werkes wegen seiner, wie sie meinen, mehr philosophischen als mathematischen Form dem Leser bereitet. Und in der That muss diese Schwierigkeit sehr bedeutend gewesen sein, da zwar wohl die geometrischen Abhandlungen, welche ich zur Erläuterung jenes Werkes geschrieben habe (Crelle Bd. 31, 36, 42, 44, 49, 52; Geometrische Analyse, Leipzig 1847) mehrfach von andern Mathematikern erwähnt und benutzt sind, aber das in jenem Werk selbst verarbeitete Gebiet nirgends, wenn ich eine interessante kleine Abhandlung von Kysaeus (Bedeutung und Anwendung der Zahlen in der Geometrie, Siegen 1850) ausnehme, berührt oder zu weiteren Forschungen verwandt ist. Damit hängt auch zusammen, dass nie eine Beurtheilung des Werkes, ja nicht einmal eine Anzeige desselben, ausser im Messkatalog, oder eine Inhaltsangabe, ausser einer von mir selbst verfassten (in Grunert's Archiv Bd. VI), erschienen ist.

Jene Schwierigkeit nun zu heben, war daher eine wesentliche Aufgabe für mich, wenn ich wollte, dass das Buch nicht nur von mir, sondern auch von andern gelesen und verstanden werde. Es konnte
aber diese † Schwierigkeit nicht gehoben werden, ohne den Plan des IV

Ganzen wesentlich zu ändern. Denn sie liegt nicht in einer willkürlich gewählten Form, sondern in dem Plane, den ich vor Augen hatte: die Wissenschaft unabhängig von andern Zweigen der Mathematik von Grund aus aufzubauen. Die Ausführung gerade dieses Planes, wenn gleich sie für die Wissenschaft an sich die förderndste sein musste, wie sie es denn auch subjektiv gewesen ist, musste bei jeder Form der Darstellung bedeutende Schwierigkeiten bieten, zumal in einer Wissenschaft, wie die Ausdehnungslehre ist, welche die sinnlichen Anschauungen der Geometrie zu allgemeinen, logischen Begriffen erweitert und vergeistigt, und welche an abstrakter Allgemeinheit es nicht nur mit jedem andern Zweige, wie der Algebra, Kombinationslehre, Funktionenlehre, aufnimmt, sondern sie durch Vereinigung aller in diesen Zweigen zu Grunde liegenden Elemente noch weit überbietet, und so gewissermassen den Schlussstein des gesammten Gebäudes der Mathematik bildet.

Ich musste daher diesen ganzen Plan aufgeben, und habe nun für das vorliegende Werk die übrigen Zweige der Mathematik, wenigstens in ihrer elementaren Entwickelung vorausgesetzt. Ebenso habe ich in der Form der Darstellung gerade den entgegengesetzten Weg eingeschlagen, wie dort, indem ich die strengste mathematische Form, die wir überhaupt kennen, die Euklidische, für das vorliegende Werk angewandt, und Alles, was zur Erläuterung oder zur Begründung des gewählten Ganges diente, in Anmerkungen verwiesen habe.

Eine nothwendige Folge des so veränderten Planes war es, dass die sämmtlichen Resultate des ersten Theiles, so weit sie nicht Anwendungen auf die Physik enthielten, mit in die neue Bearbeitung aufgenommen und nach dem veränderten Plane neu abgeleitet werden mussten (wie dies in Nr. 1—136, 216—329 geschehen ist). Dennoch sind durch die Verschiedenheit der Methoden die beiden Bearbeitungen desselben Stoffes einander so unähnlich geworden, dass man, mit Ausnahme der abgeleiteten Resultate selbst, welche der Natur der Sache nach keine Abweichung zeigen, kaum eine Uebereinstimmung herausfinden wird. Es ist daher auch die alte Bearbeitung durch die neue durchaus nicht überflüssig gemacht. Denn auch die neue Methode ist an sich keinesweges der älteren vorzuziehen, da vielmehr die bis auf die ersten Ideen hinabsteigende und von hier aus ganz unabhängig fortschreitende Methode der ersten Bearbeitung tiefer in das Wesen der Sache hineinführt, und daher in rein wissenschaftlicher Beziehung entschiedene Vorzüge vor der letzteren hat. Diese dagegen wird auf der andern Seite für den Mathematiker, der die anderweitig gewonnenen Schätze mathematischen Wissens bei seinen Studien nicht gerne müssig liegen sieht, annehmlicher und jedenfalls leichter verständlich sein. So ergänzen und erläutern sich beide Darstellungen gegenseitig.

Die hier gewählte schliesst sich am engsten an die Arithmetik an, doch † in der Weise, dass sie die Zahlgrösse schon als eine stetige V
voraussetzt. Wie nun die Arithmetik alle übrigen Grössen aus einer einzigen, im Uebrigen willkürlichen Grösse, die als Einheit gesetzt wird, und mit e bezeichnet sein mag, entwickelt (vergleiche mein Lehrbuch der Arithmetik, 1861 Berlin bei Enslin), so setzt die Ausdehnungslehre in der hier gegebenen Fassung mehrere solche Grössen, e_1, e_2, ..., von denen keine aus den übrigen ableitbar ist, zum Beispiel e_2 sich nicht aus e_1 dadurch entwickeln lässt, dass e_1 mit irgend einer Zahlgrösse multiplicirt wird, voraus, und betrachtet zunächst die aus jenen Einheiten durch Multiplikation mit Zahlgrössen und Addition dieser Produkte entstandenen Grössen, welche ich extensive Grössen (oder Ausdehnungsgrössen) genannt habe. Hieraus ergeben sich denn leicht die in Kap. 1 vorgetragenen Gesetze der Addition, Subtraktion, Vielfachung (Multiplikation mit Zahlen) und Theilung (Division durch Zahlen).

Es mag auffallend erscheinen, dass diese so einfache Idee, welche im Grunde genommen in weiter nichts besteht, als dass eine Vielfachensumme verschiedener Grössen (als welche hiernach die extensive Grösse erscheint) als selbstständige Grösse behandelt wird, in der That zu einer neuen Wissenschaft sich entfalten soll; und man hat mir denn auch, hieran anknüpfend, den Einwurf gemacht, dass die ganze Ausdehnungslehre nur eine abgekürzte Schreibart sei, ja, dass es fehlerhaft sei, Ausdrücke als Grössen zu behandeln, welche gar keine Grössen seien. Allein dieser Einwurf beruht auf einem gänzlichen Verkennen des Wesens der Mathematik und der Grössen. Auf diese Weise würde die ganze Arithmetik, ja, man kann sagen, die ganze reine Mathematik, bloss eine abgekürzte Schreibart sein; denn die Zahl ist nur ein abgekürzter Ausdruck für eine Summe von Einheiten, das Produkt für eine Summe gleicher Zahlen, die Potenz für ein Produkt solcher, und so weiter; dennoch würde ohne diese abgekürzte Schreibart, oder, um es richtiger auszudrücken, ohne diese Zusammenfassung zu einer Einheit des Begriffes kein Fortschritt denkbar sein. Es würde zum Beispiel ohne diese Zusammenfassung nicht möglich sein, zu dem Begriffe der wegnehmenden Rechnungsarten (Subtrahiren, Dividiren, Radiciren, Logarithmiren), und zu den durch sie neu sich entwickelnden Zahlformen: der negativen, gebrochenen, irrationalen und imaginären, zu gelangen. Es kommt überall nur darauf an, dass man auch wirklich dasjenige zusammenfasse, was seinem Wesen nach eine Einheit bildet, und was daher auch zu neuen Resultaten führen muss, zu denen man ohne jene Zusammenfassung nicht gelangen würde.

Die Ausdehnungslehre führt nun in der That zu einem unerschöpflichen Reichthum solcher Beziehungen, welche ohne Bildung jener Begriffseinheit, welche in der extensiven Grösse erscheint, auf keine Weise aufzufassen oder abzuleiten wären. Ob man diesem Begriffe den Namen einer Grösse zugesteht, ist an und für sich von sehr untergeordneter
VI Bedeutung, da es hier auf Namen wenig ankommt. Die Frage † ist nur die, ob dieser neue Begriff mit dem allgemeinen Begriffe der Grösse wirklich so zusammenhänge, dass sie ihrem Wesen nach zu einem Gesammtbegriffe sich zusammenschliessen, und dass eine zwischen beiden Gebieten gezogene Gränzlinie das Zusammengehörige willkürlich und der Sache widersprechend zertrennen würde. Ist letzteres der Fall, so wäre es sogar fehlerhaft, diesem neuen Begriffe nicht den Namen der Grösse beizulegen.

Nun glaube ich in der That, dass zwischen dem, was ich extensive Grösse genannt habe, und zwischen allgemeinen Zahlgrössen und namentlich der imaginären Grösse $(a + bi)$ eine so innige Beziehung herrscht, dass es widersinnig wäre, die eine als Grösse zu betrachten und die andere nicht, da ja in der That die imaginäre Grösse ebenso aus zwei Einheiten 1 und $i = \sqrt{-1}$ durch reelle Zahlkoefficienten ableitbar ist, wie die extensiven Grössen aus zwei oder mehr Einheiten ableitbar sind (s. u. Nr. 413 Anm.). So scheint es mir also vollständig gerechtfertigt, wenn ich die extensive Grösse als Grösse bezeichne. Aber ich gehe noch weiter, indem ich sie nicht nur als Grösse überhaupt, sondern auch als einfache Grösse bezeichne. Ihr treten nämlich gegenüber andere Grössen, welche den Charakter zusammengesetzter Grössen ebenso entschieden an sich tragen, wie jene den der einfachen, und welche erst durch Addition höherer Gebilde und besonders durch die Betrachtung der Quotienten und der Funktionen hineintreten (vgl. Nr. 77, 377 und 364).

Ich fahre nun fort, den Gang der Entwickelung in dem vorliegenden Werke übersichtlich zu verfolgen.

An die Addition, Subtraktion, Vielfachung und Theilung schliesst sich (in Kap. 2) der allgemeine Begriff der Multiplikation extensiver Grössen an, welcher auf die Beziehung der Multiplikation zur Addition (nämlich darauf, dass man statt der Summe die Summanden multipliciren darf) gegründet ist. Hiernach führt die Multiplikation der genannten Grössen auf die ihrer Einheiten $(e_1, e_2, \ldots)$ zurück, und aus der Betrachtung der Produkte dieser Einheiten ergeben sich dann verschiedene Gattungen der Multiplikation. Es gelingt nun, aus diesen

Gattungen zwei auszusondern, auf welche sich alle übrigen zurückführen lassen.

Die eine derselben fällt in ihren Gesetzen ganz zusammen mit der gewöhnlichen Multiplikation in der Algebra und ist daher von mir die algebraische genannt worden. Aber sie ist in Bezug auf die durch sie erzeugten Grössen bei weitem die verwickeltste und kann nur durch Betrachtung der Funktionen zur vollen Klarheit gebracht werden, weshalb ich sie auf den zweiten Abschnitt dieses Werkes verwiesen habe. Die Bezeichnung für diese algebraische Multiplikation muss der Natur der Sache nach mit der gewöhnlichen Bezeichnung der Multiplikation zusammenfallen, da es widersinnig wäre, Verknüpfungen, welche in allen Beziehungen denselben Gesetzen unterliegen, verschieden zu bezeichnen.

Die zweite jener Multiplikationen, welche im dritten Kapitel behandelt ist, zeigt sich als die für die Ausdehnungslehre charakteristische, und sie wesentlich weiter fördernde, indem sie die † verschiedenen VII
Stufen einfacher Grössen liefert, welche in der Ausdehnungslehre hervortreten. Sie ist dadurch gekennzeichnet, dass zwei einfache Faktoren des Produktes nur vertauscht werden dürfen, wenn man zugleich das Vorzeichen (+ —) des Produktes umkehrt. Da zwar für diese Multiplikation die Beziehung zur Addition dieselbe ist, wie bei jeder Multiplikation, aber die übrigen Gesetze derselben wesentlich von denen der gewöhnlichen Multiplikation abweichen, so war es nothwendig, sie durch die Bezeichnung zu unterscheiden. Ich habe in diesem Werke dafür die Bezeichnung durch eckige Klammern, die das Produkt umschliessen, gewählt, so dass also $[ab] = -[ba]$ ist, wenn a und b einfache Faktoren dieses Produktes sind. Es entfaltet sich dies Produkt zu einer ausserordentlichen Mannigfaltigkeit von Erscheinungsformen, und lässt in reicher Fülle Beziehungen hervortreten, welche auf alle Zweige der Mathematik ein unerwartet neues Licht werfen, so dass es den eigentlichen Mittelpunkt der neuen Wissenschaft bildet. Nachdem der Begriff der Grössen-Ergänzung hinzugekommen ist, tritt jenes Produkt in einer ganz neuen Eigenthümlichkeit, als inneres Produkt (Kap. 4) hervor, so dass es in dieser Form aus dem Bereiche der in der ersten Bearbeitung dargestellten Gegenstände ganz heraustritt. (Vergleiche jedoch die Vorrede zu jenem Werke p. *XI* {S. 11 f. dieser Ausgabe}). Mit Anwendungen auf die Geometrie (Kap. 5) schliesst der erste Abschnitt des Werkes.

In dem zweiten Abschnitte treten nun die zusammengesetzten Grössen hervor, welche wir im Ganzen als Funktionen einfacher Grössen charakterisiren können. Das erste Kapitel dieses Abschnittes behandelt die Funktionen im Allgemeinen, woran sich die algebraische Multiplikation und Division anschliesst, das zweite die Differenzialrechnung, das dritte die Lehre von den Reihen und das vierte endlich die Integralrechnung, und zwar alle diese nur in sofern als extensive Grössen in Betracht gezogen werden. Doch glaube ich, dass auch die entsprechenden Zweige der gewöhnlichen (auf Zahlgrössen sich beziehenden) Mathematik und namentlich die Integralrechnung durch diese Darstellung nicht nur wesentlich vereinfacht, sondern auch mannigfach ergänzt und weiter gefördert sind.

Da der Stoff seit der ersten Bearbeitung bedeutend angewachsen ist, so habe ich die Anwendungen auf die Physik ganz weglassen müssen; doch hoffe ich, wenn mir Zeit und Kraft dazu gestattet ist, eine mathematische Bearbeitung der wichtigsten Zweige der Physik in selbstständigen Werken folgen zu lassen, in denen ich von der hier vorgetragenen Wissenschaft Anwendung machen werde.

Ich habe mich eifrig bemüht, überflüssige Kunstausdrücke zu vermeiden und mich auf das möglichst geringste Maass neuer Kunstausdrücke zu beschränken; aber, da man nun einmal ohne Worte nicht reden kann, und daher auch zu neuen Begriffen entweder neue Wortbildungen oder neue Wortverbindungen gebraucht, oder alten Worten ein neues Gepräge verleihen muss, so blieb doch noch eine ziemliche
VIII Menge unvermeidlicher Kunstausdrücke † übrig. Um das Verständniss zu erleichtern, habe ich zunächst die Kunstausdrücke so gewählt, dass sie, wie ich hoffe, durch ihre Bildung selbst unmittelbar an den durch sie dargestellten Begriff erinnern, und dann habe ich am Schlusse ein alphabetisches Verzeichniss derselben mit Hinweisung auf die Stellen, wo sie erklärt sind, gegeben.

Es bleibt mir noch übrig, auf verwandte Bestrebungen anderer Mathematiker hinzuweisen. Es beziehen sich diese fast ohne Ausnahme auf diejenigen Gegenstände, welche ich als Anwendungen der Ausdehnungslehre auf die Geometrie bezeichnet habe (also auf die §§ 24, 28—30, 37—40, 56, 74—79, 91, 92, 101, 102, 114—119, 144—148, 159—170 der Ausdehnungslehre von 1844 und auf die Nrn. 216—347 des vorliegenden Werkes). Bei der ersten Bearbeitung (1844) war mir unter den hier einschlagenden Arbeiten nur das berühmte Werk des Begründers der geometrischen Analyse: der barycentrische Calcul von Möbius, bekannt, welches die Addition der Punkte lehrte. Hingegen waren mir die Arbeiten über die geometrische Addition der Strecken (von gegebener Länge und Richtung), sowie über die Bedeutung der imaginären Grössen unbekannt geblieben.

Die letztere wurde in ihrer Vollständigkeit zuerst in einer Abhandlung von Gauss (Göttinger gelehrte Anzeigen 1831) dargestellt, auf welche mich Gauss auf Veranlassung der den gleichen Gegenstand behandelnden Stelle in der Vorrede zur Ausdehnungslehre (p. *XI* bis *XIV* {S. 12 bis 14 dieser Ausgabe}) brieflich aufmerksam machte. Schon in dieser Darstellung des Imaginären lag der Begriff der geometrischen Addition von Strecken in Einer Ebene. Der erste, welcher die geometrische Addition der Strecken in ihrer ganzen Allgemeinheit gelehrt hat, scheint Bellavitis gewesen zu sein, indem er schon 1835 (Annali delle scienze del regno Lombardo-Veneto, 5^0 volume) den hierher gehörigen Calcul aufstellte (vgl. unten Nr. 227 Anm.).

Unabhängig davon entwickelte Möbius (1843) in seiner Mechanik des Himmels die Gesetze der geometrischen Addition der Strecken und wandte sie auf die Probleme der Mechanik des Himmels an. Nach dem Erscheinen meiner Ausdehnungslehre (von 1844) mehrten sich die Arbeiten auf dem Gebiete der geometrischen Analyse. Ins Besondere waren es wieder Möbius und Bellavitis, welche die Wissenschaft wesentlich weiter förderten und auch zum Verständniss und zur weiteren Verbreitung der von mir vorgetragenen geometrischen Rechnungsmethode in bedeutender Weise beitrugen. Dazu kamen nun noch meine eigenen Arbeiten über diesen Gegenstand, welche theils in meiner Schrift: „Geometrische Analyse, geknüpft an die von Leibniz erfundene geometrische Charakteristik, gekrönte Preisschrift, Leipzig 1847", welche Möbius durch eine daran angeschlossene lichtvolle Darstellung den Mathematikern zugänglicher zu machen suchte, theils in Crelle's Journal (Bd. 31, 36, 42, 44, 49, 52) niedergelegt sind. Ferner trat ein Jahr nach dem Erscheinen meiner linealen Ausdehnungslehre Saint-Venant mit der geometrischen Multiplikation der Strecken hervor (Comptes † rendus, IX
Tome 21 p. 620 sq., 15. Septembre 1845), welche identisch ist mit der von mir in jenem Werke dargestellten äusseren Multiplikation der Strecken (§ 28—40). Offenbar kannte er dies Werk nicht, und ich schickte daher zwei Exemplare desselben an Cauchy mit der Bitte, eins davon an Saint-Venant abzugeben, dessen Adresse mir unbekannt war.

Späterhin veröffentlichte Cauchy in mehreren Aufsätzen, welche in den Comptes rendus von 1853*) abgedruckt sind, eine Methode, um vermittelst gewisser symbolischer Grössen, welche er clefs algébriques nennt, algebraische Gleichungen und verwandte Probleme zu lösen; eine Methode, welche genau mit der in meiner Ausdehnungslehre von 1844 (§ 45, 46 und 93) dargestellten übereinstimmt. Ich bin weit davon entfernt, den berühmten Mathematiker eines Plagiats beschul-

*) {Bd. 36, S. 70—75, 129—136, 161—169.}

digen zu wollen, doch glaubte ich, es mir und der Sache schuldig zu sein, dass ich deshalb eine Prioritätsreclamation an die Pariser Akademie richtete. Allein die Commission, welcher diese Reclamation im April 1854 zur Prüfung und Berichterstattung übergeben wurde (Comptes rendus Tome 38 p. 743 f.), hat nie etwas von sich hören lassen, und auch Cauchy hat seitdem über den Gegenstand nichts mehr veröffentlicht.

Es sind die erwähnten Abhandlungen Cauchy's die einzigen, welche ausserhalb des Gebietes der Geometrie einen Berührungspunkt mit meiner Ausdehnungslehre (von 1844) darbieten. Und da auch diese Abhandlungen einen selbstständigen Ursprung beanspruchen, so scheint es, als ob der eigentliche Kern meines Werkes, abgesehen von dem geometrischen Beiwerk desselben, nirgends zu verwandten Bestrebungen angeregt habe. Und dennoch bin ich an dies neue Werk, welches das alte in sich aufnehmen und zum Abschlusse bringen sollte, mit frischem Muthe herangegangen.

Denn ich bin der festen Zuversicht, dass die Arbeit, welche ich auf die hier vorgetragene Wissenschaft verwandt habe, und welche einen bedeutenden Zeitraum meines Lebens und in demselben die gespannteste Anstrengung meiner Kräfte in Anspruch genommen hat, nicht verloren sein werde. Zwar weiss ich wohl, dass die Form, die ich der Wissenschaft gegeben, eine unvollkommene ist und sein muss. Aber ich weiss auch und muss es aussprechen, auch auf die Gefahr hin, für anmaassend gehalten zu werden, — ich weiss, dass wenn auch dies Werk noch neue siebzehn Jahre oder länger hinaus müssig liegen bleiben sollte, ohne in die lebendige Entwickelung der Wissenschaft einzugreifen, dennoch eine Zeit kommen wird, wo es aus dem Staube der Vergessenheit hervorgezogen werden wird, und wo die darin niedergelegten Ideen ihre Frucht tragen werden. Ich weiss, dass, wenn es mir auch nicht gelingt, in einer bisher vergeblich von mir ersehnten Stellung einen Kreis von Schülern um mich zu sammeln, welche ich mit jenen Ideen befruchten und zur weiteren Entwickelung und Bereicherung derselben anregen könnte, dennoch einst diese Ideen, wenn auch in veränderter Form, neu erstehen und mit der Zeitentwickelung
x in lebendige Wechselwirkung † treten werden. Denn die Wahrheit ist ewig, ist göttlich; und keine Entwickelungsphase der Wahrheit, wie geringe auch das Gebiet sei, was sie umfasst, kann spurlos vorübergehen; sie bleibt bestehen, wenn auch das Gewand, in welches schwache Menschen sie kleiden, in Staub zerfällt.

Stettin, den 29. August 1861.

Erster Abschnitt. 1

Die einfachen Verknüpfungen extensiver Grössen.

Kapitel 1. **Addition, Subtraktion, Vervielfachung und Theilung extensiver Grössen.**

§ 1. **Begriffe und Rechnungsgesetze.**

1. Erklärung. Ich sage, eine Grösse a sei aus den Grössen $b, c, \ldots$ durch die Zahlen $\beta, \gamma, \ldots$ abgeleitet, wenn

$$a = \beta b + \gamma c + \cdots$$

ist, wo $\beta, \gamma, \ldots$ reelle Zahlen sind, gleichviel ob rational oder irrational, ob gleich Null oder verschieden von Null. Auch sage ich, a sei in diesem Falle numerisch abgeleitet aus $b, c, \ldots$.

2. Erklärung. Ferner sage ich, dass zwei oder mehrere Grössen $a, b, c, \ldots$ in einer Zahlbeziehung zu einander stehen, oder dass der Verein der Grössen $a, b, c, \ldots$ einer Zahlbeziehung unterliege, wenn irgend eine derselben sich aus den übrigen numerisch ableiten lässt, also wenn sich zum Beispiel

$$a = \beta b + \gamma c + \cdots$$

setzen lässt, wo $\beta, \gamma, \ldots$ reelle Zahlen sind. Besteht der Verein nur aus Einer Grösse a, so soll nur in dem Falle gesagt werden, der Verein unterliege einer Zahlbeziehung, wenn $a = 0$ ist.

Wenn *zwei* Grössen a und b, von denen keine null ist, in einer Zahlbeziehung zu einander stehen, so bezeichne ich dies durch

$$a \equiv b,$$

und sage a sei kongruent b.

Anmerkung. Zwei reelle Zahlen stehen also immer, zwei verschieden be- 2
nannte Grössen stehen nie in einer Zahlbeziehung zu einander. Null ist aus jeder Grössenreihe numerisch ableitbar, nämlich durch die Zahlen $0, 0, \ldots$. Mehrere Grössen also, unter denen eine null ist, stehen stets in einer Zahlbeziehung zu einander.

Das Zeichen ($\equiv$) ist in ähnlichem Sinne von Möbius (in seinem barycentrischen Kalkül) gebraucht. Die Benennung (kongruent) gründet sich auf geometrische Betrachtungen. Zur Bezeichnung abstrakter Beziehungen ist sie von Gauss gebraucht.

3. Erklärung. Einheit nenne ich jede Grösse, welche dazu dienen soll, um aus ihr eine Reihe von Grössen numerisch abzuleiten, und zwar nenne ich die Einheit eine ursprüngliche, wenn sie nicht aus einer anderen Einheit abgeleitet ist. Die Einheit der Zahlen, also die Eins, nenne ich die absolute Einheit, alle übrigen relative. Null soll nie als Einheit gelten.

4. Erklärung. Ein System von Einheiten nenne ich jeden Verein von Grössen, welche in keiner Zahlbeziehung zu einander stehen, und welche dazu dienen sollen, um aus ihnen durch beliebige Zahlen andere Grössen abzuleiten.

Anm. Hierher gehört auch der Fall, wo der Verein nur aus einer Einheit besteht (die jedoch nach Nr. 3 nicht null sein darf).

5. Erklärung. Extensive Grösse nenne ich jeden Ausdruck, welcher aus einem Systeme von Einheiten (welches sich jedoch nicht auf die absolute Einheit beschränkt) durch Zahlen abgeleitet ist, und zwar nenne ich diese Zahlen die zu den Einheiten gehörigen Ableitungszahlen jener Grösse; zum Beispiel ist das Polynom

$$\alpha_1 e_1 + \alpha_2 e_2 + \cdots,$$

oder

$$\Sigma \alpha e \text{ oder } \Sigma \alpha_r e_r,$$

wenn $\alpha_1, \alpha_2, \ldots$ reelle Zahlen sind, und $e_1, e_2, \ldots$ ein System von Einheiten bilden, eine extensive Grösse, und zwar ist dieselbe aus den Einheiten $e_1, e_2, \ldots$ durch die zugehörigen Zahlen $\alpha_1, \alpha_2, \ldots$ abgeleitet. Nur wenn das System bloss aus der absoluten Einheit (1) besteht, ist die abgeleitete Grösse keine extensive, sondern eine Zahlgrösse.

Den Ausdruck *Grösse* überhaupt werde ich nur für diese beiden Gattungen derselben festhalten. Wenn die extensive Grösse aus den *ursprünglichen Einheiten* abgeleitet werden kann, so nenne ich jene Grösse eine extensive Grösse erster Stufe.

3 Anm. Aus der Elementarmathematik setzen wir die Rechnungsgesetze für Zahlen, und auch für die sogenannten „benannten Zahlen", das heisst, für die aus Einer Einheit abgeleiteten extensiven Grössen voraus; jedoch nur für den Fall, dass jene Einheit eine ursprüngliche ist.

6. Erklärung. Zwei extensive Grössen, die aus demselben System von Einheiten abgeleitet sind, addiren, heisst, ihre zu denselben Einheiten gehörigen Ableitungszahlen addiren, das heisst,

$$\Sigma \alpha e + \Sigma \beta e = \Sigma (\alpha + \beta) e.$$

7. Erklärung. Eine extensive Grösse von einer andern, aus demselben Systeme von Einheiten abgeleiteten **subtrahiren**, heisst die Ableitungszahlen der ersteren von den zu denselben Einheiten gehörigen Ableitungszahlen der letzteren subtrahiren, das heisst,

$$\Sigma\alpha e - \Sigma\beta e = \Sigma(\alpha - \beta)e.$$

Anm. In Bezug auf die Klammerbezeichnung halte ich die Bestimmung fest, dass ein ohne Klammern geschriebenes Polynom oder Produkt aus mehreren Faktoren gleichbedeutend ist dem mit Klammern geschriebenen Ausdruck, in welchem alle Klammern gleich zu Anfang eintreten, also

$$a + b + c = (a + b) + c, \quad abc = (ab)c$$

und so weiter.

8. *Für extensive Grössen a, b, c gelten die Fundamentalformeln:*

1) $$a + b = b + a,$$

2) $$a + (b + c) = a + b + c,$$

3) $$a + b - b = a,$$

4) $$a - b + b = a.$$

Beweis. Es sei

$$a = \Sigma\alpha e, \quad b = \Sigma\beta e, \quad c = \Sigma\gamma e,$$

so ist

1) $$a + b = \Sigma\alpha e + \Sigma\beta e = \Sigma(\alpha + \beta)e \qquad \text{[nach 6]}$$
$$= \Sigma(\beta + \alpha)e = \Sigma\beta e + \Sigma\alpha e \qquad [6]$$
$$= b + a.$$

2) $$a + (b + c) = \Sigma\alpha e + (\Sigma\beta e + \Sigma\gamma e)$$
$$= \Sigma\alpha e + \Sigma(\beta + \gamma)e \qquad [6]$$
$$= \Sigma(\alpha + (\beta + \gamma))e \qquad [6]$$
$$= \Sigma(\alpha + \beta + \gamma)e$$
$$= \Sigma(\alpha + \beta)e + \Sigma\gamma e \qquad [6]$$
$$= \Sigma\alpha e + \Sigma\beta e + \Sigma\gamma e \qquad [6]$$
$$= a + b + c.$$

3) $$a + b - b = \Sigma\alpha e + \Sigma\beta e - \Sigma\beta e$$ 4
$$= \Sigma(\alpha + \beta)e - \Sigma\beta e \qquad [6]$$
$$= \Sigma(\alpha + \beta - \beta)e \qquad [7]$$
$$= \Sigma\alpha e = a.$$

4) $$a - b + b = \Sigma\alpha e - \Sigma\beta e + \Sigma\beta e$$
$$= \Sigma(\alpha - \beta)e + \Sigma\beta e \qquad [7]$$
$$= \Sigma(\alpha - \beta + \beta)e \qquad [6]$$
$$= \Sigma\alpha e = a.$$

9. *Für extensive Grössen gelten die sämmtlichen Gesetze algebraischer Addition und Subtraktion.*

Beweis. Denn diese Gesetze können, wie bekannt, aus den vier Fundamentalformeln in Nr. 8 abgeleitet werden.

10. Erklärung. Eine extensive Grösse mit einer Zahl multipliciren heisst ihre sämmtlichen Ableitungszahlen mit dieser Zahl multipliciren, das heisst,

$$\Sigma \alpha e \,.\, \beta = \beta \,.\, \Sigma \alpha e = \Sigma (\alpha \beta)\, e.$$

11. Erklärung. Eine extensive Grösse durch eine Zahl, die nicht gleich Null ist, dividiren, heisst, ihre sämmtlichen Ableitungszahlen durch diese Zahl dividiren, das heisst,

$$\Sigma \alpha e : \beta = \sum \frac{\alpha}{\beta}\, e.$$

12. *Für die Multiplikation und Division extensiver Grössen* (a, b) *durch Zahlen* (β, γ) *gelten die Fundamentalformeln:*

1) $a\beta = \beta a,$

2) $a\beta\gamma = a(\beta\gamma),$

3) $(a + b)\gamma = a\gamma + b\gamma,$

4) $a(\beta + \gamma) = a\beta + a\gamma,$

5) $a \,.\, 1 = a,$

6) $a\beta = 0$

dann und nur dann, wenn entweder $a = 0$, *oder* $\beta = 0$,

7) $a : \beta = a \frac{1}{\beta},$

wenn $\beta \gtrless 0$ *ist**).

Beweis. Es sei $a = \Sigma \alpha e$, $b = \Sigma \beta e$, wo die Summe sich auf das System der Einheiten $e_1, \ldots e_n$ bezieht, so ist

1) $a\beta = \beta a$ nach der Definition [s. Formel in Nr. 10].

2) $a\beta\gamma = (\Sigma \alpha e)\beta\gamma = (\Sigma (\alpha\beta) e)\gamma$ [10]

$= \Sigma (\alpha\beta\gamma)\, e$ [10]

$= \Sigma \alpha (\beta\gamma)\, e = (\Sigma \alpha e)(\beta\gamma)$ [10]

$= a(\beta\gamma).$

---

*) Das Zeichen $\gtrless$ zusammengesetzt aus $>$ und $<$ soll ungleich bedeuten.

$$3)\ (a+b)\gamma = (\Sigma\alpha e + \Sigma\beta e)\gamma = \Sigma(\alpha+\beta)e\,.\,\gamma \qquad [6]$$
$$= \Sigma(\alpha+\beta)\gamma e \qquad [10]$$
$$= \Sigma(\alpha\gamma+\beta\gamma)e = \Sigma(\alpha\gamma)e + \Sigma(\beta\gamma)e \qquad [6]$$
$$= \Sigma\alpha e\,.\,\gamma + \Sigma\beta e\,.\,\gamma \qquad [10]$$
$$= a\gamma + b\gamma.$$

$$4)\ a(\beta+\gamma) = \Sigma\alpha e\,.(\beta+\gamma) = \Sigma\alpha(\beta+\gamma)\,e \qquad [10]$$
$$= \Sigma(\alpha\beta+\alpha\gamma)e = \Sigma\alpha\beta e + \Sigma\alpha\gamma e \qquad [6]$$
$$= \Sigma\alpha e\,.\,\beta + \Sigma\alpha e\,.\,\gamma \qquad [10]$$
$$= a\beta + a\gamma.$$

$$5)\ a\,.\,1 = \Sigma\alpha e\,.\,1 = \Sigma\alpha e \qquad [10]$$
$$= a.$$

6) a) wenn $a = 0$ ist, so ist

$$a\beta = 0\,.\,\beta = 0,$$

b) wenn $\beta = 0$ ist, so ist

$$a\beta = a\,.\,0 = \Sigma\alpha e\,.\,0 = \Sigma 0 e \qquad [10]$$
$$= \Sigma 0 \qquad [5.\ \text{Anm.}]$$
$$= 0,$$

c) wenn $a\beta = 0$, so hat man

$$0 = a\beta = \Sigma\alpha e\,.\,\beta = \Sigma\alpha\beta e \qquad [10].$$

Hieraus folgt nun, dass alle Produkte $\alpha\beta$, das heisst $\alpha_1\beta$, $\alpha_2\beta$, $\ldots$, $\alpha_n\beta$ null sein müssen. Denn gesetzt, es wäre eins derselben, zum Beispiel $\alpha_1\beta$ nicht null, so hätte man aus der Gleichung

$$0 = \alpha_1\beta e_1 + \alpha_2\beta e_2 + \cdots + \alpha_n\beta e_n$$

durch Multiplikation mit $\frac{1}{\alpha_1\beta}$ die Gleichung

$$0 = e_1 + \frac{\alpha_2\beta}{\alpha_1\beta}e_2 + \cdots + \frac{\alpha_n\beta}{\alpha_1\beta}e_n$$

oder

$$e_1 = \left(-\frac{\alpha_2\beta}{\alpha_1\beta}\right)e_2 + \cdots + \left(-\frac{\alpha_n\beta}{\alpha_1\beta}\right)e_n,$$

das heisst, e_1 wäre aus $e_2, \ldots e_n$ numerisch ableitbar, oder, zwischen
den Einheiten $e_1, \ldots e_n$ bestände eine Zahlbeziehung, † was gegen die 6
Annahme ist, da e_1, e_2, $\ldots$ e_n ein System von Einheiten bilden sollen. Somit ist

$$0 = \alpha_1\beta = \alpha_2\beta = \cdots = \alpha_n\beta,$$

also entweder $\beta = 0$, oder, wenn $\beta \gtrless 0$ ist,

$$0 = \alpha_1 = \alpha_2 = \cdots = \alpha_n,$$

also

$$a = \Sigma\alpha e = \Sigma 0 e = \Sigma 0 \qquad [5. \text{ Anm.}]$$
$$= 0,$$

das heisst, wenn $a\beta = 0$ ist, so muss entweder β oder a gleich Null sein.

7) $$a : \beta = \Sigma\alpha e : \beta = \sum \frac{\alpha}{\beta} e, \qquad [11]$$

da β nicht null ist,

$$= \sum\left(\alpha \frac{1}{\beta}\right) e = \Sigma\alpha e \,.\, \frac{1}{\beta} \qquad [10]$$
$$= a \frac{1}{\beta}.$$

13. *Für die Multiplikation und Division extensiver Grössen durch Zahlen gelten die algebraischen Gesetze der Multiplikation und Division.*

Beweis. Denn aus den Fundamentalformeln (1 bis 6) des vorhergehenden Satzes folgen in bekannter Weise die sämmtlichen algebraischen Gesetze der Multiplikation, und durch Formel (7) desselben Satzes wird die Division, ebenso wie in der Algebra, auf die Multiplikation zurückgeführt. Also gelten auch die algebraischen Gesetze der Division für die Division extensiver Grössen durch Zahlen.

§ 2. Zusammenhang zwischen den aus einem System von Einheiten ableitbaren Grössen.

14. Erklärung. Die Gesammtheit der Grössen, welche aus einer Reihe von Grössen $a_1, a_2, \ldots a_n$ numerisch ableitbar sind, nenne ich das aus jenen Grössen ableitbare Gebiet (das Gebiet der Grössen $a_1, \ldots a_n$), und zwar nenne ich es ein Gebiet n-ter Stufe, wenn jene Grössen von erster Stufe (das heisst, aus n ursprünglichen Einheiten numerisch ableitbar) sind, *und sich das Gebiet nicht aus weniger als n solchen Grössen ableiten lässt.* Ein Gebiet, welches ausser der Null keine Grösse enthält, heisst ein Gebiet nullter Stufe.

7 Anm. Das Gebiet erster Stufe ist also die Gesammtheit der Vielfachen einer Grösse erster Stufe, wenn man nämlich unter *Vielfachem einer Grösse* jedes Produkt der Grösse mit einer reellen Zahlgrösse versteht.

15. Erklärung. Zwei Gebiete heissen identisch, wenn jede Grösse des ersten Gebietes zugleich Grösse des zweiten ist, und umgekehrt. Wenn jede Grösse eines Gebietes (A) zugleich Grösse eines andern (B) ist (ohne dass das Umgekehrte nothwendig stattfindet), so nenne ich beide Gebiete einander incident, und sage dann, das erste Gebiet (A) sei dem zweiten untergeordnet, das zweite dem ersten übergeordnet. Die Gesammtheit der Grössen, welche zweien oder mehreren Gebieten zugleich angehören, heisst ihr gemeinschaftliches Gebiet, und die Gesammtheit der Grössen, welche sich aus den Grössen zweier oder mehrerer Gebiete numerisch ableiten lassen, ihr verbindendes Gebiet.

Anm. Ist zum Beispiel das Gebiet A aus den Einheiten e_1, e_2, e_3 abgeleitet und das Gebiet B aus den Einheiten e_2, e_3, e_4, so ist das den Gebieten A und B gemeinschaftliche Gebiet das aus den Einheiten e_2, e_3 abgeleitete, und das A und B verbindende Gebiet das aus den Einheiten e_1, e_2, e_3, e_4 abgeleitete.

16. *Zwischen n Grössen $a_1, \ldots a_n$ herrscht dann und nur dann eine Zahlbeziehung, wenn sich eine Gleichung*

$$\alpha_1 a_1 + \cdots + \alpha_n a_n = 0$$

aufstellen lässt, in welcher die Zahlen $\alpha_1, \ldots \alpha_n$ nicht alle zugleich null sind.

Beweis. Denn, wenn in der Gleichung

$$\alpha_1 a_1 + \cdots + \alpha_n a_n = 0$$

auch nur Eine der Zahlen $\alpha_1, \ldots \alpha_n$ von Null verschieden ist, zum Beispiel α_1, so ist die mit dieser Zahl verbundene Grösse a_1 aus den übrigen numerisch ableitbar; denn dann ist

$$a_1 = -\frac{\alpha_2}{\alpha_1} a_2 - \frac{\alpha_3}{\alpha_1} a_3 - \cdots - \frac{\alpha_n}{\alpha_1} a_n.$$

Umgekehrt, wenn irgend eine Zahlbeziehung zwischen den Grössen $a_1, \ldots a_n$ herrscht, zum Beispiel

$$a_1 = \beta_2 a_2 + \beta_3 a_3 + \cdots + \beta_n a_n,$$

so wird

$$-a_1 + \beta_2 a_2 + \beta_3 a_3 + \cdots + \beta_n a_n = 0,$$

eine Gleichung, in welcher wenigstens der Koefficient von a_1 ungleich 8
Null ist.

17. *Wenn n Grössen in einer Zahlbeziehung zu einander stehen, und sie nicht alle null sind, so muss sich aus ihnen ein Verein von weniger als n Grössen aussondern lassen, welcher keiner Zahlbeziehung unterliegt, und aus dem die übrigen Grössen numerisch ableitbar sind.*

Beweis. Es seien $a_1, \ldots a_n$ die in einer Zahlbeziehung zu einander stehenden Grössen, so muss (nach Nr. 2) sich eine derselben aus den übrigen numerisch ableiten lassen; dies sei a_n und sei etwa

$$a_n = \alpha_1 a_1 + \cdots + \alpha_{n-1} a_{n-1}.$$

Herrscht nun zwischen den Grössen $a_1, \ldots a_{n-1}$ abermals eine Zahlbeziehung, so wird wieder eine derselben etwa a_{n-1} aus den übrigen

$a_1, \ldots a_{n-2}$ numerisch ableitbar sein müssen. Es sei

$$a_{n-1} = \beta_1 a_1 + \cdots + \beta_{n-2} a_{n-2}.$$

Führt man diesen Ausdruck für a_{n-1} in die erste Gleichung ein, so erhält man

$$a_n = (\alpha_1 + \alpha_{n-1}\beta_1) a_1 + \cdots + (\alpha_{n-2} + \alpha_{n-1}\beta_{n-2}) a_{n-2},$$

also ist dann auch a_n aus $a_1, \ldots a_{n-2}$ numerisch ableitbar.

Dies Verfahren wird man fortsetzen können, so lange als noch zwischen den jedesmal übrig bleibenden Grössen eine Zahlbeziehung stattfindet. Man wird also zuletzt entweder zu einer Schaar von mehreren Grössen kommen, die in keiner Zahlbeziehung mehr zu einander stehen, und aus denen die übrigen numerisch ableitbar sind, oder es bleibt zuletzt nur Eine Grösse, etwa a_1, übrig, aus der alle übrigen numerisch ableitbar sind. Im letztern Falle darf diese Eine Grösse a_1 nicht null sein, weil sonst alle übrigen Grössen, als numerisch daraus ableitbar, auch null sein würden, was der Annahme widerstreitet. In beiden Fällen gelangt man also (Nr. 2) zu einem Vereine, der keiner Zahlbeziehung mehr unterliegt, und aus dem alle übrigen der n Grössen $a_1, \ldots a_n$ numerisch ableitbar sind.

18. *Wenn in einem Verein von Grössen $a_1, a_2, \ldots a_n$ die erste a_1*
9 *nicht null ist, und keine der folgenden † sich aus den vorhergehenden numerisch ableiten lässt, so unterliegt der Verein keiner Zahlbeziehung.*

Beweis. Denn gesetzt, er unterliege einer Zahlbeziehung, so müsste (nach 16) zwischen den Grössen $a_1, a_2, \ldots a_n$ eine Gleichung

$$\alpha_1 a_1 + \alpha_2 a_2 + \cdots + \alpha_n a_n = 0$$

aufgestellt werden können, in welcher nicht alle Koefficienten $\alpha_1, \alpha_2, \ldots \alpha_n$ zugleich null sind. Es sei α_r der letzte unter diesen Koefficienten, welcher von Null verschieden ist, so erhält man

$$\alpha_1 a_1 + \alpha_2 a_2 + \cdots + \alpha_r a_r = 0,$$

also, wenn r grösser als 1 ist,

$$a_r = -\frac{\alpha_1}{\alpha_r} a_1 - \frac{\alpha_2}{\alpha_r} a_2 - \cdots - \frac{\alpha_{r-1}}{\alpha_r} a_{r-1},$$

das heisst, a_r ist aus den vorhergehenden Grössen $a_1, \ldots a_{r-1}$ numerisch ableitbar, gegen die Voraussetzung. Ist aber $r = 1$, so hat man

$$\alpha_1 a_1 = 0;$$

also, da dann α_1 ungleich Null angenommen ist,

$$a_1 = 0,$$

was gleichfalls der Voraussetzung widerstreitet. Also kann keine Zahlbeziehung zwischen den Grössen $a_1, \ldots a_n$ herrschen.

19. *Wenn eine Grösse a_1 aus n Grössen $b_1, b_2, \ldots b_n$ numerisch ableitbar ist, und dabei die zu b_1 gehörige Ableitungszahl ungleich Null ist, so ist das aus den n Grössen $b_1, b_2, \ldots b_n$ ableitbare Gebiet identisch mit dem aus den n Grössen $a_1, b_2, \ldots b_n$ ableitbaren.*

Beweis. Es sei $a_1 = \beta_1 b_1 + \beta_2 b_2 + \cdots + \beta_n b_n$, wo β_1 ungleich Null ist, so ist

$$b_1 = \frac{1}{\beta_1} a_1 - \frac{\beta_2}{\beta_1} b_2 - \cdots - \frac{\beta_n}{\beta_1} b_n.$$

Ist nun c numerisch ableitbar aus $b_1, b_2, \ldots b_n$, etwa

$$c = \gamma_1 b_1 + \gamma_2 b_2 + \cdots + \gamma_n b_n,$$

so erhält man c als aus $a_1, b_2, \ldots b_n$ abgeleitet, indem man hier statt b_1 den gefundenen Werth setzt, nämlich

$$c = \frac{\gamma_1}{\beta_1} a_1 + \left(\gamma_2 - \frac{\gamma_1 \beta_2}{\beta_1}\right) b_2 + \cdots + \left(\gamma_n - \frac{\gamma_1 \beta_n}{\beta_1}\right) b_n.$$

Umgekehrt, ist c numerisch ableitbar aus $a_1, b_2, \ldots b_n$, etwa

$$c = \alpha_1 a_1 + \alpha_2 b_2 + \cdots + \alpha_n b_n,$$

so erhält man c als aus $b_1, b_2, \ldots b_n$ abgeleitet, indem man statt a_1 seinen Werth $\beta_1 b_1 + \beta_2 b_2 + \cdots + \beta_n b_n$ setzt, nämlich

$$c = \alpha_1 \beta_1 b_1 + (\alpha_2 + \alpha_1 \beta_2) b_2 + \cdots + (\alpha_n + \alpha_1 \beta_n) b_n.$$

Also, jede Grösse, die einem der beiden Gebiete angehört, gehört auch dem andern an, das heisst, beide Gebiete sind identisch.

20. *Wenn m Grössen $a_1, \ldots a_m$, die in keiner Zahlbeziehung zu einander stehen, aus n Grössen $b_1, \ldots b_n$ numerisch ableitbar sind, so kann man stets zu den m Grössen $a_1, \ldots a_m$ noch $(n - m)$ Grössen $a_{m+1}, \ldots a_n$ von der Art hinzufügen, dass sich die Grössen $b_1, \ldots b_n$ auch aus $a_1, \ldots a_n$ numerisch ableiten lassen, und also das Gebiet der Grössen $a_1, \ldots a_n$ identisch ist dem Gebiete der Grössen $b_1, \ldots b_n$; auch kann man jene $(n - m)$ Grössen aus den Grössen $b_1, \ldots b_n$ selbst entnehmen.*

Beweis. Nach der Annahme ist a_1 aus $b_1, \ldots b_n$ ableitbar. Von den Zahlen, durch welche diese Ableitung erfolgt, muss mindestens Eine von Null verschieden sein, weil sonst a_1 selbst null wäre, also der Verein der m Grössen (nach 2) einer Zahlbeziehung unterläge.

Es sei die zu b_1 gehörige Zahl von Null verschieden, und dies wird man immer annehmen können, da man ja die Indices beliebig wählen kann. Dann ist (nach 19) das aus $b_1, b_2, \ldots b_n$ ableitbare Gebiet identisch dem aus $a_1, b_2, \ldots b_n$ ableitbaren. Man habe nun für irgend ein r, welches $< m$ ist, gefunden, dass das Gebiet der Grössen $b_1, b_2, \ldots b_n$ identisch sei dem Gebiete der Grössen $a_1, a_2, \ldots a_r,$

$b_{r+1}, \ldots b_n$, so wird nun, da nach der Hypothesis a_{r+1} aus $b_1, b_2, \ldots b_n$ ableitbar ist, es auch (vermöge der Gebiets-Identität) aus $a_1, a_2, \ldots a_r, b_{r+1}, \ldots b_n$ ableitbar sein. In dem Ausdrucke dieser Ableitung

$$a_{r+1} = \alpha_1 a_1 + \cdots + \alpha_r a_r + \beta_{r+1} b_{r+1} + \cdots + \beta_n b_n$$

muss nothwendig einer der Koefficienten, die zu $b_{r+1}, \ldots b_n$ gehören, von Null verschieden sein, weil sonst zwischen den Grössen $a_1, \ldots a_{r+1}$ eine Zahlbeziehung stattfände, gegen die Hypothesis; es sei dies etwa
11 β_{r+1}, so ist (nach 19) das aus $a_1, \ldots a_r, b_{r+1}, \ldots b_n$ ableitbare † Gebiet identisch dem aus $a_1, \ldots a_{r+1}, b_{r+2}, \ldots b_n$ ableitbaren; also auch dies letztere Gebiet identisch dem Gebiete der Grössen $b_1, \ldots b_n$. Diesen Schluss kann man also von $r = 1$ an verfolgen, bis $r = m$ wird; das heisst, es wird dann das Gebiet $a_1, \ldots a_m, b_{m+1}, \ldots b_n$ identisch dem Gebiete $b_1, \ldots b_n$; und bezeichnet man dann die so übrig gebliebenen Grössen $b_{m+1}, \ldots b_n$ beziehlich mit $a_{m+1}, \ldots a_n$, so wird das Gebiet der Grössen $a_1, \ldots a_n$ identisch dem Gebiete der Grössen $b_1, \ldots b_n$.

21. *Wenn n Grössen ($a_1, \ldots a_n$), welche in keiner Zahlbeziehung zu einander stehen, aus n andern Grössen ($b_1, \ldots b_n$) numerisch ableitbar sind, so ist das Gebiet der ersten Grössenreihe identisch dem der letzteren.*

Beweis. Man hat nur in dem vorhergehenden Satze $m = n$ zu setzen, so erfolgt der zu erweisende Satz.

22. *Wenn n Grössen ($a_1, \ldots a_n$) aus weniger als n Grössen ($b_1, \ldots b_m$) numerisch ableitbar sind, so stehen jene n Grössen stets in einer Zahlbeziehung zu einander.*

Beweis. Es seien $a_1, \ldots a_n$ aus $b_1, \ldots b_m$ ableitbar, wo $m < n$ ist. Nun können $a_1, \ldots a_m$ entweder in einer Zahlbeziehung zu einander stehen oder nicht. Im ersteren Falle stehen auch $a_1, \ldots a_n$, da unter ihnen die Grössen $a_1, \ldots a_m$ vorkommen, in einer Zahlbeziehung zu einander. Im zweiten Falle ist das Gebiet der Grössen $a_1, \ldots a_m$ (nach 21) identisch dem Gebiete der Grössen $b_1, \ldots b_m$, also ist jede aus $b_1, \ldots b_m$ numerisch ableitbare Grösse auch aus $a_1, \ldots a_m$ numerisch ableitbar, also sind namentlich die Grössen $a_{m+1}, \ldots a_n$, welche nach der Hypothesis aus $b_1, \ldots b_m$ ableitbar sind, auch aus $a_1, \ldots a_m$ ableitbar, das heisst, auch im zweiten Falle besteht zwischen $a_1, \ldots a_n$ eine Zahlbeziehung.

23. *Wenn ein Gebiet n-ter Stufe aus n Grössen erster Stufe ableitbar ist, so stehen diese in keiner Zahlbeziehung zu einander, und umgekehrt: Wenn n Grössen erster Stufe in keiner Zahlbeziehung zu einander stehen, so ist das aus ihnen ableitbare Gebiet ein Gebiet n-ter Stufe.*

12 Beweis. Es sei A das aus den n Grössen erster Stufe † $a_1, \ldots a_n$

ableitbare Gebiet. Wenn nun zuerst A ein Gebiet n-ter Stufe ist, so können $a_1, \ldots a_n$ in keiner Zahlbeziehung zu einander stehen; denn dann würde sich eine dieser Grössen aus den übrigen $n-1$ numerisch ableiten lassen, also auch das Gebiet aus diesen $n-1$ Grössen ableitbar sein, was dem Begriffe des Gebietes n-ter Stufe (nach 14) widerstreitet. Zweitens umgekehrt, wenn $a_1, \ldots a_n$ in keiner Zahlbeziehung zu einander stehen, so können sie (nach 22) nicht aus weniger als n Grössen numerisch abgeleitet werden, also auch das aus $a_1, \ldots a_n$ ableitbare Gebiet nicht, also ist dies Gebiet (nach 14) von n-ter Stufe.

24. *Jedes Gebiet n-ter Stufe kann aus n {ihm angehörenden} Grössen erster Stufe, die in keiner Zahlbeziehung zu einander stehen, abgeleitet werden, und zwar aus beliebigen n solcher Grössen des Gebietes.*

Beweis. Denn es seien $a_1, \ldots a_n$ die Grössen, aus denen ursprünglich das betrachtete Gebiet hervorgegangen ist, und seien $b_1, \ldots b_n$ n Grössen dieses Gebietes, die in keiner Zahlbeziehung zu einander stehen. Da $b_1, \ldots b_n$ dem aus $a_1, \ldots a_n$ abgeleiteten Gebiete angehören, so werden sich (nach 14) die Grössen $b_1, \ldots b_n$ aus $a_1, \ldots a_n$ numerisch ableiten lassen, und da zugleich jene Grössen $b_1, \ldots b_n$ in keiner Zahlbeziehung zu einander stehen (Voraussetzung), so wird (nach 21) das aus $b_1, \ldots b_n$ ableitbare Gebiet identisch dem aus $a_1, \ldots a_n$ ableitbaren.

Anm. Durch diesen Satz ist jeder specifische Unterschied zwischen den ursprünglichen Einheiten und den daraus numerisch abgeleiteten Grössen aufgehoben, indem man jedes Gebiet, statt aus den ursprünglich zu Grunde gelegten n Einheiten, auch aus beliebigen n Grössen dieses Gebietes, die in keiner Zahlbeziehung zu einander stehen, ableiten, und diese Grössen also statt jener ersteren als Einheiten setzen kann. Es hätte sich dieser wichtige Satz auch direkt aus der Theorie der Elimination ableiten lassen. In der That ist unser Satz nur eine Transformation des Satzes: Wenn n Grössen $y_1, \ldots y_n$ ganze homogene Funktionen ersten Grades von n anderen $x_1, \ldots x_n$ sind, und die ersteren in keinem anderen Falle alle zugleich null werden können, als wenn auch die letzteren alle null werden, so lassen sich auch die letzteren $(x_1, \ldots x_n)$ als ganze homogene Funktionen ersten Grades von den ersteren $(y_1, \ldots y_n)$ darstellen.

Doch ist der hier gelieferte Beweis nicht nur elementarer, sondern hat auch 13
den Vorzug, dass dabei die wesentlichsten einfachen Beziehungen zwischen den extensiven Grössen klarer hervortreten.

25. *Die Stufenzahlen zweier Gebiete sind zusammengenommen ebenso gross als die Stufenzahlen ihres gemeinschaftlichen und ihres verbindenden Gebietes zusammengenommen, das heisst, wenn m und n die Stufenzahlen der gegebenen Gebiete sind, r die ihres gemeinschaftlichen, v die ihres verbindenden Gebietes, so ist*

$$m + n = r + v.$$

Beweis. Es seien A und B die beiden gegebenen Gebiete m-ter

und n-ter Stufe, und sei A aus den Grössen $a_1, \ldots a_m$, B aus den Grössen $b_1, \ldots b_n$ ableitbar. Dann kann (nach 23) weder zwischen $a_1, \ldots a_m$, noch zwischen $b_1, \ldots b_n$ eine Zahlbeziehung herrschen. Ferner möge sich ein Verein von r, aber auch nicht von mehr, Grössen finden lassen, welche in keiner Zahlbeziehung zu einander stehen, und welche beiden Gebieten zugleich angehören. Diese Annahme wird immer zulässig sein, da r auch null sein darf. Es seien $c_1, \ldots c_r$ diese Grössen. Dann wird man (nach 20) in die Reihe der Grössen $a_1, \ldots a_m$ statt r derselben, etwa statt $a_1, \ldots a_r$ die Grössen $c_1, \ldots c_r$ in der Art einführen können, dass das aus dieser neuen Grössenreihe ableitbare Gebiet identisch sei dem Gebiete A. Ebenso wird man in die Reihe der Grössen $b_1, \ldots b_n$ statt r derselben, etwa statt $b_1, \ldots b_r$ die Grössen $c_1, \ldots c_r$ in der Art einführen können, dass das aus dieser neuen Grössenreihe ableitbare Gebiet dem Gebiete B identisch sei. Dann ist also A aus den m Grössen $c_1, \ldots c_r, a_{r+1}, \ldots a_m$ ableitbar, und B aus den n Grössen $c_1, \ldots c_r, b_{r+1}, \ldots b_n$. Keine dieser Grössenreihen unterliegt (nach 23) einer Zahlbeziehung. Dann ist klar, dass alle aus $c_1, \ldots c_r$ ableitbaren Grössen den Gebieten A und B gemeinschaftlich sind; aber auch keine andern, da es sonst, wider die Annahme, mehr als r in keiner Zahlbeziehung zu einander stehende Grössen geben würde, die beiden Gebieten A und B gemeinschaftlich wären. Das den Gebieten A und B gemeinschaftliche Gebiet ist also das aus $c_1, \ldots c_r$
14 abgeleitete Gebiet, also (nach 23) ein † Gebiet r-ter Stufe.

Nun bilden ferner alle Grössen $c_1, \ldots c_r, a_{r+1}, \ldots a_m, b_{r+1}, \ldots b_n$ eine Reihe von Grössen, die in keiner Zahlbeziehung zu einander stehen. Denn gesetzt, es herrschte zwischen ihnen eine Zahlbeziehung, so müsste diese von der Form

$$a + b + c = 0$$

sein, wo a aus $a_{r+1}, \ldots a_m$, b aus $b_{r+1}, \ldots b_n$, c aus $c_1, \ldots c_r$ abgeleitet ist. Hier könnte weder a noch b null sein. Denn wäre a null, so wäre $b + c = 0$, und es bestände also eine Zahlbeziehung zwischen den Grössen $b_{r+1}, \ldots b_n, c_1, \ldots c_r$, was, wie bewiesen, unmöglich ist; und wäre b null, so bestände eine Zahlbeziehung zwischen $a_{r+1}, \ldots a_m$, $c_1, \ldots c_r$, was gleichfalls als unmöglich nachgewiesen ist.

Stellen wir die obige Gleichung in der Form dar

$$a = -b - c,$$

so ist die linke Seite aus $a_{r+1}, \ldots a_m$ numerisch abgeleitet, gehört also dem Gebiete A an, die rechte Seite ist aus $b_{r+1}, \ldots b_n, c_1, \ldots c_r$ numerisch abgeleitet, gehört also dem Gebiete B an, folglich gehört a dann beiden Gebieten zugleich an. Da aber a aus $a_{r+1}, \ldots a_m$ numerisch abgeleitet ist, und zwischen $a_{r+1}, \ldots a_m, c_1, \ldots c_r$ keine Zahlbeziehung herrscht (wie oben gezeigt wurde), so ist a nicht aus $c_1, \ldots c_r$ ableitbar. Also würden dann die Gebiete A und B mehr als r in keiner Zahlbeziehung zu einander stehende Grössen gemeinschaftlich haben, was gegen die Voraussetzung ist. Somit folgt, dass der ganze Verein der Grössen $c_1, \ldots c_r, a_{r+1}, \ldots a_m, b_{r+1}, \ldots b_n$ keiner Zahlbeziehung unterliegt. Das aus diesen Grössen ableitbare Gebiet besteht aber aus den sämmtlichen Grössen, welche sich aus den Grössen der Gebiete A und B ableiten lassen, das heisst, ist ihr verbindendes Gebiet. Die Stufenzahl desselben sei v, so ist (nach 23) v gleich der Anzahl der Grössen $c_1, \ldots c_r, a_{r+1}, \ldots a_m, b_{r+1}, \ldots b_n$, das heisst

$$v = m + n - r,$$

oder

$$m + n = r + v.$$

26. *Zwei Gebiete (A und B), welche beziehlich von α-ter und β-ter Stufe sind und in einem Gebiete n-ter Stufe liegen, haben, wenn $\alpha + \beta > n$ ist, mindestens ein Gebiet von $(\alpha + \beta - n)$-ter Stufe gemein.*

Beweis. Das A und B verbindende Gebiet sei von v-ter Stufe, 15
das ihnen gemeinschaftliche von r-ter Stufe, so ist (nach 25)

$$\alpha + \beta = r + v, \quad \text{oder} \quad r = \alpha + \beta - v.$$

Da {aber} A und B in einem Gebiete n-ter Stufe liegen, so liegt auch ihr verbindendes Gebiet in diesem Gebiete n-ter Stufe, also ist v entweder ebenso gross oder kleiner als n, also $r = \alpha + \beta - v$ entweder ebenso gross als $\alpha + \beta - n$ oder grösser.

Anm. Die bisher entwickelten Sätze finden sich schon, wenn gleich meist in anderen Formen, in meiner ersten Bearbeitung der Ausdehnungslehre, vom Jahre **1844**, und zwar Satz 19 und 24 sind genau in der entsprechenden Form in § 20 jenes Werkes, Satz 25 in § 126 enthalten, und auch die Idee des Beweises für diese Sätze ist hier und dort dieselbe.

§ 3. Die Zahl als Quotient extensiver Grössen und Ersetzung der Gleichungen zwischen extensiven Grössen durch Zahlgleichungen.

27. Erklärung. Ich nenne zwei Vereine von Gleichungen einander ersetzend, wenn sich jeder von beiden Vereinen aus dem andern ableiten lässt.

Anm. Hierbei ist auch der Fall eingeschlossen, in welchem einer der beiden Vereine oder jeder von beiden nur aus einer Gleichung besteht.

28. *Eine Grösse x, welche aus n in keiner Zahlbeziehung zu einander stehenden Grössen $a_1, \ldots a_n$ abgeleitet ist, ist dann und nur dann null, wenn ihre n Ableitungszahlen null sind, das heisst, die Gleichung*

(a) $$x_1 a_1 + x_2 a_2 + \cdots + x_n a_n = 0$$

wird ersetzt durch die n Gleichungen:

(b) $$0 = x_1 = x_2 = \cdots = x_n.$$

Beweis. Denn wäre irgend eine der Ableitungszahlen von Null verschieden, so würde vermöge der Gleichung (a) (nach 16) zwischen $a_1, \ldots a_n$ eine Zahlbeziehung herrschen, gegen die Annahme. Gilt also die Gleichung (a), so gilt auch der Gleichungsverein (b). Umgekehrt, gilt der letzte Verein, so folgt daraus die Gleichung (a). Also wird diese Gleichung durch jenen Verein ersetzt.

16 **29.** *Zwei Grössen eines Gebietes n-ter Stufe sind dann und nur dann einander gleich, wenn ihre n zu denselben Einheiten gehörigen Ableitungszahlen einander gleich sind, das heisst, die Gleichung*

(a) $$\alpha_1 e_1 + \alpha_2 e_2 + \cdots + \alpha_n e_n = \beta_1 e_1 + \beta_2 e_2 + \cdots + \beta_n e_n$$

wird ersetzt durch die n Gleichungen

(b) $$\alpha_1 = \beta_1, \quad \alpha_2 = \beta_2, \ldots, \quad \alpha_n = \beta_n.$$

Beweis. Denn die Gleichung (a) wird ersetzt durch die Gleichung

$$(\alpha_1 - \beta_1) e_1 + (\alpha_2 - \beta_2) e_2 + \cdots + (\alpha_n - \beta_n) e_n = 0,$$

und diese (nach 28) durch die n Gleichungen

$$0 = \alpha_1 - \beta_1 = \alpha_2 - \beta_2 = \cdots = \alpha_n - \beta_n,$$

das heisst, durch die n Gleichungen

$$\alpha_1 = \beta_1, \; \alpha_2 = \beta_2, \ldots, \; \alpha_n = \beta_n.$$

30. Erklärung. Wenn eine extensive Grösse b aus einer andern a, die nicht null ist, sich numerisch ableiten lässt, so verstehe ich unter $\frac{b}{a}$ die Zahl, durch welche b aus a abgeleitet werden kann, das heisst

$$\frac{\alpha a}{a} = \alpha,$$

wenn $a \gtrless 0$.

31. *Wenn zwei Grössen (a und b) aus derselben Grösse (c) numerisch abgeleitet sind, und die zweite {b} nicht null ist, so kann man, statt die erste durch die zweite zu dividiren, die Ableitungszahlen entsprechend dividiren, das heisst*

$$\frac{\alpha c}{\beta c} = \frac{\alpha}{\beta},$$

wenn $\beta c \gtrless 0$.

Beweis. Wenn $\beta c \gtrless 0$ ist, so ist (nach 12, 6) auch $\beta \gtrless 0$ und

$c \gtrless 0$. Dann ist $\alpha c = \frac{\alpha}{\beta}(\beta c)$ (nach 13), also

$$\frac{\alpha c}{\beta c} = \frac{\frac{\alpha}{\beta}(\beta c)}{\beta c} = \frac{\alpha}{\beta} \qquad [30].$$

32. *Eine Gleichung, deren Glieder alle aus derselben Grösse* (a)
numerisch ableitbar sind, wird durch eine Gleichung ersetzt, die man erhält, indem man alle Glieder der ersteren durch eine beliebige aus jener
Grösse (a) *numerisch ableitbare,* † *aber von Null verschiedene Grösse* 17
dividirt, das heisst, die Gleichung

(a) $$\alpha a + \beta a + \cdots = \alpha_1 a + \beta_1 a + \cdots$$

wird ersetzt durch die Gleichung

(b) $$\frac{\alpha a}{\varrho a} + \frac{\beta a}{\varrho a} + \cdots = \frac{\alpha_1 a}{\varrho a} + \frac{\beta_1 a}{\varrho a} + \cdots,$$

wenn $\varrho a \gtrless 0$.

Beweis. Wenn $\varrho a \gtrless 0$, so muss (nach 12, 6) sowohl $\varrho \gtrless 0$ als $a \gtrless 0$ sein. Somit kann man a auch, da es von Null verschieden ist, als Einheit betrachten. Dann wird (nach 29) die Gleichung (a) ersetzt durch

$$\alpha + \beta + \cdots = \alpha_1 + \beta_1 + \cdots,$$

oder, wenn man durch $\varrho \gtrless 0$ dividirt, durch die Gleichung

$$\frac{\alpha}{\varrho} + \frac{\beta}{\varrho} + \cdots = \frac{\alpha_1}{\varrho} + \frac{\beta_1}{\varrho} + \cdots,$$

das heisst (nach 31), durch die Gleichung

$$\frac{\alpha a}{\varrho a} + \frac{\beta a}{\varrho a} + \cdots = \frac{\alpha_1 a}{\varrho a} + \frac{\beta_1 a}{\varrho a} + \cdots.$$

33. Erklärung. Wenn die Grössen $a_1, \ldots a_n$ in keiner Zahlbeziehung zu einander stehen, und die Grösse

$$a = \alpha_1 a_1 + \alpha_2 a_2 + \cdots + \alpha_n a_n$$

ist, so nennen wir, wenn m kleiner als n ist, die Grösse

$$\alpha_1 a_1 + \alpha_2 a_2 + \cdots + \alpha_m a_m$$

„die Zurückleitung der Grösse a auf das Gebiet $a_1, a_2, \ldots a_m$, unter Ausschliessung des Gebietes $a_{m+1}, a_{m+2}, \ldots a_n$“. Wir sagen, die Zurückleitungen mehrerer Grössen seien *in demselben Sinne* genommen, wenn die Grössen auf dasselbe Gebiet und unter Ausschliessung desselben Gebietes zurückgeleitet sind.

Anm. Wenn ins Besondere

$$a = \alpha_1 a_1 + \alpha_2 a_2 + \cdots + \alpha_n a_n$$

ist, so ist zum Beispiel $\alpha_1 a_1$ die Zurückleitung von a auf das Gebiet a_1, unter

Ausschliessung des Gebietes $a_2, \ldots a_n$, ferner: wenn $a = \alpha_1 a_1 + \alpha_2 a_2$ ist, so ist $\alpha_1 a_1$ die Zurückleitung auf das Gebiet a_1, unter Ausschliessung des Gebietes a_2.

34. *Jede Gleichung, deren Glieder Produkte je einer extensiven Grösse mit einer Zahl sind, wird, wenn die extensiven Grössen einem Gebiet n-ter Stufe angehören, ersetzt durch n Zahlengleichungen, die man erhält, indem*
18 *man in der gegebenen Gleichung statt aller extensiven Grössen ihre † zu derselben Einheit gehörigen Ableitungszahlen setzt; und zwar gilt dies, welche n in keiner Zahlbeziehung stehende Grössen des Gebietes man auch als System von Einheiten annehmen mag, das heisst, die Gleichung*

$$\text{(a)} \qquad \alpha a + \beta b + \cdots = \varkappa k + \lambda l + \cdots,$$

in welcher

$$a = \alpha_1 e_1 + \cdots + \alpha_n e_n, \quad b = \beta_1 e_1 + \cdots + \beta_n e_n, \ \ldots$$
$$k = \varkappa_1 e_1 + \cdots + \varkappa_n e_n, \quad l = \lambda_1 e_1 + \cdots + \lambda_n e_n, \ \ldots$$

ist, wird ersetzt durch die n Gleichungen

$$\text{(b)} \qquad \begin{cases} \alpha\alpha_1 + \beta\beta_1 + \cdots = \varkappa\varkappa_1 + \lambda\lambda_1 + \cdots \\ \alpha\alpha_2 + \beta\beta_2 + \cdots = \varkappa\varkappa_2 + \lambda\lambda_2 + \cdots \\ \quad . \qquad . \qquad \ldots \qquad . \qquad . \qquad \ldots \\ \alpha\alpha_n + \beta\beta_n + \cdots = \varkappa\varkappa_n + \lambda\lambda_n + \cdots, \end{cases}$$

vorausgesetzt, dass $e_1, \ldots e_n$ in keiner Zahlbeziehung zu einander stehen.

Beweis. Setzt man in die Gleichung (a) die Ausdrücke für $a, b, \ldots, k, l, \ldots$ ein, so erhält man

$$(\alpha\alpha_1 + \beta\beta_1 + \cdots)e_1 + (\alpha\alpha_2 + \beta\beta_2 + \cdots)e_2 + \cdots + (\alpha\alpha_n + \beta\beta_n + \cdots)e_n =$$
$$= (\varkappa\varkappa_1 + \lambda\lambda_1 + \cdots)e_1 + \cdots + (\varkappa\varkappa_n + \lambda\lambda_n + \cdots)e_n.$$

Diese Gleichung wird (nach 29) ersetzt durch die n Gleichungen

$$\begin{aligned} \alpha\alpha_1 + \beta\beta_1 + \cdots &= \varkappa\varkappa_1 + \lambda\lambda_1 + \cdots \\ \alpha\alpha_2 + \beta\beta_2 + \cdots &= \varkappa\varkappa_2 + \lambda\lambda_2 + \cdots \\ . \quad . \quad \ldots \quad & \quad . \quad . \quad \ldots \\ \alpha\alpha_n + \beta\beta_n + \cdots &= \varkappa\varkappa_n + \lambda\lambda_n + \cdots. \end{aligned}$$

35. *Jede Gleichung, deren Glieder Produkte je einer extensiven Grösse mit einer Zahl sind, **bleibt bestehen**, wenn man statt aller extensiven Grössen ihre in demselben Sinne genommenen Zurückleitungen setzt.*

Beweis. Man nehme an, die gegebene Gleichung sei die Gleichung (a) des vorhergehenden Satzes, in welcher $a, b, \ldots, k, l, \ldots$ dieselbe Bedeutung haben wie vorher, so ist zu zeigen, dass diese Gleichung auch fortbesteht, wenn man statt der Grössen $a, b, \ldots, k, l, \ldots$ ihre Zurückleitungen auf das Gebiet $e_1, \ldots e_m$, unter Ausschliessung des Gebietes $e_{m+1}, \ldots e_n$, setzt, das heisst, dass auch

(c) $$\alpha a' + \beta b' + \cdots = \varkappa k' + \lambda l' + \cdots$$

sei, wo 19

$$a' = \alpha_1 e_1 + \cdots + \alpha_m e_m, \quad b' = \beta_1 e_1 + \cdots + \beta_m e_m, \ldots$$
$$k' = \varkappa_1 e_1 + \cdots + \varkappa_m e_m, \quad l' = \lambda_1 e_1 + \cdots + \lambda_m e_m, \ldots$$

ist. In der That, die Gleichung (a) wird ersetzt durch die n Gleichungen (b) der vorigen Nummer. Multiplicirt man nun die ersten m dieser n Gleichungen beziehlich mit $e_1, e_2, \ldots e_m$ und addirt die so erhaltenen Gleichungen, so erhält man die zu erweisende Gleichung (c).

Anm. Es liegt hierin zugleich der speciellere Satz, dass gleiche Grössen, in gleichem Sinne zurückgeleitet, auch gleiche Zurückleitungen geben, oder anders ausgedrückt, dass die Zurückleitung einer gegebenen Grösse bestimmt ist, wenn das Gebiet, auf welches, und das Gebiet, unter dessen Ausschliessung zurückgeleitet werden soll, gegeben ist.

36. *Wenn die Zahlen $x_1, \ldots x_n$, durch welche eine extensive Grösse x aus einem System von n Einheiten $e_1, e_2, \ldots e_n$ abgeleitet wird, einer Gleichung m-ten Grades genügen, so genügen auch die Zahlen $y_1, \ldots y_n$, durch welche dieselbe Grösse aus einem System von n andern dasselbe Gebiet liefernden Einheiten $a_1, a_2, \ldots a_n$ abgeleitet wird, einer Gleichung m-ten Grades, und zwar ist die letzte homogen, wenn die erste es ist.*

Beweis. Es ist nach der Annahme

$$x = x_1 e_1 + x_2 e_2 + \cdots + x_n e_n,$$

und zwischen diesen Ableitungszahlen bestehe die Gleichung

$$f(x_1, \ldots x_n) = 0,$$

in welcher f das Zeichen einer Funktion m-ten Grades ist. Nun müssen die neuen Einheiten $a_1, \ldots a_n$, da sie dem Gebiete $e_1, \ldots e_n$ angehören, aus diesen Einheiten $e_1, \ldots e_n$ ableitbar sein. Es sei

$$a_1 = \Sigma \alpha_{1,r} e_r = \alpha_{1,1} e_1 + \alpha_{1,2} e_2 + \cdots + \alpha_{1,n} e_n,$$
$$a_2 = \Sigma \alpha_{2,r} e_r = \alpha_{2,1} e_1 + \alpha_{2,2} e_2 + \cdots + \alpha_{2,n} e_n,$$
$$\cdot \quad \cdot \quad \cdot \quad \cdot \quad \cdots \quad \cdot$$
$$a_n = \Sigma \alpha_{n,r} e_r = \alpha_{n,1} e_1 + \alpha_{n,2} e_2 + \cdots + \alpha_{n,n} e_n.$$

Ferner, da $y_1, \ldots y_n$ die Ableitungszahlen in Bezug auf diese neuen Einheiten sein sollen, so hat man auch

$$x = y_1 a_1 + y_2 a_2 + \cdots + y_n a_n,$$

also

$$x_1 e_1 + x_2 e_2 + \cdots + x_n e_n =$$ 20
$$= y_1 a_1 + y_2 a_2 + \cdots + y_n a_n,$$
$$= y_1 \Sigma \alpha_{1,r} e_r + y_2 \Sigma \alpha_{2,r} e_r + \cdots + y_n \Sigma \alpha_{n,r} e_r,$$
$$= \Sigma y_r \alpha_{r,1} . e_1 + \Sigma y_r \alpha_{r,2} . e_2 + \cdots + \Sigma y_r \alpha_{r,n} . e_n.$$

Also (nach 29)

$$x_1 = \Sigma\, \alpha_{r,1} y_r = \alpha_{1,1} y_1 + \alpha_{2,1} y_2 + \cdots + \alpha_{n,1} y_n,$$
$$x_2 = \Sigma\, \alpha_{r,2} y_r = \alpha_{1,2} y_1 + \alpha_{2,2} y_2 + \cdots + \alpha_{n,2} y_n,$$
$$\cdot \quad \cdot \quad \cdot \quad \cdot \quad \cdots \quad \cdot$$
$$x_n = \Sigma\, \alpha_{r,n} y_r = \alpha_{1,n} y_1 + \alpha_{2,n} y_2 + \cdots + \alpha_{n,n} y_n,$$

das heisst, $x_1, \ldots x_n$ sind ganze homogene Funktionen ersten Grades von $y_1, \ldots y_n$; folglich, setzt man in

$$f(x_1, \ldots x_n) = 0$$

statt $x_1, \ldots x_n$ diese Werthe, so erhält man eine Funktion m-ten Grades von $y_1, \ldots y_n$ und zwar eine homogene, wenn die erstere eine solche war.

Kapitel 2. **Die Produktbildung im Allgemeinen.**

§ 1. **Produkt zweier Grössen.**

37. Erklärung. Unter dem Produkte $[ab]$ einer extensiven Grösse a in eine andere b verstehe ich diejenige extensive Grösse (oder auch Zahlgrösse), die man erhält, indem man zuerst jede der Einheiten, aus denen die erste Grösse a numerisch abgeleitet ist, mit jeder der Einheiten, aus denen die zweite b numerisch abgeleitet ist, zu einem Produkte verknüpft, dessen erster Faktor die Einheit der ersten Grösse und dessen zweiter Faktor die Einheit der zweiten Grösse ist, dann dies Produkt mit dem Produkte derjenigen Ableitungszahlen multiplicirt, mit welchen jene Einheiten verknüpft waren, und die sämmtlichen so gewonnenen Produkte addirt, das heisst, es ist

$$[\Sigma\, \alpha_r e_r \,.\, \Sigma\, \beta_s e_s] = \Sigma\, \alpha_r \beta_s [e_r e_s],$$

wo e_r, e_s die Einheiten, aus denen die Grössen numerisch abgeleitet sind, α_r, β_s die zugehörigen Ableitungszahlen bezeichnen, und die Summe sich auf die verschiedenen Werthe der Indices r und s bezieht.

Anm. Da das Produkt extensiver Grössen nach der Erklärung wieder ent-
21 weder eine extensive Grösse oder eine Zahlgrösse ist, † so muss dasselbe (nach 5) aus einem System von Einheiten numerisch ableitbar sein. Welches dies System von Einheiten sei, und wie aus ihnen die Produkte $[e_r e_s]$, aus denen jenes Produkt zusammengesetzt ist, numerisch abzuleiten seien, darüber sagt die Definition nichts aus. Soll also der Begriff eines besonderen Produktes genau festgestellt werden, so müssen noch über jenes System von Einheiten und über diese Ableitungen die nöthigen Bestimmungen getroffen werden. Sobald diese Bestimmungen getroffen sind, so geht aus der allgemeinen Gattung der Produktbildungen, wie sie oben festgestellt wurde, eine besondere Art der Produktbildung hervor.

Hat man zum Beispiel das Produkt

$$P = [(x_1 e_1 + x_2 e_2)(y_1 e_1 + y_2 e_2)],$$

so ist dasselbe (nach 37) gleich

$$x_1 y_1 [e_1 e_1] + x_1 y_2 [e_1 e_2] + x_2 y_1 [e_2 e_1] + x_2 y_2 [e_2 e_2].$$

Besondere Arten der Produktbildung würden nun hervorgehen, wenn noch die Einheiten festgesetzt würden, aus denen dies Produkt numerisch abgeleitet werden soll, und die Art bestimmt würde, wie die vier Produkte

$$[e_1 e_1], \quad [e_1 e_2], \quad [e_2 e_1], \quad [e_2 e_2]$$

aus jenen Einheiten numerisch abzuleiten sind. So zum Beispiel könnte festgesetzt werden, dass diese vier Produkte selbst das System der Einheiten bildeten, aus denen P numerisch abzuleiten ist, dann sind $x_1 y_1$, $x_1 y_2$, $x_2 y_1$, $x_2 y_2$ die Ableitungszahlen von P; und wir hätten eine besondere Art der Produktbildung, die sich dadurch auszeichnen würde, dass zu ihrer Feststellung keine Gleichungen erforderlich wären. Oder man könnte drei unter ihnen, etwa $[e_1 e_1]$, $[e_1 e_2]$, $[e_2 e_2]$ als Einheiten festsetzen, und die Bestimmung hinzufügen, dass $[e_2 e_1] = [e_1 e_2]$ sein sollte; dann würden die Ableitungszahlen von P sein

$$x_1 y_1, \quad (x_1 y_2 + x_2 y_1), \quad x_2 y_2;$$

eine Art der Produktbildung, die sich dadurch auszeichnen würde, dass ihre Gesetze mit denen der algebraischen Multiplikation identisch sein würden. Oder man könnte eine unter ihnen, zum Beispiel $[e_1 e_2]$, als Einheit festsetzen, aus welcher das Produkt P numerisch abzuleiten sein soll, und für die übrigen etwa die Bestimmungen treffen, dass $[e_1 e_1] = 0$, $[e_2 e_1] = -[e_1 e_2]$, $[e_2 e_2] = 0$ sein soll. Dann würde das Produkt P nur eine Ableitungszahl haben, nämlich $x_1 y_2 - x_2 y_1$; eine Produktbildung, die ich unten kombinatorische genannt habe. Ja man könnte auch ein System von anderen Einheiten, unter denen $[e_1 e_1]$, $[e_1 e_2]$, $[e_2 e_1]$, $[e_2 e_2]$ nicht vorkämen, zu Grunde legen, und dann bestimmen, wie diese vier Produkte aus ihnen abzuleiten seien, zum Beispiel könnte man etwa die absolute Einheit zu Grunde legen, und etwa festsetzen, es solle

$$[e_1 e_1] = 1, \quad [e_1 e_2] = 0, \quad [e_2 e_1] = 0, \quad [e_2 e_2] = 1$$

sein, in diesem Falle würde P eine Zahl, nämlich $= x_1 y_1 + x_2 y_2$ sein; eine Produktbildung, die ich unten innere genannt habe.

Gegenwärtig werde ich nur diejenigen Gesetze behandeln, welche aus der allgemeinen Erklärung des Produktes in 37 hervorgehen, und welche also für alle Arten der Produkte gelten. Ich habe das Produkt durch eine Klammer umschlossen, um es von dem gewöhnlichen Produkte der Algebra zu unterscheiden.

38. *Statt zu einer Grösse a einen Faktor b hinzuzufügen, kann* 22
man ihn in dem Ableitungsausdruck der ersteren jeder Einheit auf entsprechende Weise hinzufügen, das heisst

$$[\Sigma \alpha_r e_r . b] = \Sigma \alpha_r [e_r b].$$

Beweis. Es sei $b = \Sigma \beta_s e_s$, so ist

$$[\Sigma \alpha_r e_r . b] = [\Sigma \alpha_r e_r . \Sigma \beta_s e_s] = \Sigma \alpha_r \beta_s [e_r e_s] \qquad [37]$$

$$= \Sigma \alpha_1 \beta_s [e_1 e_s] + \Sigma \alpha_2 \beta_s [e_2 e_s] + \cdots \qquad [9]$$

$$\{= \alpha_1 \Sigma \beta_s [e_1 e_s] + \alpha_2 \Sigma \beta_s [e_2 e_s] + \cdots\} \qquad \{10\}$$

$$= \alpha_1 [e_1 . \Sigma \beta_s e_s] + \alpha_2 [e_2 . \Sigma \beta_s e_s] + \cdots \qquad [37]$$

$$= \alpha_1 [e_1 b] + \alpha_2 [e_2 b] + \cdots = \Sigma \alpha_r [e_r b].$$

39. *Ein Produkt zweier Faktoren, dessen einer Faktor eine Summe ist, ist gleich einer Summe von Produkten, die man erhält, indem man in dem ursprünglichen Produkte, statt des zerstückten Faktors nach und nach jedes Stück setzt, das heisst*

$$[(a+b+\cdots)p] = [ap] + [bp] + \cdots$$
$$[p(a+b+\cdots)] = [pa] + [pb] + \cdots.$$

Insbesondere ist

$$[(a+b)c] = [ac] + [bc]$$
$$[c(a+b)] = [ca] + [cb].$$

Beweis. Es sei

$$a = \Sigma \alpha_r e_r, \quad b = \Sigma \beta_r e_r, \quad \cdots,$$

so ist

$$[(a+b+\cdots)p] =$$
$$= [(\Sigma \alpha_r e_r + \Sigma \beta_r e_r + \cdots)p] = [\Sigma(\alpha_r + \beta_r + \cdots)e_r \,.\, p] \qquad [9]$$
$$= \Sigma(\alpha_r + \beta_r + \cdots)[e_r p] \qquad [38]$$
$$= \Sigma \alpha_r [e_r p] + \Sigma \beta_r [e_r p] + \cdots \qquad [9]$$
$$= [\Sigma \alpha_r e_r \,.\, p] + [\Sigma \beta_r e_r \,.\, p] + \cdots \qquad [38]$$
$$= [ap] + [bp] + \cdots.$$

Somit ist die erste Formel bewiesen. Den Beweis der zweiten Formel erhält man aus dem der ersten, wenn man den Faktor p überall als ersten Faktor einsetzt.

40. *Statt den einen Faktor eines Produktes (zweier Faktoren) mit einer Zahl $\{\alpha\}$ zu multipliciren, kann man das ganze Produkt mit dieser Zahl multipliciren, das heisst*

$$[(\alpha a)b] = \alpha[ab]$$
$$[b(\alpha a)] = \alpha[ba].$$

Beweis. Es sei $a = \Sigma \alpha_r e_r$, so ist

23 $$[(\alpha a)b] = [(\alpha \,.\, \Sigma \alpha_r e_r)b] = [(\Sigma \alpha \alpha_r e_r)b] \qquad [10]$$
$$= \Sigma \alpha \alpha_r [e_r b] \qquad [38]$$
$$= \alpha \Sigma \alpha_r [e_r b] \qquad [13]$$
$$= \alpha [\Sigma \alpha_r e_r \,.\, b] \qquad [38]$$
$$= \alpha[ab].$$

Der Beweis der zweiten Formel ergiebt sich, wenn man b überall als den ersten der beiden Faktoren setzt.

41. *Statt zu einer Grösse, die aus beliebigen Grössen $a, b, \ldots$ numerisch abgeleitet ist, einen Faktor p hinzuzufügen, kann man ihn in dem Ausdruck dieser Ableitung zu jeder der Grössen $a, b, \ldots$ auf entsprechende Weise hinzufügen, das heisst*

$$[(\alpha a + \beta b + \cdots)p] = \alpha[ap] + \beta[bp] + \cdots$$

und

$$[p(\alpha a + \beta b + \cdots)] = \alpha[pa] + \beta[pb] + \cdots.$$

Beweis. $[(\alpha a + \beta b + \cdots)p] = [(\alpha a)p] + [(\beta b)p] + \cdots$ [39]

$= \alpha[ap] + \beta[bp] + \cdots.$ [40]

42. *Das Produkt zweier Faktoren, welche aus beliebigen Grössen numerisch abgeleitet sind, erhält man, indem man zuerst statt jedes Faktors eine der Grössen setzt, aus denen er abgeleitet ist, das so gewonnene Produkt mit dem Produkte der zu den substituirten Grössen gehörigen Ableitungszahlen multiplicirt, und die sämmtlichen Produkte, welche sich auf diese Weise bilden lassen, addirt, das heisst*

$$[\Sigma\alpha_r a_r \,.\, \Sigma\beta_s b_s] = \Sigma\alpha_r\beta_s[a_r b_s],$$

wo a_r, b_s *beliebige Grössen,* α_r, β_s *beliebige Zahlen sind.*

Beweis. $[\Sigma\alpha_r a_r \,.\, \Sigma\beta_s b_s] = \Sigma\alpha_r[a_r \,.\, \Sigma\beta_s b_s]$ [41]

$= \Sigma\alpha_r(\Sigma\beta_s[a_r b_s])$ [41]

$= \Sigma\alpha_r\beta_s[a_r b_s].$ [13]

§ 2. Produkt mehrerer Grössen.

43. Erklärung. Wenn aus einem Produkte ein anderes dadurch abgeleitet werden kann, dass man statt jedes Faktors, der in dem ersten Produkte vorkommt, einen andern (ihm gleichen oder von ihm verschiedenen) Faktor setzt, so nenne ich die beiden Produkte einander entsprechend, und nenne † jeden Faktor des ersten Produktes 24
entsprechend dem für ihn substituirten des andern Produktes. Zweien Grössen oder zweien entsprechenden Produkten beziehungsweise zwei Faktoren in entsprechender Weise hinzufügen, heisst sie so hinzufügen, dass die entstehenden Produkte wieder einander entsprechend werden, und zwar so, dass der in dem einen und der in dem andern Produkte hinzugefügte Faktor entsprechende Faktoren werden, und die bisher einander entsprechenden Faktoren auch entsprechend bleiben.

Ein Produkt, in welchem die Faktoren a, b, ... irgend wie enthalten sind, werde ich, wo es angemessen scheint, mit $P_{a,b,\ldots}$ bezeichnen; dann drückt innerhalb derselben Entwickelung $P_{h,i,\ldots}$ das entsprechende Produkt aus, in welchem die Faktoren h, i, ... der Reihe nach den Faktoren a, b, ... entsprechen.

Anm. Diese Bestimmungen sind unentbehrlich, wenn man allen Zweideutigkeiten entgehen will. Denn, da die Faktoren eines Produktes extensiver Grössen weder unter allen Umständen vertauscht, noch zu besonderen Produkten vereinigt werden dürfen, so ist die Art, wie ein Faktor in das Produkt eingeht, bestimmt zu fixiren. Als Beispiel zweier entsprechender Produkte seien die Produkte $a(bc)$

und $d(ef)$ gewählt, wo die Faktoren sich der Reihe nach entsprechen. Sollen zu ihnen noch beziehlich die Faktoren g und h in entsprechender Weise hinzugefügt werden, so kann dies auf verschiedene Arten geschehen, zum Beispiel so, dass die Produkte $a(bc)g$ und $d(ef)h$ hervorgehen, oder $a(bgc)$ und $d(ehf)$, und so weiter. Was die Bedeutung ausgelassener Klammern betrifft, so verweise ich auf Nr. 7 Anmerkung.

44. *Wenn ein gegebenes Produkt einen Faktor p enthält, der aus beliebigen Grössen $a, b, c, \ldots$ durch die Zahlen q, r, s abgeleitet ist, und man setzt in jenem Produkte statt des Faktors p nach und nach die Grössen $a, b, c, \ldots$, multiplicirt die so erhaltenen Produkte beziehlich mit $q, r, s, \ldots$ und addirt diese Ausdrücke, so ist ihre Summe gleich dem gegebenen Produkte, das heisst*

$$P_{qa+rb+\cdots} = qP_a + rP_b + \cdots.$$

Beweis. Wie das Produkt auch beschaffen sei, immer kann man es so entstanden denken, dass zu dem Faktor p die übrigen Faktoren fortschreitend in bestimmter Weise hinzugetreten seien, nämlich so, dass zu p zuerst ein anderer Faktor (sei es als erster oder als zweiter Faktor des Produkts) † hinzugetreten sei, zu diesem Produkte wieder ein anderer und so fort. Statt nun aber einen Faktor zu einer numerisch abgeleiteten Grösse hinzuzufügen, kann man ihn (nach 41) in dem Ausdruck jener Ableitung zu jeder der Grössen, aus denen jene erstere abgeleitet war, auf entsprechende Weise hinzufügen. Folglich, statt zu $p = qa + rb + \cdots$ die übrigen Faktoren in der genannten Weise fortschreitend hinzuzufügen, kann man sie in dem Ableitungsausdruck in entsprechender Weise zu jeder der Grössen $a, b, \ldots$ hinzufügen, das heisst

$$P_p = qP_a + rP_b + \cdots, \text{ wenn } p = qa + rb + \cdots.$$

45. *Der Satz 42 gilt auch für mehr als zwei Faktoren, das heisst*

$$[\Sigma\alpha_r a_r . \Sigma\beta_s b_s \ldots] = \Sigma\alpha_r\beta_s \ldots [a_r b_s \ldots].$$

Beweis. Gilt der Satz für irgend eine Anzahl von Faktoren, zum Beispiel für $[\Sigma\alpha_r a_r . \Sigma\beta_s b_s \ldots \Sigma\varkappa_m k_m]$, so dass also

(a) $$[\Sigma\alpha_r a_r . \Sigma\beta_s b_s \ldots \Sigma\varkappa_m k_m] = \Sigma\alpha_r\beta_s \ldots \varkappa_m [a_r b_s \ldots k_m]$$

ist, so gilt er auch, wenn noch ein Faktor, zum Beispiel $\Sigma\lambda_n l_n$, hinzutritt; denn es ist

$$[\Sigma\alpha_r a_r . \Sigma\beta_s b_s \ldots \Sigma\varkappa_m k_m . \Sigma\lambda_n l_n] =$$
$$= [\Sigma\alpha_r\beta_s \ldots \varkappa_m [a_r b_s \ldots k_m] . \Sigma\lambda_n l_n] \qquad \text{[nach a]}$$
$$= \Sigma\alpha_r\beta_s \ldots \varkappa_m\lambda_n [a_r b_s \ldots k_m l_n]. \qquad [42]$$

Also, wenn die Formel 45 für irgend eine Anzahl von Faktoren gilt, so gilt sie auch, wenn noch ein Faktor hinzutritt. Nun gilt sie aber (nach 42) für zwei Faktoren, also auch für drei, vier und so weiter, also für beliebig viele.

46. *Statt die Faktoren eines Produktes mit einer Reihe von Zahlen* $\{q, r, \ldots\}$ *zu multipliciren, kann man das ganze Produkt mit dem Produkte dieser Zahlen multipliciren, das heisst*

$$P_{qa, rb, \ldots} = qr \ldots P_{a, b, \ldots}.$$

Beweis. Nach 44 ist $P_{qa} = qP_a$, also auch

$$P_{qa, rb, sc, \ldots} = qP_{a, rb, sc, \ldots} \qquad [44]$$

$$= qrP_{a, b, sc, \ldots} \qquad [44]$$

und so weiter, endlich

$$= qrs \ldots P_{a, b, c, \ldots}. \qquad [44]$$

47. *Zwei in einem Produkte vorkommende Faktoren, welche in einer Zahlbeziehung zu einander stehen, kann man ohne Werthänderung des Produktes vertauschen, das heisst*

$$P_{qa, ra} = P_{ra, qa}.$$

Beweis. Es ist 26

$$P_{qa, ra} = qrP_{a, a} \qquad [46]$$

$$= rqP_{a, a} = P_{ra, qa}. \qquad [46]$$

§ 3. Die verschiedenen Arten der Produktbildung.

48. Erklärung. Wenn die Produktbildung dadurch näher bestimmt wird, dass zwischen den Produkten der Einheiten Zahlbeziehungen bestehen, so nenne ich jede Gleichung, welche eine solche Zahlbeziehung ausdrückt, eine zu jener Art der Produktbildung gehörige Bestimmungsgleichung. Einen Verein von p Bestimmungsgleichungen, von denen keine aus den übrigen gefolgert werden kann, nenne ich, wenn zwischen den Produkten keine andere Zahlbeziehung herrscht, als die aus jenen Gleichungen gefolgert werden kann, ein zu jener Produktbildung gehöriges System von Bestimmungsgleichungen.

49. *Jedes System von m Bestimmungsgleichungen zwischen den n Einheitsprodukten $E_1, \ldots E_n$ kann auf die Form gebracht werden, dass jede der Gleichungen ausdrückt, wie aus $n - m$ jener Einheitsprodukte, zum Beispiel aus $E_1, \ldots E_{n-m}$, die übrigen m numerisch ableitbar sind. Dann bilden $E_1, \ldots E_{n-m}$ ein System von Einheiten, aus denen alle Produkte, die zu dieser Produktbildung gehören, ableitbar sind.*

Beweis. Nach 48 soll jede Gleichung des Systems der m Bestimmungsgleichungen eine Zahlbeziehung zwischen $E_1, \ldots E_n$ ausdrücken. Jede solche Zahlbeziehung wird sich (nach 16) auf die Form

$$\alpha_1 E_1 + \cdots + \alpha_n E_n = 0$$

bringen lassen, in welcher die Zahlen $\alpha_1, \ldots \alpha_n$ nicht alle zugleich null sind. Es sei eine derselben betrachtet, und sei in ihr etwa α_n ungleich Null, so kann man E_n durch $E_1, \ldots E_{n-1}$ ausdrücken. Substituirt man diesen Ausdruck in die übrigen $(m - 1)$ Gleichungen, so werden sie von der Form

$$\alpha_1 E_1 + \cdots + \alpha_{n-1} E_{n-1} = 0.$$

In keiner der so erhaltenen Gleichungen dürfen die Zahlen $\alpha_1, \ldots \alpha_{n-1}$ alle zugleich null werden, weil sonst diese Bestimmungsgleichung aus
27 der ersten gefolgert werden könnte, † was dem Begriffe eines Systems von Bestimmungsgleichungen (nach 48) widerspricht. Es sei eine der so erhaltenen Gleichungen betrachtet, und sei in ihr etwa der Koefficient von E_{n-1} ungleich Null; so wird E_{n-1} sich durch $E_1, \ldots E_{n-2}$ ausdrücken lassen, und wenn dieser Ausdruck in die übrigen $(m - 2)$ Gleichungen eingeführt wird, so erhalten sie die Form

$$\alpha_1 E_1 + \cdots + \alpha_{n-2} E_{n-2} = 0.$$

Da auf diese Weise durch die Anwendung jeder neuen Gleichung immer eine neue unter den Grössen $E_1, \ldots E_n$ aus den übrigen Gleichungen verschwindet, wir wollen annehmen, jedesmal die letzte unter den bis dahin vorhandenen, so behält man zuletzt nur noch die Grössen $E_1, \ldots E_{n-m}$, durch welche sich alle übrigen $E_{n-m+1}, \ldots E_n$ ausdrücken lassen.

50. Erklärung. Jede Produktbildung, deren Bestimmungsgleichungen geltend bleiben, wenn man statt der darin vorkommenden Einheiten beliebige aus ihnen numerisch abgeleitete Grössen setzt, heisst eine lineale Produktbildung (Multiplikation).

51. *Für Produkte aus zwei Faktoren giebt es ausser derjenigen Produktbildung, welche gar keine Bestimmungsgleichung hat, und derjenigen, deren Produkte alle null sind, nur zwei Gattungen linealer Produktbildung, und zwar ist das System der Bestimmungsgleichungen für die eine*

(1) $$[e_r e_s] + [e_s e_r] = 0,$$

für die andere

(2) $$[e_r e_s] = [e_s e_r],$$

wo für r und s, wenn $e_1, e_2, \ldots e_n$ die Einheiten sind, nach und nach jede zwei der Zahlen $1, \ldots n$ gesetzt werden sollen.

Beweis. Jede Bestimmungsgleichung wird bei zwei Faktoren, die aus den Einheiten $e_1, \ldots e_n$ abgeleitet sind, die Form haben

(a) $$\Sigma \alpha_{r,s} [e_r e_s] = 0,$$

wo die Koefficienten $\alpha_{r,s}$ beliebige Zahlen sind, die aber nicht alle gleichzeitig null werden dürfen, und wo für r und s nach und nach

je zwei der Werthe $1, \ldots n$ in die Summe eingeführt werden sollen.
Wir nehmen an, die Produktbildung solle † eine lineale sein; das 28
heisst (nach 50), es soll jede Bestimmungsgleichung noch geltend bleiben, wenn man statt der Einheiten beliebige aus ihnen numerisch abgeleitete Grössen setzt.

Man setze in (a) $\Sigma x_{r,u} e_u$ statt e_r und $\Sigma x_{s,v} e_v$ statt e_s, wo die Summen sich nur auf die Indices u und v beziehen, und $x_{r,u}$ und $x_{s,v}$ beliebig zu wählende Zahlen bedeuten. Dann erhalten wir

$$\begin{aligned} 0 &= \Sigma \alpha_{r,s} [\Sigma x_{r,u} e_u \,.\, \Sigma x_{s,v} e_v] \\ &= \Sigma \alpha_{r,s} \Sigma x_{r,u} x_{s,v} [e_u e_v], \qquad [42] \end{aligned}$$

also

$$0 = \Sigma \alpha_{r,s} x_{r,u} x_{s,v} [e_u e_v], \qquad [13]$$

indem sich nun die Summe auf alle vier Werthe r, s, u, v bezieht. Vertauscht man hier r mit s und u mit v, was man kann, da r, s, u, v in jedem Gliede ganz beliebige der Zahlen $1, \ldots n$ sind, so erhält man

$$0 = \Sigma \alpha_{s,r} x_{s,v} x_{r,u} [e_v e_u],$$

und indem man diese Gleichung mit der obenstehenden addirt, erhält man

(b) $$0 = \Sigma x_{r,u} x_{s,v} (\alpha_{r,s} [e_u e_v] + \alpha_{s,r} [e_v e_u]),$$

eine Gleichung, welche für die Anwendung bequemer ist, als die beiden vorhergehenden. Sie muss für alle Werthe, die man den Grössen $x_{r,u}$, $x_{s,v}$ geben mag, gelten.

Man setze nun in (b) irgend eine der Grössen $x_{r,u}$ etwa $x_{a,c}$ zuerst $= 1$, dann $= -1$, subtrahire die so erhaltenen zwei Gleichungen von einander, und dividire durch 2, so fallen alle Glieder weg, welche $x_{a,c}$ entweder keinmal oder zweimal enthielten, und es bleibt nur

$$\Sigma x_{s,v} (\alpha_{a,s} [e_c e_v] + \alpha_{s,a} [e_v e_c]) = 0,$$

wobei jedoch unter den Werthepaaren von s und v dasjenige auszulassen ist, für welches zugleich $s = a$ und $v = c$ ist. Setzt man nun hierin wieder irgend eine der Grössen $x_{s,v}$, zum Beispiel $x_{b,d}$ zuerst gleich 1 und dann gleich -1, subtrahirt die so erhaltenen zwei Gleichungen und dividirt durch 2, so fallen wieder die Glieder weg, welche $x_{b,d}$ nicht enthalten, und es bleibt

(c) $$\alpha_{a,b} [e_c e_d] + \alpha_{b,a} [e_d e_c] = 0$$

zunächst nur für je vier Indices a, b, c, d, von denen nicht † gleich- 29
zeitig der erste dem zweiten, der dritte dem vierten gleich ist.

Hierdurch reducirt sich die Gleichung (b) auf

$$0 = \Sigma x_{r,u} x_{r,u} \alpha_{r,r} [e_u e_u].$$

Setzt man hierin für eine der Grössen $x_{r,u}$, etwa für $x_{a,c}$, nach der

Reihe zwei einander nicht entgegengesetzte Werthe, zum Beispiel 1 und 2 ein, subtrahirt die so erhaltenen Gleichungen von einander und dividirt die Restgleichung in diesem Falle durch 3, so bleibt

(d) $$0 = \alpha_{a,a}[e_c e_c],$$

das heisst, die Gleichung (c) gilt auch für den vorher ausgeschlossenen Fall, dass $a = b$, $c = d$ ist.

Somit folgt aus der Gleichung (a), wenn sie eine lineale Bestimmungsgleichung sein, das heisst, noch geltend bleiben soll, welche aus den Einheiten abgeleitete Grössen man auch statt derselben einführen mag, nothwendig die Gleichungsgruppe (c); aber auch umgekehrt, wenn die Gleichungsgruppe (c) gilt, so folgt aus ihr die Gleichung (b), welche ausdrückt, dass die Gleichung (a) lineal sei.

Setzen wir in (c) die Indices c und d einander gleich, so geht sie über in

(e) $$(\alpha_{a,b} + \alpha_{b,a})[e_c e_c] = 0,$$

und setzen wir in ihr $a = b$, so geht sie über in

(f) $$\alpha_{a,a}([e_c e_d] + [e_d e_c]) = 0.$$

In diesen gleich Null gesetzten Produkten muss (nach 12, 6) jedesmal der eine oder der andere Faktor null sein.

Nehmen wir *zuerst* an, $[e_c e_c]$ sei von Null verschieden, so muss nothwendig für je zwei Indices a und b

$$\alpha_{a,b} + \alpha_{b,a} = 0, \text{ das heisst: } -\alpha_{a,b} = \alpha_{b,a}$$

sein. Setzen wir dies in (c) ein, so erhalten wir

$$\alpha_{a,b}([e_c e_d] - [e_d e_c]) = 0.$$

Sollte hier $[e_c e_d] - [e_d e_c]$ von Null verschieden sein, so müsste der andere Faktor $\alpha_{a,b}$ für je zwei Indices a und b null sein, das heisst, die Gleichung (a) würde identisch null gegen die Annahme. Somit muss in diesem Falle, wo $[e_c e_c]$ von Null verschieden ist,

$$[e_c e_d] - [e_d e_c] = 0, \text{ das heisst: } [e_c e_d] = [e_d e_c]$$

sein, das heisst, es tritt die Gleichungsgruppe (51, 2) ein.

30 Ist nun † *im zweiten Falle* $[e_c e_c] = 0$, oder, indem wir a statt c setzen, $[e_a e_a] = 0$, so können wir diese Gleichung als Bestimmungsgleichung an die Stelle der Gleichung (a) setzen; dann ist $\alpha_{a,a} = 1$, während alle übrigen Koefficienten null sind, und es folgt dann, indem wir diesen Werth $\alpha_{a,a} = 1$ in (f) einsetzen,

$$[e_c e_d] + [e_d e_c] = 0,$$

das heisst, es tritt die Gruppe (51, 1) ein.

Nun wäre noch möglich, dass beide Gruppen (51, 1) und (51, 2) zugleich geltend wären. Allein dann würde folgen, dass $[e_c e_d] = 0$, also alle Produkte null wären, ein Fall, den wir oben ausgeschlossen hatten.

Es sind also keine andern linealen Produktbildungen möglich, als die im Satze genannten. Dass diese nun in der That lineale sind, folgt sogleich aus der Gleichung (c), verglichen mit (a). In der That, wenn

$$[e_a e_b] \mp [e_b e_a] = 0 \tag{g}$$

die Bestimmungsgleichungen sind, und man setzt irgend eine derselben als die Gleichung (a), so ist für sie $\alpha_{a,b} = 1$, $\alpha_{b,a} = \mp 1$, und alle übrigen Koefficienten sind null. Dann geht die Gleichungsgruppe (c) über in

$$[e_c e_d] \mp [e_d e_c] = 0,$$

welche schon in der gegebenen Gruppe (g) enthalten waren. Also sind jene beiden Gattungen der Produktbildung lineal und zwar die einzig möglichen ausser der bestimmungslosen und der verschwindenden.

Anm. Soll also das bisher sich von selbst darbietende Princip, dass nämlich jedes durch eine Gleichung ausdrückbare Gesetz auch bestehen bleibt, wenn man statt der Einheiten beliebige aus ihnen abgeleitete Grössen setzt, auch in der nächsten Entwickelung noch fortbestehen, so ist kein anderer Fortschritt möglich, als der zu den beiden genannten Produktbildungen. Nehmen wir der Einfachheit wegen nur zwei Einheiten e_1 und e_2 an, so ist das System der Bestimmungsgleichungen für die erste Gattung gleichzeitig

$$[e_1 e_1] = [e_2 e_2] = 0 \text{ und } [e_1 e_2] = -[e_2 e_1],$$

und für die zweite

$$[e_1 e_2] = [e_2 e_1].$$

In Bezug auf die Operationen ist die letztere Gattung die einfachere. Ja, da die Bestimmungsgleichungen derselben nichts weiter ausdrücken als die Vertauschbarkeit der Faktoren, so ist diese Multiplikationsgleichung, was die Operationen anlangt, identisch mit der gewöhnlichen Multiplikation der Algebra, weshalb ich
sie auch die † algebraische genannt habe*). Es versteht sich von selbst, 31
dass ihr auch eine algebraische Division, Potenzirung, ... zur Seite geht, und dass man für alle diese Verknüpfungen extensiver Grössen unmittelbar die algebraischen Gesetze als geltend annehmen darf. Hingegen ist diese Multiplikation, was die durch sie erzeugten Grössen betrifft, sehr viel komplicirter als die erstere Gattung, welche ich die kombinatorische genannt habe.

In der That, betrachten wir bei zwei Einheiten e_1 und e_2 das Produkt zweier Faktoren

$$[(q_1 e_1 + q_2 e_2)(r_1 e_1 + r_2 e_2)] = q_1 r_1 [e_1 e_1] + q_2 r_2 [e_2 e_2] + q_1 r_2 [e_1 e_2] + q_2 r_1 [e_2 e_1],$$

so reducirt sich dies bei der ersten Gattung, wo $[e_1 e_1] = [e_2 e_2] = 0$, $[e_2 e_1] = -[e_1 e_2]$ ist, auf $(q_1 r_2 - q_2 r_1)[e_1 e_2]$, also auf nur eine Einheit, nämlich $[e_1 e_2]$; ja, wenn in einer Entwickelungsreihe nie mehr als jene beiden ursprünglichen Einheiten e_1 und e_2 vorkommen, so wird man, ohne der Allgemeinheit Eintrag zu thun, $[e_1 e_2] = 1$ setzen können, und erhält dann als Resultat der Multiplikation eine

*) Crelle's Journal Bd. 49, S. 139. {In der Abhandlung: Sur les différents genres de multiplication.}

Zahl. Ganz anders bei der zweiten Gattung, wo sich jenes Produkt auf

$$q_1 r_1 [e_1 e_1] + q_2 r_2 [e_2 e_2] + (q_1 r_2 + q_2 r_1) [e_1 e_2]$$

reducirt, also auf nicht weniger als drei Einheiten.

Da es in der Entwickelung der Wissenschaft vor allen Dingen darauf ankommt, die nach und nach hervortretenden Grössen in ihrem einfachsten Begriffe zu erfassen, so ist hier der Uebergang zu der ersten Gattung der Multiplikation mit Nothwendigkeit geboten. Ja, da die durch algebraische Multiplikation extensiver Grössen erzeugten Gebilde nicht mehr als einfache Grössen sich darstellen, sondern vielmehr den Funktionen der Algebra sich parallel stellen, so werden wir dieser Multiplikation erst im zweiten Theile dieses Werkes wieder begegnen, welcher die Funktionen behandeln wird.

Ich verweise in Bezug auf die Entwickelung der verschiedenen Multiplikationsgattungen auf die vorher angeführte Abhandlung in Crelle's Journal. Dort habe ich für den obigen Satz einen zwar weitläuftigeren, aber elementareren Beweis gegeben. Die allgemeine Idee der Multiplikation, wie sie im ersten Paragraphen dieses Kapitels entwickelt ist, habe ich schon in der ersten Ausgabe meiner Ausdehnungslehre (§ 10—12) zu Grunde gelegt.

Kapitel 3. **Kombinatorisches Produkt.**

§ 1. **Allgemeine Gesetze der kombinatorischen Multiplikation.**

52. Erklärung. Wenn die Faktoren eines Produktes P aus einem Systeme von Einheiten abgeleitet sind, und je zwei Produkte
32 der Einheiten, welche durch Vertauschung der † beiden letzten Faktoren auseinander hervorgehen, zur Summe Null geben, jedes Produkt aber, was lauter verschiedene Einheiten als Faktoren enthält, von Null verschieden ist, so nenne ich jenes Produkt P ein kombinatorisches, und jene Faktoren desselben seine einfachen Faktoren; das heisst, sind b und c *Einheiten*, A aber eine beliebige *Reihe von Einheiten*, so wird die angegebene Bestimmung ausgedrückt durch die Formel

$$[Abc] + [Acb] = 0.$$

Anm. Warum hier gerade mit dieser besonderen Multiplikationsgattung der Anfang gemacht wird, ist Nr. 51 Anm. entwickelt.

53. *Man kann in jedem kombinatorischen Produkt die beiden letzten (einfachen) Faktoren vertauschen, wenn man nur zugleich das Vorzeichen* ($\mp$) *in das entgegengesetzte verwandelt, das heisst*

$$[Abc] + [Acb] = 0,$$

auch wenn A eine beliebige Reihe von Faktoren ist und b und c einfache Faktoren sind.

Beweis. 1. Es seien zuerst b und c Einheiten. Da nun A eine beliebige Reihe von Faktoren ist, und die Faktoren aus den Einheiten numerisch ableitbar sind, so erhält man, indem man statt der Faktoren von A ihre Ableitungsausdrücke setzt, und die Klammern löst, (nach 45) einen Ausdruck, der aus den Produkten der Einheiten numerisch ableitbar ist, also die Form hat

$$A = \Sigma\alpha_r E_r,$$

wo E_r Produkte der Einheiten sind. Setzt man dies ein, so wird

$$\begin{aligned}[Abc] + [Acb] &= [\Sigma\alpha_r E_r . bc] + [\Sigma\alpha_r E_r . cb] \\ &= \Sigma\alpha_r [E_r bc] + \Sigma\alpha_r [E_r cb] && [44] \\ &= \Sigma\alpha_r ([E_r bc] + [E_r cb]) && [12, 3] \\ &= \Sigma\alpha_r 0 && [52] \\ &= 0.\end{aligned}$$

2. Es seien b und c aus den Einheiten $e_1, e_2, \ldots$ numerisch abgeleitet, und sei

$$b = \Sigma\beta_r e_r, \quad c = \Sigma\gamma_r e_r,$$

so ist

$$[Abc] + [Acb] = [A . \Sigma\beta_r e_r . \Sigma\gamma_r e_r] + [A . \Sigma\gamma_r e_r . \Sigma\beta_r e_r]$$ 33

$$\begin{aligned}&= \Sigma\beta_r\gamma_s [Ae_r e_s] + \Sigma\gamma_s\beta_r [Ae_s e_r] && [45] \\ &= \Sigma\beta_r\gamma_s ([Ae_r e_s] + [Ae_s e_r]) && [12] \\ &= \Sigma\beta_r\gamma_s 0 && [\text{Beweis, } 1] \\ &= 0.\end{aligned}$$

54. *In einem kombinatorischen Produkte kann man beliebige zwei aufeinander folgende einfache Faktoren vertauschen, wenn man zugleich das Zeichen* ($\mp$) *umkehrt, das heisst*

$$[AbcD] + [AcbD] = 0,$$

wenn A und D beliebige Faktorenreihen, b und c einfache Faktoren sind.

Beweis. Es ist

$$\begin{aligned}[AbcD] + [AcbD] &= [[Abc]D] + [[Acb]D] && [7, \text{Anm.}] \\ &= [([Abc] + [Acb])D] && [39] \\ &= 0 . D && [53] \\ &= 0.\end{aligned}$$

55. *In einem kombinatorischen Produkte kann man beliebige zwei einfache Faktoren vertauschen, wenn man zugleich das Zeichen* ($\mp$) *umkehrt, das heisst*

$$P_{a,b} = - P_{b,a},$$

oder

$$P_{a,b} + P_{b,a} = 0.$$

Beweis. Angenommen, zwischen a und b stehen in $P_{a,b}$ noch n einfache Faktoren. Vertauscht man jetzt b mit dem nächst vorhergehenden Faktor, das heisst, rückt man b um eine Stelle nach links, so ändert sich (nach 54) das Zeichen; rückt man also b nach und nach über die n Faktoren hinweg, welche ursprünglich zwischen a und b standen, so ändert sich das Zeichen n-mal. Jetzt folgt b unmittelbar auf a, vertauscht man jetzt a mit b, so ändert sich das Zeichen noch einmal. Jetzt steht b auf der Stelle, wo ursprünglich a stand; um nun auch a auf die Stelle zu bringen, wo ursprünglich b stand, hat man nun noch a um n Stellen nach rechts zu rücken, wobei sich das Zeichen noch n-mal ändert. Im Ganzen hat es sich $(2n+1)$-mal geändert; durch die $2n$-malige Aenderung wird das Zeichen aber wieder das ursprüngliche, und da nun noch die einmalige Aenderung hinzukommt, so ist das letzte Zeichen dem ursprünglichen entgegengesetzt, also

$$P_{a,b} = -P_{b,a}, \text{ oder } P_{a,b} + P_{b,a} = 0.$$

34 **56.** Erklärung. Wenn von zwei Grössenreihen jede die Grössen a und b enthält, und zwar jede derselben einmal, und in beiden Reihen a früher steht als b, oder in beiden b früher steht als a, so sage ich, diese beiden Grössen seien in jenen Reihen gleich geordnet, hingegen sie seien in jenen Reihen entgegengesetzt geordnet, wenn in der einen a früher steht als b, in der andern b früher als a.

57. *Zwei kombinatorische Produkte, welche dieselben einfachen Faktoren (aber in verschiedener Folge) enthalten, sind einander gleich oder entgegengesetzt, je nachdem die Anzahl der in beiden Produkten einander entgegengesetzt geordneten Faktorenpaare gerade oder ungerade ist, das heisst*

$$P = (-1)^r Q,$$

wenn P und Q kombinatorische Produkte sind, welche dieselben einfachen Faktoren enthalten, und wenn r die Anzahl der Faktorenpaare ist, welche in P entgegengesetzt geordnet sind, wie in Q.

Beweis. Wenn zuerst je zwei Faktoren, welche in dem einen Produkte, etwa in Q, unmittelbar aufeinander folgen, in beiden Produkten gleich geordnet sind, so leuchtet ein, dass dann beide Produkte identisch sind, und sie also kein entgegengesetzt geordnetes Faktorenpaar enthalten können. So lange es daher in Q noch Faktorenpaare giebt, welche entgegengesetzt geordnet sind, wie in P, so giebt es auch noch mindestens zwei Faktoren, welche in Q unmittelbar auf einander folgen, und welche in Q entgegengesetzt geordnet sind wie in P. Angenommen, a und b seien zwei solche Faktoren. Vertauscht man sie unter einander, so erhält man ein Produkt Q_1, welches dem Produkte Q (nach 54) entgegengesetzt bezeichnet ist, und in welchem alle Faktorenpaare, mit Ausnahme des Faktorenpaares a, b, ebenso geordnet sind wie in Q, während dies Faktorenpaar a, b in Q_1 entgegengesetzt geordnet ist wie in Q, also ebenso geordnet wie in P. Also ist die Anzahl der Faktorenpaare, welche in Q_1 und P entgegengesetzt geordnet sind, um 1 kleiner, als die Anzahl derer, welche in Q und P entgegengesetzt geordnet sind. Ist diese letztere Anzahl also r, so ist die erstere $r - 1$.

Ist † nun $r - 1$ noch nicht null, das heisst, giebt es noch Faktoren- 35
paare, welche in Q_1 und P entgegengesetzt geordnet sind, so kann man mit Q_1 wieder so verfahren wie vorher mit Q; man erhalte dadurch aus Q_1 das Produkt Q_2, so ist $Q_2 = - Q_1$, also $= (-1)^2 Q$, und die Anzahl der Faktorenpaare, welche in Q_2 und P entgegengesetzt geordnet sind, ist $r - 2$. Fährt man in dieser Weise fort, bis man zu Q_r gelangt, so wird $Q_r = (-1)^r Q$, und die Anzahl der Faktorenpaare, die in Q_r und P entgegengesetzt geordnet sind, beträgt $r - r$, also Null, das heisst, die Faktorenpaare in Q_r und P sind sämmtlich gleich geordnet, also $Q_r = P$, somit $P = Q_r = (-1)^r Q$.

58. *Wenn man in einem kombinatorischen Produkte eine Reihe von r einfachen Faktoren mit einer* u n m i t t e l b a r d a r a u f f o l g e n d e n *Reihe von s einfachen Faktoren vertauscht (ohne im Uebrigen die Ordnung der Faktoren zu ändern), so ist das so hervorgehende Produkt dem ursprünglichen gleich oder entgegengesetzt, je nachdem rs gerade oder ungerade ist, das heisst*

$$[BC] = (-1)^{rs}[CB], \quad [ABC] = (-1)^{rs}[ACB],$$

wo B eine Reihe von r, C von s einfachen Faktoren darstellt.

Beweis. Es sei $C = c_1 c_2 \ldots c_s$, also

$$[ABC] = [ABc_1 c_2 \ldots c_s].$$

Vertauscht man nun c_1 mit dem letzten einfachen Faktor von B, das heisst, rückt man c_1 um Eine Stelle vor, so ändert sich (nach 54) das Vorzeichen des ganzen Produktes; rückt c_1 also um r einfache Faktoren vor, das heisst, rückt man ihn vor die Faktoren von B, so ändert sich das Zeichen r-mal, also wird

$$[ABc_1 c_2 \ldots c_s] = (-1)^r [Ac_1 Bc_2 c_3 \ldots c_s],$$

also dies

$$\begin{aligned} &= (-1)^r (-1)^r [Ac_1 c_2 Bc_3 \ldots c_s] \\ &= (-1)^{2r} [Ac_1 c_2 Bc_3 \ldots c_s] \\ &= (-1)^{3r} [Ac_1 c_2 c_3 Bc_4 \ldots c_s] \\ &= \cdot \quad \cdot \quad \cdot \quad \cdot \quad \cdot \quad \cdot \quad \cdot \quad \cdot \\ &= (-1)^{sr} [Ac_1 c_2 \ldots c_s B] \end{aligned}$$

oder

$$[ABC] = (-1)^{rs}[ACB],$$

und wenn man hierin $A = 1$ setzt

$$[BC] = (-1)^{rs}[CB].$$

59. *Wenn man in einem kombinatorischen Produkte eine Reihe von*
36 *q einfachen Faktoren mit einer {von ihr} durch r einfache † Faktoren getrennten Reihe von s einfachen Faktoren vertauscht, so ist das so hervorgehende Produkt dem ursprünglichen gleich oder entgegengesetzt, je nachdem $rs + sq + qr$ gerade oder ungerade ist, das heisst*

$$[ABC] = (-1)^{rs+sq+qr}[CBA],$$

wo A, B, C Reihen von beziehlich q, r, s einfachen Faktoren darstellen.

Beweis. Es ist

$$\begin{aligned} [ABC] &= (-1)^{(q+r)s}[CAB] && [58] \\ &= (-1)^{qs+rs}(-1)^{qr}[CBA] && [58] \\ &= (-1)^{rs+sq+qr}[CBA]. \end{aligned}$$

60. *Wenn zwei einfache Faktoren eines kombinatorischen Produktes einander gleich sind, so ist das Produkt null, das heisst*

$$P_{a,a} = 0.$$

Beweis. Es sei $P_{a,b}$ irgend ein kombinatorisches Produkt, welches die Faktoren a und b enthält, und $P_{b,a}$ das durch Vertauschung von a und b aus ihm hervorgehende, so ist (nach 55)

$$P_{a,b} + P_{b,a} = 0,$$

also, wenn a gleich b ist,

$$P_{a,a} + P_{a,a} = 0,$$

das heisst $2P_{a,a} = 0$, somit auch $P_{a,a} = 0$.

61. *Ein kombinatorisches Produkt ist null, wenn zwischen seinen einfachen Faktoren eine Zahlbeziehung herrscht, das heisst*

$$[a_1 a_2 a_3 \dots a_m] = 0,$$

wenn eine der Grössen $a_1, \dots a_m$ sich aus den übrigen numerisch ableiten lässt, zum Beispiel

$$a_1 = \alpha_2 a_2 + \alpha_3 a_3 + \cdots + \alpha_m a_m$$

ist.

Beweis. Man erhält, indem man den Werth von a_1 in das Produkt einsetzt,

$$[a_1 a_2 a_3 \dots a_m] = [(\alpha_2 a_2 + \alpha_3 a_3 + \cdots + \alpha_m a_m) a_2 a_3 \dots a_m],$$

also (nach 44)

$$\begin{aligned}[a_1 a_2 a_3 \ldots a_m] &= \alpha_2[a_2 a_2 a_3 \ldots a_m] + \alpha_3[a_3 a_2 a_3 \ldots a_m] + \cdots + \\ &\qquad + \alpha_m[a_m a_2 a_3 \ldots a_m] \\ &= \alpha_2 . 0 + \alpha_3 . 0 + \cdots + \alpha_m . 0 \qquad [60] \\ &= 0.\end{aligned}$$

62. Erklärung. Unter der Determinante aus n Reihen von 37
je n Zahlen versteht man, wenn man die r-te Zahl der s-ten Reihe mit $\alpha_r^{(s)}$ bezeichnet, dasjenige Polynom, welches man aus dem Produkte $\alpha_1^{(1)}\alpha_2^{(2)}\ldots\alpha_n^{(n)}$ dadurch erhält, dass man in ihm nach und nach die unteren Indices auf alle möglichen Arten versetzt, während man die oberen unverändert lässt, dann jedes dieser Produkte mit dem $+$ oder $-$ Zeichen versieht, je nachdem die Anzahl derjenigen Paare von Indices, welche unten entgegengesetzt geordnet sind wie oben, gerade oder ungerade ist, und diese sämmtlichen Glieder addirt. Man bezeichnet diese Determinante mit $\Sigma \mp \alpha_1^{(1)}\alpha_2^{(2)}\ldots\alpha_n^{(n)}$, das heisst, man setzt

$$\Sigma \mp \alpha_1^{(1)}\alpha_2^{(2)}\ldots\alpha_n^{(n)} = \Sigma(-1)^u \alpha_r^{(1)}\alpha_s^{(2)}\ldots\alpha_w^{(n)},$$

wo $r, s, \ldots w$ den Zahlen $1, 2, \ldots n$, in irgend einer Ordnung genommen, gleich sind, wo die Summe sich auf alle möglichen Ordnungen dieser Art bezieht, und u die Anzahl der Index-Paare bezeichnet, welche unten entgegengesetzt geordnet sind, wie oben.

Anm. Der Vollständigkeit wegen habe ich diesen Begriff der Determinante hier aufstellen zu müssen geglaubt, zumal da es zweckmässig schien, die Zeichenbestimmung in der einfachen Form, wie sie hier dargestellt ist, festzusetzen, während die sonst gebräuchliche, durch Cauchy eingeführte Form der Zeichenbestimmung ein Zurückgehen auf die Permutations-Gesetze nothwendig machen würde. Dass man übrigens statt der unteren Indices auch die oberen vertauschen kann, leuchtet ein, doch ist es unangemessen, eine solche zwiefache Bestimmung in eine strenge Definition aufzunehmen.

63. *Das kombinatorische Produkt von n einfachen Faktoren, welche aus n Grössen $a_1, a_2, \ldots a_n$ numerisch abgeleitet sind, erhält man, indem man aus den n Reihen von Zahlen, durch welche jene Faktoren aus den n Grössen $a_1, a_2, \ldots a_n$ abgeleitet sind, die Determinante bildet, und diese mit dem kombinatorischen Produkte der Grössen $a_1, \ldots a_n$ multiplicirt, wobei nämlich die Zahlen, durch welche der erste jener Faktoren aus $a_1, \ldots a_n$ abgeleitet ist, die erste Reihe bilden, und so fort, das heisst, es ist*

$$\begin{aligned}&[(\alpha_1^{(1)}a_1 + \cdots + \alpha_n^{(1)}a_n)(\alpha_1^{(2)}a_1 + \cdots + \alpha_n^{(2)}a_n)\ldots(\alpha_1^{(n)}a_1 + \cdots + \alpha_n^{(n)}a_n)] = \\ &\qquad = \Sigma \mp \alpha_1^{(1)}\alpha_2^{(2)}\ldots\alpha_n^{(n)} . [a_1 a_2 \ldots a_n].\end{aligned}$$

Beweis. Es ist (nach 45) das Produkt auf der linken Seite 38

$$= \Sigma \alpha_r^{(1)}\alpha_s^{(2)}\ldots\alpha_w^{(n)}[a_r a_s \ldots a_w],$$

wo jeder der Indices $r, s, \ldots w$ nach und nach jeden der Werthe $1, \ldots n$ annehmen soll. Sind von diesen Werthen zwei oder mehrere einander gleich, so enthält das Produkt $[a_r a_s \ldots a_w]$ gleiche Faktoren, ist also (nach 60) null. Lassen wir daher die Glieder, welche diese Produkte enthalten, weg, so bleiben nur die übrig, in denen die n Indices $r, s, \ldots w$ in irgend welcher Ordnung den Werthen $1, 2, \ldots n$ gleich sind. Es ist also dann (nach 57) das Produkt $[a_r a_s \ldots a_w]$ gleich $(-1)^u [a_1 a_2 \ldots a_n]$, wenn u die Anzahl der Faktorenpaare ist, welche in dem Produkte $[a_r a_s \ldots a_w]$ entgegengesetzt geordnet sind wie in $[a_1 a_2 \ldots a_n]$, das heisst, die Anzahl derjenigen Paare von Indices, welche in dem Produkte $\alpha_r^{(1)} \alpha_s^{(2)} \ldots \alpha_w^{(n)}$ unten entgegengesetzt geordnet sind wie oben; somit ist das gegebene Produkt

$$= \Sigma (-1)^u \alpha_r^{(1)} \alpha_s^{(2)} \ldots \alpha_w^{(n)} . [a_1 a_2 \ldots a_n],$$

das heisst (nach 62)

$$= \Sigma \mp \alpha_1^{(1)} \alpha_2^{(2)} \ldots \alpha_n^{(n)} . [a_1 a_2 \ldots a_n].$$

64. Erklärung. Unter multiplikativen Kombinationen aus einer Reihe von Grössen verstehe ich die Kombinationen ohne Wiederholung aus diesen Grössen, und zwar jede Kombination aufgefasst als kombinatorisches Produkt, dessen einfache Faktoren die Elemente der Kombination sind; so zum Beispiel sind $[ab]$, $[ac]$, $[bc]$ die multiplikativen Kombinationen aus den Grössen a, b, c zur zweiten Klasse.

65. *Jedes kombinatorische Produkt von m einfachen Faktoren, welche aus n in keiner Zahlbeziehung zu einander stehenden Grössen $a_1, \ldots a_n$ numerisch abgeleitet sind, ist aus den multiplikativen Kombinationen dieser Grössen zur m-ten Klasse numerisch ableitbar, und zwar ist die zu irgend einer dieser Kombinationen gehörige Ableitungszahl die Determinante aus denjenigen m^2 Ableitungszahlen jener m Faktoren, welche zu den m Elementen dieser Kombination gehören, das heisst*

$$[\Sigma \alpha_{\mathfrak{a}} a_{\mathfrak{a}} . \Sigma \beta_{\mathfrak{b}} a_{\mathfrak{b}} \ldots] = \sum \{ \Sigma \mp \alpha_r \beta_s \ldots \} [a_r a_s \ldots],$$

wo $r < s < \cdots$.

39 Beweis. Es ist

$$[\Sigma \alpha_{\mathfrak{a}} a_{\mathfrak{a}} . \Sigma \beta_{\mathfrak{b}} a_{\mathfrak{b}} \ldots] = \Sigma (\alpha_{\mathfrak{a}} \beta_{\mathfrak{b}} \ldots) [a_{\mathfrak{a}} a_{\mathfrak{b}} \ldots]. \qquad [45]$$

Da (nach 60) $[a_{\mathfrak{a}} a_{\mathfrak{b}} \ldots]$ null ist, sobald zwei der Faktoren, also hier zwei der Indices $\mathfrak{a}, \mathfrak{b}, \ldots$ gleich sind, so können wir die Bedingung hinzufügen, dass $\mathfrak{a}, \mathfrak{b}, \ldots$ alle von einander verschieden seien. Nun seien $\mathfrak{a}, \mathfrak{b}, \ldots$, nachdem sie steigend geordnet sind, $= r, s, t, \ldots$, also $r < s < t < \cdots$, und sei u die Anzahl der Grössenpaare, welche in der Reihe $\mathfrak{a}, \mathfrak{b}, \mathfrak{c}, \ldots$ entgegengesetzt geordnet sind, wie in $r, s, t, \ldots$, so ist $[a_{\mathfrak{a}} a_{\mathfrak{b}} \ldots] = (-1)^u [a_r a_s \ldots]$, somit ist das gegebene Produkt

$$= \Sigma \{ \alpha_{\mathfrak{a}} \beta_{\mathfrak{b}} \ldots (-1)^u [a_r a_s \ldots] \}$$

Aber nach der Definition (62) ist $\Sigma(-1)^u \alpha_{\mathfrak{a}} \beta_{\mathfrak{b}} \ldots$, wenn $\mathfrak{a}, \mathfrak{b}, \ldots$, in irgend einer Ordnung genommen, gleich $r, s, \ldots$ sind, gleich der Determinante $\Sigma \mp \alpha_r \beta_s \ldots$, also

$$[\Sigma \alpha_{\mathfrak{a}} a_{\mathfrak{a}} \,.\, \Sigma \beta_{\mathfrak{b}} a_{\mathfrak{b}} \ldots] = \sum \{ \Sigma \mp \alpha_r \beta_s \ldots \} [a_r a_s \ldots],$$

wo $r < s < \cdots$.

66. Umkehrung von 61. *Wenn ein kombinatorisches Produkt null ist, so stehen seine einfachen Faktoren in einer Zahlbeziehung zu einander, das heisst, wenn*

$$[a_1 a_2 \ldots a_m] = 0$$

ist, so muss sich eine Gleichung

$$\alpha_1 a_1 + \alpha_2 a_2 + \cdots + \alpha_m a_m = 0$$

aufstellen lassen, in welcher die Zahlen $\alpha_1, \alpha_2, \ldots \alpha_m$ *nicht alle zugleich null sind.*

Beweis. Es sei das kombinatorische Produkt

$$[a_1 a_2 \ldots a_m] = 0.$$

Zu zeigen ist, dass $a_1, a_2, \ldots a_m$ in einer Zahlbeziehung stehen müssen.

Angenommen, sie ständen in keiner Zahlbeziehung zu einander. Bilden dann $e_1, \ldots e_n$ das System der Einheiten, aus denen $a_1, \ldots a_n$ numerisch abgeleitet sind, so kann man (nach 20) zu den m Grössen $a_1, \ldots a_m$ noch $n - m$ Grössen $a_{m+1}, \ldots a_n$ annehmen, so {dass} sich aus $a_1, \ldots a_n$ die Einheiten $e_1, \ldots e_n$ numerisch ableiten lassen. Führt man die Ausdrücke dieser Ableitungen in das kombinatorische Produkt $[e_1 e_2 \ldots e_n]$ ein, † und löst die Klammern auf, so erhält man (nach 63) eine Gleichung der Form

$$[e_1 e_2 \ldots e_n] = \alpha [a_1 a_2 \ldots a_n],$$

wo α eine Zahl ist.

Nun ist aber $[a_1 a_2 \ldots a_m] = 0$, also auch

$$[a_1 a_2 \ldots a_m a_{m+1} \ldots a_n] = 0,$$

also

$$[e_1 e_2 \ldots e_n] = \alpha \,.\, 0 = 0.$$

Dies widerstreitet aber der Erklärung in 52, nach welcher $[e_1 e_2 \ldots e_n]$ von Null verschieden ist. Also ist die Annahme, dass $a_1, \ldots a_m$ in keiner Zahlbeziehung zu einander stehen, unmöglich. Sie stehen also in einer Zahlbeziehung zu einander.

67. *Ein kombinatorisches Produkt ändert seinen Werth nicht, wenn* *man zu einem einfachen Faktor desselben ein beliebiges Vielfaches eines andern einfachen Faktors desselben Produktes addirt, das heisst*

$$P_{a,b+qa} = P_{a,b},$$

wenn q eine Zahl ist, und P ein kombinatorisches Produkt bezeichnet.

Beweis. Es ist

$$P_{a,b+qa} = P_{a,b} + qP_{a,a} \qquad [44]$$
$$= P_{a,b}. \qquad [60]$$

68. *Die sämmtlichen Sätze kombinatorischer Multiplikation bleiben noch bestehen, wenn man statt der n ursprünglichen Einheiten beliebige n aus ihnen abgeleitete Grössen, die in keiner Zahlbeziehung zu einander stehen, einführt.*

Beweis. Erstens gelten alle in der Definition des kombinatorischen Produktes gegebenen Bestimmungen, auch wenn man statt des Systems der n ursprünglichen Einheiten n solche Grössen setzt, wie sie der Lehrsatz bestimmt. Nämlich, es ist auch für diesen Fall (nach 53)

$$[Abc] + [Acb] = 0,$$

und das Produkt der sämmtlichen n Grössen ist von Null verschieden, denn wäre es gleich Null, so müsste (nach 66) zwischen den n Faktoren eine Zahlbeziehung herrschen, gegen die Voraussetzung. Diese beiden Bestimmungen waren nun die einzigen in der Definition enthaltenen. Ferner gelten aber auch alle in den ersten beiden Kapiteln entwickelten Gesetze für den Fall jener Substitution. Aus jener De-
41 finition und † diesen Gesetzen waren aber die sämmtlichen Gesetze der kombinatorischen Multiplikation abgeleitet. Also gelten diese Gesetze auch nach jener Substitution.

§ 2. Das kombinatorische Produkt als Grösse.

Vorbemerkung. Wenn eine Verknüpfung von Grössen wieder als Eine Grösse erkannt werden soll, so müssen die folgenden Fragen beantwortet werden: Wann sind zwei solche Verknüpfungen einander gleich oder von einander verschieden? wann stehen sie in einer Zahlbeziehung zu einander, und in welcher? Für die Vollendung des Begriffs wird es dann noch wichtig sein, die sämmtlichen verschiedenen Grössenreihen ableiten zu können, deren jede, wenn sie der fraglichen Verknüpfung unterworfen wird, dieselbe Grösse liefert, wie die andern.

Diese Fragen sollen hier für das kombinatorische Produkt beantwortet werden, wobei wir den Begriff der multiplikativen Kombinationen zu Grunde legen.

69. *Wenn die Grössen $a_1, a_2, \dots a_n$ in keiner Zahlbeziehung zu einander stehen, so stehen auch ihre multiplikativen Kombinationen zu einer beliebigen Klasse in keiner Zahlbeziehung zu einander, das heisst, die Gleichung*

(a) $$\alpha A + \beta B + \cdots = 0,$$

in welcher $A, B, \dots$ die multiplikativen Kombinationen aus $a_1, \dots a_n$ zu irgend einer Klasse sind, und $\alpha, \beta, \dots$ Zahlen bedeuten, wird ersetzt durch die Gleichungsgruppe

(b) $$\alpha = 0, \ \beta = 0, \dots.$$

Beweis. Es sei die Gleichung (a) als geltend angenommen. Man multiplicire die ganze Gleichung kombinatorisch mit denjenigen unter den Grössen $a_1, \dots a_n$, welche in dem Produkte A nicht vorkommen; es sei A_1 diese Faktorenreihe, so dass also das kombinatorische Produkt $[AA_1]$ die sämmtlichen Grössen $a_1, \dots a_n$ als Faktoren enthält. Dann erhält man

$$\alpha[AA_1] + \beta[BA_1] + \cdots = 0.$$

Da nun A und B verschiedene Kombinationen sind, so muss B wenigstens einen Faktor enthalten, der nicht in A enthalten ist. Es sei a_r ein solcher, so muss a_r in A_1 enthalten sein, da A_1 von den Faktoren $a_1, \dots a_n$ alle diejenigen † enthält, die in A nicht vorkommen. 42
Somit kommt a_r sowohl in B als in A_1 vor, folglich ist das kombinatorische Produkt $[BA_1]$ (nach 60) null. Aus demselben Grunde auch $[CA_1]$ und so weiter. Somit reducirt sich die Gleichung auf

$$\alpha[AA_1] = 0.$$

Also muss (nach 12, 6) entweder α oder $[AA_1]$ null sein. Da nun $[AA_1]$ ein kombinatorisches Produkt von n Grössen $a_1, \dots a_n$ ist, die in keiner Zahlbeziehung zu einander stehen, so ist dasselbe ungleich Null (nach 66). Somit muss der andere Faktor, also α, null sein. Aus demselben Grunde sind $\beta, \dots$ null, das heisst, zwischen den Kombinationen $A, B, \dots$ herrscht keine Zahlbeziehung.

70. *Zwei kombinatorische Produkte (A und B), die nicht null sind, stehen dann und nur dann in einer Zahlbeziehung zu einander, wenn die aus ihren einfachen Faktoren ableitbaren Gebiete identisch sind; das heisst*

(a) $$A \equiv B$$

dann und nur dann, wenn die einfachen Faktoren von A dasselbe Gebiet liefern wie die von B; oder:

(b) $$[a_1 a_2 \dots a_m] \equiv [b_1 b_2 \dots b_m]$$

dann und nur dann, wenn sich jede aus $a_1, \dots a_m$ numerisch ableitbare Grösse auch aus $b_1, \dots b_m$ ableiten lässt, also wenn stets

(c) $$x_1 a_1 + x_2 a_2 + \cdots + x_m a_m = y_1 b_1 + y_2 b_2 + \cdots + y_m b_m$$

gesetzt werden kann, welche Werthe auch entweder $x_1, \ldots x_m$, *oder* $y_1, \ldots y_m$ *haben mögen.*

Beweis. 1. Angenommen zuerst, das Gebiet $a_1, \ldots a_m$ sei identisch dem Gebiete $b_1, \ldots b_m$, so sind die Grössen $a_1, \ldots a_m$ aus $b_1, \ldots b_m$ numerisch ableitbar. Dann ist (nach 63)

$$[a_1 a_2 \ldots a_m] = \alpha [b_1 b_2 \ldots b_m],$$

wo α eine Zahl ist (nämlich die dort beschriebene Determinante). Diese Gleichung drückt aus, dass die beiden kombinatorischen Produkte in {einer} Zahlbeziehung stehen, und da auch keins von beiden null ist, so gilt (nach 2) die Kongruenz:

$$[a_1 a_2 \ldots a_m] \equiv [b_1 b_2 \ldots b_m].$$

2. Umgekehrt sei angenommen, diese Kongruenz gelte, also die beiden kombinatorischen Produkte stehen in einer Zahlbeziehung zu einander, ohne null zu sein, und sei

$$[a_1 a_2 \ldots a_m] = \alpha [b_1 b_2 \ldots b_m].$$

43 Man füge auf beiden Seiten den kombinatorischen Faktor b_1 hinzu, so erhält man

$$[a_1 a_2 \ldots a_m b_1] = \alpha [b_1 b_2 \ldots b_m b_1].$$

Aber $[b_1 b_2 \ldots b_m b_1]$ ist, da es zwei gleiche Faktoren (b_1) enthält, (nach 60) null; also ist auch

$$[a_1 a_2 \ldots a_m b_1] = 0.$$

Folglich stehen (nach 66) die einfachen Faktoren dieses Produktes, das heisst $a_1, a_2, \ldots a_m, b_1$, in einer Zahlbeziehung zu einander. Also muss sich (nach 16) eine Gleichung der Form

$$\alpha_1 a_1 + \alpha_2 a_2 + \cdots + \alpha_m a_m + \beta_1 b_1 = 0$$

aufstellen lassen, in welcher die Zahlen $\alpha_1, \alpha_2, \ldots \alpha_m, \beta_1$ nicht alle zugleich null sind. In dieser Gleichung kann auch β_1 nicht null sein, weil sonst zwischen den Grössen $a_1, a_2, \ldots a_m$ (nach 16) eine Zahlbeziehung herrschen, also das kombinatorische Produkt $[a_1 a_2 \ldots a_m]$ (nach 61) null sein müsste, was der Voraussetzung widerstreitet. Wenn nun aber β_1 ungleich Null ist, so kann man die obige Gleichung durch β_1 dividiren, und erhält

$$b_1 = -\frac{\alpha_1}{\beta_1} a_1 - \frac{\alpha_2}{\beta_1} a_2 - \cdots - \frac{\alpha_m}{\beta_1} a_m,$$

das heisst, b_1 ist aus $a_1, \ldots a_m$ numerisch ableitbar. Aus demselben Grunde sind auch $b_2, b_3, \ldots b_m$ aus $a_1, \ldots a_m$ numerisch ableitbar.

Nun stehen aber auch $b_1, \ldots b_m$ in keiner Zahlbeziehung zu einander, weil sonst das kombinatorische Produkt $[b_1 b_2 \ldots b_m]$ (nach 61) null sein müsste, was der Voraussetzung widerstreitet; also sind {die} m Grössen $b_1, \ldots b_m$, welche in keiner Zahlbeziehung zu einander stehen, aus {den} m Grössen $a_1, \ldots a_m$ numerisch ableitbar, folglich ist (nach 21) das aus der ersten Grössenreihe ableitbare Gebiet dem aus der zweiten ableitbaren identisch.

Anm. Da zwei gleiche Grössen immer in einer Zahlbeziehung zu einander stehen, so folgt aus dem vorhergehenden Satze unmittelbar, dass zwei gleiche kombinatorische Produkte immer ein und dasselbe Gebiet haben, dem seine einfachen Faktoren angehören, und dass daher ausser diesem Gebiete nur noch der durch eine Zahl darstellbare metrische Werth gegeben zu sein braucht, damit der ganze Werth des kombinatorischen Produktes genau bestimmt sei. Ist nämlich dann in dem Gebiete irgend ein kombinatorisches Produkt gegeben, aus dessen einfachen Faktoren das Gebiet ableitbar ist, so wird † jedes andere kombinatorische 44
Produkt, aus dessen einfachen Faktoren dasselbe Gebiet ableitbar ist, durch eine blosse Zahl bestimmt sein, welche das Verhältniss dieses Produktes zu jenem darstellt.

71. Erklärung. Wenn man aus einer Reihe von Grössen eine zweite Reihe dadurch ableitet, dass man zu irgend einer Grösse der Reihe ein Vielfaches der benachbarten Grösse der Reihe addirt, während man alle übrigen Grössen der Reihe ungeändert lässt, so sage ich, es sei die erste Reihe in die zweite durch eine einfache lineale Aenderung umgewandelt; leitet man aus dieser zweiten Reihe wieder durch einfache lineale Aenderung eine dritte ab, und so fort, so sage ich, es sei die erste Reihe in die letzte durch mehrfache lineale Aenderung umgewandelt. In beiden Fällen also sage ich, es sei die erste Reihe in die letzte durch lineale Aenderung umgewandelt.

Wenn also p und q irgend zwei aufeinander folgende Grössen der Reihe sind, so lässt sich durch einfache lineale Aenderung umwandeln die Reihe

$$\ldots \quad p, \qquad q, \quad \ldots$$

in

$$\ldots\, p + \alpha q, \qquad q, \quad \ldots$$

oder in

$$\ldots \quad p, \qquad q + \alpha p, \ldots,$$

wo α eine beliebige Zahl ist.

Anm. Die Wahl des Ausdrucks bezieht sich auf den Gegensatz zu einer weiter unten zu behandelnden Aenderung, welche ich circuläre Aenderung nenne. Beide Ausdrücke gehen auf die Geometrie zurück und zwar auf die beiden Fundamentalgebilde der Geometrie, die gerade Linie und den Kreis, oder vielmehr auf das Lineal und den Zirkel, indem, wie ich später zeigen werde, die lineale Aenderung in der Geometrie sich einfach mittelst des Lineals, die circuläre mittelst des Zirkels bewerkstelligen lässt.

72. *Bei der linealen Aenderung einer Grössenreihe bleibt das kombinatorische Produkt dieser Grössenreihe ungeändert.*

Beweis. Nach 67 ändert ein kombinatorisches Produkt seinen Werth nicht, wenn man zu einem Faktor ein beliebiges Vielfaches eines andern Faktors desselben addirt, also ändert es seinen Werth nicht bei einfacher linealer Aenderung seiner Faktoren, also auch nicht bei mehrfacher.

73. *Man kann durch lineale Aenderung zwei beliebige Grössen einer*
45 *Reihe beliebig im umgekehrten Verhältniss † ändern; das heisst, es lässt*
sich durch lineale Aenderung umwandeln die Reihe

$$\ldots\, p,\ \ldots\, q,\ \ldots$$

in

$$\ldots\, \alpha p,\ \ldots\, \frac{q}{\alpha},\ \ldots .$$

Beweis. *Erstens* seien p und q zwei aufeinander folgende Grössen der Reihe, so lässt sich (nach 71) durch lineale Aenderung nach und nach verwandeln:

$$p, \qquad q$$

in

$$p, \qquad q + (\alpha - 1)p,$$

dies wieder in

$$p + q + (\alpha - 1)p, \qquad q + (\alpha - 1)p,$$

das heisst in

$$\alpha p + q, \qquad q + (\alpha - 1)p;$$

dies in

$$\alpha p + q, \qquad q + (\alpha - 1)p - \frac{\alpha - 1}{\alpha}(\alpha p + q),$$

das heisst in

$$\alpha p + q, \qquad \frac{q}{\alpha},$$

und dies endlich in

$$\alpha p + q - q, \qquad \frac{q}{\alpha},$$

das heisst in

$$\alpha p, \qquad \frac{q}{\alpha}.$$

Zweitens: Sind p und q durch die Grössen $p_1, p_2, \ldots p_n$ getrennt, so verwandelt sich durch lineale Aenderung, indem man die im ersten Theil als zulässig erwiesene Umwandlung anwendet,

$$p,\ p_1,\ p_2,\ \dots\ p_n,\ q$$

in

$$\alpha p,\ \frac{p_1}{\alpha},\ p_2,\ \dots\ p_n,\ q,$$

dies in

$$\alpha p,\ p_1,\ \frac{p_2}{\alpha},\ \dots\ p_n,\ q,$$

und, indem man so fortfährt, so erhält man zuletzt

$$\alpha p,\ p_1,\ p_2,\ \dots\ p_n,\ \frac{q}{\alpha},$$

das heisst

$$\dots\ p,\qquad \dots\qquad q,\ \dots$$

geht über in

$$\dots\ \alpha p,\qquad \dots\qquad \frac{q}{\alpha},\ \dots.$$

74. *Aus einer beliebigen Grössenreihe kann man durch lineale Aenderung jede andere Reihenfolge derselben Grössen ableiten, vorausgesetzt, dass man für den Fall, dass das kombinatorische Produkt der abgeleiteten Grössenreihe dem der ursprünglichen entgegengesetzt ist, das Vorzeichen von einer der Grössen der neuen Reihe ändert; das heisst, wenn* $a', b', c', \dots$ *dieselben Grössen sind wie* $a, b, c, \dots,$ *nur in anderer Reihenfolge, so lässt sich durch lineale Aenderung umwandeln:*

$$a,\ b,\ c,\ \dots\ \textit{in:}\quad a',\ b',\ c',\ \dots$$ 46

wenn

$$[abc\ \dots] = [a'b'c'\ \dots]$$

ist, hingegen

$$a,\ b,\ c,\ \dots\ \textit{in:}\quad -a',\ b',\ c',\ \dots$$

wenn

$$[abc\ \dots] = -[a'b'c'\ \dots]$$

ist.

Beweis. 1. Wenn p und q zwei beliebige {auf einander folgende} Grössen jener Reihe sind, so verwandeln sich durch lineale Aenderung, indem man nämlich abwechselnd zum ersten und zweiten Faktor beziehlich den zweiten und ersten addirt und subtrahirt, Schritt für Schritt

$$p,\qquad q$$

in

$$p+q,\qquad q,$$

dies in

$$p+q,\qquad q-(p+q),$$

das heisst, in

$$p+q,\qquad -p,$$

dies in

$$q,\qquad -p.$$

2. Man kann also durch lineale Aenderung zwei aufeinander folgende Grössen der Reihe in die umgekehrte Ordnung bringen, wenn

man nur das Vorzeichen der einen ändert. Somit kann man auch durch lineale Aenderung jede Grösse der Reihe auf jede Stelle bringen, bei gehöriger Zeichenänderung.

Es seien nun $a', b', c', \ldots$ dieselben Grössen wie $a, b, c, \ldots$ aber in anderer Reihenfolge, so wird man die Reihe $a, b, c, \ldots$ durch lineale Aenderung in eine Reihe umwandeln können, deren Grössen der Reihe nach mit $a', b', c', \ldots$ entweder gleich oder ihnen entgegengesetzt sind. Nun kann man (nach 73) durch lineale Aenderung zwei beliebige Grössen p, q einer Reihe im umgekehrten Verhältniss ändern, das heisst, so ändern, dass, wenn die eine Grösse p in αp übergeht, dann die andere q in $\frac{q}{\alpha}$ übergehe; also kann man namentlich die zuletzt gefundene Reihe so ändern, dass jede beliebige Grösse p derselben, welche einer der Grössen $a, b, c, \ldots$ entgegengesetzt ist, in $(-1)p$, das heisst in $-p$, übergeht, während die erste Grösse jener Reihe, nämlich $\mp a'$ in $\mp \frac{a'}{-1}$, das heisst in $\pm a'$ übergeht. Wendet man diese Aenderung nach und nach auf jede Grösse jener Reihe an, welche einer der Grössen $a, b, c, \ldots$ entgegengesetzt ist, nur nicht auf die erste Grösse $\mp a'$ jener Reihe, so erhält man zuletzt entweder die Reihe

$$a', b', c', \ldots \text{ oder } -a', b', c', \ldots,$$

47 wo noch das Vorzeichen von a' zu bestimmen ist. Da nun † diese Reihe aus $a, b, c, \ldots$ durch lineale Aenderung hervorgegangen ist, so muss (nach 72) im ersten Falle

$$[abc \ldots] = [a'b'c' \ldots],$$

im zweiten

$$[abc \ldots] = [-a'b'c' \ldots] = -[a'b'c' \ldots]$$

sein.

75. *Wenn man zu irgend einer Grösse* (p) *einer Grössenreihe ein Vielfaches einer andern Grösse* (q) *jener Reihe addirt, also statt* p *setzt* $p + \alpha q$, *während man alle übrigen Grössen jener Reihe unverändert lässt, so lässt sich die so hervorgehende Reihe aus der ursprünglichen durch lineale Aenderung ableiten, das heisst, es lässt sich durch lineale Aenderung umwandeln*

$$p, \quad \ldots \quad q$$

in

$$p + \alpha q, \quad \ldots \quad q,$$

oder auch in

$$p, \quad \ldots \quad q + \alpha p.$$

Beweis. Wenn in der gegebenen Reihe zwischen p und q keine Grösse steht, so folgt das zu erweisende unmittelbar aus der Definition [71]. Stehen zwischen p und q die Grössen $p_1, p_2, \ldots p_n$, so ist (nach 74) durch lineale Aenderung umzuwandeln

$$p, \quad p_1, \; p_2, \ldots \; p_n, \quad q$$

in

$$p, \quad q, \; p_1, \; p_2, \; \ldots \; \mp p_n;$$

und dies (nach 71) in

$$p + \alpha q, \; q, \; p_1, \; p_2, \; \ldots \; \mp p_n;$$

dies wieder (nach 74) in

$$p + \alpha q, \; p_1, \; p_2, \ldots \; p_n, \; \mp q,$$

wo das Vorzeichen von q noch zu bestimmen ist.

Da die letzte Reihe aus der ersten durch lineale Aenderung hervorgegangen ist, so ist das kombinatorische Produkt der ersten Reihe (nach 72) dem der letzten gleich; also

$$\begin{aligned}[pp_1p_2 \ldots p_nq] &= [(p + \alpha q)p_1p_2 \ldots p_n(\mp q)] \\ &= \mp [(p + \alpha q)p_1p_2 \ldots p_nq].\end{aligned}$$

Aber es ist (nach 67)

$$[pp_1p_2 \ldots p_nq] = + [(p + \alpha q)p_1p_2 \ldots p_nq],$$

das heisst, es gilt in der vorigen Formel das $+$Zeichen, also haben wir statt $\mp q$ zu setzen q, das heisst, die gewonnene Reihe ist $p + \alpha q$, $p_1, p_2, \ldots p_n, q$. Es verwandelt sich also durch lineale Aenderung

$$p, \ldots q \quad \text{in:} \quad p + \alpha q, \ldots q,$$

und auf dieselbe Weise folgt, dass sich auch durch lineale Aenderung 48
umwandeln lässt

$$p, \ldots q \quad \text{in:} \quad p, \ldots q + \alpha p.$$

76. *Wenn zwei von Null verschiedene kombinatorische Produkte einander gleich sind, so lassen sich die einfachen Faktoren des einen aus denen des andern durch lineale Aenderung ableiten, das heisst, wenn*

(a) $$[abc \ldots] = [ABC \ldots] \gtrless 0$$

ist, so lässt sich durch lineale Aenderung die Grössenreihe

(b) $$a, b, c, \ldots \textit{ in: } A, B, C, \ldots$$

umwandeln [Umkehrung von 72].

Beweis. Da die von Null verschiedenen kombinatorischen Produkte $[abc \ldots]$ und $[ABC \ldots]$ einander gleich sind, und sie also in einer Zahlbeziehung zu einander stehen, so müssen (nach 70) die aus ihren einfachen Faktoren ableitbaren Gebiete identisch sein; das heisst, die aus der Grössenreihe $a, b, c, \ldots$ numerisch ableitbaren Grössen müssen auch aus $A, B, C, \ldots$ numerisch ableitbar sein und umgekehrt.

Also müssen namentlich $A, B, C, \ldots$ selbst aus $a, b, c, \ldots$ numerisch ableitbar sein. In den Ausdrücken dieser Ableitung darf nicht der Koefficient von irgend einer der Grössen $a, b, c, \ldots$, zum Beispiel der von a, in allen gleichzeitig null sein; denn sonst wären die Grössen $A, B, C, \ldots$, deren Anzahl n sei, aus den $n-1$ Grössen $b, c, \ldots$ ableitbar; also würde (nach 22) eine Zahlbeziehung zwischen ihnen herrschen, ihr Produkt also (nach 61) null sein, gegen die Annahme.

Es sei a' eine der Grössen $A, B, C, \ldots$ und zwar eine solche, in deren Ableitungsausdruck der Koefficient von a nicht null sei, und sei

$$a' = \alpha_1 a + \beta_1 b + \cdots,$$

wo also $\alpha_1 \gtrless 0$ ist; so lässt sich durch lineale Aenderung nach und nach umwandeln

$$a, \qquad b, c, \ldots l$$

in

$$\alpha_1 a, \qquad b, c, \cdots \frac{l}{\alpha_1}, \qquad [73]$$

dies in

$$\alpha_1 a + \beta_1 b + \cdots, \quad b, c, \cdots \frac{l}{\alpha_1}, \qquad [75]$$

das heisst in

$$a', \qquad b, c, \cdots \frac{l}{\alpha_1}.$$

49 Nun muss aber (nach 19) das aus $a', b, c, \ldots$ ableitbare Gebiet identisch sein dem aus $a, b, c, \ldots$ ableitbaren, also müssen namentlich die Grössen $A, B, C, \ldots$ aus $a', b, c, \ldots$ ableitbar sein. Nun ist es wieder, aus demselben Grunde wie vorher, unmöglich, dass der Koefficient von b in allen Ausdrücken dieser Ableitung zugleich null sei. Es sei b' eine der Grössen $A, B, C, \ldots$ und zwar eine solche, in der jener Koefficient nicht null ist, und sei

$$b' = \alpha_2 a' + \beta_2 b + \gamma_2 c + \cdots,$$

so lässt sich durch lineale Aenderung, auf dieselbe Weise wie vorher,

$$a', b, c, \cdots \frac{l}{\alpha_1}$$

umwandeln in

$$a', b', c, \cdots \frac{l}{\alpha_1 \beta_2}.$$

Ebenso sei {c' eine der Grössen $A, B, C, \ldots$ und zwar sei}

$$c' = \alpha_3 a' + \beta_3 b' + \gamma_3 c + \delta_3 d + \cdots,$$

wo γ_3 ungleich Null ist, so lässt sich wieder durch lineale Aenderung

$$a', b', c, \cdots\cdots \frac{l}{\alpha_1 \beta_2}$$

umwandeln in

$$a', b', c', d, \cdots \frac{l}{\alpha_1 \beta_2 \gamma_3}.$$

Auf diese Weise fahre man fort bis zur vorletzten Grösse. Diese sei k, so erhält man zuletzt die Grössenreihe

$$a',\ b',\ c',\ \ldots,\ k',\ \frac{l}{\alpha_1\,\beta_2\,\gamma_3\,\ldots\,\varkappa_{n-1}}.$$

Da nun diese Grössenreihe aus der ursprünglichen $a, b, c, \ldots$ hervorgegangen ist, so muss (nach 72) ihr kombinatorisches Produkt gleich dem jener Grössenreihe sein; also

$$\left[a'b'c'\ldots k'\ \frac{l}{\alpha_1\,\beta_2\,\gamma_3\,\ldots\,\varkappa_{n-1}}\right] = [abc\ldots kl].$$

Ferner sind die $n-1$ Grössen $a', b', c', \ldots k'$ aus der Reihe der n Grössen $A, B, C, \ldots K, L$ entnommen, und da $a', b', c', \ldots k'$ alle von einander verschieden sein müssen, weil sonst (nach 60) das kombinatorische Produkt derselben null wäre, was vermöge der soeben entwickelten Gleichung mit der Voraussetzung streitet, so kann von den Grössen $A, B, C, \ldots K, L$ nur noch eine übrig sein, welche nicht unter den Grössen $a', b', c', \ldots k'$ enthalten ist. Dies sei l' und sei $l = \alpha_n a' + \beta_n b' + \cdots + \varkappa_n k' + \lambda_n l'$, so verwandelt sich die zuletzt 50
gewonnene Reihe durch lineale Aenderung in

$$a',\ b',\ c',\ \ldots\ k',\ \frac{\lambda_n l'}{\alpha_1\,\beta_2\,\gamma_3\,\ldots\,\varkappa_{n-1}}.$$

Die Grössenreihe $a', b', c', \ldots k', l'$ enthält aber dieselben Grössen, wie die Reihe $A, B, C, \ldots K, L$, nur in anderer Ordnung; also ist (nach 74) $a', b', c', \ldots k', l'$ durch lineale Aenderung umzuwandeln in $A, B, C, \ldots K, \mp L$, also auch

$$a',\ b',\ c',\ \ldots\ k',\quad \frac{\lambda_n l'}{\alpha_1\,\beta_2\,\ldots\,\varkappa_{n-1}}$$

in

$$A,\ B,\ C,\ \ldots\ K,\ \mp\frac{\lambda_n L}{\alpha_1\,\beta_2\,\ldots\,\varkappa_{n-1}},$$

indem es (nach 73) gleichgültig ist, zu welcher Grösse man den Zahlfaktor $\frac{\mp\lambda_n}{\alpha_1\,\beta_2\,\ldots\,\varkappa_{n-1}}$ hinzufügt. Es sei dieser Zahlfaktor $=\varepsilon$, so ist also durch lineale Aenderung aus $a, b, c, \ldots k, l$ schliesslich hervorgegangen $A, B, C, \ldots K, \varepsilon L$. Also ist (nach 72)

$$[abc\ldots kl] = [ABC\ldots K.\varepsilon L] = \varepsilon[ABC\ldots KL].$$

Es ist aber auch nach der Hypothesis

$$[abc\ \ldots\ kl] = [ABC\ \ldots\ KL].$$

Also auch

$$\varepsilon[ABC\ldots KL] = [ABC\ldots KL],$$

das heisst $\varepsilon = 1$, also ist $\varepsilon L = L$, und somit hat sich durch lineale Aenderung umgewandelt die Reihe:

$$a,\ b,\ c,\ \ldots\ k,\ l \text{ in } A,\ B,\ C,\ \ldots\ K,\ L,$$

eine Umwandlung, deren Möglichkeit zu erweisen war.

77. Erklärung. Die multiplikativen Kombinationen der ursprünglichen Einheiten zur m-ten Klasse nenne ich Einheiten m-ter Stufe, eine aus diesen Einheiten numerisch abgeleitete Grösse eine Grösse m-ter Stufe, und zwar eine einfache, wenn sie sich als kombinatorisches Produkt von m Grössen erster Stufe darstellen lässt, eine zusammengesetzte, wenn dies nicht möglich ist. {Die Zahlen sollen hierbei als Grössen nullter Stufe gelten.}

Das aus den einfachen Faktoren einer einfachen Grösse ableitbare Gebiet nenne ich das dieser Grösse zugehörige Gebiet, kurz das Gebiet dieser Grösse. Ich nenne endlich eine einfache Grösse A einer andern
51 übergeordnet, untergeordnet, † oder mit ihr incident, je nachdem dies von den Gebieten dieser Grössen gilt (vgl. Nr. 15).

77 b. Zusatz. *Ein kombinatorisches Produkt aus m Grössen erster Stufe ist eine einfache Grösse m-ter Stufe* {77}, *und ist aus den Einheiten m-ter Stufe numerisch ableitbar* {65}.

Anm. Als Beispiel einer zusammengesetzten Grösse führe ich hier die Summe $[ab] + [cd]$ an, wenn a, b, c, d vier in keiner Zahlbeziehung zu einander stehende Grössen sind. Sollte nämlich $[ab] + [cd]$ eine einfache Grösse, etwa $= [pq]$ sein, so müsste

$$[(ab + cd)\,(ab + cd)] = [pqpq] = 0$$

sein (nach 60); aber

$$[(ab + cd)\,(ab + cd)] = [abcd] + [cdab],$$

da $[abab]$ und $[cdcd]$ null sind. Aber (nach 58) ist $[abcd] = [cdab]$. Also

$$[(ab + cd)\,(ab + cd)] = 2\,[abcd].$$

Somit müsste, wenn $[ab] + [cd]$ eine einfache Grösse wäre, $[abcd] = 0$ sein, also (nach 66) a, b, c, d in einer Zahlbeziehung stehen, was der Voraussetzung widerstreitet.

§ 3. Aeussere Multiplikation von Grössen höherer Stufe.

78. Erklärung. Zwei Einheiten höherer Stufe äusserlich multipliciren, heisst die einfachen Faktoren derselben, ohne ihre Reihenfolge zu verändern, kombinatorisch multipliciren, das heisst

$$[(e_1 e_2 \ldots e_m)\,(e_{m+1} \ldots e_n)] = [e_1 e_2 \ldots e_n].$$

Anm. Den Namen der äusseren Multiplikation habe ich gewählt, um zu bezeichnen, dass das Produkt nur dann geltenden Werth hat, wenn der eine Faktor ganz ausserhalb des Gebietes des andern liegt. Es steht der äusseren Multiplikation die innere (s. Kap. 4) gegenüber.

79. *Statt eine einfache Grösse A mit einer andern B äusserlich zu multipliciren, kann man nach der Reihe die einfachen Faktoren der ersten mit denen der zweiten kombinatorisch multipliciren, das heisst*

$$[(ab\ldots)(cd\ldots)] = [ab\ldots cd\ldots].$$

Beweis. Es seien $e_1, \ldots e_n$ die ursprünglichen Einheiten, und sei

$$a = \Sigma\alpha_{\mathfrak{a}} e_{\mathfrak{a}}, \quad b = \Sigma\beta_{\mathfrak{b}} e_{\mathfrak{b}}, \ldots, \quad c = \Sigma\gamma_{\mathfrak{c}} e_{\mathfrak{c}}, \quad d = \Sigma\delta_{\mathfrak{d}} e_{\mathfrak{d}}, \ldots,$$

so ist

$$[(ab\ldots)(cd\ldots)] = [(\Sigma\alpha_{\mathfrak{a}} e_{\mathfrak{a}} . \Sigma\beta_{\mathfrak{b}} e_{\mathfrak{b}} \ldots)(\Sigma\gamma_{\mathfrak{c}} e_{\mathfrak{c}} . \Sigma\delta_{\mathfrak{d}} e_{\mathfrak{d}} \ldots)]$$

$$= [\Sigma\{\alpha_{\mathfrak{a}}\beta_{\mathfrak{b}} \ldots [e_{\mathfrak{a}} e_{\mathfrak{b}} \ldots]\} . \Sigma\{\gamma_{\mathfrak{c}}\delta_{\mathfrak{d}} \ldots [e_{\mathfrak{c}} e_{\mathfrak{d}} \ldots]\}] \qquad [45]$$

$$= \Sigma\{\alpha_{\mathfrak{a}}\beta_{\mathfrak{b}} \ldots \gamma_{\mathfrak{c}}\delta_{\mathfrak{d}} \ldots [(e_{\mathfrak{a}} e_{\mathfrak{b}} \ldots)(e_{\mathfrak{c}} e_{\mathfrak{d}} \ldots)]\} \qquad [42]$$ 52

$$= \Sigma\{\alpha_{\mathfrak{a}}\beta_{\mathfrak{b}} \ldots \gamma_{\mathfrak{c}}\delta_{\mathfrak{d}} \ldots [e_{\mathfrak{a}} e_{\mathfrak{b}} \ldots e_{\mathfrak{c}} e_{\mathfrak{d}} \ldots]\} \qquad [78]$$

$$= [\Sigma\alpha_{\mathfrak{a}} e_{\mathfrak{a}} . \Sigma\beta_{\mathfrak{b}} e_{\mathfrak{b}} \ldots \Sigma\gamma_{\mathfrak{c}} e_{\mathfrak{c}} . \Sigma\delta_{\mathfrak{d}} e_{\mathfrak{d}} \ldots] \qquad [45]$$

$$= [ab\ldots cd\ldots].$$

79b. Zusatz. *Wenn eine einfache Grösse A, welche nicht null ist, einer andern B, welche gleichfalls nicht null ist, untergeordnet ist, so lässt sich die letztere als äusseres Produkt darstellen, dessen einer Faktor A und dessen anderer Faktor eine einfache Grösse C ist, also in der Form*

$$B = [AC].$$

Beweis. Nach 77 ist A dem B untergeordnet, wenn das Gebiet von A dem von B untergeordnet ist, das heisst (nach 15), wenn jede Grösse des ersten Gebietes zugleich Grösse des zweiten ist. Es sei $A = [a_1 a_2 \ldots a_m]$, wo $a_1, \ldots a_m$ Grössen erster Stufe sind, so stehen diese, da A ungleich Null sein soll, in keiner Zahlbeziehung zu einander (61). Ferner sei $B = [b_1 \ldots b_n]$. Da nun die Grössen $a_1, \ldots a_m$ dem Gebiete B angehören sollen, so müssen sie aus $b_1, \ldots b_n$ numerisch ableitbar sein. Dann aber kann man (nach 20) zu den Grössen $a_1, \ldots a_m$ noch $(n - m)$ Grössen $a_{m+1}, \ldots a_n$ von der Art hinzufügen, dass die Gebiete $a_1, \ldots a_n$ und $b_1, \ldots b_n$ identisch sind. Ist aber dies der Fall, so müssen (nach 70) die Produkte $[a_1 \ldots a_n]$ und $[b_1 \ldots b_n]$ in einer Zahlbeziehung zu einander stehen. Es sei

$$[b_1 \ldots b_n] = \alpha[a_1 \ldots a_n] = \alpha[a_1 \ldots a_m a_{m+1} \ldots a_n]$$

$$= [(a_1 \ldots a_m) . \alpha(a_{m+1} \ldots a_n)] \quad [79, \{46\}].$$

Also, wenn noch

$$\alpha[a_{m+1} \ldots a_n] = C$$

gesetzt wird, so wird

$$B = [AC].$$

80. *Die Klammersetzung in einem äusseren Produkt ist gleichgültig für das Resultat, das heisst*

$$[A(BC)] = [ABC].$$

Beweis. 1. Es seien A, B, C einfache Grössen $A = [a_1 \dots a_q]$, $B = [b_1 \dots b_r]$, $C = [c_1 \dots c_s]$, so ist

$$\begin{aligned}[A(BC)] &= [a_1 \dots a_q((b_1 \dots b_r)(c_1 \dots c_s))] \\ &= [a_1 \dots a_q(b_1 \dots b_r c_1 \dots c_s)] && [79] \\ &= [a_1 \dots a_q b_1 \dots b_r c_1 \dots c_s] && [79] \\ &= [(a_1 \dots a_q)(b_1 \dots b_r)(c_1 \dots c_s)] && [79] \\ &= [ABC].\end{aligned}$$

2. Es seien A, B, C Summen einfacher Grössen, $A = \Sigma A_{\mathfrak{a}}$, $B = \Sigma B_{\mathfrak{b}}$, $C = \Sigma C_{\mathfrak{c}}$, so ist

$$\begin{aligned}[A(BC)] &= [\Sigma A_{\mathfrak{a}} . (\Sigma B_{\mathfrak{b}} . \Sigma C_{\mathfrak{c}})] = \Sigma[A_{\mathfrak{a}}(B_{\mathfrak{b}} C_{\mathfrak{c}})] && [42] \\ &= \Sigma[A_{\mathfrak{a}} B_{\mathfrak{b}} C_{\mathfrak{c}}] && [\text{Beweis } 1] \\ &= [\Sigma A_{\mathfrak{a}} . \Sigma B_{\mathfrak{b}} . \Sigma C_{\mathfrak{c}}] && [45] \\ &= [ABC].\end{aligned}$$

81. *Wenn $a_1, \dots a_m$, $b_1, \dots b_n$ Grössen erster Stufe sind, welche in keiner Zahlbeziehung zu einander stehen, und A aus $a_1, \dots a_m$ durch Addition und Multiplikation hervorgegangen ist und B aus $b_1, \dots b_n$, und*

$$[AB] = 0$$

ist, so muss entweder $A = 0$ oder $B = 0$ sein.

Beweis. Es sei A von α-ter Stufe, B von β-ter Stufe, und seien $A_1, A_2, \dots$ die multiplikativen Kombinationen aus $a_1, \dots a_m$ zur α-ten Klasse, $B_1, B_2, \dots$ die zur β-ten Klasse aus $b_1, \dots b_n$, so sind (nach 77) A und B darstellbar in den Formen

$$A = \Sigma \alpha_{\mathfrak{a}} A_{\mathfrak{a}}, \quad B = \Sigma \beta_{\mathfrak{b}} B_{\mathfrak{b}},$$

also ist

$$[AB] = \Sigma \alpha_{\mathfrak{a}} \beta_{\mathfrak{b}} [A_{\mathfrak{a}} B_{\mathfrak{b}}].$$

Hier sind die $[A_{\mathfrak{a}} B_{\mathfrak{b}}]$ als multiplikative Kombinationen von $a_1, \dots a_m$, $b_1, \dots b_n$ zu betrachten. Sie stehen also (nach 69) in keiner Zahlbeziehung zu einander. Also ist (nach 28)

$$\alpha_r \beta_s = 0$$

für jedes r und s; also wenn $B \gtrless 0$ ist, das heisst, irgend eine der Grössen β_s ungleich Null ist, so folgt $\alpha_r = 0$ für jedes r, das heisst $A = 0$.

82. *Wenn eine Summe S einfacher Grössen mit einer von Null verschiedenen Grösse erster Stufe a äusserlich multiplicirt Null giebt, so lässt sich die erstere (S) als äusseres Produkt darstellen, in welchem a ein Faktor ist, das heisst in der Form*

$$S = [aP], \textit{ wenn } [aS] = 0.$$

54 Beweis. Es sei S eine Summe von Grössen m-ter Stufe und

seien $e_1, e_2, \ldots e_n$ die ursprünglichen Einheiten, so kann man (nach 20) zu a stets noch $(n-1)$ andere Grössen $b, c, \ldots$ der Art hinzufügen, dass sich die Grössen $e_1, \ldots e_n$ aus $a, b, c, \ldots$ numerisch ableiten lassen. Dann lässt sich auch jeder einfache Faktor in jeder der Grössen m-ter Stufe, deren Summe S ist, aus $a, b, c, \ldots$ numerisch ableiten. Also lässt sich jede dieser Grössen, und also auch ihre Summe S, aus den multiplikativen Kombinationen zur m-ten Klasse aus $a, b, c, \ldots$ ableiten.

Es seien nun $[aB_1], [aB_2], \ldots$ diejenigen unter diesen Kombinationen, welche a enthalten, und $C_1, C_2, \ldots$ diejenigen unter ihnen, welche a nicht enthalten, und sei

$$S = \beta_1[aB_1] + \beta_2[aB_2] + \cdots + \gamma_1 C_1 + \gamma_2 C_2 + \cdots.$$

Da nun nach der Annahme $[aS] = 0$ sein soll, so hat man

$$0 = [aS] = \gamma_1[aC_1] + \gamma_2[aC_2] + \cdots,$$

da $[aaB_1], [aaB_2], \ldots$ null sind. Da nun a nicht in $C_1, C_2, \ldots$ enthalten ist, so sind $[aC_1], [aC_2], \ldots$ {lauter verschiedene} multiplikative Kombinationen, stehen also in keiner Zahlbeziehung zu einander. Somit folgt aus der obigen Gleichung $0 = \gamma_1[aC_1] + \gamma_2[aC_2] + \cdots$, dass $\gamma_1, \gamma_2, \ldots$ alle null sind (nach 28). Folglich ist

$$S = \beta_1[aB_1] + \beta_2[aB_2] + \cdots$$
$$= [a(\beta_1 B_1 + \beta_2 B_2 + \cdots)] = [aP],$$

wenn

$$P = \beta_1 B_1 + \beta_2 B_2 + \cdots$$

gesetzt wird.

83. *Wenn eine Summe S einfacher Grössen mit jeder von m, in keiner Zahlbeziehung zu einander stehenden Grössen erster Stufe $a_1, \ldots a_m$ äusserlich multiplicirt Null giebt, so lässt sich S als äusseres Produkt darstellen, in welchem $a_1, \ldots a_m$ Faktoren sind, das heisst in der Form*

$$S = [a_1 a_2 \ldots a_m S_m],$$

wenn

$$0 = [a_1 S] = [a_2 S] = \cdots = [a_m S].$$

Beweis. Es seien $e_1, \ldots e_n$ die ursprünglichen Einheiten, so lassen sich (nach 20) zu $a_1, \ldots a_m$ noch $n - m$ andere Grössen $a_{m+1}, \ldots a_n$ der Art hinzufügen, dass sich $e_1, \ldots e_n$ aus $a_1, \ldots a_n$ numerisch ableiten lassen. Demnach lassen sich auch alle in S vorkommenden Grössen erster Stufe aus $a_1, \ldots a_n$ numerisch ableiten.

Nun ist angenommen $[a_1 S] = 0$, folglich lässt sich † (nach 82) 55
S in der Form $S = [a_1 S_1]$ darstellen. Hier ist S_1 wieder eine Summe einfacher Grössen. Stellt man die einfachen Faktoren dieser Grössen als Vielfachensummen von $a_1, \ldots a_n$ dar, so kann man, ohne den Werth

des Produktes $[a_1 S_1]$ zu ändern, (nach 67) in allen diesen Vielfachensummen das Glied, das a_1 enthält, weglassen. Nachdem dies geschehen, habe sich S_1 in P_1 verwandelt, so ist

$$S = [a_1 S_1] = [a_1 P_1],$$

wo P_1 nur aus den Grössen $a_2, \ldots a_n$ hervorgegangen ist (kein a_1 enthält).

Nun ist ferner $[a_2 S] = 0$, das heisst

$$0 = [a_2 a_1 P_1], \quad \text{oder (nach 55)} \quad [a_1 a_2 P_1] = 0.$$

Da nun $[a_2 P_1]$ nur aus den Grössen $a_2, \ldots a_n$ erzeugt ist, so muss (nach 81) entweder a_1 oder $[a_2 P_1]$ null sein. Das erste ist gegen die Annahme, also $[a_2 P_1] = 0$. Somit muss P_1 in der Form $[a_2 S_2]$ darstellbar sein; hier kann wieder in S_2 die Grösse a_2 fortgeschafft werden, ohne den Werth des Produktes $[a_2 S_2]$ zu ändern; es sei $P_1 = [a_2 S_2] = [a_2 P_2]$, wo P_2 nur noch aus $a_3, \ldots a_n$ erzeugt ist (ohne a_1 und a_2), so ist

$$S = [a_1 a_2 S_2] = [a_1 a_2 P_2].$$

Dann ist $[a_3 S] = 0$, also

$$[a_3 a_1 a_2 P_2] = 0, \quad \text{oder} \quad [a_1 a_2 a_3 P_2] = 0.$$

Da nun $[a_3 P_2]$ nur aus $a_3, \ldots a_n$ erzeugt ist, so muss (nach 81) entweder $[a_1 a_2]$ null sein, oder $[a_3 P_2]$. Ersteres ist nicht möglich, weil sonst (nach 66) zwischen a_1 und a_2 eine Zahlbeziehung herrschen würde, gegen die Voraussetzung. Es muss also $[a_3 P_2] = 0$ {sein}, also P_2 in der Form darstellbar $P_2 = [a_3 P_3]$, wo wieder P_3 nur aus $a_4, \ldots a_n$ erzeugt ist, und so fort, bis endlich

$$S = [a_1 a_2 \ldots a_m S_m]$$

wird.

84. *Wenn eine Summe S von Grössen m-ter Stufe mit jeder von m Grössen erster Stufe $a_1, \ldots a_m$, die in keiner Zahlbeziehung zu einander stehen, äusserlich multiplicirt Null giebt, so ist S dem äusseren Produkte dieser m Grössen kongruent, das heisst, wenn*

$$0 = [a_1 S] = \cdots = [a_m S], \quad \textit{so ist} \quad S \equiv [a_1 \ldots a_m].$$

Beweis. Dann ist (nach 83) S in der Form $[a_1 \ldots a_m S_m]$ dar-
56 stellbar; hier muss, da S ein Ausdruck m-ter Stufe ist, † S_m von nullter Stufe, also eine Zahl sein {77}, und dann können wir (nach 2) statt $S = [a_1 \ldots a_m S_m]$ schreiben

$$S \equiv [a_1 \ldots a_m].$$

85. *Wenn es $m + 1$ Grössen {erster Stufe} $a_1, \ldots a_{m+1}$ giebt, deren jede mit einer Summe S von Grössen m-ter Stufe äusserlich multiplicirt Null giebt, so ist entweder $S = 0$ oder $[a_1 \ldots a_{m+1}] = 0$.*

Beweis. Gesetzt, es sei $[a_1 \ldots a_{m+1}]$ nicht null, also auch $[a_1 \ldots a_m]$

nicht null, also $a_1, \ldots a_m$ in keiner Zahlbeziehung zu einander stehend, so ist, da zugleich $[a_1 S] = [a_2 S] = \cdots = [a_m S] = 0$ ist, (nach 84) $S = \alpha[a_1 \ldots a_m]$. Nun soll aber auch $[a_{m+1} S] = 0$, also $\alpha[a_1 \ldots a_{m+1}] = 0$ {sein}, also, da $[a_1 \ldots a_{m+1}]$ nach der Annahme von Null verschieden ist, so muss $\alpha = 0$ {sein}, also auch $S = \alpha[a_1 \ldots a_m] = 0$, das heisst, es ist entweder $[a_1 \ldots a_{m+1}]$ oder S null.

§ 4. Ergänzung der Grössen in Bezug auf ein Hauptgebiet.

86. Erklärung. Hauptgebiet nenne ich das Gebiet der ursprünglichen Einheiten, aus welchen alle der Betrachtung unterworfenen Grössen hervorgegangen sind.

87. *Zwei einfache Grössen A und B lassen sich, wenn die Summe ihrer Stufenzahlen die des Hauptgebietes um γ übertrifft, in der Form darstellen*

$$A = [CA_1], \quad B = [CB_1],$$

wo {A_1 und B_1 einfache Grössen sind, und} C eine einfache Grösse von γ-ter Stufe ist.

Beweis. Es sei α die Stufenzahl von A, β die von B, n die des Hauptgebietes, also

$$\alpha + \beta = n + \gamma.$$

Dann haben (nach 26) die Gebiete {von} A und B mindestens ein Gebiet $(\alpha + \beta - n)$-ter, also γ-ter Stufe gemein. Es sei C eine {einfache} Grösse γ-ter Stufe dieses Gebietes, so ist C sowohl der Grösse A, als der Grösse B untergeordnet, also (nach 79b) A in der Form $[CA_1]$ und B in der Form $[CB_1]$ darstellbar, {wo auch A_1 und B_1 einfache Grössen sind}.

88. *Einfache Grössen $(n-1)$-ter Stufe in einem Hauptgebiete n-ter Stufe geben zur Summe wieder eine einfache Grösse $(n-1)$-ter Stufe.*

Beweis. Es seien A und B die beiden Grössen $(n-1)$-ter Stufe, 57
welche in einem Hauptgebiete n-ter Stufe liegen; so müssen sie, da die Summe $(2n-2)$ ihrer Stufenzahlen die des Hauptgebietes um $n-2$ übertrifft, (nach 87) in der Form

$$A = [Ca], \quad B = [Cb]$$

darstellbar sein, wo C eine Reihe von $n-2$ einfachen Faktoren erster Stufe darstellt, a und b aber Faktoren erster Stufe sind, also

$$A + B = [Ca] + [Cb] = [C(a+b)]. \qquad [39]$$

Hier ist $a + b$, als Summe zweier Grössen erster Stufe, wieder eine Grösse erster Stufe, also ist $A + B$ als kombinatorisches Produkt von $n-1$ Grössen erster Stufe darstellbar, also selbst eine {einfache} Grösse $(n-1)$-ter Stufe.

Anm. Hat man in einem Hauptgebiete n-ter Stufe zwei (einfache) Grössen A und B, deren Stufenzahlen grösser als 1 und kleiner als $n-1$ sind, so giebt ihre Summe im Allgemeinen nicht mehr eine einfache Grösse. So zum Beispiel lässt sich, wenn a, b, c, d vier in keiner Zahlbeziehung zu einander stehende Grössen erster Stufe sind, die Summe $S=[ab]+[cd]$ nicht mehr in Form eines kombinatorischen Produktes von Faktoren erster Stufe darstellen. In der That müsste dann (nach 60)

$$[SS]=0$$

sein, also

$$0=[SS]=[(ab+cd)(ab+cd)]=[abcd]+[cdab],$$

da $[abab]$ und $[cdcd]$ (nach 60) null sind. Aber da (nach 58) $[cdab]=[abcd]$ ist, so hätte man dann

$$0=2[abcd],$$

das heisst, es müsste $[abcd]$ null sein, also (nach 66) a, b, c, d in einer Zahlbeziehung zu einander stehen, gegen die Voraussetzung. Also ist S dann nicht in Form eines kombinatorischen Produktes von Grössen erster Stufe darstellbar, und ist also dann eine zusammengesetzte Grösse.

89. Erklärung. Wenn in einem Hauptgebiete n-ter Stufe das kombinatorische Produkt der ursprünglichen Einheiten $e_1, e_2, \ldots e_n$ gleich 1 gesetzt ist, und E eine Einheit beliebiger Stufe, das heisst, entweder eine der ursprünglichen Einheiten oder ein kombinatorisches Produkt von mehreren derselben ist, so nenne ich „Ergänzung von E" diejenige Grösse, welche dem kombinatorischen Produkte E' aller in E nicht vorkommenden Einheiten gleich oder entgegengesetzt ist, je nachdem $[EE']$ der absoluten Einheit gleich oder entgegengesetzt ist;
58 ich bezeichne die Ergänzung einer Grösse † durch einen vor das Zeichen der Grösse gesetzten vertikalen Strich, also die von E durch $|E$. Die Ergänzung einer Zahl setze ich dieser Zahl gleich. Also:

$$|E=[EE']E',$$

wenn E und E' die einfachen Faktoren $e_1, \ldots e_n$ enthalten und

$$[e_1e_2\ldots e_n]=1$$

ist; und

$$|\alpha=\alpha,$$

wenn α eine Zahl ist.

Anm. Bei der Definition ist vorausgesetzt, dass $[EE']$ nur entweder $+1$ oder -1 sein könne. In der That, da E und E' kombinatorische Produkte der ursprünglichen Einheiten sind, und E' alle in E fehlenden Einheiten enthält, so unterscheidet sich $[EE']$ von $[e_1e_2\ldots e_n]$ nur durch die Folge seiner Faktoren, und beide sind also (nach 57) einander entweder gleich oder entgegengesetzt, also da $[e_1e_2\ldots e_n]=1$ ist, so ist $[EE']=\mp 1$.

90. Erklärung. Unter der Ergänzung einer beliebigen Grösse A verstehe ich diejenige Grösse $|A$, die man erhält, wenn man in dem Ausdrucke, welcher die numerische Ableitung jener Grösse aus den Einheiten darstellt, statt jeder dieser Einheiten ihre Ergänzung setzt, das heisst

$$|(\alpha_1 E_1 + \alpha_2 E_2 + \cdots) = \alpha_1 |E_1 + \alpha_2 |E_2 + \cdots,$$

wo E_1, E_2, ... Einheiten beliebiger Stufe sind.

Zusatz. Wenn n die Stufenzahl des Hauptgebietes und α die der Grösse A ist, so ist $n - \alpha$ die der Ergänzung.

Anm. Der vertikale Strich erscheint also nach diesen Definitionen mit den Eigenschaften eines Faktors. Es hat dieser Faktor, wie sich weiter unten zeigen wird, eine auffallende Analogie mit dem imaginären Ausdruck $\sqrt{-1}$, so dass man ihn unter gewissen Umständen dadurch ersetzen kann. Den vertikalen Strich habe ich gewählt, um darauf hinzudeuten, dass, wie ich unten zeigen werde, diese Ergänzung geometrisch durch das auf einem gegebenen Gebilde senkrecht stehende Gebilde dargestellt wird.

91. *Das äussere Produkt einer Einheit in ihre Ergänzung ist* 1, *das heisst*

$$[E|E] = 1.$$

Beweis. Wenn E' das kombinatorische Produkt aller in E nicht enthaltenen ursprünglichen Einheiten ist, so ist (nach 89)

$$|E = \mp E',$$

je nachdem

$$[EE'] = \mp 1.$$

Also, wenn das untere Zeichen gilt, so ist

$$[E|E] = [EE'] = 1,$$

und, wenn das obere gilt, so ist 59

$$[E|E] = -[EE'] = -(-1) = 1.$$

92. *Die Ergänzung der Ergänzung einer Grösse A ist dieser Grösse A gleich oder entgegengesetzt, je nachdem das Produkt der Stufenzahlen dieser Grösse einerseits und ihrer Ergänzung andrerseits gerade oder ungerade ist, das heisst*

$$||A = (-1)^{qr} A,$$

wenn q die Stufenzahl von A und r die von $|A$ ist.

Beweis. Angenommen sei *zuerst*, dass A ein kombinatorisches Produkt der ursprünglichen Einheiten sei, und $B = |A$ seine Ergänzung, so enthält nach der Definition B alle die Einheiten, welche dem A fehlen, und zwar so, dass $[A|A] = 1$, also

$$[AB] = 1$$

ist. Die Ergänzung von B wiederum ist, da A alle Einheiten enthält, die der Grösse B fehlen, (nach 89) der Grösse A gleich oder entgegengesetzt, je nachdem $[BA]$ der absoluten Einheit gleich oder entgegengesetzt ist; nun ist (nach 58) $[BA] = (-1)^{qr}[AB]$, wenn q und r die Stufenzahlen von A und B sind; also, da $[AB] = 1$ ist,

$$[BA] = (-1)^{qr},$$

somit auch die Ergänzung von B gleich $+A$ oder $-A$, je nachdem $(-1)^{qr}$ gleich $+1$ oder -1 ist, das heisst

$$|B = (-1)^{qr} A.$$

Aber B war gleich $|A$ angenommen, somit

$$||A = (-1)^{qr} A,$$

wenn A ein kombinatorisches Produkt der ursprünglichen Einheiten ist.

Es sei *zweitens* A eine beliebige Grösse q-ter Stufe, ihre Ergänzung von r-ter Stufe, und sei

$$A = \alpha_1 E_1 + \alpha_2 E_2 + \cdots,$$

wo $E_1, E_2, \ldots$ kombinatorische Produkte der ursprünglichen Einheiten, $\alpha_1, \alpha_2, \ldots$ Zahlen sind, so ist (nach 90)

$$|A = \alpha_1 |E_1 + \alpha_2 |E_2 + \cdots,$$

somit, da $|E_1$, $|E_2$ wieder Einheitsprodukte sind,

$$||A = \alpha_1 ||E_1 + \alpha_2 ||E_2 + \cdots.$$

60 Nun sind $E_1, E_2, \ldots$ von gleicher Stufe mit A, also von † q-ter Stufe, und ihre Ergänzungen von r-ter Stufe; also ist nach dem ersten Theile des Beweises $||E_1 = (-1)^{qr} E_1$, $||E_2 = (-1)^{qr} E_2, \ldots$, somit

$$\begin{aligned} ||A &= (-1)^{qr}(\alpha_1 E_1 + \alpha_2 E_2 + \cdots) \\ &= (-1)^{qr} A. \end{aligned}$$

93. *Ist die Stufenzahl* (n) *des Hauptgebietes ungerade, so ist*

$$||A = A.$$

Ist n gerade, so ist

$$||A = (-1)^q A,$$

wenn q die Stufenzahl von A ist.

Beweis. Denn dann ist die Stufenzahl von $|A$ gleich $(n-q)$, also (nach 92) $||A = (-1)^{q(n-q)} A$. Ist nun n ungerade, so ist entweder q oder $n-q$ gerade, also $(-1)^{q(n-q)} = 1$ und also dann $||A = A$. Ist n gerade, so ist $q(n-q)$ gerade oder ungerade, je nachdem q es ist, also dann $(-1)^{q(n-q)} = (-1)^q$, und $||A = (-1)^q A$.

Anm. Sind q und r beide ungerade, wie zum Beispiel, wenn man die Ergänzungen von Grössen erster Stufe in einem Gebiet zweiter Stufe betrachtet, so wird $||A = -A$, so dass also in diesem Falle das Zeichen | denselben Gesetzen unterliegt, wie $i = \sqrt{-1}$, und wir erhalten daher hier eine reelle Bedeutung des Imaginären.

Es wird sich bei der Anwendung auf die Geometrie zeigen, dass Strecken, das heisst Linien von bestimmter Richtung und Länge, als Grössen erster Stufe zu betrachten sind, und dass in Bezug auf sie die Ebene als Gebiet zweiter Stufe erscheint, so dass also hier der obenerwähnte Fall, wo $||A = -A$ ist, eintritt. Ich werde zeigen, dass die Ergänzung einer Strecke, wenn man als ursprüngliche

Einheiten zwei gegeneinander senkrechte Strecken von gleicher Länge annimmt, die auf ihr senkrechte Strecke ist, und man sieht daher schon hier, dass die reelle Bedeutung, die wir hier dem Imaginären beilegen, genau der geometrischen Bedeutung desselben, wie sie von Gauss zuerst aufgefasst wurde, entspricht; nur dass diese Bedeutung hier in allgemeinerer Form hervortritt.

§ 5. **Produkt in Bezug auf ein Hauptgebiet.**

94. Erklärung. Wenn die Summe der Stufenzahlen zweier Einheiten kleiner oder ebenso gross ist als die Stufenzahl n des Hauptgebietes, so verstehe ich unter ihrem progressiven Produkte ihr äusseres Produkt, jedoch mit der † Bestimmung, dass das progressive 61
Produkt der n ursprünglichen Einheiten 1 sei. Hingegen, wenn die Summe der Stufenzahlen zweier Einheiten grösser ist als die Stufenzahl (n) des Hauptgebietes, so verstehe ich unter ihrem regressiven (eingewandten) Produkte diejenige Grösse, deren Ergänzung das progressive Produkt der Ergänzungen jener Einheiten ist.

Das progressive und {das} regressive Produkt fasse ich zusammen unter dem Namen des auf ein Hauptgebiet bezüglichen Produktes. Die Bezeichnung ist für alle diese Produkte dieselbe, nämlich die einer das Produkt umschliessenden Klammer. Also

$$|[EF] = [|E|F],$$

wenn die Summe der Stufenzahlen von E und F grösser ist, als die Stufe (n) des Hauptgebietes, und

$$[e_1 e_2 \ldots e_n] = 1,$$

wenn $e_1, e_2, \ldots e_n$ die Reihe der ursprünglichen Einheiten ist.

Anm. Auf die hier behandelte Multiplikation und auf die algebraische lassen sich alle Multiplikationen, die überhaupt für die Wissenschaft von Interesse sind, zurückführen. Es kommt daher nur darauf an, diese beiden Multiplikationsgattungen von einander durch die Bezeichnung unzweideutig zu unterscheiden.

Wenn man bei der algebraischen Multiplikation alle überflüssigen Klammern vermeidet, also nie ein algebraisches Produkt, welches mit einer andern Grösse durch Addition, Subtraktion, Multiplikation, Division verbunden werden soll, durch eine Klammer umschliesst, so wird eine in diesen Fällen angewandte Klammer stets ein unzweideutiges Zeichen der bezüglichen Multiplikation sein. In denjenigen Fällen, wo das algebraische Produkt so verknüpft wird, dass eine Klammersetzung nöthig wird, also, wenn das Produkt potenzirt oder logarithmirt werden soll, oder in ein Funktionzeichen (wozu auch Summenzeichen, Differenzialzeichen, und so weiter gerechnet werden können) einrückt, so wird wieder alle Zweideutigkeit gehoben, wenn man in diesem Falle entweder für die bezügliche Multiplikation zwei Klammern anwendet, oder, was bequemer erscheint, für diese Fälle dem algebraischen Produkte stets die runde Klammer, dem bezüglichen die eckige zuweist, während man in den erstgenannten Fällen nach Bequemlichkeit über beide verfügt.

Es ist noch zu erwähnen, dass die gewählte Bezeichnung für die verschiedenen Arten der bezüglichen Multiplikation, sobald das Hauptgebiet bekannt ist, durchaus zureichend ist und keinen Verwechselungen Raum giebt, und dass die Rechnungsgesetze überall dieselben sind, und nur noch von den Stufenzahlen der zu verknüpfenden Grössen und von der des Hauptgebietes abhängen.

62 **95.** *Wenn q und r die Stufenzahlen zweier Grössen A und B sind, und n die des Hauptgebietes, so ist die Stufenzahl des Produktes $[AB]$ **erstens** gleich $q+r$, wenn $q+r$ kleiner als n ist, **zweitens** gleich $q+r-n$, wenn $q+r$ grösser oder ebenso gross als n ist, in beiden Fällen also kongruent der Summe der Stufenzahlen in Bezug auf den Modul n, das heisst, wenn*

$$C = [AB],$$

so ist

$$s \equiv q + r \ (Mod.\ n),$$

wo q, r, s, n beziehlich die Stufenzahlen von A, B, C und vom Hauptgebiete sind.

Beweis. Ist $q+r<n$ und

$$A = [a_1 a_2 \ldots a_q], \quad B = [b_1 b_2 \ldots b_r],$$

wo $a_1, \ldots a_q$, $b_1, \ldots b_r$ Grössen erster Stufe sind, so ist $[AB]$ als progressives Produkt zu betrachten, also

$$C = [AB] = [(a_1 a_2 \ldots a_q)(b_1 b_2 \ldots b_r)]$$
$$= [a_1 a_2 \ldots a_q b_1 b_2 \ldots b_r], \qquad [79]$$

also (nach 77) die Stufenzahl des Produktes $= q + r$.

Wenn $q+r=n$ ist, so wird, da (nach 94) das Produkt der n Einheiten $=1$ gesetzt ist, und also auch das Produkt von n Grössen erster Stufe eine Zahl wird, die Zahlen aber (nach 77) als Grössen nullter Stufe aufzufassen sind, die Stufenzahl des Produktes gleich Null, also $= q + r - n$.

Wenn endlich $q+r$ grösser als n ist, so ist (nach 94), wenn A und B Einheiten beliebiger Stufen sind,

$$|C = [|A|B].$$

Aber (nach 90, Zusatz) sind die Stufenzahlen von $|A$, $|B$, $|C$ gleich $n-q$, $n-r$, $n-s$; nun ist $n-q+n-r = n-(q+r-n)$, also kleiner als n, somit ist (nach dem ersten Theile des Beweises) die Stufenzahl des Produktes $[|A|B]$ gleich der Summe der Stufenzahlen seiner Faktoren, also

$$n - s = n - q + n - r,$$

das heisst

$$s = q + r - n.$$

Somit gilt das zu erweisende Gesetz für den Fall, dass A und B Einheiten beliebiger Stufen sind. Da nun aber jede aus den Einheiten numerisch abgeleitete Grösse mit den Einheiten von gleicher Stufe ist, so gilt der Satz auch für beliebige Grössen.

96. *Wenn n die Stufenzahl des Hauptgebietes ist, so ist die Stufenzahl eines beliebigen auf dies Gebiet bezüglichen † Produktes der Summe* 63
der Stufenzahlen seiner Faktoren kongruent, in Bezug auf den Modul n, oder, die Stufenzahl des Produktes ist gleich dem Divisionsreste, welcher bleibt, wenn man die Summe der Stufenzahlen aller Faktoren durch die Stufenzahl des Hauptgebietes dividirt; also, wenn

$$R = [ABC\ldots]$$

ist, so ist

$$\varrho \equiv \alpha + \beta + \gamma + \cdots \ (Mod.\ n),$$

wenn ϱ, α, β, γ, ... *die Stufenzahlen von* R, A, B, C, ... *sind und* n *die des Hauptgebietes ist.*

Beweis. In 95 ist gezeigt, dass die Stufenzahl des Produktes zweier Grössen der Summe der Stufenzahlen dieser Grössen kongruent ist, in Bezug auf den Modul n. Tritt nun zu dem Produkte noch ein Faktor hinzu, so bleibt aus gleichem Grunde das Gesetz noch bestehen, und so fort, also gilt es für beliebig viele Faktoren. Da nun die Stufenzahl immer kleiner als n und nie negativ ist, so gilt der Satz auch in der zweiten Fassung.

Anm. So zum Beispiel ist die Stufenzahl eines Produktes von sieben Faktoren dritter Stufe, in Bezug auf ein Hauptgebiet vierter Stufe, gleich Eins (s. Crelle's Journal Bd. 49, S. 12). {In der Abhandlung: Grundsätze der stereometrischen Multiplikation.}

97. *Das Produkt der Ergänzungen zweier Grössen ist die Ergänzung des Produktes dieser Grössen, das heisst*

$$[|A|B] = |[AB].$$

Beweis. 1. Wenn die Stufenzahlen α und β der Grössen A und B zusammen grösser sind als die Stufenzahl n des Hauptgebietes, das heisst, $\alpha + \beta > n$.

Dann sei

$$A = \Sigma\alpha_r E_r, \quad B = \Sigma\beta_s F_s,$$

wo E_r, F_s Einheiten sind, so ist (nach 90)

$$|A = \Sigma\alpha_r |E_r \text{ und } |B = \Sigma\beta_s |F_s.$$

Also

$$
\begin{aligned}
[|A|B] &= [\Sigma\alpha_r |E_r \,.\, \Sigma\beta_s |F_s] = \Sigma\alpha_r\beta_s [|E_r|F_s] && [42]\\
&= \Sigma\alpha_r\beta_s |[E_r F_s] && [94]\\
&= |\Sigma\alpha_r\beta_s [E_r F_s] && [90]\\
&= |[\Sigma\alpha_r E_r \,.\, \Sigma\beta_s F_s] && [42]\\
&= |[AB].
\end{aligned}
$$

2. Wenn $\alpha + \beta = n$ ist, dann gilt der Satz zunächst für die Einheiten.

64 Es seien E und F Einheiten, das heisst, kombinatorische Produkte der ursprünglichen Einheiten $e_1, \ldots e_n$.

Enthält zuerst E eine ursprüngliche Einheit, die auch in F vorkommt, so können in E und F, da sie zusammen nur n einfache Faktoren enthalten, nicht alle ursprünglichen Einheiten vorkommen; es muss also mindestens eine dieser Einheiten, etwa e_1, in beiden Grössen E und F fehlen; nun enthält $|E$ alle ursprünglichen Einheiten die in E fehlen, also auch e_1, und $|F$ alle die in F fehlen, also auch e_1, somit enthalten $|E$ und $|F$ beide die ursprüngliche Einheit e_1, es ist also (nach 60) $[|E|F] = 0$, aber auch $[EF] = 0$, da E und F nach der Annahme beide ein und dieselbe ursprüngliche Einheit enthalten, somit

$$[|E|F] = [EF].$$

Wenn zweitens E keine ursprüngliche Einheit enthält, die auch in F vorkommt, so muss, da E und F im Ganzen n Faktoren enthalten, deren jeder eine der ursprünglichen Einheiten ist, $[EF]$ ein Produkt sämmtlicher n Einheiten sein. Dann aber ist (nach 89)

$$|E = [EF]F \text{ und } |F = [FE]E,$$

wo $[EF]$ und $[FE]$ nur entweder $+1$ oder -1 sind. Dann ist

$$[|E|F] = [EF][FE][FE].$$

Aber $[FE][FE]$ ist entweder $1 . 1$ oder $(-1) . (-1)$, also beidemale 1 Somit ist

$$[|E|F] = [EF],$$

wie im vorigen Falle. Da nun $[EF]$ eine Zahl ist, so ist (nach 89) $[EF] = |[EF]$. Somit in beiden Fällen

$$[|E|F] = |[EF].$$

Da nun das Gesetz für Einheiten gilt, so folgt ganz wie in Beweis 1, dass es auch für beliebige Grössen gilt, vorausgesetzt, dass die Summe der Stufenzahlen n sei.

3. Wenn $\alpha + \beta < n$, dann sei $A = |A'$ und $B = |B'$. Ist nun zuerst n *ungerade*, so ist (nach 93)

$$|A = ||A' = A' \text{ und ebenso } |B = ||B' = B'.$$

Also

$$[|A|B] = [A'B'] = |[A'B'].$$ [nach 93]

Aber, da die Stufenzahlen von A' und B' beziehlich $= n - \alpha$, $n - \beta$
65 sind (90, Zusatz), so sind die Stufenzahlen von A' und B' † zusammengenommen $= 2n - \alpha - \beta = n + (n - \alpha - \beta)$. Nun ist $n - \alpha - \beta$

positiv, da $\alpha + \beta$ nach der Annahme kleiner als n ist, somit ist $n + (n - \alpha - \beta) > n$, also die Summe der Stufenzahlen von A' und B' grösser als n. Also ist nach Beweis 1

$$|[A'B'] = [|A'|B'] = [AB].$$

Also

$$||[A'B'] = |[AB],$$

aber auch

$$||[A'B'] = [|A|B],$$

wie oben gezeigt, also

$$[|A|B] = |[AB].$$

{Ist endlich n *gerade*, so ist (nach 93)

$$|A = A' = (-1)^{n-\alpha}A' \text{ und } |B = ||B' = (-1)^{n-\beta}B',$$

also

$$[|A|B] = (-1)^{2n-\alpha-\beta}[A'B'].$$

Nun ist die Summe der Stufenzahlen von A' und B', wie schon vorhin beim Falle eines ungeraden n gezeigt wurde, grösser als n. Es wird daher (nach Beweis 1)

$$|[A'B'] = [|A'|B'] = [AB]$$

und somit

$$|[AB] = ||[A'B'].$$

Da aber die Stufensumme der Faktoren des Produktes $[A'B']$, wie soeben erwähnt wurde, grösser als n ist, so hat (nach 95) die Stufenzahl des Produktes $[A'B']$ selbst den Werth

$$(n - \alpha) + (n - \beta) - n = n - \alpha - \beta;$$

es wird also (nach 93)

$$|[AB] = ||[A'B'] = (-1)^{n-\alpha-\beta}[A'B'],$$

oder, da n nach der Voraussetzung eine gerade Zahl ist, auch

$$|[AB] = (-1)^{2n-\alpha-\beta}[A'B'].$$

Man erhält daher für $|[AB]$ denselben Werth wie oben für $[|A|B]$, also gilt die Formel

$$[|A|B] = |[AB]$$

auch in diesem letzten Falle.}

Zusatz. *Wenn das Produkt zweier Grössen ein progressives ist, so ist das ihrer Ergänzungen ein regressives, vorausgesetzt, dass man das Produkt nullter Stufe zugleich als ein progressives und als ein regressives betrachtet.*

Beweis. Denn ist $[AB]$ ein progressives Produkt, so ist {nach 94} $\alpha + \beta \overline{\overline{<}} n$, wenn α und β die Stufenzahlen von A und B sind. Dann sind {nach 90, Zusatz} die der Ergänzungen $n - \alpha$ und $n - \beta$, aber

$n - \alpha - \beta \geqq 0$, also auch $n - \alpha + n - \beta \geqq n$, das heisst {nach 94}, das Produkt der Ergänzungen {ist} ein regressives.

98. *Das Produkt der Ergänzungen mehrerer Grössen ist die Ergänzung des Produktes dieser Grössen, das heisst*

$$[|A|B|C\ldots] = |[ABC\ldots].$$

Beweis. Es gelte der Satz für m Faktoren, das heisst, es sei

$$[|A_1|A_2\ldots|A_m] = |[A_1A_2\ldots A_m],$$

so gilt er auch für $m+1$ Faktoren. Denn es komme noch ein Faktor $|A_{m+1}$ auf beiden Seiten obiger Gleichung hinzu, so ist

$$\begin{aligned}[|A_1|A_2\ldots|A_m|A_{m+1}] &= [|(A_1A_2\ldots A_m)|A_{m+1}] \\ &= |[A_1A_2\ldots A_mA_{m+1}]. \qquad [97]\end{aligned}$$

Gilt der Satz also für irgend eine Faktorenzahl, so gilt er auch für die nächst höhere, also auch für jede höhere Faktorenzahl. Da er nun (nach 97) für zwei Faktoren gilt, so gilt er auch für beliebig viele.

99. *Ins Besondere ist*

$$[|a|b\ldots] = |[ab\ldots],$$

wenn a, b, ... Grössen erster Stufe sind.

Zusatz. Es folgt hieraus, dass ein regressives Produkt, dessen Faktoren die Ergänzungen von Grössen erster Stufe sind, als ein kombinatorisches betrachtet werden kann, dessen einfache Faktoren von $(n-1)$-ter Stufe sind.

66 **100.** *Die Ergänzung eines Polynoms erhält man, indem man, ohne die Vorzeichen der Glieder zu ändern, von jedem die Ergänzung nimmt, das heisst*

$$|(A \mp B \mp \cdots) = |A \mp |B \mp \cdots.$$

Beweis. Es sei

$$A = \Sigma\alpha_rE_r, \quad B = \Sigma\beta_rE_r, \ldots,$$

so ist

$$\begin{aligned}|(A \mp B \mp \cdots) &= |(\Sigma\alpha_rE_r \mp \Sigma\beta_rE_r \mp \cdots) = |\Sigma(\alpha_r \mp \beta_r \mp \cdots)E_r \\ &= \Sigma(\alpha_r \mp \beta_r \mp \cdots)|E_r \qquad [90] \\ &= \Sigma\alpha_r|E_r \mp \Sigma\beta_r|E_r \mp \cdots \\ &= |\Sigma\alpha_rE_r \mp |\Sigma\beta_rE_r \mp \cdots \qquad [90] \\ &= |A \mp |B \mp \cdots.\end{aligned}$$

101. *Eine Gleichung, in welcher keine andern Verknüpfungen als die in Kap. 1 und 3 behandelten vorkommen, bleibt auch bestehen, wenn man statt der darin vorkommenden Grössen ihre Ergänzungen setzt, das heisst, wenn*

$$f(A, B, \ldots) = \varphi(A', B', \ldots)$$

ist, wo f *und* φ *Zeichen von Verknüpfungen sind, die den genannten Kapiteln angehören, so ist*

$$f(|A, |B, \ldots) = \varphi(|A', |B', \ldots).$$

{*Ebenso folgt umgekehrt aus der letzten Gleichung die erste.*}

Beweis. Da gleiche Grössen, derselben Verknüpfung unterworfen, Gleiches liefern, so muss, wenn

$$f(A, B, \ldots) = \varphi(A', B', \ldots)$$

ist, auch

$$|f(A, B, \ldots) = |\varphi(A', B', \ldots)$$

sein. Nun können keine andern Verknüpfungen vorkommen als Addition, Subtraktion und die bezügliche Multiplikation, zu welcher auch die Multiplikation mit Zahlen gerechnet werden darf. Für Addition und Subtraktion ist in Satz 100 bewiesen, dass man, statt von der Verknüpfung, von den Verknüpfungsgliedern die Ergänzungen nehmen kann, und dasselbe gilt (nach 98) von der bezüglichen Multiplikation, also für alle auf beiden Seiten vorkommenden Verknüpfungen.

{Andrerseits ergiebt sich aus 92 sofort, dass für jede beliebige Grösse A von q-ter Stufe in einem Hauptgebiete n-ter Stufe die Gleichung

$$||A = (-1)^{q(n-q)}(-1)^{q(n-q)}A = A$$

gilt. Weiss man daher, dass eine Gleichung von der Form

$$f(|A, |B, \ldots) = \varphi(|A', |B', \ldots)$$

besteht, so erkennt man, indem man den oben bewiesenen Satz dreimal auf diese Gleichung anwendet, dass auch die Gleichung

$$f(A, B, \ldots) = \varphi(A', B', \ldots)$$

gültig ist.}

Anm. Es tritt hierdurch die volle Reciprocität zwischen beliebigen Grössen und ihren Ergänzungen, also überhaupt zwischen Grössen m-ter und $(n-m)$-ter Stufe hervor, wenn das Hauptgebiet von n-ter Stufe ist; namentlich ist die Reciprocität zwischen Grössen erster und $(n-1)$-ter Stufe von Interesse. Noch anschaulicher wird sich diese Reciprocität weiter unten entfalten.

102. *Wenn* E, F, G *Einheiten sind, deren Stufenzahlen zusammen* 67
n *(Stufenzahl des Hauptgebietes) betragen, so ist*

$$[EF\,.\,EG] = [EFG]\,E.$$

Beweis. Wir können zwei Fälle unterscheiden, entweder $[EFG]$ enthält gleiche Faktoren oder nicht. Enthält es gleiche, so muss, da die Anzahl seiner einfachen Faktoren, nach der Voraussetzung, gleich n, gleich der Anzahl der ursprünglichen Einheiten ist, eine dieser Einheiten, etwa e_1, unter den Faktoren von $[EFG]$ fehlen.

Nun sei $[EF] = |Q$, so muss (nach 89) Q diesen auch in $[EF]$ fehlenden Faktor e_1 enthalten; ebenso sei $[EG] = |R$, so muss R diesen Faktor gleichfalls enthalten. Also ist dann (nach 60) $[QR]$ gleich Null. Nun ist

$$[EF\,.\,EG] = [|Q|R] = |[QR], \qquad [97]$$

also gleich der Ergänzung von $[QR] = 0$, also (nach 89) selbst null. Aber es ist auch $[EFG]$, da es nach der Annahme gleiche Faktoren enthält, null, somit beide Seiten der zu erweisenden Gleichung null.

Wenn dagegen $[EFG]$ keine gleichen Faktoren enthält, so muss es, da es n Faktoren enthalten soll und zwar keine andern als ursprüngliche Einheiten, ein Produkt der n ursprünglichen Einheiten sein. Dann ist (nach 89 {und 80})

$$|G = [GEF][EF], \quad |F = [FEG][EG].$$

Da hier $[GEF]$ und $[FEG]$ als Produkte sämmtlicher Einheiten $e_1, \ldots e_n$ gleich $\mp[e_1 e_2 \ldots e_n]$, also (nach 94) $= \mp 1$ sind, und die Multiplikation mit ∓ 1 gleiches Resultat mit der Division durch ∓ 1 liefert, so können wir die obigen Gleichungen auch so schreiben:

$$[EF] = [GEF]|G, \quad [EG] = [FEG]|F.$$

Dann wird, da man überdies Zahlfaktoren beliebig ordnen darf,

$$[EF\,.\,EG] = [GEF][FEG][|G|F] = [GEF][FEG]|[GF] \qquad [97]$$
$$= [GEF][FEG][GFE]E. \qquad [89]$$

Nun ist $[EF] = \mp[FE]$ (nach 58). Vertauscht man also in dem gewonnenen Ausdrucke *zweimal* E mit F, so bleibt sein Werth ungeändert, und so wird er

$$= [GEF][EFG][GEF]E.$$

68 Aber, da $[GEF] = \mp 1$ ist, so wird $[GEF][GEF] = 1$ und somit erhält man

$$[EF\,.\,EG] = [EFG]E.$$

103. *Wenn A, B, C einfache Grössen sind und die Summe ihrer Stufenzahlen gleich der Stufenzahl n des Hauptgebietes ist, so ist*

$$[AB\,.\,AC] = [ABC]A.$$

Beweis. Angenommen, die Formel 103 gelte für den Fall, dass A, B, C keine andern Faktoren enthalten als die, welche einer gegebenen Reihe von n Grössen erster Stufe a_1, a_2, a_3, ... angehören, so zeige ich, dass sie auch noch gelte, wenn man statt einer dieser n Grössen, etwa statt a_1, eine aus ihnen numerisch abgeleitete setzt, etwa

$$a' = \alpha_1 a_1 + \alpha_2 a_2 + \cdots = \Sigma \alpha_r a_r.$$

Es kann a_1 entweder in A oder B oder C enthalten sein. Ist a_1 in B enthalten, so sei $B = [a_1 D]$, und verwandle sich B durch die obige Substitution in $B' = [a' D]$. Dann wird

$$[AB' . AC] = [A\{(\Sigma \alpha_r a_r) D\} . AC] = \Sigma \alpha_r [A(a_r D) . AC]$$
$$= \Sigma \alpha_r [A(a_r D) C] A,$$

da nach der Annahme Formel 103 für den Fall, dass die betrachteten Grössen nur a_1, a_2, ... als einfache Faktoren enthalten, gelten soll. Also ist

$$[AB' . AC] = \Sigma \alpha_r [A(a_r D) C] A = [A\{(\Sigma \alpha_r a_r) D\} C] A = [A(a' D) C] A$$
$$= [AB' C] A.$$

Genau dieselben Schlüsse gelten, wenn a_1 in C enthalten ist. Es bleibt also nur der Fall zu behandeln, wo a_1 in A enthalten ist.

In diesem Falle verwandle sich zunächst a_1 in $a' = \alpha_1 a_1 + \alpha_2 a_2$, und sei $A = [a_1 D]$, also

$$A' = [a' D] = \alpha_1 [a_1 D] + \alpha_2 [a_2 D],$$

das heisst

(*) $$A' = \alpha_1 A + \alpha_2 [a_2 D].$$

Sollte a_2 noch in D enthalten sein, so wäre der letzte Summand (nach 60) null; es verwandelte sich also A nur in sein Vielfaches, also würde dann

$$[A' B . A' C] = \alpha_1^2 [AB . AC] = \alpha_1^2 [ABC] A$$
$$= [\alpha_1 ABC] \alpha_1 A = [A' BC] A'.$$

Also bleibt nur noch der Fall zu betrachten, wo a_2 in B oder
in C, zum Beispiel in B vorkommt. In diesem Falle sei † $B = [a_2 E]$. 69
Es war, wie oben (*) gezeigt, $A' = \alpha_1 A + \alpha_2 [a_2 D]$, und da a_2 in B als Faktor enthalten ist, und also $[a_2 DB]$ null wird, so ist

(**) $$[A' B] = \alpha_1 [AB];$$

ferner ist

$$[A' C] = [(\alpha_1 A + \alpha_2 [a_2 D]) C] = \alpha_1 [AC] + \alpha_2 [a_2 DC],$$

also

$$[A' B . A' C] = \alpha_1^2 [AB . AC] + \alpha_1 \alpha_2 [AB . a_2 DC]$$
$$= \alpha_1^2 [ABC] A + \alpha_1 \alpha_2 [AB . a_2 DC].$$

Aber

$$[AB . a_2 DC] = [a_1 D(a_2 E) . a_2 DC] = - [a_2 D(a_1 E) . a_2 DC] \quad [\{80\}, 55]$$
$$= - [a_2 D(a_1 E) C] [a_2 D].$$

Letzteres nämlich ist der Fall, da die drei Grössen $[a_2 D]$, $[a_1 E]$ und C keine andern Faktoren enthalten, als solche, die der Grössenreihe

$a_1, a_2, a_3, \ldots$ angehören, und die Summe der Stufenzahlen n ist, also die Bedingungen alle erfüllt sind, unter denen die Geltung der Formel

$$[AB . AC] = [ABC]A$$

angenommen war. Somit wird

$$\begin{aligned}
[A'B . A'C] &= \alpha_1^2[ABC]A - \alpha_1\alpha_2[a_2 D(a_1 E)C][a_2 D] \\
&= \alpha_1^2[ABC]A + \alpha_1\alpha_2[a_1 D(a_2 E)C][a_2 D] && [\{80\}, 55] \\
&= \alpha_1^2[ABC]A + \alpha_1\alpha_2[ABC][a_2 D] \\
&= \alpha_1[ABC](\alpha_1 A + \alpha_2[a_2 D]) \\
&= [\alpha_1 ABC]A' && [*] \\
&= [A'BC]A'. && (**)
\end{aligned}$$

Dasselbe gilt, wenn a_2 in C statt in B enthalten war. Also ist gezeigt, dass die Formel immer bestehen bleibt, wenn man einen Faktor a_1 in $\alpha_1 a_1 + \alpha_2 a_2$ verwandelt, also auch, wenn man diesen wieder in $\alpha_1 a_1 + \alpha_2 a_2 + \alpha_3 a_3$ verwandelt und so fort.

Es ist also jetzt vollständig erwiesen, dass, wenn die Formel 103 für irgend eine Reihe von n Grössen erster Stufe $a_1, a_2, \ldots a_n$ gilt, welche die einfachen Faktoren der Grössen A, B, C bilden, sie auch noch bestehen bleibt, wenn man statt *irgend eines* dieser Faktoren eine aus jenen Grössen $a_1, \ldots a_n$ numerisch abgeleitete {Grösse} setzt. Da sich dasselbe wieder auf die so hervorgehende Reihe von Grössen anwenden lässt, so folgt, dass die Formel auch noch bestehen bleibt, wenn man *statt der einfachen Faktoren* der Grössen A, B, C *beliebige aus jenen Grössen* $a_1, \ldots a_n$ *numerisch abgeleitete Grössen* setzt.

In der That, es seien zum Beispiel $b_1, \ldots b_n$ solche aus $a_1, \ldots a_n$ numerisch abgeleitete Grössen. Wie diese auch beschaffen seien, immer wird sich (nach 17) unter ihnen ein Verein von m Grössen angeben
70 lassen, welche in keiner Zahlbeziehung † zu einander stehen, und aus denen sich, wenn m kleiner als n ist, die übrigen numerisch ableiten lassen. Es seien nun $b_1, \ldots b_m$ diese Grössen, aus denen $b_{m+1}, \ldots b_n$ numerisch ableitbar sind; dann kann man (nach 20) statt m der Grössen $a_1, \ldots a_n$, die Grössen $b_1, \ldots b_m$ in der Art einführen, dass das Gebiet der so erhaltenen Grössen dem Gebiete der Grössen $a_1, \ldots a_n$ identisch wird. Es seien $a_1, \ldots a_m$ die Grössen, statt deren man in dieser Weise $b_1, \ldots b_m$ einführen kann, so wird nun das Gebiet der Grössen $a_1, \ldots a_n$ identisch dem Gebiete der Grössen $b_1, \ldots b_m$, $a_{m+1}, \ldots a_n$, oder, indem man dieselbe Schlussfolge Schritt für Schritt anwendet: Es wird das Gebiet

$a_1, a_2, \ldots a_n$ identisch dem Gebiet $b_1, a_2, \ldots a_n$,
dies wieder identisch $b_1, b_2, a_3, \ldots a_n$,
: : : : :
und endlich identisch $b_1, b_2, \ldots b_m, a_{m+1}, \ldots a_n$.

Gilt nun Formel 103 für $a_1, \ldots a_n$, so gilt sie auch, wenn man statt des Faktors a_1 die aus $a_1, \ldots a_n$ abgeleitete Grösse b_1 setzt, also für $b_1, a_2, \ldots a_n$. Da nun das Gebiet $a_1, \ldots a_n$ mit dem Gebiete $b_1, a_2, \ldots a_n$ identisch ist, und b_2 nach der Annahme aus $a_1, \ldots a_n$ ableitbar ist, so ist es auch aus $b_1, a_2, \ldots a_n$ ableitbar, folglich bleibt Formel 103 noch bestehen, wenn man b_2 statt a_2 setzt, das heisst für die Reihe $b_1, b_2, a_3, \ldots a_n$, und so fort, endlich noch für die Reihe $b_1, b_2, \ldots b_m, a_{m+1}, \ldots a_n$. Ferner, da nach der Annahme $b_{m+1}, \ldots b_n$ aus $b_1, b_2, \ldots b_m$ numerisch ableitbar sind, so bleibt nun 103 auch noch bestehen, wenn man nach und nach in der Reihe $b_1, \ldots b_m, a_{m+1}, \ldots a_n$, statt $a_{m+1}, \ldots a_n$ die Grössen $b_{m+1}, \ldots b_n$ setzt, also auch für die Reihe $b_1, \ldots b_n$, das heisst, für jede beliebige aus $a_1, \ldots a_n$ numerisch abgeleitete Grössenreihe. Nun gilt aber 103 für die ursprünglichen Einheiten $e_1, \ldots e_n$ (nach 102), also für eine beliebige Reihe von Grössen erster Stufe, welche die einfachen Faktoren von A, B, C bilden, das heisst, für beliebige einfache Grössen A, B, C.

104. *Auch wenn B und C zusammengesetzte Grössen sind, A aber eine einfache Grösse und die Summe der Stufenzahlen von A, B, C gleich der Stufenzahl des Hauptgebietes ist, so ist*

$$[AB\,.\,AC] = [ABC]A.$$

Beweis. Es sei 71

$$B = \Sigma\beta_r E_r, \quad C = \Sigma\gamma_s F_s,$$

wo E_r und F_s Einheitsprodukte sind, so ist

$$\begin{aligned}[AB\,.\,AC] &= \Sigma\beta_r\gamma_s[AE_r\,.\,AF_s] && [42]\\ &= \Sigma\beta_r\gamma_s[AE_rF_s]A && [103]\\ &= [A\Sigma\beta_r E_r\,.\,\Sigma\gamma_s F_s]A && [45]\\ &= [ABC]A.\end{aligned}$$

Anm. Dieser Satz gilt im Allgemeinen nicht mehr, wenn A eine zusammengesetzte Grösse ist. Ist zum Beispiel $A = [ab] + [cd]$, wo a, b, c, d in keiner Zahlbeziehung zu einander stehen sollen, und ist $B = c$, $C = d$, so wird in Bezug auf ein Gebiet vierter Stufe

$$[AB\,.\,AC] = [(ab + cd)c\,.\,(ab + cd)d] = [abc\,.\,abd],$$

da $[cdc]$ und $[cdd]$ verschwinden; aber $[abc\,.\,abd] = [abcd][ab]$. Also ist

$$[AB\,.\,AC] = [abcd][ab].$$

Dagegen ist

$$[ABC]\,A = [(ab + cd)cd]\,([ab] + [cd]) = [abcd]\,([ab] + [cd])$$
$$= [abcd]\,[ab] + [abcd]\,[cd].$$

Also sind beide Ausdrücke um $[abcd]\,[cd]$ von einander verschieden.

105—107. *Wenn A, B, C einfache Grössen sind, und ihr Produkt von nullter Stufe ist, so ist*

105. $$[AB\,.\,AC] = [ABC]A$$

106. $$[AB\,.\,BC] = [ABC]B$$

107. $$[AC\,.\,BC] = [ABC]C,$$

das heisst, wenn zwei Produkte (P und Q) einfacher Grössen, welche einen gemeinschaftlichen Faktor haben, zu multipliciren sind, und dieser gemeinschaftliche Faktor entweder in dem zweiten Produkte (Q) als erster Faktor oder in dem ersten (P) als zweiter Faktor vorkommt, so kann man diesen Faktor mit dem Produkte der übrigen Faktoren multipliciren, vorausgesetzt, dass dies letztere Produkt von nullter Stufe ist. In beiden Fällen ist das Gesammtprodukt von gleichem Werthe.

Beweis. 1. Sind α, β, γ die Stufenzahlen von A, B, C, und n die des Hauptgebietes, so muss, da $[ABC]$ von nullter Stufe sein soll, (nach 96) $\alpha + \beta + \gamma$ durch n theilbar sein, also, da α, β, γ kleiner als n sind, entweder gleich n oder gleich $2n$ sein. Ist $\alpha + \beta + \gamma = n$, so ist die Geltung der Formel 105 schon in 103 bewiesen. Ist dagegen $\alpha + \beta + \gamma = 2n$, so sei

72 $$A = |A', \quad B = |B', \quad C = |C'$$

und seien α', β', γ' die Stufenzahlen von A', B', C', so ist

$$\alpha' = n - \alpha, \quad \beta' = n - \beta, \quad \gamma' = n - \gamma, \qquad [90, \text{Zusatz}]$$

also

$$\alpha' + \beta' + \gamma' = 3n - (\alpha + \beta + \gamma) = 3n - 2n = n.$$

Somit

$$[AB\,.\,AC] = ([|A'|B'][|A'|C']) = |[A'B'\,.\,A'C'] \qquad [97]$$
$$= |[A'B'C'\,.\,A'], \qquad [103]$$

da nämlich $\alpha' + \beta' + \gamma' = n$ ist. Dies ist aber (nach 98)

$$= [|A'|B'|C']\,|A' = [ABC]A.$$

2. Es sei $[AB] = [BD]$, so ist D von gleicher Stufe mit A, also

$$[AB\,.\,BC] = [BD\,.\,BC] = [BDC]B \qquad [105]$$
$$= [ABC]B,$$

da $[BD] = [AB]$ ist.

3. Es sei $[BC] = [CD]$, so ist D von gleicher Stufe mit B, also

$$[AC.BC] = [AC.CD] = [ACD]C \qquad [106]$$
$$= [ABC]C,$$

da $[CD] = [BC]$ ist.

Anm. Es lassen sich die in 105—107 aufgestellten Gesetze so erweitern, dass sie auch für den Fall gelten, wo $[ABC]$ nicht von nullter Stufe ist, wenn man sie nämlich in den folgenden Formen darstellt:

$$[AB.AC] = [A.ABC]$$
$$[AB.BC] = [B.ABC]$$
$$[AC.BC] = [C.ABC].$$

Den Beweis dieser Formeln, die ich in dieser allgemeineren Bedeutung im Folgenden nicht anwenden werde, überlasse ich dem Leser.

108. *Wenn A, B, C einfache Grössen sind, und die Summe der Stufenzahlen von A und C gleich der des Hauptgebietes, und B dem A untergeordnet ist, so ist*

$$[A.BC] = [AC]B$$
$$[CB.A] = [CA]B.$$

Beweis. Denn dann ist (nach 79b) A in der Form $[BD]$ darstellbar, und also

$$[A.BC] = [BD.BC] = [BDC]B \qquad [105]$$
$$= [AC]B$$

und

$$[CB.A] = [CB.BD] = [CBD]B \qquad [106]$$
$$= [CA]B.$$

109. *Ein bezügliches Produkt zweier einfacher Grössen, die nicht* 73
null sind, ist dann, und nur dann von Null verschieden, wenn die Stufenzahl ihres gemeinschaftlichen Gebietes den kleinsten, oder, was dasselbe ist, die Stufenzahl ihres verbindenden Gebietes den grössten Werth hat, den sie bei gegebenen Stufenzahlen der beiden Faktoren und des Hauptgebietes haben kann, das heisst, wenn α und β die Stufenzahlen der Faktoren A und B, n die des Hauptgebietes ist, γ die des gemeinschaftlichen, δ die des verbindenden Gebietes, so ist,

wenn $\alpha + \beta \leqq n$, das heisst, das Produkt ein progressives ist,

$$[AB] \gtrless 0$$

dann und nur dann, wenn

$$\gamma = 0,$$

oder, was dasselbe ist,

$$\alpha + \beta = \delta;$$

und wenn $\alpha + \beta > n$, das heisst, das Produkt ein regressives ist, so ist

$$[AB] \gtrless 0$$

dann und nur dann, wenn

$$\gamma = \alpha + \beta - n,$$

oder, was dasselbe,

$$\delta = n$$

ist.

Beweis. 1. Wenn $\alpha + \beta \overline{\lessgtr} n$ ist, so ist das Produkt (nach 94) progressiv, also (nach 61, 66) dann und nur dann null, wenn seine einfachen Faktoren in einer Zahlbeziehung zu einander stehen. Ist also $[AB] = 0$, so lässt sich von den einfachen Faktoren des Produktes $[AB]$ einer aus den $\alpha + \beta - 1$ übrigen numerisch ableiten (nach 2). Also werden dann sämmtliche einfache Faktoren jenes Produktes von einem Gebiete von niederer als $(\alpha + \beta)$-ter Stufe umfasst, das heisst, $\delta < \alpha + \beta$. Ist hingegen $[AB] \gtrless 0$, so stehen die einfachen Faktoren dieses Produktes (nach 61) in keiner Zahlbeziehung zu einander, ihr verbindendes Gebiet ist also von $(\alpha + \beta)$-ter Stufe, das heisst, $\alpha + \beta = \delta$. Somit ist, wenn $\alpha + \beta \overline{\lessgtr} n$ ist, $[AB]$ dann und nur dann von Null verschieden, wenn $\alpha + \beta = \delta$ ist.

2. Es sei $\alpha + \beta > n$ und $\alpha + \beta - n = \gamma$. Dann haben die Gebiete A und B, da sie beziehlich von α-ter und β-ter Stufe sind, (nach 26) mindestens ein Gebiet $(\alpha + \beta - n)$-ter, das heisst, γ-ter Stufe gemein. Es sei C eine Grösse von γ-ter Stufe in diesem Gebiete, so sind (nach 79 b) A und B in den Formen $A = [CA_1]$, $B = [CB_1]$ darstellbar. Somit wird

$$[AB] = [CA_1 \,.\, CB_1] = [CA_1 B_1]C, \qquad [103]$$

74 weil die Summe der Stufenzahlen von C, A_1 und B_1

$$= \gamma + (\alpha - \gamma) + (\beta - \gamma) = \alpha + \beta - \gamma = n$$

ist. Es ist aber $[CA_1 B_1]C$, da $[CA_1 B_1]$ von nullter Stufe, also eine Zahl ist, dann und nur dann null, wenn $[CA_1 B_1]$, das heisst $[AB_1]$ null ist. Aber nach Beweis 1 ist $[AB_1]$ dann und nur dann null, wenn A und B_1 von einem Gebiet von niederer als n-ter Stufe umfasst werden; aber da C in $A = [CA_1]$ liegt, so werden dann auch A und $[CB_1]$, das heisst, A und B von einem Gebiete niederer als n-ter Stufe umfasst, das heisst, $\delta < n$. Somit ist, wenn $\alpha + \beta > n$ ist, $[AB]$ dann und nur dann von Null verschieden, wenn $\delta = n$ ist.

3. Nach 25 ist die Summe der Stufenzahlen zweier Gebiete gleich der Summe der Stufenzahlen ihres gemeinschaftlichen und ihres verbindenden Gebietes, das heisst

$$\alpha + \beta = \gamma + \delta.$$

Die Bedingung in Beweis 1, dass $\alpha + \beta = \delta$ sei, ist also identisch mit der, dass $\gamma = 0$ sei, und die Bedingung in Beweis 2, dass $\delta = n$ sei, ist identisch mit der, dass

$$\alpha + \beta - n = \gamma$$

sei. Somit ist der zweite Wortausdruck unseres Satzes bewiesen. Nun ist aber klar, dass, wenn $\alpha + \beta \leqq n$ ist, die kleinste Stufenzahl, die das den Grössen A und B gemeinschaftliche Gebiet haben kann, null, und die grösste, die das verbindende Gebiet haben kann, $\alpha + \beta$ ist. Auf der andern Seite, wenn $\alpha + \beta > n$ ist, so ist die grösste Stufenzahl, die das verbindende Gebiet haben kann, n, also (nach 26) die kleinste, die das gemeinschaftliche Gebiet haben {kann}, $\alpha + \beta - n$. Somit stimmt der erste Wortausdruck mit dem zweiten überein, und der Satz ist erwiesen.

110. *Alle Gesetze der auf ein Hauptgebiet bezüglichen Multiplikation gelten auch noch, wenn man überall statt der ursprünglichen Einheiten eine beliebige Reihe von n Grössen setzt, die aus jenen numerisch abgeleitet sind, und deren kombinatorisches Produkt* 1 *ist.*

Beweis. Es seien $e_1, \ldots e_n$ die ursprünglichen Einheiten, und $a_1, \ldots a_n$ aus ihnen numerisch abgeleitet, und zwar so, dass

$$[a_1 a_2 \ldots a_n] = 1$$

ist.

Nach 89 wurde unter der Ergänzung $|E$ eines Einheitsproduktes 75
E diejenige Grösse verstanden, welche dem kombinatorischen Produkte E' aller in E nicht vorkommender Einheiten gleich oder entgegengesetzt ist, je nachdem $[EE']$ der absoluten Einheit gleich oder entgegengesetzt ist, diejenige Grösse also, welche der Gleichung

$$|E = [EE']E'.$$

genügt. Bezeichnen wir nun diejenige Grösse, welche aus einem Produkte A, in welchem nur die Grössen $a_1, \ldots a_n$ vorkommen, auf entsprechende Weise gebildet ist, für den Augenblick mit IA, das heisst, bezeichnen wir mit IA diejenige Grösse, welche dem kombinatorischen Produkte A' aller derjenigen Grössen jener Reihe $a_1, \ldots a_n$, welche in A nicht vorkommen, gleich oder entgegengesetzt ist, je nachdem $[AA']$ der absoluten Einheit gleich oder entgegengesetzt ist, so dass also

(a) $$IA = [AA']A'$$

ist, {und setzen wir ferner wieder, wenn α eine Zahl bedeutet,

(b) $$I\alpha = \alpha$$

und endlich

(c) $$I\Sigma\alpha_r A_r = \Sigma\alpha_r IA_r,$$

entsprechend der Erklärung 90}, so haben wir zunächst zu beweisen, dass die als Definition des bezüglichen Produktes (in 94) aufgestellte Bestimmung auch bei dieser Einsetzung der Grössen $a_1, \ldots a_n$ an die Stelle der ursprünglichen Einheiten noch ihre Geltung behalte, das heisst, dass

(d) $$I[AB] = [IA \, . \, IB]$$

sei, wenn A und B nur Grössen aus der Reihe $a_1, \ldots a_n$ als einfache Faktoren enthalten, und die Summe $(\alpha + \beta)$ der Stufenzahlen von A und B grösser ist als die Stufenzahl n des Hauptgebietes.

{Es sei *zuerst* $[AB] = 0$, so müssen, da $\alpha + \beta > n$ ist, die Gebiete von A und B (nach 109) von einem Gebiete von niederer als n-ter Stufe umfasst werden. In A und B werden daher nicht alle n einfachen Faktoren $a_1, \ldots a_n$ vorkommen, sondern nur eine gewisse Zahl δ von ihnen, wo $\delta < n$ ist, während die $n - \delta$ übrigen sowohl in A als in B fehlen. Da nun IA nur die Faktoren enthält, die in A nicht vorkommen, und, da für IB entsprechendes gilt, so werden IA und IB diese $n - \delta$ Faktoren, die in A und B fehlen, gemein haben. Da überdies die Summe der Stufenzahlen von IA und IB den Werth $n - \alpha + n - \beta$ hat und somit kleiner als n ist, so wird (nach 109)

$$[IA \, . \, IB] = 0.$$

Da aber auch $[AB] = 0$ war und die Ergänzung einer Zahl (nach b) auch in dem jetzigen Sinne gleich dieser Zahl, also die von Null wieder Null ist, so ergiebt sich

$$I[AB] = [IA \, . \, IB].$$

Es sei *zweitens* $[AB]$ von Null verschieden, so muss (nach 109) das verbindende Gebiet der Gebiete von A und B die Stufenzahl n haben, das gemeinschaftliche Gebiet dagegen die Stufenzahl $\alpha + \beta - n$. Da nun die Grössen A und B beide Produkte von Faktoren aus der Reihe der n Grössen $a_1, \ldots a_n$ sind, so ist klar, dass jeder der n Faktoren $a_1, \ldots a_n$ mindestens in einer der beiden Grössen A und B vorkommt und dass ausserdem A und B gerade $\alpha + \beta - n$ unter diesen einfachen Faktoren gemein haben. Ist C das Produkt dieser $\alpha + \beta - n$ Faktoren, so lassen sich A und B in den Formen

$$A = [CA_1], \quad B = [CB_1]$$

darstellen, wo $[A_1 C B_1]$ alle n einfachen Faktoren enthält und somit eine Zahl ist. Es wird aber (nach 103)

$$[AB] = [CA_1 \, . \, CB_1] = [CA_1 B_1] C$$

und ferner (nach c)

$$I[AB] = [CA_1 B_1] IC,$$

oder, da (nach a)

$$IC = [CA_1B_1][A_1B_1]$$

ist,

$$I[AB] = [CA_1B_1][CA_1B_1][A_1B_1].$$

Andrerseits ist

$$IA = I[CA_1] = [CA_1B_1]B_1, \quad IB = I[CB_1] = [CB_1A_1]A_1,$$

demnach wird

$$[IA\,.\,IB] = [CA_1B_1][CB_1A_1][B_1A_1],$$

und da dieser Ausdruck (nach 58) seinen Werth nicht ändert, wenn man zweimal A_1 mit B_1 vertauscht, so ergiebt sich wieder

$$I[AB] = [IA\,.\,IB],$$

also ist diese Formel allgemein bewiesen.}

Es gilt also die Bestimmung, durch welche der Begriff der be- (76)
züglichen Multiplikation festgestellt wurde, auch, wenn man statt der ursprünglichen Einheiten die Grössen $a_1, \ldots a_n$ einführt; alle früheren Gesetze gelten aber, wenn man statt der n ursprünglichen Einheiten beliebige n Grössen {setzt}, die in keiner Zahlbeziehung zu einander stehen, das heisst, deren kombinatorisches Produkt nicht null ist, also auch, wenn man statt derselben die Grössen $a_1, \ldots a_n$ setzt. Aus diesen früheren Sätzen und der in der Definition festgestellten Bestimmung sind aber alle folgenden Gesetze abgeleitet, folglich gelten auch diese noch bei der angegebenen Substitution.

Anm. Durch das Fortbestehen der Multiplikations-Gesetze, auch wenn man eine Reihe lineal ableitbarer Einheiten den ursprünglichen substituirt, ist die Multiplikation als lineale bedingt, und erst im folgenden Kapitel werden wir zu einer Produktbildung übergehen, bei welcher das Fortbestehen der für die ursprünglichen Einheiten geltenden Gesetze nur in einem viel beschränkteren Umfange stattfindet.

Zu bemerken ist noch, dass die oben mit IA bezeichnete Grösse im Allgemeinen nicht mit der Ergänzung von A, die wir mit $|A$ bezeichneten, zusammenfällt. Zum Beispiel ist in einem Gebiete dritter Stufe, wenn e_1, e_2, e_3 die ursprünglichen Einheiten sind und $[e_1e_2e_3] = 1$ ist, die Ergänzung von $e_1 + e_2$, da $|e_1 = [e_2e_3]$, $|e_2 = [e_3e_1]$ ist, gleich $[e_2e_3] + [e_3e_1]$; denn (nach 90) ist

$$|(e_1 + e_2) = |e_1 + |e_2 = [e_2e_3] + [e_3e_1].$$

Dagegen, wenn

$$a_1 = e_1 + e_2, \quad a_2 = e_2, \quad a_3 = e_3$$

ist, so ist zwar $[a_1a_2a_3] = [e_1e_2e_3] = 1$, aber, bei Anwendung der Bezeichnung 77
in obigem Satze,

$$Ia_1 = [a_1a_2a_3][a_2a_3] = [a_2a_3] = [e_2e_3],$$

also von $|a_1$ um $[e_3e_1]$ verschieden. Im folgenden Kapitel {s. Nr. 167 und 168} wird sich ergeben, welche Beziehungen zwischen $e_1, \ldots e_n$ und $a_1, \ldots a_n$ stattfinden müssen, wenn $|A = IA$ sein soll.

111. *Wenn*

$$1 = [a_1 \ldots a_n] = [PP'] = [AA'] = [BB'] = [CC'] = \cdots$$

ist, und P, P', A, A', B, B', C, C', ... *keine andern einfachen Faktoren enthalten, als die der Reihe* $a_1, \ldots a_n$ *angehören, und*

$$P = [ABC\ldots]$$

ist, so ist auch

$$P' = [A'B'C'\ldots].$$

Beweis. Es sei unter IA dasselbe verstanden, wie im vorigen Beweise, so ist

$$IP = [PP']P' = P', \quad IA = [AA']A' = A', \ldots.$$

Nun ist, da nach dem vorigen Satze alle früheren Sätze, also namentlich auch Satz 98 noch gilt, wenn man überall das Zeichen I statt $|$ setzt,

$$I[ABC\ldots] = [IA.IB.IC\ldots],$$

also

$$IP = [IA.IB.IC\ldots].$$

Also, da $IP = P'$, $IA = A'$, $IB = B'$, $IC = C'$, ... ist,

$$P' = [A'B'C'\ldots].$$

112. *Wenn man aus* n *Grössen erster Stufe, deren kombinatorisches Produkt* 1 *liefert, die multiplikativen Kombinationen zur* $(n-1)$*-ten Klasse bildet, und die Elemente jeder Kombination alphabetisch, die Kombinationen selbst lexikographisch unter der Annahme ordnet, dass die Reihe jener* n *Grössen als ein Alphabet betrachtet wird, so ist das Produkt aus den* $n-m$ *ersten dieser Kombinationen gleich dem Produkt aus den* m *ersten jener* n *Grössen, das heisst*

$$[A_n \ldots A_{m+1}] = [a_1 \ldots a_m],$$

wenn

$$A_r = [a_1 \ldots a_{r-1} a_{r+1} \ldots a_n]$$

und

$$[a_1 \ldots a_n] = 1$$

ist.

Beweis. 1. Ich beweise zuerst, dass

$$[a_1 \ldots a_r A_r] = [a_1 \ldots a_{r-1}]$$

78 sei. Es ist nach der gewählten Bezeichnung

$$A_r = [a_1 \ldots a_{r-1} a_{r+1} \ldots a_n].$$

Also

$$\begin{aligned}[a_1 \ldots a_r A_r] &= [a_1 \ldots a_r (a_1 \ldots a_{r-1} a_{r+1} \ldots a_n)] \\ &= [a_1 \ldots a_r a_{r+1} \ldots a_n][a_1 \ldots a_{r-1}] \quad [105\ \{\text{und } 80\}] \\ &= [a_1 \ldots a_{r-1}],\end{aligned}$$

da $[a_1 \ldots a_n] = 1$ ist.

2. Somit ist

$$[A_n A_{n-1}] = [a_1 \ldots a_{n-1} A_{n-1}] = [a_1 \ldots a_{n-2}]$$

$$[A_n A_{n-1} A_{n-2}] = [a_1 \ldots a_{n-2} A_{n-2}] = [a_1 \ldots a_{n-3}]$$

und so fort. Also

$$[A_n A_{n-1} \ldots A_{n-r}] = [a_1 \ldots a_{n-r-1}].$$

Also, wenn $n - r - 1 = m$ ist,

$$[A_n A_{n-1} \ldots A_{m+1}] = [a_1 \ldots a_m].$$

113. *Wenn C_1, C_2, ... die multiplikativen Kombinationen {zu einer bestimmten Klasse} aus den einfachen Faktoren (erster Stufe) einer von Null verschiedenen Grösse B sind, und D_r jedesmal aus denjenigen Faktoren von B besteht, welche in C_r fehlen, und zwar die Faktoren so geordnet, dass jedesmal*

$$[C_r D_r] = B$$

ist, so ist für jede Grösse A, deren Stufenzahl die Stufenzahl der D_r zu der des Hauptgebietes ergänzt,

$$[AB] = \Sigma[AD_r]C_r = [AD_1]C_1 + [AD_2]C_2 + \cdots.$$

Beweis. Es möge m die Anzahl der einfachen Faktoren von B sein und n die Stufe des Hauptgebietes, α die Stufenzahl von A, und sei $B = [b_1 b_2 \ldots b_m]$.

Da nun nach der Annahme B von Null verschieden ist, so stehen (nach 61) $b_1, \ldots b_m$ in keiner Zahlbeziehung zu einander, folglich lassen sich (nach 20) zu ihnen noch $n - m$ Grössen erster Stufe $b_{m+1}, \ldots b_n$ von der Art hinzufügen, dass sich alle Grössen erster Stufe, welche dem betrachteten Hauptgebiete angehören, aus ihnen numerisch ableiten lassen. Dann lässt sich A als Grösse α-ter Stufe aus den multiplikativen Kombinationen der n Grössen $b_1, \ldots b_n$ zur α-ten Klasse numerisch ableiten, also sich in der Form

$$A = \alpha_1 A_1 + \alpha_2 A_2 + \cdots = \Sigma \alpha_r A_r$$

darstellen, wenn A_1, A_2, ... die multiplikativen Kombinationen † aus 79
$b_1, \ldots b_n$ zur α-ten Klasse sind. Es seien diese Kombinationen $A_1, A_2, \ldots$ so gewählt, dass jedesmal A_r aus denjenigen jener n Grössen besteht, welche in D_r fehlen. Dies ist allemal möglich, da D_r nach der Annahme $n - \alpha$ jener Grössen enthält. Dann ist

$$[AB] = [\Sigma \alpha_r A_r . B] = \Sigma \alpha_r [A_r B] \qquad [41]$$
$$= \Sigma \alpha_r [A_r . C_r D_r],$$

da nach der Annahme $B = [C_r D_r]$ ist. Da nun C_r nur solche jener n Grössen $b_1, \ldots b_n$ enthält, die dem D_r fehlen, und A_r sämmtliche in D_r fehlenden Grössen $b_1, \ldots b_n$ enthält, so ist C_r dem A_r untergeordnet, somit (nach 108)

$$[A_r . C_r D_r] = [A_r D_r] C_r,$$

also

$$[AB] = \Sigma \alpha_r [A_r D_r] C_r.$$

Nun ist aber {nach 60} $[A_s D_r] = 0$, wenn s von r verschieden ist, weil dann A_s mindestens einen Faktor enthält, der auch in D_r vorkommt, also kann man statt $\alpha_r [A_r D_r]$ schreiben $\Sigma \alpha_s [A_s D_r]$, wo sich die Summe nur auf den Index s bezieht, das heisst, es ist

$$\alpha_r [A_r D_r] = \Sigma \alpha_s [A_s D_r] = [\Sigma \alpha_s A_s . D_r] = [A D_r],$$

somit

$$[AB] = \Sigma [A D_r] C_r.$$

§ 6. Vertauschung der Faktoren und Auflösung der Klammern in einem reinen und {in einem} gemischten Produkte.

114. Erklärung. Wenn mehr als zwei Grössen A, B, C, ... so zu einem Produkte verknüpft sind, dass sie keiner anderen als der progressiven Multiplikation unterliegen, so nenne ich das Produkt ein rein progressives Produkt jener Grössen, wenn sie dagegen keiner andern als der regressiven Multiplikation unterliegen, oder, falls das Gesammtprodukt von nullter Stufe ist, nur die letzte, das Gesammtprodukt bildende Multiplikation eine progressive ist, so nenne ich das Produkt ein rein regressives, in beiden Fällen ein reines, in jedem andern Falle ein gemischtes. Das heisst, wenn in dem Produkte $[ABCD \ldots JK]$, das Produkt $[AB]$ ein progressives, das Produkt der zwei Grössen $[AB]$ und C wieder ein progressives, ebenso das Produkt der zwei Grössen $[ABC]$ und D, und so fort, endlich auch
80 das Produkt der zwei Grössen $[ABCD \ldots J]$ † und K ein progressives ist, so ist $[ABCD \ldots JK]$ ein rein progressives Produkt der Grössen A, B, C, D, ... J, K. Wenn hingegen alle jene Produkte regressive sind, oder wenigstens nur das letzte, nämlich das der zwei Grössen $[ABCD \ldots J]$ und K ein progressives Produkt, und zwar von nullter Stufe ist, so ist $[ABCD \ldots JK]$ ein rein regressives Produkt der Grössen A, B, C, D, ... J, K.

Anm. Dass das Produkt auch in dem Falle als ein rein regressives betrachtet wird, wenn die letzte Multiplikation, die das ganze Produkt nullter Stufe bildet, eine progressive ist, beruht darauf, dass die progressive Multiplikation, welche ein Produkt nullter Stufe bildet, auch insofern zugleich als regressive Multiplikation betrachtet werden kann, als alle speciellen Gesetze regressiver Multiplikation ebenso für dieselbe gelten, wie die speciellen Gesetze progressiver Multiplikation. Als Beispiel einer solchen rein regressiven Multiplikation diene das Produkt $[ab . ac . bc]$, wenn das Hauptgebiet von dritter Stufe ist.

115. *Wenn ein Produkt mehrerer Grössen $[ABC \ldots]$ ein rein progressives ist, so ist das Produkt der Ergänzungen $[|A|B|C \ldots]$ ein rein regressives und umgekehrt.*

Beweis. Denn (nach 97, Zusatz) gilt dies für zwei Faktoren, also da $[AB]$ ein progressives ist, so ist $[|A|B]$ ein regressives, und da

$[(AB)C]$ ein progressives ist, so ist $[|(AB)|C]$ ein regressives, also $[|A|B|C]$ ein rein regressives, und so weiter.

116. *Ein Produkt von m Grössen A, B, C, ... J, K ist ein rein progressives, wenn die Summe der Stufenzahlen dieser Grössen ebenso gross oder kleiner als die Stufenzahl (n) des Hauptgebietes ist, hingegen ein rein regressives, wenn jene Summe ebenso gross oder grösser als $n(m-1)$ ist, ein gemischtes, wenn jene Summe grösser als n und kleiner als $n(m-1)$ ist.*

Beweis. 1. Es seien α, β, γ, ... die Stufenzahlen der Grössen A, B, C, ... Wenn

$$\alpha + \beta + \gamma + \cdots + \iota + \varkappa \overline{\gtrless} n$$

ist, so ist auch $\alpha + \beta < n$, also das Produkt $[AB]$ (nach 94) ein progressives; aber auch $\alpha + \beta + \gamma < n$, also das Produkt der zwei Grössen $[AB]$ und C ein progressives, und so fort. Endlich auch

$$\alpha + \beta + \gamma + \cdots + \iota + \varkappa \overline{\gtrless} n,$$

also auch das Produkt der zwei Grössen $[ABC \ldots J]$ und K, da die Stufe von $[ABC \ldots J]$ (nach 96) gleich $\alpha + \beta + \gamma + \cdots + \iota$ ist, ein progressives. † Ebenso folgt das Umgekehrte, dass nämlich, wenn 81
$[ABC \ldots JK]$ ein rein progressives Produkt ist,

$$\alpha + \beta + \gamma + \cdots + \iota + \varkappa \overline{\gtrless} n$$

sein muss.

2. Wenn

$$\alpha + \beta + \gamma + \cdots + \iota + \varkappa \overline{>} n(m-1)$$

ist, so können wir dies auch so schreiben:

$$(n-\alpha) + (n-\beta) + (n-\gamma) + \cdots + (n-\iota) + (n-\varkappa) \overline{<} n,$$

weil nämlich m die Anzahl der Grössen A, B, C, ..., J, K ist. Da nun $n-\alpha$ die Stufenzahl der Ergänzung von A, das heisst die Stufenzahl von $|A$ ist, ..., so ist das Produkt

$$[|A|B|C \ldots |J|K]$$

nach Beweis 1 ein rein progressives, folglich (nach 115) $[ABC \ldots JK]$ ein rein regressives.

116b.*) *Das reine Produkt von Grössen erster Stufe oder von Grössen $(n-1)$-ter Stufe in einem Hauptgebiete n-ter Stufe ist ein kombinatorisches Produkt dieser Grössen.* (98)

Beweis. Das reine Produkt von Einheiten erster Stufe ist (nach 114, 94) ein progressives, also (nach 94) ein äusseres, also (nach 78) ein

*) {Dieser Satz steht in der Originalausgabe auf S. 98 als Nr. 132, gehört aber hierher hinter Nr. 116.}

kombinatorisches Produkt der Einheiten; also {ist} auch (nach 52) das reine Produkt von beliebigen Grössen erster Stufe ein kombinatorisches Produkt dieser Grössen. Das reine Produkt von Grössen $(n-1)$-ter Stufe ist aber (nach 101) genau denselben Gesetzen unterworfen, wie das von Grössen erster Stufe, also auch den Gesetzen der kombinatorischen Multiplikation, das heisst jenes Produkt ist ein kombinatorisches Produkt jener Grössen $(n-1)$-ter Stufe.

(81) **117.** *Die Stufenzahl eines rein progressiven Produktes ist null, wenn die Summe der Stufenzahlen seiner Faktoren gleich der Stufenzahl n des Hauptgebietes ist, in jedem andern Falle ist die Stufenzahl jenes Produktes gleich der Summe der Stufenzahlen seiner Faktoren. Die Stufenzahl eines rein regressiven Produktes ist $= \varrho - (m-1)n$, wenn ϱ die Summe der Stufenzahlen seiner Faktoren und m die Anzahl dieser Faktoren ist.*

Beweis. Für zwei Faktoren ist der Satz in 95 bewiesen. Ist nun das Produkt $[ABC \ldots JK]$ ein rein progressives, und sind $\alpha, \beta, \gamma, \ldots, \iota, \varkappa$ die Stufenzahlen von $A, B, C, \ldots J, K$, so ist die von $[AB]$ gleich $\alpha + \beta$, also die von $[(AB)C]$ gleich $\alpha + \beta + \gamma, \ldots$; also die von $[ABC \ldots J]$ gleich $\alpha + \beta + \gamma + \cdots + \iota$. Ist nun

$$\alpha + \beta + \gamma + \cdots + \iota + \varkappa < n,$$

so ist nach demselben Satze (95) die Stufenzahl von $[(ABC \ldots J)K]$ gleich $\alpha + \beta + \gamma + \cdots + \iota + \varkappa$; wenn aber

$$\alpha + \beta + \gamma + \cdots + \iota + \varkappa = n$$

ist, so ist sie nach demselben Satze null.

Ist zweitens das Produkt $[ABC \ldots JK]$ ein rein regressives, so ist nach dem angeführten Satze die Stufenzahl von $[AB]$ gleich $\alpha + \beta - n$, also die von $[(AB)C]$ gleich $\alpha + \beta + \gamma - 2n, \ldots$, also, wenn m die Anzahl der Faktoren von $[ABC \ldots JK]$ ist, die Stufenzahl dieses Produktes gleich $\alpha + \beta + \gamma + \cdots + \iota + \varkappa - (m-1)n$.

118. *Das Gebiet eines rein progressiven Produktes ist gleich dem seine sämmtlichen Faktoren verbindenden Gebiete, und das Gebiet eines rein regressiven Produktes gleich dem seinen sämmtlichen Faktoren gemeinschaftlichen Gebiete, vorausgesetzt, dass in beiden Fällen das Produkt nicht null ist.*

82 Beweis. 1. Es sei $[AB \ldots]$ ein rein progressives Produkt und

$$A = [a_1 \ldots a_q], \quad B = [b_1 \ldots b_r], \ldots,$$

wo $a_1, \ldots a_q, b_1, \ldots b_r, \ldots$ Grössen erster Stufe sind, so erhält man

$$[AB \ldots] = [(a_1 \ldots a_q)(b_1 \ldots b_r) \ldots].$$

Da nun das progressive Produkt stets zugleich ein äusseres ist, so kann man (nach 80) die Klammern weglassen und es wird der letzte Ausdruck

$$= [a_1 \ldots a_q b_1 \ldots b_r \ldots].$$

Das Gebiet des Produktes ist also (nach 77) das aus seinen einfachen Faktoren $a_1, \ldots a_q,\ b_1, \ldots b_r, \ldots$ numerisch ableitbare Gebiet. Ebenso ist das Gebiet von A das aus $a_1, \ldots a_q$ ableitbare Gebiet, und so weiter, und (nach 15) ist das aus den Grössen zweier oder mehrerer Gebiete A, B, ... ableitbare Gebiet das diese letzteren verbindende Gebiet, also das Gebiet des progressiven Produktes $[AB \ldots]$ das die Faktoren A, B, ... verbindende Gebiet.

2. Es sei $[AB]$ ein von Null verschiedenes regressives Produkt, also die Stufenzahlen α und β der Faktoren A und B zusammen grösser als n, so haben A und B ein Gebiet $(\alpha + \beta - n)$-ter Stufe gemein {26}; aber auch kein Gebiet höherer Stufe, weil sonst (nach 109) das Produkt null sein würde. Also lassen sich {nach 87} A und B auf einen gemeinschaftlichen Faktor D von $(\alpha + \beta - n)$-ter Stufe von der Art bringen, dass $A = [DE]$, $B = [DF]$ und D, E, F einfache Grössen sind; dann ist (nach 105)

$$[AB] = [DE \,.\, DF] = [DEF]\, D \equiv D,$$

da $[DEF]$ eine von Null verschiedene Zahl ist, das heisst, das Gebiet von $[AB]$ ist gleich dem den Faktoren A und B gemeinschaftlichen Gebiete. Tritt nun noch ein Faktor C hinzu, so wird

$$[ABC] \equiv [DC] \equiv G,$$

wenn G das dem D und C gemeinschaftliche Gebiet ist, also das den A, B, C gemeinschaftliche, und so weiter.

119. *In einem reinen Produkte kann man Klammern beliebig setzen und weglassen, das heisst*

$$[A(BC)] = [ABC],$$

wenn $[ABC]$ *ein reines Produkt ist.*

Beweis. 1. Wenn das Produkt ein rein progressives ist, † so ist 83
es (nach 94) auch ein äusseres, also (nach 80) die Klammersetzung gleichgültig fürs Resultat.

2. Wenn das Produkt $[ABC]$ ein rein regressives ist, so ist (nach 115) das Produkt $[|A|B|C]$ ein rein progressives, also nach Beweis 1

$$[|A(|B|C)] = [|A|B|C],$$

das heisst (nach 101)

$$[A(BC)] = [ABC].$$

119b. *Ein reines Produkt behält seinen Werth, wenn man seine Faktoren in lauter Faktoren erster oder $(n-1)$-ter Stufe auflöst, je nachdem das gegebene Produkt ein progressives oder regressives war. Auch behauptet das Produkt in Bezug auf diese neuen Faktoren seinen Charakter, als rein progressives oder regressives, das heisst, wenn*

$$P = [AB \ldots E]$$

ein reines Produkt der Faktoren $A, B, \ldots E$ ist, und

$$A = [a_1 \ldots a_q], \quad B = [a_{q+1} \ldots a_r], \quad \ldots, \quad E = [a_{t+1} \ldots a_u]$$

und $a_1, \ldots a_u$ Grössen erster oder $(n-1)$-ter Stufe sind, je nachdem das Produkt $[AB \ldots E]$ ein progressives oder regressives ist, so ist auch

$$P = [a_1 a_2 \ldots a_u],$$

und zwar auch dies Produkt ein rein progressives oder regressives, je nachdem das gegebene Produkt $[AB \ldots E]$ es war.

Beweis. Wenn das Produkt $[AB \ldots E]$ ein rein progressives ist, so ist {nach 116} die Summe der Stufenzahlen von $A, B, \ldots E$, das heisst u, $\leqq n$, somit bleibt es auch (nach 116) ein rein progressives in Bezug auf die Faktoren $a_1, \ldots a_u$, wenn man statt A setzt $[a_1 \ldots a_q]$, und so weiter, folglich kann man (nach 119) die Klammern weglassen und erhält $P = [a_1 a_2 \ldots a_u]$.

Ist aber $[AB \ldots E]$ ein rein regressives Produkt, so wird $[|A|B \ldots |E]$ (nach 115) ein rein progressives; und wenn $A = [a_1 \ldots a_q]$ ist, ..., und $a_1, \ldots a_u$ Grössen $(n-1)$-ter Stufe sind, so ist $|A = [|a_1 \ldots |a_q]$ und so weiter, wo $|a_1, \ldots, |a_q$ Grössen erster Stufe sind, somit nach dem ersten Theile des Beweises

$$[|A|B \ldots |E] = [|a_1 \ldots |a_u].$$

Also auch (nach 101)

$$[AB \ldots E] = [a_1 \ldots a_u],$$

und dies ein rein regressives Produkt (nach 115).

183 **119c.***) *Wenn $a, b, \ldots$ die Stufenzahlen {der Faktoren} eines reinen Produktes P {sind} (114), n die des Hauptgebietes, v die Stufenzahl des verbindenden, g die des gemeinschaftlichen Gebietes {aller Faktoren} (15) und p die des Produktes ist, und $n - a = a'$, $n - b = b'$, ..., $n - g = g'$ gesetzt wird, so ist*

---

*) {Dieser Satz steht in der Originalausgabe auf S. 183 als Nr. 287, gehört aber hierher, hinter Nr. 119b.}

1) *wenn das Produkt P ein progressives ist, P dann und nur dann von Null verschieden, wenn*

$$v = a + b + \cdots$$

ist, und zwar ist dann $p = v$,

2) *wenn das Produkt P ein regressives ist, so ist P dann und nur dann von Null verschieden, wenn*

$$g' = a' + b' + \cdots$$

ist, und zwar ist dann $p = g$.

Beweis. 1. Wenn das Produkt P ein progressives ist, so kann man die Faktoren (nach 119b) in lauter Faktoren erster Stufe auflösen; die Anzahl dieser Faktoren erster Stufe ist (nach 77) $a + b + \cdots$, ihr Produkt ist (nach 61 und 66) dann und nur dann von Null verschieden, wenn die Faktoren erster Stufe in keiner Zahlbeziehung zu einander stehen, das heisst (nach 23), wenn das verbindende Gebiet von $(a + b + \cdots)$-ter Stufe, also $v = a + b + \cdots$ ist. Dann ist die Stufe des Produktes (nach 77) $= a + b + \cdots$, das heisst $= v$.

2. Wenn das Produkt P ein regressives ist, so gilt der Satz zunächst für zwei Faktoren. Denn nach 109 ist {in diesem Falle} P dann und nur dann von Null verschieden, wenn $g = a + b - n$, das heisst

$$n - g = n - a + n - b,$$

also

$$g' = a' + b'$$

ist. Nach 95 ist ferner $p = a + b - n$, also $= g$. Somit gilt der Satz für zwei Faktoren. Aus ihm erhält man aber durch wiederholte Anwendung den Satz für beliebig viele Faktoren.

120. *Ein reines Produkt bleibt sich selbst kongruent, wenn man die Ordnung der Faktoren beliebig ändert, das heisst* 84

$$P_{A,B} \equiv P_{B,A}.$$

Beweis. 1. Sind q und r die Stufenzahlen von A und B, und ist zuerst das Produkt $[AB]$ ein progressives, so ist (nach 58)

$$[AB] = (-1)^{qr}[BA],$$

also

$$[AB] \equiv [BA].$$

Ist das Produkt $[AB]$ ein regressives, die Stufe des Hauptgebietes n, so ist $[|A|B]$ (nach 115) ein progressives Produkt, und da $n - q$ und $n - r$ die Stufen von $|A$ und $|B$ sind,

$$[|A|B] = (-1)^{(n-q)(n-r)}[|B|A],$$

also (nach 101)

$$[AB] = (-1)^{(n-q)(n-r)}[BA],$$

also auch

$$[AB] \equiv [BA].$$

2. Ist ferner das Produkt $[PAB]$ ein reines, so ist

$$[PAB] = [P.AB] \qquad [119]$$
$$\equiv [P.BA]$$

nach Beweis 1 und nach 2, 40; dies wieder

$$= [PBA], \qquad [119]$$

also

$$[PAB] \equiv [PBA],$$

das heisst, das Produkt bleibt sich kongruent, wenn man zwei auf einander folgende Faktoren vertauscht.

3. Durch Vertauschung zweier auf einander folgender Faktoren kann man nun nach und nach jeden Faktor auf jede beliebige Stelle bringen, also den Faktoren jede beliebige Ordnung geben, während dabei nach Beweis 2 das Produkt sich kongruent bleibt.

121. *Wenn ein reines Produkt zwei einander incidente Faktoren enthält, von denen keiner die Stufenzahl Null hat, so ist das Produkt null, das heisst* $P_{A,B} = 0$, *wenn P* {*ein*} *reines Produkt* {*ist*} *und A und B die incidenten Faktoren sind.*

Beweis. 1. Sind A und B die einander incidenten Faktoren, also der eine dem andern untergeordnet, etwa B dem A, so ist B das gemeinschaftliche Gebiet und A das verbindende, also das Produkt $[AB]$, da die Stufe von B grösser als Null, und die von A kleiner als n ist, (nach 109) null.

85 2. Enthält aber ein Produkt P zwei einander incidente † Faktoren A und B, so kann man (nach 120) die Faktoren so ordnen, dass A und B auf einander folgen, wobei das Produkt sich selbst kongruent bleibt, also auch (nach 2) in dem einen Falle null bleibt, wenn es in dem andern null ist. Dann kann man (nach 119) diese beiden Faktoren in eine Klammer schliessen. Ihr Produkt ist null nach Beweis 1, also ein Faktor von P null, also auch P selbst null.

122. *Ein gemischtes Produkt* $[ABC]$ *dreier* {*einfacher*} *Grössen,* {*von denen die letzte* $C \gtrless 0$ *ist,*} *ist dann und nur dann null, wenn entweder* $[AB] = 0$ *ist, oder alle drei Grössen A, B, C von einem Gebiete von niederer als n-ter Stufe umfasst werden, oder ein Gebiet von höherer als nullter Stufe gemein haben.*

Beweis. Es seien α, β, γ die Stufenzahlen von A, B, C, also $\alpha + \beta + \gamma > n$ und $< 2n$ (nach 116). Es sei $[AB] \gtrless 0$, und sei *zuerst* $\alpha + \beta > n$ etwa $= n + \delta$, so lassen sich (nach 87) A und B auf einen gemeinschaftlichen Faktor δ-ter Stufe D bringen, so dass $A = [DE]$, $B = [DF]$ sind, so ist

$$[AB] = [DEF]D, \qquad [103]$$

also, da $[AB]$ nach der Annahme $\gtrless 0$ ist, so muss auch $[DEF] \gtrless 0$ sein. Dann ist

$$[ABC] = [DEF][DC],$$

also, da $[DEF]$ eine von Null verschiedene Zahl ist, so ist $[ABC]$ dann und nur dann null, wenn $[DC]$ es ist. Die Stufe von $[DC]$ ist $= \delta + \gamma = \alpha + \beta - n + \gamma$, also $< n$, da $\alpha + \beta + \gamma < 2n$ ist. Also ist das Produkt $[DC]$, {da D und C ungleich Null sind} (nach 109) dann und nur dann null, wenn D und C ein Gebiet von höherer als nullter Stufe gemein haben, das heisst (da D das gemeinsame Gebiet von A und B ist), wenn A, B und C ein Gebiet von höherer als nullter Stufe gemein haben.

Es sei *zweitens* $\alpha + \beta \overline{<} n$, so ist $[AB]$ ein progressives Produkt, also, da $[AB]$ nach der Annahme $\gtrless 0$ ist, {und auch C von Null verschieden ist,} das Produkt $[(AB)C]$ (nach 109) dann und nur dann null, wenn $[AB]$ und C, das heisst A, B und C, von einem Gebiete niederer als n-ter Stufe umfasst werden. Somit bewiesen.

123. *Die Ordnung, in welcher man mit zwei einander incidenten einfachen Grössen fortschreitend multiplicirt, ist gleichgültig für das Resultat, das heisst*

$$[ABC] = [ACB],$$

wenn B incident C.

Beweis. 1. Wenn B oder C von nullter Stufe, das heisst Zahlen 86
sind, so findet die Gleichheit beider Seiten statt (nach 13). Wenn die Produkte reine sind, so sind beide Seiten (nach 121) null, folglich ist der Satz nur noch zu erweisen für den Fall des gemischten Produktes, in welchem B und C von höherer als nullter Stufe sind; das heisst (wenn α, β, γ die Stufenzahlen von A, B, C sind, und n die des Hauptgebietes) für den Fall, dass $\alpha + \beta + \gamma > n$ und $< 2n$ {116} und β und γ von Null verschieden sind.

Wir können, da die zu erweisende Formel sich nicht ändert, wenn man B und C mit einander verwechselt, annehmen, dass $\beta \overline{<} \gamma$ sei, das heisst, da B und C einander incident sind, dass B dem C untergeordnet sei. Ausserdem nehmen wir zunächst an, auch A sei eine einfache Grösse. Da die Summe $\alpha + \beta$ ebenso gross oder kleiner als die Summe $\alpha + \gamma$ ist, so sind nur drei Fälle möglich: entweder beide Summen sind kleiner als n, oder beide grösser als n, oder es ist $\alpha + \gamma \overline{\overline{>}} n$ und $\alpha + \beta \overline{<} n$.

2. Sind beide Summen kleiner als n, also auch $\alpha + \gamma < n$, so werden die drei Grössen A, B, C, von denen B der Grösse C untergeordnet ist, von einem Gebiete $(\alpha + \gamma)$-ter Stufe, also von einem Gebiete von niederer als n-ter Stufe umfasst, somit sind (nach 122) sowohl $[ABC]$ als $[ACB]$ null, also

$$[ABC] = [ACB].$$

3. Sind $\alpha + \beta$ und $\alpha + \gamma > n$, so sind $(n - \alpha) + (n - \beta)$ und $(n - \alpha) + (n - \gamma) < n$, also dann, da $n - \alpha$, $n - \beta$, $n - \gamma$ die Stufenzahlen der Ergänzungen von A, B, C sind,

$$[|A|B|C] = [|A|C|B] \qquad \text{(nach Beweis 2)},$$

also (nach 101)

$$[ABC] = [ACB].$$

4. Ist $\alpha + \gamma \overline{\gtrless} n$ und $\alpha + \beta \overline{\gtrless} n$, ersteres etwa $= n + \delta$, wo δ auch null sein kann, so müssen (nach 87) A und C sich auf einen gemeinschaftlichen Faktor D von δ-ter Stufe bringen lassen in der Art, dass $C = [DE]$ sei, wo D und E einfache Grössen sind und D dem A untergeordnet ist. Dann ist E von $(\gamma - \delta)$-ter Stufe, also die Summe der Stufenzahlen von A und E gleich $\alpha + \gamma - \delta = n$, somit ist (nach 108)

$$[AC] = [A \, . \, DE] = [AE]D,$$

also

$$[ACB] = [AE][DB].$$

Hier ist das Produkt $[DB]$ ein progressives, da

$$\delta + \beta = \alpha + \beta + \gamma - n < n$$

ist, indem das Produkt ein gemischtes sein sollte. Wenn nun $[DB]$ null ist, so haben (nach 109) D und B ein Gebiet von höherer als nullter Stufe gemein, dann haben aber auch, da D dem A untergeordnet ist, A und B dies Gebiet gemein, das Produkt $[AB]$ ist aber, da $\alpha + \beta \overline{\gtrless} n$ ist, ein progressives, folglich dies (nach 109) null. Also dann auch $[ABC] = 0$, ebenso wie $[ACB]$, und somit beide einander gleich. Ist aber $[DB] \gtrless 0$, so ist, da D und B beide dem C untergeordnet sind, auch ihr verbindendes Gebiet $[DB]$ dem Gebiete von C untergeordnet, also C (nach 79b) in der Form $[DBF]$ darstellbar, wo F wieder eine einfache Grösse ist. Dann wird, da wir oben $C = [DE]$ setzten, $E = [BF]$ gesetzt werden können, und man erhält:

$$[ACB] = [AE][DB] = [ABF][DB].$$

Ferner:

$$[ABC] = [AB \, . \, DBF] = [ABF][DB] \qquad \text{(nach 108)},$$

weil nämlich D dem A untergeordnet ist, also $[DB]$ dem $[AB]$, und weil $[ABF] = [AE]$, wie oben gezeigt, von nullter Stufe ist. Also erhält man $[ACB] = [ABC]$.

5. Hiermit sind, da $\beta \overline{\overline{<}} \gamma$ angenommen war, alle Fälle erschöpft, sofern A eine einfache Grösse ist. Ist nun A eine zusammengesetzte Grösse, so ist sie immer (nach 77) aus einfachen Grössen numerisch ableitbar. Es sei $A = \Sigma \alpha_r A_r$, wo alle A_r einfache Grössen sind, so ist

$$[ABC] = \Sigma \alpha_r [A_r BC] \qquad [44]$$

$$= \Sigma \alpha_r [A_r CB] \qquad [\text{nach Beweis } 1-4]$$

$$= [ACB]. \qquad [44]$$

124. *Wenn q, r, s die Stufenzahlen dreier {von Null verschiedener} einfacher Grössen A, B, C sind und n die des Hauptgebietes, so sind die Produkte $[ABC]$ und $[ACB]$ nur in folgenden {sechs} Fällen kongruent:*

$$[ABC] \equiv [ACB],$$

a) wenn $q + r + s \overline{\overline{<}} n$ ist, dann ist

$$[ABC] = (-1)^{rs} [ACB],$$

b) wenn $q + r + s \overline{\overline{>}} 2n$ ist, dann ist

$$[ABC] = (-1)^{(n-r)(n-s)} [ACB],$$

c) wenn $[AB]$ und $[AC]$ null sind, dann ist 88

$$[ABC] = [ACB] = 0,$$

d) wenn $[ABC]$ ein gemischtes Produkt ist und A, B und C entweder ein Gebiet von höherer als nullter Stufe gemein haben oder von einem Gebiete von niederer als n-ter Stufe umfasst werden; dann ist

$$[ABC] = [ACB] = 0,$$

e) wenn {das Produkt $[ABC]$ gemischt ist und} $q + r + s = n + t$ ist, und B und C entweder ein Gebiet von t-ter Stufe gemein haben oder von einem Gebiete t-ter Stufe umfasst werden; dann ist

$$[ABC] = (-1)^{(r-t)(s-t)} [ACB],$$

f) wenn B und C einander incident sind; dann ist

$$[ABC] = [ACB].$$

Beweis. Formel a) ist in 58 bewiesen.

Ist $q + r + s \overline{\overline{>}} 2n$, so ist $(n-q) + (n-r) + (n-s) \overline{\overline{<}} n$, also, da $n-q$, $n-r$, $n-s$ die Stufenzahlen der Ergänzungen von A, B, C sind, so ist in diesem Falle

$$[|A|B|C] = (-1)^{(n-r)(n-s)} [|A|C|B]. \qquad \text{(Formel a)}$$

Also (nach 101)

$$[ABC] = (-1)^{(n-r)(n-s)}[ACB].$$

Somit ist Formel b) bewiesen.

Da in diesen beiden Fällen $q + r + s$ entweder $\leqq n$ oder $\geqq 2n$ war, so bleibt nur der Fall übrig, wo $q + r + s > n$ und $< 2n$ ist, also der Fall des gemischten Produktes.

Angenommen zuerst, $[ABC]$ sei null. Ein gemischtes Produkt $[ABC]$ {dessen dritter Faktor C von Null verschieden ist} ist (nach 122) dann und nur dann null, wenn entweder $[AB] = 0$ ist, oder alle drei Grössen A, B, C von einem Gebiete niederer als n-ter Stufe umfasst werden, oder ein Gebiet von höherer als nullter Stufe gemein haben. Tritt einer der beiden letzten Fälle ein, so ist sowohl $[ABC]$ als $[ACB]$ null, und also $[ABC] = [ACB] = 0$, somit Formel d) bewiesen. Tritt aber von diesen beiden Fällen keiner ein, so kann $[ABC]$ nicht anders null werden, als wenn $[AB]$ null ist; ist dies der Fall und soll dann $[ABC]$ kongruent $[ACB]$ sein, so muss auch $[ACB]$ null sein, dies kann aber, da die beiden genannten Fälle ausgeschlossen sind {und $B \gtrless 0$ ist}, nicht anders geschehen, als wenn auch $[AC]$ null ist, und es tritt also dann der Fall c) ein.

89 Es bleiben also nur noch † die Fälle des von Null verschiedenen gemischten Produktes übrig. Da $q + r + s < 2n$ und $> n$ ist, so können wir $q + r + s = n + t$ setzen, wo $t > 0$ und $< n$ ist. Nun seien hier (genau wie in 123) drei Fälle unterschieden.

Erstens der, wo die Summen $q + s$ und $q + r$ beide *kleiner* als n sind. Dann ist, da $[AB]$ und $[AC]$ dann von Null verschiedene progressive Produkte sind, $q + r$ die Stufe von $[AB]$ und $q + s$ die von $[AC]$. Dann haben $[AB]$ und C (nach 26, {87}) einen Faktor von $(q + r + s - n)$-ter, das heisst t-ter Stufe gemein. Dieser sei D, und sei $C = [DE]$, so ist die Summe der Stufenzahlen von A, B, E gleich n, und D ist dem $[AB]$ untergeordnet. Folglich ist dann (nach 108)

$$[ABC] = [AB \,.\, DE] = [ABE]\, D.$$

Also, da $[ABE]$ eine Zahl ist, so ist $[ABC] \equiv D$; somit muss, wenn $[ABC] \equiv [ACB]$ sein soll, auch $[ACB] \equiv D$ sein, das heisst, $[AC]$ und B müssen sich auf einen mit D kongruenten gemeinschaftlichen Faktor bringen lassen, also auch auf den Faktor D selbst. Folglich muss D dem B untergeordnet sein, es war aber auch dem C untergeordnet, das heisst, B und C lassen sich auf den gemeinschaftlichen Faktor t-ter Stufe D bringen, das heisst, {sie} haben ein Gebiet t-ter Stufe gemein, was die erste Bedingung der Formel e) ist.

Es sei $B = [DF]$, so ist

$$[ABC] = [AB \,.\, DE] = [ABE]D \qquad [108]$$

$$= [A(DF)E]D = [ADFE]D \qquad [119]$$

$$[ACB] = [AC \,.\, DF] = [ACF]D \qquad [108]$$

$$= [A(DE)F]D = [ADEF]D. \qquad [119]$$

Da nun $C = [DE]$ war, so ist E von $(s - t)$-ter Stufe, und da $B = [DF]$ war, so ist F von $(r - t)$-ter Stufe, somit

$$[ADFE]D = (-1)^{(r-t)(s-t)}[ADEF]D, \qquad [58]$$

also

$$[ABC] = (-1)^{(r-t)(s-t)}[ACB],$$

was die Formel e) ist.

Sind *hingegen* die beiden Summen $q + r$ und $q + s$ *grösser* als n, so sind die Summen $(n - q) + (n - r)$ und $(n - q) + (n - s)$ kleiner als n, und $(n - q) + (n - r) + (n - s) = n + (n - t)$. Folglich sind in diesem Falle (nach Fall e) die Produkte $[|A|B|C]$ und $[|A|C|B]$ nur dann einander kongruent, † wenn sich $|B$ und $|C$ auf 90
einen gemeinschaftlichen Faktor von $(n - t)$-ter Stufe bringen lassen. Dieser sei $|D$ und sei $|B = [|D|F]$, $|C = [|D|E]$, so ist (nach e)

$$[|A|B|C] = (-1)^{(t-r)(t-s)}[|A|C|B].$$

Aber (nach 98 {und 101}) ist dann

$$B = [DF], \quad C = [DE]$$

$$[ABC] = (-1)^{(t-r)(t-s)}[ACB] = (-1)^{(r-t)(s-t)}[ACB],$$

das heisst, es tritt die zweite Bedingung der Formel e) und diese selbst ein, indem nämlich das Produkt $B = [DF]$, da B von geringerer Stufe als D ist, als regressives erscheint, und ebenso $[DE]$, und also B und C beide dem D untergeordnet sind, also von dem Gebiete D umfasst werden.

Es bleibt somit nur noch der {*dritte*} Fall übrig, wo von den Summen $q + r$ und $q + s$ die eine, etwa die erstere, ebenso gross oder kleiner, die andere ebenso gross oder grösser als n ist. Dann lassen sich (nach 26 {und 87}) $[AB]$ und C auf einen gemeinschaftlichen Faktor $(q + r + s - n)$-ter, das heisst t-ter Stufe bringen. Dieser sei D, und sei $C = [DE]$*), so wird

$$[ABC] = [AB \,.\, DE] = [ABE]D. \qquad [108]$$

Ferner sei $q + s = n + v$, so haben A und C einen Faktor von

*) Sollte $q + r = n$ sein, so würde E von nullter Stufe sein, was in dem obigen Beweise mit eingeschlossen ist; dasselbe gilt im Folgenden von F.

v-ter Stufe gemein, dieser sei F, und sei $C = [FG]$, so ist

$$[AC] = [A . FG] = [AG]F. \qquad [108]$$

Also

$$[ACB] = [AG][FB].$$

Soll also $[ABC] \equiv [ACB]$ sein, so muss, da $[ABE]$ und $[AG]$ von Null verschiedene Zahlen sind, $D \equiv [FB]$ sein, das heisst, B ist dem D untergeordnet, aber auch D dem C, also B dem C untergeordnet, das heisst, B und C sind einander incident. Dies ist die Bedingung der Formel f) und (nach 123) ist dann

$$[ABC] = [ACB].$$

Somit der Satz vollständig bewiesen.

125. *In denselben und in keinen andern Fällen (wie in* 124) *ist*

$$[BAC] \equiv [B . AC].$$

91 Beweis. Es ist in den in 124 angenommenen Fällen

$$[BAC] \equiv [ABC] \qquad [120]$$
$$\equiv [ACB] \qquad [124]$$
$$\equiv [B . AC], \qquad [120]$$

und umgekehrt folgt aus der Kongruenz von 125 wieder die von 124.

Anm. Es ergiebt sich ins Besondere für Fall c) und d)

$$[BAC] = [B . AC] = 0,$$

für Fall a) und b) {vgl. **119**}

$$[BAC] = [B . AC].$$

Dagegen spaltet sich der Fall e) in zwei Fälle; nämlich, wenn die Summen $q + r$ und $q + s$ kleiner als n sind, so ist

$$[BAC] = (-1)^{qt}[B . AC],$$

und wenn jene Summen grösser als n sind,

$$[BAC] = (-1)^{(n-q)(n-t)}[B . AC].$$

Der Fall f) spaltet sich in zwei Fälle, nämlich, wenn $q + r$ kleiner, und $q + s$ grösser als n ist, so wird

$$[BAC] = (-1)^{r(n-s)}[B . AC],$$

wenn umgekehrt $q + r$ grösser, und $q + s$ kleiner als n ist,

$$[BAC] = (-1)^{(n-r)s}[B . AC].$$

Wenn eine der Summen gleich n ist, so gilt sowohl diejenige Formel, bei welcher die Summe grösser, als diejenige, wo sie kleiner als n vorausgesetzt war, indem dann beide Formeln identisch werden. Auch ist zu bemerken, dass wenn in f), das heisst, in dem Falle der Incidenz von B und C, die Bedingung eintritt, dass beide Summen grösser als n, oder beide kleiner als n sind, sowohl $[BAC]$, als $[B . AC]$ null werden, und also zugleich der Fall c) oder d) statt hat.

126. *Ein Produkt nullter Stufe bleibt sich selbst kongruent, wenn man die Ordnung aller seiner Faktoren umkehrt, oder die letzten Faktoren in beliebiger Anzahl mit umgekehrter Ordnung zu einem Produkte zusammenfasst, das heisst*

$$[A_1 A_2 \ldots A_{n-1} A_n] \equiv [A_n A_{n-1} \ldots A_2 A_1]$$
$$\equiv [A_1 A_2 \ldots A_{n-r-1} \,.\, A_n A_{n-1} \ldots A_{n-r}].$$

Beweis. Es sei zuerst

$$[A_1 A_2 \ldots A_{n-2}] = P,$$

so ist

$$[A_1 A_2 \ldots A_{n-1} A_n] = [P A_{n-1} A_n].$$

Da das Produkt von nullter Stufe sein soll, so muss die Summe der Stufenzahlen von P, A_{n-1}, A_n (nach 96) durch n theilbar, also, da die einzelnen Stufenzahlen > 0 und $< n$ sind, entweder gleich n oder gleich $2n$ sein; im ersteren Falle ist das Produkt der drei Grössen
P, A_{n-1}, A_n ein rein progressives, † im letzteren ein rein regressives, 92
in beiden also ein reines, somit (nach 119, 120)

$$[P A_{n-1} A_n] \equiv [P \,.\, A_n A_{n-1}],$$

oder

$$[A_1 A_2 \ldots A_{n-1} A_n] \equiv [A_1 \ldots A_{n-2} \,.\, A_n A_{n-1}].$$

Betrachten wir diesen Ausdruck als ein Produkt der drei Grössen $[A_1 \ldots A_{n-3}]$, A_{n-2} und $[A_n A_{n-1}]$, so erhalten wir auf gleiche Weise den zuletzt gewonnenen Ausdruck

$$\equiv [A_1 \ldots A_{n-3} \,.\, A_n A_{n-1} A_{n-2}].$$

Wendet man dies Verfahren r-mal an, so erhält man

$$[A_1 \ldots A_n] \equiv [A_1 \ldots A_{n-r-1} \,.\, A_n A_{n-1} \ldots A_{n-r}],$$

das heisst, das Produkt bleibt sich selbst kongruent, wenn man die letzten Faktoren in beliebiger Anzahl (r) mit umgekehrter Ordnung zu einem Produkte zusammenfasst. Hiernach wird nun auch

$$[A_1 A_2 \ldots A_n] \equiv [A_1 \,.\, A_n A_{n-1} \ldots A_2],$$

somit (nach 58)

$$\equiv [A_n A_{n-1} \ldots A_2 A_1],$$

also {ist} auch der erste Theil des Satzes bewiesen.

§ 7. **Zurückleitung und Ersetzung.**

127. Erklärung. Wenn n die Stufenzahl des Hauptgebietes, $A_1, \ldots A_v$ die multiplikativen Kombinationen aus den n in keiner Zahlbeziehung zu einander stehenden Grössen erster oder $(n-1)$-ter Stufe

$a_1, \ldots a_n$ zu irgend einer Klasse und $A_1, \ldots A_u$ die multiplikativen Kombinationen aus m derselben, etwa aus $a_1, \ldots a_m$ zur gleichen Klasse sind, und

$$C = \alpha_1 A_1 + \cdots + \alpha_v A_v,$$
$$C_1 = \alpha_1 A_1 + \cdots + \alpha_u A_u$$

ist, so nenne ich C_1 die Zurückleitung von C auf das Gebiet $[a_1 \ldots a_m]$, unter Ausschluss des Gebietes $[a_{m+1} \ldots a_n]$, und zwar nenne ich die Zurückleitung eine progressive, wenn $a_1, \ldots a_n$ Grössen erster Stufe, eine regressive, wenn $a_1, \ldots a_n$ Grössen $(n-1)$-ter Stufe sind. Die Zurückleitungen mehrerer Grössen heissen in demselben Sinne genommen, wenn sie auf dasselbe Gebiet und unter Ausschluss desselben Gebietes zurückgeleitet sind (vgl. 33).

Anm. Ist zum Beispiel das Hauptgebiet von vierter Stufe (wie zum Beispiel der Raum), und sind a, b, c, d vier in keiner Zahlbeziehung zu einander
93 stehende Grössen erster Stufe (zum Beispiel vier nicht in ein und derselben Ebene
liegende Punkte), so ist $C_1 = [bc] + [ca] + [ab]$ (im Raume eine Linie) die (progressive) Zurückleitung von

$$C = [bc] + [ca] + [ab] + [ad] + [bd] + [cd]$$

auf das Gebiet $[abc]$ (also auf die Ebene abc), unter Ausschluss des Gebietes d.

Bezeichnen wir ferner $[bcd]$ mit a', $[cad]$ mit b', $[abd]$ mit c' und $[acb]$ mit d', so sind a', b', c', d' Grössen $(n-1)$-ter Stufe, da $n = 4$ ist und setzen wir noch $[abcd] = 1$, so ist

$$[b'c'] = [ad], \quad [c'a'] = [bd], \quad [a'b'] = [cd],$$
$$[a'd'] = [bc], \quad [b'd'] = [ca], \quad [c'd'] = [ab],$$

und es wird

$$C = [a'd'] + [b'd'] + [c'd'] + [b'c'] + [c'a'] + [a'b'].$$

Dann wird, wenn

$$C' = [b'c'] + [c'a'] + [a'b']$$

ist, C' die (regressive) Zurückleitung von C auf das Gebiet $[a'b'c']$, unter Ausschluss des Gebietes d' sein, das heisst, da $[a'b'c'] = [cd \,.\, abd] \equiv d$, und $d' \equiv [abc]$ ist, C' ist die Zurückleitung von C auf das Gebiet d, unter Ausschluss des Gebietes $[abc]$.

So erscheint also in der Geometrie die Zurückleitung einer Linie auf eine Ebene als progressive Zurückleitung, und die einer Linie auf einen Punkt als regressive Zurückleitung. Die Zurückleitung selbst ist in der Geometrie gleichbedeutend mit der Projektion im weitesten und prägnantesten Sinne des Wortes (siehe unten {Nr. 129, 164—166, 200}).

Wir haben oben (33) die in der Definition bestimmte Grösse C_1 die Zurückleitung der Grösse C auf das Gebiet der Grössen $A_1, A_2, \ldots A_u$ genannt. Dieser Benennungsweise haben wir hier die für die Anwendung bequemere zur Seite gesetzt.

128. *Je nachdem die Stufenzahl des Gebietes, auf welches zurückgeleitet wird, grösser oder kleiner als die Stufenzahl der zurückgeleiteten Grösse ist, erscheint die Zurückleitung als progressive oder regressive. Wenn die Stufenzahl jenes Gebietes gleich der Stufenzahl der zurück-*

geleiteten Grösse ist, so kann die Zurückleitung sowohl eine progressive als eine regressive sein.

Beweis. Es seien $a_1, \dots a_n$ Grössen *erster Stufe*, die in keiner Zahlbeziehung zu einander stehen, und seien $A_1, \dots A_v$ die multiplikativen Kombinationen aus $a_1, \dots a_n$ zur p-ten Klasse, und $A_1, \dots A_u$ die multiplikativen Kombinationen aus $a_1, \dots a_m$ zur p-ten Klasse und

$$C = \alpha_1 A_1 + \cdots + \alpha_v A_v, \quad C_1 = \alpha_1 A_1 + \cdots + \alpha_u A_u,$$

also (nach 127) C_1 die progressive Zurückleitung der Grösse C auf das Gebiet $[a_1 \dots a_m]$ unter Ausschluss des Gebietes $\dagger\, [a_{m+1} \dots a_n]$, so 94
würde es, wenn $m < p$ wäre, gar keine Kombinationen aus $a_1, \dots a_m$ zur p-ten Klasse geben, also auch keine progressive Zurückleitung. Es muss also für die progressive Zurückleitung $m \geqq p$ sein, da aber m die Stufenzahl des Gebietes $[a_1 \dots a_m]$ und p die der multiplikativen Kombinationen $A_1, \dots A_v$, also auch die von C ist, so muss die Stufenzahl des Gebietes, auf welches zurückgeleitet wird, ebenso gross oder grösser sein als die der zurückgeleiteten Grösse.

Macht man im Uebrigen dieselben Annahmen wie vorher, mit dem einzigen Unterschiede, dass $a_1, \dots a_n$ Grössen $(n-1)$-*ter Stufe* sind (in dem Hauptgebiete n-ter Stufe), so ist die Zurückleitung eine regressive; und auch hier muss, aus gleichem Grunde wie vorher, $m \geqq p$ sein. Fasst man nun aber die Grössen $(n-1)$-ter Stufe $a_1, \dots a_m$ als Ergänzungen von Grössen erster Stufe auf, so wird (nach 98) ihr Produkt $[a_1 \dots a_m]$ die Ergänzung eines Produktes von m Grössen erster Stufe, seine Stufenzahl also (nach 90, Zusatz) gleich $n - m$; ebenso wird die von C gleich $n - p$. Da aber $n - m \leqq n - p$ ist, so ist die Stufenzahl des Gebietes, auf welches zurückgeleitet wird, ebenso gross oder kleiner als die der zurückgeleiteten Grösse.

Ist also die Stufenzahl jenes Gebietes grösser oder kleiner als die Stufenzahl der zurückgeleiteten Grösse, so wird die Zurückleitung im ersteren Falle eine progressive, im letzteren eine regressive sein. Sind hingegen die genannten Stufenzahlen einander gleich, so wird die Zurückleitung sowohl eine progressive als auch eine regressive sein können.

129. *Die Zurückleitung A' einer Grösse A auf ein Gebiet B, unter Ausschluss des Gebietes C, ist*

$$A' = \frac{[B.AC]}{[BC]},$$

also

$$A' = [B.AC],$$

wenn $[BC] = 1$ *ist.*

Beweis. Es seien $a_1, \ldots a_n$ n in keiner Zahlbeziehung zu einander stehende Grössen erster oder $(n-1)$-ter Stufe, und $A_1, \ldots A_v$ die multiplikativen Kombinationen {zu einer gewissen Klasse} aus $a_1, \ldots a_n$, und $A_1, \ldots A_u$ die aus $a_1, \ldots a_m$ und $A = \alpha_1 A_1 + \cdots + \alpha_v A_v$, also $A' = \alpha_1 A_1 + \cdots + \alpha_u A_u$, und sei

$$[a_1 \ldots a_m] = B, \quad [a_{m+1} \ldots a_n] = C,$$

so ist

$$[AC] = [(\alpha_1 A_1 + \cdots + \alpha_u A_u + \alpha_{u+1} A_{u+1} + \cdots + \alpha_v A_v) C].$$

Aber, da $A_1, \ldots A_u$ die Kombinationen aus $a_1, \ldots a_m$ sind und $A_{u+1}, \ldots A_v$ diejenigen Kombinationen aus $a_1, \ldots a_n$, welche nicht zugleich Kom-
95 binationen aus $a_1, \ldots a_m$ sind, so muss † jede der Grössen $A_{u+1}, \ldots A_v$ mindestens einen der Faktoren $a_{m+1}, \ldots a_n$ enthalten, also mindestens einen Faktor mit $C = [a_{m+1} \ldots a_n]$ gemein haben. Die Produkte $[A_{u+1} C], \ldots [A_v C]$ sind aber in Bezug auf die Faktoren $a_1, \ldots a_n$ reine (nach 114 {127, 128 und 119b}), somit, da sie gleiche Faktoren enthalten, null {nach 121}, also wird

$$[AC] = [(\alpha_1 A_1 + \cdots + \alpha_u A_u) C] = \alpha_1 [A_1 C] + \cdots + \alpha_u [A_u C].$$

Folglich ist

$$[B \,.\, AC] = \alpha_1 [B \,.\, A_1 C] + \cdots + \alpha_u [B \,.\, A_u C].$$

Da nun jede der Grössen $A_1, \ldots A_u$ aus Faktoren besteht, die in B enthalten sind, so ist jede derselben mit B incident, somit, da auch die Stufenzahlen von B und C zusammen n betragen, so ist (nach 108)

$$[B \,.\, A_1 C] = [BC] A_1, \ldots, \quad [B \,.\, A_u C] = [BC] A_u,$$

also

$$[B \,.\, AC] = [BC](\alpha_1 A_1 + \cdots + \alpha_u A_u) = [BC] A'.$$

Also, da $[BC]$ eine Zahl ist,

$$A' = \frac{[B \,.\, AC]}{[BC]}.$$

130. *Jede Gleichung, deren Glieder Vielfache je einer Grösse m-ter Stufe sind, bleibt bestehen, wenn man statt aller dieser Grössen ihre in demselben Sinne genommenen Zurückleitungen setzt; oder, wenn*

$$P = \alpha A + \beta B + \cdots$$

ist, und $P', A', B', \ldots$ die in gleichem Sinne genommenen Zurückleitungen von $P, A, B, \ldots$, und $\alpha, \beta, \ldots$ Zahlen sind, so ist auch

$$P' = \alpha A' + \beta B' + \cdots.$$

Beweis. Es sei Q das Gebiet, auf welches zurückgeleitet wird, und R das ausgeschlossene Gebiet und $[QR] = 1$, so erhält man aus der Gleichung

$$P = \alpha A + \beta B + \cdots$$

durch Multiplikation

$$[PR] = \alpha[AR] + \beta[BR] + \cdots$$

und

$$[Q \,.\, PR] = \alpha[Q \,.\, AR] + \beta[Q \,.\, BR] + \cdots,$$

das heisst (nach 129)

$$P' = \alpha A' + \beta B' + \cdots.$$

131. *Die progressive Zurückleitung eines rein progressiven und die* 96
regressive eines rein regressiven Produktes ist gleich dem Produkte der in demselben Sinne genommenen Zurückleitungen der Faktoren jenes Produktes, das heisst, wenn das reine Produkt P

$$P = [AB \ldots E]$$

ist, und P', A', B', ... E' die in gleichem Sinne genommenen Zurückleitungen von P, A, B, ... E sind (und zwar progressive oder regressive, je nachdem das Produkt progressiv oder regressiv ist), so ist auch

$$P' = [A'B' \ldots E'].$$

Beweis. 1. Es sei

$$A = [a_1 \ldots a_q], \quad B = [a_{q+1} \ldots a_r], \ldots, \quad E = [a_{t+1} \ldots a_v],$$

wo $a_1, \ldots a_v$ Grössen erster oder $(n-1)$-ter Stufe sind, je nachdem das Produkt $[AB \ldots E]$ ein progressives oder regressives war. Dann ist

$$P = [a_1 \ldots a_v]$$

{nach 119b} ein reines Produkt von Grössen erster oder $(n-1)$-ter Stufe. Ferner sei $Q = [u_1 \ldots u_m]$ das Gebiet, auf welches zurückgeleitet wird, $R = [u_{m+1} \ldots u_n]$ das ausgeschlossene Gebiet und $[QR] = 1$, wobei $u_1, \ldots u_n$ Grössen erster oder $(n-1)$-ter Stufe sind, je nachdem $a_1, \ldots a_v$ es sind. Dann ist (nach 129)

$$\begin{aligned} P' &= [Q \,.\, PR] \\ &= [u_1 \ldots u_m (a_1 \ldots a_v \,.\, u_{m+1} \ldots u_n)]. \end{aligned}$$

Wenn nun das ursprüngliche Produkt $[AB \ldots E]$ ein *progressives* ist, so soll auch die Zurückleitung eine progressive, das heisst (nach 128), die Stufenzahl von Q ebenso gross oder grösser als die von P sein, das heisst $m \geqq v$, folglich $v + n - m \leqq n$, das heisst, das Produkt $[a_1 \ldots a_v \,.\, u_{m+1} \ldots u_n]$ {ist} ein rein progressives, also auch

$$= [a_1 \ldots a_v u_{m+1} \ldots u_n],$$

und da alle Faktoren von erster Stufe sind, ein kombinatorisches (nach 94, 78). Nun sei

$$a_r = \alpha_1^{(r)} u_1 + \cdots + \alpha_n^{(r)} u_n,$$

so können wir (nach 67) in dem Produkte $[a_1 \ldots a_v u_{m+1} \ldots u_n]$ statt $a_r = \alpha_1^{(r)} u_1 + \cdots + \alpha_n^{(r)} u_n$ setzen: $\alpha_1^{(r)} u_1 + \cdots + \alpha_m^{(r)} u_m$, weil $u_{m+1}, \ldots u_n$ als Faktoren in jenem Produkte vorkommen; aber $\alpha_1^{(r)} u_1 + \cdots + \alpha_m^{(r)} u_m$
97 ist die Zurückleitung von a_r auf das Gebiet † $Q = [u_1 \ldots u_m]$, mit Ausschluss des Gebietes $R = [u_{m+1} \ldots u_n]$. Somit wird, wenn wir diese Zurückleitung mit a'_r bezeichnen,

$$P' = [u_1 \ldots u_m (a'_1 \ldots a'_v \,.\, u_{m+1} \ldots u_n)].$$

Hier ist $[a'_1 \ldots a'_v]$ dem $[u_1 \ldots u_m]$ untergeordnet, also (nach 108)

$$P' = [u_1 \ldots u_n][a'_1 \ldots a'_v] = [a'_1 \ldots a'_v].$$

Aus gleichem Grunde ist

$$A' = [a'_1 \ldots a'_q], \quad B' = [a'_{q+1} \ldots a'_r], \ldots, \quad E' = [a'_{t+1} \ldots a'_v].$$

Somit {wird}

$$P' = [A'B' \ldots E'].$$

2. Wenn das ursprüngliche Produkt $[AB \ldots E]$ ein *regressives* ist, und also auch die Zurückleitung von P auf Q, unter Ausschluss von R, eine regressive, das heisst {nach 128}, die Stufenzahl von P grösser oder ebenso gross als die von Q ist, so {ersetze man zunächst sämmtliche Grössen durch ihre Ergänzungen. Dann} kehrt sich das regressive Produkt und ebenso die regressive Zurückleitung (nach 115 und 90, Zusatz) in das progressive Produkt und in die progressive Zurückleitung um. Sind daher $P_1, Q_1, R_1, A_1, B_1, \ldots E_1$ die Ergänzungen von $P, Q, R, A, B, \ldots E$, und $P'_1, A'_1, B'_1, \ldots E'_1$ die Zurückleitungen von $P_1, A_1, B_1, \ldots E_1$ auf Q_1, unter Ausschluss von R_1, so ist (nach 101)

$$P_1 = [A_1 B_1 \ldots E_1],$$

und nach Beweis 1

(*) $$P'_1 = [A'_1 B'_1 \ldots E'_1].$$

Ferner ist (nach 129)

$$P' = [Q \,.\, PR], \quad P'_1 = [Q_1 \,.\, P_1 R_1] = |[Q \,.\, PR], \quad \text{[nach 97]}$$

also $P'_1 = |P'$ und ebenso

$$A'_1 = |A', \quad B'_1 = |B', \ldots,$$

also (nach *)

$$|P' = [|A' \, |B' \ldots |E']$$
$$P' = [A'B' \ldots E']. \quad \text{[nach 101]}$$

3. Sind nun endlich $A, B, \ldots E$ zusammengesetzte Grössen,

$$A = \Sigma \alpha_r A_r, \quad B = \Sigma \beta_s B_s, \ldots, \quad E = \Sigma \varepsilon_v E_v,$$

wo $A_r, B_s, \ldots E_v$ einfache Grössen sind, und sind $A'_r, B'_s, \ldots E'_v$ die Zurückleitungen von $A_r, B_s, \ldots E_v$, so ist

$$P=[\Sigma\alpha_r A_r\,.\,\Sigma\beta_s B_s\ldots\Sigma\varepsilon_v E_v]=\Sigma\alpha_r\beta_s\ldots\varepsilon_v[A_r B_s\ldots E_v] \quad \{45\}$$
$$=\Sigma\alpha_r\beta_s\ldots\varepsilon_v P_{r,s,\ldots v},$$

wenn

$$P_{r,s,\ldots v}=[A_r B_s\ldots E_v]$$

ist. Also (nach 130)

$$P'=\Sigma\alpha_r\beta_s\ldots\varepsilon_v P'_{r,s,\ldots v}=\Sigma\alpha_r\beta_s\ldots\varepsilon_v[A'_r B'_s\ldots E'_v]$$

nach Beweis 1 und 2; und dies 98

$$=[\Sigma\alpha_r A'_r\,.\,\Sigma\beta_s B'_s\ldots\Sigma\varepsilon_v E'_v] \quad [\text{nach } 45]$$
$$=[A'B'\ldots E']. \quad [130]$$

133*). *Eine Gleichung, deren Glieder Grössen m-ter Stufe sind, wird, wenn n die Stufe des Hauptgebietes ist, durch so viel Zahlgleichungen ersetzt, als es Kombinationen ohne Wiederholung aus n Elementen zur m-ten Klasse giebt; und zwar erhält man einen ersetzenden Verein von Gleichungen, indem man die gegebene Gleichung nach und nach mit den multiplikativen Kombinationen zur (n — m)-ten Klasse aus einer beliebigen Schaar von n Grössen erster Stufe, deren Produkt* 1 *ist, multiplicirt.*

Beweis. Es sei

(a) $$P=A+B+\cdots$$

die gegebene Gleichung, in welcher $P, A, B, \ldots$ Grössen m-ter Stufe sind, es seien ferner $e_1, \ldots e_n$ Grössen erster Stufe, deren Produkt $[e_1\ldots e_n]=1$ ist, und seien $E_1, E_2, \ldots E_v$ die multiplikativen Kombinationen zur m-ten Klasse aus $e_1, \ldots e_n$, und $F_1, F_2, \ldots F_v$ die ergänzenden Kombinationen, das heisst, die Kombinationen aus denselben Elementen zur $(n-m)$-ten Klasse und zwar so geordnet, dass

$$[E_1F_1]=[E_2F_2]=\cdots=[E_vF_v]=1$$

sei, so ist zu zeigen, dass die obige Gleichung ersetzt wird durch den Verein von Gleichungen, der aus

(b) $$[PF_r]=[AF_r]+[BF_r]+\cdots$$

dadurch hervorgeht, dass man statt r nach und nach setzt $1, 2, \ldots v$. 99

Es sind (nach 77) $P, A, B, \ldots$ numerisch ableitbar aus $E_1, \ldots E_v$. Nun sei

$$P=\pi_1E_1+\cdots+\pi_vE_v,\quad A=\alpha_1E_1+\cdots+\alpha_vE_v,\quad B=\beta_1E_1+\cdots+\beta_vE_v,$$

und so weiter, so ist

$$[PF_r]=[\Sigma\pi_sE_s\,.\,F_r]=\Sigma\pi_s[E_sF_r].$$

Aber, da E_s und F_r, wenn $s \gtrless r$ ist, nothwendig gleiche Elemente

*) Die Nr. 132 der Originalausgabe steht jetzt auf S. 85 f. als Nr. 116b.

$(e_1, \ldots e_n)$ als Faktoren enthalten, so ist {nach 60} für diesen Fall $[E_s F_r] = 0$, also

$$[PF_r] = \pi_r [E_r F_r] = \pi_r .$$

Aus gleichem Grunde ist

$$[AF_r] = \alpha_r, \quad [BF_r] = \beta_r, \ldots.$$

Gilt nun die Gleichung (a), so gilt auch die aus ihr durch Multiplikation hervorgegangene Gleichungsgruppe (b). Gilt umgekehrt die letztere, so hat man für jedes r von $1, \ldots v$, indem man für $[PF_r]$, $[AF_r]$, $[BF_r]$, ... die gefundenen Werthe setzt,

$$\pi_r = \alpha_r + \beta_r + \cdots,$$

also auch

$$\pi_r E_r = \alpha_r E_r + \beta_r E_r + \cdots$$

für jedes r von 1 bis v. Addirt man diese sämmtlichen Gleichungen, so erhält man

$$\Sigma \pi_r E_r = \Sigma \alpha_r E_r + \Sigma \beta_r E_r + \cdots,$$

das heisst

$$P = A + B + \cdots.$$

Somit ersetzen sich die Gleichung (a) und der Gleichungsverein (b) gegenseitig.

Zusatz. Ins Besondere wird die Gleichung

$$A = \alpha_1 E_1 + \alpha_2 E_2 + \cdots$$

ersetzt durch den Gleichungsverein

$$[AF_r] = \alpha_r,$$

das heisst durch die Gleichungen

$$[AF_1] = \alpha_1, \quad [AF_2] = \alpha_2, \cdots.$$

§ 8. Elimination der Unbekannten aus algebraischen Gleichungen durch kombinatorische Multiplikation.

134. Aufgabe. *Aus n Gleichungen ersten Grades mit n Unbekannten diese zu finden.*

100 Auflösung 1. Die n Gleichungen seien

$$\text{(a)} \quad \begin{cases} \alpha_1^{(1)} x_1 + \alpha_2^{(1)} x_2 + \cdots + \alpha_n^{(1)} x_n = \beta^{(1)} \\ \alpha_1^{(2)} x_1 + \alpha_2^{(2)} x_2 + \cdots + \alpha_n^{(2)} x_n = \beta^{(2)} \\ \quad . \qquad\quad . \qquad \cdots \qquad . \qquad\quad . \\ \alpha_1^{(n)} x_1 + \alpha_2^{(n)} x_2 + \cdots + \alpha_n^{(n)} x_n = \beta^{(n)}. \end{cases}$$

Man multiplicire diese Gleichungen beziehlich mit n extensiven

Grössen $e^{(1)}, e^{(2)}, \ldots e^{(n)}$, deren kombinatorisches Produkt Eins ist, und addire sie, so erhält man, indem man

$$\text{(b)} \qquad \begin{cases} \alpha_1^{(1)} e^{(1)} + \alpha_1^{(2)} e^{(2)} + \cdots + \alpha_1^{(n)} e^{(n)} = a_1 \\ \alpha_2^{(1)} e^{(1)} + \alpha_2^{(2)} e^{(2)} + \cdots + \alpha_2^{(n)} e^{(n)} = a_2 \\ \quad . \qquad\quad . \qquad \ldots \qquad . \qquad . \\ \alpha_n^{(1)} e^{(1)} + \alpha_n^{(2)} e^{(2)} + \cdots + \alpha_n^{(n)} e^{(n)} = a_n \\ \beta^{(1)} e^{(1)} + \beta^{(2)} e^{(2)} + \cdots + \beta^{(n)} e^{(n)} = b \end{cases}$$

setzt, die Gleichung

$$\text{(c)} \qquad x_1 a_1 + x_2 a_2 + \cdots + x_n a_n = b,$$

eine Gleichung, welche {nach 29} die gegebenen Gleichungen (a) ersetzt. Um aus ihr x_1 zu finden, fügt man beiden Seiten der Gleichung die Faktoren $a_2, a_3, \ldots a_n$ hinzu, so erhält man, da

$$[a_2 a_2 a_3 \ldots a_n], \quad [a_3 a_2 a_3 \ldots a_n], \ldots [a_n a_2 a_3 \ldots a_n]$$

(nach 60) null sind,

$$\text{(d)} \qquad x_1 [a_1 a_2 \ldots a_n] = [b a_2 a_3 \ldots a_n].$$

Und ebenso

$$x_2 [a_1 a_2 \ldots a_n] = [a_1 b a_3 \ldots a_n], \ldots .$$

Angenommen nun *zuerst*, das Produkt $[a_1 a_2 \ldots a_n]$, {das als Grösse n-ter Stufe eine Zahl ist,} sei ungleich Null, so erhält man

$$\text{(e)} \qquad x_1 = \frac{[b \ a_2 a_3 \ldots a_n]}{[a_1 a_2 a_3 \ldots a_n]},$$

und ebenso

$$\text{(e)} \qquad \begin{cases} x_2 = \dfrac{[a_1 b \ a_3 \ldots a_n]}{[a_1 a_2 a_3 \ldots a_n]}, \\ \quad . \qquad . \ \ldots . \\ x_n = \dfrac{[a_1 a_2 \ldots a_{n-1} b \ ]}{[a_1 a_2 \ldots a_{n-1} a_n]}. \end{cases}$$

Es ist für diesen Fall noch zu zeigen, dass diese Werthe der Unbekannten in der That der Gleichung (c) genügen.

Da das Produkt $[a_1 a_2 \ldots a_n]$ nach der für diesen Fall gemachten Annahme ungleich Null ist, so stehen $a_1, \ldots a_n$ in keiner Zahlbeziehung zu einander. Da nun $a_1, \ldots a_n$ aus $e_1, \ldots e_n$ numerisch abgeleitet sind und in keiner Zahlbeziehung zu einander stehen, so muss (nach 21)
jede aus $e_1, \ldots e_n$ numerisch ableitbare † Grösse, also namentlich b, 101
auch aus $a_1, \ldots a_n$ numerisch ableitbar sein; es sei

$$b = y_1 a_1 + y_2 a_2 + \cdots + y_n a_n.$$

Substituirt man diesen Werth in (e), so wird

$$x_1 = y_1, \quad x_2 = y_2, \ldots, \quad x_n = y_n,$$

also

$$x_1 a_1 + x_2 a_2 + \cdots + x_n a_n = y_1 a_1 + y_2 a_2 + \cdots + y_n a_n,$$

das heisst $= b$. Also wird der Gleichung (c) durch die Werthe (e) genügt, somit auch den ursprünglichen Gleichungen.

Angenommen *zweitens*, das kombinatorische Produkt $[a_1 a_2 \ldots a_n]$ sei gleich Null, so stehen $a_1, \ldots a_n$ in einer Zahlbeziehung zu einander, dann muss es unter ihnen (nach 17) solche geben, die in keiner Zahlbeziehung zu einander stehen, und aus denen die übrigen numerisch ableitbar sind; es seien dies $a_1, \ldots a_r$ und seien $a_{r+1}, \ldots a_n$ aus ihnen numerisch ableitbar. Dann muss also vermöge der Gleichung (c) auch b aus diesen Grössen $a_1, \ldots a_r$ numerisch ableitbar sein. Tritt also der Fall ein, dass, vermöge der Natur der gegebenen Gleichungen, b nicht aus $a_1, \ldots a_r$ numerisch ableitbar ist, während es doch $a_{r+1}, \ldots a_n$ sind, so enthalten jene Gleichungen einen Widerspruch. Wird hingegen diese Bedingung erfüllt, so sei die Gleichung (c) in der Form geschrieben:

$$x_1 a_1 + x_2 a_2 + \cdots + x_r a_r = c,$$

wo

$$c = b - x_{r+1} a_{r+1} - x_{r+2} a_{r+2} - \cdots - x_n a_n$$

ist, und man erhält

$$\text{(f)} \qquad \left\{ \begin{aligned} x_1 &= \frac{[c\, a_2 a_3 \ldots a_r]}{[a_1 a_2 a_3 \ldots a_r]}, \\ x_2 &= \frac{[a_1\, c\, a_3 \ldots a_r]}{[a_1 a_2 a_3 \ldots a_r]} \\ &\cdot \quad \cdot \cdot \cdot \cdot \\ x_r &= \frac{[a_1 a_2 \ldots a_{r-1} c]}{[a_1 a_2 \ldots a_{r-1} a_r]}, \end{aligned} \right.$$

während x_{r+1} bis x_n ganz willkürlich sind.

Anm. Setzt man für die Grössen $a_1, \ldots a_n$ und b in der Gleichung (e) ihre Werthe aus (b) ein, so erhält man, vermöge 63, die bekannten Ausdrücke

$$x_1 = \frac{\Sigma \mp \beta_1^{(1)} \alpha_2^{(2)} \alpha_3^{(3)} \ldots \alpha_n^{(n)}}{\Sigma \mp \alpha_1^{(1)} \alpha_2^{(2)} \alpha_3^{(3)} \ldots \alpha_n^{(n)}}, \ldots.$$

Ich füge hier noch eine zweite Auflösungsmethode bei, welche zwar auf den ersten Anblick nicht so einfach erscheint, aber dennoch ihre grossen Vorzüge hat, und deren eigentliches Wesen späterhin in ein noch helleres Licht treten wird {vgl. Nr. 500—527}.

Auflösung 2. Man bringe die sämmtlichen Gleichungen auf die Form, dass ihre rechte Seite null ist. Die Gleichungen seien

$$(\alpha)\quad \left\{\begin{array}{l} \alpha_0^{(1)} + \alpha_1^{(1)} x_1 + \alpha_2^{(1)} x_2 + \cdots + \alpha_n^{(1)} x_n = 0 \\ \alpha_0^{(2)} + \alpha_1^{(2)} x_1 + \alpha_2^{(2)} x_2 + \cdots + \alpha_n^{(2)} x_n = 0 \\ \quad . \qquad . \qquad . \quad \cdots \quad . \qquad . \\ \alpha_0^{(n)} + \alpha_1^{(n)} x_1 + \alpha_2^{(n)} x_2 + \cdots + \alpha_n^{(n)} x_n = 0. \end{array}\right.$$ 102

Die Gleichungen sind also dieselben, wie in der vorigen Auflösung, nur dass $\alpha_0^{(r)} = -\beta_0^{(r)}$ ist. Der Symmetrie wegen fügen wir noch dem ersten Gliede jeder Gleichung die Unbekannte x_0 als Faktor bei, die wir dann schliesslich gleich 1 setzen.

Nun nehme man ein System von $(n+1)$ Einheiten $e_0, e_1, \ldots e_n$ an, deren Produkt Eins ist. Dann ist (nach 91)

$$(\beta)\quad [e_0|e_0] = [e_1|e_1] = [e_2|e_2] = \cdots = [e_n|e_n] = [e_0 e_1 e_2 \ldots e_n] = 1.$$

Ferner ist, da $|e_s$ (nach 89) alle übrigen Einheiten ausser e_s als Faktoren enthält,

$$(\beta)\qquad [e_r|e_s] = 0, \text{ wenn } r \gtrless s \text{ ist.} \qquad [\text{nach } 60]$$

Wenn nun

$$(\gamma)\quad \left\{\begin{array}{l} x_0|e_0 + x_1|e_1 + \cdots + x_n|e_n = X \\ \alpha_0^{(1)} e_0 + \alpha_1^{(1)} e_1 + \cdots + \alpha_n^{(1)} e_n = a^{(1)} \\ \alpha_0^{(2)} e_0 + \alpha_1^{(2)} e_1 + \cdots + \alpha_n^{(2)} e_n = a^{(2)} \\ \quad . \qquad . \quad \cdots \quad . \qquad . \\ \alpha_0^{(n)} e_0 + \alpha_1^{(n)} e_1 + \cdots + \alpha_n^{(n)} e_n = a^{(n)} \end{array}\right.$$

gesetzt wird, so ergiebt sich leicht, dass die gegebenen Gleichungen (α) identisch sind mit den Gleichungen

$$(\delta)\qquad [a^{(1)} X] = 0, \quad [a^{(2)} X] = 0, \ldots, \quad [a^{(n)} X] = 0.$$

In der That, setzt man zum Beispiel in der ersten dieser Gleichungen statt $a^{(1)}$ und X ihre Werthe aus (γ), so wird dieselbe vermöge des Gleichungssystems (β) identisch mit der ersten der Gleichungen in (α), und so bei den übrigen.

Angenommen nun *zuerst*, $a^{(1)}, \ldots a^{(n)}$ stehen in keiner Zahlbeziehung zu einander.

Da X eine Grösse n-ter Stufe ist und sie mit jeder der n Grössen erster Stufe $a^{(1)}, a^{(2)}, \ldots a^{(n)}$, die in keiner Zahlbeziehung zu einander stehen, zu einem kombinatorischen Produkte verbunden, Null giebt, so muss X (nach 84) mit dem kombinatorischen Produkte jener Grössen in † einer Zahlbeziehung stehen, also ist, wenn λ eine noch unbe- 103
stimmte Zahl ist,

$$(\varepsilon)\qquad X = \lambda A, \text{ wo } A = [a^{(1)} a^{(2)} \ldots a^{(n)}]$$

ist; und da aus dieser Gleichung wieder umgekehrt die Gleichungen (δ) folgen, so ersetzt sie die Gleichungen (δ), also auch die ursprünglichen (α). Fügt man nun zu der gewonnenen Gleichung den Faktor e_0 hinzu, so erhält man, da

$$[e_0 X] = [e_0(x_0|e_0 + x_1|e_1 + \cdots)] = x_0[e_0|e_0] + x_1[e_0|e_1] + \cdots,$$

das heisst, vermöge (β), $= x_0$ ist, die Gleichung

$$(\zeta) \qquad x_0 = \lambda[e_0 A],$$

und ebenso

$$(\zeta) \qquad x_1 = \lambda[e_1 A], \quad x_2 = \lambda[e_2 A], \ \ldots,$$

das heisst

$$(\eta) \qquad x_0 : x_1 : x_2 : \cdots = [e_0 A] : [e_1 A] : [e_2 A] : \cdots,$$

und, da x_0 gleich 1 ist, so hat man $1 = \lambda[e_0 A]$ {und somit}

$$(\vartheta) \qquad x_1 = \frac{[e_1 A]}{[e_0 A]}, \quad x_2 = \frac{[e_2 A]}{[e_0 A]}, \quad \cdots.$$

Die Auflösung ist also nur dann möglich, wenn $[e_0 A]$ von Null verschieden ist; wenn hingegen $[e_0 A] = 0$ ist, obwohl A von Null verschieden ist, so lehrt die Gleichung $1 = \lambda[e_0 A]$, dass dann die gegebenen Gleichungen einen Widerspruch enthalten.

Ferner lässt sich zeigen, dass in dem angenommenen Falle ($A \gtrless 0$ und $[e_0 A] \gtrless 0$) die Werthe (ϑ) die gegebenen Gleichungen (α) erfüllen. Denn, wird

$$\lambda = \frac{1}{[e_0 A]}$$

gesetzt, so werden die Gleichungen (ζ) erfüllt, die wir auch so schreiben können:

$$[e_0 X] = \lambda[e_0 A], \quad [e_1 X] = \lambda[e_1 A], \quad \ldots$$

oder

$$0 = [e_0(X - \lambda A)] = [e_1(X - \lambda A)] = \cdots.$$

Also giebt die Grösse n-ter Stufe $X - \lambda A$ mit dem System der $n + 1$ Einheiten $e_0, \ldots e_n$ einzeln kombinatorisch multiplicirt Null; also ist (nach 85) jene Grösse selbst null, das heisst

$$X - \lambda A = 0$$

oder

$$X = \lambda A,$$

welche Gleichung nach dem Obigen die gegebenen Gleichungen (α) ersetzt.

104 Angenommen sei *zweitens*, $a^{(1)}, a^{(2)}, \ldots a^{(n)}$ stehen in einer Zahlbeziehung zu einander, ohne jedoch alle null zu sein, so giebt es

(nach 17) unter ihnen eine Schaar von Grössen, welche in keiner Zahlbeziehung zu einander stehen, und aus denen die übrigen numerisch ableitbar sind. Es mögen $a^{(1)}, a^{(2)}, \ldots a^{(r)}$ eine solche Schaar bilden, und die übrigen $a^{(r+1)}, \ldots a^{(n)}$ aus ihnen numerisch ableitbar sein, und sei zum Beispiel

$$a^{(n)} = \alpha_1 a^{(1)} + \alpha_2 a^{(2)} + \cdots + \alpha_r a^{(r)},$$

dann ergiebt sich auch für jedes X, dass

$$[a^{(n)} X] = \alpha_1 [a^{(1)} X] + \alpha_2 [a^{(2)} X] + \cdots + \alpha_r [a^{(r)} X]$$

ist, das heisst, es wird die n-te der gegebenen Gleichungen aus den r ersten gewonnen, indem man diese beziehlich mit $\alpha_1, \alpha_2, \ldots \alpha_r$ multiplicirt; das heisst, die $n-r$ letzten Gleichungen sind aus den r ersten Gleichungen numerisch ableitbar, jeder Werth X, der diese erfüllt, erfüllt auch die $n-r$ letzten. Es bleiben also nur r Gleichungen zu erfüllen übrig, und können somit die $(n-r)$ letzten Unbekannten willkürlich angenommen, und dann die übrigen nach dem obigen Verfahren bestimmt werden.

Anm. Die zweite Auflösungsmethode hat den Vorzug, dass sie den sämmtlichen n Unbekannten Eine einzige Unbekannte n-ter Stufe substituirt und diese aufs Einfachste finden lehrt.

135. Aufgabe. *Aus $n+1$ Gleichungen, welche in Bezug auf n Unbekannte vom ersten Grade sind, diese Unbekannten zu eliminiren.*

Auflösung. Die Gleichungen seien

$$\text{(a)} \quad \begin{cases} \alpha_0^{(0)} + \alpha_1^{(0)} x_1 + \alpha_2^{(0)} x_2 + \cdots + \alpha_n^{(0)} x_n = 0 \\ \alpha_0^{(1)} + \alpha_1^{(1)} x_1 + \alpha_2^{(1)} x_2 + \cdots + \alpha_n^{(1)} x_n = 0 \\ \quad . \quad\quad . \quad\quad . \quad\quad \ldots \quad\quad . \quad\quad . \\ \alpha_0^{(n)} + \alpha_1^{(n)} x_1 + \alpha_2^{(n)} x_2 + \cdots + \alpha_n^{(n)} x_n = 0. \end{cases}$$

Multiplicirt man sie beziehlich mit $n+1$ Grössen $e^{(0)}, e^{(1)}, e^{(2)}, \ldots e^{(n)}$, welche in keiner Zahlbeziehung zu einander stehen, addirt die so gewonnenen Gleichungen und setzt

$$\text{(b)} \quad \begin{cases} \alpha_0^{(0)} e^{(0)} + \alpha_0^{(1)} e^{(1)} + \alpha_0^{(2)} e^{(2)} + \cdots + \alpha_0^{(n)} e^{(n)} = a_0 \\ \alpha_1^{(0)} e^{(0)} + \alpha_1^{(1)} e^{(1)} + \alpha_1^{(2)} e^{(2)} + \cdots + \alpha_1^{(n)} e^{(n)} = a_1 \\ \quad . \quad\quad . \quad\quad . \quad\quad \ldots \quad\quad . \quad\quad . \\ \alpha_n^{(0)} e^{(0)} + \alpha_n^{(1)} e^{(1)} + \alpha_n^{(2)} e^{(2)} + \cdots + \alpha_n^{(n)} e^{(n)} = a_n, \end{cases}$$

so erhält man

$$\text{(c)} \quad a_0 + x_1 a_1 + x_2 a_2 + \cdots + x_n a_n = 0.$$

Fügt man die kombinatorischen Faktoren $a_1, a_2, \ldots a_n$ hinzu, so 105 erhält man, da $[a_1 a_1 a_2 \ldots a_n]$, ... null sind,

(d) $$[a_0 a_1 a_2 \ldots a_n] = 0,$$

was die verlangte Eliminationsgleichung ist.

136. Aufgabe. *Aus zwei Gleichungen, welche in Bezug auf eine der Unbekannten algebraisch und von beliebigem Grade sind, diese Unbekannte zu eliminiren.*

Auflösung 1. Es sei, in Bezug auf die Unbekannte y, die eine Gleichung vom m-ten, die andere vom n-ten Grade, und seien die beiden Gleichungen

(a) $$\begin{cases} a_0 + a_1 y + \cdots + a_m y^m = 0, \\ b_0 + b_1 y + \cdots + b_n y^n = 0, \end{cases}$$

wo $a_0, a_1, \ldots a_m$ und $b_0, b_1, \ldots b_n$ beliebige Funktionen der andern Unbekannten sind. Multiplicirt man die erstere nach und nach mit $1, y, y^2, \ldots y^{n-1}$, die letztere nach und nach mit $1, y, y^2, \ldots y^{m-1}$, so erhält man die Gleichungen

(b) $$\begin{cases} a_0 + a_1 y + \cdots + a_m y^m = 0 \\ \quad a_0 y + \cdots\cdots + a_m y^{m+1} = 0 \\ \quad\quad \ddots \quad\quad \ddots \\ \quad\quad a_0 y^{n-1} + \cdots\cdots + a_m y^{m+n-1} = 0 \\ b_0 + b_1 y + \cdots + b_n y^n = 0 \\ \quad b_0 y + \cdots\cdots + b_n y^{n+1} = 0 \\ \quad\quad \ddots \quad\quad \ddots \\ \quad\quad b_0 y^{m-1} + \cdots\cdots + b_n y^{m+n-1} = 0. \end{cases}$$

Multiplicirt man diese nach der Reihe mit $n + m$ Einheiten, die in keiner Zahlbeziehung zu einander stehen, nämlich $e_1, e_2, \ldots e_{n+m}$, addirt die so gewonnenen Gleichungen und setzt

(c) $$\begin{cases} a_0 e_1 + b_0 e_{n+1} = u_1, \\ a_1 e_1 + a_0 e_2 + b_1 e_{n+1} + b_0 e_{n+2} = u_2, \\ a_2 e_1 + a_1 e_2 + a_0 e_3 + b_2 e_{n+1} + b_1 e_{n+2} + b_0 e_{n+3} = u_3, \\ \cdot \quad \cdot \quad \cdot \quad \cdot \quad \cdot \quad \cdot \quad \cdot \\ a_m e_n + b_n e_{n+m} = u_{m+n}, \end{cases}$$

so erhält man die Gleichung

(d) $$u_1 + u_2 y + u_3 y^2 + \cdots + u_{m+n} y^{m+n-1} = 0;$$

und fügt man ihr die kombinatorischen Faktoren $u_2, u_3, \ldots u_{m+n}$ hinzu, so erhält man:

(e) $$[u_1 u_2 u_3 \ldots u_{m+n}] = 0,$$

was die verlangte Eliminationsgleichung ist.

Auflösung 2. Es seien die gegebenen Gleichungen dieselben 106
wie in Auflösung 1 (a), und sei aus ihnen das System (b) abgeleitet. Man nehme $m+n$ Einheiten $e_0, e_1, \ldots e_{m+n-1}$, deren Produkt $=1$ ist. Wenn nun

$$(\alpha)\quad\begin{cases} |e_0 + y|e_1 + \cdots + y^{m+n-1}|e_{m+n-1} = Y \\ a_0e_0 + a_1e_1 + \cdots + a_me_m = c_0 \\ a_0e_1 + a_1e_2 + \cdots + a_me_{m+1} = c_1 \\ \cdot \quad \cdot \quad \cdots \quad \cdot \quad \cdot \\ a_0e_{n-1} + a_1e_n + \cdots + a_me_{m+n-1} = c_{n-1} \\ b_0e_0 + b_1e_1 + \cdots + b_ne_n = d_0 \\ \cdot \quad \cdot \quad \cdots \quad \cdot \quad \cdot \\ b_0e_{m-1} + b_1e_m + \cdots + b_ne_{m+n-1} = d_{m-1}, \end{cases}$$

so werden die Gleichungen (b) gleichbedeutend mit den Gleichungen

$$(\beta)\quad\begin{cases} [c_0Y] = [c_1Y] = \cdots = [c_{n-1}\,Y] = 0 \\ [d_0Y] = [d_1Y] = \cdots = [d_{m-1}Y] = 0. \end{cases}$$

Da nun Y eine Grösse $(n+m-1)$-ter Stufe ist, die nicht null ist, so müssen die $n+m$ Grössen $c_0, c_1, \ldots c_{n-1}, d_0, d_1, \ldots d_{m-1}$ in einer Zahlbeziehung zu einander stehen (nach 85). Also hat man

$$[c_0c_1 \ldots c_{n-1}d_0d_1 \ldots d_{m-1}] = 0,$$

was die verlangte Eliminationsgleichung ist.

Anm. 1. Es lässt sich bei dieser letzten Methode noch die Unbekannte y auf eine sehr einfache Weise ausdrücken, wenn nämlich vorausgesetzt wird, dass es unter den $n+m$ Grössen $c_0, c_1, \ldots c_{n-1}, d_0, d_1, \ldots d_{m-1}$, solche $n+m-1$ Grössen giebt, welche nicht in einer Zahlbeziehung zu einander stehen; es seien dies etwa $c_1, \ldots c_{n-1}, d_0, d_1, \ldots d_{m-1}$ und sei ihr kombinatorisches Produkt der Kürze wegen mit A bezeichnet; dann folgt (nach 84) aus den Gleichungen

$$0 = [c_1Y] = [c_2Y] = \cdots = [c_{n-1}Y] = [d_0Y] = [d_1Y] = \cdots = [d_{m-1}Y],$$

dass

$$Y = pA$$

ist, wo p eine unbekannte Zahl darstellt. Aber nun ist $Y = |e_0 + y|e_1 + \cdots$, also $[e_0Y] = [e_0|e_0] = 1$ und $[e_1Y] = y$, also hat man

$$1 = [e_0Y] = p[e_0A]$$
$$y = [e_1Y] = p[e_1A],$$

also, indem man die zweite durch die erste dividirt,

$$y = \frac{[e_1A]}{[e_0A]},$$

wodurch y gefunden ist, während die Eliminationsgleichung in der Form 107

$$[c_0A] = 0$$

erscheint.

Anm. 2. Diese Auflösungsmethoden (in der ersten der hier mitgetheilten Formen) habe ich bereits in der ersten Ausgabe der Ausdehnungslehre (1844) mitgetheilt, und von ihr in Grunert's Archiv (1845) einen Auszug gegeben. Späterhin hat Cauchy in einer Reihe von Aufsätzen, welche in den Comptes rendus von 1853 veröffentlicht sind, dieselbe Methode mitgetheilt, ohne jedoch meiner oder meines Werkes, welches ich ihm bereits 1847 zugeschickt hatte, Erwähnung zu thun. In Folge einer Prioritäts-Reclamation, welche ich in dieser Beziehung an die Pariser Akademie der Wissenschaften richtete, ist eine Commission zur Prüfung derselben ernannt worden, ohne dass jedoch darüber bisher Bericht erstattet wäre; was freilich auch kaum nöthig erscheint, da die Sache selbst keinem Zweifel Raum lässt. Zu erwähnen habe ich noch, dass ich durch die Cauchy'schen Aufsätze veranlasst bin, die Klammer zur Bezeichnung der kombinatorischen und überhaupt der auf ein Hauptgebiet bezüglichen Multiplikation anzuwenden.

Kapitel 4. **Inneres Produkt.**

§ 1. **Grundgesetze der inneren Multiplikation.**

137. Erklärung. Unter dem inneren Produkte zweier Einheiten von beliebigen Stufen verstehe ich das bezügliche Produkt der ersten in die Ergänzung der zweiten; das heisst, wenn E und F Einheiten beliebiger Stufen sind, so ist

$$[E|F]$$

das innere Produkt der Einheiten E und F.

138. *Das innere Produkt zweier beliebiger Grössen ist gleich dem bezüglichen Produkt der ersten in die Ergänzung der zweiten, das heisst, es ist*

$$[A|B]$$

das innere Produkt der Grössen A und B.

Beweis. Es seien $A_1, \dots A_n$ die Einheiten, aus denen A, und $B_1, \dots B_m$ die Einheiten, aus denen B numerisch abgeleitet ist, und sei

$$A = \alpha_1 A_1 + \cdots + \alpha_n A_n, \quad B = \beta_1 B_1 + \cdots + \beta_m B_m;$$

ferner sei für den Augenblick das Zeichen $\times$ als das der innern Multiplikation gewählt, so ist

$$\begin{aligned}[A \times B] &= [(\alpha_1 A_1 + \cdots + \alpha_n A_n) \times (\beta_1 B_1 + \cdots + \beta_m B_m)] \\ &= \Sigma \alpha_r \beta_s [A_r \times B_s], \qquad [42]\end{aligned}$$

108 wenn nämlich die Summe sich auf die Werthe $1, \dots n$ für r und $1, \dots m$ für s bezieht. Da nun A_r und B_s Einheiten sind, so ist (nach 137) $[A_r \times B_s]$ gleich $[A_r|B_s]$, also

$$[A >\!\!< B] = \Sigma \alpha_r \beta_s [A_r | B_s] = [\Sigma \alpha_r A_r \,.\, \Sigma \beta_s | B_s] \qquad [42]$$

$$= [A \Sigma \beta_s | B_s] = [A | \Sigma \beta_s B_s] \qquad [90]$$

$$= [A|B].$$

Anm. Eine besondere Bezeichnung für das innere Produkt erscheint also jetzt als überflüssig, indem das Ergänzungszeichen die Stelle des Zeichens für die innere Multiplikation vollständig vertritt. Und es ist nur zu beachten, dass dies Zeichen auch wie ein Multiplikationszeichen behandelt werden darf.

In meinen früheren Arbeiten (Geometrische Analyse, gekrönte Preisschrift, Leipzig 1847) habe ich das Zeichen $>\!\!<$ für das innere Produkt eingeführt, eine Bezeichnung, die nun entbehrlich ist.

139. *Die Stufenzahl des inneren Produktes, dessen beide Faktoren nach der Reihe die Stufenzahlen α und β haben, während die des Hauptgebietes n beträgt, ist entweder gleich $n + \alpha - \beta$, oder gleich $\alpha - \beta$, je nachdem β grösser als α ist, oder nicht.*

Beweis. Es seien A und B die beiden Faktoren, deren Stufenzahlen beziehlich α und β sind, so ist (nach 90, Zusatz) die Stufenzahl von $|B$ gleich $n - \beta$. Ist nun zuerst β grösser als α, so ist auch n grösser als $\alpha + n - \beta$; das heisst, die Summe der Stufenzahlen von A und $|B$ ist kleiner als die des Hauptgebietes, also (nach 95) die Stufenzahl des Produktes $[A|B]$ gleich jener Summe, das heisst, gleich $\alpha + n - \beta$. Ist aber β ebenso gross oder kleiner als α, so ist auch n ebenso gross oder kleiner als $\alpha + n - \beta$, das heisst, die Summe der Stufenzahlen von A und $|B$ ist ebenso gross oder grösser als n, also (nach 95) die Stufenzahl des Produktes $[A|B]$ um n kleiner als jene Summe, das heisst, gleich $\alpha - \beta$.

140. *Die Anzahl der Einheiten, aus denen sich ein inneres Produkt numerisch ableiten lässt, ist gleich der Anzahl der Kombinationen aus so viel Elementen, als die Stufenzahl des Hauptgebietes, und zur so vielten Klasse, als die positive Differenz der Stufenzahlen beider Faktoren beträgt.*

Beweis. Nach 139 ist die Stufenzahl des Produktes entweder gleich $n + \alpha - \beta$, oder gleich $\alpha - \beta$, je nachdem † β grösser als α ist, 109
oder nicht. Die Einheiten von gleicher Stufe sind im ersten Falle die multiplikativen Kombinationen aus den n ursprünglichen Einheiten zur $(n + \alpha - \beta)$-ten, im zweiten zur $(\alpha - \beta)$-ten Klasse. Aber die Anzahl der Kombinationen aus n Elementen zur $(n + \alpha - \beta)$-ten Klasse ist, nach einem bekannten Satze der Kombinationslehre, gleich der Anzahl der Kombinationen aus n Elementen zur $(\beta - \alpha)$-ten Klasse. Die Anzahl der Einheiten, aus denen sich das Produkt ableiten lässt, ist also im *ersten* Falle gleich der Anzahl der Kombinationen aus n Elementen zur $(\beta - \alpha)$-ten Klasse, im *zweiten* Falle zur $(\alpha - \beta)$-ten

Klasse. In *beiden* Fällen ist daher die Klassenzahl dieser Kombinationen der positiven Differenz von α und β gleich.

141. *Das innere Produkt zweier Grössen gleicher Stufe ist eine Zahl.*

Beweis. Denn die Differenz der Stufenzahlen ist dann null, also das Produkt {nach 139} von nullter Stufe, das heisst eine Zahl.

142. *Das innere Produkt zweier gleicher Einheiten ist Eins, das zweier verschiedener Einheiten gleicher Stufe Null, das heisst*

$$[E_r|E_r] = 1, \quad [E_r|E_s] = 0.$$

Beweis. $[E_r|E_r] = 1$ (nach {137 und} 91). Ferner ist $|E_s$ (nach 89) dem kombinatorischen Produkte aller in dem Produkte E_s nicht vorkommenden Einheiten erster Stufe gleich; da nun E_r von E_s verschieden, beide aber Produkte von einer gleichen Anzahl ursprünglicher Einheiten sind, so enthält E_r nothwendig solche Einheiten als Faktoren, die in E_s fehlen, also in $|E_s$ vorkommen; also ist $[E_r|E_s]$ (nach 60) gleich Null.

143. *Wenn $E_1, \ldots E_m$ Einheiten von beliebiger, aber alle von gleicher Stufe sind, so ist*

$$[(\alpha_1 E_1 + \cdots + \alpha_m E_m)|(\beta_1 E_1 + \cdots + \beta_m E_m)] = \alpha_1\beta_1 + \cdots + \alpha_m\beta_m.$$

Beweis. Es sei

$$\alpha_1 E_1 + \cdots + \alpha_m E_m \text{ mit } \Sigma\alpha_r E_r, \text{ und } \beta_1 E_1 + \cdots + \beta_m E_m \text{ mit } \Sigma\beta_s E_s$$

bezeichnet, so ist

$$[\Sigma\alpha_r E_r|\Sigma\beta_s E_s] = \Sigma\alpha_r\beta_s[E_r|E_s]. \qquad [42]$$

Nun ist (nach 142) das Produkt $[E_r|E_s]$ gleich Null, wenn E_r und E_s verschiedene Einheiten sind, und gleich Eins, wenn r gleich s ist, somit wird der gewonnene Ausdruck

$$= \Sigma\alpha_r\beta_r = \alpha_1\beta_1 + \cdots + \alpha_m\beta_m.$$

144. *Die beiden Faktoren eines inneren Produktes sind vertauschbar, wenn sie von gleicher Stufe sind, das heisst*

$$[A|B] = [B|A],$$

wenn A und B von gleicher Stufe sind.

110 Beweis. Wenn $E_1, \ldots E_m$ die Einheiten darstellen, welche mit A und B von gleicher Stufe sind, und $A = \Sigma\alpha_r E_r$, $B = \Sigma\beta_s E_s$ ist, so ist (nach 143)

$$[A|B] = \Sigma\alpha_r\beta_r = \Sigma\beta_r\alpha_r = [B|A].$$

145. Erklärung. Wir schreiben der Kürze wegen

$$[A|A] = A^2$$

und nennen es das innere Quadrat von A.

146. *Es ist*

$$(\alpha_1 E_1 + \cdots + \alpha_m E_m)^2 = \alpha_1^2 + \cdots + \alpha_m^2.$$

Beweis.

$$(\alpha_1 E_1 + \cdots + \alpha_m E_m)^2 = [(\alpha_1 E_1 + \cdots + \alpha_m E_m) | (\alpha_1 E_1 + \cdots + \alpha_m E_m)] \quad [145]$$
$$= \alpha_1\alpha_1 + \cdots + \alpha_m\alpha_m \quad [143].$$

147. *Das innere Produkt zweier Einheiten E und F ist dann und nur dann von Null verschieden, wenn die eine der andern incident ist, das heisst*

$$[E|F] = 0,$$

wenn E und F nicht einander incident sind,

$$[E|F] \gtrless 0,$$

wenn E und F einander incident sind.

Beweis. Für Einheiten gleicher Stufe ist der Satz in 142 bewiesen. Nun seien E und F zwei Einheiten ungleicher Stufe, und zwar {zunächst F *von höherer Stufe als E*, so dass also die Summe der Stufenzahlen von E und $|F$ kleiner als n (vgl. den Beweis von 139) und demnach das Produkt $[E|F]$ *progressiv* ist. Es sei

$$E = [F_1 G],$$

wo F_1 dem F untergeordnet ist, aber das Gebiet G keine Grösse erster Stufe mit F gemein hat. Dann ist E dem F incident oder nicht, jenachdem G von nullter Stufe (eine Zahl) ist oder nicht. Es sei ferner

$$F = [F_1 F_2]$$

und sei $[F_1 F_2 G H]$ gleich dem Produkte aller ursprünglichen Einheiten und also gleich der absoluten Einheit. Dann ist (nach 89) $[GH]$ die Ergänzung von $[F_1 F_2]$, das heisst von F, also

$$[E|F] = [F_1 G \,.\, GH].$$

Das Produkt auf der rechten Seite ist hier aber (nach 109) von Null verschieden oder gleich Null, jenachdem die Stufenzahl des gemeinschaftlichen Gebietes G gleich Null oder grösser als Null ist, das heisst, jenachdem E und F einander incident sind oder nicht.

Jetzt sei zweitens} *E von höherer Stufe als F*, {so dass also die Summe der Stufenzahlen von E und $|F$ grösser als n (vgl. den Beweis von 139) und demnach das Produkt $[E|F]$ *regressiv* ist}. Es sei

$$F = [E_1 G],$$

wo E_1 dem E untergeordnet ist, aber das Gebiet G keine Grösse erster Stufe mit E gemein hat. Dann ist F dem E incident oder nicht, je nachdem G von nullter Stufe (eine Zahl) ist oder nicht. Es sei ferner

$$E = [E_1 E_2]$$

und sei $[E_1 G E_2 H]$ gleich dem Produkte aller n ursprünglichen Einheiten und also gleich der absoluten Einheit. Dann ist (nach 89) $[E_2 H]$ die Ergänzung von $[E_1 G]$, das heisst $|[E_1 G] = [E_2 H]$, also

$$[E|F] = [E_1 E_2 | E_1 G] = [E_1 E_2 \,.\, E_2 H].$$

Ist G *von nullter Stufe*, das heisst, E mit F incident, so ist $[E_1 E_2 H]$ von nullter Stufe, also (nach 106) der Ausdruck

$$[E_1 E_2 \,.\, E_2 H] = [E_1 E_2 H] E_2 ,$$

also von Null verschieden, da E_2 und $[E_1 E_2 H]$ von Null verschieden sind. Ist aber G *von höherer als nullter Stufe*, so ist {die Stufenzahl des verbindenden Gebietes der Grössen $[E_1 E_2]$ und $[E_2 H]$, nämlich} die Summe der Stufenzahlen von E_1, E_2 und H geringer als die Summe der Stufenzahlen von E_1, G, E_2, H, das heisst, kleiner als n, also (nach 109) $[E_1 E_2 . E_2 H] = 0$, das heisst, wenn E und F nicht einander incident sind, so ist $[E|F] = 0$.

111 **148.** *Es ist*

$$[EF|E] = F \text{ und } [F|EF] = |E,$$

wenn E und F Einheiten sind, und $[EF]$ nicht null ist.

Beweis. Es sei das Produkt $[EF]$ *progressiv* und $[EFG]$ sei gleich dem Produkte aller ursprünglichen Einheiten und also gleich Eins, so ist $|E = [FG]$, somit

$$[EF|E] = [EF . FG] = [EFG]F \qquad [106]$$
$$= F.$$

Ferner ist dann $|[EF] = G$, also $[F|EF] = [FG] = |E$.

{Ist das Produkt $[EF]$ *regressiv*, so gilt der Satz, wenn man E und F durch ihre Ergänzungen ersetzt (nach 115), also nach 101 auch für E und F selbst.}

149. *Sind E, F, G Einheiten, und ist F von höherer Stufe als G und das Produkt $[EF]$ progressiv und nicht null, so ist*

$$[EF|EG] = [F|G].$$

Ist ferner F von niederer Stufe als G und das Produkt $[GE]$ progressiv und nicht null, so ist

$$[FE|GE] = [F|G].$$

Sind endlich F und G von gleicher Stufe, und sind die beiden Produkte $[EF]$ und $[GE]$ progressiv und nicht null, so sind beide Formeln gültig.

Beweis. 1. Wenn F und G *nicht einander incident sind*, so sind auch $[EF]$ und $[EG]$ nicht einander incident, also sind dann (nach 147) jedesmal beide Seiten der zu erweisenden Gleichungen null.

{2. Ist hingegen F mit G *incident*, so müssen die drei im Satze unterschiedenen Fälle getrennt behandelt werden.

a. Setzen wir *zunächst* voraus, *das Produkt* $[EF]$ *sei progressiv und nicht null, und es sei* F *von höherer Stufe als* G; dann ist G, da es zugleich mit F incident sein soll, dem F untergeordnet, und man kann daher F in der Form darstellen

$$F = [GH],$$

wo das Produkt $[GH]$ progressiv und H wieder eine Einheit, oder doch eine negativ genommene Einheit ist. Es wird somit

$$[EF|EG] = [E(GH)|EG],$$

oder, da das Produkt $[E(GH)]$ rein progressiv ist, nach 119

$$[EF|EG] = [EGH|EG]$$
$$= H$$

(nach 148), denn $[EGH] = [EF]$ ist nach Voraussetzung nicht null, und $[EG]$ ist als nicht verschwindendes progressives Produkt zweier Einheiten (nach 77) selbst eine Einheit. Die rechte Seite unserer Gleichung wird aber (wieder nach 148)

$$= [GH|G] = [F|G].$$

b. Setzen wir *zweitens* voraus, *das Produkt* $[GE]$ *sei progressiv und nicht null, und es sei* F *von niederer Stufe als* G; dann ist F, da es zugleich mit G incident sein soll, dem G untergeordnet, und man kann daher G in der Form darstellen

$$G = [HF],$$

wo das Produkt $[HF]$ progressiv und H eine Einheit, oder doch eine negativ genommene Einheit ist. Es wird somit

$$[FE|GE] = [FE|HFE]$$

oder, da das Produkt $[HFE]$ rein progressiv ist, (nach 119)

$$[FE|GE] = [FE|H(FE)]$$
$$= |H$$

(nach 148), denn es ist $[H(FE)] = [HFE] = [GE]$ nicht null. Die rechte Seite ist aber (wieder nach 148)

$$= [F|HF] = [F|G].$$

c. Setzen wir *endlich* voraus, *die Produkte* $[EF]$ *und* $[GE]$ *seien beide progressiv und nicht null, und es seien* F *und* G *von gleicher Stufe;* dann müssen die Gebiete beider Grössen, die ja zugleich einander incident sein sollen, mit einander zusammenfallen; es ist somit sowohl

G dem F, als F dem G untergeordnet, und es gelten daher nach Beweis 2a und b beide Formeln.

Anm. Ein entsprechender Satz gilt auch, wenn $[EF]$ und $[EG]$ *regressive* Produkte sind, nur muss man in diesem Falle die Ausdrücke höherer und niederer Stufe mit einander vertauschen. Der Beweis ist genau so wie in Nr. 148.}

150. *Wenn q und r die Stufenzahlen von A und B sind und q kleiner als r ist, so ist*

$$[A|B] = (-1)^{q(r-1)}|[B|A],$$

das heisst, $[A|B]$ ist der Ergänzung von $[B|A]$ entgegengesetzt, wenn die Stufenzahl von A ungerade und zugleich die von B gerade ist; in jedem andern Falle ist $[A|B]$ der Ergänzung von $[B|A]$ gleich.

112 Beweis. Es ist

$$\begin{aligned} |[B|A] &= [|B||A] && [97] \\ &= (-1)^{q(n-q)}[|B.A] && [92] \\ &= (-1)^{q(n-q)}(-1)^{q(n-r)}[A|B] && [58], \end{aligned}$$

{denn das Produkt $[|B.A]$ ist progressiv, weil die Summe der Stufenzahlen $n-r+q = n-(r-q) < n$ ist. Der Ausdruck $|[B|A]$ wird also}

$$= (-1)^{q(2n-q-r)}[A|B].$$

Nun ist in Bezug auf den Modul 2 die Grösse $q(2n-q-r)$ kongruent $q(r-q)$ oder kongruent $q(r-1)$, da q^2 mit q gleichzeitig gerade oder ungerade ist, somit

$$|[B|A] = (-1)^{q(r-1)}[A|B],$$

oder auch

$$[A|B] = (-1)^{q(r-1)}|[B|A].$$

Anm. Vermittelst des soeben erwiesenen Satzes kann man den Fall, wo der zweite Faktor eines innern Produktes von höherer Stufe ist als der erste, immer auf den andern Fall zurückführen, wo der erste Faktor von höherer Stufe ist als der zweite. Diesen letzteren Fall, welcher sich in den oben entwickelten Formeln als der einfachere herausstellte, werde ich jetzt vorzugsweise berücksichtigen.

§ 2. Begriff des Normalen und seine Correlaten.

151. Erklärung. Numerischer Werth einer Grösse A heisst die positive Quadratwurzel aus dem innern Quadrat dieser Grösse. Numerisch gleich heissen zwei Grössen von gleichem numerischen Werth, das heisst, zwei Grössen, deren innere Quadrate gleich sind.

Anm. Für Zahlen, reelle oder imaginäre, ist die Benennung in derselben Weise auch sonst in Gebrauch, indem zuerst numerischer Werth einer positiven Zahl diese selbst, der einer negativen $-a$ die entsprechende positive Zahl a, das heisst, in beiden Fällen die positive Quadratwurzel ihres Quadrates ist. Hat man eine imaginäre Zahl $a + b\sqrt{-1}$, so sind ihre Einheiten 1 und $\sqrt{-1}$. Eine der beiden Wurzeln von -1 sei mit i bezeichnet, und 1 und i als Einheiten genommen, also $i^2 = 1$, so ist der numerische Werth von $a + bi$ nach der Definition gleich $\sqrt{a^2 + b^2}$, was auch sonst als numerischer Werth der imaginären Grösse $a + bi$ aufgefasst wird. In der Geometrie ist numerischer Werth einer Linie ihre Länge gemessen durch die Längeneinheit, und so weiter.

152. Erklärung. Normal zu einander heissen zwei von Null
verschiedene Grössen, deren inneres Produkt null ist. Zwei Gebiete
heissen normal zu einander, wenn ihre Theile es sind. Zwei Gebiete
heissen allseitig zu einander † normal, wenn jede Grösse erster Stufe, 113
die dem einen Gebiete angehört, zu jeder, die dem andern angehört,
normal ist; und zwei Grössen heissen allseitig normal zu einander,
wenn ihre Gebiete es sind.

Anm. Der Grund der Benennung ruht in der Geometrie. Nimmt man dort die ursprünglichen Einheiten als gleich lange zu einander senkrechte Strecken an, wie dies stets geschehen muss, so zeigt sich leicht, dass das innere Produkt zweier Strecken dann und nur dann null ist, wenn diese Strecken senkrecht zu einander sind. Statt des Ausdrucks „senkrecht" habe ich den „normal" gewählt, als den abstrakteren, der auch eine Anwendung auf nicht räumliche Verhältnisse gestattet.

153. Erklärung. Normalsystem n-ter Stufe heisst ein Verein von n numerisch gleichen (von Null verschiedenen) Grössen erster Stufe, von denen jede zu jeder normal ist; und wenn n zugleich die Stufenzahl des Hauptgebietes ist, so heisst es ein vollständiges Normalsystem. Der numerische Werth jener n Grössen heisse zugleich der numerische Werth des Normalsystems. Einfaches Normalsystem heisst jedes Normalsystem, dessen numerischer Werth Eins ist.

Anm. Im Raume bilden zum Beispiel drei gleich lange und gegen einander senkrechte Strecken ein Normalsystem.

154. Erklärung. Circuläre Aenderung nenne ich jede Transformation eines Vereins, durch welche zwei Grössen a und b des Vereins sich beziehlich in $xa + yb$ und in $\mp(xb - ya)$ verwandeln, vorausgesetzt, dass $x^2 + y^2 = 1$ sei. Ich nenne die circuläre Aenderung eine *positive* oder *negative*, je nachdem a und b sich in $xa + yb$ und $(xb - ya)$, oder in $xa + yb$ und $-(xb - ya)$ verwandeln. Wenn hierbei $x = \cos\alpha$ und $y = \sin\alpha$ ist, und a und b numerisch gleich und zu einander normal sind, so sage ich, *der Verein habe sich von a nach b hin um den Winkel α geändert.*

Anm. Stellt man sich unter a und b zwei gleich lange und zu einander senkrechte Strecken vor, so sieht man leicht, dass durch die circuläre Aenderung, durch welche a in $a_1 = a\cos\alpha + b\sin\alpha$, b in $b_1 = b\cos\alpha - a\sin\alpha$ übergeht, zwei Strecken a_1 und b_1 entstehen, die von derselben Länge sind, wie a und b, und die wieder auf einander senkrecht stehen. Es bleiben also a und b bei jener Aenderung conjugirte Halbmesser eines festen Kreises, wodurch der Name *circuläre Aenderung* gerechtfertigt ist. Auch sieht man, dass dann der Winkel von a bis a_1 gleich α ist.

114 Sind übrigens a und b beliebige Strecken, so werden a_1 und b_1 conjugirte Halbmesser einer konstanten Ellipse, in welcher auch a und b conjugirte Halbmesser sind. Von dieser Betrachtungsweise aus würde sich der Name der elliptischen Aenderung empfehlen. Da jedoch die Ellipse immer auf den Kreis reducirbar und der Kreis die einfachere Kurve ist, so habe ich jenen Namen als den einfacheren vorgezogen. Siehe auch Crelle's Journal, Band 49, S. 134. {In der Abhandlung: Sur les différents genres de multiplication.}

155. *Durch circuläre Aenderung geht aus jedem Normalsystem ein numerisch gleiches Normalsystem hervor.*

Beweis. Es seien $a, b, c, \ldots$ die Grössen eines Normalsystems, das heisst, $a^{\underline{2}} = b^{\underline{2}} = c^{\underline{2}} = \cdots$ und $0 = [a|b] = [a|c] = [b|c] = \cdots$, und ändere sich a in $a_1 = xa + yb$ und b in $b_1 = \mp(xb - ya)$, wo $x^2 + y^2 = 1$ ist, so ist zu zeigen, dass $a_1, b_1, c, \ldots$ ein Normalsystem bilden, in welchem $a_1^{\underline{2}} = a^{\underline{2}}$ ist.

Es ist, da $[a|b] = 0$ ist,

$$\begin{aligned} a_1^{\underline{2}} &= (xa + yb)^{\underline{2}} = x^2 a^{\underline{2}} + y^2 b^{\underline{2}} \\ &= (x^2 + y^2)a^{\underline{2}} && (\text{da } b^{\underline{2}} = a^{\underline{2}}) \\ &= a^{\underline{2}} && (\text{da } x^2 + y^2 = 1). \end{aligned}$$

Aus gleichem Grunde ist $b_1^{\underline{2}} = a^{\underline{2}}$. Ferner ist

$$\begin{aligned} [a_1|b_1] &= \mp[(xa + yb)|(xb - ya)] = \mp xy(b^{\underline{2}} - a^{\underline{2}}) && (\text{da } [a|b] = 0) \\ &= 0 && (\text{weil } b^{\underline{2}} = a^{\underline{2}}). \end{aligned}$$

Endlich ist

$$[a_1|c] = [(xa + yb)|c] = x[a|c] + y[b|c] = 0,$$

weil $[a|c]$ und $[b|c] = 0$ sind. Aus gleichem Grunde ist $[b_1|c] = 0, \ldots$. Folglich ist das System $a_1, b_1, c, \ldots$ ein Normalsystem, dessen numerischer Werth gleich dem des gegebenen ist.

156. *Das kombinatorische Produkt der Grössen eines Normalsystems bleibt bei positiver circulärer Aenderung dieses Systems unverändert, und geht bei negativer in seinen entgegengesetzten Werth über.*

Beweis. Es gehe a in $a_1 = xa + yb$, b in $b_1 = xb - ya$ über, wo $x^2 + y^2 = 1$ ist; so wird

$$\begin{aligned} [a_1 b_1] &= [(xa + yb)(xb - ya)] \\ &= x^2[ab] - y^2[ba] && (\text{da } [aa], [bb] \text{ nach 60 null sind}) \\ &= (x^2 + y^2)[ab] && (\text{da } [ba] = -[ab] \text{ ist, nach 55}) \\ &= [ab] && (\text{da } x^2 + y^2 = 1). \end{aligned}$$

115 Also $[a_1 b_1] = [ab]$. Kommen nun zu den gleichen Produkten $[ab]$ und $[a_1 b_1]$ noch an den entsprechenden Stellen gleiche kombinatorische

Faktoren hinzu, so bleiben die Produkte gleich. {Entsprechendes gilt bei negativer circulärer Aenderung.} Also bewiesen.

157. *Die Grössen eines Normalsystems stehen in keiner Zahlbeziehung zu einander, und jede Grösse erster Stufe lässt sich aus einem beliebigen vollständigen Normalsystem numerisch ableiten.*

Beweis. 1. Es seien $a, b, c, \ldots$ Grössen eines Normalsystems. Gesetzt nun, es ständen dieselben in einer Zahlbeziehung zu einander, etwa so, dass

$$a = \beta b + \gamma c + \cdots$$

sei, so multiplicire man beide Seiten innerlich mit a, so wird

$$a^{|2} = \beta[b|a] + \gamma[c|a] + \cdots = 0,$$

da $[b|a]$, $[c|a], \ldots$ null sind (nach 153 {und 152}). Also wäre $a^{|2} = 0$, im Widerspruch mit 153. Es lässt sich also keine der Grössen $a, b, c, \ldots$ aus den übrigen numerisch ableiten, das heisst, sie stehen (nach 2) in keiner Zahlbeziehung zu einander.

2. Ein vollständiges Normalsystem in einem Hauptgebiete n-ter Stufe besteht {nach 153} aus n Grössen, und da diese nach Beweis 1 in keiner Zahlbeziehung zu einander stehen, so kann (nach 24) aus ihnen jede Grösse erster Stufe, da sie immer dem Hauptgebiete angehören muss, numerisch abgeleitet werden.

158. *Wenn eine Grösse A zu mehreren Grössen $B, C, \ldots$ von gleicher Stufe normal ist, so ist sie auch zu jeder Grösse normal, die aus ihnen numerisch ableitbar ist.*

Beweis. Wenn A zu $B, C, \ldots$ normal ist, so ist (nach 152)

$$0 = [A|B] = [A|C] = \cdots.$$

Somit auch

$$[A|(\beta B + \gamma C + \cdots)] = \beta[A|B] + \gamma[A|C] + \cdots = 0, \qquad [41]$$

da $[A|B]$, $[A|C], \ldots$ null sind.

159. *Die sämmtlichen Grössen erster Stufe, welche zu m Grössen eines vollständigen Normalsystems n-ter Stufe normal sind, gehören dem Gebiete der $n - m$ übrigen Grössen des Systems an.*

Beweis. Es sei das System $a_1, \ldots a_n$ ein vollständiges Normal- 116
system, und seien m seiner Grössen, etwa $a_1, \ldots a_m$ zu irgend einer Grösse erster Stufe a normal, so ist zu zeigen, dass a dem Gebiete $a_{m+1}, \ldots a_n$ angehört.

Nach 157 lässt sich a aus dem vollständigen Normalsystem $a_1, \ldots a_n$ numerisch ableiten. Es sei der Ausdruck dieser Ableitung

$$a = \alpha_1 a_1 + \cdots + \alpha_n a_n.$$

Da nun a zu $a_1, a_2, \ldots a_m$ normal ist, so erhält man, indem man zuerst mit a_1 innerlich multiplicirt,

$$0 = [a_1 | a] = \alpha_1 a_1^{\underline{2}} + \alpha_2 [a_1 | a_2] + \cdots + \alpha_n [a_1 | a_n] = \alpha_1 a_1^{\underline{2}},$$

da $[a_1 | a_2]$ bis $[a_1 | a_n]$ als innere Produkte der Grössen eines Normalsystems null sind. Da nun $a_1^{\underline{2}}$ (nach 153) nicht null ist, so folgt aus der Gleichung $\alpha_1 a_1^{\underline{2}} = 0$, dass $\alpha_1 = 0$ ist. Auf gleiche Weise folgt, indem man nach und nach mit $a_2, \ldots a_m$ multiplicirt, dass auch $\alpha_2, \ldots \alpha_m$ null sind. Folglich ist

$$a = \alpha_{m+1} a_{m+1} + \cdots + \alpha_n a_n,$$

das heisst, a gehört dem Gebiete $a_{m+1}, \ldots a_n$ an.

160. *Jedes Normalsystem lässt sich durch fortgesetzte circuläre Aenderung so umwandeln, dass eine seiner Grössen mit einer beliebig gegebenen Grösse erster Stufe, deren numerischer Werth dem des Normalsystems gleich ist und welche dem Gebiete desselben angehört, identisch wird.*

Beweis. Es seien $a_1, \ldots a_n$ die Grössen des gegebenen Normalsystems, und k die gegebene Grösse, welche numerisch gleich a_1 ist, und sei

$$k = \alpha_1 a_1 + \cdots + \alpha_n a_n.$$

Nun wandle man a_1 und a_2 circulär so um, dass dabei a_1 in

$$c_2 = \frac{\alpha_1 a_1 + \alpha_2 a_2}{\sqrt{\alpha_1^2 + \alpha_2^2}}$$

übergeht, was (nach 154) möglich ist. Dann ist

$$\alpha_1 a_1 + \alpha_2 a_2 = \sqrt{\alpha_1^2 + \alpha_2^2}\, c_2,$$

also

$$k = \sqrt{\alpha_1^2 + \alpha_2^2}\, c_2 + \alpha_3 a_3 + \cdots + \alpha_n a_n.$$

Darauf wandle man c_2 und a_3 circulär so um, dass dabei c_2 in

$$c_3 = \frac{\sqrt{\alpha_1^2 + \alpha_2^2}\, c_2 + \alpha_3 a_3}{\sqrt{\alpha_1^2 + \alpha_2^2 + \alpha_3^2}}$$

117 übergeht. Dann ist

$$k = \sqrt{\alpha_1^2 + \alpha_2^2 + \alpha_3^2}\, c_3 + \alpha_4 a_4 + \cdots + \alpha_n a_n.$$

In dieser Weise fahre man fort, bis

$$k = \sqrt{\alpha_1^2 + \alpha_2^2 + \cdots + \alpha_{n-1}^2}\, c_{n-1} + \alpha_n a_n$$

wird, und wandle schliesslich c_{n-1} und a_n circulär so um, dass dabei c_{n-1} in

$$c_n = \frac{\sqrt{\alpha_1^2 + \cdots + \alpha_{n-1}^2}\, c_{n-1} + \alpha_n a_n}{\sqrt{\alpha_1^2 + \cdots + \alpha_n^2}}$$

übergeht, so ist dann

(*) $$k = \sqrt{\alpha_1^2 + \cdots + \alpha_n^2}\, c_n.$$

Nun ist nach der Hypothesis

$$a_1^{\underline{2}} = k^{\underline{2}} = (\alpha_1 a_1 + \cdots + \alpha_n a_n)^{\underline{2}} = \alpha_1^2 a_1^{\underline{2}} + \cdots + \alpha_n^2 a_n^{\underline{2}},$$

weil $[a_1 | a_2], \ldots$ null sind. Und da auch $a_1^{\underline{2}} = a_2^{\underline{2}} = \cdots = a_n^{\underline{2}}$ ist, so wird

$$a_1^{\underline{2}} = (\alpha_1^2 + \cdots + \alpha_n^2) a_1^{\underline{2}},$$

das heisst, $\alpha_1^2 + \cdots + \alpha_n^2 = 1$. Dies also in die obige Gleichung (*) eingeführt, giebt, wenn man den positiven Wurzelwerth wählt,

$$k = c_n,$$

das heisst, in dem zuletzt hervorgehenden Normalsystem ist eine Grösse c_n mit der gegebenen k identisch, wie verlangt.

161. *Wenn zwei Normalsysteme gleichen numerischen Werth haben, und ihre Gebiete einander incident sind, so lässt sich durch fortgesetzte circuläre Aenderung, wenn beide von gleicher Stufe sind, jedes aus dem andern ableiten, wenn sie hingegen von ungleicher Stufe sind, das höherer Stufe so umwandeln, dass es die Grössen des andern enthält.*

Beweis. Es seien $a, b, c, \ldots$ und $a_1, b_1, c_1, \ldots$ zwei Normalsysteme von gleichem numerischen Werthe, und seien die Gebiete beider einander incident, und zwar das des letzteren entweder von gleicher oder höherer Stufe als das des ersteren, so müssen (nach 15) alle Grössen $a, b, c, \ldots$ dem Gebiete $a_1, b_1, c_1, \ldots$ angehören. Somit kann man (nach 160) das Normalsystem $a_1, b_1, c_1, \ldots$ circulär so umwandeln, dass eine seiner Grössen $= a$ wird. Das so hervorgehende Normalsystem bestehe aus den Grössen $a, b_2, c_2, \ldots$. Da nun $b, c, \ldots,$ als
Grössen des Normalsystems $a, b, c, \ldots,$ zu a, also zu einer † Grösse 118
des Normalsystems $a, b_2, c_2, \ldots$ normal sind, so müssen sie (nach 159) dem Gebiete der übrigen Grössen dieses Systems, also dem Gebiete $b_2, c_2, \ldots$ angehören. Demnach kann man wieder das System $b_2, c_2, \ldots$ circulär so umwandeln, dass eine seiner Grössen $= b$ wird. Das so hervorgehende Normalsystem bestehe aus den Grössen $b, c_3, d_3, \ldots,$ so müssen wieder aus demselben Grunde, wie vorher, $c, d, \ldots$ dem Gebiete $c_3, d_3, \ldots$ angehören. Das Normalsystem $a_1, b_1, c_1, d_1, \ldots$ ist dann durch circuläre Aenderungen übergegangen in $a, b, c_3, d_3, \ldots$.

So kann man, wenn das System $a_1, b_1, \ldots$ von höherer Stufe ist als $a, b, \ldots,$ fortfahren, bis das zuletzt hervorgehende System alle Grössen des gegebenen Systemes $a, b, c, \ldots$ enthält, oder wenn beide Systeme von gleicher Stufe sind, so lange bis es alle Grössen des Systems $a, b, c, \ldots,$ mit Ausnahme der letzten, enthält. Diese letzte sei q, die vorletzte p, und sei das so hervorgehende Normalsystem $a, b, \ldots p, q_n$, so muss nach der angewandten Schlussfolge q dem Gebiete q_n angehören, das heisst, beide müssen in einer Zahlbeziehung zu einander stehen. Ist nun $q_n = xq$, wo x eine Zahl ist, so ist, da beide einander numerisch gleich sind, $q_n{}^2 = q^2$, also $x^2 = 1$, somit $q_n = \mp q$. Ist $q_n = -q$, so hat man nur statt der letzten circulären Aenderung die entgegengesetzte zu nehmen, so fällt dann auch die letzte Grösse des so hervorgehenden Normalsystems mit q zusammen, also ist dann das eine der gegebenen Normalsysteme aus dem andern circulär abgeleitet, wie verlangt.

162. *Das System der ursprünglichen Einheiten ist ein (vollständiges) Normalsystem, dessen numerischer Werth Eins ist.*

Beweis. Es seien $e_1, \ldots e_n$ die ursprünglichen Einheiten, so ist (nach 142)

$$1 = e_1{}^2 = \cdots = e_n{}^2$$
$$0 = [e_1 | e_2] = \cdots.$$

163. *In jedem Gebiete m-ter Stufe lässt sich ein Normalsystem gleicher Stufe von beliebigem numerischen Werth annehmen, und zwar so, dass dies System Theil eines vollständigen Normalsystems sei.*

119 Beweis. Es sei a_1 eine Grösse erster Stufe in dem gegebenen Gebiete m-ter Stufe A, ihr numerischer Werth sei 1. Da nun (nach 162) das System der ursprünglichen Einheiten $e_1, \ldots e_n$ ein vollständiges Normalsystem ist, dessen numerischer Werth 1 ist, so lässt sich (nach 160) dies Normalsystem circulär so umwandeln, dass a_1 eine der Grössen des resultirenden Normalsystems wird. Dann ist a_1 zu den $n - 1$ übrigen Grössen dieses Normalsystems, also auch (nach 158) zu jeder Grösse ihres Gebietes A_1 normal. Dies Gebiet ist von $(n-1)$-ter Stufe und hat also mit dem Gebiet m-ter Stufe A (nach 26) ein Gebiet gemein, dessen Stufenzahl $n - 1 + m - n = m - 1$ ist.

Es sei in diesem gemeinschaftlichen Gebiete a_2 eine Grösse erster Stufe, deren numerischer Werth 1 ist. Da a_2 also auch dem Gebiete A_1 angehört, so ist sie nach dem Obigen zu a_1 normal, aber auch mit a_1 numerisch gleich, nämlich $= 1$, also bilden a_1 und a_2 ein Normalsystem mit dem numerischen Werth 1. Also lässt sich (nach 161) das vollständige Normalsystem $e_1, \ldots e_n$ in ein anderes Normalsystem umwandeln, welches a_1 und a_2 enthält. Das Gebiet A_2 der übrigen $n - 2$ Grössen dieses Normalsystems ist von $(n-2)$-ter Stufe, und alle Grössen erster Stufe, die diesem Gebiete angehören, sind normal zu a_1 und a_2. Nun haben A und A_2 ein Gebiet $(m-2)$-ter Stufe gemein; in ihm sei a_3 eine beliebige Grösse erster Stufe vom numerischen Werthe 1, so hat man schon ein Normalsystem von drei Grössen a_1, a_2, a_3 in A, und so kann man fortfahren.

Hat man so in A ein Normalsystem von $(m-1)$ Grössen $a_1, \ldots a_{m-1}$

erhalten, so enthält das vollständige Normalsystem, zu dem es gehört, ausserdem noch $n - m + 1$ Grössen; ihr Gebiet, was A_{m-1} heisse, ist von $(n - m + 1)$-ter Stufe, hat also mit dem Gebiete m-ter Stufe A noch ein Gebiet gemein, dessen Stufenzahl $n - m + 1 + m - n = 1$ ist. Es sei a_m eine Grösse dieses Gebietes, deren numerischer Werth 1 ist, so ist a_m, da es in A_{m-1} liegt, zu $a_1, \ldots a_{m-1}$ normal und $a_1, \ldots a_m$ bilden also ein Normalsystem m-ter Stufe in dem Gebiete m-ter Stufe A. Diesem Normalsystem kann man dadurch, dass man alle seine Grössen mit einer und derselben beliebigen Zahl multiplicirt, jeden beliebigen numerischen Werth geben.

§ 3. Gesetze des inneren Produktes, an den Begriff des Normalen geknüpft. 120

164. Erklärung. Normale Zurückleitung A' einer Grösse A auf ein Gebiet B nenne ich die Zurückleitung der Grösse A auf das Gebiet B, unter Ausschluss des zu B ergänzenden Gebietes (vgl. 127 und 33).

Anm. Ist zum Beispiel a, b, c ein vollständiges Normalsystem und $p = qa + rb + sc$ eine beliebige Grösse des Hauptgebietes, so ist die normale Zurückleitung der Grösse p auf das Gebiet $[bc]$ gleich $rb + sc$. Für die Geometrie ist sie identisch mit der senkrechten Projektion.

165. *Die normale Zurückleitung A' einer Grösse A auf ein Gebiet B ist*

$$A' = \frac{[B(A|B)]}{B^2}, \text{ oder } = [B(A|B)],$$

letzteres, wenn der numerische Werth von B gleich 1 ist.

Beweis. Nach 164 ist A' die Zurückleitung von A auf B, unter Ausschluss des zu B ergänzenden Gebietes, das heisst des Gebietes $|B$. Wird $|B$ mit C bezeichnet, so ist (nach 129)

$$A' = \frac{[B\,.\,A\,C]}{[B\,C]}, \text{ also } = \frac{[B(A|B)]}{[B|B]} = \frac{[B(A|B)]}{B^2}.$$

166. Zusatz. *Sind ins Besondere A und B von gleicher Stufe, so ist die Zurückleitung*

$$A' = \frac{[A|B]B}{B^2}, \text{ oder } = [A|B]B, \text{ wenn } B^2 = 1.$$

Beweis. Dann ist nämlich (nach 141) $[A|B]$ eine Zahl und kann also statt $[B|(A|B)]$ geschrieben werden $[A|B]B$.

167. *Die Ergänzung des kombinatorischen Produktes A von m Grössen eines vollständigen Normalsystems, welches den numerischen Werth Eins hat, ist dem kombinatorischen Produkte $\{B\}$ der $(n - m)$ übrigen*

Grössen des Systems gleich oder entgegengesetzt, je nachdem $[AB] = +1$ *oder* $= -1$ *ist, das heisst*

$$(*) \qquad |A = [AB]B,$$

wenn die n einfachen Faktoren von $[AB]$ *die n Grössen des Normalsystems sind.*

Beweis. 1. Für das System der ursprünglichen Einheiten ist diese Beziehung in 89 als Definition festgesetzt.

121 2. Ich zeige nun, dass, wenn diese (durch Gleichung (*) dargestellte) Beziehung für irgend ein Normalsystem $a, b, c, \ldots$ gilt, sie auch für jedes aus ihm durch circuläre Aenderung hervorgehende Normalsystem gelte.

Es gehe durch (positive) circuläre Aenderung a in $a_1 = xa + yb$, b in $b_1 = xb - ya$ über. Durch diese verwandle sich A in A_1, B in B_1; so ist zu zeigen, dass auch $|A_1 = [A_1 B_1] B_1$ sei. Da nun A und B zusammen alle Grössen $a, b, \ldots$ des Normalsystems und zwar jede dieser Grössen nur einmal enthalten sollen, so kommen a und b *entweder beide in* A, *oder beide in* B, *oder eine in* A *und die andere in* B *vor.*

Wir haben schon in 156 bewiesen, dass das Produkt $[a_1 b_1]$ bei dieser Aenderung gleich $[ab]$ bleibt; somit bleibt in den *beiden ersten Fällen* sowohl A als B unverändert, also bleibt dann auch die obige Gleichung, die nur A und B enthält, bestehen.

Im *dritten Falle* sei a in A enthalten, b in B, und sei A' die Grösse, die aus A hervorgeht, wenn man darin b statt a setzt, und B' die Grösse, welche aus B hervorgeht, wenn man darin a statt b setzt. Dann unterscheiden sich die kombinatorischen Produkte $[A'B']$ und $[AB]$ nur durch gegenseitige Vertauschung der beiden einfachen Faktoren a und b, folglich ist dann (nach 55) $[A'B'] = -[AB]$. Ferner ist dann

$$A_1 = xA + yA', \quad B_1 = xB - yB',$$

folglich

$$|A_1 = x|A + y|A' \qquad [101].$$

Da nun A und A' nur Grössen des Normalsystems $a, b, c, \ldots$ als einfache Faktoren enthalten, und B und B' die jedesmal übrigen, so gilt (nach der Annahme) für sie die obige Gleichung (*), das heisst, es ist

$$|A = [AB]B, \quad |A' = [A'B']B' = -[AB]B',$$

letzteres, weil $[A'B'] = -[AB]$ war; somit ist

$$|A_1 = x[AB]B - y[AB]B' = [AB](xB - yB') = [AB]B_1.$$

Endlich ist (nach 156) $[A_1 B_1] = [AB]$, indem die einfachen

Faktoren von $[A_1 B_1]$ aus denen von $[AB]$ durch positive circuläre Aenderung hervorgehen. Also ist

$$|A_1 = [A_1 B_1] B_1,$$

das heisst, wenn die Gleichung (*) für irgend ein Normalsystem gilt, so gilt sie auch für jedes daraus durch *positive* circuläre † Aenderung 122
hervorgehende, ebenso aber auch für jedes daraus durch *negative* Aenderung hervorgehende. Denn die positive circuläre Aenderung, wie wir sie oben annahmen, wird (nach 154) in eine negative verwandelt, wenn man das Vorzeichen von b_1 ändert, dann ändert sich auch das Vorzeichen von B_1, wobei die gefundene Gleichung bestehen bleibt.

Also bleibt die Gleichung (*) überhaupt bei jeder circulären Aenderung des Normalsystems bestehen, wenn sie für irgend ein Normalsystem gilt. Nach Beweis 1 gilt sie aber für das Normalsystem der ursprünglichen Einheiten, also nun auch für jedes daraus circulär abgeleitete. Nun lässt sich aber (nach 161) jedes Normalsystem, dessen numerischer Werth 1 ist, aus jenem ableiten, also gilt die Gleichung für jedes Normalsystem, dessen numerischer Werth 1 ist.

168. *Alle bisher aufgestellten Sätze gelten noch, wenn man statt des Systems der ursprünglichen Einheiten ein beliebiges vollständiges Normalsystem setzt, dessen numerischer Werth Eins ist.*

Beweis. Alle in den ersten drei Kapiteln entwickelten Rechnungsgesetze gelten (nach 110) auch dann noch, wenn man statt der n ursprünglichen Einheiten beliebige n in keiner Zahlbeziehung zu einander stehende Grössen erster Stufe setzt, also auch, wenn man die Grössen eines vollständigen Normalsystems einsetzt. Ferner gilt (nach 167) der Begriff der Ergänzung, wie er in 89 in Bezug auf das System der ursprünglichen Einheiten aufgestellt ist, auch in Bezug auf jedes Normalsystem, dessen numerischer Werth Eins ist. Aber auf diesem Begriff der Ergänzung und den in den ersten drei Kapiteln entwickelten Rechnungsgesetzen beruhen alle Sätze des inneren Produktes, wie sie bisher entwickelt wurden. Also gelten diese Sätze noch, wenn man statt des Systems der ursprünglichen Einheiten ein Normalsystem setzt, dessen numerischer Werth Eins ist.

Anm. Vermöge des soeben bewiesenen Satzes ist also der Begriff des inneren Produktes in sofern nicht mehr an das System der ursprünglichen Einheiten geknüpft, als man statt dieses Systems ein beliebiges {vollständiges} Normalsystem setzen kann, dessen numerischer Werth Eins ist, ohne dass irgend einer der bisher aufgestellten Sätze eine Aenderung † erleidet. Es erscheint also der Be- 123
griff des inneren Produktes nur noch an den Begriff des Normalsystems geknüpft, und dies tritt daher in den folgenden Entwickelungen statt des Systems der ursprünglichen Einheiten hervor.

169. *Das innere Produkt zweier {einfacher} Grössen ändert seinen Werth nicht, wenn man statt des einen Faktors seine {progressive} normale Zurückleitung auf das Gebiet des andern setzt, das heisst*

$$[A|B] = [A|B']$$

und

$$[B|A] = [B'|A],$$

wenn B' die progressive normale Zurückleitung von B auf das Gebiet A ist (also A von gleicher oder höherer Stufe als B ist).

{Beweis.} Es sei A von m-ter Stufe, B von p-ter, das Hauptgebiet von n-ter, so kann man (nach 163) ein vollständiges Normalsystem $a_1, \ldots a_n$ so annehmen, dass m seiner Grössen, etwa $a_1, \ldots a_m$, in A liegen, und sein numerischer Werth 1 sei. Die p Faktoren von B sind dann (nach 157) aus $a_1, \ldots a_n$ numerisch ableitbar, also B aus den multiplikativen Kombinationen von $a_1, \ldots a_n$ zur p-ten Klasse numerisch ableitbar. Diese Kombinationen seien $B_1, B_2, \ldots B_q, B_{q+1}, \ldots B_r$, wo $B_1, \ldots B_q$ die Kombinationen aus $a_1, \ldots a_m$ sind, und sei

$$B = \beta_1 B_1 + \cdots + \beta_q B_q + \beta_{q+1} B_{q+1} + \cdots + \beta_r B_r,$$

so sind (nach 147 und 168) $[A|B_{q+1}], \ldots [A|B_r]$ alle gleich Null, da jede der Grössen B_{q+1} bis B_r solche Faktoren enthält, die in A nicht vorkommen, und diese Grössen also der Grösse A nicht incident sind, also wird

$$[A|B] = \beta_1[A|B_1] + \cdots + \beta_q[A|B_q]$$
$$= [A|(\beta_1 B_1 + \cdots + \beta_q B_q)].$$

Aber (nach 127) ist $\beta_1 B_1 + \cdots + \beta_q B_q$ die Zurückleitung von B auf das Gebiet $[a_1 \ldots a_m]$, mit Ausschluss des Gebietes $[a_{m+1} \ldots a_n]$, letzteres Gebiet ist aber (nach 167) {die} Ergänzung des ersteren; also ist {nach 164} $\beta_1 B_1 + \cdots + \beta_q B_q$ die normale Zurückleitung von B auf das Gebiet $[a_1 \ldots a_m]$, das heisst, auf das Gebiet von A, also gleich B', und somit

$$[A|B] = [A|B'].$$

Aus gleichem Grunde ist $[B|A] = [B'|A]$.

170. *Wenn man in einem inneren Produkte zweier {einfacher}* *g l e i c h s t u f i g e r* *Grössen die eine auf das Gebiet der andern normal zurück-*
124 *leitet, und diese Zurückleitung so wie die Grösse, † auf deren Gebiet zurückgeleitet ist, durch ein und dasselbe Maass misst, dessen numerischer Werth Eins ist, so ist das Produkt der beiden Messungs-Quotienten gleich dem gegebenen inneren Produkt, das heisst*

$$[A|B] = \alpha\beta',$$

wenn $A = \alpha E$, und die normale Zurückleitung B' von B auf A gleich $\beta' E$, und der numerische Werth von E gleich Eins ist.

Beweis. Nach 169 ist

$$[A|B] = [A|B'].$$

Es sei E ein Gebietstheil von A, dessen numerischer Werth Eins ist, und sei $A = \alpha E$, $B' = \beta' E$, so ist $[A|B'] = \alpha\beta'[E|E] = \alpha\beta' E^{2} = \alpha\beta'$, da $E^{2} = 1$ ist.

171. *Wenn die Gebiete von {zwei einfachen Grössen} A und B zu einander allseitig normal sind, und C eine beliebige Grösse von niederer oder gleicher Stufe wie B ist, so ist*

$$[AB|AC] = A^{2}[B|C]$$

und

$$[CA|BA] = A^{2}[C|B].$$

Beweis. Es sei ein Normalsystem angenommen, dessen Grössen sich auf die Gebiete A und B vertheilen, und dessen numerischer Werth 1 ist, und sei dasselbe zu einem vollständigen Normalsysteme ergänzt; so ist C aus den multiplikativen Kombinationen der Grössen jenes Normalsystems (69, 77) numerisch ableitbar. Es sei $C = \gamma_1 C_1 + \gamma_2 C_2 + \cdots$, ferner sei $A = \alpha A_1$, $B = \beta B_1$, wo A_1, B_1 kombinatorische Produkte der Grössen des Normalsystems sind, so ist

$$\begin{aligned}[AB|AC] &= \alpha^{2}\beta[A_1 B_1|A_1(\gamma_1 C_1 + \gamma_2 C_2 + \cdots)] \\ &= \alpha^{2}\beta\gamma_1[A_1 B_1|A_1 C_1] + \alpha^{2}\beta\gamma_2[A_1 B_1|A_1 C_2] + \cdots.\end{aligned}$$

{Man kann nun zeigen, dass die Produkte $[A_1 B_1|A_1 C_r]$ allen Bedingungen der ersten Formel des Satzes 149 genügen. Es sei n die Stufenzahl des Hauptgebietes und A_1 das Produkt von m Grössen $a_1, \ldots a_m$ des Normalsystems. Dann gehören (nach 159) sämmtliche Grössen erster Stufe, die zu $a_1, \ldots a_m$ normal sind, dem Gebiete der $n - m$ übrigen Grössen $a_{m+1}, \ldots a_n$ dieses Normalsystems an. Das Gebiet von B_1, das nach Voraussetzung zu dem von A_1 allseitig normal ist, wird daher (nach 152) von dem Gebiete dieser $n - m$ Grössen umfasst werden müssen. Die Summe der Stufenzahlen von A_1 und B_1 kann also höchstens $= m + n - m$, das heisst höchstens $= n$ sein, das Produkt $[A_1 B_1]$ ist somit nothwendig *progressiv*. Es ist aber auch *von Null verschieden* (nach 109), weil die Gebiete der Grössen A_1 und B_1 keine Grösse erster Stufe mit einander gemein haben. Da nämlich die Gebiete von A_1 und B_1 zu einander allseitig normal sind, so ist (nach 152) jede Grösse erster Stufe des Gebietes von A_1 zu jeder Grösse erster Stufe des Gebietes von B_1 normal. Hätten also die beiden Gebiete eine von Null verschiedene Grösse erster Stufe gemein, so müsste diese Grösse zu sich selbst normal, ihr inneres Quadrat also null sein, was (nach 146) für eine von Null verschiedene Grösse unmöglich ist. Ausserdem ist nach der Voraussetzung B von höherer oder gleicher Stufe wie C, also auch B_1 *von höherer oder gleicher Stufe wie* C_r. Endlich bleibt (nach 168) der zunächst für *Einheiten höherer Stufe*, das heisst für kombinatorische Produkte der ursprünglichen Einheiten bewiesene Satz 149 auch noch gültig, wenn an die Stelle der Einheitsprodukte *kombinatorische Produkte der Grössen eines einfachen Normalsystems* treten, also in unserm Falle; das heisst, es ist

$$[A_1 B_1 | A_1 C_r] = [B_1 | C_r],$$

für $r = 1, 2, \ldots$}. Somit wird

$$\begin{aligned} [AB|AC] &= \alpha^2\beta\gamma_1[B_1|C_1] + \alpha^2\beta\gamma_2[B_1|C_2] + \cdots \\ &= \alpha^2\beta[B_1|(\gamma_1 C_1 + \gamma_2 C_2 + \cdots)] \\ &= \alpha^2\beta[B_1|C]. \end{aligned}$$

Da nun {nach 142 und 168} $A_1{}^2$ gleich 1 ist, weil A_1 ein kom-
125 binatorisches † Produkt von Grössen eines einfachen Normalsystems ist, so ist der gefundene Ausdruck

$$\begin{aligned} &= \alpha^2\beta A_1{}^2[B_1|C] = (\alpha A_1)^2[\beta B_1|C] \\ &= A^2[B|C]. \end{aligned}$$

Auf gleiche Weise ergiebt sich die zweite Formel des Satzes.

172. *Wenn* {*die einfache Grösse*} A *mit* A *von gleicher Stufe,* {*die einfache Grösse*} B *aber von gleicher oder höherer Stufe wie* B *ist, und* $[AB]$ *nicht verschwindet,* {*und wenn endlich* $[AB]$ *und* $[\mathsf{AB}]$ *progressive Produkte sind,*} *so ist*

$$\text{(a)} \qquad [AB|\mathsf{AB}] = [A|\mathsf{A}][B|\mathsf{B}] + [A_1|\mathsf{A}][B_1|\mathsf{B}] + \cdots$$

und

$$\text{(b)} \qquad [\mathsf{BA}|BA] = [\mathsf{B}|B][\mathsf{A}|A] + [\mathsf{B}|B_1][\mathsf{A}|A_1] + \cdots,$$

wo $A, A_1, \ldots$ {*alle*} *die multiplikativen Kombinationen aus den einfachen Faktoren (erster Stufe) von* $[AB]$ {*sind, deren Stufenzahl gleich der von* A *ist*}, *und* {*wo*} $B, B_1, \ldots$ *die zu* $A, A_1, \ldots$ *ergänzenden Kombinationen sind,* (*so dass also* $[AB] = [A_1 B_1] = \cdots$).

Anm. Wenn nämlich A eine der multiplikativen Kombinationen aus $a_1, a_2, \ldots a_m$ ist, so nenne ich diejenige multiplikative Kombination B, welche die sämmtlichen in A nicht enthaltenen Elemente {aus der Reihe $a_1, \ldots a_m$} enthält, und mit einem solchen Vorzeichen ($\pm$) versehen ist, dass $[AB] = [a_1 a_2 \ldots a_m]$ ist, die zu A ergänzende Kombination.

Beweis. 1. {Es seien *zuerst* die einfachen Faktoren von $[AB]$ alle zu einander normal und sei das System dieser Faktoren $a_1, \dots a_m$ durch Hinzufügung der Grössen $a_{m+1}, \dots a_n$ zu einem vollständigen Normalsystem ergänzt; es seien ferner $A, A_1, \dots A_q, A_{q+1}, \dots A_t$ diejenigen multiplikativen Kombinationen aus $a_1, a_2, \dots a_n$, deren Stufenzahl gleich der von A ist, und seien ins besondere $A, A_1, \dots A_q$ die Kombinationen aus den m ersten Grössen $a_1, \dots a_m$. Dann ist A, da es mit A von gleicher Stufe ist, aus den multiplikativen Kombinationen $A, A_1, \dots A_t$ numerisch ableitbar. Es sei

$$\mathsf{A} = \alpha A + \alpha_1 A_1 + \cdots + \alpha_q A_q + \alpha_{q+1} A_{q+1} + \cdots + \alpha_t A_t,$$

so ist

$$\begin{aligned}[AB|\mathsf{AB}] &= [AB|(\alpha A + \alpha_1 A_1 + \cdots + \alpha_q A_q + \alpha_{q+1} A_{q+1} + \cdots + \alpha_t A_t)\mathsf{B}] \\ &= \alpha[AB|A\mathsf{B}] + \alpha_1[AB|A_1\mathsf{B}] + \cdots + \alpha_q[AB|A_q\mathsf{B}] + \\ &+ \alpha_{q+1}[AB|A_{q+1}\mathsf{B}] + \cdots + \alpha_t[AB|A_t\mathsf{B}].\end{aligned}$$

Diese Entwickelung vereinfacht sich aber noch; denn es lässt sich zeigen, dass die Glieder der letzten Zeile sämmtlich verschwinden.

Denkt man sich nämlich aus den Grössen $a_1, \dots a_n$ auch noch die multiplikativen Kombinationen B_i gebildet, deren Stufenzahl mit der von B übereinstimmt, und B als Vielfachensumme der B_i dargestellt, so gehen aus den Gliedern der letzten Zeile unserer Entwickelung lauter Glieder hervor von der Form

$$\alpha_{q+k}\beta_i[AB|A_{q+k}\mathsf{B}_i].$$

Hier enthalten aber die A_{q+k} sämmtlich als Faktor eine der Grössen $a_{m+1}, \dots a_n$, die in dem Produkte $[AB]$ *nicht* vorkommen, also gilt dasselbe auch von den Produkten $[A_{q+k}\mathsf{B}_i]$, die ja der Voraussetzung zufolge progressiv sind. Diese Produkte sind also dem Produkte $[AB]$ *nicht untergeordnet*. Sie sind ihm aber auch *nicht übergeordnet*; denn, da nach Voraussetzung B von gleicher oder niederer Stufe mit B ist, so muss jedem Produkte $[A_{q+k}\mathsf{B}_i]$ mindestens ein Faktor von $[AB]$ fehlen. Die Produkte $[A_{q+k}\mathsf{B}_i]$ sind also mit $[AB]$ *nicht incident*, und es ist somit (nach 147 und 168) allgemein

$$[AB|A_{q+k}\mathsf{B}_i] = 0.$$

Die obige Entwickelung vereinfacht sich daher zu der folgenden}

$$[AB|\mathsf{AB}] = \alpha[AB|A\mathsf{B}] + \alpha_1[AB|A_1\mathsf{B}] + \cdots + \alpha_q[AB|A_q\mathsf{B}].$$

Da nun (nach der Annahme) $[AB] = [A_1B_1] = \cdots$ ist, so erhalten wir den gefundenen Ausdruck

$$= \alpha[AB|A\mathsf{B}] + \alpha_1[A_1B_1|A_1\mathsf{B}] + \cdots + \alpha_q[A_qB_q|A_q\mathsf{B}].$$

Da nun die einfachen Faktoren von $[AB]$ alle zu einander normal sind, und identisch sind mit denen von $\mp [A_1 B_1], \ldots$ (nach der Annahme), so ist A zu B allseitig normal {nach 152, 158}, und ebenso A_1 zu $B_1, \ldots$. Folglich ist (nach 171) der zuletzt gewonnene Ausdruck

$$= \alpha A^2 [B|\mathsf{B}] + \alpha_1 A_1^2 [B_1|\mathsf{B}] + \cdots + \alpha_q A_q^2 [B_q|\mathsf{B}].$$

126 Nun ist aber

$$[A_r|\mathsf{A}] = [A_r|(\alpha A + \alpha_1 A_1 + \cdots + \alpha_t A_t)] = \alpha_r A_r^2,$$

weil A_r mit den Grössen $A, A_1, \ldots,$ ausgenommen A_r, innerlich multiplicirt, Null giebt (nach 147, 168). Also kann man in dem vorher gefundenen Ausdruck $[A_r|\mathsf{A}]$ statt $\alpha_r A_r^2$ setzen, und jener Ausdruck wird

$$= [A|\mathsf{A}][B|\mathsf{B}] + [A_1|\mathsf{A}][B_1|\mathsf{B}] + \cdots + [A_q|\mathsf{A}][B_q|\mathsf{B}],$$

das heisst, die Formel (a) gilt für unsere Voraussetzung.

2. Nun zeige ich {*zweitens*}, dass, wenn die Formel (a) für irgend eine Reihe von einfachen Faktoren gilt, aus denen $[AB]$ besteht, sie auch noch bestehen bleibt, wenn man diese Faktorenreihe lineal ändert (siehe 71), das heisst, statt irgend eines Faktors a setzt $a + \beta b$, wo b einer der andern Faktoren und β eine Zahl ist.

Hierbei behält (nach 72) das Produkt $[AB]$, also auch die linke Seite unserer Formel, denselben Werth. Betrachtet man nun irgend ein Glied der rechten Seite, zum Beispiel $[A_r|\mathsf{A}][B_r|\mathsf{B}]$, so können a und b entweder beide in A_r vorkommen, oder beide in B_r, oder eins in A_r, das andere in B_r. In den beiden ersten Fällen bleibt sowohl der Werth von A_r als der von B_r unverändert, also auch das betrachtete Glied. Im letzten Falle kommt {in der obigen Entwickelung} noch ein anderes Glied $[A_s|\mathsf{A}][B_s|\mathsf{B}]$ vor von der Art, dass A_r und A_s im Uebrigen dieselben Faktoren enthalten, nur dass, wo das eine dieser Produkte den Faktor a enthält, das andere den Faktor b enthalte. Dann stehen B_r und B_s, da sie die jedesmal dem A_r und A_s fehlenden Faktoren enthalten, in derselben gegenseitigen Beziehung zu einander. Es kommt also a in einer der Grössen A_r und A_s vor; es mag a in A_r vorkommen.

Nun sei A' die Grösse, welche aus A_r hervorgeht, indem man darin b statt a setzt, und B' die Grösse, welche aus B_r hervorgeht, indem man darin a statt b setzt. Dann enthält also A' dieselben Faktoren wie A_s und B' wie B_s; es sind also dann A' und B' (nach 57) den Grössen A und B_s entweder gleich oder entgegengesetzt. Da $[A'B']$ aus $[A_r B_r]$ durch Vertauschung der beiden einfachen Faktoren a und b hervorgeht, so ist (nach 55) $[A'B'] = -[A_r B_r]$, und dies $= -[A_s B_s]$ (nach der Annahme). Wenn also $A' = \mp A_s$ ist, so ist

$B' = \pm B_s$. Wenn man nun die lineale Substitution von $a + \beta b$ für a einführt, so verwandelt sich

$$[A_r|\mathsf{A}][B_r|\mathsf{B}] + [A_s|\mathsf{A}][B_s|\mathsf{B}] = [A_r|\mathsf{A}][B_r|\mathsf{B}] - [A'|\mathsf{A}][B'|\mathsf{B}]$$ 127

in

$$[(A_r + \beta A')|\mathsf{A}][B_r|\mathsf{B}] - [A'|\mathsf{A}][(B' + \beta B_r)|\mathsf{B}],$$

weil nämlich B_r und A' kein a enthalten und also unverändert bleiben, während A_r in $A_r + \beta A'$ und B' in $B' + \beta B_r$ sich verwandelt. Also verwandelt sich jene Summe in

$$[A_r|\mathsf{A}][B_r|\mathsf{B}] - [A'|\mathsf{A}][B'|\mathsf{B}] + \beta[A'|\mathsf{A}][B_r|\mathsf{B}] - \beta[A'|\mathsf{A}][B_r|\mathsf{B}],$$

das heisst, da die letzten Glieder sich aufheben, der Werth jener Summe bleibt ungeändert. Es bleibt somit die ganze rechte Seite unserer Formel bei jener linealen Substitution ungeändert, indem die Glieder entweder einzeln ungeändert bleiben oder, wenn sie geändert werden, sich zu Gliederpaaren gruppiren, deren Summen ungeändert bleiben. Da somit beide Seiten der Formel bei linealer Substitution ungeändert bleiben, so bleibt die Formel, wenn sie für irgend eine Faktorreihe gilt, auch bei deren linealer Aenderung bestehen.

3. Es sei endlich die Faktorreihe $a, b, \ldots$ eine ganz beliebige, doch ihr kombinatorisches Produkt $[AB]$ nicht null, so lässt sich (nach 163) stets eine Reihe zu einander normaler Grössen erster Stufe $a_1, a_2, \ldots$ angeben, von der Art, dass $[ab\ldots] = [a_1 a_2 \ldots]$. Dann lässt sich aber (nach 76) die Grössenreihe $a, b, \ldots$ aus $a_1, a_2, \ldots$ durch lineale Aenderung ableiten. Nun gilt nach Beweis 1 unsere Formel (a) für die Reihe der zu einander normalen Faktoren $a_1, a_2, \ldots$, also nach Beweis 2 auch für die durch fortgesetzte lineale Aenderung daraus hervorgehende Faktorreihe $a, b, \ldots$, das heisst allgemein.

{Auf gleiche Weise ergiebt sich die Formel (b) des Satzes 172.}

173. *Wenn A und A von gleicher Stufe sind, ebenso B und $\mathsf{B}, \ldots$, endlich L und Λ, M aber von gleicher oder höherer Stufe ist wie M und $[AB\ldots LM]$ ein nicht verschwindendes kombinatorisches Produkt von Grössen erster Stufe ist, so ist*

$$[AB\ldots LM|\mathsf{AB}\ldots\Lambda\mathsf{M}] = \Sigma[A_a|\mathsf{A}][B_b|\mathsf{B}]\ldots[L_l|\Lambda][M_m|\mathsf{M}],$$

wo $[A_a B_b \ldots L_l M_m]$ dieselben einfachen Faktoren enthält wie $[AB\ldots LM]$, nur in anderer Folge, doch in der Art, dass beide Produkte einander gleich sind, wo ferner A_a ebenso viel Faktoren enthält wie A, B_b wie $B, \ldots$, und wo endlich † die Summe sich auf alle möglichen verschie- 128
denen Ausdrücke dieser Art bezieht, so dass nämlich $A_a B_b \ldots L_l M_m$ und $A_{a'} B_{b'} \ldots L_{l'} M_{m'}$ als verschiedene Ausdrücke gelten, wenn wenigstens eins der Grössenpaare A_a und $A_{a'}$, B_b und $B_{b'}, \ldots$ aus zwei Grössen besteht, die in keiner Zahlbeziehung zu einander stehen.

Beweis. 1. Für zwei Faktoren ist der Satz in 172 bewiesen, wir können nämlich die Formel 172 auch in folgender Weise schreiben

(*) $$[AB|\mathsf{AB}] = \Sigma[A_a|\mathsf{A}][B_b|\mathsf{B}],$$

wo {die} A_a, B_b die im Satze dargestellte Bedeutung haben, welche mit der Bedeutung der Grössenpaare $A, B, A_1, B_1, \ldots$ in 172 zusammenfällt.

2. Durch wiederholte Anwendung des Satzes für zwei Faktoren gelangt man zu dem Satze für beliebig viele Faktoren. In der That kann man das Produkt $[AB \ldots LM]$ zunächst als aus den zwei Faktoren A und $[BC \ldots LM]$ bestehend ansehen. Dann wird

$$\begin{aligned}[AB \ldots LM|\mathsf{AB} \ldots \Lambda\mathsf{M}] &= [A(BC \ldots LM)|\mathsf{A}(\mathsf{B}\Gamma \ldots \Lambda\mathsf{M})] \\ &= \Sigma[A_a|\mathsf{A}][(BC \ldots LM)_b|\mathsf{B}\Gamma \ldots \Lambda\mathsf{M}],\end{aligned}$$

wo der Index b unter der Klammer andeuten soll, dass der in der Klammer stehende Ausdruck als Eine Grösse, gemäss der Formel (*) behandelt werden soll. Der gefundene Ausdruck ist aus demselben Grunde wieder

$$= \Sigma[A_a|\mathsf{A}][B_b|\mathsf{B}][(CD \ldots LM)_c|\Gamma\Delta \ldots \Lambda\mathsf{M}],$$

und setzt man dies fort, so erhält man ihn zuletzt

$$= \Sigma[A_a|\mathsf{A}][B_b|\mathsf{B}] \ldots [L_l|\Lambda][M_m|\mathsf{M}].$$

Anm. Die gesammte Schaar der Grössenreihe A_a, B_b, ... M_m kann man auf folgende Weise kombinatorisch entwickeln: Man betrachtet die einfachen Faktoren des Produktes $[AB \ldots]$ als kombinatorische Elemente, entwickelt aus ihnen die multiplikativen Kombinationen zur so vielten Klasse, als die Stufe von A beträgt, so erhält man die Grössen A_a; zu jeder derselben entwickelt man die multiplikativen Kombinationen aus den in ihr nicht vorkommenden Elementen zur so vielten Klasse, als die Stufe von B beträgt, so erhält man zu jedem A_a die sämmtlichen zugehörigen Grössen B_b, und so fort; endlich die letzten dieser multiplikativen Kombinationen, die zu der Grösse M gehören, setzt man gleich $\mp M_m$, wobei man das Vorzeichen so bestimmt, dass

$$[A_a B_b \ldots M_m] = [AB \ldots M]$$

wird.

129 Zum Beispiel, wenn $A = [ab]$, $B = [cd]$, $+ C = M = e$ ist, so erhält man folgende Schaar von je drei Grössen, von denen jedesmal die erste eine Grösse A_a, die zweite eine zugehörige Grösse B_b, die dritte die zu beiden gehörige Grösse C_c darstellt:

ab, cd, e	ad, bc, c	bc, ad, e	be, ac, d	$ce, ab, -d$
$ab, ce, -d$	$ad, be, -c$	$bc, ae, -d$	$be, ad, -c$	ce, ad, b
ab, de, c	ad, ce, b	bc, de, a	be, cd, a	$ce, bd, -a$
$ac, bd, -e$	$ae, bc, -d$	$bd, ac, -e$	cd, ab, c	de, ab, c
ac, be, d	ae, bd, c	bd, ae, c	$cd, ae, -b$	$de, ac, -b$
$ac, de, -b$	$ae, cd, -b$	$bd, ce, -a$	cd, be, a	de, bc, a.

174. Zusatz. *Wenn in dem inneren Produkte*

$$[AB \ldots|\mathsf{AB} \ldots]$$

die Grössen A *und* A *von gleicher Stufe sind, ebenso* B *und* B, *und so fort,* {*wenn ferner* $A, B, \ldots$ *einfache Grössen sind und* $[AB\ldots]$ *ein äusseres Produkt,*} *so ist*

$$[AB\ldots|\mathsf{A}\mathsf{B}\ldots] = \frac{[A'B'\ldots]}{[AB\ldots]},$$

wo

$$A' = \Sigma[A_r|\mathsf{A}]A_r, \quad B' = \Sigma[B_r|\mathsf{B}]B_r, \quad \ldots,$$

und wo die A_r *die multiplikativen Kombinationen aus den einfachen Faktoren des äusseren Produktes* $[AB\ldots]$ *zur so vielten Klasse sind, als die Stufenzahl von* A *beträgt, und entsprechend die* B_r, *und so weiter.*

Beweis. Nach 173 ist

$$[AB\ldots|\mathsf{A}\mathsf{B}\ldots] = \Sigma[A_a|\mathsf{A}][B_b|\mathsf{B}]\ldots,$$

wo

$$[A_aB_b\ldots] = [AB\ldots]$$

ist, mit den näheren in 173 angegebenen Bestimmungen.

Da nun A mit A von gleicher Stufe ist, also auch A_a mit A, so ist (nach 141) $[A_a|\mathsf{A}]$ eine Zahl und aus gleichem Grunde $[B_b|\mathsf{B}], \ldots$. Folglich können wir statt $\Sigma[A_a|\mathsf{A}][B_b|\mathsf{B}]\ldots$ schreiben

$$= \sum \frac{[A_a|\mathsf{A}][B_b|\mathsf{B}]\ldots[A_aB_b\ldots]}{[A_aB_b\ldots]}.$$

Also, da $[A_aB_b\ldots]$ gleich $[AB\ldots]$ ist,

$$= \Sigma[A_a|\mathsf{A}][B_b|\mathsf{B}]\ldots[A_aB_b\ldots]:[AB\ldots].$$

Oder, da (nach 46) die Zahlfaktoren beliebigen Faktoren eines Produktes zugeordnet werden können,

$$= \Sigma([A_a|\mathsf{A}]A_a\,.\,[B_b|\mathsf{B}]B_b\ldots):[AB\ldots].$$

Hier enthält (nach 173) jedes Produkt $[A_aB_b\ldots]$ dieselben Faktoren erster Stufe wie $[AB\ldots]$, also enthält in jedem derselben A_a andere als B_b, und so weiter. Da nun aber die Produkte, in denen {irgend zwei der Grössen} A_a, B_b, ... gleiche Faktoren erster Stufe
enthalten, † null sind, so können wir diese Produkte zu dem obigen 130
Ausdrucke hinzufügen, und erhalten dann denselben (nach 45)

$$= \left[\Sigma[A_r|\mathsf{A}]A_r\,.\,\Sigma[B_r|\mathsf{B}]B_r\ldots\right]:[AB\ldots],$$

das heisst

$$= \frac{[A'B'\ldots]}{[AB\ldots]}.$$

175. *Das innere Produkt zweier Grössen m-ter Stufe* A *und* B, *deren jede aus m einfachen Faktoren besteht, ist gleich der Determinante aus m Reihen von je m Gliedern, die man erhält, indem man nach der Ordnung jeden einfachen Faktor von* A *mit jedem von* B *zu einem inneren Produkte verknüpft, das heisst, es ist*

$$[abc\ldots|a'b'c'\ldots] = Determ. \left\{ \begin{array}{llll} [a|a'], & [a|b'], & [a|c'], & . \\ [b|a'], & [b|b'], & [b|c'], & . \\ [c|a'], & [c|b'], & [c|c'], & . \\ . & . & . & . \end{array} \right.$$

$$= \Sigma \mp (\alpha\beta_1\gamma_2\ldots),$$

wo

$$\begin{array}{lll} \alpha = [a|a'], & \alpha_1 = [a|b'], & \alpha_2 = [a|c'], \ldots \\ \beta = [b|a'], & \beta_1 = [b|b'], & \beta_2 = [b|c'], \ldots \\ \gamma = [c|a'], & \gamma_1 = [c|b'], & \gamma_2 = [c|c'], \ldots \\ . \quad . & . \quad . & . \quad . \quad \ldots \end{array}$$

Beweis. Nach 174 ist

$$[abc\ldots|a'b'c'\ldots] = \frac{[a_1 b_1 c_1\ldots]}{[abc\ldots]},$$

wo

$$\begin{array}{l} a_1 = [a|a']a + [b|a']b + [c|a']c + \cdots = \alpha a + \beta b + \gamma c + \cdots \\ b_1 = [a|b']a + [b|b']b + [c|b']c + \cdots = \alpha_1 a + \beta_1 b + \gamma_1 c + \cdots \\ c_1 = [a|c']a + [b|c']b + [c|c']c + \cdots = \alpha_2 a + \beta_2 b + \gamma_2 c + \cdots \\ . \quad . \quad . \quad . \quad \ldots \quad . \quad . \quad . \quad \ldots \end{array}$$

ist. Aber (nach 63) ist

$$[(\alpha a + \beta b + \gamma c + \cdots)(\alpha_1 a + \beta_1 b + \gamma_1 c + \cdots)(\alpha_2 a + \beta_2 b + \gamma_2 c + \cdots)\cdots]$$
$$= \Sigma \mp (\alpha\beta_1\gamma_2\ldots)\,.\,[abc\ldots].$$

Also

$$[abc\ldots|a'b'c'\ldots] = \frac{[a_1 b_1 c_1\ldots]}{[abc\ldots]} = \frac{\Sigma \mp (\alpha\beta_1\gamma_2\ldots)\,.\,[abc\ldots]}{[abc\ldots]}$$
$$= \Sigma \mp (\alpha\beta_1\gamma_2\ldots).$$

176—179. Zusätze. *Ins Besondere ist*

176. $[ab|a'b'] = [a|a'][b|b'] - [a|b'][b|a']$,

177. $[ab]^2 = a^2 b^2 - [a|b]^2$,

131 **178.** $[abc]^2 = a^2 b^2 c^2 - a^2 [b|c]^2 - b^2 [c|a]^2 - c^2 [a|b]^2 +$
$+ 2[a|b][b|c][c|a]$.

179. $$[abcd]^2 = Determ. \left\{ \begin{array}{llll} a^2, & [a|b], & [a|c], & [a|d], \\ [b|a], & b^2, & [b|c], & [b|d], \\ [c|a], & [c|b], & c^2, & [c|d], \\ [d|a], & [d|b], & [d|c], & d^2. \end{array} \right.$$

180. $[ab|c] = [a|c]b - [b|c]a$,

181. $[abc|d] = [a|d][bc] + [b|d][ca] + [c|d][ab]$,

182. $[abcd|e] = [a|e][bcd] + [b|e][cad] + [c|e][abd] + [d|e][cba]$.

Denn in 180 bis 182 kann man den zweiten Faktor des inneren Produktes (c, d oder e) als Produkt betrachten, dessen zweiter Faktor 1 ist (also $c.1$, $d.1$ oder $e.1$), und kann dann Nr. 173 anwenden; wobei man zu beachten hat, dass nach den Gesetzen kombinatorischer Multiplikation

$$[ab] = -[ba], \quad [a.bc] = [b.ca] = [c.ab]$$

und

$$[a.bcd] = [b.cad] = [c.abd] = [d.cba]$$

ist.

183. *Wenn man aus einer Reihe von (n) Grössen erster Stufe die multiplikativen Kombinationen zu irgend einer Klasse bildet, und jede derselben mit der ergänzenden Kombination zu einem inneren Produkte verknüpft, so ist die Summe dieser Produkte null, das heisst*

$$[A|B] + [A_1|B_1] + \cdots = 0,$$

wenn A, A_1, ... die multiplikativen Kombinationen aus den n Grössen erster Stufe a_1, a_2, ... a_n zu irgend einer (der m-ten) Klasse, und B, B_1, ... die ergänzenden Kombinationen sind.

Beweis. 1. Es sei zuerst angenommen $m \gtreqless n - m$. Da nun A eine der multiplikativen Kombinationen von a_1, ... a_n ist, so wird es die Form haben

$$A = [a_r a_s \ldots a_z],$$

wo r, s, ... z beliebige m verschiedene unter den Zahlen $1, \ldots n$ sind. Da ferner B die ergänzende Kombination zu A ist, so muss es als Faktoren diejenigen $n-m$ unter den Grössen a_1, ... a_n enthalten, welche unter den Grössen a_r, a_s, ... a_z nicht vorkommen. Es seien dies $a_{r'}$, $a_{s'}$, ... $a_{u'}$, so dass also

$$B = (-1)^p [a_{r'} a_{s'} \ldots a_{u'}]$$

ist. Ferner muss das durch $(-1)^p$ angedeutete Vorzeichen (nach 172, Anm.) so bestimmt werden, dass $[AB] = [a_1 \ldots a_n]$ wird, das heisst, dass

(*) $$(-1)^p [a_r a_s \ldots a_u a_v \ldots a_z a_{r'} a_{s'} \ldots a_{u'}] = [a_1 a_2 \ldots a_n]$$ 132

ist. {Es wird also

$$[A|B] = (-1)^p [a_r a_s \ldots a_u a_v \ldots a_z | a_{r'} a_{s'} \ldots a_{u'}]$$

sein.} Von gleicher Form sind die sämmtlichen übrigen Produkte $[A_1|B_1]$, ... Sollen die Kombinationen A, B, A_1, B_1, ... wohlgeordnete sein, so hat man noch die Bedingungen hinzuzufügen, dass $r < s < \cdots < u < v < \cdots < z$ und $r' < s' < \cdots < u'$ sei. Fügen wir diese Bedingung hinzu, so wird

$$[A|B] + [A_1|B_1] + \cdots = \Sigma(-1)^p [a_r a_s \ldots a_u a_v \ldots a_z | a_{r'} a_{s'} \ldots a_{u'}].$$

Fassen wir hier a_v, ... a_z zu einem Faktor zusammen und fügen dem zweiten Faktor des inneren Produktes an letzter Stelle noch den Faktor 1 hinzu, so wird die Bedingung von Nr. 173 erfüllt, also wird der obige Ausdruck

$$(^{**})\quad [A|B]+[A_1|B_1]+\cdots=\Sigma(-1)^p[a_r|a_{r'}][a_s|a_{s'}]\ldots[a_u|a_{u'}][a_v a_w\ldots a_z],$$

wobei noch die Gleichung $(^*)$ bestehen bleibt, und auch die Bedingungen $r'<s'<\cdots<u'$ und $v<w<\cdots<z$ geltend bleiben, hingegen die Bedingung, dass $r<s<\cdots<u$ sei, wegfällt, und die Summe sich auf alle unter jenen Bedingungen möglichen Glieder bezieht.

Ich zeige nun, dass in dieser Summe alle Glieder paarweise einander entgegengesetzt sind, und sich also heben.

Es sei irgend eins dieser Glieder betrachtet, etwa

$$(-1)^p[a_r|a_{r'}][a_s|a_{s'}]\ldots[a_u|a_{u'}][a_v a_w\ldots a_z],$$

wo die Indices bestimmte (von einander verschiedene) Werthe haben, die den obigen Bedingungen genügen, und wo nach dem Obigen p einen solchen Werth hat, dass die Gleichung $(^*)$ erfüllt wird. Da die Indices $r, r', s, s', \ldots, u, u'$ alle von einander verschieden sind, so wird irgend einer der kleinste unter ihnen sein müssen, und unter den Produkten $[a_r|a_{r'}], [a_s|a_{s'}], \ldots [a_u|a_{u'}]$ wird irgend eins diesen kleinsten Index enthalten; es sei dies beispielsweise das Produkt $[a_r|a_{r'}]$. Dies angenommen, vertausche man r und r' und ändere das Zeichen, so erhält man einen Ausdruck

$$(^{***})\qquad (-1)^{p+1}[a_{r'}|a_r][a_s|a_{s'}]\ldots[a_u|a_{u'}][a_v a_w\ldots a_z],$$

von welchem ich zeigen werde, dass er gleichfalls als Glied in der obigen Summe $(^{**})$ vorkommt. Sollte der Index r grösser sein als s',
133 so gebe man dem Faktor $[a_{r'}|a_r]$ unter den † übrigen Faktoren $[a_s|a_{s'}], \ldots [a_u|a_{u'}]$ eine solche Stellung, dass die Bedingung erfüllt wird, vermöge welcher der zweite Index in jedem dieser Faktoren kleiner sein soll als der zweite Index des nächst folgenden Faktors. Ich will annehmen, dass diese Bedingung erfüllt sei, wenn man den Faktor $[a_{r'}|a_r]$ um q Stellen nach rechts rückt, was gestattet ist, da alle diese Faktoren Zahlen sind.

Es ist nun noch zu zeigen, dass auch die durch Gleichung $(^*)$ ausgedrückte Bedingung für das so hervorgehende Glied gilt, das heisst, dass sie noch bestehen bleibt, wenn man in ihr $p+1$ statt p setzt, auf der linken Seite $a_{r'}$ mit a_r vertauscht und diese beiden Faktoren um q Stellen nach rechts rückt.

Das Produkt, welches auf diese Weise aus

$$(-1)^p[a_r a_s\ldots a_u a_v\ldots a_z a_{r'} a_{s'}\ldots a_{u'}]$$

hervorgeht, heisse P; so ist

$$P = (-1)^{p+1}[a_{r'}a_s \ldots a_u a_v \ldots a_z a_r a_{s'} \ldots a_{u'}].$$

Denn man kann in diesem Produkte P die Faktoren a_r und $a_{r'}$ gleichzeitig wieder um q Stellen zurückrücken, ohne dass sich (nach 58) der Werth des Produktes ändert. Ferner ist der letzte Ausdruck (nach 55), indem man a_r und $a_{r'}$ vertauscht,

$$\begin{aligned} &= -(-1)^{p+1}[a_r a_s \ldots a_u a_v \ldots a_z a_{r'} a_{s'} \ldots a_{u'}] \\ &= (-1)^p [a_r a_s \ldots a_u a_v \ldots a_z a_{r'} a_{s'} \ldots a_{u'}] \\ &= [a_1 a_2 \ldots a_n] \qquad [\text{nach } *]. \end{aligned}$$

Also $P = [a_1 a_2 \ldots a_n]$. Also ist jener Ausdruck (***) allen Bedingungen unterworfen, denen die Glieder der Summe (**) unterworfen sind, ist also, da jene Summe alle Glieder enthält, die jenen Bedingungen genügen, selbst ein Glied jener Summe. Dies Glied hebt sich nun mit dem zuerst betrachteten Gliede auf; denn

$$(-1)^p[a_r|a_{r'}][a_s|a_{s'}] \ldots [a_u|a_{u'}][a_v a_w \ldots a_z] + \\ + (-1)^{p+1}[a_{r'}|a_r][a_s|a_{s'}] \ldots [a_u|a_{u'}][a_v a_w \ldots a_z]$$

ist null, da $[a_{r'}|a_r] = [a_r|a_{r'}]$ ist (nach 144) und $(-1)^{p+1} = -(-1)^p$ ist. Aber auf dieselbe Weise, wie aus dem ersteren dieser beiden Glieder das letztere hervorgeht, geht aus diesem jenes hervor. Und auf gleiche Weise findet sich zu jedem Gliede jener Summe ein ihm zugepaartes, welches sich mit ihm aufhebt; also ist jene Summe null, also auch das dieser Summe gleiche

$$[A|B] + [A_1|B_1] + \cdots = 0.$$

2. Wenn $m < n - m$ ist, so ist (nach 150), wenn noch 134
$m(n - m - 1) = c$ gesetzt wird,

$$\begin{aligned} [A|B] + [A_1|B_1] + \cdots &= (-1)^c|[B|A] + (-1)^c|[B_1|A_1] + \cdots \\ &= (-1)^c|([B|A] + [B_1|A_1] + \cdots) \qquad [100]. \end{aligned}$$

Hier ist (nach Beweis 1) die in Klammer geschlossene Summe null, also

$$[A|B] + [A_1|B_1] + \cdots = (-1)^c|(0) = 0 \qquad [89].$$

184. Zusatz. *Wenn man aus einer Reihe von $4m$ Grössen erster Stufe $a_1, \ldots a_{4m}$ die sämmtlichen multiplikativen Kombinationen $A, B, C, \ldots$ zur $2m$-ten Klasse, welche eine dieser Grössen, zum Beispiel a_1, enthalten, bildet, und jede derselben mit der ergänzenden Kombination zu einem inneren Produkte verknüpft, so ist die Summe dieser Produkte null, das heisst,*

$$[A|A'] + [B|B'] + \cdots = 0,$$

wo A, B, ... die multiplikativen Kombinationen aus $a_1, \ldots a_{4m}$ zur

$2m$-ten Klasse, welche a_1 enthalten, und A', B', ... deren ergänzende Kombinationen sind.

Beweis. Da A, B, ... die sämmtlichen a_1 enthaltenden multiplikativen Kombinationen aus $4m$ Elementen zur $2m$-ten Klasse sind, so sind ihre ergänzenden Kombinationen A', B', ... die sämmtlichen Kombinationen aus denselben Elementen zu derselben Klasse, welche a_1 nicht enthalten. Ferner, da die Stufenzahlen von $A, B, \ldots, A', B', \ldots$ gerade sind, so ist (nach 58) $[AA'] = [A'A]$, und also (nach 172 Anm.), wenn A' die ergänzende Kombination von A ist, auch A die ergänzende Kombination von A', und ebenso B die von B', somit (nach 183)

$$[A|A'] + [B|B'] + \cdots + [A'|A] + [B'|B] + \cdots = 0.$$

Aber (nach 144)

$$[A|A'] = [A'|A], \quad [B|B'] = [B'|B], \ldots.$$

Also

$$2[A|A'] + 2[B|B'] + \cdots = 0,$$

das heisst,

$$[A|A'] + [B|B'] + \cdots = 0.$$

185—187. Zusätze. *Ins Besondere ist*

185. $$[ab|cd] + [ac|db] + [ad|bc] = 0,$$

186. $$[ab|c] + [bc|a] + [ca|b] = 0,$$

187. $$[abc|d] - [bcd|a] + [cda|b] - [dab|c] = 0.$$

§ 4. Besondere Sätze über die innere Multiplikation zweier Grössen erster Stufe.

188. *Die Bestimmungsgleichungen für die innere Multiplikation zweier Grössen erster Stufe sind*

(a) $$[e_r|e_s] = 0,$$

wenn $r \gtrless s$,

(b) $$[e_r|e_r] = [e_s|e_s] = \cdots,$$

und zwar gelten dieselben auch, wenn man statt der Einheiten $e_1, e_2, \ldots e_n$ ein beliebiges vollständiges Normalsystem setzt.

Beweis. Die Geltung der beiden Gleichungsgruppen für die Einheiten ist in Nr. 142 bewiesen. Also gelten sie (nach 168) auch für jedes einfache vollständige Normalsystem. Sie gelten aber auch für jedes *beliebige* vollständige Normalsystem. Denn sind a, b zwei Grössen desselben und ist λ der numerische Werth des Normalsystems, so dass $a = \lambda a'$, $b = \lambda b'$ gesetzt werden kann, wo a' und b' den numerischen Werth 1 haben, so ist $[a'|b'] = 0$, also auch $[\lambda a'|\lambda b'] = 0$, das heisst,

$[a|b]=0$ und $[a'|a']=1$, also $[a|a]=[\lambda a'|\lambda a']=\lambda^2[a'|a']=\lambda^2$. Ebenso $[b|b]=\lambda^2$, also $[a|a]=[b|b]$.

Zu zeigen ist noch, dass die beiden obigen Gruppen die vollständigen Bestimmungsgleichungen enthalten, das heisst (nach 48), dass zwischen den Produkten $[e_r|e_s]$ keine andere Zahlbeziehung herrscht, als eine aus jenen beiden Gruppen ableitbare.

Es lassen sich vermöge der beiden Gruppen alle Produkte $[e_r|e_s]$, sofern r gleich s ist, gleich $[e_1|e_1]$ setzen, während sie verschwinden, sobald r von s verschieden ist. Hat man also irgend eine Bestimmungsgleichung

$$\Sigma\alpha_{r,s}[e_r|e_s]=0,$$

so verwandelt sie sich in

$$\Sigma\alpha_{r,r}[e_1|e_1]=0,$$

also, da $[e_1|e_1]$ gleich 1 ist, in

$$\Sigma\alpha_{r,r}=0.$$

Ist aber letzteres der Fall, so geht die Gleichung

$$\Sigma\alpha_{r,s}[e_r|e_s]=0$$

schon aus den obigen beiden Gruppen hervor, somit enthalten jene beiden Gruppen das vollständige System der Bestimmungsgleichungen.

Anm. Für die innere Multiplikation zweier beliebiger Grössen † von den 136 Stufen p und q ($q \gtreqless p$) ist das System der Bestimmungsgleichungen in den beiden Gleichungsgruppen enthalten:

(a) $$[E|F]=0,$$

wenn E nicht mit F incident ist, {und}

(b) $$[E|EG]=[E'|E'G],$$

wo E, F, G, E' kombinatorische Produkte der ursprünglichen Einheiten sind, E, E' von p-ter, F, $[EG]$ und $[E'G]$ von q-ter Stufe und die letzteren beiden nicht null sind.

189. $[a|b]=[b|a]$ (specieller Fall von Nr. 144).

190. *Es ist*

$$[(\alpha_1 a_1+\alpha_2 a_2+\cdots)|(\beta_1 a_1+\beta_2 a_2+\cdots)]=$$
$$=\alpha_1\beta_1 a_1^2+\alpha_2\beta_2 a_2^2+\cdots,$$

wenn a_1, a_2, ... zu einander normal sind.

Beweis. Denn, wenn $\alpha_1 a_1+\alpha_2 a_2+\cdots$ mit $\Sigma\alpha_r a_r$ und $\beta_1 a_1+\beta_2 a_2+\cdots$ mit $\Sigma\beta_s a_s$ bezeichnet wird, so ist

$$[(\alpha_1 a_1+\alpha_2 a_2+\cdots)|(\beta_1 a_1+\beta_2 a_2+\cdots)]=[\Sigma\alpha_r a_r|\Sigma\beta_s a_s]=$$
$$=\Sigma\alpha_r\beta_s[a_r|a_s] \qquad [42]$$
$$=\Sigma\alpha_r\beta_r[a_r|a_r],$$

weil a_r und a_s, wenn r von s verschieden ist, nach der Annahme zu einander normal sind, also (nach 152) ihr inneres Produkt null ist. Der letzte Ausdruck ist aber

$$= \Sigma \alpha_r \beta_r a_r^{\underline{2}} = \alpha_1 \beta_1 a_1^{\underline{2}} + \alpha_2 \beta_2 a_2^{\underline{2}} + \cdots.$$

191. *Es ist*

$$[(\alpha_1 a_1 + \alpha_2 a_2 + \cdots) | (\beta_1 a_1 + \beta_2 a_2 + \cdots)] = \alpha_1 \beta_1 + \alpha_2 \beta_2 + \cdots,$$

wenn $a_1, a_2, \ldots$ *ein einfaches Normalsystem bilden.*

Beweis. Denn nach 190 ist

$$[(\alpha_1 a_1 + \alpha_2 a_2 + \cdots) | (\beta_1 a_1 + \beta_2 a_2 + \cdots)] =$$
$$= \alpha_1 \beta_1 a_1^{\underline{2}} + \alpha_2 \beta_2 a_2^{\underline{2}} + \cdots,$$

aber, wenn $a_1, a_2, \ldots$ ein einfaches Normalsystem bilden, so ist $a_1^{\underline{2}} = a_2^{\underline{2}} = \cdots = 1$, also der gefundene Ausdruck

$$= \alpha_1 \beta_1 + \alpha_2 \beta_2 + \cdots.$$

192. *Wenn* $a_1, a_2, \ldots$ *zu einander normal sind, so ist*

$$(a_1 + a_2 + \cdots)^{\underline{2}} = a_1^{\underline{2}} + a_2^{\underline{2}} + \cdots.$$

Beweis aus 190.

193. *Es ist*

$$(a + b)^{\underline{2}} = a^{\underline{2}} + 2[a|b] + b^{\underline{2}}.$$

Beweis. Es ist

$$(a + b)^{\underline{2}} = [(a + b) | (a + b)]$$
$$= [a|a] + [a|b] + [b|a] + [b|b] \qquad [42],$$

137 also (nach 189)

$$= a^{\underline{2}} + 2[a|b] + b^{\underline{2}}.$$

194. *Es ist*

$$(a + b + c)^{\underline{2}} = a^{\underline{2}} + b^{\underline{2}} + c^{\underline{2}} + 2[b|c] + 2[c|a] + 2[a|b].$$

Beweis wie in 193.

Anm. Die Sätze 192—194 stellen, geometrisch gedeutet, den Pythagoräischen Lehrsatz nebst seiner Erweiterung für die Ebene wie für den Raum dar.

§ 5. Einführung der Winkel.

195. Erklärung. Unter $\angle AB$ (Winkel AB) verstehe ich, wenn A und B von gleicher Stufe aber nicht null, und α und β ihre numerischen Werthe sind, denjenigen Winkel zwischen 0 und π (diese Gränzen mit eingeschlossen), dessen Cosinus gleich dem durch die numerischen Werthe dividirten inneren Produkte jener Grössen ist, das heisst, ich setze

$$\cos \angle AB = \frac{[A|B]}{\alpha\beta}, \quad \angle AB = 0 \ldots \pi.$$

Ferner verstehe ich, wenn $a, b, c, \ldots$ Grössen erster Stufe sind, und $\alpha, \beta, \gamma, \ldots$ ihre numerischen Werthe, unter $\sin(abc\ldots)$ diejenige Zahlgrösse, welche numerisch gleich $\frac{[abc\ldots]}{\alpha\beta\gamma\ldots}$ und nicht negativ ist, das heisst

$$\sin(abc\ldots) \geqq 0 \text{ und numerisch } = \frac{[abc\ldots]}{\alpha\beta\gamma\ldots},$$

das heisst,

$$\sin^2(abc\ldots) = \frac{[abc\ldots]^2}{\alpha^2\beta^2\gamma^2\ldots}.$$

196. *Wenn a, b Grössen erster Stufe sind, so ist*

$$\sin(ab) = \sin\angle ab.$$

Beweis. Denn nach 195 ist

$$\sin^2(ab) = \frac{[ab]^2}{\alpha^2\beta^2} = \frac{a^2 b^2 - [a|b]^2}{\alpha^2\beta^2} \qquad [177]$$

$$= \frac{\alpha^2\beta^2 - [a|b]^2}{\alpha^2\beta^2} \qquad [151]$$

$$= 1 - \left(\frac{[a|b]}{\alpha\beta}\right)^2$$

$$= 1 - \cos^2\angle ab \qquad [195]$$

$$= \sin^2\angle ab.$$

Und da nach der Definition $\sin(ab)$ nie negativ und $\angle ab$ ein 138
Winkel zwischen 0 und π, also $\sin\angle ab$ auch nicht negativ ist, so folgt aus $\sin^2(ab) = \sin^2\angle ab$, dass $\sin(ab) = \sin\angle ab$ sei.

197. $[A|B] = \alpha\beta\cos\angle AB$, *wenn A und B von gleicher Stufe und α und β ihre numerischen Werthe sind.*

Beweis aus 195.

198. $[ab]^2 = (\alpha\beta\sin\angle ab)^2$, *wo α und β die numerischen Werthe von a und b sind.*

Beweis. Nach 177 {und 151} ist

$$[ab]^2 = \alpha^2\beta^2 - [a|b]^2$$

$$= \alpha^2\beta^2 - (\alpha\beta\cos\angle ab)^2 \qquad [197]$$

$$= \alpha^2\beta^2(1 - \cos^2\angle ab)$$

$$= \alpha^2\beta^2\sin^2\angle ab.$$

Anm. In diesen Formeln tritt der Gegensatz zwischen dem äusseren und {dem} inneren Produkte in einfachster Gestalt hervor. Während das innere Produkt zweier Grössen erster Stufe gleich dem Produkte der numerischen Werthe in den Cosinus des Zwischenwinkels ist, so ist der numerische Werth ihres äusseren Produktes gleich dem Produkte ihrer numerischen Werthe in den Sinus des Zwischenwinkels.

199. *Es ist*

$$[ab|cd] = \alpha\beta\gamma\delta \sin \angle ab \sin \angle cd \cos \angle (ab \,.\, cd),$$

wenn α, β, γ, δ die numerischen Werthe von a, b, c, d sind.

Beweis. Der numerische Werth von $[ab]$ ist $([ab]^2)^{\frac{1}{2}}$ und der von $[cd]$ ist $([cd]^2)^{\frac{1}{2}}$, also ist (nach 197)

$$[ab|cd] = ([ab]^2 [cd]^2)^{\frac{1}{2}} \cos \angle (ab \,.\, cd)$$

$$= [(\alpha\beta \sin \angle ab \,.\, \gamma\delta \sin \angle cd)^2]^{\frac{1}{2}} \cos \angle (ab \,.\, cd) \qquad [198].$$

Aber, da das Produkt $\alpha\beta \sin \angle ab \,.\, \gamma\delta \sin \angle cd$ positiv ist, so hebt sich das fortschreitende Potenziren dieser Grösse durch 2 und $\frac{1}{2}$ auf, und es wird

$$[ab|cd] = \alpha\beta\gamma\delta \sin \angle ab \sin \angle cd \cos \angle (ab \,.\, cd).$$

200. *Die normale Zurückleitung von A auf eine Grösse gleicher Stufe B ist numerisch gleich $A \cos \angle AB$.*

Beweis. Wenn A' die normale Zurückleitung von A auf B ist, so ist (nach 166)

$$A' = \frac{[A|B]B}{\beta^2} = \frac{\alpha\beta \cos \angle AB \,.\, B}{\beta^2} \qquad [197]$$

$$= \alpha \cos \angle AB \cdot \frac{B}{\beta},$$

also numerisch gleich

$$A \cos \angle AB \qquad \{151\}.$$

139 **201.** *Wenn a, b, c, ... zu einander normal sind, so ist für jede aus ihnen numerisch ableitbare Grösse k*

$$\frac{k}{\varkappa} = \frac{a}{\alpha} \cos \angle ak + \frac{b}{\beta} \cos \angle bk + \cdots,$$

wo $\varkappa$, α, β, ... die numerischen Werthe von k, a, b, ... sind.

Beweis. Es sei $k = xa + yb + \cdots$, so erhalten wir durch innere Multiplikation mit a, da $[b|a]$, ... null sind,

$$[a|k] = x[a|a] = x\alpha^2 \qquad [151],$$

also

$$x = \frac{[a|k]}{\alpha^2} = \frac{\alpha\varkappa \cos \angle ak}{\alpha^2} \qquad [197]$$

$$= \frac{\varkappa}{\alpha} \cos \angle ak.$$

Aus gleichem Grunde ist $y = \frac{\varkappa}{\beta} \cos \angle bk$, ... Diese Werthe von x, y, ... in die obige Formel eingesetzt, giebt

$$k = \frac{\varkappa}{\alpha} \cos \angle ak \,.\, a + \frac{\varkappa}{\beta} \cos \angle bk \,.\, b + \cdots,$$

das heisst,

$$\frac{k}{\varkappa} = \frac{a}{\alpha} \cos \angle ak + \frac{b}{\beta} \cos \angle bk + \cdots.$$

202. *Wenn a, b, ... zu einander normal und k und l aus ihnen numerisch ableitbar sind, so ist*

$$\cos \angle kl = \cos \angle ak \cos \angle al + \cos \angle bk \cos \angle bl + \cdots.$$

Beweis. Nach 195 ist, wenn $\varkappa$, λ, α, β, ... die numerischen Werthe von k, l, a, b, ... sind,

$$\cos \angle kl = \frac{[k|l]}{\varkappa\lambda} = \left[\frac{k}{\varkappa} \Big| \frac{l}{\lambda}\right] =$$

$$= \left[\left(\frac{a}{\alpha}\cos\angle ak + \frac{b}{\beta}\cos\angle bk + \cdots\right) \Big| \left(\frac{a}{\alpha}\cos\angle al + \frac{b}{\beta}\cos\angle bl + \cdots\right)\right] \quad [201]$$

$$= \frac{a^2}{\alpha^2} \cos \angle ak \cos \angle al + \frac{b^2}{\beta^2} \cos \angle bk \cos \angle bl + \cdots,$$

weil $[a|b]$, ... null sind. Da nun $a^2 = \alpha^2$, $b^2 = \beta^2$, ..., so erhält man

$$\cos \angle kl = \cos \angle ak \cos \angle al + \cos \angle bk \cos \angle bl + \cdots.$$

Zusatz. Man kann diesen Satz auch so ausdrücken: *Statt eine Grösse erster Stufe (k) auf eine andere l zurückzuleiten, kann man jene zuerst auf die Grössen eines Normalsystems zurückleiten und dann die so erhaltenen Zurückleitungen † auf l zurückleiten, und diese letzten* 140
Zurückleitungen addiren, vorausgesetzt, dass hierbei alle Zurückleitungen normale sind.

203. *Wenn a, b, ... zu einander normal sind, so ist für jedes aus ihnen numerisch ableitbare k*

$$1 = \cos^2 \angle ak + \cos^2 \angle bk + \cdots.$$

Beweis. Die Formel geht aus 202 hervor, wenn man $l = k$ setzt.

204. *Wenn a, b, ... zu einander normal und k und l aus ihnen numerisch ableitbar und gleichfalls zu einander normal sind, so ist*

$$0 = \cos \angle ak \cos \angle al + \cos \angle bk \cos \angle bl + \cdots.$$

Beweis. Die Formel geht aus 202 hervor, wenn man k und l zu einander normal annimmt; denn dann wird (nach 152) $[k|l] = 0$, also (nach 195) auch $\cos \angle kl = 0$.

205. *Wenn $a + b + \cdots = 0$ ist, und α, β, ... die numerischen Werthe von a, b, ... sind, so ist*

(a) $$\alpha : \beta : \cdots = \sin a' : \sin b' : \cdots,$$

wo a', b', ... die zu a, b, ... ergänzenden Kombinationen aus a, b, ... sind, {*ferner*}

(b) $$\alpha \cos \angle ax + \beta \cos \angle bx + \cdots = 0,$$

wo x eine beliebige Grösse ist, {*endlich*}

(c) $$\sin a' \cos \angle ax + \sin b' \cos \angle bx + \cdots = 0.$$

Beweis. 1. Multiplicirt man die Gleichung

$$a + b + \cdots = 0$$

kombinatorisch mit $[cd\ldots]$, so erhält man

$$[acd\cdots] + [bcd\cdots] = 0,$$

also

$$[acd\ldots]^2 = [bcd\ldots]^2,$$

wo $[acd\ldots]$ das Produkt aller Grössen $a, b, c, \ldots,$ mit Ausnahme von b, und $[bcd\ldots]$ das Produkt aller Grössen, mit Ausnahme von a, ist. Somit ist (nach 195)

$$(\alpha\gamma\delta\ldots)^2 \sin^2 (acd\ldots) = (\beta\gamma\delta\ldots)^2 \sin^2 (bcd\ldots),$$

oder

$$\alpha^2 \sin^2 (acd\cdots) = \beta^2 \sin^2 (bcd\cdots).$$

Nun ist $[cad\ldots]$ die ergänzende Kombination zu b, also $= b'$, und $[bcd\ldots]$ die ergänzende zu a, also $= a'$, also $\sin b' = \sin (cad\ldots)$ und $\sin a' = \sin (bcd\ldots)$, also, da α, β, $\sin a'$, $\sin b'$ positiv sind,

$$\alpha \sin b' = \beta \sin a', \text{ das heisst } \alpha : \beta = \sin a' : \sin b',$$

und somit allgemein

$$\alpha : \beta : \cdots = \sin a' : \sin b' : \cdots.$$

141 2. Multiplicirt man die Gleichung $a + b + \cdots = 0$ innerlich mit einer beliebigen, von Null verschiedenen, Grösse erster Stufe x, so erhält man

$$[a|x] + [b|x] + \cdots = 0,$$

also, wenn ξ der numerische Werth von x ist, ist {nach 197}

$$\alpha\xi \cos \angle ax + \beta\xi \cos \angle bx + \cdots = 0,$$

das heisst,

$$\alpha \cos \angle ax + \beta \cos \angle bx + \cdots = 0.$$

3. Substituirt man in die so erhaltene Gleichung die vorher gewonnenen Werthe von $\alpha : \beta : \gamma : \cdots$, so erhält man

$$\sin a' \cos \angle ax + \sin b' \cos \angle bx + \cdots = 0.$$

Anm. Die entwickelten Formeln haben nur dann eine Bedeutung, wenn zwischen den Grössen $a, b, \ldots$ keine andere Beziehung herrscht, als die durch die Gleichung $a + b + \cdots = 0$ dargestellte, das heisst, wenn die n Grössen $a, b, \ldots$ in keinem Gebiete von niederer als $(n-1)$-ter Stufe vereinigt sind. Für drei Grössen enthält die erste den bekannten Satz, dass im Dreieck die Seitenlängen sich wie die Sinus der Gegenwinkel verhalten.

206—213. *Aus den Formeln* 172, 175—178, 183, 185 *ergeben sich mit Hülfe der angegebenen Winkelbezeichnungen folgende Formeln:*

206. $\sin(AB)\sin(\mathsf{AB})\cos\angle(AB\,.\,\mathsf{AB}) =$

$$= \Sigma \sin A_r \sin B_r \sin \mathsf{A} \sin \mathsf{B} \cos\angle A_r\mathsf{A} \cos\angle B_r\mathsf{B},$$

wo {*A mit A von gleicher Stufe ist und B mit B, wo ferner*} *A_r die Kombinationen aus den einfachen Faktoren von $[AB]$, zur so vielten Klasse, als die Stufe von A beträgt, und B_r die ergänzenden Kombinationen sind.*

207. $\sin(abc\ldots)\sin(a'b'c'\ldots)\cos\angle(abc\ldots)(a'b'c'\ldots) =$

$$= \textit{Determ.}\begin{cases} \cos\angle aa', & \cos\angle ab', & . \\ \cos\angle ba', & \cos\angle bb', & . \\ . & . & . \end{cases}$$

208. $\sin\angle ab \sin\angle cd \cos\angle(ab\,.\,cd) =$

$$= \cos\angle ac \cos\angle bd - \cos\angle bc \cos\angle ad,$$

und, wenn hier a und c statt c und d gesetzt wird:

209. $\sin\angle ab \sin\angle ac \cos\angle(ab\,.\,ac) = \cos\angle bc - \cos\angle ab \cos\angle ac,$

eine bekannte Formel der sphärischen Trigonometrie, ferner

210. $\sin^2\angle ab = 1 - \cos^2\angle ab,$

was hier als die Transformation von 177 mit aufgeführt ist.

211. $\sin^2(abc) = 1 - \cos^2\angle bc - \cos^2\angle ca - \cos^2\angle ab +$

$$+ 2\cos\angle bc \cos\angle ca \cos\angle ab.$$

212. $\sin A \sin B \cos\angle AB + \sin A_1 \sin B_1 \cos\angle A_1B_1 + \cdots = 0,$ 142

wenn A, A_1, ... die Kombinationen aus $2n$ Grössen erster Stufe zur n-ten Klasse, und B, B_1, ... deren ergänzende Kombinationen sind.

213. $\sin\angle ab \sin\angle cd \cos\angle(ab\,.\,cd) + \sin\angle ac \sin\angle db \cos\angle(ac\,.\,db) +$

$$+ \sin\angle ad \sin\angle bc \cos\angle(ad\,.\,bc) = 0.$$

214—215. Ferner aus 193, 194 ergiebt sich

214. $(a+b)^2 = \alpha^2 + 2\alpha\beta\cos\angle ab + \beta^2.$

215. $(a+b+c)^2 = \alpha^2 + \beta^2 + \gamma^2 +$

$$+ 2\beta\gamma\cos\angle bc + 2\gamma\alpha\cos\angle ca + 2\alpha\beta\cos\angle ab,$$

wo α, β, γ die numerischen Werthe von a, b, c sind.

{Anm. Vgl. hierzu Nr. 337—340.}

Kapitel 5. **Anwendungen auf die Geometrie.**

§ 1. Addition, Subtraktion, Vervielfachung und Theilung von Punkten und Strecken.

216. Erklärung. Wenn ein Punkt E und drei gegen einander senkrechte und gleich lange Linien als ursprüngliche Einheiten angenommen sind, und α, α_1, α_2, α_3 beliebige Zahlen sind, so verstehe ich

a) unter

$$E + \alpha_1 e_1 + \alpha_2 e_2 + \alpha_3 e_3$$

Fig. 1.

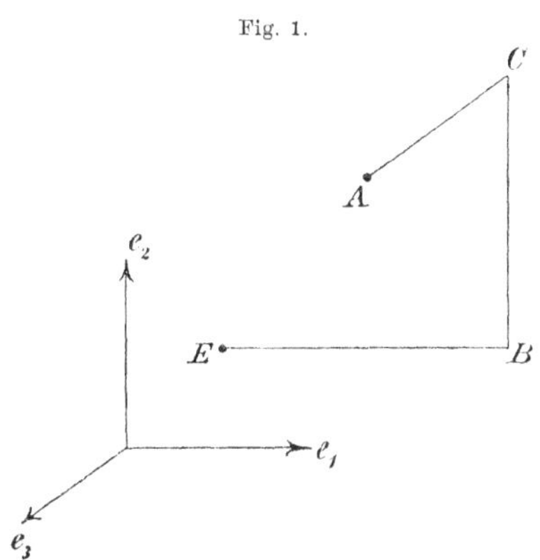

den Punkt A, zu welchem man gelangt, indem man {vgl. Fig. 1} von E aus zuerst um eine Strecke EB fortschreitet, welche gleich $\alpha_1 e_1$ ist, das heisst, welche mit e_1 gleich oder entgegengesetzt gerichtet ist, je nachdem α_1 positiv oder negativ ist, und deren Länge sich zu der von e_1 wie α_1 zu 1 verhält, {indem man} dann von B aus um eine Strecke BC, welche in demselben Sinne gleich $\alpha_2 e_2$, und endlich von C aus um eine Strecke CA, welche in demselben Sinne gleich $\alpha_3 e_3$ ist, fortschreitet;

b) zweitens verstehe ich dann unter

$$\alpha_1 e_1 + \alpha_2 e_2 + \alpha_3 e_3$$

eine Strecke, das heisst eine gerade Linie von bestimmter Länge
143 und Richtung, und zwar diejenige Strecke, welche gleiche † Länge und Richtung hat mit der von E nach dem Punkte $E + \alpha_1 e_1 + \alpha_2 e_2 + \alpha_3 e_3$ gezogenen geraden Linie;

c) drittens unter

$$\alpha(E + \alpha_1 e_1 + \alpha_2 e_2 + \alpha_3 e_3) = \alpha E + \alpha\alpha_1 e_1 + \alpha\alpha_2 e_2 + \alpha\alpha_3 e_3$$

das α-fache des Punktes $E + \alpha_1 e_1 + \alpha_2 e_2 + \alpha_3 e_3$, und setze fest, dass für alle diese Grössen und ihre Verknüpfungen die in Kapitel 1 gegebenen Bestimmungen, und also auch die daraus abgeleiteten Sätze gelten.

Anm. Grössen erster Stufe sind also hier die einfachen und vielfachen Punkte und die Strecken von bestimmter Länge und Richtung. Durch die *Erklärungen* in § 1 {des ersten Kapitels} ist dann die Addition, Subtraktion, Vervielfachung und Theilung dieser Grössen bestimmt, und durch die *Sätze* desselben

Paragraphen die Geltung der algebraischen Verknüpfungsgesetze für sie nachgewiesen und in den folgenden Paragraphen die besonderen Eigenschaften, welche ihnen als extensiven Grössen zukommen. Wir leiten hier zunächst aus diesen formellen Bestimmungen die Konstruktionen ab, durch welche die Resultate der verschiedenen Verknüpfungen erfolgen.

217. *Wenn*

$$A = E + \alpha_1 e_1 + \alpha_2 e_2 + \alpha_3 e_3$$

ist, so sind $\alpha_1 e_1$, $\alpha_2 e_2$, $\alpha_3 e_3$ *die senkrechten Projektionen von* EA *auf die drei von* E *ausgehenden mit* e_1, e_2, e_3 *gleichgerichteten Axen.*

Beweis folgt unmittelbar aus der Definition.

218. Lehnsatz aus der Geometrie. Gleichgerichtete Strecken, auf dieselbe gerade Linie senkrecht projicirt, liefern gleichgerichtete Projektionen, die sich ihrer Länge nach wie die projicirten Strecken verhalten; und umgekehrt, wenn die senkrechten Projektionen zweier gerader Linien auf drei gegen einander senkrechte Axen gleich lang und gleich gerichtet sind, so sind die projicirten Linien selbst einander gleich lang und gleich gerichtet.

219. Lehnsatz aus der analytischen Geometrie. Wenn A, B, C drei beliebige Punkte einer geraden Linie sind, und AB, BC, AC durch ein Stück DE dieser Linie gemessen, beziehlich die Quotienten α, β, γ geben, wobei jeder Quotient positiv oder negativ genommen ist, je nachdem die gemessene Linie mit der messenden (DE) gleich oder entgegengesetzt {gerichtet} ist, so ist allemal

$$\alpha + \beta = \gamma,$$

was man auch, der Kürze wegen, schreiben kann 144

$$AB + BC = AC.$$

220. *Mehrere Strecken (von gegebener Richtung und Länge) addirt man, indem man sie, ohne ihre Richtung und Länge zu ändern, stetig an einander legt, das heisst, sie so legt, dass, wo die eine aufhört, die nächst folgende anfängt; dann ist die gerade Linie vom Anfangspunkt der ersten zum Endpunkte der letzten der gesuchten Summe gleich lang und gleichgerichtet.*

Beweis. Erstens für *zwei* Strecken a und b {vgl. Fig. 2}. Es sei

$$a = \alpha_1 e_1 + \alpha_2 e_2 + \alpha_3 e_3,$$
$$b = \beta_1 e_1 + \beta_2 e_2 + \beta_3 e_3,$$

also (nach 6)

$$a + b = (\alpha_1 + \beta_1) e_1 + (\alpha_2 + \beta_2) e_2 + (\alpha_3 + \beta_3) e_3.$$

Ferner sei $E + a = A$, $E + b = B$, $E + (a + b) = C$, so ist (nach

216) die gerade Linie EA mit a gleich lang und gleichgerichtet, EB mit b, EC mit $a + b$. Endlich sei FG mit EA gleich lang

Fig. 2.

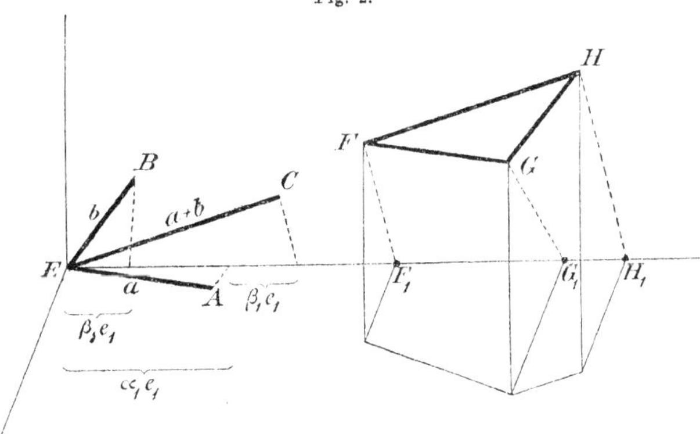

und gleichgerichtet, und GH mit EB, so ist zu beweisen, dass FH mit EC gleich lang und gleichgerichtet sei.

Da FG mit EA gleich lang und gleichgerichtet ist, so gilt dies (nach 218) auch für ihre Projektionen; nach 217 sind aber die Projektionen von EA gleich {lang} und gleichgerichtet mit $\alpha_1 e_1$, $\alpha_2 e_2$, $\alpha_3 e_3$, somit gilt dies auch für die Projektionen von FG; aus gleichem Grunde sind die Projektionen von GH gleich lang und gleichgerichtet mit $\beta_1 e_1$, $\beta_2 e_2$, $\beta_3 e_3$. Es seien nun F_1, G_1, H_1 die Projektionen von F, G, H auf die von E ausgehende mit e_1 gleichgerichtete Axe, so ist also $F_1 G_1$ mit $\alpha_1 e_1$ gleich lang und gleichgerichtet, $G_1 H_1$ mit $\beta_1 e_1$, das heisst, $F_1 G_1$ und $G_1 H_1$ liefern, durch e_1 gemessen, die Quotienten α_1 und β_1, somit liefert (nach 219), da F_1, G_1, H_1 in Einer geraden Linie liegen, $F_1 H_1$, durch e_1 gemessen, den Quotienten $\alpha_1 + \beta_1$, das heisst, $F_1 H_1$ ist mit $(\alpha_1 + \beta_1) e_1$ gleich lang und gleichgerichtet. $F_1 H_1$ ist aber die Projektion von FH auf die durch E in der Richtung von e_1 gelegte Axe. Wendet man dieselbe Schlussfolge auch auf die übrigen Axen an, so ergiebt sich, dass die Projektionen von FH gleich lang und gleichgerichtet sind mit $(\alpha_1 + \beta_1) e_1$, $(\alpha_2 + \beta_2) e_2$, $(\alpha_3 + \beta_3) e_3$, das
145 heisst, mit den † Projektionen von EC, somit ist (nach 218) FH mit EC gleich lang und gleichgerichtet, das heisst, mit $a + b$, was zu beweisen war.

Zweitens. Hat man nun *mehrere* Strecken a, b, c, …, und ist a mit FG, b mit GH, c mit HI, … gleich lang und gleichgerichtet, so ist nach dem ersten Theil des Beweises $a + b$ mit FH gleich lang und gleichgerichtet, also auch wieder, da $a + b$ mit FH, und c mit HI gleich lang und gleichgerichtet ist, $a + b + c$ mit FI, ….

221. *Das Produkt einer Strecke a mit einer Zahl α ist wieder eine Strecke (b), welche mit der ersteren (a) gleich oder entgegengesetzt gerichtet ist, je nachdem die Zahl α positiv oder negativ ist, und deren Länge sich zu der von a, wie α zu 1 verhält.*

Beweis. Es seien E, e_1, e_2, e_3 als Einheiten genommen, und sei

$$a = \alpha_1 e_1 + \alpha_2 e_2 + \alpha_3 e_3,$$

so ist

$$b = \alpha a = \alpha(\alpha_1 e_1 + \alpha_2 e_2 + \alpha_3 e_3)$$
$$= \alpha\alpha_1 e_1 + \alpha\alpha_2 e_2 + \alpha\alpha_3 e_3.$$

Der letzte Ausdruck bedeutet aber (nach 216) eine Strecke, welche gleiche Länge und Richtung hat mit der von E nach dem Punkte $B = E + \alpha\alpha_1 e_1 + \alpha\alpha_2 e_2 + \alpha\alpha_3 e_3$ gezogenen geraden Linie EB. Die Projektionen dieser Linie auf die drei von E ausgehenden mit e_1, e_2, e_3 parallelen Axen sind (nach 217) $\alpha\alpha_1 e_1$, $\alpha\alpha_2 e_2$, $\alpha\alpha_3 e_3$. Ebenso ist $\alpha_1 e_1 + \alpha_2 e_2 + \alpha_3 e_3$ eine Strecke, die gleiche Länge und Richtung mit der von E nach dem Punkte $A = E + \alpha_1 e_1 + \alpha_2 e_2 + \alpha_3 e_3$ gezogenen Linie hat, und $\alpha_1 e_1$, $\alpha_2 e_2$, $\alpha_3 e_3$ sind die Projektionen von EA auf die genannten drei Axen. Ist nun zuerst α positiv, so sind $\alpha\alpha_1 e_1$, $\alpha\alpha_2 e_2$, $\alpha\alpha_3 e_3$ beziehlich mit $\alpha_1 e_1$, $\alpha_2 e_2$, $\alpha_3 e_3$ gleichgerichtet, und verhalten sich zu ihnen wie $\alpha : 1$, also gilt dasselbe (nach 218) auch für die projicirten Linien, das heisst, EB ist mit EA gleichgerichtet, und seine Länge verhält sich zu der von EA, wie $\alpha : 1$; da nun b mit EB und a mit EA gleiche Länge und Richtung hat, so sind auch a und b einander gleichgerichtet, und verhalten sich ihrer Länge nach, wie $1 : \alpha$.

Ist aber α negativ $= -\beta$, so sind $\alpha\alpha_1 e_1$, $\alpha\alpha_2 e_2$, $\alpha\alpha_3 e_3$, das heisst, $-\beta\alpha_1 e_1$, $-\beta\alpha_2 e_2$, $-\beta\alpha_3 e_3$, die Projektionen von EB, † und sind (nach 146
216) denen von EA, nämlich $\alpha_1 e_1$, $\alpha_2 e_2$, $\alpha_3 e_3$ entgegengesetzt gerichtet, somit sind die von BE, nämlich $\beta\alpha_1 e_1$, $\beta\alpha_2 e_2$, $\beta\alpha_3 e_3$, mit denen von EA gleichgerichtet, und ihre Längen verhalten sich, wie $\beta : 1$, also sind auch BE und EA gleichgerichtet, und verhalten sich, wie $\beta : 1$, also sind EB und EA und ebenso also auch b und a einander entgegengesetzt gerichtet, während ihre Längen sich noch wie $\beta : 1$ verhalten.

222. *Die Summe $\alpha A + \beta B + \cdots$, in welcher $A, B, \ldots$ Punkte, $\alpha, \beta, \ldots$ Zahlen sind, ist eine Strecke oder ein vielfacher Punkt, je nachdem $\alpha + \beta + \cdots$ gleich oder ungleich Null ist, und zwar ist*
im ersten Falle

$$\alpha A + \beta B + \cdots = \alpha(A - R) + \beta(B - R) + \cdots,$$

im zweiten

$$\alpha A + \beta B + \cdots = (\alpha + \beta + \cdots) S,$$

wo

(*) $$S - R = \frac{\alpha(A - R) + \beta(B - R) + \cdots}{\alpha + \beta + \cdots},$$

und R ein beliebiger Punkt ist.

Beweis. Es ist

$$A = R + A - R, \quad B = R + B - R, \ldots.$$

Setzt man diese Werthe in den Ausdruck $\alpha A + \beta B + \cdots$ ein, so erhält man

$$\alpha A + \beta B + \cdots = (\alpha + \beta + \cdots) R + \alpha(A - R) + \beta(B - R) + \cdots.$$

Also *erstens*, wenn $\alpha + \beta + \cdots = 0$ ist,

$$= \alpha(A - R) + \beta(B - R) + \cdots.$$

Ist *hingegen* $\alpha + \beta + \cdots$ von Null verschieden, etwa gleich σ, so wird

$$\begin{aligned} \alpha A + \beta B + \cdots &= \sigma R + \alpha(A - R) + \beta(B - R) + \cdots \\ &= \sigma\left(R + \frac{\alpha(A - R) + \beta(B - R) + \cdots}{\sigma}\right) \\ &= \sigma S, \end{aligned}$$

wenn

$$S = R + \frac{\alpha(A - R) + \beta(B - R) + \cdots}{\sigma},$$

das heisst,

$$S - R = \frac{\alpha(A - R) + \beta(B - R) + \cdots}{\sigma}$$

gesetzt ist.

147 Zusatz. *Wenn A und B Punkte sind, so ist A — B die † Strecke, welche mit der geraden Linie BA gleich lang und gleichgerichtet ist.*

Beweis. Nach 216 ist $A - E$ eine Strecke, welche gleich lang und gleichgerichtet ist mit der geraden Linie EA, und $B - E$ eine mit EB gleich lange und gleichgerichtete Strecke; nun ist

$$A - B = (A - E) - (B - E),$$

also

$$= (A - E) + (E - B) = (E - B) + (A - E).$$

Da nun $E - B$ und $A - E$ Strecken sind, die mit BE und EA beziehlich gleich lang und gleichgerichtet sind, so ist ihre Summe (nach 220) mit BA gleich lang und gleichgerichtet, das heisst, $A - B$ mit BA.

Anm. Hierdurch sind also die Strecken auf Differenzen von Punkten zurückgeführt, und ihre durch stetiges Aneinanderlegen gebildete Summe stellt sich als eine Summe solcher Differenzen dar, in denen sich der Endpunkt jeder Strecke mit dem Anfangspunkte der nächst folgenden aufhebt.

223. *Wenn man von einem* b e w e g l i c h e n *Punkte (R) nach einer*

Reihe fester Punkte (A, B, ...) *gerade Linien zieht, und diese, nach konstanten Verhältnissen* ($1:\alpha$, $1:\beta$, ...) *ändert* (*so dass dadurch die Linien* RA', RB', ... *hervorgehen, welche mit* RA, RB, ... *beziehlich gleich oder entgegengesetzt gerichtet sind, je nachdem* α, β, ... *positiv oder negativ sind, und sich ihrer Länge nach zu* RA, RB, ... *verhalten wie die Zahlen* α, β, ... *zur Einheit*), *und dann die so erhaltenen Linien* (RA', RB', ...), *ohne ihre Richtung und Länge zu ändern, stetig aneinander legt, so hat die Linie* (RP) *vom Anfangspunkt* (R) *der ersten zum Endpunkt* (P) *der letzten folgende Eigenschaft:*

1) *wenn die Summe der Verhältnisszahlen* (α, β, ...) *null ist, so ist diese Linie* (RP) *von konstanter Länge und Richtung,*

2) *wenn die Summe der Verhältnisszahlen ungleich Null ist, so geht diese Linie* (RP) *durch einen festen Punkt* (S), *welcher von dieser Linie* (RP) *den so vielten Theil abschneidet, als jene Summe* ($\alpha + \beta + \cdots$) *beträgt.*

Beweis. Der Satz ist nur ein anderer Wortausdruck von 222.

Anm. Der Punkt S ist bekanntlich der Schwerpunkt zwischen den Punkten A, B, ..., wenn deren Gewichte sich wie $\alpha:\beta:\cdots$ verhalten; hier wird er naturgemäss den Namen Summenpunkt führen.

224. *Der Summenpunkt* S *der Summe* $\alpha A + \beta B + \cdots$, *in welcher* 148
$\alpha + \beta + \cdots \gtrless 0$ *ist, hat die Eigenschaft, dass*

$$\alpha(A - S) + \beta(B - S) + \cdots = 0$$

ist; und kein zweiter Punkt besitzt diese Eigenschaft.

Beweis. Denn, setzt man in 222 (*) den Punkt $R = S$, so wird

$$S - S = \frac{\alpha(A - S) + \beta(B - S) + \cdots}{\alpha + \beta + \cdots},$$

das heisst,

$$0 = \alpha(A - S) + \beta(B - S) + \cdots.$$

Soll diese Gleichung noch für einen zweiten Punkt R gelten, also

$$0 = \alpha(A - R) + \beta(B - R) + \cdots$$

sein, so erhält man durch Subtraktion

$$0 = \alpha(R - S) + \beta(R - S) + \cdots$$
$$= (\alpha + \beta + \cdots)(R - S),$$

also, da $\alpha + \beta + \cdots$ (nach Hypothesis) ungleich Null ist,

$$0 = R - S,$$

also $R = S$, das heisst, es giebt keinen zweiten von S verschiedenen Punkt, der jene Eigenschaft hat.

225. *Die Summe zweier einfachen Punkte ist gleich ihrer doppelten Mitte, und die Summe zweier vielfachen Punkte ist, wenn die Koefficienten* *gleich bezeichnet sind, ein vielfacher Punkt, dessen Koefficient die Summe der Koefficienten der Summanden ist, und dessen Ort zwischen den Orten der Summanden so liegt, dass er von ihnen im umgekehrten Verhältnisse ihrer Koefficienten absteht, hingegen, wenn die Koefficienten entgegengesetzt bezeichnet und numerisch nicht gleich sind, ein vielfacher Punkt, dessen Koefficient die algebraische Summe der Koefficienten der Summanden ist, und dessen Ort in der Verlängerung der geraden Linie, welche die Orte der Summanden verbindet, so liegt, dass er von diesen Orten im umgekehrten Verhältnisse ihrer Koefficienten absteht.*

Beweis liegt unmittelbar in 222.

226. *Die Summe eines einfachen Punktes und einer Strecke ist der Endpunkt der geraden Linie, welche dieser Strecke gleich lang und gleichgerichtet ist, und deren Anfangspunkt der gegebene Punkt ist.*

149 Beweis. Es sei die gerade Linie AB gleich lang und gleichgerichtet mit der Strecke p, so ist (nach 222, Zusatz)

$$B - A = p.$$

Also

$$A + p = A + B - A = B.$$

227. *Die Summe eines α-fachen Punktes (αA) und einer Strecke (p) ist der α-fache Endpunkt einer geraden Linie (AB), deren α-faches mit dieser Strecke (p) gleich lang und gleichgerichtet und deren Anfangspunkt (A) der gegebene Punkt ist.*

Beweis. $$\alpha A + p = \alpha\left(A + \frac{p}{\alpha}\right),$$

also, wenn das α-fache von AB mit p gleich lang und gleichgerichtet ist, also AB mit $\frac{p}{\alpha}$, so ist

$$B - A = \frac{p}{\alpha},$$

und also

$$\alpha A + p = \alpha(A + B - A) = \alpha B.$$

Anm. Die Addition der Punkte ist zuerst (1827) von Möbius in seinem barycentrischen Kalkül gelehrt worden. Die Addition der Strecken scheint zuerst von Bellavitis in mehreren Aufsätzen (1835, 1837) der Annali delle scienze del regno Lombardo-Veneto veröffentlicht zu sein. Ganz unabhängig davon ist die Bearbeitung meiner Ausdehnungslehre von 1844 (§ 24, § 101—102), in welcher auch zuerst der Zusammenhang zwischen beiden Additionen ans Licht gestellt ist. Es fehlt jedoch sowohl in jenen Werken als auch in diesem der Nachweis, dass es keine andere Addition der Punkte und Strecken giebt, als die hier angegebene, und dennoch erscheint dieser Nachweis nothwendig, wenn jene Addition als eine wirkliche Addition jener Grössen, und nicht bloss als eine abgekürzte Schreibart aufgefasst werden soll, wie letzteres Möbius will. Es ist daher zu zeigen, dass der allgemeine Begriff der Addition, wenn er ins Besondere auf Punkte (oder auch auf Strecken von gegebener Länge und Richtung) angewandt werden soll, keine andere als die oben dargestellte Addition liefern kann.

Zu dem Ende ist zunächst die allgemeine Bestimmung festzuhalten, dass keine Verknüpfung geometrischer Gegenstände als solche an einen bestimmten Ort im Raume gebunden sein darf; oder, um diese Bestimmung rein mathematisch auszudrücken: „Alle Verknüpfungen räumlicher Grössen müssen von der Art sein, dass jede Gleichung, welche zwischen einem Verein von Punkten stattfindet, auch bestehen bleiben muss, wenn man statt dieser Punkte die entsprechenden Punkte eines kongruenten Vereines setzt.“ Die Addition und Subtraktion ist nun dadurch bestimmt, dass erstens die vier Grundformeln

1) $a + b = b + a$, 150

2) $a + (b + c) = a + b + c$,

3) $a + b - b = a$,

4) $a - b + b = a$

gelten; und dass ausserdem die durch die Verknüpfung entstehenden Grössen in möglichst weitem Umfang von gleicher Gattung sein müssen, wie die verknüpften. Diese letztere Bestimmung muss noch individualisirt werden.

Da nach der dritten Grundformel, auch wenn A und B {einfache} Punkte sind,

$$A + B - B = A,$$

also {ebenfalls} ein {einfacher} Punkt, und nach der ersten und dritten

$$A + B - A = B,$$

also auch ein {einfacher} Punkt ist, so liegt die Annahme nahe, dass auch $A + B - C$ als {einfacher} Punkt zu setzen ist. Doch genügt es, diese Annahme nur für den Fall zu machen, dass C die Mitte zwischen A und B ist. Wir machen also, um der angeführten Bestimmung zu genügen, die Annahme, „dass wenn C die Mitte zwischen den {einfachen} Punkten A und B ist, {und C als einfacher Punkt aufgefasst wird,} allemal $A + B - C$ wieder ein {einfacher} Punkt sei.“ Hiermit sind die nothwendigen Annahmen erschöpft.

Zunächst folgt aus dem Gelten der vier Grundformeln das Gelten aller allgemeinen Additions- und Subtraktionsgesetze. Demnächst beweise ich, dass, wenn der Punkt C die Mitte zwischen den Punkten A und B ist, $A + B - C = C$ sei.

Fig. 3.

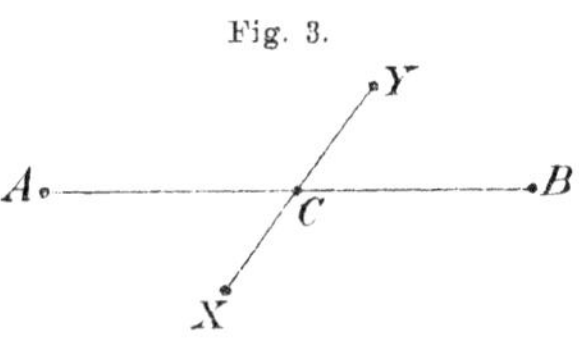

Es sei $A + B - C = X$ gesetzt, so kann X nicht von C verschieden sein. Denn angenommen, X wäre von C verschieden {vgl. Fig. 3}, so verlängere man XC um sich selbst bis Y, so dass $XC = CY$ wird. Dreht man nun die Figur, welche die Punkte A, B, C, X enthält, innerhalb der Ebene, in welcher diese Figur liegt, um den Punkt C herum, bis sie einen Winkel von 180° beschrieben hat, so fällt nun A dahin, wo vorher B, B dahin, wo vorher A lag, und X fällt auf Y, das heisst, der Verein A, B, C, X ist kongruent dem Vereine B, A, C, Y. Da nun nach der Annahme

$$A + B - C = X$$

war, so muss nach der obigen Bedingung, welcher alle geometrischen Verknüpfungen unterliegen, diese Gleichung auch noch bestehen bleiben, wenn man statt A, B, C, X beziehlich B, A, C, Y setzt, also

$$B + A - C = Y.$$

Also hat man

$$Y = B + A - C = A + B - C \quad \text{(nach Grundformel 1)}$$
$$= X \quad \text{(nach Annahme)},$$

also $Y = X$. Es entstand aber Y aus X dadurch, dass man XC um sich selbst verlängerte bis Y; soll also Y mit X zusammen fallen, so muss X in C fallen, das heisst, es ist $X = C$, also $A + B - C = C$.

Bringt man in dieser Gleichung C auf die rechte Seite, so erhält man

$$A + B = 2C,$$

das heisst, „die Summe zweier {einfacher} Punkte ist das Doppelte des in der Mitte
151 zwischen beiden liegenden {einfachen} Punktes."

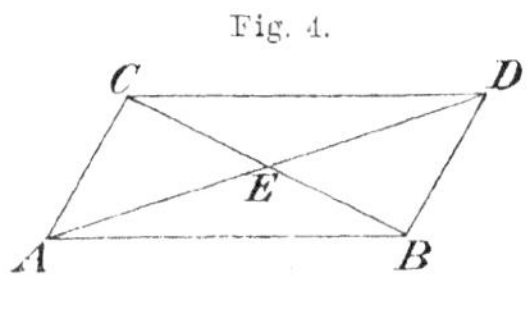

Fig. 4.

Es seien nun AB und CD zwei beliebige gerade Linien von gleicher Länge und Richtung, so ist das Viereck $ABDC$ ein Parallelogramm. Die Diagonalen mögen sich in E schneiden {vgl. Fig. 4}. Da nun die Diagonalen eines Parallelogramms sich halbiren, so ist E sowohl die Mitte zwischen A und D, als auch zwischen B und C, das heisst, es ist

$$A + D = 2E = B + C, \text{ also } A + D = B + C.$$

Bringt man in dieser letzten Gleichung D und B auf die andere Seite, so erhält man

$$A - B = C - D.$$

Umgekehrt, wenn diese letzte Gleichung gilt, so gilt auch die vorhergehende $A + D = B + C$, das heisst, die Mitte zwischen A und D muss zugleich Mitte zwischen B und C sein, das heisst, das Viereck $ABDC$ muss ein Parallelogramm, also AB mit CD gleich lang und gleichgerichtet sein.

Daraus folgt der Satz: „Eine Differenz $A - B$ zweier {einfacher} Punkte ist einer Differenz $C - D$ zweier anderer {einfacher} Punkte dann und nur dann gleich, wenn AB und CD gleich lange und gleichgerichtete Linien sind." Nennt man der Kürze wegen die Differenz $A - B$ oder $-B + A$ eine Strecke, B ihren Anfangspunkt, A ihren Endpunkt, so folgt sogleich der Satz: „Strecken (von gegebener Richtung und Länge) addirt man, indem man sie (ohne ihre Richtung und Länge zu verändern) stetig, das heisst, so aneinander legt, dass der Endpunkt einer jeden mit dem Anfangspunkte der nächstfolgenden zusammen fällt; dann ist die Strecke, welche den Anfangspunkt der ersten Strecke zu ihrem Anfangspunkt und den Endpunkt der letzten zu ihrem Endpunkte hat, die Summe jener Strecken." Denn in der That, es sei zum Beispiel die erste Strecke gleich $-A + B$, die zweite gleich $-B + C$, die dritte gleich $-C + D$, so ist die Summe

$$= -A + B - B + C - C + D = -A + D,$$

was zu beweisen war.

Für die Division einer Strecke durch eine ganze positive Zahl ist noch die Bestimmung zu machen, dass der Quotient wieder eine Strecke sei (wobei unter Strecke hier immer die Differenz zweier Punkte, also eine Strecke von gegebener Länge und Richtung verstanden ist). Dann folgt nach der bekannten Schlussweise, dass das Produkt einer Strecke in eine beliebige ganze oder gebrochene rationale oder irrationale Zahl a wieder eine Strecke ist, welche der gegebenen gleichgerichtet oder entgegengesetzt gerichtet ist, je nachdem a positiv oder negativ ist, und deren Länge sich zu der Länge der gegebenen Linie wie a zu 1 verhält.

Hierdurch löst sich dann die allgemeine Aufgabe, die Summe $aA + bB + \cdots$ zu finden, wo $a, b, \ldots$ Zahlgrössen, $A, B, \ldots$ {einfache} Punkte sind. Nämlich für jeden beliebigen {einfachen} Punkt R ist

$$aA + bB + \cdots = (a + b + \cdots)R + a(A - R) + b(B - R) + \cdots.$$

Wir unterscheiden zwei Fälle, je nachdem $a + b + \cdots$ null ist, oder nicht. Im ersteren Falle wird

$$aA + bB + \cdots = a(A - R) + b(B - R) + \cdots,$$ 152

also gleich einer Strecke, welche nach dem Obigen konstruirbar ist. Zweitens, wenn $a + b + \cdots = s \gtrless 0$ ist, so wird

$$aA + bB + \cdots = sR + a(A - R) + b(B - R) + \cdots.$$

Hier ist $a(A - R) + b(B - R) + \cdots$ eine Strecke; der s-te Theil dieser Strecke sei so gelegt, dass R sein Anfangspunkt ist; dann sei sein Endpunkt mit S bezeichnet, so ist

$$a(A - R) + b(B - R) + \cdots = s(S - R).$$

Dieser Werth in die obige Gleichung eingesetzt, giebt

$$\begin{aligned} aA + bB + \cdots &= sR + s(S - R) \\ &= s(R + S - R) \\ &= sS, \end{aligned}$$

wodurch die Aufgabe vollständig gelöst, und der Begriff der Addition einfacher und vielfacher Punkte und Strecken vollkommen bestimmt ist, und zwar in Harmonie mit den im Haupttexte gegebenen Bestimmungen.

§ 2. **Räumliche Gebiete.**

228. *Erklärung.* Unter einem *unendlich entfernten Punkte* seien die Richtungen einer geraden Linie, unter einer *unendlich entfernten geraden Linie* die sämmtlichen Richtungen einer Ebene, unter einer *unendlich entfernten Ebene* die sämmtlichen Richtungen des Raumes verstanden, das heisst, es sei von zwei parallelen geraden Linien gesagt, dass sie einen unendlich entfernten Punkt gemein haben, von zwei parallelen Ebenen, dass sie eine unendlich entfernte gerade Linie gemein haben, und von allen unendlich entfernten Punkten und geraden Linien, dass sie in einer unendlich entfernten Ebene liegen.

Um die räumlichen Grössen erster Stufe, das heisst, die einfachen oder vielfachen Punkte und die Strecken (von gegebener Länge und Richtung) auf gleiche Weise behandeln zu können, will ich sagen, der *Ort einer Strecke* sei der unendlich entfernte Punkt, welchen die dieser Strecke parallelen Linien gemein haben, oder auch, es sei jene Strecke eine Grösse erster Stufe, welche in diesen Linien in unendlicher Entfernung liege. Auch will ich der Einfachheit wegen, um den Ausdruck räumliche Grössen erster Stufe durch einen einfacheren zu ersetzen,

153 sowohl die einfachen und vielfachen † Punkte als auch die Strecken kurzweg Punkte nennen, und zwar die letzteren unendlich entfernte.

Anm. Zum Wesen der räumlichen Grössen, wie der Grössen überhaupt, gehört ein bestimmter metrischer Werth, vermöge dessen sie (in bestimmten Verhältnissen) vermehrt oder vermindert werden können. Dieser wird bei den einfachen und vielfachen Punkten durch den Zahlkoefficienten dargestellt, bei den Strecken durch ihre Länge.

Es würde an sich noch möglich sein, unendlich entfernte Punkte anzunehmen, deren metrischer Werth nicht durch die Länge einer Strecke, sondern durch einen Zahlkoefficienten dargestellt wäre, das heisst, welche aus dem vielfachen Punkte αA dadurch hervorgingen, dass man, ohne α zu ändern, den Punkt A ins Unendliche verlegte. Allein was dadurch hervorginge, würde, wie man leicht sieht, ganz den Charakter des Unendlichen an sich tragen, insofern es durch Hinzufügung einer endlichen Grösse (eines endlich entfernten Punktes, oder auch einer Strecke) gar nicht verändert würde. Mit solchem Unendlichen darf aber überhaupt gar nicht gerechnet werden, weil kein algebraisches Gesetz für das Unendliche gilt, und die Analysis des Unendlichen überhaupt nur dann zu richtigen Resultaten führen kann, wenn man das Falsche, was man durch Annahme des Unendlichen hineingebracht hat, noch vor der Ableitung irgend eines Resultates wieder herausschafft. Die Strecke dagegen, obgleich man sich der Bequemlichkeit wegen den Ausdruck gestatten darf, dass ihr Ort unendlich entfernt sei, ist doch eine endliche Grösse, indem sie durch Hinzufügung jeder von Null verschiedenen Grösse sich ändert.

229. *Alle Strecken des Raumes lassen sich aus beliebigen drei Strecken, welche nicht Einer Ebene parallel sind, numerisch ableiten.*

Beweis. Es seien a, b, c drei Strecken, welche nicht Einer Ebene parallel sind, und e eine beliebige Strecke, von der gezeigt werden soll, dass sie aus a, b, c numerisch ableitbar ist.

Fig. 5.

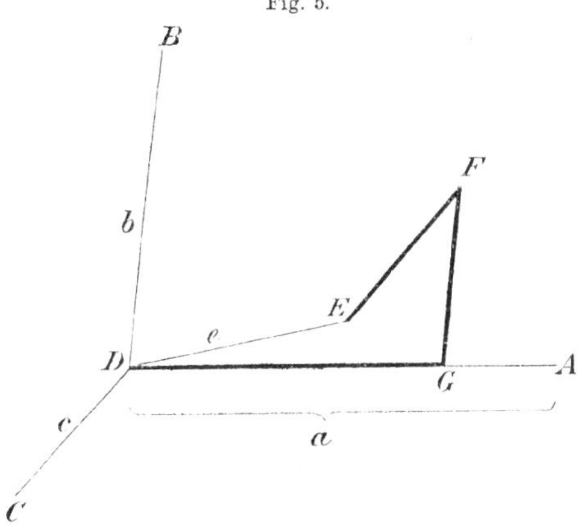

Man ziehe von einem beliebigen Punkte D die mit a, b, c, e gleich langen und gleichgerichteten Linien DA, DB, DC, DE {vgl. Fig. 5}, so ist (nach 222, Zusatz) $A-D=a$, $B-D=b$, $C-D=c$, $E-D=e$. Ferner ziehe man durch E die Parallele mit DC, welche die Ebene ABD in F treffe, durch F die Parallele mit DB, welche DA in G treffe, so ist $DG \parallel DA$, $GF \parallel DB$, $FE \parallel DC$. Es möge sich

$$DG:DA=\alpha:1, \quad GF:DB=\beta:1, \quad FE:DC=\gamma:1$$

algebraisch (das heisst, auch dem Vorzeichen nach) verhalten, so ist (nach 221)

$$G - D = \alpha(A - D) = \alpha a,$$ 154

$$F - G = \beta(B - D) = \beta b,$$

$$E - F = \gamma(C - D) = \gamma c.$$

Also addirt

$$E - D = \alpha a + \beta b + \gamma c,$$

das heisst

$$e = \alpha a + \beta b + \gamma c.$$

230. *Alle Strecken einer Ebene lassen sich aus beliebigen zwei einander nicht parallelen Strecken der Ebene numerisch ableiten.*

Beweis. Es seien a, b zwei nicht parallele Strecken einer Ebene und d eine beliebige Strecke der Ebene, von der gezeigt werden soll, dass sie aus a und b numerisch ableitbar ist.

Fig. 6.

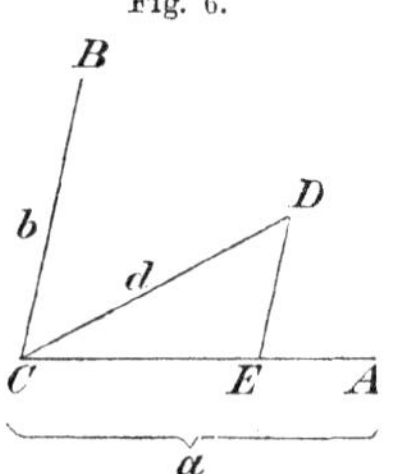

Man ziehe von einem beliebigen Punkte C der Ebene die mit a, b, d gleich langen und gleichgerichteten Linien CA, CB, CD {vgl. Fig. 6}, ziehe durch D eine Parallele mit CB, welche CA in E treffen {möge}, so ist $CE /\!/ CA$, $ED /\!/ CB$. Es verhalte sich algebraisch

$$CE : CA = \alpha : 1, \quad ED : CB = \beta : 1,$$

so ist (nach 221)

$$E - C = \alpha(A - C) = \alpha a,$$

$$D - E = \beta(B - C) = \beta b,$$

also

$$D - C = \alpha a + \beta b, \text{ das heisst, } d = \alpha a + \beta b.$$

{**230a.** *Alle Strecken einer Geraden lassen sich aus einer beliebigen Strecke der Geraden numerisch ableiten.*

Beweis. Es seien a und b zwei Strecken derselben Geraden; es soll gezeigt werden, dass die Strecke b aus a numerisch ableitbar ist.

Man ziehe von einem beliebigen Punkte C der Geraden die mit a und b gleich langen und gleichgerichteten geraden Linien CA und CB; dann ist (222, Zusatz)

$$a = A - C, \quad b = B - C.$$

Verhält sich nun algebraisch $CB : CA = \alpha : 1$, so ist (nach 221)

$$B - C = \alpha(A - C) = \alpha a,$$

das heisst

$$b = \alpha a;$$

also ist b wirklich aus a numerisch ableitbar.}

231. *Wenn zwischen drei Strecken eine Zahlbeziehung herrscht, so sind sie Einer Ebene parallel.*

Beweis. Es seien a, b, c die drei Strecken und

$$c = \alpha a + \beta b$$

Fig. 7.

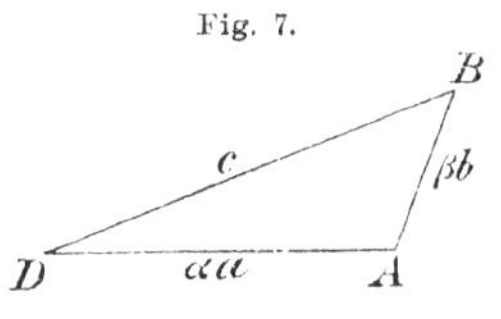

ihre Zahlbeziehung. Sollten a und b parallel sein, so würde auch c ihnen parallel sein, und es also unendlich viele Ebenen geben, mit welchen a, b, c zugleich parallel sind. Ist a nicht parallel b, so ziehe man {vgl. Fig. 7} von einem beliebigen Punkte D eine Linie DA, welche mit a parallel ist und sich zu a verhält wie $\alpha : 1$, und von A eine Linie AB, welche mit b parallel ist und sich zu b verhält wie $\beta : 1$, so ist

$$A - D = \alpha a,$$

$$B - A = \beta b.$$

Also addirt

$$B - D = \alpha a + \beta b = c.$$

Folglich ist c eben so wie a und b der Ebene ABD parallel.

155 **232.** *Alle Punkte des Raumes lassen sich numerisch ableiten aus beliebigen vier Punkten, welche nicht in Einer Ebene liegen; ins Besondere*

1) *aus einem endlich entfernten Punkte und drei nicht Einer Ebene parallelen Strecken,*

2) *aus zwei endlich entfernten, nicht zusammenfallenden Punkten und zwei Strecken, welche nicht Einer durch jene zwei Punkte gelegten Ebene parallel sind,*

3) *aus drei endlich entfernten Punkten, die nicht in Einer geraden Linie liegen, und aus einer Strecke, die der durch die drei Punkte gelegten Ebene nicht parallel ist,*

4) *aus vier endlich entfernten Punkten, die nicht in Einer Ebene liegen.*

Beweis. 1. Es seien a, b, c drei nicht Einer Ebene parallele Strecken und $d' = \delta D$ ein endlich entfernter Punkt, D sein Ort und $e' = \varepsilon E$ ein beliebiger endlich entfernter Punkt und E sein Ort; und sei zu zeigen, dass e' aus a, b, c, d' numerisch ableitbar sei. Nach 229 ist die Strecke $E - D$ aus a, b, c numerisch ableitbar; es sei

$$E - D = \alpha a + \beta b + \gamma c,$$

so ist

$$E = D + \alpha a + \beta b + \gamma c,$$

das heisst,

$$\frac{e'}{\varepsilon} = \frac{d'}{\delta} + \alpha a + \beta b + \gamma c,$$

also

$$e' = \frac{\varepsilon}{\delta} d' + \varepsilon \alpha a + \varepsilon \beta b + \varepsilon \gamma c,$$

das heisst, e' aus a, b, c, d' numerisch ableitbar. Ist der abzuleitende Punkt ein unendlich entfernter, das heisst, eine Strecke, so ist diese (nach 229) schon aus a, b, c, also auch aus a, b, c, d' numerisch ableitbar ($= \alpha a + \beta b + \gamma c + 0 d'$).

2. Es seien a, b zwei Strecken, $c' = \gamma C$, $d' = \delta D$ zwei endlich entfernte Punkte, C und D ihre Orte, und sei vorausgesetzt, dass sich durch C und D keine mit a und b parallele Ebene legen lasse. Man setze $C - D = c$, so sind a, b, c drei nicht Einer Ebene parallele Strecken, folglich {ist} jeder Punkt e' (nach Beweis 1) aus a, b, c, d' numerisch ableitbar. Setzt man in dem Ausdrucke dieser Ableitung
statt c seinen Werth † $C - D$, das heisst, $\frac{c'}{\gamma} - \frac{d'}{\delta}$, so erhält man einen 156
Ausdruck, durch welchen e' aus a, b, c', d' numerisch abgeleitet ist.

3. Es sei a eine Strecke, $b' = \beta B$, $c' = \gamma C$, $d' = \delta D$ drei endlich entfernte Punkte, B, C, D ihre Orte, und sei vorausgesetzt, dass a nicht mit der Ebene BCD parallel sei. Man setze $B - D = b$, so ist (nach Beweis 2) jeder Punkt e' aus a, b, c', d' numerisch ableitbar. Setzt man in dem Ausdrucke dieser Ableitung statt b seinen Werth $B - D$, das heisst $\frac{b'}{\beta} - \frac{d'}{\delta}$, so erhält man einen Ausdruck, durch welchen e' aus a, b', c', d' numerisch abgeleitet ist.

4. Es seien $a' = \alpha A$, $b' = \beta B$, $c' = \gamma C$, $d' = \delta D$ vier endlich entfernte Punkte, A, B, C, D ihre Orte, und sei vorausgesetzt, dass diese Punkte nicht in Einer Ebene liegen. Man setze $A - D = a$, so ist (nach Beweis 3) jeder Punkt e' aus a, b', c', d' numerisch ableitbar. Setzt man in dem Ausdrucke dieser Ableitung statt a seinen Werth $\frac{a'}{\alpha} - \frac{d'}{\delta}$, so erhält man einen Ausdruck, durch welchen e' aus a', b', c', d' numerisch abgeleitet ist.

Anm. Das erste der vier im Satze bezeichneten Ableitungssysteme ist, wenn die drei Strecken gleich lang sind, das gewöhnliche Parallelkoordinatensystem, das letzte ist, wenn die Punkte einfach sind, das barycentrische von Möbius, wenn sie beliebig sind, das allgemeinste lineale Koordinatensystem, wie es von Plücker und anderen behandelt ist.

233. *Alle Punkte der Ebene lassen sich aus beliebigen drei nicht in gerader Linie liegenden Punkten derselben numerisch ableiten.*

Beweis wie in 232.

234. *Alle Punkte der geraden Linie lassen sich aus beliebigen zwei räumlich verschiedenen Punkten derselben numerisch ableiten.*

Beweis wie in 232.

235. *Wenn drei Punkte in einer Zahlbeziehung zu einander stehen, so liegen sie in Einer geraden Linie.*

157 Beweis. Es seien a, b, c die drei Punkte, und

$$a = \beta b + \gamma c$$

ihre Zahlbeziehung.

Sind b und c *unendlich entfernt*, das heisst Strecken (nach 228), so ist (nach 221 und 220) auch a eine Strecke. Nach 231 sind dann die drei Strecken a, b, c Einer Ebene parallel, das heisst (nach 228), a, b, c sind unendlich entfernte Punkte, die in Einer unendlich entfernten geraden Linie liegen.

Sind hingegen b und c *nicht beide zugleich unendlich entfernt*, so verbinde man sie durch die gerade Linie DE, und nehme D und E als zwei einfache, endlich entfernte Punkte dieser geraden Linie an. Dann sind (nach 234) b und c, da sie in der durch D und E gelegten geraden Linie liegen, aus D und E numerisch ableitbar, also auch $a = \beta b + \gamma c$. Es sei $a = \delta D + \varepsilon E$.

Ist nun {*zuerst*} $\delta + \varepsilon = 0$, also $\delta = -\varepsilon$, so ist $a = \varepsilon(E - D)$. Aber $\varepsilon(E - D)$ ist eine mit DE parallele Strecke, das heisst, ein unendlich entfernter Punkt der Linie DE, also liegen dann a, b, c in DE.

Ist aber {*zweitens*} $\delta + \varepsilon = \sigma$, von Null verschieden, so ist

$$a = \delta D + \varepsilon E = \sigma D + \varepsilon(E - D),$$

das heisst, $a = \sigma A$, wo $A = D + \frac{\varepsilon}{\sigma}(E - D)$ ist, das heisst $A - D = \frac{\varepsilon}{\sigma}(E - D)$. Also ist $A - D$ mit $E - D$ parallel, das heisst, A ein Punkt der Linie DE, also auch in diesem Falle b, c, d in einer geraden Linie.

Anm. Der letzte Theil des Beweises thut nur dar, dass der Schwerpunkt zweier Punkte mit beliebigen Gewichten in der diese Punkte verbindenden geraden Linie liegt.

236. *Wenn vier Punkte in einer Zahlbeziehung zu einander stehen, so liegen sie in Einer Ebene.*

Beweis. Es seien a, b, c, d vier Punkte und

$$a = \beta b + \gamma c + \delta d$$

die Zahlbeziehung. Sind zuerst b, c, d *alle drei zugleich unendlich entfernt*, so ist zu zeigen, dass a in der unendlich entfernten Ebene liegt, das heisst, auch unendlich entfernt, das heisst, eine Strecke sei. Dies folgt aus 228, da dann b, c, d, also {nach 221} auch ihre Vielfachen Strecken sind, und somit auch (nach 220) ihre Summe.

Sind b, c, d *nicht alle drei zugleich unendlich entfernt*, so sei DEF
158 die durch sie gelegte Ebene und D, E, F † drei einfache, endlich entfernte Punkte dieser Ebene. Dann lassen sich (nach 233) b, c, d

aus D, E, F numerisch ableiten, also auch $\beta b + \gamma c + \delta d$, das heisst a. Es sei

$$a = \delta D + \varepsilon E + \zeta F.$$

Ist *zuerst* $\delta + \varepsilon + \zeta = 0$, so ist

$$a = \delta D + \varepsilon E + \zeta F - (\delta + \varepsilon + \zeta) D = \varepsilon(E - D) + \zeta(F - D),$$

also a aus $E - D$ und $F - D$ numerisch ableitbar, das heisst (nach 231), die Strecken a, $D - E$ und $F - D$ sind Einer Ebene parallel, folglich ist a der Ebene DEF parallel, das heisst, ein unendlich entfernter Punkt dieser Ebene.

Ist {*zweitens*} $\delta + \varepsilon + \zeta = \sigma$ ungleich Null, so ist

$$a = \delta D + \varepsilon E + \zeta F = \sigma D + \varepsilon(E - D) + \zeta(F - D)$$
$$= \sigma A,$$

wenn

$$A = D + \frac{\varepsilon}{\sigma}(E - D) + \frac{\zeta}{\sigma}(F - D)$$

ist, also ist $A - D$ (nach 231) mit der Ebene DEF parallel, das heisst, A {ist} ein Punkt der Ebene DEF, also auch a ein Punkt dieser Ebene.

237. *Das räumliche Gebiet erster Stufe ist ein Punkt (als Ort betrachtet), das zweiter Stufe eine unbegränzte gerade Linie, das dritter Stufe eine unbegränzte Ebene, das vierter Stufe der unbegränzte Raum.*

Beweis. Ein Gebiet n-ter Stufe ist (nach 14) die Gesammtheit der Grössen, welche aus n Grössen numerisch ableitbar sind, vorausgesetzt, dass jene Grössen sich nicht sämmtlich aus weniger als n Grössen numerisch ableiten lassen. Nun sind (nach 232) alle Punkte des Raumes aus vier Grössen erster Stufe numerisch ableitbar; nach 236 bilden die aus drei solcher Grössen ableitbaren Punkte eine Ebene, folglich lassen sich die Punkte des Raumes nicht aus weniger als vier Grössen erster Stufe ableiten. Also ist der Raum ein Gebiet vierter Stufe. Ebenso folgt aus 233 und aus 235, dass das Gebiet dritter Stufe eine Ebene, und aus 234 und daraus, dass aus einem Punkt nur örtlich identische Punkte ableitbar sind, folgt, dass das Gebiet zweiter Stufe eine gerade Linie, so wie das Gebiet erster Stufe ein Punkt sei.

238. Aufgabe. Die Ableitzahlen (Koordinaten), durch welche
ein Punkt (p) aus vier nicht in Einer Ebene liegenden † Punkten 159
(a, b, c, d) hervorgeht, auszudrücken durch die Ableitzahlen, durch welche derselbe Punkt (p) aus vier neuen Punkten (a', b', c', d') ableitbar ist; vorausgesetzt, dass diese vier neuen Punkte durch die vier alten ausgedrückt sind.

Auflösung. Es sei

$$1)\quad a' = \alpha a + \beta b + \gamma c + \delta d,$$
$$2)\quad b' = \alpha' a + \beta' b + \gamma' c + \delta' d,$$
$$3)\quad c' = \alpha'' a + \beta'' b + \gamma'' c + \delta'' d,$$
$$4)\quad d' = \alpha''' a + \beta''' b + \gamma''' c + \delta''' d,$$
$$5)\quad p = x' a + y' b + z' c + u' d,$$
$$6)\quad p = x a' + y b' + z c' + u d'.$$

Man setze in 6) für a', b', c', d', p die Werthe aus 1) bis 5), so erhält man, nach a, b, c, d geordnet,

$$7)\quad x'a + y'b + z'c + u'd =$$
$$= (x\alpha + y\alpha' + z\alpha'' + u\alpha''')a + (x\beta + y\beta' + z\beta'' + u\beta''')b + \cdots.$$

Da hier a, b, c, d nicht in Einer Ebene liegen, so stehen sie (nach 236) in keiner Zahlbeziehung zu einander. Folglich sind (nach 29) in der gefundenen Gleichung die entsprechenden Koefficienten gleich, also

$$x' = x\alpha + y\alpha' + z\alpha'' + u\alpha'''$$
$$y' = x\beta + y\beta' + z\beta'' + u\beta'''$$
$$z' = x\gamma + y\gamma' + z\gamma'' + u\gamma'''$$
$$u' = x\delta + y\delta' + z\delta'' + u\delta'''.$$

Anm. Dies ist die Auflösung des allgemeinsten Problems der Koordinatenverwandlung.

§ 3. Kombinatorische Multiplikation der Punkte.

239. Erklärung. Das Parallelogramm, in welchem AB und BC zwei Seiten sind, werde ich der Kürze wegen das Parallelogramm ABC nennen, und zwar werde ich, wenn es auf diese Weise benannt ist, AB seine erste Seite, BC seine zweite Seite nennen. Ferner alle Parallelogramme, deren erste Seite der Strecke a und deren zweite Seite der Strecke b gleich lang und gleichgerichtet sind, werde ich die Parallelogramme ab nennen.

Zwei Parallelogramme ABC und DEF, welche in parallelen Ebenen liegen, werde ich dann und nur dann als gleichbezeichnet
160 betrachten, wenn man sie durch † parallele Fortbewegung ihrer Ebenen und durch Bewegung der Parallelogramme innerhalb ihrer Ebenen in eine solche Lage bringen kann, dass, während AB und DE in derselben geraden Linie nach derselben Richtung hin liegen, C und F auf ein und derselben Seite dieser geraden Linie sich befinden.

240. Erklärung. Den Spat (das Parallelepipedum), in welchem AB, BC, CD drei nicht in Einer Ebene liegende Kanten sind, werde ich der Kürze wegen den Spat (das Parallelepipedum) $ABCD$ nennen, AB seine erste, BC seine zweite, CD seine dritte Kante. Und alle Spate (Parallelepipeda), deren erste Kante der Strecke a, deren zweite der Strecke b, und deren dritte Kante der Strecke c gleich lang und gleichgerichtet sind, werde ich die Spate (Parallelepipeda) abc nennen.

Zwei Spate $ABCD$ und $EFGH$ werde ich dann und nur dann als gleichbezeichnet betrachten, wenn man sie in eine solche Lage bringen kann, dass, während ABC und EFG gleichbezeichnete Parallelogramme derselben Ebene werden, D und H auf ein und derselben Seite dieser Ebene liegen.

Zusatz. Die Spate (Parallelepipeda) abc, bca, cab sind einander gleich (auch dem Zeichen nach).

241. Lehnsatz. Zwei Parallelogramme, deren erste und deren zweite Seiten gleich lang und gleichgerichtet sind, sind einander gleich (auch dem Zeichen nach), und liegen in parallelen*) Ebenen. Zwei Spate (Parallelepipeda), deren entsprechende (erste, zweite, dritte) Kanten gleich lang und gleichgerichtet sind, sind einander gleich (auch dem Zeichen nach); das heisst, alle durch dasselbe Symbol ab bezeichneten Parallelogramme und ebenso alle durch dasselbe Symbol abc bezeichneten Spate sind einander gleich (auch dem Zeichen nach).

242. Erklärung. Von zwei Parallelogrammen, die in parallelen Ebenen liegen und ebenso von zwei beliebigen Spaten (Parallelepipeda) sage ich, dass sie sich wie zwei Zahlen α und β verhalten, wenn sie einander gleich- oder entgegengesetzt bezeichnet sind, je nachdem α und β es sind, und sie sich, abgesehen vom Zeichen, wie α zu β verhalten (vgl. 221).

243. Lehnsatz. Zwei Parallelogramme ABC und ABD (von 161
derselben Grundseite AB) sind dann und nur dann gleich (auch dem Zeichen nach), wenn CD mit AB parallel ist.

244. Lehnsatz. Zwei Spate (Parallelepipeda) $ABCD$ und $ABCE$ (von derselben Grundfläche ABC) sind dann und nur dann gleich (auch dem Zeichen nach), wenn DE mit der Ebene ABC parallel ist.

Anm. Nach diesen vorbereitenden Sätzen, welche aus der Geometrie entlehnt sind, können wir nun den Begriff des kombinatorischen Produktes von Punkten aus dem allgemeinen Begriffe des kombinatorischen Produktes direkt ableiten.

245. *Das kombinatorische Produkt zweier Punkte ist dann und nur dann null, wenn die beiden Punkte zusammenfallen, das kombinatorische*

*) Zu dem Parallelen ist überall das Identische mit hinzugerechnet.

Produkt dreier Punkte, wenn sie in gerader Linie liegen, das kombinatorische Produkt von vier Punkten, wenn sie in Einer Ebene liegen; das kombinatorische Produkt von fünf Punkten ist immer null.

Beweis. Nach 61 und 66 ist das kombinatorische Produkt zweier oder mehrerer Grössen dann und nur dann null, wenn sie in einer Zahlbeziehung zu einander stehen; nach 216 stehen zwei Punkte dann und nur dann in einer Zahlbeziehung, wenn sie zusammenfallen, drei Punkte (nach 234 und 235), wenn sie in Einer geraden Linie liegen, vier Punkte (nach 233, 236), wenn sie in Einer Ebene liegen, und nach 232 stehen fünf Punkte stets in einer Zahlbeziehung. Also bewiesen.

246. *Wenn A ein endlich entfernter Punkt, b, c, d unendlich entfernte Punkte, das heisst Strecken sind, so folgt*

$$\text{aus } [Ab] = 0, \text{ die Gleichung } b = 0,$$
$$\text{aus } [Abc] = 0, \text{ die Gleichung } [bc] = 0,$$
$$\text{aus } [Abcd] = 0, \text{ die Gleichung } [bcd] = 0.$$

Beweis. Es sei $[Abcd] = 0$. Angenommen nun, $[bcd]$ sei ungleich Null, so können (nach 61) b, c, d in keiner Zahlbeziehung zu einander stehen. Da aber $[Abcd] = 0$ ist, so muss {nach 66} zwischen A, b, c, d eine Zahlbeziehung herrschen, und da b, c, d in keiner Zahlbeziehung zu einander stehen, so müsste (nach 2) A aus b, c, d numerisch
162 ableitbar sein. † Aber aus den unendlich entfernten Punkten oder Strecken b, c, d gehen durch numerische Ableitung (nach {221}, 220) nur Strecken, das heisst, Punkte der unendlich entfernten Ebene hervor, also nicht der endlich entfernte Punkt A. Somit ist die Annahme, dass $[bcd]$ von Null verschieden sei, mit der Voraussetzung im Widerspruch, das heisst, $[bcd]$ muss null sein. Ganz ebenso ergeben sich die übrigen Theile des Satzes.

247. *Ein kombinatorisches Produkt $[AB]$ zweier einfachen Punkte A und B ist einem kombinatorischen Produkte $[CD]$ zweier einfachen Punkte C und D dann und nur dann gleich, wenn die unendlichen geraden Linien AB und CD zusammenfallen, und AB mit CD gleich lang und gleichgerichtet ist.*

Beweis. 1. Es seien die unendlichen geraden Linien AB und CD zusammenfallend, und AB mit CD gleich lang und gleichgerichtet, so ist zu beweisen, dass $[AB] = [CD]$ sei.

Da AB und CD gleich lang und gleichgerichtet sind, so ist (nach 222, Zusatz)

$$(*) \qquad B - A = D - C.$$

Ferner, da A, B, C in Einer geraden Linie liegen (Hypothesis), so sind $B - A$ und $C - A$ Strecken einer und derselben geraden Linie, stehen also (nach 230a) in einer Zahlbeziehung zu einander. Es sei

$$(**) \qquad C - A = \alpha(B - A).$$

Nun ist

$$\begin{aligned}[CD] &= [C(D - C)] && [67] \\ &= [C(B - A)] && [*] \\ &= [(A + C - A)(B - A)] && \\ &= [(A + \alpha(B - A))(B - A)] && [**] \\ &= [A(B - A)] && [67] \\ &= [AB] && [67].\end{aligned}$$

2. Es sei vorausgesetzt

$$[AB] = [CD],$$

so ist zu beweisen, dass A, B, C, D in Einer geraden Linie liegen und AB und CD gleich lang und gleichgerichtet sind.

Wenn $[AB] = [CD]$ ist, so müssen (nach 76) C und D aus A und B durch lineale Aenderung ableitbar sein. Die einfache
lineale Aenderung zweier Grössen besteht (nach 71) darin, dass zu 163
einer derselben ein Vielfaches der andern addirt wird, also zum Beispiel A und B sich verwandeln in A und $B + \alpha A$. Die so hervorgehende neue Grösse ist also aus den beiden ursprünglichen Grössen numerisch abgeleitet, liegt also (nach 235) in der jene Grössen verbindenden geraden Linie, somit werden aus A und B durch fortgesetzte lineale Aenderung nur Punkte der geraden Linie AB hervorgehen; somit liegen C und D in der geraden Linie AB. Nun sei E ein Punkt der geraden Linie AB von der Art, dass CE mit AB gleich lang und gleichgerichtet sei, so ist (nach Beweis 1)

$$[CE] = [AB],$$

und nach der Voraussetzung

$$[AB] = [CD],$$

also auch

$$[CE] = [CD];$$

folglich

$$0 = [CD] - [CE] = [C(D - E)].$$

Somit (nach 246)

$$D - E = 0,$$

das heisst,

$$D = E.$$

Da nun nach der Annahme CE mit AB gleich lang und gleichgerichtet ist, so ist auch das mit CE identische CD mit AB gleich lang und gleichgerichtet.

248. Zusatz. *Wenn A, B, C und D einfache Punkte sind, so folgt aus der Gleichung*

$$[AB] = [CD]$$

die Gleichung

$$A - B = C - D,$$

aber nicht umgekehrt aus dieser jene.

249. Erklärung. Wir nennen das Produkt $[AB]$ einen Linientheil und sagen, derselbe sei ein Theil der unbegränzten geraden Linie AB, und er sei mit der begränzten geraden Linie AB gleich lang und gleichgerichtet.

250. Zusatz. *Zwei Linientheile werden also dann und nur dann gleichgesetzt, wenn sie gleich lang, gleichgerichtet und Theile derselben unbegränzten geraden Linie sind.*

251. *Das kombinatorische Produkt eines einfachen Punktes in eine*
164 *Strecke ist ein Linientheil, welcher in der durch † den Punkt parallel der Strecke gezogenen geraden Linie liegt, und der Strecke gleich lang und gleichgerichtet ist.*

Beweis. Es sei A ein einfacher Punkt und p eine Strecke. Man ziehe durch A eine gerade Linie AB, welche mit p gleich lang und gleichgerichtet ist, so ist (nach 222, Zusatz) $p = B - A$, also

$$[Ap] = [A(B - A)] = [AB] \qquad [67],$$

und $[AB]$ ist ein Linientheil, welcher in der geraden Linie AB, also in der durch A mit p parallel gezogenen geraden Linie liegt, und mit AB, also auch mit p, gleich lang und gleichgerichtet ist.

252. *Das Produkt eines Linientheiles $[AB]$ mit einer Zahl α ist ein Linientheil, welcher mit jenem in derselben unbegränzten geraden Linie liegt, und sich zu ihm algebraisch wie $\alpha : 1$ verhält.*

Beweis.
$$\alpha[AB] = \alpha[A(B - A)] \qquad [67],$$
$$= [A . \alpha(B - A)] \qquad [40].$$

Das letztere Produkt ist (nach 251) ein Linientheil, welcher in der durch A mit $\alpha(B - A)$ parallel gezogenen geraden Linie, das heisst, in der geraden Linie AB liegt, und welcher mit $\alpha(B - A)$ gleich lang und gleichgerichtet ist, das heisst (nach 221), sich zu AB wie $\alpha : 1$ verhält.

253. *Wenn A und B einfache Punkte, α und β Zahlen sind, so ist $[\alpha A . \beta B]$ ein Linientheil, der in der unbegränzten geraden Linie*

AB liegt und sich zu der begränzten geraden Linie AB algebraisch wie $\alpha\beta$ zu 1 verhält.

Beweis. $[\alpha A . \beta B] = \alpha\beta[AB]$ (nach 46), also (nach 252) ein Linientheil der unbegränzten geraden Linie AB, welcher sich zu der begränzten AB algebraisch wie $\alpha\beta : 1$ verhält.

254. *Zwei von Null verschiedene kombinatorische Produkte $[ab]$ und $[cd]$ je zweier Strecken a und b, c und d, sind dann und nur dann einander gleich, wenn die Parallelogramme ab und cd gleich an Inhalt und gleichbezeichnet sind und in parallelen Ebenen liegen.*

Beweis. In 72 und 76 ist bewiesen, dass zwei kombinatorische Produkte $[ab]$ und $[cd]$ dann und nur dann einander gleich sind, wenn c und d aus a und b durch lineale Aenderung ableitbar sind; und
zwar bestand die einfache lineale † Aenderung zweier Grössen (nach 71) 165
darin, dass zu einer derselben ein Vielfaches der andern addirt wurde, während diese andere unverändert blieb, das heisst also, dass a und b, wenn α und β beliebige Zahlen sind, entweder in a und $b + \alpha a$, oder in $a + \beta b$ und b übergingen.

Fig. 8.

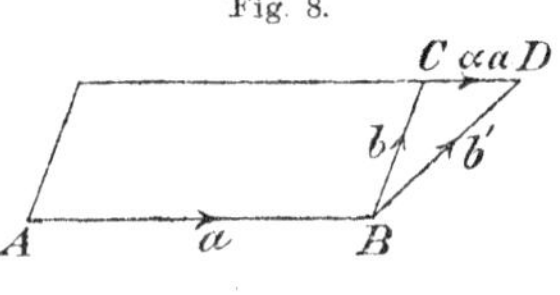

Nun sei {vgl. Fig. 8} AB mit a, BC mit b gleich lang und gleichgerichtet, und ändere sich b in $b' = b + \alpha a$, ferner sei CD parallel mit AB gezogen und verhalte sich zu AB algebraisch wie $\alpha : 1$, so ist (nach 222, {Zusatz})

$$B - A = a, \quad C - B = b, \quad D - C = \alpha a.$$

Also

$$D - B = D - C + C - B = \alpha a + b = b',$$

das heisst, BD ist mit b' gleich lang und gleichgerichtet. Ferner, da AB und CD parallel sind, so sind (nach 243) die Parallelogramme ABC und ABD einander gleich (auch dem Zeichen nach), und liegen in einer Ebene. Also sind auch die Parallelogramme ab und ab' gleich und gleichbezeichnet und liegen in parallelen Ebenen. Dasselbe gilt, wenn sich a und b in $a + \beta b$ und b ändern. Also ergiebt sich, dass, wenn aus a und b durch einfache lineale Aenderung c und d hervorgehen, auch die Parallelogramme ab und cd gleich (auch dem Zeichen nach) sind und in parallelen Ebenen liegen. Dasselbe gilt also auch, wenn c und d aus a und b durch Anwendung mehrerer einfacher linealer Aenderungen, das heisst, durch eine beliebige lineale Aenderung hervorgehen. Somit ergiebt sich:

Erstens. Wenn $[ab] = [cd]$ ist, so müssen c und d aus a und b durch lineale Aenderung ableitbar sein (76); und wenn c und d aus

a und b durch lineale Aenderung ableitbar sind, so müssen die Parallelogramme ab und cd gleich (auch dem Zeichen nach) sein und in parallelen Ebenen liegen.

Zweitens. Wenn umgekehrt vorausgesetzt wird, dass ab und cd gleiche (auch gleichbezeichnete) Parallelogramme in parallelen Ebenen sind, so müssen, da a, b, c, d dann einer und derselben Ebene parallel sind, c und d (nach 230) aus a und b numerisch ableitbar sein, folglich stehen (nach 63) die kombinatorischen Produkte $[ab]$ und $[cd]$ in einer Zahlbeziehung zu einander.

Es sei $[cd] = \alpha[ab]$ der Ausdruck dieser Zahlbeziehung. Setzen
166 wir $\alpha b = b'$, so wird $[cd] = [a \,.\, \alpha b] = [ab']$. Also sind † (nach Beweis 1) die Parallelogramme cd und ab' gleich und gleichbezeichnet, also, da auch cd und ab nach der Voraussetzung gleiche und gleichbezeichnete Parallelogramme sind, so sind auch ab und ab' gleiche und gleichbezeichnete Parallelogramme.

Nun sei AB mit a, BC mit b, BD mit b' gleich lang und gleichgerichtet, so ist das Parallelogramm ABC eins der mit ab bezeichneten und ABD eins der mit ab' bezeichneten Parallelogramme. Also {ist} ABC mit ABD gleich und gleichbezeichnet, folglich, da ABC und ABD auch in Einer Ebene liegen, so liegen (nach 243) C und D in einer mit AB parallelen Linie. Nun sind BC und BD beide mit b parallel, also auch untereinander, also, da sie einen Punkt (B) gemein haben, so liegen sie in Einer geraden Linie, somit fallen C und D, da D auch in der durch C mit AB parallel gezogenen geraden Linie liegt, zusammen, also sind BC und BD identisch, also sind b und b', von denen das erste mit BC, das zweite mit BD gleich lang und gleichgerichtet ist, auch unter einander gleich lang und gleichgerichtet; folglich, da $\alpha b = b'$ gesetzt war, so ist $\alpha = 1$. Nun war

$$[cd] = \alpha[ab]$$

gesetzt, also, da $\alpha = 1$ ist,

$$[cd] = [ab].$$

255. *Zwei von Null verschiedene kombinatorische Produkte $[ABC]$ und $[DEF]$ je dreier einfacher Punkte A, B, C und D, E, F sind dann und nur dann einander gleich, wenn die Parallelogramme ABC und DEF gleich und gleichbezeichnet sind und in einer und derselben Ebene liegen.*

Beweis. 1. Es seien ABC und DEF gleiche und gleichbezeichnete Parallelogramme einer und derselben Ebene, so ist zu beweisen, dass $[ABC] = [DEF]$ sei.

Es seien AB mit a, BC mit b, DE mit c, EF mit d gleich lang und gleichgerichtet, das heisst,

(*) $B - A = a,\quad C - B = b,\quad E - D = c,\quad F - E = d,$

so ist (nach 254)

(**) $$[ab] = [cd].$$

Da ferner D in der Ebene ABC liegt, und ebenso $B - A = a$ und $C - B = b$ Strecken dieser Ebene sind, so muss (nach 230) $D - A$ aus a und b numerisch ableitbar sein. Es sei

(***) $$D - A = \alpha a + \beta b,$$ 167

so ist

$$\begin{aligned}
[DEF] &= [DE(F-E)] = [D(E-D)(F-E)] && [67]\\
&= [Dcd] && [*]\\
&= [D(cd)] && [80]\\
&= [D(ab)] && [**]\\
&= [(\alpha a + \beta b + A)ab] && [***, 80]\\
&= [Aab] && [67]\\
&= [A(a+A)(b+A)] && [67]\\
&= [ABC] && [*].
\end{aligned}$$

2. Es sei umgekehrt vorausgesetzt, dass

$$[ABC] = [DEF]$$

ist. Dann müssen (nach 76) D, E, F aus A, B, C durch lineale Aenderung, also auch numerisch ableitbar sein. Dann aber müssen (nach 236) D, E, F in der Ebene ABC liegen. Nun sei in der geraden Linie BC ein Punkt G von der Art angenommen, dass ABG und DEF gleiche und gleichbezeichnete Parallelogramme sind, so ist (nach Beweis 1), da ABG und DEF in ein und derselben Ebene (ABC) liegen,

$$[ABG] = [DEF].$$

Aber auch nach der Voraussetzung

$$[ABC] = [DEF].$$

Also $[ABG] = [ABC]$. Da nun G ein Punkt in BC ist, so ist $G - B$ aus $C - B$ numerisch ableitbar, es sei $G - B = \alpha(C - B)$, also $G = B + \alpha(C - B)$, so ist

$$\begin{aligned}
[ABC] = [ABG] = [AB(B + \alpha(C - B))] &= [AB\alpha(C - B)]\\
&= \alpha[ABC] \qquad [40,\ 67].
\end{aligned}$$

Also $\alpha = 1$. Somit, da $G - B = \alpha(C - B)$ war, $G - B = C - B$, das heisst, $G = C$, oder die Punkte G und C fallen zusammen; also fallen auch die Parallelogramme ABG und ABC zusammen. Folglich, da ABG und DEF gleiche und gleichbezeichnete Parallelogramme derselben Ebene sind, so gilt dies auch von ABC und DEF.

256. Zusatz. *Wenn A, B, C, D, E, F einfache Punkte sind, so folgt aus der Gleichung*

$$[ABC] = [DEF]$$

auch die Gleichung

$$[(B - A)(C - B)] = [(E - D)(F - E)];$$

168 *hingegen umgekehrt, aus letzterer die erstere nur dann, wenn † noch die Bedingung hinzutritt, dass die Ebenen ABC und DEF nicht bloss parallel, sondern auch identisch sind.*

257. Erklärung. Wir nennen das Produkt $[ABC]$ einen Flächentheil und den Flächeninhalt des Parallelogramms ABC seinen Inhalt, und sagen, der Flächentheil $[ABC]$ liege in der Ebene ABC.

Anm. Die genauere Benennung für das Produkt $[ABC]$ würde Ebenentheil statt Flächentheil sein. Allein der erstere Ausdruck ist wegen des Gleichklangs seines Plurals „die Ebenentheile“ mit dem Ausdrucke „die ebenen Theile“ zu verwerfen.

258. Zusatz. *Zwei Flächentheile sind dann und nur dann einander gleich, wenn sie in derselben Ebene liegen, und ihre Inhalte gleich und gleichbezeichnet sind.*

Anm. Man hätte als Inhalt des Flächentheiles $[ABC]$ auch den Flächeninhalt des Dreiecks ABC setzen können. Aber es wird sich in der Folge {vgl. Nr. 331} zeigen, dass dann der Inhalt des inneren Quadrates einer Strecke nur die Hälfte von dem Inhalte des Quadrates {der Länge} dieser Strecke sein würde, während beides bei unserer Benennung in Uebereinstimmung ist.

259. *Das kombinatorische Produkt zweier einfacher Punkte A, B und einer Strecke c ist ein Flächentheil, welcher in der durch AB mit c parallel gelegten Ebene liegt, und dessen Inhalt gleich dem eines Parallelogrammes ABC ist, in welchem BC mit c gleich lang und gleichgerichtet ist, das heisst,*

$$[ABc] = [ABC],$$

wenn $c = C - B$.

Beweis. $[ABc] = [AB(C - B)] = [ABC]$ [67].

260. *Das kombinatorische Produkt eines einfachen Punktes A mit zwei Strecken b und c ist ein Flächentheil, welcher in der durch A mit b und c parallel gelegten Ebene liegt, und zum Inhalt den Flächeninhalt* *eines Parallelogrammes* (ABC) *hat, dessen erste Seite* (AB) *mit* b, *und dessen zweite Seite* (BC) *mit* c *gleich lang und gleichgerichtet ist, das heisst,*

$$[Abc] = [ABC],$$

wenn $b = B - A$, $c = C - B$ *ist.*

Beweis.

$$[Abc] = [A(B-A)(C-B)] = [AB(C-B)] \qquad [67]$$
$$= [ABC] \qquad [67].$$

261a. *Das Produkt* $\alpha[ABC]$ *eines Flächentheils* $[ABC]$ *mit einer Zahl* α *ist ein Flächentheil derselben Ebene, dessen Inhalt sich zu dem von* $[ABC]$ *wie* $\alpha : 1$ *verhält.*

Beweis. $\alpha[ABC] = \alpha[AB(C-B)]$ [67] 169
$$= [AB \,.\, \alpha(C-B)] \qquad [40]$$
$$= [AB(D-B)],$$

wenn BD mit BC parallel ist, und sich zu ihm wie $\alpha : 1$ verhält. Dies ist wieder (nach 67)

$$= [ABD],$$

das heisst, gleich einem Flächentheil derselben Ebene (ABC), dessen Inhalt dem Flächeninhalte des Parallelogramms ABD gleich ist. Da aber BD und BC parallel sind und sich algebraisch wie $\alpha : 1$ verhalten, so verhalten sich auch die Parallelogramme ABD und ABC wie $\alpha : 1$, das heisst, die Inhalte von $\alpha[ABC]$ und $[ABC]$ wie $\alpha : 1$.

261b. *Wenn* A, B, C *einfache Punkte, und* α, β, γ *Zahlen sind, so ist*

$$[\alpha A \,.\, \beta B \,.\, \gamma C]$$

ein Flächentheil der Ebene ABC, *dessen Inhalt zu dem des Parallelogramms* ABC *sich algebraisch wie* $\alpha\beta\gamma : 1$ *verhält.*

Beweis. $[\alpha A \,.\, \beta B \,.\, \gamma C] = \alpha\beta\gamma[ABC]$ (Nr. 46), also nach 261a bewiesen.

262. *Zwei von Null verschiedene kombinatorische Produkte* $[abc]$ *und* $[def]$ *je dreier Strecken* a, b, c *und* d, e, f *sind dann und nur dann einander gleich, wenn die Spate (Parallelepipeda)* abc *und* def *gleich und gleichbezeichnet sind.*

Beweis. 1. Es sei vorausgesetzt, dass

$$[abc] = [def]$$

sei, so ist zu zeigen, dass die Spate abc und def gleich und gleichbezeichnet sind.

Da $[abc] = [def]$ ist, so müssen (nach 76) d, e, f aus a, b, c durch lineale Aenderung hervorgehen. Nun können wir zeigen, dass durch einfache lineale Aenderung der drei Seiten a, b, c eines Spates abc stets ein gleicher und gleichbezeichneter Spat hervorgehe. Die einfache lineale Aenderung der drei Grössen a, b, c besteht (nach 71) darin, dass zu einer derselben ein Vielfaches von einer der beiden andern hinzuaddirt wird, während diese beiden andern ungeändert bleiben. Es möge zuerst zu der dritten c ein Vielfaches von irgend einer der beiden andern, zum Beispiel von a hinzutreten, also a, b, c
170 sich ändern in a, b, c', wo $c' = c + \alpha a$ † ist. Dann seien {vgl. Fig. 9} AB, BC, CD, DE beziehlich gleich lang und gleichgerichtet mit $a, b, c, \alpha a$, das heisst,

Fig. 9.

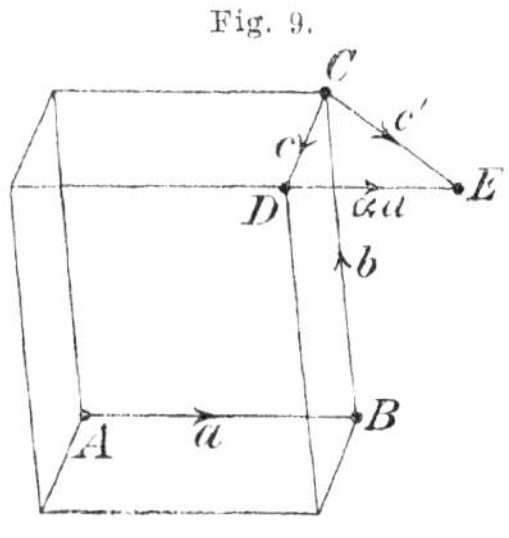

$$B - A = a, \quad C - B = b, \quad D - C = c, \quad E - D = \alpha a,$$

so ist

$$E - C = E - D + D - C = \alpha a + c = c',$$

also CE mit c' gleich lang und gleichgerichtet. Ferner, da DE mit a, also auch mit AB, und folglich auch mit der Ebene ABC parallel ist, so sind (nach 244) die Spate $ABCD$ und $ABCE$ oder, was dasselbe ist, die Spate abc und abc' gleich und gleichbezeichnet, das heisst, der Spat abc bleibt gleich und gleichbezeichnet, wenn zu der dritten Seite ein Vielfaches von einer der beiden andern hinzuaddirt wird. Nun ist ferner (nach 240, Zusatz) $abc = bca = cab$, und ebenso $abc' = bc'a = c'ab$. Also auch, da $abc = abc'$ war, $bca = bc'a$ und $cab = c'ab$, das heisst, ein Spat bleibt gleich und gleichbezeichnet, wenn die zweite Kante, und ebenso wenn die erste Kante sich dadurch ändert, dass zu ihr ein Vielfaches von einer der beiden andern Kanten hinzuaddirt wird.

Somit bleibt überhaupt ein Spat bei fortgesetzt wiederholter einfacher linealer Aenderung seiner Kanten, das heisst, bei beliebiger linealer Aenderung gleich und gleichbezeichnet. Da aber nach dem Obigen d, e, f aus a, b, c durch lineale Aenderung ableitbar sind, so muss nun auch der Spat def mit abc gleich und gleichbezeichnet sein.

2. Es sei jetzt umgekehrt vorausgesetzt, dass die Spate def und abc gleich und gleichbezeichnet seien, so ist zu beweisen, dass $[def] = [abc]$ ist.

Da angenommen ist, dass die kombinatorischen Produkte von Null verschieden sind, so sind namentlich a, b, c nicht Einer Ebene parallel, also (nach 229) d, e, f aus ihnen numerisch ableitbar, also auch (nach 63) das Produkt $[def]$ aus $[abc]$ numerisch ableitbar. Es sei $[def] = \alpha[abc]$, also, wenn $\alpha c = c'$ gesetzt wird, $[def] = [abc']$, folglich (nach Beweis 1) die Spate def und abc' gleich. Nun waren die Spate def und abc nach der Voraussetzung gleich; also die Spate abc und abc' gleich. Es seien AB, BC, CD, CD' beziehlich gleich lang und gleichgerichtet mit a, b, c, c'. Dann sind die Spate

$$ABCD = abc, \quad ABCD' = abc',$$

und {es wird} somit

$$ABCD = ABCD'.$$

Folglich liegen (nach 244) D und D' in einer mit der Ebene ABC 171
parallelen Ebene, D und D' liegen aber auch in der geraden Linie CD, da CD mit c', das heisst mit αc, also auch mit c, das heisst, mit CD parallel ist. Folglich liegen D und D' in dem Durchschnittspunkte jener Ebene und dieser Geraden, das heisst, fallen zusammen. Also sind CD und CD' identisch, also $c = c'$, also, vermöge der Gleichung $c' = \alpha c$, $\alpha = 1$; somit verwandelt sich die Gleichung $[def] = \alpha[abc]$ in

$$[def] = [abc].$$

263. *Zwei von Null verschiedene kombinatorische Produkte* $[ABCD]$ *und* $[EFGH]$ *von je vier einfachen Punkten* A, B, C, D *und* E, F, G, H *sind dann und nur dann einander gleich, wenn die Spate (Parallelepipeda)* $ABCD$ *und* $EFGH$ *gleich und gleichbezeichnet sind.*

Beweis. 1. Es seien $ABCD$ und $EFGH$ gleiche und gleichbezeichnete Spate, und seien AB, BC, CD, EF, FG, GH beziehlich mit b, c, d, f, g, h gleich lang und gleichgerichtet, das heisst, $B - A = b, \ldots$, so ist (nach 262)

(*) $$[bcd] = [fgh].$$

Da ferner aus b, c, d (nach 229) alle Strecken des Raumes numerisch ableitbar sind, so muss auch die Strecke $E - A$ es sein; es sei

$$E - A = \beta b + \gamma c + \delta d,$$

das heisst,

$$E = A + \beta b + \gamma c + \delta d.$$

Dann erhält man

$$[EFGH] = [EFG(H-G)] = [EF(G-F)(H-G)] =$$
$$= [E(F-E)(G-F)(H-G)] \qquad [67].$$

Also, da $F - E = f$, $G - F = g$, $H - G = h$ ist, so erhält man den zuletzt gefundenen Ausdruck

$$= [Efgh] = [E(fgh)] \qquad [80]$$
$$= [E(bcd)] \qquad [*].$$

Ferner ist der gefundene Ausdruck

$$= [Ebcd] \qquad [79]$$
$$= [(A + \beta b + \gamma c + \delta d) bcd] = [Abcd] \qquad [67]$$
$$= [A(B - A)(C - B)(D - C)],$$

wenn wir statt b, c, d ihre Werthe setzen, und hieraus erhält man mit Anwendung von 67

$$= [AB(C - B)(D - C)] = [ABC(D - C)] = [ABCD].$$

172 Also

$$[EFGH] = [ABCD].$$

2. Es sei umgekehrt vorausgesetzt, dass

$$[ABCD] = [EFGH]$$

ist, und sei in der geraden Linie CD ein Punkt D' angenommen von der Art, dass der Spat $ABCD'$ mit $EFGH$ gleich (und gleichbezeichnet) sei, so ist (nach Beweis 1)

$$[ABCD'] = [EFGH].$$

Also auch, da $[EFGH] = [ABCD]$ vorausgesetzt ist,

$$[ABCD'] = [ABCD].$$

Da nun $D - C$ und $D' - C$ parallel sind, so ist $D' - C$ aus $D - C$ numerisch ableitbar. Es sei

$$D' - C = \alpha(D - C),$$

so ist

$$[ABCD] = [ABCD'] = [ABC(D' - C)] = [ABC \, . \, \alpha(D - C)]$$
$$= \alpha[ABC(D - C)] \qquad [40]$$
$$= \alpha[ABCD] \qquad [67].$$

Also, da $[ABCD]$ nicht null ist, $\alpha = 1$, also geht aus der Gleichung $(D' - C) = \alpha(D - C)$ die Gleichung

$$D' - C = D - C$$

hervor, also $D' = D$, das heisst, D und D' fallen zusammen, folglich auch die Spate $ABCD$ und $ABCD'$, und da der Spat $ABCD'$ gleich und gleichbezeichnet mit $EFGH$ war, so sind auch die Spate $ABCD$ und $EFGH$ gleich und gleichbezeichnet.

264. Zusatz. *Die Gleichungen*

$$[ABCD] = [EFGH]$$

und

$$[(B - A)(C - B)(D - C)] = [(F - E)(G - F)(H - G)],$$

oder auch

$$[(B - A)(C - A)(D - A)] = [(F - E)(G - E)(H - E)]$$

sind einander ersetzend, das heisst, aus jeder von ihnen folgen die beiden andern.

Beweis. Die Gleichung

$$[ABCD] = [EFGH]$$

gilt (nach 263) dann und nur dann, wenn die Spate $ABCD$ und $EFGH$ einander gleich und gleichbezeichnet sind. Ebenso gilt (nach 262) die Gleichung

$$[(B-A)(C-B)(D-C)] = [(F-E)(G-F)(H-G)]$$ 173

dann und nur dann, wenn der Spat, dessen drei Kanten mit AB, BC, CD gleich lang und gleichgerichtet sind, dem Spate, dessen Kanten mit EF, FG, GH gleich lang und gleichgerichtet sind, das heisst, der Spat $ABCD$ mit $EFGH$ inhaltsgleich und gleichbezeichnet ist. Folglich sind beide Gleichungen stets in denselben Fällen geltend.

Endlich, die dritte Gleichung ist nur eine Transformation der zweiten, denn

$$\begin{aligned} &[(B-A)(C-B)(D-C)] = \\ &= [(B-A)(C-B)(D-C+C-B+B-A)] \qquad [67] \\ &= [(B-A)(C-B)(D-A)] = [(B-A)(C-B+B-A)(D-A)] \quad [67] \\ &= [(B-A)(C-A)(D-A)], \end{aligned}$$

und aus gleichem Grunde ist

$$[(F-E)(G-F)(H-G)] = [(F-E)(G-E)(H-E)].$$

Also sind die zweite und dritte Gleichung gleichbedeutend.

265. Erklärung. Wir nennen das Produkt $[ABCD]$ von vier einfachen Punkten einen Körpertheil und den Kubikinhalt des Spates $ABCD$ (mit Beobachtung des Vorzeichens $(\mp)$) seinen Inhalt.

266. *Das kombinatorische Produkt dreier einfacher Punkte A, B, C und einer Strecke d ist ein Körpertheil, dessen Inhalt gleich dem eines Spates $ABCD$ ist, in welchem CD mit d gleich lang und gleichgerichtet ist, das heisst,*

$$[ABCd] = [ABCD], \text{ wenn } d = D - C.$$

Beweis. $[ABCd] = [ABC(D-C)] = [ABCD]$ [67].

267. *Das kombinatorische Produkt zweier einfacher Punkte A, B und zweier Strecken c und d ist dem Spate (Parallelepipedum) $ABCD$, in welchem BC mit c, CD mit d gleich lang und gleichgerichtet sind, inhaltsgleich, das heisst*

$$[ABcd] = [ABCD],$$

wenn $c = C - B$, $d = D - C$.

Beweis. $[ABcd] = [AB(C-B)(D-C)]$
$= [ABC(D-C)] = [ABCD]$ [67].

268. *Das kombinatorische Produkt eines einfachen Punktes A und dreier Strecken b, c, d ist dem Spate bcd inhaltsgleich, oder*

174 $$[Abcd] = [ABCD],$$

wenn $b = B - A$, $c = C - B$, $d = D - C$.

Beweis. $[Abcd] = [A(B-A)(C-B)(D-C)]$
$= [AB(C-B)(D-C)]$ {67}
$= [ABC(D-C)] = [ABCD]$ [67].

269. *Das Produkt $\alpha[ABCD]$ eines Körpertheils $[ABCD]$ und einer Zahl $\{\alpha\}$ ist ein Körpertheil, dessen Inhalt sich zu dem von $[ABCD]$ wie $\alpha : 1$ verhält.*

Beweis. $\alpha[ABCD] = \alpha[ABC(D-C]$ [67]
$= [ABC \,.\, \alpha(D-C)]$ [40]
$= [ABC(E-C)]$,

wenn CE mit CD parallel ist und sich zu ihm wie $\alpha : 1$ verhält. Dies ist wieder (nach 67)

$$= [ABCE].$$

Da aber CE und CD parallel sind und sich wie $\alpha : 1$ verhalten, so verhalten sich auch die Spate $ABCE$ und $ABCD$ algebraisch wie $\alpha : 1$, das heisst, die Inhalte von $\alpha[ABCD]$ und $[ABCD]$ wie $\alpha : 1$.

270. *Wenn A, B, C, D einfache Punkte, und α, β, γ, δ Zahlen sind, so ist*

$$[\alpha A \,.\, \beta B \,.\, \gamma C \,.\, \delta D]$$

ein Körpertheil, der sich zu $[ABCD]$ wie $\alpha\beta\gamma\delta$ zu 1 verhält.

Beweis. $[\alpha A \,.\, \beta B \,.\, \gamma C \,.\, \delta D] = \alpha\beta\gamma\delta[ABCD]$ (nach 46), also (nach 269) bewiesen.

Anm. Blicken wir zurück auf die verschiedenen kombinatorischen Produkte, deren Begriff wir näher bestimmt haben, so ergab sich für zwei, drei, vier einfache Punkte das einfache, zweifache, sechsfache des dazwischen liegenden Linien-, Flächen-, Körpertheiles, und die zugehörigen Gebiete waren die unbegränzte gerade Linie, Ebene, der unbegränzte Raum. Ferner ebenso wie der unendlich entfernte Punkt als Strecke von bestimmter Länge und Richtung erschien, so der unendlich entfernte Linientheil als begränzte Ebene von bestimmtem Flächeninhalt und bestimmten Richtungen, so der unendlich entfernte Flächentheil als Körperraum von bestimmtem Inhalte.

Wenn zu einer Strecke oder zu einem Produkt zweier oder dreier Strecken ein Punkt als erster Faktor hinzutrat, so lieferte dies Produkt denselben Inhalt und dieselben Richtungen, als wenn der Punkt nicht hinzutrat. Durch das Hinzutreten des Punktes trat zu den bisherigen Bestimmungen (Inhalt und Rich-

tungen) noch im ersten Falle die durch den Punkt mit der Strecke parallel gelegte Linie, im zweiten die durch den Punkt mit den beiden Strecken parallel gelegte Ebene hinzu, welche † die Gebiete jener Grössen bilden, und so ver- 175
wandelte sich die Strecke in einen Linientheil, die Fläche von bestimmtem Inhalt und bestimmten Richtungen in das, was wir einen Flächentheil genannt haben. Das Produkt dreier Strecken wird durch das Hinzutreten des Punktes nur formell geändert.

271. *Wenn A, B, C, D, E, F Punkte, und a, b, c, d Strecken sind, so bedeutet*

1) $$A \equiv B,$$

dass A mit B zusammenfällt,

2) $$[AB] \equiv [CD],$$

dass die unbegränzten geraden Linien AB und CD,

3) $$[ABC] \equiv [DEF],$$

dass die unbegränzten Ebenen ABC und DEF zusammenfallen,

4) $$a \equiv b,$$

dass a mit b parallel,

5) $$[ab] \equiv [cd],$$

dass die Ebene, welche die Richtungen a und b enthält, der Ebene parallel ist, welche die Richtungen c und d enthält.

Beweis. Nach Nr. 2 bedeutet die Kongruenz zweier extensiver Grössen $p \equiv q$, dass p und q in einer Zahlbeziehung zu einander stehen, und keine von beiden null ist. Wenn das nun 1) für A und B gilt, so müssen (nach 216) ihre Orte zusammenfallen, wenn es 2) für $[AB]$ und $[CD]$ gilt, so müssen (nach {252 und} 247) die unbegränzten geraden Linien AB und CD zusammenfallen, wenn es 3) für $[ABC]$ und $[DEF]$ gilt, so müssen (nach {261a und} 255) die Ebenen ABC und DEF zusammenfallen. Endlich 4) und 5) folgen aus 1) und 2), wenn man die Punkte in unendliche Entfernung rückt.

§ 4. Addition von Linien und Flächen.

272. *Zwei Linientheile derselben Ebene geben zur Summe wieder einen Linientheil derselben Ebene, und zwei Flächentheile {des Raumes} geben zur Summe wieder einen Flächentheil.*

Beweis. Da der Linientheil (nach 249) ein kombinatorisches Produkt zweier Punkte, und (nach 257) der Flächentheil ein kombinatorisches Produkt dreier Punkte, und die Punkte (nach 228) Grössen erster Stufe sind, so sind (nach 77b) † der Linientheil und der Flächen- 176
theil beziehlich einfache Grössen zweiter und dritter Stufe. Ferner ist

(nach 237) die Ebene ein Gebiet dritter und der Raum ein Gebiet vierter Stufe. Nach 88 geben {aber} die Grössen $(n-1)$-ter Stufe in einem Hauptgebiete n-ter Stufe zur Summe eine einfache (das heisst, als kombinatorisches Produkt darstellbare) Grösse $(n-1)$-ter Stufe desselben Hauptgebietes, also die Linientheile einer und derselben Ebene einen Linientheil derselben Ebene, die Flächentheile {des Raumes} einen Flächentheil.

Zusatz. *Dasselbe gilt also auch für mehr als zwei Linientheile derselben Ebene, und für mehr als zwei Flächentheile {des Raumes}.*

273. *Zwei endlich entfernte Linientheile, deren Linien sich schneiden, geben zur Summe einen endlich entfernten Linientheil, dessen Linie durch denselben Durchschnittspunkt geht, und welcher der Diagonale eines Parallelogrammes gleich lang und gleichgerichtet ist, dessen von derselben Ecke ausgehende Seiten den summirten Linientheilen gleich lang und gleichgerichtet sind.*

Beweis. Es sei A der Durchschnittspunkt der beiden Linien, und seien $[AB]$ und $[AC]$ die beiden Linientheile, wo A, B, C einfache Punkte sind {vgl. Fig. 10}, so ist

Fig. 10.

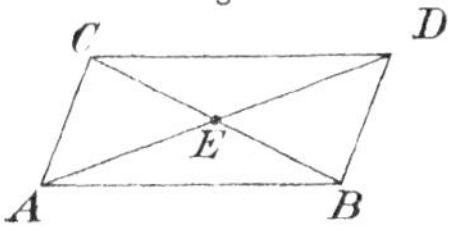

$$[AB] + [AC] = [A(B + C)] = 2[AE],$$

wenn E die Mitte zwischen B und C ist. Aber AE ist die halbe Diagonale des Parallelogramms CAB, also $2AE$ die ganze.

274. *Zwei endlich entfernte, gleichgerichtete Linientheile geben zur Summe wieder einen ebenso gerichteten Linientheil {ihrer Ebene}, dessen Länge die Summe ist aus den Längen der Summanden, und dessen gerade Linie zwischen den geraden Linien der Summanden liegt und von diesen Linien im umgekehrten Verhältnisse der Längen der Summanden absteht.*

Beweis. Es seien $[Ap]$ und $[Bq]$, wo A und B einfache Punkte, p und q gleichgerichtete Strecken sind, diese Linientheile, und sei $1:\alpha$ das Verhältniss ihrer Längen, das heisst (nach 251), das Verhältniss von p zu q, also $q = \alpha p$, {wo α positiv ist}, so ist

177 $$[Ap] + [Bq] = [Ap] + [B.\alpha p] = [Ap] + [\alpha B.p] \quad [40]$$
$$= [(A + \alpha B)p] = [(1 + \alpha)S.p] \quad [\{39\}, 225],$$

wenn S der Summenpunkt von A und αB ist,

$$= [S.(1 + \alpha)p] \quad [40]$$
$$= [S(p + \alpha p)] = [S(p + q)],$$

das heisst, die Summe ist ein mit den Summanden gleichgerichteter

Linientheil, dessen Länge gleich der der Strecke $(p+q)$, also gleich der Summe aus den Längen der Summanden ist, und dessen Linie durch S geht. S liegt aber (nach 225) in der geraden Linie AB, und steht von A und B in dem Verhältnisse von $\alpha : 1$, das heisst, im umgekehrten Verhältnisse der Summanden (p und q) ab, also steht auch die gerade Linie $[S(p+q)]$ von den geraden Linien $[Sp]$ und $[Sq]$ in diesem Verhältnisse ab.

275. *Zwei endlich entfernte, entgegengesetzt gerichtete, aber nicht gleich lange Linientheile geben zur Summe einen endlich entfernten Linientheil* {*ihrer Ebene*}, *welcher dem grösseren der Summanden gleichgerichtet ist, dessen Länge die Differenz der Längen der Summanden ist, und dessen Linie ausserhalb der Linien der Summanden (auf der Seite des grösseren Summanden) liegt, und von diesen Linien im umgekehrten Verhältnisse der Längen der Summanden absteht.*

Beweis wie in 274, nur dass man $-\alpha$ statt α setzt.

276. *Die Summe zweier entgegengesetzt gerichteter und gleich langer Linientheile* $[AB]$ *und* $[CD]$ *ist ein Streckenprodukt, dessen Inhalt gleich und gleichbezeichnet* {*mit*} *dem des Parallelogrammes* ABC {*oder* CDA} *ist, welches den einen Linientheil (gleich viel, welchen) zur Grundseite, und den andern zur Deckseite hat.*

Fig. 11.

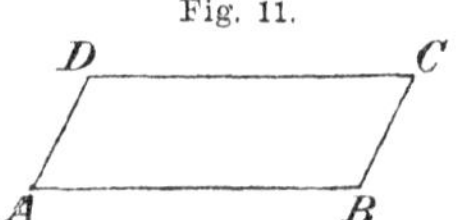

Beweis. Wenn AB mit CD gleich lang und entgegengesetzt gerichtet ist {vgl. Fig. 11}, so ist (nach 222, Zusatz)

$$B - A = C - D.$$

Also ist

$$\begin{aligned}[AB] + [CD] &= [A(B-A)] + [(C-D)D] && [67]\\ &= [A(B-A)] + [(B-A)D] && [\text{Hyp.}]\\ &= -[(B-A)A] + [(B-A)D] && [55]\\ &= [(B-A)(D-A)],\end{aligned}$$

das heisst, gleich einem Streckenprodukt, dessen Inhalt gleich dem eines Parallelogrammes ist, dessen erste Seite mit AB und dessen 178
zweite Seite mit AD gleich lang und gleichgerichtet ist. Dies ist aber das Parallelogramm ABC, {und mit ihm ist das Parallelogramm CDA gleich und gleichbezeichnet}, also bewiesen.

277. *Die Summe eines endlich entfernten Linientheiles* $[AB]$ *und eines kombinatorischen Produktes* $[ab]$ *zweier Strecken* a *und* b, *welche einer durch den Linientheil* $[AB]$ *gelegten Ebene parallel sind, ist ein endlich entfernter Linientheil* $[DC]$ *derselben Ebene, welcher mit dem ersteren gleich lang und gleichgerichtet ist* {vgl. Fig. 10}, *und so liegt, dass das Parallelogramm* ABC, *welches den ersten Linientheil zur Grundseite,* *den zweiten zur Deckseite hat, dem kombinatorischen Produkte* $[ab]$ *entgegengesetzt (das heisst inhaltsgleich, aber entgegengesetzt bezeichnet) ist.*

Beweis. Bezeichnen wir das mit {dem Parallelogramme} ABC gleiche Streckenprodukt mit P, so ist nach dem vorigen Satze

$$[AB] + [CD] = P,$$

also

$$[DC] = [AB] - P$$
$$= [AB] + [ab],$$

da nach Hypothesis

$$-P = [ab]$$

ist.

278. *Die Summe zweier kombinatorischer Produkte* $[ab]$ *und* $[cd]$ *von je zwei Strecken ist wieder ein kombinatorisches Produkt zweier Strecken, und zwar in der Art, dass, wenn jene in Form zweier Parallelogramme über derselben (oder gleich langer und gleichgerichteter) Grundseite dargestellt sind, die Summe sich als Parallelogramm über derselben (oder gleich langer und gleichgerichteter) Grundseite darstellen lässt, in welchem die zweite Seite die Streck[illegible]me der zweiten Seiten jener Parallelogramme ist.*

Beweis. Man lege eine Ebene mit a und b parallel, eine andere mit c und d parallel; es sei e eine Strecke, welche mit der Durchschnittslinie beider Ebenen (und, wenn sie sich nicht schneiden, mit einer beliebigen Linie derselben) parallel ist. Dann kann man (nach 254) $[ab]$ auf die Form $[ef]$ und $[cd]$ auf die Form $[eg]$ bringen, und es ist dann

$$[ab] + [cd] = [ef] + [eg] = [e(f + g)],$$

und dies war die verlangte Form der Summe.

179 **279.** *Zwei endlich entfernte Flächentheile, deren Ebenen sich schneiden, geben zur Summe einen Flächentheil, dessen Ebene durch die Durchschnittskante jener Ebenen geht, und zwar, wenn die Summanden als Parallelogramme von gemeinschaftlicher Grundseite dargestellt sind, so lässt sich die Summe als Parallelogramm darstellen, welches dieselbe Grundseite hat, und in welchem die zweite Seite die Streckensumme aus den zweiten Seiten der Summanden ist, oder anders ausgedrückt: Die Summanden sind gleich den Projektionen der Summe auf die beiden Ebenen der Summanden, wenn auf jede Ebene parallel der andern projicirt wird.*

Beweis. Es seien A und B zwei einfache Punkte in der Durchschnittskante jener Ebenen, und c und d zwei Strecken von der Art, dass die beiden zu addirenden Flächentheile gleich $[ABc]$ und $[ABd]$ seien, so ist

$$[ABc] + [ABd] = [AB(c + d)],$$

das heisst, die Summe ist dargestellt durch ein Parallelogramm, in welchem AB Grundseite, und $c + d$ die zweite Seite ist.

280. *Die Summe zweier paralleler und gleichbezeichneter (endlich entfernter) Flächentheile (E_1 und E_2) ist ein ihnen paralleler und gleichbezeichneter Flächentheil, dessen Inhalt die Summe ist aus den Inhalten der Summanden, und dessen Ebene zwischen denen der Summanden so liegt, dass sie von ihnen im umgekehrten Verhältnisse der Inhalte der Summanden absteht.*

Beweis. Es sei $E_1 = [Abc]$, wo A ein {einfacher} Punkt, b und c Strecken sind, und sei von A auf die Ebene von E_2 ein Loth AD gefällt, so ist $[Dbc]$, da beide Ebenen parallel sind, ein Flächentheil der Ebene von E_2, steht also zu E_2 in einer Zahlbeziehung. Es sei $E_2 = \alpha[Dbc]$, so ist {α positiv, da E_1 und E_2 gleichbezeichnet sind, und es wird}

$$E_1 + E_2 = [Abc] + \alpha[Dbc] = [(A + \alpha D)bc] = [(1 + \alpha)Sbc],$$

wo S (nach 225) in AD liegt, und von A und D im Verhältnisse $\alpha : 1$ absteht. Folglich ist die Ebene der Summe eine durch S mit b und c, also auch mit den Ebenen von E_1 und E_2 parallel gelegte Ebene, welche zwischen beiden Ebenen liegt und von ihnen im Verhältnisse $\alpha : 1$ absteht, das heisst, im umgekehrten Verhältnisse † der 180
Inhalte (bc und αbc). Der Inhalt der Summe ist (nach 260) gleich dem Inhalte von $(1 + \alpha)bc$, das heisst, $= bc + \alpha bc$, das heisst, gleich der Summe der Inhalte der Summanden.

281. *Die Summe zweier paralleler und entgegengesetzt bezeichneter aber nicht inhaltsgleicher (endlich entfernter) Flächentheile E_1 und E_2 ist ein ihnen paralleler, dem grösseren gleichbezeichneter Flächentheil, dessen Inhalt die Differenz der Inhalte der Summanden (E_1 und E_2) ist, und dessen Ebene ausserhalb des Raumes zwischen den beiden Ebenen der Summanden {auf der Seite des grösseren Summanden} so liegt, dass sie von diesen Ebenen im umgekehrten Verhältnisse der Summanden absteht.*

Beweis wie in 280, nur dass statt α gesetzt wird $-\alpha$.

282. *Die Summe zweier paralleler, entgegengesetzt bezeichneter aber inhaltsgleicher (endlich entfernter) Flächentheile E_1 und E_2 ist gleich einem kombinatorischen Produkte dreier Strecken, und zwar ist der Inhalt dieses Produktes gleich, aber entgegengesetzt bezeichnet dem eines Spates, welcher E_1 als Grundfläche hat und dessen Deckfläche in der Ebene von E_2 liegt.*

Beweis. Es sei $E_1 = [Abc]$, $E_2 = -[Dbc]$, so ist

$$E_1 + E_2 = [Abc] - [Dbc] = [(A - D)bc]$$
$$= -[(D - A)bc].$$

Aber $[(D-A)bc]$ ist (nach 58) $= [bc(D-A)]$, und dies letztere ist (nach 262) dem Inhalte eines Spates gleich, dessen erste Seite mit b, dessen zweite Seite mit c und dessen dritte Seite mit $(D-A)$ gleich {lang} und gleichgerichtet ist, also dessen Grundfläche $[Abc]$ ist und dessen Deckfläche durch D geht; also bewiesen.

283. *Die Summe eines endlich entfernten Flächentheils E_1 und eines kombinatorischen Produktes P dreier Strecken ist ein dem ersten parallel gelegener, inhaltsgleicher und gleichbezeichneter Flächentheil E_2, welcher so liegt, dass der Spat (Parallelepipedum), welcher den ersteren Flächentheil zur Grundfläche {und die Ebene von E_2 zur Deckfläche} hat, dem gegebenen kombinatorischen Produkte P der drei Strecken inhaltsgleich und gleichbezeichnet ist.*

Beweis. Nach 282 ist

$$E_1 - E_2 = - P,$$

also

$$E_2 = E_1 + P.$$

181 **284.** *Die Summe dreier Flächentheile (E_1, E_2, E_3), deren Ebenen sich in einem Eckpunkte (D) schneiden, ist ein Flächentheil (E_4), dessen Ebene durch denselben Eckpunkt (D) geht, und so beschaffen ist, dass, wenn man diesen Flächentheil (E_4) nach und nach auf jede der drei Ebenen parallel der Durchschnittslinie der beiden andern projicirt, diese Projektionen den Summanden (E_1, E_2, E_3) gleich sind.*

Beweis. Es seien die Kanten, in welchen sich beziehlich die Ebenen E_2 und E_3, E_3 und E_1, E_1 und E_2 schneiden, den drei Richtungen a, b, c parallel, so ist zunächst zu beweisen, dass E_1, E_2, E_3 die Projektionen von E_4 auf die Ebenen E_1, E_2, E_3 nach den Richtungen a, b, c seien.

Um dies zuerst für E_1 zu beweisen, sei $E_2 + E_3 = E'$ gesetzt, so ist a (nach der Annahme) mit der Durchschnittskante der beiden Ebenen E_2 und E_3 parallel; also auch (nach 279) mit E'. Projicirt man nun E_4 auf die Ebene E_1 nach der Richtung a, so ist, da a mit E' parallel und $E_4 = E' + E_1$ ist, diese Projektion $= E_1$ (nach 279). Auf gleiche Weise folgt, dass die Projektion von E_4 auf die Ebene E_2 nach der Richtung b gleich E_2, und die auf die Ebene E_3 nach der Richtung c gleich E_3 ist.

Endlich muss auch E_4 durch D gehen; denn (nach 279) haben E', E_2 und E_3, vermöge der Gleichung $E' = E_2 + E_3$, dieselbe Kante gemein, also auch den Punkt D, der (nach der Hypothesis) in E_2 und E_3 liegt; ferner haben nach demselben Satze E_4, E', E_1, vermöge der Gleichung $E_4 = E' + E_1$, dieselbe Kante gemein, also auch den

Punkt D, der, wie wir bewiesen, in E' und nach der Voraussetzung auch in E_1 liegt, das heisst, E_4 geht auch durch D.

285. *Eine Summe S von Linientheilen lässt sich stets auf eine Summe zweier Linientheile zurückführen, und zwar kann man für den einen dieser beiden Linientheile einen Punkt (A), durch welchen die Linie desselben gehen soll, und für den andern eine Ebene BCD, in welcher die Linie desselben liegen soll, willkürlich annehmen, nur dass der Punkt A nicht innerhalb der Ebene BCD liegen darf.*

Beweis. Da A, B, C, D nicht in Einer Ebene liegen, so kann
man aus ihnen (nach 232) alle Punkte des Raumes † numerisch ab- 182
leiten, und also auch die Punkte, durch deren Multiplikation zu je zweien die Linientheile entstanden sind, deren Summe S ist. Löst man, nachdem man diese Ableitungsausdrücke eingeführt hat, alle Klammern auf, und setzt (nach 55)

$$[BA] = -[AB],\ [CA] = -[AC],\ [DA] = -[AD],$$
$$[CB] = -[BC],\ [DB] = -[BD],\ [DC] = -[CD],$$

so erhält man einen Ausdruck der Form

$$S = \alpha[AB] + \beta[AC] + \gamma[AD] + \delta[BC] + \varepsilon[BD] + \zeta[CD],$$

wo α, β, γ, δ, ε, ζ Zahlen sind. Dies ist aber

$$= [A(\alpha B + \beta C + \gamma D)] + \delta[BC] + \varepsilon[BD] + \zeta[CD].$$

Hier giebt das erste Glied (nach 222, {251} und 253) einen Linientheil, und die Summe $\delta[BC] + \varepsilon[BD] + \zeta[CD]$ giebt (nach 272, Zusatz) einen (endlich oder unendlich entfernten) Linientheil der Ebene BCD, also bewiesen.

286. *Eine Summe S von Linientheilen ist dann und nur dann wieder ein Linientheil, wenn*

$$[SS] = 0$$

ist.

Beweis. 1. Wenn S ein Linientheil $= [AB]$ ist, so ist

$$\begin{aligned} [SS] &= [AB \,.\, AB] \\ &= [ABAB] && [80] \\ &= 0 && [60]. \end{aligned}$$

2. Wenn $[SS] = 0$ ist, so sei S (nach 285) zurückgeführt auf zwei Linientheile, und $S = [AB] + [CD]$, so wird

$$0 = [SS] = [(AB + CD)(AB + CD)] = [AB \,.\, CD] + [CD \,.\, AB],$$

da $[AB \,.\, AB]$ und $[CD \,.\, CD]$ (nach {80 und} 60) null sind. Es ist aber (nach 58) $[CD \,.\, AB] = [AB \,.\, CD]$, also

$$0 = 2[AB \,.\, CD], \text{ oder } 0 = [ABCD] \qquad \{80\},$$

das heisst, A, B, C, D liegen in Einer Ebene (nach {66 und} 236), also ist (nach 272) $[AB] + [CD]$ ein Linientheil.

Anm. Man sieht, wie für die Statik der Schwerpunkt als Summe von Punkten, die statische Kraft als Linientheil, die Resultante der statischen Kräfte als Summe der Linientheile, das statische Moment als Flächentheil erscheint, und schon daraus wird man entnehmen können, welche fruchtreiche Anwendung die hier sich entwickelnde Analyse für die Statik und Mechanik gestatte, was ich in einem späteren Werke zu zeigen gedenke. {Vgl. auch noch Nr. 346 und 347.}

183 § 5. **Planimetrische und stereometrische Multiplikation.**

288.*) Erklärung. Unter der planimetrischen Multiplikation verstehe ich die auf eine Ebene {als Gebiet dritter Stufe} bezügliche,
184 unter † der stereometrischen die auf den Raum (als Gebiet vierter Stufe) bezügliche Multiplikation.

289. *Das planimetrische Produkt zweier Linientheile $[AB]$ und $[AC]$, deren Linien sich in endlicher Entfernung schneiden, ist ein Punkt, dessen Ort der Durchschnittspunkt (A) jener Linien, und dessen Koefficient, wenn A, B, C einfache Punkte sind, gleich dem Inhalte des Parallelogramms ABC ist, das heisst,*

$$[AB\,.\,AC] = [ABC]A.$$

Beweis nach 103.

Anm. Da bei der planimetrischen Multiplikation (gemäss 94) ein Flächentheil als Einheit angenommen werden muss, so ist der Koefficient $[ABC]$ eine Zahl, also $[ABC]A$ in der That ein (einfacher oder vielfacher) Punkt.

290. *Das planimetrische Produkt zweier paralleler Linientheile $[AB]$ und $[CD]$ ist eine Strecke, welche den beiden Linien parallel ist, und welche sich zur Strecke AB algebraisch wie das Parallelogramm BCD zur Einheit verhält.*

Beweis. Da AB mit CD parallel ist, so stehen (nach 230a) die Strecken $A - B$ und $C - D$ in einer Zahlbeziehung. Es sei $C - D = \alpha(A - B)$, so wird

$$\begin{aligned}
[AB\,.\,CD] &= [(A - B)B\,.\,(C - D)D] && [67]\\
&= \alpha[(A - B)B\,.\,(A - B)D] && [\text{Annahme}]\\
&= \alpha[(A - B)BD](A - B) && [103]\\
&= [(C - D)BD](A - B) && [\text{Annahme}]\\
&= [CBD](A - B) && [67]\\
&= [BCD](B - A) && [55],
\end{aligned}$$

*) {Die Nr. 287 steht jetzt an ihrer richtigen Stelle als Nr. 119c. Grassmann selbst sagt in der Originalausgabe bei Nr. 287: „Dieser Satz hätte nach 119b folgen sollen, und ist dort nur durch ein Versehen ausgelassen.“}

das heisst, $[AB \,.\, CD]$ ist gleich einer Strecke, die mit AB parallel ist, und sich zu AB algebraisch verhält wie $[BCD]$ zu 1.

291. *Das planimetrische Produkt eines Linientheiles $[AB]$ und eines Punktes C ist, wenn A, B, C einfache Punkte sind, gleich dem Inhalte des Parallelogramms ABC, also null {dann und} nur dann, wenn A, B, C in gerader Linie liegen.*

Beweis nach 257 {und 245}.

292. *Das planimetrische Produkt dreier Linientheile $[AB]$, $[AC]$, $[BC]$, welche die Seiten eines Dreiecks bilden, ist, wenn A, B, C einfache Punkte sind, viermal so gross als † das Quadrat dieses Dreiecks, oder* 185
gleich dem Quadrate des Parallelogramms ABC, das heisst,

$$[AB \,.\, AC \,.\, BC] = [ABC]^2.$$

Beweis. Es sei $[ABC] = \alpha$. Dann setze man $A_1 = A : \alpha$, so ist $[A_1BC] = 1$, also (nach 112)

$$[A_1B \,.\, A_1C \,.\, BC] = 1,$$

also

$$[AB \,.\, AC \,.\, BC] = \alpha^2 = [ABC]^2.$$

Anm. Wir hätten die Formel auch schreiben können:

$$[AB \,.\, BC \,.\, CA] = [ABC]^2.$$

293. *Das planimetrische Produkt zweier Grössen erster oder zweiter Stufe ist dann und nur dann null, wenn die Grössen incident sind, das heisst, zweier Punkte, wenn ihre Orte zusammenfallen, zweier Linientheile, wenn ihre Linien zusammenfallen, eines Linientheiles und eines Punktes, wenn der Ort des Punktes in die Linie (jenes Linientheiles) fällt.*

Beweis nach 119c.

294. *Das planimetrische Produkt zweier nicht incidenter Linientheile ist dem Durchschnittspunkte ihrer Linien kongruent, das heisst,*

$$[AB \,.\, AC] \equiv A.$$

Beweis. $[AB \,.\, AC] = [ABC]A$ (nach 289), also, da $[ABC]$ eine Zahl ist, $\equiv A$ (nach 2).

295. *Das planimetrische Produkt dreier Linientheile ist dann und nur dann null, wenn ihre Linien sich in einem (endlich oder unendlich entfernten) Punkte treffen.*

Beweis nach 119c.

296. *Das stereometrische Produkt zweier Flächentheile $[ABC]$ und $[ABD]$, deren Ebenen sich in endlicher Entfernung schneiden, ist ein Theil dieser Durchschnittslinie, und zwar verhält sich derselbe, wenn*

A, B, C, D einfache Punkte sind, zu $[AB]$ algebraisch wie der Spat (das Parallelepipedum) $ABCD$ zur Einheit.

Beweis. $[ABC \,.\, ABD] = [ABCD][AB]$ [103].

Anm. Da bei der stereometrischen Multiplikation (nach 94, 288) ein Körpertheil als Einheit genommen ist, so ist $[ABCD]$ eine Zahl, und also $[ABCD][AB]$ in der That ein Linientheil.

186 **297.** *Das stereometrische Produkt zweier Flächentheile $[ABC]$ und $[DEF]$, deren Ebenen parallel sind, ist ein Produkt zweier Strecken, welche diesen Ebenen parallel sind, und zwar verhält sich der Inhalt dieses Produktes, wenn A, B, C, D, E, F einfache Punkte sind, zu dem des Parallelogramms ABC algebraisch wie der Spat (das Parallelepipedum) $ADEF$ zur Einheit.*

Beweis.

$$[ABC.DEF] = [A(B-A)(C-A).D(E-D)(F-D)] \quad [67].$$

Da nun nach der Annahme die Ebenen ABC und DEF parallel sind, so sind (nach 230) $E-D$ und $F-D$ aus $B-A$ und $C-A$ ableitbar, also auch das Produkt der ersteren aus dem der letzteren. Es sei $B-A$ mit p und $C-A$ mit q bezeichnet, so ist $[(E-D)(F-D)]$ aus $[pq]$ ableitbar und sei $= \alpha[pq]$, so ist

$$\begin{aligned}[ABC.DEF] &= [Apq \,.\, \alpha(Dpq)] = \alpha[Apq \,.\, Dpq] && [40]\\ &= \alpha[ADpq][pq] && [107]\\ &= [AD(E-D)(F-D)][pq] && [\{80\}, \text{Annahme}]\\ &= [ADEF][pq] && [67].\end{aligned}$$

298. *Das stereometrische Produkt zweier Linientheile $[AB]$ und $[CD]$, und ebenso das eines Flächentheils $[ABC]$ und eines Punktes $\{D\}$, ist, wenn A, B, C, D einfache Punkte sind, gleich dem Spate $ABCD$.*

Beweis. $[AB \,.\, CD] = [ABC \,.\, D] = [ABCD]$ [80].

299. *Das stereometrische Produkt dreier Flächentheile $[ABC]$, $[ABD]$, $[ACD]$, welche sich in einem endlich entfernten Punkte A schneiden, ist ein vielfacher Punkt, dessen Ort der Durchschnittspunkt A ist, und zwar, wenn A, B, C, D die einfachen Ecken eines Tetraeders sind, so ist der zu jenem Punkte gehörige Koefficient gleich dem Quadrate des Inhaltes des Spates (Parallelepipedums) $ABCD$.*

Beweis. Es sei $[ABCD] = \alpha$, und sei $B_1 = B : \alpha$, so ist $[AB_1CD] = 1$, also (nach 112)

$$[AB_1C \,.\, AB_1D \,.\, ACD] = A,$$

also

$$[ABC \,.\, ABD \,.\, ACD] = \alpha^2 A = [ABCD]^2 A.$$

300. *Das stereometrische Produkt von vier Flächentheilen* $[ABC]$,
$[ABD]$, $[ACD]$, $[BCD]$ *ist, wenn* A, B, C, D † *die einfachen Ecken* 187
eines Tetraeders sind, gleich der dritten Potenz des Spates (Parallelepipedums) $ABCD$.

Beweis. Es sei $[ABCD] = \alpha$, und sei $A_1 = A : \alpha$, so ist $[A_1 BCD] = 1$, also (nach 112)

$$[A_1 BC \,.\, A_1 BD \,.\, A_1 CD \,.\, BCD] = 1,$$

also

$$[ABC \,.\, ABD \,.\, ACD \,.\, BCD] = \alpha^3 = [ABCD]^3.$$

301. *Das stereometrische Produkt zweier Linientheile ist dann und nur dann null, wenn ihre Linien in einer Ebene liegen; das stereometrische Produkt zweier Grössen, welche von erster, zweiter oder dritter Stufe, aber nicht beide zugleich von zweiter Stufe sind, ist dann und nur dann null, wenn die Grössen incident sind, also zweier Punkte, wenn ihre Orte zusammenfallen, zweier Flächentheile, wenn ihre Ebenen zusammenfallen, eines Punktes und eines Linien- oder Flächentheiles, wenn der Punkt in der Linie oder Ebene des letzteren liegt, eines Linientheiles und eines Flächentheiles, wenn die Linie des ersteren in der Ebene des letzteren liegt.*

Beweis nach 119c.

302. *Das stereometrische Produkt zweier nicht incidenter Flächentheile ist der Durchschnittslinie ihrer Ebenen kongruent.*

Beweis. Es seien a, b, c, d vielfache Punkte, so ist

$$[abc \,.\, abd] = [abcd][ab] \qquad \{103\}$$
$$\equiv [ab],$$

da $[abcd]$ eine Zahl ist.

303. *Das stereometrische Produkt eines Flächentheiles und eines Linientheiles, der nicht in der Ebene des ersteren liegt, ist dem Durchschnittspunkte der Ebene und der Linie kongruent.*

Beweis. $$[abc \,.\, ad] = [abcd]a \qquad \{103\}$$
$$\equiv a,$$

wo wieder a, b, c, d vielfache Punkte sind.

304. Erklärung. Ich bezeichne bei der planimetrischen Multiplikation das Produkt $[ab]$ zweier Strecken a und b, wenn das Parallelogramm ab gleich dem als Einheit angenommenen Flächeninhalte ist, mit U, und ebenso bezeichne ich bei der stereometrischen Multiplikation das Produkt $[abc]$ dreier Strecken † a, b und c, wenn der 188
Spat (Parallelepipedum) abc gleich dem als Einheit angenommenen Körperraume ist, mit U. Wenn beide unterschieden werden sollen, so werde ich jenes mit U_2, dieses mit U_3 bezeichnen.

305. *Wenn a ein vielfacher Punkt, $[AB]$ ein Linientheil, $[ABC]$ ein Flächentheil ist, und A, B, C einfache Punkte sind, so ist*

der Koefficient von a, $$\frac{[aU]}{[ABU]}$$

gleich der mit AB gleich langen und gleichgerichteten Strecke $= B - A$,

und $$[ABCU]$$

gleich dem mit dem Parallelogramm ABC gleichen und parallel gelegenen Streckenprodukte
$$= [(B-A)(C-A)].$$

Beweis. Es sei $a = \alpha A$ und $U = [bcd]$, wo b, c, d (nach 304) Strecken sind, und der Spat bcd gleich Eins ist, so ist
$$[aU] = [\alpha Abcd] = \alpha[Abcd] = \alpha,$$
da $[Abcd]$ (nach 268) mit $[bcd]$ inhaltsgleich und gleich bezeichnet, also gleich Eins ist.

Ferner
$$[ABU] = [AB \,.\, bcd] = [A(B-A) \,.\, bcd] \qquad [67].$$
Da hier $B - A$ als Strecke aus b, c, d numerisch ableitbar ist (nach 229), so ist {$B - A$ dem $[bcd]$ untergeordnet, also} (nach 108)
$$[A(B-A) \,.\, bcd] = [Abcd](B-A) = B - A,$$
da $[Abcd] = 1$ ist.

Ferner
$$[ABCU] = [ABC \,.\, bcd] = [A(B-A)(C-A) \,.\, bcd] \qquad [67].$$
Da hier $B - A$ und $C - A$ Strecken, also aus b, c, d numerisch ableitbar sind (nach 229), so ist $[(B-A)(C-A)]$ dem $[bcd]$ untergeordnet, also
$$[A(B-A)(C-A) \,.\, bcd] = [Abcd][(B-A)(C-A)] \qquad [108]$$
$$= [(B-A)(C-A)],$$
da $[Abcd] = 1$ ist.

Anm. Diese Grössen $[aU]$, $[ABU]$, $[ABCU]$ sind es, welche ich in der ersten Bearbeitung der Ausdehnungslehre von 1844 (S. 153 {diese Ausgabe I, 1, S. 179}) die Ausweichungen der Grössen a, $[AB]$, $[ABC]$ genannt, und dafür eine eigene Bezeichnung eingeführt habe, die nunmehr durch die Anwendung der unendlich entfernten Einheit (U) überflüssig gemacht worden ist.

189 § 6. Besondere Gesetze für ein gleich Null gesetztes planimetrisches {und stereometrisches} Produkt. Ebene {algebraische} Kurven. {Algebraische Flächen}.

306. *Die Gleichung eines Punktes x, der mit den Punkten a {und} b in Einer geraden Linie liegt, ist*
$$[xab] = 0.$$

Beweis. Denn (nach 245) ist $[xab]$ dann und nur dann null, wenn x mit a, b in einer geraden Linie liegt.

Anm. Da es bei den gleich Null gesetzten Produkten nie auf den metrischen Werth der Faktoren ankommt, so brauchen einfache und vielfache und unendlich entfernte Punkte nicht mehr unterschieden zu werden, und ich will deshalb für dieselben überall die gleiche Bezeichnung durch kleine lateinische Buchstaben wählen, während ich zur Bezeichnung der Linientheile, oder, da es hier auf ihre Grösse nicht ankommt, der geraden Linien, die grossen lateinischen Buchstaben wähle.

307. *Sind A und B gerade Linien einer Ebene, so lautet die Gleichung einer geraden Linie X, die mit den geraden Linien A und B durch denselben Punkt geht, und in derselben Ebene liegt,*

$$[XAB] = 0,$$

{*wo $[XAB]$ ein planimetrisches Produkt ist*}.

Beweis nach 295.

308. *Die Stufenzahl eines planimetrischen Produktes aus beliebig vielen Faktoren, mögen dieselben nun Grössen erster oder zweiter Stufe sein, ist der Summe der Stufenzahlen aller Faktoren kongruent in Bezug auf den Modul 3.*

Beweis nach 96.

309. *Wenn $\mathfrak{P}_{n,x}$ ein planimetrisches Produkt nullter Stufe ist, welches den Punkt x n-mal, und ausserdem nur konstante Punkte und Linien als Faktoren enthält, so ist* {*die Gleichung*}

$$\mathfrak{P}_{n,x} = 0,$$

wenn ihr nicht jeder Punkt x genügt, die Punkt-Gleichung einer algebraischen Kurve n-ter Ordnung, das heisst, es sagt die Gleichung aus, dass der Punkt x in einer algebraischen Kurve n-ter Ordnung liegt.

Beweis. Es seien a, b, c drei beliebige, nicht in gerader Linie liegende Punkte, zum Beispiel a ein einfacher Punkt, b und c zwei gegeneinander senkrechte und gleich lange Strecken (unendlich entfernte Punkte), so sind alle Punkte der Ebene † aus a, b, c numerisch 190
ableitbar, also namentlich der Punkt x; es sei

$$x = x_1 a + x_2 b + x_3 c.$$

Führt man diesen Ausdruck statt x in die Gleichung

$$\mathfrak{P}_{n,x} = 0$$

ein, und löst die sämmtlichen Klammern, welche nun in dem Produkte $\mathfrak{P}_{n,x}$ den Ausdruck $(x_1 a + x_2 b + x_3 c)$ einschliessen, auf, so erhält man eine in Bezug auf x_1, x_2, x_3 homogene Gleichung n-ten Grades, deren Glieder alle die Form $\mathfrak{A} x_1^{\mathfrak{a}} x_2^{\mathfrak{b}} x_3^{\mathfrak{c}}$ haben, wo $\mathfrak{a} + \mathfrak{b} + \mathfrak{c} = n$ ist, und wo $\mathfrak{A}$ ein Produkt konstanter Linien und Punkte, und zwar ein Produkt nullter Stufe ist, da die Stufenzahlen der Faktoren nicht geändert sind. Also ist $\mathfrak{A}$ als Grösse nullter Stufe eine Zahl, und die Gleichung also eine gewöhnliche Zahlgleichung geworden, welche in Bezug auf x_1, x_2, x_3 homogen vom n-ten Grade ist. Es sind aber, wenn a ein einfacher Punkt und b und c zu einander senkrechte gleich lange Linien sind, $\frac{x_2}{x_1}$ und $\frac{x_3}{x_1}$ die gewöhnlichen Koordinaten des Punktes x, also, wenn die Gleichung nicht identisch erfüllt ist, die durch sie dargestellte Kurve eine algebraische Kurve von n-ter Ordnung.

310. *Wenn $\mathfrak{P}(n, X)$ ein planimetrisches Produkt nullter Stufe ist, welches die gerade Linie X n-mal und ausserdem nur konstante Punkte und Linien als Faktoren enthält, so ist*

$$\mathfrak{P}(n, X) = 0$$

die Linien-Gleichung einer algebraischen Kurve n-ter Klasse, oder einfacher ausgedrückt, so ist der geometrische Ort für die Linie X, welche dieser Gleichung genügt, ein Ort n-ten Grades.

Beweis genau wie in 309.

311. *Wenn $\mathfrak{P}_{n,x}$ ein stereometrisches Produkt nullter Stufe ist, welches den Punkt x n-mal, und ausserdem nur konstante Punkte, Linien und Ebenen als Faktoren enthält, so ist*

$$\mathfrak{P}_{n,x} = 0$$

die Punktgleichung einer algebraischen Oberfläche n-ter Ordnung, oder
191 *einfacher ausgedrückt, so ist der geometrische Ort † des Punktes x, welcher der obigen Gleichung genügt, ein Ort n-ten Grades; vorausgesetzt jedoch, dass nicht jeder Punkt x der obigen Gleichung genügt.*

Beweis. Es seien a, b, c, d vier beliebige Punkte, die nicht in Einer Ebene liegen, zum Beispiel a ein einfacher Punkt, b, c, d drei gegeneinander senkrechte und gleich lange Strecken (unendlich entfernte Punkte), so lässt sich (nach 232) x aus a, b, c, d numerisch ableiten.

Es sei
$$x = x_1 a + x_2 b + x_3 c + x_4 d,$$
wo x_1, x_2, x_3, x_4 Zahlen sind. Führt man diesen Ausdruck statt x in dem Produkt $\mathfrak{P}_{n,x}$ überall ein, und löst die Klammern auf, so erhält man lauter Glieder der Form $\mathfrak{A} x_1^{\mathfrak{a}} x_2^{\mathfrak{b}} x_3^{\mathfrak{c}} x_4^{\mathfrak{d}}$, wo $\mathfrak{a} + \mathfrak{b} + \mathfrak{c} + \mathfrak{d} = n$, und $\mathfrak{A}$ ein Produkt nullter Stufe, also eine Zahl ist. Somit ist die entstehende Gleichung eine Zahlgleichung, welche in Bezug auf x_1, x_2, x_3, x_4 homogen vom n-ten Grade ist, falls nicht etwa die sämmtlichen Koefficienten $\mathfrak{A}$, ... null sind, das heisst, der Gleichung durch

jeden Punkt x genügt wird, was oben ausgeschlossen war. Nun sind $\frac{x_2}{x_1}, \frac{x_3}{x_1}, \frac{x_4}{x_1}$ die gewöhnlichen Koordinaten des Punktes x, weil nämlich

$$x = x_1\left(a + \frac{x_2}{x_1}b + \frac{x_3}{x_1}c + \frac{x_4}{x_1}d\right),$$

also

$$x \equiv a + \frac{x_2}{x_1}b + \frac{x_3}{x_1}c + \frac{x_4}{x_1}d$$

ist. Somit ist der geometrische Ort von x eine Oberfläche n-ter Ordnung.

312. *Wenn $\mathfrak{P}(n, \mathfrak{x})$ ein stereometrisches Produkt nullter Stufe ist, welches die Ebene $\mathfrak{x}$ n-mal als Faktor enthält, und ausserdem nur konstante Punkte, Linien und Ebenen, so ist*

$$\mathfrak{P}(n, \mathfrak{x}) = 0$$

die Ebenen-Gleichung einer algebraischen Oberfläche n-ter Klasse; vorausgesetzt, dass nicht jede Ebene $\mathfrak{x}$ der Gleichung genügt.

Beweis wie in 311, {denn jeder Flächentheil ist ja ein Produkt von drei Punkten und lässt sich daher (nach 232, 65) aus vier nicht durch einen Punkt gehenden Flächentheilen numerisch ableiten}.

313. *Ein planimetrisches, und ebenso ein stereometrisches Produkt bleibt sich selbst kongruent, wenn man statt eines beliebigen Faktors desselben einen ihm kongruenten setzt, oder, {was dasselbe ist,} † ihn mit einer* 192
beliebigen von Null verschiedenen Zahl (einer Grösse nullter Stufe) multiplicirt oder dividirt.

Beweis. Zwei Grössen A und B heissen (nach 2) kongruent, wenn zwischen ihnen eine Gleichung der Form $\mathsf{A} = n\mathsf{B}$ besteht, in welcher n eine beliebige von Null verschiedene Zahl (positive {oder negative}, ganze oder gebrochene, rationale oder irrationale) bedeutet. Setzt man nun in einem Produkte $P(\mathsf{A})$, welches den Faktor A enthält, statt A eine ihr kongruente Grösse $n\mathsf{A}$, so wird $P(n\mathsf{A})$ (nach 46) $= nP(\mathsf{A})$, also mit $P(\mathsf{A})$ kongruent.

Anm. Ein Produkt nullter Stufe ist nach dem angeführten Begriffe dann und nur dann einem anderen kongruent, wenn sie entweder beide zugleich null, oder beide zugleich von Null verschieden sind. Somit schliesst der Satz dies ein, dass, wenn man in einem Produkte nullter Stufe statt eines beliebigen Faktors einen ihm kongruenten setzt, das Produkt null bleibt, wenn es null war, und von Null verschieden bleibt, wenn es von Null verschieden war. Da es in der ganzen folgenden Behandlung nur auf die Kongruenz ankommt, so werde ich statt der Linientheile und der Flächentheile überall gerade Linie und Ebene setzen.

314. *Ein planimetrisches und ebenso ein stereometrisches Produkt bleibt sich selbst kongruent, wenn {man} die beiden Faktoren, aus denen* *es besteht, vertauscht, das heisst* [AB] ≡ [BA], *was auch* A *und* B *für Grössen seien.*

Beweis nach {114 und} 120.

315. *Ein planimetrisches Produkt dreier Punkte oder dreier Linien, ebenso ein stereometrisches von vier Punkten oder Ebenen bleibt sich selbst kongruent, wenn man seine Faktoren beliebig ordnet und zusammenfasst.*

Beweis. Denn da das Produkt dann (nach 114) ein reines ist, so gelten für dasselbe die Sätze 120, 119.

316. *Ein planimetrisches und ebenso ein stereometrisches Produkt bleibt sich selbst gleich, wenn man zwei unmittelbar auf einander folgende, einander incidente Faktoren desselben (namentlich eine gerade Linie oder eine Ebene und einen in ihr liegenden Punkt) vertauscht.*

Beweis nach 123.

317. *Ein planimetrisches und ebenso ein stereometrisches Produkt*
193 *nullter Stufe bleibt sich selbst kongruent, wenn* † *man die Ordnung der Faktoren umkehrt, oder die Reihe beliebig vieler letzter Faktoren in eine Klammer schliesst und umkehrt.*

Beweis nach 126.

318. *Ein stereometrisches Produkt von drei oder vier Punkten, oder von drei oder vier Ebenen, oder von zwei Punkten und einer Geraden, oder von zwei Ebenen und einer Geraden bleibt sich selbst kongruent, wenn man seine Faktoren beliebig ordnet und zusammenfasst.*

Beweis. Denn da das Produkt dann (nach 114) jedesmal ein reines ist, so sind hier die Sätze 119 und 120 anwendbar.

319. *Ein stereometrisches Produkt* $[aBC]$ *von einem Punkte* a *und zwei geraden Linien* B *und* C, *welche sich schneiden, bleibt sich selbst kongruent, wenn man diese geraden Linien vertauscht, das heisst,*

$$[aBC] \equiv [aCB],$$

wenn B *und* C *sich schneiden.* {*Dasselbe gilt, wenn man den Punkt* a *durch eine Ebene* α *ersetzt.*}

Beweis nach 124e.

Anm. Hiermit sind alle Fälle der Vertauschbarkeit für planimetrische und stereometrische Produkte erschöpft. (Vgl. 124.)

320. *Wenn in einem planimetrischen Produkte der Form*

$$[xaBcD\,\ldots],$$

das heisst, in welchem auf den Punkt x *abwechselnd Punkte und gerade*

Linien folgen, oder in dem planimetrischen Produkte

$$[XBcD\ldots],$$

in welchem auf die Linie X abwechselnd Linien und Punkte folgen, kein Faktor dem nächstfolgenden incident ist, so ist dasselbe von Null verschieden.

Beweis. Angenommen sei, dass von den Grössen $x, a, B, c, D, \ldots$ keine zwei aufeinander folgende incident seien, dann sind x und a zwei nicht incidente Punkte, ihr Produkt also eine von Null verschiedene, gerade Linie. Diese gerade Linie ist nicht mit B incident, da a nicht in B liegt, also ist ihr Produkt $[xaB]$ ein von Null verschiedener Punkt der geraden Linie B. Dieser kann nicht mit c zusammenfallen, da c nicht in B liegt, also ist ihr Produkt $[xaBc]$ eine von Null verschiedene, durch c gehende gerade Linie. Diese kann nicht mit D zusammenfallen, da c nicht in D liegt, also ist ihr Produkt $[xaBcD]$
ein von Null verschiedener Punkt der geraden † Linie D, und so weiter. 194
Setzt man $xa = X$, so geht der zweite Theil des Satzes hervor.

321. *Wenn in einem stereometrischen Produkte der Form*

$$[xa\beta c\delta\ldots],$$

das heisst, in welchem auf den Punkt x abwechselnd Punkte und Ebenen (die hier mit griechischen Buchstaben bezeichnet sind) folgen, oder in dem stereometrisehen Produkte

$$[\xi\beta c\delta\ldots],$$

in welchem auf die Ebene ξ abwechselnd Ebenen und Punkte folgen, kein Faktor dem nächstfolgenden incident ist, so ist dasselbe von Null verschieden.

Beweis wie in 320.

322. *Wenn in einem stereometrischen Produkte der Form*

$$[xABC\ldots] \text{ oder } [\xi BC\ldots],$$

das heisst, in welchem auf den Punkt x oder die Ebene ξ lauter gerade Linien als Faktoren folgen, die beiden ersten Faktoren einander nicht incident sind, und keine der Linien die nächstfolgende schneidet, so ist dasselbe von Null verschieden.

Beweis. Da x nicht in der geraden Linie A liegt, so ist $[xA]$ von Null verschieden, und zwar der durch x und A gelegten Ebene kongruent. In dieser Ebene kann die gerade Linie B nicht liegen, da sie sonst die gerade Linie A derselben Ebene (wenn auch {vielleicht} in unendlicher Entfernung) schneiden müsste, gegen die Annahme; also ist das Produkt $[xAB]$ der Ebene $[xA]$ und der geraden Linie B von Null verschieden, und zwar (nach 303) kongruent dem Durchschnittspunkte beider. Da dieser in B liegt, also nicht in C (da B und C sich nicht schneiden), so ist das Produkt $[xABC]$ eine von Null verschiedene durch C gehende Ebene, und so weiter. Der zweite Theil des Satzes folgt, wenn man $[xA] = \xi$ setzt.

Anm. Die angeführten Sätze reichen hin, um die vorher aufgestellten Formeln für Kurven und Oberflächen mit der grössten Leichtigkeit zu diskutiren, wozu ich die folgenden zwei Beispiele wähle.

323. *Die Gleichung eines Kegelschnittes, der durch die fünf Punkte a, b, c, d, e geht, von denen keine drei in einer geraden Linie liegen, ist*

195 $$[xa(cd)(ab \,.\, de)(bc)ex] = 0,$$

oder

$$[xaBc_1Dex] = 0,$$

wo $B = [cd]$, $c_1 = [ab \,.\, de]$, $D = [bc]$ *ist.*

Beweis. Das Produkt der linken Seite ist, da die Summe der Stufenzahlen, zwölf, durch drei theilbar ist, von nullter Stufe. Dass nicht jeder Punkt x der Gleichung genügt, davon überzeugt man sich leicht.

Fig. 12.

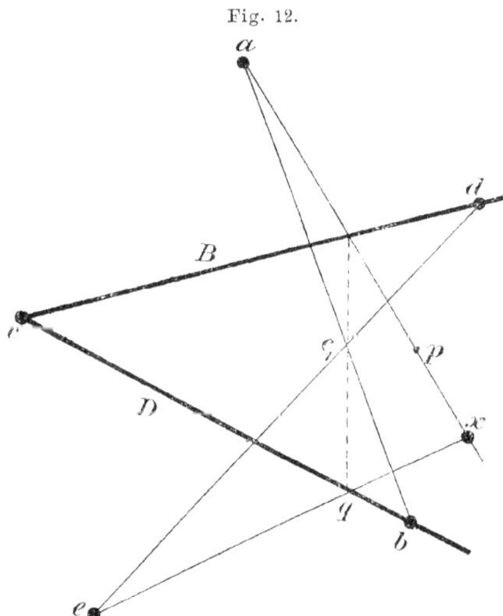

Zieht man zum Beispiel eine Linie ap, die nicht durch e geht {vgl. Fig. 12}, und nimmt an, x solle in dieser geraden Linie liegen, aber nicht in a, so ist $[xa] \equiv [pa]$, somit können wir (nach 313) statt xa in der obigen Gleichung pa einsetzen, und erhalten

$$[paBc_1Dex] = 0,$$

das heisst {nach 306}, der Punkt x muss in der geraden Linie liegen, die durch den Punkt $[paBc_1D]$, welcher q heisse, und durch den Punkt e geht; zugleich soll er nach der Annahme in der geraden Linie ap liegen, also zugleich in qe und ap. Diese beiden geraden Linien sind {aber} nothwendig verschieden, da e nicht in ap liegt, also treffen sie sich nur in einem Punkte, das heisst, die gerade Linie ap enthält ausser dem Punkte a nur Einen Punkt, der der obigen Gleichung genügt. Also genügt ihr nicht jeder Punkt.

Somit ist der geometrische Ort für x (nach 309) eine Kurve zweiter Ordnung, also ein Kegelschnitt. Es ist nur noch zu zeigen, dass er durch die fünf Punkte $a, \dots e$ geht, das heisst, dass, wenn x mit irgend einem der fünf Punkte $a, \dots e$ zusammenfällt, die Gleichung erfüllt wird.

Fällt x mit a zusammen, so wird $[xa] = 0$, also auch das ganze Produkt; dasselbe gilt für $x \equiv e$, wenn man die Gleichung (nach 317) in der Form

$$[xeDc_1Bax] = 0$$

schreibt.

Wird $x \equiv c$, so wird $[ca(cd)] = [cad]c$ (nach 103), und dies ist wieder $\equiv c$, da $[cad]$ eine von Null verschiedene Zahl ist, also ist

$$\begin{aligned}
[ca(cd)(ab.de)(bc)ec] &\equiv [c(ab.de)(bc)ec] && \{313\} \\
&\equiv [(ab.de)c(bc)ec] && [314] \\
&\equiv [(ab.de)(bc)cec] && [316] \\
&\equiv [(ab.de)(bc)][cec] && \{40\},
\end{aligned}$$

da $[(ab.de)(bc)]$ von nullter Stufe, das heisst, eine Zahl ist. Hier ist $[cec]$ (nach 60) $= 0$, † also auch das ganze Produkt null. 196

Wird $x \equiv d$, so wird

$$[da.cd] \equiv [da.dc] \text{ (Nr. 314) } = [dac]d \text{ (Nr. 103) } \equiv d.$$

Somit wird dann

$$\begin{aligned}
[da(cd)(ab.de)(bc)ed] &\equiv [d(ab.de)(bc)ed] && \{313\} \\
&\equiv [ab(de)d(bc)ed] && [314] \\
&\equiv [abd(de)(bc)ed] && [316] \\
&\equiv [abd][(de)(bc)(de)] && [40, \{317\}],
\end{aligned}$$

weil $[abd]$ eine Zahl ist. Aber $[de.bc.de]$ ist null (nach 295), also das ganze Produkt $= 0$. Wird $x \equiv b$, so ergiebt sich auf gleiche Weise aus der umgekehrten Gleichungsform, dass der Gleichung genügt wird. Somit sind alle fünf Punkte $a, \dots e$ Punkte des Kegelschnittes.

324. *Wenn A, B, C drei gerade Linien im Raume sind, von denen keine zwei sich schneiden, so ist*

$$[xABCx] = 0$$

die Gleichung derjenigen Fläche zweiter Ordnung, auf welcher die drei geraden Linien A, B, C liegen.

Beweis. Die Summe der Stufenzahlen ist acht, also durch vier theilbar, also das Produkt als stereometrisches von nullter Stufe. Nicht jeder Punkt x genügt der Gleichung. Denn legt man durch die gerade

Linie A eine Ebene α {vgl. Fig. 13}, und nimmt an, der Punkt x liege in dieser Ebene, aber ausserhalb A, so ist $[xA] \equiv \alpha$, also $[xABC] \equiv [\alpha BC]$,

Fig. 13.

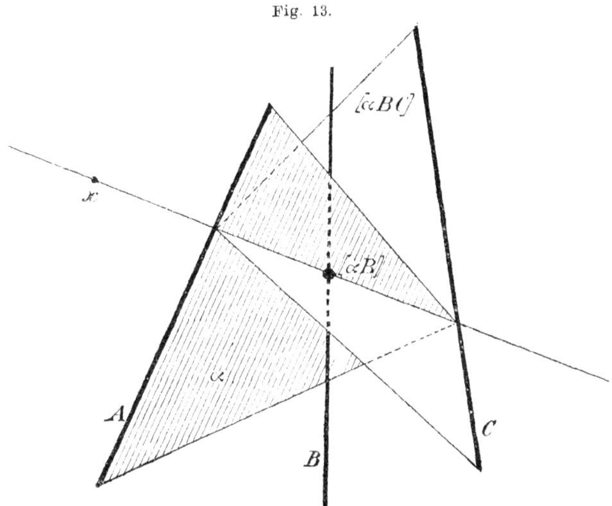

und zwar von Null verschieden (nach 322). Es ist aber $[\alpha B]$ ein Punkt und $[\alpha BC]$ die durch diesen Punkt und die gerade Linie C gelegte Ebene. Die Gleichung

$$[\alpha BCx] = 0$$

sagt {daher} aus, dass der Punkt x in dieser Ebene liegen muss, er liegt aber nach der Annahme auch in der Ebene α, also in beiden zugleich. Beide Ebenen fallen aber nicht zusammen, da sonst A und C in dieser Ebene liegen, also sich schneiden müssten, gegen die Annahme. Also muss x dann in der Durchschnittskante beider Ebenen liegen, um der Gleichung zu genügen. Somit genügt ihr nicht jeder Punkt.

Da nun das obige Produkt von nullter Stufe ist, x zweimal als Faktor enthält, und nicht durch jeden Punkt x erfüllt wird, so ist (nach 311) der Ort von x eine Oberfläche zweiter Ordnung. In ihr
197 liegen A und C, denn wenn x in A liegt, so wird $\dagger$ $[xA] = 0$, also das Produkt null, ebenso wenn x in C liegt {nach 317}. Liegt endlich x in B, so hat man

$$\begin{aligned} [xABCx] &\equiv [AxBCx] && [314] \\ &\equiv [ABxCx] && [316] \\ &\equiv [AB][xCx] && \{40\}, \end{aligned}$$

da $[AB]$ von nullter Stufe ist; endlich $[xCx]$ (nach 60) null, also das

Produkt gleich Null, das heisst, jeder Punkt x, der in B liegt, genügt der Gleichung.

Anm. Für den umgekehrten Satz, dass jede algebraische Kurve der Ebene sich in Form eines gleich Null gesetzten planimetrischen Produktes darstellen lässt, kommt es darauf an, jede algebraische Funktion der Koordinaten eines Punktes in Form eines planimetrischen Produktes darzustellen. Diese Aufgabe wird gelöst sein, wenn bei irgend einer Methode, die Zahlen räumlich darzustellen, sowohl das Produkt als auch die Summe zweier räumlich dargestellter Zahlen durch ein planimetrisches Produkt dargestellt werden kann. Das Entsprechende gilt für die algebraischen Oberflächen.

Für den ersten Fall wollen wir die Entwickelung so weit führen, dass aus jeder gegebenen algebraischen Gleichung sogleich die entsprechende planimetrische abgelesen werden kann.

325. *Es sei c ein einfacher Punkt, a und b seien zwei nicht parallele Strecken, und x ein beliebiger einfacher Punkt der Ebene cab* {vgl. Fig. 14}, *und zwar sei $x = x_1 a + x_2 b + c$. Es sei $d = a + b + c$ (das heisst, d sei in einem Parallelogramme, dessen eine Ecke c ist, und dessen von dieser Ecke ausgehende Seiten mit a und b gleich lang und gleichgerichtet sind, die der Ecke c gegenüberliegende Ecke). Wenn dann (x_1) und (x_2) diejenigen* {*einfachen*} *Punkte der Diagonale cd sind, für welche die Gleichungen*

$$[c(x_1)] : [cd] = x_1, \quad [c(x_2)] : [cd] = x_2$$

gelten, so ist

$$(x_1) \equiv [xbC], \quad (x_2) \equiv [xaC]$$

und

$$[(x_1)b] = [xb], \quad [(x_2)a] = [xa],$$

wo der Kürze wegen $[cd]$ mit C bezeichnet ist.

Fig. 14.

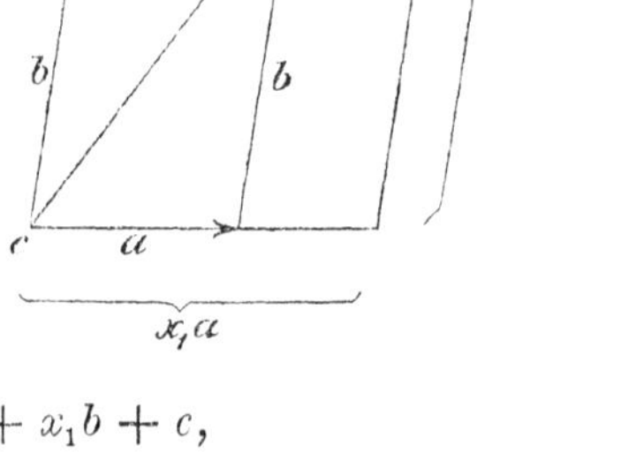

Beweis. Nach 221 ist, da die Punkte c, (x_1), d in gerader Linie liegen, und $c(x_1) : cd = x_1 : 1$ sich verhält,

$$(x_1) - c = x_1(d - c) = x_1(a + b),$$

da (nach Hypothesis) $d = a + b + c$ war; also

$$(x_1) = x_1 a + x_1 b + c,$$

folglich

$$[(x_1)b] = [(x_1 a + c)b] \qquad [67]$$

und

$$[xb] = [(x_1 a + x_2 b + c)b] \qquad \text{[Hypothesis]}$$
$$= [(x_1 a + c)b] \qquad [67].$$

Folglich

$$[(x_1)b] = [xb].$$

198 Hier ist $[xb]$ eine gerade Linie, welche durch x mit b parallel gezogen ist; in dieser Linie liegt nach der letzten Gleichung der Punkt (x_1); es liegt derselbe aber nach der Voraussetzung auch in der Geraden cd oder C, also im Durchschnitt beider, folglich ist

$$(x_1) \equiv [xbC].$$

Aus gleichem Grunde ist $[(x_2)a] = [xa]$ und $(x_2) \equiv [xaC]$.

326. *Wenn a, b, c, d dieselbe Bedeutung wie im vorigen Satze haben, und p, q zwei beliebige Zahlen sind und man ähnlich wie im vorigen Satze, unter (p), (q), (pq) diejenigen* {*einfachen*} *Punkte der geraden Linie cd versteht, für welche die Gleichungen*

(a) $\quad [c(p)] : [cd] = p, \quad [c(q)] : [cd] = q, \quad [c(pq)] : [cd] = pq$

gelten {vgl. Fig. 15}, *so ist, wenn der Kürze wegen*

(b) $\quad [da] = A, \quad [db] = B, \quad [dc] = C$

gesetzt sind,

$$(pq) \equiv [(p)aBc((q)b)aC] \equiv [(p)bAc((q)a)bC]$$
$$[(pq)a] \equiv [(p)aBc((q)b)a]$$
$$[(pq)b] \equiv [(p)bAc((q)a)b].$$

Beweis. Setzt man in die dritte der Gleichungen (a) für p und q ihre Werthe aus den beiden ersten, so erhält man die Proportion

$$[c(pq)] : [c(p)] = [c(q)] : [cd].$$

Aus dieser Proportion und daraus, dass die fünf Punkte c, d, (p), (q), (pq) in gerader Linie liegen, folgt sogleich, wenn wir den Punkt (pq) der Kürze wegen mit r bezeichnen, dass c der Aehnlichkeitspunkt der beiden Punktvereine r, (q) und (p), d ist. Zieht man daher über den Grundseiten $r(q)$ und $(p)d$ die parallelen Dreiecke $r(q)e$ und $(p)df$, so ist c auch Aehnlichkeitspunkt dieser Dreiecke, folglich liegen die entsprechenden Punkte e und f mit c in gerader Linie, wodurch r gefunden werden kann.

Nimmt man ins Besondere re und $(p)f$ parallel mit a, und $(q)e$ und df parallel mit b, so wird

$$f \equiv [(p)a \,.\, db] \equiv [(p)aB],$$

da $[db] = B$ gesetzt war; ferner

$$e \equiv [fc\,.\,(q)b], \quad r \equiv [ea\,.\,cd] \equiv [eaC],$$

da $[dc] = C$ gesetzt war, und endlich 199

$$[ra] \equiv [ea],$$

was sich alles unmittelbar ergiebt, wenn man die betreffende Figur zeichnet {s. Fig. 15}.

Fig. 15.

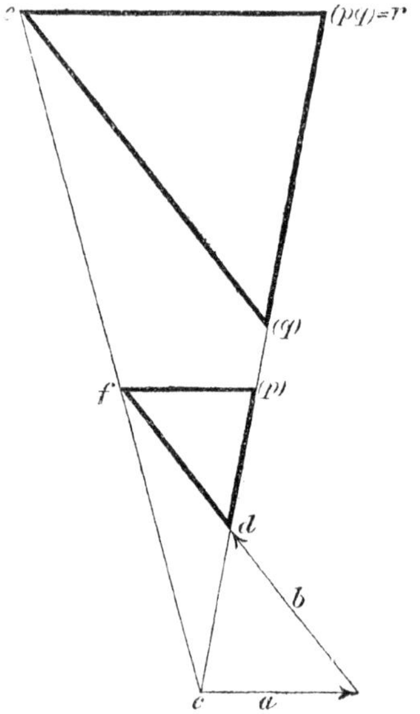

Setzt man in die letzten beiden Gleichungen die Werthe aus den beiden ersten ein, so erhält man

$$r \equiv [(p)aBc((q)b)aC]$$
$$[ra] \equiv [(p)aBc((q)b)a],$$

und setzt man in der obigen Beweisführung überall b statt a und umgekehrt, und A statt B, so erhält man

$$r \equiv [(p)bAc((q)a)bC]$$
$$[rb] \equiv [(p)bAc((q)a)b],$$

und dies sind, da $r = (pq)$ ist, die zu erweisenden Gleichungen.

327. *Wenn a, b, c, d, A, B, C die Bedeutung haben wie im vorigen Satze und $p, q, \mathfrak{a}, \mathfrak{b}$ beliebige Zahlen sind, jedoch mit der Beschränkung, dass $\mathfrak{a} + \mathfrak{b}$ von Null verschieden sei, wenn ferner*

(a) $$r = \frac{\mathfrak{a}p + \mathfrak{b}q}{\mathfrak{a} + \mathfrak{b}}$$

ist, und wie vorher $(p), (q), (r)$ diejenigen {einfachen} Punkte der geraden Linie $[cd] \equiv C$ sind {vgl. Fig. 16}, welche den Gleichungen

(b) $$[c(p)] : [cd] = p, \quad [c(q)] : [cd] = q, \quad [c(r)] : [cd] = r$$

genügen, so ist

$$(r) \equiv [(p)a((q)b)(\mathfrak{a}a - \mathfrak{b}b)C].$$

Beweis. Substituirt man in der Gleichung $(\mathfrak{a} + \mathfrak{b})r = \mathfrak{a}p + \mathfrak{b}q$ statt p, q, r ihre Werthe aus (b), so erhält man

$$(\mathfrak{a} + \mathfrak{b})[c(r)] = \mathfrak{a}[c(p)] + \mathfrak{b}[c(q)],$$

oder, da alles in derselben geraden Linie liegt,

$$(\mathfrak{a} + \mathfrak{b})((r) - c) = \mathfrak{a}((p) - c) + \mathfrak{b}((q) - c) \text{ [222, {Zusatz}]},$$

also

(*) $$(\mathfrak{a} + \mathfrak{b})(r) = \mathfrak{a}(p) + \mathfrak{b}(q),$$

das heisst {nach 223 Anm.}, (r) ist der Schwerpunkt zwischen den vielfachen Punkten $\mathfrak{a}(p)$ und $\mathfrak{b}(q)$. Zieht man nun von (q) die Parallele mit b, und von (p) die Parallele mit a, welche sich in e schneiden, und ebenso von d und c die Parallelen mit b und a, welche sich in f schneiden, so sind die Dreiecke dfc und $(q)e(p)$ parallel, und also ähnlich, und es ist ferner $d-f=b$
200 und † $f-c=a$. Wenn also $(q)-e=m(d-f)$ ist, wo m eine Zahl bedeutet, so ist {auch} $e-(p)=m(f-c)$, das heisst, es ist dann $(q)-e=mb$, $e-(p)=ma$. Ferner, wenn man zu der obigen Gleichung (*) auf beiden Seiten $-(\mathfrak{a}+\mathfrak{b})e$ hinzufügt, so erhält man

Fig. 16.

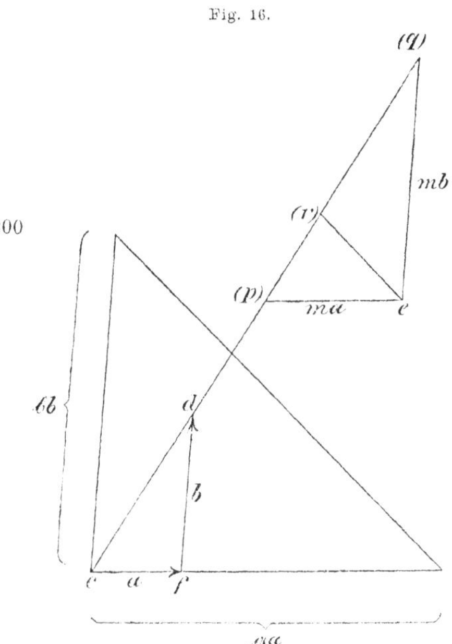

$$\begin{aligned}(\mathfrak{a}+\mathfrak{b})((r)-e) &= \\ &= \mathfrak{a}((p)-e)+\mathfrak{b}((q)-e) \\ &= -m\mathfrak{a}a+m\mathfrak{b}b \\ &= -m(\mathfrak{a}a-\mathfrak{b}b).\end{aligned}$$

Multiplicirt man beide Seiten planimetrisch mit e, so erhält man (nach 67)

$$(\mathfrak{a}+\mathfrak{b})[e(r)] = -m[e(\mathfrak{a}a-\mathfrak{b}b)],$$

also

$$[e(r)] \equiv [e(\mathfrak{a}a-\mathfrak{b}b)] \qquad [2],$$

das heisst, (r) liegt in der geraden Linie $[e(\mathfrak{a}a-\mathfrak{b}b)]$, aber (nach der Annahme) auch in der geraden Linie C, also im Durchschnitt beider Linien, das heisst,

$$(r) \equiv [e(\mathfrak{a}a-\mathfrak{b}b)C].$$

Nun ist aber nach der angegebenen Konstruktion e der Durchschnitt der geraden Linien $[(p)a]$ und $[(q)b]$, also $e\equiv[(p)a\,.\,(q)b]$, folglich

$$(r) \equiv [(p)a((q)b)(\mathfrak{a}a-\mathfrak{b}b)C].$$

Anm. Wenn auf die angegebene Weise die Zahlen durch Punkte der geraden Linie cd dargestellt sind, so lässt sich nach den beiden vorigen Sätzen sowohl die Summe als auch das Produkt zweier Zahlen, also auch jede beliebige ganze Funktion von Zahlen durch ein planimetrisches Produkt darstellen, welches aus den Punkten a, b, c, d und aus den die gegebenen Zahlen darstellenden Punkten zusammengesetzt ist. Hiermit wäre schon der Satz bewiesen, dass jede algebraische Kurve in der Ebene sich durch ein gleich Null gesetztes planimetrisches Produkt darstellen lässt. Doch soll im Folgenden noch gezeigt werden, wie man unmittelbar aus der gegebenen algebraischen Gleichung der Kurve jenes planimetrische Produkt herleiten kann.

328. *Wenn a und b {zwei nicht parallele} Strecken sind, c ein einfacher Punkt und*

$$d = a + b + c,\ A \equiv [da],\ B \equiv [db],\ C \equiv [dc],\ x = x_1 a + x_2 b + c$$

ist, so ist die Gleichung

$$f(x_1, x_2) = \mathfrak{a} x_1^m x_2^n + \mathfrak{b} x_1^p x_2^q + \mathfrak{c} x_1^r x_2^s + \cdots + \mathfrak{k} x_1^v x_2^w = 0,$$

in welcher die S u m m e d e r K o e f f i c i e n t e n v o n N u l l v e r s c h i e d e n i s t, *für alle* e n d l i c h e n t f e r n t e n *Punkte x, gleichbedeutend der Gleichung*

$$[Pc] = 0,$$

wo, wenn die Glieder von $f(x_1, x_2)$ so geordnet sind, dass † die Summen 201
$\mathfrak{a} + \mathfrak{b},\ \mathfrak{a} + \mathfrak{b} + \mathfrak{c}, \ldots$ *alle von Null verschieden sind,*

(a) $$P \equiv [L L_1 a_1 C a L_2 a_2 C a L_3 a_3 C a \ldots L_k a_k]$$

(b) $$\begin{cases} a_1 = \mathfrak{a} a - \mathfrak{b} b,\ a_2 = (\mathfrak{a} + \mathfrak{b}) a - \mathfrak{c} b, \ldots \\ a_k = (\mathfrak{a} + \mathfrak{b} + \cdots + \mathfrak{i}) a - \mathfrak{k} b \end{cases}$$

(c) $$L \equiv [x b \mathfrak{R}^n C a \mathfrak{R}_1^{m-1}]$$

(d) $L_1 \equiv [x a \mathfrak{R}_1^p C b \mathfrak{R}^{q-1}],\ L_2 \equiv [x a \mathfrak{R}_1^r C b \mathfrak{R}^{s-1}], \ldots,\ L_k \equiv [x a \mathfrak{R}_1^v C b \mathfrak{R}^{w-1}]$

ist, und $\mathfrak{R}$ die Reihe der fortschreitenden Faktoren A, c, xa, b, und $\mathfrak{R}_1$ die Reihe der fortschreitenden Faktoren B, c, xb, a bezeichnet, so dass also für jede Linie X

(e) $$[X\mathfrak{R}] \equiv [XAc(xa)b],\ [X\mathfrak{R}_1] \equiv [XBc(xb)a]$$

ist.

B e w e i s. Bezeichnen wir, wenn p eine beliebige Zahl ist, mit (p) denjenigen {einfachen} Punkt der Linie cd, für welchen

(*) $$[c(p)] : [cd] = p$$

ist, so erhalten wir (nach 325)

(**) $$[(x_1)b] = [xb],\ [(x_2)a] = [xa],$$

und (nach 326), wenn p eine beliebige Zahl ist,

$$[(px_2)b] \equiv [(p)bAc((x_2)a)b] \equiv [(p)bAc(xa)b] \qquad [**]$$
$$\equiv [(p)b\mathfrak{R}] \qquad [e].$$

Tritt zu px_2 noch ein Faktor x_2 hinzu, so tritt zu $(p)b\mathfrak{R}$ noch einmal die Faktorreihe $\mathfrak{R}$ hinzu, und so weiter, also ist

(***) $$[(px_2^n)b] \equiv [(p)b\mathfrak{N}^n];$$

und ebenso erhält man, indem man x_2 und b mit x_1 und a, also $\mathfrak{N}$ mit $\mathfrak{N}_1$ vertauscht,

(****) $$[(px_1^n)a] \equiv [(p)a\mathfrak{N}_1^n].$$

Also, wenn $p = x_1$ ist, also $[(p)b] \equiv [(x_1)b] \equiv [xb]$ (nach **), so wird

$$[(x_1x_2^n)b] \equiv [xb\mathfrak{N}^n].$$

Indem wir diesen Ausdruck mit C multipliciren, erhalten wir den Punkt $(x_1x_2^n)$, das heisst,

$$(x_1x_2^n) \equiv [xb\mathfrak{N}^n C].$$

Führt man daher $x_1x_2^n$ statt p in die Formel (****) ein, nachdem man in dieser $m-1$ statt n gesetzt hat, so erhält man

$$[(x_1^m x_2^n)a] \equiv [xb\mathfrak{N}^n Ca\mathfrak{N}_1^{m-1}] \equiv L \qquad [c].$$

Ebenso findet man

$$[(x_1^p x_2^q)a] \equiv [xb\mathfrak{N}^q Ca\mathfrak{N}_1^{p-1}],$$

oder, indem man a mit b, also auch x_1 mit x_2, p mit q, $\mathfrak{N}$ mit $\mathfrak{N}_1$ umwechselt,

202 $$[(x_1^p x_2^q)b] \equiv [xa\mathfrak{N}_1^p Cb\mathfrak{N}^{q-1}] \equiv L_1,$$

und ebenso

$$[(x_1^r x_2^s)b] \equiv L_2, \ldots, [(x_1^v x_2^w)b] \equiv L_k.$$

Um nun den Ausdruck für $((\mathfrak{a}x_1^m x_2^n + \mathfrak{b}x_1^p x_2^q) : (\mathfrak{a}+\mathfrak{b}))$ zu finden, hat man nur in 327 $x_1^m x_2^n$ und $x_1^p x_2^q$ statt p und q und also L und L_1 statt $[(p)a]$ und $[(q)b]$ zu setzen, und erhält

$$((\mathfrak{a}x_1^m x_2^n + \mathfrak{b}x_1^p x_2^q) : (\mathfrak{a}+\mathfrak{b})) \equiv [LL_1(\mathfrak{a}a - \mathfrak{b}b)C]$$
$$\equiv [LL_1a_1C] \qquad [b].$$

Um ferner den Ausdruck für $((\mathfrak{a}x_1^m x_2^n + \mathfrak{b}x_1^p x_2^q + \mathfrak{c}x_1^r x_2^s) : (\mathfrak{a}+\mathfrak{b}+\mathfrak{c}))$ zu finden, hat man nur in 327 den Ausdruck $(\mathfrak{a}_1 x_1^m x_2^n + \mathfrak{b}x_1^p x_2^q) : (\mathfrak{a}+\mathfrak{b})$ statt p, und $x_1^r x_2^s$ statt q, und also L_2 statt $(q)b$ und zugleich $\mathfrak{a}+\mathfrak{b}$ statt $\mathfrak{a}$, und $\mathfrak{c}$ statt $\mathfrak{b}$ zu setzen, und erhält

$$((\mathfrak{a}x_1^m x_2^n + \mathfrak{b}x_1^p x_2^q + \mathfrak{c}x_1^r x_2^s) : (\mathfrak{a}+\mathfrak{b}+\mathfrak{c})) \equiv [LL_1a_1CaL_2a_2C],$$

da $(\mathfrak{a}+\mathfrak{b})a - \mathfrak{c}b = a_2$ gesetzt war, und so fort; endlich

$$((\mathfrak{a}x_1^m x_2^n + \mathfrak{b}x_1^p x_2^q + \mathfrak{c}x_1^r x_2^s + \cdots + \mathfrak{k}x_1^v x_2^w) : (\mathfrak{a}+\mathfrak{b}+\mathfrak{c}+\cdots+\mathfrak{k})) \equiv$$
$$\equiv [LL_1a_1CaL_2a_2Ca \ldots L_ka_kC]$$
$$\equiv [PC] \qquad [a].$$

Also

$$(f(x_1, x_2) : (\mathfrak{a}+\mathfrak{b}+\mathfrak{c}+\cdots+\mathfrak{k})) \equiv [PC].$$

Ist nun $f(x_1, x_2) = 0$, so hat man $(0) \equiv [PC]$. Aber nach (*) ist $[c(0)] : [cd] = 0$, also der Dividend $[c(0)]$ gleich Null, das heisst, der Punkt (0) fällt mit c zusammen, somit erhalten wir dann $c \equiv [PC]$, das heisst, c ist der Durchschnittspunkt der geraden Linien P und C; er liegt also auch in P, das heisst (nach 293),

$$[Pc] = 0.$$

Umgekehrt, wenn diese letzte Gleichung erfüllt wird, so liegt c in P, aber (nach Hypothesis) auch in C, also ist $c \equiv [PC]$, das heisst, der zu der Zahl $f(x_1, x_2) : (\mathfrak{a} + \mathfrak{b} + \cdots)$ gehörige Punkt liegt in c, das heisst, jene Zahl ist null, also ihr Zähler $f(x_1, x_2) = 0$.

329. *Wenn alle übrigen Voraussetzungen des vorigen Satzes bestehen bleiben, aber jetzt angenommen wird, dass die Summe der Koefficienten* $(\mathfrak{a} + \mathfrak{b} + \cdots + \mathfrak{f})$ *null sei, so ist die Gleichung*

$$f(x_1, x_2) = 0$$

{*für alle endlich entfernten Punkte*} *gleichbedeutend der Gleichung* 203

$$[L L_1 a_1 Ca L_2 a_2 Ca \ldots L_{k-1} a_{k-1} L_k C] = 0,$$

wo die einzelnen Buchstaben dieselbe Bedeutung haben, wie im vorigen Satze, und die Glieder in $f(x_1, x_2)$ *auch hier so geordnet sind, dass die Summen* $\mathfrak{a} + \mathfrak{b}$, $\mathfrak{a} + \mathfrak{b} + \mathfrak{c}, \ldots$ *alle, mit Ausnahme der letzten* $(\mathfrak{a} + \mathfrak{b} + \mathfrak{c} + \cdots + \mathfrak{f})$, *von Null verschieden sind.*

Beweis. Man kann durch Division mit dem Koefficienten des letzten Gliedes die Gleichung $f(x_1, x_2) = 0$ auf die Form bringen, dass der Koefficient $(\mathfrak{f})$ des letzten Gliedes -1 wird; dann ist die Summe der übrigen Koefficienten $+1$. Es sei das {so hervorgehende} letzte Glied {gleich} $-h$ und die Summe der übrigen sei g, so ist die Gleichung $f(x_1, x_2) = 0$ gleichbedeutend der Gleichung $g - h = 0$, oder

$$g = h.$$

Dann ist nach der Entwickelung des vorigen Satzes

$$(g) \equiv [L L_1 a_1 Ca L_2 a_2 Ca \ldots L_{k-1} a_{k-1} C],$$
$$(h) \equiv [L_k C].$$

Da nun $g = h$ ist, so sind auch die Punkte (g) und (h) kongruent, also

$$[L L_1 a_1 Ca L_2 a_2 Ca \ldots L_{k-1} a_{k-1} C] \equiv [L_k C].$$

Diese Kongruenz sagt aus, dass der durch die linke Seite dargestellte Punkt in dem Durchschnitte der Linien L_k und C liege, also namentlich auch in L_k liege, das heisst (nach 293),

$$[L L_1 a_1 Ca L_2 a_2 Ca \ldots L_{k-1} a_{k-1} C L_k] = 0$$

sei. Hier kann man (nach 315) auch die beiden letzten Faktoren vertauschen, wodurch die zu erweisende Gleichung hervorgeht; umgekehrt folgt aus dieser letzten Gleichung wieder $g = h$, also $f(x_1, x_2) = 0$.

Anm. Es ist leicht zu ersehen, dass man in den vorhergehenden Sätzen, statt a und b als Strecken und c als einfachen Punkt anzunehmen, auch allgemeiner a, b und c als drei beliebige, nicht in Einer geraden Linie liegende Punkte hätte annehmen können, wobei dann die Bedingung, dass x ein endlich entfernter Punkt sein sollte, ersetzt wird durch die andere, dass x nicht in der geraden Linie ab liege.

Der Grund für die Zulässigkeit dieser Verallgemeinerung liegt darin, dass (nach **110**) die Gesetze der auf ein Hauptgebiet bezüglichen Multiplikation alle unverändert bestehen bleiben, wenn man statt der ursprünglichen Einheiten
204 a, b, c drei andere aus ihnen † numerisch ableitbare wählt, wobei die dort aufgeführte Bedingung, dass das kombinatorische Produkt jener sowohl als dieser Einheiten 1 sei, hier, wo es nur auf die Kongruenz ankommt, wegfällt.

Betrachtet man die Formen der Gleichungen in 328, so zeigt sich leicht, dass die planimetrische Gleichung $[Pc] = 0$ in Bezug auf x vom so vielten Grade ist, als die Summe aller Exponenten in der algebraischen Gleichung $f = 0$ beträgt; denn die Faktorenreihen $\mathfrak{R}$ enthielten den Punkt x nur je einmal, und die Grössen L waren daher mit den Gliedern der Funktion f nach der Reihe von gleichem Grade. Das Produkt $[Pc]$, welches jede dieser Grössen L einmal als Faktor enthält, und ausserdem nur konstante Faktoren, ist daher in Bezug auf x vom so vielten Grade, als die Summe der Gradzahlen aller Glieder von f beträgt, also, sobald f mehr als ein variables Glied enthält, von höherem Grade als f. Es sei n der Grad der Funktion f, und $n + p$ der Grad des Produktes $[Pc]$. Da nun die Gleichungen $[Pc] = 0$ und $f = 0$ (nach 328) für alle Punkte x, die nicht in der (unendlich entfernten) Geraden ab liegen, ganz gleichbedeutend sind, so kann die Differenz des Grades nur darin liegen, dass die Gleichung $[Pc] = 0$ noch p Linien darstellt, welche in ab fallen.

Um diese Verhältnisse genauer zu überschauen, führe ich statt x den Punkt y ein, und setze $y = ua + vb + wc$, wo u, v, w Zahlen sind, und setze die ursprünglichen Koordinaten von x beziehlich gleich $u : w$ und $v : w$. Dann wird $y = xw$, also $y \equiv x$, falls nicht w null ist. Dieser Fall, wo $w = 0$ ist, ist aber derselbe, wo $y = ua + vb$, das heisst, y ein Punkt der Linie ab ist, also derselbe, welcher in 328 ausgeschlossen war. In allen dort zugelassenen Fällen wird also das Produkt, welches aus $[Pc]$ hervorgeht, indem man hierin y statt x setzt, und welches ich mit Q bezeichnen will, mit $[Pc]$ kongruent (nach 313). Multiplicirt man die Funktion n-ten Grades f mit w^n, so geht aus f, da die darin enthaltenen Variabeln $u : w$ und $v : w$ waren, eine homogene Funktion n-ten Grades hervor, welche ich mit F bezeichnen will, und welche für dieselben Fälle null wird, für welche f null wurde. Also ist für den Fall, dass y nicht in ab liegt, das heisst, w nicht null ist, die Gleichung $Q = 0$ gleichbedeutend mit der Gleichung $F = 0$. Da aber die erstere vom $(n + p)$-ten, die letztere vom n-ten Grade ist, so muss die Gleichung $Q = 0$ in allen Fällen der Gleichung $w^p F = 0$ gleichbedeutend sein, also

$$Q \equiv w^p F \equiv [aby]^p F;$$

letzteres, weil aus $y = ua + vb + wc$ folgt $w \equiv [aby]$. Es muss also Q durch $[aby]^p$ theilbar sein.

Es käme daher darauf an, das planimetrische Produkt Q in ein kongruentes Produkt zu verwandeln, welches von diesen Faktoren $[aby]$ befreit sei. Allein, da diese Reduktion, wenn sie überhaupt ausführbar ist, in der Regel auf grosse 205
Schwierigkeiten stösst, so ist es zweckmässig, zuerst die algebraische Gleichung durch Veränderung des Koordinatensystemes so umzugestalten, dass sie möglichst wenig variable Glieder enthält, ehe man zur Ableitung der planimetrischen Formel schreitet. So zum Beispiel lässt sich die Gleichung dritten Grades auf die Form $pqr = ms^3$ bringen, wo p, q, r, s lineare Funktionen der Koordinaten sind, und m eine konstante Zahl bezeichnet. Verlegt man dann durch Projektion die gerade Linie, deren Gleichung $s = 0$ ist, ins Unendliche, so wird die Gleichung

$$pqr = m,$$

welche nach den obigen Regeln umgewandelt, eine geometrische Gleichung dritten Grades liefert, welche die Form

$$[xaBc(xb)aCdEfx] = 0$$

besitzt und bei jeder Projektion bestehen bleibt, also auch, wenn man der ins Unendliche verlegten Linie durch Projektion wieder die ursprüngliche Lage giebt.

Es hat keine Schwierigkeit, die hier entwickelten Principien auch auf die Oberflächen im Raume zu übertragen; doch muss ich, um hier nicht zu weitläuftig zu werden, auf meine Abhandlungen in Crelle's Journal, namentlich auf Band 49, S. 1 u. f. {Abhandlungen über die lineale Erzeugung von Oberflächen} verweisen.

§ 7. Innere Multiplikation in der Geometrie.

330. Erklärung. Für die innere Multiplikation nehme ich als ursprüngliche Einheiten im Raume stets drei zu einander senkrechte und gleich lange Strecken (e_1, e_2, e_3), in der Ebene deren zwei (e_1 und e_2) an, und zwar nehme ich die Längen dieser Strecken als Einheit der Längen an, und $[e_1 e_2 e_3]$ und in der Ebene $[e_1 e_2]$ als Einheit der Körper- oder Flächenräume.

Anm. Hierdurch sind also alle von dem Begriffe der inneren Multiplikation abhängigen Erklärungen und Sätze (Nr. 137—215) auch auf die Geometrie übertragen.

331. *Für die Ebene fällt der Begriff der Länge mit dem des numerischen Werthes, der Begriff des Senkrechten mit dem des Normalen, und der Begriff der Drehung um den Winkel α mit dem der circulären Aenderung um den Winkel α zusammen, wobei der Winkel als positiv anzunehmen ist, wenn sein zweiter Schenkel vom ersten aus nach derselben Seite liegt, wie die zweite Einheit (e_2) von der ersten (e_1) aus.*

Beweis. 1. Alle im Satze genannten analytischen Begriffe (normal, 206
numerischer Werth, circuläre Aenderung) sind (in 151—154) an den Begriff des inneren Produktes {geknüpft}, und dieser wiederum (nach 137) an den der Ergänzung (89 und 90). Die Ergänzung von a war mit $|a$ bezeichnet. Ich zeige daher zuerst, dass, wenn $a = x_1 e_1 + x_2 e_2$ eine beliebige Strecke der Ebene ist, dann $|a$ gegen a senkrecht und

mit a gleich lang ist, und von a aus nach derselben Seite liegt, wie e_2 von e_1.

Es sei AB mit $x_1 e_1$ gleich lang und gleichgerichtet, BC mit $x_2 e_2$, AD mit $x_1 | e_1$, und DE mit $x_2 | e_2$ {vgl. Fig. 17}. Nach 89 ist

Fig. 17.

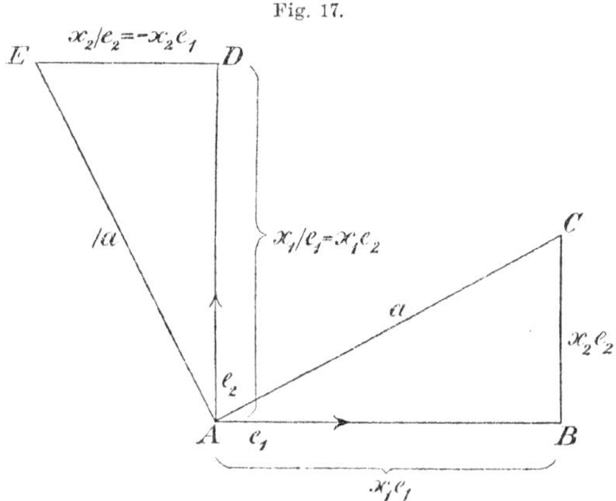

$|e_1 = e_2$, und $|e_2 = -e_1$, also $AD = x_1 e_2$, $DE = -x_2 e_1$. Da nun (nach 330) e_1 und e_2 gleich lang sind, so ist auch $x_1 e_2$ mit $x_1 e_1$ gleich lang, das heisst, AD mit AB, und ebenso $-x_2 e_1$ mit $x_2 e_2$ gleich lang, das heisst, DE mit BC. Da ferner (nach 330) e_2 zu e_1 senkrecht ist, so ist auch $x_2 e_2$ zu $x_1 e_1$ senkrecht und $-x_2 e_1$ zu $x_1 e_2$, das heisst, BC zu AB und DE zu AD, folglich sind die Dreiecke ABC und ADE kongruent (durch zwei Seiten und den eingeschlossenen Winkel), also AC gleich lang mit AE. Ferner liegt aber auch e_2 von e_1 aus nach derselben Seite, wie $-e_1$ von e_2 aus, also auch BC von AB aus nach derselben Seite, wie DE von AD aus, das heisst, die Winkel BAC und DAE sind auch dem Zeichen nach gleich. Nun ist $\angle CAE = \angle CAD + \angle DAE = \angle CAD + \angle BAC$ (wie oben gezeigt) $= \angle BAD$, das heisst, AE steht senkrecht auf AC, und zwar nach derselben Seite hin, wie AD von AB aus, also auch wie e_2 von e_1 aus. Es ist aber (nach 220) AC mit $x_1 e_1 + x_2 e_2$, das heisst, mit a gleich lang und gleichgerichtet, und AE mit $x_1 | e_1 + x_2 | e_2$, das heisst, mit $|a$ (nach 90). Also ist $|a$ mit a gleich lang, und steht auf a senkrecht nach derselben Seite hin wie e_2 auf e_1.

2. Numerischer Werth von a ist (nach 151) die positive Quadratwurzel aus $[a|a]$, wobei (nach 89) das Produkt $[e_1 e_2]$ als Einheit gesetzt ist. Nun ist $[a|a]$ (nach 254) einem Parallelogramme gleich (auch dem Zeichen nach), dessen erste Seite mit a, und dessen zweite mit $|a$ gleich lang und gleichgerichtet ist. Dies Parallelogramm ist

(nach Beweis 1) ein Quadrat, welches dem (nach 330) als Einheit angenommenen Quadrate $[e_1 e_2]$ gleichbezeichnet ist. Ist nun die Länge von † a (e_1 als Längeneinheit genommen) gleich α, so ist der Inhalt 207
des Quadrates über a gleich α^2, und die positive Quadratwurzel daraus α, das heisst, $\sqrt{[a|a]} = \alpha$, also wirklich der numerische Werth gleich der Länge.

3. Nach 152 heissen zwei Strecken a und b normal zu einander, wenn $[a|b] = 0$ ist, das heisst (nach 245), wenn a mit $|b$ parallel ist; nun ist (nach Beweis 1) $|b$ senkrecht auf b, also auch das mit $|b$ parallele a senkrecht auf b. Ebenso folgt umgekehrt, dass, wenn a auf b senkrecht ist, a mit $|b$ parallel ist; dann ist aber (nach 245) $[a|b]$ gleich Null, also a zu b normal. Der Begriff des Senkrechten fällt also (in der Ebene) mit dem des Normalen zusammen.

4. Wenn a und b einander numerisch gleich und zu einander normal sind {vgl. Fig. 18}, und sich

$$a \text{ in } a' = a \cos\alpha + b \sin\alpha,$$

und

$$b \text{ in } b' = b \cos\alpha - a \sin\alpha$$

Fig. 18.

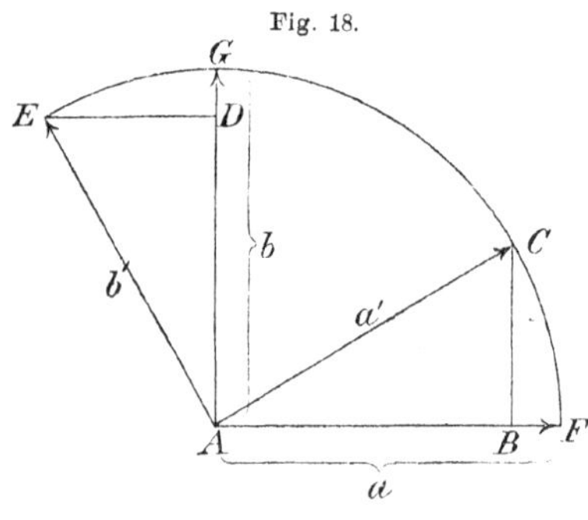

verwandelt hat, so hiess das (nach 154), der Verein der Strecken a und b habe sich von a nach b hin circulär um den Winkel α geändert. Es sei AF mit a und AG mit b gleich lang und gleichgerichtet, also, da a und b einander numerisch gleich und zu einander normal sind, so ist (nach Beweis 2 und 3) AG mit AF gleich lang und auf AF senkrecht. Man trage an AF und an AG nach derselben Seite hin den Winkel α an, und mache die zweiten Schenkel AC und AE gleich lang mit AF, fälle von C das Loth CB auf AF und von E das Loth ED auf AG, so ist AB mit $a \cos\alpha$, BC mit $b \sin\alpha$, AD mit $b \cos\alpha$, DE mit $-a \sin\alpha$ gleich lang und gleichgerichtet, also (nach 220) AC mit $a \cos\alpha + b \sin\alpha$, das heisst mit a', und AE mit $b \cos\alpha - a \sin\alpha$, das heisst, mit b' gleich lang und gleichgerichtet; a' und b' gehen aber nach der Konstruktion aus a und b durch Drehung um den Winkel α hervor; folglich fällt der Begriff der Drehung um den Winkel α mit dem der circulären Aenderung um diesen Winkel zusammen.

Anm. Dieselbe Schlussreihe ist also für jede Ebene anwendbar, in welcher zwei Strecken a und b enthalten sind, für welche dieselben Voraussetzungen gemacht sind, wie für e_1 und e_2.

332. *Das Normalsystem im Raume ist identisch mit dem Verein*
208 *von drei gegeneinander senkrechten und gleich langen † Strecken, und zwar ist die Länge dieser Strecken gleich dem numerischen Werthe des Normalsystems.*

Beweis. 1. Das System der ursprünglichen Einheiten e_1, e_2, e_3 bildet (nach 162) ein einfaches Normalsystem, und e_1, e_2, e_3 sind (nach 330) auf einander senkrecht und von der Länge der Einheit. Jedes andere einfache Normalsystem von drei Strecken lässt sich (nach 161, {229}) aus jenem Normalsystem durch circuläre Aenderung ableiten. Hat man nun ein einfaches Normalsystem a, b, c, in welchem a, b, c auf einander senkrecht und von der Länge Eins sind, so besteht die circuläre Aenderung darin, dass irgend zwei derselben, zum Beispiel a und b sich um einen in der Ebene ab liegenden Winkel α ändern; nun haben wir in 331 (vgl. Anm.) gezeigt, dass die dadurch hervorgehenden Strecken a' und b' wieder auf einander senkrecht stehen, und die Länge Eins haben; aber auch c steht auf ihnen senkrecht, denn da nach der Annahme c auf a und b senkrecht steht, so steht c auch auf allen Linien der Ebene ab, also auch auf a' und b' senkrecht; das heisst, aus einem Normalsystem, dessen drei Strecken auf einander senkrecht stehen, und von der Länge der Einheit sind, geht durch einfache circuläre Aenderung wieder ein Normalsystem von derselben Art hervor, also auch durch wiederholte circuläre Aenderung. Also geht namentlich aus dem Normalsystem e_1, e_2, e_3 durch beliebige circuläre Aenderung stets ein Verein von drei Strecken hervor, welche auf einander senkrecht, und von der Länge der Einheit sind, das heisst, jedes einfache Normalsystem besteht aus solchen drei Strecken.

2. Umgekehrt ist zu zeigen, dass, wenn a, b, c irgend drei zu einander senkrechte Strecken von der Länge 1 sind, sie ein Normalsystem bilden.

Nach 160 kann man stets ein einfaches Normalsystem von drei Strecken finden, dessen eine die Richtung von c hat. Dann muss (nach Beweis 1) die Länge {gleich} Eins sein, und also die Strecke, welche die Richtung von c hat, auch mit c gleich lang, also überhaupt gleich sein. Die beiden andern mögen a' und b' sein, so ist (nach Beweis 1) c senkrecht auf a' und b', aber auch (nach Annahme) auf a und b, also liegen a', b', a, b in Einer Ebene. Also kann man wiederum
209 (nach 160) ein einfaches Normalsystem aus zwei Strecken dieser Ebene finden, von denen die eine Strecke gleich b ist, die andere sei a'', so ist a'', da es in der Ebene ab liegt, senkrecht auf c, aber (nach Beweis 1) auch senkrecht auf b und von der Länge 1, also ist a'' senkrecht auf der Ebene bc, aber auch a senkrecht darauf und von der

Länge 1, also ist a'' entweder $= a$, oder $= -a$; da nun a'', b, c ein einfaches Normalsystem bilden, so bilden in beiden Fällen auch a, b, c ein solches.

3. Hat man nun ein *beliebiges* Normalsystem a, b, c von dem numerischen Werth n, so bilden $a:n$, $b:n$, $c:n$ ein *einfaches* Normalsystem, sind also (nach Beweis 1) zu einander senkrecht und von der Länge 1, also sind a, b, c auch zu einander senkrecht und von der Länge n; und ebenso folgt umgekehrt, dass, wenn a, b, c zu einander senkrecht und von der Länge n sind, dann $a:n$, $b:n$, $c:n$ ein einfaches Normalsystem, und a, b, c ein Normalsystem von dem numerischen Werthe n bilden.

333. *Auch für den Raum fällt {bei Strecken} der Begriff der Länge mit dem des numerischen Werthes, und der des Senkrechten mit dem des Normalen zusammen.*

Beweis in 332.

334. *Der numerische Werth eines Produktes P zweier Strecken p und q ist gleich dem Flächeninhalte des Parallelogramms, in welchem zwei an einander stossende Seiten jenen Strecken parallel sind, vorausgesetzt, dass dieser Inhalt positiv, und das Quadrat der Längeneinheit als Flächeneinheit angenommen wird.*

Beweis. Es sei ein einfaches Normalsystem dreier Strecken a, b, c angenommen, von der Art, dass a und b derselben Ebene parallel sind, welcher p und q parallel sind, und dass $[abc] = +1$ ist, so sind (nach 230) p und q aus a und b numerisch ableitbar, also auch (nach 70) $P = [pq]$ aus $[ab]$, und sei $P = \alpha[ab]$. Nun ist der numerische Werth von P (nach 151) $= \sqrt{[P|P]} = \alpha\sqrt{[ab|ab]}$; aber (nach 167) ist $|[ab] = c$, † also 210

$$\sqrt{[P|P]} = \alpha\sqrt{[abc]} = \alpha.$$

Da ferner $P = \alpha[ab]$ ist, und $[ab]$ Quadrat der Längeneinheit, also als Flächeneinheit zu setzen ist, so ist der Inhalt von P, das heisst, der Inhalt des Parallelogramms, dessen erste Seite p, und dessen zweite q ist, gleich α, das heisst, gleich dem numerischen Werthe von P.

335. *Die Ergänzung einer Strecke {im Raume} ist diejenige Fläche, deren Ebene auf jener Strecke senkrecht, deren numerischer Werth gleich dem jener Strecke, und deren positiver Sinn so bestimmt ist, dass das äussere Produkt der Strecke und Fläche positiv ist.*

Beweis. Es sei αa die Strecke, und sei der numerische Werth von a gleich Eins, also der von αa gleich α, und sei ein Normalsystem a, b, c angenommen, und zwar von der Art, dass $[abc] = +1$

ist, so ist (nach 167) $|a = [bc]$, also (nach 90) $|\alpha a = \alpha[bc]$, aber $\alpha[bc]$ ist {nach 332, 334} eine Fläche von der im Satze angegebenen Beschaffenheit.

336. *Wenn A die Ergänzung von einer Strecke a {des Raumes} ist, so ist auch a die Ergänzung von A, oder*

$$||a = a.$$

Beweis. Nach 92 ist $||a = (-1)^{pq}a$, wo p die Stufenzahl von a, und q die der Ergänzung ist. In unserm Falle sind diese Stufenzahlen 1 und 2, also

$$||a = (-1)^2 a = a.$$

Anm. Der Satz gilt nicht in entsprechender Weise für die Planimetrie, wo nicht mehr als zwei zu einander senkrechte Strecken angenommen werden können. Vielmehr ist in der Planimetrie $||a = -a$.

{**336a.** *Auch für eine Strecke und einen Flächenraum (das heisst, ein Produkt zweier Strecken) fällt der Begriff des Senkrechten mit dem des Normalen zusammen.*

Beweis. Es sei *zuerst* eine Strecke a und ein zu ihr *senkrechter* Flächenraum B angenommen, dann ist (nach 336 und 335) die Ergänzung von B eine zu B senkrechte, also zu a parallele Strecke, und somit (nach 230a) $|B = \alpha a$. Es wird daher

$$[a|B] = [a \,.\, \alpha a] = 0 \qquad [61],$$

das heisst (nach 152), die Strecke a und der Flächenraum B sind zu einander normal.

Ist *umgekehrt a zu B normal*, das heisst (nach 152),

$$[a|B] = 0,$$

so setze man $|B = b$; dann wird $[ab] = 0$, also (nach 66) $a = \beta b$. Diese Gleichung aber besagt (nach 221), dass die Strecke a mit b parallel ist. Die Strecke b aber steht (nach 336, 335) auf B senkrecht, folglich gilt dasselbe auch von der mit b parallelen Strecke a.}

337. *Wenn a und b Strecken sind, so ist $\angle ab$ gleich dem Winkel, dessen Schenkel mit a und b gleichgerichtet sind, und wenn A und B Flächen (Streckenprodukte) sind, so ist $\angle AB$ gleich dem Neigungswinkel, den zwei mit jenen Flächen parallele und gleichbezeichnete Ebenen mit einander bilden, vorausgesetzt, dass die Winkel stets positiv (zwischen 0 und π liegend) angenommen werden.*

Anm. Wenn man im zweiten Falle A und B in Form von Rechtecken darstellt, deren erste Seite dieselbe ist, so ist der Winkel, den die zweiten Seiten dieser Rechtecke einschliessen, der Neigungswinkel, den die mit A und B parallelen und gleichbezeichneten Ebenen mit einander bilden.

211 Beweis. 1. Der Winkel ist von den numerischen Werthen der

den Winkel bildenden Grössen unabhängig, wir können daher die numerischen Werthe von a, b, A, B gleich 1 setzen; in diesem Falle ist (nach 195)

$$\cos \angle ab = [a|b], \quad \cos \angle AB = [A|B].$$

Ferner geht dann, wenn der Winkel von a nach b hin gleich α ist, (nach 154, 331) b aus a durch circuläre Aenderung um den Winkel α hervor, das heisst, es ist, wenn a' in der Ebene ab gegen a senkrecht ist, und nach der Seite von b hin liegt,

$$b = a \cos \alpha + a' \sin \alpha,$$

also

$$[a|b] = [a|(a \cos \alpha + a' \sin \alpha)] = [a|a] \cos \alpha + [a|a'] \sin \alpha,$$

aber, da a' gegen a normal ist, so ist $[a|a'] = 0$, und da der numerische Werth von a gleich Eins ist, so wird der zuletzt gefundene Ausdruck

$$= \cos \alpha.$$

Also $\cos \angle ab = \cos \alpha$. Nun liegt (nach 195) $\angle ab$ zwischen 0 und π, aber nach Voraussetzung auch α, also $\angle ab = \alpha$.

2. Es seien A und B beziehlich die Ergänzungen von a und b, also $A = |a$, und $B = |b$, so sind (nach 335) a und b beziehlich auf A und B senkrecht und nach derselben Seite hin liegend, also ist der Neigungswinkel α zwischen A und B gleich dem Winkel zwischen a und b, das heisst (nach Beweis 1), $\cos \alpha = \cos \angle ab = [a|b] = |[a|b]$ (nach 89), da $[a|b]$ (nach 141) eine Zahl ist; aber $|[a|b] = [|a|b]$ (nach 97), und dies wieder (nach der Annahme) $= [A|B] = \cos \angle AB$; also $\cos \alpha = \cos \angle AB$.

{Zusatz. *Auch für zwei Flächenräume (das heisst Produkte je zweier Strecken) sind die Begriffe senkrecht und normal gleichbedeutend.*}

Anm. Der Begriff des Normalen lässt sich zwar auf Grössen jeder Art, also auch auf Punkte anwenden. Namentlich muss man, um alle Grössen im Raum ableiten zu können, ausser den drei zu einander senkrechten Strecken von der Länge Eins, die wir als ursprüngliche Einheiten setzten, noch einen endlich entfernten {einfachen} Punkt als vierte Einheit annehmen. So würde man zu vier ursprünglichen Einheiten a, b, c, d gelangen, von denen etwa die drei letzten drei zu einander senkrechte Strecken von der Länge Eins sind, und die erste ein einfacher Punkt ist. Auf diesen Verein würde man den Begriff des Normalen anwenden können.

Nimmt man statt dessen einen andern Verein a', b, c, d, worin a' einen von a verschiedenen einfachen Punkt bezeichnet, als das System der ursprünglichen Einheiten an, † so leuchtet ein, dass a und a' dieselbe Ergänzung $[bcd]$ 212
haben, da (nach 268) $[abcd] = [a'bcd]$ ist, und ebenso, dass $[a'b]$ und $[ab]$ dieselbe Ergänzung $[cd]$, und $[a'bc]$ und $[abc]$ dieselbe Ergänzung d haben, und überhaupt, dass *die Ergänzung von Punkten, Linientheilen, Flächentheilen unabhängig ist von der Lage des als ursprüngliche Einheit angenommenen Punktes.*

Hingegen ist dies *nicht mehr der Fall bei der Ergänzung von Strecken oder Streckenprodukten.*

So zum Beispiel würde die Ergänzung von $[bcd]$ bei der ersten Annahme gleich $-a$, bei der zweiten gleich $-a'$ sein. Und so würde also der Begriff der Ergänzung von Strecken und Streckenprodukten keinen von der Lage der ursprünglichen Einheiten unabhängigen Sinn mehr haben.

Da bei der normalen Zurückleitung (164) auf Punkte, Linien und Ebenen {nach 165} nur die erste Art der Ergänzung hervortritt, so können wir diese Zurückleitung unmittelbar auf die Geometrie übertragen. Sie liefert hier, {sofern es sich um die Zurückleitung auf *Linien* und *Ebenen* handelt}, die senkrechte Projektion, {während die normale Zurückleitung auf einen *Punkt* einer Parallelverschiebung unter Wahrung des numerischen Werthes gleichkommt,} was ich hier jedoch nicht weiter darlegen will.

Im Folgenden werde ich den Begriff der Ergänzung nur in dem im Texte gegebenen Sinne anwenden.

338. *Die Formel*

$$(a+b)^2 = a^2 + 2[a|b] + b^2 = \alpha^2 + 2\alpha\beta\cos\angle ab + \beta^2 \quad \{193, 214\},$$

wo α und β die Längen von a und b sind, stellt die Erweiterung des pythagoräischen Satzes dar, nämlich: das Quadrat der Grundseite eines Dreiecks ist gleich der Summe der Quadrate der Schenkelseiten und des doppelten Produktes der Schenkelseiten in den Cosinus des Aussenwinkels an der Spitze {vgl. Fig. 19}.

Fig. 19.

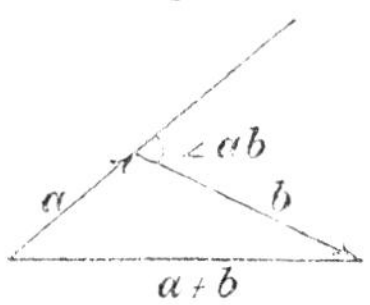

339. *Die Formel* {vgl. 194, 215}

$$\begin{aligned}(a+b+c)^2 &= a^2 + b^2 + c^2 + 2[b|c] + 2[c|a] + 2[a|b] \\ &= \alpha^2 + \beta^2 + \gamma^2 + \\ &\quad + 2\beta\gamma\cos\angle bc + 2\gamma\alpha\cos\angle ca + 2\alpha\beta\cos\angle ab,\end{aligned}$$

wo α, β, γ die Längen der Strecken a, b, c sind, stellt die Erweiterung jenes Satzes für den Raum dar.

340. *Die Formel*

$$\begin{aligned}(A+B+C)^2 &= A^2 + B^2 + C^2 + 2[B|C] + 2[C|A] + 2[A|B] \\ &= \alpha^2 + \beta^2 + \gamma^2 + \\ &\quad + 2\beta\gamma\cos\angle BC + 2\gamma\alpha\cos\angle CA + 2\alpha\beta\cos\angle AB,\end{aligned}$$

wo α, β, γ die Flächeninhalte der Flächenräume A, B, C und $\angle BC, \ldots$ die Neigungswinkel ihrer Ebenen sind, stellt den Satz dar:

213 *Das Quadrat der Grundfläche eines Tetraeders ist gleich † der Summe der Quadrate der Seitenflächen, vermindert um die doppelten Produkte je zweier dieser Seitenflächen in den Cosinus des von ihnen eingeschlossenen Neigungswinkels.*

Beweis. Sind a, b, c die von der Spitze nach den Ecken der Grundseite führenden Kanten ihrer Länge und Richtung nach, so sind

$a-b,\ b-c,\ c-a$ die Kanten der Grundfläche. Die Grundfläche ist also (nach 254) gleich

$$\frac{[(a-b)(b-c)]}{2},$$

während die Seitenflächen gleich

$$\frac{[bc]}{2},\ \frac{[ca]}{2},\ \frac{[ab]}{2}$$

sind. Bezeichnen wir die letzteren beziehlich mit A, B, C und die Grundfläche

$$\frac{[(a-b)(b-c)]}{2}$$

mit D, und bedenken, dass

$$[(a-b)(b-c)] = [ab]-[ac]-[bb]+[bc] = [ab]+[ca]+[bc]$$

ist, so haben wir

$$D = A + B + C,$$

also

$$\begin{aligned} D^2 &= (A+B+C)^2 \\ &= A^2 + B^2 + C^2 + 2[B|C] + 2[C|A] + 2[A|B] \\ &= \alpha^2 + \beta^2 + \gamma^2 + 2\beta\gamma\cos\angle BC + 2\gamma\alpha\cos\angle CA + 2\alpha\beta\cos\angle AB. \end{aligned}$$

Aber $\angle BC$ ist der Winkel zwischen den Ebenen $[ca]$ und $[ab]$, das heisst, zwischen $-[ac]$ und $[ab]$. Der Winkel zwischen $[ac]$ und $[ab]$ ist aber der von den entsprechenden Seitenflächen des Tetraeders eingeschlossene, und also der Winkel zwischen $-[ac]$ und $[ab]$, das heisst $\angle BC$, dessen Nebenwinkel, und dasselbe gilt für die Winkel $\angle CA$ und $\angle AB$.

Anm. Man sieht aus dieser Darstellung, wie sich die Auflösung des Tetraeders vermöge der Beziehung, dass eine Seitenfläche desselben sich als geometrische Summe der übrigen darstellen lässt, auf eine einfache Weise aus unsrer Analyse ergeben muss. Und da wiederum das sphärische Dreieck oder die dreikantige Ecke sich auf ein Tetraeder zurückführen lässt, in welchem drei Kanten Radien der Kugel sind, so zeigt sich, wie auch die sphärische Trigonometrie sich eng daran anschliesst.

Ich bemerke hier noch, dass alle Formeln der sphärischen Trigonometrie symmetrischer werden, wenn man, wie schon oben geschehen ist, statt der Neigungswinkel der Flächen ihre Aussenwinkel setzt. Dies zeigt sich besonders darin, dass dann die Winkel der Polarecke gleich den Seiten der ursprünglichen Ecke
werden, und umgekehrt, und daher dann alle Formeln der sphärischen Trigono- 214
metrie unmittelbar ihre Geltung behalten, wenn man Winkel und Seiten vertauscht. Es ergiebt sich unmittelbar, dass, wenn a, b, c Strecken sind, die den Kanten einer Ecke gleichgerichtet sind, dann die Ergänzungen jener Strecken, das heisst die Flächenräume $|a$, $|b$, $|c$, den Ebenen der Polarecke parallel sind. Die weitere Entwickelung dieser Ideen muss ich jedoch, um nicht zu weit von dem Ziele abzuschweifen, dem Leser überlassen.

341. Aufgabe. *Die Vielfachensumme der Quadrate der Abstände eines variablen Punktes x von mehreren festen Punkten a, b, ... in einfachster Form auszudrücken, wenn die Koefficienten α, β, ... jener Vielfachensumme gegeben sind.*

Auflösung. Es soll demnach ein Ausdruck

$$S = \alpha(x-a)^2 + \beta(x-b)^2 + \cdots$$

in einfachster Form dargestellt werden.

Da x, a, b, ... Punkte sind, und für sie das innere Produkt keine einfache Bedeutung mehr hat, so nehmen wir einen beliebigen einfachen Punkt s zu Hülfe, und setzen

$$x - a = x - s + s - a, \quad x - b = x - s + s - b, \ldots,$$

wo $x - s$, $s - a$, $s - b$, ... Strecken sind, so wird

$$S = \alpha(x - s + s - a)^2 + \beta(x - s + s - b)^2 + \cdots.$$

Da nun

$$(x - s + s - a)^2 = (x-s)^2 + 2[(x-s)|(s-a)] + (s-a)^2$$

ist (nach 193), so erhalten wir

$$\begin{aligned} S = {} & (\alpha + \beta + \cdots)(x-s)^2 + \\ & + 2[(x-s)|(\alpha(s-a) + \beta(s-b) + \cdots)] + \\ & + \alpha(s-a)^2 + \beta(s-b)^2 + \cdots, \end{aligned}$$

oder, wenn wir

$$\alpha + \beta + \cdots = \sigma$$

setzen,

$$(*) \quad \left\{ \begin{aligned} S = \sigma(x-s)^2 + 2[(x-s)|(\sigma s - \alpha a - \beta b - \cdots)] + \\ + \alpha(s-a)^2 + \beta(s-b)^2 + \cdots. \end{aligned} \right.$$

Nun können wir zwei Fälle unterscheiden, je nachdem σ null ist oder nicht.

Nehmen wir *zuerst* letzteres an, so können wir s so wählen, dass das zweite Glied null wird, was dadurch erreicht wird, dass wir

$$\sigma s = \alpha a + \beta b + \cdots,$$

das heisst,

$$s \equiv \alpha a + \beta b + \cdots$$

setzen, das heisst (nach 222, {223 Anm.}), s im Schwerpunkt des Punktsystems αa, βb, ... annehmen. Dann wird

$$S = \sigma(x-s)^2 + \mu,$$

215 wenn wir der Kürze wegen die konstante Grösse

$$\alpha(s-a)^2 + \beta(s-b)^2 + \cdots = \mu$$

setzen, das heisst:

Die Vielfachensumme S der Quadrate der Abstände eines variabeln Punktes x von mehreren festen Punkten $a, b, \ldots$ erreicht, wenn $\alpha, \beta, \ldots$ die Koefficienten jener Vielfachensumme sind, und die Summe σ dieser Koefficienten positiv ist, ihren kleinsten Werth, wenn x in dem Schwerpunkt s des Punkt-Vereines $\alpha a, \beta b, \ldots$ liegt. Wenn sich dagegen x aus diesem Schwerpunkt s um den Abstand ϱ entfernt, so wächst jene Vielfachensumme um das σ-fache von dem Quadrat dieses Abstandes, und ist also für alle Punkte auf der Oberfläche einer Kugel, welche s zum Mittelpunkt hat, konstant. Wird σ negativ, so bleibt alles dasselbe, nur dass statt des Minimums ein Maximum eintritt.

342. Fortsetzung. Wenn *zweitens* $\alpha + \beta + \cdots = 0$ gesetzt wird, so verwandelt sich die Formel (*) der vorigen Nummer in

$$S = -2[(x-s)|(\alpha a + \beta b + \cdots)] + \\ + \alpha(s-a)^{2} + \beta(s-b)^{2} + \cdots.$$

Hier ist (nach 222) die Summe $\alpha a + \beta b + \cdots$ eine Strecke von bestimmter Länge und Richtung, welche wir mit r bezeichnen wollen; es wird daher

$$S = -2[(x-s)|r] + \alpha(s-a)^{2} + \beta(s-b)^{2} + \cdots.$$

Fig. 20.

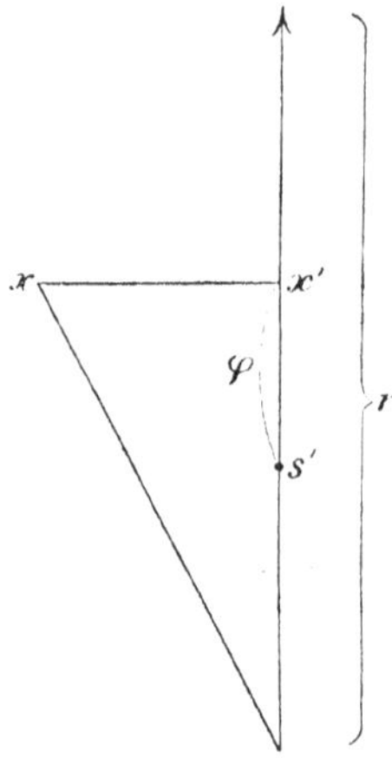

Es sei nun angenommen, *dass r nicht null ist* und seine Länge gleich ϱ sei. Um dann den Ausdruck noch weiter zu reduciren, nehmen wir einen Punkt s' in der von s mit r parallel gezogenen geraden Linie an (vgl. Fig. 20), und setzen $s' - s = zr$, wo z eine Zahl ist, da $s' - s$ nach der Konstruktion mit r parallel ist. Dann wird

$$[(x-s)|r] = [(x - s' + s' - s)|r] \\ = [(x-s')|r] + [(s'-s)|r].$$

Aber $[(s'-s)|r]$ ist gleich $[zr|r] = z[r|r]$, da z eine Zahl ist, also $= zr^{2} = z\varrho^{2}$, da ϱ der numerische Werth von r ist. Also wird

$$[(x-s)|r] = [(x-s')|r] + z\varrho^{2},$$

und

$$S = -2[(x-s')|r] - 2z\varrho^{2} + \alpha(s-a)^{2} + \beta(s-b)^{2} + \cdots.$$

Da s' ein beliebiger Punkt in der geraden Linie $[sr]$ ist, so ist 216
z noch unbestimmt; es sei z so bestimmt, dass

$$z = \frac{\alpha(s-a)^{2} + \beta(s-b)^{2} + \cdots}{2\varrho^{2}}$$

ist, so wird

$$S = -2[(x-s')|r].$$

Fällt man nun von x das Loth xx' auf die gerade Linie $[sr]$ oder $[s'r]$, so ist $x - x'$ normal zu r, das heisst $[(x - x')|r] = 0$, also

$$[(x - s')|r] = [(x - x' + x' - s')|r] = [(x' - s')|r],$$

also

$$S = -2[(x' - s')|r] = \pm 2\varphi\varrho,$$

wenn φ die Länge von $x' - s'$ ist, und das untere oder obere Zeichen gewählt wird, je nachdem $x' - s'$ mit r gleich oder entgegengesetzt gerichtet ist, das heisst:

Die Vielfachensumme S der Quadrate der Abstände eines variabeln Punktes x von mehreren festen Punkten a, b, ... wird, wenn α, β, ... die Koefficienten jener Vielfachensumme, und die Summe dieser Koefficienten null ist, null für alle Punkte einer gewissen Ebene, welche auf der Strecke $r = \alpha a + \beta b + \cdots$ senkrecht steht. Wenn sich der Punkt x dagegen um den Abstand φ von dieser Ebene entfernt, so wird jene Summe $= -2\varphi\varrho$ oder $+2\varphi\varrho$, je nachdem er sich in der Richtung der Strecke r oder in der ihr entgegengesetzten von jener Ebene entfernt hat, wobei ϱ die Länge von r ausdrückt.

343. Schluss. Ist *endlich auch r null*, so wird

$$S = \alpha(s - a)^2 + \beta(s - b)^2 + \cdots,$$

{also von x unabhängig,} das heisst konstant, das heisst:

Die Vielfachensumme S der Quadrate der Abstände eines variabeln Punktes x von mehreren festen Punkten a, b, ... ist konstant, wenn die entsprechende Vielfachensumme der Punkte a, b, ... null ist, das heisst,

$$\alpha(x - a)^2 + \beta(x - b)^2 + \cdots = \text{Const.},$$

wenn

$$\alpha a + \beta b + \cdots = 0$$

ist.

Nämlich die Gleichung $\alpha a + \beta b + \cdots = 0$ schliesst (nach 222) schon die Gleichung $\alpha + \beta + \cdots = 0$ ein.

344. Aufgabe. *Die Vielfachensumme S der Abstände eines variablen*
217 *Punktes x von mehreren festen Ebenen A, B, ... † in einfachster Form auszudrücken, wenn die Koefficienten α, β, ... jener Vielfachensumme gegeben sind, und für jede Ebene die Seite, nach welcher die positiven Abstände liegen sollen, bestimmt ist.*

Auflösung. Man nehme in jeder der Ebenen einen Flächentheil an, dessen Inhalt gleich der Flächeneinheit ist, und welcher (seiner Erzeugungsweise nach) so beschaffen ist, dass das äussere Produkt dieses Flächentheils mit einer Strecke, die nach der als positiv angenommenen Seite der Ebene gerichtet ist, ein positives Produkt bildet. Diese Flächentheile, aufgefasst als Grössen dritter Stufe (255) seien beziehlich mit A', B', ... bezeichnet, so ist das Produkt $[A'x]$ (nach 263) gleich dem Inhalte eines Spates (Parallelepipedums), dessen Grundfläche A' ist, und dessen Deckfläche (der Grundfläche gegenüberliegende Fläche) durch den Punkt x geht, also gleich dem Inhalte von A' mal der Höhe, oder da der Inhalt von A' gleich Eins ist, gleich der Höhe, das heisst, gleich der Entfernung des Punktes x von der Ebene A, und zwar auch dem Zeichen nach, und ebenso für die andern Ebenen. Also ist

$$\begin{aligned} S &= \alpha[A'x] + \beta[B'x] + \cdots \\ &= [(\alpha A' + \beta B' + \cdots)x] \\ &= \varrho[Rx], \end{aligned}$$

wenn ϱR die entsprechende Vielfachensumme der Flächentheile $A', B', \ldots,$ und der Inhalt von R gleich Eins, ϱ aber positiv ist.

Die Vielfachensumme S der Abstände eines variablen Punktes x von mehreren festen Ebenen A, B, ... mit den Koefficienten α, β, ... steht zu dem Abstande desselben Punktes von einer festen Ebene R in einem konstanten Verhältniss $\varrho : 1$. Und zwar findet man R und ϱ, wenn man auf den Ebenen A, B, ... Flächentheile A', B', ... vom Inhalte Eins annimmt, welche mit Punkten, die auf den als positiv angenommenen Seiten der betreffenden Ebenen liegen, äusserlich multiplicirt positive Produkte geben, dann ist R die Ebene des Flächentheiles $\alpha A' + \beta B' + \cdots$, und ϱ sein Inhalt.

Sollte jedoch diese Summe eine unendlich entfernte Ebene, das heisst einen Körperraum (262) † *geben, also $[Rx]$ ein Körpertheil sein, so ist* 218
(nach 268) *$\varrho[Rx]$ konstant, also auch die Vielfachensumme S konstant.*

Sollte endlich $\alpha A' + \beta B' + \cdots$ selbst gleich Null sein, so wird auch S null für jeden Punkt x.

Anm. Die in den vorigen Aufgaben gefundenen Sätze lassen sich in einen Satz zusammenfassen, wenn man statt der Punkte und Ebenen Kugelflächen setzt, welche sich, wenn die Radien null werden, in Punkte, wenn sie unendlich werden, in Ebenen verwandeln, und zwar, wenn man statt des Quadrates des Abstandes von einem Punkte und statt des einfachen Abstandes von einer Ebene, das Produkt des kleinsten und grössten Abstandes von der Kugelfläche setzt, so geht dies Produkt, wenn sich die Kugelfläche in einen Punkt zusammenzieht, in das Quadrat des Abstandes über, und wenn sich die Kugelfläche zu einer Ebene entfaltet, so wird der eine Abstand unendlich, und kann für alle Ebenen als gleich angesehen und daher mit ihm dividirt werden, wodurch die einfachen Abstände hervorgehen. Diese Verallgemeinerung soll in dem folgenden Satze ausgeführt werden.

345. *Wenn man unter dem Doppelabstand eines Punktes von einer Kugelfläche das Produkt des kleinsten und grössten Abstandes des Punktes von der Kugelfläche versteht (das Produkt positiv genommen, wenn* *die Abstände gleichgerichtet, das heisst, der Punkt ausserhalb der Kugelfläche liegt, negativ im entgegengesetzten Falle), so ist die Vielfachensumme* S *der Doppelabstände* α', β', ... *von mehreren festen Kugelflächen, deren Mittelpunkte* a, b, ..., *und deren Radien* a', b', ... *sind, also die Vielfachensumme*

$$\alpha\alpha' + \beta\beta' + \cdots,$$

wenn α, β, ... *ihre Koefficienten darstellen, ein Minimum oder Maximum, wenn* x *in dem Schwerpunkte* s *des Punktvereins* αa, βb, ... *liegt, und zwar, wenn sich der Punkt* x *von diesem Schwerpunkte* s *um den Abstand* φ *entfernt, so wächst* S *um das Produkt {aus dem Quadrat} dieses Abstandes in die Summe* σ *der Koefficienten* α, β, ..., *also um* $\varphi^2\sigma$ *oder um* $(\alpha + \beta + \cdots)\varphi^2$.

Wenn aber der Punktverein αa, βb, ... *keinen Schwerpunkt hat, das heisst,* $\alpha + \beta + \cdots$ *null ist, so giebt es eine auf der Strecke* $r = \alpha a + \beta b + \cdots$ *senkrecht stehende Ebene* E, *für deren Punkte* S *null ist; entfernt sich dann* x *von dieser Ebene um den Abstand* φ, *so wird* $S = \pm 2\varphi\varrho$, *wo* ϱ *der numerische Werth von* r *ist, und das untere*
219 *oder obere Zeichen gewählt* † *wird, je nachdem* x *sich nach der Seite hin bewegt, nach welcher von* E *aus die Richtung von* r *liegt, oder nach der entgegengesetzten.*

Wird aber auch $\alpha a + \beta b + \cdots = 0$, *so ist* S *konstant.*

Beweis. Zieht man von x die Linie durch den Mittelpunkt a der ersten Kugel, welche die Oberfläche derselben in x_1 und x_2 schneide, so ist der Doppelabstand

$$\alpha' = (x - x_1)(x - x_2) = (x - a - a')(x - a + a'),$$

wenn $x - x_1$ die Linie von x_1 nach x bezeichnet, und so weiter, und a' der Radius ist. Also $\alpha' = (x - a)^2 - a'^2$, oder wenn wir jetzt unter $x - a$ eine Strecke von bestimmter Länge und Richtung verstehen,

$$\alpha' = (x - a)^{\underline{2}} - a'^2.$$

Also

$$S = \alpha\alpha' + \beta\beta' + \cdots$$
$$= \alpha[(x - a)^{\underline{2}} - a'^2] + \beta[(x - b)^{\underline{2}} - b'^2] + \cdots.$$

Nehmen wir nun einen konstanten Punkt s zu Hülfe, der zur Vereinfachung des Ausdrucks dienen soll, so wird

$$(x - a)^{\underline{2}} = (x - s + s - a)^{\underline{2}}$$
$$= (x - s)^{\underline{2}} + 2[(x - s)|(s - a)] + (s - a)^{\underline{2}}$$

und entsprechend bei den übrigen Quadraten. Setzen wir noch $\alpha + \beta + \cdots = \sigma$, so wird

$$S = \sigma(x - s)^{\underline{2}} + 2[(x - s)|(\sigma s - \alpha a - \beta b - \cdots)] + \mu,$$

wenn wir die nur von der Wahl von s abhängige Grösse

$$\alpha(s-a)^2+\beta(s-b)^2+\cdots-\alpha a'^2-\beta b'^2-\cdots=\mu$$

setzen.

Ist nun σ von Null verschieden, so wird der Faktor

$$\sigma s-\alpha a-\beta b-\cdots$$

gleich Null, wenn s der Schwerpunkt des Punktvereins αa, βb, ... wird. Nehmen wir also s in diesem Schwerpunkte liegend an, so wird

$$S=\sigma(x-s)^2+\mu,$$

wodurch der erste Theil bewiesen ist.

Wenn aber $\sigma=0$ ist, so ist $\alpha a+\beta b+\cdots$ eine Strecke, diese sei r, und ϱ ihr numerischer Werth {vgl. Fig. 20 auf S. 217}, so wird

$$S=2[(s-x)|r]+\mu.$$

Leicht kann man, da S in Bezug auf x vom ersten Grade ist, solche Punkte x finden, für welche S null wird. Es sei s' ein solcher Punkt*), das heisst,

$$2[(s-s')|r]+\mu=0,$$ 220

so wird

$$S=2[(s-s'+s'-x)|r]+\mu=2[(s'-x)|r]$$

vermöge der vorigen Gleichung, und dies ist

$$=\pm 2\varphi\varrho,$$

wenn φ der numerische Werth der senkrechten Projektion von $s'-x$ auf r ist, und das untere oder obere Zeichen gewählt wird, je nachdem $x-s'$ und r nach derselben Seite der in s' auf r errichteten senkrechten Ebene gerichtet sind oder nicht, wodurch der zweite Theil des Satzes erwiesen ist.

Wenn endlich auch $\alpha a+\beta b+\cdots=0$ ist, so wird

$$S=\mu,$$

also {von x unabhängig, das heisst} konstant.

{Anm. Vgl. hierzu Nr. 392—409.}

346. Aufgabe. *Die Summe S mehrerer Linientheile im Raume auf die Summe eines Linientheiles und eines dagegen senkrechten Flächenraumes zurückzuführen.*

Auflösung. Man nehme ein System von vier Einheiten im Raume: a, a_1, a_2, a_3 an, von denen a ein einfacher Punkt und a_1, a_2, a_3 Strecken sind, so lässt sich (nach 232) jeder Punkt im Raume aus ihnen numerisch ableiten, also ist jeder Linientheil als Produkt zweier

---

*) Setzt man den Punkt $s+(\mu r:2\varrho^2)=p$, so ist s' ein beliebiger Punkt, welcher in der durch p senkrecht gegen r gelegten Ebene liegt.

Punkte (nach 65) aus den multiplikativen Kombinationen aa_1, aa_2, aa_3, a_1a_2, a_1a_3, a_2a_3 numerisch ableitbar; also auch S, als Summe solcher Linientheile. Es sei

$$S = \alpha_1[aa_1] + \alpha_2[aa_2] + \alpha_3[aa_3] + \beta_1[a_1a_2] + \beta_2[a_1a_3] + \beta_3[a_2a_3]$$

oder

$$= [a(\alpha_1a_1 + \alpha_2a_2 + \alpha_3a_3)] + \beta_1[a_1a_2] + \beta_2[a_1a_3] + \beta_3[a_2a_3].$$

Es sei

$$\alpha_1a_1 + \alpha_2a_2 + \alpha_3a_3 = b,$$

also b eine Strecke, und $\beta_1[a_1a_2] + \beta_2[a_1a_3] + \beta_3[a_2a_3]$ ist als Summe von Produkten von je zwei Strecken wieder ein solches, also als Ergänzung einer Strecke aufzufassen, etwa der Strecke c, das heisst, es sei

$$\beta_1[a_1a_2] + \beta_2[a_1a_3] + \beta_3[a_2a_3] = |c,$$

so ist

$$S = [ab] + |c.$$

Es sei a' irgend ein anderer, noch näher zu bestimmender {ein-
221 facher} Punkt und sei $a - a' = d$, wo d eine Strecke ist, so ist $a = a' + d$, also

$$S = [(a' + d)b] + |c = [a'b] + [db] + |c.$$

Es ist hier $[db] + |c$ ein Flächenraum; und es soll d so bestimmt werden, dass, wie die Aufgabe verlangt, dieser Flächenraum auf dem Linientheile $[a'b]$ senkrecht steht. Da aber a' ein Punkt und b eine Strecke ist, so hat dieser Linientheil die Richtung von b, also muss jener Flächenraum auch auf b senkrecht stehen, das heisst (nach 152, 336a), es muss $[(db + |c)|b] = 0$ sein, oder

$$[db|b] + |[cb] = 0 \qquad [99],$$

das heisst

$$|[cb] = [bd|b] \qquad [55].$$

Nehmen wir an, dass d senkrecht auf b stehe, das heisst, in der Ebene $|b$ liege, so ist (nach 108) der zuletzt gewonnene Ausdruck

$$= [b|b]d = \beta^2 d,$$

wenn β der numerische Werth von b ist, also d gefunden

$$d = |[cb] : \beta^2.$$

Umgekehrt, wenn d diesen Werth hat, so folgt durch die umgekehrten Umgestaltungen, dass der Flächenraum $[db] + |c$ auf b senkrecht stehe, also ist die Aufgabe gelöst.

347. *Wenn zwei Summen von Linientheilen beide auf die Form einer Summe gebracht sind, deren eines Stück ein Linientheil und deren anderes Stück ein gegen die Linie desselben senkrechter Flächenraum ist,* *so sind jene Summen nur dann gleich, wenn sowohl diese Linientheile als diese Flächenräume einander gleich sind; das heisst, wenn*

$$[ab] + \gamma|b = [a_1 b_1] + \gamma_1|b_1$$

ist, wo a und a_1 einfache Punkte, b und b_1 {zwei von Null verschiedene} Strecken, γ und γ_1 Zahlen sind, so ist

$$[ab] = [a_1 b_1], \quad \gamma|b = \gamma_1|b_1.$$

Beweis. Man multiplicire zuerst die gegebene Gleichung mit einem Produkte U dreier Strecken, deren Spat dem als Einheit angenommenen Körperraume gleich ist, so wird (nach 301), da $|b$, $|b_1$ Produkte je zweier Strecken sind, $[|b\,.\,U] = 0 = [|b_1\,.\,U]$, dagegen wird (nach 305) $[abU] = b$ und $[a_1 b_1 U] = b_1$; also erhält man $b = b_1$. Somit verwandelt sich die gegebene Gleichung in

$$[ab] + \gamma|b = [a_1 b] + \gamma_1|b.$$

Multiplicirt man diese Gleichung mit b, so wird, da $[abb] = [a_1 bb] = 0$ ist (nach 60), $\gamma[b|b] = \gamma_1[b|b]$, also, da $[b|b] = b^2$ eine von Null ver- 222
schiedene Zahl ist, $\gamma = \gamma_1$. Somit verwandelt sich die ursprüngliche Gleichung in $[ab] = [a_1 b]$, das heisst, die Linientheile $[ab]$ und $[a_1 b_1]$ und die Flächenräume $\gamma|b$ und $\gamma_1|b_1$ sind einander gleich.

Anm. Es lässt sich also jede Summe von Linientheilen, das heisst, jede geometrische Grösse zweiter Stufe auf eine bestimmte, vollkommen unzweideutige Art in Form einer Summe eines Linientheiles und eines gegen seine Linie senkrechten Flächenraums darstellen. Es ist interessant, dass diese allgemeine Grösse zweiter Stufe vollkommen repräsentirt wird durch die Bewegung eines Körpers im Raume.

Wenn nämlich ein Körper aus einer Lage in eine beliebige andere versetzt wird, so ist bekanntlich diese Versetzung allemal dadurch möglich zu machen, dass man eine gewisse Linie des Körpers in ihrer eigenen Richtung um ein Gewisses fortschreiten lässt, während der Körper um diese Linie als um seine Axe eine gewisse Drehung vollendet, und zwar sind diese beiden Partialbewegungen durch die Anfangs- und End-Lage des Körpers vollkommen bestimmt. Die erstere Bewegung kann durch einen Linientheil vollkommen repräsentirt werden, die letztere durch einen dagegen senkrechten Flächenraum, beide zusammen also durch die allgemeine räumliche Grösse zweiter Stufe.

Natürlich wird man in der Statik auf gleiche Weise die Resultante mehrerer Kräfte im Raume darstellen können, während der blosse Linientheil die einzelne statische Kraft darstellt, und die Summe derselben die statische Resultante der entsprechenden Kräfte (s. Ausdehnungslehre {von 1844, diese Ausgabe I, 1}, § 121 ff.).

223 # Zweiter Abschnitt.

Funktionenlehre.

Kapitel 1. **Funktionen im Allgemeinen.**

§ 1. Begriff der Funktion, und Reduktion mehrerer Funktionen mehrerer Variabeln auf Eine Funktion Einer Variabeln.

348. Erklärung. Wenn eine Grösse u von einer oder mehreren Grössen $x, y, \ldots$ in der Art abhängt, dass, so oft $x, y, \ldots$ bestimmte Werthe annehmen, auch u einen bestimmten (eindeutigen) Werth annimmt, so nennen wir u eine Funktion von $x, y, \ldots$.

Anm. Hier ist zu bemerken, dass die obige Definition auch gelten soll, wenn $u, x, y, \ldots$ beliebige extensive Grössen sind. Ferner ist zu bemerken, dass die mehrdeutigen Funktionen, das heisst solche, wo für bestimmte Werthe der unabhängigen Variabeln $x, y, \ldots$ die Grösse u mehrere verschiedene Werthe annehmen kann, ohne dass diese Verschiedenheit durch eine neue Variable bedingt ist, — hier gänzlich ausgeschlossen sind; wie denn überhaupt alle in diesem Sinne mehrdeutigen Grössen aus der Mathematik zu verbannen sind, weil sich auf sie keine mathematische Formel mit Sicherheit anwenden lässt.

Sobald die Beziehung zwischen den unabhängigen und der abhängigen Variabeln u vermittelst einer Gleichung gegeben ist, durch welche für bestimmte Werthe der ersteren die letztere u mehrere verschiedene Werthe annehmen kann, so kann man u ansehen als Funktion jener Variabeln und einer neuen {Variabeln} r, welche eine bestimmte Werthreihe, etwa die der ganzen Zahlen durchläuft, so dass dann, wenn ausser den ursprünglichen Variabeln auch noch der Werth von r bestimmt ist, auch u eindeutig bestimmt sei. Oder sollte Eine solche neue
224 Variable r nicht ausreichen, so kann man mehrere solche zu Hülfe † nehmen.

Hat man zum Beispiel die Gleichung $u^n = x$, so kann hier für jeden Werth von x die Grösse u noch n verschiedene Werthe annehmen. Einer derselben sei mit $x^{\frac{1}{n}}$ bezeichnet, so ist bekanntlich

$$u = (-1)^{\frac{2r}{n}} x^{\frac{1}{n}} = \left(\cos\frac{2r\pi}{n} + \sqrt{-1}\sin\frac{2r\pi}{n}\right) x^{\frac{1}{n}},$$

wo r nach und nach jeden ganzen Zahlwerth annehmen kann. Es ist also u auf diese Weise als Funktion von x und einer neuen Variabeln r dargestellt, wodurch dann die Mehrdeutigkeit der Funktion verschwindet.

349. Erklärung. Zahlfunktion nenne ich eine Funktion, welche für beliebige Werthe der Variabeln, von denen sie abhängt, stets einen Zahlwerth (reellen oder imaginären, ganzen oder gebrochenen, rationalen oder irrationalen) annimmt. Extensive Funktion nenne ich eine Funktion, welche für alle (oder gewisse) Werthe der Variabeln einer extensiven Grösse gleich ist. Ich werde die Zahlfunktionen stets mit kleinen Buchstaben f, φ, ψ, ..., die extensiven Funktionen mit grossen Buchstaben F, Φ, Ψ, ... bezeichnen.

Anm. Die imaginäre Zahlgrösse $p + q\sqrt{-1}$ steht auf der Gränze der extensiven Grössen. Sie ist als extensive Grösse aufzufassen, sobald man für den Ausdruck der Zahlbeziehung zwischen mehreren Grössen nur reelle Zahlkoefficienten zulässt, indem dann 1 und $\sqrt{-1}$ als Einheiten erscheinen, die in keiner Zahlbeziehung zu einander stehen. Hingegen ist sie als Zahlgrösse aufzufassen, sobald auch imaginäre Zahlkoefficienten für den Ausdruck der Zahlbeziehung gestattet sind. Wenn daher die Funktion $y = f(x)$ für reelles x imaginäre Werthe, etwa $u + v\sqrt{-1}$ annimmt, so kann sie in dem ersten Sinne als extensive Funktion aufgefasst werden; doch wollen wir in der Funktionenlehre den letzteren Sinn stets festhalten, also auch im Falle y imaginär wird, dennoch y als Zahlfunktion auffassen, wie es in der Erklärung geschehen ist.

350. *Jede Zahlfunktion beliebig vieler Zahlgrössen lässt sich als Zahlfunktion einer einzigen extensiven Grösse darstellen, und zwar, wenn*

$$y_1 = f(x_1, x_2, \ldots x_n)$$

ist, so ist dieser Ausdruck gleichbedeutend mit

$$y_1 = f([x|e_1], [x|e_2], \ldots, [x|e_n]) = \varphi(x),$$

wo $e_1, \ldots e_n$ *ein einfaches Normalsystem (siehe* 153) *bilden, und*

$$x = x_1 e_1 + x_2 e_2 + \cdots + x_n e_n$$

ist.

Beweis. Wenn $x = x_1 e_1 + x_2 e_2 + \cdots + x_n e_n$ ist und $e_1, \ldots e_n$ 225
ein einfaches Normalsystem bilden, so ist

$$[x|e_1] = [(x_1 e_1 + x_2 e_2 + \cdots + x_n e_n)|e_1] = x_1,$$

da $[e_1|e_2], \ldots [e_1|e_n]$ (nach 188) null sind und $[e_1|e_1] = 1$ ist. Aus gleichem Grunde ist

$$[x|e_2] = x_2, \ \ldots, \ [x|e_n] = x_n.$$

Also

$$y_1 = f(x_1, x_2, \ldots x_n) = f([x|e_1], [x|e_2], \ldots, [x|e_n]),$$

wo also y_1 eine Funktion der extensiven Grösse x ist. Es sei diese Funktion mit $\varphi(x)$ bezeichnet, so hat man

$$y_1 = \varphi(x).$$

351. *Jedes System von Zahlfunktionen beliebig vieler Zahlgrössen lässt sich als Eine extensive Funktion Einer extensiven Grösse darstellen,* *und zwar, wenn*

$$\begin{cases} y_1 = f_1(x_1, x_2, \ldots x_n) \\ y_2 = f_2(x_1, x_2, \ldots x_n) \\ \cdot \quad \cdot \quad \cdots \quad \cdot \\ y_m = f_m(x_1, x_2, \ldots x_n) \end{cases}$$

ist, so ist dies System von Gleichungen gleichbedeutend der Gleichung

$$y = F(x),$$

wo

$$x = x_1 e_1 + \cdots + x_n e_n, \; y = y_1 e_1 + \cdots + y_m e_m$$
$$F(x) = e_1 \varphi_1(x) + e_2 \varphi_2(x) + \cdots + e_m \varphi_m(x)$$
$$\varphi_r(x) = f_r([x|e_1], [x|e_2], \ldots, [x|e_n])$$

ist und $e_1, \ldots e_n$ *und* $e_1, \ldots e_m$ *einfache Normalsysteme bilden.*

Beweis. Nach 350 ist, wenn $x = x_1 e_1 + x_2 e_2 + \cdots + x_n e_n$ gesetzt wird,

$$y_r = f_r(x_1, x_2, \ldots x_n)$$

gleichbedeutend mit

$$y_r = f_r([x|e_1], [x|e_2], \ldots, [x|e_n]).$$

Diese Funktion von x sei mit $\varphi_r(x)$ bezeichnet, also

$$y_r = \varphi_r(x) = f_r([x|e_1], [x|e_2], \ldots, [x|e_n]).$$

Ferner ist (nach 29) das System der Gleichungen

$$y_1 = \varphi_1(x), \; y_2 = \varphi_2(x), \; \ldots, \; y_m = \varphi_m(x)$$

gleichbedeutend der Gleichung

226 $$y_1 e_1 + y_2 e_2 + \cdots + y_m e_m = e_1 \varphi_1(x) + e_2 \varphi_2(x) + \cdots + e_m \varphi_m(x),$$

das heisst, der Gleichung

$$y = e_1 \varphi_1(x) + e_2 \varphi_2(x) + \cdots + e_m \varphi_m(x).$$

Diese {extensive} Funktion von x sei mit $F(x)$ bezeichnet, also

$$F(x) = e_1 \varphi_1(x) + e_2 \varphi_2(x) + \cdots + e_m \varphi_m(x),$$

so sind die m gegebenen Gleichungen

$$y_1 = f_1(x_1, x_2, \ldots x_n), \; \ldots, \; y_m = f_m(x_1, x_2, \ldots x_n)$$

gleichbedeutend mit der Gleichung

$$y = F(x).$$

352. *Jedes System von Funktionen beliebig vieler Variabeln lässt sich ersetzen durch Eine Funktion Einer Variabeln, vorausgesetzt, dass sich die unabhängigen Variabeln sämmtlich aus* Einem *System von Einheiten numerisch ableiten lassen, und ebenso die abhängigen.*

Beweis. 1. Für ein beliebiges System von Zahlfunktionen beliebig vieler Zahlgrössen ist der Satz in 351 bewiesen.

2. Nach 157 lassen sich alle aus einem System von n Einheiten numerisch ableitbaren Grössen aus einem einfachen Normalsystem von n Grössen numerisch ableiten. Es bestehe das Normalsystem, aus welchem sich die unabhängigen Variabeln $x, y, \ldots$ ableiten lassen, aus den Grössen $e_1, e_2, \ldots e_n$, und dasjenige, aus welchem sich die abhängigen Variabeln $u, v, \ldots$ ableiten lassen, aus den Grössen $e^{(1)}$, $e^{(2)}, \ldots e^{(m)}$. Ferner sei

$$\begin{array}{ll} x = x_1 e_1 + \cdots + x_n e_n, & u = u_1 e^{(1)} + \cdots + u_m e^{(m)} \\ y = y_1 e_1 + \cdots + y_n e_n, & v = v_1 e^{(1)} + \cdots + v_m e^{(m)} \\ . \quad . \quad \ldots \quad . & . \quad . \quad \ldots \quad ., \end{array}$$

wo alle Koefficienten Zahlgrössen sind, und seien

$$u = F(x, y, \ldots), \quad v = \Phi(x, y, \ldots), \ldots$$

die gegebenen Funktionen, so erhält man, indem man in der ersten Gleichung die obigen Werthe einsetzt,

$$u_1 e^{(1)} + \cdots + u_m e^{(m)} = F(x_1 e_1 + \cdots + x_n e_n, y_1 e_1 + \cdots + y_n e_n, \ldots).$$

Hier ist die rechte Seite eine extensive Funktion der Zahlgrössen $x_1, \ldots x_n, y_1, \ldots y_n, \ldots$. Diese Funktion soll einer Grösse gleich sein, welche aus den Einheiten $e^{(1)}, \ldots e^{(m)}$ numerisch † ableitbar ist, 227
also muss sie selbst aus ihnen numerisch ableitbar sein, das heisst, sie muss in der Form $e^{(1)}\varphi_1 + \cdots + e^{(m)}\varphi_m$ erscheinen, wo $\varphi_1, \ldots \varphi_m$ Zahlfunktionen von $x_1, \ldots x_n, y_1, \ldots y_n, \ldots$ sind. Also erhält man

$$u_1 e^{(1)} + \cdots + u_m e^{(m)} = e^{(1)}\varphi_1 + \cdots + e^{(m)}\varphi_m.$$

Diese Gleichung, welche mit $u = F(x, y, \ldots)$ gleichbedeutend ist, wird (nach 29) ersetzt durch das System der Zahlgleichungen

$$u_1 = \varphi_1, \; u_2 = \varphi_2, \; \ldots, \; u_m = \varphi_m.$$

Auf gleiche Weise wird die Gleichung

$$v = \Phi(x, y, \ldots)$$

ersetzt durch ein System von Zahlgleichungen von der Form

$$v_1 = \psi_1, \; v_2 = \psi_2, \; \ldots, \; v_m = \psi_m,$$

wo $\psi_1, \psi_2, \ldots$ gleichfalls Zahlfunktionen der Zahlgrössen $x_1, \ldots x_n$, $y_1, \ldots y_n, \ldots$ sind. Folglich werden die gegebenen Gleichungen

$$u = F(x, y, \ldots), \quad v = \Phi(x, y, \ldots), \ldots$$

ersetzt durch das System der Zahlgleichungen

$$u_1 = \varphi_1,\ u_2 = \varphi_2,\ \ldots,\ u_m = \varphi_m,$$
$$v_1 = \psi_1,\ v_2 = \psi_2,\ \ldots,\ v_m = \psi_m,$$
$$\ldots\ldots\ldots\ldots\ldots,$$

wo $\varphi_1, \ldots \varphi_m$, $\psi_1, \ldots \psi_m$, ... Zahlfunktionen der Zahlgrössen $x_1, \ldots x_n$, $y_1, \ldots y_n$, ... sind. Aber nach 351 kann ein solches System ersetzt werden durch Eine Funktion Einer Grösse, folglich kann auch das gegebene System durch Eine solche Funktion Einer Grösse ersetzt werden.

Anm. Die Zurückführung auf Eine Funktion Einer Variabeln ist auch für die Behandlung der Zahlfunktionen von Bedeutung, da die Sätze der Zahlfunktionen, der Differenzialrechnung, der Reihen, und auch mit gewissen Beschränkungen die der Integralrechnung sich auf solche extensive Funktionen extensiver Grössen, wie unten gezeigt werden soll, anwenden lassen. Namentlich ergeben sich daraus die Jakobischen Sätze über Funktionaldeterminanten, so wie die von Jakobi in seiner berühmten Abhandlung {Crelle's Journal, Bd. 22, S. 319 ff., ges. Werke Bd. 3, S. 393 ff.} angedeutete oder geahnte Uebereinstimmung dieser Sätze mit den Sätzen der Differenziation Einer einfachen Funktion Einer Variabeln aufs leichteste und unmittelbarste. {Vgl. noch Nr. 441.}

228 § 2. Ganze Funktionen und Darstellung derselben vermittelst lückenhaltiger Produkte.

353. Erklärung. Wenn $P_{a_1,\, a_2,\, \ldots\, a_n}$ ein beliebiges Produkt ist, in welchem die Grössen erster Stufe a_1, a_2, ... a_n als Faktoren vorkommen, so verstehe ich unter

$$P_{l,\, l,\, \ldots\, l}(x_1 x_2 \ldots x_n),$$

wo x_1, x_2, ... x_n beliebige Grössen erster Stufe sind, das arithmetische Mittel zwischen den sämmtlichen Ausdrücken, welche aus

$$P_{x_1,\, x_2,\, \ldots\, x_n}$$

hervorgehen, wenn man den Grössen x_1, x_2, ... x_n alle möglichen verschiedenen Folgen giebt. Ich nenne hier den Ausdruck $P_{l,\, l,\, \ldots\, l}$ ein Produkt mit n {vertauschbaren} Lücken.

So ist zum Beispiel

$$P_{l,l,l}(xyz) = \tfrac{1}{6}(P_{x,y,z} + P_{x,z,y} + P_{y,x,z} + P_{y,z,x} + P_{z,x,y} + P_{z,y,x}).$$

Anm. Unter dem arithmetischen Mittel mehrer Grössen ist hier, wie sonst, die durch die Anzahl der Grössen dividirte Summe derselben verstanden. Es versteht sich von selbst, dass, wenn ein solcher Lückenausdruck noch mit andern Ausdrücken durch Multiplikation verbunden werden soll, er dann in Klammern zu schliessen ist.

Noch ist zu bemerken, dass wir oben die in die Lücken eintretenden Grössen als Grössen erster Stufe gesetzt haben. Man sieht leicht, dass man diesen Begriff auch hätte erweitern und auch Lücken höherer Stufen hätte annehmen können, das heisst solche Lücken, in welche Grössen höherer Stufen eintreten sollen. Doch kann man solche Fälle, in denen Lücken höherer Stufe vorkommen würden, fast überall vermeiden. Namentlich, was der häufigste Fall ist, wenn das Hauptgebiet von n-ter Stufe ist, und Grössen $(n-1)$-ter Stufe in die Lücken eintreten sollen, so kann man diese Grössen als Ergänzungen von Grössen erster Stufe also in der Form $|a, \ldots$ darstellen, und statt der Lücke $(n-1)$-ter Stufe schreiben $|l$, wodurch dann die Lücke auf die erste Stufe reducirt ist, und der Definition in 353 unterliegt.

{Da ferner, der Erklärung zufolge, die Faktoren $x_1, x_2, \ldots x_n$ in allen möglichen Anordnungen in die Lücken eingeführt werden und aus allen so entstehenden Ausdrücken das arithmetische Mittel genommen wird, so ist es gleichgültig, welche Reihenfolge man den ausserhalb des Produktes $P_{l,\,l,\,\ldots\,l}$ stehenden Füllgrössen $x_1, x_2, \ldots x_n$ giebt {vgl. Nr. 362}. Auch ist es nicht erforderlich, die einzelnen Lücken des Produktes $P_{l,\,l,\,\ldots\,l}$ durch verschiedene Symbole $l_1, l_2, \ldots l_n$ zu unterscheiden, da die Vertauschung zweier Lückensymbole die Bedeutung des Lückenproduktes doch nicht verändern würde; aus diesem Grunde wurden in der Erklärung die Lücken vertauschbar genannt. Erst weiter unten (vgl. Nr. 485) werden auch Lückenprodukte auftreten, bei denen jeder Lücke eine bestimmte Füllgrösse zugewiesen wird, deren Lücken daher nicht vertauschbar sind.}

354. *Es ist*

$$P_{l,\,l,\,\ldots\,l}(x_1 x_2 \ldots x_n) = \Sigma P_{x_r,\,x_s,\,\ldots} : (1 \,.\, 2 \ldots n),$$

wo der Ausdruck $P_{l,\,l,\,\ldots\,l}$ ein Produkt mit n {vertauschbaren} Lücken ist, und $x_r, x_s, \ldots$ dieselben Grössen wie $x_1, x_2, \ldots x_n$ bezeichnen, nur in beliebig geänderter Folge, und wo die Summe sich auf alle verschiedenen Folgen bezieht. Ins Besondere ist

$$P_{l,\,l,\,\ldots\,l}\,x^n = P_{x,\,x,\,\ldots}.$$

Beweis. Nach 353 ist $P_{l,\,l,\,\ldots\,l}(x_1 x_2 \ldots x_n)$ das arithmetische 229
Mittel der Ausdrücke $P_{x_r,\,x_s,\,\ldots}$, welche aus $P_{x_1,\,x_2,\,\ldots\,x_n}$ durch beliebige Anordnung der Grössen $x_1, \ldots x_n$ hervorgehen, das heisst, gleich der Summe jener Ausdrücke, dividirt durch ihre Anzahl, also durch $1 \,.\, 2 \ldots n$. Wenn ins Besondere $x_1 = x_2 = \cdots = x_n = x$ ist, so werden alle jene Ausdrücke gleich $P_{x,\,x,\,\ldots\,x}$, also ist ihr arithmetisches Mittel gleich einem derselben, also damit auch die Specialformel erwiesen.

355. Erklärung. Wenn P_m ein Produkt mit m {vertauschbaren} Lücken, und $m > n$ ist, so verstehe ich unter $P_m(x_1 x_2 \ldots x_n)$ den Ausdruck, welchen man erhält, wenn man den Ausdruck $P_m(x_1 x_2 \ldots x_m)$ (nach 353) entwickelt, und dann statt jeder der Grössen x_{n+1}, $x_{n+2}, \ldots x_m$ eine Lücke setzt; zum Beispiel ist

$$P_{l,\,l,\,l}\,x = \tfrac{1}{3}\,(P_{x,\,l,\,l} + P_{l,\,x,\,l} + P_{l,\,l,\,x});$$

$$P_{l,l,l}(xy) = \tfrac{1}{6}\,(P_{x,y,l} + P_{y,x,l} + P_{x,l,y} + P_{y,l,x} + P_{l,x,y} + P_{l,y,x}).$$

356. *Wenn* $P_{l,\,l,\,\ldots\, l}$ *ein Produkt mit* m *{vertauschbaren} Lücken, und* m *grösser als* n *ist, so ist*

$$P_{l,\,l,\,\ldots\, l}(x_1 x_2 \ldots x_n) = \frac{S}{m(m-1)\ldots(m-n+1)},$$

wo S *die Summe aller Glieder ist, welche hervorgehen, wenn man* x_1, $x_2, \ldots x_n$ *auf alle möglichen verschiedenen Arten in die* m *Lücken von* $P_{l,\,l,\,\ldots\, l}$ *vertheilt; ins Besondere ist*

$$P_{l,\,l,\,\ldots\, l}\, x = \frac{1}{m}\left(P_{x,\,l,\,\ldots\, l} + P_{l,\,x,\,\ldots\, l} + \cdots\right).$$

Beweis. Es ist (nach 355) unter $P_{l,\,l,\,\ldots\, l}(x_1 x_2 \ldots x_n)$ der Ausdruck verstanden, den man erhält, wenn man in $P_{l,\,l,\,\ldots\, l}(x_1 x_2 \ldots x_m)$ statt jeder der Grössen $x_{n+1}, \ldots x_m$ eine Lücke setzt. Nun ist (nach 354)

$$P_{l,\,l,\,\ldots\, l}(x_1 x_2 \ldots x_m) = \Sigma P_{x_r,\, x_s,\, \ldots} : (1 \,.\, 2 \ldots m).$$

Setzt man hierin statt $x_{n+1}, x_{n+2}, \ldots x_m$ Lücken, so werden alle die Glieder gleich, welche sich nur durch die Reihenfolge der Grössen $x_{n+1}, x_{n+2}, \ldots x_m$ unterscheiden. Man kann also, statt diese gleichen Glieder so oft zu setzen, als ihre Anzahl beträgt, eins derselben mit dieser Anzahl, also mit $1 \,.\, 2 \ldots (m-n)$ multipliciren; somit erhält man jedes der von einander verschiedenen Glieder mit $1 \,.\, 2 \ldots (m-n) : (1 \,.\, 2 \ldots m)$
230 multiplicirt. Aber die Summe dieser von einander verschiedenen Glieder ist S, also

$$P_{l,\,l,\,\ldots\, l}(x_1 x_2 \ldots x_n) = \frac{S \,.\, 1 \,.\, 2 \ldots (m-n)}{1 \,.\, 2 \ldots m} = \frac{S}{m(m-1)\ldots(m-n+1)}.$$

Da die Anzahl der in S enthaltenen Glieder gleich $m(m-1)\ldots(m-n+1)$ ist, so ist der Ausdruck rechts zugleich das arithmetische Mittel dieser Glieder.

357. Erklärung. Wenn $\mathsf{A}, \mathsf{B}, \ldots \mathsf{A}', \mathsf{B}', \ldots$ Produkte mit je n Lücken, und $\alpha, \beta, \ldots, \alpha', \beta', \ldots$ Zahlen sind, so setze ich dann und nur dann

$$\alpha \mathsf{A} + \beta \mathsf{B} + \cdots = \alpha' \mathsf{A}' + \beta' \mathsf{B}' + \cdots,$$

wenn *für jede Reihe von* n *Grössen erster Stufe* $x_1, x_2, \ldots x_n$

$$\alpha \mathsf{A} x_1 x_2 \ldots x_n + \beta \mathsf{B} x_1 x_2 \ldots x_n + \cdots = \alpha' \mathsf{A}' x_1 x_2 \ldots x_n + \beta' \mathsf{B}' x_1 x_2 \ldots x_n + \cdots$$

ist. Wir nennen eine solche Vielfachensumme von Lückenprodukten (mit je n Lücken) einen Lückenausdruck (mit n Lücken).

358. *Jede ganze Zahlfunktion* n*-ten Grades von beliebig vielen (veränderlichen) Zahlgrössen lässt sich in der Form*

$$\mathsf{A} x^n$$

darstellen, wo A *ein Ausdruck mit* n {*vertauschbaren*} *Lücken ist, und zwar ist*

$$\Sigma \alpha_{\mathfrak{a}, \mathfrak{b}, \ldots} x_1^{\mathfrak{a}} x_2^{\mathfrak{b}} \ldots [\mathfrak{a} + \mathfrak{b} + \cdots \leqq n] = \mathsf{A} x^n,$$

wo

$$x = e_0 + x_1 e_1 + x_2 e_2 + \cdots$$

und

$$\mathsf{A} = \Sigma \alpha_{\mathfrak{a}, \mathfrak{b}, \ldots} [l|e_0]^{\mathfrak{r}} [l|e_1]^{\mathfrak{a}} [l|e_2]^{\mathfrak{b}} \ldots$$
$$[\mathfrak{r} + \mathfrak{a} + \mathfrak{b} + \cdots = n]$$

ist, wo ferner e_0, e_1, e_2, ... *ein einfaches Normalsystem bilden, und die Summe sich auf alle möglichen Werthe* $\mathfrak{r}$, $\mathfrak{a}$, $\mathfrak{b}$, ... *bezieht, welche der in Klammern beigefügten Bedingung genügen, ohne negativ zu sein.*

Beweis. Nach der Annahme ist $x = x_0 e_0 + x_1 e_1 + x_2 e_2 + \cdots$, wo $x_0 = 1$ ist. Ferner, da $x_0 = 1$ und $\mathfrak{a} + \mathfrak{b} + \cdots \leqq n$ ist, so ist

$$\Sigma \alpha_{\mathfrak{a}, \mathfrak{b}, \ldots} x_1^{\mathfrak{a}} x_2^{\mathfrak{b}} \ldots = \Sigma \alpha_{\mathfrak{a}, \mathfrak{b}, \ldots} x_0^{\mathfrak{r}} x_1^{\mathfrak{a}} x_2^{\mathfrak{b}} \ldots$$

mit der Bedingung, dass $\mathfrak{r} + \mathfrak{a} + \mathfrak{b} + \cdots = n$ sei. Der gewonnene Ausdruck ist aber (nach 350)

$$= \Sigma \alpha_{\mathfrak{a}, \mathfrak{b}, \ldots} [x|e_0]^{\mathfrak{r}} [x|e_1]^{\mathfrak{a}} [x|e_2]^{\mathfrak{b}} \ldots$$ 231

$$= \mathsf{A} x^n \qquad [354],$$

wo A den im Satze angegebenen Lückenausdruck darstellt.

359. *Jedes System von ganzen Funktionen n-ten Grades beliebig vieler Variabeln lässt sich in der Form*

$$\mathsf{A} x^n$$

darstellen, wo A *ein konstanter Lückenausdruck mit* n {*vertauschbaren*} *Lücken ist.*

Beweis folgt aus 358 vermittelst 352.

360. *Statt einen Lückenausdruck,* {*dessen Lücken vertauschbar sind,*} *mit einer Faktorenreihe (gemäss der Erklärung in* 353) *zu multipliciren, kann man ihn mit den Faktoren fortschreitend multipliciren, das heisst:*

$$\mathsf{A}(x_1 x_2 \ldots x_n) = \mathsf{A} x_1 x_2 \ldots x_n.$$

Beweis. 1. Es bestehe A nur aus einem Produkt, und zwar enthalte dasselbe m {vertauschbare} Lücken, so ist (nach 356)

$$(*) \qquad \mathsf{A}(x_1 x_2 \ldots x_n) = \frac{S}{m(m-1)\ldots(m-n+1)},$$

wo S die Summe aller Glieder ist, welche hervorgehen, wenn man auf alle möglichen verschiedenen Arten x_1, x_2, ... x_n in die m Lücken von A vertheilt. Ebenso sei S_1 die Summe aller Glieder, welche hervorgehen, wenn man x_1 nach und nach in jede einzelne Lücke des Produktes A einsetzt; ferner gehe S_2 aus S_1 hervor, indem in jedem

Gliede von S_1 die Grösse x_2 nach und nach in jede der $m-1$ Lücken einzeln einsetzt, und die sämmtlichen so erhaltenen Glieder addirt, somit ist S_2 zugleich die Summe aller Glieder, welche hervorgehen, wenn man x_1, x_2 auf alle möglichen verschiedenen Arten in zwei der Lücken von A einfügt. Auf entsprechende Weise möge S_3 aus S_2 abgeleitet sein, und so weiter. Dann ist (nach 356)

$$\mathsf{A}x_1 = \frac{S_1}{m}, \quad \mathsf{A}x_1x_2 = \frac{S_2}{m(m-1)}, \cdots,$$

endlich

$$\mathsf{A}x_1x_2\ldots x_n = \frac{S}{m(m-1)\ldots(m-n+1)} = \mathsf{A}(x_1x_2\ldots x_n) \qquad [\text{nach } (^*)].$$

2. Es sei A ein beliebiger Lückenausdruck $= \Sigma P_a$, wo jedes P_a ein Produkt mit m {vertauschbaren} Lücken ist, so ist

232 $$\begin{aligned} \mathsf{A}(x_1x_2\ldots x_n) &= \Sigma P_a\,.\,(x_1x_2\ldots x_n) \\ &= \Sigma P_a(x_1x_2\ldots x_n) && [357] \\ &= \Sigma P_a x_1x_2\ldots x_n && [\text{Beweis } 1] \\ &= \Sigma P_a\,.\,x_1x_2\ldots x_n && [357] \\ &= \mathsf{A}x_1x_2\ldots x_n. \end{aligned}$$

361. *In dem Ausdrucke $\mathsf{A}x_1x_2\ldots x_n$, in welchem A ein beliebiger Lückenausdruck mit n oder mehr {vertauschbaren} Lücken ist, kann man ohne Werthänderung eine beliebige Schaar der Grössen $x_1x_2\ldots x_n$ mit einer Klammer umschliessen.*

Beweis aus 360.

362. *Die Ordnung der Faktoren, welche in einen Lückenausdruck {mit lauter vertauschbaren Lücken} eintreten sollen, ist gleichgültig für das Resultat, das heisst:*

$$\mathsf{A}x_1x_2\ldots = \mathsf{A}x_rx_s\ldots,$$

wo $x_1x_2\ldots$ und $x_rx_s\ldots$ dieselben Faktoren nur in verschiedener Ordnung enthalten sollen, und A einen Lückenausdruck {mit vertauschbaren Lücken} bezeichnet.

Beweis. Es sei $\mathsf{A} = \Sigma P_a$, wo jedes P_a ein lückenhaltiges Produkt ist, so ist

$$\begin{aligned} \mathsf{A}x_1x_2\ldots &= \mathsf{A}(x_1x_2\ldots) && [360] \\ &= \Sigma P_a(x_1x_2\ldots) && [357]. \end{aligned}$$

Nun ist aber (nach 356) $P_a(x_1x_2\ldots)$ das arithmetische Mittel sämmtlicher Ausdrücke, welche hervorgehen, wenn man x_1, x_2, ... in allen möglichen Anordnungen in die Lücken von P_a hineinfügt, also ist es gleichgültig, in welcher Ordnung die Grössen x_1, x_2, ... in dem Ausdrucke $P_a(x_1x_2\ldots)$ vorkommen, das heisst, $P_a(x_1x_2\ldots) = P_a(x_rx_s\ldots)$, wenn $x_1 x_2 \ldots$ und $x_r x_s \ldots$ dieselben Faktoren nur in verschiedener Folge enthalten sollen. Also ist

$$\mathsf{A}\, x_1 x_2 \cdots = \Sigma P_{\mathfrak{a}}(x_r x_s \ldots) = \Sigma P_{\mathfrak{a}} . (x_r x_s \ldots) \qquad [357]$$
$$= \mathsf{A}\,(x_r x_s \ldots) = \mathsf{A}\, x_r x_s \ldots \qquad [360].$$

363. *Wenn irgend einer der Faktoren, welche mit einem Lückenausdrucke multiplicirt sind, eine Summe ist, so kann man statt der Summe die einzelnen Summanden setzen, und die so erhaltenen Lückenausdrücke addiren, das heisst:*

$$\mathsf{A}\, p(x + y + \cdots)q = \mathsf{A}\, pxq + \mathsf{A}\, pyq + \cdots,$$

wo p und q Faktorenreihen bezeichnen, und A einen Lückenausdruck {*mit* 233
vertauschbaren Lücken}.

Beweis. Nach 362 ist

$$\mathsf{A}\, p(x + y + \cdots)q = \mathsf{A}\, pq(x + y + \cdots).$$

Hier ist $\mathsf{A}\, pq$ wieder ein Lückenausdruck, und daher hat $\mathsf{A}\, pq(x + y + \cdots)$ die Form einer Summe von Produkten, deren jedes $(x + y + \cdots)$ als einen Faktor enthält, also die Form

$$P_{x + y + \cdots} + Q_{x + y + \cdots} + \cdots.$$

Dies ist aber (nach 39) gleich

$$P_x + P_y + \cdots + Q_x + Q_y + \cdots = P_x + Q_x + \cdots + P_y + Q_y + \cdots$$
$$= \mathsf{A}\, pqx + \mathsf{A}\, pqy + \cdots = \mathsf{A}\, pxq + + \mathsf{A}\, pyq + \cdots.$$

Anm. Es unterliegt hiernach das Produkt der Faktoren, welche in einen Lückenausdruck {mit vertauschbaren Lücken} hineintreten sollen, ganz den Gesetzen algebraischer Multiplikation, und es bietet sich uns hier also die allgemeinere Aufgabe dar, diejenigen Produkte extensiver Grössen, welche den Gesetzen algebraischer Multiplikation unterliegen, zu behandeln, was der Gegenstand des folgenden Paragraphen sein soll.

§ 3. Algebraische Multiplikation.

364. Erklärung. Unter algebraischer Multiplikation verstehe ich diejenige Multiplikation, deren Bestimmungsgleichungen sind:

$$e_r e_s = e_s e_r \quad \text{und} \quad E(Fe_r) = EFe_r,$$

wo e_r, e_s ursprüngliche Einheiten und E, F algebraische Produkte ursprünglicher Einheiten sind. Ich bezeichne sie wie gewöhnliche Produkte der Algebra ohne umschliessende Klammer.

Anm. Name und Bezeichnung sind darin begründet, dass für diese Multiplikation, wie unten gezeigt wird, alle Gesetze der in der Algebra angewandten Multiplikation gelten und keine andern. In dem ersten Theile war diese Multiplikation nicht zu behandeln, da sie keine einfachen Grössen liefert, und mit der Funktionenlehre aufs Engste zusammenhängt. Sie kann als die charakteristische Multiplikation dieses zweiten Theiles aufgefasst werden, während die den ersten

Theil charakterisirende kombinatorische Multiplikation von jetzt an immer mehr zurücktritt. {Erst bei den Ausdrücken mit *nicht vertauschbaren Lücken* gewinnt die kombinatorische Multiplikation wieder eine grössere Bedeutung. Vgl. Nr. 504 ff.}

365. *In einem algebraischen Produkte zweier einfacher Faktoren kann man die Faktoren vertauschen, das heisst, es ist*

$$ab = ba.$$

Beweis. Es sei $a = \Sigma\alpha_{\mathfrak{a}} e_{\mathfrak{a}}$, $b = \Sigma\beta_{\mathfrak{b}} e_{\mathfrak{b}}$, so ist

234 $$ab = \Sigma\alpha_{\mathfrak{a}} e_{\mathfrak{a}} \,.\, \Sigma\beta_{\mathfrak{b}} e_{\mathfrak{b}} = \Sigma\alpha_{\mathfrak{a}}\beta_{\mathfrak{b}}(e_{\mathfrak{a}} e_{\mathfrak{b}}) \quad [42]$$
$$= \Sigma\beta_{\mathfrak{b}}\alpha_{\mathfrak{a}}(e_{\mathfrak{b}} e_{\mathfrak{a}}) \quad [364]$$
$$= \Sigma\beta_{\mathfrak{b}} e_{\mathfrak{b}} \,.\, \Sigma\alpha_{\mathfrak{a}} e_{\mathfrak{a}} \quad [42]$$
$$= ba.$$

366. *Statt einen einfachen Faktor c dem zweiten Faktor eines algebraischen Produktes hinzuzufügen, kann man ihn dem ganzen Produkte hinzufügen, das heisst:*

$$A(Bc) = ABc.$$

Beweis. A und B sind hier algebraische Produkte der aus den Einheiten $e_1, e_2, \ldots$ numerisch abgeleiteten Grössen, also (nach 45) darstellbar in den Formen

$$A = \Sigma\alpha_{\mathfrak{a}} E_{\mathfrak{a}}, \quad B = \Sigma\beta_{\mathfrak{b}} F_{\mathfrak{b}},$$

wo $E_{\mathfrak{a}}$, $F_{\mathfrak{b}}$ algebraische Produkte der Einheiten sind. Endlich sei $c = \Sigma\gamma_{\mathfrak{c}} e_{\mathfrak{c}}$, so hat man

$$A(Bc) = \Sigma\alpha_{\mathfrak{a}} E_{\mathfrak{a}} \,.\, (\Sigma\beta_{\mathfrak{b}} F_{\mathfrak{b}} \,.\, \Sigma\gamma_{\mathfrak{c}} e_{\mathfrak{c}}) = \Sigma\alpha_{\mathfrak{a}}\beta_{\mathfrak{b}}\gamma_{\mathfrak{c}} E_{\mathfrak{a}}(F_{\mathfrak{b}} e_{\mathfrak{c}}) \quad [45]$$
$$= \Sigma\alpha_{\mathfrak{a}}\beta_{\mathfrak{b}}\gamma_{\mathfrak{c}} E_{\mathfrak{a}} F_{\mathfrak{b}} e_{\mathfrak{c}} \quad [364]$$
$$= \Sigma\alpha_{\mathfrak{a}} E_{\mathfrak{a}} \,.\, \Sigma\beta_{\mathfrak{b}} F_{\mathfrak{b}} \,.\, \Sigma\gamma_{\mathfrak{c}} e_{\mathfrak{c}} \quad [45]$$
$$= ABc.$$

Anm. Hierdurch ist die algebraische Multiplikation als *lineale Multiplikation*, das heisst, als solche, deren Bedingungsgleichungen noch gelten, wenn man statt der Einheiten beliebige aus ihnen numerisch abgeleitete Grössen setzt, nachgewiesen.

367. *Die Ordnung, in welcher man {in einem algebraischen Produkte} mit einfachen Faktoren fortschreitend multiplicirt, ist gleichgültig für das Resultat, das heisst:*

$$Abcd \ldots = Acbd \ldots = \cdots.$$

Beweis. Es ist

$$Abc = A(bc) \quad [366]$$
$$= A(cb) \quad [365]$$
$$= Acb \quad [366].$$

Also kann man in einem klammerlosen Produkt zwei auf einander folgende {einfache} Faktoren vertauschen. Durch Wiederholung dieses Verfahrens kann man jeden einfachen Faktor auf jede Stelle des Produktes bringen, also den fortschreitenden einfachen Faktoren beliebige Ordnung geben.

368. *Statt mit mehreren einfachen Faktoren fortschreitend {algebraisch} zu multipliciren, kann man mit ihrem Produkt multipliciren, das heisst:* 235

$$Abc\ldots = A(bc\ldots).$$

Beweis. Nach 366 ist

$$A(bc\ldots pq) = A(bc\ldots p)q = A(bc\ldots)pq = \cdots$$
$$= Abc\ldots pq.$$

369. *Bei einem algebraischen Produkt von zwei beliebigen Faktoren kann man die Faktoren vertauschen, das heisst:*

$$AB = BA.$$

Beweis. Es sei $A = a_1\ldots a_m$, $B = b_1\ldots b_n$, so ist

$$AB = A(b_1\ldots b_n) = Ab_1\ldots b_n \qquad [368]$$
$$= b_1\ldots b_n a_1\ldots a_m \qquad [367]$$
$$= b_1\ldots b_n(a_1\ldots a_m) \qquad [368].$$

370. *Bei einem algebraischen Produkt von drei beliebigen fortschreitenden Faktoren kann man den zweiten und dritten Faktor in eine Klammer schliessen, das heisst:*

$$ABC = A(BC).$$

Beweis. Es sei $B = b_1\ldots b_m$, $C = c_1\ldots c_n$, so ist (nach 368)

$$A(BC) = A(B(c_1\ldots c_n)) = A(Bc_1\ldots c_n)$$
$$= Ab_1\ldots b_m c_1\ldots c_n$$
$$= A(b_1\ldots b_m)c_1\ldots c_n$$
$$= A(b_1\ldots b_m)(c_1\ldots c_n)$$
$$= ABC.$$

371. *Wenn man aus den ursprünglichen Einheiten $e_1, \ldots e_n$ die Kombinationen mit Wiederholung zur m-ten Klasse bildet und jede dieser Kombinationen als algebraisches Produkt der darin enthaltenen Elemente setzt, so stehen diese Produkte in keiner Zahlbeziehung zu einander, und jedes algebraische Produkt von m Grössen, die aus den Einheiten $e_1, \ldots e_n$ numerisch abgeleitet sind, lässt sich aus jenen Produkten numerisch ableiten.*

Beweis. Nach der Definition in 364 sollen die Gleichungen

$$e_r e_s = e_s e_r$$

und

$$E(Fe_r) = EFe_r$$

236 die vollständigen Bestimmungsgleichungen der algebraischen Multiplikation sein, das heisst, es soll keine Beziehung zwischen den Einheitsprodukten stattfinden, als solche, welche sich aus jenen Bestimmungsgleichungen ableiten lassen. Jede zwischen ihnen bestehende Gleichung muss also durch Anwendung jener Gleichungen identisch gleich Null gemacht werden können. Da aber jene Fundamental-Gleichungen auf beiden Seiten stets dieselben Einheiten enthalten, nur in anderer Folge oder Zusammenfassung, so können durch Anwendung derselben in ein Produkt keine neuen Einheiten als Faktoren hineingebracht werden. Dagegen kann man alle Glieder einer etwa bestehenden Gleichung (nach 367, 368) auf die Form bringen, dass sie wohlgeordnete Kombinationen (mit gestatteter Wiederholung) aus den Einheiten $e_1, \ldots e_n$ werden. Nachdem dies geschehen ist, muss also die Gleichung identisch gleich Null sein, das heisst, alle Koefficienten {jener Kombinationen} müssen null sein, das heisst, es findet keine Zahlbeziehung zwischen ihnen statt.

Der zweite Theil des Satzes folgt unmittelbar aus 49.

Anm. Es bilden somit die Kombinationen *mit Wiederholung* aus den ursprünglichen Einheiten zu irgend einer (m-ten) Klasse, die Kombinationen als *algebraische* Produkte betrachtet, ein System von Einheiten höherer Ordnung, aus welchem sich alle algebraischen Produkte zu m Faktoren, welche aus den ursprünglichen Einheiten numerisch abgeleitet sind, wiederum numerisch ableiten lassen. Es lässt sich sehr leicht zeigen, dass dasselbe auch noch gilt, wenn man statt der n ursprünglichen Einheiten n beliebige, aus ihnen numerisch abgeleitete, aber in keiner Zahlbeziehung zu einander stehende Grössen setzt. Indem ich jedoch diesen Beweis dem Leser überlasse, schreite ich sogleich zu dem für die weitere Entwickelung unentbehrlichen Satze.

372. *Wenn ein algebraisches Produkt null ist, so muss nothwendig einer seiner Faktoren null sein, das heisst, wenn*

$$AB = 0, \quad A \gtrless 0$$

ist, so muss

$$B = 0$$

sein.

Beweis. Im allgemeinsten Falle werden A und B Vielfachensummen von algebraischen Produkten sein, deren Faktoren aus den
237 ursprünglichen Einheiten $a, b, c, \ldots$ numerisch † abgeleitet sind. Dann bilden (nach 371) die Kombinationen mit Wiederholungen aus $a, b, c, \ldots$, wenn jede dieser Kombinationen als algebraisches Produkt der darin enthaltenen Einheiten gesetzt wird, die Einheiten, aus denen A und B numerisch ableitbar sind. Man stelle sich vor, dass die Elemente jeder

Kombination nach dem Alphabete geordnet sind, und die Kombinationen selbst zunächst nach Klassen aufgestellt sind, so dass jede niedere Klasse der höheren voran steht, und dass ferner innerhalb jeder Klasse die Kombinationen lexikographisch geordnet seien. Wir wollen diese Aufstellung die *wohlgeordnete Aufstellung der Kombinationen* nennen.

Da A nach Hypothesis von Null verschieden ist, so muss unter den Koefficienten, durch welche A aus jenen Kombinationen abgeleitet ist, nothwendig mindestens einer von Null verschieden sein. Es sei E_1 unter allen Kombinationen, welche in dem Ableitungsausdrucke von A einen von Null verschiedenen Koefficienten haben, diejenige, welche in der wohlgeordneten Aufstellung die früheste Stelle einnimmt, so erscheint A in der Form

$$A = \alpha_1 E_1 + \alpha_2 E_2 + \cdots = \Sigma \alpha_{\mathfrak{a}} E_{\mathfrak{a}},$$

wo α_1 von Null verschieden ist. Ferner seien F_1, F_2, ... nach der Reihe die Kombinationen der obigen Aufstellung, {aus denen B abgeleitet ist}, und

$$B = \Sigma \beta_{\mathfrak{b}} F_{\mathfrak{b}} = \beta_1 F_1 + \beta_2 F_2 + \cdots,$$

so ist

$$AB = \Sigma \alpha_{\mathfrak{a}} \beta_{\mathfrak{b}} E_{\mathfrak{a}} F_{\mathfrak{b}} \qquad [42].$$

Jedes Produkt $E_{\mathfrak{a}} F_{\mathfrak{b}}$ liefert wieder ein algebraisches Produkt der ursprünglichen Einheiten, und wenn wir diese Produkte mit G_1, G_2, ... bezeichnen, so wird AB eine Vielfachensumme dieser Einheitsprodukte; also, da AB nach Hypothesis null ist, so müssen alle Koefficienten dieser Vielfachensumme null sein, das heisst

$$\Sigma \alpha_{\mathfrak{a}} \beta_{\mathfrak{b}} [E_{\mathfrak{a}} F_{\mathfrak{b}} = G_m] = 0,$$

wo die in Klammer geschlossene Bedingung aussagt, dass man die Summe aller der Produkte $\alpha_{\mathfrak{a}} \beta_{\mathfrak{b}}$ zu nehmen hat, deren zugehörige Einheitsprodukte $E_{\mathfrak{a}} F_{\mathfrak{b}}$ einen konstanten Werth G_m haben.

Wir haben hier nur diejenigen Gleichungen dieser Art zu betrachten,
welche in irgend einem Gliede den Faktor † α_1 enthalten; diese Glei- 238
chungen können wir in der Form schreiben

$$0 = \alpha_1 \beta_k + \Sigma \alpha_{\mathfrak{a}} \beta_{\mathfrak{b}} [E_{\mathfrak{a}} F_{\mathfrak{b}} = E_1 F_k],$$

wobei noch die Bedingung hinzuzufügen ist, dass unter den unter dem Summenzeichen stehenden Produkten keins mit $\alpha_1 \beta_k$ identisch ist. Ich zeige nun, dass man diese Bedingung auch so ausdrücken könne: $\mathfrak{b}$ müsse kleiner als k sein.

In der That ergiebt sich zuerst, dass $\mathfrak{a}$ nicht 1 sein kann; denn dann müsste das Produkt der beiden Kombinationen E_1 und $F_{\mathfrak{b}}$ dieselbe Kombination liefern, wie das Produkt der beiden Kombinationen E_1 und F_k, das heisst, $F_{\mathfrak{b}}$ müsste mit F_k identisch sein, also $\mathfrak{b} = k$, dann wäre also $\alpha_{\mathfrak{a}}\beta_{\mathfrak{b}}$ mit $\alpha_1\beta_k$ identisch, was der vorausgesetzten Bedingung widerspricht. Also muss $\mathfrak{a} > 1$ sein, das heisst, $E_{\mathfrak{a}}$ muss in der wohlgeordneten Aufstellung der Kombinationen später vorkommen als E_1.

Dies ist auf zwei Arten möglich. *Erstens* auf die Art, dass E_1 weniger Elemente enthält als $E_{\mathfrak{a}}$, dann muss, da $E_1 F_k$ mit $E_{\mathfrak{a}} F_{\mathfrak{b}}$ gleiche Kombination liefern soll, F_k mehr Elemente enthalten, als $F_{\mathfrak{b}}$, das heisst, F_k muss in jener wohlgeordneten Aufstellung später folgen als $F_{\mathfrak{b}}$, das heisst, $\mathfrak{b} < k$ sein. Oder *zweitens*, wenn E_1 und $E_{\mathfrak{a}}$ gleich viel Elemente enthalten, so muss $E_{\mathfrak{a}}$ in der lexikographischen Aufstellung später folgen als E_1.

In dem Princip der lexikographischen Aufstellung von Kombinationen liegt es aber, dass das erste der Elemente $a, b, \ldots$, welches in zwei Kombinationen einen ungleichen Exponenten hat, in der später folgenden Kombination den kleineren Exponenten habe, so dass also, wenn dies Element in E_1 den Exponenten α, in $E_{\mathfrak{a}}$ den Exponenten γ hat, $\gamma < \alpha$ sein muss. Ferner, aus der Bedingungsgleichung $E_{\mathfrak{a}} F_{\mathfrak{b}} = E_1 F_k$ folgt, dass, wenn $\alpha, \beta, \gamma, \delta$ die Exponenten sind, welche irgend ein Element beziehlich in den Kombinationen $E_1, F_k, E_{\mathfrak{a}}, F_{\mathfrak{b}}$ hat, $\alpha + \beta = \gamma + \delta$ sein muss. Hieraus ergiebt sich unmittelbar, dass, wenn ein Element in E_1 denselben Exponenten hat wie in $E_{\mathfrak{a}}$, es auch in F_k denselben Exponenten haben muss, wie in $F_{\mathfrak{b}}$, und dass also das erste der Elemente $a, b, \ldots$, welches in $E_{\mathfrak{a}}$ einen andern Exponenten hat als in E_1, auch das erste ist, welches in $F_{\mathfrak{b}}$ einen andern
239 Exponenten hat als in F_k; es mögen $\alpha, \beta, \gamma, \delta$ ins † Besondere die Exponenten dieses Elementes in $E_1, F_k, E_{\mathfrak{a}}, F_{\mathfrak{b}}$ sein, so sahen wir, dass $\gamma < \alpha$ sein muss; dann folgt aber aus der Gleichung $\alpha + \beta = \gamma + \delta$, dass $\delta > \beta$ sein muss, und dass also nach dem Princip der lexikographischen Aufstellung die Kombination $F_{\mathfrak{b}}$ früher stehen muss, als F_k, das heisst, $\mathfrak{b} < k$ sein muss, da ja die Kombinationen $F_1, F_2, \ldots$ in jeder Klasse lexikographisch geordnet sein sollen.

Somit haben wir gefunden, dass in den beiden möglichen Fällen $\mathfrak{b} < k$ sein muss. Wir haben also die Gleichung

$$(*) \qquad 0 = \alpha_1\beta_k + \Sigma\alpha_{\mathfrak{a}}\beta_{\mathfrak{b}}\,[E_{\mathfrak{a}} F_{\mathfrak{b}} = E_1 F_k,\ \mathfrak{b} < k].$$

Es sei nun zuerst $k = 1$, so fällt die Summe $\Sigma\alpha_{\mathfrak{a}}\beta_{\mathfrak{b}}$ ganz fort, da ihre Bedingung, $\mathfrak{b} < 1$ nicht erfüllt werden kann, also hat man $\alpha_1\beta_1 = 0$, und da α_1 nach der Voraussetzung $\gtrless 0$, und α_1 und β_1 Zahlen sind, so muss also

$$\beta_1 = 0$$

sein. Setzt man $k = 2$, so fällt, da $\mathfrak{b} < 2$ und $\beta_1 = 0$ ist, die Summe $\Sigma\alpha_{\mathfrak{a}}\beta_{\mathfrak{b}}$ gleichfalls weg, und man erhält $\alpha_1\beta_2 = 0$, also

$$\beta_2 = 0,$$

Und aus gleichem Grunde ergiebt sich, dass $\beta_3 = 0$ ist, und so weiter. Also ist auch B, was $= \beta_1 F_1 + \beta_2 F_2 + \cdots$ war, $= 0$.

373. *Wenn zwei algebraische Produkte aus je zwei Faktoren gleich sind, und einen gleichen, von Null verschiedenen Faktor haben, so muss auch der andere Faktor in beiden gleich sein, das heisst, wenn*

$$AB = CB,$$

und $B \gtrless 0$ *ist, so muss*

$$A = C$$

sein.

Beweis. Aus $AB = CB$ folgt

$$0 = AB - CB = (A - C)B.$$

Also, da $B \gtrless 0$ ist, so muss (nach 372) $A - C$ null sein, das heisst, $A = C$.

374. Erklärung. Wenn B von Null verschieden ist, so verstehe ich unter dem algebraischen Quotienten $A : B$ denjenigen Ausdruck, welcher mit B algebraisch multiplicirt A giebt, welcher also der Gleichung genügt

$$(A : B)\, B = A.$$

375. *Es ist, {wenn B von Null verschieden ist},* 240

$$AB : B = A.$$

Beweis. Nach 374 ist, wenn man darin AB statt A setzt,

$$(AB : B)B = AB.$$

Also wird, {da $B \gtrless 0$ ist}, (nach 373)

$$AB : B = A.$$

376. *Alle algebraischen Gesetze der Multiplikation und Division gelten für die algebraische Multiplikation und Division extensiver Grössen.*

Beweis. Denn alle diese Gesetze gründen sich auf die Formeln

$$AB = BA$$
$$ABC = A(BC)$$
$$(A : B)B = A$$
$$AB : B = A$$

und auf die für alle Multiplikationsarten (nach 42, 45) geltenden Beziehungen zur Addition und Subtraktion.

Anm. Durch die Identität der Rechnungsgesetze der soeben behandelten Multiplikation mit der gewöhnlichen Multiplikation der Algebra ist die Identität der Bezeichnung und Benennung gerechtfertigt. Der einzige Unterschied liegt in den verknüpften Grössen, welche dort Zahlen, hier beliebige extensive Grössen, wie zum Beispiel Punkte, Linien, und so weiter, sind.

Es wäre verkehrt, wenn man diese Differenz der verknüpften Grössen auf die Bezeichnung oder Benennung der Verknüpfung selbst übertragen wollte, wodurch die Terminologie nutzlos anwachsen, und der Zusammenhang verdunkelt werden würde. Auch diejenigen Eigenschaften dieser Produkte, welche auf der besonderen Eigenthümlichkeit extensiver Grössen beruhen, finden sich in der Algebra, und zwar in der Lehre von den ganzen Funktionen, wieder. So zum Beispiel liefert der Satz, dass sich jede ganze Funktion Einer Variabeln vom n-ten Grade in n lineare Faktoren zerlegen lässt, hier auf Strecken der Ebene angewandt, den Satz:

Jede Summe von algebraischen Produkten von je n Strecken Einer Ebene lässt sich auf Ein solches Produkt reduciren.

Hierbei ist natürlich vorausgesetzt, dass auch die Annahme imaginärer Strecken verstattet sei.

241 § 4. Ganze Funktionen ersten Grades. Quotient.

377. Erklärung. Wenn $a_1, a_2, \dots a_n$ Grössen erster (oder $(n-1)$-ter) Stufe in einem Hauptgebiet n-ter Stufe sind, und *in keiner Zahlbeziehung zu einander stehen*, so verstehe ich unter dem Bruche (Quotienten)

$$Q = \frac{b_1, b_2, \dots, b_n}{a_1, a_2, \dots, a_n}$$

den Ausdruck, welcher mit $a_1, a_2, \dots a_n$ multiplicirt, beziehlich die Werthe $b_1, b_2, \dots b_n$ liefert, so dass also

$$\frac{b_1, b_2, \dots}{a_1, a_2, \dots} a_r = b_r.$$

Ich nenne $a_1, a_2, \dots a_n$ die Nenner des Bruches, $b_1, b_2, \dots b_n$ seine entsprechenden Zähler, und setze zwei Brüche, oder zwei Ausdrücke welche aus Brüchen numerisch abgeleitet sind, dann und nur dann einander gleich, wenn sie mit jeder Grösse erster {oder $(n-1)$-ter} Stufe multiplicirt Gleiches liefern. Wenn auch die Zähler Grössen erster (oder $(n-1)$-ter Stufe) sind, und *in keiner Zahlbeziehung zu einander stehen*, so nenne ich den Bruch einen umkehrbaren, und bezeichne in diesem Falle, wenn

$$Q = \frac{b_1, b_2, \dots, b_n}{a_1, a_2, \dots, a_n}$$

ist, mit $\frac{1}{Q}$ den umgekehrten Bruch, das heisst, ich setze

$$\frac{1}{Q} = \frac{a_1, a_2, \dots, a_n}{b_1, b_2, \dots, b_n}.$$

Anm. Der Gedanke, welcher dieser Erklärung zu Grunde liegt, ist leicht hindurchzusehen. In der *Algebra* ist nämlich unter dem Quotienten $a : b$ der Ausdruck verstanden, welcher mit b multiplicirt a giebt, und dies genügt (wenn b nicht null ist) zur Definition des Zahlquotienten. Für die *extensiven Grössen* genügt

es {aber} nicht, zu wissen, welches Resultat die Multiplikation des Quotienten mit irgend einer (von Null verschiedenen) Grösse liefert, indem daraus nur die Multiplikation desselben mit solchen Grössen sich bestimmt, welche aus jener Grösse numerisch ableitbar sind. Man sieht also, dass in einem Gebiete n-ter Stufe die Resultate der Multiplikation eines Quotienten mit n in keiner Zahlbeziehung stehenden Grössen bestimmt sein müssen, damit der Quotient vollständig bestimmt sei. Der Quotient, in † diesem Sinne aufgefasst, ist für die Differenzial- 242
und Integral-Rechnung extensiver Grössen, so wie für die Behandlung der geometrischen Verwandtschaften unentbehrlich.

Ich bemerke noch, dass man als Nenner des Quotienten auch beliebige Grössen höherer Stufen hätte gestatten können; doch würde man dann den wesentlichen Vortheil grösserer Einfachheit gegen den zweifelhaften Vortheil unfruchtbarer Allgemeinheit austauschen. Aus demselben Grunde werde ich auch die Zähler, wenn nicht ausdrücklich anderes festgesetzt wird, stets als Grössen erster {oder $(n-1)$-ter} Stufe betrachten.

378. *Zwei Brüche oder Vielfachensummen von Brüchen, welche mit n in keiner Zahlbeziehung zu einander stehenden Grössen erster Stufe multiplicirt, Gleiches liefern, sind einander gleich, vorausgesetzt, dass n die Stufe des Hauptgebietes ist.*

Beweis. Es seien Q und Q_1 die beiden Brüche oder Vielfachensummen von Brüchen, welche mit n in keiner Zahlbeziehung zu einander stehenden Grössen erster Stufe $a_1, \ldots a_n$ multiplicirt, Gleiches liefern, also es sei

$$(*) \qquad Q a_r = Q_1 a_r$$

für jeden Werth r zwischen 1 und n, so ist zu zeigen, dass $Q = Q_1$, das heisst (nach 377), dass Q und Q_1 mit *jeder* Grösse erster Stufe x multiplicirt Gleiches liefern.

Nun lässt sich (nach 24) jede solche Grösse in einem Hauptgebiete n-ter Stufe aus n in keiner Zahlbeziehung zu einander stehenden Grössen, also aus $a_1, \ldots a_n$ numerisch ableiten. Es sei

$$x = x_1 a_1 + \cdots + x_n a_n,$$

dann ist

$$\begin{aligned} Qx = Q(x_1 a_1 + \cdots + x_n a_n) &= x_1 Q a_1 + \cdots + x_n Q a_n && [44] \\ &= x_1 Q_1 a_1 + \cdots + x_n Q_1 a_n && [(*)] \\ &= Q_1(x_1 a_1 + \cdots + x_n a_n) && [44] \\ &= Q_1 x. \end{aligned}$$

379. *Einen Bruch multiplicirt man mit einer Zahl, indem man jeden Zähler mit dieser Zahl multiplicirt, und Brüche von gleichen Nennern addirt man, indem man die entsprechenden Zähler addirt, wobei die Nenner in beiden Fällen ungeändert bleiben, das heisst, beides zusammengefasst,*

$$\beta \frac{b_1, b_2, \ldots}{a_1, a_2, \ldots} + \gamma \frac{c_1, c_2, \ldots}{a_1, a_2, \ldots} + \cdots = \frac{(\beta b_1 + \gamma c_1 + \cdots), \; (\beta b_2 + \gamma c_2 + \cdots), \; \ldots}{a_1 \qquad , \qquad a_2 \qquad , \; \ldots}.$$

243 Beweis. Zu zeigen ist (nach 378), dass beide Seiten der zu erweisenden Gleichung mit jeder der Grössen $a_1, \ldots a_n$ multiplicirt, gleiches Resultat liefern. Nun ist (nach 44)

$$\left(\beta \frac{b_1, b_2, \ldots}{a_1, a_2, \ldots} + \gamma \frac{c_1, c_2, \ldots}{a_1, a_2, \ldots} + \cdots\right) a_r = \beta \frac{b_1, b_2, \ldots}{a_1, a_2, \ldots} a_r + \gamma \frac{c_1, c_2, \ldots}{a_1, a_2, \ldots} a_r + \cdots$$
$$= \beta b_r + \gamma c_r + \cdots \qquad [377].$$

Ferner ist

$$\frac{(\beta b_1 + \gamma c_1 + \cdots), \ (\beta b_2 + \gamma c_2 + \cdots), \ \ldots}{a_1 \quad , \quad a_2 \quad , \ldots} a_r = \beta b_r + \gamma c_r + \cdots \qquad [377].$$

Bezeichnen wir also der Kürze wegen die linke Seite der zu erweisenden Gleichung mit L, die rechte mit R, so wird für jeden Index r

(*) $$L a_r = R a_r.$$

Folglich $L = R$ (nach 378).

380. *Jeden Bruch kann man auf die Form bringen, dass seine Nenner beliebige n in keiner Zahlbeziehung zu einander stehende Grössen erster {oder $(n-1)$-ter} Stufe sind, (wo n die Stufenzahl des Hauptgebietes ist), und zwar ist*

$$\frac{b_1, b_2, \ldots}{a_1, a_2, \ldots} = \frac{\Sigma \alpha_{1,\mathfrak{a}} b_{\mathfrak{a}}, \ \Sigma \alpha_{2,\mathfrak{a}} b_{\mathfrak{a}}, \ \ldots}{\Sigma \alpha_{1,\mathfrak{a}} a_{\mathfrak{a}}, \ \Sigma \alpha_{2,\mathfrak{a}} a_{\mathfrak{a}}, \ \ldots},$$

wenn

$$\Sigma \alpha_{1,\mathfrak{a}} a_{\mathfrak{a}}, \quad \Sigma \alpha_{2,\mathfrak{a}} a_{\mathfrak{a}}, \quad \ldots$$

n in keiner Zahlbeziehung zu einander stehende Grössen, und $\alpha_{r,s}$ Zahlen sind.

Beweis. Es ist

$$\frac{b_1, b_2, \ldots}{a_1, a_2, \ldots} \Sigma \alpha_{r,\mathfrak{a}} a_{\mathfrak{a}} = \sum \alpha_{r,\mathfrak{a}} \frac{b_1, b_2, \ldots}{a_1, a_2,} a_{\mathfrak{a}} \qquad [44]$$
$$= \Sigma \alpha_{r,\mathfrak{a}} b_{\mathfrak{a}} \qquad [377].$$

Aber auch

$$\frac{\Sigma \alpha_{1,\mathfrak{a}} b_{\mathfrak{a}}, \ \Sigma \alpha_{2,\mathfrak{a}} b_{\mathfrak{a}}, \ \ldots}{\Sigma \alpha_{1,\mathfrak{a}} a_{\mathfrak{a}}, \ \Sigma \alpha_{2,\mathfrak{a}} a_{\mathfrak{a}}, \ \ldots} \Sigma \alpha_{r,\mathfrak{a}} a_{\mathfrak{a}} = \Sigma \alpha_{r,\mathfrak{a}} b_{\mathfrak{a}} \qquad [377].$$

Also liefern beide Ausdrücke mit $\Sigma \alpha_{r,\mathfrak{a}} a_{\mathfrak{a}}$ multiplicirt, für jeden Werth r von $1, \ldots n$ gleiches Resultat, sind also, da $\Sigma \alpha_{1,\mathfrak{a}} a_{\mathfrak{a}}, \ \Sigma \alpha_{2,\mathfrak{a}} a_{\mathfrak{a}}, \ldots$ nach der Hypothesis in keiner Zahlbeziehung zu einander stehen, (nach 378) einander gleich.

244 **381.** *Wenn $e_1, e_2, \ldots e_n$ die ursprünglichen Einheiten sind, und mit $E_{r,s}$ der Kürze wegen der Bruch bezeichnet wird, dessen Nenner die ursprünglichen Einheiten sind, und von dessen Zählern derjenige, welcher dem Nenner e_r entspricht, gleich e_s ist, während alle übrigen Zähler desselben null sind, das heisst, wenn*

(*) $$E_{r,s}e_r = e_s \text{ und } E_{r,s}e_t = 0 \ [t \gtrless r]$$

ist, so lassen sich die n^2 Ausdrücke, welche aus $E_{r,s}$ hervorgehen, indem man statt r und s nach und nach beliebige der Zahlen $1, \ldots n$ setzt, als Bruchеinheiten setzen, das heisst, es lassen sich alle Brüche, {deren Zähler und Nenner Grössen erster Stufe des Hauptgebietes sind,} aus ihnen numerisch ableiten, während sie selbst in keiner Zahlbeziehung zu einander stehen, und zwar ist

$$\frac{\Sigma\alpha_{1,\mathfrak{b}}e_{\mathfrak{b}},\ \Sigma\alpha_{2,\mathfrak{b}}e_{\mathfrak{b}},\ \ldots}{e_1\ ,\ e_2\ ,\ \ldots} = \Sigma\alpha_{\mathfrak{a},\mathfrak{b}}E_{\mathfrak{a},\mathfrak{b}}.$$

Beweis. 1. Es ist

$$\frac{\Sigma\alpha_{1,\mathfrak{b}}e_{\mathfrak{b}},\ \Sigma\alpha_{2,\mathfrak{b}}e_{\mathfrak{b}},\ \ldots}{e_1\ ,\ e_2\ ,\ \ldots}e_r = \Sigma\alpha_{r,\mathfrak{b}}e_{\mathfrak{b}} \qquad [377].$$

Ferner ist

$$\Sigma\alpha_{\mathfrak{a},\mathfrak{b}}E_{\mathfrak{a},\mathfrak{b}}\cdot e_r = \Sigma\alpha_{\mathfrak{a},\mathfrak{b}}E_{\mathfrak{a},\mathfrak{b}}e_r \qquad [44]$$

$$= \Sigma\alpha_{r,\mathfrak{b}}E_{r,\mathfrak{b}}e_r = \Sigma\alpha_{r,\mathfrak{b}}e_{\mathfrak{b}} \qquad [*],$$

indem nämlich $E_{\mathfrak{a},\mathfrak{b}}e_r = 0$ ist für $\mathfrak{a} \gtrless r$, und $E_{r,\mathfrak{b}}e_r = e_{\mathfrak{b}}$ ist. Also {sind} beide Ausdrücke, da sie mit jeder der Grössen $e_1, \ldots e_n$ multiplicirt Gleiches liefern, (nach 378) einander gleich.

2. Angenommen zweitens, es bestände zwischen den Grössen $E_{r,s}$ eine Gleichung der Form

$$\Sigma\alpha_{\mathfrak{a},\mathfrak{b}}E_{\mathfrak{a},\mathfrak{b}} = 0,$$

so hätte man für jeden Index r

$$0 = \Sigma\alpha_{\mathfrak{a},\mathfrak{b}}E_{\mathfrak{a},\mathfrak{b}}\cdot e_r = \Sigma\alpha_{\mathfrak{a},\mathfrak{b}}E_{\mathfrak{a},\mathfrak{b}}e_r \qquad [44].$$

Also, da $E_{\mathfrak{a},\mathfrak{b}}e_r = 0$ ist, wenn r von $\mathfrak{a}$ verschieden ist,

$$0 = \Sigma\alpha_{r,\mathfrak{b}}E_{r,\mathfrak{b}}e_r = \Sigma\alpha_{r,\mathfrak{b}}e_{\mathfrak{b}} \qquad [*].$$

Wenn aber

$$0 = \Sigma\alpha_{r,\mathfrak{b}}e_{\mathfrak{b}} = \alpha_{r,1}e_1 + \alpha_{r,2}e_2 + \cdots,$$

so muss, da $e_1, e_2, \ldots$ in keiner Zahlbeziehung zu einander stehen, (nach 28) jeder der Koefficienten von $e_1, e_2, \ldots$ null sein, das heisst

$$\alpha_{r,s} = 0$$ 245

für jedes r und s, also ist die angenommene Gleichung identisch null, das heisst (nach 2), die Grössen $E_{r,s}$ stehen in keiner Zahlbeziehung zu einander.

382. *Jeder Bruch lässt sich als Lückenausdruck mit Einer Lücke darstellen, und zwar ist, wenn die Nenner $a_1, \ldots a_n$ ein einfaches Normalsystem bilden,*

$$\frac{b_1, b_2, \ldots}{a_1, a_2, \ldots} = [l|a_1]b_1 + [l|a_2]b_2 + \cdots.$$

Beweis. Zu zeigen ist, dass beide Ausdrücke, mit jeder Grösse erster Stufe x multiplicirt, Gleiches liefern.

Nun ist, wenn $x = x_1 a_1 + x_2 a_2 + \cdots$ ist,

$$([l|a_1]b_1 + [l|a_2]b_2 + \cdots)x = [x|a_1]b_1 + [x|a_2]b_2 + \cdots \quad [\{357\}, 353]$$
$$= x_1 b_1 + x_2 b_2 + \cdots \quad [350].$$

Aber auch

$$\frac{b_1, b_2, \ldots}{a_1, a_2, \ldots} x = \frac{b_1, b_2, \ldots}{a_1, a_2, \ldots}(x_1 a_1 + x_2 a_2 + \cdots)$$
$$= x_1 b_1 + x_2 b_2 + \cdots \quad [377].$$

Somit liefern beide Seiten der zu erweisenden Gleichung, mit jeder Grösse erster Stufe multiplicirt, Gleiches, sind also selbst gleich (nach 377).

Anm. Es ist also der Bruch nur eine einfachere Form des Lückenausdruckes mit *einer* Lücke, und {es} kann also auch jedes System beliebig vieler *linearer* Zahlfunktionen von beliebig vielen Zahlgrössen als Produkt eines Quotienten in eine extensive Variable dargestellt werden.

383. Erklärung. Das bezügliche Produkt der Zähler eines Bruches, dessen Nenner das System der ursprünglichen Einheiten bilden, nenne ich den Potenzwerth des Bruches, und bezeichne den Potenzwerth des Bruches Q, wenn n die Anzahl der Nenner ist, mit $[Q^n]$, das heisst, ich setze, wenn

$$Q = \frac{a_1, a_2, \ldots a_n}{e_1, e_2, \ldots e_n}$$

ist, und $e_1, e_2, \ldots e_n$ das System der ursprünglichen Einheiten bilden,

$$[Q^n] = [a_1 a_2 \ldots a_n].$$

246 Anm. Wenn jeder Zähler das p-fache des entsprechenden Nenners ist, so ist der Bruch vermöge der Definition gleich der Zahl p; das bezügliche Produkt der Zähler ist dann

$$[pe_1 . pe_2 \ldots pe_n] = p^n [e_1 e_2 \ldots e_n],$$

also, da das bezügliche Produkt der ursprünglichen Einheiten Eins ist, $= p^n$, das heisst, in einem Hauptgebiete n-ter Stufe ist der Potenzwerth einer Zahl p gleich p^n. Der tiefere Grund der gewählten Benennung und Bezeichnung liegt in einer eigenthümlichen Verknüpfung der extensiven Brüche, welche ganz der bezüglichen Multiplikation entspricht, und deren Wesen ich hier in mehr anschaulicher Form zu entfalten versuchen werde. Ich gründe den Begriff dieser Verknüpfung auf den des Lückenproduktes.

Wenn nämlich $A, B, \ldots, A_1, B_1, \ldots$ Brüche sind, deren Nenner etwa die ursprünglichen Einheiten sein mögen, und $a, b, \ldots$ beliebige Grössen erster Stufe, l aber eine Lücke ist, in welche Brüche der genannten Art (also Grössen nullter Stufe) eintreten sollen, so setze ich $[AB\ldots] = [A_1 B_1 \ldots]$ dann und nur dann, wenn in Bezug auf eine beliebige Reihe von Grössen erster Stufe $a, b, \ldots$, deren Anzahl gleich der Anzahl der Faktoren jener Produkte ist,

$$[la . lb \ldots]AB \ldots = [la . lb \ldots]A_1 B_1 \ldots$$

ist. Ich nenne das Produkt $[AB\ldots]$ ein (auf das Hauptgebiet) bezügliches Produkt der Brüche A, B, ...

Aus diesem Begriffe folgt (nach 362) sogleich, dass *die Ordnung der Faktoren in diesem Produkte für den Werth desselben gleichgültig ist*, ein Gesetz, welches mit dem in 58 ausgesprochenen in Uebereinstimmung ist, da die Brüche der genannten Art als Grössen nullter Stufe zu betrachten sind.

Ferner ergiebt sich leicht, dass, wenn in dem Produkte $[la\,.\,lb\ldots]$ zwei der Faktoren, zum Beispiel die beiden ersten, einander gleich sind, allemal

$$[la\,.\,lb\ldots]AB\ldots = 0$$

ist. Denn es ist (nach 353) $[la\,.\,la\,.\,lc\ldots]ABC\ldots$ gleich einem Bruche, dessen Zähler die Summe aller der Ausdrücke ist, die man dadurch erhält, dass man A, B, C, ... in allen möglichen Anordnungen in die Lücken eintreten lässt, und dessen Nenner die Anzahl dieser Ausdrücke ist. Nun zeigt sich, dass sich die Glieder des Zählers paarweise aufheben. Denn, wenn $PQR\ldots$ eine andere Ordnung der Faktoren $ABC\ldots$ darstellt, und zwar so, dass P in die erste Lücke eintreten soll, Q in die zweite, und so weiter, so wird das daraus entspringende Glied gleich $[Pa\,.\,Qa\,.\,Rc\ldots]$. Vertauscht man P und Q, so geht aus dieser Ordnung das Glied $[Qa\,.\,Pa\,.\,Rc\ldots]$ hervor, die Summe beider giebt aber Null, da Pa und Qa Grössen erster Stufe sind, und deren Vertauschung (nach 55) entgegengesetzten Werth bedingt. Also heben sich die Glieder im Zähler paarweise auf, das heisst, der Zähler wird null, also der Bruch null. Dasselbe gilt, wenn in dem Produkte $[la\,.\,lb\ldots]$ beliebige zwei Faktoren gleich werden, so dass also in diesem Falle stets $[la\,.\,lb\ldots]AB\ldots = 0$ ist.

Daraus folgt aber wiederum sogleich, dass, wenn sich die Grössenreihe a, b, ... lineal ändert, zum Beispiel b in $b' = b + \alpha a$ sich verwandelt, das Produkt
$[la\,.\,lb\ldots]AB\ldots$ denselben Werth behält, und hieraus (nach 76), dass, *wenn* 247
sich a, b, ... beliebig, jedoch so ändern, dass ihr Produkt $[ab\ldots]$ konstant bleibt, auch $[la\,.\,lb\ldots]AB\ldots$ konstant bleibt. Wir können daher diesen Ausdruck als Verknüpfung, und zwar als multiplikative Verknüpfung von $[ab\ldots]$ und $[AB\ldots]$ ansehen, und schreiben daher*)

$$[la\,.\,lb\ldots]AB\cdots = [AB\ldots][ab\ldots].$$

Hier hat $[AB\ldots]$, da es, mit dem Produkte $[ab\ldots]$ verknüpft, wieder eine Summe von solchen Produkten derselben Faktorenzahl, also eine Grösse derselben Stufe liefert, ganz die Bedeutung eines extensiven Bruches, aber eines solchen, der, wenn die Anzahl der Faktoren m ist, nur mit Grössen m-ter Stufe zusammentritt.

Es seien E_1, E_2, ... die Einheiten m-ter Stufe, und sei

$$[AB\ldots]E_1 = A_1,\ [AB\ldots]E_2 = A_2,\ \ldots,$$

so ist klar, dass $[AB\ldots]$ einem Bruche Q gleich ist, dessen Nenner E_1, E_2, ..., und dessen entsprechende Zähler A_1, A_2, ... sind. Denn es giebt jenes Produkt $[AB\ldots]$ mit den Einheiten m-ter Stufe, also auch mit jeder aus ihnen ableitbaren Grösse, das heisst, mit jeder Grösse m-ter Stufe multiplicirt, dasselbe Resultat, wie dieser Bruch Q auf gleiche Weise verknüpft liefert, das heisst, es ist vermöge der Definitionen jenes Produktes und dieses Quotienten $[AB\ldots] = Q$, das heisst, das bezügliche Produkt von m Brüchen, deren Nenner und Zähler

*) {In Nr. 504 wird für das Produkt auf der rechten Seite die Bezeichnung eingeführt

$$[AB\ldots ab\ldots].\}$$

von erster Stufe sind, giebt einen Bruch, dessen Nenner und Zähler von m-ter Stufe sind.

Durch die Reciprocität zwischen Grössen erster und $(n-1)$-ter Stufe (im Hauptgebiete n-ter Stufe) ergiebt sich auch, dass das bezügliche Produkt von m Brüchen, deren Nenner und Zähler von $(n-1)$-ter Stufe sind, einen Bruch liefert, dessen Nenner und Zähler von $(n-m)$-ter Stufe sind. Dies letztere Produkt würde daher als *regressives*, das erstere als *progressives Produkt von Brüchen* zu betrachten sein.

Wir bleiben hier bei dem ersteren, also dem progressiven Produkte der Brüche stehen, um namentlich noch die progressiven Potenzen der Brüche zu betrachten.

Da das Produkt gleicher Faktoren eben nur Eine Anordnung dieser Faktoren gestattet, so geht sogleich aus dem Begriffe hervor, dass

$$[A^m][ab\ldots] = [Aa\,.\,Ab\ldots]$$

sei, vorausgesetzt natürlich, dass die Anzahl der Faktoren $a, b, \ldots$ auch m betrage. Setzen wir die ursprünglichen Einheiten $e_1, e_2, \ldots$ als Nenner, und $a_1, a_2, \ldots$ als entsprechende Zähler, das heisst, $Ae_1 = a_1, \ldots$, so ergiebt sich unmittelbar, dass $[A^m]$ mit dem Produkte von m ursprünglichen Einheiten multiplicirt, das Produkt der m entsprechenden Zähler gebe, und dass also die Potenzen von A jede Grösse, welche aus den ursprünglichen Einheiten hervorgegangen ist, und welche den Exponenten jener Potenz als Stufenzahl hat, in diejenige Grösse verwandelt, welche aus den entsprechenden Zählern genau auf dieselbe Weise hervorgeht. Betrachten wir ins Besondere diejenige Potenz von A, deren Exponent mit der Stufenzahl n des Hauptgebietes gleich ist, also $[A^n]$, so ergiebt sich

$$[A^n][e_1 e_2 \ldots e_n] = [a_1 a_2 \ldots a_n],$$

das heisst, gleich dem bezüglichen Produkte der Zähler, also (nach 383) gleich
248 dem † Potenzwerthe von A. Aber, da das bezügliche Produkt der n ursprünglichen Einheiten (nach 94) gleich Eins ist, so ist $[A^n]$ selbst diesem Potenzwerthe gleich, worin also die vollständige Begründung der oben gewählten Bezeichnung liegt. {Vgl. die weitere Ausgestaltung der betrachteten Produktbildung in Nr. 504—510.}

384. *Der Potenzwerth eines Bruches ist gleich dem bezüglichen Produkte der Zähler, dividirt durch das der Nenner, das heisst, wenn*

$$Q = \frac{a_1, a_2, \ldots, a_n}{b_1, b_2, \ldots, b_n}$$

ist, so ist

$$[Q^n] = \frac{[a_1 a_2 \ldots, a_n]}{[b_1 b_2 \ldots, b_n]}.$$

Beweis. Es sei $Qe_r = c_r$ für jeden Index r von 1 bis n; so ist

$$Q = \frac{c_1, c_2, \ldots}{e_1, e_2, \ldots}$$

(nach 378). Ferner seien $b_1, b_2, \ldots$ als Vielfachensummen der ursprünglichen Einheiten $e_1, e_2, \ldots$ ausgedrückt, und sei für jeden Index r von 1 bis n: $b_r = \Sigma\beta_{r,\mathfrak{a}} e_{\mathfrak{a}}$, so ist

$$a_r = Qb_r = \Sigma\beta_{r,\mathfrak{a}}\, Qe_{\mathfrak{a}} = \Sigma\beta_{r,\mathfrak{a}}\, c_{\mathfrak{a}}.$$

Somit ist

$$\frac{[a_1 a_2 \ldots]}{[b_1 b_2 \ldots]} = \frac{[\Sigma \beta_{1,\mathfrak{a}} c_{\mathfrak{a}} \cdot \Sigma \beta_{2,\mathfrak{a}} c_{\mathfrak{a}} \cdots]}{[\Sigma \beta_{1,\mathfrak{a}} e_{\mathfrak{a}} \cdot \Sigma \beta_{2,\mathfrak{a}} e_{\mathfrak{a}} \cdots]}$$

$$= \frac{\Sigma \beta_{1,\mathfrak{a}} \beta_{2,\mathfrak{a}} \ldots [c_{\mathfrak{a}} c_{\mathfrak{b}} \cdots]}{\Sigma \beta_{1,\mathfrak{a}} \beta_{2,\mathfrak{b}} \cdots [e_{\mathfrak{a}} e_{\mathfrak{b}} \cdots]} \qquad [45]$$

$$= \frac{(\Sigma (-1)^r \beta_{1,\mathfrak{a}} \beta_{2,\mathfrak{b}} \cdots)[c_1 c_2 \cdots]}{(\Sigma (-1)^r \beta_{1,\mathfrak{a}} \beta_{2,\mathfrak{b}} \cdots)[e_1 e_2 \cdots]} \qquad [57],$$

wo $\mathfrak{a}, \mathfrak{b}, \ldots$ alle möglichen verschiedenen Anordnungen der Zahlen $1, 2, \ldots$ darstellen und r die Anzahl der Zahlenpaare ist, die in den beiden Zahlreihen

$$\mathfrak{a}, \mathfrak{b}, \ldots$$
$$1, 2, \ldots$$

entgegengesetzt geordnet sind. Hier heben sich nun die beiden Summen, und da $[e_1 e_2 \ldots] = 1$ ist, so erhält man

$$\frac{[a_1 a_2 \ldots]}{[b_1 b_2 \ldots]} = [c_1 c_2 \ldots] = [Q^n] \qquad \text{[nach 383]}.$$

385. *Wenn Q und Q_1 Brüche mit n Nennern sind, und zu einander in der Zahlbeziehung*

$$Q = \alpha Q_1$$

stehen, so stehen ihre Potenzwerthe in der Zahlbeziehung

$$[Q^n] = \alpha^n [Q_1^n].$$

Beweis. Es sei

$$Q_1 = \frac{a_1, \ldots, a_n}{e_1, \ldots, e_n},$$

also

$$Q = \frac{\alpha a_1, \ldots, \alpha a_n}{e_1, \ldots, e_n},$$

so ist (nach 383) 249

$$[Q^n] = [\alpha a_1 . \alpha a_2 \ldots \alpha a_n] = \alpha^n [a_1 a_2 \ldots a_n] \qquad [46]$$

$$= \alpha^n [Q_1^n] \qquad [383].$$

386. *Wenn zwischen den Zählern eines Bruches eine Zahlbeziehung herrscht, so lässt sich der Bruch stets auf die Form bringen, dass einer oder mehrere seiner Zähler null werden, und zwischen den übrigen Zählern keine Zahlbeziehung stattfinde; und zwar, wenn $e_1, \ldots e_n$ die Nenner, $a_1, \ldots a_n$ die Zähler des Bruches Q sind, und zwischen $a_1, \ldots a_m$ keine Zahlbeziehung stattfindet, aber die übrigen $n - m$ Zähler aus ihnen numerisch ableitbar sind, so dass*

$$(*) \qquad a_{m+r} = \alpha_{r,1} a_1 + \alpha_{r,2} a_2 + \cdots + \alpha_{r,m} a_m$$

ist, so ist

$$Q = \frac{a_1, \ldots a_m, \quad 0, \quad 0, \ldots 0}{e_1, \ldots e_m, c_{m+1}, c_{m+2}, \ldots c_n},$$

wo

$$c_{m+r} = \alpha_{r,1} e_1 + \alpha_{r,2} e_2 + \cdots + \alpha_{r,m} e_m - e_{m+r},$$

das heisst,

$$= \frac{e_1, \ldots, e_m}{a_1, \ldots, a_m} a_{m+r} - e_{m+r}$$

ist. Und alle aus $c_{m+1}, \ldots c_n$ numerisch ableitbaren Grössen, aber auch keine andern geben mit Q multiplicirt, Null.

Beweis. {Es ist}

$$Q c_{m+r} = \alpha_{r,1} Q e_1 + \cdots + \alpha_{r,m} Q e_m - Q e_{m+r}$$
$$= \alpha_{r,1} a_1 + \cdots + \alpha_{r,m} a_m - a_{m+r},$$

da nach Hypothesis $a_1, \ldots a_n$ die zu den Nennern $e_1, \ldots e_n$ gehörigen Zähler des Bruches Q sind, {das heisst}

$$= 0 \qquad [(*)].$$

Also sind die zu den Nennern $c_{m+1}, \ldots c_n$ gehörigen Zähler null.

Zweitens ist zu zeigen, dass zwischen den n Grössen $e_1, \ldots e_m$, $c_{m+1}, \ldots c_n$ keine Zahlbeziehung herrscht.

Der Kürze wegen setze ich

$$\alpha_{r,1} e_1 + \cdots + \alpha_{r,m} e_m = q_r,$$

so dass also $c_{m+r} = q_r - e_{m+r}$ ist, so ist

$$[e_1 e_2 \ldots e_m c_{m+1} \ldots c_n] = [e_1 e_2 \ldots e_m (q_1 - e_{m+1}) \ldots (q_{n-m} - e_n)].$$

Da hier $q_1, q_2, \ldots$ aus $e_1, e_2, \ldots e_m$ numerisch abgeleitet sind, so können wir sie (nach 67) weglassen und erhalten das Produkt

$$= \mp [e_1 e_2 \ldots e_n],$$

250 also von Null verschieden; folglich stehen $e_1, e_2, \ldots e_m, c_{m+1}, \ldots c_n$ (nach 61) in keiner Zahlbeziehung; also lässt sich (nach 378) Q in der im Satze angegebenen Weise als Bruch darstellen.

Daraus nun, dass $c_{m+1}, \ldots c_n$ mit Q multiplicirt Null geben, folgt sogleich, dass dies auch für jede Vielfachensumme dieser Grössen gilt. Aber auch umgekehrt muss jede Grösse p, welche mit Q multiplicirt Null giebt, eine Vielfachensumme von $c_{m+1}, \ldots c_n$ sein. Denn wie auch p beschaffen sei, immer muss es sich (nach 24) aus $e_1, e_2, \ldots e_m, c_{m+1}, \ldots c_n$ ableiten, also sich in der Form

$$p = \alpha_1 e_1 + \cdots + \alpha_m e_m + q$$

darstellen lassen, wo q eine Vielfachensumme von $c_{m+1}, \ldots c_n$ ist. Soll dann $Qp = 0$ sein, so hat man, da $Qe_1 = a_1, \ldots, Qc_{m+1} = 0, \ldots$ ist,

$$0 = Qp = \alpha_1 a_1 + \cdots + \alpha_m a_m,$$

also (nach 28) $\alpha_1, \alpha_2, \ldots, \alpha_m = 0$, also {ist} $p = q$, das heisst, eine Vielfachensumme von $c_{m+1}, c_{m+2}, \ldots c_n$.

387. Erklärung. Wenn ein Bruch Q mit einer von Null verschiedenen Grösse erster Stufe multiplicirt ein Vielfaches dieser Grösse, etwa das ϱ-fache derselben liefert, so dass also

$$Qx = \varrho x$$

ist, so nenne ich den Koefficienten ϱ (mag ϱ nun reell oder imaginär sein) eine Hauptzahl des Bruches Q, und das Gebiet, welchem alle Grössen x angehören, welche jener Gleichung genügen, das zu der Hauptzahl ϱ gehörige Hauptgebiet.

388. Aufgabe. *Die Hauptzahlen und die zugehörigen Hauptgebiete eines Bruches zu finden.*

Auflösung. Es sei ϱ eine Hauptzahl eines Bruches Q mit n Nennern $e_1, e_2, \ldots e_n$, und sei $x = \Sigma x_\mathfrak{a} e_\mathfrak{a}$ eine von Null verschiedene Grösse, welche mit Q multiplicirt ihr ϱ-faches liefert, so hat man

$$Qx = \varrho x,$$

das heisst:

$$0 = (\varrho - Q)x.$$

Setzt man hierin statt x seinen Werth, und setzt

(a) $$(\varrho - Q)e_\mathfrak{a} = c_\mathfrak{a},$$

so erhält man

(b) $$0 = \Sigma x_\mathfrak{a} c_\mathfrak{a}.$$

Da nun x von Null verschieden ist, so muss auch mindestens eine der 251
Zahlen $x_1, \ldots x_n$ von Null verschieden sein, also (nach 16) zwischen $c_1, \ldots c_n$ eine Zahlbeziehung stattfinden, folglich (nach 61) ihr kombinatorisches Produkt null sein, also

(c) $$0 = [c_1 c_2 \ldots c_n],$$

das heisst (nach 384), der Potenzwerth des Bruches $\varrho - Q$ muss null sein.

Umgekehrt, wenn diese Gleichung (c) erfüllt wird, so gilt (nach 66) auch eine Gleichung der Form (b), also giebt es dann eine Grösse $x \gtrless 0$, welche der Gleichung $Qx = \varrho x$ genügt, das heisst, ϱ ist dann eine Hauptzahl.

Setzt man in der letzten Gleichung statt $c_1, c_2, \ldots$ ihre Werthe aus (a), so erhält man

$$0 = [(\varrho e_1 - Qe_1)(\varrho e_2 - Qe_2) \ldots (\varrho e_n - Qe_n)],$$

oder, indem man die Klammern löst,

(d) $$\alpha_0 \varrho^n - \alpha_1 \varrho^{n-1} + \alpha_2 \varrho^{n-2} - \cdots + (-1)^n \alpha_n = 0,$$

wo α_r aus dem Produkte $[e_1 e_2 \ldots e_n]$ dadurch hervorgeht, dass man auf alle möglichen verschiedenen Arten r der Grössen $e_1, e_2, \ldots e_n$ in die entsprechenden Grössen $Qe_1, Qe_2, \ldots Qe_n$ umwandelt, während man die jedesmal übrigen unverändert lässt {und endlich die so erhaltenen Produkte addirt}. Die n Wurzeln $\varrho_1, \ldots \varrho_n$ dieser Gleichung (d) sind also die gesuchten Hauptzahlen; ihr Produkt ist nach dem Neuton-schen Satze gleich $\alpha_n : \alpha_0$, das heisst, gleich dem Potenzwerthe von Q (nach 384).

Die Grössen x sind dann durch die Gleichung (b) bestimmt. Nach dieser Gleichung stehen $c_1, c_2, \ldots c_n$ in einer Zahlbeziehung zu einander. Folglich lässt sich (nach 17) aus den Grössen $c_1, \ldots c_n$ ein Verein von weniger als n Grössen, etwa $c_1, c_2, \ldots c_m$, aussondern, welcher keiner Zahlbeziehung unterliegt, und aus welchem die übrigen Grössen $(c_{m+1}, \ldots c_n)$ numerisch ableitbar sind. Dann aber lässt sich der Bruch $\varrho - Q$, bei dem (nach (a)) zu den Nennern $e_1, \ldots e_n$ die Zähler $c_1, \ldots c_n$ gehören, (nach 386) auf die Form bringen, dass unter den Zählern $n - m$ derselben null werden; die zugehörigen Nenner seien $a_{m+1}, \ldots a_n$; so haben (nach 386) alle aus $a_{m+1}, \ldots a_n$ ableitbaren Grössen x, aber auch keine andern, die Eigenschaft, dass $(\varrho - Q)x = 0$ ist, das heisst, dass $Qx = \varrho x$ wird, das heisst also, das Gebiet $a_{m+1}, \ldots a_n$ ist das zu der Hauptzahl ϱ gehörige Hauptgebiet. Also:

252 *Jeder Bruch Q mit n Nennern hat n Hauptzahlen und zwar sind diese die Wurzeln ϱ der gleichbedeutenden Gleichungen* (c) *oder* (d). *Das Produkt dieser n Wurzeln ist gleich dem Potenzwerthe von Q, und das zu der Hauptzahl ϱ gehörige Hauptgebiet erhält man, indem man (nach* 386) *$\varrho - Q$ als einen Bruch darstellt, von dessen Zählern einer oder mehrere null sind, während die übrigen Zähler in keiner Zahlbeziehung zu einander stehen; dann ist das Gebiet derjenigen Nenner dieses Bruches $\varrho - Q$, deren entsprechende Zähler null sind, das verlangte Hauptgebiet.*

389. *Wenn die n Hauptzahlen $\varrho_1, \ldots \varrho_n$ eines Bruches Q alle von einander verschieden sind, so sind die n zugehörigen Hauptgebiete alle von erster Stufe und stehen in keiner Zahlbeziehung zu einander.*

Beweis. Nach 388 lässt sich zu jeder der Grössen $\varrho_1, \ldots \varrho_n$, zum Beispiel zu ϱ_r, eine von Null verschiedene Grösse erster Stufe finden, welche mit Q multiplicirt ihr ϱ_r-faches liefert. Es seien $a_1, \ldots a_n$ solche Grössen, so dass $Qa_r = \varrho_r a_r$ ist.

Angenommen nun, $a_1, \ldots a_n$ ständen in einer Zahlbeziehung, so müssten sich aus ihnen (nach 17) m Grössen, etwa $a_1, \ldots a_m$, aussondern lassen, die in keiner Zahlbeziehung zu einander ständen, und aus denen jede der übrigen, zum Beispiel a_r, numerisch ableitbar wäre. Es sei $a_r = \alpha_1 a_1 + \cdots + \alpha_m a_m$, so muss, da a_r von Null verschieden ist, auch mindestens einer der Koefficienten $\alpha_1, \ldots \alpha_m$ von Null verschieden sein. Es sei dies zum Beispiel α_1. Nun hat man

$$Qa_r = Q\,\Sigma\alpha_\mathfrak{a} a_\mathfrak{a} = \Sigma\alpha_\mathfrak{a} Q a_\mathfrak{a} = \Sigma\alpha_\mathfrak{a}\varrho_\mathfrak{a} a_\mathfrak{a},$$

da nach der Voraussetzung $Qa_r = \varrho_r a_r$ ist, also wird

$$\alpha_1\varrho_1 a_1 + \cdots + \alpha_m\varrho_m a_m = Qa_r = \varrho_r a_r$$
$$= \varrho_r\alpha_1 a_1 + \cdots + \varrho_r\alpha_m a_m,$$

folglich sind (nach 29) die entsprechenden Koefficienten gleich, namentlich $\alpha_1\varrho_1 = \alpha_1\varrho_r$, das heisst, da $\alpha_1 \gtrless 0$, ist $\varrho_r = \varrho_1$, was gegen die Voraussetzung ist.

Also können $a_1, \ldots a_n$ in keiner Zahlbeziehung zu einander stehen. Folglich kann auch keins der Hauptgebiete von höherer als erster Stufe sein. Denn wäre zum Beispiel das zu ϱ_1 gehörige Hauptgebiet von höherer Stufe, so müsste dies Gebiet mit dem Gebiete $(n-1)$-ter Stufe der † Grössen $a_2, \ldots a_n$ (nach 26) mindestens ein Gebiet erster Stufe 253
gemein haben. Es sei c eine (von Null verschiedene) Grösse dieses gemeinschaftlichen Gebietes, so wäre c aus $a_2, \ldots a_n$ numerisch ableitbar, und würde sich doch, da es in dem zu ϱ_1 gehörigen Hauptgebiete liegt, in sein ϱ_1-faches verwandeln, was als unmöglich nachgewiesen ist.

390. Aufgabe. *Den Fall gleicher Hauptzahlen zu untersuchen.*

Auflösung. Wenn man die Bezeichnungen der vorhergehenden Sätze festhält, so hat man (nach 388)

(a) $$[c_1 c_2 \ldots c_n] = 0,$$

wo

(b) $$c_r = (\varrho - Q)e_r.$$

Es sind also $c_1, c_2, \ldots c_n$ die zu den Nennern $e_1, e_2, \ldots e_n$ gehörigen Zähler des Bruches $\varrho - Q$, und die Gleichung (a) sagt aus, dass das kombinatorische Produkt der n Zähler null sei, das heisst, dass der Potenzwerth von $\varrho - Q$ null sei.

Es behalten nach dem Obigen die Gleichungen (a) und (b) ihre Bedeutung, wenn man statt der Nenner $e_1, \ldots e_n$ beliebige n in keiner Zahlbeziehung zu einander stehende Grössen erster Stufe setzt. Die n Werthe von ϱ, welche der Gleichung (a) genügen, sind (nach 388) die n Hauptzahlen von Q. Wenn nun mehrere, etwa $\mathfrak{a}$, derselben gleich α sind, so heisst das also, dass die Gleichung (a) für ϱ im Ganzen $\mathfrak{a}$ Werthe darbiete, welche gleich α sind. Wenn aber ein Werth von ϱ gleich α ist, so lässt sich (nach 388) eine von Null verschiedene Grösse erster Stufe a_1 finden, welche mit Q multiplicirt ihr α-faches liefert.

Es sei diese Grösse $a_1 = x_1 e_1 + \cdots + x_n e_n$, so muss von den Koefficienten $x_1, \ldots x_n$ mindestens Einer von Null verschieden sein, weil sonst, gegen die Annahme, a_1 selbst null wäre. Es sei x_1 von Null verschieden, so stehen (nach 19) $a_1, e_2, \ldots e_n$ in keiner Zahlbeziehung zu einander, können also nach dem Obigen statt $e_1, e_2, \ldots e_n$ in die Gleichungen (a) und (b) eingeführt werden; dann erhält der neue, zu a_1 gehörende Zähler des Bruches $\varrho - Q$ den Werth

$$c_1' = (\varrho - Q)a_1 = \varrho a_1 - Qa_1 = \varrho a_1 - \alpha a_1 \text{ [nach Annahme]}$$
$$= (\varrho - \alpha)a_1$$

und die Gleichung (a) wird ersetzt durch die Gleichung

$$(\varrho - \alpha)[a_1 c_2 \ldots c_n] = 0.$$

254 Wir wollen annehmen, man habe, wenn die Gleichung † (a) im Ganzen $\mathfrak{a}$ Wurzeln $\varrho = \alpha$ hat, nach und nach die Gleichung (a) noch in die Formen

$$(\varrho - \alpha)^2 [a_1 a_2 c_3 \ldots c_n] = 0$$

und so weiter, endlich in die Form

$$\text{(c)} \qquad (\varrho - \alpha)^r [a_1 a_2 \ldots a_r c_{r+1} \ldots c_n] = 0$$

umgewandelt, wo $r < \mathfrak{a}$ ist, und zwar so, dass

$$Qa_1 = \alpha a_1, \ [a_1 . Qa_2] = \alpha[a_1 a_2], \ \ldots,$$

endlich

$$\text{(d)} \qquad [a_1 a_2 \ldots a_{r-1} . Qa_r] = \alpha[a_1 a_2 \ldots a_r]$$

sei, und die n Grössen $a_1, \ldots a_r, e_{r+1}, \ldots e_n$ in keiner Zahlbeziehung zu einander stehen, so lässt sich zeigen, dass man diese Umwandlungen auch so weit fortsetzen könne, bis endlich $r = \mathfrak{a}$ werde.

In der That, so lange noch r kleiner ist als $\mathfrak{a}$, das heisst, es noch mehr als r Wurzeln $\varrho = \alpha$ giebt, welche der Gleichung (c) genügen, so muss, wie aus der Theorie der Gleichungen bekannt ist, wenn man jene Gleichung durch $(\varrho - \alpha)^r$ dividirt, der Quotient noch eine Wurzel $\varrho = \alpha$ darbieten, das heisst, es muss noch

$$\text{(e)} \qquad [a_1 \ldots a_r c_{r+1} \ldots c_n] = 0$$

sein, für $\varrho = \alpha$. Es seien $d_{r+1}, \ldots d_n$ die Werthe, in welche $c_{r+1}, \ldots c_n$ übergehen, wenn man in den letztern α statt ϱ setzt, so erhält man

$$\text{(f)} \qquad [a_1 \ldots a_r d_{r+1} \ldots d_n] = 0,$$

wo

$$\text{(g)} \qquad d_{r+1} = (\alpha - Q)e_{r+1}, \ \ldots, \ d_n = (\alpha - Q)e_n$$

ist. Hier sagt die Gleichung (f) aus, dass zwischen den Grössen $a_1, \ldots a_r$, $d_{r+1}, \ldots d_n$ eine Zahlbeziehung herrscht (nach 66). Es sei

$$\text{(h)} \qquad \alpha_1 a_1 + \cdots + \alpha_r a_r + \alpha_{r+1} d_{r+1} + \cdots + \alpha_n d_n = 0$$

der Ausdruck dieser Zahlbeziehung, so muss Einer der Koefficienten $\alpha_{r+1}, \ldots \alpha_n$ von Null verschieden sein; denn, wenn sie alle null wären, so würde zwischen $a_1, \ldots a_r$ eine Zahlbeziehung herrschen, was gegen die Voraussetzung streitet. Es sei etwa α_{r+1} von Null verschieden, und sei

$$\alpha_{r+1}e_{r+1} + \cdots + \alpha_n e_n = a_{r+1}$$

gesetzt, so stehen (nach 19) $a_1, \ldots a_{r+1}, e_{r+2}, \ldots e_n$ in keiner Zahlbeziehung zu einander, können also statt $e_1, \ldots e_n$ in die Gleichungen (a) und (b), oder statt $a_1, \ldots a_r, e_{r+1}, \ldots e_n$ in die Gleichung (c) eingesetzt werden, wenn man nur zugleich die Grössen $c_1, \ldots c_{r+1}$ durch die in dem Bruche $\varrho - Q$ den Nennern $a_1, \ldots a_{r+1}$ entsprechenden Zähler $c_1', \ldots c_{r+1}'$ ersetzt. Hierdurch geht die Gleichung (c) über in

(c′) $$(\varrho - \alpha)^r [a_1 a_2 \ldots a_r c_{r+1}' c_{r+2} \ldots c_n] = 0,$$

wo

$$c_{r+1}' = (\varrho - Q) a_{r+1}$$

ist.

Ferner ist dann

$$(\alpha - Q) a_{r+1} = \alpha_{r+1}(\alpha - Q) e_{r+1} + \cdots + \alpha_n(\alpha - Q) e_n$$ 255

$$= \alpha_{r+1} d_{r+1} + \cdots + \alpha_n d_n \qquad \text{[nach (g)]}$$

$$= -\alpha_1 a_1 - \cdots - \alpha_r a_r \qquad \text{[nach (h)]}.$$

Also ist

$$Q a_{r+1} = \alpha_1 a_1 + \cdots + \alpha_r a_r + \alpha a_{r+1}.$$

Folglich

(i) $$\begin{cases} [a_1 \ldots a_r . Q a_{r+1}] = [a_1 \ldots a_r(\alpha_1 a_1 + \cdots + \alpha_r a_r + \alpha a_{r+1})] \\ \qquad = \alpha [a_1 \ldots a_r a_{r+1}] \qquad [67]. \end{cases}$$

Nun sollte, wie oben gezeigt,

$$c_{r+1}' = (\varrho - Q) a_{r+1} = \varrho a_{r+1} - Q a_{r+1}$$

sein, also wird

$$[a_1 \ldots a_r c_{r+1}'] = \varrho [a_1 \ldots a_r a_{r+1}] - [a_1 \ldots a_r . Q a_{r+1}]$$

$$= \varrho [a_1 \ldots a_{r+1}] - \alpha [a_1 \ldots a_{r+1}] \qquad \text{[nach (i)]}$$

$$= (\varrho - \alpha)[a_1 \ldots a_{r+1}].$$

Setzt man dies in die Gleichung (c′) ein, so erhält man

(k) $$(\varrho - \alpha)^{r+1} [a_1 a_2 \ldots a_{r+1} c_{r+2} \ldots c_n] = 0,$$

das heisst, die Gleichungen (c) und (d) bestehen noch fort, wenn man, so lange noch $r < \mathfrak{a}$ bleibt, in ihnen $r + 1$ statt r setzt, folglich bleiben sie noch bestehen, wenn $r = \mathfrak{a}$ wird, das heisst:

Wenn unter den Hauptzahlen des Quotienten Q mehrere, etwa $\mathfrak{a}$ einander gleich und zwar $= \alpha$ sind, so lassen sich $\mathfrak{a}$ Grössen erster Stufe $a_1, \ldots a_{\mathfrak{a}}$ von der Art finden, dass diese mit $n - \mathfrak{a}$ der Grössen $e_1, \ldots e_n$, etwa mit $e_{\mathfrak{a}+1}, \ldots e_n$, in keiner Zahlbeziehung stehen, und

$$(*) \qquad \begin{cases} Qa_1 = \alpha a_1, \\ [a_1 . Qa_2] = \alpha[a_1 a_2], \ldots \\ [a_1 a_2 \ldots a_{\mathfrak{a}-1} . Qa_{\mathfrak{a}}] = \alpha[a_1 a_2 \ldots a_{\mathfrak{a}}] \end{cases}$$

sei, dann wird die Gleichung für die Hauptzahlen ϱ folgende:

$$(**) \qquad (\varrho - \alpha)^{\mathfrak{a}}[a_1 a_2 \ldots a_{\mathfrak{a}} c_{\mathfrak{a}+1} \ldots c_n] = 0,$$

wo

$$(***) \qquad c_r = (\varrho - Q)e_r$$

für jeden Index r von $\mathfrak{a} + 1$ an bis n ist.

Es kommt nun darauf an, die zu den Nennern $a_1, \ldots a_{\mathfrak{a}}$ gehörigen Zähler des Bruches Q zu finden.

Zunächst ist der zu dem Nenner a_1 gehörige Zähler nach dem Obigen gleich αa_1. Es sei der zu dem Nenner a_r gehörige Zähler x, das heisst, $Qa_r = x$, so hat man (aus (*))

$$[a_1 a_2 \ldots a_{r-1} x] = \alpha[a_1 a_2 \ldots a_r],$$

256 das heisst,

$$[a_1 a_2 \ldots a_{r-1}(x - \alpha a_r)] = 0,$$

also besteht (nach 66) zwischen den Grössen $a_1, a_2, \ldots a_{r-1}, x - \alpha a_r$ eine Zahlbeziehung, das heisst, es ist

$$x - \alpha a_r = a_r',$$

wo a_r' irgend eine aus $a_1, a_2, \ldots a_{r-1}$ numerisch ableitbare Grösse ist, und man erhält $x = \alpha a_r + a_r'$, das heisst,

$$(1) \qquad Qa_r = \alpha a_r + a_r',$$

wo a_r' eine Vielfachensumme von $a_1, a_2, \ldots a_{r-1}$ ist.

Es werde nun das Produkt von Q mit irgend einer aus $a_1, \ldots a_{\mathfrak{a}}$ numerisch ableitbaren Grösse p untersucht, und zwar sei

$$p = \alpha_1 a_1 + \cdots + \alpha_r a_r,$$

wo $r \overline{\gtrless} \mathfrak{a}$, und $\alpha_r \gtrless 0$ ist, so hat man

$$\begin{aligned} Qp &= Q(\alpha_1 a_1 + \cdots + \alpha_r a_r) \\ &= \alpha_1 Qa_1 + \cdots + \alpha_r Qa_r \\ &= \alpha_1 \alpha a_1 + \cdots + \alpha_r \alpha a_r + p' \qquad \text{[nach (1)]}, \end{aligned}$$

indem p' eine Vielfachensumme von $a_1, a_2, \ldots a_{r-1}$ darstellt,

$$= \alpha p + p',$$

das heisst:

Die durch die obigen Gleichungen (*) bestimmten Grössen $a_1, a_2, \ldots a_{\mathfrak{a}}$ haben die Eigenschaft, dass jede Vielfachensumme derselben der Gleichung

$$(****) \qquad Qp = \alpha p + p'$$

unterliegt, wo, wenn p aus den r ersten jener Grössen ableitbar ist, p' aus den $(r - 1)$ ersten derselben ableitbar ist.

Es leuchtet unmittelbar ein, dass, wenn von den Grössen $a'_2, a'_3, \ldots a'_{\mathfrak{a}}$ der Gleichung (1) mehrere, etwa die Grössen $a'_2, \ldots a'_r$, null sind, dann jede Vielfachensumme von $a_1, \ldots a_r$ sich durch die Multiplikation mit Q in ihr α-faches verwandelt, und also das zu α gehörige Hauptgebiet von Q (siehe 387 {und 388}) von r-ter Stufe ist.

Wenn unter den Hauptzahlen von Q nicht nur $\mathfrak{a}$ derselben vorkommen, welche gleich α, sondern auch $\mathfrak{b}$, welche gleich β, $\mathfrak{c}$, welche gleich γ sind, ..., wo $\alpha, \beta, \gamma, \ldots$ alle von einander verschieden sind, so lassen sich nach dem Obigen $\mathfrak{b}$ in keiner Zahlbeziehung zu einander stehende Grössen $b_1, \ldots b_{\mathfrak{b}}$ von der Art angeben, dass jede Vielfachensumme q von $b_1, \ldots b_{\mathfrak{b}}$ der Gleichung $Qq = \beta q + q'$ genügt, wo, wenn q aus den m ersten jener Grössen ableitbar ist, q' aus den $(m-1)$ ersten derselben ableitbar ist, und ebenso lassen sich $\mathfrak{c}$ in 257
keiner Zahlbeziehung zu einander stehende Grössen $c_1, \ldots c_{\mathfrak{c}}$ von der Art angeben, dass jede Vielfachensumme r von $c_1, \ldots c_{\mathfrak{c}}$ der Gleichung $Qr = \gamma r + r'$ genüge, wo, wenn r aus den m ersten der Grössen $c_1, \ldots c_{\mathfrak{c}}$ ableitbar ist, r' aus den $m-1$ ersten derselben ableitbar ist, und so weiter.

Es lässt sich zeigen, dass dann die Grössen $a_1, \ldots a_{\mathfrak{a}}$, $b_1, \ldots b_{\mathfrak{b}}$, $c_1, \ldots c_{\mathfrak{c}}, \ldots$ in keiner Zahlbeziehung zu einander stehen, und also als Nenner des Bruches Q gesetzt werden können.

In der That, nehmen wir zum Beispiel an, dass zwischen den Grössen $a_1, \ldots a_{\mathfrak{a}}$, $b_1, \ldots b_{\mathfrak{b}}$, $c_1, \ldots c_{m-1}$ noch keine Zahlbeziehung bestehe, aber nun zwischen diesen Grössen und der Grösse c_m eine Zahlbeziehung hervortrete, so wird diese die Form haben

$$\text{(m)} \qquad p + q + r = 0,$$

wo p eine Vielfachensumme von $a_1, \ldots a_{\mathfrak{a}}$, q eine Vielfachensumme von $b_1, \ldots b_{\mathfrak{b}}$, r eine Vielfachensumme von $c_1, \ldots c_m$ ist, also wird auch

$$0 = Q(p + q + r)$$

sein. Dies ist aber, wie oben gezeigt,

$$= \alpha p + p' + \beta q + q' + \gamma r + r',$$

oder, indem wir statt r seinen Werth $= -p - q$ aus der Gleichung (m) setzen,

$$0 = (\alpha - \gamma)p + (\beta - \gamma)q + p' + q' + r'.$$

Da nach dem Obigen r' aus $c_1, \ldots c_{m-1}$ numerisch ableitbar ist, so sind alle in dieser letzteren Gleichung vorkommenden Grössen aus den nach der Annahme in keiner Zahlbeziehung zu einander stehenden Grössen $a_1, \ldots a_{\mathfrak{a}}$, $b_1, \ldots b_{\mathfrak{b}}$, $c_1, \ldots c_{m-1}$ numerisch ableitbar. Die rechte Seite der letzten Gleichung wird sich also als Vielfachensumme der letztgenannten Grössen darstellen lassen, und da die linke Seite null ist, so werden (nach 28) alle einzelnen Koefficienten dieser Vielfachensumme null sein.

Wenn nun p von Null verschieden, etwa $= x_1 a_1 + \cdots + x_s a_s$ wäre, wo $x_s \gtrless 0$ ist, so würde p' nach dem Obigen aus $a_1, \ldots a_{s-1}$ numerisch ableitbar sein, folglich würde a_s, da es auch in q, q', r' nicht enthalten ist, in jener gleich Null gesetzten Vielfachensumme nur einmal vorkommen, nämlich mit dem Koefficienten $(\alpha - \gamma) x_s$ ver-
258 bunden; dieser müsste also null sein, was unmöglich ist, da x_s nach der Annahme ungleich Null, und α ungleich γ ist. Folglich ist die Annahme, dass p von Null verschieden sei, unmöglich, das heisst p ist gleich Null. Aus gleichem Grunde ist $q = 0$. Dann aber folgt aus der Gleichung (m), dass $r = 0$ ist. Da nun aber die Grössen $a_1, \ldots a_{\mathfrak{a}}$ in keiner Zahlbeziehung zu einander stehen, so folgt aus $p = 0$, dass alle Koefficienten des Ausdruckes, durch welchen p aus $a_1, \ldots a_{\mathfrak{a}}$ abgeleitet ist, null sind, und dasselbe folgt für q und r. Also enthält die Gleichung (m) gar keinen Ausdruck der Zahlbeziehung; es findet also eine solche zwischen den Grössen $a_1, \ldots a_{\mathfrak{a}}, b_1, \ldots b_{\mathfrak{b}}, c_1, \ldots c_{\mathfrak{c}}, \ldots$ gar nicht statt, was zu zeigen war. Also

Wenn die Gleichung

$$[(\varrho e_1 - Q e_1)(\varrho e_2 - Q e_2) \ldots (\varrho e_n - Q e_n)] = 0,$$

welche in Bezug auf ϱ *vom* n*-ten Grade ist,* $\mathfrak{a}$ *Wurzeln* $= \alpha$, $\mathfrak{b}$ *Wurzeln* $= \beta, \ldots$ *darbietet, wo* $\alpha, \beta, \ldots$ *von einander verschieden sind, so kann man* n *in keiner Zahlbeziehung zu einander stehende Grössen* $a_1, \ldots a_{\mathfrak{a}}$, $b_1, \ldots b_{\mathfrak{b}}, \ldots$ *von der Art angeben, dass, wenn* p *eine Vielfachensumme der* m *ersten unter den Grössen* $a_1, \ldots a_{\mathfrak{a}}$, *oder unter den Grössen* $b_1, \ldots b_{\mathfrak{b}}$, *oder unter den Grössen irgend einer folgenden Gruppe ist, dann* Qp *im ersten Falle* $= \alpha p + p'$, *im zweiten* $= \beta p + p', \ldots$ *sei, wo* p' *aus den* $m - 1$ *ersten Grössen derselben Gruppe numerisch ableitbar ist.*

Anm. 1. Wenn unter den Wurzeln ϱ ein Paar oder mehrere Paare imaginärer Wurzeln vorkommen, so ändert das in den gewonnenen Resultaten nichts, da die Beweisführung ebensowohl für imaginäre wie für reelle Wurzeln gilt. Es hat überdies nicht die geringste Schwierigkeit, die aus imaginären Wurzelpaaren fliessenden Bestimmungen in reelle Form umzusetzen, was ich daher dem Leser überlasse.

Anm. 2. Die im Obigen entwickelten Gesetze sind für die Theorie der geometrischen Verwandtschaften von Wichtigkeit. In der That stellt jeder Quotient, wenn er nicht mehr als vier Nenner enthält, geometrisch gedeutet eine bestimmte kollineare Verwandtschaft dar, in der Art, dass jedes Punktsystem mit dem Quotienten multiplicirt ein dem ersteren kollineares Punktsystem liefert, und umgekehrt lässt sich jedes einem ursprünglichen Punktsystem kollinear verwandte Punktsystem aus jenem durch Multiplikation mit einem Quotienten ableiten.

Der Quotient gewährt nun vor jeder andern analytischen † Einkleidung jener 259
Verwandtschaft den Vortheil, dass sich die wesentlichen Eigenthümlichkeiten der Verwandtschaft an ihm auf die einfachste Weise symbolisch darstellen. Sind zum Beispiel die vier Hauptzahlen eines Quotienten mit vier Nennern alle reell und von einander verschieden, so bieten je zwei kollinear verwandte Punktsysteme im Raume, welche durch jenen Quotienten dargestellt werden können, vier nicht in einer Ebene liegende Punkte dar, welche mit den ihnen entsprechenden zusammenfallen, und ausser diesen giebt es keinen fünften Punkt, welcher mit dem ihm entsprechenden Punkte des andern Systems zusammenfällt. Ebenso enthalten die vorhergehenden Sätze die besonderen Beziehungen kollinearer Verwandtschaft für die Fälle, wo mehrere der Hauptzahlen des zugehörigen Quotienten einander gleich werden.

Die speciellen geometrischen Verwandtschaften, welche der Kollineation untergeordnet sind, gehen durch specielle Annahmen hervor. So zum Beispiel die Affinität durch die Annahme, dass den unendlich entfernten Punkten jedes Systems auch unendlich entfernte Punkte des andern entsprechen. Ferner die besondere Art der Affinität, bei der entsprechende Körperräume gleichen und gleichbezeichneten Rauminhalt haben, durch die Annahme, dass ausserdem {einfachen Punkten wieder einfache Punkte zugewiesen werden, und dass} das Produkt der Hauptzahlen, das heisst, der Potenzwerth des Quotienten gleich Eins sei. Die Kongruenz durch die {weitere} Annahme, dass die entsprechenden Strecken gleich lang sein sollen (wozu jedenfalls erforderlich ist, dass zwei von den Hauptzahlen des Quotienten $= 1$ und die andern beiden entweder $= 1$, oder $= -1$, oder $= \cos\alpha \mp i \sin\alpha$ seien). Die Kongruenz verwandelt sich in die Symmetrie, wenn das Produkt der Hauptzahlen $= -1$ statt $+1$ wird. Endlich die Aehnlichkeit geht aus der Affinität hervor durch die Annahme, dass die entsprechenden Strecken numerisch in gleichem Verhältnisse stehen.

Wir betrachten nun im Folgenden noch eine specielle Form des Quotienten, welche mit der Verwandtschaft der Reciprocität in engster Beziehung steht.

391. *Wenn ein Bruch Q die Eigenschaft hat, dass für beliebige von Null verschiedene Grössen erster Stufe a und b*

(a) $$[Qa|b] = [Qb|a] \text{ und } [Qa|a] \gtrless 0$$

ist, so lassen sich stets n in keiner Zahlbeziehung zu einander stehende Grössen erster Stufe $c_1, \ldots c_n$ von der Art finden, dass

(b) $$[Qc_r|c_s] = 0$$

ist, sobald r von s verschieden ist. Ferner sind dann die n Hauptzahlen des Bruches Q alle reell, und unter ihnen so viel positive, als es unter den Produkten

(c) $$[Qc_1|c_1], \ldots, [Qc_n|c_n]$$

positive giebt. Endlich lassen sich stets n zu einander normale Grössen $e_1, \ldots e_n$ von der Art finden, dass jede derselben, mit Q multiplicirt ein Vielfaches derselben liefert, also

(d) $$Qe_r = \varrho_r e_r,$$ 260

wo

(e) $$[e_r|e_s] = 0$$

für jedes von r verschiedene s.

Beweis. Ich zeige zuerst, dass sich n Grössen $c_1, \ldots c_n$ der verlangten Art finden lassen. Es genügt zu zeigen, dass sie der Gleichung (b) für den Fall genügen, dass $r < s$ ist, denn da nach der Voraussetzung (a) $[Qc_r\, c_s] = [Qc_s\, c_r]$ ist, so folgt dann, dass die Bedingung auch bestehen bleibt, wenn umgekehrt der erste Index grösser ist als der zweite.

Ich setze der Kürze wegen $Qc_r = k_r$ und zeige zunächst, dass man n von Null verschiedene Grössen erster Stufe $c_1, \ldots c_n$ finden kann, welche den Gleichungen $[k_r|c_s] = 0$, für jedes $r < s$ genügen.

Nach 189 können wir diese Gleichungen auch schreiben $[c_s|k_r] = 0$. Zunächst wählen wir für c_1 eine beliebige (von Null verschiedene) Grösse (erster Stufe). Dann muss c_2 der Gleichung $[c_2\, k_1] = 0$ genügen, dass heisst, c_2 muss zu k_1 normal sein (nach 152), oder anders ausgedrückt, c_2 muss dem Gebiete $|k_1$, welches von $(n-1)$-ter Stufe ist, angehören. Im Uebrigen sei c_2 willkürlich. Ferner muss c_3 den Gleichungen $[c_3|k_1] = [c_3|k_2] = 0$ genügen, das heisst, c_3 muss den Gebieten $|k_1$ und $|k_2$ angehören, also dem ihnen gemeinschaftlichen Gebiete, dieses ist (nach 26) mindestens von $(n-2)$-ter Stufe, in ihm sei c_3 willkürlich. Aus gleichem Grunde muss c_4 den Gleichungen $[c_4\, k_1] = [c_4\, k_2] = [c_4\, k_3] = 0$ genügen, also demjenigen Gebiete angehören, was den drei Gebieten $(n-1)$-ter Stufe $|k_1$, $|k_2$, $|k_3$ gemeinschaftlich ist, dies Gebiet ist mindestens von $(n-3)$-ter Stufe, in ihm sei c_4 willkürlich, und so fahre man fort. Endlich c_n muss den Gleichungen

$$[c_n\, k_1] = [c_n|k_2] = \cdots = [c_n\, k_{n-1}] = 0$$

genügen, das heisst, c_n muss den $(n-1)$ Gebieten $(n-1)$-ter Stufe $|k_1, |k_2, \ldots, |k_{n-1}$ angehören, diese haben mindestens ein Gebiet erster Stufe gemeinschaftlich, in diesem sei c_n beliebig (aber von Null verschieden) angenommen

Somit haben wir jetzt n von Null verschiedene Grössen, welche den Gleichungen $[c_s|k_r] = 0$, das heisst, $0 = [k_r\, c_s] = [Qc_r\, c_s]$ zunächst für jedes $r < s$ genügen, also auch nach Gleichung (a) für *jedes* von
261 r verschiedene s. Es ist noch zu zeigen, dass $c_1, \ldots c_n$ in † keiner Zahlbeziehung zu einander stehen.

Angenommen, es herrschte zwischen ihnen die Zahlbeziehung

$$x_1 c_1 + \cdots + x_n c_n = 0,$$

wo mindestens einer der Koefficienten, zum Beispiel x_r von Null verschieden ist, so hätte man

$$0 = [Qc_r|(x_1c_1 + \cdots + x_nc_n)] = x_r[Qc_r|c_r],$$

weil alle übrigen Produkte null sind, also hätte man, da $x_r \gtrless 0$ ist, $[Qc_r|c_r] = 0$, was gegen die Voraussetzung (in (a)) streitet, also ist es unmöglich, dass $c_1, \ldots c_n$ in einer Zahlbeziehung zu einander stehen.

Nun sei $[Qc_r|c_r] = \alpha_r$, und $a_r = c_r : \sqrt{\alpha_r}$ gesetzt. Dann bilden die Grössen $a_1, \ldots a_n$ einen Verein, welcher den Bedingungen

(f) $$[Qa_r|a_s] = 0,$$

wenn $r \gtrless s$, und

(g) $$[Qa_r|a_r] = 1$$

unterliegt, und zwar ist a_r reell, wenn $[Qc_r|c_r]$ positiv ist; hingegen ist a_r einfach imaginär, das heisst, als Produkt einer reellen Grösse und der Quadratwurzel aus -1 darstellbar, wenn $[Qc_r|c_r]$ negativ ist. Es sind also unter den Grössen $a_1, \ldots a_n$ so viele reelle, als unter den Produkten $[Qc_1|c_1], \ldots [Qc_n|c_n]$ positive sind.

Ich will jeden solchen Verein $a_1, \ldots a_n$, welcher den Gleichungen (f) und (g) unterliegt, und in welchem jede der Grössen $a_1, \ldots a_n$ entweder reell oder einfach imaginär ist, der Kürze wegen einen *konjugirten Verein* nennen.

Es zeigt sich nun, dass ein solcher Verein bei einer gewissen speciellen Art der circulären Aenderung der darin vorkommenden Grössen wiederum ein solcher Verein bleibt, und zwar so, dass die Anzahl der reellen unter den n Grössen in dem einen Verein eben so gross ist wie in dem andern. Diese besondere Art der circulären Aenderung soll zwei Grössen a_1 und a_2, die beide reell, oder beide einfach imaginär sind, in zwei andere Grössen b_1 und b_2 überführen, wo

(h) $$b_1 = xa_1 + ya_2, \quad b_2 = xa_2 - ya_1$$

ist, sobald x und y beide reell sind, und die Summe ihrer Quadrate Eins ist, also

$$x^2 + y^2 = 1.$$

Wenn hingegen von den beiden Grössen a_1 und a_2 die eine reell, die andere imaginär ist, so soll sie die beiden Grössen a_1 und a_2 in die Grössen

$$b_1 = xa_1 + yia_2, \quad b_2 = xa_2 - yia_1$$ 262

umwandeln, wo $i = \sqrt{-1}$, x und y beide reell sind, und $x^2 - y^2$, das heisst, $x^2 + (yi)^2 = 1$ ist. Man kann daher auch sagen: Die Gleichungen (h) stellen jede derartige circuläre Aenderung von zwei Grössen a_1 und a_2 dar, wenn x immer reell, y aber nur dann imaginär und zwar einfach imaginär ist, wenn von den Grössen a_1 und a_2 die eine reell und die andere einfach imaginär ist.

Es leuchtet unmittelbar ein, dass auch b_1 und b_2 beide reell, oder beide einfach imaginär sind, oder eine derselben reell, die andere einfach imaginär ist, je nachdem dies für a_1 und a_2 der Fall war, und dass also die Anzahl der reellen Grössen des Vereins bei der {beschriebenen Art der} circulären Aenderung dieselbe bleibt. Ferner wird für jedes $r > 2$ vermöge der Gleichungen (h)

$$[Qb_1|a_r] = x[Qa_1|a_r] + y[Qa_2|a_r] = 0,$$

da $[Qa_1|a_r]$ und $[Qa_2|a_r]$ (nach (f)) null sind; aus gleichem Grunde ist dann

$$[Qb_2|a_r] = 0.$$

Ferner ist

$$[Qb_1|b_2] = x^2[Qa_1|a_2] - y^2[Qa_2|a_1] + xy([Qa_2|a_2] - [Qa_1|a_1]),$$

oder, da $[Qa_1|a_2] = [Qa_2|a_1] = 0$, und $[Qa_1|a_1] = [Qa_2|a_2] = 1$ ist,

$$[Qb_1|b_2] = 0.$$

Ferner ist

$$[Qb_1|b_1] = x^2[Qa_1|a_1] + y^2[Qa_2|a_2] + 2xy[Qa_1|a_2],$$

oder, da $[Qa_1|a_2]$ null, $[Qa_1|a_1] = [Qa_2|a_2] = 1$, und $x^2 + y^2 = 1$ ist, so wird

$$[Qb_1|b_1] = 1,$$

und aus gleichem Grunde $[Qb_2|b_2] = 1$. Also genügt der Verein, welcher aus $a_1, a_2, \ldots a_n$ durch circuläre Aenderung zweier Grössen hervorgeht, noch immer den Gleichungen (f) und (g), also auch jeder Verein, welcher aus $a_1, a_2, \ldots a_n$ durch wiederholte circuläre Aenderung hervorgeht.

Ich zeige nun, dass, wenn irgend zwei der Grössen $a_1, \ldots a_n$, etwa a_1 und a_2 noch nicht zu einander normal sind, man sie durch {eine} circuläre Aenderung {der beschriebenen Art} normal zu einander machen
263 kann, und dass dabei das Produkt der numerischen Werthe † dieser Grössen jedesmal abnimmt.

In der That, sollen b_1 und b_2 zu einander normal sein, das heisst, (nach 152) $[b_1|b_2] = 0$ sein, so hat man (nach (h))

$$\begin{aligned} 0 &= [(xa_1 + ya_2)|(xa_2 - ya_1)] \\ &= x^2[a_1|a_2] - y^2[a_1|a_2] + xy(a_2{}^2 - a_1{}^2) \end{aligned}$$

oder

$$0 = x^2 - y^2 - 2\gamma xy,$$

wo $\gamma = (a_1{}^2 - a_2{}^2) : 2[a_1|a_2]$ ist, hieraus folgt

$$\frac{x}{y} = \gamma \mp \sqrt{1 + \gamma^2}.$$

Sind nun a_1 und a_2 beide reell oder beide einfach imaginär, so ist γ reell, also auch $x:y$ reell, also können wir dann x und y beide reell annehmen, und die Aenderung ist eine circuläre {der verlangten Art}. Ist hingegen von den Grössen a_1 und a_2 die eine, {gleichviel welche,} reell $= r$, die andere einfach imaginär $= r'i$ (wo $i = \sqrt{-1}$), so wird

$$\gamma = \mp (r^2 + r'^2) : 2i[r|r'],$$

also

$$1 + \gamma^2 = 1 - \left(\frac{r^2 + r'^2}{2[r|r']}\right)^2 = \left(1 + \frac{r^2 + r'^2}{2[r|r']}\right)\left(1 - \frac{r^2 + r'^2}{2[r|r']}\right)$$

$$= \frac{r^2 + 2[r|r'] + r'^2}{2[r|r']} \cdot \frac{2[r|r'] - r^2 - r'^2}{2[r|r']}$$

$$= -\frac{(r + r')^2 (r - r')^2}{4[r|r']^2},$$

also ist $\sqrt{1 + \gamma^2}$ einfach imaginär, aber auch γ, also auch ihre Summe, das heisst, $x : y$. Nehmen wir also x reell an, so wird y einfach imaginär, aber dies war gerade die Bedingung der {speciellen} circulären Aenderung für diesen Fall. Also lassen sich in allen Fällen je zwei der Grössen des Vereins, die noch nicht normal zu einander sind, durch {eine solche} circuläre Aenderung normal zu einander machen.

Es ist noch zu zeigen, dass bei dieser Aenderung das Produkt der numerischen Werthe der Grössen kleiner wird. Hierbei soll unter dem numerischen Werthe einer Grösse ri, wo r reell, und $i = \sqrt{-1}$ ist, der numerische Werth von r verstanden sein*).

In diesem Sinne seien α_1 und α_2 die numerischen Werthe von a_1 und a_2, und β_1 und β_2 die von b_1 und b_2, so ist (nach 156) $[a_1 a_2]^2 = [b_1 b_2]^2$, aber (nach 198) ist $[a_1 a_2]^2 = (\alpha_1 \alpha_2 \sin \angle a_1 a_2)^2$, wenn
α_1 und α_2 † reell sind; dasselbe wird nun auch der Fall sein, wenn 264
a_1 und a_2 einfach imaginär, und unter $\angle a_1 a_2$ stets der Winkel zwischen den entsprechenden reellen Grössen verstanden ist; wenn hingegen eine der Grössen a_1 und a_2 reell, die andere einfach imaginär ist, so wird

$$[a_1 a_2]^2 = -(\alpha_1 \alpha_2 \sin \angle a_1 a_2)^2,$$

aber dann auch

$$[b_1 b_2]^2 = -(\beta_1 \beta_2 \sin \angle b_1 b_2)^2,$$

also, da $[a_1 a_2]^2 = [b_1 b_2]^2$ ist, so ist in allen Fällen

$$(\alpha_1 \alpha_2 \sin \angle a_1 a_2)^2 = (\beta_1 \beta_2 \sin \angle b_1 b_2)^2.$$

Wenn nun a_1 und a_2 nicht zu einander normal, hingegen b_1 und b_2 zu einander normal sind, so ist $(\sin \angle a_1 a_2)^2 < 1$, $(\sin \angle b_1 b_2)^2 = 1$, also $(\beta_1 \beta_2)^2 < (\alpha_1 \alpha_2)^2$, das heisst, da α_1, α_2, β_1, β_2 positiv sind, $\beta_1 \beta_2 < \alpha_1 \alpha_2$.

Also, wenn von den Grössen eines konjugirten Vereins irgend zwei noch nicht zu einander normal sind, so lässt sich der Verein

*) {Diese Festsetzung steht in Einklang mit der später (vgl. Nr. 413 und 414) gegebenen Erklärung des numerischen Werthes einer imaginären extensiven Grösse.}

circulär so umwandeln, dass das Produkt der numerischen Werthe aller Grössen des Vereins kleiner wird. Da es nun ein Minimum für dies Produkt geben muss, und dies Minimum nur eintreten kann, wenn alle Grössen des Vereins zu einander normal sind, so muss sich also durch (wiederholte) circuläre Aenderung {der beschriebenen Art} aus dem Verein $a_1, a_2, \ldots a_n$ ein Verein ableiten lassen, von dessen n Grössen je zwei zu einander normal sind.

Es sei $r_1, r_2, \ldots r_n$ dieser Verein, so genügt derselbe, da er aus dem Verein $a_1, a_2, \ldots a_n$ abgeleitet ist, wie oben bewiesen, noch den Gleichungen (f) und (g), und enthält eben so viele reelle Grössen, wie der letztere Verein, also eben so viele reelle Grössen, als unter den Produkten $[Qc_1|c_1], \ldots, [Qc_n|c_n]$ positive Produkte vorkommen. Nun sei $Qr_1 = x_1r_1 + \cdots + x_nr_n$, so verwandelt sich die in der Gruppe (f) enthaltene Gleichung $0 = [Qr_1|r_2]$ in

$$0 = [(x_1r_1 + x_2r_2 + \cdots + x_nr_n)|r_2] = x_2[r_2|r_2],$$

da alle übrigen Produkte $[r_1|r_2], [r_3|r_2], \ldots$ wegen der normalen Beziehung (nach 152) null sind. Da nun ferner r_2, also auch $[r_2|r_2]$ von Null verschieden ist, so folgt aus der Gleichung $0 = x_2[r_2|r_2]$, dass $x_2 = 0$ sei; auf gleiche Weise folgt $x_3 = 0, \ldots, x_n = 0$, also $Qr_1 = x_1r_1$. Dann verwandelt sich die in der Gruppe (g) enthaltene Gleichung $1 = [Qr_1|r_1]$ in $1 = x_1[r_1|r_1] = x_1r_1^2$, das heisst, x_1 ist $= 1 : r_1^2$, also

$$Qr_1 = \frac{1}{r_1^2}r_1,$$

265 und aus gleichem Grunde ist

$$Qr_2 = \frac{1}{r_2^2}r_2, \ldots, Qr_n = \frac{1}{r_n^2}r_n.$$

Setzt man daher noch

$$\text{(i)} \qquad \frac{1}{r_1^2} = \varrho_1, \quad \frac{1}{r_2^2} = \varrho_2, \ldots, \frac{1}{r_n^2} = \varrho_n,$$

und setzt $r_1, r_2, \ldots r_n$ als die Nenner des Bruches Q, so werden die zugehörigen Zähler $\varrho_1r_1, \varrho_2r_2, \ldots \varrho_nr_n$. Die {zu denselben Nennern gehörigen} Zähler des Bruches $\varrho - Q$ werden also $(\varrho - \varrho_1)r_1, (\varrho - \varrho_2)r_2, \ldots, (\varrho - \varrho_n)r_n$; der Potenzwerth des Bruches $\varrho - Q$, welcher (nach 384) gleich dem kombinatorischen Produkte seiner Zähler dividirt durch das seiner Nenner ist, wird also gleich $(\varrho - \varrho_1)(\varrho - \varrho_2) \ldots (\varrho - \varrho_n)$.

Die Gleichung aber, durch welche die Hauptzahlen ϱ eines Quotienten {Q} bedingt sind, drückt aus, dass der Potenzwerth von $\varrho - Q$ null sei {vgl. Nr. 388}, also hat man

$$(\varrho - \varrho_1)(\varrho - \varrho_2) \ldots (\varrho - \varrho_n) = 0,$$

das heisst, $\varrho_1, \ldots \varrho_n$ sind die Hauptzahlen von Q, es waren dieselben (nach (i)) gleich

$$\frac{1}{r_1^{\,2}}, \frac{1}{r_2^{\,2}}, \ldots \frac{1}{r_n^{\,2}}.$$

Je nachdem nun r reell oder einfach imaginär ist, ist $1:r^2$ positiv oder negativ, also kommen unter den Hauptzahlen von Q so viele positive vor, als unter den Grössen $r_1, r_2, \ldots r_n$ reelle vorkommen, das heisst, wie oben gezeigt, als unter den Produkten $[Qc_1 . c_1], \ldots [Qc_n . c_n]$ positive vorkommen. Also ist der Satz vollständig erwiesen.

Anm. Die Hauptzahlen des Quotienten Q und die zugehörigen Grössen $r_1, r_2, \ldots r_n$ lassen sich durch das Verfahren in 388 unmittelbar finden; es kam hier nur darauf an, die besonders einfachen Beziehungen, welche unter der speciellen Voraussetzung, die wir für Q gemacht hatten, zwischen jenen Grössen hervortreten, abzuleiten. Gelegentlich kommt in dem oben gegebenen Beweise der Beweis des sogenannten Trägheitsgesetzes quadratischer Formen vor; auch lässt sich aus ihm der Sturm'sche Satz über die Wurzeln algebraischer Gleichungen leicht ableiten. Auf die Geometrie angewandt, schliesst unser Satz den Satz ein, dass jede algebraische Oberfläche zweiter Ordnung drei reelle Hauptaxen enthält, und der Satz 388 lehrt dieselben unmittelbar finden.

§ 5. Die Funktionen als extensive Grössen. 266

392. Erklärung. Ich sage, eine Funktion f sei aus einer oder mehreren Funktionen $f_1, f_2, \ldots$ numerisch ableitbar, wenn sich f in der Form

$$f = \alpha_1 f_1 + \alpha_2 f_2 + \cdots$$

darstellen lässt, wo $\alpha_1, \alpha_2, \ldots$ Zahlgrössen ausdrücken, die entweder konstant oder doch von den Variabeln der Funktionen unabhängig sind, und wo das Gleichheitszeichen die Gleichheit für beliebige Werthe dieser letzteren Variabeln aussagt.

Anm. Nachdem diese Definition festgestellt ist, beziehen sich alle bisher aufgestellten Erklärungen und Sätze unmittelbar auch auf Funktionen, welche hiernach als extensive Grössen erscheinen. Es ist diese Betrachtungsweise für die Funktionenlehre und daher auch für die Theorie der Kurven und Oberflächen von grosser Bedeutung, wie sich unten zeigen wird. Auch kann sie dazu dienen, um unabhängig von den früheren geometrischen Entwickelungen, den Begriff der Addition von Punkten, Linien, Flächen, und so weiter, festzustellen.

Für die Schärfe der Auffassung ist noch zu bemerken, dass stets festgestellt sein muss, welches die Variabeln sind, von denen die Funktionen abhängig gedacht werden sollen, und auf die sich somit auch die obige Definitionsgleichung bezieht.

Um ein Beispiel für die besondere Gestaltung der allgemeinen Begriffe zu geben, wenn Funktionen als Einheiten gesetzt werden, betrachte ich die sechs Funktionen x^2, y^2, xy, x, y, 1, in denen x und y die Variabeln sind. Diese stehen in keiner Zahlbeziehung zu einander, da, wenn

$$ax^2 + by^2 + cxy + dx + ey + f = 0$$

sein soll, für jeden Werth von x und y, alle Koefficienten a, b, c, d, e, f null sein müssen. Wir können also jene sechs Funktionen als ein System von Einheiten setzen. Die aus ihnen numerisch ableitbaren Funktionen sind die Funktionen zweiten Grades mit zwei Variabeln. Diese bilden also ein Funktionsgebiet sechster Stufe. Aus sechs in keiner Zahlbeziehung zu einander stehenden Funktionen zweiten Grades mit zwei Variabeln lassen sich also alle Funktionen zweiten Grades mit zwei Variabeln numerisch ableiten.

393. Erklärung. Es seien x und y die Koordinaten eines Punktes in der Ebene (oder x, y, z die Koordinaten eines Punktes im Raume), ferner seien $f_1, f_2, \ldots f_n$ n in keiner Zahlbeziehung zu einander stehende Funktionen dieser Koordinaten und sei

$$f = x_1 f_1 + x_2 f_2 + \cdots + x_n f_n,$$

267 das heisst, $x_1, \ldots x_n$ die Ableitzahlen, durch welche f aus $f_1, \ldots f_n$ ableitbar ist. Endlich herrsche zwischen diesen Ableitzahlen die {homogene} Gleichung

$$\text{(a)} \qquad \varphi(x_1, x_2, \ldots x_n) = 0,$$

so nenne ich die Gesammtheit der Kurven (Oberflächen) $f = 0$, für welche die Ableitzahlen von f der Gleichung (a) genügen, ein zu dieser Gleichung gehöriges Kurvengebilde (Flächengebilde), und zwar ein Kurvengebilde (Flächengebilde) m-ten Grades, wenn die Gleichung (a) vom m-ten Grade ist.

Sind ins Besondere f_1, f_2, f_3 *Funktionen ersten Grades* von x und y, und

$$f = x_1 f_1 + x_2 f_2 + x_3 f_3,$$

so bedingt die homogene Gleichung {m-ten Grades}

$$\varphi(x_1, x_2, x_3) = 0$$

ein Liniengebilde {m ten Grades} in der Ebene.

Sind f_1, f_2, f_3, f_4 *Funktionen ersten Grades* von x, y, z, und

$$f = x_1 f_1 + x_2 f_2 + x_3 f_3 + x_4 f_4,$$

so bedingt die homogene Gleichung {m-ten Grades}

$$\varphi(x_1, x_2, x_3, x_4) = 0$$

ein Ebenengebilde {m-ten Grades} im Raume.

Anm. Die ganze hier eingeleitete Idee ist nichts anderes, als die naturgemässe Erweiterung des Begriffs der Koordinaten, welche aus dem Wesen dieses Begriffs von selbst hervorgeht.

Die Koordinaten sind, auf ihre ursprüngliche Idee zurückgeführt, die Ableitzahlen einer Grösse, durch welche diese Grösse aus mehreren in keiner Zahlbeziehung zu einander stehenden Einheiten hervorgeht. Substituiren wir nun diesen Einheiten Funktionen der ursprünglichen Koordinaten, so geht der obige allgemeinere Begriff hervor. Diese Funktionen, welche als Einheiten gesetzt sind, werden dann in der Ebene jede durch eine Kurve und einen Koefficienten dargestellt, nämlich durch die Kurve, welche alle Punkte umfasst, deren ursprüngliche Koordinaten jene Funktion null machen, und durch den Koefficienten irgend eines von Null verschiedenen Gliedes der Funktion; wobei dann einerseits durch diese Funktion sowohl jene Kurve als jener Koefficient, andererseits durch die letzteren die erstere bestimmt ist. Diese Kurven selbst repräsentiren die räumliche Lage der Einheiten und diese Koefficienten ihre metrischen Werthe.

Ausser dem in dem Lehrsatze angedeuteten Falle, wo $f_1, f_2, \ldots$ Funktionen ersten Grades sind, werde ich hier noch den Fall betrachten, wo $f_1, f_2, \ldots$ Kreisfunktionen sind.

394. Erklärung. Die Funktion 268

$$x^2 + y^2 + \beta x + \gamma y + \delta$$

nenne ich eine einfache Kreisfunktion, die Funktion

$$\alpha(x^2 + y^2) + \beta x + \gamma y + \delta$$

eine α-fache Kreisfunktion. Und wenn $f(x, y)$ eine Kreisfunktion ist, so nenne ich den Kreis, dessen Gleichung, bei rechtwinkligen Koordinaten,

$$f(x, y) = 0$$

ist, den zu dieser Funktion gehörigen Kreis. {Von einem Kreise soll gesagt werden, er sei aus einer Anzahl von Kreisen numerisch ableitbar, oder er stehe mit andern Kreisen in einer Zahlbeziehung, wenn das Entsprechende für die zugehörigen Kreisfunktionen gilt.}

395. *Alle Kreisfunktionen sind aus vier in keiner Zahlbeziehung zu einander stehenden Kreisfunktionen numerisch ableitbar.*

Beweis. Jede Kreisfunktion ist aus den vier in keiner Zahlbeziehung zu einander stehenden Funktionen $x^2 + y^2$, x, y, 1 numerisch ableitbar. Folglich auch (nach 24) aus beliebigen vier in keiner Zahlbeziehung zu einander stehenden, aus $x^2 + y^2$, x, y, 1 ableitbaren Funktionen, das heisst, aus vier solchen Kreisfunktionen.

396. *Der Doppelabstand (siehe 345) eines Punktes (x', y') von einem Kreise, dessen Gleichung*

$$f(x, y) = 0$$

ist, wo $f(x, y)$ eine einfache Kreisfunktion bezeichnet, ist gleich

$$f(x', y').$$

Anm. Der Beweis durch Koordinaten ist bekannt. Viel einfacher ist jedoch der auf dem Begriff extensiver Grössen beruhende Beweis. Es gründet sich dieser darauf, dass, wenn p ein variabler Punkt, a der Mittelpunkt des Kreises und a' sein Radius ist,

$$(p - a)^2 - a'^2 = 0$$

die Gleichung des Kreises ist, und die linke Seite derselben zugleich den Doppelabstand des Punktes p von dem Kreise darstellt, was beides unmittelbar im Begriffe liegt.

397. *Drei Kreise stehen dann und nur dann in einer Zahlbeziehung* *zu einander, wenn sie alle drei durch dieselben zwei (reellen oder imaginären) Punkte gehen.*

Beweis. Es seien f_1, f_2, f_3 drei Kreisfunktionen von x und y, k_1, k_2, k_3 die drei Kreise, deren Gleichungen beziehlich

269 $$f_1 = 0, \; f_2 = 0, \; f_3 = 0$$

sind. Es sei zuerst eine Zahlbeziehung zwischen ihnen angenommen, etwa

(a) $$f_3 = \alpha_1 f_1 + \alpha_2 f_2.$$

Die Durchschnittspunkte der Kreise k_1 und k_2 sind nun diejenigen Punkte, für welche gleichzeitig f_1 und f_2 null sind; dann ist aber vermöge der Gleichung (a) auch f_3 null, das heisst, diese Durchschnittspunkte liegen auch in dem Kreise k_3.

Nun sei umgekehrt angenommen, dass die Durchschnittspunkte von k_1 und k_2 auch in k_3 liegen. Für irgend einen dritten Punkt (x', y') in k_3 mögen, wenn man seine Koordinaten statt x und y in die Funktionen f_1 und f_2 einführt, diese beziehlich die Werthe α_1 und α_2 annehmen, so hat der Kreis, dessen Gleichung

$$\alpha_2 f_1 - \alpha_1 f_2 = 0$$

ist, mit k_3 ausser den obigen Durchschnittspunkten noch den Punkt (x', y') gemein, also drei Punkte, ist ihm also identisch, das heisst, der Kreis k_3 ist aus k_1 und k_2 numerisch ableitbar.

Anm. Wenn die Durchschnittspunkte der Kreise k_1 und k_2 imaginär werden, so hat jeder Kreis, der dieselben beiden imaginären Punkte enthält, {immer noch} die Eigenschaft, dass sein Mittelpunkt mit den Mittelpunkten jener Kreise in gerader Linie liegt, und die drei Kreise dieselbe Linie gleichen Doppelabstandes (gleicher Potenz nach Steiner) haben.

398. *Zwei Kreise haben stets eine gerade Linie des gleichen Doppelabstandes und drei Kreise stets einen Punkt des gleichen Doppelabstandes, und zwar, wenn f_1, f_2, f_3 drei einfache Kreisfunktionen sind, so ist*

$$f_1 - f_2 = 0$$

die Gleichung für die gerade Linie des gleichen Doppelabstandes von den zu f_1 und f_2 gehörigen Kreisen, und der Punkt, welcher durch die Gleichungen

$$f_1 - f_2 = 0, \; f_1 - f_3 = 0$$

bestimmt ist, ist der Punkt des gleichen Doppelabstandes von den drei zu f_1, f_2, f_3 gehörigen Kreisen.

Beweis. Für die Punkte des gleichen Doppelabstandes der zu den einfachen Funktionen f_1, f_2 gehörigen Kreise hat man (nach 396)

$$f_1 = f_2, \text{ das heisst, } f_1 - f_2 = 0.$$

270 Da aber f_1 und f_2 einfache Kreisfunktionen sind, so heben sich

in der Differenz $f_1 - f_2$ die quadratischen Glieder auf und $f_1 - f_2$ wird eine lineare Funktion, also $f_1 - f_2 = 0$ die Gleichung einer geraden Linie. Für den Punkt P des gleichen Doppelabstandes von den drei zu f_1, f_2, f_3 gehörigen Kreisen hat man aus gleichem Grunde $f_1 = f_2 = f_3$, das heisst, $f_1 - f_2 = 0$ und $f_1 - f_3 = 0$; also ist P der Durchschnittspunkt der durch die letzten zwei Gleichungen dargestellten geraden Linien.

Anm. {Die Linie gleichen Doppelabstandes von zwei Kreisen ist senkrecht zu der Centrale dieser Kreise.} Für zwei concentrische Kreise wird jene Linie unendlich entfernt, für identische unbestimmt. Für drei Kreise, deren Mittelpunkte in gerader Linie liegen, wird der Punkt des gleichen Doppelabstandes entweder unendlich entfernt, oder unbestimmt innerhalb einer geraden Linie oder ganz unbestimmt, je nachdem zwischen den drei Kreisen keine, eine, oder zwei Zahlbeziehungen herrschen, in welchem letztern Falle die drei Kreise identisch sind.

399. *Vier Kreise stehen dann und nur dann in einer Zahlbeziehung zu einander, wenn sie alle vier einen Punkt a des gleichen Doppelabstandes haben, und zwar stehen sie, wenn a endlich entfernt ist, in derselben Zahlbeziehung zu einander wie ihre Mittelpunkte.*

Beweis. 1. Es seien f_1, f_2, f_3, f_4 vier einfache Kreisfunktionen, k_1, k_2, k_3, k_4 die zugehörigen Kreise. Es sei *zuerst* angenommen, dass jene vier Funktionen in einer Zahlbeziehung zu einander stehen, so dass etwa

$$f_4 = \alpha_1 f_1 + \alpha_2 f_2 + \alpha_3 f_3$$

sei, so muss, da alle vier Funktionen einfache Kreisfunktionen sind, $\alpha_1 + \alpha_2 + \alpha_3 = 1$ sein. Für den Punkt a des gleichen Doppelabstandes von {den} drei Kreisen k_1, k_2, k_3 hat man (nach 398) $f_1 = f_2 = f_3$, also wird für diesen Punkt

$$f_4 = (\alpha_1 + \alpha_2 + \alpha_3) f_1 = f_1,$$

da $\alpha_1 + \alpha_2 + \alpha_3 = 1$ ist, das heisst, der Punkt a ist Punkt des gleichen Doppelabstandes von den vier Kreisen k_1, k_2, k_3, k_4.

2. Es sei *umgekehrt* angenommen, dass a ein endlich entfernter Punkt sei, welcher gleichen Doppelabstand von den vier Kreisen k_1, k_2, k_3, k_4 habe; es seien a_1, a_2, a_3, a_4 die von dem Punkte a nach den Mittelpunkten jener Kreise gezogenen Strecken, und r_1, r_2, r_3, r_4 die vier Radien, und p die variable, von a nach einem beliebigen Punkte der † Ebene gezogene Strecke 271
{vgl. Fig. 21}, so nehmen f_1, f_2, f_3, f_4 die Form an

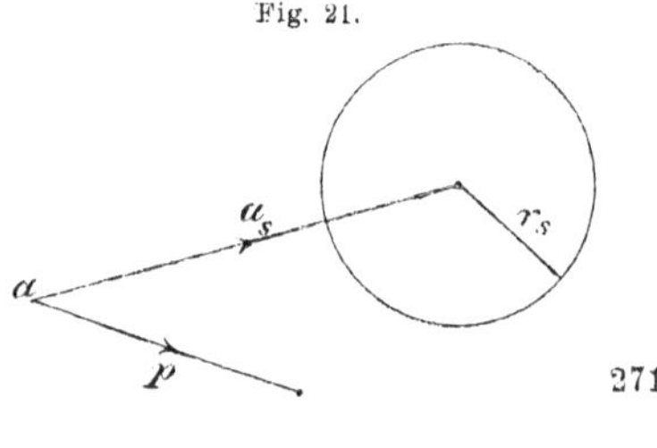

Fig. 21.

$$f_s = (p - a_s)^2 - r_s^2 = p^2 - 2[a_s\, p] + \delta \qquad \{144\},$$

wo $\delta = a_s^2 - r_s^2$ ist. Nach 396 stellt zugleich δ den Doppelabstand des Punktes, für welchen $p = 0$ ist, das heisst, des Punktes a, von dem Kreise k_s dar. Dieser Doppelabstand ist nach der Voraussetzung für die vier Kreise $k_1, \ldots k_4$ derselbe. Ferner besteht (nach 233) zwischen den einfachen Mittelpunkten der Kreise $k_1, \ldots k_4$ eine Zahlbeziehung; dieselbe Zahlbeziehung findet (nach 222) auch zwischen den Strecken statt, welche von einem beliebigen Punkte nach jenen Mittelpunkten gezogen sind, also auch zwischen $a_1, \ldots a_4$. Es sei

$$a_4 = \alpha_1 a_1 + \alpha_2 a_2 + \alpha_3 a_3$$

diese Zahlbeziehung, so muss, da die Mittelpunkte einfache Punkte sind, $\alpha_1 + \alpha_2 + \alpha_3 = 1$ sein; dann hat man

$$\begin{aligned} f_4 &= p^2 - 2[a_4|p] + \delta \\ &= p^2 - 2[(\alpha_1 a_1 + \alpha_2 a_2 + \alpha_3 a_3)|p] + \delta \\ &= (\alpha_1 + \alpha_2 + \alpha_3)(p^2 + \delta) - 2[(\alpha_1 a_1 + \alpha_2 a_2 + \alpha_3 a_3)|p] \\ &= \alpha_1 f_1 + \alpha_2 f_2 + \alpha_3 f_3. \end{aligned}$$

3. Ist der Punkt a des gleichen Doppelabstandes unendlich entfernt, so liegen (nach 398 {Anm.}) die Mittelpunkte der vier Kreise in einer geraden Linie. Vier solche Kreise stehen aber stets in einer Zahlbeziehung zu einander; denn macht man diese gerade Linie zur Abscissenaxe (der x), so werden die vier Funktionen $f_1, \ldots f_4$ von der Form

$$f_s = x^2 + y^2 - 2\beta_s x + \delta_s,$$

indem das Glied mit y wegfällt. Es sind also dann die Funktionen $f_1, \ldots f_4$ aus den drei Funktionen $x^2 + y^2$, x und 1 numerisch ableitbar {nach 392}, stehen also (nach 22) in einer Zahlbeziehung zu einander.

Anm. Wenn der Punkt a des gleichen Doppelabstandes von vier Kreisen ausserhalb eines der Kreise liegt, so ist der Doppelabstand von diesem Kreise, gemäss der Erklärung, positiv, also auch der Doppelabstand von den übrigen Kreisen positiv, a liegt dann zugleich ausserhalb der übrigen Kreise. Zieht man von a die Tangenten an die vier Kreise, so müssen diese gleich sein, weil für jeden Kreis das Quadrat der von einem äusseren Punkte gezogenen Tangente gleich dem Doppelabstande dieses Punktes ist. Schlägt man also um a einen
272 Kreis, dessen Radius gleich jenen Tangenten ist, so werden alle vier † Kreise von diesem letztern Kreise senkrecht geschnitten. Liegt hingegen a innerhalb eines der Kreise, so muss es auch innerhalb der andern liegen. Zieht man dann von a in irgend einem der Kreise diejenige Sehne, die durch a halbirt wird, so ist das {negativ genommene} Quadrat der halben Sehne gleich dem Doppelabstande des Punktes a von diesem Kreise, zieht man also in allen vier Kreisen die durch a halbirten Sehnen, so müssen diese alle einander gleich sein. Schlägt man endlich um a mit der halben Sehne s einen Kreis, so wird dieser Kreis von jedem der vier Kreise im Durchmesser, das heisst so geschnitten, dass die beiden Durchschnittspunkte die Endpunkte eines und desselben durch diesen Kreis gezogenen Durchmessers sind.

Man kann diesen in Durchmessern geschnittenen Kreis als einen senkrecht schneidenden betrachten, dessen Radius imaginär $= s\sqrt{-1}$ ist, während a der Mittelpunkt bleibt, und erlangt dadurch den Vortheil eines gemeinschaftlichen Ausdrucks. Unser Satz würde dann so lauten: Vier Kreise stehen dann und nur dann in einer Zahlbeziehung zu einander, wenn sie von Einem Kreise senkrecht geschnitten werden, und zwar ist der Mittelpunkt dieses Kreises der Punkt des gleichen Doppelabstandes von irgend dreien der vier Kreise, und der Radius gleich der Quadratwurzel dieses Abstandes. Wir können dies auch so ausdrücken: Das aus drei Kreisen ableitbare Gebiet ist die Gesammtheit der Kreise, welche von einem und demselben Kreise senkrecht geschnitten werden. In diesem Sinne stellt also der letztgenannte Kreis jenes Gebiet, das heisst, das aus Kreisen erzeugbare Gebiet dritter Stufe dar; während das Gebiet zweiter Stufe durch einen Verein zweier Punkte dargestellt wurde, {nach 397}.

400. Aufgabe. *Den Kreis zu finden, welcher aus n gegebenen einfachen Kreisen durch n gegebene Zahlen ableitbar ist.*

Auflösung. Es seien $\alpha_1, \alpha_2, \ldots \alpha_n$ die n gegebenen Zahlen, ihre Summe α; ferner sei ein beliebiger Punkt O als Anfangspunkt aller Strecken angenommen, und seien die von ihm nach den n Mittelpunkten gezogenen Strecken $a_1, a_2, \ldots a_n$, und die n Radien seien $\beta_1, \beta_2, \ldots \beta_n$; ferner sei die von O nach einem variablen Punkte gezogene Strecke r, so sind die n zu den Kreisen gehörigen einfachen Funktionen

$$(r - a_\mathfrak{a})^2 - \beta_\mathfrak{a}^2$$

für jeden Werth des Index $\mathfrak{a}$ von 1 bis n. Also ist die gesuchte Kreisfunktion f,

$$\begin{aligned} f &= \Sigma\alpha_\mathfrak{a}[(r - a_\mathfrak{a})^2 - \beta_\mathfrak{a}^2] = \Sigma\alpha_\mathfrak{a}(r^2 - 2[r|a_\mathfrak{a}] + a_\mathfrak{a}^2 - \beta_\mathfrak{a}^2) \\ &= \alpha r^2 - 2[r|\Sigma\alpha_\mathfrak{a} a_\mathfrak{a}] + \Sigma\alpha_\mathfrak{a}(a_\mathfrak{a}^2 - \beta_\mathfrak{a}^2), \end{aligned}$$

weil $\Sigma\alpha_\mathfrak{a} = \alpha$ angenommen ist. Da nun der Punkt O willkürlich ist, 273
so können wir ihn, *wenn α nicht null ist,* so wählen, dass er der Schwerpunkt der mit den Koefficienten $\alpha_1, \ldots \alpha_n$ versehenen Kreismittelpunkte wird. Dann ist {nach 222} $\Sigma\alpha_\mathfrak{a} a_\mathfrak{a} = 0$ und das zweite Glied fällt weg. Es wird also

$$f = \alpha r^2 + \Sigma\alpha_\mathfrak{a}(a_\mathfrak{a}^2 - \beta_\mathfrak{a}^2).$$

Setzen wir

$$\Sigma\alpha_\mathfrak{a}(\beta_\mathfrak{a}^2 - a_\mathfrak{a}^2) = \alpha\beta^2,$$

so wird

$$f = \alpha(r^2 - \beta^2),$$

das heisst: *Der Mittelpunkt des gesuchten Kreises ist, wenn die Summe der n gegebenen Zahlen nicht null ist, der aus den n Mittelpunkten der gegebenen Kreise durch die n gegebenen Zahlen ableitbare Punkt; und den Radius (β) des Kreises erhält man, wenn man die n Doppelabstände des gefundenen Mittelpunktes von den n gegebenen Kreisen beziehlich mit den n gegebenen Zahlen multiplicirt, die Summe dieser Produkte durch die*

Summe der n gegebenen Zahlen dividirt, den Quotienten mit — 1 *multiplicirt und aus diesem Produkte die Wurzel zieht.*

Anm. Die Behandlung des Falles, *wo* $\alpha = 0$ *wird*, überlasse ich dem Leser {Weiteres über Kreisgeometrie findet sich noch in Nr. 405—409.}

§ 6. Verwandtschaften von dem Gesichtspunkte der Funktionsverknüpfung aus betrachtet.

401. Erklärung. Zwei Vereine von Grössen nenne ich verwandt, wenn jede Zahlbeziehung, welche zwischen den Grössen des ersten oder zweiten Vereines herrscht, auch zwischen den entsprechenden des andern stattfindet, das heisst, wenn der Grösse

$$p = \alpha a + \beta b + \cdots$$

die Grösse

$$p_1 = \alpha a_1 + \beta b_1 + \cdots$$

entspricht, und umgekehrt, wo nämlich $a, b, \ldots$ beliebige Grössen des ersten Vereins und $a_1, b_1, \ldots$ die entsprechenden des andern, und $\alpha, \beta, \ldots$ beliebige Zahlen sind.

402. *Wenn zwei Vereine von Grössen, in denen die Grössen eines jeden Vereins sich aus n in keiner Zahlbeziehung zu einander stehenden Grössen desselben numerisch ableiten lassen, einander verwandt sein sollen,*
274 *so kann man beliebigen* † *n in keiner Zahlbeziehung zu einander stehenden Grössen des einen Vereins beliebige n derselben Bedingung unterworfene Grössen des andern entsprechend setzen; dann ist zu jeder Grösse eines jeden der beiden Vereine die entsprechende des andern genau bestimmt.*

Beweis. Es seien $a, b, \ldots$ n beliebige, in keiner Zahlbeziehung zu einander stehende Grössen des einen, und $a_1, b_1, \ldots$ n derselben Bedingung unterworfene Grössen des andern Vereins, so lässt sich nach der Voraussetzung jede Grösse p des ersten Vereins aus $a, b, \ldots$ numerisch ableiten. Es sei

$$p = \alpha a + \beta b + \cdots$$

der Ausdruck dieser Ableitung, so sind (nach 29) die Zahlen $\alpha, \beta, \ldots$ genau bestimmt, sobald p eine bestimmte Grösse ist. Sollen nun beide Vereine verwandt sein, so muss (nach 401) der Grösse p eine Grösse

$$p_1 = \alpha a_1 + \beta b_1 + \cdots$$

entsprechen. Es ist also zu jeder Grösse des einen Vereins die entsprechende des andern genau bestimmt.

Es ist noch zu zeigen, dass die so gebildeten Vereine in der That einander verwandt sind, das heisst, dass jede Zahlbeziehung, welche zwischen den Grössen des ersten Vereins herrscht, auch zwischen den entsprechenden Grössen des zweiten herrsche und umgekehrt.

Es sei

(a) $$\varrho r + \sigma s + \cdots = 0$$

eine zwischen den Grössen $r, s, \ldots$ des ersten Vereins herrschende Zahlbeziehung, und seien $r_1, s_1, \ldots$ die den Grössen $r, s, \ldots$ entsprechenden Grössen des zweiten Vereins, so ist zu zeigen, dass auch

$$\varrho r_1 + \sigma s_1 + \cdots = 0$$

sei. Setzt man in (a) statt $r, s, \ldots$ die Ausdrücke ihrer Ableitung aus $a, b, \ldots$, löst die Klammern auf, und fasst die Glieder, welche a enthalten, in Ein Glied zusammen, und so weiter, so erhält man einen Ausdruck der Form

$$\alpha a + \beta b + \cdots = 0,$$

wo $\alpha, \beta, \ldots$ Funktionen der Zahlgrössen $\varrho, \sigma, \ldots$ und der † Ab- 275
leitungszahlen von $r, s, \ldots$ sind. Hieraus folgt, da $a, b, \ldots$ in keiner Zahlbeziehung zu einander stehen, (nach 29)

$$\alpha = 0, \ \beta = 0, \ \ldots.$$

Wendet man nun dasselbe Verfahren auf den Ausdruck $\varrho r_1 + \sigma s_1 + \cdots$ an, so erhält man, da die Ableitzahlen von $r_1, s_1, \ldots$ dieselben sind, wie die von $r, s, \ldots$,

$$\varrho r_1 + \sigma s_1 + \cdots = \alpha a_1 + \beta b_1 + \cdots,$$

wo $\alpha, \beta, \ldots$ dieselbe Bedeutung haben, wie oben. Da aber $\alpha, \beta, \ldots$ null sind, so erhält man

$$\varrho r_1 + \sigma s_1 + \cdots = 0,$$

das heisst, jede Zahlbeziehung, welche zwischen den Grössen des ersten Vereins herrscht, herrscht auch zwischen den entsprechenden des zweiten, und ebenso umgekehrt, das heisst, die beiden Vereine sind verwandt.

403. *Wenn man aus zwei verwandten Vereinen zwei neue Vereine dadurch ableitet, dass man jedem linealen Produkt P, was aus Grössen des ersten Vereines gebildet ist, dasjenige Produkt als entsprechend setzt, welches auf gleiche Weise aus den entsprechenden Grössen des zweiten Vereins gebildet ist, so sind diese beiden neuen Vereine einander gleichfalls verwandt; das heisst, wenn $r, s, \ldots$ beliebige Grössen des einen und $r_1, s_1, \ldots$ die entsprechenden des verwandten Vereines sind, und die linealen Produkte $P(r, s, \ldots)$ und $P(r_1, s_1, \ldots)$ einander entsprechend gesetzt werden, wie auch $r, s, \ldots$ gewählt sein mögen, so sind auch die so erhaltenen Vereine einander verwandt.*

Beweis. Es seien $a_1, a_2, \ldots a_n$ Grössen des ersten Vereins, welche in keiner Zahlbeziehung zu einander stehen, und aus welchen sich alle Grössen des ersten Vereins numerisch ableiten lassen, und $b_1, b_2, \ldots b_n$ die entsprechenden des andern, welche also derselben Bedingung unterworfen sind, und sei

$$r = \Sigma \varrho_{\mathfrak{a}} a_{\mathfrak{a}} = \varrho_1 a_1 + \cdots + \varrho_n a_n, \quad s = \Sigma \sigma_{\mathfrak{a}} a_{\mathfrak{a}}, \ldots,$$

also (nach 401)

$$r_1 = \Sigma \varrho_{\mathfrak{a}} b_{\mathfrak{a}}, \quad s_1 = \Sigma \sigma_{\mathfrak{a}} b_{\mathfrak{a}}, \ldots,$$

so wird

$$\left.\begin{array}{l} P(r, s, \ldots) = \Sigma \varrho_{\mathfrak{a}} \sigma_{\mathfrak{b}} \ldots P(a_{\mathfrak{a}}, a_{\mathfrak{b}}, \ldots) \\ P(r_1, s_1, \ldots) = \Sigma \varrho_{\mathfrak{a}} \sigma_{\mathfrak{b}} \ldots P(b_{\mathfrak{a}}, b_{\mathfrak{b}}, \ldots) \end{array}\right\} \qquad [45].$$

276 Da nun die Produkte lineale sind, so muss (nach 50) jede Bestimmungsgleichung, welche zwischen den Produkten $P(a_{\mathfrak{a}}, a_{\mathfrak{b}}, \ldots)$ herrscht, auch bestehen bleiben, wenn man statt $a_1, a_2, \ldots a_n$ die Grössen $b_1, b_2, \ldots b_n$ setzt. Nun lassen sich (nach 49), wenn p die Anzahl der verschiedenen Produkte von der Form $P(a_{\mathfrak{a}}, a_{\mathfrak{b}}, \ldots)$ und q die Anzahl der von einander unabhängigen Bestimmungsgleichungen ist, die sämmtlichen Produkte $P(a_{\mathfrak{a}}, a_{\mathfrak{b}}, \ldots)$ aus $p - q$ derselben, welche in keiner Zahlbeziehung zu einander stehen, numerisch ableiten, und zwar so, dass, wenn diese $p - q$ Produkte bestimmt sind, auch für jedes der übrigen Produkte die Ableitzahlen bestimmt sind.

Die Ausdrücke dieser Ableitung sind nur von den Bestimmungsgleichungen abhängig. Setzt man daher statt $a_1, a_2, \ldots$ überall $b_1, b_2, \ldots$, so müssen, da die Bestimmungsgleichungen bei dieser Substitution noch geltend bleiben, auch die Ausdrücke jener Ableitung bestehen bleiben, das heisst, wenn $A_1, A_2, \ldots$ die in keiner Zahlbeziehung zu einander stehenden Produkte sind, aus welchen sich alle übrigen Produkte der Form $P(a_{\mathfrak{a}}, a_{\mathfrak{b}}, \ldots)$ ableiten lassen, und

$$P(a_{\mathfrak{a}}, a_{\mathfrak{b}}, \ldots) = \alpha_{1,\mathfrak{a},\mathfrak{b},\ldots} A_1 + \alpha_{2,\mathfrak{a},\mathfrak{b},\ldots} A_2 + \cdots$$

ist, wenn ferner $B_1, B_2, \ldots$ diejenigen Produkte sind, welche aus den Produkten $A_1, A_2, \ldots$ dadurch hervorgehen, dass man in diesen $b_1, b_2, \ldots$ statt $a_1, a_2, \ldots$ setzt, so ist

$$P(b_{\mathfrak{a}}, b_{\mathfrak{b}}, \ldots) = \alpha_{1,\mathfrak{a},\mathfrak{b},\ldots} B_1 + \alpha_{2,\mathfrak{a},\mathfrak{b},\ldots} B_2 + \cdots.$$

Also

$$P(r, s, \ldots) = \Sigma \varrho_{\mathfrak{a}} \sigma_{\mathfrak{b}} \ldots (\alpha_{1,\mathfrak{a},\mathfrak{b},\ldots} A_1 + \alpha_{2,\mathfrak{a},\mathfrak{b},\ldots} A_2 + \cdots)$$
$$P(r_1, s_1, \ldots) = \Sigma \varrho_{\mathfrak{a}} \sigma_{\mathfrak{b}} \ldots (\alpha_{1,\mathfrak{a},\mathfrak{b},\ldots} B_1 + \alpha_{2,\mathfrak{a},\mathfrak{b},\ldots} B_2 + \cdots),$$

das heisst, es ist $P(r, s, \ldots)$ durch dieselben Zahlen aus $A_1, A_2, \ldots$ abgeleitet, wie das entsprechende Produkt $P(r_1, s_1, \ldots)$ aus den entsprechenden Produkten $B_1, B_2, \ldots$, das heisst (nach 401), es ist der Verein der Produkte $P(r, s, \ldots)$ verwandt dem Vereine der entsprechenden Produkte $P(r_1, s_1, \ldots)$.

404. *Man kann in zwei Vereinen, deren jeder aus n Grössen desselben ableitbar ist, und welche einander verwandt sein sollen, in jedem beliebige n + 1 Grössen annehmen, von denen keine n in einer Zahlbeziehung zu einander stehen, und festsetzen, dass den n + 1 Grössen des ersten Vereins † Grössen entsprechen sollen, welche den n + 1 im zweiten* 277
Verein angenommenen Grössen kongruent sind; dann ist zu jeder Grösse eines Vereines die entsprechende des andern, abgesehen von einem für alle gleichen Zahlkoefficienten, genau bestimmt.

Beweis. Es seien $a_1, \ldots a_{n+1}$ die Grössen des ersten und $b_1, \ldots b_{n+1}$ die des zweiten Vereins, welche der im Satze ausgesprochenen Bedingung unterworfen sind, so wird sich, gemäss dieser Bedingung, jede der Grössen $a_1, \ldots a_{n+1}$ aus den übrigen durch Zahlen ableiten lassen, welche alle von Null verschieden sind. Denn, da der Verein aus n in keiner Zahlbeziehung zu einander stehenden Grössen ableitbar sein soll, so muss er auch (nach 24) aus je n dieser Bedingung unterworfenen Grössen ableitbar sein, also auch jede der Grössen $a_1, \ldots a_{n+1}$ aus den übrigen; und sollte von den Ableitzahlen irgend eine null sein, so würde zwischen den n übrigen, gegen die Voraussetzung, eine Zahlbeziehung herrschen. Dasselbe gilt für die Grössen $b_1, \ldots b_{n+1}$. Nun sei

$$\text{(a)} \qquad \begin{cases} a_{n+1} = \alpha_1 a_1 + \cdots + \alpha_n a_n \\ b_{n+1} = \beta_1 b_1 + \cdots + \beta_n b_n , \end{cases}$$

{wo} also $\alpha_1, \ldots \alpha_n, \beta_1, \ldots \beta_n$ alle ungleich Null {sind}.

Ferner seien $c_1, \ldots c_{n+1}$ die Grössen, welche beziehlich den Grössen $a_1, \ldots a_{n+1}$ entsprechen und den Grössen $b_1, \ldots b_{n+1}$ kongruent sein sollen. Aus diesen Kongruenzen folgt, dass für jeden Index r von 1 bis $n + 1$ sich c_r als Produkt von b_r in eine {von} Null verschiedene Zahl x_r muss darstellen lassen, also

$$\text{(b)} \qquad c_r = x_r b_r .$$

Da ferner $c_1, \ldots c_{n+1}$ den Grössen $a_1, \ldots a_{n+1}$ so entsprechen sollen, dass die Vereine verwandt sind, so muss (nach 401)

$$\text{(c)} \qquad c_{n+1} = \alpha_1 c_1 + \cdots + \alpha_n c_n$$

sein. Substituirt man in (c) die Werthe aus (b) und dividirt mit x_{n+1}, so erhält man

$$b_{n+1} = \frac{x_1 \alpha_1}{x_{n+1}} b_1 + \cdots + \frac{x_n \alpha_n}{x_{n+1}} b_n .$$

Aber aus (a) hat man zugleich

$$b_{n+1} = \beta_1 b_1 + \cdots + \beta_n b_n ,$$

278 also muss (nach 29)

$$\frac{x_1 \alpha_1}{x_{n+1}} = \beta_1, \ldots, \frac{x_n \alpha_n}{x_{n+1}} = \beta_n$$

{sein}.

Hierdurch bestimmen sich alle Unbekannten bis auf eine. Setzen wir $x_{n+1} = \lambda$, so wird

$$\text{(d)} \qquad x_1 = \frac{\lambda \beta_1}{\alpha_1}, \ldots, x_n = \frac{\lambda \beta_n}{\alpha_n}, \quad x_{n+1} = \lambda.$$

Wenn diese Bedingungen (d) erfüllt sind, so wird auch umgekehrt die Gleichung (c) erfüllt. Dann sind also die Vereine verwandt in Bezug auf die $n + 1$ Grössen $a_1, \ldots a_{n+1}$ und die ihnen entsprechenden $c_1, \ldots c_{n+1}$, und jeder Grösse

$$p = u_1 a_1 + \cdots + u_n a_n$$

entspricht die Grösse

$$q = u_1 c_1 + \cdots + u_n c_n,$$

oder, indem man statt $c_1, \ldots c_n$ ihre Werthe aus (b) und dann statt $x_1, \ldots x_n$ ihre Werthe aus (d) setzt,

$$q = \lambda \left(\frac{u_1 \beta_1}{\alpha_1} b_1 + \cdots + \frac{u_n \beta_n}{\alpha_n} b_n \right),$$

das heisst, q ist, abgesehen von einem konstanten Faktor λ, genau bestimmt.

Anm. Es lässt sich die Verwandtschaft zweier Vereine, abgesehen von den metrischen Werthen der entsprechenden Grössen, auch in der Art bestimmen, dass man festsetzt, es sollen jeden drei in einer Zahlbeziehung zu einander stehenden Grössen des ersten Vereins auch drei in einer Zahlbeziehung zu einander stehende Grössen des zweiten und umgekehrt entsprechen. Der Beweis der Identität dieser Bestimmung mit der oben {in Nr. 401} gegebenen (wenn man von den metrischen Werthen der entsprechenden Grössen absieht) ergiebt sich leicht, wenn man die von **Möbius** in seinem barycentrischen Calcul {ges. Werke Bd. 1} in § 200—206 und besonders in § 203 gegebene vortreffliche Entwickelung der Collineation auf die hier betrachtete allgemeine Verwandtschaft überträgt.

405. *Der Raum und die Ebene lassen sich in der Art einander verwandt setzen, dass jedem Punkte im Raume ein Kreis in der Ebene entspricht und umgekehrt. Dann entsprechen den in Einer Ebene liegenden Punkten des Raumes solche Kreise, welche von einem und demselben Kreise senkrecht geschnitten werden. Und zwar kann man fünf beliebige Punkte des Raumes, von denen keine vier in Einer Ebene liegen, mit fünf be-*
279 *liebigen Kreisen der Ebene, von † denen keine vier von Einem Kreise senkrecht geschnitten werden, entsprechend setzen. Dann aber ist zu jedem Punkte des Raumes der entsprechende Kreis der Ebene und umgekehrt bestimmt. Jeder Satz der Stereometrie lässt sich in diesem Sinne auf*

Kreise der Ebene, und umgekehrt jeder Satz über Kreise der Ebene auf Punkte des Raumes übertragen.

Beweis. Nach 395 ist jede Kreisfunktion aus vier beliebigen in keiner Zahlbeziehung zu einander stehenden Kreisfunktionen numerisch ableitbar, und nach 232 ist jeder Punkt im Raume aus vier beliebigen in keiner Zahlbeziehung zu einander stehenden Punkten numerisch ableitbar. Folglich kann man (nach 404), wenn die Punkte des Raumes und die Kreise einer Ebene zwei verwandte Vereine bilden sollen, fünf beliebige Punkte des Raumes, von denen keine vier in einer Zahlbeziehung stehen, das heisst, keine vier in Einer Ebene liegen, und fünf beliebige Kreise der Ebene, von denen keine vier in einer Zahlbeziehung stehen, das heisst, keine vier von Einem Kreise senkrecht geschnitten werden {399, Anm.}, annehmen und festsetzen, dass jenen fünf Punkten des Raumes diese fünf Kreise entsprechen sollen, dann ist zu jedem Punkte des Raumes der entsprechende Kreis der Ebene und umgekehrt bestimmt.

Ferner, da nach dem Begriffe der Verwandtschaft (401) jede Zahlbeziehung, welche zwischen den Grössen des einen Vereins herrscht, auch zwischen den entsprechenden Grössen des verwandten Vereins besteht, so folgt, dass, wenn zwischen vier Punkten des Raumes eine Zahlbeziehung herrscht, auch zwischen den vier entsprechenden Kreisen eine solche herrschen muss, das heisst, wenn die vier Punkte in Einer Ebene liegen, so müssen die vier entsprechenden Kreise von Einem Kreise senkrecht geschnitten werden.

Endlich die Uebertragbarkeit der Sätze folgt daraus, dass jeder Satz des Raumes sich vermittelst der vier Ableitungszahlen, durch die jeder Punkt darstellbar ist, in einen analytischen Satz kleidet, und dieser sich wieder, indem man die vier Ableitzahlen als die Ableitzahlen des jenem Punkte entsprechenden Kreises setzt, in einen Satz über Kreise der Ebene verwandeln lässt, und ebenso umgekehrt.

406. *Man kann in der Ebene zwei verwandte Vereine von Kreisen* 280
annehmen, und dabei fünf beliebige Kreise des einen fünf beliebigen Kreisen des andern Vereins entsprechend setzen, vorausgesetzt, dass keine vier der in demselben Vereine angenommenen fünf Kreise von einem und demselben Kreise senkrecht geschnitten werden. Dann ist zu jedem sechsten Kreise des einen Vereins der entsprechende des andern bestimmt, und jeden vier Kreisen des einen Vereins, die von Einem Kreise senkrecht geschnitten werden, entsprechen vier Kreise des andern, die gleichfalls von Einem Kreise senkrecht geschnitten werden.

Beweis ergiebt sich aus dem Obigen von selbst.

Anm. Wir nennen die soeben behandelte Verwandtschaft die syncyklische. Von besonderem Interesse ist der Fall, wo solchen Kreisen, die sich in Punkte zusammenziehen, auch in dem andern Vereine gleichfalls solche entsprechen.

407. *Wenn der Kreis, dessen Gleichung*

(a) $$\alpha(x^2 + y^2) + 2\beta x + 2\gamma y + \delta = 0$$

ist, wo α, β, γ, δ reell sind, sich in einen Punkt zusammenziehen soll, so muss

(b) $$\alpha\delta = \beta^2 + \gamma^2$$

sein. Umgekehrt, wenn die Gleichung (b) *stattfindet und nicht alle Koefficienten null sind, so muss der durch* (a) *dargestellte Kreis sich entweder in einen Punkt zusammenziehen, oder in die unendlich entfernte Gerade umschlagen; letzteres, wenn α, β, γ zugleich null sind.*

Beweis. Aus der Gleichung (a) ergiebt sich, wenn α nicht null ist, für den Radius r des zu jener Gleichung gehörigen Kreises

$$r^2 = \frac{\beta^2 + \gamma^2 - \alpha\delta}{\alpha^2},$$

woraus das Uebrige hervorgeht. Wenn hingegen α null ist, so wird die Gleichung (a) die Gleichung einer geraden Linie; aber dann folgt aus (b), dass $\beta^2 + \gamma^2$ null sei, das heisst, dass β und γ null seien; also ist dann die durch die Gleichung (a) dargestellte {gerade} Linie die unendlich entfernte.

408. *Nimmt man x und y als (rechtwinklige) Koordinaten eines Vereins von Kreisen und x' und y' als die eines andern, und setzt den vier Funktionen*

281 $$x^2 + y^2, \quad x, \quad y, \quad 1$$

nach der Reihe die Funktionen

$$1, \quad x', \quad y', \quad x'^2 + y'^2$$

entsprechend, so dass also jedem Kreise, dessen Gleichung

(a) $$\alpha(x^2 + y^2) + 2\beta x + 2\gamma y + \delta = 0$$

ist, derjenige Kreis entspricht, dessen Gleichung

(b) $$\alpha + 2\beta x' + 2\gamma y' + \delta(x'^2 + y'^2) = 0$$

ist, so entspricht jedem Punkte des ersten Vereines, mit Ausnahme des Anfangspunktes der Abscissen, ein Punkt des zweiten und umgekehrt; dem Anfangspunkte der Abscissen hingegen entspricht in dem andern Vereine jedesmal die unendlich entfernte Gerade.

Beweis. Wenn der Kreis, dessen Gleichung (a) ist, sich in einen Punkt zusammenzieht, so ist $\alpha\delta = \beta^2 + \gamma^2$ (407). Wenn aber diese

Gleichung gilt, so ist auch der Kreis, dessen Gleichung (b) ist, (nach 407) entweder ein Punkt (wenn $\delta \gtrless 0$) oder die unendlich entfernte Gerade, letzteres wenn β, γ, δ null sind, das heisst, wenn der Punkt des ersten Vereins durch die Gleichung $\alpha(x^2 + y^2) = 0$ bestimmt, also Anfangspunkt der Koordinaten ist.

409. {Umkehrung.} *Wenn bei zwei syncyclisch verwandten Vereinen von Kreisen der unendlich entfernten Geraden jedes Vereins ein Punkt des andern entspricht, und allen übrigen Punkten jedes Vereines wiederum Punkte des andern entsprechen, so kann man stets den (zu einander senkrechten) Koordinatenaxen jedes Vereins eine solche Lage geben, und dem als Einheit genommenen Maasse der Längen einen solchen Werth, dass den vier Funktionen*

$$x^2 + y^2, \quad x, \quad y, \quad 1$$

des ersten Vereines nach der Reihe die vier Funktionen

$$1, \quad x', \quad y', \quad x'^2 + y'^2$$

des andern entsprechen.

Beweis. Die unendlich entfernte Gerade wird durch eine Funktion dargestellt, welche bloss aus einer Konstanten besteht. Der Punkt, welcher in jedem Vereine der unendlich entfernten Geraden des andern Vereines entspricht, sei zum Anfangspunkte der Abscissen gemacht. Der Anfangspunkt † der Abscissen wird durch die Kreisfunktion $x^2 + y^2$ 282
dargestellt. Dieser Funktion entspreche in dem zweiten Vereine die Konstante a, durch welche die unendlich entfernte Gerade dargestellt {wird}; ebenso entspreche der Funktion $x'^2 + y'^2$ des zweiten Vereins in dem ersten die Konstante b.

Man ändere nun das als Einheit genommene Maass der Längen, so multipliciren sich die Koordinaten mit einem konstanten Faktor λ, und es entsprechen sich dann

$$\begin{array}{cc} \lambda^2(x^2 + y^2), & b \\ a, & \lambda^2(x'^2 + y'^2). \end{array}$$

Es werde λ^2 so bestimmt, dass $a : \lambda^2 = \lambda^2 : b$, das heisst, $\lambda^4 = ab$ sei. Setzen wir dann $a : \lambda^2 = \mu$, so entsprechen sich

$$\begin{array}{cc} x^2 + y^2, & 1 \\ \mu, & \mu(x'^2 + y'^2). \end{array}$$

Nun werden aber die räumlichen Gebilde, welche durch Funktionen dargestellt werden, nicht verändert, wenn man diese alle mit einer konstanten Zahl, also hier mit μ dividirt, und wir können daher $x^2 + y^2$ und 1 mit 1 und $x'^2 + y'^2$ entsprechend setzen.

Es mögen ferner den Funktionen x und y des ersten Vereines die Funktionen f_1 und f_2, nämlich

$$f_1 = \alpha_1(x'^2 + y'^2) + \beta_1 x' + \gamma_1 y' + \delta_1$$
$$f_2 = \alpha_2(x'^2 + y'^2) + \beta_2 x' + \gamma_2 y' + \delta_2$$

entsprechen, so dass also den Funktionen

$$x^2 + y^2, \quad x, \quad y, \qquad 1$$

die Funktionen

$$1, \qquad f_1, \; f_2, \; x'^2 + y'^2$$

entsprechen. Aus den ersteren sei durch die Koefficienten α, β, γ, δ eine Funktion f abgeleitet, so entspricht ihr im zweiten Vereine die Funktion f', welche durch dieselben Koefficienten aus den vier letzten Funktionen abgeleitet ist. Die Bedingung dafür, dass die erstere Funktion f einen blossen Punkt darstellt, ist (nach 407)

(a) $$4\alpha\delta = \beta^2 + \gamma^2.$$

Für die zweite Funktion

$$\begin{aligned} f' &= \alpha + \beta f_1 + \gamma f_2 + \delta(x'^2 + y'^2) \\ &= (\delta + \beta\alpha_1 + \gamma\alpha_2)(x'^2 + y'^2) + (\beta\beta_1 + \gamma\beta_2)x' + \\ &\quad + (\beta\gamma_1 + \gamma\gamma_2)y' + \alpha + \beta\delta_1 + \gamma\delta_2 \end{aligned}$$

283 lautet diese Bedingung:

$$4(\delta + \beta\alpha_1 + \gamma\alpha_2)(\alpha + \beta\delta_1 + \gamma\delta_2) = (\beta\beta_1 + \gamma\beta_2)^2 + (\beta\gamma_1 + \gamma\gamma_2)^2.$$

Führt man hier statt δ den Werth aus (a) ein, so erhält man

$$\begin{aligned} (\beta^2 + \gamma^2 + 4\alpha\beta\alpha_1 + 4\alpha\gamma\alpha_2)(\alpha + \beta\delta_1 + \gamma\delta_2) &= \\ = \alpha(\beta\beta_1 + \gamma\beta_2)^2 + \alpha(\beta\gamma_1 + \gamma\gamma_2)^2. \end{aligned}$$

Diese Gleichung muss für beliebige Werthe von α, β, γ gelten, also müssen die Koefficienten, die zu gleichen Potenzen dieser Grössen gehören, auf beiden Seiten gleich sein. Da die rechte Seite α nur in der ersten Potenz enthält, so müssen die Koefficienten der Glieder, welche α^2 enthalten, und derer, welche α gar nicht enthalten, null sein, also sind α_1, α_2, δ_1, δ_2 null, das heisst, f_1 und f_2 stellen gerade Linien dar, welche durch den Anfangspunkt der Abscissen gehen. Legen wir die Abscissenaxe so, dass sie mit der durch f_2 dargestellten Linie zusammenfällt, so reducirt sich f_2 bloss auf das Glied, was y enthält, das heisst, β_2 wird null. Dividiren wir dann noch die so reducirte Gleichung durch α, so geht sie über in

$$\beta^2 + \gamma^2 = \beta^2\beta_1^2 + (\beta\gamma_1 + \gamma\gamma_2)^2.$$

Da in der entwickelten Gleichung $2\gamma_1\gamma_2$ der Koefficient von $\beta\gamma$ ist, so muss $\gamma_1 \gamma_2 = 0$ sein; γ_2 kann nicht null sein, weil sonst f_2 identisch gleich Null wäre, also muss γ_1 null sein. Dann erhält man

$$\beta^2(1 - \beta_1^2) + \gamma^2(1 - \gamma_2^2) = 0,$$

also $\beta_1 = \mp 1$, $\gamma_2 = \mp 1$. Da auf jeder der beiden Koordinatenaxen die Seite, nach welcher die Koordinaten positiv genommen sind, beliebig gewählt werden kann, so können wir β_1 und $\gamma_2 = + 1$ setzen, und es wird dann $f_1 = x'$, $f_2 = y'$, und entsprechen also den Funktionen

$$x^2 + y^2, \quad x, \quad y, \qquad 1$$

des ersten Vereins die Funktionen

$$1, \qquad x', \quad y', \quad x'^2 + y'^2$$

des zweiten.

Anm. Die hier behandelte specielle Art der syncyklischen Verwandtschaft ist zuerst von Möbius aufgestellt und von ihm Kreisverwandtschaft genannt worden; vgl. Möbius, Ueber eine neue Verwandtschaft zwischen ebenen Figuren (in den Berichten der Königl. Sächs. Gesellsch. der Wiss., 5. Febr. 1853, {Werke, Bd. 2, S. 205}).

Es ergiebt sich aus dem Obigen, dass derjenige Punkt in jedem der beiden
kreisverwandten † Vereine als charakteristisch hervortritt, welchem im andern 284
Vereine die unendlich entfernte Gerade entspricht. Es sei dieser Punkt *Centralpunkt* des Vereins genannt. Legt man nun die beiden Vereine so auf einander, dass die Centralpunkte, die x-Axen und die y-Axen sich gegenseitig decken, so *deckt auch jede durch den Centralpunkt gehende gerade Linie*, zum Beispiel die gerade Linie $qx + ry = 0$, *die entsprechende*. Schlägt man nun noch um den Centralpunkt mit der Länge, welche als Maass der Koordinaten zu Grunde gelegt ist, einen Kreis, welcher *Hauptkreis* heisse, so stellt sich die ganze Art des gegenseitigen Entsprechens aufs Anschaulichste dar. Dann *besteht die Peripherie des Hauptkreises aus den sämmtlichen Punkten, welche ihre entsprechenden decken;* jedem Punkt im Innern des Hauptkreises entspricht im andern Vereine ein auf demselben Radius liegender Punkt ausserhalb des Kreises, und zwar so, dass *der Radius stets die mittlere Proportionale zwischen den Abständen der beiden entsprechenden Punkte vom Centrum ist.*

Letzteres folgt für einen Punkt der x-Axe sogleich aus den entsprechenden Funktionen; denn die Kreis-Gleichung eines Punktes der x-Axe, dessen Abscisse $= c$ ist, ist $(x - c)^2 + y^2 = 0$, das heisst,

$$x^2 + y^2 - 2cx + \qquad c^2 \qquad = 0,$$

also die des entsprechenden Punktes

$$1 \qquad - 2cx + c^2(x^2 + y^2) = 0,$$

das heisst

$$\left(x - \frac{1}{c}\right)^2 + y^2 = 0,$$

also ist der Abstand dieses Punktes vom Centralpunkte $= 1 : c$, während der des entsprechenden Punktes $= c$ war, also ihr Produkt 1, das heisst, die als Einheit genommene Länge die mittlere Proportionale zwischen den Abständen der entsprechenden Punkte auf der x-Axe. Da man nun jede durch den Centralpunkt gehende gerade Linie als x-Axe annehmen kann, so gilt jene Beziehung allgemein.

Wenn man statt der Annahme, dass der unendlich entfernten Geraden ein Punkt entsprechen soll, die Annahme macht, dass in den beiden syncyklischen

Vereinen ohne Ausnahme jedem Punkte des einen Vereins ein Punkt des andern entsprechen soll, so entspricht auch der unendlich entfernten Geraden des einen Vereins die unendlich entfernte des andern, und man gelangt zur Aehnlichkeit, welche sich also auf diese Weise der Kreisverwandtschaft gegenüber stellt.

§ 7. Normale Einheiten der Funktionen, Stetigkeit der letzteren.

410. Erklärung. Normale Einheiten reeller Grössen. Für die reellen Zahlen setze ich 1 als normale Einheit, für die reellen extensiven Grössen {erster Stufe} setze ich als normale Einheiten
285 die ursprünglichen Einheiten $e_1, e_2, \ldots e_n$; † für die reellen extensiven Grössen m-ter Stufe ferner die wohlgeordneten (multiplikativen) Kombinationen *ohne Wiederholung* zur m-ten Klasse aus den ursprünglichen Einheiten; für die reellen algebraischen Produkte von Grössen gleicher Stufe endlich die (wohlgeordneten) Kombinationen *mit Wiederholung* aus den normalen Einheiten der Faktoren (wobei jede dieser Kombinationen als algebraisches Produkt der darin enthaltenen Elemente aufzufassen ist).

Anm. Es sind hier nur die früher vereinzelt vorkommenden Bestimmungen zusammengefasst. Es kommt noch darauf an, auch für die reellen Lückenausdrücke {mit vertauschbaren Lücken} die normalen Einheiten festzustellen.

Wir haben (in 363, Anm.) gesehen, dass das Produkt der Faktoren, welche die Lücken eines {solchen} Lückenausdrucks ausfüllen sollen, als ein algebraisches Produkt aufzufassen ist, mit welchem der Lückenausdruck multiplicirt werden soll. Folglich kommt es nur darauf an, welche Werthe der Lückenausdruck annimmt, wenn die normalen Einheiten jener algebraischen Produkte mit ihm multiplicirt werden. Es seien $E_1, E_2, \ldots$ die normalen Einheiten dieser algebraischen Produkte und L der Lückenausdruck, so kommt es auf die Werthe $LE_1, LE_2, \ldots$ an. Diese Werthe können wieder extensive Grössen sein, die normalen Einheiten derselben seien $e_1, e_2, \ldots$, so ergeben sich als normale Einheiten von L diejenigen Lückenausdrücke, welche mit $E_1, E_2, \ldots$ multiplicirt irgend eine der Einheiten $e_1, e_2, \ldots$ liefern.

411. Erklärung. Normale Einheiten reeller Lückenausdrücke. Wenn $E_1, E_2, \ldots$ die normalen Einheiten derjenigen algebraischen Produkte sind, deren Faktoren die Lücken eines reellen Lückenausdruckes L, {dessen Lücken vertauschbar sind,} auszufüllen vermögen, und $e_1, e_2, \ldots$ die normalen Einheiten derjenigen Grössen sind, in welche L nach Ausfüllung seiner Lücken übergeht, so setze ich diejenigen Lückenausdrücke $E_{r,s}$ als normale Einheiten von L, welche den Gleichungen

$$E_{r,s}E_r = e_s \text{ und } E_{r,s}E_t = 0 \ (t \gtrless r)$$

genügen.

Anm. Es ist diese Erklärung in Uebereinstimmung mit der in 381 für die Einheiten des Quotienten, das heisst, des Lückenausdruckes mit Einer Lücke gegebenen.

412. *Jeder (reelle) Lückenausdruck {mit vertauschbaren Lücken} lässt sich aus den in* 411 *festgesetzten normalen Einheiten desselben numerisch ableiten, und diese letzteren stehen in keiner Zahlbeziehung zu einander.*

Beweis wie in 381.

413. Erklärung. Normale Einheiten einer Grössengat- 286
tung. Als Grössen derselben Gattung setze ich alle diejenigen Grössen, welche nach dem Früheren zu einander addirt werden können. Die Anzahl der normalen Einheiten einer Grössengattung nehme ich stets als eine gerade an, indem die eine Hälfte derselben reell ist, und die andere daraus durch Multiplikation mit $i = \sqrt{-1}$ hervorgeht. Die Ableitzahlen, durch welche eine Grösse aus ihren normalen Einheiten numerisch abgeleitet wird, nehme ich stets als reell an.

Anm. Für die allgemeinen Zahlgrössen sind also 1 und $\sqrt{-1} = i$ die normalen Einheiten, für die allgemeinen Grössen erster Stufe {sind es}

$$e_1, e_2, \ldots e_n, \quad e_1 i, \quad e_2 i, \ldots, \quad e_n i,$$

wo $e_1, e_2, \ldots e_n$ die ursprünglichen Einheiten sind, und so weiter.

414. Erklärung. Numerischer Werth einer Grösse heisst die positive Quatratwurzel aus der Summe der Quadrate aller Zahlen, durch welche jene Grösse aus ihren normalen Einheiten ableitbar ist, das heisst, wenn $E_1, E_2, \ldots$ die normalen Einheiten einer Grösse P sind und

$$P = \alpha_1 E_1 + \alpha_2 E_2 + \cdots$$

ist, so ist der numerische Werth von P gleich

$$\sqrt{\alpha_1^2 + \alpha_2^2 + \cdots}.$$

Anm. Diese Definition ist in Uebereinstimmung mit der in 151 gegebenen. Der numerische Werth einer komplexen Zahlgrösse $p + qi$ ist hiernach gleich $\sqrt{p^2 + q^2}$.

415. *Wenn der numerische Werth einer Grösse null ist, so sind alle Zahlen, durch welche diese Grösse aus ihren normalen Einheiten abgeleitet ist, einzeln genommen null.*

Beweis. Es seien $E_1, E_2, \ldots$ die normalen Einheiten der Grösse P und sei

$$P = \alpha_1 E_1 + \alpha_2 E_2 + \cdots.$$

Wenn nun der numerische Werth von P null sein soll, so heisst das (nach 414)

$$\sqrt{\alpha_1^2 + \alpha_2^2 + \cdots} = 0,$$

also

$$\alpha_1^2 + \alpha_2^2 + \cdots = 0.$$

Da aber $\alpha_1, \alpha_2, \ldots$ (nach 413) alle reell sind, so kann die Summe ihrer Quadrate nicht anders null sein, als wenn sie alle einzeln genommen null sind, also

$$0 = \alpha_1 = \alpha_2 = \cdots.$$

287 **416.** Erklärung. Wenn der numerische Werth einer Grösse a kleiner ist als der einer Grösse b, so sage ich, a sei numerisch kleiner als b und schreibe dies

$$a \text{ num.} < b.$$

417. *Wenn α_1, α_2, ... die Zahlen sind, durch welche a aus seinen normalen Einheiten ableitbar ist, und ebenso β_1, β_2, ... die Zahlen, durch welche b aus seinen normalen Einheiten ableitbar ist, so sind die Vergleichungen*

$$a \text{ num.} < b$$

und

$$\alpha_1^2 + \alpha_2^2 + \cdots < \beta_1^2 + \beta_2^2 + \cdots$$

einander gleichbedeutend.

Beweis folgt unmittelbar aus 416 und 414.

418. *Wenn $p, q, \ldots$ positive Zahlwerthe und $a, b, \ldots$ beliebige (aus denselben normalen Einheiten ableitbare) Grössen von der Art sind, dass*

$$a \text{ num.} < p, \quad b \text{ num.} < q, \ldots$$

sei, so ist auch

$$a + b + \cdots \text{ num.} < p + q + \cdots.$$

Beweis. 1. Für *zwei* Grössen. Es seien $e_1, e_2, \ldots$ die normalen Einheiten von a und b und sei

$$a = \alpha_1 e_1 + \alpha_2 e_2 + \cdots$$
$$b = \beta_1 e_1 + \beta_2 e_2 + \cdots$$

und sei α der numerische Werth von a, β der von b und γ der von $a + b$, so ist $\alpha < p$, $\beta < q$; zu zeigen ist, dass $\gamma < p + q$ sei.

Nach 414 ist

$$\alpha^2 = \alpha_1^2 + \alpha_2^2 + \cdots$$
$$\beta^2 = \beta_1^2 + \beta_2^2 + \cdots$$
$$\gamma^2 = (\alpha_1 + \beta_1)^2 + (\alpha_2 + \beta_2)^2 + \cdots,$$

also

(*) $$\gamma^2 = \alpha^2 + \beta^2 + 2(\alpha_1\beta_1 + \alpha_2\beta_2 + \cdots).$$

Nun können wir zeigen, dass $\alpha_1\beta_1 + \alpha_2\beta_2 + \cdots \overline{\gtrless}\, \alpha\beta$ sei. In der That ist

$$(\alpha\beta)^2 - (\alpha_1\beta_1 + \alpha_2\beta_2 + \cdots)^2 =$$
$$= (\alpha_1^2 + \alpha_2^2 + \cdots)(\beta_1^2 + \beta_2^2 + \cdots) - (\alpha_1\beta_1 + \alpha_2\beta_2 + \cdots)^2$$
$$= (\alpha_1\beta_2 - \alpha_2\beta_1)^2 + (\alpha_1\beta_3 - \alpha_3\beta_1)^2 + \cdots.$$

Die rechte Seite ist die Summe mehrerer Quadrate, {sie ist} also gleich oder grösser als Null, und dasselbe gilt dann auch von der linken, das heisst, es ist

$$(\alpha\beta)^2 \overset{=}{>} (\alpha_1\beta_1 + \alpha_2\beta_2 + \cdots)^2,$$

also auch, da α und β positiv sind, 288

$$\alpha\beta \overset{=}{>} \alpha_1\beta_1 + \alpha_2\beta_2 + \cdots.$$

Wenden wir diese Vergleichung auf die Gleichung (*) an, so folgt

$$\gamma^2 \overset{=}{<} \alpha^2 + \beta^2 + 2\alpha\beta, \text{ das heisst } \gamma^2 \overset{=}{<} (\alpha+\beta)^2,$$

also, da γ und $\alpha + \beta$ positiv sind,

$$\gamma \overset{=}{<} \alpha + \beta;$$

aber, da α und β (positive) Zahlen sind, welche beziehlich kleiner als die positiven Zahlen p und q sind, so ist

$$\alpha + \beta < p + q,$$

also

$$\gamma < p + q,$$

das heisst, der numerische Werth von $a + b$ ist kleiner als $p + q$.

2. Für *mehr* Grössen. Da nun (nach Beweis 1) $a + b$ num. $< p + q$ und (nach Hypothesis) c num. $< r$ ist, so ist (nach Beweis 1)

$$a + b + c \text{ num.} < p + q + r,$$

und so weiter für beliebig viele Grössen.

419. Zusatz. *Wenn p und q positive Zahlwerthe und a und b beliebige (aus denselben normalen Einheiten ableitbare) Grössen von der Art sind, dass*

$$a \text{ num.} < p, \quad b \text{ num.} < q$$

ist, so ist auch

$$a - b \text{ num.} < p + q.$$

419 b.*) *Wenn a eine beliebige Grösse, b, c, ... aber Zahlgrössen sind, so ist der numerische Werth (ϱ) des Produktes abc ... dieser Grössen gleich dem Produkte ihrer numerischen Werthe (α, β, γ, ...); das heisst,* (310)

$$\varrho = \alpha\beta\gamma \ldots.$$

Beweis. 1. Für *zwei* Grössen. Es seien e_1, e_2, ... die reellen, 311
ie_1, ie_2, ... $(i = \sqrt{-1})$ die imaginären Einheiten von a und sei

$$a = \Sigma\{\alpha_a e_a + i\gamma_a e_a\},$$

*) {Die Sätze 419 b und 419 c tragen in der Originalausgabe die Nummern 457 und 458; Grassmann sagt jedoch selbst in einer Anmerkung nach Nr. 458: „Diese zwei Sätze, welche systematischer nach 419 ständen, sind hier nachgeholt, um sie im Folgenden verwenden zu können“, deshalb sind sie jetzt nach Nr. 419 eingeschaltet worden.}

wo die α_a und γ_a alle reell sind, und sei $b = \delta + \varepsilon i$, so ist (nach 414)

$$\alpha^2 = \Sigma\{\alpha_a^2 + \gamma_a^2\}, \quad \beta^2 = \delta^2 + \varepsilon^2.$$

Ferner ist

$$ab = \Sigma\{(\delta\alpha_a - \varepsilon\gamma_a)e_a + i(\delta\gamma_a + \varepsilon\alpha_a)e_a\},$$

also

$$\begin{aligned}\varrho^2 &= \Sigma\{(\delta\alpha_a - \varepsilon\gamma_a)^2 + (\delta\gamma_a + \varepsilon\alpha_a)^2\}\\ &= \Sigma\{\delta^2\alpha_a^2 + \varepsilon^2\gamma_a^2 + \delta^2\gamma_a^2 + \varepsilon^2\alpha_a^2\}\\ &= (\delta^2 + \varepsilon^2)\,\Sigma\{\alpha_a^2 + \gamma_a^2\} = \beta^2\alpha^2,\end{aligned}$$

also, da ϱ, α, β positiv sind,

$$\varrho = \alpha\beta,$$

das heisst,

$$ab \text{ num.} = \alpha\beta.$$

2. {Für *mehr* Grössen.} Da nun (nach Beweis 1) ab num. $= \alpha\beta$ ist, so ergiebt sich (nach Beweis 1)

$$abc \text{ num.} = \alpha\beta\gamma,$$

und so weiter.

419c. *Wenn a und a_1 beliebige Grössen, $b, c, \ldots, b_1, c_1, \ldots$ aber Zahlgrössen sind und*

$$a \text{ num.} < a_1,$$

$$b \text{ num.} \overline{\overline{<}}\, b_1, \quad c \text{ num.} \overline{\overline{<}}\, c_1, \quad \ldots$$

ist, so ist auch

$$abc \ldots \text{num.} < a_1 b_1 c_1 \ldots.$$

Beweis. Denn es seien $\alpha, \beta, \gamma, \ldots, \alpha_1, \beta_1, \gamma_1, \ldots$ beziehlich die numerischen Werthe von $a, b, c, \ldots, a_1, b_1, c_1, \ldots$, so ist (nach 419b) $\alpha\beta\gamma \ldots$ der numerische Werth von $abc \ldots$ und $\alpha_1\beta_1\gamma_1$ der von $a_1b_1c_1 \ldots$. Da aber $\alpha, \beta, \gamma, \ldots, \alpha_1, \beta_1, \gamma_1, \ldots$ positive Zahlen sind und $\alpha < \alpha_1$, $\beta \overline{\overline{<}}\, \beta_1$, $\gamma \overline{\overline{<}}\, \gamma_1, \ldots$ ist, so ist auch $\alpha\beta\gamma \cdots < \alpha_1\beta_1\gamma_1 \ldots$, das heisst:

$$abc \ldots \text{num.} < a_1b_1c_1 \ldots.$$

(288) **420.** Erklärung. Ich sage, eine Funktion $f(q)$ einer positiven Zahlgrösse {q} verschwinde mit q, wenn sich zu jeder positiven Zahl p ein positiver Werth von q angeben lässt von der Art, dass

$$f(q) \text{ num.} < p$$

sei, und auch bleibe, wenn q beliebig abnimmt, aber positiv bleibt. Wenn ausserdem $f(0) = 0$ ist, so sage ich $f(q)$ werde mit q null.

Anm. Beide Ausdrücke: Mit (positivem) q verschwinden und mit q null werden, sind also nicht identisch; sondern nur der zweite schliesst den ersten ein, nicht umgekehrt; denn es könnten für $f(q)$ die Bedingungen des Verschwindens mit q erfüllt sein, und dennoch könnte $f(q)$ für $q = 0$ in einen isolirten, von Null verschiedenen Werth überspringen.

421. *Wenn mehrere Funktionen $f_1(q), f_2(q), \ldots, f_n(q)$ einer positiven Zahlgrösse q mit q verschwinden, so verschwindet mit q auch*

(a) $$a_1 f_1(q) + a_2 f_2(q) + \cdots + a_n f_n(q),$$ 289

wo a_1, a_2, ... a_n *endliche Zahlen, oder auch beliebige endliche Lückenausdrücke mit je einer Lücke sind, welche durch* $f_1(q)$, $f_2(q)$, ... *ausgefüllt werden kann. (Und ebenso, wenn jene Funktionen mit* q *null werden, so wird auch dieser letzte Ausdruck* (a) *mit* q *null.)*

Beweis. 1. Für *Zahlen*. Sollten von den Grössen $a_1, \ldots a_n$ einige null sein, so kann man in dem Ausdrucke (a) die Glieder weglassen, in denen diese Koefficienten, welche gleich Null sind, vorkommen. Wir nehmen an, dies sei schon geschehen, und es seien also $a_1, \ldots a_n$ lauter von Null verschiedene (endliche) Zahlen.

Da nun (nach Hypothesis) $f_1(q)$ mit q verschwindet, so muss sich (nach 420) zu jeder von Null verschiedenen Zahl, zum Beispiel zu $p : a_1 n$, ein positiver Werth q_1 von der Art angeben lassen, dass $f_1(q_1)$ numerisch kleiner als $p : a_1 n$ sei und auch bleibe, wenn q_1 beliebig abnimmt, aber positiv bleibt; aus gleichem Grunde wird man auch einen positiven Werth q_2 der Art angeben können, dass $f_2(q_2)$ numerisch kleiner als $p : a_2 n$ sei und auch bleibe bei abnehmendem $q_2, \ldots$. Wenn nun q ein positiver Werth ist, welcher noch kleiner als jede der Grössen $q_1, q_2, \ldots q_n$ ist, so ist auch $f_1(q)$ num. $< p : a_1 n, \ldots,$ oder

$$a_1 f_1(q) \text{ num.} < \frac{p}{n}, \quad a_2 f_2(q) \text{ num.} < \frac{p}{n}, \quad \ldots, \quad a_n f_n(q) \text{ num.} < \frac{p}{n};$$

folglich ist (nach 418) auch die Summe der linken Seiten numerisch kleiner als die der rechten, das heisst,

$$a_1 f_1(q) + a_2 f_2(q) + \cdots + a_n f_n(q) \text{ num.} < p,$$

eine Vergleichung, die auch bestehen bleibt, wenn q beliebig abnimmt, aber positiv bleibt, das heisst, es verschwindet der Ausdruck (a), wenn $a_1, \ldots a_n$ {endliche} Zahlen sind, mit q.

2. Es reducire sich der Ausdruck (a) auf $a_1 f_1(q)$, wo a_1 eine normale Einheit eines Lückenausdruckes sei, dessen Lücke durch $f_1(q)$ ausgefüllt werden kann; es seien ferner $e_1, e_2, \ldots$ die normalen Einheiten von $a_1 f_1(q)$ und $E_1, E_2, \ldots$ die von $f_1(q)$ und sei

(b) $$f_1(q) = E_1 \varphi_1(q) + E_2 \varphi_2(q) + \cdots = \Sigma E_\mathfrak{a} \varphi_\mathfrak{a}(q),$$

so wird (nach 411) a_1 die Eigenschaft haben, dass es mit einer der 290
Einheiten $E_1, E_2, \ldots$, zum Beispiel mit E_r, multiplicirt, eine der Einheiten $e_1, e_2, \ldots$, zum Beispiel die Einheit e_s, liefert, hingegen mit jeder der übrigen Einheiten $E_1, E_2, \ldots$ multiplicirt Null giebt, so dass also dann

(c) $$a_1 E_r = e_s, \quad a_1 E_t = 0, \quad \text{für } t \gtrless r$$

ist. Dann erhalten wir

$$a_1 f_1(q) = a_1 \Sigma E_\mathfrak{a} \varphi_\mathfrak{a}(q) = \Sigma a_1 E_\mathfrak{a} \varphi_\mathfrak{a}(q) \qquad [44]$$
$$= a_1 E_r \varphi_r(q) = e_s \varphi_r(q) \qquad [(c)].$$

Also ist (nach 414) der numerische Werth von $a_1 f_1(q)$ gleich $\sqrt{(\varphi_r(q))^2}$. Da nun (nach Hypothesis) $f_1(q)$ mit q verschwindet, so lässt sich (nach 420) zu jeder positiven Zahl p ein Werth von q der Art angeben, dass $f_1(q)$ num. $< p$ sei, und auch bei abnehmendem q bleibe, das heisst (nach 417), dass

$$(\varphi_1(q))^2 + (\varphi_2(q))^2 + \cdots < p^2$$

sei und bei abnehmendem q bleibe. Da aber (nach 413) $\varphi_1(q)$, $\varphi_2(q)$, ... reell, also $(\varphi_1(q))^2$, $(\varphi_2(q))^2$, ... positiv sind, so muss jedes dieser Quadrate kleiner als p^2 sein, also auch $(\varphi_r(q))^2 < p^2$, das heisst, $a_1 f_1(q)$ num. $< p$, also verschwindet $a_1 f_1(q)$ mit q.

3. Es seien endlich a_1, a_2, ... beliebige Lückenausdrücke (mit je einer Lücke), und sei

$$a_r = \Sigma \alpha_{r,\mathfrak{b}} E_{r,\mathfrak{b}},$$

wo $E_{r,1}$, $E_{r,2}$, ... die normalen Einheiten von a_r darstellen, so wird

$$a_1 f_1(q) + a_2 f_2(q) + \cdots = \Sigma \alpha_{\mathfrak{a},\mathfrak{b}} E_{\mathfrak{a},\mathfrak{b}} f_\mathfrak{a}(q).$$

Da nun (nach Beweis 2) $E_{\mathfrak{a},\mathfrak{b}} f_\mathfrak{a}(q)$ mit q verschwindet, so verschwindet (nach Beweis 1) auch die Vielfachensumme dieser Ausdrücke mit q; also auch $a_1 f_1(q) + a_2 f_2(q) + \cdots$. Wenn ausserdem $f_1(q)$, $f_2(q)$, ..., für $q = 0$, auch null sind, so gilt dasselbe auch für $a_1 f_1(q) + a_2 f_2(q) + \cdots$, also, da ausserdem der letzte Ausdruck mit q verschwindet, so wird er nun auch mit q null.

422. *Wenn zwei Funktionen $f_1(q)$ und $f_2(q)$ einer positiven Zahlgrösse q mit dieser verschwinden (oder null werden), so muss mit ihr auch die Differenz $f_1(q) - f_2(q)$ verschwinden (oder null werden).*

Beweis in 421, {vgl. 419, Zusatz}.

291 **423.** Erklärung. Wenn $f(x)$ für einen bestimmten Werth x die Eigenschaft hat, dass sich allemal ein konstanter Werth c von der Art angeben lässt, dass $f(x + q dx) - c$ jedesmal mit dem positiven Zahlwerthe q verschwindet, was für eine endliche Grösse, die mit x von gleicher Gattung ist, auch unter dx verstanden sein mag, so sage ich, die Funktion $f(x)$ konvergire um x nach c.

Anm. Es ist hier also unter dx vorläufig nichts weiter verstanden, als eine beliebige endliche Grösse, welche mit x von gleicher Gattung ist. Doch habe ich schon hier diese Bezeichnung gewählt, da sie für das Folgende am bequemsten ist.

424. *Wenn $f(x)$ um x nach c konvergirt, so kann es um x nicht zugleich nach einem von c verschiedenen Werthe c_1 konvergiren.*

Beweis. Denn sollte beides zugleich der Fall sein, so müssten (nach 423) $f(x+qdx)-c$ und $f(x+qdx)-c_1$ beide mit q verschwinden, also (nach 422) auch die Differenz beider, das heisst $c-c_1$, was unmöglich ist, da c und c_1 zwei verschiedene Konstanten sind.

425. Erklärung. Eine Funktion $f(x)$ heisst in x stetig, wenn $f(x)$ um x nach *dem* Werthe konvergirt, den $f(x)$ in x hat.

426. *Wenn $f(x)$ in x stetig ist, so verschwindet für jedes endliche dx, {das mit x von gleicher Gattung ist}, die Differenz $f(x+qdx)-f(x)$ mit q {und wird auch zugleich mit q null}.*

Beweis unmittelbar aus 425, 423.

Anm. Wenn $f(x)$ in x nicht stetig ist, so verschwindet nicht für jedes endliche dx die Differenz $f(x+qdx)-f(x)$ mit q; sondern es könnte $f(x+qdx)$ für verschiedene Grössen dx nach verschiedenen Gränzen konvergiren, oder, wenn es auch für alle endlichen Werthe dx nach ein und demselben Werthe c konvergirte, also (nach 423) die Funktion $f(x)$ selbst *um* x nach diesem Werthe zu konvergirte, so würde doch $f(x)$, wenn es in x unstetig ist, dort in einen von c verschiedenen Werth überspringen.

427. Erklärung. Wenn $f_1(x)$ eine Zahlfunktion und $f(x)$ eine beliebige Funktion ist, und beide für denselben Werth von $x=a$ null werden, doch so, dass der Quotient $f(x):f_1(x)$ um $x=a$ nach einem konstanten Werthe c konvergirt: so verstehe ich unter dem Bruche

$$\frac{f(x)}{f_1(x)}$$

diejenige Funktion, welche im Uebrigen mit jenem Quotienten übereinstimmt, aber für † $x=a$ den Werth c annimmt, und bezeichne 292
den Werth c, welchen dieser Bruch für $x=a$ annimmt, mit

$$c=\left[\frac{f(x)}{f_1(x)}\right]_{(x=a)}.$$

Anm. Es ist diese Bestimmung, ebenso wie die vorhergehenden, nicht bloss für die Funktionen extensiver Grössen, sondern auch für die gewöhnliche Funktionenlehre nothwendig.

In der That, mag nun x eine extensive Grösse oder eine Zahlgrösse, $f(x)$ eine extensive Funktion oder eine Zahlfunktion sein, so wird, wenn der Bruch

$$\frac{f(x)}{f_1(x)}$$

wieder als eine Funktion behandelt werden soll, derselbe für jeden bestimmten Werth von x gleichfalls einen bestimmten Werth annehmen müssen (348). Dieser Werth wird im Allgemeinen durch Division der besonderen Werthe, welche $f(x)$ und $f_1(x)$ dann annehmen, gefunden. Aber wenn für $x=a$ sowohl $f(x)$ als $f_1(x)$ null werden, so wird der Quotient dieser besonderen Werthe vollkommen unbestimmt, eine Unbestimmtheit, welche für den Bruch $f(x):f_1(x)$ durchaus aufgehoben werden muss, falls man den Bruch Verknüpfungen unterwerfen will, die auch für den Fall, dass $x=a$ sei, ihre Geltung haben sollen.

An und für sich ist es möglich, in diesem Falle für jenen Bruch einen beliebigen bestimmten Werth b festzustellen, allein dann müsste in die Bezeichnung des Bruches diese Bestimmung, dass derselbe für $x = a$ den bestimmten Werth b annehmen sollte, mit aufgenommen werden. Diese willkürliche Bestimmung wird überflüssig, wenn der in der obigen Erklärung aufgestellte Begriff festgehalten wird, nach welchem jener Bruch in $x = a$ stetig gesetzt wird. Aber dieser Begriff setzt voraus, dass jener Bruch um $x = a$ nach einem bestimmten Werthe c zu konvergirt. Ist dies nicht der Fall, sondern konvergirt der Bruch

$$\frac{f(a + qb)}{f_1(a + qb)}$$

beim Verschwinden der positiven Zahlgrösse q nach verschiedenen Gränzen zu, je nachdem b andere Werthe annimmt, zum Beispiel bei Zahlgrössen, wenn b die Werthe $+1$, -1 oder $\cos p + i \sin p$ annimmt, so ist der oben gegebene Begriff nicht mehr anwendbar, und es bleibt nichts übrig, als dann eine willkürliche Bestimmung hinzuzufügen und mit in die Bezeichnung aufzunehmen.

Die Verkennung aller dieser Verhältnisse hat in die höhere Analysis eine heillose Verwirrung gebracht, welche sich häufig genug durch Widersprüche und fehlerhafte Resultate verrieth. Um diesen Irrthümern zu entgehen, hat man hier und da die Methode zu verbessern gesucht; namentlich ist es Cauchy's Verdienst, dass er durch einen unerschöpflichen Reichthum der genialsten Kunstgriffe die Methode überall, wo sie schien zu Irrthümern führen zu können, gegen dieselben sicher zu stellen suchte. Aber auch er konnte damit nicht zum Ziele
293 gelangen, weil er † das Uebel nicht bei der Wurzel ergriff, und nicht die wesentlichen Begriffsbestimmungen hinzufügte, aus deren Mangel alle jene Verwirrung hervorging. Ich habe mich daher genöthigt gesehen, diese Begriffsbestimmungen, so weit sie für das Folgende nothwendig erschienen, hier nachzutragen, und, statt mich auf frühere Bearbeitungen der Differenzialrechnung, der Potenzreihen und der Integralrechnung berufen zu können, musste ich diese Wissenschaften von vorne an aufbauen, um sie auch für extensive Grössen mit Sicherheit anwenden zu können. Es wurde dadurch um somehr geboten, mich nur auf das Nothwendigste zu beschränken.

Ich bemerke hier noch, was sich aus dem oben Bemerkten leicht ergiebt, dass ähnliche Begriffsbestimmungen für alle die Fälle festzustellen sind, wo die zu verknüpfenden Funktionen für gewisse Werthe der Variabeln in solche Ausdrücke übergehen, welche keinen Verknüpfungen (oder wenigstens nicht denen, durch welche jene Funktionen unter sich verbunden sind) unterworfen werden dürfen, also namentlich, wenn eine oder mehrere derselben unendlich oder mehrdeutig werden. In allen diesen Fällen kann die Bestimmung ganz analog der soeben mitgetheilten getroffen werden.

Die Bezeichnung, welche ich oben hinzugefügt {habe}, indem ich hinter die Funktion den besonderen Werth der Variabeln in Parenthese beifügte, um durch das Ganze den Werth auszudrücken, welchen die Funktion für diesen besonderen Werth der Variabeln annimmt, ist auch in vielen anderen Fällen mit Vortheil anwendbar, und zum Theil unvermeidlich.

Kapitel 2. **Differenzialrechnung.**

§ 1. Differenzial erster Ordnung.

428. Erklärung. Wenn q eine reelle Zahlgrösse, dx aber eine beliebige endliche Grösse, *welche mit x von gleicher Gattung ist*, bezeichnet, so verstehe ich unter der (nach der Veränderlichen x und dem Zahlfaktor q genommenen) Differenz der Funktion $f(x)$, geschrieben $d_{x,q}f(x)$, diejenige Funktion, welche der Gleichung

$$\text{(a)} \qquad d_{x,q}f(x) = \frac{f(x+q\,dx) - f(x)}{q}$$

genügt (wobei die Division durch q in dem {in Nr.} 427 bestimmten Sinne zu fassen ist).

429. Erklärung. Wenn der Ausdruck $d_{x,q}f(x)$ in $q=0$ und in x (425) stetig ist {vgl. auch 427}, so bezeichne ich $d_{x,0}f(x)$ mit $d_x f(x)$ † und nenne $d_x f(x)$ das nach x genommene Differenzial von 294
$f(x)$, das heisst, ich setze

$$d_x f(x) = d_{x,0}f(x) = \left[\frac{f(x+q\,dx) - f(x)}{q}\right]_{(q=0)}.$$

Wenn $d_{x,q}f(x)$ nicht die Eigenschaft hat, dass es in $q=0$ und in x stetig sei, so sage ich, dass auch $d_x f(x)$ unstetig sei.

Wenn in einer Formel das vor eine Funktion gesetzte Differenzialzeichen d ohne jeden Index geschrieben ist, so soll das heissen, dass die Formel allgemein gelten soll, nach welcher Variabeln auch die dadurch ausgedrückte Differenziation genommen sei, das heisst, welchen Index man auch dem d hinzufügen mag, vorausgesetzt nur, dass man dann in dieser Formel jedem Differenzialzeichen d (was vor eine Grösse tritt) denselben Index hinzufügt.

Anm. Es lässt sich der Begriff des Differenzials auch für den Fall, dass dasselbe unstetig wird, feststellen, und {es} lassen sich mit solchen Differenzialen unter gewissen Umständen noch gültige Verknüpfungen vornehmen. Doch ist es bei jeder Behandlung der Differenzialrechnung am zweckmässigsten, diesen Fall zunächst ganz auszuschliessen, und namentlich den Fall, wo das Differenzial unendlich wird, im Zusammenhange mit der allgemeinen Betrachtung unbegränzt wachsender Funktionen in einem eigenen, die ganze Analysis des Unendlichen behandelnden Abschnitte nachzuholen. Aus dem vorliegenden Werke schliessen wir jedoch diese Betrachtung aus, und *setzen im Folgenden bei jedem Differenzial voraus, dass es stetig sei.*

Noch bemerke ich, dass die Stetigkeit von $d_x f(x)$ voraussetzt, dass

$$f(x+q\,dx) - f(x)$$

um $q=0$ gleichfalls null werde, das heisst, dass auch $f(x)$ stetig sei.

430. *Wenn $d_x f(x)$ stetig ist und $f(x) = y$ gesetzt wird, so ist*

$$f(x + q\,dx) = f(x) + q(d_x f(x) + N)$$
$$= y + q(d_x y + N),$$

wo N mit der reellen Zahlgrösse q zugleich null wird.

Beweis. Man setze

$$\frac{f(x + q\,dx) - f(x)}{q} - d_x f(x) = N.$$

Da $d_x f(x)$ stetig ist (nach Hypothesis), so ist (nach 429) auch der Quotient

$$\frac{f(x + q\,dx) - f(x)}{q}$$

in $q = 0$ stetig, und dann $= d_x f(x)$, also wird N als die Differenz dieser beiden Ausdrücke mit q zugleich null. Dann erhalten wir aber

$$f(x + q\,dx) = f(x) + q(d_x f(x) + N) = y + q(d_x y + N).$$

295 **431.** *Wenn A ein konstanter Lückenausdruck mit n {vertauschbaren} Lücken (in jedem Gliede) ist, in welche Grössen von der Gattung x eintreten sollen, so ist*

(a) $$d_x(\mathsf{A}x^n) = n\mathsf{A}x^{n-1}dx;$$

ins Besondere ist

(b) $$d_x(\mathsf{A}x) = \mathsf{A}dx$$

(c) $$d_x\mathsf{A} = 0.$$

Beweis. Da für die Produkte, deren Faktoren in die Lücken eines {solchen} Lückenausdruckes eintreten sollen, (nach 363 {Anm.}) die gewöhnlichen Gesetze der Algebra gelten, so folgt, wie in der Algebra, dass

$$\mathsf{A}(x + q\,dx)^n = \mathsf{A}x^n + nq\mathsf{A}x^{n-1}dx + q^2\mathsf{B}$$

ist, wo B eine steigende Potenzreihe von q ist. Hieraus folgt unmittelbar, dass

$$\frac{\mathsf{A}(x + q\,dx)^n - \mathsf{A}x^n}{q} = n\mathsf{A}x^{n-1}dx + q\mathsf{B}$$

in $q = 0$ stetig ist, also ist (nach 429)

$$d_x(\mathsf{A}x^n) = n\mathsf{A}x^{n-1}dx.$$

Hieraus folgen die Formeln (b) und (c) für $n = 1$ und 0.

432. *Wenn u_1, u_2, ... beliebige Funktionen einer beliebigen Variabeln x sind, so ist (wenn du_1, du_2, ... stetig sind)*

$$d(u_1 + u_2 + \cdots) = du_1 + du_2 + \cdots.$$

Beweis. Es sei $u_1 = f_1(x)$, $u_2 = f_2(x)$, ..., so ist (nach 430)

$$f_1(x + q\,dx) = u_1 + q(du_1 + N_1),$$

wo N_1 mit q zugleich null wird, und so für jeden andern Index. Also

$$\Sigma f_\alpha(x + q dx) = \Sigma\{u_\alpha + q(d_x u_\alpha + N_\alpha)\}.$$

Also ist

$$\frac{\Sigma\{f_\alpha(x + q dx) - u_\alpha\}}{q} = \Sigma\{d_x u_\alpha + N_\alpha\}$$
$$= \Sigma d_x u_\alpha + \Sigma N_\alpha.$$

Da nun N_1, N_2, ... mit q null werden, wie gezeigt, so wird auch (nach 421) ihre Summe ΣN_α mit q null, also

$$\left[\frac{\Sigma\{f_\alpha(x + q dx) - u_\alpha\}}{q}\right]_{(q=0)} = \Sigma d_x u_\alpha.$$

Die linke Seite ist aber 296

$$d_x \Sigma f_\alpha(x) = d_x \Sigma u_\alpha,$$

also

$$d_x \Sigma u_\alpha = \Sigma d_x u_\alpha,$$

oder, da die Formel für jeden Index x gilt,

$$d \Sigma u_\alpha = \Sigma d u_\alpha.$$

433. *Wenn y und z beliebige Funktionen von x sind, und $[yz]$ ein beliebiges Produkt derselben ist, so ist, (vorausgesetzt, dass dy und dz stetig sind),*

$$d[yz] = [dy \,.\, z] + [y \,.\, dz].$$

Beweis. Es sei $y = f(x)$, $z = F(x)$, so ist (nach 430)

$$f(x + q dx) = y + q(d_x y + N),$$
$$F(x + q dx) = z + q(d_x z + N'),$$

wo N und N' mit q zugleich null werden. Somit ist

$$d_x[yz] = \left[\frac{[f(x + q dx) \,.\, F(x + q dx)] - [yz]}{q}\right]_{(q=0)}$$
$$= [y\,(d_x z + N')] + [(d_x y + N) z] \text{ für } q = 0,$$

oder (nach 429) mit Weglassung des Index,

$$d[yz] = [y \,.\, dz] + [dy \,.\, z] + [yN'] + [Nz] \text{ für } q = 0.$$

Da nun N und N' mit q null werden, so wird (nach 421) auch

$$[yl]N' + [lz]N,$$

wo l eine Lücke, in welche N {oder N'} eintreten soll, bezeichnet, mit q null, das heisst, $[yN'] + [Nz]$ wird mit q null, also ist

$$d[yz] = [y \,.\, dz] + [dy \,.\, z].$$

434. *Wenn y aus seinen normalen Einheiten e_1, e_2, ... durch die Zahlgrössen y_1, y_2, ... ableitbar ist, und y_1, y_2, ... Funktionen einer beliebigen Variabeln x sind, so ist (vorausgesetzt, dass dy_1, dy_2, ... stetig sind)*

$$dy = e_1 dy_1 + e_2 dy_2 + \cdots.$$

Beweis. Da

$$y = c_1 y_1 + e_2 y_2 + \cdots$$

ist (nach Hypothesis), so ist

$$dy = d(e_1 y_1) + d(e_2 y_2) + \cdots \qquad [432]$$

$$= e_1 dy_1 + e_2 dy_2 + \cdots \qquad [433, 431\,(c)].$$

Anm. Hierdurch lässt sich das Differenzial einer extensiven Funktion auf die Differenziale von Zahlfunktionen zurückführen.

§ 2. Differenzialquotient erster Ordnung.

435. Erklärung. Unter $\frac{d}{dx} f(x)$ oder unter $f'(x)$ verstehe ich
297 (vorausgesetzt, dass $d_x f(x)$ stetig sei) den Ausdruck, welcher, † mit jeder Grösse dx (die mit x von gleicher Gattung ist) multiplicirt, $d_x f(x)$ liefert, das heisst, welcher der Gleichung

$$\frac{d}{dx} f(x) \,.\, dx = f'(x) dx = d_x f(x) = \left[\frac{f(x + q\,dx) - f(x)}{q}\right]_{(q=0)}$$

genügt. Ich nenne $\frac{d}{dx} f(x)$ den nach x genommenen Differenzialquotienten erster Ordnung von $f(x)$, und $f'(x)$ die erste abgeleitete Funktion von $f(x)$.

436. Erklärung. Wenn man die Differenzialquotienten einer Funktion $u = f(x, y, \ldots)$ mehrerer Veränderlichen $x, y, \ldots$ auf die Weise bildet, dass man jedesmal den Differenzialquotienten nach einer dieser Veränderlichen nimmt, während man dabei die übrigen Veränderlichen wie Konstante behandelt, so nenne ich die so hervorgehenden Differenzialquotienten die zu dem Vereine der Veränderlichen $x, y, \ldots$ gehörigen partiellen Differenzialquotienten, und bezeichne dann den in diesem Sinne nach $x, y, \ldots$ genommenen Differenzialquotienten mit

$$\frac{d}{dx} u, \text{ oder } \frac{d}{dx} f(x, y, \ldots), \ \ldots,$$

{die entsprechenden Differenzen und Differenziale mit $d_{x,q} u$ und $d_x u$ oder mit $d_{x,q} f(x, y, \ldots)$ und $d_x f(x, y, \ldots)$, ...}.

Anm. Es ist bei den partiellen Differenzialquotienten unumgänglich nothwendig (worauf schon Jacobi in Crelle's Journal, Bd. 22, S. 321 {Werke, Bd. 3 S. 397} aufmerksam gemacht hat) den zugehörigen Verein der Veränderlichen anzugeben, also nicht bloss diejenige Veränderliche zu nennen, nach welcher der Differenzialquotient genommen werden soll, sondern auch diejenigen, welche bei der Bildung desselben als Konstante behandelt werden sollen. Denn, wenn zum Beispiel eine Gleichung zwischen x und y hervortritt, so lässt sich die Anzahl der Veränderlichen um eine vermindern; schafft man zum Beispiel x weg, so bleiben nur $y, z, \ldots$ übrig; und betrachtet man jetzt diese als den Verein der Veränderlichen bildend, so gewinnt $\frac{d}{dy}u$ jetzt eine ganz andere Bedeutung und im Allgemeinen einen ganz andern Werth als vorher.

Aber es würde sehr unbequem sein, wenn man den ganzen Verein der Variabeln, zu welchem die partiellen Differenzialquotienten gehören, mit in die Bezeichnung derselben aufnehmen wollte. Man beugt allen Verwechselungen vor, wenn man den Verein der Veränderlichen jedesmal angiebt, und wenn man, sobald in einer zusammenhängenden Darstellung bei der Differenziation nach derselben Variabeln, zum Beispiel nach x, das eine Mal andere Grössen als konstant
behandelt werden sollen, als das andere Mal, ein neues, † im Uebrigen willkür- 298
liches Zeichen statt $\frac{d}{dx}$ setzt; hat man dann die Bedeutung dieses Zeichens angegeben, so ist eine Verwechselung unmöglich.

Die allgemeine Bezeichnung durch

$$\frac{d}{dx}u,$$

welche ich für die partiellen Differenzialquotienten nach x gewählt habe, bedarf, obwohl sie ungebräuchlich ist, wohl kaum einer Rechtfertigung, indem sie, ohne willkürlich zu sein, äusserst bequem ist, und eine so ungehinderte Verwendung gestattet, wie keine andere.

437. *Wenn $e_1, e_2, \ldots$ die normalen Einheiten von $x = x_1e_1 + x_2e_2 + \cdots$ sind, und $\delta_1 f(x)$, $\delta_2 f(x), \ldots$ die nach $x_1, x_2, \ldots$ genommenen {partiellen} Differenzialquotienten von $f(x)$, welche zu dem Vereine der Veränderlichen $x_1, x_2, \ldots$ gehören, bezeichnen, so ist (vorausgesetzt, dass $d_x f(x)$ stetig ist)*

$$d_x f(x) = \delta_1 f(x) \,.\, dx_1 + \delta_2 f(x) \,.\, dx_2 + \cdots.$$

Beweis. 1. Es seien die normalen Einheiten $e_1, e_2, \ldots$ in zwei Gruppen zerlegt, und y aus der einen Gruppe, z aus der andern numerisch abgeleitet, und zwar so, dass $x = y + z$ sei, so zeige ich, dass $d_x f(x) = d_y f(x) + d_z f(x)$ sei, wo bei den durch d_y, d_z bezeichneten Differenziationen y und z als den Verein der Variabeln bildend gedacht sind.

In der That, es sei dy aus denselben Einheiten ableitbar, wie y, und dz aus denselben wie z, und sei

$$dy + dz = dx = e_1 dx_1 + e_2 dx_2 + \cdots.$$

Nun ist (nach Hypothesis) $d_x f(x)$ stetig, das heisst, es ist

$$\frac{f(x + q\,dx) - f(x)}{q}$$

für jeden Werth dx (der aus $e_1, e_2, \ldots$ ableitbar ist) in $q = 0$ und in x stetig, also auch, wenn man dy statt dx setzt, das heisst, es ist

$$\frac{f(x + q\,dy) - f(x)}{q}$$

in $q = 0$ und in x stetig. Ferner ist

$$\frac{f(x + q\,dy) - f(x)}{q} = \frac{f(y + q\,dy + z) - f(y + z)}{q} = d_{y,q} f(x),$$

also ist $d_y f(x)$ von $d_{y,q} f(x)$ verschieden um eine Grösse N, die mit q null wird, somit

$$d_y f(x) = \frac{f(x + q dy) - f(x)}{q} + N$$

und ebenso

$$d_z f(x) = \frac{f(x + q dz) - f(x)}{q} + N_1,$$

299 wo N und N_1 mit q null werden, und die ersten Glieder in $\dagger\, q = 0$ und in x stetig sind.

Wenn nun eine Funktion $\varphi(x)$ in x stetig ist, so heisst das (nach 425), es konvergire $\varphi(x + q dx)$, wo dx eine beliebige Grösse, die mit x von gleicher Gattung ist, und q eine positive Zahl bedeutet, um $q = 0$ nach einem Werthe zu, den es in $q = 0$ erreicht, das heisst, es lasse sich $\varphi(x + q dx)$ in der Form $\varphi(x) + N_2$ darstellen, wo N_2 mit q null wird. Demnach wird $\varphi(x) = \varphi(x + q dx) - N_2$, oder, falls wir für dx, das willkürlich war, das obige dz setzen, $\varphi(x) = \varphi(x + q dz) - N_2$. Wenden wir diese Umformung auf das erste Glied von $d_y f(x)$ an, also auf die Funktion

$$\varphi(x) = \frac{f(x + q dy) - f(x)}{q},$$

so erhalten wir

$$d_y f(x) = \frac{f(x + q dz + q dy) - f(x + q dz)}{q} + N - N_2.$$

Hier ist

$$q dz + q dy = q(dz + dy) = q dx,$$

da wir oben $dy + dz = dx$ setzten, also

$$d_y f(x) + d_z f(x) =$$

$$= \frac{f(x + q dx) - f(x + q dz) + f(x + q dz) - f(x)}{q} + N + N_1 - N_2.$$

Hier hebt sich das zweite und dritte Glied im Zähler, und da $N + N_1 - N_2 = \mathsf{N}$ (nach 421) mit q null wird, so erhalten wir

$$d_y f(x) + d_z f(x) = \frac{f(x + q dx) - f(x)}{q} + \mathsf{N},$$

wo N mit q null wird, also

$$d_y f(x) + d_z f(x) = d_x f(x).$$

2. Da man nun ebenso, wie man x in y und z zerlegte, wieder y oder z zerlegen kann, so gilt der Satz auch für beliebig viele Stücke, in die man x in der Art zerlegen kann, dass jedes Stück aus einer Gruppe der Einheiten $e_1, e_2, \ldots$ numerisch abgeleitet ist, und die verschiedenen Gruppen keine gleichen Einheiten enthalten; also namentlich, wenn $x_1 e_1 = y_1$, $x_2 e_2 = y_2$, ... und demgemäss $dy_1 = e_1 dx_1$, $dy_2 = e_2 dx_2$, ... ist, so ist

$$d_x f(x) = d_{y_1} f(x) + d_{y_2} f(x) + \cdots,$$

wo die durch $d_{y_1}, \ldots$ bezeichneten partiellen Differenziale sich auf den Verein der Veränderlichen $y_1, y_2, \ldots$ beziehen.

3. Nun ist

$$d_{y_1} f(x) = \left[\frac{f(x + q d y_1) - f(x)}{q}\right]_{(q=0)}.$$

Aber {man hat}

$$f(x + q d y_1) = f(x + q e_1 d x_1) = f(x_1 e_1 + z + q e_1 d x_1),$$

wenn der Kürze wegen $x_2 e_2 + x_3 e_3 + \cdots$ mit z bezeichnet wird, 300
also ist

$$f(x + q d y_1) = f(e_1 (x_1 + q d x_1) + z),$$

also

$$\begin{aligned} d_{y_1} f(x) &= \left[\frac{f(e_1(x_1 + q d x_1) + z) - f(e_1 x_1 + z)}{q}\right]_{(q=0)} \\ &= d_{x_1} f(x) = \frac{d}{d x_1} f(x) \,.\, d x_1 \qquad \text{[nach 436, \{435\}]} \\ &= \delta_1 f(x) \,.\, d x_1, \end{aligned}$$

und ebenso für die übrigen Indices. Setzt man diese Werthe in die vorher gefundene Gleichung ein, so erhält man

$$d_x f(x) = \delta_1 f(x) \,.\, d x_1 + \delta_2 f(x) \,.\, d x_2 + \cdots.$$

438. *Wenn $d_x f(x)$ stetig ist, so ist $\frac{d}{dx} f(x)$ oder $f'(x)$ ein von dx unabhängiger Quotient, und zwar, wenn $e_1, e_2, \ldots$ die normalen Einheiten von $x = e_1 x_1 + e_2 x_2 + \cdots$ sind, so ist*

$$f'(x) e_r = \frac{d}{d x_r} f(x) = \delta_r f(x)$$

und

$$f'(x) = \frac{\delta_1 f(x),\ \delta_2 f(x),\ \ldots}{e_1,\ \ e_2,\ \ \ldots},$$

wo $\delta_1, \delta_2, \ldots$ oder $\frac{d}{d x_1}, \frac{d}{d x_2}, \ldots$ die zu dem Verein der Veränderlichen $x_1, x_2, \ldots$ gehörigen {partiellen} Differenzialquotienten nach $x_1, x_2, \ldots$ bezeichnen.

Beweis. Wenn x eine Zahlgrösse ist, so ist (nach 428) auch dx eine Zahlgrösse und

$$\frac{d_{x,q} f(x)}{dx} = \frac{f(x + q dx) - f(x)}{q dx} = \frac{f(x + q') - f(x)}{q'},$$

wenn man $q dx$ mit q' bezeichnet. Nun wird q' mit q null {und, wenn $dx \gtrless 0$ ist, auch umgekehrt q mit q'}, also ist

$$\frac{d_x f(x)}{dx} = \frac{d_{x,0} f(x)}{dx} = \left[\frac{f(x + q') - f(x)}{q'}\right]_{(q'=0)}.$$

Ferner ist (nach Hypothesis) $d_x f(x)$, also, da $dx \gtrless 0$ ist, auch $\frac{d_x f(x)}{dx}$ stetig, und somit auch $\frac{f(x + q') - f(x)}{q'}$

in $q' = 0$ stetig, das heisst (nach 425), es konvergirt dieser Ausdruck, wenn x konstant ist, um $q' = 0$ nach einem konstanten (von q' un-
301 abhängigen) † Werthe, welchen er in $q' = 0$ erreicht; dieser Werth ist also bei variablem x eine blosse Funktion von x, unabhängig von q', das heisst, von qdx. Es sei diese Funktion $\varphi(x)$, so ist

$$d_x f(x) = \varphi(x) \,.\, dx,$$

also ist $\varphi(x)$ die Grösse, welche mit jedem dx multiplicirt, $d_x f(x)$ liefert, das heisst (nach 435),

$$\varphi(x) = \frac{d}{dx} f(x),$$

also ist $\frac{d}{dx} f(x)$ von dx unabhängig.

2. Es sei $x = x_1 e_1 + x_2 e_2 + \cdots$, so ist (nach 437)

$$d_x f(x) = \delta_1 f(x) \,.\, dx_1 + \delta_2 f(x) \,.\, dx_2 + \cdots,$$

wo $\delta_1, \delta_2, \ldots$ die in jenem Satze angegebene Bedeutung haben. Nun ist $f'(x)$ (nach 435) der Ausdruck, welcher mit jedem

$$dx = e_1 dx_1 + e_2 dx_2 + \cdots$$

multiplicirt $d_x f(x)$ giebt, also hat man

$$f'(x)(e_1 dx_1 + e_2 dx_2 + \cdots) = \delta_1 f(x) \,.\, dx_1 + \delta_2 f(x) \,.\, dx_2 + \cdots,$$

also

$$f'(x) e_1 \,.\, dx_1 + f'(x) e_2 \,.\, dx_2 + \cdots = \delta_1 f(x) \,.\, dx_1 + \delta_2 f(x) \,.\, dx_2 + \cdots.$$

Nach Beweis 1 und nach 350 sind aber die Grössen $\delta_1 f(x)$, $\delta_2 f(x), \ldots$ blosse Funktionen von x, also von $dx_1, dx_2, \ldots$ unabhängig; das heisst, für jeden Werth x ist die rechte Seite obiger Gleichung eine Summe von Produkten der variabeln Zahlgrössen $dx_1, dx_2, \ldots$ mit Grössen, welche bei unverändertem x sich nicht ändern; also muss auch die linke Seite von gleicher Form, und müssen die entsprechenden Koefficienten gleich sein, das heisst, es ist

$$f'(x) e_1 = \delta_1 f(x), \quad f'(x) e_2 = \delta_2 f(x), \quad \ldots.$$

Damit ist $f'(x)$ als derjenige Ausdruck bestimmt, welcher, mit $e_1, e_2, \ldots$ einzeln multiplicirt, beziehlich die Werthe $\delta_1 f(x), \delta_2 f(x), \ldots$ liefert, das heisst (nach 377), es ist

$$f'(x) = \frac{\delta_1 f(x),\ \delta_2 f(x),\ \ldots}{e_1,\ e_2,\ \ldots}.$$

Anm. Hierdurch ist die *Differenziation nach einer extensiven Grösse* x auf die partiellen Differenzialquotienten nach Zahlgrössen zurückgeführt, während in 434 das *Differenzial der extensiven Funktion* auf die Differenziale von Zahlfunktionen zurückgeführt war, wodurch also die Reduktion des nach einer extensiven Grösse genommenen Differenzialquotienten einer extensiven Funktion auf die nach Zahlgrössen genommenen Differenzialquotienten von Zahlfunktionen vollendet ist.

439. *Wenn z eine beliebige endliche Grösse, welche mit x von gleicher* 302
Gattung ist, und q wie bisher eine positive Zahlgrösse bezeichnet, so ist

$$f(x+qz)=f(x)+q(f'(x)z+N),$$

wo N mit q null wird (und vorausgesetzt ist, dass $d_x f(x)$ stetig ist).

Beweis. Es ist für jede endliche Grösse dx, welche mit x von gleicher Gattung ist, (nach 430)

$$f(x+qdx)=f(x)+q(d_x f(x)+N),$$

wo N mit q null wird. Es ist aber dann (nach 435) $d_x f(x)=f'(x)dx$, also

$$f(x+qdx)=f(x)+q(f'(x)dx+N);$$

da aber z nach der Voraussetzung dieselbe Bedeutung hat wie dx, so können wir auch jenes für dieses setzen und erhalten die zu erweisende Gleichung.

440. *Es ist*

$$df(y)=f'(y)dy=\frac{d}{dy}f(y)\,.\,dy=d_y f(y)$$

auch dann, wenn y wieder Funktion einer beliebigen Grösse ist, auf welche sich die durch das vorgesetzte Zeichen d dargestellte Differenziation bezieht (vorausgesetzt, dass dy und $df(y)$ stetig sind).

Beweis. Es beziehe sich die Differenziation auf x und sei $y=\varphi(x)$, so ist (nach 430)

(*) $$\varphi(x+qdx)=y+q(dy+N),$$

wo N mit q null wird, und

$$df(y)=df(\varphi(x))=\left[\frac{f[\varphi(x+qdx)]-f(y)}{q}\right]_{(q=0)} \qquad [429]$$

$$=\left[\frac{f[y+q(dy+N)]-f(y)}{q}\right]_{(q=0)} \qquad [(*)]$$

$$=\left[\frac{f(y)+q[f'(y)(dy+N)+N']-f(y)}{q}\right]_{(q=0)} \qquad [439],$$

wo N' mit q null wird,

$$=f'(y)(dy+N)+N' \text{ für } q=0.$$

Da nun N und N' mit q null werden, so wird (nach 421) auch $f'(y)N+N'$ mit q null, und also ist

$$df(y)=f'(y)dy.$$

441. *Wenn x und $y=f(x)$ aus den n ursprünglichen Einheiten* 303
$e_1, e_2, \ldots e_n$ numerisch ableitbar sind, und

$$x=x_1e_1+x_2e_2+\cdots+x_ne_n$$

$$y=y_1e_1+y_2e_2+\cdots+y_ne_n$$

ist, und $d_x y$ stetig ist, so ist der Potenzwerth des Quotienten $\frac{d}{dx}y$ gleich der Funktionaldeterminante von $y_1, y_2, \ldots$ nach $x_1, x_2, \ldots$, das heisst, gleich der Determinante, welche aus den partiellen Differenzialquotienten der Funktionen $y_1, y_2, \ldots$ nach den Variabeln $x_1, x_2, \ldots$ gebildet wird, das heisst,

$$\left[f'(x)^n\right] = \left[\left(\frac{d}{dx}y\right)^n\right] = \sum \mp \frac{d}{dx_1}y_1 \cdot \frac{d}{dx_2}y_2 \cdots \frac{d}{dx_n}y_n,$$

wo für jeden Index r von 1 bis n, das Zeichen $\frac{d}{dx_r}$ den partiellen Differenzialquotienten bezeichnet, welcher nach x_r so genommen ist, dass alle übrigen unter den Variabeln $x_1, \ldots x_n$ (ausser x_r) bei der Differenziation als konstant gesetzt sind.

Beweis. Es ist, wenn das Zeichen $\frac{d}{dx_r}$ der Kürze wegen durch δ_r ersetzt wird, (nach 438)

$$f'(x) = \frac{\delta_1 y,\ \delta_2 y,\ \ldots,\ \delta_n y}{e_1,\ e_2,\ \ldots,\ e_n},$$

also (nach 383) der Potenzwerth

$$\left[f'(x)^n\right] = [\delta_1 y \,.\, \delta_2 y \ldots \delta_n y].$$

Aber, da $y = e_1 y_1 + e_2 y_2 + \cdots$ ist, so ist (nach 434)

$$\delta_1 y = e_1 \delta_1 y_1 + e_2 \delta_1 y_2 + \cdots,$$

also

$$\begin{aligned}\left[f'(x)^n\right] &= [e_1\delta_1 y_1 + e_2\delta_1 y_2 + \cdots)(e_1\delta_2 y_1 + e_2\delta_2 y_2 + \cdots)\cdots(e_1\delta_n y_1 + e_2\delta_n y_2 + \cdots)] \\ &= \Sigma \mp \delta_1 y_1 \,.\, \delta_2 y_2 \ldots \delta_n y_n \qquad [63],\end{aligned}$$

indem nämlich $[e_1 e_2 \ldots e_n]$ (nach 94) gleich 1 ist.

Anm. Der Begriff der Funktionaldeterminante, wie er von Jacobi in Crelle's Journal, Bd. 22, S. 319 ff. {Werke, Bd. 3, S. 393 ff.}, zuerst aufgestellt wurde, tritt hier als Potenzwerth der abgeleiteten Funktion in seiner wahren Bedeutung hervor, und die dort nachgewiesenen Sätze ergeben sich aus dieser Bedeutung aufs leichteste; ich überlasse diese Ableitung daher dem Leser.

442. *Wenn u eine beliebige Funktion der veränderlichen Grössen $x, y, \ldots$ ist, so ist*

304

$$\begin{aligned} du &= \frac{d}{dx}u \,.\, dx + \frac{d}{dy}u \,.\, dy + \cdots \\ &= d_x u + d_y u + \cdots,\end{aligned}$$

wo

$$\frac{d}{dx}, \frac{d}{dy}, \cdots$$

die zu dem Verein der Veränderlichen $x, y, \ldots$ gehörigen partiellen Differenzialquotienten und $d_x, d_y, \ldots$ in demselben Sinne die partiellen Differenziale bezeichnen (und die letzteren als stetig vorausgesetzt sind).

Beweis. Es sei x aus seinen normalen Einheiten durch die veränderlichen Zahlgrössen $x_1, x_2, \ldots$, ebenso y aus seinen normalen Einheiten durch die veränderlichen Zahlgrössen $y_1, y_2, \ldots$ ableitbar, und so weiter. Man bilde nun ein neues System normaler Einheiten $e_1, e_2, \ldots, f_1, f_2, \ldots, \ldots$ und setze

$$\begin{aligned} v = {} & x_1 e_1 + x_2 e_2 + \cdots \\ & + y_1 f_1 + y_2 f_2 + \cdots + \cdots, \end{aligned}$$

so wird u (nach 352) eine Funktion der einzigen Variabeln v und man erhält (nach 437)

$$\begin{aligned} d_v u = {} & \frac{d}{dx_1} u \,.\, dx_1 + \frac{d}{dx_2} u \,.\, dx_2 + \cdots \\ & + \frac{d}{dy_1} u \,.\, dy_1 + \frac{d}{dy_2} u \,.\, dy_2 + \cdots + \cdots, \end{aligned}$$

wo $\frac{d}{dx_1}, \ldots$ sich auf den Verein der Variabeln $x_1, x_2, \ldots, y_1, y_2, \ldots, \ldots$ beziehen. Da u eine Funktion von v ist, so können wir (nach 440) statt $d_v u$ auch du schreiben.

Ferner ist, wenn man $y, z, \ldots$, das heisst, $y_1, y_2, \ldots, z_1, z_2, \ldots, \ldots$ konstant setzt (nach 437)

$$\frac{d}{dx} u \,.\, dx = \frac{d}{dx_1} u \,.\, dx_1 + \frac{d}{dx_2} u \,.\, dx_2 + \cdots,$$

und ebenso

$$\frac{d}{dy} u \,.\, dy = \frac{d}{dy_1} u \,.\, dy_1 + \frac{d}{dy_2} u \,.\, dy_2 + \cdots, \cdots.$$

Also

$$du = \frac{d}{dx} u \,.\, dx + \frac{d}{dy} u \,.\, dy + \cdots.$$

§ 3. **Differenziale höherer Ordnung.**

443. Erklärung. Wenn u eine beliebige Funktion ist, und δ und δ_1 zwei beliebige Differenzzeichen $(d_{x,q}, d_{y,q})$ † oder Differenzial- 305
zeichen (d_x, d_y) sind, bei denen sich jedoch die Differenziation auf ein und denselben Verein von Variabeln bezieht, *deren Differenziale bei jeder Differenziation konstant gesetzt werden*, so verstehe ich unter $\delta\delta_1 u$ den Ausdruck $\delta(\delta_1 u)$, und nenne $\delta\delta_1$ in diesem Sinne ein Produkt von Differenzzeichen; und halte diese Bestimmung auch dann noch fest, wenn δ_1 ein Produkt von Differenzzeichen ist, das heisst, ich setze

$$\delta\delta_1 u = \delta(\delta_1 u)$$

$$\delta\delta_1\delta_2 u = \delta(\delta_1\delta_2 u) = \delta(\delta_1(\delta_2 u))$$

und so weiter, wo $\delta, \delta_1, \delta_2, \ldots$ sich auf denselben Verein von Variabeln beziehen, deren Differenziale konstant gesetzt werden.

444. Erklärung. Wenn δ ein beliebiges Differenzzeichen $(d_{x,q})$ {oder ein Differenzialzeichen (d_x)} ist, so setze ich

$$\delta^0 u = u$$

$$\delta^{n+1} u = \delta\,\delta^n u,$$

letzteres jedoch nur, wenn $n+1$ eine ganze positive Zahl ist.

Anm. Es lässt sich auch dem negativen Exponenten eine Bedeutung beilegen, was jedoch erst in der Integralrechnung klar werden kann.

445. *Es ist*

$$\text{(a)}\quad d_{x,q}d_{y,q}f(x,y) = \frac{f(x+q\,dx, y+q\,dy) - f(x+q\,dx, y) - f(x, y+q\,dy) + f(x,y)}{q^2},$$

auch wenn $f(x,y)$ noch andere Veränderliche enthält, welche aber alle bei der Differenziation konstant gesetzt werden, und ebenso ist

$$\text{(b)}\qquad d_{x,q}d_{y,q}u = d_{y,q}d_{x,q}u.$$

Beweis. Es ist (nach 443)

$$d_{x,q}d_{y,q}f(x,y) = d_{x,q}[d_{y,q}f(x,y)]$$

$$= d_{x,q}\frac{f(x, y+q\,dy) - f(x, y)}{q} \qquad [436, 428]$$

und dies aus demselben Grunde

$$= \frac{f(x+q\,dx, y+q\,dy) - f(x+q\,dx, y) - f(x, y+q\,dy) + f(x,y)}{q^2},$$

306 Also ist Formel (a) erwiesen. Aber aus dieser Formel folgt sogleich, dass $d_{y,q}d_{x,q}f(x,y)$ denselben Ausdruck liefert, wie $d_{x,q}d_{y,q}f(x,y)$, also auch Formel (b) erwiesen.

Anm. Man hätte auch das zu y gehörige q von dem zu x gehörigen verschieden setzen und jenes etwa mit q_1 bezeichnen können, so wären die Formeln noch bestehen geblieben, eine Verallgemeinerung, die jedoch ohne besonderen Nutzen ist.

446. *Die Ordnung der auf einander folgenden Differenzzeichen $(d_{x,q}, \ldots)$, unter denen die Differenzialzeichen mit einbegriffen sind, ist gleichgültig für das Resultat.*

Beweis. Denn nach 445(b) lassen sich je zwei auf einander folgende Differenzzeichen vertauschen.

447. *Wenn ein höheres Differenzial stetig ist, so sind auch die niederen Differenziale, durch deren fortschreitende Differenziation jenes entstanden ist, stetig.*

Beweis. Es sei u ein beliebiges Differenzial, und sei $d_x u$ stetig. Es wird u im Allgemeinen eine Funktion der Variabeln $x, y, \ldots$ und ihrer Differenziale sein. Allein, da bei der Differenziation nach x alle übrigen Variabeln und sämmtliche Differenziale als Konstante behandelt werden, so genügt es für diese Differenziation, u als blosse Funktion von x zu betrachten. Es sei in diesem Sinne $u = f(x)$, so ist

$$d_x u = \left[\frac{f(x + q\,dx) - f(x)}{q}\right]_{(q=0)}.$$

Da nun $d_x u$ stetig ist, so muss der in Klammer geschlossene Bruch um $q = 0$ nach einer bestimmten endlichen Gränze konvergiren, die er in $q = 0$ erreicht, also muss mit dem Nenner (q) auch der Zähler null werden, das heisst, $f(x + q\,dx) - f(x)$ muss mit q null werden, das heisst (nach 425), $f(x)$ ist in x stetig, also auch u.

Durch Fortsetzung dieser Schlussweise gelangt man zu dem allgemeinen Resultate des Satzes.

448. *Es ist, wenn* A *einen Ausdruck mit* n {*vertauschbaren*} *Lücken von der Gattung* x *bezeichnet,*

$$d_x^{\,m}(\mathsf{A}x^n) = \frac{n!}{(n-m)!}\mathsf{A}x^{n-m}dx^m.$$

Beweis. 1. Der Satz gilt (nach 431) für $m = 1$.

2. Wenn nun der Satz für irgend einen Werth m gilt, so gilt er auch für $m + 1$; denn dann ist

$$d_x^{\,m+1}(\mathsf{A}x^n) = d_x\big(d_x^{\,m}(\mathsf{A}x^n)\big) \qquad [444]$$ 307

$$= d_x\left(\frac{n!}{(n-m)!}\mathsf{A}x^{n-m}dx^m\right),$$

da nach der Annahme der Satz für den angenommenen Werth m gilt,

$$= d_x\left(\frac{n!}{(n-m)!}\mathsf{A}dx^m x^{n-m}\right) \qquad [362].$$

Da nun (nach 443) dx bei der Differenziation als konstant betrachtet werden soll, und es mit x von gleicher Gattung ist, so ist

$$\frac{n!}{(n-m)!}\mathsf{A}dx^m$$

ein Ausdruck mit $n - m$ Lücken, folglich erhalten wir (nach 431) den zuletzt gefundenen Ausdruck

$$= \frac{(n-m)n!}{(n-m)!}\mathsf{A}dx^m x^{n-m-1}dx$$

$$= \frac{n!}{(n-m-1)!}\mathsf{A}x^{n-m-1}dx^{m+1} \qquad \{362\},$$

das heisst, der Satz gilt dann auch, wenn man $m + 1$ statt m setzt; da er nun (nach Beweis 1) für $m = 1$ gilt, so gilt er auch für $m = 2$, und weil für $m = 2$, so auch für $m = 3$, also für alle positiven Werthe.

449. *Wenn* $e_1, e_2, \ldots$ *die normalen Einheiten von* $x = x_1e_1 + x_2e_2 + \cdots$ *sind, und* $\delta_1, \delta_2, \ldots$ *die zu dem Vereine der Veränderlichen* $x_1, x_2, \ldots$

gehörigen partiellen Differenzialquotienten nach $x_1, x_2, \ldots$ *bezeichnen, so ist (vorausgesetzt, dass* $d_x^n u$ *stetig sei)*

$$d_x^n u = \Sigma\{\delta_\mathfrak{a}\delta_\mathfrak{b} \ldots u \,.\, dx_\mathfrak{a} dx_\mathfrak{b} \ldots\},$$

wo die Anzahl der Faktoren $dx_\mathfrak{a}, dx_\mathfrak{b}, \ldots$ *in jedem Gliede* n *ist, und die Summe sich auf alle unter dieser Bedingung möglichen ganzen positiven Werthe* $\mathfrak{a}, \mathfrak{b}, \ldots$ *bezieht.*

Beweis. Nach 437 ist

$$d_x u = \Sigma\{\delta_\mathfrak{a} u \,.\, dx_\mathfrak{a}\}.$$

Differenzirt man noch einmal nach x, so ist, da bei dieser Differenziation (nach 443) dx, also auch $dx_1, dx_2, \ldots$ konstant zu setzen sind, (nach 437)

$$d_x^2 u = \Sigma\{\delta_\mathfrak{b}\delta_\mathfrak{a} u \,.\, dx_\mathfrak{a} dx_\mathfrak{b}\} = \Sigma\{\delta_\mathfrak{a}\delta_\mathfrak{b} u \,.\, dx_\mathfrak{a} dx_\mathfrak{b}\} \qquad [446],$$

und so weiter.

450. Erklärung. Unter

$$\frac{d^n}{dx^n} f(x) \text{ oder unter } f^{(n)}(x)$$

verstehe ich (vorausgesetzt, dass $d_x^n f(x)$ stetig ist) den Ausdruck,
308 welcher mit dx^n multiplicirt, was auch dx für eine mit x gleichgattige Grösse sein mag, $d_x^n f(x)$ liefert.

451. *Wenn* $d_x^n f(x)$ *stetig ist, so ist* $f^{(n)}(x)$ *derjenige Ausdruck mit je* n *{vertauschbaren} Lücken in jedem Gliede, welcher die Eigenschaft hat, dass*

$$\text{(a)} \qquad f^{(n)}(x)(\overset{n}{\overbrace{e_r e_s \ldots}}) = \delta_r \delta_s \ldots f(x)$$

ist, für jede Reihe von n *Indices* $r, s, \ldots$, *wobei die Bedeutung von* $e_1, e_2, \ldots, \delta_1, \delta_2, \ldots$, *dieselbe ist, wie in 449, {und wo das über dem Produkte* $(e_r e_s \ldots)$ *stehende Zeichen* $\underset{\smile}{n}$ *andeuten soll, dass die Anzahl der Faktoren gleich* n *ist}.*

Beweis. Nach 450 ist zu zeigen, dass allemal

$$f^{(n)}(x) dx^n = d_x^n f(x)$$

ist, wenn $f^{(n)}(x)$ den Gleichungen (a) genügt. Es ist dann

$$f^{(n)}(x) dx^n = f^{(n)}(x)(e_1 dx_1 + e_2 dx_2 + \cdots)^n$$

$$= \Sigma f^{(n)}(x)(\overset{n}{\overbrace{e_\mathfrak{a} e_\mathfrak{b} \ldots}}) dx_\mathfrak{a} dx_\mathfrak{b} \ldots,$$

nach dem allgemeinen polynomischen Lehrsatze (oder auch nach 45)

$$= \Sigma\{\delta_\mathfrak{a}\delta_\mathfrak{b} \ldots f(x) \,.\, dx_\mathfrak{a} dx_\mathfrak{b} \ldots\} \qquad [(a)]$$

$$= d_x^n f(x) \qquad [449].$$

452. Erklärung. Wenn $x, y, \ldots$ Zahlgrössen und u eine

Funktion derselben ist, so verstehe ich, wenn $a + b + \cdots = n$ ist, unter

$$\frac{d^n}{dx^a\, dy^b \ldots}\, u$$

den Ausdruck

$$\frac{d^n}{dx^a\, dy^b \ldots}\, u = \frac{d_x^a d_y^b \ldots u}{dx^a\, dy^b \ldots},$$

wo sich die Differenziationen auf den Verein der Variabeln $x, y, \ldots$ beziehen, und $dx, dy, \ldots$ von Null verschieden angenommen sind.

Anm. Die partiellen Differenzialquotienten nach verschiedenen extensiven Variabeln können fast überall entbehrt werden, da man mehrere extensive Variabeln stets auf eine einzige zurückführen kann (nach 352).

453. *Wenn y noch wieder Funktion einer beliebigen Veränderlichen ist, so ist (die Stetigkeit der vorkommenden Differenziale vorausgesetzt)*

$$\frac{d^n f(y)}{n!} = \sum \frac{f^{(\mathfrak{r})}(y)}{\mathfrak{r}!} \overbrace{\left(\frac{d^{\mathfrak{a}} y}{\mathfrak{a}!} \cdot \frac{d^{\mathfrak{b}} y}{\mathfrak{b}!} \cdots\right)}^{\mathfrak{r}} \qquad (\mathfrak{a} + \mathfrak{b} + \cdots = n).$$

Beweis. Wie in der gewöhnlichen Analysis.

Kapitel 3. **Unendliche Reihen.** 309

§ 1. Die unendlichen Reihen im Allgemeinen.

454. Erklärung. Eine Reihe

$$u_0 + u_1 + u_2 + \cdots$$

heisst ächt, wenn sich eine positive Zahl $T > 1$ finden lässt von der Art, dass $u_0, u_1 T, u_2 T^2, \ldots$ bis ins Unendliche hin endlich bleiben, dass heisst, dass sie numerisch kleiner bleiben als eine gewisse endliche Grösse M, so dass also

$$u_r T^r \text{ num.} < M$$

bleibt für jeden Index r.

455. Zusatz. Setzen wir $1 : T = t$, so können wir die Bedingung der Aechtheit auch so ausdrücken, dass sich zwei positive Zahlen t und M, von denen $t < 1$ ist, finden lassen, so dass stets

$$u_r : t^r \text{ num.} < M$$

bleibe.

456. *Jede ächte Reihe ist konvergent.*

Beweis. Es sei

$$R = u_0 + u_1 + u_2 + \cdots$$

eine ächte Reihe, so giebt es (nach 455) eine positive Zahl $t < 1$ von der Art, dass, für jeden Index r, der Quotient $u_r : t^r$, den wir mit a_r

bezeichnen wollen, numerisch kleiner als eine gewisse endliche (positive) Zahl M sei; dann wird

$$R = a_0 + a_1 t + a_2 t^2 + \cdots,$$

wo a_r num. $< M$.

Der Rest ϱ_n dieser Reihe von dem Gliede $a_n t^n$ an ist

$$\varrho_n = a_n t^n + a_{n+1} t^{n+1} + \cdots.$$

Nun ist

$$a_r \text{ num.} < M, \quad a_r t^r \text{ num.} < M t^r,$$

also (nach 418)

$$\begin{aligned} \varrho_n \text{ num.} &< M t^n + M t^{n+1} + \cdots \\ \text{num.} &< M t^n (1 + t + t^2 + \cdots) \\ \text{num.} &< M \frac{t^n}{1 - t}. \end{aligned}$$

Nun lässt sich n hier so gross wählen, dass ϱ_n num. kleiner wird als eine beliebig gegebene positive Grösse k, und auch bleibt, wenn n noch wächst; dies wird nämlich erfüllt, wenn

$$n > \log \frac{M}{k(1-t)} : \log \left(\frac{1}{t}\right)$$

310 ist. Da also der Rest ϱ_n mit wachsendem n nach Null zu konvergirt, so ist die Reihe konvergent.

Anm. Um die Beziehung zwischen ächten, unächten, konvergenten und divergenten Reihen noch anschaulicher hervortreten zu lassen, will ich hier noch die unächten Reihen berühren.

Wenn die sämmtlichen Glieder einer unächten Reihe endlich bleiben, das heisst, numerisch kleiner bleiben als eine endliche positive Zahl M, so will ich diese Reihe eine Uebergangsreihe nennen, wenn dagegen die Glieder einer Reihe unendlich werden, das heisst, wenn es zu jeder positiven Zahl M Glieder der Reihe giebt, welche noch grösser als M sind, so mag eine solche Reihe eine absurde heissen. So zum Beispiel ist die Reihe $t + \frac{1}{2}t^2 + \frac{1}{3}t^3 + \cdots$ eine ächte, wenn der numerische Werth der Zahlgrösse t kleiner als 1 ist; sie wird eine Uebergangsreihe, wenn t numerisch gleich 1 wird, und zwar eine divergente Uebergangsreihe, wenn $t = 1$, eine konvergente, wenn $t = -1$ ist; sie wird absurd, wenn t num. > 1 wird.

Eine solche absurde Reihe ist stets zu verwerfen. Hingegen hat die Uebergangsreihe mit der ächten noch das gemein, dass sie den Werth der Funktion, welche durch die Reihe dargestellt werden soll, wirklich ausdrückt, gleichviel ob sie konvergirt oder divergirt. Im letzteren Falle zeigt sie, *falls sie sich dem Unendlichen nähert*, dass für diesen Fall in der That die Funktion unendlich wird; so zum Beispiel ist die obige Reihe bekanntlich die Reihe für $-\log(1-t)$; diese Funktion wird mit $t = 1$ unendlich, ebenso wie die Reihe $t + \frac{1}{2}t^2 + \frac{1}{3}t^3 + \cdots$, und diese stellt also auch für diesen Fall noch den Werth jener Funktion dar. Oder, um ein einfacheres Beispiel zu wählen, die Reihe $1 + t + t^2 + \cdots$ wird für $t = \mp 1$ eine Uebergangsreihe; und zwar nimmt sie für $t = 1$, entsprechend der Funktion

$$\frac{1}{1-t},$$

deren Entwickelung sie darstellt, unendlichen Werth an. — Wenn hingegen die divergente Uebergangsreihe *sich keinem unendlichen Werthe annähert*, sondern stets, wie weit man sie auch verfolge, zwischen verschiedenen Werthen hin und her schwankt, wie zum Beispiel die Reihe $1 + t + t^2 + \cdots$ bei dem Werthe $t = -1$, so lässt sich dennoch ihr Werth aus der Gränze bestimmen, nach welcher jene Reihe konvergirt, wenn man t zuerst kleiner als 1 setzt und sich dann t der 1 unbegränzt annähern lässt. Aber alle diese Uebergangsreihen, selbst wenn sie konvergiren, dürfen nur mit Vorsicht angewandt werden, da die Rechnungsgesetze ächter Reihen auf sie nicht mehr anwendbar sind.

459. *) *Wenn mehrere Reihen ächt sind, so ist auch ihre Viel-* (311)
fachensumme ächt, das heisst, wenn

$$\begin{aligned} R_1 &= u_1 + u_1' + u_1^{(2)} + u_1^{(3)} + \cdots \\ R_2 &= u_2 + u_2' + u_2^{(2)} + u_2^{(3)} + \cdots \\ &\;\;\cdot \quad\;\; \cdot \quad\;\; \cdot \quad\;\; \cdot \quad\;\; \cdot \quad\;\; \cdot \\ R_n &= u_n + u_n' + u_n^{(2)} + u_n^{(3)} + \cdots \end{aligned}$$

ächte Reihen sind, und $\alpha_1, \alpha_2, \ldots \alpha_n$ beliebige endliche Zahlgrössen sind, so ist auch die Reihe

$$R = u + u' + u^{(2)} + u^{(3)} + \cdots,$$

wo für jeden Zeiger s

$$u^{(s)} = \alpha_1 u_1^{(s)} + \alpha_2 u_2^{(s)} + \cdots + \alpha_n u_n^{(s)}$$ 312

ist, eine ächte Reihe.

Beweis. Da R_1 eine ächte Reihe ist, so giebt es (nach 454) zwei positive Zahlen T_1 und M_1, von denen die erstere > 1 ist, von der Art, dass für jeden Zeiger s

$$u_1^{(s)} T_1^s \text{ num.} < M_1$$

sei. Ebenso lassen sich für die übrigen Reihen $R_2, \ldots R_n$ solche positive Zahlenpaare $T_2, M_2, \ldots, T_n, M_n$ finden, von denen die erste jedes Zahlenpaares > 1, und so, dass

$$u_2^{(s)} T_2^s \text{ num.} < M_2, \;\; \ldots, \;\; u_n^{(s)} T_n^s \text{ num.} < M_n$$

ist. Es sei T die kleinste der Zahlen $T_1, \ldots T_n$, also noch $T > 1$, so bleibt

$$u_1^{(s)} T^s \text{ num.} < M_1, \; u_2^{(s)} T^s \text{ num.} < M_2, \;\; \ldots, \;\; u_n^{(s)} T^s \text{ num.} < M_n,$$

also auch (nach 419c), wenn $\beta_1, \ldots \beta_n$ die numerischen Werthe von $\alpha_1, \ldots \alpha_n$ sind,

$$\alpha_1 u_1^{(s)} T^s \text{ num.} < \beta_1 M_1, \;\; \ldots, \;\; \alpha_n u_n^{(s)} T^s \text{ num.} < \beta_n M_n;$$

folglich, da die rechten Seiten dieser Vergleichungen positiv sind, so ist (nach 418)

---

*) {Die Nummern 457 und 458 stehen jetzt an ihrer richtigen Stelle, nämlich hinter Nr. 419 als Nr. 419b und 419c.}

$$\alpha_1 u_1^{(s)} T^s + \cdots + \alpha_n u_n^{(s)} T^s \text{ num.} < \beta_1 M_1 + \cdots + \beta_n M_n,$$

das heisst

$$u^{(s)} T^s \text{ num.} < M,$$

wenn $\beta_1 M_1 + \cdots + \beta_n M_n$ mit M bezeichnet ist; folglich ist die Reihe R (nach 454) eine ächte.

§ 2. Die Reihen als Funktionen einer Zahlgrösse.

460. *Die nach der Zahlgrösse x genommenen Differenzialquotienten einer ächten Reihe*

$$R = a_0 + a_1 x + a_2 x^2 + \cdots = \Sigma a_\mathfrak{a} x^\mathfrak{a}$$

sind wieder ächte Reihen.

Beweis. 1. Da R eine ächte Reihe ist, so müssen sich (nach 455) zwei positive Grössen t und M, von denen die erste < 1 ist, finden lassen, so dass für jedes r

$$\frac{a_r x^r}{t^r} \text{ num.} < M$$

ist. Nun sei τ eine positive Zahl zwischen t und 1, das heisst $\tau > t$ aber < 1, so zeige ich, dass alle Glieder der Reihe

313 $$\frac{d}{dx} R = \Sigma \mathfrak{a} a_\mathfrak{a} x^{\mathfrak{a}-1}$$

die Eigenschaft haben, dass für jeden Index r bis ins Unendliche hin der Ausdruck $r a_r x^{r-1} : \tau^r$ endlich sei.

In der That ist

$$\frac{r a_r x^{r-1}}{\tau^r} = \frac{r t^r}{x \tau^r} \cdot \frac{a_r x^r}{t^r}.$$

Der zweite Faktor ist (nach Hypothesis) numerisch kleiner als M, also (nach 419c) der ganze Ausdruck

$$\text{num.} < \frac{r t^r}{\tau^r} M_1,$$

wenn wir der Kürze wegen den numerischen Werth von $M : x$ mit M_1 bezeichnen. Nun sei

$$n > \frac{t}{\tau - t},$$

was stets möglich ist, da τ grösser als t, also $\tau - t$ ungleich Null ist. Dann wird

$$n > (n + 1) \frac{t}{\tau}$$

oder, indem wir mit $t^n : \tau^n$ multipliciren,

$$\frac{n t^n}{\tau^n} > \frac{(n+1) t^{n+1}}{\tau^{n+1}},$$

und aus gleichem Grunde

$$\frac{(n+1) t^{n+1}}{\tau^{n+1}} > \frac{(n+2) t^{n+2}}{\tau^{n+2}} > \cdots.$$

Nun werden aber die Ausdrücke

$$\frac{t}{\tau}, \frac{2t^2}{\tau^2}, \ldots, \frac{n t^n}{\tau^n},$$

da ihre Zahl endlich ist, und sie alle endliche Werthe haben, {sämmtlich} kleiner sein als eine gewisse positive endliche Grösse; diese heisse m. Da nun alle Ausdrücke $r t^r : \tau^r$ für jedes r, was grösser als n ist, wie eben bewiesen, kleiner als $n t^n : \tau^n$ sind, und dies letztere $< m$ ist, so werden alle jene Ausdrücke für jeden Werth von r kleiner als m sein, also auch

$$\frac{r t^r}{\tau^r} M_1 < m M_1.$$

Hier ist m eine endliche Grösse, aber auch M_1, wenn nicht etwa x gleich Null ist, also auch $m M_1$ endlich, also auch $r a_r x^{r-1} : \tau^r$ numerisch kleiner als eine endliche Grösse, das heisst, die † Reihe 314
$\frac{d}{dx} R$ ist eine ächte, vorausgesetzt noch, dass $x \gtrless 0$ ist. Wenn aber $x = 0$ ist, so ist

$$\frac{d}{dx} R = a_1,$$

also gewiss eine ächte Reihe.

2. Da nun $\frac{d}{dx} R$ eine ächte Reihe ist, so ist (nach Beweis 1) auch dessen Differenzialquotient nach x, das heisst

$$\frac{d^2}{dx^2} R$$

eine ächte Reihe, und so weiter.

461. *Wenn eine Reihe*

$$a_0 + a_1 x + a_2 x^2 + \cdots$$

für irgend einen Werth x' der Zahlgrösse x ächt ist, so ist sie es auch für jeden Werth, der numerisch gleich oder kleiner als x' ist.

Beweis. Denn, wenn die Reihe für $x = x'$ ächt ist, so müssen sich (nach 454) zwei positive Werthe T und M, von denen der erste > 1 ist, angeben lassen, so dass für jedes r

$$a_r x'^r T^r \text{ num.} < M$$

ist. Dann ist aber, wenn x num. $\overline{\gtrless} x'$ ist,

$$a_r x^r T^r \text{ num.} \overline{\gtrless} a_r x'^r T^r \qquad [419\,c]$$

$$\text{num.} < M,$$

das heisst, die Reihe $a_0 + a_1 x + a_2 x^2 + \cdots$ ist dann auch eine ächte (nach 454).

Anm. Es folgt hieraus sogleich (nach 460), dass auch die nach x genommenen Differenzialquotienten jener Reihe für jedes x, was numerisch gleich oder kleiner als x' ist, ächte Reihen, also auch stetig sein müssen. Daraus folgt auch umgekehrt, dass, wenn eine Funktion $f(x)$ für irgend einen Werth von x, der numerisch gleich x' ist, sich in eine ächte Reihe soll entwickeln lassen, nothwendig $f(x)$ und seine Differenziale für jeden Werth, der numerisch gleich oder kleiner als x' ist, auch stetig sein müssen. Aber es bleibt noch zu untersuchen, ob diese Bedingung der Stetigkeit ausreichend dafür ist, dass sich $f(x)$ in eine ächte Reihe entwickeln lasse.

Zu dem Ende kommt es darauf an, $f(x)$ für die verschiedenen numerisch gleichen Werthe zu betrachten, namentlich für eine Reihe solcher Werthe, von denen jeder folgende aus dem vorhergehenden durch gleiche circuläre Aenderung hervorgeht. Nun hat Cauchy nachgewiesen, dass, wenn $f(x)$ stetig ist, das arithmetische Mittel aller Werthe, welche $f(x)$ erhält, indem x fortschreitend einer konstanten circulären Aenderung unterworfen wird, bis x wieder zu dem ursprünglichen Werthe zurückkehrt, ein Ausdruck ist, welcher stets nach einer kon-
315 stanten (von x unabhängigen) † Gränze konvergirt, sobald der Winkel der circulären Aenderung verschwindend klein wird. Er hat aus diesem Satze auf eine sehr sinnreiche Weise die Bedingung abgeleitet, unter welcher eine Funktion $f(x)$ sich in eine konvergente (genauer in eine ächte) Reihe entwickeln lässt, worüber Moigno, Leçons de calcul différentiel Tome 1, p. 150 ss. {Paris 1840} zu vergleichen ist. Der Gang der folgenden Entwickelung ist im wesentlichen derselbe, wie er in dem angeführten Werke gewählt ist; doch ist hier die Betrachtung verallgemeinert, in sofern $f(x)$ als extensive Grösse betrachtet wird, während x selbst eine Zahlgrösse bleibt.

462. Lehrsatz und Erklärung. *Wenn $f'(x)$ stetig ist für jede Zahlgrösse x, deren numerischer Werth zwischen den Gränzen a und b liegt, und Θ eine n-te Wurzel der absoluten Einheit und zwar*

$$\Theta = \cos\frac{2\pi}{n} + i\sin\frac{2\pi}{n}$$

ist, so konvergirt der Ausdruck

$$\frac{1}{n}\Sigma f(x\Theta^a) = \frac{f(x\Theta) + f(x\Theta^2) + \cdots + f(x\Theta^n)}{n}$$

mit unendlich wachsendem n nach einer konstanten (von x unabhängigen)

Gränze. Diese konstante Gränze sei das zu jenem Stetigkeitsgebiete gehörende konstante Glied *der Funktion* $f(x)$ *genannt und mit*

$$\mathbf{C}[f(x)]$$

bezeichnet.

Beweis des Lehrsatzes. Da $f'(x)$ stetig ist, so ist (nach 439)

$$f(x+q)-f(x)=q(f'(x)+N),$$

wo N mit q null wird. Da nun $\Theta^{\mathfrak{a}}$ numerisch gleich 1 ist, so ist $x\Theta^{\mathfrak{a}}$ numerisch $=x$, also auch $f'(x\Theta^{\mathfrak{a}})$ stetig. Setzt man nun in die obige Gleichung $x\Theta^{\mathfrak{a}}$ statt x, und $q=x\Theta^{\mathfrak{a}}(\Theta-1)$; so verwandelt sich $x+q$ in $x\Theta^{\mathfrak{a}+1}$, und wir erhalten, wenn wir noch dem N den Zeiger $\mathfrak{a}$ beifügen,

$$f(x\Theta^{\mathfrak{a}+1})-f(x\Theta^{\mathfrak{a}})=x\Theta^{\mathfrak{a}}(\Theta-1)[f'(x\Theta^{\mathfrak{a}})+N_{\mathfrak{a}}].$$

Nun ist, wenn wir $\frac{d}{dx}$ mit δ bezeichnen,

$$\delta f(x\Theta^{\mathfrak{a}})=\Theta^{\mathfrak{a}}f'(x\Theta^{\mathfrak{a}})$$

(nach 440); also wird

$$\frac{f(x\Theta^{\mathfrak{a}+1})-f(x\Theta^{\mathfrak{a}})}{x(\Theta-1)}=\delta f(x\Theta^{\mathfrak{a}})+N_{\mathfrak{a}}',$$

indem wir statt $\Theta^{\mathfrak{a}}N_{\mathfrak{a}}$, welches mit $N_{\mathfrak{a}}$ numerisch gleich ist, also, eben so wie dies, mit q zugleich null wird, $N_{\mathfrak{a}}'$ geschrieben haben.

Gehen wir nun zum arithmetischen Mittel über, so wird, wenn 316
die folgenden Summen von $\mathfrak{a}=1$ bis n genommen werden,

$$\frac{1}{nx(\Theta-1)}\sum\left\{f(x\Theta^{\mathfrak{a}+1})-f(x\Theta^{\mathfrak{a}})\right\}=\delta\sum\frac{f(x\Theta^{\mathfrak{a}})}{n}+\frac{1}{n}\Sigma N_{\mathfrak{a}}'.$$

Die linke Seite ist null; denn die dort erscheinende Summe ist gleich

$$f(x\Theta^{n+1})+f(x\Theta^{n})+\cdots+f(x\Theta^{2})-f(x\Theta^{n})-\cdots-f(x\Theta^{2})-f(x\Theta),$$

also

$$=f(x\Theta^{n+1})-f(x\Theta)=0,$$

da $\Theta^{n}=1$, also $x\Theta^{n+1}=x\Theta$ ist. Somit erhalten wir

$$\delta\sum\frac{f(x\Theta^{\mathfrak{a}})}{n}=-\frac{1}{n}\Sigma N_{\mathfrak{a}}'.$$

Aber $\Sigma N_{\mathfrak{a}}':n$ ist das arithmetische Mittel der Grössen $N_1', N_2', \ldots$ ist also, wie gross auch n sei, numerisch kleiner als der grösste numerische Werth dieser Grössen, den wir mit N' bezeichnen wollen. Wenn nun n unendlich wird, so konvergirt

$$\Theta=\cos\frac{2\pi}{n}+i\sin\frac{2\pi}{n}$$

nach 1, also $\Theta-1$ nach 0, also konvergirt auch $q=x\Theta^{\mathfrak{a}}(\Theta-1)$, was mit $x(\Theta - 1)$ numerisch gleich ist, nach 0, also auch N_1', N_2', ..., also auch N'; also auch

$$\delta \sum \frac{f(x\Theta^a)}{n},$$

da sein numerischer Werth noch kleiner ist als der von N'. Setzen wir die Gränze, nach welcher

$$\sum \frac{f(x\Theta^a)}{n}$$

konvergirt $= \varphi(x)$, so haben wir also

$$\delta\varphi(x) = 0,$$

das heisst

$$\varphi(x) = \text{Const.}$$

Anm. Ich habe hier den Satz, dass, wenn das Differenzial einer Funktion null bleibt, die Funktion konstant sei, als bekannt vorausgesetzt, um hier nicht die Entwickelung zu unterbrechen. Der Beweis dieses Satzes ist im Eingange des folgenden Kapitels (der Integralrechnung) nachgeholt, und zwar, ohne dass in diesem Beweise auf irgend einen Satz des gegenwärtigen Kapitels zurückgegangen sei.

463. *Das konstante Glied einer Vielfachensumme von Funktionen (deren erste abgeleitete Funktionen stetig sind), ist die entsprechende Vielfachensumme aus den konstanten Gliedern der Funktionen, das heisst (wenn $f_1'(x)$, $f_2'(x)$, ... stetig sind, so ist)*

$$\mathbf{C}[\alpha_1 f_1(x) + \alpha_2 f_2(x) + \cdots] = \alpha_1 \mathbf{C}[f_1(x)] + \alpha_2 \mathbf{C}[f_2(x)] + \cdots.$$

317 Beweis. Wenn Θ dieselbe Bedeutung wie in 462 hat, so ist $\mathbf{C}[f_1(x)]$ die Gränze, nach welcher

$$\frac{1}{n} \Sigma f_1(x\Theta^a)$$

mit unendlichem n konvergirt, das heisst, es verschwindet

$$\frac{1}{n} \Sigma f_1(x\Theta^a) - \mathbf{C}[f_1(x)]$$

mit $\frac{1}{n}$, ebenso

$$\frac{1}{n} \Sigma f_2(x\Theta^a) - \mathbf{C}[f_2(x)], \ldots,$$

also (nach 421) auch ihre Vielfachensumme, das heisst

$$\frac{1}{n} \Sigma\{\alpha_1 f_1(x\Theta^a) + \alpha_2 f_2(x\Theta^a) + \cdots\} - \alpha_1 \mathbf{C}[f_1(x)] - \alpha_2 \mathbf{C}[f_2(x)] - \cdots,$$

das heisst, es konvergirt

$$\frac{1}{n} \Sigma\{\alpha_1 f_1(x\Theta^a) + \alpha_2 f_2(x\Theta^a) + \cdots\}$$

nach

$$\alpha_1 \mathbf{C}[f_1(x)] + \alpha_2 \mathbf{C}[f_2(x)] + \cdots.$$

Aber die Gränze, nach welcher jener Ausdruck konvergirt, ist (nach 462) mit

$$\mathbf{C}[\alpha_1 f_1(x) + \alpha_2 f_2(x) + \cdots]$$

bezeichnet, also

$$\mathbf{C}[\alpha_1 f_1(x) + \alpha_2 f_2(x) + \cdots] = \alpha_1 \mathbf{C}[f_1(x)] + \alpha_2 \mathbf{C}[f_2(x)] + \cdots.$$

464. *Wenn m eine {positive oder negative} ganze Zahl, aber ungleich Null ist, so ist*

$$\mathbf{C}[x^m] = 0.$$

Beweis. $\mathbf{C}[x^m]$ ist (nach 462) die Gränze, nach welcher

$$\frac{1}{n} \Sigma (x\Theta^{\mathfrak{a}})^m$$

mit unendlich wachsendem n konvergirt. Es ist aber

$$\frac{1}{n} \Sigma (x\Theta^{\mathfrak{a}})^m = \frac{x^m}{n} \Sigma \Theta^{\mathfrak{a}m}.$$

Nehmen wir n so gross an, dass m num. $< n$ ist, und setzen $\Sigma \Theta^{\mathfrak{a}m} = s$, so ist

$$s = \Theta^m + \Theta^{2m} + \cdots + \Theta^{nm}$$
$$s = 1 + \Theta^m + \Theta^{2m} + \cdots + \Theta^{(n-1)m},$$

weil $\Theta^{nm} = 1$ ist. Es geht aber der obere Ausdruck aus dem unteren durch Multiplikation mit Θ^m hervor; also haben wir

$$s\Theta^m = s, \text{ das heisst } s(1 - \Theta^m) = 0.$$

Es ist aber (nach 462)

$$\Theta = \cos\frac{2\pi}{n} + i \sin\frac{2\pi}{n},$$

also

$$\Theta^m = \cos\frac{2m\pi}{n} + i \sin\frac{2m\pi}{n};$$

also, da $m:n$ ein ächter Bruch ist, so ist $\Theta^m \gtrless 1$, also folgt aus der Gleichung $s(1 - \Theta^m) = 0$, dass † s gleich Null ist, also auch 318

$$\frac{x^m}{n} \Sigma \Theta^{\mathfrak{a}m} = 0,$$

das heisst

$$\frac{1}{n} \Sigma (x\Theta^{\mathfrak{a}})^m = 0,$$

sobald $n > m$ ist, also {ist} die Gränze, nach welcher dieser Ausdruck mit unendlich wachsendem n konvergirt, 0, das heisst $\mathbf{C}[x^m] = 0$.

Anm. In diesen Sätzen liegt der Grund der obigen Benennung, indem, wenn $f(x)$ eine beliebige (begränzte) Potenzreihe von x mit ganzen positiven oder negativen Exponenten und dem konstanten Gliede a ist, $\mathbf{C}[f(x)]$ gleich diesem konstanten Gliede a ist.

465. *Wenn* x num. $> a$ *ist, so ist*

$$\mathbf{C}\left[\frac{x}{x-a}\right] = 1.$$

Beweis. Es ist

$$\frac{x}{x-a} = 1 + \frac{a}{x} + \frac{a^2}{x^2} + \cdots + \frac{a^{r-1}}{x^{r-1}} + \frac{a^r}{x^{r-1}(x-a)}.$$

Also (nach 463, {464})

$$\mathbf{C}\left[\frac{x}{x-a}\right] = 1 + \mathbf{C}\left[\frac{a^r}{x^{r-1}(x-a)}\right].$$

Nun ist das letzte Glied der rechten Seite (nach {der Schlussweise von} 462) numerisch kleiner als der grösste der Ausdrücke, welche aus

$$\frac{a^r}{x^{r-1}(x-a)}$$

hervorgehen, indem man statt x beliebige mit x numerisch gleiche Werthe setzt. Der grösste dieser Ausdrücke ist, wenn A und X die numerischen Werthe von a und x sind,

$$= \frac{A^r}{X^{r-1}(X-A)}.$$

Ist nun p eine beliebige positive Grösse, so kann man r stets so gross wählen, dass

$$\frac{A^r}{X^{r-1}(X-A)} \text{ num.} < p$$

wird, und auch bleibt, wenn r noch wächst; also wird dann

$$\mathbf{C}\left[\frac{x}{x-a}\right] - 1 \text{ num.} < p,$$

das heisst, numerisch kleiner als jede positive Grösse, das heisst $= 0$, also

$$\mathbf{C}\left[\frac{x}{x-a}\right] = 1.$$

466. *Wenn die zweite abgeleitete Funktion von $f(x)$ stetig ist für jeden Zahlwerth x, der numerisch kleiner als x' ist, so lässt sich $f(x)$ in eine ächte, nach Potenzen von x aufsteigende Reihe entwickeln. Und*
319 *zwar, wenn z* num. $> x$, † *aber* num. $< x'$ *ist und das Zeichen $\mathbf{C}$ sich auf die Variable z bezieht, während x als konstant gesetzt wird, so ist*

$$f(x) = \mathbf{C}\left[\frac{z f(z)}{z-x}\right] = \sum x^{\mathfrak{a}} \mathbf{C}\left[\frac{f(z)}{z^{\mathfrak{a}}}\right],$$

und wenn X und Z beziehlich die numerischen Werthe von x und z sind, und F der grösste der numerischen Werthe ist, welche $f(z)$ für die *verschiedenen Werthe von z, welche numerisch $= Z$ sind, annimmt, so ist jedes Glied der obigen Entwickelungsreihe von $f(x)$, und auch der Rest der Reihe numerisch kleiner als das entsprechende Glied und als der entsprechende Rest der nach Potenzen von X entwickelten Reihe*

$$\frac{FZ}{Z-X} = F\sum\frac{X^a}{Z^a}.$$

Beweis. Es sei zunächst für z nur vorausgesetzt, dass es numerisch kleiner als x' sei, so ist (nach Hypothesis) $f''(z)$ stetig, also (nach 447) auch $f'(z)$ und $f(z)$. Nun sei x als konstant betrachtet, und nur z als variabel, und sei das konstante Glied der Funktion

$$(*)\qquad \varphi(z) = \frac{z(f(z) - f(x))}{z - x}$$

betrachtet; also zunächst die Stetigkeit von $\varphi'(z)$ untersucht.

Es ist *zuerst* für $z = x$ der Ausdruck

$$\frac{f(z) - f(x)}{z - x}$$

(nach 429, wo man nur $dx = 1$, und $x + q = z$ zu setzen hat, {und nach 435, 438}) $= f'(x) = f'(z)$, also in diesem Falle $\varphi(z) = zf'(z)$, also $\varphi'(z)$ in diesem Falle $= f'(z) + zf''(z)$, also stetig, da $f'(z)$ und $f''(z)$ es sind.

Ferner, wenn $z \gtrless x$, also $z - x \gtrless 0$ ist, so ist

$$\varphi'(z) = \frac{f(z) - f(x)}{z - x} + \frac{zf'(z)}{z - x} - \frac{z(f(z) - f(x))}{(z - x)^2}.$$

Da nun $f(z)$, $f'(z)$, z stetig sind, und $z - x \gtrless 0$ ist, so ist auch in diesem Falle $\varphi'(z)$ stetig; also $\varphi'(z)$ so lange stetig, als z num. $< x'$ ist.

Somit bleibt $\mathbf{C}[\varphi(z)]$ (nach 462) von unverändertem Werthe, so lange z num. $< x'$ ist, aber für $z = 0$ wird (nach $(*)$) $\varphi(z)$ gleichfalls null, somit ist $\mathbf{C}[\varphi(0)] = 0$, also auch $\mathbf{C}[\varphi(z)]$, also erhalten wir die Gleichung

$$\mathbf{C}\left[\frac{z(f(z) - f(x))}{z - x}\right] = 0.$$

Nehmen wir jetzt z numerisch $> x$ aber noch immer num. $< x'$ 320
an, so ist $z - x \gtrless 0$ und es sind daher

$$\frac{zf(z)}{z - x} \quad\text{und}\quad \frac{zf(x)}{z - x}$$

so wie ihre Differenziale nach z stetig, also (nach 463) {auch}

$$\mathbf{C}\left[\frac{zf(z)}{z - x}\right] - f(x)\,\mathbf{C}\left[\frac{z}{z - x}\right] = 0.$$

Aber

$$\mathbf{C}\left[\frac{z}{z - x}\right] = 1$$

(nach 465, wo man nur z statt x, und x statt a zu schreiben hat), folglich hat man

$$f(x) = \mathbf{C}\left[\frac{zf(z)}{z-x}\right].$$

Nun ist

$$\frac{z}{z-x} = 1 + \frac{x}{z} + \frac{x^2}{z^2} + \cdots + \frac{x^{r-1}}{z^{r-1}} + \frac{x^r}{z^{r-1}(z-x)},$$

also (nach 463)

$$f(x) = \mathbf{C}[f(z)] + x\mathbf{C}\left[\frac{f(z)}{z}\right] + x^2\mathbf{C}\left[\frac{f(z)}{z^2}\right] + \cdots +$$

$$+ x^{r-1}\mathbf{C}\left[\frac{f(z)}{z^{r-1}}\right] + \mathbf{C}\left[\frac{x^r f(z)}{z^{r-1}(z-x)}\right].$$

Hier ist das letzte Glied (nach {der Schlussweise von} 462) numerisch kleiner als der numerisch grösste der Ausdrücke, die man erhält, wenn man in

$$\frac{x^r f(z)}{z^{r-1}(z-x)}$$

statt z alle möglichen mit ihm numerisch gleichen Werthe setzt. Der grösste der numerischen Werthe, die dabei $f(z)$ annimmt, ist oben mit F bezeichnet, die numerischen Werthe von z und x aber mit Z und X; der numerisch grösste Werth, den $1:(z-x)$ annehmen kann, ist $1:(Z-X)$; also ist

$$\mathbf{C}\left[\frac{x^r f(z)}{z^{r-1}(z-x)}\right] \text{ num.} < \frac{X^r F}{Z^{r-1}(Z-X)};$$

und aus gleichem Grunde sind die übrigen Glieder, vom ersten anfangend, numerisch kleiner als

$$F, \frac{XF}{Z}, \frac{X^2 F}{Z^2}, \ldots, \frac{X^{r-1}F}{Z^{r-1}};$$

dies sind aber die entsprechenden Glieder und ersteres der entsprechende Rest der Reihe

$$\frac{FZ}{Z-X} = F\sum \frac{X^\alpha}{Z^\alpha}.$$

Da nun endlich die letztgenannte Reihe eine ächte ist, so ist auch die Reihe für $f(x)$, da ihre Glieder numerisch noch kleiner sind, als die Glieder dieser Reihe, eine ächte.

321 **467.** Der Taylor'sche und Maclaurin'sche Satz. *Wenn $f''(x)$ stetig ist für jedes x, was numerisch kleiner als x' ist, so ist in demselben Umfange*

$$f(x) = f(0) + xf'(0) + \frac{x^2}{2!}f''(0) + \frac{x^3}{3!}f^{(3)}(0) + \cdots = \sum f^{(\alpha)}(0)\frac{x^\alpha}{\alpha!}.$$

Beweis. Denn dann lässt sich $f(x)$ (nach 466) in eine Reihe entwickeln. Es sei diese Reihe

(*) $$f(x) = \Sigma a_\mathfrak{a} x^\mathfrak{a},$$

so ist

$$f^{(n)}(x) = \sum \frac{\mathfrak{a}!}{(\mathfrak{a}-n)!} a_\mathfrak{a} x^{\mathfrak{a}-n} \qquad [448, \{450\}],$$

also

$$f^{(n)}(0) = n!\, a_n,$$

da alle übrigen Glieder null sind, also

$$a_n = \frac{f^{(n)}(0)}{n!}.$$

Dies in (*) eingesetzt giebt die zu erweisende Gleichung.

Anm. Da $f(a + x)$ als Funktion von x betrachtet werden kann, so ist es überflüssig, den Satz in zwei Sätze (den Taylor'schen und Maclaurin'schen) zu zertrennen.

§ 3. Entwickelung der Funktionen mehrerer Zahlgrössen oder Einer extensiven Grösse in Reihen.

468. Lehrsatz und Erklärung (Erweiterung von 462). *Wenn $f(x_1, x_2, \ldots)$ eine Funktion mehrerer veränderlicher Zahlgrössen $x_1, x_2, \ldots$ ist, und die zu diesem Vereine gehörigen partiellen ersten Differenzialquotienten*

$$\frac{d}{dx_1} f(x_1, x_2, \ldots),\ \frac{d}{dx_2} f(x_1, x_2, \ldots),\ \ldots$$

allemal stetig sind, sobald gleichzeitig der numerische Werth von x_1 zwischen den Gränzen a_1 und b_1, der von x_2 zwischen den Gränzen a_2 und b_2 liegt, und so weiter; und wenn endlich

$$\Theta_1 = \cos\frac{2\pi}{n_1} + i\sin\frac{2\pi}{n_1},\quad \Theta_2 = \cos\frac{2\pi}{n_2} + i\sin\frac{2\pi}{n_2},\ \ldots,$$

so konvergirt der Ausdruck

$$\frac{1}{n_1 n_2 \ldots} \Sigma f(x_1 \Theta_1^\mathfrak{a},\ x_2 \Theta_2^\mathfrak{b},\ \ldots)$$

mit den unbegränzt wachsenden ganzen Zahlen $n_1, n_2, \ldots$ nach einer kon- 322
stanten (von $x_1, x_2, \ldots$ unabhängigen) Gränze. Diese konstante Gränze sei das zu jenem Stetigkeitsgebiete gehörende ***konstante Glied*** *der Funktion $f(x_1, x_2, \ldots)$ genannt und mit*

$$\mathbf{C}[f(x_1, x_2, \ldots)]$$

bezeichnet. Dann ist für zwei Variabeln

$$\mathbf{C}[f(x_1, x_2)] = \mathbf{C}_1(\mathbf{C}_2[f(x_1, x_2)]),$$

wo C_2 *sich nur auf die Variable* x_2 *bezieht* (x_1 *als konstant gesetzt) und* C_1 *sich nur auf die Variable* x_1 *bezieht* (x_2 *als konstant gesetzt); und entsprechend für mehr Variabeln.*

Beweis. 1. Für *zwei* Variabeln. Nach der Bedeutung der Summenbezeichnung ist

$$\frac{1}{n_1 n_2}\Sigma f(x_1\Theta_1^{\mathfrak{a}},\ x_2\Theta_2^{\mathfrak{b}}) = \sum \frac{1}{n_1}\sum \frac{1}{n_2} f(x_1\Theta_1^{\mathfrak{a}},\ x_2\Theta_2^{\mathfrak{b}}),$$

wo die innere Summe sich nur auf den Index $\mathfrak{b}$ bezieht, die äussere nur auf den Index $\mathfrak{a}$. Lassen wir nun zunächst n_2 unbegränzt wachsen, so konvergirt die innere Summe (nach 462) nach einer von x_2 unabhängigen Gränze, welche wir mit

$$\mathsf{C}_2[f(x_1\Theta_1^{\mathfrak{a}},\ x_2)]$$

zu bezeichnen haben. Diese Gränze wird also nur noch eine Funktion von $x_1\Theta_1^{\mathfrak{a}}$ sein; es sei dieselbe mit $\varphi(x_1\Theta_1^{\mathfrak{a}})$ bezeichnet, so ist die Gränze, nach welcher der obige Ausdruck mit unbegränzt wachsendem n_2 konvergirt,

$$= \frac{1}{n_1}\Sigma\varphi(x_1\Theta_1^{\mathfrak{a}}).$$

Wächst nun auch n_1 unbegränzt, so konvergirt (nach 462) dieser Ausdruck nach der auch von x_1 unabhängigen Gränze $\mathsf{C}_1[\varphi(x_1)]$. Nach dieser Gränze konvergirt also der ursprüngliche Ausdruck, wenn in ihm sowohl n_1 als n_2 unbegränzt wachsen; das heisst, es ist

$$\mathsf{C}[f(x_1,\ x_2)] = \mathsf{C}_1[\varphi(x_1)].$$

Aber es war

$$\varphi(x_1\Theta_1^{\mathfrak{a}}) = \mathsf{C}_2[f(x_1\Theta_1^{\mathfrak{a}},\ x_2)]$$

gesetzt, also ist (für $\mathfrak{a} = 0$),

$$\varphi(x_1) = \mathsf{C}_2[f(x_1,\ x_2)];$$

also

$$\mathsf{C}[f(x_1,\ x_2)] = \mathsf{C}_1(\mathsf{C}_2[f(x_1,\ x_2)]).$$

2. Dieselbe Schlussreihe lässt sich auf *beliebig viele* Veränderliche übertragen.

Anm. Es versteht sich von selbst, dass man auch $n_1 = n_2 = \cdots$, also auch $\Theta_1 = \Theta_2 = \cdots$ setzen kann, ohne dass der Satz aufhört richtig zu sein.

323 **469.** (Erweiterung von 466). *Wenn* $f(x_1,\ x_2,\ \ldots)$ *eine Funktion mehrerer veränderlicher Zahlgrössen* $x_1,\ x_2,\ \ldots$ *ist, und die zu dem Vereine dieser Veränderlichen gehörigen partiellen zweiten Differenzialquotienten*

$$\frac{d^2}{dx_1{}^2}f(x_1,\ x_2,\ \ldots),\ \frac{d^2}{dx_2{}^2}f(x_1,\ x_2,\ \ldots),\ \ldots$$

allemal stetig sind, sobald gleichzeitig x_1 *numerisch kleiner als* x_1',

x_2 numerisch kleiner als x_2' ist, ..., so lässt sich $f(x_1, x_2, \ldots)$ in eine nach ganzen homogenen Funktionen von $x_1, x_2, \ldots$ aufsteigende ächte Reihe entwickeln. Und zwar, wenn sich das Zeichen **C** *auf die Veränderlichen $z_1, z_2, \ldots$ bezieht, während $x_1, x_2, \ldots$ als konstant gesetzt werden, so ist*

$$\text{(a)} \qquad f(x_1, x_2, \ldots) = \mathbf{C}\left[f(z_1, z_2, \ldots)\frac{z_1}{z_1 - x_1} \cdot \frac{z_2}{z_2 - x_2} \cdots\right]$$

$$\text{(b)} \qquad = \sum x_1^{\mathfrak{a}} x_2^{\mathfrak{b}} \ldots \mathbf{C}\left[\frac{f(z_1, z_2, \ldots)}{z_1^{\mathfrak{a}} z_2^{\mathfrak{b}} \ldots}\right];$$

und wenn $X_1, Z_1, X_2, Z_2, \ldots$ beziehlich die numerischen Werthe von $x_1, z_1, x_2, z_2, \ldots$ sind, und F der grösste der numerischen Werthe ist, welche $f(z_1, z_2, \ldots)$ für die verschiedenen Werthe von $z_1, z_2, \ldots$, welche beziehlich numerisch $= Z_1, Z_2, \ldots$ sind, annimmt, so ist jedes Glied der obigen Entwickelungsreihe von $f(x_1, x_2, \ldots)$, so wie auch jede Summe jener Glieder und namentlich der mit dem homogenen Gliede eines beliebigen (n-ten) Grades beginnende Rest der Reihe numerisch kleiner als das entsprechende Glied oder die entsprechende Summe oder der entsprechende Rest in der Reihe

$$F\frac{Z_1}{Z_1 - X_1} \cdot \frac{Z_2}{Z_2 - X_2} \cdots = \sum\left(F\frac{X_1^{\mathfrak{a}}}{Z_1^{\mathfrak{a}}} \cdot \frac{X_2^{\mathfrak{b}}}{Z_2^{\mathfrak{b}}} \cdots\right).$$

Beweis. 1. Für *zwei* Veränderliche. Betrachten wir zunächst x_1 als konstant, so ist (nach 466)

$$(*) \qquad f(x_1, x_2) = \mathbf{C}_2\left[\frac{z_2 f(x_1, z_2)}{z_2 - x_2}\right].$$

Der Ausdruck auf der rechten Seite ist nur noch eine Funktion von x_1 und x_2; diese Funktion sei mit $\varphi(x_1, x_2)$ bezeichnet, so ist (nach 466)

$$f(x_1, x_2) = \varphi(x_1, x_2) = \mathbf{C}_1\left[\frac{z_1}{z_1 - x_1}\varphi(z_1, x_2)\right], \qquad 324$$

wo $\mathbf{C}_1$ sich nur auf die Veränderliche z_1 bezieht. Setzen wir nun statt $\varphi(z_1, x_2)$ seinen Werth, welcher aus der rechten Seite der obigen Gleichung (*) dadurch hervorgeht, dass man z_1 statt x_1 setzt, so erhalten wir

$$f(x_1, x_2) = \mathbf{C}_1\left(\frac{z_1}{z_1 - x_1}\mathbf{C}_2\left[\frac{z_2}{z_2 - x_2}f(z_1, z_2)\right]\right).$$

Da $\mathbf{C}_2$ sich nur auf die Variable z_2 bezieht, also $z_1 : (z_1 - x_1)$ in Bezug auf $\mathbf{C}_2$ als konstant gesetzt wird, so können wir (nach 463) auch das Zeichen $\mathbf{C}_2$ vor diesen Faktor setzen und erhalten

$$f(x_1, x_2) = \mathbf{C}_1\left(\mathbf{C}_2\left[\frac{z_1}{z_1 - x_1} \cdot \frac{z_2}{z_2 - x_2} f(z_1, z_2)\right]\right)$$
$$= \mathbf{C}\left[\frac{z_1}{z_1 - x_1} \cdot \frac{z_2}{z_2 - x_2} f(z_1, z_2)\right] \qquad [\text{nach } 468],$$

also {ist} Formel (a) bewiesen.

Es kommt nun darauf an, hier den in Klammern geschlossenen Ausdruck, in welchem wir der Kürze wegen f statt $f(z_1, z_2)$ schreiben wollen, in eine Reihe nach steigenden ganzen homogenen Funktionen von x_1 und x_2 zu entwickeln, und den zugehörigen Rest hinzuzufügen. Setzen wir $u_0, u_1, \ldots u_{n-1}$ als die n ersten Glieder und r_n als den zugehörigen Rest dieser Reihe, also

$$(**) \qquad \frac{z_1}{z_1 - x_1} \cdot \frac{z_2}{z_2 - x_2} f = u_0 + u_1 + \cdots + u_{n-1} + r_n,$$

so ist bekanntlich

$$u_0 = f, \quad u_1 = \left(\frac{x_1}{z_1} + \frac{x_2}{z_2}\right) f,$$

und für jeden Index r

$$(***) \qquad u_r = \sum \frac{x_1^{\mathfrak{a}} x_2^{\mathfrak{b}}}{z_1^{\mathfrak{a}} z_2^{\mathfrak{b}}} f \quad (\mathfrak{a} + \mathfrak{b} = r),$$

und

$$r_n = \frac{z_1}{z_1 - x_1} \cdot \frac{z_2}{z_2 - x_2} u_n.$$

Dann ist also

$$f(x_1, x_2) = u_0 + \mathbf{C}(u_1) + \mathbf{C}(u_2) + \cdots + \mathbf{C}(u_{n-1}) + \mathbf{C}(r_n).$$

Hier ist jedes Glied der rechten Seite (nach {der Schlussweise von} 462) numerisch kleiner als der numerisch grösste der Ausdrücke, die
325 man erhält, wenn man in die in Klammer geschlossene Funktion von z_1 und z_2 statt dieser Variabeln alle möglichen mit ihnen numerisch gleichen Werthe setzt. Der grösste der numerischen Werthe, die dabei f annimmt, ist oben mit F bezeichnet, die numerischen Werthe von z_1 und z_2, x_1 und x_2 mit Z_1 und Z_2, X_1 und X_2. Folglich ist

$$\frac{x_1^{\mathfrak{a}} x_2^{\mathfrak{b}} f}{z_1^{\mathfrak{a}} z_2^{\mathfrak{b}}} \text{ num.} < \frac{X_1^{\mathfrak{a}} X_2^{\mathfrak{b}} F}{Z_1^{\mathfrak{a}} Z_2^{\mathfrak{b}}};$$

also, da der Ausdruck rechts positiv ist, so ist (nach 418) auch

$$\sum \frac{x_1^{\mathfrak{a}} x_2^{\mathfrak{b}} f}{z_1^{\mathfrak{a}} z_2^{\mathfrak{b}}} \text{ num.} < \sum \frac{X_1^{\mathfrak{a}} X_2^{\mathfrak{b}} F}{Z_1^{\mathfrak{a}} Z_2^{\mathfrak{b}}},$$

also auch (nach (***)) für jeden Index r

$$u_r \text{ num.} < U_r,$$

wo U_r dasjenige bezeichnet, was aus u_r hervorgeht, wenn man darin X_1, Z_1, X_2, Z_2, F statt x_1, z_1, x_2, z_2, f setzt, so dass also

$$(****) \qquad \frac{Z_1}{Z_1 - X_1} \cdot \frac{Z_2}{Z_2 - X_2} F = U_0 + U_1 + \cdots + U_{n-1} + R_n$$

wird, wo auch der Rest R_n aus r_n durch dieselben Substitutionen hervorgeht. Dieser Rest ist noch zu untersuchen.

Es ist, wie soeben gezeigt,

$$u_n \text{ num.} < U_n.$$

Ferner aber auch, da unter allen Werthen, welche $z_1 - x_1$ annehmen kann, wenn statt z_1 und x_1 alle möglichen mit ihnen numerisch gleichen Werthe gesetzt werden, $Z_1 - X_1$ der numerisch kleinste ist, so ist

$$\frac{z_1}{z_1 - x_1} \text{ num.} < \frac{Z_1}{Z_1 - X_1},$$

und aus gleichem Grunde

$$\frac{z_2}{z_2 - x_2} \text{ num.} < \frac{Z_2}{Z_2 - X_2}.$$

Also, da die beiden letzten Vergleichungen nur Zahlgrössen enthalten, so ist (nach 419c)

$$\frac{z_1}{z_1 - x_1} \cdot \frac{z_2}{z_2 - x_2} u_n \text{ num.} < \frac{Z_1}{Z_1 - X_1} \cdot \frac{Z_2}{Z_2 - X_2} U_n,$$

das heisst

$$r_n \text{ num.} < R_n.$$

Also ist auch (nach 468)

$$\mathbf{C}(u_r) \text{ num.} < U_r, \quad \mathbf{C}(r_n) \text{ num.} < R_n,$$

das heisst, jedes Entwickelungsglied der Reihe für $f(x_1, x_2)$, und der 326
Rest derselben ist numerisch kleiner als das entsprechende Glied und als der entsprechende Rest der Entwickelungsreihe (****). Diese letztere Reihe ist aber bekanntlich konvergent, das heisst, ihr Rest R_n konvergirt mit unbegränzt wachsendem n nach Null; also thut dies auch der Rest $\mathbf{C}(r_n)$, da er numerisch noch kleiner als R_n ist, das heisst, auch die Entwickelungsreihe für $f(x_1, x_2)$ ist konvergent, so lange nämlich die Bedingung erfüllt wird, dass x_1 num. $< x_1'$ und x_2 num. $< x_2'$ bleibt.

Die Reihe für $f(x_1, x_2)$ war aber, wenn wir den Rest, wie dies bei konvergenten Reihen gestattet ist, weglassen,

$$f(x_1, x_2) = u_0 + \mathbf{C}(u_1) + \mathbf{C}(u_2) + \cdots,$$

wo

$$\mathbf{C}(u_r) = \mathbf{C}\left[\sum \frac{x_1^{\mathfrak{a}} x_2^{\mathfrak{b}} f}{z_1^{\mathfrak{a}} z_2^{\mathfrak{b}}}\right] (\mathfrak{a} + \mathfrak{b} = r),$$

das heisst,

$$= \sum x_1^{\mathfrak{a}} x_2^{\mathfrak{b}} \mathbf{C}\left[\frac{f(z_1, z_2)}{z_1^{\mathfrak{a}} z_2^{\mathfrak{b}}}\right] (\mathfrak{a} + \mathfrak{b} = r),$$

womit die Formel (b) bewiesen ist.

Es bleibt noch zu zeigen, dass die Reihe

$$f(x_1, x_2) = u_0 + \mathbf{C}(u_1) + \mathbf{C}(u_2) + \cdots$$

nicht bloss eine konvergente, sondern auch eine ächte ist.

Da x_1, x_2 num. $< x_1'$, x_2' sind, so sind $x_1' : x_1$ und $x_2' : x_2$ num. > 1; folglich muss es eine positive Zahl T geben, welche > 1 aber numerisch kleiner als $x_1' : x_1$ und $x_2' : x_2$ ist. Dann hat man $x_1 T$ num. $< x_1'$ und $x_2 T$ num. $< x_2'$, folglich muss {nach 461} die Reihe für $f(x_1, x_2)$ noch konvergent bleiben, wenn man $x_1 T$ statt x_1 und $x_2 T$ statt x_2 setzt; dann verwandelt sich aber $\mathbf{C}(u_r)$, da es eine homogene Funktion r-ten Grades von x_1, x_2 ist, in $T^r \mathbf{C}(u_r)$, folglich bleibt die Reihe

$$u_0 + T\mathbf{C}(u_1) + T^2\mathbf{C}(u_2) + \cdots$$

konvergent, also auch ihre Glieder bis ins Unendliche hin endlich, also {ist} (nach 454) die Reihe

$$u_0 + \mathbf{C}(u_1) + \mathbf{C}(u_2) + \cdots$$

eine ächte.

2. Der Beweis 1 ist überall so geführt, dass er sich unmittelbar auf *beliebig viele* Variable übertragen lässt.

327 **470.** *Der Taylor'sche Satz* (467) *gilt auch, wenn x eine beliebige extensive Grösse ist; das heisst, es ist auch in diesem Falle {für jedes x, das numerisch kleiner ist als x',}*

$$f(x) = f(0) + xf'(0) + \frac{x^2}{2!}f''(0) + \cdots = \sum \frac{x^{\mathfrak{a}}}{\mathfrak{a}!} f^{(\mathfrak{a})}(0),$$

vorausgesetzt, dass $d^2 f(x)$ für jeden Werth x, der numerisch kleiner als x' ist, stetig sei.

Beweis. Es sei

$$x = x_1 e_1 + x_2 e_2 + \cdots,$$

wo e_1, e_2, ... die normalen Einheiten von x sind, so ist (nach Hypothesis) $d^2 f(x)$ stetig; aber (nach 449)

$$d_x^2 f(x) = \delta_1^2 f(x) \,.\, dx_1^2 + \delta_2^2 f(x) \,.\, dx_2^2 + \cdots + \\ + 2\delta_1\delta_2 f(x) \,.\, dx_1 dx_2 + \cdots,$$

wo δ_1, δ_2, ... die zu dem Vereine der Variabeln x_1, x_2, ... gehörigen partiellen Differenzialquotienten sind. Diese Gleichung gilt für jede Werthreihe von dx_1, dx_2, ..., also namentlich, wenn man dx_2, dx_3, ... null setzt. Dann aber wird $d_x^2 f(x) = \delta_1^2 f(x) \,.\, dx_1^2$, also ist $\delta_1^2 f(x)$ stetig, aus gleichem Grunde $\delta_2^2 f(x)$, ...; also lässt sich (nach 469) $f(x)$, als Funktion von x_1, x_2, ..., in eine ächte Reihe entwickeln, deren Glieder nach ganzen homogenen Funktionen von x_1, x_2, ... fortschreiten; es sei

$$f(x) = u_0 + u_1 + u_2 + \cdots$$

diese Reihe, wo

$$u_r = \Sigma a_{\mathfrak{a}, \mathfrak{b}, \ldots} x_1{}^{\mathfrak{a}} x_2{}^{\mathfrak{b}} \ldots (\mathfrak{a} + \mathfrak{b} + \cdots = r)$$

ist. Setzen wir hier

$$\Sigma a_{\mathfrak{a}, \mathfrak{b}, \ldots} [l | e_1]^{\mathfrak{a}} [l | e_2]^{\mathfrak{b}} \ldots (\mathfrak{a} + \mathfrak{b} + \cdots = r) = a_r,$$

wo l eine durch x ausfüllbare Lücke bezeichnet, so wird $u_r = a_r x^r$, und also

$$(*) \qquad f(x) = a_0 + a_1 x + a_2 x^2 + \cdots.$$

Setzen wir hier $x = yz$, wo z eine Zahl ist, so wird

$$f(x) = f(yz) = a_0 + a_1 y \,.\, z + a_2 y^2 \,.\, z^2 + \cdots = \Sigma \{ a_{\mathfrak{a}} y^{\mathfrak{a}} \,.\, z^{\mathfrak{a}} \}.$$

Also sind (nach 460) die Differenzialquotienten dieser Reihe nach z gleichfalls ächte Reihen, und es wird also

$$\frac{d^n}{dz^n} f(yz) = \sum \left(\frac{\mathfrak{a}!}{(\mathfrak{a} - n)!} a_{\mathfrak{a}} y^{\mathfrak{a}} \,.\, z^{\mathfrak{a} - n} \right).$$

Aber (nach 440) ist

$$\frac{d}{dz} f(yz) = f'(yz) \frac{d}{dz} (yz) = f'(x) y,$$

und † ebenso 328

$$\frac{d^2}{dz^2} f(yz) = f''(x) y^2, \ \ldots, \ \frac{d^n}{dz^n} f(yz) = f^{(n)}(x) y^n.$$

Also

$$f^{(n)}(x) y^n = \sum \left(\frac{\mathfrak{a}!}{(\mathfrak{a} - n)!} a_{\mathfrak{a}} y^{\mathfrak{a}} \,.\, z^{\mathfrak{a} - n} \right).$$

Setzt man nun $z = 0$, so wird auch $x = yz = 0$, also

$$f^{(n)}(0) y^n = n! a_n y^n,$$

da alle übrigen Glieder der rechten Seite verschwinden. Somit, da diese Gleichung für jeden Werth y gilt, so ist, wie aus 357 leicht hervorgeht,

$$f^{(n)}(0) = n! a_n, \text{ also } a_n = \frac{f^{(n)}(0)}{n!},$$

was, in die obige Gleichung (*) eingeführt, die zu erweisende Formel liefert.

Kapitel 4. **Integralrechnung.**

§ 1. Integration von Differenzialausdrücken.

471. *Wenn $f(t)$ eine reelle Zahlfunktion der reellen Zahlgrösse t ist, und die abgeleitete Funktion $f'(t)$ zwischen $t = t_1$ und $t = t_2$ stetig und positiv ist, so wächst zwischen denselben Gränzen $f(t)$ mit t; wenn dagegen $f'(t)$ stetig und negativ ist, so nimmt $f(t)$ ab, während t wächst.*

Beweis. Es ist (nach 439, indem man hier t statt x, und $z = 1$ setzt)

$$f(t+q) = f(t) + q(f'(t) + N),$$

wo N mit q null wird, also

$$f(t+q) - f(t) = q(f'(t) + N).$$

Da N mit q null wird, so muss für gehörig kleine Werthe von q auch $f'(t) + N$ mit $f'(t)$ gleichbezeichnet sein; also, wenn q und $f'(t)$ gleichbezeichnete Grössen sind, so wird dann $q(f'(t) + N)$ positiv, also auch $f(t+q) > f(t)$ sein, das heisst, $f(t)$ wächst mit t; wenn aber q und $f'(t)$ ungleichbezeichnete Grössen sind, so wird $q(f'(t) + N)$ negativ, also $f(t+q) < f(t)$, das heisst, $f(t)$ nimmt ab, wenn t wächst.

472. *Wenn die reelle Zahlfunktion $f(t)$ der reellen Zahlgrösse t für $t = t_1$ denselben Werth annimmt, wie für $t = t_2$, wo $t_2 > t_1$ ist, und*
329 *$f'(t)$ für jeden Werth t, der zwischen t_1 † und t_2 liegt, stetig ist, so muss für irgend einen Werth t, der zwischen t_1 und t_2 liegt, $f'(t) = 0$ sein.*

Beweis. Wenn $f'(t)$ für jedes zwischen t_1 und t_2 liegende t von Null verschieden wäre, so müsste es fortdauernd positiv oder fortdauernd negativ sein. Denn wäre $f'(t)$ für einige Werthe positiv, für andere negativ, so müsste es mindestens einen Werth geben, wo $f'(t)$ aufhörte positiv zu sein und anfinge negativ zu werden, oder umgekehrt; da aber $f'(t)$ (nach Hypothesis) stetig ist, so müsste es bei diesem Werthe von t nothwendig null werden. Wenn aber $f'(t)$ dauernd positiv wäre, so würde (nach 471) $f(t_2) > f(t_1)$ sein, was mit der Voraussetzung, dass $f(t_1) = f(t_2)$ sei, streitet. Wäre andererseits $f'(t)$ dauernd negativ, so müsste (nach 471) $f(t_2) < f(t_1)$ sein, was gleichfalls mit der Voraussetzung streitet. Also ist die Annahme, dass $f'(t)$ für jedes zwischen t_1 und t_2 liegende t von Null verschieden sei, unmöglich, das heisst, $f'(t)$ ist für irgend ein zwischen t_1 und t_2 liegendes t null.

473. *Wenn $f(t)$ eine reelle Zahlfunktion einer reellen Zahlgrösse t ist, und $f'(t)$ für jedes zwischen t_1 und t_2 liegende t stetig ist, so muss für irgend ein zwischen diesen Gränzen liegendes t*

$$\frac{f(t_2) - f(t_1)}{t_2 - t_1} = f'(t)$$

sein.

Beweis. Die Funktion

$$\varphi(t) = f(t) - \frac{f(t_2) - f(t_1)}{t_2 - t_1}(t - t_1)$$

nimmt für $t = t_1$ den Werth $f(t_1)$, für $t = t_2$ denselben Werth $f(t_1)$ an; da nun

$$\varphi'(t) = f'(t) - (f(t_2) - f(t_1)) : (t_2 - t_1)$$

ist, so ist also auch $\varphi'(t)$ zwischen jenen Gränzen stetig, folglich giebt es (nach 472) einen zwischen denselben Gränzen liegenden Werth t, für welchen $\varphi'(t) = 0$, das heisst,

$$f'(t) = \frac{f(t_2) - f(t_1)}{t_2 - t_1}$$

ist.

474. *Wenn $f(t)$ eine beliebige Funktion der reellen Zahlgrösse t ist, so ist, so lange $f'(t) = 0$ ist, auch $f(t)$ nothwendig konstant.*

Beweis. 1. $f(t)$ sei eine *reelle Zahlfunktion*. Angenommen, es 330
habe $f(t)$ für zwei verschiedene Werthe t_1 und t_2 ungleiche Werthe, also $f(t_1) \gtrless f(t_2)$, während doch $f'(t)$ zwischen t_1 und t_2 null sei, so hätte man (nach 473) für irgend ein zwischen t_1 und t_2 liegendes t

$$f'(t) = \frac{f(t_2) - f(t_1)}{t_2 - t_1},$$

also ungleich Null, was mit der Voraussetzung streitet; also ist die Annahme, dass $f(t)$ für irgend zwei Werthe, welche noch innerhalb der Gränzen liegen, zwischen welchen $f'(t) = 0$ ist, ungleiche Werthe annehme, unmöglich, das heisst, $f(t)$ ist innerhalb dieser Gränzen konstant.

2. Wenn $f(t)$ eine *beliebige Funktion* ist, und $e_1, e_2, \ldots$ ihre normalen Einheiten und $f_1(t), f_2(t), \ldots$ die zugehörigen Ableitzahlen sind, also

$$f(t) = e_1 f_1(t) + e_2 f_2(t) + \cdots$$

ist, so ist (nach 434)

$$df(t) = e_1 df_1(t) + e_2 df_2(t) + \cdots,$$

das heisst,

$$f'(t) = e_1 f_1'(t) + e_2 f_2'(t) + \cdots.$$

Da nun vorausgesetzt war, dass $f'(t) = 0$ sei, so sind (nach 28)

$$f_1'(t) = f_2'(t) = \cdots = 0,$$

also (nach Beweis 1, da $f_1(t), \ldots$ Zahlfunktionen sind) $f_1(t), f_2(t), \ldots$ konstant, also auch $e_1 f_1(t) + e_2 f_2(t) + \cdots$ konstant, das heisst, $f(t)$ konstant.

475. *Wenn $d_x f(x)$ innerhalb gewisser Gränzen, für jedes dx null ist, so ist innerhalb derselben Gränzen $f(x)$ konstant.*

Beweis. Es seien $e_1, e_2, \ldots$ die normalen Einheiten, und $x_1, x_2, \ldots$ die zugehörigen Ableitzahlen von x, also $x = x_1 e_1 + x_2 e_2 + \cdots$, und seien die zu dem Vereine der Variabeln $x_1, x_2, \ldots$ gehörigen partiellen

Differenzialquotienten nach $x_1, x_2, \ldots$ beziehlich mit $\delta_1, \delta_2, \ldots$ bezeichnet, so ist (nach 437)

$$d_x f(x) = \delta_1 f(x) \,.\, dx_1 + \delta_2 f(x) \,.\, dx_2 + \cdots .$$

Da nun $d_x f(x)$ (nach Hypothesis) für jedes dx null ist, also auch, wenn $dx_1 \gtrless 0$, $dx_2, dx_3, \ldots$ null sind, so hat man $\delta_1 f(x) = 0$, also (nach 474) $f(x)$ von x_1 unabhängig, und aus gleichem Grunde auch $f(x)$ von $x_2, x_3, \ldots$ unabhängig, das heisst, von x unabhängig, also konstant.

476. *Wenn innerhalb gewisser Gränzen die Differenziale der Funktionen $f(x)$ und $\varphi(x)$ fortdauernd gleich sind, und für irgend einen*
331 *Werth x innerhalb jener Gränzen die Funktionen † selbst einander gleich sind, so findet diese Gleichheit auch für jeden andern zwischen jenen Gränzen liegenden Werth x statt.*

Beweis. Es sei $F(x) = f(x) - \varphi(x)$, so hat man

$$dF(x) = df(x) - d\varphi(x),$$

also $dF(x)$ innerhalb jener Gränzen, für welche die Voraussetzung, dass $df(x) = d\varphi(x)$ sei, stattfand, null; also (nach 475) innerhalb derselben Gränzen $F(x)$ konstant, das heisst, $f(x) - \varphi(x) =$ Konst. Da nun für einen gewissen Werth von x, nach der Voraussetzung, $f(x) = \varphi(x)$ ist, so ist die obige Konstante null, also für jeden Werth x innerhalb jener Gränzen $f(x) - \varphi(x) = 0$, das heisst, $f(x) = \varphi(x)$.

477. Erklärung. Wenn t eine positive Zahl ist und die Funktion $f(t)$ zwischen $t = 0$ und $t = t_1$ stetig ist, so verstehe ich unter dem Integral von $f(t)dt$ diejenige Funktion $F(t)$, welche mit t null wird und deren nach t genommenes Differenzial für jedes t, welches zwischen jenen Gränzen liegt, gleich $f(t)dt$ ist. Ich bezeichne dies Integral mit $d^{-1}f(t)dt$; das heisst, es ist

$$d^{-1}f(t)dt = F(t),$$

wenn

$$d_t F(t) = f(t)dt \text{ und } F(0) = 0$$

ist.

Anm. Die gewählte Bezeichnung gewährt vor der gewöhnlichen den Vorzug, dass sie nur als eine Erweiterung der für die Differenzialrechnung geltenden erscheint; eine neue Bezeichnung schien aber wünschenswerth, da der Begriff des Integrals, wie er oben aufgestellt ist, mit dem gewöhnlichen Begriffe desselben nicht deckend ist. Wenn wir bei der gewählten Bezeichnung festsetzen, dass das Differenzial, auf welches sich die Integration bezieht (hier dt) stets an den Schluss des zu integrirenden Ausdruckes gestellt werde, so können wir bei derselben die Klammer, welche eigentlich den zu integrirenden Ausdruck umschliessen müsste, entbehren. Ebenso hat man nicht nöthig, die Grösse, nach welcher integrirt werden soll, dem Integrationszeichen beizufügen, da diese gleichfalls durch das an den Schluss gestellte Differenzial schon bezeichnet ist. Allein dann muss man festhalten, dass man dann nicht für dies Differenzial einen ihm gleichen Ausdruck, welcher ein anderes Differenzial enthält, setzen darf, wenn man nicht zuvor nachgewiesen hat, dass das Integral, wenn es sich auf dies neue Differenzial bezieht, denselben Werth beibehält.

Die Aenderung in dem Begriffe des Integrals, wie sie die obige Definition zeigt, besteht darin, dass die Unbestimmtheit, welche das sogenannte *allgemeine Integral* vermöge der willkürlich hinzuzufügenden Konstanten erhält, aufgehoben ist, indem das Integral nach dem aufgestellten Begriffe stets zwischen zwei genau festgestellten Gränzen genommen + ist, indem nämlich als Anfangsgränze 0, als 332
Endgränze der Werth der Variabeln selbst gesetzt ist. Das allgemeine Integral ist als für sich bestehende Grösse aus der Mathematik aus demselben Grunde gänzlich zu verbannen, wie alle andern mehrdeutigen Grössen und Grössenverknüpfungen, weil nämlich **kein** algebraisches Gesetz für solche mehrdeutige Ausdrücke allgemeine Geltung behält. Es hat also nur das bestimmte Integral wissenschaftliche Berechtigung.

Die gewählte Bezeichnung reicht aber {auch} aus, um jedes *bestimmte Integral* zu bezeichnen. Denn soll zum Beispiel das Integral von $f(z)dz$ zwischen den Gränzen a und $a + b$ genommen werden, so hat man nur $z = a + t$ zu setzen und $d^{-1}f(a + t)dt$ zu nehmen und nach der Integration $t = b$ zu setzen.

Noch bemerke ich, dass die Stetigkeit der zu integrirenden Funktion im Folgenden überall vorausgesetzt wird, auch wenn diese Bedingung nicht ausdrücklich hinzugefügt ist.

478. Zusatz. *Wenn t eine positive Zahlgrösse ist, so ist*

$$d_t(d^{-1}f(t)dt) = f(t)dt,$$

und

$$[d^{-1}f(t)dt]_{(t=0)} = 0.$$

479. *Wenn $f(0) = 0$ ist, so ist für jede positive Zahlgrösse t, die zwischen den Gränzen 0 und t' liegt, zwischen welchen $df(t)$ stetig ist,*

$$d^{-1}df(t) = f(t).$$

Beweis. Nach 478 ist, wenn alle Differenziale nach t genommen sind,

$$d(d^{-1}df(t)) = df(t)$$

und

$$[d^{-1}df(t)]_{(t=0)} = 0;$$

also haben die beiden Funktionen $d^{-1}df(t)$ und $f(t)$ die Eigenschaft, dass für jedes zwischen 0 und t' liegende t ihre Differenziale gleich sind, und dass für $t = 0$ beide Funktionen einander gleich, nämlich gleich Null werden; denn für $d^{-1}df(t)$ haben wir es soeben bewiesen, und für $f(t)$ ist es (nach Hypothesis) der Fall. Also sind (nach 476) beide Funktionen einander gleich.

480. *Eine Summe integrirt man {nach einer positiven Zahlgrösse}, indem man die Stücke integrirt, und ein Produkt, dessen einer Faktor* *konstant ist, integrirt man, indem man den variablen Faktor integrirt, und den konstanten unverändert lässt; oder, beides zu einer allgemeineren Formel zusammengefasst,*

$$d^{-1}\Sigma a_\alpha f_\alpha(t)\,.\,dt = \Sigma a_\alpha d^{-1} f_\alpha(t)dt.$$

Beweis. Nach 478 wird die Funktion $d^{-1}f_\alpha(t)dt$ mit t null, also auch $a_\alpha d^{-1}f_\alpha(t)dt$, also {nach 421} auch die Summe dieser Ausdrücke; folglich ist (nach 479)

333
$$\begin{aligned}\Sigma a_\alpha d^{-1} f_\alpha(t)dt &= d^{-1}d\,\Sigma a_\alpha d^{-1} f_\alpha(t)dt \\ &= d^{-1}\,\Sigma a_\alpha d d^{-1} f_\alpha(t)dt \qquad [432,\ 433] \\ &= d^{-1}\,\Sigma a_\alpha f_\alpha(t)\,.\,dt \qquad [478].\end{aligned}$$

481. *Wenn $f(t)$ stetig ist für jede zwischen den Gränzen 0 und t' liegende positive Zahlgrösse t, so ist für jedes solche t auch die Integration von $f(t)dt$ ausführbar.*

Beweis. Wenn $f(t)$ eine reelle Zahlfunktion ist, so ist der Beweis bekannt (vgl. zum Beispiel Moigno, Calcul intégral p. 1 ss. {Paris 1844}). Wenn aber $f(t)$ eine beliebige Grösse ist, und e_1, e_2, ... ihre normalen Einheiten, $f_1(t)$, $f_2(t)$, ... ihre Ableitzahlen sind, also

$$f(t) = e_1 f_1(t) + e_2 f_2(t) + \cdots$$

ist, so ist (nach 480)

$$d^{-1}f(t)dt = e_1 d^{-1}f_1(t)dt + e_2 d^{-1} f_2(t)dt + \cdots.$$

Da nun (nach 413) $f_1(t)$, $f_2(t)$, ... reell sind, so sind, wie eben gezeigt, die Integrationen $d^{-1}f_1(t)dt$, $d^{-1}f_2(t)dt$, ... ausführbar, also auch die Integration $d^{-1}f(t)dt$.

482. *Wenn die positive Zahlgrösse $t = \varphi(u)$ Funktion einer andern positiven Zahlgrösse u ist, und $\varphi(u)$ mit u zugleich null wird, so ist*

$$d^{-1}f(t)\,dt = d^{-1}f(t)\,\varphi'(u)\,du.$$

Beweis. Es sei $d^{-1}f(t)dt = F(t)$, das heisst, $d_t F(t) = f(t)dt$ und $F(0) = 0$. Da nun $d_t F(t) = F'(t)dt$ ist, so folgt aus der ersteren Gleichung $F'(t) = f(t)$. Nun ist (nach 440)

$$\begin{aligned}d_u F(t) &= F'(t) d_u t = F'(t) d_u \varphi(u) \\ &= F'(t)\varphi'(u)du \qquad [435].\end{aligned}$$

Ferner ist, wie oben gezeigt, $F'(t) = f(t)$, und $F(t) = F(\varphi(u))$, also, da $\varphi(u)$ mit u zugleich null wird, so wird $F(t)$ nicht bloss mit t, sondern auch mit u null, und wir erhalten also

$$d_u F(\varphi(u)) = f(t)\varphi'(u)du$$

und

$$F(\varphi(0)) = 0,$$

also ist (nach 477)

$$F(\varphi(u)) = d^{-1}f(t)\varphi'(u)du;$$

aber es war auch

$$F(\varphi(u)) = F(t) = d^{-1}f(t)dt,$$

also

$$d^{-1}f(t)dt = d^{-1}f(t)\varphi'(u)du.$$

483. Erklärung. Wenn x eine beliebige Grösse ist, deren numerischer Werth t ist, und $x:t$ mit e bezeichnet wird (wo also der numerische Werth von e gleich 1 und $x = et$ ist), so setze ich

$$d^{-1}f(x)dx = d^{-1}f(et)edt,$$

wo e bei der Integration als konstant gesetzt und vorausgesetzt wird, 334
dass $f(et)$ in t stetig ist, und auch bleibt, wenn t bis Null hin abnimmt. Wenn sich *eine mit x null werdende Funktion von x* finden lässt, deren nach x genommenes Differenzial $f(x)dx$ ist, so sagen wir, dass in diesem Falle $f(x)dx$ allseitig integrirbar sei.

Anm. Wir werden späterhin {vgl. Nr. 486} zeigen, dass jedesmal, wenn es eine Funktion $F(x)$ von der Art giebt, das $d_x F(x) = f(x)dx$, und $F(0) = 0$ sei, dann auch für jedes x jene Funktion $F(x) = d^{-1}f(x)dx$ sei, wobei $d^{-1}f(x)dx$ in dem oben gegebenen Sinne aufzufassen ist. Dagegen wird sich zeigen, dass es nicht zu jedem $f(x)dx$ eine Funktion $F(x)$ von der genannten Eigenschaft giebt, während auf der andern Seite $d^{-1}f(x)dx = d^{-1}f(et)edt$ (nach 481) stets gefunden werden kann. Es ist also $d^{-1}f(x)dx$ in der Weise, wie wir es oben definirt haben, als das allgemeine stets mögliche Integral von $f(x)dx$ aufzufassen, welches sich nur in speciellen Fällen als Funktion von x in der Art darstellen lässt, dass das nach x genommene Differenzial dieser Funktion gleich $f(x)dx$ sei.

484. *Statt eine Summe zu integriren, kann man die Stücke einzeln integriren, das heisst,*

$$d^{-1}(f_1(x) + f_2(x) + \cdots)dx = d^{-1}f_1(x)dx + d^{-1}f_2(x)dx + \cdots$$

oder

$$d^{-1}\Sigma f_a(x)\,.\,dx = \Sigma d^{-1}f_a(x)dx,$$

{*auch wenn die unabhängige Veränderliche x eine beliebige extensive Grösse ist*}.

Beweis. Es sei $x = et$, wo t eine positive Zahlgrösse und e numerisch gleich 1 ist, so ist

$$\begin{aligned} d^{-1}\Sigma f_a(x).dx &= d^{-1}\{\Sigma f_a(et)\}edt && [483] \\ &= d^{-1}\Sigma f_a(et)e.dt && [39] \\ &= \Sigma d^{-1}f_a(et)edt && [480], \end{aligned}$$

weil nämlich t eine positive Zahlgrösse ist,

$$= \Sigma d^{-1}f_a(x)dx \qquad [483].$$

485. *Statt ein Produkt zweier Faktoren, von denen der eine konstant ist, zu integriren, kann man den andern Faktor integriren, und den konstanten Faktor unverändert lassen, das heisst*

$$d^{-1}af(x)dx = ad^{-1}f(x)dx,$$

wo $f(x)$ *im Allgemeinen einen Ausdruck mit zwei Lücken darstellt, von denen die eine durch* a, *die andere durch* dx *ausgefüllt werden soll. Bezeichnen wir die erstere Lücke durch* l, *die letztere durch* l_1, *und schreiben statt* a *und* dx *beziehlich*

$$\frac{a}{l} \text{ und } \frac{dx}{l_1},$$

335 *um dadurch symbolisch auszudrücken, dass* a † *in die Lücke* l, *und* dx *in die Lücke* l_1 *eintreten soll, so können wir die obige Formel bezeichnender schreiben*

$$d^{-1}\frac{a}{l}f(x)\frac{dx}{l_1} = \frac{a}{l}d^{-1}f(x)\frac{dx}{l_1}.$$

Beweis. Setzen wir $x = ct$ (in dem Sinne von 483), so ist

$$\frac{a}{l}d^{-1}f(x)\frac{dx}{l_1} = \frac{a}{l}d^{-1}f(ct)\frac{e}{l_1}dt \qquad [483]$$

$$= d^{-1}d\left[\frac{a}{l}d^{-1}f(ct)\frac{e}{l_1}dt\right] \qquad [479, \{477\}]$$

$$= d^{-1}\frac{a}{l}dd^{-1}f(et)\frac{e}{l_1}dt \qquad [433]$$

$$= d^{-1}\frac{a}{l}f(et)\frac{e}{l_1}dt \qquad [478]$$

$$= d^{-1}\frac{a}{l}f(x)\frac{dx}{l_1} \qquad [483].$$

Anm. {Da es hier nothwendig wird, zwischen den einzelnen Lücken der Funktion $f(x)$ und ihren Füllgrössen a und dx eine bestimmte Zuordnung festzusetzen, so tritt der Lückenausdruck $f(x)$, — wir wollen ihn einen Ausdruck mit „gebundenen" Lücken nennen, — in Gegensatz zu den bisher betrachteten Lückenausdrücken mit „freien" Lücken, bei denen eine Kettung der Lücken an einzelne Füllgrössen nicht stattfand*). Die Verschiedenheit beider Arten von Lückenausdrücken zeigt sich sogleich darin, dass ein Ausdruck mit n gebundenen Lücken bei der Multiplikation mit dem Produkte von n Füllgrössen stets nur ein einziges Glied ergiebt, während ein Ausdruck mit n freien Lücken bei derartiger Multiplikation eine Schaar von $n!$ Gliedern lieferte, aus denen das arithmetische Mittel zu nehmen war.

Hält man an der oben gewählten Bezeichnung fest, bei welcher die Lücken durch Zeiger von einander unterschieden werden, während ihre Verkettung mit den Füllgrössen durch die zu den Füllgrössen hinzugefügten Nenner kenntlich gemacht wird, so bleibt es vollkommen willkürlich, ob man die Füllgrössen vor

*) {Die Lückenausdrücke der letzteren Art wurden bisher im Texte weniger bezeichnend Ausdrücke mit „vertauschbaren" Lücken genannt.}

oder hinter den Lückenausdruck stellt, da ja doch jeder von ihnen durch ihren Nenner der Platz, den sie beim Einrücken in den Lückenausdruck erhalten soll, genau vorgeschrieben ist. Doch wird im Folgenden auch eine andere, bequemere Schreibweise Verwendung finden. Zur Festlegung der Zuordnung zwischen den Lücken und ihren Füllgrössen genügt es nämlich, wenn man den Lücken, etwa wieder durch Hinzufügung von Zeigern, eine gewisse *Rangordnung* ertheilt, die Füllfaktoren aber ohne Beifügung von Nennern hinter den Lückenausdruck stellt mit der Bestimmung, dass die zuerst aufgeführte Füllgrösse in die erste Lücke eintreten solle, die zweite in die zweite, und so fort.

Ob die Lücken eines Lückenausdrucks als frei oder gebunden aufzufassen sind, ergiebt sich meist aus der Entstehungsweise des Ausdrucks. Ein Beispiel möge dies erläutern.

Es sei $f(x)$ ein Ausdruck mit einer oder mehreren Lücken und

$$x = x_1 e_1 + x_2 e_2 + \cdots,$$

wo die Grössen $e_1, e_2, \ldots$ ein einfaches Normalsystem bilden. Dann wird (nach 438 und 382) der Differenzialquotient

$$f'(x) = [l|e_1] \frac{d}{dx_1} f(x) + [l|e_2] \frac{d}{dx_2} f(x) + \cdots.$$

Er wird also noch eine Lücke mehr enthalten als die Funktion $f(x)$ selbst. Ferner wird (nach 435)

$$f'(x) dx = d_x f(x).$$

Dabei versteht es sich von selbst, dass die durch Differenziation in den Ausdruck $f'(x)$ hineingekommene Lücke l der Füllgrösse dx zugewiesen werden muss; und, da die Grösse dx unmittelbar hinter den Differenzialquotienten gestellt zu werden pflegt, so wird die Zuordnung zwischen der Lücke l und der Füllgrösse dx formell durch die Bestimmung festgelegt sein, dass l als die *erste* Lücke von $f'(x)$ aufgefasst werden solle.

Von besonderer Wichtigkeit für das Folgende ist der Fall, wo ein Ausdruck mit gebundenen Lücken die Eigenschaft hat, dass stets dasselbe Resultat hervorgeht, mag man nun die Füllgrössen in der vorgeschriebenen oder in einer anderen Ordnung in die Lücken einführen; dann heissen seine Lücken vertauschbar. So sind zum Beispiel bei einem Ausdrucke A_{l, l_1} mit zwei *gebundenen* Lücken l und l_1, von denen l als die erste gelten soll, diese Lücken *vertauschbar*, wenn für je zwei beliebige Füllgrössen a und b die Gleichung besteht

$$A_{l, l_1} ab = A_{l, l_1} ba,$$

das heisst also, wenn für beliebige Werthe von a und b

(*) $$A_{a, b} = A_{b, a}$$

ist. In diesem Falle liefert dann die Multiplikation des Ausdruckes A_{l, l_1} mit dem Produkte der Füllgrössen a, b genau dasselbe Ergebniss, wie wenn der Ausdruck zwei *freie* Lücken besässe. Denn, bezeichnet man noch den Ausdruck, der aus dem Lückenausdrucke A_{l, l_1} bei Aufhebung der Bindung seiner Lücken hervorgeht, mit $A_{l, l}$, so wird

$$A_{l, l} ab = \tfrac{1}{2}\{A_{a, b} + A_{b, a}\}$$

das heisst (nach (*))

$$= A_{a, b}$$

$$= A_{l, l_1} ab.$$

Nach dem allgemeinen Begriffe des Lückenausdruckes (Nr. 357), der in dieser Form auch für Ausdrücke mit gebundenen Lücken festgehalten werden soll, kann man also in diesem Falle setzen

$$A_{l,\,l_1} = A_{l,\,l};$$

das heisst: *Vertauschbare gebundene* Lücken können stets durch *freie* Lücken ersetzt werden*). Wenn daher in der Formel des obigen Satzes (das heisst, in 485) die beiden Lücken der Funktion $f'(x)$ vertauschbar sein sollten, so wird die Unterscheidung ihrer Lücken überflüssig.

Uebrigens ist es oft vortheilhaft, auch bei einem Ausdrucke mit vertauschbaren gebundenen Lücken an der Bindung seiner Lücken festzuhalten, da die Multiplikation eines solchen Ausdruckes mit einem Produkte von Füllgrössen sich begrifflich und formell einfacher gestaltet, als bei einem Ausdrucke mit freien Lücken. Die Wichtigkeit des Begriffes vertauschbarer gebundener Lücken zeigt der folgende Satz. }

486. *Es ist $f(x)dx$ dann und nur dann allseitig integrirbar, wenn die abgeleitete Funktion $f'(x)$ entweder ein lückenloser Ausdruck (das heisst, x eine reelle Zahlgrösse) oder ein Ausdruck mit zwei vertauschbaren {gebundenen} Lücken ist, nämlich so, dass es für das Resultat gleichgültig ist, in welcher Vertheilung zwei Grössen in die beiden Lücken eintreten. Wenn diese Bedingung erfüllt ist, und $F(x)$ die mit x null werdende Funktion von x ist, deren nach x genommenes Differenzial $f(x)dx$ ist, so ist allemal*

$$F(x) = d^{-1}f(x)dx.$$

Beweis. 1. Wenn es eine mit x verschwindende Funktion $F(x)$ giebt, so dass

$$d_x F(x) = f(x)dx$$

336 ist, so ist $F'(x) = f(x)$ (nach 435), † also $F''(x) = f'(x)$ (nach 450). Aber $F''(x)$ ist (nach 451) ein Ausdruck mit zwei vertauschbaren Lücken, {und diese Lücken bleiben (wegen 446) auch dann noch vertauschbar, wenn man sie nicht mehr als freie, sondern als gebundene Lücken auffasst}, also gilt dasselbe auch von dem Ausdrucke $f'(x)$, der ja gleich $F''(x)$ ist. Wenn die Lücken von nullter Stufe sind, (das heisst, x eine Zahlgrösse ist), so können die Lücken weggelassen werden, und wird dann $f'(x)$ ein lückenloser Ausdruck.

2. Es sei $x = yt$, wo y numerisch gleich 1 und t eine positive

---

*) {Dagegen besteht zwischen einem Ausdrucke $A_{l,\,l_1}$ mit zwei *nicht vertauschbaren gebundenen* Lücken und dem entsprechenden Ausdrucke $A_{l,\,l}$ mit freien Lücken die Beziehung

$$A_{l,\,l} = \tfrac{1}{2}\{A_{l,\,l_1} + A_{l_1,\,l}\},$$

eine Beziehung, die man leicht auch auf Ausdrücke mit beliebig vielen Lücken übertragen kann. }

Zahl ist, und sei vorausgesetzt, dass $f''(x)$ ein Ausdruck mit zwei vertauschbaren Lücken sei, so hat man (nach 483)

$$d^{-1}f(x)dx = d^{-1}f(yt)ydt,$$

wo bei der Integration y als konstant betrachtet wird. Es sei dies Integral gleich $F(y, t)$ gesetzt, das heisst, es sei

$$d_tF(y, t) = f(yt)ydt,$$

und $F(y, 0) = 0$, so beweise ich, dass

$$d_xF(y, t) = f(x)dx$$

sei. Da y und t von einander unabhängig und ausserdem Funktionen von x sind (nämlich $t = \sqrt{x^2}$ und $y = x : \sqrt{x^2}$), so kann $F(y, t)$ auch als Funktion von x aufgefasst werden und es ist, wenn d_y und d_t die auf den Verein der beiden Variabeln y und t bezüglichen {partiellen} Differenziale sind, (nach 442)

$$d_xF(y, t) = d_yF(y, t) + d_tF(y, t) = d_yF(y, t) + f(yt)ydt.$$

Ferner ist (nach 446)

$$\begin{aligned} d_t[d_yF(y, t)] &= d_y[d_tF(y, t)] \\ &= d_y[f(yt) \,.\, ydt] \\ &= f'(yt) \,.\, tdy \,.\, ydt + f(yt)dydt \qquad [433], \end{aligned}$$

{wobei in dem Ausdrucke $f'(yt)$ die durch Differenziation entstandene Lücke als die erste, die schon in $f(x)$ vorhandene Lücke als die zweite aufgefasst ist. Da aber $f'(x)$ nach Voraussetzung ein Ausdruck mit zwei *vertauschbaren* Lücken ist, so lassen sich im ersten Gliede die Faktoren tdy und ydt umstellen, und man erhält den letzten Ausdruck

$$\begin{aligned} &= f'(yt) \,.\, ydt \,.\, tdy + f(yt)dydt \,\} \\ &= d_tf(yt) \,.\, tdy + f(yt)dtdy \qquad [440] \\ &= d_t[f(yt) \,.\, tdy] \qquad [433]. \end{aligned}$$

Da nun, wie oben gezeigt, $F(y, 0) = 0$ ist für jedes y, so ist auch $d_yF(y, 0)$ gleich Null, ebenso wird $f(yt) \,.\, tdy$ mit t null, also ist (nach 476)

$$d_yF(y, t) = f(yt) \,.\, tdy.$$

Indem wir nun diesen Werth in den oben für $d_xF(y, t)$ gefundenen Ausdruck einführen, erhalten wir

$$\begin{aligned} d_xF(y, t) &= f(yt) \,.\, tdy + f(yt) \,.\, ydt \\ &= f(yt)d(yt) = f(x)dx. \end{aligned}$$

Bezeichnen wir endlich noch die Funktion $F(y, t)$, aufgefasst als

Funktion von x, mit $F(x)$, so haben wir also in jedem Falle, wo $f'(x)$ ein Ausdruck mit zwei vertauschbaren Lücken ist (wohin auch der Fall gerechnet werden kann, wo $f'(x)$ ein lückenloser Ausdruck ist), *eine* mit $x = yt$ null werdende Funktion $F(x)$ gefunden, deren nach x genommenes Differenzial gleich $f(x)dx$ ist; und zwar war diese Funktion gleich $d^{-1}f(x)dx$.

337 3. Ausser der Funktion $F(x) = d^{-1}f(x)dx$ kann es *keine andere Funktion* $\varphi(x)$ geben, deren nach x genommenes Differenzial in demselben Umfange, wie das von $F(x)$, gleich $f(x)dx$ ist, und welche mit x null wird; denn, wenn $d_x F(x) = d_x\varphi(x)$ und für irgend einen Werth (hier für $x = 0$) $F(x) = \varphi(x)$ ist, so findet (nach 476) diese Gleichheit allgemein statt. Folglich, sobald $d_x F(x) = f(x)dx$ und $F(0) = 0$ ist, muss auch $F(x) = d^{-1}f(x)dx$ sein.

487. *Wenn x aus seinen normalen Einheiten e_1, e_2, ... durch die Zahlen x_1, x_2, ... ableitbar, also $x = x_1e_1 + x_2e_2 + \cdots$ ist, und wenn zugleich $f(x)dx = A_1dx_1 + A_2dx_2 + \cdots$ ist, wo A_1, A_2, ... Funktionen von x_1, x_2, ... sind: so ist die Bedingung (allseitiger Integrirbarkeit), dass $f'(x)$ ein Ausdruck mit zwei vertauschbaren {gebundenen} Lücken sei, identisch der Bedingung, dass für je zwei Indices r und s*

$$\delta_r A_s = \delta_s A_r$$

sei, wo δ_1, δ_2, ... die zu dem Vereine der Veränderlichen x_1, x_2, ... gehörigen partiellen Differenzialquotienten nach x_1, x_2, ... bezeichnen.

Beweis. Statt $A_1dx_1 + A_2dx_2 + \cdots$ können wir, da (nach 142) $[e_r\, e_r] = 1$, und $[e_r|e_s] = 0$ ist, wenn $r \gtrless s$ ist, schreiben

$$(A_1[l|e_1] + A_2[l|e_2] + \cdots)dx.$$

Also, da für jedes dx

$$f(x)dx = (A_1[l|e_1] + A_2[l|e_2] + \cdots)dx$$

ist, so ist (nach 357)

$$\{*\} \qquad f(x) = A_1[l|e_1] + A_2[l|e_2] + \cdots = \Sigma A_\mathfrak{a}[l|e_\mathfrak{a}].$$

Nun ist (nach 437)

$$d_x f(x) = \Sigma\{\delta_\mathfrak{b} f(x) \,.\, dx_\mathfrak{b}\},$$

{es wird also nach {*}, 433 und 431 c}

$$d_x f(x) = \Sigma\{\delta_\mathfrak{b} A_\mathfrak{a} \,.\, [l|e_\mathfrak{a}]\, dx_\mathfrak{b}\}.$$

{Führt man in dieser Gleichung auf der linken Seite nach 435 den Differenzialquotienten $f'(x)$ ein und wendet auf der rechten Seite die vorhin benutzte Schlussweise noch einmal an, so erhält man}

$$f'(x)dx = \Sigma\left\{\delta_{\mathfrak{b}} A_{\mathfrak{a}} . [l|e_{\mathfrak{a}}][l_1|e_{\mathfrak{b}}]\right\} \cdot \frac{dx}{l_1},$$

wo l_1 eine Lücke ist, in welche dx eintreten soll. Somit wird (nach 357)

$$f'(x) = \Sigma\{\delta_{\mathfrak{b}} A_{\mathfrak{a}} . [l|e_{\mathfrak{a}}][l_1|e_{\mathfrak{b}}]\}.$$

Sind nun l und l_1 *vertauschbare* Lücken, so hat man für je zwei Zeiger r und s

$$\Sigma\{\delta_{\mathfrak{b}} A_{\mathfrak{a}} . [e_s|e_{\mathfrak{a}}][e_r|e_{\mathfrak{b}}]\} = \Sigma\{\delta_{\mathfrak{b}} A_{\mathfrak{a}} . [e_r|e_{\mathfrak{a}}][e_s|e_{\mathfrak{b}}]\}.$$

Da aber $[e_r|e_s]$ null ist für je zwei verschiedene Zeiger r und s, und gleich 1 ist für je zwei gleiche, so erhält man

$$\delta_r A_s = \delta_s A_r,$$ 338

und ebenso geht umgekehrt aus diesen letzteren Gleichungen die vorletzte, welche die Vertauschbarkeit der Lücken aussagt, hervor.

488. *Wenn $f(x)$ innerhalb gewisser Gränzen, in denen auch $x = 0$ und $x = a$ liegt, stetig {und allseitig integrirbar} ist, und*

$$F(x) = d^{-1}f(x)dx$$

ist, so ist auch, wenn $x = a + y$ ist,

$$F(a + y) - F(a) = d^{-1}f(a + y)dy.$$

Beweis. Wenn $F(x) = d^{-1}f(x)dx$ ist, so ist $d_x F(x) = f(x)dx$ {nach 483}, das heisst, $F'(x) = f(x)$; also

$$d_y[F(a + y) - F(a)] = F'(a + y)dy \qquad \text{[nach 440]}$$
$$= f(a + y)dy.$$

Ferner ist $F(a + y) - F(a)$ für $y = 0$ gleichfalls null, also (nach 477)

$$F(a + y) - F(a) = d^{-1}f(a + y)dy.$$

489. *Es ist, wenn a einen Ausdruck mit n Lücken l und einer Lücke l_1 bezeichnet,*

$$d^{-1}a\left(\frac{x}{l}\right)^n \frac{dx}{l_1} = \frac{1}{n+1} a x^{n+1}.$$

Beweis. Es sei $x = et$, wo t der numerische Werth von x, und e numerisch gleich 1 ist, so ist

$$d^{-1}a\left(\frac{x}{l}\right)^n \frac{dx}{l_1} = d^{-1}a\left(\frac{e}{l}\right)^n \frac{e}{l_1} t^n dt.$$

Es sei {das Produkt} ae^{n+1}, das wir, da in die Lücken l und l_1 in dem Ausdrucke

$$a\left(\frac{e}{l}\right)^n \frac{e}{l_1}$$

dieselbe Grösse e eintritt, statt dieses Ausdruckes setzen können, mit b bezeichnet, so erhalten wir

$$d^{-1}a\left(\frac{x}{l}\right)^n \frac{dx}{l_1} = d^{-1}bt^n dt = \frac{1}{n+1}\, bt^{n+1},$$

da der letzte Ausdruck mit t verschwindet und nach t differenzirt $bt^n dt$ liefert, also

$$= \frac{1}{n+1}\, ac^{n+1}t^{n+1}$$

$$= \frac{1}{n+1}\, ax^{n+1}.$$

490. *Wenn die Reihe*

$$\sum a_\mathfrak{a} \left(\frac{x}{l}\right)^\mathfrak{a} \frac{dx}{l_1},$$

in welcher $a_\mathfrak{a}$ einen Ausdruck mit $\mathfrak{a}$ Lücken l und einer Lücke l_1 darstellt, eine ächte ist, so ist

$$d^{-1}\sum a_\mathfrak{a}\left(\frac{x}{l}\right)^\mathfrak{a} \frac{dx}{l_1} = \sum \frac{a_\mathfrak{a}}{\mathfrak{a}+1}\, x^{\mathfrak{a}+1}.$$

339 Beweis. Man hat (nach 484)

$$d^{-1}\sum a_\mathfrak{a}\left(\frac{x}{l}\right)^\mathfrak{a} \frac{dx}{l_1} = \sum d^{-1} a_\mathfrak{a}\left(\frac{x}{l}\right)^\mathfrak{a} \frac{dx}{l_1}$$

$$= \sum \frac{a_\mathfrak{a}}{\mathfrak{a}+1}\, x^{\mathfrak{a}+1} \qquad \text{[nach 489].}$$

Anm. Durch diese Formel, welche nur dann das allseitige Integral darstellt, wenn die Bedingung allseitiger Integrirbarkeit (486) erfüllt wird, ist die Aufgabe der Integration von Differenzialausdrücken allgemein gelöst. Da es uns hier nur auf die Darstellung der Integralrechnung in ihren wesentlichsten Zügen ankommt, so können wir mit dieser Lösung der Aufgabe uns hier begnügen.

§ 2. Integration von Differenzialgleichungen, wenn die unabhängige Variable eine Zahlgrösse ist.

491. Erklärung. Einen gegebenen Verein von Differenzialgleichungen (der aber auch aus einer einzigen Gleichung bestehen kann) vollständig integriren, heisst die sämmtlichen Vereine von Gleichungen finden, welche keine Differenziale mehr enthalten, und von denen jeder Verein die Eigenschaft hat, dass, wenn er erfüllt ist, auch der gegebene Verein erfüllt sei; jeder solche Verein heisst ein (den gegebenen Verein) *integrirender Verein.* Wenn also A ein Verein von Differenzialgleichungen und B ein ihn integrirender Verein ist, so heisst das: 1) B enthält keine Differenziale mehr und 2) sobald die Gleichungen des Vereins B als richtig vorausgesetzt sind, so lassen sich daraus die Gleichungen des Vereines A als richtig nachweisen.

Anm. Es soll in diesem Paragraphen vorausgesetzt werden, dass, wenn alle Variabeln als veränderliche Zahlgrössen aufgefasst werden, von einer der-

selben (t) alle übrigen $(x_1, \dots x_n)$ abhängen. Soll diese Abhängigkeit durch die gegebenen Differenzialgleichungen so genau bestimmt werden, als dies überhaupt durch Differenzialgleichungen möglich ist, so müssen so viel (n) von einander unabhängige Differenzialgleichungen gegeben sein, als es abhängige Variabeln giebt. Ist t die unabhängige (variable) Zahlgrösse und sind $x_1, \dots x_n$ die abhängigen Zahlgrössen, so können wir ein System von n Einheiten $e_1, e_2, \dots e_n$ annehmen und $x_1 e_1 + \cdots + x_n e_n = x$ setzen. Da t als die unabhängige Variable angenommen ist, so werden alle in den gegebenen Differenzialgleichungen vorkommenden Differenzialquotienten † nach t genommen sein müssen. Wenn 340
diese Differenzialquotienten bis zur m-ten Ordnung aufsteigen, so wird jede der n Gleichungen die Form haben, dass eine Zahlfunktion von t, x und den Differenzialquotienten von x bis zur m-ten Ordnung hin gleich 0 gesetzt ist. Sind nun $f_1 = 0$, $f_2 = 0, \dots, f_n = 0$ diese n Gleichungen, so setze man $e_1 f_1 + \cdots + e_n f_n = f$, so haben wir eine Gleichung

$$f\left(t, x, \frac{d}{dt} x, \cdots \frac{d^m}{dt^m} x\right) = 0$$

aufzulösen, in welcher t eine Zahlgrösse ist, hingegen x und die Funktion f aus n Einheiten numerisch ableitbar sind.

Die Lösung dieser Gleichung bildet also den Gegenstand dieses Paragraphen. Zunächst behandeln wir die Differenzialgleichungen erster Ordnung, das heisst, den Fall, wo $m = 1$ ist.

492. Aufgabe. *Die Gleichung $f(t, x, \delta x) = 0$, in welcher t eine Zahlgrösse, x und $f(t, x, \delta x)$ Grössen sind, die aus n Einheiten ableitbar sind, und δx den Differenzialquotienten von x nach t bezeichnet, zu integriren; wobei vorausgesetzt wird, dass sich $f(t, x, \delta x)$ nicht aus weniger als n Einheiten ableiten lasse.*

Auflösung. Es seien $e_1, \dots e_n$ die Einheiten, aus denen $x = x_1 e_1 + \cdots + x_n e_n$ und $f = e_1 f_1 + \cdots + e_n f_n$ numerisch abgeleitet sind. Es wird vorausgesetzt, dass die Gleichungen

$$f_1 = 0, \dots, f_n = 0,$$

welche in $f = 0$ enthalten sind, nicht von einander abhängig sind, das heisst, dass keine derselben aus den übrigen sich mit Nothwendigkeit ergebe. Denn dann würde sich in der Gleichung $f = 0$, f aus weniger als n Einheiten numerisch ableiten lassen, was oben ausgeschlossen wurde.

Es sind hier $f_1, \dots f_n$ Funktionen der Zahlgrössen, t, $x_1, \dots x_n$, $\delta x_1, \dots \delta x_n$. Man bestimme aus einer der Gleichungen $f_1 = 0, \dots, f_n = 0$ eine der Unbekannten $\delta x_1, \dots \delta x_n$ und setze den gefundenen Werth in die übrigen Gleichungen ein; mit den so erhaltenen, und überhaupt mit den jedesmal noch übrig bleibenden Gleichungen, so fern sie noch eine der Variabeln $\delta x_1, \dots \delta x_n$ enthalten, verfahre man ebenso, so erhält man zuletzt *entweder* aus der zuletzt übrig bleibenden Glei-

chung den Werth der letzten jener Unbekannten, und dadurch dann nach und nach alle jene Unbekannten $\delta x_1, \ldots \delta x_n$ als Funktionen von $t, x_1, \ldots x_n$, das heisst, δx als Funktion von t und x, *oder* es
341 sind aus der letzten oder auch schon aus den letzten † m Gleichungen die sämmtlichen Grössen $\delta x_1, \ldots \delta x_n$ verschwunden. In diesem Falle bleiben m Gleichungen übrig, welche nur Beziehungen zwischen t, $x_1, \ldots x_n$ ausdrücken, und zwar müssen diese Gleichungen alle von einander unabhängig sein, weil im entgegengesetzten Falle auch die n ursprünglichen Gleichungen von einander abhängig wären. Diese m Gleichungen bilden dann einen Theil der gesuchten Integralgleichungen. Durch sie kann man m der Werthe $t, x_1, \ldots x_n$ durch die übrigen $n - m + 1$ ausdrücken, und dadurch reduciren sich die $n - m$ ersten Differenzialgleichungen (vermittelst welcher man $n - m$ der Unbekannten $\delta x_1, \ldots \delta x_n$ ausdrückte) auf $n - m$ Gleichungen, in welchen ausser t nur $n - m$ der Grössen $x_1, \ldots x_n$ und die entsprechenden $n - m$ der Grössen $\delta x_1, \ldots \delta x_n$ vorkommen; und durch welche sich diese letzteren als Funktionen der ersteren darstellen lassen.

Somit kommt es nur auf die Integration der Gleichungen von der Form $\delta x = f(t, x)$, das heisst $dx = f(t, x)dt$ an. Diese Integration soll in den nächstfolgenden Nummern behandelt werden.

493. *Wenn*

$$dx = f(t)dt$$

ist, wo t eine Zahlgrösse und x eine aus einem Systeme von n Einheiten ableitbare Grösse ist, so ist

$$x = d^{-1}f(t)dt + c,$$

wo c eine (aus n Einheiten ableitbare) willkürliche Konstante ist.

Beweis. Es sei $d^{-1}f(t)dt$ gleich y gesetzt, so ist (nach 478) $dy = f(t)dt$, also $dx - dy = 0$, das heisst (nach 432, 433) $d(x - y) = 0$, also (nach 475) $x - y$ konstant. Diese Konstante, welche mit x von gleicher Gattung, also aus n Einheiten ableitbar ist, sei c, so hat man $x = y + c = d^{-1}f(t)dt + c$.

494. *Wenn*

(a) $$\delta x = f(x, t)$$

ist, und man überall unter δ den totalen Differenzialquotienten nach t versteht (auch x als von t abhängig gedacht), hingegen unter $\frac{d}{dx}, \frac{d}{dt}$ die partiellen Differenzialquotienten in Bezug auf den Verein der Variabeln
342 *x, t, von denen die erste eine † extensive Grösse, die letztere eine Zahlgrösse darstellt, so ist*

$$\text{(b)} \quad \begin{cases} \delta^2 x = \frac{d}{dt} f \quad + f \frac{d}{dx} f \\ \delta^3 x = \frac{d}{dt}(\delta^2 x) + f \frac{d}{dx}(\delta^2 x) \\ \cdot \quad \cdot \quad \cdot \quad \cdot \quad \cdot \quad \cdot \quad \cdot \\ \delta^{r+1} x = \frac{d}{dt}(\delta^r x) + f \frac{d}{dx}(\delta^r x), \end{cases}$$

und wenn man

$$\delta^{r+1} x = f_r(x, t)$$

setzt, so ist

$$\text{(c)} \qquad x = c + f(c, 0)t + f_1(c, 0)\frac{t^2}{2!} + f_2(c, 0)\frac{t^3}{3!} + \cdots,$$

wo c eine willkürliche Konstante ist, nämlich der Werth, den x annimmt, wenn t null wird, und wo vorausgesetzt wird, dass die Reihe auf der rechten Seite eine ächte sei. Aus der Gleichung (c) *findet man auch c als Funktion von x und t, nämlich:*

$$\text{(d)} \qquad c = x - f(x, t)t + f_1(x, t)\frac{t^2}{2!} - f_2(x, t)\frac{t^3}{3!} + \cdots.$$

Beweis. Die Formeln (b) ergeben sich unmittelbar aus (a) indem, wenn φ eine beliebige Funktion von x und t ist, und x als von t abhängig gedacht wird,

$$d\varphi = \frac{d}{dx}\varphi \,.\, dx + \frac{d}{dt}\varphi \,.\, dt,$$

also $\frac{d\varphi}{dt}$, das heisst

$$\delta\varphi = \frac{d}{dx}\varphi \,.\, \delta x + \frac{d}{dt}\varphi$$

ist; es ist aber nach (a) $\delta x = f$, also erhält man

$$\delta\varphi = f\frac{d}{dx}\varphi + \frac{d}{dt}\varphi,$$

woraus die Formeln (b) hervorgehen, indem man statt φ nach und nach $\delta x, \delta^2 x, \ldots \delta^r x$ setzt. Dann aber ergiebt sich die Formel (c) unmittelbar aus dem Taylor'schen (Maclaurin'schen) Satze (470).

Setzen wir $x = F(t)$, so können wir den Taylor'schen Satz auch in der Form darstellen

$$F(t + \tau) = x + f(x, t)\tau + f_1(x, t)\frac{\tau^2}{2!} + \cdots,$$

oder, wenn wir $\tau = -t$ setzen,

$$F(0) = x - f(x, t)t + f_1(x, t)\frac{t^2}{2!} - f_2(x, t)\frac{t^3}{3!} + \cdots.$$

$F(0)$ ist aber der Werth von $x = F(t)$ für $t = 0$, das heisst, $F(0)$ 343
ist gleich c, somit auch Gleichung (d) bewiesen.

Anm. Es versteht sich von selbst, dass die willkürliche Konstante c mit x von gleicher Gattung ist, und also n numerische Konstanten einschliesst, wenn x aus einem Systeme von n Einheiten ableitbar ist. Die Integrationsgleichung in der Form (d) ist von besonderem Interesse, in so fern in ihr eine Funktion von x und t einer Konstanten gleich gesetzt ist, und zwar derjenigen Konstanten, welcher x gleich wird, wenn $t = 0$ wird, worauf wir im folgenden Paragraphen {s. Nr. 517} zurückkommen werden.

Wir haben oben die Differenzialquotienten $\delta^2 x$, $\delta^3 x$, ... fortschreitend, jeden aus dem nächstvorhergehenden abgeleitet. Es ist von Interesse, auch eine unmittelbare Darstellung dieser Differenzialquotienten als Funktionen von x und t zu versuchen, was in dem folgenden Satze geschehen ist, dessen sich leicht ergebenden aber etwas umständlichen Beweis ich dem Leser überlasse.

495. *Wenn in dem Sinne von* 494

$$\delta x = f(x, t)$$

ist, so ist

$$\delta^{r+1} x = \sum \left\{ \alpha_{a,\mathfrak{a},b,\mathfrak{b},\ldots} f^{\mathfrak{k}} \cdot \frac{d^{a+\mathfrak{a}}}{d t^{a} d x^{\mathfrak{a}}} f \cdot \frac{d^{b+\mathfrak{b}}}{d t^{b} d x^{\mathfrak{b}}} f \ldots \right\},$$

wo sich die Summe auf alle möglichen ganzen, aber nicht negativen Werthe a, $\mathfrak{a}$, b, $\mathfrak{b}$, ... $\mathfrak{k}$ *bezieht, welche den Bedingungen unterworfen sind, dass*

$$\mathfrak{k} = 1 + (\mathfrak{a} - 1) + (\mathfrak{b} - 1) + \cdots,$$

dass ferner

$$a + \mathfrak{a} + b + \mathfrak{b} + \cdots = r,$$

und die Summen $a + \mathfrak{a}$, $b + \mathfrak{b}$, ... *alle grösser als Null seien, und wo*

$$\alpha_{a,\mathfrak{a},b,\mathfrak{b},\ldots} = \frac{\mathfrak{a}(\mathfrak{a}+\mathfrak{b}-1)(\mathfrak{a}+\mathfrak{b}+\mathfrak{c}-2)\ldots}{(r-a)(r-a-b-1)(r-a-b-c-2)\ldots} \cdot \frac{r!}{a!\,\mathfrak{a}!\,b!\,\mathfrak{b}!\ldots}$$

ist.

496. Aufgabe. *Die Differentialgleichung*

$$f(\delta^m x, \delta^{m-1} x, \ldots \delta^0 x, t) = 0,$$

wo x *sowohl als* f *aus einem Systeme von* n *Einheiten* $\{e_1, e_2, \ldots e_n\}$ *ableitbar sind,* t *eine Zahlgrösse darstellt,* δ *den totalen Differenzialquotienten nach* t (x *als von* t *abhängig gedacht*) *bezeichnet, und* $\delta^0 x$ *statt* x *geschrieben ist, zu integriren.*

Auflösung. Man setze

$$\delta^0 x = p_0, \quad \delta x = p_1, \ldots, \quad \delta^{m-1} x = p_{m-1},$$

so wird $\delta^m x = \delta p_{m-1}$, und man hat die m Gleichungen:

344 {a} $$\delta p_0 = p_1, \quad \delta p_1 = p_2, \ldots, \quad \delta p_{m-2} = p_{m-1}$$

und die Gleichung

$$f(\delta p_{m-1}, p_{m-1}, \ldots p_1, p_0, t) = 0.$$

Aus der letzten Gleichung bestimme man δp_{m-1}, es sei

{b} $$\delta p_{m-1} = \varphi(p_0, p_1, \ldots p_{m-1}, t).$$

Nun nehme man ausser den n Einheiten $e_1, \ldots e_n$, aus denen x abgeleitet ist, noch m neue Einheiten $e^{(0)}, e^{(1)}, \ldots e^{(m-1)}$ an und multiplicire die obigen m Gleichungen $\{\{a\}$ und $\{b\}\}$ beziehlich mit $e^{(0)}, e^{(1)}, \ldots e^{(m-1)}$ und addire. Man setze ferner

$$p_0 e^{(0)} + p_1 e^{(1)} + \cdots + p_{m-1} e^{(m-1)} = p$$

und

$$p_1 e^{(0)} + p_2 e^{(1)} + \cdots + p_{m-1} e^{(m-2)} + \varphi(p_0, p_1, \ldots p_{m-1}, t) e^{(m-1)} = F(p, t),$$

so sind p und F aus den nm Einheiten $e^{(r)} e_s$ (wo r jeden der m Werthe 0 bis $m - 1$, und s jeden der n Werthe 1 bis n annehmen kann) ableitbar, und man erhält die Gleichung

$$\delta p = F(p, t).$$

Diese Gleichung ist nach der Methode von 494 zu integriren und liefert eine aus nm Einheiten $(e^{(r)} e_s)$ ableitbare willkürliche Konstante.

Anm. Hierdurch ist die für diesen Paragraphen vorgesteckte Aufgabe durch Anwendung unendlicher Reihen ganz allgemein gelöst, denn auch die sogenannten besonderen Auflösungen sind, wie dies schon die Allgemeinheit der angewandten Beweismethode zu erkennen giebt, in der oben mitgetheilten allgemeinen Auflösungsmethode vollständig mit eingeschlossen. Da jedoch diejenigen Differenzialgleichungen, welche in Bezug auf die abhängige Variable (x) und deren Differenziale von erstem Grade sind, und welche die unabhängige numerische Variable (t) nur in Gliedern enthalten, in denen jene Variable und deren Differenziale nicht vorkommen, durch Gleichungen von endlicher Form integrirbar sind, so will ich diesen Fall hier noch behandeln.

498.*) *Die Differentialgleichung*

(a) $$\delta x + A x = 0,$$

in welcher δ und x die Bedeutung der vorigen Nummern haben, A aber einen Bruch mit n Nennern (377 ff.) *darstellt, wird, wenn $m_1, \ldots m_n$,*
die wir alle von einander verschieden † voraussetzen, die n Hauptzahlen 345
des Bruches A, und $a_1, \ldots a_n$ die zugehörigen Hauptgebiete erster Stufe ({387}, 388, 389) *sind, integrirt durch die Gleichung*

(b) $$x = \sum \alpha_a a_a e^{-m_a t},$$

wo e die Basis des natürlichen Logarithmensystems ist, und $\alpha_1, \ldots \alpha_n$ willkürliche konstante Zahlen bezeichnen, und die Summe sich auf $a = 1$ bis n bezieht. Die n Werthe $m = m_1, \ldots m_n$ sind durch die Gleichung n-ten Grades

(c) $$[(m - A)^n] = 0$$

bestimmt und die n Grössen $a_1, \ldots a_n$ durch die n Gleichungen

(d) $$(m_r - A) a_r = 0.$$

*) {In der Originalausgabe ist keine Nr. 497 vorhanden.}

Beweis. Dass die n Hauptzahlen $m = m_1, m_2, \ldots m_n$ die n Wurzeln der Gleichung (c) und die n zugehörigen Hauptgebiete $a_1, \ldots a_n$ durch die Gleichungen (d) bestimmt sind, folgt sogleich aus 388, womit noch die Anmerkung zu 383 {und die zu 506} zu vergleichen ist. Die Hauptgebiete $a_1, \ldots a_n$ haben (nach 389) die Eigenschaft, dass sie in keiner Zahlbeziehung zu einander stehen und $\boldsymbol{A} a_r = m_r a_r$ ist. Es muss sich also x aus $a_1, \ldots a_n$ numerisch ableiten lassen. Es sei

(*) $$x = \Sigma x_{\mathfrak{a}} a_{\mathfrak{a}}$$

der Ausdruck dieser Ableitung, so verwandelt sich die Gleichung (a) in

$$0 = \Sigma a_{\mathfrak{a}} \delta x_{\mathfrak{a}} + \Sigma \{ \boldsymbol{A} a_{\mathfrak{a}} . x_{\mathfrak{a}} \},$$

also, da $\boldsymbol{A} a_r = m_r a_r$ ist, so erhalten wir

$$0 = \Sigma a_{\mathfrak{a}} (\delta x_{\mathfrak{a}} + m_{\mathfrak{a}} x_{\mathfrak{a}}).$$

Da hier $\delta x_{\mathfrak{a}} + m_{\mathfrak{a}} x_{\mathfrak{a}}$ eine Zahlgrösse ist, und $a_1, \ldots a_n$ in keiner Zahlbeziehung zu einander stehen, so hat man (nach 28) $\delta x_{\mathfrak{a}} + m_{\mathfrak{a}} x_{\mathfrak{a}} = 0$, das heisst, $dx_{\mathfrak{a}} = - m_{\mathfrak{a}} x_{\mathfrak{a}} dt$, also

$$x_{\mathfrak{a}} = \alpha_{\mathfrak{a}} e^{-m_{\mathfrak{a}} t},$$

wo $\alpha_{\mathfrak{a}}$ eine willkürliche konstante Zahl ist. Setzen wir diesen Werth in die obige Gleichung (*) ein, so erhalten wir

$$x = \sum \alpha_{\mathfrak{a}} e^{-m_{\mathfrak{a}} t} a_{\mathfrak{a}}.$$

Anm. Es sind hier die Hauptzahlen des Bruches A als verschieden von einander vorausgesetzt. Sind einige derselben gleich, so gelangt man leicht zu dem Resultate, wenn man in bekannter Weise diejenigen unter ihnen, welche gleich werden sollen, zunächst als unendlich wenig von einander verschieden
346 setzt, dann x nach dem † obigen Satze entwickelt, und endlich, nachdem man die unendlich kleinen Differenzen aus den Nennern weggeschafft hat, diese Differenzen ganz verschwinden lässt. Ob Wurzeln imaginär werden oder nicht, ist für die ganze Behandlung gleichgültig; auch kann man die imaginären Formen der Endresultate leicht in reelle Formen umsetzen.

499. *Die Differenzialgleichung*

(a) $$\delta x + \boldsymbol{A} x = f(t),$$

in welcher δ, x, $\boldsymbol{A}$, t *dieselbe Bedeutung wie in* 498 *haben, wird, wenn man auch den Grössen* $m_1, \ldots m_n$, $a_1, \ldots a_n$ *dieselbe Bedeutung giebt, wie dort, und*

(b) $$f(t) = a_1 f_1 + a_2 f_2 + \cdots + a_n f_n,$$

ferner $d^{-1} f_r e^{m_r t} dt = y_r$ *setzt, durch die Gleichung integrirt*

(c) $$x = \sum (y_{\mathfrak{a}} + \alpha_{\mathfrak{a}}) e^{-m_{\mathfrak{a}} t} a_{\mathfrak{a}},$$

in welcher $\alpha_1, \ldots \alpha_n$ *willkürliche konstante* {*Zahlgrössen*} *sind.*

Beweis. Da $a_1, \ldots a_n$ (nach 389) in keiner Zahlbeziehung zu einander stehen, so lässt sich sowohl f (wie oben geschehen), als auch x aus ihnen numerisch ableiten. Es sei

(*) $$x = \Sigma a_\mathfrak{a} x_\mathfrak{a},$$

so hat man, da (nach 387) $A a_\mathfrak{a} = m_\mathfrak{a} a_\mathfrak{a}$ ist, aus der Gleichung (a)

$$0 = \Sigma a_\mathfrak{a}(\delta x_\mathfrak{a} + m_\mathfrak{a} x_\mathfrak{a} - f_\mathfrak{a}),$$

also (nach 28) $\delta x_\mathfrak{a} + m_\mathfrak{a} x_\mathfrak{a} - f_\mathfrak{a} = 0$, wo alle Grössen Zahlgrössen sind, das heisst, $dx_\mathfrak{a} + m_\mathfrak{a} x_\mathfrak{a} dt = f_\mathfrak{a} dt$. Setzt man hier

$$x_\mathfrak{a} = (y_\mathfrak{a} + \alpha_\mathfrak{a}) e^{-m_\mathfrak{a} t},$$

wo $y_\mathfrak{a}$ eine Funktion von t ist, die mit t null wird, und $\alpha_\mathfrak{a}$ konstant ist, so erhält man, indem man dies in die vorige Gleichung einsetzt,

$$dy_\mathfrak{a} = f_\mathfrak{a} e^{m_\mathfrak{a} t} dt,$$

also (nach 477)

$$y_\mathfrak{a} = d^{-1} f_\mathfrak{a} e^{m_\mathfrak{a} t} dt,$$

wie oben. Setzt man dann statt $x_\mathfrak{a}$ den gefundenen Werth in die Gleichung (*) ein, so erhält man die zu erweisende Gleichung.

Anm. Die Integration einer Gleichung, welche Differenzialquotienten höherer Ordnung nach t enthält, im Uebrigen aber die Form der Gleichungen 498 und 499 hat, reducirt sich nach der Methode in 496 auf Gleichungen, welche ganz diese Form der Gleichungen 498 und 499 haben, nur dass statt der n Einheiten $e_1, \ldots e_n$ hier, wenn die Differenzialgleichung von m-ter Ordnung ist, mn Einheiten hervortreten.

§ 3. Integration von Differenzialgleichungen, wenn die unabhängige Variable eine extensive Grösse ist. 347

500. *Die Integration jeder beliebigen partiellen Differenzialgleichung erster Ordnung lässt sich zurückführen auf die Integration einer Differenzialgleichung der Form $Xdx = 0$, in welcher x eine extensive Grösse, Xdx eine Zahlgrösse darstellt.*

Beweis. Wenn $x_1, \ldots x_n$ die unabhängigen Variabeln und x_0 die von ihnen abhängige Variable ist, und $x_0, x_1, \ldots x_n$ Zahlgrössen sind, so wird jede partielle Differenzialgleichung erster Ordnung zwischen diesen Grössen sich in Form einer Gleichung darstellen lassen, welche zwischen den Grössen

$$x_0, x_1, \ldots x_n, \frac{d}{dx_1} x_0, \frac{d}{dx_2} x_0, \ldots \frac{d}{dx_n} x_0$$

stattfindet. Bezeichnen wir die Grössen

$$\frac{d}{dx_1} x_0, \ldots \frac{d}{dx_n} x_0$$

mit $p_1, \ldots p_n$, so können wir vermittelst jener Gleichung eine der Grössen $p_1, \ldots p_n$, zum Beispiel p_n, als Funktion der sämmtlichen Grössen $x_0, \ldots x_n, p_1, \ldots p_{n-1}$ darstellen, und also der zu integrirenden partiellen Differenzialgleichung die Form geben

$$(*) \qquad p_n = f(x_0, x_1, \ldots x_n, p_1, p_2, \ldots p_{n-1}) = f.$$

Nun ist $dx_0 = p_1 dx_1 + p_2 dx_2 + \cdots + p_n dx_n$. Und umgekehrt, wenn diese Gleichung erfüllt ist, so sind $p_1, \ldots p_n$ die partiellen Differenzialquotienten von x_0 nach $x_1, x_2, \ldots x_n$. Setzt man daher in dieser Gleichung statt p_n seinen Werth aus der vorigen, so ist, wenn die Gleichung

$$(**) \qquad dx_0 = p_1 dx_1 + \cdots + p_{n-1} dx_{n-1} + f dx_n$$

erfüllt ist, auch die gegebene erfüllt. Jeder Verein von Gleichungen also, welcher die letztere integrirt, erfüllt auch die erstere und es kommt also nur auf die Integration dieser letzteren an. Setzen wir nun $e_0, e_1, \ldots e_n$ als ein System von Einheiten und

$$x = x_0 e_0 + x_1 e_1 + \cdots + x_n e_n,$$

also

$$dx = e_0 dx_0 + e_1 dx_1 + \cdots + e_n dx_n,$$

und setzen ferner, wenn l eine Lücke darstellt,

$$X = [l|e_0] - p_1[l|e_1] - p_2[l|e_2] - \cdots - p_{n-1}[l|e_{n-1}] - f[l|e_n],$$

348 so verwandelt sich die Gleichung (**) in

$$Xdx = 0,$$

auf deren Integration es also nur ankommt.

Anm. Die Integration der Gleichung $Xdx = 0$, auf welche es hier ankommt, ist nach der berühmten Pfaff'schen Methode, wie sie namentlich durch Jacobi (Crelle's Journal Bd. 2, p. 347 und Bd. 17, p. 138 {Jacobi's Gesammelte Werke Bd. 4, S. 19 und 101}) vereinfacht ist, vollständig zu lösen, oder genauer, auf die im vorigen Paragraphen behandelten Integrationen zurückzuführen. Die Darstellung und Ergänzung dieser Methode durch Anwendung extensiver Grössen, durch welche sich die lösenden Formeln grösstentheils in einer erstaunenswerthen Einfachheit darstellen, sollen den Hauptgegenstand der folgenden Entwickelung bilden. Doch wollen wir zuvor den aufgestellten Satz auch auf partielle Differenzialgleichungen höherer Ordnungen ausdehnen.

501. *Die Integration jeder beliebigen partiellen Differenzialgleichung von höherer als erster Ordnung lässt sich zurückführen auf die Integration einer Differenzialgleichung der Form $Xdx = 0$, in welcher sowohl x als Xdx extensive Grössen darstellen.*

Beweis. Es sei z die abhängige Variable und $y_1, \ldots y_n$ seien die unabhängigen Variabeln, wo $z, y_1, \ldots y_n$ Zahlgrössen darstellen.

Um die partiellen Differenzialquotienten höherer Ordnung bequem bezeichnen zu können, nehmen wir zunächst ein System von n Einheiten $e_1, \ldots e_n$ an und setzen

$$y_1 e_1 + y_2 e_2 + \cdots + y_n e_n = y,$$

so werden die verschiedenen {partiellen} Differenzialquotienten {von z} bis zur m-ten Ordnung hin sich ausdrücken lassen durch die Differentialquotienten

$$\frac{d}{dy} z, \ \frac{d^2}{dy^2} z, \ \ldots \ \frac{d^m}{dy^m} z.$$

Hier stellt jeder dieser Differenzialquotienten einen Ausdruck mit so viel (unter einander vertauschbaren {gebundenen}) Lücken dar, als die Ordnung des Differenzialquotienten beträgt, und zwar in der Art, dass der Ausdruck nach Ausfüllung dieser Lücken durch die *Einheiten* von y, einen Zahlausdruck liefert und zwar jedesmal *einen der gewöhnlichen (numerischen) {partiellen} Differenzialquotienten;* zum Beispiel stellt $\frac{d^2}{dy^2} z$ einen Ausdruck mit zwei vertauschbaren {gebundenen} Lücken dar und zwar so, dass

$$\frac{d^2}{dy^2} z \,.\, e_1 e_2 = \frac{d^2}{dy_1\, dy_2} z$$

ist, und so weiter.

Es seien nun

$$\frac{d}{dy} z = p_1, \ \frac{d^2}{dy^2} z = p_2, \cdots, \ \frac{d^m}{dy^m} z = p_m$$ 349

gesetzt, so wird die partielle Differenzialgleichung in ihrer vollständigsten Allgemeinheit die Form annehmen

(*) $$f(y, z, p_1, p_2, \ldots p_m) = 0.$$

Von den hierin vorkommenden Variabeln ist nur z eine Zahlgrösse, alle übrigen sind extensive Grössen, und zwar enthält y, vermöge der ihm beigelegten Bedeutung, n veränderliche Zahlgrössen, und jede der Grössen $p_1, \ldots p_m$ so viel veränderliche Zahlgrössen, als es Kombinationen mit Wiederholung aus n Elementen zur so vielten Klasse giebt, als der Index jener Grösse beträgt. Die Anzahl der veränderlichen Zahlgrössen, welche in den sämmtlichen in der obigen Gleichung (*) vorkommenden Variabeln enthalten sind, sei r, so kann man vermöge der Gleichung (*) eine dieser Variabeln durch die übrigen $r - 1$ ausdrücken. Es bleiben also noch $r - 1$ Variabeln übrig. Jetzt erweitere man das System der n Einheiten $e_1, \ldots e_n$ so, dass es nun $r - 1$ Einheiten enthält, und multiplicire mit jeder derselben eine der $r - 1$ veränderlichen Zahlgrössen, und setze die Summe dieser Produkte $= x$, so enthält x die sämmtlichen $r - 1$ veränderlichen Zahlgrössen.

Nun hat man ferner vermöge der oben angegebenen Bedeutung der Grössen $p_1, \ldots p_m$

(**) $$dz = p_1 dy,\ dp_1 = p_2 dy,\ \ldots,\ dp_{m-1} = p_m dy,$$

und wenn diese Gleichungen erfüllt sind, und zugleich vermittelst der Gleichung (*) eine der r veränderlichen Zahlgrössen, welche in jenen Gleichungen (**) enthalten sind, durch die $(r-1)$ übrigen ausgedrückt wird, so ist damit die gegebene partielle Differenzialgleichung (*) erfüllt. Folglich kommt es nur darauf an, die Gleichungen (**) zu integriren.

Von diesen ist nur die erste eine Zahlgleichung, die folgenden enthalten, da dp_1 mit p_1 von gleicher Grössengattung ist, und so weiter, jedesmal so viel Zahlgleichungen, als in den Grössen $p_1, \ldots p_{m-1}$ veränderliche Zahlgrössen enthalten sind. Die Anzahl der sämmtlichen Zahlgleichungen, welche in den obigen Gleichungen (**) enthalten sind, sei s, so ist s kleiner als r (nämlich um so viel als die Anzahl
350 der veränderlichen Zahlgrössen † beträgt, welche in y und p_m zusammen enthalten sind). Man bringe diese Zahlgleichungen auf die Form, dass die rechte Seite null ist, und multiplicire sie nach der Reihe mit den Einheiten $e_1, \ldots e_s$, so werden sie die Form haben

$$e_1 X_1 dx = 0,\ e_2 X_2 dx = 0,\ \ldots,\ e_s X_s dx = 0.$$

Dann sind diese Gleichungen gleichbedeutend der einen Gleichung

$$e_1 X_1 dx + e_2 X_2 dx + \cdots + e_s X_s dx = 0,$$

das heisst {mit der Gleichung}

$$(e_1 X_1 + e_2 X_2 + \cdots + e_s X_s) dx = 0;$$

setzt man also

$$e_1 X_1 + e_2 X_2 + \cdots + e_s X_s = X,$$

so werden jene Gleichungen (**) gleichbedeutend der Gleichung

$$X dx = 0,$$

auf deren Integration es also allein ankommt.

Anm. 1. Es ergiebt sich leicht, dass die Zahlen r und s von n und m auf die Weise abhängen, dass

$$r = n + \frac{(n+1)(n+2)\ldots(n+m)}{1\ .\ 2\ \ldots\ m},\quad s = \frac{(n+1)(n+2)\ldots(n+m-1)}{1\ .\ 2\ \ldots\ (m-1)}$$

ist, ferner dass in dx, wie es in der Gleichung Xdx hervortritt, nicht die Differenziale aller r Unbekannten enthalten sind, sondern die Differenziale der zu p_m gehörigen veränderlichen Zahlgrössen in dx nicht erscheinen; die Zahl der numerischen Differenziale, die in dx hervortreten, ist $s+n$.

Als Beispiel sei die partielle Differenzialgleichung zweiter Ordnung mit zwei unabhängigen Variabeln gewählt. Man erhält bei dieser, wenn man die Bezeichnung der Unbekannten ändert, drei Gleichungen der Form

$$dz = pdx + qdy$$
$$dp = rdx + sdy$$
$$dq = sdx + tdy,$$

welche die acht Variabeln z, x, y, p, q, r, s, t enthalten, von denen eine vermittelst der gegebenen partiellen Differenzialgleichung durch die übrigen ausgedrückt werden kann; ferner kommen in ihr fünf Differenziale vor (dx, dy, dz, dp, dq).

Anm. 2. Man sieht, dass die Integration der Gleichung Xdx, wenn dx und Xdx extensive Grössen darstellen, die allgemeinste, ja man kann sagen, die einzige Aufgabe der Integralrechnung ist, indem auch die in den früheren Abschnitten behandelten Aufgaben der Integralrechnung sich hierauf zurückführen lassen, und auch, da jede Zahlgrösse zugleich als specielle Gattung der extensiven Grössen erscheint, die vorher (in 500) behandelte Aufgabe in ihr enthalten ist. Mit der Lösung dieser Aufgabe wäre man also am Ziele der Integralrechnung angelangt.

Allein die Pfaff'sche Methode ist für den Fall, wo auch Xdx eine extensive Grösse ist, das heisst, wo mehrere numerische Differenzialgleichungen hervortreten, nicht mehr anwendbar, und die Methoden, welche man für die Auflösung der partiellen Differenzialgleichungen † höherer Ordnungen anwendet, 351
und welche auch für die Lösung dieser allgemeineren Aufgabe förderlich sein würden, haben nur eine äusserst beschränkte Sphäre. Daher werde ich nur den Fall ins Auge fassen, wo Xdx eine Zahlgrösse ist, und werde auf den allgemeineren Fall nur gelegentlich hindeuten.

502. *Wenn die Gleichung*

$$Xdx = 0,$$

(*in welcher, wie im Folgenden überall, Xdx eine Zahlgrösse, X eine Funktion von x, und x aus einem Systeme von m Einheiten $e_1, \ldots e_m$ numerisch ableitbar ist*) *durch einen Verein von n Zahlgleichungen $u_1 = c_1, \ldots, u_n = c_n$, wo $c_1, \ldots c_n$ willkürliche Konstanten sind, integrirt wird, so lässt sich Xdx auf die Form*

$$Xdx = U_1 du_1 + \cdots + U_n du_n$$

bringen.

Beweis. 1. Es sei $x = x_1 e_1 + \cdots + x_m e_m$, so sind $u_1, \ldots u_n$ als Funktionen von $x_1, \ldots x_m$ aufzufassen. Da nun die Gleichungen $u_1 = c_1, \ldots, u_n = c_n$ einen die Gleichung $Xdx = 0$ integrirenden Verein bilden, so heisst das (nach 491), es muss sich aus jenen Gleichungen die letztere ableiten lassen, das heisst, wenn man aus den Gleichungen $du_1 = 0, \ldots, du_n = 0$, welche in Bezug auf die m Differenziale $dx_1, \ldots dx_m$ homogen vom ersten Grade sind, n dieser letzteren Grössen durch die übrigen ausdrückt, und diese Ausdrücke in Xdx einführt, so muss dadurch Xdx *identisch* gleich Null werden, oder, was nach einem bekannten Satze aus der Theorie der Gleichungen dasselbe ist, es müssen sich Grössen U_1, U_2, ... U_n finden lassen, welche die Gleichung

$$Xdx = U_1 du_1 + \cdots + U_n du_n$$

erfüllen.

2. (Ich füge einen *zweiten Beweis* hinzu, um zugleich die Grössen U_1, ... U_n finden zu lehren.) Die Funktionen u_1, ... u_n können als von einander unabhängig aufgefasst werden, weil sonst die gegebene Gleichung schon durch einen Theil derselben integrirt werden würde. Sind aber u_1, ... u_n von einander unabhängige Funktionen von x_1, ... x_m, so lassen sich n dieser letzteren Grössen, zum Beispiel x_1, ... x_n, als Funktionen der übrigen und der Grössen u_1, ... u_n darstellen. Es sei

$$x_1 e_1 + \cdots + x_n e_n = y,$$

und

$$x_{n+1} e_{n+1} + \cdots + x_m e_m = z$$

352 gesetzt, und seien die auf den Verein der Variabeln u_1, ... u_n, z bezüglichen partiellen Differenzialquotienten erster Ordnung nach der Reihe mit δ_1, ... δ_n, δ bezeichnet, von denen also der letzte nach der extensiven Grösse z genommen ist, so wird

$$dy = \delta_1 y \,.\, du_1 + \cdots + \delta_n y \,.\, du_n + \delta y \,.\, dz,$$

und also

$$\begin{aligned} Xdx &= X(dy + dz) \\ &= X\delta_1 y \,.\, du_1 + \cdots + X\delta_n y \,.\, du_n + (X\delta y + X)dz, \end{aligned}$$

oder wenn wir

$$X\delta_1 y = U_1, \ldots, X\delta_n y = U_n$$

setzen, so wird

$$Xdx = U_1 du_1 + \cdots + U_n du_n + (X\delta y + X)dz.$$

Da nun, wenn man u_1, ... u_n als konstant setzt, Xdx *identisch* gleich Null werden muss, und da dann du_1, ... du_n gleich Null sind, so hat man $(X\delta y + X)dz = 0$, und also

$$Xdx = U_1 du_1 + \cdots + U_n du_n.$$

Anm. Es gilt dieser Satz auch, wenn Xdx eine extensive Grösse ist, und namentlich gilt der zweite der eben mitgetheilten Beweise unmittelbar auch für diesen Fall.

503. *Wenn sich der Ausdruck Xdx (in dem Sinne von 502) auf n Glieder, nämlich auf $U_1 du_1 + \cdots + U_n du_n$ zurückführen lässt, aber nicht auf weniger als n solche Glieder, so wird die Gleichung*

(a) $$Xdx = 0$$

integrirt durch Vereine von je n von einander unabhängigen Gleichungen, und zwar bilden die folgenden Vereine von je n Gleichungen:

$$
\text{(b)} \quad \left\{
\begin{array}{l}
u_1 = \varphi_1(u_{r+1}, \dots u_n), \dots, u_r = \varphi_r(u_{r+1}, \dots u_n) \\
U_1 \frac{d}{du_{r+1}} \varphi_1 + \dots + U_r \frac{d}{du_{r+1}} \varphi_r + U_{r+1} = 0 \\
\quad . \qquad \dots \qquad . \qquad . \qquad . \\
U_1 \frac{d}{du_n} \varphi_1 + \dots + U_r \frac{d}{du_n} \varphi_r \quad + \quad U_n \quad = 0,
\end{array}
\right.
$$

wo r jeden der Werthe $0, 1, 2, \dots n$ annehmen kann, und $\varphi_1, \dots \varphi_r$ willkürliche Funktionen bezeichnen, das vollständige System der integrirenden Vereine. Wenn ins Besondere $r = 0$ ist, so hat man den Verein

$$\text{(c)} \qquad U_1 = U_2 = \dots = U_n = 0,$$ 353

und wenn $r = n$ ist, den Verein

$$\text{(d)} \qquad u_1 = c_1, \; u_2 = c_2, \; \dots, \; u_n = c_n,$$

wo $c_1, \dots c_n$ willkürliche Konstanten sind.

Beweis. Die Gleichung $Xdx = 0$ kann nicht durch einen Verein von weniger als n Zahlgleichungen integrirt werden, weil sonst (nach 502) Xdx auf weniger als n Glieder der Form Udu zurückgeführt werden könnte, was mit der Voraussetzung streitet. Es kommt also darauf an, Vereine von n Gleichungen zu finden, welche die Gleichung $Xdx = 0$ integriren und zwar die sämmtlichen möglichen Vereine dieser Art.

Es mögen die n von einander unabhängigen Gleichungen $v_1 = 0$, $v_2 = 0, \dots, v_n = 0$ einen die Gleichung $Xdx = 0$ integrirenden Verein bilden, so lassen sich die Funktionen $v_1, \dots v_n$, welche ursprünglich als Funktionen der m Variabeln $x_1, \dots x_m$ angenommen sein mögen, zugleich darstellen als Funktionen von $u_1, \dots u_n$ und von $m - n$ der Grössen $x_1, \dots x_m$, zum Beispiel als Funktionen von $u_1, \dots u_n$, $x_{n+1}, \dots x_m$. Wenn alle jene Funktionen $v_1, \dots v_n$ dann nur $u_1, \dots u_n$ enthalten, aber von $x_{n+1}, \dots x_m$ unabhängig sind, so ergeben sich $u_1, \dots u_n$ als konstant, und es tritt der besondere Fall (d) ein. Wenn aber mindestens eine der Funktionen $v_1, \dots v_n$, zum Beispiel v_n, noch mindestens eine der Variabeln $x_{n+1}, \dots x_m$, zum Beispiel x_m, enthält, so lässt sich, vermittelst der Gleichung $v_n = 0$, x_m durch die übrigen $(u_1, \dots u_n, x_{n+1}, \dots x_{m-1})$ ausdrücken. Führt man diesen Ausdruck in die übrigen Gleichungen $v_1 = 0, \dots, v_{n-1} = 0$ ein, so ist es möglich, dass in den so erhaltenen Gleichungen noch mindestens eine der Variabeln $x_{n+1}, \dots x_{m-1}$ vorkommt, zum Beispiel x_{m-1} in $v_{n-1} = 0$; in diesem Falle drücke man x_{m-1} vermittelst dieser Gleichung durch die noch übrigen Variabeln $u_1, \dots u_n$, $x_{n+1}, \dots x_{m-2}$ aus, und setze diesen Ausdruck in die übrigen Gleichungen ein; und so fahre man fort, bis man endlich entweder alle Gleichungen $v_1 = 0, \ldots, v_n = 0$ erschöpft hat, oder bis nur noch solche Gleichungen übrig bleiben, die nur $u_1, \ldots u_n$ enthalten.

Im ersteren Falle muss (nach 491) der Ausdruck

$$U_1 du_1 + \cdots + U_n du_n$$

identisch gleich Null werden, also $U_1 = 0, \ldots, U_n = 0$, was den be-
354 sonderen Fall (c) liefert. Im letzteren Falle mögen zuletzt † r Gleichungen $v_1 = 0, \ldots, v_r = 0$ übrig geblieben sein, welche nur die Variabeln $u_1, \ldots u_n$ enthalten, so können wir vermittelst dieser Gleichungen r der Grössen $u_1, \ldots u_n$ als Funktionen der übrigen darstellen, zum Beispiel $u_1, \ldots u_r$ als Funktionen von $u_{r+1}, \ldots u_n$. Der Verein wird in diesem Falle stets ein integrirender sein, wenn nur, von welcher Art auch jene r Funktionen sein mögen, durch sie der Ausdruck $U_1 du_1 + \cdots + U_n du_n$ identisch gleich Null gemacht wird. Da wir $u_1, \ldots u_r$ als Funktionen von $u_{r+1}, \ldots u_n$ dargestellt haben, so erhalten wir

$$\begin{cases} U_1 \frac{d}{du_{r+1}} u_1 + \cdots + U_r \frac{d}{du_{r+1}} u_r + U_{r+1} = 0 \\ \quad . \qquad \ldots \qquad . \qquad . \qquad . \\ U_1 \frac{d}{du_n} u_1 \;\; + \cdots + \;\; U_r \frac{d}{du_n} u_r \;\; + \;\; U_n \;\; = 0 \end{cases}$$

als die nothwendigen, aber {auch} ausreichenden Bedingungen, damit in diesem Falle $U_1 du_1 + \cdots + U_n du_n$ identisch gleich Null werde.

Somit haben sich die Vereine (b) (von welchen (c) und (d) nur specielle Fälle darstellen) als die sämmtlichen möglichen Vereine ergeben, welche die Gleichung $X dx = 0$ unter der Voraussetzung des Satzes integriren.

Anm. Es ist dieser Satz nach seiner einen Seite hin in der angeführten Abhandlung Jacobi's (Crelle's Journal Bd. 2, p. 348 {Gesammelte Werke Bd. 4, S. 20}), nachgewiesen. Aber es ist dort die wichtigste Seite unseres Satzes, dass es nämlich ausser den Gleichungsvereinen (b) keinen Verein integrirender Gleichungen gebe, nicht nachgewiesen. Auch ist dort nicht gezeigt, worin der verschiedene Charakter der integrirenden Vereine (b) je nach dem Werthe des Index r bestehe, obgleich Jacobi mehrfach auf die Verschiedenheit dieses Charakters hinweist. Offenbar war Jacobi auch mit dieser Seite unseres Satzes vollkommen vertraut, und es lag nur in dem besonderen Zwecke jener Abhandlungen, dass er sich darüber nicht weiter ausspricht.

Man sieht aus diesem und dem vorhergehenden Satze, dass es dasselbe ist, zu sagen, es lasse sich $X dx = 0$ durch Vereine von je n (und nicht weniger als n) Gleichungen integriren, oder zu sagen, es lasse sich $X dx$ (in dem Sinne von 502) auf eine Summe von n (und nicht weniger als n) Gliedern der Form $U du$ zurückführen. Also kommt es darauf an, die Bedingungen aufzufinden,

unter denen diese Reduktion möglich ist, und wenn diese Bedingungen erfüllt sind, die Methode der Reduktion anzugeben. Um beides auf eine leichte Weise
zu erreichen, wird es † zweckmässig sein, die folgenden Bestimmungen und Sätze 355
über Lückenausdrücke {mit *gebundenen Lücken*} aufzustellen.

Noch bemerke ich, dass der vorstehende Satz nicht mehr gilt, wenn Xdx eine extensive Grösse ist; und dass, wenn die Reduktion von Xdx auf die möglichst geringe Anzahl von Gliedern der Form Udu vollzogen ist, doch damit noch keinesweges die Integration der Gleichung $Xdx = 0$ gegeben ist. Aber aus 502 folgt, dass, wenn man die sämmtlichen möglichen Reduktionen dieser Art kennt, man auch die Gleichung $Xdx = 0$ zugleich vollständig integrirt habe. Und diese Betrachtung scheint mir den Weg anzugeben, auf welchem man hoffen kann, zu diesem letzten Ziele der Integralrechnung zu gelangen.

504. Erklärung. Wenn L einen Ausdruck mit n {gebundenen} Lücken gleicher Gattung darstellt, für welche jedoch nicht Vertauschbarkeit der Lücken vorausgesetzt ist, so verstehe ich unter

$$[La_1 a_2 \ldots a_n]$$

den Ausdruck, welcher hervorgeht, wenn man $a_1, \ldots a_n$ in allen möglichen Ordnungen in die n Lücken von L eintreten lässt, den erhaltenen Ausdrücken das Zeichen $+$ oder $-$ vorsetzt, je nachdem das kombinatorische Produkt der Grössen, welche nach der Reihe in die n Lücken von L eintreten, dem Produkte $[a_1 a_2 \ldots a_n]$ gleich oder entgegengesetzt ist, und dann die Summe der so erhaltenen Glieder durch deren Anzahl dividirt.

Wenn L *weniger* als n, zum Beispiel nur $n - r$ Lücken enthält, so verstehe ich unter

$$[La_1 a_2 \ldots a_n]$$

den Ausdruck, welcher hieraus hervorgeht, indem man dem L noch r Faktoren 1 *voranstellt*, von denen man jeden als Ausdruck mit einer Lücke betrachtet, indem nämlich, wenn man diese Lücke durch eine Grösse a ausgefüllt denkt, aus 1 die Grösse $1 . a$, das heisst a, hervorgeht. {Dabei mögen die auf diese Weise neu hinzutretenden Lücken der r Faktoren 1 als die *ersten* Lücken des entstandenen Ausdrucks mit n Lücken betrachtet werden, und zwar die Lücke des ersten Faktors 1 als die erste Lücke des ganzen Ausdrucks, die des zweiten Faktors als die zweite Lücke und so weiter. Die $n - r$ Lücken des Ausdruckes L aber mögen ihrer ursprünglichen Rangordnung entsprechend als $(r + 1)$-te, $(r + 2)$-te, ... n-te Lücke des neu entstandenen Ausdrucks gelten. Endlich sollen die an die Stelle der Faktoren 1 tretenden Grössen a_i mit einander und mit dem aus L durch Ausfüllung seiner Lücken hervorgehenden Ausdrucke kombinatorisch multipliciert werden.

Durch diese Bestimmungen ist der Fall eines Ausdruckes L mit *weniger* als n Lücken auf den vorigen zurückgeführt.}

Wenn ins Besondere $\boldsymbol{L}$ ein Ausdruck mit $n-1$ Lücken ist, *der durch Ausfüllung dieser Lücken eine Zahlgrösse wird*, so wird

$$[\boldsymbol{L}a_1 \ldots a_n] = \frac{1}{n}(a_1[\boldsymbol{L}A_1] + \cdots + a_n[\boldsymbol{L}A_n]),$$

wo A_r (für jeden Index r) alle Grössen $a_1, \ldots a_n$, mit Ausschluss von a_r, als Faktoren enthält und $[a_r A_r] = [a_1 a_2 \ldots a_n]$ ist.

{Enthält $\boldsymbol{L}$ *mehr* als n, etwa m Lücken, so soll unter

$$[\boldsymbol{L}a_1 a_2 \ldots a_n]$$

der Ausdruck mit $m-n$ gebundenen Lücken verstanden werden, den man erhält, wenn man das Produkt

$$[\boldsymbol{L}a_1 a_2 \ldots a_n a_{n+1} \ldots a_m]$$

nach den bisherigen Angaben entwickelt und dann die $m-n$ Grössen $a_{n+1}, a_{n+2}, \ldots a_m$ durch die gebundenen Lücken $l_1, l_2, \ldots l_{m-n}$ ersetzt, deren Zeiger zugleich den Rang der einzelnen Lücken in dem hervorgehenden Lückenausdruck bezeichnen.}

Ich nenne auch diese Produkte (wie überhaupt alle, welche durch die scharfe Klammer umschlossen sind, s. Nr. 94) bezügliche Produkte, und zwar setze ich als das Hauptgebiet, auf welches sie sich beziehen,
356 das Gebiet der Einheiten, aus † welchen die sämmtlichen Grössen, welche in die Lücken einzutreten fähig sind, abgeleitet werden können.

505. *Wenn* $\boldsymbol{L}$ *einen Ausdruck mit* n *{gebundenen} Lücken bezeichnet, und*

1) $$[a_1 \ldots a_n] = [b_1 \ldots b_n]$$

ist, so ist auch

$$[\boldsymbol{L}a_1 \ldots a_n] = [\boldsymbol{L}b_1 \ldots b_n],$$

und wenn

2) $$[a_1 \ldots a_n] = 0$$

ist, so ist auch

$$[\boldsymbol{L}a_1 \ldots a_n] = 0.$$

Beweis. {1.} Wenn zwei der Grössen $a_1, \ldots a_n$, zum Beispiel a_r und a_s einander gleich werden, so ordne man die Ausdrücke, welche (nach 504) bei der Entwickelung von $[\boldsymbol{L}a_1 \ldots a_n]$ dadurch hervorgehen, dass man $a_1, \ldots a_n$ in allen möglichen Folgen in die Lücken von L eintreten lässt, paarweise so, dass je zwei derselben, bei denen sich die Reihenfolge jener Grössen nur durch die gegenseitige Stellung von a_r und a_s unterscheidet, ein Paar bilden. Dann werden die Ausdrücke jedes Paares (nach 504) entgegengesetztes Vorzeichen haben. Wenn nun a_r und a_s einander gleich werden, so werden diese Ausdrücke, abgesehen von dem entgegengesetzten Vorzeichen, identisch; also wird ihre Summe null, also in diesem Falle auch $[\boldsymbol{L}a_1 \ldots a_n] = 0$.

2. Wenn $[a_1 \dots a_n] = 0$ ist, so heisst das (nach 66), es stehen die Faktoren $a_1, \dots a_n$ in einer Zahlbeziehung, das heisst (nach 2), einer derselben, zum Beispiel a_n, wird sich als Vielfachensumme der übrigen $a_1, \dots a_{n-1}$ ausdrücken lassen. Führt man diesen Ausdruck für a_n in $[\boldsymbol{L}a_1 \dots a_{n-1}a_n]$ ein, und löst die diesen Ausdruck umschliessende Klammer auf, so stellt sich $[\boldsymbol{L}a_1 \dots a_{n-1}a_n]$ als eine Vielfachensumme von Ausdrücken dar, deren jeder zwei gleiche unter den Grössen $a_1, \dots a_{n-1}$ enthält, also (nach Beweis 1) null ist. Also ist auch jene Vielfachensumme, das heisst $[\boldsymbol{L}a_1 \dots a_n]$, gleich Null.

3. Wenn die Reihe der Grössen $a_1, \dots a_n$ eine einfache lineale Aenderung erleidet (vgl. 71), zum Beispiel a_r sich in $a_r + \alpha a_s$ verwandelt, wo α eine Zahlgrösse ist, und r und s von einander † ver- 357
schieden sind, so verwandelt sich $[\boldsymbol{L}a_1 \dots a_r a_{r+1} \dots a_n]$ in

$$[\boldsymbol{L}a_1 \dots a_r a_{r+1} \dots a_n] + \alpha[\boldsymbol{L}a_1 \dots a_{r-1} a_s a_{r+1} \dots a_n].$$

Der zweite dieser Ausdrücke enthält, da s von r verschieden ist, a_s zweimal, ist also (nach Beweis 1) gleich Null, also bleibt der Ausdruck $[\boldsymbol{L}a_1 \dots a_n]$ von unverändertem Werthe, wenn die Reihe der Grössen $a_1, \dots a_n$ eine einfache lineale Aenderung erfährt, also auch, wenn sie wiederholt einfache lineale Aenderungen erfährt, das heisst (nach 71), wenn jene Reihe sich überhaupt lineal ändert.

Wenn nun

$$[a_1 a_2 \dots a_n] = [b_1 b_2 \dots b_n] \gtrless 0$$

ist, so lässt sich (nach 76) die Reihe $b_1, b_2, \dots b_n$ aus der Reihe $a_1, a_2, \dots a_n$ durch lineale Aenderung ableiten, wobei, wie eben bewiesen, der Werth von $[\boldsymbol{L}a_1 \dots a_n]$ unverändert bleibt, das heisst, es ist dann

$$[\boldsymbol{L}a_1 \dots a_n] = [\boldsymbol{L}b_1 \dots b_n].$$

{Anm. Man kann daher den Ausdruck

$$[\boldsymbol{L}a_1 \dots a_n]$$

als ein Produkt aus dem Lückenausdrucke $\boldsymbol{L}$ und dem kombinatorischen Produkte $[a_1 \dots a_n]$ auffassen (vgl. Nr. 383 Anm.).}

506. Erklärung. Wenn ein Ausdruck $\boldsymbol{L}$ mit n {gebundenen} Lücken die Eigenschaft hat, dass er mit je n Grössen $a_1, \dots a_n$, die in die Lücken eintreten können, ein Produkt $[\boldsymbol{L}a_1 \dots a_n]$ liefert, welches null ist, so setze ich $[\boldsymbol{L}] = 0$. Wenn ferner ein Produkt $[a_1 \dots a_n] = 1$ ist, und $\boldsymbol{L}$ n Lücken enthält, so setze ich

$$[\boldsymbol{L}] = [\boldsymbol{L}a_1 \dots a_n].$$

Anm. Es ist schon früher bei der Behandlung des Potenzwerthes eines Bruches Q (Nr. 383), obwohl nur gelegentlich, die hier gewählte Bezeichnung angewandt, indem, wenn $e_1, \dots e_n$ die n Nenner sind, deren Produkt $[e_1 \dots e_n] = 1$

ist, und $a_1, \ldots a_n$ die zugehörigen Zähler, unter $[Q^n]$ das Produkt $[a_1 \ldots a_n]$ verstanden war. Da nun Q als Lückenausdruck mit einer Lücke aufgefasst werden kann, indem nämlich (für jeden Index r) $Q e_r = a_r$ ist, so wird Q^n ein Ausdruck mit n Lücken, und gehört also $[Q^n]$ zu den hier (in 506) definirten Ausdrücken. Man überzeugt sich leicht, dass auch nach dieser Erklärung (506) der Ausdruck $[Q^n] = [a_1 a_2 \ldots a_n]$ wird, und also beide Erklärungen in vollkommener Uebereinstimmung stehen.

Es hat sich mir die Allgemeinheit der hier (in 504 und 506) aufgestellten Begriffe, und ihre wesentliche Bedeutung für die Analysis erst während der Arbeit ergeben. Sonst würde ich diese Begriffe und die daraus fliessenden Sätze sogleich an ihrer Stelle (im ersten Kapitel dieses Abschnittes) behandelt haben. Da hier diese Sätze den Gang der Entwickelung unterbrechen, so beschränke ich mich auf diejenigen Sätze, welche für die folgende Darstellung unentbehrlich erscheinen.

507. *Wenn $\boldsymbol{L}$ zwei oder mehrere vertauschbare Lücken enthält, so ist*

$$[\boldsymbol{L}] = 0.$$

358 Beweis. Es ist zu zeigen, dass, wenn von den n Lücken † von $\boldsymbol{L}$ auch nur zwei mit einander vertauschbar sind, allemal $[\boldsymbol{L} a_1 \ldots a_n]$ null ist, was auch $a_1, \ldots a_n$ für Grössen sein mögen. Denn es seien die übrigen Lücken durch beliebige jener Grössen ausgefüllt, so geht ein Ausdruck mit zwei vertauschbaren Lücken hervor, dieser Ausdruck sei $\boldsymbol{P}$. Sind nun b und c zwei beliebige Grössen, welche in diese zwei Lücken eintreten können, so ist, da die Lücken vertauschbar sind, {nach 485 Anm.} $\boldsymbol{P}bc = \boldsymbol{P}cb$; aber

$$[\boldsymbol{P}bc] = \frac{1}{2}(\boldsymbol{P}bc - \boldsymbol{P}cb),$$

also $= 0$, also auch $[\boldsymbol{L} a_1 \ldots a_n] = 0$, für beliebige Grössen $a_1, \ldots a_n$, das heisst (nach 506), $[\boldsymbol{L}] = 0$.

508. *Wenn $\boldsymbol{A}_1, \ldots \boldsymbol{A}_n$ Grössen mit je einer Lücke derselben Gattung sind, welche entweder alle, oder doch alle bis auf eine derselben, nach Ausfüllung dieser Lücken Zahlgrössen werden, und $\boldsymbol{P}$ ein Ausdruck mit beliebig vielen Lücken ist, so ist das Produkt*

$$[\boldsymbol{A}_1 \ldots \boldsymbol{A}_n \boldsymbol{P}]$$

ganz den Gesetzen der kombinatorischen Multiplikation (Nr. 52 ff.) *unterworfen und zwar in dem Sinne, dass $\boldsymbol{A}_1, \ldots \boldsymbol{A}_n$ als einfache kombinatorische Faktoren betrachtet werden. Namentlich sind zwei Produkte, welche sich nur durch die gegenseitige Stellung zweier dieser Faktoren unterscheiden, einander engegengesetzt, das heisst*

(a) $$[\boldsymbol{A}_1 \ldots \boldsymbol{A}_r \ldots \boldsymbol{A}_s \ldots \boldsymbol{A}_n \boldsymbol{P}] = -[\boldsymbol{A}_1 \ldots \boldsymbol{A}_s \ldots \boldsymbol{A}_r \ldots \boldsymbol{A}_n \boldsymbol{P}],$$

wo beide Seiten der Gleichung sich nur durch die gegenseitige Stellung der Faktoren $\boldsymbol{A}_r$ und $\boldsymbol{A}_s$ unterscheiden, und wenn zwei jener Faktoren gleich werden, so ist das Produkt null, das heisst

(b) $$[\boldsymbol{A}_1 \ldots \boldsymbol{A}_r \ldots \boldsymbol{A}_r \ldots \boldsymbol{A}_n \boldsymbol{P}] = 0.$$

Beweis. Betrachtet man zum Beispiel nur die beiden ersten Faktoren $\boldsymbol{A}_1$ und $\boldsymbol{A}_2$ und nennt das Produkt der übrigen $\boldsymbol{Q}$, und setzt $e_1, \ldots e_n$ als Einheiten, deren kombinatorisches Produkt 1 ist, so ist

$$[\boldsymbol{A}_1 \boldsymbol{A}_2 \boldsymbol{Q}] = [\boldsymbol{A}_1 \boldsymbol{A}_2 \boldsymbol{Q} e_1 e_2 e_3 \ldots e_n].$$

Hier sollen (nach 504) die Faktoren $e_1, e_2, e_3, \ldots e_n$ in allen möglichen Ordnungen in die Lücken von $\boldsymbol{A}_1 \boldsymbol{A}_2 \boldsymbol{Q}$ eintreten, und das Vorzeichen wird positiv, wenn $e_1, e_2, e_3, \ldots e_n$ entweder in dieser Ordnung, also e_1 in $\boldsymbol{A}_1$, e_2 in $\boldsymbol{A}_2$ und die übrigen † $e_3, \ldots e_n$ nach der Reihe in $\boldsymbol{Q}$, 359
eintreten, oder in irgend einer andern Ordnung, welche durch eine gerade Anzahl von Versetzungen aus jener Ordnung hervorgeht; ganz dieselbe Bedeutung hat aber $[\boldsymbol{A}_2 \boldsymbol{A}_1 \boldsymbol{Q} e_2 e_1 e_3 \ldots e_n]$, indem auch hier das Zeichen positiv wird, wenn e_1 in $\boldsymbol{A}_1$, e_2 in $\boldsymbol{A}_2$, und $e_3, \ldots e_n$ in dieser Reihe in $\boldsymbol{Q}$ eintreten, und so weiter, also ist

$$[\boldsymbol{A}_1 \boldsymbol{A}_2 \boldsymbol{Q} e_1 e_2 e_3 \ldots e_n] = [\boldsymbol{A}_2 \boldsymbol{A}_1 \boldsymbol{Q} e_2 e_1 e_3 \ldots e_n],$$

letzteres ist aber, da (nach 55) $[e_2 e_1 e_3 \ldots e_n] = -[e_1 e_2 e_3 \ldots e_n]$ ist, (nach 505 {Anm. und nach 46}) gleich $-[\boldsymbol{A}_2 \boldsymbol{A}_1 \boldsymbol{Q} e_1 e_2 e_3 \ldots e_n]$, also

$$[\boldsymbol{A}_1 \boldsymbol{A}_2 \boldsymbol{Q}] = -[\boldsymbol{A}_2 \boldsymbol{A}_1 \boldsymbol{Q}].$$

Werden $\boldsymbol{A}_1$ und $\boldsymbol{A}_2$ einander gleich, so folgt aus dieser letzten Formel, dass dann $[\boldsymbol{A}_1 \boldsymbol{A}_2 \boldsymbol{Q}]$ null wird. Dasselbe gilt nun aus demselben Grunde, wenn man statt der beiden ersten Faktoren des Ausdruckes $[\boldsymbol{A}_1 \boldsymbol{A}_2 \ldots \boldsymbol{A}_n \boldsymbol{P}]$ irgend zwei andere, $\boldsymbol{A}_r$ und $\boldsymbol{A}_s$, betrachtet.

Somit gelten die Formeln (a) und (b), und auf ihnen beruhen die übrigen Gesetze der kombinatorischen Multiplikation.

509. *Wenn $\boldsymbol{A}$ ein Ausdruck mit einer Lücke {ist} und $\boldsymbol{B}$ ein Ausdruck mit $m-1$ Lücken derselben Gattung ist, {welcher nach Ausfüllung dieser Lücken eine Zahlgrösse wird}, und {wenn endlich} $a_1, \ldots a_m$ Grössen jener Gattung sind, {welche in die Lücken eintreten sollen,} so ist*

$$[\boldsymbol{A}\boldsymbol{B} a_1 \ldots a_m] = \boldsymbol{A}[\boldsymbol{B} a_1 \ldots a_m]$$
$$= \frac{1}{m} \sum \boldsymbol{A} a_{\mathfrak{a}} [\boldsymbol{B} A_{\mathfrak{a}}],$$

wo $A_{\mathfrak{a}}$ alle Faktoren $a_1, \ldots a_m$, mit Ausnahme des Faktors $a_{\mathfrak{a}}$, enthält, und zwar so, dass

$$[a_{\mathfrak{a}} A_{\mathfrak{a}}] = [a_1 a_2 \ldots a_m]$$

ist, und wo die Summe sich auf die Werthe $\mathfrak{a} = 1, \ldots m$ bezieht.

Beweis. 1. Um den Ausdruck $[\boldsymbol{A}\boldsymbol{B} a_1 \ldots a_m]$ zu entwickeln, muss man in die Lücken von $\boldsymbol{A}\boldsymbol{B}$ nach und nach alle möglichen Anordnungen der Faktoren $a_1, \ldots a_m$ eintreten lassen; dabei muss also in $\boldsymbol{A}$ nach und nach jede der Grössen $a_1, \ldots a_m$ eintreten.

Wenn nun zuerst in A die Grösse a_1 eintritt, so müssen in B die übrigen Faktoren, also die Faktoren von A_1 in allen möglichen Folgen und zwar gleichfalls mit dem Zeichengesetz eintreten, dass zwei so hervorgehende Ausdrücke gleiches oder entgegengesetztes Vorzeichen haben, je nachdem die beiden Reihenfolgen ein gleiches oder entgegengesetztes kombinatorisches Produkt liefern. Die so hervorgehenden Glieder werden also $\mp A a_1 [B A_1]$ liefern. Hier ist jedoch das $+$-Zeichen zu wählen, weil $[a_1 A_1] = [a_1 a_2 \ldots a_m]$ ist. Aus gleichem
360 Grunde † ist die Summe der Glieder, bei denen in A die Grösse a_2 eintritt, $= + A a_2 [B A_2]$, und so weiter; also wird, da man diese Summe noch durch die Anzahl ihrer Glieder dividiren muss,

$$[A B a_1 \ldots a_m] = \frac{1}{m} \sum A a_\mathfrak{a} [B A_\mathfrak{a}].$$

2. Ferner ist (nach 504)

$$\begin{aligned} A[B a_1 \ldots a_m] &= \frac{1}{m} A \sum a_\mathfrak{a} [B A_\mathfrak{a}] \\ &= \frac{1}{m} \sum A a_\mathfrak{a} [B A_\mathfrak{a}] && [39] \\ &= [A B a_1 \ldots a_m] && [\text{Beweis } 1]. \end{aligned}$$

{Anm. Wenn B und A bei Ausfüllung ihrer Lücken nicht in Zahlgrössen, sondern in extensive Grössen übergehen, so tritt an die Stelle der zweiten Formel von 509 die Formel

$$\{*\} \qquad [A B a_1 \ldots a_m] = \frac{1}{m} \sum [(A a_\mathfrak{a}) [B A_\mathfrak{a}]],$$

während die erste Formel von 509 ihre Gültigkeit verliert. Sollte wenigstens A bei Ausfüllung seiner Lücke eine Zahlgrösse werden, so kann man auf der rechten Seite der Formel {*} die scharfe Klammer hinter dem Summenzeichen weglassen.}

510. *Wenn C ein Ausdruck mit zwei Lücken gleicher Gattung ist, welcher durch Ausfüllung seiner Lücken eine Zahlgrösse wird, und a eine Grösse jener Gattung, B aber ein Produkt von $2n - 1$ solchen Grössen, und $2n$ die Anzahl der Einheiten ist, aus welchen die Grössen dieser Gattung ableitbar sind, so ist*

$$\left[C a [C^{n-1} B]\right] = [C^n a B]$$

$$\left[C [C^{n-1} B] a\right] = [C^n B a].$$

Beweis. $[C^n a B]$ drückt, da die n Faktoren C alle einander gleich sind, und nach Ausfüllung ihrer Lücken Zahlfaktoren werden, also untereinander vertauschbar sind, aus, dass a in eine Lücke eines der Faktoren, zum Beispiel des ersten Faktors C, eintritt, während die $2n - 1$ Faktoren von B in die andere Lücke jenes Faktors und in die übrigen Faktoren eintreten. Dieselbe Bedeutung besitzt aber der Ausdruck $\left[C a [C^{n-1} B]\right]$, also sind beide gleich.

Auf gleiche Weise ergiebt sich die zweite Formel.

511. *Wenn Xdx (in dem Sinne von 502) auf n Glieder der Form Udu zurückführbar sein soll, das heisst,*

$$Xdx = U_1 du_1 + \cdots + U_n du_n$$

sein soll, so muss nothwendig

$$\left[X\left(\frac{d}{dx}X\right)^n\right] = 0$$

sein.

Beweis. Es sei $U_1 du_1 + \cdots + U_n du_n$ der Kürze wegen mit $\Sigma U_\mathfrak{a} du_\mathfrak{a}$ bezeichnet, so ist

$$\Sigma U_\mathfrak{a} du_\mathfrak{a} = \sum U_\mathfrak{a}\left\{\frac{d}{dx}u_\mathfrak{a} \,.\, dx\right\} = \sum U_\mathfrak{a}\frac{d}{dx}u_\mathfrak{a} \cdot dx,$$ 361

also

$$X = \sum U_\mathfrak{a}\frac{d}{dx}u_\mathfrak{a}.$$

Somit

$$\frac{d}{dx}X = \frac{d}{dx}\sum U_\mathfrak{a}\frac{d}{dx}u_\mathfrak{a}$$

$$= \sum\left\{\frac{d}{dx}U_\mathfrak{a} \cdot \frac{d}{dx}u_\mathfrak{a}\right\} + \sum U_\mathfrak{a}\frac{d^2}{dx^2}u_\mathfrak{a}.$$

Da $\frac{d^2}{dx^2}u_\mathfrak{a}$ ein Ausdruck mit zwei vertauschbaren Lücken ist (451) {und da (wegen 446) die Vertauschbarkeit der Lücken auch dann nicht aufhört, wenn man die Lücken als gebundene auffasst}, so können wir bei der Substitution von $\frac{d}{dx}X$ in den Ausdruck

$$\left[X\left(\frac{d}{dx}X\right)^n\right]$$

(nach 507) die Glieder

$$\sum U_\mathfrak{a}\frac{d^2}{dx^2}u_\mathfrak{a}$$

weglassen, und erhalten

$$\left[X\left(\frac{d}{dx}X\right)^n\right] = \left[\sum U_\mathfrak{a}\frac{d}{dx}u_\mathfrak{a} \,.\left(\sum\left\{\frac{d}{dx}U_\mathfrak{b} \cdot \frac{d}{dx}u_\mathfrak{b}\right\}\right)^n\right]$$

$$= \sum\left[U_\mathfrak{a}\frac{d}{dx}u_\mathfrak{a} \cdot \frac{d}{dx}U_\mathfrak{b} \cdot \frac{d}{dx}u_\mathfrak{b} \cdot \frac{d}{dx}U_\mathfrak{c} \cdot \frac{d}{dx}u_\mathfrak{c} \cdots\right],$$

wo die Anzahl der Indices $\mathfrak{a}, \mathfrak{b}, \mathfrak{c}, \ldots$ gleich $n + 1$ ist. Da aber u nur n verschiedene Indices hat, so müssen unter den Indices $\mathfrak{a}, \mathfrak{b}, \ldots$ nothwendig mindestens zwei gleiche vorkommen; also werden auch unter den Grössen

$$\frac{d}{dx}u_\mathfrak{a},\quad \frac{d}{dx}u_\mathfrak{b},\quad \frac{d}{dx}u_\mathfrak{c}, \ldots$$

nothwendig zwei gleiche vorkommen, also ist (nach 508) jedes Glied der obigen Summe null, also die Summe selbst, das heisst

$$\left[X\left(\frac{d}{dx}X\right)^n\right] = 0.$$

23*

Anm. Ich werde im Folgenden zeigen, dass diese Bedingungsgleichung zugleich die vollkommen ausreichende ist, so dass, wenn sie erfüllt wird, auch allemal die Reduktion auf n Glieder der Form Udu, also auch (nach 503) die Integration durch Vereine von n Gleichungen möglich ist. Es ist daher diese in der
362 That wunderbar einfache † Formel von sehr weitreichender Bedeutung.

Der Beweis derselben ist oben so geführt, dass auch die Art, wie dieselbe gefunden ist, unmittelbar hindurchleuchtet. Auch hält es nicht schwer, die entsprechenden Formeln für den Fall zu entwickeln, dass Xdx eine extensive Grösse ist; und ich habe diese letzteren Formeln hier nur deshalb nicht aufgestellt, weil, wie schon oben angedeutet, die Behandlung dieses allgemeinen, die ganze Integralrechnung abschliessenden Falles hier unterbleiben musste. Dagegen werde ich die oben mitgetheilte Formel in der folgenden Nummer in die gewöhnliche Analysis kleiden.

512. Aufgabe. *Die Bedingungsgleichung aus* 511, *nämlich*

$$\left[X\left(\frac{d}{dx}X\right)^n\right] = 0$$

durch Zahlgleichungen zu ersetzen.

Auflösung. Es sei

$$x = x_1 e_1 + \cdots + x_m e_m,$$

wo $e_1, \ldots e_m$ das System der Einheiten bilden. Dann ist

$$dx = e_1 dx_1 + \cdots + e_m dx_m;$$

und es wird

$$Xdx = Xe_1 dx_1 + \cdots + Xe_m dx_m = X_1 dx_1 + \cdots + X_m dx_m,$$

wenn wir die Zahlgrössen $Xe_1, \ldots Xe_m$ beziehlich mit $X_1, \ldots X_m$ bezeichnen. Die obige Bedingungsgleichung sagt dann (nach 506), da X eine und $\frac{d}{dx}X$ zwei Lücken enthält, aus, dass

$$(*) \qquad \left[X\left(\frac{d}{dx}X\right)^n e_1 e_2 \ldots e_{2n+1}\right] = 0$$

sei, und auch bleibe, wenn man statt $e_1, e_2, \ldots e_{2n+1}$ beliebige $2n+1$ unter den m Einheiten $e_1, \ldots e_m$ setzt.

Ist $m = 2n+1$, so tritt keine andere numerische Bedingungsgleichung als die Gleichung (*) hervor; ist $m < 2n+1$, so tritt gar keine hervor, weil dann je $2n+1$ Grössen, mit denen

$$X\left(\frac{d}{dx}X\right)^n$$

multiplicirt werden mag, in einer Zahlbeziehung stehen, also

$$X\left(\frac{d}{dx}X\right)^n$$

dann mit ihnen multiplicirt (nach 505) Null liefert, also (nach 506)

$$\left[X\left(\frac{d}{dx}X\right)^n\right]$$

von selbst null ist. Wir nehmen daher jetzt an, dass $m \geq 2n + 1$ sei; und suchen unter dieser Voraussetzung, in der Gleichung (*) X und x durch die Zahlgrössen $X_1, \ldots X_m, x_1, \ldots x_m$ zu ersetzen.

Nun ist nach dem Obigen $\dagger\, X e_r = X_r$. Fasst man daher in dem 363
Ausdrucke $\frac{d}{dx} X$ die Lücke der Funktion X selbst als die erste Lücke auf und die durch Differenziation in den Ausdruck hineingekommene Lücke als die zweite Lücke, so wird

$$\frac{d}{dx} X \,.\, e_r e_s = \frac{d}{dx} X_r \,.\, e_s = \frac{d}{dx_s} X_r$$

(nach 451), folglich verwandelt sich die obige Formel (*) in

$$0 = \sum \mp X_1 \cdot \frac{d}{dx_3} X_2 \cdot \frac{d}{dx_5} X_4 \cdots \frac{d}{dx_{2n+1}} X_{2n},$$

wo man die Indices auf alle möglichen Arten zu vertauschen und dem jedesmaligen Gliede das Zeichen + oder — vorzusetzen hat, je nachdem die Anzahl der Vertauschungen, durch die es hervorging, eine gerade oder ungerade war. Bezeichnen wir nach Jacobi's Vorgange (Crelle's Journal 2, S. 351 {Werke 4, S. 23})

$$\frac{d}{dx_3} X_2 - \frac{d}{dx_2} X_3$$

mit (2, 3), und so weiter, oder allgemein, setzen wir

$$\frac{d}{dx_s} X_r - \frac{d}{dx_r} X_s = (r, s)\,,$$

so können wir die vorige Formel auch schreiben

$$0 = \sum \mp X_1 (2, 3)(4, 5) \ldots (2n, 2n + 1),$$

wobei die Vertauschungen je zweier in einer Klammer stehenden Indices ausgeschlossen bleiben. Ebenso können wir, ohne die Bedeutung der Gleichung zu ändern, festsetzen, dass der erste der beiden in Klammern geschlossenen Indices von einem Faktor zum nächstfolgenden nur wachse, nie abnehme. Denn, da die Ordnung der Zahlfaktoren (2, 3), ... gleichgültig ist, so können wir ihnen immer jene Anordnung geben. Wir bezeichnen in diesem Sinne (mit Jacobi a. a. O. S. 355 f. {Werke 4, S. 27}) die Summe

$$\sum \mp (2, 3)(4, 5) \ldots (2n, 2n + 1)$$

mit

$$(2, 3, 4, 5, \ldots 2n, 2n + 1),$$

so verwandelt sich die obige Gleichung in

$$0 = \sum \mp X_1 (2, 3, \ldots 2n + 1),$$

das heisst, in

$$0 = X_1(2, 3, \ldots 2n + 1) - X_2(1, 3, \ldots 2n + 1) +$$
$$+ X_3(1, 2, 4, \ldots 2n + 1) - \cdots,$$

was Jacobi a. a. O. S. 356 {Werke 4, S. 28} schreibt

$$(**) \qquad 0 = \sum X_1(2, 3, \ldots 2n + 1).$$

Solcher Gleichungen giebt es so viele, als es Kombinationen ohne Wiederholung aus m Elementen zur $(2n + 1)$-ten Klasse giebt. Aber diese Gleichungen sind, wenn $m > 2n + 1$ ist, nicht unabhängig von einander. In der That können wir zeigen, dass, wenn die Gleichung (*),
364 deren Transformirte die † Gleichung (**) ist, für alle Kombinationen aus $e_1, \ldots e_m$ zur $(2n + 1)$-ten Klasse, in denen eine Einheit e_r vorkommt, deren zugehöriges $Xe_r = X_r$ nicht null ist, als geltend angenommen wird, sie auch für alle übrigen Kombinationen (in denen e_r nicht vorkommt) gelten muss.

In der That, es sei $X_1 \gtrless 0$, und gelte die Gleichung (*) für alle Kombinationen, in denen e_1 vorkommt, das heisst, es sei allemal

$$\left[X\left(\frac{d}{dx}X\right)^n e_1 E_r\right] = 0,$$

wenn E_r eine beliebige Kombination ohne Wiederholung aus $e_2, \ldots e_m$ zur $2n$-ten Klasse ist, so ist zu zeigen, es sei auch allemal

$$\left[X\left(\frac{d}{dx}X\right)^n e_s E_r\right] = 0,$$

auch wenn e_s eine beliebige in E_r nicht vorkommende Einheit bezeichnet. In der That ist (nach 508)

$$\left[X^2\left(\frac{d}{dx}X\right)^n\right]$$

allemal null, also ist (nach 506) auch

$$\left[X^2\left(\frac{d}{dx}X\right)^n e_1 e_s E_r\right] = 0,$$

das heisst, es ist

$$\sum \mp Xe_1\left[X\left(\frac{d}{dx}X\right)^n e_s E_r\right] = 0,$$

wo die Summe sich auf die verschiedenen Glieder bezieht, welche aus dem unter dem Summenzeichen stehenden dadurch hervorgehen, dass man e_1 nach und nach mit jeder in $e_s E_r$ vorkommenden Einheit vertauscht (und das Vorzeichen ändert); allein alle diese Glieder sind null, weil dann

$$\left[X\left(\frac{d}{dx}X\right)^n\right]$$

mit einer Kombination von Einheiten multiplicirt ist, unter denen e_1 vorkommt, und diese Produkte nach der Voraussetzung null sind, also bleibt das unter dem Summenzeichen stehende Glied allein übrig, das heisst, es ist

$$Xe_1\left[X\left(\frac{d}{dx}X\right)^n e_s E_r\right] = 0.$$

Nun ist gleichfalls vorausgesetzt, dass die Zahlgrösse $Xe_1 = X_1$ von Null verschieden sei, also erhält man

$$\left[X\left(\frac{d}{dx}X\right)^n e_s E_r\right] = 0,$$

was zu zeigen war. 365

Wir fassen nun das Resultat in einen Satz zusammen:

513. *Wenn der Ausdruck*

$$X_1 dx_1 + \cdots + X_m dx_m,$$

in welchem $X_1, \ldots X_m$ *Funktionen der Variabeln* $x_1, \ldots x_m$ *sind, sich auf* n *Glieder, nämlich auf*

$$U_1 du_1 + \cdots + U_n du_n,$$

soll reduciren lassen können, oder, anders ausgedrückt, wenn die Gleichung

$$X_1 dx_1 + \cdots + X_m dx_m = 0,$$

sich soll durch Vereine von je n *Gleichungen integriren lassen können, so muss erstens, wenn* $m = 2n + 1$ *ist, die eine Bedingungsgleichung*

$$\sum X_1(2, 3, \ldots 2n + 1) = 0,$$

welche die in 512 *beschriebene Bedeutung hat, erfüllt werden; wenn aber zweitens* $m > 2n + 1$ *ist, so treten so viele solcher Gleichungen hervor, als es Kombinationen aus* m *Elementen zur* $(2n + 1)$*-ten Klasse giebt, indem man nämlich statt der Indices* $1, 2, \ldots 2n + 1$ *in obiger Gleichung jede andere Gruppe von ebenso vielen Indices setzen kann; doch reicht unter diesen Gleichungen schon eine geringere Anzahl aus, indem, wenn zum Beispiel* X_1 *ungleich Null ist, es ausreichend ist, wenn man in der obigen Gleichung statt der Gruppe der Indices* $2, 3, \ldots 2n + 1$, *jede andere Kombination aus den Indices* $2, 3, \ldots m$ *zur* $2n$*-ten Klasse setzt. So bleiben nur soviel Bedingungsgleichungen übrig, als es Kombinationen ohne Wiederholung aus* $m - 1$ *Elementen zur* $2n$*-ten Klasse giebt.*

Anm. Für den einfachsten Fall, wo $m = 2n + 1$ ist, hat Jacobi (a. a. O. S. 356 {Werke 4, S. 28}) die Bedingungsgleichung aufgestellt. Für den Fall, wo $n = 1$ ist, erhält man die bekannten Bedingungsgleichungen der Integrabilität, welche (nach 511) in der Gleichung

$$\left[X\frac{d}{dx}X\right] = 0$$

zusammengefasst erscheinen. Es kommt nun darauf an, die Zurückführung von Xdx auf n Glieder der Form Udu, sobald nur die Bedingungsgleichung (511) für die Möglichkeit dieser Zurückführung erfüllt ist, auch wirklich zu vollziehen. Zu diesem Ende lösen wir nach Pfaff's Vorgange die folgende Aufgabe:

514. Aufgabe. *Die Zahlgleichung*

(a) $$Xdx = 0,$$

in welcher X *eine Funktion von* x, *und* $x = x_1 e_1 + \cdots + x_m e_m$ *aus einem Systeme von* m *Einheiten abgeleitet ist, auf die Form zu bringen, dass die hervorgehende Gleichung nur* $m - 1$ *veränderliche Zahlgrössen enthalte.*

366 Auflösung. Es kommt zu dem Ende nur darauf an, x als Funktion einer aus $m - 1$ Einheiten ableitbaren Veränderlichen a, und einer veränderlichen Zahlgrösse t in der Art darzustellen, dass, wenn man diese Ausdrücke für x in die gegebene Gleichung einführt, dann der Koefficient von dt in der entwickelten Gleichung null wird, und der Koefficient von da entweder t gar nicht mehr enthält, oder nur in einem Zahlfaktor N, so dass, wenn man die Gleichung mit N dividirt, die so hervorgehende Gleichung t nicht mehr enthält.

Bezeichnet man mit δ' das Differenzial nach a, wobei t konstant gesetzt ist, und mit δ den Differenzialquotienten nach t, wobei a konstant gesetzt ist, so erhält man

$$dx = \delta' x + \delta x \,.\, dt;$$

folglich müssen, wenn die verlangte Aufgabe gelöst sein soll, die beiden Gleichungen erfüllt werden

(b) $$X\delta x = 0$$

(c) $$\delta \frac{X\delta' x}{\mathsf{N}} = 0,$$

indem die letztere ausdrückt, dass $X\delta' x : \mathsf{N}$ nicht mehr von t abhängig ist.

Die letzte dieser Gleichungen giebt, wenn man

(d) $$\frac{\delta \mathsf{N}}{\mathsf{N}} = \lambda$$

setzt,

(e) $$\lambda X\delta' x = \delta(X\delta' x) = \delta X \,.\, \delta' x + X\delta\delta' x.$$

Differenzirt man auch die Gleichung (b) nach a, so erhält man

(f) $$0 \qquad = \delta' X \,.\, \delta x + X\delta' \delta x.$$

Subtrahirt man die zweite dieser Gleichungen von der ersten, so erhält man

(g) $$\lambda X\delta' x = \delta X \,.\, \delta' x - \delta' X \,.\, \delta x$$
$$= \frac{d}{dx} X \,.\, \delta' x \,.\, \delta x - \frac{d}{dx} X \,.\, \delta x \,.\, \delta' x$$

(h) $$\lambda X\delta' x = 2\left[\frac{d}{dx} X \,.\, \delta' x \,.\, \delta x\right].$$

Hier ist $\frac{d}{dx} X$ ein Ausdruck mit zwei Lücken; und zwar ist hier
als erste Lücke, das heisst als diejenige Lücke, in welche der zuerst
gestellte Faktor (im ersten Gliede $\delta' x$) eintreten † soll, diejenige Lücke 367
aufgefasst, welche in X enthalten ist, und als zweite die durch die
Differenziation nach x und Division mit dx hinzutretende.

Die Gleichung (h) wird nun offenbar erfüllt sein, wenn für jede Grösse c, die mit x (also auch mit $\delta' x$) von gleicher Gattung ist,

(i) $$\lambda Xc = 2\left[\frac{d}{dx} X \,.\, c \,.\, \delta x\right]$$

ist. Ich zeige nun, dass, sobald diese Gleichung (i) für jede Grösse c erfüllt ist, auch die beiden Gleichungen (b) und (c) erfüllt sind, und also die verlangte Aufgabe gelöst ist, vorausgesetzt, dass λ von Null verschieden ist.

Es ist $\delta' x$ mit x von gleicher Grössengattung, muss also, wenn die Gleichung (i) allgemein gilt, in dieser Gleichung statt c eingesetzt werden können, wodurch man die Gleichung (h) erhält; also gilt auch die Gleichung (g), da sie mit (h) gleichbedeutend ist. Ferner ist auch δx von gleicher Gattung mit x, kann also statt c in Gleichung (i) eingesetzt werden. Dann wird aber die rechte Seite derselben (nach 505) null, also erhält man $\lambda X \delta x = 0$, also da $\lambda \gtrless 0$ (nach Voraussetzung), so ergiebt sich $X \delta x = 0$, das heisst, die Gleichung (b) gilt. Dann aber gilt auch die daraus abgeleitete (f). Durch Addition der Gleichungen (f) und (g) geht aber die Gleichung (e) hervor. Setzt man nun $\log \mathsf{N} = d^{-1} \lambda dt$, so wird auch die Gleichung (d) erfüllt, und indem man den daraus fliessenden Werth von λ in (c) einsetzt, auch die Gleichung (c), und es wird dann

$$\frac{X \delta' x}{\mathsf{N}} = 0$$

die aus $Xdx = 0$ transformirte Gleichung, welche nur noch a, also eine aus $m-1$ Einheiten ableitbare Grösse als Variable enthält, und die Aufgabe ist gelöst.

Dies in einem Satze dargestellt:

Wenn die Zahlgleichung

(a) $$Xdx = 0,$$

in welcher X eine Funktion von x, und x aus m Einheiten ableitbar ist,
angenommen wird, und man x als Funktion einer aus $m-1$ {Einheiten}
ableitbaren Variabeln a und einer veränderlichen Zahl t so bestimmt, dass,
wenn δ' das Differenzial nach a, wobei t konstant gesetzt ist, und δ den
Differenzialquotienten † nach t, wobei a konstant gesetzt ist, bezeichnen, 368

und c eine beliebige mit x gleichgattige Grösse, λ aber eine noch unbekannte, jedoch von Null verschiedene Zahlgrösse darstellt, die Gleichung

(i) $$\lambda X c = 2\left[\frac{d}{dx}X \, . \, c\delta x\right]$$

{für jedes c} erfüllt sei, so wird die Gleichung (a) *ersetzt durch die Gleichung*

(k) $$\frac{X\delta' x}{\mathsf{N}} = 0,$$

in welcher $\frac{X\delta' x}{\mathsf{N}}$ *nicht mehr von t abhängt, und*

(l) $$\log \mathsf{N} = d^{-1}\lambda dt$$

ist.

515. Fortsetzung. Es kommt zunächst darauf an, aus der gefundenen Gleichung 514 i die Grösse δx auf eine Seite allein zu schaffen. Wir thun dies *zunächst unter der Voraussetzung, dass $m = 2n$ sei.*

Jene Gleichung enthält, wenn man statt c nach und nach die Einheiten $e_1, \ldots e_{2n}$ setzt, $2n$ Zahlgleichungen, durch welche sich die Grössen $\delta x_1, \ldots \delta x_{2n}$, welche in $\delta x = e_1\delta x_1 + \cdots + e_{2n}\delta x_{2n}$ enthalten sind, im Allgemeinen ausdrücken lassen. Es gelingt dies auf eine sehr einfache Weise, sobald vorausgesetzt wird, dass

(a) $$\left[X\left(\frac{d}{dx}X\right)^{n-1}\right] \gtrless 0$$

(b) $$\left[\left(\frac{d}{dx}X\right)^{n}\right] \gtrless 0$$

seien.

In der That hat man dann, um δx_r zu finden, nur in 514 i statt c den Werth

$$\left[\left(\frac{d}{dx}X\right)^{n-1}E_r\right]$$

zu setzen, wo $[e_r E_r] = 1$ ist und E_r als Faktoren die $2n - 1$ von e_r verschiedenen Einheiten enthält. Da nämlich

$$\left(\frac{d}{dx}X\right)^{n-1}$$

im Ganzen $2n - 2$ Lücken enthält und E_r ein Produkt von $2n - 1$ Einheiten ist, so wird (nach 504)

$$\left[\left(\frac{d}{dx}X\right)^{n-1}E_r\right]$$

eine Vielfachensumme der Einheiten, aus denen x abgeleitet ist, also mit x von gleicher Gattung und kann also statt c in die Gleichung 514 i eingesetzt werden. Dann verwandelt sich diese in

369 $$\lambda X\left[\left(\frac{d}{dx}X\right)^{n-1}E_r\right] = 2\left[\frac{d}{dx}X \, . \left[\left(\frac{d}{dx}X\right)^{n-1}E_r\right]\delta x\right].$$

Wandelt man die linke Seite dieser Gleichung (nach 509) und die rechte (nach 510) um, indem man bedenkt, dass $\frac{d}{dx}X$ ein Ausdruck mit zwei Lücken ist, und sowohl X als $\frac{d}{dx}X$ nach Ausfüllung ihrer Lücken Zahlgrössen werden, so verwandelt sich jene Gleichung in

$$\lambda\left[X\left(\frac{d}{dx}X\right)^{n-1}E_r\right] = 2\left[\left(\frac{d}{dx}X\right)^n E_r\delta x\right].$$

Setzen wir hierin statt δx seinen Werth $e_1\delta x_1 + \cdots + e_{2n}\delta x_{2n}$, so bleibt, da $[E_r e_s]$, wenn r von s verschieden ist, gleiche Faktoren enthält, also {nach 505} das Produkt

$$\left[\left(\frac{d}{dx}X\right)^n E_r e_s\right]$$

null wird, und da (nach 58) $[E_r e_r] = -[e_r E_r] = -1$ ist,

(c) $$\lambda\left[X\left(\frac{d}{dx}X\right)^{n-1}E_r\right] = -2\left[\left(\frac{d}{dx}X\right)^n\right]\delta x_r.$$

Wenn nun die Vergleichungen (a) und (b) erfüllt sind, und man

(d) $$-n\lambda : \left[\left(\frac{d}{dx}X\right)^n\right] = \mu$$

setzt, so erhält man

(d*) $$\delta x_r = \frac{\mu}{2n}\left[X\left(\frac{d}{dx}X\right)^{n-1}E_r\right];$$

also wird

$$\delta x = \Sigma e_a\delta x_a = \frac{\mu}{2n}\sum e_a\left[X\left(\frac{d}{dx}X\right)^{n-1}E_a\right],$$

das heisst (nach 504 und 506),

(e) $$\delta x = \mu\left[X\left(\frac{d}{dx}X\right)^{n-1}\right],$$

oder (nach 2)

(f) $$\delta x = \left[X\left(\frac{d}{dx}X\right)^{n-1}\right].$$

Es bleibt noch zu zeigen, dass der Werth δx aus der Gleichung (e), in welcher μ die durch (d) ausgedrückte Bedeutung hat, in die Gleichung 514 i eingesetzt, diese für *jeden beliebigen Werth* c identisch macht.

Setzt man zunächst statt $+c$ eine der Einheiten, zum Beispiel e_r, 370
so wird die rechte Seite der Gleichung 514 i

$$2\left[\frac{d}{dx}X . e_r\delta x\right] = 2\mu\left[\frac{d}{dx}X . e_r\left[X\left(\frac{d}{dx}X\right)^{n-1}\right]\right].$$

Da {der Ausdruck}

$$X\left(\frac{d}{dx}X\right)^{n-1}$$

nach Ausfüllung seiner $2n-1$ Lücken eine Zahlgrösse wird, so können wir, ohne die Bedeutung des Produktes

$$\left[X\left(\frac{d}{dx}X\right)^{n-1}\right]$$

zu ändern, (nach 504) innerhalb der scharfen Klammer als ersten Faktor noch eine Lücke l hinzufügen, welche mit den übrigen Lücken von gleicher Gattung ist. Dann wird

$$\left[X\left(\frac{d}{dx}X\right)^{n-1}\right]=\left[lX\left(\frac{d}{dx}X\right)^{n-1}\right]=-\left[Xl\left(\frac{d}{dx}X\right)^{n-1}\right]$$

(nach 508), und dies wieder (nach 509)

$$=-\frac{1}{2n}\sum Xe_{\mathfrak{a}}\left[l\left(\frac{d}{dx}X\right)^{n-1}E_{\mathfrak{a}}\right],$$

wo $E_{\mathfrak{a}}$ die von $e_{\mathfrak{a}}$ verschiedenen Einheiten zu Faktoren hat, und $[e_{\mathfrak{a}}E_{\mathfrak{a}}]=1$ ist; also erhält man, da $Xe_{\mathfrak{a}}$ eine Zahlgrösse ist, also in dem Produkte beliebig gestellt werden darf,

$$2\left[\frac{d}{dx}X\,.\,e_r\delta x\right]=-\frac{\mu}{n}\sum Xe_{\mathfrak{a}}\left[\frac{d}{dx}X\,.\,e_r\left[l\left(\frac{d}{dx}X\right)^{n-1}E_{\mathfrak{a}}\right]\right]$$

{oder, wenn man jetzt wieder die Lücke l weglässt und dann Nr. 510 anwendet,}

$$=-\frac{\mu}{n}\sum Xe_{\mathfrak{a}}\left[\left(\frac{d}{dx}X\right)^{n}e_rE_{\mathfrak{a}}\right] \qquad [510].$$

Da nun $E_{\mathfrak{a}}$ alle von $e_{\mathfrak{a}}$ verschiedenen Einheiten als Faktoren enthält, so enthält es, wenn $\mathfrak{a}$ von r verschieden ist, auch e_r; dann aber ist $[e_rE_{\mathfrak{a}}]$ (nach 60) null, also auch (nach 505) der ganze Ausdruck, in welchem $e_rE_{\mathfrak{a}}$ vorkommt, also reducirt sich die obige Summe auf das Glied, für welches $\mathfrak{a}=r$ wird; da aber $[e_rE_r]=1$ ist, so erhält man dann den obigen Ausdruck {nach 506}

$$=-\frac{\mu}{n}Xe_r\left[\left(\frac{d}{dx}X\right)^{n}\right].$$

Setzt man hierin statt μ seinen Werth aus (d), so wird der letzte Ausdruck

$$=\lambda Xe_r.$$

Somit gilt die Gleichung 514 i für jede Einheit e_r, die statt c gesetzt werden mag, also auch für jede Vielfachensumme dieser Einheiten,
371 das heisst, für jede Grösse c, die mit x † von gleicher Gattung ist.
Also ist bewiesen, dass der Ausdruck (e) für δx unter den gemachten Voraussetzungen die Gleichung 514 i allgemein löst.

Anm. In der erwähnten Abhandlung hat Jacobi (Crelle 2, S. 354 {Werke 4, S. 25}) die hier gemachten, durch die Vergleichungen (a) und (b) ausgedrückten Voraussetzungen stillschweigend gleichfalls angenommen, und die übrigen Fälle, wo diese Voraussetzungen nicht eintreten, gar nicht behandelt.

Die resultirenden Formeln (e) oder (f) liefern in Form der gewöhnlichen Analysis gekleidet, dieselben Gleichungen, welche Jacobi dort (Crelle 2, S. 354 ff.

{Werke 4, S. 25 ff.}) aufstellt, ohne jedoch den Beweis mitzutheilen. Die Determinante, welche aus den in 514i enthaltenen $2n$ Zahlgleichungen direkt ab geleitet wird, enthält doppelt so viel Faktoren, als die zur Lösung der Gleichungen dienenden Ausdrücke erfordern; es lässt sich diese Determinante aber als Quadrat eines Ausdrucks darstellen, der zugleich auch in den sämmtlichen Zählerdeterminanten der Brüche $\delta x_1, \ldots \delta x_{2n}$ als Faktor auftritt. Dieser Ausdruck hebt sich daher aus den betreffenden Brüchen weg, und es bleiben in deren Zählern Ausdrücke übrig, die in jedem Gliede nur halb so viel Faktoren wie die ursprünglichen Zähler enthalten, und welche mit den oben in (d*) mitgetheilten Ausdrücken

$$\left[X\left(\frac{d}{dx}X\right)^{n-1}E_r\right] \qquad (r = 1, \ldots 2n)$$

genau übereinstimmen. Alle diese Umgestaltungen sind durch die oben angewandte Methode, welche sich von selbst darbietet, vermieden.

Der Ausdruck für δx steht in einer merkwürdigen Beziehung zu der Bedingungsgleichung von Nr. 511, wofür sich der Grund weiterhin ergeben wird. Es bleibt noch übrig, die Methode für den Fall zu ergänzen, dass die durch die obigen Vergleichungen (a) und (b) dargestellten Voraussetzungen nicht erfüllt werden.

516. Fortsetzung. Wenn zwar, wie in der vorigen Nummer,

(a) $$\left[X\left(\frac{d}{dx}X\right)^{n-1}\right] \gtrless 0,$$

aber

(b) $$\left[\left(\frac{d}{dx}X\right)^{n}\right] = 0$$

ist, so liefert die Gleichung 515c, welche von den Voraussetzungen 515a und b unabhängig ist, für λ den Werth Null. Also haben wir nicht mehr auf die Gleichung 514i zurückzugehen, da diese nur für den Fall, dass $\lambda \gtrless 0$ sei, zu einer Lösung der Aufgabe führte. Es zeigt sich aber, dass {auch} dann {noch} die Gleichung {515e, also die Gleichung}

(c) $$\delta x = \mu\left[X\left(\frac{d}{dx}X\right)^{n-1}\right],$$

für die man auch die Kongruenz

$$\delta x \equiv \left[X\left(\frac{d}{dx}X\right)^{n-1}\right]$$ 372

setzen kann, die Auflösung der Aufgabe 514 ergiebt, das heisst, die Gleichungen 514b und c identisch macht.

Denn dann wird

$$X\delta x = \mu X\left[X\left(\frac{d}{dx}X\right)^{n-1}\right]$$

$$= \mu\left[X^2\left(\frac{d}{dx}X\right)^{n-1}\right] \qquad [509]$$

(d) $$X\delta x = 0 \qquad [508].$$

Ferner wird aus gleichem Grunde, wie in 515,

$$2\left[\frac{d}{dx}X\,.\,e_r\delta x\right] = -\frac{\mu}{n}Xe_r\left[\left(\frac{d}{dx}X\right)^n\right]$$
$$= 0$$

nach der zweiten Voraussetzung (b). Diese Gleichung gilt für jede Einheit $e_r = e_1, \ldots e_{2n}$, also auch für eine beliebige Vielfachensumme dieser Einheiten, also auch für $\delta' x$, da dies mit x von gleicher Gattung, also auch aus den Einheiten $e_1, \ldots e_{2n}$ numerisch ableitbar ist. Es wird also

$$\left[\frac{d}{dx}X\,.\,\delta' x\,.\,\delta x\right] = 0,$$

das heisst,

$$\frac{d}{dx}X\,.\,\delta' x\,.\,\delta x - \frac{d}{dx}X\,.\,\delta x\,.\,\delta' x = 0.$$

Es ist aber $\frac{d}{dx}X\cdot\frac{\delta x}{l_2} = \delta X$ und $\frac{d}{dx}X\cdot\frac{\delta' x}{l_2} = \delta' X$, {wobei die hinzugefügten Nenner l_2 andeuten sollen, dass die Füllgrössen δx und $\delta' x$ in die zweite, das heisst, in die durch Differenziation entstandene Lücke eintreten sollen}; also hat man

$$\delta X\,.\,\delta' x - \delta' X\,.\,\delta x = 0.$$

Differenzirt man nun die Gleichung (d) nach a, während t als konstant gesetzt ist, so erhält man, da δ' das zu dieser Differenziation gehörige Zeichen war,

$$\delta' X\,.\,\delta x + X\delta\delta' x = 0.$$

Addirt man diese Gleichung zu der vorigen, so hat man

$$\delta X\,.\,\delta' x + X\delta\delta' x = 0,$$

das heisst,

(e) $$\delta(X\delta' x) = 0,$$

das heisst, es ist $X\delta' x$ von t unabhängig, und also, da (nach 514) $Xdx = X\delta' x + X\delta x\,.\,dt$ war, und $X\delta x = 0$ ist,

$$Xdx = X\delta' x,$$

wo der letzte Ausdruck von t unabhängig ist, also nur von $2n - 1$ Variabeln abhängt.

Anm. Die Gleichung (b) ist also (unter der Voraussetzung (a)) die Be-
373 dingungsgleichung dafür, dass der Ausdruck Xdx sich *unmittelbar* † (*ohne Hinzutreten eines Faktors*) in einen Ausdruck transformiren lasse, der nur noch $2n - 1$ veränderliche Zahlgrössen enthält; wenn dagegen die Gleichung (b) nicht erfüllt ist, so gelang diese Transformation nur vermittelst eines veränderlichen Faktors, dessen reciproker Werth oben mit N bezeichnet war. Wenn ins Besondere $n = 1$ ist, das heisst, Xdx die Form $X_1 dx_1 + X_2 dx_2$ hat, so ergiebt sich die Gleichung

$$\left[\frac{d}{dx}X\right] = 0,$$

als Bedingungsgleichung dafür, dass sich $X_1 dx_1 + X_2 dx_2$ in einen Differenzialausdruck $U du$ mit nur einer veränderlichen Zahlgrösse (u) verwandeln, also sich allseitig integriren lässt. Die Gleichung

$$\left[\frac{d}{dx} X\right] = 0$$

sagt aber aus, dass $\frac{d}{dx} X$ zwei vertauschbare {gebundene} Lücken enthält, was mit Nr. 486 stimmt.

Ehe ich nun zeige, wie die Aufgabe zu lösen ist, wenn auch die Vergleichung (a) wegfällt, will ich noch durch Integration der Gleichung 515e die angedeutete Transformation wirklich vollziehen, wobei ich mich der Methode Jacobi's (in Crelle 17, S. 138 {Werke 4, S. 101}) bediene.

517. Fortsetzung. Die Kongruenz oder Gleichung

$$\text{(a)} \qquad \delta x \equiv \left[X\left(\frac{d}{dx} X\right)^{n-1}\right] \quad \text{oder} \quad \delta x = \mu\left[X\left(\frac{d}{dx} X\right)^{n-1}\right]$$

bestimmt nur die Verhältnisse der Differenzialquotienten $\delta x_1, \ldots \delta x_{2n}$; wir können also einen derselben willkürlich annehmen, das heisst, wir können t beliebig wählen.

Setzen wir $t = x_{2n}$, so wird $\delta x_{2n} = 1$. Setzen wir dann für den Augenblick $x_1 e_1 + \cdots + x_{2n-1} e_{2n-1} = y$, so wird $x = y + t e_{2n}$ und $\delta x = \delta y + e_{2n}$, dann erhält man

$$\delta y = \mu\left[X\left(\frac{d}{dx} X\right)^{n-1}\right] - e_{2n}.$$

Hier bestimmt sich μ aus der Voraussetzung $\delta x_{2n} = 1$; setzt man in dieser Gleichung statt δx_{2n} seinen Werth aus 515d*, so erhält man zur Bestimmung von μ die Gleichung

$$1 = \frac{\mu}{2n}\left[X\left(\frac{d}{dx} X\right)^{n-1} E_{2n}\right],$$

wo

$$E_{2n} = -\left[e_1 e_2 \ldots e_{2n-1}\right]$$

ist; somit erhalten wir

$$\delta y = 2n\left[X\left(\frac{d}{dx} X\right)^{n-1}\right] : \left[X\left(\frac{d}{dx} X\right)^{n-1} E_{2n}\right] - e_{2n}.$$

Hier ist die rechte Seite eine Funktion von x, also von y und t; und es kann daher diese Gleichung nach der Methode 494 integrirt werden. Es ergab sich y (nach 494c) in der Form

$$y = a + t\varphi, \qquad 374$$

wo φ noch wieder eine Funktion von a und t, das heisst von x ist, und wo a der Werth ist, den y, und also auch x, für $t = 0$ annimmt.

Die Formel 494d lehrte zugleich a als Funktion von y und t, das heisst, hier als Funktion von x finden. Dann wird $\delta' x$, da δ' die Differenziation nach a, wobei t konstant war, bedeutete, gleich

$\delta' y = da + t\delta'\varphi$. Also wird $X\delta' x : \mathsf{N}$, was, wie gezeigt, von t unabhängig ist, gleich $X(da + t\delta'\varphi) : \mathsf{N}$. Wenn wir daher statt X und N, um sie als Funktionen von x zu bezeichnen, $X(x)$, $\mathsf{N}(x)$ schreiben, so erhalten wir

$$\frac{X\delta' x}{\mathsf{N}} = \frac{X(x)(da + t\delta'\varphi)}{\mathsf{N}(x)}.$$

Da aber der Ausdruck links von t unabhängig ist, so muss es auch der Ausdruck rechts sein, also muss er denselben Werth behalten, den er für $t = 0$ hat. Da in diesem Falle $y = a$ wird, und also auch x $(= y + te_{2n})$ gleich a wird, so erhält man

$$\frac{X\delta' x}{\mathsf{N}} = \frac{X(a)\,da}{\mathsf{N}(a)}.$$

Nun war, da $X\delta x = 0$ ist, $Xdx = X\delta' x = 0$, also erhält man

$$X(a)da = 0,$$

als die Transformirte von $Xdx = 0$; und zwar ist in jener a aus den Einheiten $e_1, \ldots e_{2n-1}$ ableitbar, also nur von $2n - 1$ veränderlichen Zahlgrössen abhängig, was verlangt war.

Anm. Wir hätten dem Satze in 494, den wir hier benutzten, für den hier vorliegenden Zweck auch die Form geben können: Wenn x aus mehreren (m) Einheiten ableitbar ist, und $dx = f(x)$ gegeben ist, so wird diese Kongruenz integrirt durch eine Funktion $F(x)$ von x, welche einer aus $m - 1$ Einheiten ableitbaren Konstanten a gleich gesetzt ist; und ins Besondere kann man dieser integrirenden Gleichung $F(x) = a$ (welche $m - 1$ Zahlgleichungen enthält) die Form geben, dass a derjenige Werth wird, welchen x für den Fall annimmt, dass eine der Ableitzahlen von x, zum Beispiel x_m, null wird.

In dieser Form werde ich den Satz in der Folge benutzen, indem ja der Beweis des Satzes in dieser veränderten Form, ganz in dem oben Gesagten enthalten ist. Um nun die vorliegende Aufgabe auch für den bisher ausgeschlossenen Fall lösen zu können, will ich noch einen Hülfssatz voranstellen, welcher auch an sich von Interesse ist.

375 **518.** *Wenn*

$$\left[X\left(\frac{d}{dx}X\right)^n\right] = 0$$

ist, so ist auch

$$\left[\left(\frac{d}{dx}X\right)^{n+1}\right] = 0.$$

Beweis. 1. Die Lücken des ersteren dieser Ausdrücke werden durch $2n + 1$, die des letzteren durch $2n + 2$ Faktoren ausgefüllt. Ich zeige nun zuerst, dass der zweite Ausdruck nach Ausfüllung seiner Lücken durch beliebige $2n + 2$ Faktoren $a_1, a_2, \ldots a_{2n+2}$ sich als Vielfachensumme von Ausdrücken der ersten Art darstellen lässt.

Ich gehe, um beide Arten von Ausdrücken zu vermitteln, von dem Ausdrucke

$$Xa_1\left[\left(\frac{d}{dx}X\right)^{n+1}a_1a_2\ldots a_{2n+2}\right]$$

aus. Ich will zu dem Ende mit F_r das Produkt der von a_r verschiedenen Grössen $a_1, \ldots a_{2n+2}$ bezeichnen, und zwar dies Produkt so genommen, dass

$$[a_rF_r] = [a_1a_2\ldots a_{2n+2}]$$

sei, und ebenso mit $F_{r,s}$ das Produkt der von a_r und a_s verschiedenen unter jenen Grössen und zwar so, dass

$$[a_ra_sF_{r,s}] = [a_1a_2\ldots a_{2n+2}]$$

sei. Dann wird der obige Ausdruck

$$= Xa_1\left[\left(\frac{d}{dx}X\right)^{n+1}a_1F_1\right].$$

Hierzu können wir, da $[a_1F_\mathfrak{b}]$, wenn $\mathfrak{b} \gtrless 1$ ist, nothwendig den Faktor a_1 zweimal enthält, also in diesem Falle (nach 505) der obige Ausdruck null wird, sobald wir $a_1F_\mathfrak{b}$ statt a_1F_1 und gleichzeitig $Xa_\mathfrak{b}$ statt Xa_1 schreiben würden, noch beliebig viele Ausdrücke dieser Art hinzufügen; und wir erhalten den obigen Ausdruck

$$= \sum Xa_\mathfrak{b}\left[\left(\frac{d}{dx}X\right)^{n+1}a_1F_\mathfrak{b}\right],$$

wo sich die Summe auf alle Werthe $\mathfrak{b} = 1, \ldots 2n+2$ beziehen soll. Dieser Ausdruck ist aber {(nach 510)

$$= \sum Xa_\mathfrak{b}\left[\frac{d}{dx}X \,.\, a_1\left[\left(\frac{d}{dx}X\right)^nF_\mathfrak{b}\right]\right]$$

und das ist wieder (nach 504)}

$$= \frac{1}{2n+1}\sum Xa_\mathfrak{b}\sum\left[\frac{d}{dx}X \,.\, a_1a_\mathfrak{a}\right]\left[\left(\frac{d}{dx}X\right)^nF_{\mathfrak{b},\mathfrak{a}}\right],$$

wenn $F_{\mathfrak{b},\mathfrak{a}}$ die oben angegebene Bedeutung hat, das heisst,

$$[a_\mathfrak{b}a_\mathfrak{a}F_{\mathfrak{b},\mathfrak{a}}] = [a_1a_2\ldots a_{2n+2}],$$

also $[a_\mathfrak{a}F_{\mathfrak{b},\mathfrak{a}}] = F_\mathfrak{b}$ ist, woraus folgt, dass $\mathfrak{a}$ von $\mathfrak{b}$ verschieden sein muss und daher {für jeden der $2n+2$ Werthe von $\mathfrak{b}$} nur $2n+1$ verschiedene Werthe annehmen kann.

Fassen wir jetzt (nach 509) den ersten und dritten der unter dem Summenzeichen stehenden Faktoren zusammen, {das heisst, führen wir bei festgehaltenem $\mathfrak{a}$ die Summation nach $\mathfrak{b}$ aus,} so erhalten wir den gefundenen Ausdruck (nach 509)

$$= -\sum\left[\frac{d}{dx}X \,.\, a_1a_\mathfrak{a}\right]\left[X\left(\frac{d}{dx}X\right)^nF_\mathfrak{a}\right], \qquad 376$$

wo {$\mathfrak{a}$ jetzt alle Werthe $1, \ldots 2n+2$ zu durchlaufen hat, und wo} das Minus-Zeichen zu setzen ist, weil aus

$$[a_{\mathfrak{b}} a_{\mathfrak{a}} F_{\mathfrak{b},\,\mathfrak{a}}] = [a_1 a_2 \ldots a_{2n+2}]$$

folgt, dass

$$[a_{\mathfrak{a}} a_{\mathfrak{b}} F_{\mathfrak{b},\,\mathfrak{a}}] = -[a_1 a_2 \ldots a_{2n+2}]$$

ist, und also nach dem Princip der obigen Bezeichnung $F_{\mathfrak{a}} = -[a_{\mathfrak{b}} F_{\mathfrak{b},\,\mathfrak{a}}]$ sein muss. Die gewonnene Formel ist also

$$\text{(a)} \quad X a_1 \left[\left(\frac{d}{dx} X\right)^{n+1} a_1 F_1\right] = -\sum \left[\frac{d}{dx} X \,.\, a_1 a_{\mathfrak{a}}\right]\left[X \left(\frac{d}{dx} X\right)^{n} F_{\mathfrak{a}}\right],$$

wo nach dem Obigen $F_{\mathfrak{a}}$ ein Produkt ist, dessen Faktoren aus einer beliebig gewählten Faktorenreihe $a_1, a_2, \ldots a_{2n+2}$ genommen sind, und zwar so, dass ausser $a_{\mathfrak{a}}$ alle Faktoren dieser Reihe darin vorkommen und $[a_{\mathfrak{a}} F_{\mathfrak{a}}] = [a_1 a_2 \ldots a_{2n+2}]$ ist.

2. Wenn nun

$$\left[X \left(\frac{d}{dx} X\right)^{n}\right] = 0$$

ist, so ist auch die rechte Seite der Formel (a) null, also auch die linke. Also müsste entweder $X a_1$ oder

$$\left[\left(\frac{d}{dx} X\right)^{n+1} a_1 F_1\right],$$

das heisst,

$$\left[\left(\frac{d}{dx} X\right)^{n+1} a_1 a_2 \ldots a_{2n+2}\right]$$

null sein. Sollte das erstere der Fall sein, so könnte man statt a_1 irgend eine andere der Grössen $a_1, a_2, \ldots a_{2n+2}$ setzen; und wenn auch nur für eine derselben a_r das Produkt $X a_r \gtrless 0$ wird, so ergiebt sich schon der zweite Faktor

$$\left[\left(\frac{d}{dx} X\right)^{n+1} a_1 \ldots a_{2n+2}\right]$$

gleich Null. Sollten aber $X a_1, X a_2, \ldots X a_{2n+2}$ sämmtlich null sein, so würde auch $\frac{d}{dx}(X a_r)$ für jeden Index r null, also auch

$$\frac{d}{dx} X \,.\, a_r a_s$$

{null für jeden Index r und s,} also auch

$$\left[\left(\frac{d}{dx} X\right)^{n+1} a_1 \ldots a_{2n+2}\right]$$

gleich Null. Dieser Ausdruck ist also für jede Faktorenreihe $a_1, \ldots a_{2n+2}$ gleich Null, also (nach 506)

$$\left[\left(\frac{d}{dx} X\right)^{n+1}\right]$$

selbst gleich Null.

519. Fortsetzung der Aufgaben 514—517. Es sei, wie in 514, die Zahlgleichung

(a) $$Xdx = 0$$

betrachtet, in welcher, wie dort, x aus einem Systeme von m Einheiten ableitbar ist. Immer wird sich ein Werth n von der Art angeben lassen, dass

(b) $$\left[X\left(\frac{d}{dx}X\right)^n\right] = 0$$ 377

(c) $$\left[X\left(\frac{d}{dx}X\right)^{n-1}\right] \gtrless 0$$

sei.

Denn die Vergleichung (c) wird immer erfüllt, wenn $n = 1$ ist, wo sie sich auf $[X] \gtrless 0$ reducirt; und die Gleichung (b) wird immer erfüllt, wenn $2n + 1 > m$ ist; denn dann wird zwischen jeden $2n + 1$ Grössen, welche die Lücken des Ausdruckes

$$X\left(\frac{d}{dx}X\right)^n$$

auszufüllen vermögen, eine Zahlbeziehung herrschen, weil sie aus weniger als $2n + 1$, nämlich aus m Einheiten numerisch ableitbar wären, folglich giebt jener Ausdruck mit jeden $2n + 1$ Grössen, die seine Lücken füllen, multiplicirt (nach 505) Null; also ist er selbst null (nach 506). Dies tritt also stets ein, wenn $2n + 1 > m$, das heisst, $n > \frac{1}{2}(m - 1)$ ist, folglich muss es zwischen 1 und $\frac{1}{2}(m + 1)$ {bei geradem m sogar zwischen 1 und $\frac{1}{2}m$, die Gränzen stets mit eingeschlossen,} einen Werth n geben, für welchen die obigen Vergleichungen (b) und (c) erfüllt sind. {Da endlich aus dem Verschwinden des Ausdrucks

$$\left[X\left(\frac{d}{dx}X\right)^{n-1}\right]$$

augenscheinlich das Bestehen der Gleichung (b) folgt, so wird es auch *nur* einen solchen Werth n geben.} Dieser Werth sei für n angenommen.

Nun kommt es (nach 514) darauf an, die Gleichung

$$2\left[\frac{d}{dx}X . e_s\delta x\right] - \lambda X e_s = 0$$

für jedes s von 1 bis m zu erfüllen; indem, sobald diese erfüllt ist, *und λ nicht null* ist, die Gleichung (a) durch die Gleichung

$$\frac{X\delta' x}{\mathsf{N}} = 0,$$

ersetzt wird, in welcher die linke Seite nicht mehr von t abhängt und N durch die Formel 514 (1) bestimmt ist.

Bezeichnen wir der Kürze wegen mit G_s den Ausdruck

$$G_s = 2\left[\frac{d}{dx}X . e_s\delta x\right] - \lambda X e_s,$$

so können wir die obigen Gleichungen schreiben

$$0 = G_1 = G_2 = \cdots = G_m.$$

Nun zeige ich, *dass, wenn $m > 2n$ ist, zwischen jeden $2n + 1$ der Grössen $G_1, \ldots G_m$ eine Zahlbeziehung herrscht.* Angenommen, es
378 herrsche zwischen den $2n$ Grössen $G_1, \ldots G_{2n}$ † noch keine Zahlbeziehung, so zeige ich, dass jede der übrigen Grössen, zum Beispiel G_m, sich als Vielfachensumme von $G_1, \ldots G_{2n}$ darstellen lasse.

Bezeichnen wir mit E das Produkt $[e_1 e_2 \ldots e_{2n} e_m]$ und mit $F_\mathfrak{a}$ das Produkt aller von $e_\mathfrak{a}$ verschiedenen Faktoren des Produktes E, und zwar in dem Sinne, dass $[e_\mathfrak{a} F_\mathfrak{a}] = E$ sei, und bezeichnen wir endlich mit $\alpha_\mathfrak{a}$ den Ausdruck

$$\left[\left(\frac{d}{dx} X\right)^n F_\mathfrak{a}\right],$$

so wird, wenn man die folgenden Summen auf die Werthe $1, 2, \ldots 2n$ und m, welche $\mathfrak{a}$ nach und nach annehmen soll, bezieht,

$$\Sigma \alpha_\mathfrak{a} G_\mathfrak{a} = -2 \sum \left[\frac{d}{dx} X . \delta x . e_\mathfrak{a}\right]\left[\left(\frac{d}{dx} X\right)^n F_\mathfrak{a}\right] - \lambda \sum X e_\mathfrak{a} \left[\left(\frac{d}{dx} X\right)^n F_\mathfrak{a}\right],$$

was nach dem Begriffe der durch die scharfen Klammern bezeichneten Produkte

$$= -2(2n+1)\left[\left(\frac{d}{dx} X\right)^{n+1} \delta x . E\right] - \lambda(2n+1)\left[X\left(\frac{d}{dx} X\right)^n E\right]$$

ist. Nun ist (nach b)

$$\left[X\left(\frac{d}{dx} X\right)^n\right] = 0,$$

und also (nach 518) auch

$$\left[\left(\frac{d}{dx} X\right)^{n+1}\right] = 0,$$

also wird die ganze rechte Seite gleich Null, also auch

$$\Sigma \alpha_\mathfrak{a} G_\mathfrak{a} = 0,$$

das heisst, zwischen den Grössen $G_1, \ldots G_{2n}$ und G_m und überhaupt zwischen jeden $2n + 1$ der Grössen $G_1, \ldots G_m$ herrscht eine Zahlbeziehung. Es werden also unter ihnen $2n$ angenommen werden können, etwa $G_1, \ldots G_{2n}$, aus denen die übrigen numerisch ableitbar sind.

Wenn also die Gleichungen $G_1 = 0, \ldots, G_{2n} = 0$ erfüllt sind, so werden auch die übrigen bis $G_m = 0$ erfüllt. Also können wir auch von den Grössen $\delta x_1, \ldots \delta x_m$, deren Verhältnisse aus den Gleichungen $G_1 = 0, \ldots, G_m = 0$ bestimmt werden sollen, die Grössen $\delta x_{2n+1}, \ldots \delta x_m$ willkürlich annehmen, zum Beispiel alle gleich Null, das heisst, wir können $x_{2n+1}, \ldots x_m$ in Bezug auf die durch δ ausgedrückte Differenziation als konstant ansehen. Dann haben wir also, *immer unter der Voraussetzung, dass $\lambda \gtrless 0$ sei,* die Gleichungen $G_1 = 0, \ldots,$

$G_{2n} = 0$ mit nur $2n$ Variabeln (indem wir $x_{2n+1}, \ldots x_m$ noch als konstant setzen) † und mit der Bedingung 379

$$\left[X\left(\frac{d}{dx}X\right)^{n-1}\right] \gtrless 0.$$

Dann erhalten wir also (nach 515)

$$\text{(d)} \qquad \delta x \equiv \left[X\left(\frac{d}{dx}X\right)^{n-1} e_1 \ldots e_{2n}\right]$$

oder

$$\delta x = \mu\left[X\left(\frac{d}{dx}X\right)^{n-1} e_1 \ldots e_{2n}\right]$$

als eine Grösse, die die Gleichungen $G_1 = 0, \ldots, G_{2n} = 0$, und also auch (wie soeben gezeigt) die Gleichungen $G_1 = 0, \ldots, G_m = 0$ erfüllt, und also auch den Ausdruck $X\delta' x : \mathsf{N}$ von t unabhängig, und $X\delta x$ null werden lässt.

Integrirt man diese Kongruenz nach der Methode von Nr. 517 (vergl. Anm.) durch eine Gleichung von der Form $F(x) = b$, wo b den Werth bezeichnet, welchen $x_1 e_1 + \cdots + x_{2n-1} e_{2n-1}$ für $t = x_{2n} = 0$ annimmt, und setzt $a = b + x_{2n+1} e_{2n+1} + \cdots + x_m e_m$, so wird, da $x_{2n+1}, \ldots x_m$ von t unabhängig sind, a der Werth, den x für $t = 0$ annimmt; und da dann vermöge der Gleichungen $G_1 = \cdots = G_m = 0$, die Grösse $X\delta' x : \mathsf{N}$ von t unabhängig wird, so erhält man aus demselben Grunde, wie in 517, $X(a) da = 0$ als die Gleichung, welche die Gleichung $X dx = 0$ oder $X(x) dx = 0$ ersetzt, und welche nur noch von $m - 1$ veränderlichen Zahlgrössen, nämlich von den Zahlgrössen, durch welche a aus den Einheiten $e_1, \ldots e_{2n-1}, e_{2n+1}, \ldots e_m$ ableitbar ist, abhängt.

Es war auch hier noch vorausgesetzt, dass $\lambda \gtrless 0$ war. Diese Voraussetzung können wir ersetzen durch die Voraussetzung, dass

$$\left[\left(\frac{d}{dx}X\right)^n\right] \gtrless 0$$

sei. Nämlich, man kann aus den Gleichungen $G_1 = G_2 = \cdots = G_{2n} = 0$, ganz wie in 515, die Gleichung (die dort mit (c) bezeichnet war, nämlich)

$$\lambda\left[X\left(\frac{d}{dx}X\right)^{n-1} E_r\right] = -2\left[\left(\frac{d}{dx}X\right)^n\right]\delta x_r$$

ableiten; setzt man ins Besondere $r = 2n$, so wird $\delta x_r = \delta x_{2n} = 1$, und man erhält

$$\lambda\left[X\left(\frac{d}{dx}X\right)^{n-1} E_{2n}\right] = -2\left[\left(\frac{d}{dx}X\right)^n\right].$$

Ist also

$$\left[\left(\frac{d}{dx}X\right)^n\right]$$

von Null verschieden, so muss auch λ von † Null verschieden sein. 380

Es ist also nur noch *der Fall zu berücksichtigen, wo*

$$\left[\left(\frac{d}{dx}X\right)^n\right] = 0$$

ist. Ist aber diese Gleichung erfüllt, so ergiebt sich leicht, dass die Gleichung (d) gleichfalls der Aufgabe genügt. Denn es ergiebt sich dann, wie in 516 d, dass $X\delta x = 0$ sei, ebenso ergiebt sich:

$$2\left[\frac{d}{dx}X.e_s\delta x\right] = 2\mu\left[\frac{d}{dx}X.e_s\left[X\left(\frac{d}{dx}X\right)^{n-1}e_1\ldots e_{2n}\right]\right],$$

was sich ganz, wie der entsprechende Ausdruck in 515, umwandelt in

$$= -\frac{\mu}{n}\sum Xe_\alpha\left[\left(\frac{d}{dx}X\right)^n e_s E_\alpha\right],$$

wo $[e_\alpha E_\alpha] = [e_1 \ldots e_{2n}]$ und s jede der Zahlen $1, \ldots m$ sein kann. Die rechte Seite ist nach der gemachten Voraussetzung null. Also

$$\left[\frac{d}{dx}X.e_s\delta x\right] = 0,$$

wo statt e_s jede der Einheiten $e_1, \ldots e_m$, also auch jede Vielfachensumme derselben, also auch $\delta' x$ gesetzt werden kann, somit erhält man

$$\left[\frac{d}{dx}X.\delta' x.\delta x\right] = 0,$$

und hieraus ergiebt sich, wie in 516,

$$\delta(X\delta' x) = 0 \quad \text{und} \quad Xdx = X\delta' x.$$

Also hat sich der Satz ergeben:

Wenn in der Zahlgleichung

(a) $$Xdx = 0,$$

in welcher X eine Funktion von x, und x aus den Einheiten $e_1, \ldots e_m$ durch die Zahlen $x_1, \ldots x_m$ ableitbar ist, die Grösse X die Eigenschaft hat, dass für irgend einen Werth n, der kleiner als $\frac{m}{2}$ ist,

(b) $$\left[X\left(\frac{d}{dx}X\right)^n\right] = 0$$

und

(c) $$\left[X\left(\frac{d}{dx}X\right)^{n-1}\right] \gtrless 0,$$

ist, so lässt sich jene Gleichung (a) *ersetzen durch eine Gleichung*

381 (e) $$Ada = 0,$$

in welcher a aus $m-1$ Einheiten ableitbar ist, das heisst, nur $m-1$ veränderliche Zahlen einschliesst, und A dieselbe Funktion von a, wie X von x ist. Und zwar findet man die Grösse a durch Integration der Gleichung

(d) $$\delta x = \mu\left[X\left(\frac{d}{dx}X\right)^{n-1}e_1\ldots e_{2n}\right],$$

in welcher δ *den Differenzialquotienten nach einer der Variabeln* $x_1, \ldots x_{2n}$, *zum Beispiel nach* x_{2n}, *bedeutet, und also* $\delta x_{2n} = 1$ *ist, wodurch sich* μ *bestimmt, und in welcher* $x_{2n+1}, x_{2n+2}, \ldots x_m$ *als konstante Grössen behandelt werden.* {*Dabei wird vorausgesetzt, dass die Einheiten* $e_1, \ldots e_{2n}$ *so gewählt sind, dass der Faktor von* μ *auf der rechten Seite von* (d) *nicht verschwindet.*}

Wenn nun in diesem Sinne die Gleichung (d) *durch eine Gleichung von der Form*

(f) $$F(x) = b$$

integrirt wird, wo b *den Werth bezeichnet, den* $x_1 e_1 + \cdots + x_{2n-1} e_{2n-1}$ *für* $x_{2n} = 0$ *annimmt, so ist*

(g) $$a = F(x) + x_{2n+1} e_{2n+1} + \cdots + x_m e_m,$$

also a *aus den Einheiten* $e_1, \ldots e_{2n-1}, e_{2n+1}, \ldots e_m$ *ableitbar.*

520. Zusatz 1. *Wenn in der vorigen Nummer nur die Gleichungen* (a) *und* (b) *erfüllt sind, aber nicht die Vergleichung* (c), *so lässt sich, mag nun* $m = 2n$ *oder* $> 2n$ *sein, gleichfalls die Gleichung* (a) *auf* $m - 1$ *veränderliche Zahlgrössen zurückführen und zwar auf eine Gleichung der Form* $A da = 0$, *wo* A *dieselbe Funktion von* a, *wie* X *von* x, *und* a *aus* $m - 1$ *Einheiten ableitbar ist.*

Beweis. Denn, wenn auch

$$\left[X\left(\frac{d}{dx}X\right)^{n-1}\right] = 0$$

sein sollte, so muss, da doch schliesslich $[X] \gtrless 0$ ist, sich ein Zahlwerth $n' < n$ finden lassen von der Art, dass die Vergleichungen (b) und (c) gelten, sobald man n' statt n setzt. Da nun $m >$ oder $= 2n$ war, so ist m stets $> 2n'$, also kann man dann nach dem vorigen Satze die Gleichung $Xdx = 0$ gleichfalls auf $m - 1$ veränderliche Zahlgrössen zurückführen, und so weiter.

{Anm. Bei ungeradem m kann nach 519 auch $n = \frac{1}{2}(m + 1)$, also $m = 2n - 1$ sein. *Nur für diesen Fall* ist die Zurückführung der Gleichung $Xdx = 0$ auf $m - 1$ veränderliche Zahlgrössen *nicht geleistet*; sie ist nämlich dann, wie sich unten (525 Anm.) zeigen wird, überhaupt *nicht möglich.*}

521. Zusatz 2. *Ins Besondere kann man, wenn* $m = 2n$ *ist, stets die Gleichung* $Xdx = 0$ *auf* $m - 1$ *veränderliche Zahlgrössen zurückführen.*

Beweis. Denn dann gilt die Gleichung (b) stets (nach 519);
und wenn dann auch die Vergleichung (c) gilt, so findet † die Zurück- 382
führung (nach 517) statt; wenn jene Vergleichung aber nicht gilt, so geschieht sie nach 520.

522. *Wenn die Gleichungen* (a) *und* (b) *in demselben Sinne wie in* 519 *gelten, so kann man die Gleichung*

$$Xdx = 0$$

allemal auf $2n - 1$ *veränderliche Zahlgrössen zurückführen, und zwar auf die Form*

$$Ada = 0,$$

wo A *dieselbe Funktion von* a, *wie* X *von* x *ist, und* a *aus* $2n - 1$ *Einheiten ableitbar ist, das heisst, nur noch* $2n - 1$ *veränderliche Zahlgrössen einschliesst.*

Beweis. Es soll hier nicht bloss der Satz erwiesen, sondern auch gezeigt werden, wie die neue Variable a als Funktion von x gefunden werden kann.

Nach 520 kann man {*wenn* $m > 2n$ *ist*} $Xdx = 0$ durch eine Gleichung von der Form $A_1 da_1 = 0$ ersetzen, wo a_1, was aus $m - 1$ Einheiten ableitbar ist, eine bekannte Funktion von x, und A_1 dieselbe Funktion von a_1 ist, wie X von x. Da nun die Gleichung (b) für jeden Werth von x gilt, also auch, wenn man a_1 statt x setzt, so erhält man

$$\left[A_1 \left(\frac{d}{da_1} A_1\right)^n\right] = 0.$$

Wenn also noch $m - 1$ (die Anzahl der Einheiten aus denen a_1 ableitbar ist) grösser als $2n$ ist, so kann man abermals die Methode in 519 oder 520 anwenden, und erhält dann eine Gleichung der Form $A_2 da_2 = 0$, wo a_2, was aus $m - 2$ Einheiten ableitbar ist, eine bekannte Funktion von a_1, also auch von x ist, und A_2 dieselbe Funktion von a_2, wie A_1 von a_1, also auch wie X von x ist. Auf diese Weise kann man fortfahren, so lange noch die Anzahl der übrig bleibenden veränderlichen Zahlgrössen grösser als $2n$ ist; *ja* (nach 521) *auch noch, wenn diese Anzahl* $= 2n$ *ist.* Durch dieses Verfahren reducirt sich die Anzahl der veränderlichen Zahlgrössen auf $2n - 1$. Wenn dann die so resultirende Gleichung die Gleichung $Ada = 0$ ist, so ist also a aus $2n - 1$ Einheiten ableitbar, und eine bekannte Funktion von x, und A ist dieselbe Funktion von a, wie X von x.

{Ist $m = 2n - 1$, so besitzt die vorgelegte Gleichung $Xdx = 0$ schon von vornherein die verlangte Form.}

383 Anm. Dieser Satz enthält die allgemeinste Lösung der in 514 begonnenen Aufgabe der Zurückführung auf eine möglichst geringe Anzahl veränderlicher Zahlgrössen. Dass, wenn

$$\left[X\left(\frac{d}{dx} X\right)^{n-1}\right]$$

ungleich Null (519c) ist, sich auch Xdx nicht auf weniger als $2n - 1$ veränderliche Zahlgrössen zurückführen lässt, werde ich unten gelegentlich beweisen {vgl. Nr. 525 Anm.}.

Noch bemerke ich, dass man, statt $t = x_{2n}$ zu setzen, es auch gleich irgend einer Funktion der veränderlichen Zahlgrössen hätte setzen können. Dann hätte man nur eine der letzteren, zum Beispiel x_{2n}, durch t und die übrigen Variabeln auszudrücken und diesen Ausdruck in die gegebene Gleichung einzuführen, und dann ganz die vorher angegebene Methode zu befolgen. Ins Besondere kann man, wenn die Integration eine Funktion ergeben würde, die für $x_{2n} = 0$ unstetig wäre, $t = x_{2n} - c$ setzen, wo c eine Konstante bezeichnet; indem dann für $t = 0$, $x_{2n} = c$ wird und c so gewählt werden kann, dass jene Funktion in $t = 0$, das heisst, in $x_{2n} = c$ stetig sei.

523. Aufgabe. *Den numerischen Ausdruck Xdx, in welchem X eine Funktion der extensiven Grösse x ist, unter der Voraussetzung, dass*

$$\text{(a)} \qquad \left[X\left(\frac{d}{dx}X\right)^{n}\right] = 0$$

ist, auf die Form

$$Xdx = U_1 du_1 + \cdots + U_n du_n,$$

wo $U_1, \ldots U_n, u_1, \ldots u_n$ Zahlgrössen sind, zurückzuführen.

Auflösung. Man kann (nach 522) die Gleichung $Xdx = 0$ auf $2n - 1$ veränderliche Zahlgrössen zurückführen, welche bekannte Funktionen von x sind. Eine beliebige dieser veränderlichen Zahlgrössen sei mit u_1 bezeichnet, so ist u_1 gleichfalls eine bekannte Funktion von x. Nun sei u_1 konstant gesetzt, so bleiben nur noch $2n - 2$ veränderliche Zahlgrössen übrig. Folglich können wir (nach 521) die erhaltene Gleichung (welche nach den obigen Sätzen stets die Form $Ada = 0$ hat) auf $2n - 3$ veränderliche Zahlgrössen zurückführen, welche bekannte Funktionen der obigen $2n - 1$ Veränderlichen, und also auch bekannte Funktionen von x sind; eine derselben sei mit u_2 bezeichnet, und sei u_2 konstant gesetzt, so hat man nur noch $2n - 4$ veränderliche Zahlgrössen, welche sich auf $2n - 5$ solche zurückführen lassen, und so weiter.

Hat man diese Methode r mal angewandt, so nämlich, dass man nach und nach die Grössen $u_1, u_2, \ldots u_r$, welche sämmtlich bekannte
Funktionen von x sind, konstant gesetzt hatte, so bleiben nur noch 384
$2(n - r) - 1$ veränderliche Zahlgrössen übrig. Setzt man also $r = n - 1$, so bleibt nur noch eine veränderliche Zahlgrösse übrig und die resultirende Gleichung hat die Form $U_n du_n = 0$, wo U_n nur von der variabeln Zahlgrösse u_n abhängt. Setzt man also auch u_n gleich einer Konstanten, so werden jetzt alle Differenzialgleichungen, also namentlich auch die erste $Xdx = 0$ erfüllt, wenn die Funktionen $u_1, u_2, \ldots u_n$ Konstanten gleich gesetzt werden, also lässt sich nach der Methode {von Nr.} 502 {der Ausdruck} Xdx in der Form

$$Xdx = U_1 du_1 + \cdots + U_n du_n$$

darstellen, und die Aufgabe ist gelöst.

524. *Der numerische Ausdruck Xdx, in welchem X eine Funktion der extensiven Grösse x ist, ist dann und nur dann auf eine Summe von n Gliedern der Form Udu, wo U und u Zahlgrössen vorstellen, zurückführbar, wenn*

(a) $$\left[X\left(\frac{d}{dx}X\right)^n\right] = 0$$

ist.

Beweis. Wenn die Gleichung (a) erfüllt ist, so ist die genannte Zurückführung von Xdx auf n Glieder der Form Udu (nach 523) ausführbar, und wenn umgekehrt diese Zurückführung möglich ist, so wird (nach 511) die Gleichung (a) erfüllt.

525. Zusatz. *Wenn x aus $2n$ Einheiten ableitbar ist, so lässt sich Xdx allemal auf n Glieder der Form Udu, wo U und u Zahlen sind, zurückführen.*

Beweis. Denn, wenn x aus $2n$ Einheiten ableitbar ist, so ist die Gleichung

$$\left[X\left(\frac{d}{dx}X\right)^n\right] = 0$$

(nach 519) stets erfüllt, und also Xdx (nach 524) auf n Glieder der Form Udu zurückführbar.

Anm. Es folgt aus diesen Sätzen sogleich, dass, wenn

$$\left[X\left(\frac{d}{dx}X\right)^{n-1}\right]$$

von Null verschieden ist, sich auch die Gleichung $Xdx = 0$ nicht auf weniger als $2n-1$ veränderliche Zahlgrössen zurückführen lasse. Denn liesse sie sich auch nur auf $2n-2$ solche zurückführen, und wäre $Ada = 0$ die so erhaltene
385 Gleichung, so liesse sich (nach 525) Ada auf $+\,n-1$ Glieder der Form Udu zurückführen. Aber da die Gleichungen $Xdx = 0$ und $Ada = 0$ sich gegenseitig ersetzen, so können sie sich nur durch einen Zahlfaktor unterscheiden. Es sei $Xdx = \mathsf{N}Ada$, so wird nun auch Xdx auf $n-1$ Glieder der Form Udu zurückgeführt sein; also (nach 511)

$$\left[X\left(\frac{d}{dx}X\right)^{n-1}\right] = 0$$

sein, was mit der Voraussetzung streitet. Also lässt sich unter der gemachten Voraussetzung die Gleichung $Xdx = 0$ nicht auf weniger als $2n-1$ veränderliche Zahlgrössen zurückführen.

Es bildet diese Bemerkung eine schon oben {Nr. 522 Anm.} angedeutete Ergänzung zu dem Satze 522.

526. Aufgabe. *Die Zahlgleichung $Xdx = 0$, in welcher X Funktion der extensiven Grösse x ist, vollständig zu integriren.*

Auflösung. Es lässt sich (nach 519) stets ein {eindeutig bestimmter} Werth n von der Art angeben, dass

$$\left[X\left(\frac{d}{dx}X\right)^n\right] = 0, \quad \left[X\left(\frac{d}{dx}X\right)^{n-1}\right] \gtrless 0$$

sei. Dann lässt sich (nach 523, 524) Xdx stets auf n (aber nicht auf weniger als n) Glieder der Form Udu (wo U und u Zahlen sind) zurückführen. Es sei

$$Xdx = U_1 du_1 + \cdots + U_n du_n = 0,$$

so suche man zu der Gleichung $U_1 du_1 + \cdots + U_n du_n = 0$ (nach 503) die sämmtlichen integrirenden Vereine von je n Gleichungen, so integriren diese Vereine auch die mit jener identische Gleichung $Xdx = 0$.

527. Zusatz. *Die Gleichung*

$$\left[X\left(\frac{d}{dx}X\right)^n\right] = 0$$

ist die nothwendige aber auch ausreichende Bedingungsgleichung dafür, dass sich die Gleichung $Xdx = 0$ durch Vereine von je n Gleichungen integriren lasse.

Anm. Nach 500 ist mit der vollständigen Integration der Zahlgleichung $Xdx = 0$ zugleich die der partiellen Differenzialgleichungen erster Ordnung vollendet; während die Integration der partiellen Differenzialgleichungen höherer Ordnung (nach 501) auf die Integration der extensiven Gleichung $Xdx = 0$ zurückführte, welche wir hier ausgeschlossen haben.

Alphabetisches Verzeichniss

der gebrauchten Kunstausdrücke mit Angabe der Nummer, in welcher sie erklärt sind.

XI

Inhalt.

Verzeichniss

der wichtigsten Stellen, an denen die vorliegende Ausgabe der A_2 von dem Texte der Originalausgabe abweicht*).

S. 3, Z. 13 v. u. (III, Z. 13 v. u.): 31 fehlt. — S. 8, Z. 1, 2 v. o. (VII, Z. 19 v. u.): „das zweite die Lehre von den Reihen, das dritte die Differenzialrechnung." — S. 9, Z. 9, 10 v. o. (VIII, Z. 19, 18 v. u.): 3^0 statt 5^0 und p. 149 statt Nr. 227. — S. 9, Z. 17 v. u. (VIII, Z. 3 v. u.): 31 fehlt. — S. 9, Z. 11 v. u. (IX, Z. 3 v. o.): pag. statt §.

S. 12, Z. 2 v. u. (3, Z. 9 v. o.): Hier und im Folgenden sind die Summenzeichen Σ in der Originalausgabe überall oben mit wagerechten Strichen versehen: Σ^{-}, deren Länge jedesmal andeuten soll, auf welche Glieder sich das Zeichen Σ erstreckt. Wir haben diese Striche immer weggelassen. Dadurch wurde es freilich nöthig an einzelnen Stellen Klammern hinzuzufügen. Um jedoch einem übermässigen Anschwellen der ohnehin schon grossen Zahl der Klammern vorzubeugen, haben wir dem Multiplikationspunkte, dem Doppelpunkte der Division und späterhin auch dem Ergänzungsstriche insofern die Kraft einer Klammer beigelegt, als wir diese drei Verknüpfungszeichen zugleich als Gränzmarken eines etwa vorangehenden Summenzeichens verwendet haben. Diese Festsetzung steht damit im Einklang, dass in den späteren Kapiteln des Buches diese drei Zeichen so wie so zur Zusammenfassung der Faktoren eines Produktes zu Einzelprodukten und zur Abgränzung der Wirkung eines Differenzialzeichens benutzt werden. —

*) Die zuerst stehenden Seitenzahlen beziehen sich auf die vorliegende Ausgabe, die eingeklammerten auf die Originalausgabe; dahinter steht, wenn nichts Besonderes bemerkt ist, der Wortlaut der Originalausgabe. Die bei der vorliegenden Ausgabe im Texte gemachten Zusätze sind hier nicht mit aufgeführt, da sie durch Einschliessung in geschweifte Klammern: { } ausgezeichnet sind. Ebensowenig sind die Druckfehler der Originalausgabe, die unmittelbar als solche kenntlich sind und deren Berichtigung unmittelbar klar ist, aufgeführt.

Am Rande der vorliegenden Ausgabe sind die Seitenzahlen der Originalausgabe angegeben und die Seitenanfänge sind durch das Zeichen † angedeutet, da der früher benutzte Strich | in der A_2 als Zeichen für die Ergänzung verwendet wird. Die gesperrt gedruckten Stellen sind fast alle schon in der Originalausgabe durch gesperrten Druck ausgezeichnet, dagegen sind alle cursiv gedruckten Stellen in der Originalausgabe noch nicht durch besonderen Druck hervorgehoben.

In der Originalausgabe sind in den Seitenköpfen nur die Zahlen der Nummern angegeben, in die A_2 eingetheilt ist; die Kopfüberschriften der vorliegenden Ausgabe sind neu hinzugefügt.

S. 13, 17 und 18 (3, 7 und 8): Die Nummern 8, 16 und 18 sind in der Originalausgabe unrichtiger Weise als Erklärungen bezeichnet. — S. 22, Z. 11 v. u. (14, Z. 8 v. o.): „können" statt „könnte".

S. 23, Z. 10 v. o. (14, Z. 8 v. u.): „nach 22" statt „nach 23". — S. 23, Z. 13, 12 v. u. (15, Z. 12, 13 v. o.): Satz 18, 23, 24 statt Satz 19, 24, 25. — S. 24, Z. 17 und 13, 12 v. u. (16, Z. 11 und 15, 16 v. o.): 26 statt 28 und: „extensive Grösse a aus einer andern b". — S. 27, Z. 5 v. o. (19, Z. 4 v. o.): „In der That wird die Gleichung (a) ersetzt". — S. 31, Z. 15 v. o. (23, Z. 8 v. u.): Vor β_s fehlt das Σ. — S. 32 (25): In Nr. 45 steht q_r, r_s statt α_r, β_s. — S. 34, Z. 11 v. u. (27, Z. 14 v. u.): „Bedingungsgleichungen" statt „Bestimmungsgleichungen" und so später mehrfach. — S. 35, Z. 10 v. o., 8, 7 v. u. (28, Z. 9 v. o., 4, 3 v. u.): 45 statt 42, „welche $x_{b,d}$ keinmal oder zweimal enthalten" statt „welche $x_{b,d}$ nicht enthalten". — S. 36, Z. 9, 2, 1 v. u. (29, Z. 1 v. u., 30, Z. 8, 9 v. o.) überall 50 statt 51.

S. 38, Z. 10 v. u. (32, Z. 10 v. o.): 50 statt 51. — S. 39, Z. 8, 16, 26, 27 v. o. (32, Z. 7 v. u., 33, Z. 2, 13, 14 v. o.): 12, 4; 46; 38; 40 statt 12, 3; 45; 7, Anm.; 39. — S. 41, Z. 12, 11 v. u. (35, Z. 13, 12 v. u.): 55 und s statt 54 und r. — S. 42, Z. 12, 13 v. o. (36, Z. 9, 10 v. o.): 57 statt 58. — S. 43, Z. 3, 16 v. o., 2 v. u. (36, Z. 2 v. u., 37, Z. 14 v. o., 38, Z. 1 v. o.): 59 statt 60, „die Zahlen" statt „den Zahlen", 65 statt 45. — S. 45, Z. 4 v. o. (39, Z. 13 v. o.): 60 statt 62. — S. 49, Z. 15, 17 v. o. (43, Z. 1 v. u., 44, Z. 2 v. o.): „dasselbe" statt „das Gebiet", „einfache" statt „blosse". — S. 53, Z. 2, 16 v. o. (47, Z. 20, 7 v. u.): 73, 65 statt: 74, 67. — S. 54, Z. 15, 17 v. o. (48, Z. 3, 2 v. u.): 72, 74 statt 73, 75. — S. 55, Z. 10 v. o. (49, Z. 5 v. u.): 61 statt 60. — S. 56, Z. 2 v. u. (51, Z. 14 v. u.): „der andern" statt „des andern". — S. 58, Z. 10 v. o., 11 v. u. (53, Z. 6 v. o., 11 v. u.): 45, 34 statt 42, 28. — S. 59, Z. 19 v. o. (54, Z. 18 v. u.): 16 statt 28. — S. 60, Z. 17 v. u. (55, Z. 12 v. u.): „erzeugbar" statt „erzeugt". — S. 61, Z. 2, 15 v. o. (56, Z. 10, 24 v. o.): „auch", „wenn" statt „zugleich", „wo". — S. 61, Z. 5 v. u. (57, Z. 9 v. o.): 44 statt 39. — S. 63, Z. 2 v. o. (58, Z. 19 v. u.): „Stufen" statt „Stufe". — S. 63, Z. 5 v. u. (59, Z. 16 v. o.): 90 statt 89. — S. 65, Z. 21 v. o. (61, Z. 13 v. o.): „kleiner" statt „grösser". — S. 66, Z. 2 v. u. (62, Z. 6 v. u.): „A, B, C" statt „A und B". — S. 67, Z. 18, 12, 11 v. u. (63, Z. 18, 13, 12 v. u.): p. 64; kleiner; $<$ statt S. 12; grösser; $>$. — S. 68, Z. 21, 14, 8 v. u. (64, Z. 20, 12, 7 v. u.): 90, 90, $>$ statt 89, 89, $<$. — S. 68, Z. 2 v. u. bis 69, Z. 4 v. o. (65, Z. 1—5 v. o.): „zusammengenommen $= 2n - \alpha - \beta = n - (\alpha + \beta - n)$. Nun ist $\alpha + \beta - n$ positiv, da $\alpha + \beta$ nach der Annahme grösser als n ist, somit ist $n - (\alpha + \beta - n) < n$, also die Summe der Stufenzahlen von A' und B' kleiner als n. Also ist nach Beweis 1 $|[A'B']$ $= [A'B'] = [AB]$". Der Fall eines *geraden* n ist in der Originalausgabe ganz vergessen, und daher in der vorliegenden Ausgabe auf S. 69, Z. 11 v. o. bis 8 v. u. besonders behandelt. — S. 70, Z. 20—18 v. u. (65, Z. 3—1 v. u.): „Es folgt hieraus, dass das regressive Produkt als ein kombinatorisches u. s. w." — S. 71, Z. 10, 16 v. o. (66, Z. 15, 8 v. u.): φ und 99 statt $|\varphi$ und 98. — S. 72, Z. 5 v. o. (67, Z. 14 v. o.): 94 statt 97. — S. 73, Z. 16, 17 v. o. (68, Z. 8 v. u.) ist in der vorliegenden Ausgabe „das heisst A'" hinzugefügt. — S. 73, Z. 17, 16 v. u. (68, Z. 4, 3 v. u.): α statt α_1. — S. 73, Z. 11 v. u. (69, Z. 3 v. o.). Diese Gleichung ist in der Originalausgabe nicht besonders bezeichnet. — S. 74, Z. 8 v. o. (69, Z. 17 v. o.): α statt α_1. — S. 75, Z. 11 v. u. (71, Z. 4 v. o.): 45 statt 42. — S. 76, Z. 13, 9, 7 v. u. (72, Z. 3, 5, 7 v. o.): 90; 99; 99 statt 90, Zusatz; 97; 98. — S. 78, Z. 15 v. u. (74, Z. 2 v. o.): „sind" statt „ist". — S. 79, Z. 3, 8 v. o. (74, Z. 19, 13 v. u.): „α und β", „verbindende" statt „$\alpha + \beta$", „gemeinschaftliche". — S. 79, Z. 17—14

v. u. (75, Z. 5—7 v. o.): „entgegengesetzt ist, d. h. für die $E=[EE']E'$ war. Bezeichnen u. s. w.“ — S. 79, Z. 11 und 8, 7 v. u. (75, Z. 10 und 14 v. o.): „bezeichnet IA“ und: „ist, d. h. so dass“. — S. 79, Z. 6 v. u. und S. 80, Z. 5 v. o. (75, Z. 15 v. o., 17 v. u.): Diese Gleichungen sind in der Originalausgabe nicht besonders bezeichnet. — S. 80, Z. 8 v. o. (75, Z. 14 v. u.): „kleiner“ statt „grösser“. — S. 80, Z. 9 v. o. bis S. 81, Z. 11 v. o. (75, Z. 12 v. u. bis 76, Z. 14 v. o.). Im Original lautet diese Stelle wie folgt:

(75) „Es sei zuerst $[AB]=0$, so müssen (nach 109) die Gebiete A und B ein Gebiet von höherer als nullter Stufe gemein haben; sie mögen ein Gebiet γ-ter Stufe gemein haben, also γ einfache Faktoren, dann werden diese Faktoren, da IA nur diejenigen Faktoren enthält, welche in A nicht vorkommen, in IA fehlen, und aus gleichem Grunde auch in IB, also werden IA und IB von einem Gebiete von niederer als n-ter Stufe umfasst, somit (nach 109)

$$[IAIB]=0,$$

also, da auch $[AB]$ null war und die Ergänzung einer Zahl (nach 89) dieser gleich, also die von null selbst null ist, so ist

$$I[AB]=[IAIB].$$

76 „Es sei zweitens $[AB]$ von null verschieden, so enthält dasselbe $\alpha+\beta$ verschiedene einfache Faktoren der Reihe $a_1 \ldots a_n$, es sei C das Produkt der übrigen, also $[ABC]$ (nach 57) dem Produkte $[a_1 \ldots a_n]$ entweder gleich oder entgegengesetzt, also da das letztere gleich 1 ist, so ist $[ABC]=\mp 1$. Da nun $[BC]$ das Produkt der in A nicht vorkommenden Faktoren ist, so ist nach der hier angenommenen Bezeichnung

$$IA=[ABC].[BC],$$

ebenso

$$IB=[BAC].[AC] \quad \text{und} \quad I[AB]=[ABC]C\ ^*.$$

Also, da $[ABC]$, $[BAC]$ Zahlen ($=\mp 1$) sind,

$$[IAIB]=[ABC][BAC][BC.AC]$$
$$=[ABC][BAC][BAC].C \qquad [107].$$

„Da nun $[BAC]=\mp 1$ ist, so ist $[BAC][BAC]=1$. Also

$$[IAIB]=[ABC].C=I[AB] \qquad [^*].“$$

S. 83, Z. 11 v. o., 14 v. u. (78, Z. 16, 1 v. u.): „von D“, „darstellbar“ statt „der D_r.“, „darstellen“. — S. 84, Z. 8 v. u. (80, Z. 14 v. o.): „dasselbe“ statt „dieselbe“. — S. 85, Z. 17 v. o. (80, Z. 1 v. u.): 95 statt 96. — S. 85, Z. 7 v. u. bis S. 86, Z. 7 v. o. Diese Stelle steht in der Originalausgabe auf S. 98, Z. 4—16 v. o. — S. 86, Z. 18 v. o. (81, Z. 16 v. u.): „die also“ statt „also die“. — S. 87, Z. 16, 15, 15 v. u. (82, Z. 8, 7, 6 v. u.): E, E, „dem“ statt G, G, „den“. — S. 87, Z. 5 v. u. (83, Z. 4 v. o.): 114 statt 115. — S. 88, Z. 20, 12 v. u. (83, Z. 13, 5 v. u.): „kleiner als“ und „nach Beweis 1“ statt $\overline{\gtrless}$ und „nach dem ersten Theile des Beweises“. — S. 88, Z. 7 v. u. bis S. 89, Z. 14 v. u. In der Originalausgabe steht diese Stelle auf S. 183, Z. 2 v. o. bis 5 v. u. — S. 90, Z. 17, 18 und 20 v. o. (84, Z. 9 und 7 v. u.): „Faktoren, deren Stufenzahl nicht null ist, enthält, so ist“ und: „A und B incidente Faktoren sind“. — S. 90, Z. 14 v. u. (84, Z. 1 v. u.): „also“ statt „aber“. — S. 90, Z. 7 v. u. (85, Z. 8 v. o.): „Ein gemischtes Produkt dreier Grössen $[ABC]$ ist“. — S. 91, Z. 4 v. o. (85, Z. 18 v. o.): 105 statt 103. — S. 91, Z. 10—12 und 13 v. o. (85, Z. 14, 13 und 12 v. u.): „Also ist das Produkt $[DC]$ dann und nur dann null (nach 109), wenn D und C ein System von höherer“ und „System“

statt „Gebiet“. — S. 92, Z. 4 v. o. (86, Z. 17 v. u.): 121 statt 122. — S. 93, Z. 15, 17 v. o. (87, Z. 4, 2 v. u.): $\alpha + \beta + \gamma$ statt $q + r + s$. — S. 94, Z. 3 v. u. (89, Z. 17 v. u.) „System“ statt „Gebiet“. — S. 96, Z. 15, 16, 17 v. o. (91, Z. 2, 3, 4 v. o.): 58, 123, 58 statt 120, 124, 120. — S. 96, Z. 18 v. o. (91, Z. 5 v. o.): „folgt aus der letzten Kongruenz wieder die erste“. — S. 96, Z. 19, 2 v. u. (91, Z. 7 v. o., 17 v. u.): $[ABC]$, $[BA]$ statt $[BAC]$, $[BAC]$. — S. 97, Z. 3, 4 und 6 v. o. (91, Z. 13, 12 und 10 v. u.): „mit umgekehrter Ordnung in Klammern schliesst, d. h.“ und:

$$„\equiv [A_1 \,.\, A_n A_{n-1} \ldots A_2]“.$$

S. 97, Z. 16 v. o. (92, Z. 2 v. o.): 125 statt 119, 120. — S. 97, Z. 10, 9 v. u. (92, Z. 14 v. o.): „Ordnung in Klammern schliesst“. — S. 99, Z. 14 v. o. (94, Z. 6 v. o.): A_n statt A_v. — S. 99, Z. 19—14 v. u. (94, Z. 13—17 v. o.): „$m \gtrless p$ sein. Aber dann ist (nach 90) die Stufenzahl von $[a_1 \ldots a_m]$ gleich $n - m$ und die von C gleich $n - p$, somit, da $n - m \overline{\gtrless} n - p$ ist, so ist die Stufenzahl des Gebietes, auf welches zurückgeleitet wird, u. s. w.“. — S. 101, Z. 12, 8 v. u. (96, Z. 16, 11 v. u.): „Nun“, 127 statt „Dann“, 128. — S. 102, Z. 16 v. o. (97, Z. 14 v. o.): „kleiner“ statt „grösser“. — S. 102, Z. 19 und 20 v. o. (97, Z. 15 und 17 v. o.): „Projektion“ statt „Zurückleitung“. — S. 102, Z. 10 v. u. (97, Z. 12 v. u.): 98 statt 97. — S. 103, Z. 7 v. u. (99, Z. 2 v. o.): 77a statt 77. — S. 104, Z. 16—11 v. u. (99, Z. 10—6 v. u.): „Zusatz. Ist ins Besondere $A = \alpha_1 E_1 + \alpha_2 E_2 + \cdots$, so ist $[AF_r] = \alpha_r$, d. h. $[AF_1] = \alpha_1$, $[AF_2] = \alpha_2, \ldots$“. — S. 105, Z. 14 v. o. (100, Z. 17 v. u.): 76 statt 60. — S. 106, Z. 8 v. u. (101, Z. 10 v. u.): 79 statt 63. — S. 107, Z. 12 v. o. (102, Z. 13 v. o.).: 98 statt 89. — S. 109, Z. 10, 11 v. o. (104, Z. 12, 13 v. o.): „beziehlich mit $a_1, a_2, \ldots a_r$ multiplicirt; d. h. die n-te Gleichung ist aus u. s. w.“ — S. 111, Z. 9, 8 v. u. (106, Z. 6, 5 v. u.): E_0 und E_1 statt $|e_0$ und $|e_1$. — S. 112, Z. 5, 6 v. o. (107, Z. 9, 11 v. o.): 1854; 1845 statt 1853; 1847.

S. 112, Z. 5 v. u. (107, Z. 2 v. u.): $\beta_n B_n$ statt $\beta_m B_m$. — S. 113, Z. 2 v. o. (108, Z. 5 v. o.): 100 statt 90. — S. 113, Z. 3 v. u. bis S. 114, Z. 2 v. o. (109, Z. 8 —10 v. o.): „Die Klassenzahl ist dann also $\beta - \alpha$, im zweiten Falle $\alpha - \beta$, in beiden Fällen also der positiven Differenz von α und β gleich“. — S. 115, Z. 5 v. o. (110, Z. 12 v. o.): 144 statt 143. — S. 116, Z. 3, 4 v. o. (110, Z. 14, 13 v. u.): „$[E_1 G E_2 H]$ das Produkt aller n ursprünglichen Einheiten und gleich der u. s. w.“ — S. 116, Z. 19—17 v. u. (111, Z. 4, 5 v. o.): „Es sei $[EFG]$ das Produkt aller ursprünglichen Einheiten und gleich 1, so ist $|E = [FG]$, u. s. w.“ — S. 116, Z. 10 v. u. bis S. 118, Z. 5 v. o. In der Originalausgabe (S. 111, Z. 9 v. o. bis 8 v. u.) lautet diese Stelle so:

„**149.** *Wenn E, F, G Einheiten sind, und weder $[EF]$ noch $[EG]$ null ist, so ist entweder*

$$[EF|EG] = [F|G], \quad \textit{oder} \quad [FE|GE] = [F|G],$$

ersteres, wenn F von höherer Stufe ist als G, letzteres, wenn G von höherer Stufe ist als F. Sind beide von gleicher Stufe, so sind beide Formeln gültig.

Beweis. 1. Wenn F und G nicht einander incident sind, so sind auch $[EF]$ und $[EG]$ nicht einander incident, also sind dann (nach 147) beide Seiten der zu erweisenden Gleichung null.

„2. Wenn G dem F untergeordnet ist, so sei $F = [GH]$. Dann ist

$$\begin{aligned} [EF|EG] &= [EGH|EG] = H && [148] \\ &= [GH|G] && [148] \\ &= [F|G]. \end{aligned}$$

„3. Wenn F dem G untergeordnet ist, so sei $G = [HF]$. Dann ist

$$[FE|GE] = [FE|HFE] = |H \qquad [148]$$
$$= [F|HF] \qquad [148]$$
$$= [F|G].$$

„4. Wenn F und G von gleicher Stufe sind, also, bei Ausschluss des Falles in Beweis 1, zusammenfallen, so ist (nach 70) sowohl G dem F, als F dem G untergeordnet, und es gelten also nach Beweis 2 und 3 beide Formeln."

S. 119, Z. 2 v. o. (112, Z. 10 v. u.): $\sqrt{-1}$ statt -1. — S. 119, Z. 4—2 v. u. (113, Z. 5, 4 v. u.): „übergeht, a_1 und b_1 von derselben Länge sind wie a und b und gegen einander senkrecht bleiben. Es bleiben u. s. w." — S. 120, Z. 14 v. o. (114, Z. 13 v. o.): $xb - ya$ statt $\mp(xb - ya)$. — S. 120, Z. 22 v. o. (114, Z. 20 v. o.):

$$[a_1|b_1] = [(xa + yb)|(xb - ya)] = xy(b^2 - a^2).$$

S. 123, Z. 4 v. u. (118, Z. 15 v. o.): „des" statt „der". — S. 124, Z. 19, 10 v. u. (119, Z. 7, 17 v. o.): „auf", 159 statt „zu", 161. — S. 125, Z. 5 v. u. (120, Z. 13 v. u.): 117 statt 141. — S. 126, Z. 15 v. o. (121, Z. 8 v. o.): „und zwar sowohl A als B jede". — S. 127, Z. 16 v. u. (122, Z. 14 v. u.): 91 statt 89. — S. 129, Z. 1, 3 v. o. (124, Z. 6, 8 v. o.): „A auf B", 145 statt „B auf A", 169. — S. 129, Z. 18 v. o. (124, Z. 16 v. u.): 77b statt 77. — S. 129, Z. 17 v. u. bis S. 130, Z. 11 v. o. Diese Stelle lautet in der Originalausgabe (S. 124, Z. 10—5 v. u.) so:

„Aber $[A_1 B_1|A_1 C_r]$ ist, wenn A_1, B_1, C_r Einheiten höherer Stufe, d. h. kombinatorische Produkte der ursprünglichen Einheiten sind, (nach 149) gleich $[B_1|C_r]$. Dasselbe findet aber (nach 168) noch statt, wenn jene Grössen kombinatorische Produkte der Grössen eines einfachen Normalsystems sind, also in unserm Falle. Somit wird" u. s. w. —

S. 131, Z. 1 v. o. bis 4 v. u. (125, Z. 17—10 v. u.). In der Originalausgabe lautet die Stelle so:

„Beweis 1. Es seien die einfachen Faktoren von $[AB]$ alle zu einander normal. Da A von gleicher Stufe mit A ist, so ist es aus den multiplikativen Kombinationen $A, A_1, \ldots$ numerisch ableitbar. Es sei $\mathsf{A} = \alpha A + \alpha_1 A_1 + \cdots$, so ist

$$[AB|\mathsf{AB}] = [AB|(\alpha A + \alpha_1 A_1 + \cdots)\mathsf{B}]$$
$$= \alpha[AB|A\mathsf{B}] + \alpha_1[AB|A_1\mathsf{B}] + \cdots."$$

S. 131, Z. 1 v. u. (S. 125, Z. 7 v. u.): In der Originalausgabe fehlt das Glied: $\alpha_q[AB|A_q\mathsf{B}]$. — S. 132, Z. 5, 7, 11 v. o. (125, Z. 1 v. u., 126, Z. 1, 6 v. o.): In der Originalausgabe fehlen die Glieder:

$$\alpha_q A_q^2[B_q|\mathsf{B}], \quad \alpha_t A_t, \quad [A_q|\mathsf{A}][B_q|\mathsf{B}]. —$$

S. 132, Z. 8 v. o. (126, Z. 2 v. o.): „weil A_r mit den zu ihm normalen Grössen $A, A_1, \ldots$" u. s. w. — S. 133, Z. 14, 15 v. o. (127, Z. 12 v. o.): „deren Summe ungeändert bleibt". — S. 133, Z. 15 v. u. (127, Z. 13 v. u.): „Faktorreihe, also auch für $a, b, \ldots$ d. h." u. s. w. — S. 136, Z. 8 v. u. (130, Z. 2 v. u.): $-[a|b'][a'|b]$ statt $-[a|b'][b|a']$. — S. 136, Z. 4 v. u. (131, Z. 3 v. o.): $[abcd]^2$ statt $[abcd]^2$. — S. 137, Z. 16 v. o. (131, Z. 14 v. u.): „irgend einer (m-ten)". — S. 139, Z. 12 v. u. (134, Z. 4 v. o.): 98 statt 100. — S. 141, Z. 5, 4 v. u. (136, Z. 13, 14 v. o.): $\Sigma\beta_r\alpha_r$ statt $\Sigma\beta_s\alpha_s$. — S. 142, Z. 1 v. o. (136, Z. 18 v. o.): 188 statt 152. — S. 143, Z. 2, 3 v. o. (137, Z. 12 v. u.): „sin $(abc\ldots)$ den Ausdruck, welcher numerisch". — S. 143, Z. 3—1 v. u. (138, Z. 17—19 v. o.): „so ist das äussere Produkt derselben, abgesehen vom $\mp$ Zeichen, gleich dem Produkte der numerischen Werthe in den sinus des Zwischenwinkels". — S. 145, Z. 8—6 v. u. (140, Z. 13, 14 v. o.): „Beweis. Die Formel geht aus 202 hervor, wenn man $\angle lk = 90^0$ setzt." — S. 146, Z. 4 v. u. (141, Z. 13 v. o.): „dargestellt ist" statt „dargestellte". — S. 147, Z. 3, 4 v. o. (141, Z. 16, 15 v. u.). Die Formel lautet in der Originalausgabe so:

206. $\sin \angle AB \,.\, \sin \angle \mathsf{AB} \,.\, \cos(\angle AB \,.\, \mathsf{AB}) = \Sigma \cos \angle A_r \mathsf{A} \,.\, \cos \angle B_r \mathsf{B}\,.$

S. 147 (141, 142). In den Nrn. 208—211, 213, 215 steht mehrfach $\cos ac$, $\cos bc, \ldots$ statt $\cos \angle ac$, $\cos \angle bc, \ldots$ und $\sin(ab)$ statt $\sin \angle ab$. — S. 147, Z. 9, 8 v. u. (142, Z. 4, 5 v. o.) „Ergänzungen" und: „$\sin ac \,.\, \sin bd \,.\, \cos(\angle ab \,.\, cd)$" statt „ergänzende Kombinationen" und: „$\sin \angle ac \,.\, \sin \angle db \,.\, \cos \angle (ac \,.\, db)$. — In der Originalausgabe folgt hinter Nr. 213 noch die Anmerkung:

„Anm. Ebenso würden sich die übrigen Formeln aus § 3 haben umgestalten (142)
lassen, wenn man noch

$$\frac{[a\,b\,c\,|\,d]}{\alpha\beta\gamma\delta} = \cos \angle abcd$$

gesetzt hätte u. s. w."

Wir haben im Texte diese Anmerkung weggelassen, da nicht einzusehen ist, was Grassmann eigentlich damit gemeint hat.

S. 148, Z. 1 v. u. bis S. 149, Z. 1 v. o. (143, Z. 13, 14 v. o.): „durch die Sätze in § 1 die Geltung". — S. 149, Z. 8 v. o. (143, Z. 20, 21 v. o.): „die senkrechten Projektionen (normalen Zurückleitungen) von EA". — S. 149, Z. 11, 18 v. o. (143, Z. 16, 8 v. u.): „Lehrsatz" statt „Lehnsatz". — S. 150, Z. 8 v. o. (144, Z. 15 v. u.): „von den" statt „für die". — S. 150, Z. 15, 8 v. u. (144, Z. 8 v. u., 145, Z. 1 v. o.): 119, 118 statt 219, 218. — S. 152, Z. 3 v. o. (146, Z. 16 v. o.). Diese Gleichung ist in der Originalausgabe nicht besonders bezeichnet. — S. 152, Z. 15 v. u. (147, Z. 3 v. o.): 218 statt 216. — S. 153, Z. 15 v. u. (148, Z. 5 v. o.): 222b statt 222(*). — S. 155, Z. 10 v. u. (150, Z. 20 v. u.): „einer" statt „der". — S. 162, Z. 4—8 v. o. (157, Z. 3—7 v. o.): „unendlich entfernt, so ist (in 231) gezeigt, dass dann a, b, c drei Einer Ebene parallele Strecken sind, d. h. (nach 228) dass a, b, c unendlich entfernte Punkte sind, die in Einer unendlich entfernten Ebene liegen". — S. 162, Z. 15, 16, 21 v. o. (157, Z. 13, 14, 19, 20 v. o.): $\varepsilon = -\delta$, $\delta(D-E)$, $D-A$ statt $\delta = -\varepsilon$, $\varepsilon(E-D)$, $A-D$. — S. 163, Z. 15 v. o. (158, Z. 14 v. o.): $D-A$ statt $A-D$. — S. 165, Z. 13 v. o., 1 v. u. (160, Z. 16, 1 v. u.): „Lehrsatz", „den" statt „Lehnsatz", „dem". — S. 166, Z. 6 v. o. (161, Z. 17 v. u.): 221 statt 216. — S. 167, Z. 3 v. o., 23, 22, 16 v. u. (162, Z. 16, 1 v. u., 163, Z. 1, 7 v. o.): 221, „Umwandlung" statt 230a, „Aenderung". — S. 169, Z. 11, 10 und 5, 4 v. u. (165, Z. 23, 22 und 17, 16 v. u.): „ab und ab' gleichbezeichnet und in derselben Ebene liegend", „durch mehrmalige Anwendung einer einfachen linearen Aenderung, d. h.". — S. 170, Z. 12 v. u. (166, Z. 20 v. u.): „da auch $\alpha b = b'$ gesetzt war". — S. 171, Z. 4 v. o. (166, Z. 5 v. u.): 244 statt 254. — S. 173, Z. 12 v. o. (169, Z. 2 v. o.): 46 statt 40. — S. 174, Z. 21—18 und 9 v. u. (170, Z. 7—10 und 21 v. o.): „also auch mit AB parallel, und folglich auch mit der Ebene ABC ist, so sind (nach 244) die Spate $ABCD$ und $ABCE$ gleich und gleichbezeichnet, d. h. die Spate abc und abc', d. h. der Spat abc bleibt" und: „gleichbezeichnet. Also da nach dem Obigen". — S. 175, Z. 6 v. o. (170, Z. 3 v. u.): „Also" statt „Dann sind". — S. 175, Z. 2 v. u. (171, Z. 9 v. u.): 79 statt 80. — S. 176, Z. 15, 14 und 9 v. u. (172, Z. 22, 21 und 16 v. u.):

$$„= [ABC\alpha D] \qquad [67]$$
$$= \alpha[ABCD] \qquad [40]“.$$

und: „das Spat", wofür noch einige Male, der sonstigen Schreibweise Grassmanns entsprechend, „der Spat“ gesetzt ist. — S. 179, Z. 15, 4 v. u. (175, Z. 15, 3 v. u.): 221, 251 statt 216, 257. — S. 179, Z. 1 v. u. bis S. 180, Z. 2 v. o. (176, Z. 2—6 v. o.): „zweiter und dritter Stufe. Da ferner alle Punkte der Ebene sich aus dreien, aber nicht aus weniger Punkten derselben numerisch ableiten lassen (233), so ist (nach 14) die Ebene ein Gebiet dritter Stufe, und ebenso (nach 232 und 14) der Raum ein Gebiet vierter Stufe. Nach 88 u. s. w.“. — S. 180, Z. 6 v. u. (177, Z. 1 v. o.): $\alpha[Bp]$ statt $[\alpha B . p]$. — S. 181, Z. 1, 2 v. o. (177, Z. 7 v. o): „dessen Länge $(p + q)$ die Summe aus den Längen“. — S. 181, Z. 23 v. u. (177, Z. 13, 12 v. u.): „gleichbezeichnet dem eines Parallelogrammes $ABCD$ ist“. Diese, der Nr. 239 widersprechende, Bezeichnung des Parallelogramms findet sich noch einige Male und ist jedesmal verbessert. — S. 181, Z. 3 v. u. (178, Z. 7 v. o.): $[CD]$ statt $[DC]$. — S. 182, Z. 2, 5, 7 v. o. (178, Z. 13, 16, 17 v. o.): „sei“, $[DC]$, $[CD]$ statt „ist“, $[CD]$, $[DC]$. — S. 183, Z. 9, 18 v. o. (179, Z. 12, 2 v. u.): „wo A ein Produkt, b und c“ und: „welche von diesen letzteren im Verhältnisse“. — S. 183, Z. 13, 10, 5 v. u. (180, Z. 9, 12, 17 v. o.): „ausserhalb der beiden Ebenen der Summanden“; 277 statt 280: „Prisma's“ statt „Spates“. — S. 185, Z. 18 und 9—7 v. u. (182, Z. 11 und 20 v. o.): „Ersteres giebt (nach 222 und 253) einen Linientheil“ und: $[SS] = [ABAB] = 0$ [60]“. — S. 186, Z. 20, 12, 7 v. u. (184, Z. 10, 20, 24 v. o.): 104; 221; 104 statt 103; 230a; 103. — S. 187, Z. 7 v. o., 13, 9, 4 v. u. (184, Z. 4 v. u., 185, Z. 21, 16, 11 v. u.): 255; 287; (s. o.); 287 statt 257; 119c; (nach 289); 119c. — S. 188, Z. 3 v. o. (185, Z. 4 v. u.): 104 statt 103. — S. 189, Z. 19 v. o. (187, Z. 18 v. o.): 287 statt 119c. — S. 190, Z. 9 v. u. (188, Z. 4 v. u.): „Ausdehnungen“ statt „Ausweichungen“. — S. 191, Z. 10—14 v. o. (189, Z. 16—18 v. o.): „Die Gleichung einer geraden Linie X, die mit den geraden Linien A und B durch denselben Punkt geht, ist $[XAB] = 0$“. — S. 191, Z. 15 v. o., 14 v. u. (189, Z. 18, 7 v. u.): 301; „drückt“ statt 295; „sagt“. — S. 192, Z. 8 v. o. (190, Z. 18 v. u.): „nicht identisch $= 0$ ist“. — S. 194, Z. 9 v. o., 13 v. u. (192, Z. 9 v. u., 193, Z. 11 v. o.): 119a statt 119. — S. 196, Z. 7, 3 v. u. (195, Z. 14, 19 v. o.): „heisset“, „Punkte p“ statt „heisse“, „Punkte a“. — S. 197, Z. 8—11 v. o. (195, Z. 10—8 v. u.): „in der Form

$$[xeDc_1Bax] = 0 \qquad [104]$$

schreibt. Wird $x \equiv c$, so wird $[ca(cd)] \equiv [cad]c$, und dies“. — S. 197, Z. 13—18 v. o. (195, Z. 5—1 v. u.): fünfmal ce statt ec, zweimal bc statt (bc). — S. 197, Z. 18, 14, 1 v. u. (196, Z. 2, 6, 20 v. o.): 104; 123; „ihr“ statt 103; 316; „der Gleichung“. — S. 198, Z. 1 v. o. (196, Z. 16 v. u.): „liegt“ statt „liege“. — S. 199, Z. 9 v. o. (197, Z. 15 v. o.): „können“ statt „kann“. — S. 201, Z. 2 v. o. (199, Z. 1 v. o.): $[dc] \equiv C$ statt $[dc] = C$. — S. 201, Z. 10 v. u. (199, Z. 16 v. u.): dreimal C statt $[cd]$. — S. 202, Z. 9 v. o. (199, Z. 1 v. u.): „dann“ statt „ferner“. — S. 203, Z. 7, 5 v. u. (201, Z. 15, 17 v. o.): 323; 324 statt 325; 326. — S. 204, Z. 5, 10 v. o. (201, Z. 13, 7 v. u.): * und *** statt ** und ****. — S. 204, Z. 15, 10 v. u. (202, Z. 6, 11 v. o.): 325 statt 327. — S. 205, Z. 16, 15 v. u. (203, Z. 10, 11 v. o.): 1; —1 statt —1; +1. — S. 207, Z. 13, 15 v. o. (205, Z. 13, 15 v. o.): „Grades liefert von der Form“; „und welche bei jeder“. — S. 208, Z. 7 v. u. (206, Z. 10 v. u.): 101 statt 90. — S. 209, Z. 5, 8, 11f. v. o. (207, Z. 3, 6, 10 v. o.): „d. h.“ statt „also wirklich“; „d. h. (nach 254)“; „parallel ist, also $[a \mid b]$ gleich null, also a zu b normal ist. Der Begriff“. — S. 209, Z. 14 v. u. (207, Z. 18 v. u.): „Beweis 1“ statt „Beweis 2 und 3“. — S. 211, Z. 10, 11 v. o. (209, Z. 19, 18 v. u.): „von der Länge n bilden“. — S. 211, Z. 15, 13 v. u. (209, Z. 3, 1 v. u.): 36; 137 statt 70; 167. — S. 211, Z. 12, 11 v. u. (210, Z. 1 v. o.): $\alpha[abc]$ statt $\alpha\sqrt{[abc]}$; „aber“

statt „ferner". — S. 212, Z. 7, 8 v. o. (210, Z. 19, 18 v. u.): A statt a. — S. 213, Z. 20, 13, 3 v. u. (211, Z. 15, 8 v. u., 212, Z. 3 v. o.): 99 statt 97; „einen vierten endlich"; c statt $[cd]$. — S. 214, Z. 9—14 v. o. (212, Z. 14—16 v. o.): „Sie liefert hier, wie oben (164) angedeutet wurde, die senkrechte Projektion, was ich hier jedoch nicht weiter darlegen will. Ueberhaupt werde ich". — S. 216, Z. 16 v. o. (214, Z. 16 v. u.): 338 statt 193. — S. 217, Z. 2, 7, 17 v. o. (215, Z. 5, 11f., 23 v. o.): „konstanten"; „dieser Strecke"; „so ist" statt „festen"; „dieses Abstandes"; „es wird daher". — S. 218, Z. 6, 5; 3; 1 v. u. (217, Z. 6; 8; 10f. v. o.): „einen Flächenraum an, dessen numerischer Werth 1 ist, und welcher"; „dieses Flächenraums"; „Diese Flächenräume, aufgefasst als Theile der betreffenden Ebenen, d. h. als Grössen dritter Stufe". — S. 219, Z. 4f. v. o. (217, Z. 16f. v. o.): „Punkt x geht, also gleich A' mal der Höhe, oder da A' numerisch gleich 1 ist, gleich der Höhe". — S. 219, Z. 13 v. o. (217, Z. 13 v. u.): „und R numerisch gleich 1, ϱ aber". — S. 219, Z. 25—20 v. u. (217, Z. 7—2 v. u.): „Flächentheile A', B', ... annimmt, welche numerisch gleich 1 sind und mit Punkten, die auf der ... Seite ... positives Produkt ..., und ϱ der numerische Werth dieses Flächentheiles. Sollte jedoch". — S. 219, Z. 19, 18 v. u. (218, Z. 1 v. o.): ϱR; $[\varrho Rx]$ statt $[Rx]$; $\varrho[Rx]$. — S. 220, Z. 3f. und 11f. v. o. (218, Z. 16, 15 und 7 v. u.): „festen Kreisen, deren Mittelpunkte" und: „$\varphi\sigma$ oder um $(\alpha+\beta+\cdots)\varphi$". — S. 221, Z. 1 v. o. (219, Z. 16 v. u.): „die konstante Grösse". — S. 221, Z. 18, 16, 15 v. u. (220, Z. 6, 8, 9 v. o.): ϱ; „auf"; „liegen" statt φ; „nach"; „gerichtet sind". — S. 222, Z. 18 und 17, 16 v. u. (221, Z. 6 und 8 v. o.): „senkrecht stehen soll. Da a' ein Punkt" und: „also soll der Fächenraum auf b senkrecht". — S. 222, Z. 15 v. u. (221, Z. 9 v. o.): „333) $[(db+c)b]=0$, oder". — S. 223, Z. 8—10 v. o. (221, Z. 6, 5 v. u.): „dreier Strecken, so ist $|b$ ein Produkt zweier Strecken, also $[|b\,.\,U]=0$ u. s. w." — S. 223, Z. 1 v. u. (222, Z. 1 v. u.): 122 statt 121.

S. 224, Z. 10 v. u. (223, Z. 4, 3 v. u.): „wenn auch ausser den ursprünglichen Variabeln noch der Werth". — S. 226, Z. 9 v. o. (225, Z. 14 v. u.): Im Original fehlt: $y=y_1e_1+\cdots+y_me_m$. — S. 227, Z. 7f., 15f. v. o. (226, Z. 15, 7, 6 v. u.): „und diejenigen, aus welchen sich die abhängigen Variabeln"; „indem man hierin die obigen Werthe". — S. 233, Z. 11 v. u. (233, Z. 20 v. u.): „Bedingungsgleichungen" statt „Bestimmungsgleichungen" und so noch mehrmals. — S. 236, Z. 7f., 13 v. o. (236, Z. 4f., 11f. v. o.): „Jede aus ihnen ableitbare Gleichung"; „alle Glieder einer solchen abgeleiteten Gleichung". — S. 239, Z. 14—18 v. o. (239, Z. 4—1 v. u.): „Erklärung. Unter dem algebraischen Quotienten $A:B$ verstehe ich denjenigen Ausdruck, welcher mit B algebraisch multiplicirt A giebt, d. h. $(A:B)\,.\,B=A$". — S. 240, Z. 16 v. o. (241, Z. 4 v. o.): „die" statt „und". — S. 241, Z. 13f. v. o. (242, Z. 7 v. o.): „austauschen. Ich werde deshalb auch die Zähler". — S. 243, Z. 10, 14 v. o. (244, Z. 19, 15 v. u.): 177; $F_{\mathfrak{r}\mathfrak{b}}$ statt 377; $E_{\mathfrak{r}\mathfrak{b}}$. — S. 244, Z. 1, 5 v. o. (245, Z. 9, 14 v. o.): „sie"; 153 statt „beide Ausdrücke"; 350. — S. 245, Z. 3, 19 v. o. (246, Z. 24, 7 v. u.): 360; 60 statt 362; 55. — S. 245, Z. 18 und 11 v. u. (247, Z. 6 und 12 v. o.): „$=[ab\ldots][AB\ldots]$" und: „$E_1[AB\ldots]=A_1$, $E_2[AB\ldots]=A_2$, ...". Die Umstellung ist vorgenommen worden, weil Grassmann in A_2 sonst immer Qe_1 schreibt, wenn Q ein Quotient ist, und weil er selbst nachher schreibt: $[A'''][ab\ldots]$. — S. 246, Z. 4 v. u. (248, Z. 10 v. o.): 380 statt 378. — S. 248, Z. 12, 2, 1 v. u. (250, Z. 3, 13, 15 v. o.): 380; pQ; pQ statt 378; Qp; Qp. — S. 250, Z. 14—16 und 20 v. o. (251, Z. 9—7 und 3 v. u.): „ableitbar sind; dann aber lässt sich der Bruch $\varrho'-Q$, dessen zu den Nennern $e_1, \ldots e_n$ gehörigen Zähler (nach a) $c_1, \ldots c_n$ sind, (nach 386) auf," und: „sei" statt „ist". —

S. 250, Z. 4 v. u. (252, Z. 18 v. o.): „diese“ statt „solche“. — S. 251, Z. 6 v. u. (253, Z. 17 v. u.): 389 statt 388. — S. 252, Z. 6—8, 10 v. o. (253, Z. 5, 3 v. u.): „eingesetzt werden; dann wird $c_1 = (\varrho - Q)a_1 = \varrho a_1 - Qa_1$“ u. s. w.; „Gleichung (a) verwandelt sich in“. — S. 252, Z. 12—10 v. u. (254, Z. 14—17 v. o.): „genügen, so ist aus der Theorie ... bekannt, dass, wenn man ... darbieten müsse, d. h. es muss noch“. — S. 252, Z. 3 v. u. (254, Z. 15 v. u.): „ist. Diese Gleichung g sagt aus“. — S. 253, Z. 8—17 v. o. (254, Z. 3—1 v. u.): „in die Gleichungen (c) und (d) eingesetzt werden, so dass also nun $c_{r+1} = (\varrho - Q)a_{r+1}$ gesetzt werden kann. Ferner ist dann“. — S. 253, Z. 14, 12, 9, 4 v. u. (255, Z. 10, 12, 16, 22 v. o.): c_{r+1}; c_{r+1}; (c); „und zwar“ statt c'_{r+1}; c'_{r+1}; (c′); „etwa“. — S. 254, Z. 5 v. u. (256, Z. 20 v. u.): „die obige Gleichung“. — S. 257, Z. 6f., 16—18, 21—24 v. o. (259, Z. 6f., 17f., 21f. v. o.): „welche durch jene Quotienten ... können, vier Punkte dar, von denen keine drei in einer Ebene liegen, und welche mit den ihnen“; „entsprechen. Ferner die Gleichheit durch die Annahme“; „sein sollen (d. h. entweder $= 1$, oder $= -1$, oder $= \cos a + i \sin a$), die Kongruenz verwandelt sich“. — S. 258, Z. 10, 21 v. o. (260, Z. 9f., 22 v. o.): „Wir setzen der Kürze wegen $Qc_r = k_r$, so zeige ich zunächst, dass“; 25 statt 26. — S. 259, Z. 20—3 v. u. (261, Z. 16 v. u. bis 262, Z. 6 v. o.): In der Originalausgabe lautet diese Stelle so:

„Es zeigt sich nun, dass ein solcher Verein bei circulärer Aenderung der darin vorkommenden Grössen wiederum ein solcher Verein bleibt, und zwar so, dass die Anzahl der reellen unter den n Grössen in dem einen Verein eben so gross ist wie in dem andern. Hierbei will ich unter circulärer Aenderung zweier Grössen a_1 und a_2, wenn beide reell, oder beide einfach imaginär sind, den Uebergang derselben in zwei andere Grössen b_1 und b_2 verstehen, von denen

(h) $$b_1 = xa_1 + ya_2, \quad b_2 = xa_2 - ya_1$$

ist, während x und y beide reell sind, und die Summe ihrer Quadrate eins ist, also $x^2 + y^2 = 1$. Hingegen wenn von den beiden Grössen a_1 und a_2 die eine reell, die andere imaginär ist, so soll

262 $$b_1 = xa_1 + yia_2, \quad b_2 = xa_2 - yia_2$$

sein, wo $i = \sqrt{-1}$, x und y beide reell sind, und $x^2 - y^2$, d. h. $x^2 + (yi)^2 = 1$ ist, oder anders ausgedrückt, die Gleichungen (h) stellen jede circuläre Aenderung von a_1 und a_2 dar, wenn“ u. s. w. — S. 261, Z. 5 v. u. (264, Z. 11f. v. o.): $(\alpha_1 \alpha_2)^2 < (\beta_1 \beta_2)^2$ und $\alpha_1 \alpha_2 < \beta_1 \beta_2$. — S. 262, Z. 10—5 v. u. (265, Z. 5—10 v. o.): „so werden also die zugehörigen Zähler $\varrho_1 r_1$, $\varrho_2 r_2$, ... $\varrho_n r_n$, und die Zähler ... Potenzwerth des Bruches $\varrho - Q$ ist (nach 383) gleich dem ... seiner Nenner, also gleich ...“. — S. 264, Z. 20f., 26f. v. o. (267, Z. 8f., 15 v. o.): „n-ten“ statt „m-ten“; „in der Ebene, und sind f_1, f_2, f_3, f_4“ u. s. w. — S. 267, Z. 3 und 11 v. o. (270, Z. 5 und 11 v. o.): „lineären Abstandes“ und „Abstandes“ statt „Doppelabstandes“. — S. 267, Z. 4 v. u. (270, Z. 1 v. u., 271, Z. 1 v. o.): „Kreisumfänge“ statt „Ebene“. — S. 268, Z. 24, 22, 19, 16 v. u. (271, Z. 16, 14, 11, 7 v. u.): „Linien“; β; 392; „Definition“ statt „Linie“; β_s; 22; „Erklärung“. — S. 269, Z. 2, 20 v. o. (272, Z. 13 v. o., 7 v. u.): $r\sqrt{-1}$; „dem“ statt $s\sqrt{-1}$; „einem“. — S. 269, Z. 15—12, 3 v. u. (273, Z. 3—5, 12 v. o.): „dass er aus den n Mittelpunkten durch die Zahlen $\alpha_1, \ldots \alpha_n$ numerisch ableitbar ist. Dann ist $\Sigma \alpha_\mathfrak{a} \mid a_\mathfrak{a} = 0$ und das zweite Glied fällt weg. Dann wird“; „den Radius (β) desselben erhält man“. — S. 270, Z. 8 v. u. (274, Z. 15 v. o.): 400 statt 401. — S. 272, Z. 5, 8 v. o. (275, Z. 5, 1 v. u.): 400; 46 statt 401; 45. — S. 273, Z. 7 v. o. (277, Z. 3f. v. o.): „des andern, mit Ausnahme eines für alle“. — S. 274, Z. 17 v. o. (278, Z. 16 v. o.): „d. h. q ist mit

Ausnahme eines konstanten Faktors λ genau". — S. 277, Z. 7 v. u. (282, Z. 12 v. o.): „Setzen wir dann $\frac{a}{b} = \mu^2$, so entsprechen sich". — S. 278, Z. 18 v. u. (283, Z. 1 v. o.): „ist" statt „lautet". — S. 279, Z. 19, 7, 2 v. u. (284, Z. 12, 21, 27 v. o.): „Kreises"; „die des"; „den unendlich" statt „Hauptkreises"; „der des"; „der unendlich". — S. 281, Z. 1 v. u. (286, Z. 4 v. u.): nach 413 Anm. — S. 283, Z. 2f. v. o. (287, Z. 2 v. u.): „grösser als Null, also auch die linke, d. h.". — S. 283, Z. 13 v. u. bis S. 284, Z. 14 v. u. Diese Stelle steht in der Originalausgabe auf S. 310, Z. 5 v. u. bis S. 311, Z. 13 v. u. — S. 284, Z. 20, 27 v. o. (311, Z. 16, 23 v. o.): $<$ statt $\overline{\gtrless}$. — S. 284 (288): Hier schreibt Grassmann $f(q)$, während er im Folgenden fast immer bei Funktionszeichen die Klammer weglässt; wir haben überall die Klammer setzen lassen. — S. 284, Z. 4 v. u. (288, Z. 6, 5 v. u.): „und könnte dennoch $f(q)$". — S. 287, Z. 11f. v. o. (291, Z. 13 v. u.): „für jedes endliche a die Differenz". — S. 288, Z. 4 v. u. (293, Z. 20 v. o.): „beifüge" statt „beifügte".

S. 291, Z. 17, 16 v. u. (296, Z. 10, 11 v. o.): dy; dz statt $d_x y$; $d_x z$. — S. 294, Z. 10, 13—18 v. o. (299, Z. 4, 7—9 v. o.): „q eine reelle Zahl"; „null wird. Wenden wir dies auf $d_y f(x)$ an, und setzen, da in $\varphi(x + q dx)$ das dx willkürlich war, dafür das obige dz, so erhalten wir". — S. 294, Z. 19, 14 v. u. (299, Z. 10, 14 v. o.): $+ N_2$ statt $- N_2$. — S. 295, Z. 3, 2 v. u. (300, Z. 4, 3 v. u.): „also da (nach Hyp.) $d_x f(x)$ also auch $\frac{d_x f(x)}{dx}$ (wenn $dx \gtrless 0$ ist) stetig ist, so ist auch". — S. 296, Z. 1 v. o. (300, Z. 3, 2 v. u.): $q = 0$; 427 statt $q' = 0$; 425. — S. 296, Z. 13, 20 v. o., 11 v. u. (301, Z. 10, 16 v. o., 12 v. u.): „im Satze"; „Nun sind nach Bew. 1 die Grössen"; „und $f'(x)$ ist als derjenige" statt „in jenem Satze"; „Nach Beweis 1 . . . aber die Grössen"; „Damit ist $f'(x)$ als derjenige". — S. 297, Z. 2, 3, 8, 10 v. o. (302, Z. 2, 4, 11f. v. o.): „reelle"; $zf'x$; $dx . f'x$ statt „positive"; $f'(x)z$; $f'(x)dx$. — S. 298, Z. 6 v. o. (303, Z. 10 v. o.): $[f'(x)]^n$ statt $[f'(x)^n]$ und entsprechend im Folgenden. — S. 299, Z. 13 v. o. (304, Z. 10 v. u.): 429 statt 440. — S. 300, Z. 15 v. o. (305, Z. 3 v. u): 435 statt 436, 428. — S. 301, Z. 16, 14—12 v. u. (307, Z. 1, 3f. v. o.): 448 statt 444; „da nach der Annahme der Beweis für den angenommenen Werth m gilt; da nun (nach 443)". — S. 303, Z. 2, 1 v. u. (309, Z. 15, 14 v. u.): „positive Zahl < 1 von der Art, dass für jeden Index r, $u_r : t^r$, was wir mit a_r". — S. 305, Z. 7, 4 v. u. (312, Z. 14, 17 v. o.): 458; „Vergleichung" statt 419c; „Vergleichungen". — S. 306, Z. 7—10 v. o. (312, Z. 9—7 v. u.): „Der nach der Zahlgrösse x genommene Differenzialquotient . . . ist wieder eine ächte Reihe. — S. 306, Z. 8 v. u. (313, Z. 6 v. o.): 459 statt 419c. — S. 308, Z. 3, 5, 9, 13 v. o. (314, Z. 24, 22, 18, 14 v. u.): $< M$; 458; 360; „kleiner als" statt num. $< M$; 419c; 460; „gleich". — S. 308, Z. 15—17 v. o. (314, Z. 11—9 v. u.): „müssen. Und es kommt darauf an, ob diese . . . in einer ächten Reihe entwickeln lasse". Diese Ausdrucksweise „in einer Reihe entwickeln" kommt noch mehrmals vor. — S. 309ff. (S. 315ff.): In der Originalausgabe ist das C in dem Zeichen $C[f(x)]$ nicht durch den Druck ausgezeichnet; es schien aber eine schärfere Hervorhebung für das Auge wünschenswerth. — S. 317, Z. 6, 5 v. u. (324, Z. 5 v. o.): „so erhält man". — S. 319, Z. 13, 17 v. o. (325, Z. 5, 2 v. u.): 458; 462 statt 419c; 468. — S. 319, Z. 12 v. u. (326, Z. 6f. v. o.): „da er noch numerisch kleiner". —

S. 322, Z. 4, 6 v. o. (328, Z. 12, 10 v. u.): „verschwindet" statt „null wird". — S. 322, Z. 14, 13 v. u. (329, Z. 12f. v, o.): „streitet; es müsste also $f'(t)$ dauernd negativ sein; allein dann wäre $f(t_1) < f(t_2)$ (nach 471), was gleichfalls" u. s. w. — S. 325, Z. 20, 16 v. u. (332, Z. 15, 17 v. o.): „Zusatz. Es ist"; „Wenn $f(0) = 0$

ist, so ist für jedes t, was zwischen". — S. 326, Z. 7 v. u. (333, Z. 14 v. u.): 440 statt 435. — S. 327, Z. 13 v. o. (334, Z. 3 v. o.): „verschwindende" statt „null werdende". — S. 327, Z. 5, 4, 3 v. u. (334, Z. 14, 13, 12 v. u.): $f_a(x)$ statt $f_a(et)$. — S. 328, Z. 17 v. o. (335, Z. 8 v. o.): 433, 431c statt: 433. — S. 328, Z. 17 v. u. bis S. 330, Z. 14 v. o. (335, Z. 11—21 v. o.): Die Anmerkung lautet in der Originalausgabe folgendermassen:

„Anm. Es versteht sich von selbst, dass, wenn eine der Grössen a oder x (also auch dx) eine Zahlgrösse ist, die zugehörige Lücke wegfällt und daher die Unterscheidung der Lücken überflüssig wird; ebenso wenn die beiden Lücken vertauschbar sind, d. h. wenn stets dasselbe Resultat hervorgeht, sobald von zwei beliebigen Grössen (hier a und dx) die eine in die erste, die andere in die zweite Lücke eintritt, oder umgekehrt jene in die zweite, diese in die erste. Noch bemerke ich nachträglich, dass in dem ganzen vorhergehenden Abschnitte überall, wo von einem Lückenausdrucke mit n Lücken die Rede ist, ohne dass eine nähere Bestimmung hinzugefügt ist, stets die n Lücken als vertauschbar gesetzt sind."

S. 330, Z. 20 v. o. (335, Z. 6 v. u.) „verschwindende" statt „null werdende". Dieselbe Aenderung ist S. 330, Z. 24 v. o. (335, Z. 2 v. u.) anzubringen. — S. 330, Z. 11, 10 v. u. (336, Z. 2, 3 v. o.): „also auch das ihnen gleiche $f'(x)$." statt „also gilt dasselbe ... gleich $F''(x)$ ist". — S. 331, Z. 9—13 v. o. (336, Z. 12—15 v. o.): „Da y und t von einander unabhängig sind, so ist, wenn d_y und d_t die auf den Verein dieser beiden Variabeln bezüglichen Differenziale sind, (nach 437)" statt „Da y und t von ... sind, (nach 442)". — S. 331, Z. 1 v. u. bis S. 332, Z. 1 v. o. (336, Z. 9—7 v. u.): „Hier sind y und t Funktionen von x (nämlich $t = \sqrt{x^2}$, $y = x : \sqrt{x^2}$), also ist $F(y, t)$ auch als Funktion von x zu fassen und sei als solche mit $F(x)$ bezeichnet; so haben wir also in jedem Falle" statt „Bezeichnen wir endlich ... in jedem Falle". — S. 332, Z. 4 v. o. (336, Z. 4, 3 v. u.): „verschwindende" statt „null werdende". — S. 332, Z. 10 v. o. (337, Z. 4 v. o.): „verschwindet" statt „null wird". — S. 333, Z. 13, 5 v. u. (338, Z. 13, 20 v. o.): 487; „was wir" statt 477; „das wir". — S. 335, Z. 19 v. u. (340, Z. 15 v. o.): „das Differenzial" statt „den Differenzialquotienten". — S. 336, Z. 11 v. u. (341, Z. 10 v. u.): 484 statt 432, 433. — S. 336, Z. 5—1 v. u. (341, Z. 4 v. u. bis 342, Z. 2 v. o.): „ist, und man überall mit δ den allgemeinen Differenzialquotienten nach t (auch x als von t abhängig gedacht), hingegen unter ... die letztere eine Zahlgrösse darstellt, bezeichnet: so ist" statt „ist, und man überall ... darstellt, so ist". — S. 338, Z. 16, 14 und 11, 10 v. u. (343, Z. 10, 8 und 5, 4 v. u.): $n!$; „Gleichung" und „der allgemeine Differenzialquotient" statt $r!$; „Differenzialgleichung" und „den totalen Differenzialquotienten". — S. 339, Z. 16 v. u. (344, Z. 5 v. u.): „Gleichung" statt „Differenzialgleichung". — S. 339, Z. 3, 2 v. u. (345, Z. 10f. v. o.): „bestimmt und die n Grössen $a_1, \ldots a_n$ durch die Gleichung

(d) $$a_r = [(A - m_r)^{n-1}]\text{“}.$$

Wir haben diese Stelle geändert, weil die Formel (d) so, wie sie im Originale lautet, unverständlich ist. In der That, es kommt Alles auf die Bedeutung des Ausdruckes $[(A - m_r)^{n-1}]$ an. Die bisherigen Entwickelungen lassen nur eine Auffassung dieses Ausdrucks zu, die nämlich, dass er ein Bruch ist, dessen Zähler und Nenner Grössen $(n-1)$-ter Stufe sind (nach 383 Anm.); ein solcher Bruch kann aber nicht der Grösse a_r, die von erster Stufe ist, kongruent sein. Ebensowenig lässt sich aus den späteren Entwickelungen eine Deutung der Gleichung (d) ableiten; denn auch die späteren Erklärungen (es kommen hier nur die Nummern

504 und 506 in Betracht) erlauben nicht, den Ausdruck $[(A - m_r)^{n-1}]$ so zu deuten, dass er eine Grösse erster Stufe wird.

S. 340, Z. 3f. v. o. (345, Z. 14f. v. o.): „Gleichung“ statt „Gleichungen“; 388 und 389 statt 388. — S. 340, Z. 9—7, 3, 1 v. u. (346, Z. 6—9, 12f., 15 v. o.): „**499.** Wenn

(a) $$\delta x + Ax = f(t)$$

ist, wo δ, x, A, t die Bedeutung wie in 498 haben, so wird die obige Gleichung, wenn“ u. s. w.; „ist, und $d^{-1} f_r e^{m_r t} dt = y_r$ gesetzt wird, integrirt durch die Gleichung“; „in welcher $\alpha_1, \ldots \alpha_n$ willkürliche Konstanten sind“. — Noch ist zu bemerken, dass in den Nr. 498 und 499 der Buchstabe A, der als Zeichen für einen Bruch dient, durch fetten Druck ausgezeichnet ist, was in der Originalausgabe nicht der Fall ist. Diese Art der Hervorhebung extensiver Brüche hätte eigentlich schon in den Nrn. 377 ff. eingeführt werden sollen. — S. 341, Z. 2, 5, 10, 19 v. o. (346, Z. 21, 18, 12, 4 v. u.): „lassen“; 389; „verschwindet“, 497 statt „lässt“; 387; „null wird“; 496. —

S. 343, Z. 6f. v. o. (348, Z. 11, 10 v. u.): „bis zur m-ten Ordnung hin sich darstellen lassen in der Form“. — S. 344, Z. 7 v. o. (349, Z. 10 v. u.): „sind“ statt „wird“. — S. 344, Z. 2, 1 v. u. (350, Z. 22—20 v. u.): „Man erhält damit, indem wir die Bezeichnung der Unbekannten ändern,“ u. s. w. — S. 345, Z. 14 v. u. (351, Z. 12 v. o.): „konstant“ statt „willkürliche Konstanten“. — S. 346, Z. 8 v. u. (352, Z. 19 v. o.): „oben“ statt „eben“. — S. 349, Z. 4 v. o. (355, Z. 1f. v. o.): „über Lückenausdrücke mit nicht vertauschbaren Lücken aufzustellen“. — S. 349 ff. (355 ff.): In den Nrn. 504—510 sind in der gegenwärtigen Ausgabe alle Buchstaben, die Lückenausdrücke bezeichnen sollen, fett gedruckt. — S. 349, Z. 14—1 v. u. (355, Z. 11, 10 v. u.): „hervorgeht. Hierdurch ist dieser Fall auf den vorigen zurückgeführt“. — S. 350, Z. 5 v. u. (356, Z. 18f. v. o.): „unterscheiden“ statt „unterscheidet“. — S. 351, Z. 19 v. o. (357, Z. 7f. v. o.): „wiederholt eine einfache lineale Aenderung erfährt“. — S. 352, Z. 5, 6 und 11 v. o. (357, Z. 13, 12 und 7 v. u.): „Definition“ statt „Erklärung“ und: „Theiles“ statt „Abschnittes“. — S. 353, Z. 11 v. u. (359, Z. 19 v. u.): „dieser“ statt „jener“. — S. 354, Z. 3, 2 v. u. (360, Z. 11, 10 v. u.): „eintreten. Dasselbe drückt aber die Formel . . . aus, also“.

S. 355, Z. 9 v. o. (361, Z. 1 v. o.): $\Sigma U_\mathfrak{a} du_\mathfrak{a} = \sum U_\mathfrak{a} \frac{d}{dx} u_\mathfrak{a} dx$. — S. 355, Z. 10 v. u. (361, Z. 15 v. u.): $\left(\sum \frac{d}{dx} U_\mathfrak{a} \frac{d}{dx} u_\mathfrak{a}\right)^n$. — S. 356, Z. 5, 3 v. u. (362, Z. 7, 5 v. u.): $\left[X\left(\frac{d}{dx}X\right)^n\right]$ statt $X\left(\frac{d}{dx}X\right)^n$. — S. 356, Z. 2 v. u. bis 357, Z. 1 v. o. (362, Z. 4 v. u.): „also (nach 506) selbst null ist“. — S. 357, Z. 4—9 v. o. (363, Z. 1 v. o.): „$Xe_r = X_r$, also $\frac{d}{dx} Xe_r e_s = \frac{d}{dx} X_r e_s = \frac{d}{dx_s} X_r$ (nach 451), folglich“. — S. 360, Z. 1 v. u. (366, Z. 4 v. u.). In der Gleichung (h) fehlt im Original auf der rechten Seite der Faktor 2, dessen Hinzufügung durch die Erklärung in Nr. 504 nothwendig wird. Dieser Faktor fehlt im Original auch in den aus 514h abgeleiteten Gleichungen und ist daher in der gegenwärtigen Ausgabe überall hinzugefügt worden. — S. 363, Z. 15 v. u. (369, Z. 8 v. u.): (nach 509) statt (nach 504 und 506). — S. 363, Z. 2 v. u. bis 364, Z. 4 v. o. (370, Z. 5—8 v. o.): „so können wir, ohne die Bedeutung desselben zu ändern, ihm noch eine Lücke l hinzufügen (nach 504). Diese Lücke sei mit den übrigen von gleicher Gattung, so wird (nach

504)". — S. 365, Z. 4—12 v. o. (371, Z. 13—19 v. o.): es lässt sich diese Determinante aber als Produkt eines Quadrates und einer neuen Determinante, welche nur die einfache Anzahl der erforderlichen Faktoren enthält, darstellen; jenes Quadrat fällt dann schliesslich aus den Ausdrücken für $\delta x_1, \ldots \delta x_{2n}$ hinweg, und diese neue Determinante stimmt mit dem oben mitgetheilten Ausdrucke $\left[\left(\frac{d}{dx}X\right)^n\right]$ überein. Alle diese" u. s. w. — S. 365, Z. 16, 15 v. u. (371, Z. 8, 7 v. u.): 516 statt 515. — S. 366, Z. 11—14 v. o. (372, Z. 16 v. u.): „Es ist aber $\frac{d}{dx}X\delta x = \delta X$ und $\frac{d}{dx}X\delta' x = \delta' X$; also hat man". — S. 366, Z. 13, 12 v. u. (372, Z. 7, 6 v. u.): „also, da (nach 504) $Xdx = X\delta' x + X\delta x$ war, und". — S. 367, Z. 7f. v. o. (373, Z. 12 v. o.): „zu lösen ist, wenn die Bedingungsgleichung (a) wegfällt". — S. 367, Z. 13 v. o. (373, Z. 17 v. u.): „das Verhältniss" statt „die Verhältnisse". — S. 367, Z. 17, 16 v. u. (373, Z. 9 v. u.): „setzt man hierin statt δx_{2n}". — S. 367, Z. 5 v. u. (374, Z. 2 v. o.): „noch wieder eine Funktion von y und t". — S. 367, Z. 1 v. u. (374, Z. 7 v. o.): „bedeutet" statt „bedeutete". — S. 369, Z. 16—14 v. u. (375, Z. 8 v. u.): „Dieser Ausdruck ist aber (nach 509)". — S. 369, Z. 10, 9 v. u. (375, Z. 5 v. u.): „$[a_{\mathfrak{a}} F_{\mathfrak{b},\mathfrak{a}}] = F_{\mathfrak{b}}$ ist, und also $\mathfrak{a}$ von $\mathfrak{b}$ verschieden ist und daher". — S. 370, Z. 9 v. u. (376, Z. 9 v. u.): $\left[\frac{d}{dx}Xa_r a_s\right]$ statt $\frac{d}{dx}X . a_r a_s$. — S. 371, Z. 9 und 12 v. o. (377, Z. 4 und 7 v. o.): X statt [X] und: $\left[X\left(\frac{d}{dx}X\right)^n\right]$ statt $X\left(\frac{d}{dx}X\right)^n$. — S. 371, Z. 18 v. o. (377, Z. 13 v. o.): „1 und $\frac{m-1}{2}$" statt „1 und $\frac{m+1}{2}$". — S. 372, Z. 18 v. o. (378, Z. 14 v. o.). In der Originalausgabe fehlt im ersten Gliede der Faktor δx. — S. 372, Z. 6, 5 v. u. (378, Z. 7, 6 v. u.): „deren Verhältnisse durch die Gleichungen $G_1, \ldots G_m = 0$ bestimmt sind, die Grössen". — S. 375, Z. 17, 16 v. u. (381, Z. 11, 10 v. u.): X, $>$ statt $[X]$, $<$. — S. 376, Z. 12 v. u. (382, Z. 7, 6 v. u.): „wenn diese Anzahl $= 2n$ ist. Wendet man dann dies Verfahren noch einmal an, so reducirt". — S. 377, Z. 17 v. u. (383, Z. 9 v. u.): Ada statt $Ada = 0$. — S. 378, Z. 14 v. u. (384, Z. 2 v. u.): „sei" statt „wäre". — S. 379, Z. 10 v. o. (385, Z. 12 v. u.): „also" statt „auch". —

S. 380f. (386—388) sind in dem Verzeichnisse der gebrauchten Kunstausdrücke verschiedene Druckfehler der Originalausgabe verbessert, die anzuführen sich nicht lohnt.

In dem Inhaltsverzeichnisse, S. 382f., das in der Originalausgabe gleich hinter der Vorrede, auf S. XI und XII steht, haben wir die Kapitel- und Paragraphenüberschriften in genauere Uebereinstimmung mit denen des Textes gebracht; ausserdem haben wir auch bei jedem Paragraphen die zugehörige Seitenzahl hinzugefügt.

Anmerkungen

zur Ausdehnungslehre von 1862.

(Die Seitenzahlen beziehen sich auf die vorliegende Ausgabe.)

Die Ausdehnungslehre von 1862, die wir nach Grassmanns Vorgange kurz als A_2 bezeichnen, trägt unter der Vorrede das Datum des 29. August 1861 und ist auch im Jahre 1861 erschienen. Grassmann hatte sie auf eigene Kosten, in einer Auflage von 300 Exemplaren, drucken lassen und gab sie bei der Verlagshandlung von Enslin in Berlin in Kommission; die Jahreszahl 1862 auf dem Titel ist jedenfalls aus buchhändlerischen Rücksichten gewählt worden.

Was das Verhältniss der Ausdehnungslehre von 1862 zu der von 1844 anlangt, so verweisen wir auf die Vorbemerkungen zu dem gegenwärtigen Theile.

S. 3, Z. 14, 13 v. u. Die Abhandlungen im Crelleschen Journale beziehen sich auf die Erzeugung algebraischer Kurven und Flächen, auf die sogenannte höhere Projectivität in der Ebene und im Raume und auf die verschiedenen Arten der Multiplikation. Sie werden im zweiten Bande dieser Ausgabe zum Abdruck gelangen.

S. 3, Z. 5 v. u. Diese Anzeige ist später als Anhang zur zweiten Auflage der A_1 wieder abgedruckt worden (diese Ausgabe I, 1, S. 297—312).

S. 5, Z. 8 v. o. Das Lehrbuch der Arithmetik war ursprünglich 1860 bei R. Grassmann in Stettin erschienen, wurde aber dann bei Enslin in Kommission gegeben und erhielt einen neuen Titel mit der Jahreszahl 1861. Deshalb ist die Jahreszahl 1860, die in der Originalausgabe der A_2 steht, geändert worden.

S. 8, Z. 11—14 v. o. Die geplante Bearbeitung der wichtigsten Zweige der Physik ist nicht erschienen. Da nämlich die Ausdehnungslehre auch in ihrem neuen Gewande bei den Fachgenossen zunächst so gut wie keine Beachtung fand, so wandte sich Grassmann für eine Reihe von Jahren ganz seinen schon früher begonnenen sprachlichen Arbeiten zu. Auf physikalische Fragen beziehen sich von seinen späteren Arbeiten nur zwei Aufsätze über Mechanik und je einer über Electrodynamik und Akustik. Diese werden nebst einigen Aufsätzen aus dem Nachlasse im zweiten und dritten Bande dieser Ausgabe abgedruckt werden.

S. 9, Z. 1—4 v. o. Der Gausssche Brief ist datirt: Göttingen, den 14. December 1844. Wir theilen daraus nur Folgendes mit:

. . . „in einem Gedränge von andren heterogenen Arbeiten Ihr Buch durchlaufend glaube ich zu bemerken, dass die Tendenzen desselben theilweise denjenigen Wegen begegnen, auf denen ich selbst nun seit fast einem halben Jahrhundert gewandelt bin, und wovon freilich nur ein kleiner Theil 1831 in den Comment. der Göttingischen Societät und noch mehr in den Göttingischen Gelehrten Anzeigen (1831, Stück 64) gleichsam im Vorbeigehen erwähnt ist, nemlich die concentrirte Metaphysik der complexen Grössen, während von der unendlichen Fruchtbarkeit dieses Princips für Untersuchungen räumliche Verhältnisse betreffend zwar vielfältig in meinen Vorlesungen gehandelt, aber Proben davon nur hin und wieder, und, als solche nur dem aufmerksamen Auge erkennbar, bei andren Veranlassungen mitgetheilt sind. Indessen scheint dies nur eine partielle und entferntere Aehnlichkeit in der Tendenz zu sein; und ich sehe wohl, dass um den eigentlichen Kern Ihres Werkes herauszufinden, es nöthig sein wird, sich erst mit Ihren eigenthümlichen Terminologien zu familiarisiren. Da aber dazu, bei mir, nothwendig eine von andren Beschäftigungen freiere Zeit erforderlich sein wird, so darf ich jetzt nicht länger anstehen, Ihnen meinen ergebensten Dank für die gefällige Uebersendung Ihres Werkes auszusprechen," . . . .

Die Stelle aus den Göttingischen Anzeigen, auf die sich Gauss bezieht, steht in den gesammelten Werken Bd. II, S. 175 ff.

S. 9, Z. 8f., 16 v. o. Der genaue Titel der Zeitschrift lautet: Annali delle scienze del Regno Lombardo-Veneto. Opera periodica di alcuni collaboratori. Padova, seit 1831. Von Bellavitis sind darin zahlreiche Aufsätze enthalten, von denen jedoch hier nur folgende in Betracht kommen:

Bd. II, 1831, S. 250: „Sulla Geometria derivata", enthält die Darstellung der Summe zweier Geraden durch die Diagonale und die bekannte Deutung der imaginären Grössen; vermöge dieser lässt sich aus jedem Satze über Punkte in einer Geraden ein solcher über Punkte in einer Ebene herleiten, daher das derivata.

Bd. V, 1835, S. 244—259. Saggio di applicazioni di un nuovo metodo di Geometria analitica (Calcolo delle Equipollenze); Memoria di Giusto Bellavitis di Bassano. Der Verfasser hatte die Methode bereits im September 1832 dem „Ateneo veneto" vorgelegt und zur Ableitung von Eigenschaften der Kegelschnitte benutzt, veröffentlicht im „Poligrafo di Verona, Gennajo 1833".

Bd. VI, 1836, S. 126. „Teoria delle figure inverse e loro uso nella Geometria elementare". Die Theorie der reciproken Radien-Vectoren und die Aequipollenzen werden als besondere Fälle eines allgemeinen Uebertragungsprincips (Geometria derivata) aufgefasst.

Bd. VII, 1837, S. 243—261, Bd. VIII, 1838, S. 17—37, 85—121: „Memoria sul Metodo delle equipollenze". Ausführliche Darstellung der in Bd. V skizzirten Theorie.

S. 9, Z. 15—13 v. u. Diese Abhandlung hat den Titel: „Mémoire sur les sommes et les différences géométriques, et sur leur usage pour simplifier la Mécanique".

S. 9, Z. 1 v. u. Die ersten beiden Abhandlungen haben den Titel: „Sur les clefs algébriques", die dritte: „Sur les avantages que présente, dans un grand nombre de questions, l'emploi des clefs algébriques". Hierzu kommt in Bd. 36 noch eine Abhandlung: „Sur la théorie des moments linéaires et sur les moments linéaires des divers ordres" und in Bd. 37 (1853) eine Abhandlung: „Mémoire sur les différentielles et les variations employées comme clefs algébriques", auf S. 38—45 und 57—68.

S. 10, Z. 2—5 v. o. Die betreffende Sitzung der Akademie war am 17. April 1854. Man liest in den Comptes Rendus a. a. O. Folgendes:

„Analyse mathématique. Extrait d'un Mémoire de M. Grassmann.

„„Je prie l'Académie des Sciences de vouloir bien prendre connaissance de la réclamation que je me trouve dans le cas de faire à l'occasion des articles, *Sur les clefs algébriques,* par M. Cauchy, et *De l'interprétation {géométrique} des clefs algébriques et des déterminants,* par M. de Saint-Venant*), insérés dans les *Comptes Rendus,* tome XXXVI, pages 70, 129, 582. J'ai, dès l'année 1844, publié les principes établis dans ces articles, et les résultats qu'en déduisent les deux géomètres que je viens de nommer. J'ai l'honneur de faire hommage à l'Académie de l'ouvrage dans lequel ces idées sont contenues (1), et de quelques Mémoires publiés ultérieurement sur le même sujet (2), et je serais heureux si l'Académie des Sciences voulait bien accepter ces ouvrages. Pour appuyer ma réclamation, je prends la liberté de vous communiquer un extrait de mes recherches qui se rapportent à ce sujet, et qui sont contenues dans les ouvrages nommés, en citant à chaque question les endroits où elles se trouvent.

„„Toutes ces recherches sont fondées sur des quantités que j'ai nommées *quantités extensives,* et qui ne sont, au fond, autre chose que les *facteurs symboliques* et que les *clefs algébriques* de M. Cauchy. Mais comme le point de vue sous lequel j'ai envisagé ces quantités est tout différent de celui de M. Cauchy, il est nécessaire d'entrer dans quelques détails. Tel est l'objet de la Note que j'ai l'honneur de soumettre aujourd'hui au jugement de l'Académie.""

„Cette note, par sa nature peu susceptible d'analyse, n'a pu, à raison de sa longueur, être reproduite ici *in extenso.* Elle est renvoyée à l'examen d'une Commission composée de MM. Cauchy, Lamé et Binet."

Möbius hatte Grassmann in einem Briefe vom 2. Sept. 1853 auf die genannten Arbeiten von Cauchy und Saint-Venant aufmerksam gemacht und ihn aufgefordert, seine Priorität zu wahren.

Nr. **2,** Anm. S. 11, Z. 2, 1 v. u. s. barycentrischer Calcul, Cap. 2, § 15; gesammelte Werke Bd. I, S. 39.

Nr. **48—51.** S. 33—38. Durch das „Princip", das Grassmann hier zu Grunde legt (s. S. 37, Z. 15—17 v. o.), schliesst er von vornherein die Betrachtung von Zahlbeziehungen zwischen den Einheitsprodukten und den ursprünglichen Einheiten aus und beschränkt sich auf Zahlbeziehungen zwischen Einheitsprodukten von gleich vielen Faktoren. Er versperrt sich auf diese Weise den Weg zu den Systemen von höheren complexen Zahlen, deren Begriff Hamilton schon 1853 in seinen „Lectures on Quaternions" in voller Allgemeinheit aufgestellt hatte und deren Theorie in neuerer Zeit von verschiedenen Mathematikern weiter entwickelt worden ist.

Es ist ferner merkwürdig, dass Grassmann bei dieser allgemeinen Untersuchung über die verschiedenen Arten von Produktbildungen nur Produkte aus zwei Faktoren betrachtet, nicht auch solche aus drei Faktoren. Er erwähnt nicht einmal, dass die Produktbildungen, bei denen je drei Einheiten die Gleichung

$$(e_i e_k) e_j = e_i (e_k e_j)$$

erfüllen, bei denen also das sogenannte associative Gesetz gilt, ebenfalls zu den linealen Produktbildungen gehören, und erst später, nämlich in Nr. 78, führt er das associative Gesetz ein, aber ohne auf dessen Bedeutung hinzuweisen. Das

---

*) In der genannten Abhandlung nennt Saint-Venant zwar den Namen Grassmanns auf S. 584 in einer Anmerkung, aber nur im Hinblick auf den Begriff des innern Produkts, den Grassmann in der geometrischen Analyse entwickelt hatte.

muss um so mehr auffallen, als er in der A_1 das associative Gesetz oder, wie er es nennt, das Gesetz der Vereinbarkeit der Glieder einer Verknüpfung, gleich im Anfang (in § 3, diese Ausg. I, 1, S. 35, s. auch S. 406) mit der grössten Schärfe und Klarheit entwickelt.

Hätte Grassmann versucht, auch bei Produkten aus drei Faktoren alle möglichen Gattungen von linealen Produktbildungen zu bestimmen, so hätte er vielleicht eine andre Auffassung von der Tragweite seines „Princips" bekommen, denn er wäre dann auf ganz neue Produktbildungen gestossen, die er in seinem Systeme nicht hätte unterbringen können. Wir dürfen uns hier natürlich nicht darauf einlassen, die angedeutete Aufgabe zu behandeln, wir wollen daher nur zwei Arten von linealen Produktbildungen erwähnen, die bei Produkten aus drei Faktoren auftreten.

Die Bestimmungsgleichungen der ersten Art haben die Form:

$$(1)\qquad (e_i e_k) e_j = \mathfrak{a}\, e_i (e_k e_j) \quad (i, k, j = 1, \dots n),$$

die der zweiten lauten so:

$$(2)\qquad \begin{cases} (e_i e_k) e_j + (e_k e_j) e_i + (e_j e_i) e_k = 0 \\ (e_i e_k) e_j = \mathfrak{b}\, e_j (e_i e_k), \end{cases}$$

unter $\mathfrak{a}$ und $\mathfrak{b}$ Zahlgrössen verstanden. Im ersten Falle erhält man für $\mathfrak{a} = 1$ die associativen Produktbildungen. Im zweiten Falle erhält man, wenn man $\mathfrak{b} = -1$ setzt und ausserdem noch die Bestimmungsgleichungen

$$(3)\qquad e_i e_k + e_k e_i = 0 \quad (i, k = 1 \dots n)$$

hinzunimmt, eine lineale Produktbildung von ganz andrer Art, die in der Lieschen Theorie der Transformationsgruppen eine grosse Rolle spielt. Bei dieser Produktbildung sind die Einheiten $e_1, \dots e_n$ unabhängige infinitesimale Transformationen eines beliebigen Raumes und das Produkt $e_i e_k$ ist der aus zwei infinitesimalen Transformationen gebildete Poissonsche Klammerausdruck; die erste der Gleichungen (2) ist dann nichts andres als die berühmte Jacobische Identität. Man vgl. hierzu Sophus Lie, Theorie der Transformationsgruppen, unter Mitwirkung von F. Engel, Bd. III, S. 747ff.)

Nr. **62**, Anm. S. 43. Die von Grassmann gewählte Zeichenbestimmung stimmt mit der von Cramer aufgestellten Zeichenregel überein, s. dessen Introduction à l'analyse des lignes courbes, Genf 1750. Appendice S. 657f. Die Cauchysche Zeichenbestimmung findet man z. B. in Baltzers Determinanten.

Nr. **63.** S. 43. Aus diesem Satze folgt der Multiplikationssatz der Determinanten ganz unmittelbar. Setzt man nämlich:

$$a_k = \beta_1^{(k)} b_1 + \dots + \beta_n^{(k)} b_n,$$

so kann man nach Nr. 63 beide Seiten der Endgleichung dieser Nr. durch das kombinatorische Produkt $[b_1 \dots b_n]$ ausdrücken, und wenn dieses nicht verschwindet, erhält man bei Berücksichtigung von Nr. 32 eine Gleichung, die nichts andres ist als der Multiplikationssatz der Determinanten. In seiner „Theorie der complexen Zahlensysteme", Leipzig 1867, hat Hankel auf S. 122 f. diesen Beweis des Multiplikationssatzes, vermuthlich auf Grund brieflicher Mittheilungen von Grassmann, zum ersten Male veröffentlicht.

Nr. **71.** S. 49. Der Begriff der einfachen linealen Aenderung wird im Folgenden immer auf den Fall angewandt, dass die lineal geänderte Grössenreihe von n extensiven Grössen $a_1, \dots a_n$ gebildet wird, die aus den n ursprünglichen Einheiten $e_1, \dots e_n$ ableitbar sind und in keiner Zahlbeziehung zu einander stehen.

Unter dieser Voraussetzung ist die einfache lineale Aenderung gleichbedeutend mit einer linearen homogenen Substitution von besonderer Form.

In der That, der Inbegriff aller aus $a_1, \ldots a_n$ ableitbaren Grössen bildet ein Gebiet n-ter Stufe, das (nach 21 und 24) mit dem durch $e_1, \ldots e_n$ bestimmten Gebiete n-ter Stufe zusammenfällt; die allgemeine Form einer Grösse dieses Gebietes ist: $x_1 a_1 + \cdots + x_n a_n$. Unterwirft man nun diese Grössenreihe $a_1, \ldots a_n$ einer einfachen linealen Aenderung, etwa, indem man a_m durch $a_m + \alpha a_{m+1}$ ersetzt und die übrigen a_k ungeändert lässt, so verwandelt sich jede Grösse $\Sigma x_i a_i$ unsers Gebietes n-ter Stufe in eine Grösse $\Sigma x_i a_i + \alpha x_m a_{m+1}$, die ebenfalls diesem Gebiete angehört. Schreiben wir diese neue Grösse in der Form $\Sigma x_i' a_i$, so erhalten wir (nach 29) zwischen den x_i und den x_i' die Beziehungen:

$$(*) \qquad \begin{cases} x_1' = x_1, \; \ldots, \; x_m' = x_m, \; x_{m+1}' = x_{m+1} + \alpha x_m, \\ \qquad x_{m+2}' = x_{m+2}, \; \ldots, \; x_n' = x_n. \end{cases}$$

Das ist aber augenscheinlich eine lineare homogene Transformation von der Determinante Eins, die angiebt, in welcher Weise die Grössen unsers Gebietes n-ter Stufe bei jener einfachen linealen Aenderung unter einander vertauscht werden. Wendet man mehrere einfache lineale Aenderungen nach einander an, so ist das gleichbedeutend mit der Ausführung mehrerer derartiger linearer homogener Transformationen nach einander, und die lineale Aenderung, bei der die erste Reihe in die letzte umgewandelt wird, kommt demnach ebenfalls auf eine lineare homogene Substitution von der Determinante Eins hinaus.

Ausdrücklich sei hervorgehoben, dass die ∞^1 linearen homogenen Transformationen von der besonderen Form (*) zusammengenommen eine eingliedrige Gruppe im Lieschen Sinne bilden.

Nr. **71,** Anm. S. 49. Dass sich die lineale Aenderung in der Geometrie mittelst des Lineals bewerkstelligen lässt, wird in Nr. 254 gezeigt. Ueber die circuläre Aenderung vgl. man Nr. 154 und 331.

Nr. **76.** S. 53. Es sei $[a_1 \ldots a_m] = [b_1 \ldots b_m] \gtrless 0$, dann lassen sich $b_1, \ldots b_m$ nach Nr. 70 aus $a_1, \ldots a_m$ ableiten, es ist also:

$$b_k = \alpha_{k1} a_1 + \cdots + \alpha_{km} a_m \quad (k = 1, \ldots m),$$

wo die Determinante der $\alpha_{k\nu}$ sicher von Null verschieden ist und überdies wegen der Gleichung $[a_1 \ldots a_m] = [b_1 \ldots b_m]$ nach Nr. 63 und 32 den Werth Eins hat. Zugleich ist das durch $a_1, \ldots a_m$ bestimmte Gebiet m-ter Stufe mit dem durch $b_1, \ldots b_m$ bestimmten Gebiete identisch. Ersetzt man daher in einer beliebigen Grösse $\Sigma x_\nu a_\nu$ dieses Gebiets die a_ν durch die b_ν, so werden die Grössen des Gebietes unter einander vertauscht und zwar, wie man leicht sieht, durch eine lineare homogene Substitution von der Determinante Eins; denn wir können ja setzen: $\Sigma x_\nu b_\nu = \Sigma x_\nu' a_\nu$ und erhalten hieraus zwischen den x und den x' die Beziehung:

$$x_\nu' = \alpha_{1\nu} x_1 + \cdots + \alpha_{m\nu} x_m \quad (\nu = 1, \ldots m),$$

also wirklich eine lineare homogene Substitution dieser Art.

Erinnert man sich jetzt der vorletzten Anmerkung, so erkennt man, dass der Satz 76 gleichbedeutend ist mit dem folgenden: Jede lineare homogene Substitution von der Determinante Eins kann dadurch erhalten werden, dass man nach einander eine Anzahl Substitutionen dieser Art von besonderer Form ausführt, nämlich Substitutionen von der besonderen Form (*), die nach der vorletzten Anmerkung einer einfachen linealen Aenderung entspricht.

Nr. **77.** S. 56, Z. 10f. v. o. Dieser Zusatz war nöthig, weil die Zahlen in Nr. 84 und 95 ohne Weiteres als Grössen nullter Stufe behandelt werden und weil in Nr. 95 insbesondere auf Nr. 77 verwiesen wird. Wir bemerken noch, dass auch das Produkt aus einer einfachen Grösse und einer Zahl wieder eine einfache Grösse ist. Denn nach 46 kann man die Zahl zu irgend einem Faktor erster Stufe des Produktes ziehen, wobei dieser Faktor eine Grösse erster Stufe bleibt.

Nr. **77b,** Anm. S. 56. Hier wird $[(pq)(pq)] = [pqpq]$ gesetzt, obgleich bisher die Multiplikation von zwei Grössen höherer Stufe nicht so weit definirt ist, dass man weiss, ob die Klammern weggelassen werden dürfen oder nicht; erst in Nr. 78 wird darüber eine Festsetzung getroffen. Wahrscheinlich hat Grassmann dieses Versehen später bemerkt und deshalb die ganze Betrachtung in Nr. 88 Anm., S. 62 wiederholt.

Nr. **88.** S. 61. Aus diesem Satze folgt sehr leicht der nachstehende:

Satz 1. *In einem Hauptgebiete n-ter Stufe ist jede Grösse $(n-1)$-ter Stufe einfach.*

In der That, nach Nr. 88 ist zunächst offenbar jede Summe von beliebig vielen einfachen Grössen $(n-1)$-ter Stufe in einem Hauptgebiete n-ter Stufe wieder eine einfache Grösse. Da sich nun jede Grösse $(n-1)$-ter Stufe als eine Summe von einfachen Grössen $(n-1)$-ter Stufe darstellen lässt, nämlich als Summe von Produkten aus je einer Einheit $(n-1)$-ter Stufe und einer Zahlgrösse, und da (nach 77) diese Einheiten und (nach der Anmerkung zu Nr. 77) auch diese Produkte einfache Grössen sind, so ist überhaupt jede Grösse $(n-1)$-ter Stufe in einem Hauptgebiete n-ter Stufe einfach.

In der Anmerkung zu Nr. **88** (S. 62) erwähnt Grassmann zwar, dass eine Grösse m-ter Stufe in einem Hauptgebiete n-ter Stufe im Allgemeinen nicht einfach ist, sobald $1 < m < n-1$ ist, er zeigt das aber blos für den einfachsten Fall: $n=4$, $m=2$ und übergeht den Fall $n > 4$ mit Stillschweigen. Nur noch an einer späteren Stelle der A_2 berührt Grassmann die in Rede stehende Frage, nämlich in Nr. 286, wo er zeigt, wie man erkennen kann, ob eine vorgelegte Summe von Linientheilen im Raume wieder ein Linientheil ist oder nicht, oder mit andern Worten, ob eine vorgelegte Grösse zweiter Stufe in einem Gebiete vierter Stufe einfach ist oder nicht.

Genau dieselbe Lücke findet sich übrigens schon in der A_1 (vgl. da § 51, diese Ausgabe I, 1, S. 108); auch dort wird nur der Fall $n=4$, $m=2$ behandelt (a. a. O. § 124, S. 205; vgl. auch S. 407).

Später, in seiner letzten mathematischen Abhandlung*), die durch die Arbeiten von Reye angeregt worden war, ist Grassmann noch einmal auf die Frage zurückgekommen und hat sie auch erledigt, indem er die Bedingungen aufstellt, denen eine durch die Einheiten q-ter Stufe ausgedrückte Grösse q-ter Stufe in einem Hauptgebiete $(q+s)$-ter Stufe genügen muss, wenn sie einfach sein soll. Die Bedingungen, zu denen er gelangt, sind gewisse Gleichungen zweiten, dritten, . . . q-ten Grades zwischen den Koefficienten der betrachteten Grösse q-ter Stufe. Hier wollen wir einen andern Weg einschlagen, der ebenfalls ein Kriterium dafür liefert, ob eine vorgelegte Grösse m-ter Stufe in einem Hauptgebiete n-ter Stufe einfach ist oder nicht, und der mehr mit dem sonst in der A_2

---

*) „Verwendung der Ausdehnungslehre für die allgemeine Theorie der Polaren und den Zusammenhang algebraischer Gebilde", Crelles Journal, Bd. 84, S. 273—283; vgl. namentlich S. 281 f.

üblichen Verfahren übereinstimmt. Freilich müssen wir dabei den wesentlichen Inhalt des ganzen dritten Kapitels der A_2 als bekannt voraussetzen.

Dass es zunächst für $n > 3$ und $1 < m < n-1$ in einem Hauptgebiete n-ter Stufe stets Grössen m-ter Stufe giebt, die nicht einfach sind, ist leicht zu zeigen. Man braucht zu diesem Zwecke nur nachzuweisen, dass es Grössen m-ter Stufe giebt, die einem Hauptgebiete $(m+2)$-ter Stufe angehören und die nicht einfach sind. Da Grassmann eine nicht einfache Grösse zweiter Stufe in einem Hauptgebiete vierter Stufe angegeben hat, nämlich $[e_1 e_2] + [e_3 e_4] = A_2$, so kann man sofort auch eine derartige Grösse m-ter Stufe bilden, und zwar wird:

$$[e_1 e_2 e_5 e_6 \ldots e_{m+2}] + [e_3 e_4 e_5 e_6 \ldots e_{m+2}] = [A_2 e_5 e_6 \ldots e_{m+2}]$$

eine solche Grösse sein. Wäre nämlich diese Grösse einfach, so müsste sie sich augenscheinlich in der Form:

$$[A_2 e_5 e_6 \ldots e_{m+2}] = [a b e_5 e_6 \ldots e_{m+2}]$$

darstellen lassen, wo a und b dem Gebiete e_1, e_2, e_3, e_4 angehörten, dann aber ergäbe sich aus Nr. 81 die Gleichung $A_2 = [ab]$, es wäre also auch A_2 einfach, was nicht der Fall ist.

Wir kommen jetzt zu der schwierigeren Frage nach den Kriterien, an denen man erkennen kann, ob eine vorgelegte Grösse m-ter Stufe in einem Hauptgebiete n-ter Stufe $(n > 3,\ 1 < m < n-1)$ einfach ist oder nicht. Zuerst behandeln wir den einfachsten Fall: $m = 2$.

Die allgemeine Form einer Grösse zweiter Stufe im Hauptgebiete n-ter Stufe $(n > 3)$ ist:

$$A_2 = \sum_{i,k}^{1,\ldots n} \alpha_{ik}[e_i e_k],$$

wo die α_{ik} Zahlgrössen sind, die wir noch der Bedingung $\alpha_{ik} + \alpha_{ki} = 0$ unterwerfen können. Die Grösse A_2 wird dann und nur dann einfach sein, wenn sie sich in der Form $[ab]$ darstellen lässt, unter a und b Grössen erster Stufe verstanden. Ist aber dies der Fall, so ist das äussere Produkt:

$$[A_2 A_2] = [ab \,.\, ab] = [abab] = 0 \qquad [79,\ 60],$$

demnach ist $[A_2 A_2] = 0$ eine nothwendige Bedingung, wenn A_2 einfach sein soll*). Wir behaupten, dass diese nothwendige Bedingung zugleich auch hinreichend ist.

Um diese Behauptung zu beweisen, nehmen wir an, sie sei für Grössen zweiter Stufe in einem Hauptgebiete $(n-1)$-ter Stufe schon bewiesen, und zeigen, dass sie dann auch in einem Hauptgebiete n-ter Stufe gilt. Damit ist sie dann allgemein bewiesen, denn für $n = 3$ fällt die ganze Bedingung weg, da alle Grössen zweiter Stufe in einem Hauptgebiete dritter Stufe nach Satz 1 so wie so einfach sind.

Es sei also $[A_2 A_2] = 0$; zu zeigen ist, dass A_2 einfach ist.

Wir schreiben A_2 in der Form:

$$A_2 = \mathfrak{A}_2 + [e_n a],$$

wo $\mathfrak{A}_2$ und a Grössen zweiter und erster Stufe in dem Hauptgebiete $(n-1)$-ter Stufe $e_1, \ldots e_{n-1}$ sind. Aus $[A_2 A_2] = 0$ folgt nunmehr:

$$(1) \qquad [\mathfrak{A}_2 \mathfrak{A}_2] + 2[e_n a \mathfrak{A}_2] + [e_n a e_n a] = 0,$$

*) Das Verfahren Grassmanns in Nr. 88 Anm. hat natürlich hierbei als Vorbild gedient.

wo das letzte Glied links offenbar verschwindet. Bildet man ferner die Zurückleitung der Gleichung (1) auf das Gebiet $e_1, \dots e_{n-1}$ unter Ausschluss des Gebietes e_n, so erkennt man auf Grund von Nr. 130 und 131, dass sich (1) in die beiden Gleichungen:

(2) $$[\mathfrak{A}_2 \mathfrak{A}_2] = 0, \quad [e_n a \mathfrak{A}_2] = 0$$

zerlegt, die also eine Folge von $[A_2 A_2] = 0$ sind. Für $n = 4$ ist übrigens die Gleichung $[\mathfrak{A}_2 \mathfrak{A}_2] = 0$ schon an und für sich, auch ohne Rücksicht auf $[A_2 A_2] = 0$ erfüllt, weil in diesem Falle $\mathfrak{A}_2$ als Grösse zweiter Stufe in einem Gebiete dritter Stufe sicher einfach und demnach als Produkt zweier Grössen erster Stufe darstellbar ist.

Unter den gemachten Voraussetzungen sagt nun die Gleichung $[\mathfrak{A}_2 \mathfrak{A}_2] = 0$ aus, dass $\mathfrak{A}_2$ einfach, also in der Form $[bc]$ darstellbar ist, wo b, c Grössen erster Stufe des Gebietes $e_1, \dots e_{n-1}$ sind. Die zweite der Gleichungen (2) zieht ferner auf Grund von Nr. 79 und 81 die Gleichung

$$[a \mathfrak{A}_2] = [abc] = 0$$

nach sich, und diese sagt nach Nr. 66 aus, dass zwischen a, b, c eine Zahlbeziehung herrscht. Ist daher $\mathfrak{A}_2$ nicht null, so ist: $a = \lambda b + \mu c$ und somit

$$A_2 = [bc] + [e_n(\lambda b + \mu c)] = [(b + \mu e_n)(c - \lambda e_n)],$$

also wirklich einfach. Ist aber $\mathfrak{A}_2 = 0$, so ist $A_2 = [e_n a]$, also ebenfalls einfach.

Damit haben wir den

Satz 2. *Eine Grösse zweiter Stufe, A_2, in einem Hauptgebiete n-ter Stufe ist, sobald $n > 3$ ist, dann und nur dann einfach, wenn sie der Gleichung $[A_2 A_2] = 0$ genügt.*

Es ist nicht schwer die Bedingung $[A_2 A_2] = 0$ durch Zahlgleichungen zu ersetzen. In der That, man findet:

$$[A_2 A_2] = \sum_{ikj\mu}^{1, \dots n} \alpha_{ik} \alpha_{j\mu} [e_i e_k e_j e_\mu]$$

oder, da sich das Produkt $[e_i e_k e_j e_\mu]$ bei cyklischer Vertauschung von i, k, j nicht ändert:

$$[A_2 A_2] = \frac{1}{3} \sum_{ikj\mu}^{1, \dots n} (\alpha_{ik} \alpha_{j\mu} + \alpha_{kj} \alpha_{i\mu} + \alpha_{ji} \alpha_{k\mu}) [e_i e_k e_j e_\mu].$$

Hier sieht man sofort, dass jedes Glied unter dem Summenzeichen bei allen Vertauschungen von je zweien der Indices i, k, j, μ und also überhaupt bei allen Vertauschungen von i, k, j, μ ungeändert bleibt, die Gleichung $[A_2 A_2] = 0$ wird daher ersetzt durch die folgenden:

(3) $$\alpha_{ik} \alpha_{j\mu} + \alpha_{kj} \alpha_{i\mu} + \alpha_{ji} \alpha_{k\mu} = 0 \quad (i, k, j, \mu = 1, \dots n).$$

Das sind die bekannten Gleichungen, die zwischen den $\frac{1}{2} n(n-1)$ homogenen Koordinaten einer Geraden im Raume von $n - 1$ Dimensionen bestehen.

Bevor wir dieselbe Untersuchung für Grössen beliebiger Stufe durchführen, wollen wir einen Hülfssatz einschalten:

Hülfssatz. *Sind $\mathfrak{A}$ und $\mathfrak{B}$ beliebige Grössen des Gebietes $e_1, \dots e_{n-1}$, deren Stufenzahlen α und β der Bedingung $\alpha + \beta \gtreqless n - 1$ genügen, und bezeichnet man das Produkt in Bezug auf das Hauptgebiet $e_1, \dots e_n$ durch Anhängung des Index* *n an die scharfe Klammer und das in Bezug auf das Hauptgebiet* $e_1, \dots e_{n-1}$ *durch Anhängung des Index* $n-1$, *so ist das regressive Produkt:*

$$[e_n \mathfrak{A} \,.\, \mathfrak{B}]_n = (-1)^{n-1} [\mathfrak{A}\mathfrak{B}]_{n-1}$$

und ebenso

$$[\mathfrak{B} \,.\, e_n \mathfrak{A}]_n = (-1)^{\alpha} [\mathfrak{B}\mathfrak{A}]_{n-1}.$$

Beweis. Es seien $\mathfrak{A}$ und $\mathfrak{B}$ zunächst einfach. Das Produkt $[e_n \mathfrak{A} \,.\, \mathfrak{B}]_n$ ist nach Nr. 109 dann und nur dann $\gtrless 0$, wenn das gemeinsame Gebiet der Grössen $[e_n \mathfrak{A}]_n$ und $\mathfrak{B}$ gerade von $(\alpha + 1 + \beta - n)$-ter, nicht aber von höherer Stufe ist. Da ferner das gemeinsame Gebiet von $[e_n \mathfrak{A}]_n$ und $\mathfrak{B}$ augenscheinlich mit dem gemeinsamen Gebiete von $\mathfrak{A}$ und $\mathfrak{B}$ zusammenfällt, so ist auch das Produkt $[\mathfrak{A}\mathfrak{B}]_{n-1}$ nur in dem eben bezeichneten Falle $\gtrless 0$. Es sei nun $\mathfrak{F}$ ein gemeinsamer Faktor $(\alpha + 1 + \beta - n)$-ter Stufe von $\mathfrak{A}$ und $\mathfrak{B}$; sollten $\mathfrak{A}$ und $\mathfrak{B}$ ein Gebiet von höherer Stufe gemein haben, so werde $\mathfrak{F} = 0$ angenommen. Dann können wir, sobald $\mathfrak{F} \gtrless 0$ ist, nach Nr. 79b setzen:

$$\mathfrak{A} = [\mathfrak{A}'\mathfrak{F}], \quad \mathfrak{B} = [\mathfrak{B}'\mathfrak{F}],$$

Formeln, die sowohl im Hauptgebiete $e_1, \dots e_n$ als im Hauptgebiete $e_1, \dots e_{n-1}$ gelten, und wir erhalten nach Nr. 107:

$$[e_n \mathfrak{A} \,.\, \mathfrak{B}]_n = \mathfrak{F}[e_n \mathfrak{A}'\mathfrak{B}'\mathfrak{F}]_n$$

und:

$$[\mathfrak{A} \,.\, \mathfrak{B}]_{n-1} = \mathfrak{F}[\mathfrak{A}'\mathfrak{B}'\mathfrak{F}]_{n-1},$$

wo die Faktoren von $\mathfrak{F}$ nach 94 beide Male Zahlen sind. Da diese Formeln auch in dem Falle gelten, wo $\mathfrak{F}$ gleich Null angenommen werden sollte, so gelten sie allgemein.

Nun aber ist nach Nr. 58 und 94:

$$[e_n \mathfrak{A}'\mathfrak{B}'\mathfrak{F}]_n = (-1)^{n-1}[\mathfrak{A}'\mathfrak{B}'\mathfrak{F} e_n]_n = (-1)^{n-1}[\mathfrak{A}'\mathfrak{B}'\mathfrak{F}]_{n-1},$$

also wird:

$$[e_n \mathfrak{A} \,.\, \mathfrak{B}]_n = (-1)^{n-1}[\mathfrak{A}\mathfrak{B}]_{n-1}.$$

Das gilt, wenn $\mathfrak{A}$ und $\mathfrak{B}$ einfach sind. Sind sie es nicht, so setzen wir $\mathfrak{A} = \Sigma \mathfrak{A}_k$, $\mathfrak{B} = \Sigma \mathfrak{B}_j$ und erhalten:

$$[e_n \mathfrak{A} \,.\, \mathfrak{B}]_n = \sum_{kj} [e_n \mathfrak{A}_k \,.\, \mathfrak{B}_j]_n = (-1)^{n-1} \sum_{kj} [\mathfrak{A}_k \mathfrak{B}_j]_{n-1},$$

nach dem eben Bewiesenen, demnach auch jetzt wieder:

$$[e_n \mathfrak{A} \,.\, \mathfrak{B}]_n = (-1)^{n-1}[\mathfrak{A}\mathfrak{B}]_{n-1},$$

wie behauptet.

Die zweite Formel des Hülfssatzes ergiebt sich in derselben Weise.

Nunmehr sei A_m eine beliebige Grösse m-ter Stufe in einem Hauptgebiete n-ter Stufe ($n > 3$, $1 < m < n - 1$). Ist A_m einfach, so ergiebt es mit einer andern einfachen Grösse B multiplicirt stets wieder eine einfache Grösse*). Wir haben also hier eine nothwendige Bedingung für die Einfachheit von A_m: die, dass es mit jeder einfachen Grösse B multiplicirt eine einfache Grösse liefern muss. Um nun den vorliegenden Fall auf den vorhin erledigten Fall der Grössen zweiter Stufe zurückzuführen, wählen wir unter den sämmtlichen einfachen Grössen B alle die aus, bei denen das Produkt $[A_m B]$ regressiv und von zweiter Stufe

*) Nach dem Satze 1 in der Anm. zu Nr. 103, S. 412.

wird; dazu haben wir nach Nr. 95 für B eine beliebige einfache Grösse $(n - m + 2)$-ter Stufe B_{n-m+2} zu setzen und wir können nunmehr sagen:

Soll die Grösse A_m einfach sein, so ist jedenfalls nothwendig, dass die Grösse zweiter Stufe: $[A_m B_{n-m+2}]$ stets einfach ist, welche einfache Grösse $(n - m + 2)$-ter Stufe man auch für B_{n-m+2} setzen mag, mit andern Worten (s. Satz 2, S. 404), es ist nothwendig, dass die Gleichung

(4) $$[A_m B_{n-m+2} \cdot A_m B_{n-m+2}] = 0$$

für jede einfache Grösse B_{n-m+2} dieser Art erfüllt ist.

Wir behaupten, dass diese nothwendige Bedingung zugleich auch hinreichend ist*).

Für $m = 2$ und $m = n - 1$ ist diese Behauptung sicher richtig, denn im ersten Falle ist die einfache Grösse B_{n-m+2} eine Zahl und unsre Bedingung (4) reducirt sich somit auf die Bedingung des Satzes 2, S. 404, im zweiten Falle aber ist unsre Bedingung (4) sogar überflüssig, da nach Satz 1, S. 402 alle Grössen $(n-1)$-ter Stufe im Hauptgebiete n-ter Stufe einfach sind. *Wenn wir daher annehmen, dass unsre Behauptung für alle Grössen $(m-1)$-ter und m-ter Stufe in einem Hauptgebiete $(n-1)$-ter Stufe gilt, und zeigen, dass sie unter dieser Voraussetzung auch für die Grössen m-ter Stufe im Hauptgebiete n-ter Stufe richtig ist, so ist sie damit allgemein bewiesen.* Denn die gemachte Annahme ist für $n = 5$ und $m = 3$ erfüllt, also ist dann unsre Behauptung für $n = 5$ und $m = 2, 3, 4$ richtig, also auch für $n = 6$ und $m = 2, 3, 4, 5$ und so weiter.

Wir nehmen also jetzt an, dass die vorgelegte Grösse A_m die Gleichungen (4) befriedigt, welche einfache Grösse $(n - m + 2)$-ter Stufe auch B_{n-m+2} sein mag, und setzen überdies voraus, dass jede Grösse $(m-1)$-ter oder m-ter Stufe eines Hauptgebietes $(n-1)$-ter Stufe, die den entsprechenden Gleichungen genügt, einfach ist. Zu zeigen ist, dass dann auch A_m selbst einfach ist.

Wenn wir alle Grössen, die dem Gebiete $(n - 1)$-ter Stufe $e_1, \dots e_{n-1}$ angehören, mit grossen deutschen Buchstaben schreiben und ihre Stufenzahlen, wie bisher, durch Indices andeuten, so können wir setzen:

$$A_m = \mathfrak{A}_m + [e_n \mathfrak{A}_{m-1}],$$

während B_{n-m+2} die Form erhält:

$$B_{n-m+2} = \mathfrak{B}_{n-m+2} + \lambda [e_n \mathfrak{B}_{n-m+1}],$$

wo λ eine beliebige Zahlgrösse ist, wo ferner wegen der Einfachheit von B_{n-m+2} sowohl $\mathfrak{B}_{n-m+2}$ als $\mathfrak{B}_{n-m+1}$ eine einfache Grösse ist, und wo endlich, aus demselben Grunde, $\mathfrak{B}_{n-m+1}$ dem $\mathfrak{B}_{n-m+2}$ untergeordnet und somit als Faktor von $\mathfrak{B}_{n-m+2}$ darstellbar ist.

Werden die Hauptgebiete der einzelnen Produkte wie auf S. 405 durch Indices angedeutet, so ergiebt sich nunmehr:

---

*) Man könnte auf den Gedanken kommen, zu vermuthen, dass A_m schon dann einfach sei, wenn es nur bei der Multiplikation mit jeder beliebigen Einheit $(n - m + 2)$-ter Stufe eine einfache Grösse zweiter Stufe liefert. Dem ist aber nicht so, denn zum Beispiel die Grösse

$$[e_1 e_2 e_3] + [e_4 e_5 e_6]$$

des Hauptgebietes $e_1, \dots e_6$ ist nicht einfach, liefert aber doch, wenn sie mit einer der Einheiten fünfter Stufe in diesem Hauptgebiete multiplicirt wird, stets eine einfache Grösse zweiter Stufe.

$$[A_m B_{n-m+2}]_n = \lambda[\mathfrak{A}_m \cdot e_n \mathfrak{B}_{n-m+1}]_n + [e_n \mathfrak{A}_{m-1} \cdot \mathfrak{B}_{n-m+2}]_n + \\ + \lambda[e_n \mathfrak{A}_{m-1} \cdot e_n \mathfrak{B}_{n-m+1}]_n,$$

weil das Produkt $[\mathfrak{A}_m \mathfrak{B}_{n-m+2}]_n$ nach Nr. 109 verschwindet, und hieraus folgt nach unserm Hülfssatze und nach Nr. 107, Anm., erste Formel (S. 77):

$$[A_m B_{n-m+2}]_n = (-1)^{n-m+1} \lambda [\mathfrak{A}_m \mathfrak{B}_{n-m+1}]_{n-1} + \\ + (-1)^{n-1} [\mathfrak{A}_{m-1} \mathfrak{B}_{n-m+2}]_{n-1} + (-1)^{n-1} \lambda \left[e_n \cdot [\mathfrak{A}_{m-1} \mathfrak{B}_{n-m+1}]_{n-1}\right],$$

wo die scharfe Klammer ohne Index ein äusseres Produkt anzeigt.

Denken wir uns jetzt die Gleichung (4) gebildet, die nach unsrer Voraussetzung von der Grösse A_m für jede beliebige einfache Grösse B_{n-m+2} erfüllt wird.

Wegen des Auftretens von e_n und wegen der Willkürlichkeit von λ zerlegt sich diese Gleichung ähnlich wie auf S. 404 in die folgenden:

$$(5) \quad \begin{cases} \left[[\mathfrak{A}_{m-1} \mathfrak{B}_{n-m+2}]_{n-1} [\mathfrak{A}_{m-1} \mathfrak{B}_{n-m+2}]_{n-1}\right] = 0 \\ \left[[\mathfrak{A}_m \mathfrak{B}_{n-m+1}]_{n-1} [\mathfrak{A}_m \mathfrak{B}_{n-m+1}]_{n-1}\right] = 0 \end{cases}$$

$$(6) \quad \left[[\mathfrak{A}_{m-1} \mathfrak{B}_{n-m+2}]_{n-1} [\mathfrak{A}_{m-1} \mathfrak{B}_{n-m+1}]_{n-1}\right] = 0$$

$$(7) \quad \left[[\mathfrak{A}_m \mathfrak{B}_{n-m+1}]_{n-1} [\mathfrak{A}_{m-1} \mathfrak{B}_{n-m+1}]_{n-1}\right] = 0$$

$$(8) \quad \left[[\mathfrak{A}_m \mathfrak{B}_{n-m+1}]_{n-1} [\mathfrak{A}_{m-1} \mathfrak{B}_{n-m+2}]_{n-1}\right] = 0,$$

wobei schon berücksichtigt ist, dass der eine Faktor von λ^2 von selbst gleich Null wird, weil er e_n zweimal enthält.

Unter den gefundenen Gleichungen wählen wir die aus, in denen jedesmal nur eine der beiden Grössen $\mathfrak{B}_{n-m+1}$ und $\mathfrak{B}_{n-m+2}$ enthalten ist, also die Gleichungen (5) und (7). In diesen können wir für $\mathfrak{B}_{n-m+1}$ und $\mathfrak{B}_{n-m+2}$ jede beliebige einfache Grösse von der betreffenden Stufenzahl in dem Hauptgebiete $e_1, \dots e_{n-1}$ einsetzen.

Die Gleichungen (5) sind aber für die Grössen $\mathfrak{A}_{m-1}$ und $\mathfrak{A}_m$ in dem Hauptgebiete $e_1, \dots e_{n-1}$ ganz dasselbe, was (4) für die Grösse A_m in dem Hauptgebiete $e_1, \dots e_n$ ist, das heisst, sie sind die nothwendigen und, wie auf S. 406 vorausgesetzt wurde, auch die hinreichenden Bedingungen für die Einfachheit der Grössen $\mathfrak{A}_{m-1}$ und $\mathfrak{A}_m$. Wir dürfen demnach setzen:

$$\mathfrak{A}_m = [u_1 \dots u_m], \quad \mathfrak{A}_{m-1} = [v_1 \dots v_{m-1}],$$

wo die u_k und v_j Grössen erster Stufe des Gebietes $e_1, \dots e_{n-1}$ sind.

Die Gleichung (6) ist nunmehr von selbst erfüllt. Da nämlich $\mathfrak{B}_{n-m+1}$ dem $\mathfrak{B}_{n-m+2}$ untergeordnet ist, so ist auch das gemeinsame Gebiet von $\mathfrak{A}_{m-1}$ und $\mathfrak{B}_{n-m+1}$ dem gemeinsamen Gebiete von $\mathfrak{A}_{m-1}$ und $\mathfrak{B}_{n-m+2}$ untergeordnet und folglich das äussere Produkt auf der linken Seite von (6) null. Es bleibt somit nur noch festzustellen, was sich aus den Gleichungen (7) und (8), insbesondere aus der Gleichung (7) über die Beschaffenheit von $\mathfrak{A}_m$ und $\mathfrak{A}_{m-1}$ schliessen lässt. Dabei können wir annehmen, dass $\mathfrak{A}_{m-1}$ und $\mathfrak{A}_m$ beide $\gtrless 0$ sind, denn wäre eine dieser beiden Grössen null, so wäre es schon sicher, dass A_m einfach ist. Demnach dürfen wir voraussetzen, dass weder zwischen $u_1, \dots u_m$, noch zwischen $v_1, \dots v_{m-1}$ eine Zahlbeziehung besteht.

Da die beiden durch $u_1, \dots u_m$ und durch $v_1, \dots v_{m-1}$ bestimmten Gebiete nicht alle Grössen des Gebietes $e_1, \dots e_{n-1}$ enthalten, so können wir in dem

Gebiete $e_1, \ldots e_{n-1}$ immer eine Grösse w_m von erster Stufe finden, die sich weder aus $u_1, \ldots u_m$, noch aus $v_1, \ldots v_{m-1}$ ableiten lässt; ebenso eine Grösse w_{m+1}, die sich weder aus $u_1, \ldots u_m, w_m$ noch aus $v_1, \ldots v_{m-1}, w_m$ ableiten lässt. Setzen wir dieses Verfahren fort, so gelangen wir schliesslich zu $n - m - 1$ Grössen erster Stufe $w_m, w_{m+1}, \ldots w_{n-2}$ von solcher Beschaffenheit, dass weder zwischen den u_μ und den w_k noch zwischen den v_ν und den w_k eine Zahlbeziehung besteht. Zu diesen Grössen können wir jetzt noch eine Grösse erster Stufe w_{n-1} hinzufügen, so dass auch noch $v_1, \ldots v_{m-1}, w_m, \ldots w_{n-1}$ in keiner Zahlbeziehung stehen, während dann zwischen $u_1, \ldots u_m, w_m, \ldots w_{n-1}$ nothwendig eine aber auch nur eine Zahlbeziehung besteht.

Unter diesen Voraussetzungen haben die beiden Gebiete $u_1, \ldots u_m$ und $w_m, \ldots w_{n-1}$ ein Gebiet erster aber keines von höherer Stufe gemein, während die beiden Gebiete $v_1, \ldots v_{m-1}$ und $w_m, \ldots w_{n-1}$ überhaupt kein Gebiet gemein haben. Ist daher v_μ eine beliebige der Grössen $v_1, \ldots v_{m-1}$, so wird durch $v_\mu, w_m, \ldots w_{n-1}$ ein Gebiet $(n - m + 1)$-ter Stufe bestimmt sein, das mit dem Gebiete $v_1, \ldots v_{m-1}$ nur das Gebiet erster Stufe v_μ, aber keines von höherer Stufe gemein hat, und das mit dem Gebiete $u_1, \ldots u_m$ (nach 26) ein Gebiet zweiter Stufe, etwa das Gebiet u_1', u_2', aber nach dem Obigen keines von höherer Stufe gemein hat.

Wir setzen nun

$$\mathfrak{B}_{n-m+1} = [v_\mu w_m \ldots w_{n-1}],$$

wo das Produkt auf der rechten Seite unter den gemachten Voraussetzungen sicher nicht gleich Null ist. Dann wird nach Nr. 109 und 118:

$$[\mathfrak{A}_m \mathfrak{B}_{n-m+1}]_{n-1} = \varrho [u_1' u_2'], \quad [\mathfrak{A}_{m-1} \mathfrak{B}_{n-m+1}] = \sigma \,.\, v_\mu,$$

wo ϱ und σ von Null verschiedene Zahlen sind. Setzen wir diese Werthe in die Gleichung (7) ein, so kommt:

$$[u_1' u_2' v_\mu] = 0,$$

mithin müssen u_1', u_2' und v_μ nach 66 in einer Zahlbeziehung stehen, oder, da zwischen u_1' und u_2' keine Zahlbeziehung stattfinden kann, so muss v_μ aus u_1' und u_2' ableitbar sein, das heisst, v_μ muss dem Gebiete $u_1, \ldots u_m$ angehören. Da endlich v_μ eine beliebige der Grössen $v_1, \ldots v_{m-1}$ war, so erkennen wir, dass $\mathfrak{A}_{m-1}$ selbst dem Gebiete $u_1, \ldots u_m$ angehört und also der Grösse $\mathfrak{A}_m$ untergeordnet ist. Nach Nr. 79b lässt sich daher $\mathfrak{A}_m$ in der Form:

$$\mathfrak{A}_m = [u_m' \mathfrak{A}_{m-1}] = [u_m' v_1 \ldots v_{m-1}]$$

darstellen und es ergiebt sich somit:

$$A_m = [(u_m' + e_n) v_1 \ldots v_{m-1}].$$

Also ist A_m wirklich einfach.

Erwähnt sei noch, dass die Gleichung (8) jetzt von selbst erfüllt ist. Da nämlich $\mathfrak{A}_{m-1}$ dem $\mathfrak{A}_m$ und $\mathfrak{B}_{n-m+1}$ dem $\mathfrak{B}_{n-m+2}$ untergeordnet ist, so haben die beiden einfachen Grössen zweiter Stufe:

$$[\mathfrak{A}_m \mathfrak{B}_{n-m+1}]_{n-1}, \quad [\mathfrak{A}_{m-1} \mathfrak{B}_{n-m+2}]_{n-1}$$

ein Gebiet erster Stufe gemein, nämlich das gemeinsame Gebiet von $\mathfrak{A}_{m-1}$ und $\mathfrak{B}_{n-m+1}$, ihr Produkt ist daher sicher null.

Damit ist unsre Behauptung, dass die Bedingung (4) nicht blos nothwendig sondern auch hinreichend sei, bewiesen, und wir haben den

Satz 3. *Eine Grösse m-ter Stufe in einem Hauptgebiete n-ter Stufe ist, sobald* $1 < m < n - 1$, *dann und nur dann einfach, wenn sie mit jeder einfachen Grösse* $(n - m + 2)$*-ter Stufe multiplicirt eine einfache Grösse zweiter Stufe liefert.*

Wir müssen jetzt noch zeigen, wie man das gefundene Kriterium durch Zahlgleichungen ausdrücken kann.

Sind $E_1, \dots E_M$ die Einheiten m-ter Stufe des Hauptgebietes $e_1, \dots e_n$, so ist

$$A_m = \sum_1^M {}^{\mu} \alpha_\mu E_\mu$$

die allgemeine Form einer Grösse m-ter Stufe dieses Gebietes; es wird also:

$$[A_m B_{n-m+2}] = \sum_\mu \alpha_\mu [E_\mu B_{n-m+2}]$$

und:

$$[A_m B_{n-m+2} \cdot A_m B_{n-m+2}] = \sum_{\mu\nu} \alpha_\mu \alpha_\nu [E_\mu B_{n-m+2} \cdot E_\nu B_{n-m+2}].$$

Soll A_m einfach sein, so ist nothwendig und hinreichend, dass dieser Ausdruck für jede einfache Grösse B_{n-m+2} verschwindet. Diese Bedingung kommt darauf hinaus, dass die Koefficienten $\alpha_1, \dots \alpha_M$ einer Reihe von quadratischen Gleichungen genügen müssen, deren Aufstellung jedenfalls theoretisch keine Schwierigkeiten hat. B_{n-m+2} hat ja die Form:

$$B_{n-m+2} = \prod_1^{n-m+2} {}^{\tau} (\lambda_{\tau 1} e_1 + \dots + \lambda_{\tau n} e_n),$$

wo die $\lambda_{\tau k}$ willkürliche Parameter sind; man hat daher blos die Gleichungen zwischen den α_μ aufzustellen, die bestehen müssen, damit der vorhin angegebene Ausdruck für alle Werthe der $\lambda_{\tau k}$ verschwindet.

Uebrigens braucht man diese Untersuchung nicht für alle Werthe $m = 2, 3, \dots n - 2$ durchzuführen, sondern nur für die Werthe $2, 3, \dots E\left(\frac{n}{2}\right)$, wo $E\left(\frac{n}{2}\right)$ die grösste in $\frac{n}{2}$ enthaltene ganze Zahl bedeutet. Es folgt dies daraus, dass die Ergänzung einer einfachen Grösse m-ter Stufe eine einfache Grösse $(n - m)$-ter Stufe ist (s. Nr. 90, Zusatz und die Anm. zu Nr. 103, S. 412, Satz 2).

Die einfachen Grössen m-ter Stufe eines Hauptgebietes n-ter Stufe sind nichts anderes als die ebenen $(m - 1)$-fach ausgedehnten Mannigfaltigkeiten eines ebenen $(n - 1)$-fach ausgedehnten Raumes; die Grössen $\alpha_1, \dots \alpha_M$ sind die homogenen Koordinaten der betreffenden Mannigfaltigkeiten. Es ist also hier die Aufgabe gelöst, alle Gleichungen zwischen den Grössen $\alpha_1, \dots \alpha_M$ aufzustellen, die bestehen müssen, wenn $\alpha_1, \dots \alpha_M$ die homogenen Koordinaten einer solchen ebenen Mannigfaltigkeit sein sollen. (Man vgl. hierzu auch die Nachträge.)

Nr. **89.** S. 62. Das Ergänzungszeichen | wird von Grassmanns Söhnen gelesen: „in", was vermuthlich auf Grassmann selbst zurückgeht.

Nr. **90.** S. 62. Der Uebergang von den Grössen eines Hauptgebietes zu deren Ergänzungen ist eine Operation, die vom Standpunkte der projectiven Geometrie aus betrachtet zu den Reciprocitäten (dualistischen Transformationen) gehört und zwar zu den speciellen Reciprocitäten, die man als Polarsysteme bezeichnet.

Ist $a = \Sigma x_k e_k$ eine beliebige Grösse erster Stufe, so ist die Ergänzung: $|a = \Sigma \{x_k |e_k\}$ eine Grösse $(n - 1)$-ter Stufe, die nach Nr. 88 und der Anmerkung dazu (s. S. 402) sicher einfach ist. Das Gebiet dieser Grösse besteht aus allen Grössen erster Stufe: $b = \Sigma y_k e_k$, die ihr untergeordnet sind, die also der Gleichung $[b|a] = 0$ genügen. Nun ist aber nach Nr. 143:

$$[\Sigma y_k e_k | \Sigma x_j e_j] = \Sigma x_k y_k,$$

also besteht das Gebiet von $|\Sigma x_j e_j$ aus allen Grössen erster Stufe: $\Sigma y_k e_k$, für die $\Sigma x_k y_k = 0$ ist. Deuten wir daher die Einheiten $e_1, \dots e_n$ als n nicht in einer $(n-2)$-fach ausgedehnten Ebene liegende Punkte eines $(n-1)$-fach ausgedehnten Raumes und demnach $x_1, \dots x_n$ als homogene Koordinaten der Punkte dieses Raumes (vgl. Nr. 232 und 238), so wird das Gebiet der Ergänzung von $\Sigma x_k e_k$ nichts anderes als die $(n-2)$-fach ausgedehnte Polarebene des Punktes $x_1, \dots x_n$ in Bezug auf die Mannigfaltigkeit zweiten Grades: $\Sigma x_k^2 = 0$.

Eine andre Deutung der Ergänzung erhalten wir, wenn wir $e_1, \dots e_n$ als n solche Strecken (unendlich ferne Punkte) eines n-fach ausgedehnten Raumes auffassen, die nicht einer $(n-1)$-fach ausgedehnten Ebene dieses Raumes parallel sind (vgl. Nr. 229), und wenn wir gleichzeitig die Zahlen $x_1, \dots x_n$ als recht- oder schiefwinklige Parallelkoordinaten deuten. Dann ist die Ergänzung von $\Sigma x_k e_k$ ein Produkt von $n-1$ Strecken, die parallel sind zu der $(n-1)$-fach ausgedehnten Polarebene des unendlich fernen Punktes der Strecke $\Sigma x_k e_k$ in Bezug auf eine beliebige der ∞^1 Mannigfaltigkeiten zweiten Grades:

$$\Sigma x_k^2 = \text{const.}$$

Von diesen beiden, allerdings nicht wesentlich verschiedenen, Deutungen wendet Grassmann in der A_2 nur die zweite an und auch diese nur für den Fall rechtwinkliger Parallelkoordinaten. Man vgl. Nr. 93 Anm. und die Nrn. 330, 331, 335. Die erste Deutung findet sich in der schon auf S. 402 angeführten Abhandlung Grassmanns in Bd. 84 des Crelleschen Journals. Vgl. auch die Bemerkungen R. Sturms in dem Nachrufe auf Grassmann, Math. Ann. Bd. 14, S. 16.

Nr. **94.** S. 65. Durch diese Erklärung werden äussere Produkte von zwei Faktoren, deren Stufensumme die Stufenzahl des Hauptgebietes übertrifft, von der Betrachtung ausgeschlossen. Das erscheint auch zweckmässig, da alle solchen Produkte den Werth Null haben würden.

Nr. **94,** Anm. S. 65, Z. 18—16 v. u. Das dürfte doch etwas zu viel behauptet sein; vgl. die Anmerkung zu Nr. 48—51, S. 399.

Nr. **95.** S. 66, Z. 21 f. v. o. Bei der Berufung auf Nr. 79 liegt ein Gedanke zu Grunde, der verdient hätte, als ein besonderer Satz zwischen Nr. 94 und 95 ausgesprochen zu werden; etwa so:

94a. *Sind die Stufenzahlen der beiden einfachen Grössen A und B zusammen nicht grösser als die Stufenzahl n des Hauptgebietes, so erhält man das progressive Produkt von A und B, indem man die Reihe der einfachen Faktoren von A mit den einfachen Faktoren von B kombinatorisch multiplicirt, also für $q + r \leqq n$:*

$$[(a_1 a_2 \dots a_q)(b_1 b_2 \dots b_r)] = [a_1 a_2 \dots a_q b_1 b_2 \dots b_r].$$

Beweis. Nach Nr. 94 ist das progressive Produkt von A und B ein äusseres Produkt dieser Grössen; das übrige folgt aus Nr. 79.

Nr. **101.** S. 70f. Der Zusatz auf S. 71, Z. 5 v. o. war deshalb nothwendig, weil die darin ausgesprochene Umkehrung des Satzes 101 später mehrmals benutzt wird, zum Beispiel in Nr. 119, 119b, 120 und 124.

Nr. **101,** Anm. S. 71, Z. 10, 9 v. u., nämlich in Nr. 112, 116b, 119b, 127—131, 306—322, 377, 383 Anm.

Nr. **102.** S. 72, Z. 3f. v. o. Das Produkt $[QR]$ ist nämlich progressiv. In der That, bezeichnet man die Stufenzahlen von E, F, G, Q, R mit den entsprechenden kleinen Buchstaben, so wird:

$$q = n - (e + f), \quad r = n - (e + g),$$

demnach:

$$q + r = 2n - 2e - f - g$$

oder, da $e + f + g = n$ ist, $q + r = n - e$, das heisst:

$$q + r < n,$$

woraus folgt, dass das Produkt $[QR]$ wirklich progressiv ist.

Nr. **103.** S. 72—75. Der Anfang des Beweises von Nr. 103 (S. 72, Z. 6—4 v. u.) passt nicht ganz zu dem Folgenden, denn nachher (s. S. 73, Z. 1 v. o., 15 v. u.) wird offenbar vorausgesetzt, dass jeder der n Faktoren erster Stufe: $a_1, a_2, \ldots$ nur in *einer* der drei Grössen A, B, C enthalten sei, was sich aus den einleitenden Worten nicht gut herauslesen lässt. Dieser Uebelstand wird vermieden, wenn man dem Anfange des Beweises folgende Fassung giebt: „Es sei $a_1, \ldots a_n$ irgend eine gegebene Reihe von n Grössen erster Stufe und es werde angenommen, dass die Formel 103 immer dann gilt, wenn die n in A, B und C enthaltenen einfachen Faktoren, in irgend einer Reihenfolge genommen, mit der Reihe der Grössen $a_1, \ldots a_n$ übereinstimmen, so zeige ich" u. s. w. Man muss dabei beachten, dass $a_1, \ldots a_n$ ganz beliebig sind, also auch in Zahlbeziehungen zu einander stehen können, ja nicht einmal von einander verschieden zu sein brauchen.

Der Beweis von Nr. 103 ist deshalb besonders bemerkenswerth, weil er den invarianten Charakter der Gleichung:

$$[AB \,.\, AC] = [ABC]\,A$$

auf das Klarste hervortreten lässt. Er beruht ja darauf, dass diese Gleichung auch dann noch bestehen bleibt, wenn man die einfachen Faktoren von A, B, C durch beliebige aus ihnen numerisch abgeleitete Grössen ersetzt, und da die Gleichung in Nr. 102 für Produkte von Einheiten bewiesen ist, so ist sie damit allgemein bewiesen. Erinnern wir uns der Anmerkung zu Nr. 76, S. 401, so können wir offenbar auch sagen: *Die obige Gleichung bleibt invariant, wenn man die Grössen $\Sigma x_k e_k$ des Hauptgebietes $e_1, \ldots e_n$ einer beliebigen linearen homogenen Transformation: $x_i' = \Sigma \alpha_{ik} x_k$ unterwirft.*

Wir müssen es dem Leser überlassen, sich diesen invarianten Charakter der Gleichungen der Ausdehnungslehre in jedem einzelnen Falle klar zu machen. Wir wollten nur hier an einem besonders auffallenden Beispiele darauf hinweisen.

Nicht unerwähnt bleiben darf der Umstand, dass die Gleichung von Nr. 103 in der A_1 in ganz anderer Weise eingeführt wird als in der A_2. In der A_1 dient diese Gleichung zur Definition des eingewandten (regressiven) Produktes (A_1, § 132 und 133, diese Ausg. I, 1, S. 217—219). In der A_2 dagegen wird das regressive Produkt auf Grund eines neuen Begriffes, des Begriffes der *Ergänzung,* in Nr. 94 in der denkbar einfachsten Weise definirt, und dann wird die Gleichung von Nr. 103 *bewiesen,* wodurch der Begriff des regressiven Produktes wieder von dem der Ergänzung unabhängig gemacht ist.

Man kann die Formel von Nr. 103:

$$[AB \,.\, AC] = [ABC]\,A,$$

wo die Summe der Stufenzahlen von A, B, C gleich der Stufenzahl des Hauptgebietes ist, zur Ableitung einer Reihe von Sätzen benutzen, die Grassmann zwar nirgends ausdrücklich ausgesprochen hat, die aber eigentlich in sein System gehören, und die er auch zum Theile stillschweigend benutzt hat. Wir wollen diese Sätze hier aufstellen und beweisen.

Satz 1. *Ein Produkt von beliebig vielen einfachen Grössen ist stets wieder eine einfache Grösse.*

Wir brauchen diesen Satz offenbar nur für ein Produkt aus zwei Faktoren zu beweisen. Es seien also L und M zwei nicht verschwindende einfache Grössen mit den Stufenzahlen λ und μ. Ist n die Stufenzahl des Hauptgebietes und $\lambda + \mu \leqq n$, so ist das Produkt $[LM]$ progressiv und daher sicher eine einfache Grösse*). Ist andrerseits $\lambda + \mu > n$, so lassen sich L und M nach Nr. 87 in der Form:

$$L = [AL_1], \quad M = [AM_1]$$

darstellen, wo A, L_1, M_1 einfache Grössen sind und A insbesondere von $(\lambda + \mu - n)$-ter Stufe ist. Es wird nunmehr:

$$[LM] = [AL_1 \,.\, AM_1] = [AL_1M_1]A,$$

da die Voraussetzungen von Nr. 103 erfüllt sind, und hier ist $[AL_1M_1]$ ein progressives Produkt n-ter Stufe, also eine Zahl. Somit ist das Produkt $[LM]$ auch im Falle $\lambda + \mu > n$ eine einfache Grösse. Damit ist unser Satz bewiesen.

Satz 2. *Die Ergänzung einer einfachen Grösse ist stets wieder eine einfache Grösse.*

Beweis. Dass die Ergänzung einer Grösse *erster Stufe* wieder eine einfache Grösse ist, liegt auf der Hand; denn diese Ergänzung ist von $(n - 1)$-ter Stufe, und nach Nr. 88 (S. 61) und nach der Anmerkung dazu (S. 402) ist überhaupt jede Grösse $(n - 1)$-ter Stufe einfach.

Ist andrerseits A eine einfache Grösse *m-ter Stufe*, so kann man setzen: $A = [a_1 \ldots a_m]$, wo $a_1, \ldots a_m$ Grössen erster Stufe sind. Nach Nr. 98 wird daher:

$$|A = [|a_1 |a_2 \ldots |a_m].$$

Hier sind $|a_1$, $|a_2, \ldots$ wie eben gezeigt, einfache Grössen $(n - 1)$-ter Stufe, nach dem vorhin bewiesenen Satze 1 ist daher auch ihr Produkt, das heisst die Ergänzung von A eine einfache Grösse.

Der dritte Satz, den wir hier beweisen wollen, ist das Gegenstück zu Nr. 79b und kann folgendermassen ausgesprochen werden**):

Satz 3. *Sind A und B zwei von Null verschiedene einfache Grössen und ist A dem B untergeordnet, so lässt sich A in der Form:*

$$A = [BC]$$

darstellen, wo C eine einfache Grösse und wo das Produkt $[BC]$ regressiv ist.

Beweis. Es seien α und β die Stufenzahlen von A und B, und B sei nach 79b als progressives Produkt in der Form: $B = [AL]$ dargestellt, wo L eine einfache Grösse $(\beta - \alpha)$-ter Stufe ist. Ferner sei D eine einfache Grösse $(n - \beta)$-ter Stufe, die mit B und folglich auch mit A kein Gebiet erster Stufe gemein hat, so dass also $[BD]$ eine von Null verschiedene Zahl und $[AD]$ ein von Null ver-

---

*) Für $\lambda + \mu = n$ ist das Produkt eine Zahl; die Zahlen müssen aber auch zu den einfachen Grössen gerechnet werden.

**) In A_1 findet sich dieser ganz beiläufig in einer Anm. zu § 153 (diese Ausg. I, 1, S. 256, 1. Anm.).

schiedenes progressives Produkt ist. Wir wollen uns D insbesondere so gewählt denken, dass $[BD] = 1$ wird. Die Summe der Stufenzahlen von A, L, D ist dann gleich n und es wird somit nach Nr. 103:

$$[B \,.\, AD] = [AL \,.\, AD] = [ALD]A = [BD]A = A,$$

oder, wenn man das progressive Produkt $[AD]$ gleich C setzt:

$$A = [BC].$$

Damit ist die behauptete Darstellung von A geleistet, denn das Produkt $[BC]$ ist augenscheinlich regressiv, da C die Stufenzahl $\alpha + n - \beta$ hat.

Aus der letzten Gleichung folgt nach 97:

$$|A = [|B \; |C],$$

wo $|A$, $|B$, $|C$ nach Satz 2 wieder einfache Grössen sind, und wo jetzt das Produkt $[|B\,|C]$ (nach 115) progressiv ist. Hierin liegt:

Satz 4. *Sind A und B einfache Grössen und ist A dem B untergeordnet, so ist die Ergänzung $|A$ der Ergänzung $|B$ übergeordnet.*

Aus Satz 2 und 4 folgt endlich der

Satz 5. *Die Ergänzungen zweier incidenter einfacher Grössen sind wieder incidente einfache Grössen.*

Nr. **107.** S. 77, Z. 2, 3 v. o. Es ist hier vorausgesetzt, dass

$$[ACD] = [A \,.\, CD] \quad \text{und} \quad [A \,.\, BC] = [ABC]$$

sei, was nicht so ohne Weiteres erlaubt ist. Man kann indes diesen Einwand beseitigen, wenn man wieder, wie beim Beweise der Formel 105, die beiden Fälle unterscheidet, wo die Summe der Stufenzahlen von A, B, C gleich n, und wo sie gleich $2n$ ist.

Im *ersten* Falle lässt sich der Beweis genau wie im Texte von 107 führen; denn setzt man $[BC] = [CD]$, so ist D von gleicher Stufe mit B, also

$$[AC \,.\, BC] = [AC \,.\, CD] = [ACD]C.$$

Hier sind nun die Produkte $[AC]$ und $[ACD]$ progressiv, weil bei beiden der Voraussetzung zufolge die Stufensumme ihrer Faktoren nicht grösser als n ist. Es ist daher (nach 80)

$$[ACD] = [A \,.\, CD]$$

oder, da $[CD] = [BC]$ ist,

$$[ACD] = [A \,.\, BC] = [ABC],$$

und es wird somit wirklich

$$[AC \,.\, BC] = [ABC]C.$$

Ist *zweitens* die Summe der Stufenzahlen von A, B, C gleich $2n$, so verfahre man ebenso wie in dem Beweise von Nr. 105.

Nr. **105—107,** Anm. S. 77, Z. 4—11 v. o. Es seien wie vorher α, β, γ die Stufenzahlen der einfachen Grössen A, B, C. Da die beiden Fälle $\alpha + \beta + \gamma = n$ und $= 2n$ schon in Nr. 105—107 erledigt sind, so brauchen wir nur noch die Fälle: $\alpha + \beta + \gamma < n$, $n < \alpha + \beta + \gamma < 2n$ und $\alpha + \beta + \gamma > 2n$ zu behandeln. Von diesen drei Fällen kommt aber vermöge Nr. 101 der letzte ohne Weiteres auf den ersten zurück, wenn man auf beiden Seiten der zu erweisenden Gleichungen die Ergänzungen nimmt. Denn die Ergänzungen $|A$, $|B$, $|C$ sind ja nach Satz 2 der Anmerkung zu Nr. 103, S. 412 wieder einfache Grössen, und zwar mit den Stufenzahlen $n - \alpha$, $n - \beta$, $n - \gamma$, und aus $\alpha + \beta + \gamma > 2n$ folgt, dass

$$n - \alpha + n - \beta + n - \gamma < n$$

ist. Es bleiben also nur die beiden ersten Fälle zu behandeln.

Wir beginnen mit dem Beweis der ersten Formel (S. 77, Z. 7 v. o.):

$$[AB \, . \, AC] = [A \, . \, ABC].$$

I. Fall. $\alpha + \beta + \gamma < n$. Ist $2\alpha + \beta + \gamma \leqq n$, so sind die Produkte $[AB \, . \, AC]$ und $[A \, . \, ABC]$ beide progressiv und nach Nr. 109 beide null, da jedesmal die Gebiete beider Faktoren ein Gebiet α-ter Stufe gemein haben. Ist dagegen $2\alpha + \beta + \gamma > n$, so sind jene Produkte beide regressiv und wiederum nach 109 beide null, da die einfachen Grössen A, $[AB]$, $[AC]$, $[ABC]$ sämmtlich von einem Gebiete von höchstens $(\alpha + \beta + \gamma)$-ter Stufe umfasst werden.

II. Fall. $n < \alpha + \beta + \gamma < 2n$. Wenn $[AB]$ verschwindet, so sind beide Seiten der zu erweisenden Gleichung null; ist andrerseits $\alpha + \beta = n$, so ist $[AB]$ eine Zahl, die in dem Produkte beliebig gestellt werden kann, und da

$$[ABC] = [(AB)C]$$

ist, so ist die zu erweisende Gleichung ebenfalls richtig. *Wir können daher annehmen, dass* $[AB] \gtrless 0$ *und* $\alpha + \beta \gtrless n$ *ist.*

Nunmehr müssen wir vier verschiedene Unterfälle einzeln behandeln, denn $\alpha + \beta$ kann $< n$ oder $> n$ sein und $\alpha + \gamma$ kann $\leqq n$ oder $\geqq n$ sein.

1. Unterfall. $\alpha + \beta < n$, $\alpha + \gamma \leqq n$, also $2\alpha + \beta + \gamma < 2n$. Werden A, B und C von einem Gebiete niederer als n-ter Stufe umfasst, so gilt dasselbe auch von den Grössen: C, $[AB]$ und $[AC]$, die regressiven Produkte $[AB \, . \, AC]$ und $[(AB)C] = [ABC]$ sind daher nach Nr. 109 beide null. Nehmen wir daher an, *dass* A, B, C *von keinem Gebiete von niederer als n-ter Stufe umfasst werden.*

Unter dieser Voraussetzung haben $[AB]$ und C ein Gebiet $(\alpha + \beta + \gamma - n)$-ter, aber keines von höherer Stufe gemein und lassen sich daher nach Nr. 87 in der Form:

$$[AB] = [DL], \quad C = [DC_1]$$

darstellen, wo die Summe der Stufenzahlen von D, L und C_1 gleich n ist. Nach Nr. 103 wird daher:

$$[ABC] = [DL \, . \, DC_1] = [DLC_1]D,$$

wo $[DLC_1] = [ABC_1]$ eine Zahl ist.

Nunmehr kommt es darauf an, ob A und C ein Gebiet gemein haben oder nicht.

Haben A und C ein Gebiet erster oder höherer Stufe gemein, so gilt dasselbe auch von A und D, nach Nr. 109 sind daher die progressiven Produkte $[AC]$ und $[AD]$ beide null, demnach wird:

$$[A \, . \, ABC] = [DLC_1][AD] = 0 = [AB \, . \, AC],$$

das heisst, die zu erweisende Gleichung ist erfüllt.

Haben dagegen A und C kein Gebiet erster oder höherer Stufe gemein, so gilt dasselbe auch von A und D, folglich sind $[AD]$ und $[AC]$ beide $\gtrless 0$ und zwar wird:

$$[AC] = [A(DC_1)] = [(AD)C_1],$$

da das Produkt $[A(DC_1)]$ rein progressiv ist (s. Nr. 116 und 119). Andrerseits werden $[AB]$ und $[AC]$ nach unsrer Voraussetzung von keinem Gebiete niederer als n-ter Stufe umfasst und haben daher ein Gebiet von $(2\alpha + \beta + \gamma - n)$-ter, aber keines von höherer Stufe gemein; zugleich ist klar, dass $[AD]$ eine Grösse

$(2\alpha + \beta + \gamma - n)$-ter Stufe dieses Gebietes ist. Demnach wird sich $[AB]$ in der Form:

$$[AB] = [(AD)B_1]$$

darstellen lassen und es ergiebt sich nach 103:

$$[AB \,.\, AC] = [(AD)B_1 \,.\, (AD)C_1] = [(AD)B_1 C_1][AD] = [ABC_1][AD],$$

während der vorhin gefundene Werth von $[ABC]$ ergiebt:

$$[A \,.\, ABC] = [DLC_1][AD] = [ABC_1][AD].$$

Folglich sind beide Ausdrücke gleich.

Damit ist der erste Unterfall vollständig erledigt.

2. Unterfall. $\alpha + \beta > n$, $\alpha + \gamma \leqq n$. Da $[AB] \gtrless 0$ sein soll, so werden die Gebiete von A und B ein Gebiet von $(\alpha + \beta - n)$-ter aber keines von höherer Stufe gemein haben. Ist M eine Grösse dieses Gebietes, so können wir setzen:

$$A = [MA_1], \quad B = [MB_1]$$

und es wird nach Nr. 103:

$$[AB] = [MA_1 \,.\, MB_1] = [MA_1 B_1]M,$$

wo $[MA_1 B_1]$ eine Zahl ist, mithin:

$$[AB \,.\, AC] = [MA_1 B_1][M \,.\, AC].$$

Andrerseits ergiebt sich:

$$[A \,.\, ABC] = [MA_1 B_1][A \,.\, MC],$$

es ist aber $[A \,.\, MC] = [MA_1 \,.\, MC]$ und hier ist die Summe der Stufenzahlen von M, A_1 und C gleich $\alpha + \gamma$, also $\leqq n$, somit kommen wir entweder auf den Fall I oder auf Nr. 103 zurück und finden:

$$[A \,.\, MC] = [MA_1 \,.\, MC] = [M \,.\, MA_1 C] = [M \,.\, AC],$$

es wird folglich wieder:

$$[AB \,.\, AC] = [A \,.\, ABC].$$

3. und 4. Unterfall. Die beiden noch übrigen Unterfälle: $\alpha + \beta > n$, $\alpha + \gamma \geqq n$ und $\alpha + \beta < n$, $\alpha + \gamma \geqq n$ kommen auf den 1. und 2. zurück, wenn man auf beiden Seiten der zu erweisenden Gleichung die Ergänzungen nimmt.

Die zweite Formel (S. 77, Z. 8 v. o.)

$$[AB \,.\, BC] = [B \,.\, ABC]$$

ist eine unmittelbare Folge der ersten. In der That, man hat: $[ABC] = [(AB)C]$ und $[AB] = \pm [BA]$, also ergiebt sich aus der ersten Formel:

$$[BA \,.\, AC] = [A \,.\, (BA)C] = [A \,.\, BAC],$$

was eben die zweite Formel ist.

Die dritte Formel (S. 77, Z. 9 v. o.):

$$[AC \,.\, BC] = [C \,.\, ABC]$$

kann in den Fällen $\alpha + \beta + \gamma \leqq n$ und $\geqq 2n$ genau so bewiesen werden wie die erste. *In dem Falle $n < \alpha + \beta + \gamma < 2n$ dagegen ist sie nicht mehr allgemein gültig,* wie man am Besten durch Betrachtung eines Beispiels erkennt.

Es sei $n = 5$ und:

$$A = [e_1 e_2], \quad B = [e_1 e_3], \quad C = [e_4 e_5],$$

dann ist $[AB]$ und also auch $[ABC]$ null, andrerseits aber wird:

$$[AC] = [e_1 e_2 e_4 e_5] = [e_1 e_4 e_5 e_2], \quad [BC] = [e_1 e_3 e_4 e_5] = [e_1 e_4 e_5 e_3]$$

und somit:

$$
\begin{aligned}
[AC \,.\, BC] &= [e_1 e_4 e_5 e_2 \,.\, e_1 e_4 e_5 e_3] \\
&= [e_1 e_4 e_5 e_2 e_3][e_1 e_4 e_5] && [103] \\
&= [e_1 e_4 e_5] && [58,\ 94],
\end{aligned}
$$

also nicht gleich Null, womit die Unrichtigkeit der dritten Formel in diesem Falle bewiesen ist.

Nr. **108.** S. 77, Z. 15 f. v. o. Beide Formeln sind auch dann noch gültig, wenn B dem A übergeordnet ist, also überhaupt, *wenn A und B incident sind.* Da die erste der beiden Formeln in Nr. 129 in dieser allgemeineren Bedeutung angewendet wird, so wollen wir gleich hier den Beweis beider Formeln auch für den im Texte nicht behandelten Fall erbringen.

Es seien also A, B, C einfache Grössen mit den Stufenzahlen α, β, γ, die Summe der Stufenzahlen von A und C, also $\alpha + \gamma$ sei n und A sei dem B untergeordnet. Dann sind nach der Anmerkung zu Nr. 103 (S. 412 f.) auch $|A$, $|B$, $|C$ einfache Grössen und es ist $|B$ dem $|A$ untergeordnet, überdies ist die Summe der Stufenzahlen von $|A$ und $|C$ gleich $n - \alpha + n - \gamma = 2n - n = n$. Demnach ist nach 108:

$$
\begin{aligned}
[|A \,.\, (|B|C)] &= [|A|C]|B, \\
[|C|B \,.\, |A] &= [|C|A]\,|B,
\end{aligned}
$$

und hieraus folgt nach 101 das Bestehen der Gleichungen von Nr. 108 auch in dem jetzt betrachteten Falle.

Nr. **112.** S. 82 f. Vermöge dieses Satzes kann man jede einfache Grösse eines Hauptgebietes n-ter Stufe als ein rein regressives Produkt von einfachen Grössen $(n-1)$-ter Stufe darstellen. Ist nämlich eine einfache Grösse m-ter Stufe vorgelegt: $C = [a_1 \ldots a_m]$, so braucht man nur $n - m$ Grössen erster Stufe a_{m+1}, $\ldots a_n$ so zu bestimmen, dass sie unter einander und mit $a_1, \ldots a_m$ in keiner Zahlbeziehung stehen und dass $[a_1 a_2 \ldots a_n] = 1$ wird. Definirt man dann die Grössen $A_1, \ldots A_n$ so wie in Nr. 112, so hat man: $C = [A_n A_{n-1} \ldots A_{m+1}]$. Zugleich ist hierdurch die Möglichkeit gegeben, die Ergänzung von C in einfacher Weise als ein kombinatorisches Produkt von Grössen erster Stufe darzustellen. Nach Nr. 98 wird ja:

$$|C = [|A_n|A_{n-1} \ldots |A_{m+1}],$$

wo die $|A_k$ Grössen erster Stufe sind, die sofort hingeschrieben werden können, sobald man ermittelt hat, in welcher Weise $A_1, \ldots A_n$ aus den n Einheiten $(n-1)$-ter Stufe abgeleitet sind.

Es leuchtet ein, dass man hierdurch in den Stand gesetzt ist, nach Belieben bald Grössen erster, bald Grössen $(n-1)$-ter Stufe zu Grunde zu legen. In der Sprache der modernen projectiven Geometrie kommt das darauf hinaus, dass man bald mit Punkt- bald mit Ebenenkoordinaten rechnet.

Uebrigens hätten in dem Satze Nr. 112 zwei besondere Fälle der darin bewiesenen allgemeinen Formel ausdrücklich erwähnt werden sollen. Es sind das die beiden Formeln:

$$[A_n A_{n-1} \ldots A_2] = a_1$$

und:

$$[A_n A_{n-1} \ldots A_1] = 1,$$

die nachher (vgl. Nr. 292, 299 und 300) mehrfach benutzt werden.

Der Satz 112 ist später von Clebsch in den Göttinger Abh. Bd. XVII (1872) und von F. Meyer in seinem Buche: „Apolarität und rationale Curven“ Tübingen 1883 benutzt worden und zwar in der Form eines Satzes über Matrices.

Nr. **113.** S. 83. Da A die Stufenzahl α hat, so ist $n - \alpha$ die Stufenzahl der D_r und $m - (n - \alpha) = m + \alpha - n$ die der C_r; demnach ist $m + \alpha$ nothwendig $> n$ und somit das Produkt $[AB]$ regressiv. Da nun die $[AD_r]$ Zahlen sind und die C_r dem Gebiete der einfachen Grösse B angehören, so kommt der ganze Satz auf Folgendes hinaus: *Wird eine beliebige Grösse A mit einer einfachen Grösse B multiplicirt und ist das Produkt $[AB]$ regressiv, so ist $[AB]$ eine dem Gebiete von B angehörige Grösse, für die in dem Satze eine explicite Darstellung gegeben wird.*

Zur Fassung des Satzes ist zu bemerken, dass in dem Falle, wo die Stufenzahl der C_r gleich $m - 1$ ist, jedes D_r nur einen der einfachen Faktoren von B enthält, und dass man dann die Gleichung $[C_r D_r] = B$ unter Umständen nur durch Aenderung des Vorzeichens des betreffenden einfachen Faktors befriedigen kann.

Der Beweis von Nr. 113 enthält eine Lücke. Bildet man nämlich nach Anleitung von S. 83, Z. 13—11 v. u. alle Kombinationen $A_1, A_2, \ldots$ von der Beschaffenheit, dass A_r jedesmal aus den Grössen $b_1, \ldots b_n$ besteht, die in D_r fehlen, so erhält man keineswegs alle Kombinationen von $b_1, \ldots b_n$ zur α-ten Klasse, während doch A im Allgemeinen erst aus allen diesen Kombinationen numerisch ableitbar ist. Diese Lücke lässt sich jedoch leicht ausfüllen.

Wir können A immer in der Form:

$$A = \Sigma \alpha_r A_r + \Sigma \alpha_{\mathfrak{a}}' A_{\mathfrak{a}}'$$

schreiben, wo jedes A_r gerade $m - (n - \alpha)$ und nicht mehr von den m Faktoren $b_1, \ldots b_m$ enthält, während jedes $A_{\mathfrak{a}}'$ mindestens $m - (n - \alpha) + 1$ von diesen m Faktoren enthält. Dann hat jedes $A_{\mathfrak{a}}'$ mit jedem D_r mindestens einen Faktor erster Stufe gemein und die progressiven Produkte $[A_{\mathfrak{a}}' D_r]$ sind daher alle null; ferner hat B mit jedem $A_{\mathfrak{a}}'$ ein Gebiet von höherer als $(m + \alpha - n)$-ter Stufe gemein, es sind daher auch die regressiven Produkte $[A_{\mathfrak{a}}' B]$ alle null. Bilden wir nun das Produkt $[AB]$, so wird wie im Texte:

$$[AB] = \Sigma \alpha_r [A_r B] = \Sigma \alpha_r [A_r D_r] C_r = \sum_{rs} \alpha_s [A_s D_r] C_r,$$

wofür man wegen $[A_{\mathfrak{a}}' D_r] = 0$ auch schreiben kann:

$$[AB] = \sum_r [(\Sigma \alpha_s A_s + \Sigma \alpha_{\mathfrak{a}}' A_{\mathfrak{a}}') D_r] C_r = \Sigma [A D_r] C_r.$$

Nr. **120.** S. 89. Der Begriff der Kongruenz wird von dieser Nummer ab in etwas allgemeinerer Bedeutung gebraucht, als der in Nr. 2 aufgestellten Erklärung des Kongruenzbegriffes entspricht. Während nämlich dort nur zwei von Null verschiedene Grössen kongruent genannt wurden, wenn sie einer Zahlbeziehung unterliegen, wird von jetzt ab auch von zwei verschwindenden Grössen gesagt, sie seien kongruent. (Vgl. namentlich den zweiten Theil des Beweises von Nr. 121 und Nr. 313 Anm.)

Nr. **125,** Anm. S. 96, Z. 16—4 v. u. Sind im Falle e) $q + r$ und $q + s$ beide $< n$, so wird:

$$[BAC] = (-1)^{qr} [ABC] \qquad [58]$$

$$= (-1)^{qr + (r-t)(s-t)} [ACB] \qquad [124e],$$

ferner:

$$[ACB] = (-1)^{(n-q-s)(n-r)} [B \,.\, AC] \qquad [120, \text{Bew. } 1]$$

und demnach, wegen: $n - q - s = r - t$ und $s - t + n - r = 2n - 2r - q$ wirklich:

$$[BAC] = (-1)^{qt}[B \,.\, AC].$$

Der Fall, wo $q + r$ und $q + s$ beide $> n$ sind, kommt auf den eben erledigten zurück, wenn man auf beiden Seiten die Ergänzungen nimmt.

Ist im Falle f) $q + r < n$ und $q + s > n$, so ist $q + s - n + r < n$, also:

$$[BAC] = (-1)^{qr}[ABC] = (-1)^{qr}[ACB] \qquad [124\text{f}]$$

$$= (-1)^{qr + (q+s-n)r}[B \,.\, AC] \qquad [95,\ 58]$$

$$= (-1)^{r(n-s)}[B \,.\, AC].$$

Der Fall, wo $q + r > n$ und $q + s < n$, kommt auf den eben erledigten zurück, wenn man auf beiden Seiten die Ergänzungen nimmt.

Wird eine der beiden Summen $q + r$ oder $q + s$ gleich n, so sind B und C auch im Falle e) incident und es besteht zwischen den beiden Fällen e) und f) kein Unterschied mehr. Daher fällt für $q + r = n$, wo $s = t$ wird, die erste Formel bei e) mit der zweiten bei f) zusammen, und die zweite Formel bei e) mit der ersten bei f). Wird $q + s = n$, so gilt entsprechendes.

Nr. **125**, Anm. S. 96, Z. 4 v. u. „Auch ist zu bemerken" u. s. w. Man sehe Nr. 123 Beweis 2 und 3.

Nr. **129**. S. 99, Z. 4 v. u. Es ist von Interesse, diesen Ausdruck für die Zurückleitung (Abschattung) mit dem zu vergleichen, den Grassmann in der A_1 gegeben hat.

Die in Nr. 129 mit A, A', B, C bezeichneten Grössen heissen in A_1 der Reihe nach: A, A', G, L (A_1, § 149, diese Ausg. I, 1, S. 250f.) und der in Nr. 129 für A' gegebene Ausdruck erhält bei Benutzung dieser Buchstaben die Gestalt

$$A' = \frac{[G \,.\, AL]}{[GL]}.$$

Es seien nun p und m die Stufenzahlen von A und G und also $n - m$ die Stufenzahl von L. Im Falle der *progressiven* Zurückleitung ist dann (nach Nr. 128) $m \geqq p$, also: $p + (n - m) \leqq n$ und somit (nach 58 und 120, Beweis 1):

$$[GL] = (-1)^{m(n-m)}[LG], \quad [AL] = (-1)^{p(n-m)}[LA]$$

$$[G \,.\, LA] = (-1)^{(n-m)(m-p)}[LA \,.\, G]$$

Im Falle der *regressiven* Zurückleitung ist dagegen $m \leqq p$, also: $p + (n - m) \geqq n$, und somit:

$$[GL] = (-1)^{m(n-m)}[LG], \quad [AL] = (-1)^{(n-p)m}[LA]$$

$$[G \,.\, LA] = (-1)^{m(p-m)}[LA \,.\, G],$$

weil $[LA]$ nach Nr. 95 eine Grösse $(p - m)$-ter Stufe wird und $m + (p - m) \leqq n$, das Produkt $[G \,.\, LA]$ also progressiv ist. Es wird daher in beiden Fällen:

$$A' = \frac{[LA \,.\, G]}{[LG]},$$

was genau der in A_1 am a. a. O. aufgestellte Ausdruck ist.

Nr. **129**. S. 100, Z. 13ff. v. o. „Die Produkte $[A_{u+1}C], \ldots [A_v C]$ sind aber in Bezug auf die Faktoren $a_1, \ldots a_n$ reine (nach 114, {127, 128 und 119b})". Bezeichnet man nämlich die Stufenzahlen von A, B, C mit α, β, γ und sind *zuerst $a_1, \ldots a_n$ Grössen erster Stufe,* so ist (nach 127) die Zurückleitung progressiv und also (nach 128)

$$\alpha \gtreqless \beta,$$

oder, da die Stufenzahl γ des ausgeschlossenen Gebietes C die Stufenzahl von B zu der des Hauptgebietes ergänzt, also $\beta = n - \gamma$ ist, so ergiebt sich

$$\alpha \overline{\overline{<}}\, n - \gamma \quad \text{oder} \quad \alpha + \gamma \overline{\overline{<}}\, n.$$

Die Produkte $[A_{u+1}C], \ldots$ sind somit in Bezug auf die Faktoren A_{u+1} und $C, \ldots$ progressiv, und bleiben daher (nach 119b) auch rein progressiv, wenn man ihre Faktoren in lauter Faktoren erster Stufe auflöst.

Sind *hingegen* die Faktoren $a_1, \ldots a_n$ *Grössen* $(n-1)$*-ter Stufe,* so ist (nach 127) die Zurückleitung regressiv und also (nach 128)

$$\alpha \overline{\overline{>}}\, \beta \quad \text{oder} \quad \alpha \overline{\overline{>}}\, n - \gamma, \quad \text{das heisst} \quad \alpha + \gamma \overline{\overline{>}}\, n.$$

Die Produkte $[A_{u+1}C], \ldots$ sind demnach in Bezug auf die Faktoren A_{u+1} und $C, \ldots$ regressiv und bleiben daher (nach 119b) auch dann rein regressiv, wenn man ihre Faktoren A_{u+1} und $C, \ldots$ in Produkte aus Grössen $(n-1)$-ter Stufe auflöst, das heisst, es sind die Produkte $[A_{u+1}C], \ldots$ auch in Bezug auf die Faktoren $a_1, \ldots a_n$ rein regressiv.

Nr. **129.** S. 100, Z. 17—15 v. u. Die hier benutzte Formel ist in 108 nur für den Fall bewiesen, dass B dem A *untergeordnet* ist, sie gilt jedoch wie in der Anmerkung zu Nr. 108 (S. 416) gezeigt ist, auch dann, wenn B dem A *übergeordnet* ist.

Nr. **127** bis **129.** Bei den im fünften Kapitel des ersten Abschnitts gegebenen Anwendungen auf die Geometrie ist der Begriff der Zurückleitung nicht berücksichtigt. Es erscheint aber wünschenswerth, diesen wichtigen Begriff durch geometrische Beispiele zu erläutern, da die Allgemeinheit und Abstraktheit der in den Nummern 127—129 gegebenen Darstellung, wie es scheint, das Verständniss der entwickelten Begriffe wesentlich erschwert hat. So bezeichnet Hagen, der in seiner Synopsis der Mathematik auch einen Ueberblick über die Ausdehnungslehre und verwandte Methoden giebt, die Theorie der Zurückleitung als dunkel. (Vgl. Hagen, Synopsis der höheren Mathematik Bd. II. S. 137.) Es möge daher im Folgenden eine Anwendung der allgemeinen Formel der Zurückleitung (aus Nr. 129) auf diejenigen Fälle gegeben werden, die sich darbieten, wenn man den Raum im Sinne von Nr. 216 als Gebiet vierter Stufe auffasst und die kombinatorische Multiplikation auf dieses Gebiet als Hauptgebiet bezieht.

Unter dieser Voraussetzung ergeben sich acht Fälle der Zurückleitung, von denen aber immer die beiden hinsichtlich des Grund- und Leitgebietes (vgl. A_1, § 82, diese Ausgabe I, 1, S. 145) dualistischen Fälle zusammen behandelt werden können. Dabei sind zwei von den acht Fällen zu sich selbst dualistisch. Die Darstellung zerfällt daher in fünf Abschnitte.

I. Die Zurückleitung y eines Punktes x auf einen Flächentheil α unter Ausschluss eines Punktes b wird (nach Nr. 129) analytisch durch den Bruch dargestellt

$$(1) \qquad y = \frac{[\alpha \,.\, xb]}{[\alpha b]}$$

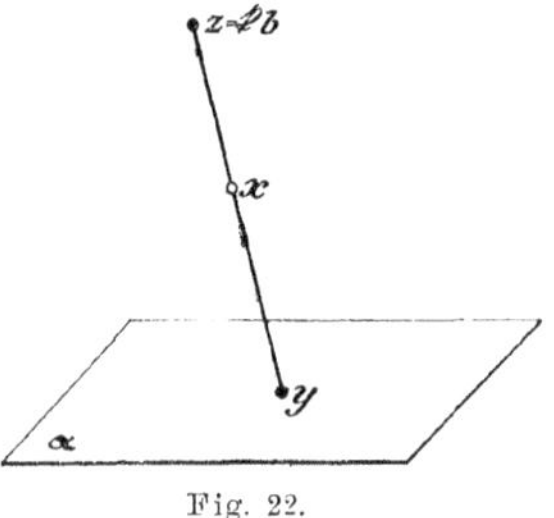

Fig. 22.

und bedeutet geometrisch (vgl. Fig. 22) den Punkt, der *erstens* der Ebene des Flächentheils α angehört, und der *zweitens* der Gleichung

$$(2) \qquad x = y + z$$

genügt, wo z ein mit b kongruenter Punkt ist, also

(3) $$z = \mathfrak{k} b$$
ist, unter $\mathfrak{k}$ einen Zahlfaktor verstanden.

Durch diese beiden Eigenschaften wird die Zurückleitung y eindeutig bestimmt. Denn aus der Gleichung (2), welche sich mit Rücksicht auf (3) auch in der Form $y + \mathfrak{k} b = x$ schreiben lässt, folgt durch bezügliche Multiplikation mit b
$$[yb] = [xb]$$
und hieraus durch bezügliche Multiplikation mit α
$$[\alpha \,.\, yb] = [\alpha \,.\, xb].$$
Die linke Seite dieser letzten Gleichung ist aber nach Nr. 108 $= [\alpha b]y$, denn die Stufensumme von α und b ist gleich der des Hauptgebietes, und nach der Voraussetzung soll y dem α untergeordnet sein. Die Gleichung verwandelt sich daher in
$$[\alpha b]y = [\alpha \,.\, xb],$$
aus der für y der in (1) angegebene Werth folgt
$$y = \frac{[\alpha \,.\, xb]}{[\alpha b]}.$$

Der in dieser Entwickelung verwendete Hülfspunkt z lässt sich ebenfalls als Zurückleitung des Punktes x auffassen, nämlich als Zurückleitung des Punktes x auf den Punkt b unter Ausschluss des Flächentheils α, und wird also (nach 129) durch den Bruch dargestellt

(4) $$z = \frac{b[x\alpha]}{[b\alpha]}.$$
In der That folgt aus der Gleichung (2) durch Multiplikation mit α, da (nach Nr. 121) $[y\alpha] = 0$ ist,
$$[z\alpha] = [x\alpha]$$
und hieraus durch Multiplikation mit b
$$b[z\alpha] = b[x\alpha].$$
Hier ist die linke Seite (nach Nr. 108) $= [b\alpha]z$, denn z ist dem b untergeordnet, und die Stufensumme von b und α ist $= 4$. Folglich geht die letzte Gleichung über in
$$[b\alpha]z = b[x\alpha],$$
woraus für z wirklich der Werth (4) folgt. Damit ist bewiesen, dass auch der Punkt z als Zurückleitung von x aufgefasst werden kann. Und zwar geht diese Zurückleitung aus der Zurückleitung y dadurch hervor, dass man das Gebiet, auf welches zurückgeleitet wird (das Grundgebiet nach A_1), mit dem ausgeschlossenen Gebiet (dem Leitgebiet) vertauscht. Diese Zurückleitung z hat dann zufolge der Gleichung (2) die Eigenschaft, zur ursprünglichen Zurückleitung y addirt die zurückgeleitete Grösse x zu ergeben. Aus diesem Grunde möge die Grösse z die zur Zurückleitung y gehörige *ergänzende Zurückleitung* von x genannt werden.

Setzt man schliesslich noch die Werthe (1) und (4) in die Gleichung (2) ein und stellt zugleich im Nenner von (4) die Faktoren um, wodurch ein Zeichenwechsel bedingt wird, so erhält man für x die Zerlegungsformel

(5) $$x = \frac{[\alpha \,.\, xb] - b[x\alpha]}{[\alpha b]},$$
durch welche der Punkt x als die Summe zweier Punkte (gleichsam zweier Komponenten) $\frac{[\alpha \,.\, xb]}{[\alpha b]}$ und $-\frac{b[x\alpha]}{[\alpha b]}$ dargestellt wird, von denen der eine in der Ebene α liegt und der andere mit dem Punkte b zusammenfällt.

II. Die Zurückleitung Y eines Linientheils X auf einen Flächentheil α unter Ausschluss eines Punktes b wird (nach Nr. 129) analytisch durch den Bruch dargestellt

$$(6) \qquad Y = \frac{[\alpha . Xb]}{[\alpha b]},$$

und bedeutet geometrisch (vgl. Fig. 23) den Linientheil, der *erstens* der Ebene des Flächentheils α angehört und der *zweitens* die Gleichung

$$(7) \qquad X = Y + Z$$

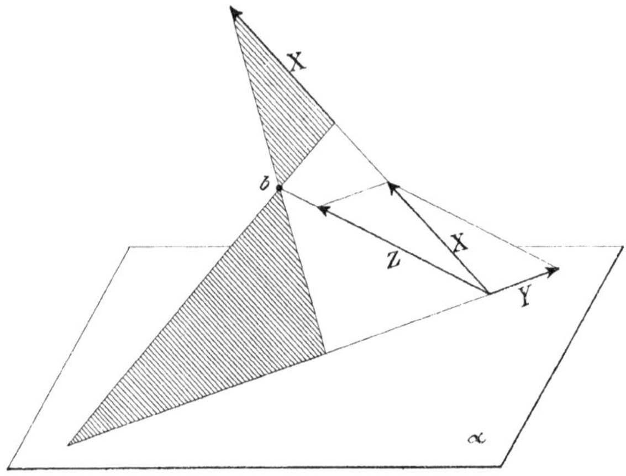

Fig. 23.

erfüllt, unter Z einen Linientheil verstanden, dessen Gerade durch den Punkt b hindurchgeht.

Diese beiden Eigenschaften bestimmen wieder den Linientheil Y eindeutig; denn aus der Gleichung (7) folgt durch Multiplikation mit b

$$[Yb] = [Xb]$$

und aus dieser durch Multiplikation mit α

$$[\alpha . Yb] = [\alpha . Xb].$$

Die linke Seite dieser Gleichung ist aber (nach Nr. 108) $= [\alpha b]Y$, denn die Stufensumme von α und b ist gleich der des Hauptgebietes, und nach der Voraussetzung soll Y dem α untergeordnet sein. Die letzte Gleichung verwandelt sich daher in $[\alpha b]Y = [\alpha . Xb]$, woraus für Y der in (6) angegebene Werth folgt.

Auch hier ist wieder die Hülfsgrösse Z die zu Y gehörige *ergänzende Zurückleitung* von X, das heisst, die Zurückleitung des Linientheils X auf den Punkt b unter Ausschluss des Flächentheils α und wird somit dargestellt durch den Bruch

$$(8) \qquad Z = \frac{[b . X\alpha]}{[b\alpha]}.$$

In der That folgt aus der Gleichung (7) durch Multiplikation mit α, da (nach Nr. 121) $[Y\alpha] = 0$ ist,

$$[Z\alpha] = [X\alpha],$$

und hieraus durch Multiplikation mit b

$$[b\,.\,Z\alpha] = [b\,.\,X\alpha].$$

Hier ist die linke Seite nach der Verallgemeinerung von Nr. 108 (vgl. die Anmerkung auf S. 416) $= [b\alpha]Z$, denn Z ist dem b übergeordnet und die Stufensumme von b und α ist $= 4$. Die letzte Gleichung geht also über in

$$[b\alpha]Z = [b\,.\,X\alpha],$$

woraus für Z der Werth (8) folgt.

Setzt man schliesslich die Werthe (6) und (8) in die Gleichung (7) ein, so erhält man für X die Zerlegungsformel

(9) $$X = \frac{[\alpha\,.\,Xb] - [b\,.\,X\alpha]}{[\alpha b]},$$

durch die der Linientheil X in die Summe zweier Linientheile (in zwei Komponenten) $\frac{[\alpha\,.\,Xb]}{[\alpha b]}$ und $-\frac{[b\,.\,X\alpha]}{[\alpha b]}$ zerlegt ist, von denen der eine in der Ebene α liegt, während der andere durch den Punkt b hindurchgeht.

Es ist wichtig, dass eine entsprechende Zerlegung auch für eine beliebige Summe $S = X_1 + X_2$ zweier sich nicht schneidender Linientheile X_1 und X_2, das heisst, für eine *Schraube* (im Ballschen Sinne, vgl. die Anmerkung zu Nr. 346, S. 437) möglich ist. Stellt man nämlich die Zerlegungsformel (9) für jeden der beiden Linientheile X_1 und X_2 auf und addirt, so ergiebt sich ohne Weiteres

(10) $$S = \frac{[\alpha\,.\,Sb] - [b\,.\,S\alpha]}{[\alpha b]},$$

wodurch die Schraube S in zwei Linientheile $\frac{[\alpha\,.\,Sb]}{[\alpha b]}$ und $-\frac{[b\,.\,S\alpha]}{[\alpha b]}$ zerlegt ist, von denen der erste in der Ebene des Flächentheils α liegt, während der zweite durch den Punkt b geht (vgl. hierzu die Entwickelung in Nr. 285).

III. Die Zurückleitung η eines Flächentheils ξ auf einen Flächentheil α unter Ausschluss eines Punktes b wird (nach Nr. 129) analytisch dargestellt durch den Bruch

(11) $$\eta = \frac{\alpha[\xi b]}{[\alpha b]}$$

und bedeutet geometrisch (vgl. Fig. 24) den Flächentheil, welcher *erstens* der Ebene des Flächentheils α angehört, und welcher *zweitens* der Gleichung

(12) $$\xi = \eta + \zeta$$

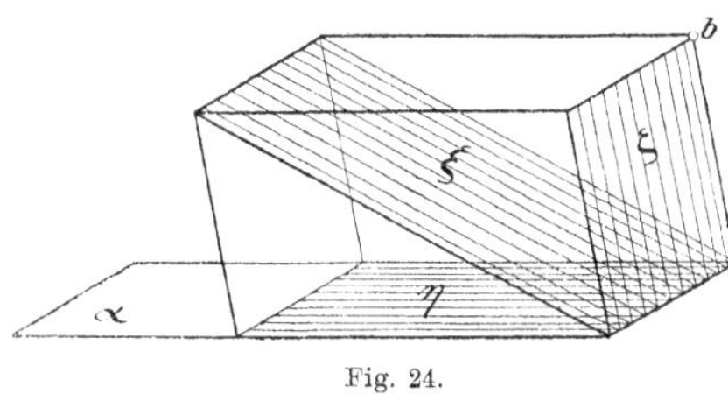

Fig. 24.

genügt, in der ζ ein Flächentheil ist, dessen Ebene durch den Punkt b hindurchgeht. Dieser Flächentheil ζ ist dann wieder die zu η gehörige *ergänzende Zurückleitung* von ξ und wird also dargestellt durch die Gleichung

(13) $$\zeta = \frac{[b\,.\,\xi\alpha]}{[b\alpha]},$$

was sich ebenso wie in den beiden ersten Fällen begründen lässt. Ferner erhält man wieder durch Einführung der Werthe (11) und (13) in die Gleichung (12) für den Flächentheil ξ eine Zerlegungsformel

(14) $$\xi = \frac{\alpha[\xi b] - [b\,.\,\xi\alpha]}{[\alpha b]},$$

durch welche der Flächentheil ξ in die Summe zweier Flächentheile (Komponenten) $\frac{\alpha[\xi b]}{[\alpha b]}$ und $-\frac{[b\,.\,\xi\alpha]}{[\alpha b]}$ zerlegt wird, von denen der eine in der Ebene α liegt, während der andere durch den Punkt b geht.

IV. Die Zurückleitung y des Punktes x auf einen Linientheil A unter Ausschluss eines den ersten nicht schneidenden Linientheils B wird (nach Nr. 129) analytisch ausgedrückt durch den Bruch

$$y = \frac{[A\,.\,xB]}{[AB]} \tag{15}$$

und bedeutet geometrisch (vgl. Fig. 25) den Punkt, welcher *erstens* der Geraden des Linientheils A angehört, und welcher *zweitens* der Gleichung

$$x = y + z \tag{16}$$

genügt, in der z einen Punkt der Geraden B bedeutet. Dieser Punkt z ist dann wieder die zur Zurückleitung y gehörige *ergänzende Zurückleitung* von x und wird durch die Gleichung dargestellt

$$z = \frac{[B\,.\,xA]}{[BA]}. \tag{17}$$

Die Gleichungen (15) und (17) ergeben zugleich die Konstruktion der Punkte y und z als Durchschnitte der Geraden A und B mit den Ebenen $[xB]$ und $[xA]$. Die den beiden Gleichungen zugehörende Zerlegungsformel lautet

$$x = \frac{[A\,.\,xB] + [B\,.\,xA]}{[AB]}. \tag{18}$$

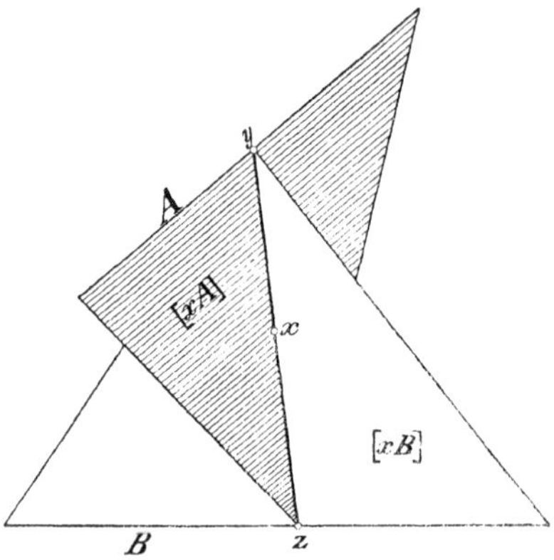

Fig. 25.

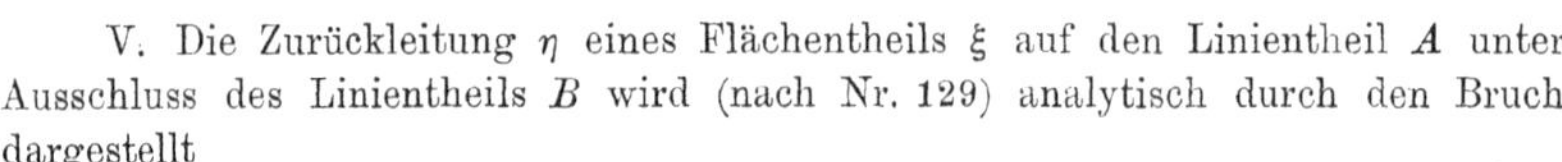

V. Die Zurückleitung η eines Flächentheils ξ auf den Linientheil A unter Ausschluss des Linientheils B wird (nach Nr. 129) analytisch durch den Bruch dargestellt

$$\eta = \frac{[A\,.\,\xi B]}{[AB]} \tag{19}$$

und bedeutet geometrisch (vgl. Fig. 26) den Flächentheil, dessen Ebene *erstens* den Linientheil A enthält und welcher *zweitens* der Gleichung genügt

$$\xi = \eta + \zeta, \tag{20}$$

unter ζ einen Flächentheil verstanden, dessen Ebene den Linientheil B enthält. Dieser Flächentheil ζ ist wieder die zu η gehörige *ergänzende Zurückleitung* von ξ und wird durch den Bruch ausgedrückt

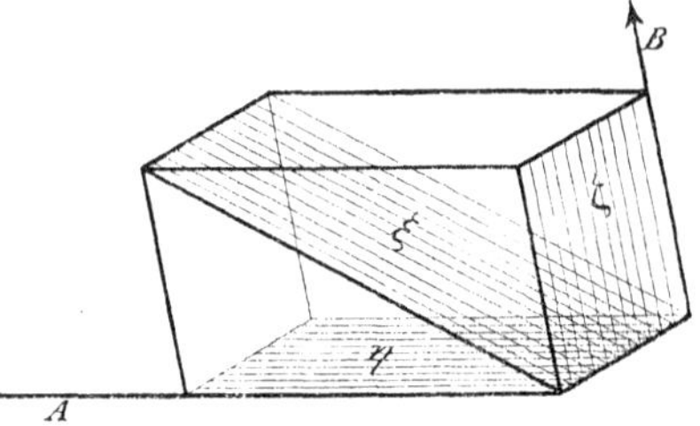

Fig. 26.

$$\zeta = \frac{[B\,.\,\xi A]}{[BA]}. \tag{21}$$

Aus den Gleichungen (19) und (21) entnimmt man zugleich die Konstruktion der Flächentheile η und ζ. Denn nach diesen Gleichungen werden ihre Ebenen bestimmt durch je einen der beiden Linientheile A und B und den Schnittpunkt des andern mit der Ebene ξ. Die zu den Formeln (19) und (21) gehörende Zerlegungsformel lautet

$$\xi = \frac{[A \,.\, \xi B] + [B \,.\, \xi A]}{[AB]}. \tag{22}$$

Durch sie wird der Flächentheil ξ in zwei Komponenten, nämlich in zwei Flächentheile $\frac{[A \,.\, \xi B]}{[AB]}$ und $\frac{[B \,.\, \xi A]}{[AB]}$ zerlegt, von denen der eine durch den Linientheil A, der andere durch den Linientheil B hindurchgeht. H. Grassmann d. J.

Nr. **133.** S. 103, Z. 14—12 v. u. Wenn $m = n - 1$ ist, so enthält jedes F_k nur eine der Einheiten $e_1, \ldots e_n$ als Faktor; man kann daher dann die Gleichungen $[E_k F_k] = 1$ nicht immer durch geeignete Anordnung der Faktoren von F_k befriedigen, sondern muss unter Umständen für F_k eine negativ genommene Einheit setzen. Vgl. die Anmerkung zu Nr. 113, S. 417.

Nr. **134** Auflösung 1, Schluss. S. 106, Z. 10 v. u. Es bleibt noch zu beweisen, dass die angegebenen Werthe von $x_1, x_2, \ldots x_r$ zusammen mit ganz willkürlichen Werthen von $x_{r+1}, \ldots x_n$ der Gleichung (c) auch wirklich Genüge leisten.

Es wurde bereits gezeigt, dass, falls die Gleichungen (a) nicht einen Widerspruch enthalten, sich die Grösse b aus $a_1, \ldots a_r$ müsse numerisch ableiten lassen. Es sei

$$b = y_1 a_1 + y_2 a_2 + \cdots + y_r a_r;$$

ferner sei

$$x_{r+1} a_{r+1} + x_{r+2} a_{r+2} + \cdots + x_n a_n = d \tag{*}$$

gesetzt. Dann wird die Grösse d, da nach der Voraussetzung die Grössen a_{r+1}, $a_{r+2}, \ldots a_n$ aus $a_1, \ldots a_r$ numerisch ableitbar sind, sich ebenfalls aus diesen Grössen ableiten, also in der Form

$$d = z_1 a_1 + z_2 a_2 + \cdots + z_r a_r$$

darstellen lassen. Wegen (*) ist nun $c = b - d$; es wird also

$$c = (y_1 - z_1) a_1 + (y_2 - z_2) a_2 + \cdots + (y_r - z_r) a_r.$$

Setzt man aber diesen Werth von c in die unter (f) angegebenen Ausdrücke für $x_1, x_2, \ldots x_r$ ein, so erhält man

$$x_1 = y_1 - z_1, \quad x_2 = y_2 - z_2, \ldots, x_r = y_r - z_r;$$

und multiplicirt man diese Gleichungen beziehlich mit $a_1, a_2, \ldots a_r$ und addirt, so ergiebt sich

$$x_1 a_1 + x_2 a_2 + \cdots + x_r a_r = b - d,$$

das heisst, mit Rücksicht auf (*), die Gleichung

$$x_1 a_1 + x_2 a_2 + \cdots + x_r a_r + x_{r+1} a_{r+1} + \cdots + x_n a_n = b. \tag{c}$$

Also wird der Gleichung (c) durch die Werthe (f) wirklich genügt.

Nr. **134.** S. 104—109. Die beiden Methoden der Auflösung eines Systems linearer Gleichungen lassen, falls $n < 4$ ist, eine *geometrische Deutung* zu, die für den Fall $n = 3$ entwickelt werden soll.

Um die *erste Auflösung* geometrisch zu deuten, fasse man die Grössen $e^{(1)}, e^{(2)}, e^{(3)}$ als drei nicht in Einer Ebene liegende Strecken auf. Die drei

Grössen a_1, a_2, a_3, welche den Gleichungen (b) zufolge durch die in den *Kolonnen* der Gleichungen (a) stehenden Koefficienten aus den Strecken $e^{(1)}$, $e^{(2)}$, $e^{(3)}$ numerisch abgeleitet sind, werden dann ebenfalls Strecken und liegen, falls zunächst wieder vorausgesetzt wird, dass $[a_1 a_2 a_3] \gtrless 0$ sei, nicht in Einer Ebene. Ferner besagt die Gleichung (c), dass sich die Strecke b aus den drei Strecken a_1, a_2, a_3 numerisch ableiten lasse, und ihre Ableitzahlen x_1, x_2, x_3 sind die gesuchten Unbekannten. Zerlegt man daher die Strecke b in drei Summanden b_1, b_2, b_3, welche beziehlich den Strecken a_1, a_2, a_3 parallel laufen (vgl. Fig. 27), was, solange $[a_1 a_2 a_3] \gtrless 0$ ist, nur auf Eine Art möglich ist, so sind die drei Verhältnisse aus den drei Paaren zusammengehöriger Strecken b_i und a_i die gesuchten Unbekannten x_i, das heisst, es ist

$$x_1 = \frac{b_1}{a_1}, \quad x_2 = \frac{b_2}{a_2}, \quad x_3 = \frac{b_3}{a_3}.$$

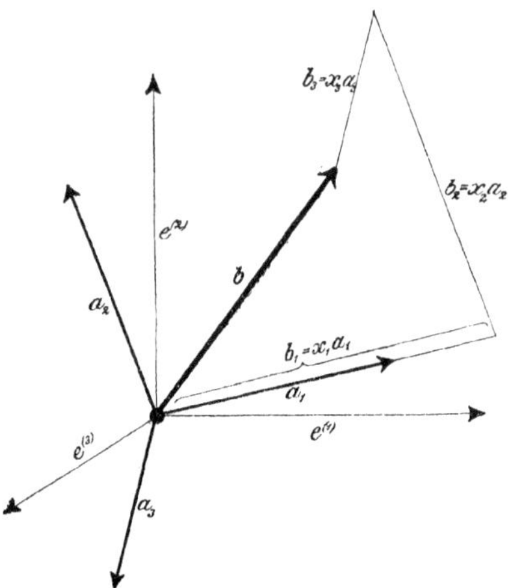

Fig. 27.

In dem Falle, wo das kombinatorische Produkt $[a_1 a_2 a_3] = 0$ ist, aber doch noch zwei von den Grössen a_1, a_2, a_3, etwa a_1 und a_2 in keiner Zahlbeziehung zu einander stehen, konstruire man wieder die vier Strecken a_1, a_2, a_3 und b entsprechend den Gleichungen (b). Dadurch erhält man, falls die Gleichungen (a) nicht einen Widerspruch enthalten, vier Strecken einer und derselben Ebene (vgl. Fig. 28). Dann nehme man die Grösse x_3 ganz willkürlich an, vermindere b um $x_3 a_3$ und setze $b - x_3 a_3 = c$. Schliesslich stelle man c als Vielfachensumme von a_1 und a_2 dar, das heisst, als Summe zweier Strecken c_1 und c_2, welche beziehlich zu a_1 und a_2 parallel laufen, so sind $x_1 = \frac{c_1}{a_1}$ und $x_2 = \frac{c_2}{a_2}$ die jenem beliebig angenommenen Werthe von x_3 entsprechenden Werthe von x_1 und x_2. Giebt man den Strecken a_1, a_2, a_3, b und c (wie in der Fig. 28 geschehen) einen gemeinsamen Anfangspunkt, so erhält man sämmtliche Werthe von x_1, x_2, x_3, welche den gegebenen Gleichungen (a) genügen, wenn man den Endpunkt der Strecke c parallel mit a_3 verschiebt und für jede Lage von c die Strecke b in die Summe $b = c + x_3 a_3$ und die Strecke c selbst in die Summe $c = x_1 a_1 + x_2 a_2$ zerlegt. Entsprechend verfährt man, wenn je zwei von den Grössen a_1, a_2, a_3 in einer Zahlbeziehung stehen.

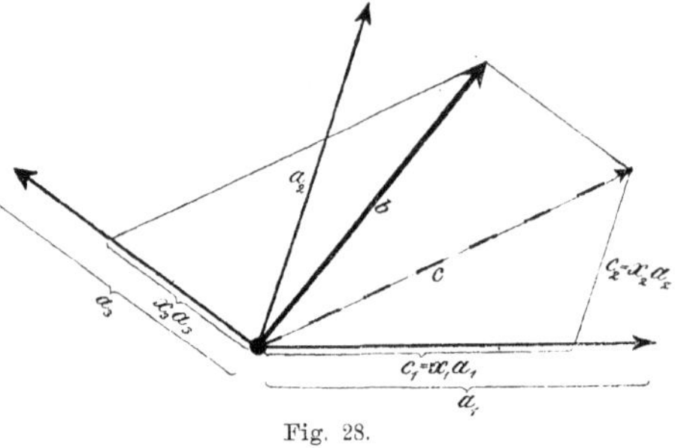

Fig. 28.

Um auch für die *zweite Auflösung* des Systems linearer Gleichungen eine geometrische Deutung zu finden, fasse man die vier Einheiten e_0, e_1, e_2, e_3, deren kombinatorisches Produkt gleich Eins gesetzt war, als einfache Punkte auf, welche die Ecken eines Tetraeders bilden (vgl. Fig. 29). Dann sind die Grössen:

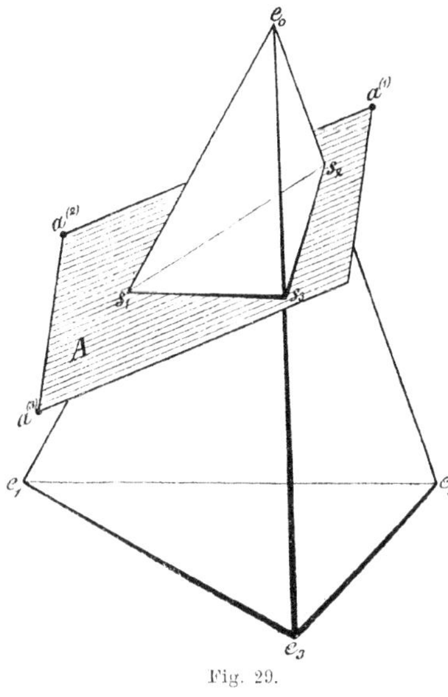

Fig. 29.

$$a^{(1)} = \alpha_0^{(1)} e_0 + \alpha_1^{(1)} e_1 + \alpha_2^{(1)} e_2 + \alpha_3^{(1)} e_3$$
$$a^{(2)} = \alpha_0^{(2)} e_0 + \alpha_1^{(2)} e_1 + \alpha_2^{(2)} e_2 + \alpha_3^{(2)} e_3$$
$$a^{(3)} = \alpha_0^{(3)} e_0 + \alpha_1^{(3)} e_1 + \alpha_2^{(3)} e_2 + \alpha_3^{(3)} e_3,$$

die aus den Einheiten e_0, e_1, e_2, e_3 durch die in den *Zeilen* der Gleichungen (α) auftretenden Koefficienten abgeleitet sind, wiederum Punkte und bestimmen, falls das Produkt $[a^{(1)} a^{(2)} a^{(3)}] \gtrless 0$ ist, einen Flächentheil $A = [a^{(1)} a^{(2)} a^{(3)}]$. Setzt man ferner wieder

$$X = x_0 | e_0 + x_1 | e_1 + x_2 | e_2 + x_3 | e_3,$$

wo also X einen Flächentheil darstellt, und wo $x_0 = 1$ ist, so werden die gegebenen Gleichungen (α) identisch mit den Gleichungen

$$(\delta) \qquad \begin{cases} [a^{(1)} X] = 0, \quad [a^{(2)} X] = 0, \\ \qquad [a^{(3)} X] = 0, \end{cases}$$

welche aussagen, dass die Ebene des Flächentheils X durch die drei Punkte $a^{(1)}$, $a^{(2)}$, $a^{(3)}$ hindurchgeht. Dieser Flächentheil wird sich daher in der Form

$$(\varepsilon) \qquad X = \lambda [a^{(1)} a^{(2)} a^{(3)}] = \lambda A$$

ausdrücken lassen, wo λ eine Zahl bedeutet, deren Werth sich mit Hülfe der Gleichung $[e_0 X] = x_0 = 1$ ermitteln lässt. Die aus der Gleichung (ε) für die Unbekannten x_1, x_2, x_3 hervorgehenden Ausdrücke

$$(\vartheta) \qquad x_1 = \frac{[e_1 A]}{[e_0 A]}, \quad x_2 = \frac{[e_2 A]}{[e_0 A]}, \quad x_3 = \frac{[e_3 A]}{[e_0 A]}$$

stellen dann die drei Unbekannten dar als Verhältnisse derjenigen vier Spate, die durch den Flächentheil A und je eine Ecke des Grundtetraeders bestimmt sind. Nun verhalten sich aber zwei solche Spate, zum Beispiel $[e_1 A]$ und $[e_0 A]$ zu einander wie die beiden Abschnitte $e_1 s_1$ und $e_0 s_1$, in welche die Tetraederkante $e_1 e_0$ durch ihren Schnittpunkt s_1 mit der Ebene A getheilt wird. Die Unbekannten x_1, x_2, x_3 sind daher nichts anderes als die Theilverhältnisse, welche die Ebene des Flächentheils A auf den Tetraederkanten $[e_1 e_0]$, $[e_2 e_0]$, $[e_3 e_0]$ hervorruft, vorausgesetzt, dass die Theile immer von der Tetraederecke aus nach dem Theilpunkte hin gerechnet werden. H. Grassmann d. J.

Nr. **136,** Anm. 2. S. 112, Z. 6 v. o. In der Originalausgabe steht irrthümlich 1845. Die Jahreszahl 1847 wird durch den Briefwechsel zwischen Grassmann und Saint-Venant, der erhalten ist, sicher gestellt.

Ebenda, Z. 11—14 v. o. Cauchy schliesst mehrfach solche Produkte, die im Sinne Grassmanns als äussere zu bezeichnen sind, zwischen zwei senkrechte Striche ein; auch scharfe Klammern wendet er in einer ähnlichen, wenn auch nicht ganz in derselben Bedeutung an.

Nr. **137** und **138.** S. 112f. Auf den Begriff der Ergänzung gestützt, kann Grassmann jetzt das innere Produkt zweier Grössen unmittelbar definiren, während er in der *geometrischen Analyse* immer nur äussere Produkte angegeben hatte, die den betrachteten inneren Produkten proportional waren (vgl. diese Ausg. I, 1, S. 421 unten).

Nr. **147.** S. 115. Der zweite Theil des Beweises dieser Nr. wird wesentlich kürzer, wenn man sich auf den in der Anmerkung zu Nr. 103 bewiesenen Satz 5 stützt (S. 413) und ausserdem Nr. 90 Zusatz benutzt.

Nr. **150.** S. 118, Z. 7. v. o. Die Formel gilt auch, wenn $q = r$ ist; dann ist nämlich $q(r-1)$ sicher gerade, also erhält die Formel von Nr. 150 die Gestalt: $[A|B] = |[B|A]$, was mit Nr. 141 und 144 stimmt.

Nr. **150,** Anm. S. 118, Z. 12, 11 v. u. „in den oben entwickelten Formeln", nämlich im Beweise von Nr. 147 und in Nr. 148.

Nr. **152.** S. 119, Z. 9 v. o. „wenn ihre Theile es sind". Der Ausdruck „Theil eines Gebietes" ist bisher noch nicht in einem bestimmten Sinne benutzt worden; was er bedeuten soll, kann man aber aus den später eingeführten Namen „Linientheil" und „Flächentheil" (s. Nr. 249 und 257) erschliessen. Unter einem Theile eines Gebietes q-ter Stufe versteht nämlich Grassmann offenbar eine einfache Grösse q-ter Stufe, die dem Gebiete angehört; es müsste daher eigentlich heissen:

Ein Gebiet m-ter und ein Gebiet q-ter Stufe in einem Hauptgebiete n-ter Stufe heissen normal zu einander, wenn eine einfache Grösse m-ter Stufe des ersten Gebietes zu einer einfachen Grösse q-ter Stufe des zweiten Gebietes normal ist.

Man braucht nämlich hierbei nur Einen „Theil" des einen mit Einem „Theile" des andern Gebietes zu vergleichen, da nach Nr. 70 alle Theile eines Gebietes im Sinne von Nr. 2 kongruent sind.

Hat man zwei einfache Grössen A und B von bezüglich m-ter und q-ter Stufe und ist $m \leq q$, so ist das Produkt $[A|B]$ progressiv*); ist dagegen $m \geq q$, so wird das Produkt $[B|A]$ progressiv. *Nach* Nr. 109 *sind daher die beiden Grössen A und B dann und nur dann normal zu einander, wenn diejenige von ihnen, deren Stufenzahl nicht grösser als die der andern ist, mit der Ergänzung der andern ein Gebiet erster oder höherer Stufe gemein hat.*

Nr. **152.** S. 119, Z. 9—13 v. o. Dieser Erklärung liegt eine Voraussetzung zu Grunde, die eigentlich bewiesen werden sollte, die nämlich, dass zwei allseitig normale Gebiete oder Grössen auch normal sind in dem vorher erklärten Sinne. Da man die Richtigkeit dieser Voraussetzung nur beweisen kann, indem man sich auf einen Theil der Entwickelungen in Nr. 153 bis 167 stützt, so wäre es besser gewesen, die Erklärung allseitig normaler Gebiete und Grössen erst nach Nr. 167 zu bringen und dann einen Satz zu formuliren, etwa folgendermassen:

Satz 1. *Zwei allseitig normale Gebiete oder Grössen eines Hauptgebietes n-ter Stufe sind auch normal zu einander im Sinne von Nr. 152.*

Das wäre um so zweckmässiger gewesen, als der Begriff „allseitig normal" in den Nr. 153—167 überhaupt gar nicht vorkommt und erst in Nr. 171 und 172 eine Rolle spielt.

Um den Satz 1 zu beweisen, wollen wir zwei allseitig normale Gebiete von bezüglich m-ter und q-ter Stufe betrachten. Dann können wir nach Nr. 163 in jedem der beiden Gebiete ein Normalsystem von der betreffenden Stufenzahl und

*) Die Ergänzung $|B$ wird ja eine einfache Grösse $(n-q)$-ter Stufe; vgl. Nr. 90 Zusatz und die Anmerkung zu Nr. 103, Satz 2, S. 412.

vom numerischen Werthe Eins annehmen, und zwar seien $u_1, \dots u_m$ und $v_1, \dots v_q$ diese beiden Normalsysteme. Nach dem Begriffe des allseitig Normalen ist aber jede Grösse $\Sigma \alpha_k u_k$ zu jeder Grösse $\Sigma \beta_j v_j$ normal, also namentlich jedes u_k zu jedem v_j. Hieraus folgt, dass $u_1, \dots u_m, v_1, \dots v_q$ auch zusammengenommen ein Normalsystem vom numerischen Werthe Eins bilden, und (nach Nr. 157) zugleich, dass zwischen $u_1, \dots u_m, v_1, \dots v_q$ keine Zahlbeziehung besteht. Demnach können wir auf Grund von Nr. 161 zu $u_1, \dots u_m, v_1, \dots v_q$ noch $n-m-q$ Grössen $w_1, \dots w_{n-m-q}$ so hinzufügen, dass ein vollständiges Normalsystem vom numerischen Werthe Eins entsteht.

Nunmehr ist nach Nr. 167

$$(*) \qquad |[v_1 \dots v_q] = \pm [u_1 \dots u_m \,.\, w_1 \dots w_{n-m-q}]$$

und somit:

$$[(u_1 \dots u_m) | (v_1 \dots v_q)] = 0 .$$

Denn, ist $m \leqq q$, so ist das Produkt $[(u_1 \dots u_m) | (v_1 \dots v_q)]$ progressiv (vgl. die vorige Anmerkung) und verschwindet daher wegen (*) nach Nr. 60; ist aber $m > q$, so ist das Produkt regressiv und verschwindet nach **109**, weil wegen (*) das verbindende Gebiet seiner Faktoren von $(n-q)$-ter Stufe, also kleiner als n ist. Demnach sind die beiden allseitig normalen Grössen $[u_1 \dots u_m]$ und $[v_1 \dots v_q]$ und ebenso ihre Gebiete wirklich zu einander normal im Sinne von Nr. 152.

Aus den eben durchgeführten Betrachtungen geht hervor, dass von zwei allseitig normalen Grössen stets die eine der Ergänzung der andern untergeordnet ist. Ebenso ist umgekehrt klar, dass jede einfache Grösse, die der Ergänzung einer Grösse $[v_1 \dots v_q]$ untergeordnet ist, zu dieser Grösse allseitig normal ist. Somit können wir auch sagen:

Satz 2. *Zwei Grössen sind dann und nur dann allseitig zu einander normal, wenn die eine der Ergänzung der andern untergeordnet ist.*

Schliesslich wollen wir noch den folgenden, nunmehr selbstverständlichen Satz aussprechen:

Satz 3. *Sind zwei Gebiete allseitig zu einander normal, so ist jede Grösse des einen Gebietes zu jeder Grösse des andern normal.*

Durch diesen Satz wird die Benennung „allseitig normal" erst in das richtige Licht gerückt.

Nr. **152**, Anm. S. 119, Z. 16 v. o. „wie dies stets geschehen muss". Diese Worte befremden einigermassen, denn von einem „muss" kann doch keine Rede sein: man darf ebenso gut drei beliebige, nicht Einer Ebene parallele Strecken zu Einheiten wählen.

Nr. **154.** S. 119. Die circuläre Aenderung ist, ebenso wie die lineale (s. Nr. 71), mit einer linearen homogenen Substitution von besonderer Form gleichbedeutend. Unterwirft man nämlich die Reihe der n Grössen: $a_1, \dots a_n$, die in keiner Zahlbeziehung stehen mögen, einer *positiven* circulären Aenderung, indem man etwa a_1 und a_2 durch: $\cos\alpha \cdot a_1 + \sin\alpha \cdot a_2$ und $\cos\alpha \cdot a_2 - \sin\alpha \cdot a_1$ ersetzt, so werden die Grössen $\Sigma x_k a_k$ des aus $a_1, \dots a_n$ ableitbaren Gebietes n-ter Stufe durch die lineare homogene Transformation:

$$(1) \qquad \begin{cases} x_1' = x_1 \cos\alpha - x_2 \sin\alpha, & x_2' = x_1 \sin\alpha + x_2 \cos\alpha, \\ \qquad x_3' = x_3, \; \dots, & x_n' = x_n \end{cases}$$

unter einander vertauscht. Diese Transformation hat die Determinante 1 und lässt offenbar die quadratische Form Σx_k^2 invariant, das heisst, sie ist eine *ortho-*

gonale Substitution. Der Inbegriff aller ∞^1 Transformationen von der Form (1) bildet eine eingliedrige Gruppe im Lieschen Sinne.

Bei einer *negativen* circulären Aenderung werden die Grössen a_1 und a_2 durch die Grössen $\cos\alpha \,.\, a_1 + \sin\alpha \,.\, a_2$ und $-(\cos\alpha \,.\, a_2 - \sin\alpha \,.\, a_1)$ ersetzt. Ihr entspricht eine lineare homogene Transformation von der Form:

$$(2)\qquad \begin{cases} x_1{}' = x_1 \cos\alpha + x_2 \sin\alpha, \quad x_2{}' = x_1 \sin\alpha - x_2 \cos\alpha, \\ \qquad x_3{}' = x_3, \quad \ldots, \quad x_n' = x_n . \end{cases}$$

Diese ist ebenfalls orthogonal, hat aber die Determinante -1. Hieraus folgt, dass der Inbegriff aller ∞^1 Transformationen (2) keine Gruppe bildet, dass dagegen die Transformationen (1) und (2) zusammengenommen eine nicht-continuirliche Gruppe bilden.

Nr. **154,** Anm. S. 119, Z. 5—2 v. u. Man vergleiche hierzu Nr. 220.

Nr. **155** bis **157.** S. 120 f. Hat man in einem Gebiete m-ter Stufe zwei Normalsysteme m-ter Stufe: $a_1, \ldots a_m$ und $b_1, \ldots b_m$ von gleichem numerischen Werthe, so stehen nach Nr. 157*) weder $a_1, \ldots a_m$ noch $b_1, \ldots b_m$ in einer Zahlbeziehung, es lassen sich daher $b_1, \ldots b_m$ aus $a_1, \ldots a_m$ numerisch ableiten:

$$b_\mu = \alpha_{\mu 1} a_1 + \cdots + \alpha_{\mu m} a_m \qquad (\mu = 1, \ldots m),$$

wo die Determinante der $\alpha_{\mu\nu}$ nach Nr. 63 $\gtrless 0$ ist. Ersetzt man nun in einer beliebigen Grösse $\Sigma x_\mu a_\mu$ des betrachteten Gebietes die Grössen $a_1, \ldots a_m$ durch $b_1, \ldots b_m$, so erhält man eine neue Grösse $\Sigma x_\mu b_\mu = \Sigma x_\mu' a_\mu$ des Gebietes. Demnach ist der Uebergang von dem einen Normalsysteme zu dem andern gleichbedeutend mit der linearen homogenen Transformation:

$$(1)\qquad x_\mu' = \alpha_{1\mu} x_1 + \ldots + \alpha_{m\mu} x_m \quad (\mu = 1, \ldots m),$$

vermöge deren die Grössen erster Stufe des betrachteten Gebietes unter einander vertauscht werden. Da überdies

$$[\Sigma x_\mu b_\mu]^2 = [\Sigma x_\mu' a_\mu]^2$$

ist und unter den gemachten Voraussetzungen die Gleichungen:

$$b_1^2 = \cdots = b_m^2 = a_1^2 = \cdots = a_m^2$$

$$[b_\mu | b_\nu] = 0, \; [a_\mu | a_\nu] = 0 \qquad (\mu \gtrless \nu)$$

bestehen, so wird $\Sigma x_\nu'^2 = \Sigma x_\nu^2$. Also lässt die lineare homogene Transformation (1) die quadratische Form Σx_ν^2 invariant. Mit andern Worten, die Substitution (1) ist *orthogonal.*

Ebenso entspricht umgekehrt jeder reellen orthogonalen Substitution (1) der Uebergang von einem Normalsysteme m-ter Stufe zu einem andern, numerisch gleichen. Insbesondere wird daher nach der vorletzten Anmerkung auch eine circuläre Aenderung ein jedes Normalsystem in ein numerisch gleiches Normalsystem überführen müssen; und dies ist in 155 gezeigt.

Nr. **161.** S. 123. Wenn die beiden Normalsysteme von gleicher Stufe, etwa von der m-ten sind, so ist durch diesen Satz zugleich der folgende bewiesen:

Jede reelle lineare homogene Substitution:

$$x_\mu' = \alpha_{\mu 1} x_1 + \cdots + \alpha_{\mu m} x_m \quad (\mu = 1, \ldots m),$$

---

*) Die Nrn. 157—159 hätten ihren Platz besser vor Nr. 154 gefunden.

bei der die quadratische Form Σx_μ^2 invariant bleibt, kann dadurch erhalten werden, dass man eine Reihe von linearen homogenen Substitutionen von den beiden auf S. 428 f. *angegebenen besonderen Formen* (1) *und* (2) *nach einander ausführt. Hieraus folgt überdies, dass die Determinante der Substitution gleich* $\pm$ 1 *ist.*

Nr. **161.** S. 124, Z. 3 f. v. o. „die entgegengesetzte", nämlich statt einer positiven circulären Aenderung die entsprechende negative und umgekehrt.

Nr. **164,** Anm. S. 125, Z. 19 f. v. o. „Für die Geometrie ... Projektion." Das gilt nur, wenn die Einheiten a, b, c drei gleich lange und auf einander senkrechte Strecken sind. Vgl. die Anmerkung zu Nr. 152 Anm. (S. 428).

Nr. **165.** S. 125. Man beachte, dass die Zurückleitung progressiv oder regressiv ist, je nachdem die Stufenzahlen α und β von A und B in der Beziehung $\alpha < \beta$ oder $\alpha > \beta$ stehen. Nimmt man auf beiden Seiten der Gleichung für A' die Ergänzung, so erkennt man, dass $|A'$ die normale Zurückleitung von $|A$ auf das Gebiet von $|B$ ist. War A' eine progressive Zurückleitung, so wird natürlich die Zurückleitung $|A'$ regressiv und umgekehrt.

Nr. **167.** S. 125 f. Durch diesen Satz wird zwar gezeigt, dass die im Beweise von Nr. 110 eingeführte Verallgemeinerung des Ergänzungsbegriffs mit der in Nr. 89 und 90 erklärten Ergänzung zusammenfällt, sobald $a_1, \dots a_n$ ein vollständiges Normalsystem vom numerischen Werthe Eins bilden, es fehlt aber noch der Nachweis, dass die vollständigen Normalsysteme vom numerischen Werthe Eins die einzigen sind, bei denen das eintritt (vgl. S. 81, Z. 5—3 v. u.).

Dieser Nachweis ist leicht zu erbringen. Sind nämlich $a_1, \dots a_n$ n Grössen des Hauptgebietes $e_1, \dots e_n$, deren kombinatorisches Produkt den Werth Eins hat, so ist nach der Erklärung auf S. 79:

$$Ia_k = [a_k a_1 \dots a_{k-1} a_{k+1} \dots a_n] [a_1 \dots a_{k-1} a_{k+1} \dots a_n],$$

wo der erste Faktor einen der beiden Werthe $\pm$ 1 hat; demnach wird:

$$[a_k Ia_k] = 1, \quad [a_k Ia_j] = 0 \quad (j \gtrless k).$$

Soll nun für jede beliebige Grösse A immer $IA = |A$ sein, so ist jedenfalls nothwendig, dass immer $Ia_k = |a_k$ ist, dass also die Gleichungen:

$$[a_k | a_k] = 1, \quad [a_k | a_j] = 0 \quad (j \gtrless k)$$

bestehen. Es ist also nothwendig, dass $a_1, \dots a_n$ ein Normalsystem vom numerischen Werthe Eins bilden. Dass dies auch hinreichend ist, zeigt Nr. 167.

Nr. **169.** S. 128. Der Satz gilt natürlich auch noch, wenn B' die regressive normale Zurückleitung von B auf das Gebiet von A ist. Denn dann ist ja (vgl. die vorletzte Anmerkung) $|B'$ die progressive normale Zurückleitung von $|B$ auf das Gebiet von $|A$, also ist nach Nr. 169:

$$[|A|B] = [|A||B'], \quad [|B||A] = [|B'||A],$$

nach Nr. 101 gelten daher die Gleichungen von Nr. 169 auch in diesem Falle.

Nr. **171.** S. 129, Z. 14—16 v. o. Wie das gemacht werden kann, ist in dem Beweise des Satzes 1 der Anmerkung zu Nr. 152 (S. 427 f.) näher ausgeführt.

Nr. **188,** Anm. S. 141. Nach Nr. 148 und 150 (vgl. auch S. 427) ist nämlich:

$$[E\,EG] = (-1)^{p(q-1)}[EG\,E] = (-1)^{p(q-1)}G = [E'\,E'G],$$

unter p und q die Stufenzahlen von E und EG verstanden.

Nr. **195.** S. 142. Es ist leicht zu zeigen, dass der Werth des Ausdrucks für $\cos \angle AB$ zwischen den Gränzen $-$ 1 und $+$ 1 liegt, dass also $\angle AB$ reell wird. In der That, ist $A = \Sigma \alpha_k E_k$ und $B = \Sigma \beta_j E_j$, so wird nach Nr. 143, 151 und 146:

$$[A|B] = \Sigma \alpha_k \beta_k, \quad \alpha^2 = \Sigma \alpha_k^2, \quad \beta^2 = \Sigma \beta_k^2$$

und hieraus folgt bekanntlich:

$$[A|B]^2 \leqq \alpha^2 \beta^2.$$

Man vermisst hier und im Folgenden eine Erklärung des Winkels zwischen zwei Grössen von ungleicher Stufenzahl. Vielleicht hatte Grassmann bei der unverständlichen Anm. zu Nr. 213, die wir im Texte weggelassen haben*), etwas Derartiges im Sinne; doch lässt sich darüber nichts Sicheres feststellen.

Will man den Winkel zwischen zwei einfachen Grössen A und B von den Stufenzahlen α und β definiren, so stehen zwei Wege offen**). Man kann diesen Winkel entweder erklären als den Winkel zwischen A und der normalen Zurückleitung A' von A auf das Gebiet von B oder als den Winkel zwischen B und der normalen Zurückleitung B' von B auf das Gebiet von A. Es lässt sich nachweisen, dass diese beiden Erklärungen dasselbe aussagen und zugleich die Grassmannsche Erklärung des Winkels zwischen zwei Grössen gleicher Stufe umfassen.

In der That, nach Nr. 165 ist:

$$A' = \frac{[B(A|B)]}{B^2}, \quad B' = \frac{[A(B|A)]}{A^2},$$

also wird nach Nr. 195 und 98:

$$\cos \angle A A' = \frac{[A|A']}{\sqrt{A^2 A'^2}} = \frac{\left[A\left(|B(|A|B)\right)\right]}{B^2 \sqrt{A^2 A'^2}}$$

$$\cos \angle B' B = \frac{[B'|B]}{\sqrt{B'^2 B^2}} = \frac{\left[\left(A(B|A)\right)|B\right]}{A^2 \sqrt{B'^2 B^2}}.$$

Nehmen wir der Einfachheit wegen an, dass $\alpha \leqq \beta$ ist, so haben die drei Grössen A, $|B$, $[A\|B]$ der Reihe nach die Stufenzahlen α, $n - \beta$, $\beta - \alpha$, ihr Produkt ist daher nach Nr. 116 rein progressiv, und es wird somit, nach Nr. 119 und 97:

$$\left[A\left(|B(|A\|B)\right)\right] = \left[(A|B)|(A|B)\right] = [A|B]^2.$$

Ebenso ergiebt sich, bei Berücksichtigung von Nr. 124, Fall a:

$$\left[\left(A(B|A)\right)|B\right] = (-1)^{(\beta-\alpha)(n-\beta)} \left[(A|B)(B|A)\right],$$

andrerseits ist aber nach 150 und 92:

$$\begin{aligned} [A|B] &= (-1)^{\alpha(\beta-1)} \|[B|A] \\ &= (-1)^{\alpha(\beta-1)+(\beta-\alpha)(n-\beta+\alpha)}[B|A], \end{aligned}$$

demnach wird auch:

$$\left[\left(A(B|A)\right)|B\right] = \left[(A|B)|(A|B)\right] = [A|B]^2,$$

so dass also die Zähler in den beiden Ausdrücken: $\cos \angle A A'$ und $\cos \angle B' B$ übereinstimmen.

Um auch die Uebereinstimmung der Nenner zu beweisen, müssen wir A'^2 und B'^2 berechnen.

---

*) Man findet sie auf S. 389, Z. 11—14 v. o.

**) Im gewöhnlichen Raume definirt man ja den Winkel zwischen einer Geraden und einer Ebene als den Winkel zwischen der Geraden und deren senkrechter Projektion auf die Ebene. Die nachfolgenden Betrachtungen sind nur die naturgemässe Verallgemeinerung dieser Definition auf ein Gebiet n-ter Stufe.

Es ist:

$$A'^2 = [A' A'] = \frac{[A'(B(A|B))]}{B^2}.$$

Hier ist das Produkt der drei Grössen A', B, $[A|B]$ rein progressiv, also wird

$$A'^2 = \frac{[(A'|B)|(A|B)]}{B^2} = \frac{[A|B]^2}{B^2},$$

weil nach Nr. 169 und der Anmerkung dazu (s. S. 430) $[A'|B] = [A|B]$ ist. Ebenso wird:

$$B'^2 = \frac{[B|A]^2}{A^2} = \frac{[A|B]^2}{A^2}.$$

Auf Grund dieser Formeln erhält man jetzt sofort:

$$\cos \angle AA' = \cos \angle B'B = \sqrt{\frac{[A|B]^2}{A^2 B^2}},$$

wo der Wurzel das positive Vorzeichen zu ertheilen ist.

Man darf demnach, wenn A und B von beliebiger Stufe sind, den Winkel AB durch die Gleichung:

$$\cos \angle AB = \sqrt{\frac{[A|B]^2}{A^2 B^2}}$$

definiren. Hier kann man, so lange A und B von verschiedener Stufe sind, das Vorzeichen der Wurzel unbestimmt lassen; sind aber A und B von gleicher Stufe und wird also $[A|B]$ eine Zahl, so muss man die Quadratwurzel aus dem Zähler $= [A|B]$ setzen und die Quadratwurzel aus dem Nenner positiv wählen.

Nr. **195.** S. 143, Z. 1—7 v. o. Auch hier muss noch gezeigt werden, dass der $\sin(abc\ldots)$ zu einem reellen Winkel gehört, dass also der numerische Werth von $[abc\ldots]$ nicht grösser ist als das Produkt $\alpha\beta\gamma\ldots$ der numerischen Werthe der einzelnen Faktoren $a, b, c, \ldots$. Im Stile Grassmanns kann der Beweis hierfür folgendermassen erbracht werden:

Wir denken uns jede der Grössen $a, b, c, \ldots$ durch ihren numerischen Werth dividirt, so dass ein Produkt: $[a_1 \ldots a_m]$ $(m \leq n)$ entsteht, dessen Faktoren erster Stufe: $a_1, \ldots a_m$ alle numerisch gleich Eins sind; dann brauchen wir nur zu zeigen, dass der numerische Werth von $[a_1 \ldots a_m]$ nicht grösser als Eins sein kann. Wir dürfen dabei voraussetzen, dass das Produkt $[a_1 \ldots a_m]$ nicht verschwindet, sonst wäre ja sein numerischer Werth gleich Null.

Sind $a_1, \ldots a_m$ zu einander normal, so ist nach Nr. 175

$$[(a_1 \ldots a_m)|(a_1 \ldots a_m)] = [a_1 \ldots a_m]^2 = 1.$$

Sind sie dagegen nicht zu einander normal, so können wir ohne Beschränkung der Allgemeinheit annehmen, dass etwa a_1 nicht zu allen $m-1$ Grössen $a_2, \ldots a_m$ normal ist, und können ferner nach Nr. 160 und 163 ein Normalsystem m-ter Stufe: $a_1, u_2, \ldots u_m$ vom numerischen Werthe Eins aufstellen, dessen Gebiet mit dem Gebiete der Grössen $a_1, \ldots a_m$ zusammenfällt. Dann ist:

$$a_k = \lambda_k a_1 + \sum_2^m {}_\nu \lambda_{k\nu} u_\nu = \lambda_k a_1 + a_k' \quad (k = 2, \ldots m),$$

wo $\lambda_2, \ldots \lambda_n$ sicher nicht alle gleich Null sind; aus den Gleichungen:

$$a_k^2 = 1 = \lambda_k^2 + \sum_\nu \lambda_{k\nu}^2, \quad a_k'^2 = \sum_\nu \lambda_{k\nu}^2$$

ergiebt sich daher, dass das Produkt $\varrho_2 \ldots \varrho_n$ der numerischen Werthe $\varrho_2, \ldots \varrho_n$ von $a'_2, \ldots a'_n$ kleiner als Eins ist. Setzen wir nun: $a'_k = \varrho_k a''_k$, so wird a''_k numerisch gleich Eins und wir bekommen nach Nr. 67:

$$[a_1 \ldots a_m] = [a_1 a'_2 \ldots a'_m]$$
$$= \varrho_2 \ldots \varrho_m [a_1 a''_2 \ldots a''_m].$$

Da hier der numerische Werth des Produktes $[a_1 a''_2 \ldots a''_m]$ offenbar grösser ist als der von $[a_1 \ldots a_m]$, so können wir sagen: „Hat man ein nicht verschwindendes Produkt von m Grössen erster Stufe $(m \leqq n]$, die alle den numerischen Werth Eins haben, die aber nicht zu einander normal sind, so kann man in dem Gebiete dieser Grössen stets m Grössen erster Stufe vom numerischen Werthe Eins finden, deren Produkt einen grösseren numerischen Werth hat, als das gegebene Produkt.“ Man kann nun diese Vergrösserung des numerischen Werthes so lange fortsetzen, als man noch nicht zu einem Produkt gelangt, dessen Faktoren normal zu einander sind; da andrerseits ein Produkt von der betrachteten Beschaffenheit, dessen Faktoren zu einander normal sind, den numerischen Werth Eins besitzt, so ergiebt sich, dass der Satz gilt:

Satz. *Sind $a_1, \ldots a_m$ von Null verschiedene Grössen erster Stufe in einem Hauptgebiete n-ter Stufe $(m \leqq n)$, so ist der numerische Werth des Produktes $[a_1 \ldots a_m]$ nicht grösser als das Produkt der numerischen Werthe von $a_1, \ldots a_m$, und zwar ist er diesem Produkte dann und nur dann gleich, wenn $a_1, \ldots a_m$ zu einander normal sind.*

Nr. **198** und **199.** S. 143 f. Dass hier a, b, c, d Grössen *erster Stufe* sein sollen, ergiebt sich sowohl aus ihrer Bezeichnung durch kleine lateinische Buchstaben, als aus der Anwendung des Satzes Nr. 177.

Uebrigens ist es nicht ohne Interesse, dass die Sätze 175—182, 185—194, 196, 198—199, 201—205, 208—210, 213—215 auch dann noch gültig bleiben, wenn man die darin vorkommenden Grössen erster Stufe und ihre numerischen Werthe durch Grössen $(n-1)$-ter Stufe und deren numerische Werthe ersetzt. Erstens nämlich ist jede Grösse $(n-1)$-ter Stufe die Ergänzung einer ganz bestimmten Grösse erster Stufe. Zweitens ist nach Nr. 98 die Ergänzung eines Produktes gleich dem Produkte der Ergänzungen seiner Faktoren, also insbesondere die Ergänzung eines inneren Produktes gleich dem inneren Produkte der Ergänzungen seiner beiden Faktoren, woraus zugleich folgt, dass die Ergänzung einer Grösse stets denselben numerischen Werth hat, wie die Grösse selbst. Endlich ist offenbar auch $\cos \angle ab = \cos \angle |a|b$, weil $[a|b]$ eine Zahl und also $|[a|b] = [a|b]$ ist. Berücksichtigt man nun noch, dass jede Gleichung der angeführten Nummern bestehen bleibt, wenn man auf beiden Seiten die Ergänzungen nimmt, so erkennt man sofort, dass genau dieselben Gleichungen auch für Grössen $(n-1)$-ter Stufe gelten.

Nr. **199,** Beweis. S. 144. Die Potenz mit dem Exponenten $\frac{1}{2}$ wird hier als Zeichen für den *positiven* Werth der Quadratwurzel verwendet.

Nr. **211.** S. 147. Wählt man im gewöhnlichen Raume zu Einheiten drei auf einander senkrechte Strecken von der Länge Eins, so sind a, b, c drei beliebige Strecken des Raumes, die man etwa von einem Punkte O ausgehen lassen kann, und $\sin(abc)$ ist genau der Ausdruck, den v. Staudt als den Sinus der Ecke a, b, c bezeichnet hat (Crelles Journal, Bd. 24, S. 255. (1842).)

Nr. **151—215.** S. 118—147. Es empfiehlt sich, einige Worte über die Bedeutung der in Nr. 151—215 eingeführten Begriffe zu sagen.

Denkt man sich die Einheiten $e_1, \ldots e_n$ in einem n-fach ausgedehnten Euklidischen Raume als n auf einander senkrechte Strecken, deren Längen sämmtlich der Längeneinheit gleich sind, so wird jede Grösse $\Sigma x_\nu e_\nu$ ebenfalls durch eine Strecke dargestellt, deren Länge gleich dem numerischen Werthe von $\Sigma x_\nu e_\nu$ ist. Zu einander normale Grössen erster Stufe werden durch auf einander senkrechte Strecken abgebildet, und jedes einfache Normalsystem durch n auf einander senkrechte Strecken; der Winkel zwischen zwei Grössen erster Stufe ist gleich dem Winkel zwischen den entsprechenden Strecken, und so weiter. Für den Fall $n = 3$ hat das Grassmann selbst in Nr. 330—340 näher ausgeführt.

Nun kommen, wie Lie hervorgehoben hat*), alle diese Betrachtungen im Grunde darauf hinaus, dass Grassmann nichteuklidische Geometrie treibt. Gilt nämlich in einem Raume von n Dimensionen die Euklidische Geometrie, so gilt in der Mannigfaltigkeit aller Strecken dieses Raumes oder, was damit gleichbedeutend ist, in der unendlich fernen $(n-1)$-fach ausgedehnten Ebene dieses Raumes die von Riemann entdeckte nichteuklidische Geometrie, und Grassmann entwickelt hier thatsächlich diese Geometrie.

Erinnern wir uns des Zusammenhangs zwischen den Normalsystemen und den orthogonalen Substitutionen (s. S. 429) und bedenken wir, dass in einem n-fach ausgedehnten Euklidischen Raume die orthogonalen Substitutionen von der Determinante Eins nichts andres sind, als die Drehungen um den Koordinatenanfang, so können wir mit Study (diese Ausgabe I, 1, S. 406) den Sachverhalt auch so ausdrücken: Die Untersuchungen der Nrn. 151—215 sind Beiträge zur Invariantentheorie der Gruppe aller Drehungen um einen Punkt.

Zu einer etwas allgemeineren, jedoch von der eben beschriebenen nicht wesentlich verschiedenen Auffassung gelangt man, wenn man die Koefficienten $x_1, \ldots x_n$ der Grössen erster Stufe: $\Sigma x_\nu e_\nu$ als beliebige homogene Koordinaten in einem $(n-1)$-fach ausgedehnten ebenen Raume deutet. Der Begriff des numerischen Werthes hat dann keine geometrische Bedeutung mehr, weil sein analytischer Ausdruck nicht homogen von nullter Ordnung in den Koordinaten ist. Dagegen fällt zum Beispiel der Winkel zwischen zwei Grössen erster Stufe: $\Sigma x_\nu e_\nu$ und $\Sigma y_\nu e_\nu$ zusammen mit der Entfernung der beiden Punkte $x_1, \ldots x_n$ und $y_1, \ldots y_n$, wenn man beim Messen dieser Entfernung die Cayleysche Massbestimmung in Bezug auf die Fundamentalmannigfaltigkeit $\Sigma x_\nu^2 = 0$ zu Grunde legt. Allerdings ist diese Cayleysche Massbestimmung älter als die A_2, denn sie stammt schon aus dem Jahre 1859.

Nr. **222.** S. 151 f. Das Verständnis dieser Nummer wäre erleichtert worden, wenn der als Zusatz bezeichnete Specialsatz an die Spitze der Nummer gestellt worden wäre. Die Fassung des Hauptsatzes in Nr. 222 wird nämlich erst durch den Zusatz verständlich; denn sie setzt voraus, man wisse bereits, dass $A - R$, $B - R, \ldots$ Strecken sind, was doch erst aus dem Zusatze hervorgeht. Die Umstellung hätte auch gar keine Bedenken gehabt, da der Beweis des Zusatzes von dem Hauptsatze durchaus unabhängig ist.

Nr. **227,** Anm. S. 154—157. Ueber Bellavitis vergleiche man die Anmerkung auf S. 398.

Der Nachweis, „dass es keine andere Addition der Punkte und Strecken giebt,

*) Theorie der Transformationsgruppen Bd. III, S. 534 f.

als die hier angegebene" kann nicht als erbracht gelten, denn der ganze folgende Beweis ist nur richtig, wenn man erstens die verschiedenen besonderen Annahmen macht, die Grassmann einführt und die der Natur der Sache nach keine Begründung zulassen, wenn man zweitens, wie im Texte geschehen, überall das Wörtchen „einfach" hinzufügt und wenn man endlich drittens von vornherein die Euklidische Geometrie voraussetzt. Bei andern Annahmen ergeben sich noch andre Arten der Addition von Punkten, vgl. Study, Wiener Berichte, Bd. 91 (1885), S. 111.

Nr. **254** und **262.** S. 169 und 173. Man erwartet nach den Nrn. 254 und 262 die Einführung eines Namens für die Produkte von zwei und drei Strecken, entsprechend den Namen, die in den Erklärungen 249, 257 und 265 für die Produkte von zwei, drei und vier Punkten eingeführt sind, etwa in der Form:

Wir nennen das Produkt $[ab]$ *zweier Strecken a und b einen Flächenraum, den Flächeninhalt des Parallelogramms ab seinen Inhalt und die Stellung dieses Parallelogramms seine Stellung.*

Ferner: *Wir nennen das Produkt* $[abc]$ *dreier Strecken a, b, c einen Körperraum und den Inhalt des Spates abc seinen Inhalt.*

In der That werden in den folgenden Nummern (vgl. 330, 346 und 347) für die genannten Produkte mehrfach die Ausdrücke Flächenraum und Körperraum gebraucht, jedoch ohne dass diese Namen geradezu als Kunstausdrücke eingeführt würden. Hierfür sind sie freilich auch wegen ihrer Aehnlichkeit mit den Ausdrücken Flächentheil und Körpertheil nicht besonders geeignet. R. Mehmke hat daher für das Produkt zweier Strecken eine neue Bezeichnung *„das Feld"* eingeführt*), und ihm haben sich G. Mahler und F. Kraft angeschlossen. Von anderer Seite ist für das Produkt dreier Strecken der Ausdruck *„das Fach"* in Vorschlag gebracht worden. H. Grassmann d. J.

Nr. **258,** Anm. S. 172, Z. 16, 15 v. u. „Man hätte . . . setzen können." Grassmann hatte das ursprünglich gethan. Nach der Ausdrucksweise der A_1 wäre nämlich der Inhalt des Dreiecks ABC als die „Ausdehnung" des äusseren Produktes $[ABC]$ zu bezeichnen. Andrerseits sagt Grassmann in seiner im Grunertschen Archiv veröffentlichten Anzeige der A_1 geradezu: „Das Produkt ABC bedeutet das Dreieck, dessen Ecken A, B, C sind, aufgefasst u. s. w." (s. diese Ausg. I, 1, S. 179, 184 f., 303).

Nr. **262.** S. 174. Z. 5—10 v. o. Die in Nr. 71 gegebene Erklärung des Begriffs der *einfachen* linealen Aenderung ist hier und auch später (vgl. Nr. 505) nicht streng festgehalten; denn es ist die Forderung fallen gelassen, dass die Grösse, deren Vielfaches addirt wird, der zu vermehrenden Grösse *benachbart* sei.

Nr. **270,** Anm. S. 178, Z. 7 v. u.: „der unendlich entfernte Linientheil". Damit ist natürlich ein Linientheil gemeint, der durch Multiplikation zweier unendlich entfernter Punkte entsteht, also das Produkt zweier Strecken.

Nr. **300.** S. 189. Beim Beweise vgl. die Anmerkung zu Nr. 112, S. 416.

Nr. **309.** S. 191 f. Beim Beweise hätte der Fall erwähnt werden sollen, dass die homogene Gleichung n-ten Grades zwischen x_1, x_2, x_3 eine Potenz von x_1, etwa die Potenz x_1^m, als Faktor enthält; dann bekommt man nämlich in den „gewöhnlichen Koordinaten" eine algebraische Kurve von $(n-m)$-ter Ordnung und erst, wenn man zu dieser Kurve die unendlich entfernte Gerade m-fach zählend hinzunimmt, erhält man das Gebilde n-ter Ordnung, das durch die Gleichung

*) Zuerst in einer Vorlesung am Stuttgarter Polytechnicum (Sommer 1881).

$\mathfrak{P}_{\nu, x} = 0$ dargestellt wird. Zu einer entsprechenden Bemerkung giebt der Beweis von Nr. 311 Anlass. Vgl. hierzu Nr. 329 Anm.

Nr. **323.** S. 196, Z. 8 v. u. Es hätte bemerkt werden sollen, dass das Produkt $[paBc_1 D] = q$ nach Nr. 320 sicher nicht verschwindet und dass aus demselben Grunde auch $[qe]$ nicht verschwindet.

Nr. **329.** S. 206, Z. 1 f. v. o.: „umgekehrt u. s. w." Die letzte Gleichung sagt nämlich aus, dass $[(g)L_k] = 0$ ist, und da $[(g)C]$ augenscheinlich verschwindet, so wird $(g) \equiv [L_k C]$. Andrerseits ist auch $(h) \equiv [L_k C]$, also $(g) \equiv (h)$, oder, da (g) und (h) einfache Punkte sind: $(g) = (h)$, woraus sofort $g = h$ folgt.

Nr. **329,** Anm. S. 207. Auf diese Ableitung der geometrischen Gleichung einer Kurve dritter Ordnung wird in den Anmerkungen zu den Abhandlungen über die Erzeugung von Kurven (im zweiten Bande dieser Ausgabe) näher eingegangen werden.

Nr. **337,** Anm. S. 213 f. Diese Anmerkung leidet schon im zweiten Absatze an Unklarheit, und der vierte Absatz lässt sich trotz der darin angebrachten Einschaltungen nur gezwungen aufrecht erhalten. Vielleicht wäre es besser gewesen, die Anmerkung ausser ihrem ersten und ihrem letzten Absatze ganz zu unterdrücken, denn die in der Anmerkung beschriebene Art der normalen Zurückleitung auf Punkte, Linien und Ebenen lässt sich nur dann verwirklichen, wenn man den bisher entwickelten Begriff der Ergänzung durch einen ganz anderen ersetzt.

Es wird nämlich nöthig, neben dem Systeme der ursprünglichen Einheiten a, b, c, d, das aus einem einfachen Punkte a und drei auf einander senkrechten Strecken b, c, d bestehen sollte, *für jeden einzelnen im Endlichen liegenden Punkt x des Raumes noch ein besonderes System von Einheiten anzunehmen, das für den Punkt x selbst und für die durch ihn gehenden Linien- und Flächentheile die Ergänzungen bestimmt*, und zwar muss das zu dem Punkte x gehörige besondere System von Einheiten ausser den für alle Punkte des Raumes festgehaltenen Streckeneinheiten b, c, d noch als erste Einheit *den mit dem Punkte x kongruenten einfachen Punkt* enthalten. Die auf dieses veränderliche System von Einheiten bezogene Ergänzung — sie möge für den Augenblick durch ein voranstehendes $\mathfrak{J}$ bezeichnet werden — liefert dann allerdings, auf Linien- und Flächentheile angewandt, die zu diesen Gebilden senkrechten Felder und Strecken, und die zu dieser Art der Ergänzung gehörende normale Zurückleitung gewinnt wirklich die im Texte der Anmerkung angegebene Bedeutung. Dagegen verliert für das neue Symbol $\mathfrak{J}$ sogar die Grundgleichung der Ergänzung:

$$\mathfrak{J}[AB] = [\mathfrak{J}A \,.\, \mathfrak{J}B]$$

ihre Gültigkeit, so dass man also genöthigt sein würde, zunächst die Rechengesetze für das Symbol $\mathfrak{J}$ ganz von Anfang an zu entwickeln.

Die Schwierigkeit, die hier zu Tage tritt, wenn man die Begriffe der Ergänzung und des Normalen auf die Punkte des Euklidischen Raumes anwenden will, beruht auf dem folgenden Umstande: Der Grassmannsche Kalkül, soweit er von den genannten Begriffen Gebrauch macht, ist auf die Gruppe zugeschnitten, die aus allen Drehungen eines Euklidischen Raumes um einen Punkt besteht (s. die erste Anmerkung auf S. 434). In der Geometrie des Euklidischen Raumes dagegen handelt es sich nicht bloss um diese Gruppe, sondern um die umfassendere Gruppe *aller* Bewegungen, die ausser den Drehungen auch noch die Parallelverschiebungen und die Schraubungen enthält. Da nun beide Gruppen die unendlich fernen Punkte, also die Strecken des Euklidischen Raumes in derselben Weise transformiren, so ist der Grassmannsche Kalkül in seinem ganzen Umfange auf die Strecken des Euklidischen Raumes anwendbar. Will man ihn jedoch auch auf die im Endlichen gelegenen Punkte des Euklidischen Raumes anwenden, so muss man ihn umgestalten, und das wird in den Entwickelungen des Textes dadurch erreicht, dass die Begriffe „Ergänzung" und „normal" stets nur bei Strecken und Streckenprodukten angewendet werden.

Nr. **340**, Anm. S. 215. Die hier angedeuteten Gedanken finden sich ausgeführt in Grassmanns Abhandlung über Quaternionen, Math. Ann. Bd. 12, S. 384—386, die im zweiten Bande dieser Ausgabe abgedruckt werden soll. Betreffs der Benutzung des Aussenwinkels des sphärischen Dreiecks anstatt der Innenwinkel vergleiche man auch die Darstellung Grassmanns in seinem „Lehrbuch der Trigonometrie für höhere Schulen". Berlin bei Enslin, 1865, S. 100—115. Uebrigens ist wohl Möbius der erste, der in der sphärischen Geometrie grundsätzlich die Aussenwinkel des Dreiecks statt der inneren benutzt hat (in der „analytischen Sphärik", 1846, und in den „Grundformeln der sphärischen Trigonometrie", 1860, ges. Werke Bd. II, S. 1ff., 72ff.).

Nr. **343**. S. 218: „Nämlich die Gleichung $\alpha a + \beta b + \cdots = 0$ schliesst (nach 222) schon die Gleichung $\alpha + \beta + \cdots = 0$ ein". Denn schreibt man die erste Gleichung in der Form $-\alpha a = \beta b + \gamma c + \cdots$, so erscheint der mit dem Koefficienten $-\alpha$ behaftete Punkt a als der Summenpunkt der vielfachen Punkte βb, γc, ... Nach 222 aber ist der Zahlkoefficient des Summenpunktes gleich der Koefficientensumme der Summandenpunkte, das heisst, es ist

$$-\alpha = \beta + \gamma + \cdots, \quad \text{also} \quad \alpha + \beta + \gamma + \cdots = 0.$$

Nr. **345**, Fussnote. S. 221. In der That stellt die Gleichung

$$2[(s - s')|r] + \mu = 0 \tag{1}$$

bei konstantem s und r und veränderlichem s' eine zu r senkrechte Ebene dar. Diese Ebene geht durch den Punkt

$$s + \frac{\mu r}{2\varrho^2} = p \tag{2}$$

hindurch; aus der Gleichung (2) folgt nämlich zunächst, dass

$$2(s - p) + \mu \frac{r}{\varrho^2} = 0$$

ist, und hieraus durch innere Multiplikation mit r, wegen $r^2 = \varrho^2$, die Gleichung

$$2[(s - p)|r] + \mu = 0,$$

welche eben aussagt, dass die Ebene (1) durch den Punkt p hindurchgeht.

Nr. **346** und **347**. S. 221 ff. (vgl. auch Nr. 286). Eine Summe von Linientheilen, die sich nicht auf einen einzigen Linientheil zurückführen lässt, nennt Hyde im Anschluss an den Sprachgebrauch von Ball „*eine Schraube*" (screw) und die Darstellung einer solchen Summe als Summe eines Linientheils und eines dazu senkrechten Feldes die „*Normalform der Schraube*"*).

Hält man das Hydesche Kunstwort *Schraube* mit den schon oben (vgl. die Anmerkung zu Nr. 254 und 262) erwähnten kurzen Bezeichnungen „*Feld*" und

*) Vgl. E. W. Hyde, The directional theorie of screws. Annals of Mathematics. Bd. IV, Nr. 5. October 1888. S. 137 und das selbständige Werk desselben Verfassers: The directional calculus, based upon the methods of Hermann Grassmann. Boston 1890. Art. 61 und 67.

„*Fach*“ zusammen und fügt noch die von dem Unterzeichneten für die Begriffe „Linientheil“ und „Flächentheil“ in Vorschlag gebrachten Ausdrücke „*Stab*“ und „*Blatt*“ hinzu*), so erhält man das folgende Schema von kurzen Namen für die bei der Anwendung der Ausdehnungslehre auf die Geometrie auftretenden Grundbegriffe:

Strecke,
Feld (Produkt zweier Strecken, Flächenraum),
Fach (Produkt dreier Strecken, Körperraum),
Punkt,
Stab (Produkt zweier Punkte, Linientheil),
Schraube (Summe von Stäben),
Blatt (Produkt von drei Punkten, Flächentheil),

wozu man vielleicht noch hinzufügen könnte:

Block (Produkt von vier Punkten, Körpertheil).

H. Grassmann d. J.

Nr. **353.** S. 228. Wegen des Ausdrucks „vertauschbare Lücken“ vergleiche man Nr. 485, Anm. S. 328 ff.

Nr. **390,** Anm. 2. S. 257, Z. 16—18 v. o. Im Originale war diese besondere Art der Affinität nach dem Vorgange von Möbius als „Gleichheit“ bezeichnet (s. barycentrischer Calcul Cap. 4, ges. Werke Bd. I, S. 194. ff).

Nr. **377—390.** S. 240—257 (vgl. auch Nr. 401 und 404). Die in diesen Nummern entwickelte analytische Theorie der geometrischen Verwandtschaften ist bisher nicht genügend beachtet worden. Es möge daher im Folgenden versucht werden, die Anwendung der allgemeinen Theorie auf die *Kollineationen des Raumes* im Einzelnen durchzuführen. Dabei sollen die Andeutungen in den beiden Anmerkungen zu Nr. 390 als Richtschnur dienen.

Es seien $e_0, \dots e_3$ und ebenso $b_0, \dots b_3$ vier beliebige, aber nicht in Einer Ebene liegende, vielfache Punkte des Raumes. Dann wird durch den Bruch

$$(1) \qquad \mathfrak{q} = \frac{b_0, \dots b_3}{e_0, \dots e_3}$$

der Raum in allgemeinster Weise kollinear auf sich bezogen. Ordnet man nämlich einem jeden Punkte des Raumes den aus ihm durch Multiplikation mit $\mathfrak{q}$ hervorgehenden Punkt zu, so werden dadurch zunächst den vier Punkten des Nenners die vier Punkte des Zählers zugewiesen. Denn nach dem Begriff des extensiven Bruches ist**)

$$(2) \qquad e_s \mathfrak{q} = b_s.$$

Ferner aber wird einem jeden beliebigen Punkte x des Raumes, der aus den vier *Nennern* des Bruches $\mathfrak{q}$ durch die Zahlen $\mathfrak{x}_0, \dots \mathfrak{x}_3$ abgeleitet sein möge, das heisst, dem Punkte

*) Vgl. H. Grassmann, Punktrechnung und projektive Geometrie. Erster Teil: Punktrechnung. Halle a/S. 1894. Beitrag für die Festschrift der Lateinischen Hauptschule zur zweihundertjährigen Jubelfeier der Universität Halle. S. 81 und 92, Separatabzug S. 7 und 18.

**) In allen den Fällen, wo man auch *Folgen von Verwandtschaften* in Betracht zu ziehen hat, erscheint es bequemer, den Verwandtschaftsbruch $\mathfrak{q}$ bei der Multiplikation *hinter* die umzuwandelnde Grösse zu stellen. Vgl. die Abhandlung Grassmanns über Quaternionen. Math. Ann. Bd. 12. S. 382 u. 383.

(3) $$x = \mathfrak{x}_0 e_0 + \cdots + \mathfrak{x}_3 e_3,$$

der Punkt

(4) $$x\mathfrak{q} = \mathfrak{x}_0 b_0 + \cdots + \mathfrak{x}_3 b_3$$

zugeordnet, welcher durch dieselben Zahlen aus den vier *Zählern* von $\mathfrak{q}$ numerisch abgeleitet ist.

Die beiden auf diese Weise auf einander bezogenen Punktvereine x und $x\mathfrak{q}$ haben dann die Eigenschaft, dass jede Zahlbeziehung, welcher die Punkte des ersten Vereins unterliegen, auch für die entsprechenden Punkte des zweiten Vereins gilt, und umgekehrt. Es bedarf nämlich nur einer Multiplikation mit $\mathfrak{q}$ oder $\frac{1}{\mathfrak{q}}$, um aus der einen Zahlbeziehung die andere abzuleiten. Die beiden Vereine sind daher im Sinne von Nr. 401 *verwandt*. Sie sind aber auch *kollinear verwandt*, denn aus dem Fortbestehen einer jeden Zahlbeziehung folgt insbesondere, dass je vier in Einer Ebene liegenden Punkten des einen Vereins auch im andern Vereine vier Punkte Einer Ebene entsprechen; und durch diese Eigenschaft wird die Verwandtschaft als kollineare Verwandtschaft charakterisirt. Endlich aber ist diese Kollineation zugleich die *allgemeinste kollineare Verwandtschaft*.

In der That kann man durch den Bruch $\mathfrak{q}$ *fünf* beliebig gelegenen Punkten des Raumes, von denen keine vier in Einer Ebene liegen, fünf ebensolche beliebig gelegene Punkte zuweisen, nämlich neben den vier Grundpunkten $e_0, \ldots e_3$ und $b_0, \ldots b_3$ beider Vereine etwa noch dem Einheitspunkte $e = e_0 + \cdots + e_3$ des ersten Vereins den Einheitspunkt $b = b_0 + \cdots + b_3$ des zweiten Vereins. Diese Punkte e und b sind aber wirklich noch ganz beliebig gelegene Punkte des Raumes, da die Grundpunkte $e_0, \ldots e_3$ und $b_0, \ldots b_3$, als deren Summen sich die Einheitspunkte darstellen, oben als *vielfache Punkte* vorausgesetzt worden sind, aber bisher nur über deren Lage, nicht auch über ihre Gewichte verfügt worden ist. Durch räumliche Festlegung der beiden Einheitspunkte werden dann diese Gewichte der Grundpunkte beider Systeme bis auf je einen Proportionalitätsfaktor eindeutig bestimmt (vgl. Nr. 404).

Dabei wird sich in jedem der beiden Systeme eine gerade oder ungerade Zahl positiver (also auch negativer) Gewichte ergeben, je nachdem der Einheitspunkt von dem Innern des Grundtetraeders durch eine gerade oder ungerade Anzahl Tetraederflächen getrennt ist. Das heisst, man wird eine gerade Anzahl positiver Gewichte erhalten, wenn der Einheitspunkt im Innern des Grundtetraeders oder in einem der sechs keilförmigen Scheitelräume des Tetraeders liegt, in die man eintritt, wenn man von seinem Innern ausgehend eine seiner Kanten überschreitet. Liegt der Einheitspunkt hingegen in einem der acht Räume, in die man gelangt, wenn man aus dem Innern kommend eine Fläche oder Ecke des Tetraeders durchdringt, so ist die Zahl der positiven Gewichte ungerade.

Hat man endlich noch eine Bestimmung über den Sinn des positiven Tetraeders getroffen, so kann man über den Proportionalitätsfaktor der Nennerpunkte $e_0, \ldots e_3$ etwa in der Weise verfügen, dass

(5) $$[e_0 \ldots e_3] = +1$$

wird. Dieser Werth $+1$ lässt sich *auch bei der Beschränkung auf* r e e l l e *Gewichte* stets erzielen, da ja noch die *Reihenfolge* der Nennerpunkte willkürlich geblieben ist, so dass man ein sich bei der Bildung des Produktes $[e_0 \ldots e_3]$ etwa zunächst ergebendes Minuszeichen durch Umstellung der Nenner von $\mathfrak{q}$ und Aenderung der Bezeichnung beseitigen kann. Damit ist dann freilich auch über die Reihenfolge der Zähler verfügt; und es wird daher bei der Beschränkung auf reelle Gewichte nicht mehr möglich sein, den Proportionalitätsfaktor der Zählerpunkte immer so zu bestimmen, dass auch *deren* Produkt $= +1$ wird. Man wird sich auf die Forderung beschränken müssen, er solle so gewählt werden, dass das Produkt den Werth

(6) $$[b_0 \ldots b_3] = \pm 1$$

annimmt. Dabei wird dann das Pluszeichen gelten, wenn bei positivem Sinn des durch die *Lage* der Punkte $b_0, \ldots b_3$ bestimmten Tetraeders die Anzahl ihrer negativen Gewichte gerade, und wenn bei negativem Sinn jenes Tetraeders die Anzahl der negativen Gewichte ungerade ist. In den andern Fällen gilt das Minuszeichen. Durch diese Forderungen sind auch die beiden Proportionalitätsfaktoren bis auf ihre Vorzeichen, die willkürlich bleiben, eindeutig bestimmt.

Aus den Gleichungen (5) und (6) folgt noch, dass in denselben Fällen wie das Produkt (6) auch der *Potenzwerth* des Bruches $\mathfrak{q}$ (vgl. Nr. 383 und 384), das heisst, der Ausdruck

(7) $$[\mathfrak{q}^4] = \frac{[b_0 b_1 b_2 b_3]}{[e_0 e_1 e_2 e_3]} = \pm 1$$

wird.

Aus dem Fortbestehen einer jeden Zahlbeziehung ergeben sich übrigens auf das Leichteste die allgemeinen Grundeigenschaften der Kollineation:

So *zunächst* die Thatsache, dass durch die Transformation *das Doppelverhältniss von vier Punkten einer Geraden nicht geändert wird.* Zum Beweise dieser Eigenschaft stelle man vier beliebig gegebene Punkte einer Geraden in der Form dar

$$x, \ y, \quad u = x + y, \quad v = \mathfrak{x} x + \mathfrak{y} y,$$

was immer möglich ist, da man die Gewichte der beiden ersten Punkte x und y stets so wählen kann, dass der dritte Punkt ihr Schwerpunkt wird. Dann wird das Doppelverhältniss der vier Punkte*):

$$\frac{[xu]}{[uy]} : \frac{[xv]}{[vy]} = \frac{[xy]}{[xy]} : \frac{\mathfrak{y}[xy]}{\mathfrak{x}[xy]} = \frac{\mathfrak{x}}{\mathfrak{y}}.$$

Es ist also gleich dem Verhältniss der Ableitzahlen des vierten Punktes. Sind nun x', y', u', v' die vier entsprechenden Punkte des zweiten Systems, also $x' = x\mathfrak{q}$, $y' = y\mathfrak{q}, \ldots$, so wird wegen des Fortbestehens einer jeden Zahlbeziehung $u' = x' + y'$ und $v' = \mathfrak{x} x' + \mathfrak{y} y'$. Das Doppelverhältniss der durch die Transformation entstandenen vier Punkte wird daher wieder gleich $\frac{\mathfrak{x}}{\mathfrak{y}}$.

Zweitens folgt aus dem Fortbestehen jeder Zahlbeziehung, dass *den unendlich fernen Punkten* (den Strecken) des einen Systems im andern Systeme entweder wieder lauter unendlich ferne Punkte (Strecken) oder *die Punkte einer Ebene entsprechen.*

Nach Nr. 229 lässt sich nämlich eine jede beliebige Strecke g des Raumes aus drei Strecken g_1, g_2, g_3, die nicht Einer Ebene parallel sind, numerisch ableiten. Nun entspricht bei der Kollineation jeder Strecke entweder wieder eine Strecke oder ein im Endlichen liegender Punkt. Denn jede Strecke lässt sich als die Differenz zweier Punkte von gleichem Gewicht darstellen; ordnet daher die

*) Vgl. hierzu G. Peano, Calcolo geometrico secondo l'Ausdehnungslehre di H. Grassmann. Turin 1888. S. 72 oder auch Die Ausdehnungslehre von 1844, § 165 diese Ausgabe I, 1 S. 272.

Kollineation diesen beiden Punkten *wieder Punkte von gleichem Gewichte* zu, so ordnet sie auch jener Strecke wieder eine Strecke zu, im entgegengesetzten Falle aber einen im Endlichen liegenden Punkt. Sind demnach p, p_1, p_2, p_3 die unendlich oder endlich entfernten Punkte des zweiten Systems, die den vier Strecken g, g_1, g_2, g_3 entsprechen, so wird sich, wegen des Fortbestehens jeder Zahlbeziehung, der Punkt p genau ebenso aus den drei Punkten p_1, p_2, p_3 numerisch ableiten lassen, wie sich die Strecke g aus den drei Strecken g_1, g_2, g_3 numerisch ableiten liess. Mit anderen Worten: wenn die drei Punkte p_1, p_2, p_3 unendlich entfernt sind, so gilt dasselbe auch von dem Punkte p. Sind aber die Punkte p_1, p_2, p_3 nicht alle drei zugleich unendlich entfernt, so liegt der Punkt p (nach Nr. 236) in der durch sie bestimmten Ebene. Somit gehören dann die Bilder aller unendlich fernen Punkte des ersten Systems der Ebene $\pi = [p_1 p_2 p_3]$ an, die durch die Punkte p_1, p_2, p_3 bestimmt ist. Diese Ebene π heisst die *Fluchtebene* des zweiten Systems.

Die *Hauptzahlen* $\mathfrak{r}_s$ und die *Hauptgebiete* (Doppelelemente) a_s des Kollineationsbruches $\mathfrak{q}$ ergeben sich aus der Gleichung

(8) $$a\mathfrak{q} = \mathfrak{r}a,$$

in der $\mathfrak{r}$ eine Zahl bedeutet, oder also aus der Gleichung

$$0 = a(\mathfrak{r} - \mathfrak{q}),$$

für die man, wenn man noch

$$a = \mathfrak{a}_0 e_0 + \cdots + \mathfrak{a}_3 e_3$$

setzt, auch schreiben kann

(9) $$0 = \mathfrak{a}_0 \,.\, e_0(\mathfrak{r} - \mathfrak{q}) + \cdots + \mathfrak{a}_3 \,.\, e_3(\mathfrak{r} - \mathfrak{q}).$$

Nach dieser Gleichung liegen die vier Punkte $e_0(\mathfrak{r} - \mathfrak{q}), \ldots e_3(\mathfrak{r} - \mathfrak{q})$ in Einer Ebene; folglich verschwindet ihr äusseres Produkt, (der durch sie bestimmte Spat), das heisst, man erhält für die Hauptzahlen $\mathfrak{r}_s$ des Bruches $\mathfrak{q}$ die Gleichung vierten Grades

$$[e_0(\mathfrak{r} - \mathfrak{q}) \ldots e_3(\mathfrak{r} - \mathfrak{q})] = 0$$

oder, bei Benutzung der in den Nummern 504 und 506 eingeführten Bezeichnung, die Gleichung

$$[(\mathfrak{r} - \mathfrak{q})^4] = 0,$$

die man auch in der Form schreiben kann

(10) $$\mathfrak{r}^4 - 4[\mathfrak{q}]\mathfrak{r}^3 + 6[\mathfrak{q}^2]\mathfrak{r}^2 - 4[\mathfrak{q}^3]\mathfrak{r} + [\mathfrak{q}^4] = 0.$$

Aus ihr folgt insbesondere, dass das Produkt der vier Wurzeln

(11) $$\mathfrak{r}_0 \mathfrak{r}_1 \mathfrak{r}_2 \mathfrak{r}_3 = [\mathfrak{q}^4] = \pm 1$$

ist (vgl. Gleichung 7).

Hat man aus der Gleichung (10) die vier Hauptzahlen $\mathfrak{r}_s$ des Bruches $\mathfrak{q}$ bestimmt, so hängt alles Weitere davon ab, ob die Wurzeln der Gleichung alle von einander verschieden sind oder nicht.

Erster Hauptfall: Alle vier Hauptzahlen sind von einander verschieden. Dann gehört (nach Nr. 389) zu jeder Hauptzahl $\mathfrak{r}_s$ ein Hauptgebiet a_s von erster Stufe. Um dieses zu finden, setze man noch (1)*)

*) Am Rande sollen die in Betracht kommenden Fälle *fortlaufend* numerirt werden.

(12) $$a_s = \mathfrak{a}_{s,0} e_0 + \cdots + \mathfrak{a}_{s,3} e_3 .$$

Dann verwandelt sich die Gleichung (9), in der man zugleich $\mathfrak{r}_s$ statt $\mathfrak{r}$ zu schreiben hat, in

$$0 = \mathfrak{a}_{s,0} \cdot e_0(\mathfrak{r}_s - \mathfrak{q}) + \cdots + \mathfrak{a}_{s,3} \cdot e_3(\mathfrak{r}_s - \mathfrak{q})$$

oder, falls man noch die Punkte

(13) $$e_t(\mathfrak{r}_s - \mathfrak{q}) = c_{s,t}$$

setzt, in die Gleichung

$$0 = \mathfrak{a}_{s,0} c_{s,0} + \cdots + \mathfrak{a}_{s,3} c_{s,3} .$$

Um die Koefficienten $\mathfrak{a}_{s,t}$ in dieser Zahlbeziehung zwischen den vier Punkten $c_{s,0}, \ldots c_{s,3}$ zu ermitteln, multiplicire man die Gleichung mit $[c_{s,2} c_{s,3}]$, wodurch sich die Gleichung ergiebt

$$0 = \mathfrak{a}_{s,0} [c_{s,2} c_{s,3} c_{s,0}] + \mathfrak{a}_{s,1} [c_{s,1} c_{s,2} c_{s,3}] .$$

Aus dieser und aus den beiden analogen Gleichungen folgt aber, da die vier auftretenden Flächentheile Einer Ebene angehören, die Proportion

(14) $$\mathfrak{a}_{s,0} : \mathfrak{a}_{s,1} : \mathfrak{a}_{s,2} : \mathfrak{a}_{s,3} = \\ = [c_{s,1} c_{s,2} c_{s,3}] : -[c_{s,2} c_{s,3} c_{s,0}] : [c_{s,3} c_{s,0} c_{s,1}] : -[c_{s,0} c_{s,1} c_{s,2}] .$$

Für jeden Werth von s bestimmt diese Proportion die vier Ableitzahlen $\mathfrak{a}_{s,t}$ des zugehörigen Doppelpunktes a_s bis auf einen Proportionalitätsfaktor eindeutig. Die so gewonnenen vier Doppelelemente stehen (nach 389) in keiner Zahlbeziehung zu einander, liegen also nicht in Einer Ebene, und man erhält daher den Satz: *Hat die Gleichung* (10) *lauter ungleiche Wurzeln, so besitzt die Kollineation* $\mathfrak{q}$ *vier getrennte, nicht Einer Ebene angehörende Doppelpunkte* $a_0, \ldots a_3$, *die durch Multiplikation mit dem Bruche* $\mathfrak{q}$ *nur um einen Zahlfaktor geändert werden, sie multipliciren sich nämlich der Reihe nach mit den Wurzeln* $\mathfrak{r}_0, \ldots \mathfrak{r}_3$ *der Gleichung* (10).

Führt man die Doppelpunkte $a_0, \ldots a_3$ statt der Punkte $e_0, \ldots e_3$ als Nenner in den Bruch $\mathfrak{q}$ ein, was nach Nr. 380 möglich ist, da die Doppelelemente in keiner Zahlbeziehung zu einander stehen, so erhält der Bruch $\mathfrak{q}$ die Form

(15) $$\mathfrak{q} = \frac{\mathfrak{r}_0 a_0, \ldots \mathfrak{r}_3 a_3}{a_0, \ldots a_3} .$$

Will man dann zu einem beliebigen Punkte x des Raumes den entsprechenden Punkt $x\mathfrak{q}$ konstruiren, so lege man durch drei ein Dreieck bildende Kanten des Doppelpunkttetraeders, etwa durch die drei Kanten $[a_2 a_3]$, $[a_3 a_1]$, $[a_1 a_2]$ und durch den Punkt x die Ebenen und bezeichne ihre Schnittpunkte mit den jedesmal gegenüberliegenden Tetraederkanten $[a_0 a_1]$, $[a_0 a_2]$, $[a_0 a_3]$ mit u, v, w. Endlich suche man zu diesen drei Punkten die entsprechenden Punkte $u\mathfrak{q}$, $v\mathfrak{q}$, $w\mathfrak{q}$ auf, so schneiden sich die drei Ebenen $[a_2 a_3 \,.\, u\mathfrak{q}]$, $[a_3 a_1 \,.\, v\mathfrak{q}]$, $[a_1 a_2 \,.\, w\mathfrak{q}]$ in dem gesuchten Punkte $x\mathfrak{q}$.

Ist ein Wurzelpaar der Gleichung (10) conjugirt komplex, also etwa $\mathfrak{r}_2 = \mathfrak{a} - i\mathfrak{b}$, $\mathfrak{r}_3 = \mathfrak{a} + i\mathfrak{b}$, so müssen auch die zugehörigen Hauptgebiete conjugirt complex sein, also etwa die Form haben $a_2 = a + ib$, $a_3 = a - ib$. Der Bruch lautet dann

$$\mathfrak{q} = \frac{\mathfrak{r}_0 a_0,\ \mathfrak{r}_1 a_1,\ (\mathfrak{a} - i\mathfrak{b})(a + ib),\ (\mathfrak{a} + i\mathfrak{b})(a - ib)}{a_0,\ a_1,\ a + ib,\ a - ib} .$$

Will man dem Bruche wieder eine reelle Form geben, so bestimme man diejenigen Punkte $a\mathfrak{q}$ und $b\mathfrak{q}$, welche den Punkten a und b zugeordnet sind. Es wird

$$a\mathfrak{q} = \frac{1}{2}\left\{(a+ib)\mathfrak{q} + (a-ib)\mathfrak{q}\right\}$$

$$= \frac{1}{2}\left\{(\mathfrak{a}-i\mathfrak{b})(a+ib) + (\mathfrak{a}+i\mathfrak{b})(a-ib)\right\}$$

$$= \mathfrak{a}a + \mathfrak{b}b,$$

$$b\mathfrak{q} = \frac{1}{2i}\left\{(a+ib)\mathfrak{q} - (a-ib)\mathfrak{q}\right\}$$

$$= \frac{1}{2i}\left\{(\mathfrak{a}-i\mathfrak{b})(a+ib) - (\mathfrak{a}+i\mathfrak{b})(a-ib)\right\}$$

$$= \mathfrak{a}b - \mathfrak{b}a.$$

Man erhält daher für den Bruch $\mathfrak{q}$ die reelle Darstellung

$$\mathfrak{q} = \frac{\mathfrak{r}_0 a_0,\ \mathfrak{r}_1 a_1,\ \mathfrak{a}a + \mathfrak{b}b,\ \mathfrak{a}b - \mathfrak{b}a}{a_0,\quad a_1,\quad a,\quad b}.$$

Ihr zufolge geht die Gerade $[ab]$, die durch den reellen und den imaginären Theil der beiden konjugirt komplexen Doppelelemente bestimmt ist, vermöge des Bruches $\mathfrak{q}$ in sich über, ohne dass irgend ein reeller Punkt dieser Geraden sich selbst entspräche. Um die Veränderung, welche die Punkte der Geraden $[ab]$ durch die Kollineation $\mathfrak{q}$ erfahren, besser übersehen zu können, führe man statt $\mathfrak{a}$ und $\mathfrak{b}$ Polarcoordinaten ein, setze also $\mathfrak{a} = \mathfrak{c}\cos\mathfrak{d}$ und $\mathfrak{b} = \mathfrak{c}\sin\mathfrak{d}$. Dann nimmt der Bruch $\mathfrak{q}$ die Form an

$$(16)\qquad \mathfrak{q} = \frac{\mathfrak{r}_0 a_0,\ \mathfrak{r}_1 a_1,\ \mathfrak{c}(a\cos\mathfrak{d} + b\sin\mathfrak{d}),\ \mathfrak{c}(b\cos\mathfrak{d} - a\sin\mathfrak{d})}{a_0,\quad a_1,\quad a,\quad b},$$

aus der ersichtlich ist, dass die Punkte a und b durch den Bruch $\mathfrak{q}$ eine circuläre Aenderung erfahren, ausserdem aber noch eine Multiplikation mit einem gemeinschaftlichen Faktor $\mathfrak{c}$ *).

*) Mit der circulären Aenderung des Punktepaares a, b ist eine durch den Bruch $\mathfrak{q}$ bewirkte Umwandlung der ganzen Punktreihe der Geraden $[ab]$ verknüpft, von der man sich auf die folgende Weise eine Anschauung verschaffen kann: Man schlage innerhalb einer beliebigen durch die Gerade $[ab]$ gelegten Halbebene über den Abständen der beiden Punktepaare a, b und $a+b$, $a-b$ Halbkreise, die sich im Punkte s schneiden mögen (vgl. Fig. 30). Dann projicire man die Punktreihe der Geraden $[ab]$ von s aus durch ein Strahlbüschel und drehe dieses in seiner Ebene von a nach b hin um den Winkel $\mathfrak{d}$. Alsdann schneidet das Strahlbüschel in seiner neuen Lage aus der Geraden $[ab]$ die Punktreihe aus, in welche die ursprüngliche Punktreihe durch der Bruch $\mathfrak{q}$ übergeführt wird. Dieser Zusammenhang zwischen der Drehung eines Strahlbüschels und der durch den Bruch $\mathfrak{q}$, oder was geometrisch betrachtet auf dasselbe hinauskommt, der durch den Bruch

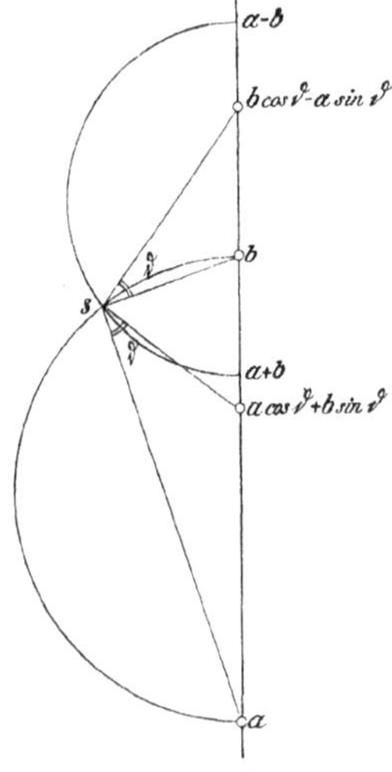

Fig. 30.

Zweiter Hauptfall: Die Gleichung (10) besitzt eine Doppelwurzel, das heisst, es sind *zwei Hauptzahlen einander gleich,* etwa gleich $\mathfrak{a}$, wo $\mathfrak{a}$ eine reelle Zahl bedeutet. Dann sind (nach 390) zwei Unterfälle möglich:

(2) *Erstens* kann *das zu dieser Hauptzahl gehörende Hauptgebiet von zweiter Stufe* sein; dann gestattet der Bruch $\mathfrak{q}$ die Darstellung:

$$\mathfrak{q} = \frac{\mathfrak{a} a_0,\ \mathfrak{a} a_1,\ \mathfrak{r}_2 a_2,\ \mathfrak{r}_3 a_3}{a_0,\quad a_1,\quad a_2,\quad a_3}, \tag{17}$$

aus der in der That hervorgeht, dass nicht nur die Punkte a_0 und a_1 in ihr $\mathfrak{a}$-faches verwandelt werden, sondern, dass dasselbe überhaupt bei jedem Punkte $x = \mathfrak{x}_0 a_0 + \mathfrak{x}_1 a_1$ der Geraden $[a_0 a_1]$ eintritt; denn es wird

$$x\mathfrak{q} = (\mathfrak{x}_0 a_0 + \mathfrak{x}_1 a_1)\mathfrak{q} = \mathfrak{a}(\mathfrak{x}_0 a_0 + \mathfrak{x}_1 a_1) = \mathfrak{a} x,$$

und es wird daher jeder Punkt der Geraden $[a_0 a_1]$ durch die Kollineation auf sich selbst bezogen.

(3) *Zweitens* aber kann es (nach Nr. 390) auch vorkommen, dass die Doppelwurzel $\mathfrak{a}$ der biquadratischen Gleichung (10) nur *ein Hauptgebiet erster Stufe* a_1 besitzt. Dann hat der Bruch $\mathfrak{q}$ (nach Nr. 390) die Form

$$\mathfrak{q} = \frac{\mathfrak{a} a_0 + \mathfrak{g} a_1,\ \mathfrak{a} a_1,\ \mathfrak{r}_2 a_2,\ \mathfrak{r}_3 a_3}{a_0,\qquad a_1,\quad a_2,\quad a_3}, \tag{18}$$

und es geht zwar noch immer die Gerade $[a_0 a_1]$ in sich über, aber auf ihr bewahrt nur der Punkt a_1 seine Lage, denn er multiplicirt sich bloss mit dem Zahlfaktor $\mathfrak{a}$. Jeder andere Punkt der Geraden hingegen verwandelt sich in sein $\mathfrak{a}$-faches noch vermehrt um ein gewisses Vielfaches von a_1. In der That wird ein beliebiger Punkt x der Geraden $[a_0 a_1]$ übergeführt in den Punkt

$$x\mathfrak{q} = (\mathfrak{x}_0 a_0 + \mathfrak{x}_1 a_1)\mathfrak{q} = \mathfrak{a}(\mathfrak{x}_0 a_0 + \mathfrak{x}_1 a_1) + \mathfrak{g}\mathfrak{x}_0 a_1 = \mathfrak{a} x + \mathfrak{g}\mathfrak{x}_0 a_1 .$$

Um von dieser Umwandlung der Punktreihe x eine geometrische Anschauung zu gewinnen, bilde man die beiden Punktreihen x und $x\mathfrak{q}$ in solcher Weise perspektiv auf einer durch den Punkt a_0 gehenden Hülfsgeraden ab (vgl. Fig. 31), dass dem Punkte a_1 der unendlich ferne Punkt dieser Hülfsgeraden entspricht.

$$\mathfrak{s} = \frac{a\cos\mathfrak{d} + b\sin\mathfrak{d},\ b\cos\mathfrak{d} - a\sin\mathfrak{d}}{a\qquad\qquad b}$$

bewirkten Abbildung der Punktreihe auf der Geraden $[ab]$ zeigt zugleich, dass die Punkte a und b bei der Umwandlung der Punktreihe keinerlei ausgezeichnete Stellung einnehmen. In der That werden durch den Bruch $\mathfrak{s}$ nicht nur die Punkte a, b circulär um den Winkel $\mathfrak{d}$ geändert, sondern zugleich sämmtliche Punktepaare a', b' derjenigen Involution, welche sich aus dem Punktepaare a, b durch die eingliedrige Gruppe *aller* positiven circulären Aenderungen (vgl. Nr. 154) ableiten lässt, die also dargestellt wird durch die Gleichungen

$$a' = a\cos\mathfrak{f} + b\sin\mathfrak{f},$$
$$b' = b\cos\mathfrak{f} - a\sin\mathfrak{f},$$

in denen $\mathfrak{f}$ den Parameter der Gruppe bezeichnet.

Diese Involution bildet also das geometrische Abbild der konjugirt imaginären Doppelelemente $a + ib$ und $a - ib$ des Bruches $\mathfrak{q}$, während die Grösse des Drehwinkels $\mathfrak{d}$ und der Gewichtsfaktor $\mathfrak{c}$ die zugehörigen Hauptzahlen $\mathfrak{a} - i\mathfrak{b}$ und $\mathfrak{a} + i\mathfrak{b}$ versinnbildlichen.

Dazu bezeichne man den mit a_0 zusammenfallenden *einfachen* Punkt mit a_0' und eine beliebige *Strecke* der Hülfsgeraden mit a_1'. Dann bewirkt der Bruch

$$\mathfrak{s} = \frac{a_0',\ a_1'}{a_0,\ a_1}$$

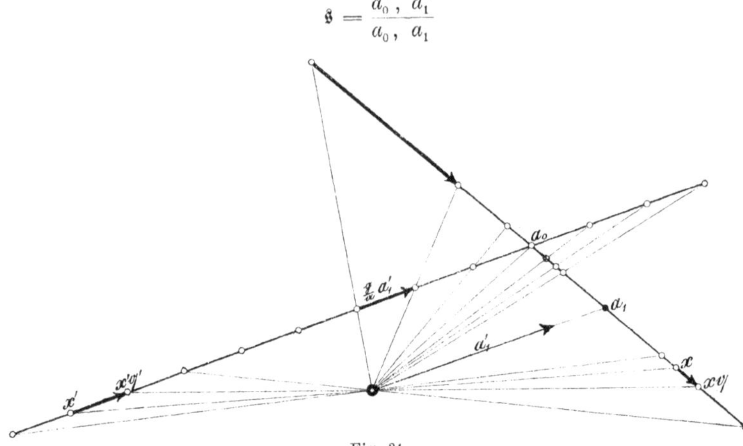

Fig. 31.

die gewünschte perspektive Abbildung und führt zugleich die Verwandtschaft $\mathfrak{q}$ (so fern sich diese auf die Punkte der Geraden $[a_0 a_1]$ erstreckt) über in eine Verwandtschaft

$$\mathfrak{q}' = \frac{\mathfrak{a} a_0' + \mathfrak{g} a_1',\ \mathfrak{a} a_1'}{a_0',\qquad a_1'},$$

welche den dem Punkte x der Geraden $[a_0 a_1]$ entsprechenden Punkt

$$x' = \mathfrak{x}_0 a_0' + \mathfrak{x}_1 a_1'$$

der Geraden $[a_0' a_1']$ umwandelt in den Punkt

$$x'\mathfrak{q}' = (\mathfrak{x}_0 a_0' + \mathfrak{x}_1 a_1')\mathfrak{q}' = \mathfrak{a}(\mathfrak{x}_0 a_0' + \mathfrak{x}_1 a_1') + \mathfrak{g}\mathfrak{x}_0 a_1' = \mathfrak{a}x' + \mathfrak{g}\mathfrak{x}_0 a_1'$$
$$= \mathfrak{a}\mathfrak{x}_0 \left(\frac{x'}{\mathfrak{x}_0} + \frac{\mathfrak{g}}{\mathfrak{a}} a_1'\right).$$

Hier ist x' ein Punkt vom Gewichte $\mathfrak{x}_0$, also $\frac{x'}{\mathfrak{x}_0}$ ein Punkt vom Gewichte 1. Der Ausdruck in der Klammer: $\frac{x'}{\mathfrak{x}_0} + \frac{\mathfrak{g}}{\mathfrak{a}} a_1'$ stellt somit einen einfachen Punkt dar, der vom Punkte x' um die konstante, das heisst, von der Lage des Punktes x' unabhängige, Strecke $\frac{\mathfrak{g}}{\mathfrak{a}} a_1'$ absteht. Der Bruch $\mathfrak{q}'$ verschiebt daher alle Punkte der Geraden $[a_0' a_1']$ um ein gleich grosses Stück und stellt also eine Schiebung der Punktreihe x' in ihrer eigenen Linie dar.

Nun war aber die Verwandtschaft $\mathfrak{q}$ das perspektive Abbild der Verwandtschaft $\mathfrak{q}'$, in dem Sinne, dass sich der unendlich ferne Punkt der Hülfsgeraden $[a_0' a_1']$ in den Punkt a_1 der Geraden $[a_0 a_1]$ projicirte. Die durch den Bruch $\mathfrak{q}$ bewirkte Umwandlung der Punktreihe x kann somit als eine projektive Verallgemeinerung der Schiebung einer Punktreihe in ihrer eigenen Linie aufgefasst werden, bei der an die Stelle des unendlich fernen Punktes der im Endlichen liegende Punkt (das Centrum) a_1 getreten ist. Sie möge daher „*eine centrische Schiebung der Punktreihe x mit dem Zielpunkte a_1*“ genannt werden. Auf der einen Seite des Zielpunktes a_1 verschieben sich alle Punkte der Geraden $[a_0 a_1]$ nach dem Zielpunkte hin, auf der andern von ihm fort.

Dritter Hauptfall: Sind zwei Paare gleicher reeller) Hauptzahlen vorhanden*, so ergeben sich drei Unterfälle.

(4) *Erstens* kann *jede von ihnen ein Hauptgebiet zweiter Stufe besitzen*. Dann hat der Bruch $\mathfrak{q}$ die Form

$$\mathfrak{q} = \frac{\mathfrak{a} a_0,\ \mathfrak{a} a_1,\ \mathfrak{b} a_2,\ \mathfrak{b} a_3}{a_0,\ a_1,\ a_2,\ a_3}. \tag{19}$$

Durch ihn wird jeder Punkt der beiden Geraden $[a_0 a_1]$ und $[a_2 a_3]$ auf sich selbst bezogen, und es bleibt daher auch eine jede Gerade in Ruhe, welche die beiden „Stützlinien" $[a_0 a_1]$ und $[a_2 a_3]$ schneidet, während die Punkte auf ihr mit Ausnahme der Schnittpunkte s und t mit den beiden Stützlinien ihre Lage verändern. Hieraus folgt: Ein jeder beliebige Punkt x des Raumes verschiebt sich auf der durch ihn und die beiden Stützlinien gelegten Geraden (vgl. Fig. 32). Diese Art der Kollineation heisst (nach F. Klein) *windschiefe Perspektive***).

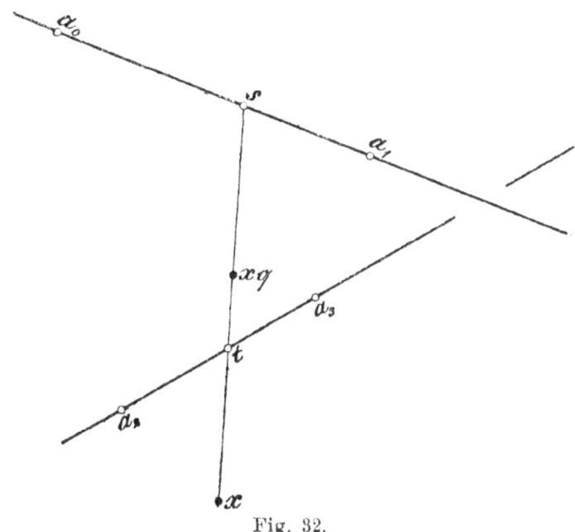

Fig. 32.

Sucht man die geometrische Bedeutung der Hauptzahlen $\mathfrak{a}$ und $\mathfrak{b}$, oder vielmehr die Bedeutung ihres *Verhältnisses*, dem ja allein ein geometrischer Sinn zukommen kann, so stelle man einen beliebigen Punkt x des Raumes als Vielfachensumme der beiden Punkte s und t dar, in denen die durch ihn und die beiden Stützlinien gelegte Gerade die Stützlinien schneidet. Es sei

$$x = \mathfrak{s} s + \mathfrak{t} t; \tag{20}$$

dann wird

$$x\mathfrak{q} = \mathfrak{s} \,.\, s\mathfrak{q} + \mathfrak{t} \,.\, t\mathfrak{q}$$

oder, da die Punkte s und t der beiden Stützlinien bei der Multiplikation mit $\mathfrak{q}$ in ihr $\mathfrak{a}$- und $\mathfrak{b}$-faches übergehen,

$$x\mathfrak{q} = \mathfrak{a} \,.\, \mathfrak{s} s + \mathfrak{b} \,.\, \mathfrak{t} t. \tag{21}$$

Das Doppelverhältniss der vier Punkte s, t, x und $x\mathfrak{q}$ wird daher (vgl. S. 440)

$$\frac{[sx]}{[xt]} : \frac{[s \,.\, x\mathfrak{q}]}{[x\mathfrak{q} \,.\, t]} = \frac{\mathfrak{a}}{\mathfrak{b}}, \tag{22}$$

*) Um nicht zu weitläufig zu werden, will ich die Behandlung des Falles zweier gleicher konjugirt komplexer Hauptzahlen dem Leser überlassen.

**) Die Abbildung $\mathfrak{q}$ hat nämlich mit der gewöhnlichen (centrischen) Perspektive (vgl. S. 448) die Eigenschaft gemein, dass bei wiederholter Anwendung der Abbildung auf einen Punkt x und sein erstes, zweites Bild und so weiter, sich stets Punkte einer und derselben Geraden ergeben, dass also die Bahnkurven der zugehörigen infinitesimalen Transformation gerade Linien sind.

wodurch die geometrische Bedeutung des Verhältnisses $\frac{\mathfrak{a}}{\mathfrak{b}}$ der beiden Hauptzahlen gefunden ist. Zugleich hat man den Satz gewonnen:

Bei der windschiefen Perspektive ist das Doppelverhältniss aus zwei zugeordneten Punkten und den zugehörigen Stützpunkten konstant, nämlich gleich dem Verhältniss der beiden Hauptzahlen beider Stützlinien.

Sind die beiden Stützlinien gegeben, so reicht die Angabe des genannten Doppelverhältnisses, also des Verhältnisses $\frac{\mathfrak{a}}{\mathfrak{b}}$, aus, um die Verwandtschaft eindeutig zu definiren. Dies Doppelverhältniss heisst daher (nach W. Fiedler) die *Charakteristik* der windschiefen Perspektive. Da ferner die Charakteristik festgelegt ist, sobald ausser den beiden Stützlinien noch zwei zugeordnete Punkte ihrer Lage nach bekannt sind, so ist die Verwandtschaft auch eindeutig bestimmt durch die beiden Stützlinien und ein Paar zugeordnete Punkte, die noch beliebig auf einer durch die beiden Stützlinien gehenden Geraden angenommen werden dürfen.

Hat die Charakteristik den besonderen Werth -1, ist also das Verhältniss der beiden Hauptzahlen

$$\frac{\mathfrak{a}}{\mathfrak{b}} = -1, \tag{23}$$

so werden je zwei zugeordnete Punkte x und $x\mathfrak{q}$ durch die beiden Stützlinien harmonisch getrennt, und der Bruch $\mathfrak{q}$ nimmt die Form an

$$\mathfrak{q} = \frac{a_0,\; a_1,\; -a_2,\; -a_3}{a_0,\; a_1,\; a_2,\; a_3}. \tag{24}$$

Aus der Gleichung (11) folgt nämlich für die beiden Hauptzahlen $\mathfrak{a}$ und $\mathfrak{b}$ die weitere Gleichung

$$\mathfrak{a}^2\mathfrak{b}^2 = \pm 1, \tag{25}$$

und diese liefert zusammen mit (23) für $\mathfrak{a}$ und $\mathfrak{b}$, falls man sich auf reelle Werthe von $\mathfrak{a}$ und $\mathfrak{b}$ beschränkt (siehe oben), nur die Werthe $\mathfrak{a} = 1$ und $\mathfrak{b} = -1$ oder umgekehrt, und also für $\mathfrak{q}$ die Form (24).

Die windschiefe Perspektive mit der Charakteristik -1 hat nun die besondere Eigenschaft, dass ihre nochmalige Anwendung auf den aus x durch die Abbildung entstandenen Punkt $x\mathfrak{q}$ diesen Punkt wieder nach x zurückführt (und zwar unter Wahrung seines Gewichtes). Diese besondere Verwandtschaft ist also involutorisch und heisst (nach H. Wiener) die *Spiegelung am Geradenpaar* $[a_0 a_1]$, $[a_2 a_3]$.

Ausser dem Falle der windschiefen Perspektive ergeben sich bei zwei Paaren gleicher Hauptzahlen, das heisst, bei zwei Doppelwurzeln der Gleichung (10), als
weitere Unterfälle noch die *beiden Fälle*, wo *die eine Doppelwurzel ein Haupt-* (5)
gebiet zweiter und die andere ein Hauptgebiet erster Stufe besitzt,

und wo *jeder der beiden Doppelwurzeln nur ein Hauptgebiet erster Stufe* (6)
zugehört, wo also der zugehörige Bruch die Form hat

$$\mathfrak{q} = \frac{\mathfrak{a} a_0 + \mathfrak{g} a_1,\; \mathfrak{a} a_1,\; \mathfrak{b} a_2,\; \mathfrak{b} a_3}{a_0,\; a_1,\; a_2,\; a_3} \tag{26}$$

und andererseits die Form

$$\mathfrak{q} = \frac{\mathfrak{a} a_0 + \mathfrak{g} a_1,\; \mathfrak{a} a_1,\; \mathfrak{b} a_2 + \mathfrak{h} a_3,\; \mathfrak{b} a_3}{a_0,\; a_1,\; a_2,\; a_3}. \tag{27}$$

Im ersten dieser beiden Fälle geht jeder Punkt der Geraden $[a_2 a_3]$ in sich über, während in der Geraden $[a_0 a_1]$ eine centrische Schiebung mit dem Zielpunkte a_1 erfolgt. Im zweiten Falle finden in beiden Geraden centrische Schiebungen statt, beziehlich nach den Zielpunkten a_3 und a_1.

Vierter Hauptfall: Die Gleichung (10) besitzt eine dreifache Wurzel, das heisst, es sind *drei Hauptzahlen des Bruches* $\mathfrak{q}$ *einander gleich.* Er liefert vier Unterfälle:

(7) Ist *erstens das zu der dreifachen Wurzel* ($\mathfrak{b}$) *gehörende Hauptgebiet von dritter Stufe,* so lässt sich (nach Nr. 390) der Bruch auf die Form bringen

$$\mathfrak{q} = \frac{\mathfrak{a} a_0, \ \mathfrak{b} a_1, \ \mathfrak{b} a_2, \ \mathfrak{b} a_3}{a_0, \ a_1, \ a_2, \ a_3}. \tag{28}$$

Durch ihn wird jeder Punkt der Ebene $\alpha = [a_1 a_2 a_3]$ in sein $\mathfrak{b}$-faches verwandelt; die Ebene α geht also punktweise in sich über. Es bleibt daher auf jeder durch den isolirt liegenden Doppelpunkt a_0 gehenden Geraden ausser dem Punkte a_0 selbst auch noch ihr Schnittpunkt t mit der Ebene α fest. Eine jede solche Gerade bleibt somit bei der Abbildung $\mathfrak{q}$ ebenfalls in Ruhe, wenn auch ihre Punkte, mit Ausnahme der beiden genannten, ihre Lage auf ihr verändern. Die durch diese Eigenschaft gekennzeichnete Kollineation heisst *centrische Perspektive des Raumes*, der Punkt a_0 ihr *Mittelpunkt* und die Ebene α ihre *Spurebene* (vgl. Fig. 33).

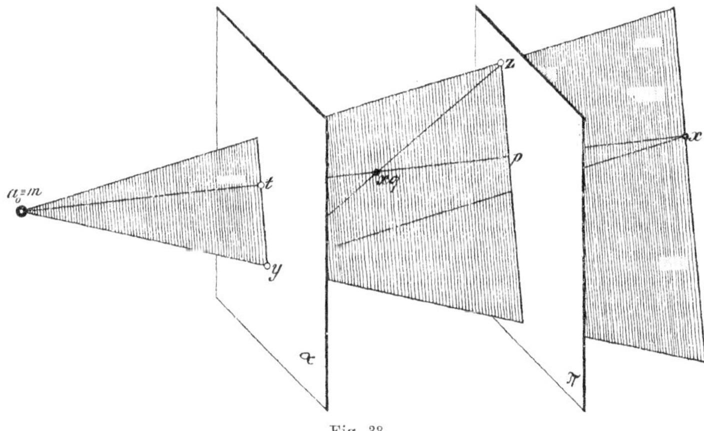

Fig. 33.

Auch bei der centrischen Perspektive ist wieder das Verhältniss $\frac{\mathfrak{a}}{\mathfrak{b}}$ der beiden Hauptzahlen ein für die Verwandtschaft charakteristisches Doppelverhältniss. Denn, ist x ein beliebiger Punkt des Raumes und t der Schnittpunkt der Mittelpunktsgeraden $[a_0 x]$ mit der Spurebene α, so lässt sich x als Vielfachensumme von a_0 und t, das heisst, in der Form

$$x = \mathfrak{s} a_0 + \mathfrak{t} t$$

darstellen. Der zugeordnete Punkt $x\mathfrak{q}$ wird daher

$$x\mathfrak{q} = \mathfrak{a} \,.\, \mathfrak{s} a_0 + \mathfrak{b} \,.\, \mathfrak{t} t,$$

und man erhält somit für das Doppelverhältniss der vier Punkte a_0, t, x, $x\mathfrak{q}$ wieder den Werth

$$\frac{[a_0 x]}{[xt]} : \frac{[a_0 \,.\, x\mathfrak{q}]}{[x\mathfrak{q} \,.\, t]} = \frac{\mathfrak{a}}{\mathfrak{b}}$$

und damit den Satz:

Bei der centrischen Perspektive des ***Raumes*** *ist das durch den Mittelpunkt, die Spurebene und ein Paar zugeordnete Punkte bestimmte Doppelverhältniss konstant, nämlich gleich dem Verhältniss der beiden dem Mittelpunkte und der Spurebene zugehörenden Hauptzahlen.*

Auch hier wieder bestimmt dies Doppelverhältniss zusammen mit den beiden Hauptgebieten (dem Mittelpunkte und der Spurebene) die Verwandtschaft eindeutig und heisst daher (nach W. Fiedler) die *Charakteristik* der centrischen Perspektive. Da aber wiederum die Charakteristik festgelegt ist durch Angabe zweier zugeordneter Punkte, so wird die centrische Perspektive auch eindeutig bestimmt durch den Mittelpunkt, die Spurebene und ein Paar zugeordneter Punkte, die noch beliebig auf einer durch den Mittelpunkt gehenden Geraden angenommen werden dürfen.

Will man eine vollständige Anschauung von der Abbildung der centrischen Perspektive gewinnen, so betrachte man noch die durch sie bewirkte Umwandlung der unendlich fernen Elemente des ersten Systems, das heisst, die Lage der Fluchtebene des zweiten Systems. Dazu bezeichne man den mit dem Mittelpunkte a_0 der Verwandtschaft zusammenfallenden einfachen Punkt mit m und einen beliebigen einfachen Punkt der Spurebene mit t. Dann wird der unendlich ferne Punkt g der Geraden $[mt]$ dargestellt durch die Differenz

$$g = t - m;$$

für den ihm zugeordneten Punkt $p = g\mathfrak{q}$, (das heisst, den Fluchtpunkt der Geraden $[mt]$), erhält man also den Ausdruck

$$p = g\mathfrak{q} = \mathfrak{b}t - \mathfrak{a}m.$$

Diese Gleichung aber sagt aus: Dem unendlich fernen Punkte g der Mittelpunktsgeraden $[mt]$ wird ein Punkt p derselben Geraden zugeordnet, welcher das Geradenstück zwischen dem Mittelpunkte und der Spurebene algebraisch im Verhältniss $\mathfrak{b} : -\mathfrak{a}$ theilt, das heisst, innerlich oder äusserlich im Verhältniss der absoluten Werthe von $\mathfrak{b}$ und $\mathfrak{a}$, je nachdem das Verhältniss $\mathfrak{b} : -\mathfrak{a}$ positiv oder negativ ist. Hieraus folgt: Die Fluchtebene π des zweiten Systems ist der Spurebene α der centrischen Perspektive parallel und theilt den Abstand des Mittelpunktes m von der Spurebene α in dem angegebenen Verhältniss. Ist also zum Beispiel die Charakteristik $\frac{\mathfrak{a}}{\mathfrak{b}}$ positiv und zugleich < 1, so liegt die Fluchtebene π, vom Mittelpunkte der Abbildung aus gerechnet, jenseits der Spurebene α, und ihr Abstand von dieser Ebene verhält sich zu dem des Mittelpunktes von der Spurebene wie $\mathfrak{a} : (\mathfrak{b} - \mathfrak{a})$. Der ganze Halbraum jenseits der Spurebene wird dann bei der Abbildung reliefartig auf die Raumschicht zwischen den parallelen Ebenen α und π zusammengedrängt.

Ist der Mittelpunkt, die Spur- und Fluchtebene gegeben, so kann man zu jedem Punkte x des Raumes den zugeordneten Punkt $x\mathfrak{q}$ konstruiren. Man lege dazu durch x eine beliebige Gerade, welche die Spurebene α in y schneide, und konstruire zu dem unendlich fernen Punkte dieser Geraden den zugeordneten Punkt z, indem man zu der Geraden $[yx]$ durch m die Parallele zieht und diese mit der Fluchtebene π zum Durchschnitt bringt. Dann ist die Gerade $[yz]$ der Geraden $[yx]$ zugeordnet und schneidet daher die Gerade $[mx]$ in dem gesuchten Punkte $x\mathfrak{q}$.

Ist die Charakteristik der centrischen Perspektive gleich -1, also $\mathfrak{a} = 1$ und $\mathfrak{b} = -1$ oder umgekehrt, hat der Bruch $\mathfrak{q}$ somit eine der beiden geometrisch gleichwerthigen Formen

$$(29) \qquad \mathfrak{q} = \frac{a_0, \; -a_1, \; -a_2, \; -a_3}{a_0, \quad a_1, \quad a_2, \quad a_3} \quad \text{und} \quad \mathfrak{q} = \frac{-a_0, \; a_1, \; a_2, \; a_3}{a_0, \; a_1, \; a_2, \; a_3},$$

so wird die centrische Perspektive involutorisch und heisst (nach H. Wiener) *Spiegelung an dem Punkte a_0 und der Ebene α.*

(8) Ist *zweitens das der Hauptzahl $\mathfrak{b}$ zugehörige Hauptgebiet von zweiter Stufe,* so lässt sich der Bruch $\mathfrak{q}$ (nach Nr. 390) auf die Form bringen

$$(30) \qquad \mathfrak{q} = \frac{\mathfrak{a} a_0, \; \mathfrak{b} a_1 + a', \; \mathfrak{b} a_2, \; \mathfrak{b} a_3}{a_0, \quad a_1, \quad a_2, \quad a_3},$$

wo a' eine Vielfachensumme von a_2 und a_3, das heisst,

$$(31) \qquad a' = \mathfrak{g} a_2 + \mathfrak{h} a_3$$

ist. Dieser Bruch $\mathfrak{q}$ oder, was auf dasselbe hinauskommt, der in ihm enthaltene „Unterbruch“

$$\mathfrak{q}_0 = \frac{\mathfrak{b} a_1 + a', \; \mathfrak{b} a_2, \; \mathfrak{b} a_3}{a_1, \quad a_2, \quad a_3},$$

bildet zwar immer noch die Ebene $[a_1 a_2 a_3]$ in sich ab, lässt auf ihr aber nur die Gerade $[a_2 a_3]$ in Ruhe; diese heisst daher die *Spurgerade* der Ebene $[a_1 a_2 a_3]$.

Jeder Punkt y dieser Ebene, der ausserhalb der Spurgeraden $[a_2 a_3]$ liegt, das heisst, jeder Punkt

$$y = \mathfrak{y}_1 a_1 + \mathfrak{y}_2 a_2 + \mathfrak{y}_3 a_3,$$

für welchen $\mathfrak{y}_1 \gtrless 0$ ist, wird durch den Bruch $\mathfrak{q}$ übergeführt in den Punkt

$$\begin{aligned} y\mathfrak{q} &= (\mathfrak{y}_1 a_1 + \mathfrak{y}_2 a_2 + \mathfrak{y}_3 a_3)\mathfrak{q} \\ &= \mathfrak{b}(\mathfrak{y}_1 a_1 + \mathfrak{y}_2 a_2 + \mathfrak{y}_3 a_3) + \mathfrak{y}_1 a' \\ &= \mathfrak{b} y + \mathfrak{y}_1 a', \end{aligned}$$

also verwandelt in sein $\mathfrak{b}$-faches, noch vermehrt um ein nicht verschwindendes Vielfaches des Punktes a'. Ein jeder nicht auf der Spurgeraden liegender Punkt y der Ebene $[a_1 a_2 a_3]$ wird daher auf der von ihm nach dem *Zielpunkte a'* führenden Geraden $[ya']$ verschoben (vgl. Fig. 34). Eine jede solche *Zielgerade* $[ya']$ der Ebene $[a_1 a_2 a_3]$ entspricht somit sich selbst.

Um die Grösse der Verrückung des Punktes y auf seiner Zielgeraden $[ya']$ zu bestimmen, das heisst, seinen Bildpunkt $y\mathfrak{q}$ zu konstruiren, hat man nur zu beachten, dass sich je zwei einander zugeordnete Geraden der Ebene $[a_1 a_2 a_3]$ auf der Spurgeraden $[a_2 a_3]$ schneiden müssen. Ist daher w der Punkt, in dem die Gerade $[ya_1]$ die Spurgerade $[a_2 a_3]$ trifft, so wird die der Geraden $[wa_1]$ zugeordnete Gerade $[w \,.\, a_1\mathfrak{q}]$ die Zielgerade $[ya']$ des Punktes y in dem gesuchten Bildpunkte $y\mathfrak{q}$ schneiden.

Man kann daher sagen: Die Punkte der Ebene $[a_1 a_2 a_3]$ erfahren eine *centrische Schiebung in der Ebene $[a_1 a_2 a_3]$ mit dem Zielpunkte a'*, welcher die Schiebungsrichtung einer gewöhnlichen Schiebung vertritt *und mit der Spurgeraden* $[a_2 a_3]$, welche die Rolle der unendlich fernen Geraden spielt.

Eine solche centrische Schiebung in der Ebene ist geometrisch durch Angabe der Spurgeraden und der Verrückung *eines* Punktes eindeutig bestimmt. Die centrische Schiebung geht in eine gewöhnliche Schiebung über, wenn die Doppelelemente a_2 und a_3 Strecken sind.

Damit ist die in der Doppelebene $[a_1 a_2 a_3]$ erfolgende Abbildung erledigt. Die Kollineation besitzt aber noch eine zweite Doppelebene, nämlich die Ebene $[a_0 a_2 a_3]$. Denn der Bruch $\mathfrak{q}$ oder der in ihm enthaltene Unterbruch

$$\mathfrak{q}_1 = \frac{\mathfrak{a}\, a_0,\ \mathfrak{b}\, a_2,\ \mathfrak{b}\, a_3}{a_0,\ a_2,\ a_3}$$

bewirkt *in der Ebene* $[a_0 a_2 a_3]$ (wie aus der auf S. 448 f. gegebenen Darstellung der entsprechenden Verwandtschaft des Raumes unmittelbar hervorgeht) *eine centrisch-perspektive Abbildung mit dem Mittelpunkte* a_0, *der Spurgeraden* $[a_2 a_3]$ *und der Charakteristik* $\mathfrak{a} : \mathfrak{b}$. Diese Charakteristik wird wieder geometrisch festgelegt, sobald ausser den Doppelelementen der Verwandtschaft $\mathfrak{q}_1$ noch zu einem Punkte u der Ebene $[a_0 a_2 a_3]$ der entsprechende Punkt $u\mathfrak{q}_1 = u\mathfrak{q}$ gegeben ist. Dann ist zu jedem Punkte z der Ebene sein entsprechender Punkt $z\mathfrak{q}$ linear konstruirbar, da sich die Geraden $[uz]$ und $[u\mathfrak{q} \, . \, z\mathfrak{q}]$ in einem Punkte v der Geraden $[a_2 a_3]$ schneiden müssen.

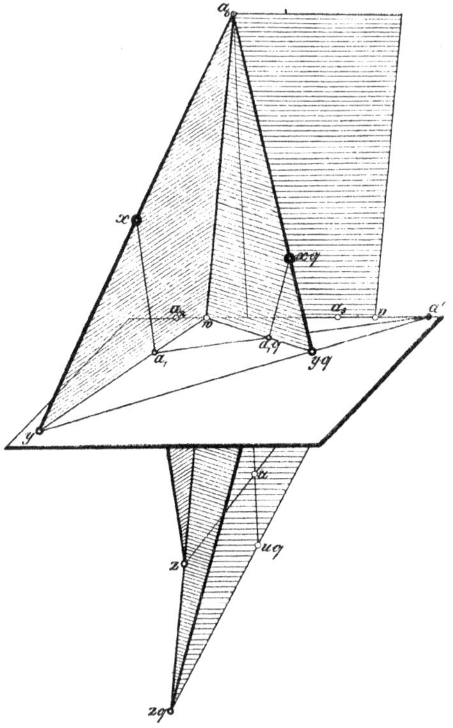

Fig. 34.

Kann man aber zu jedem Punkte y der Ebene $[a_1 a_2 a_3]$ sein Bild $y\mathfrak{q}$ und ebenso zu jedem Punkte z der Ebene $[a_0 a_2 a_3]$ sein Bild $z\mathfrak{q}$ konstruiren, so lässt sich auch zu jedem beliebigen Punkte x des Raumes der entsprechende Punkt $x\mathfrak{q}$ angeben. Bezeichnet man nämlich den Schnittpunkt der Geraden $[x a_0]$ und der Doppelebene $[a_1 a_2 a_3]$ mit y und den Schnittpunkt der Geraden $[x a_1]$ und der Doppelebene $[a_0 a_2 a_3]$ mit z, so ist der Schnittpunkt der Geraden $[a_0 \, . \, y\mathfrak{q}]$ und $[a_1 \mathfrak{q} \, . \, z\mathfrak{q}]$ der gesuchte Punkt $x\mathfrak{q}$. Die Kollineation $\mathfrak{q}$ erscheint also gleichsam als eine Art Resultante der beiden Abbildungen $\mathfrak{q}_0$ und $\mathfrak{q}_1$.

Ist endlich *drittens das zu der Hauptzahl* $\mathfrak{b}$ *gehörende Hauptgebiet von* (9)
erster Stufe, so hat der Bruch $\mathfrak{q}$ (nach Nr. 390) die Form

$$\mathfrak{q} = \frac{\mathfrak{a}\, a_0,\ \mathfrak{b}\, a_1 + \mathfrak{g}\, a_2 + \mathfrak{h}\, a_3,\ \mathfrak{b}\, a_2 + \mathfrak{k}\, a_3,\ \mathfrak{b}\, a_3}{a_0,\ a_1,\ a_2,\ a_3}. \tag{32}$$

Er bildet zwar immer noch die Ebene $[a_1 a_2 a_3]$ in sich ab, lässt aber in ihr nur den Punkt a_3 in Ruhe und ruft *in der Geraden* $[a_2 a_3]$ *eine centrische Schiebung nach dem Zielpunkte* a_3 hervor (vgl. Fig. 35); ausserdem aber bewirkt er in dieser Ebene eine Abbildung des Strahlbüschels mit dem Mittelpunkte a_3, die als Projektion der Schiebung einer Punktreihe aufgefasst werden kann. Multiplicirt man nämlich den zweiten und dritten Zähler und Nenner des Bruches $\mathfrak{q}$ äusserlich mit dem in sich übergehenden Punkte a_3, so findet man, dass

die Strahlen $[a_1 a_3]$ und $[a_2 a_3]$
in die Strahlen $\mathfrak{b}[a_1 a_3] + \mathfrak{g}[a_2 a_3]$ und $\mathfrak{b}[a_2 a_3]$

übergeführt werden, welche die Scheine der Punkte

$$\mathfrak{b} a_1 + \mathfrak{g} a_2 \quad \text{und} \quad \mathfrak{b} a_2,$$

vom Punkte a_3 aus gesehen, darstellen. Bezeichnet man aber den Bruch, der die obigen Nenner a_1 und a_2 in die eben genannten Punkte

$$\mathfrak{b} a_1 + \mathfrak{g} a_2 \quad \text{und} \quad \mathfrak{b} a_2$$

verwandelt, mit $\mathfrak{s}$, setzt also

$$\mathfrak{s} = \frac{\mathfrak{b} a_1 + \mathfrak{g} a_2, \ \mathfrak{b} a_2}{a_1, \quad a_2},$$

so bewirkt $\mathfrak{s}$ eine centrische Schiebung in der Geraden $[a_1 a_2]$ nach dem Zielpunkte a_2. Der aus $\mathfrak{s}$ durch äussere Erweiterung mit dem Punkte a_3 entstehende Bruch

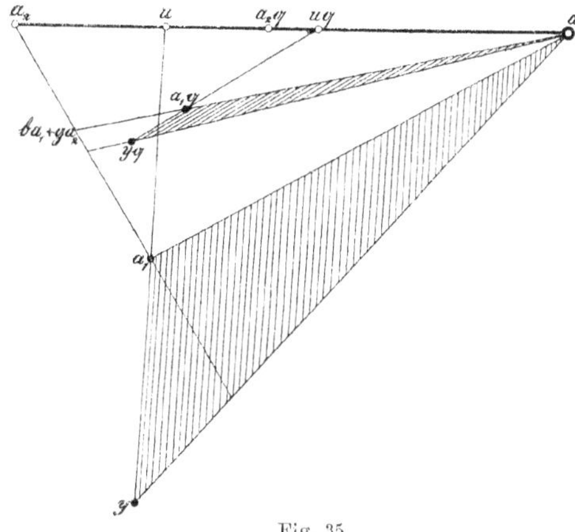

Fig. 35.

$$\mathfrak{S} = \frac{\mathfrak{b}[a_1 a_3] + \mathfrak{g}[a_2 a_3], \ \mathfrak{b}[a_2 a_3]}{[a_1 a_3], \quad [a_2 a_3]},$$

welcher die durch den Bruch $\mathfrak{q}$ vermittelte kollineare Abbildung des Strahlbüschels mit dem Scheitel a_3 analytisch ausdrückt, stellt daher eine *„Strahlbüschelschiebung“* dar, die aus der centrischen Schiebung $\mathfrak{s}$ der Geraden $[a_1 a_2]$ durch Projektion vom Punkte a_3 aus hervorgeht und also den Strahl $[a_2 a_3]$ zum „Zielstrahl“ hat. Sie ist vollständig festgelegt, wenn ausser dem Zielstrahl $[a_2 a_3]$ noch ein Paar zugeordnete Strahlen gegeben sind, etwa die beiden Strahlen, die den Punkt a_1 und seinen zugeordneten Punkt $a_1 \mathfrak{q} = \mathfrak{b} a_1 + \mathfrak{g} a_2 + \mathfrak{h} a_3$ von a_3 aus projiciren. Die beiden Schiebungen in der Punktreihe a_2, a_3 und dem Strahlbüschel mit dem Scheitel a_3 stehen zu einander in der Beziehung, dass der Träger des einen Gebildes (das heisst der Punktreihe oder des Strahlbüschels) das Zielelement des andern ist. Sie bestimmen zusammen mit der Lage der beiden zugeordneten Punkte a_1 und $a_1 \mathfrak{q}$ die Abbildung der Ebene $[a_1 a_2 a_3]$ eindeutig. In der That findet man zu einem beliebigen Punkte y dieser Ebene den entsprechenden Punkt $y\mathfrak{q}$, indem man die Gerade $[y a_1]$ mit der Geraden $[a_2 a_3]$ schneidet, zu dem Schnittpunkte u den entsprechenden Punkt $u\mathfrak{q}$ in der Punktreihe a_2, a_3 aufsucht und schliesslich die Gerade $[a_1 \mathfrak{q} \,.\, u\mathfrak{q}]$ mit demjenigen Strahle zum Durchschnitt bringt, in den der Strahl $[a_3 y]$ durch die Strahlbüschelschiebung übergeführt wird.

Will man schliesslich zu einem beliebigen Punkte x des Raumes sein Bild $x\mathfrak{q}$ konstruiren, so projicire man den Punkt x von dem Doppelpunkte a_0 aus durch den Strahl $[a_0 x]$ und von der Doppelgeraden $[a_2 a_3]$ aus durch die Ebene $[a_2 a_3 x]$, das heisst, man fasse den Punkt x auf als Durchschnitt des dem Strahlbündel mit dem Scheitel a_0 angehörenden Strahles $[a_0 x]$ und der dem Ebenenbüschel mit der Axe $[a_2 a_3]$ angehörenden Ebene $[a_2 a_3 x]$. Konstruirt man dann zu jenem Strahl und dieser Ebene die zugeordneten Gebilde, so ist ihr Schnittpunkt der gesuchte Punkt $x\mathfrak{q}$.

Die Transformation des Strahlbündels mit dem Scheitel a_0 ist nun aber nichts anderes als die Projektion der oben (S. 451 f.) betrachteten Abbildung in der Ebene $[a_1 a_2 a_3]$ vom Punkte a_0 aus, und die Verwandtschaft im Ebenenbüschel mit der Axe $[a_2 a_3]$ lässt sich auffassen als Projektion einer leicht angebbaren projektiven Transformation der Punktreihe a_0, a_1 von der Geraden $[a_2 a_3]$ aus. Da nämlich die Gerade $[a_2 a_3]$ eine Doppelgerade der Kollineation ist, so folgt, wenn man die beiden ersten Nenner und Zähler des Bruches $\mathfrak{q}$ mit dem Produkte $[a_2 a_3]$ multiplicirt, dass die Ebenen

$$[a_0 a_2 a_3] \quad \text{und} \quad [a_1 a_2 a_3]$$

des Ebenenbüschels durch die Verwandtschaft $\mathfrak{q}$ in die Ebenen

$$\mathfrak{a}[a_0 a_2 a_3] \quad \text{und} \quad \mathfrak{b}[a_1 a_2 a_3]$$

übergeführt werden. Dadurch aber ist die Abbildung des Ebenenbüschels bestimmt, denn sie erweist sich als die Projektion der durch den Bruch

$$\mathfrak{t} = \frac{\mathfrak{a} a_0,\ \mathfrak{b} a_1}{a_0,\ a_1}$$

bewirkten Umwandlung der Punktreihe a_0, a_1 von der Axe $[a_2 a_3]$ aus.

Die Konstruktion des dem Punkte x zugeordneten Punktes $x\mathfrak{q}$ gestaltet sich daher folgendermassen: Man schneide die Gerade $[a_0 x]$ mit der Doppelebene $[a_1 a_2 a_3]$ in y und suche zu y den entsprechenden Punkt $y\mathfrak{q}$ auf (nach der Vorschrift von S. 452). Ferner schneide man die Ebene $[a_2 a_3 x]$ mit der Geraden $[a_0 a_1]$ in z und konstruire zu z den durch den Bruch $\mathfrak{t}$ zugeordneten Punkt $z\mathfrak{t}$. Dann schneidet die Gerade $[a_0 \,.\, y\mathfrak{q}]$ aus der Ebene $[a_2 a_3 \,.\, z\mathfrak{t}]$ den gesuchten Punkte $x\mathfrak{q}$ aus.

Fünfter Hauptfall: Die Gleichung (10) besitzt eine vierfache Wurzel, das heisst, es sind *alle vier Hauptzahlen des Bruches* $\mathfrak{q}$ *einander gleich*, etwa gleich $\mathfrak{a}$, wo übrigens wegen (11) $\mathfrak{a}$, da es zugleich reell sein muss, nothwendig den Werth $+1$ oder -1 haben wird. Hier bieten sich fünf Unterfälle:

Ist *erstens das zu der vierfachen Wurzel* $\mathfrak{a}$ *gehörende Hauptgebiet von vierter* (10)
Stufe, so hat der Bruch $\mathfrak{q}$ die Form

$$\mathfrak{q} = \frac{\mathfrak{a} a_0,\ \mathfrak{a} a_1,\ \mathfrak{a} a_2,\ \mathfrak{a} a_3}{a_0,\ a_1,\ a_2,\ a_3}, \tag{33}$$

und verwandelt somit überhaupt jeden Punkt des Raumes in sein $\mathfrak{a}$-faches. Die Kollineation wird also zur vollständigen Deckung beider Systeme.

Ist *zweitens das zur Hauptzahl* $\mathfrak{a}$ *gehörende Hauptgebiet von dritter Stufe*, (11)
so lässt sich der Bruch $\mathfrak{q}$ auf die Form bringen

$$\mathfrak{q} = \frac{\mathfrak{a} a_0 + a',\ \mathfrak{a} a_1,\ \mathfrak{a} a_2,\ \mathfrak{a} a_3}{a_0,\ a_1,\ a_2,\ a_3}, \tag{34}$$

wo

$$a' = \mathfrak{g} a_1 + \mathfrak{h} a_2 + \mathfrak{k} a_3 \tag{35}$$

ist. Er lässt die Ebene $[a_1 a_2 a_3]$ punktweise in Ruhe und verwandelt einen beliebigen Punkt

$$x = \mathfrak{x}_0 a_0 + \cdots + \mathfrak{x}_3 a_3$$

ausserhalb dieser Ebene in den Punkt

$$x\mathfrak{q} = \mathfrak{a} x + \mathfrak{x}_0 a',$$

bewirkt also (vgl. die entsprechende Entwickelung auf S. 450) eine *centrische Schiebung des Raumes mit dem Zielpunkte a' und der Spurebene* $[a_1 a_2 a_3]$ (vgl. Fig. 36). Sie wird zur gewöhnlichen Schiebung, sobald a_1, a_2, a_3 Strecken sind, wenn also der Zielpunkt durch eine Richtung und die Spurebene durch die unendlich ferne Ebene vertreten wird.

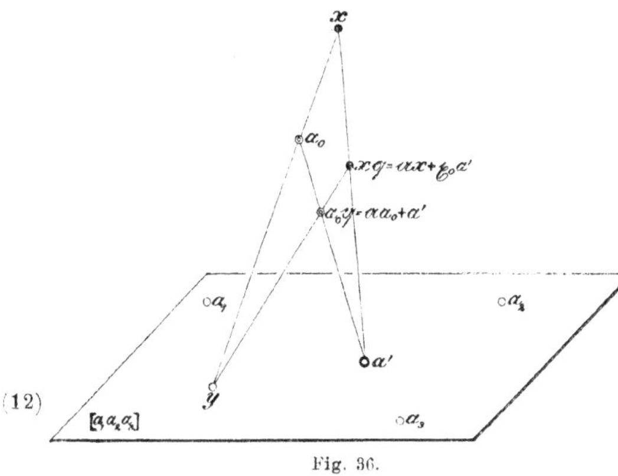

(12)

Fig. 36.

In dem *dritten* Falle, wo *das zur Hauptzahl* $\mathfrak{a}$ *gehörende Hauptgebiet von zweiter Stufe* ist, sei *zunächst der Sonderfall* betrachtet, dass der Bruch $\mathfrak{q}$ die Form besitzt

$$(36) \qquad \mathfrak{q} = \frac{\mathfrak{a} a_0 + a'', \ \mathfrak{a} a_1 + a''', \ \mathfrak{a} a_2, \ \mathfrak{a} a_3}{a_0, \quad a_1, \quad a_2, \quad a_3},$$

wo

$$(37) \qquad a'' = \mathfrak{g} a_2 + \mathfrak{h} a_3 \quad \text{und} \quad a''' = \mathfrak{k} a_2 + \mathfrak{l} a_3$$

ist, wo also die Punkte a'' und a''' *beide* dem Hauptgebiete zweiter Stufe $[a_2 a_3]$ angehören. Durch diesen Bruch werden die Punkte der Geraden $U = [a_0 a_1]$ in die Punkte der Geraden $V = [(\mathfrak{a} a_0 + a'')(\mathfrak{a} a_1 + a''')]$ übergeführt, während die Gerade $W = [a_2 a_3]$ punktweise in Ruhe bleibt (vgl. Fig. 37).

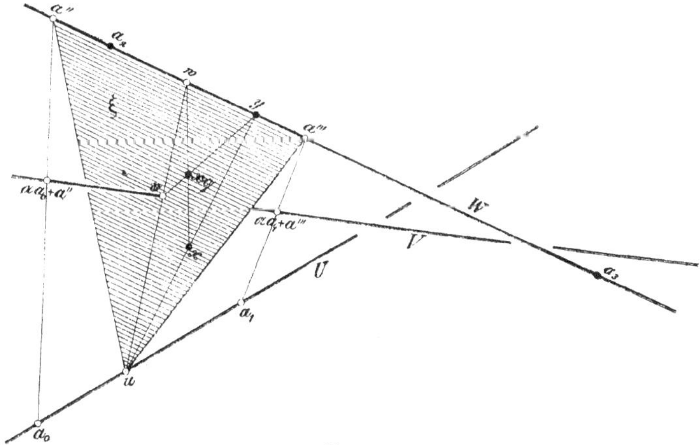

Fig. 37.

Um den Punkt zu bestimmen, in den ein beliebiger Punkt x des Raumes übergeht, lege man durch ihn und die „Spurgerade" W die Ebene $\xi = [xW]$, welche die Geraden U und V in den Punkten u und v schneiden mag. Dann wird dem Punkte u durch den Bruch $\mathfrak{q}$ der Punkt v zugewiesen; denn setzt man noch $u = \mathfrak{u}_0 a_0 + \mathfrak{u}_1 a_1$, so wird

$$u\mathfrak{q} = \mathfrak{a}u + \mathfrak{u}_0 a'' + \mathfrak{u}_1 a''',$$

das heisst, der Punkt $u\mathfrak{q}$ liegt auf einer Geraden, die durch u geht und die Gerade $W = [a_2 a_3] = [a'' a''']$ schneidet. Er liegt aber andererseits auf der Geraden V, da diese der Geraden U zugeordnet ist, und ist somit wirklich der Punkt v. Setzt man ferner noch $\mathfrak{u}_0 a'' + \mathfrak{u}_1 a''' = w$, wo dann also w den Schnittpunkt der Geraden $[uv]$ und W darstellt, so erhält man für die durch den Bruch $\mathfrak{q}$ bewirkte Abbildung der Ebene $\mathfrak{E}$ die Darstellung

$$\mathfrak{s} = \frac{\mathfrak{a}u + w,\ \mathfrak{a}a_2,\ \mathfrak{a}a_3}{u,\ \ a_2,\ \ a_3},$$

wo w eine Vielfachensumme von a'' und a''', somit auch von a_2 und a_3 ist. Nach S. 450 erfährt daher diese Ebene eine centrische Schiebung in sich, die den Punkt w zum Zielpunkte und die Gerade W zur Spurgeraden hat und den Punkt u in den Punkt v überführt. Alle Ebenen $\mathfrak{E} = [xW]$, in denen eine solche centrische Schiebung erfolgt, bilden ein Ebenenbüschel mit der Axe W, und während sich die Schiebungsebene $\mathfrak{E}$ um die Axe des Büschels dreht, rückt ihr Zielpunkt w, der aus W durch die veränderliche Gerade $[uv]$ ausgeschnitten wird, auf der Geraden W fort. Die sämmtlichen Zielgeraden $[xw]$ bilden daher ein lineares Strahlsystem in demjenigen linearen Komplex, welcher durch die Geraden U, V als konjugirte Gerade und die Gerade W als Komplexgerade bestimmt wird. Man erhält das Strahlsystem aus dem Komplex, wenn man aus ihm alle die Komplexgeraden entnimmt, welche die feste Gerade W schneiden.

Die auf diese Weise gekennzeichnete Abbildung des Raumes möge als *windschiefe Schiebung* bezeichnet werden.

Es bleibt sodann noch der *vierte*, *allgemeinere Fall* zu behandeln, in dem *das zur Hauptzahl* $\mathfrak{a}$ *gehörende Hauptgebiet* zwar immer noch *von zweiter Stufe* ist der Bruch $\mathfrak{q}$ aber die Form hat (13)

$$\mathfrak{q} = \frac{\mathfrak{a}a_0 + \mathfrak{f}a_1 + a'',\ \mathfrak{a}a_1 + a''',\ \mathfrak{a}a_2,\ \mathfrak{a}a_3}{a_0,\ \ a_1,\ \ a_2,\ \ a_3}, \tag{38}$$

wo wieder

$$a'' = \mathfrak{g}a_2 + \mathfrak{h}a_3 \quad \text{und} \quad a''' = \mathfrak{k}a_2 + \mathfrak{l}a_3 \tag{39}$$

ist. Bei dieser Kollineation bewirkt der durch Abscheidung des ersten Nenners und Zählers hervorgehende „Unterbruch“

$$\mathfrak{q}_0 = \frac{\mathfrak{a}a_1 + a''',\ \mathfrak{a}a_2,\ \mathfrak{a}a_3}{a_1,\ \ a_2,\ \ a_3}$$

eine centrische Schiebung der Ebene $[a_1 a_2 a_3]$, welche den Punkt a''' zum Zielpunkte und die Gerade $[a_2 a_3]$ zur Spurgeraden hat Von der ausserhalb dieser Ebene erfolgenden Abbildung des Raumes erhält man eine Vorstellung, wenn man noch die Umwandlung des Ebenenbüschels mit der Axe $[a_2 a_3]$ ins Auge fasst. Diese Umwandlung lässt sich als eine *„Ebenenbüschelschiebung“* bezeichnen, da sie als Projektion der Schiebung einer Punktreihe betrachtet werden kann. Multiplicirt man nämlich die beiden ersten Nenner und Zähler von $\mathfrak{q}$ äusserlich mit dem Produkte der in Ruhe bleibenden Punkte a_2 und a_3, so findet man, dass die Ebenen $[a_0 a_2 a_3]$ und $[a_1 a_2 a_3]$ in die Ebenen $\mathfrak{a}[a_0 a_2 a_3] + \mathfrak{f}[a_1 a_2 a_3]$ und $\mathfrak{a}[a_1 a_2 a_3]$ übergehen, durch welche die Punkte $\mathfrak{a}a_0 + \mathfrak{f}a_1$ und $\mathfrak{a}a_1$ von der Axe $[a_2 a_3]$ aus projicirt werden. Nun stellt aber der Bruch

$$\mathfrak{s} = \frac{\mathfrak{a}a_0 + \mathfrak{f}a_1,\ \mathfrak{a}a_1}{a_0,\ \ a_1}$$

eine centrische Schiebung der Punktreihe a_0, a_1 nach dem Zielpunkte a_1 dar, folglich ruft der Bruch $\mathfrak{q}$ (vgl. die Entwickelung auf S. 452) in dem Ebenenbüschel mit der Axe $[a_2 a_3]$ eine Schiebung hervor, welche die Projektion dieser centrischen Schiebung in der Geraden $[a_0 a_1]$ ist, welche also insbesondere die Ebene $[a_1 a_2 a_3]$ zur „Zielebene" hat. Diese Ebenenbüschelschiebung bestimmt zusammen mit der centrischen Schiebung der Ebene $[a_1 a_2 a_3]$ die betrachtete Kollineation des Raumes eindeutig. Der punktweise in sich übergehenden Punktreihe a_2, a_3 dualistisch entsprechend, enthält die Verwandtschaft $\mathfrak{q}$ übrigens auch noch ein ebenenweise in sich übergehendes Ebenenbüschel, dessen Axe durch die Gerade $[a_1 a'']$ gebildet wird und also den Träger $[a_2 a_3]$ jener Punktreihe schneidet, was sich wieder leicht durch die Methode der äusseren Erweiterung des Bruches $\mathfrak{q}$ beweisen lässt.

(14) In dem *fünften* und letzten Falle, wo *das zur Hauptzahl* $\mathfrak{a}$ *gehörende Hauptgebiet von erster Stufe* ist, lässt sich der Bruch $\mathfrak{q}$ auf die Form bringen

$$(40)\qquad \mathfrak{q} = \frac{\mathfrak{a} a_0 + \mathfrak{f} a_1 + \mathfrak{g} a_2 + \mathfrak{h} a_3,\ \mathfrak{a} a_1 + \mathfrak{k} a_2 + \mathfrak{l} a_3,\ \mathfrak{a} a_2 + \mathfrak{m} a_3,\ \mathfrak{a} a_3}{a_0,\qquad a_1,\qquad a_2,\qquad a_3}.$$

Er bewirkt in der Geraden $[a_2 a_3]$ eine centrische Punktreihenschiebung mit dem Zielpunkte a_3, in der Ebene $[a_1 a_2 a_3]$ eine Strahlbüschelschiebung mit dem Scheitel a_3 und dem Zielstrahl $[a_2 a_3]$, und endlich im Raume eine Ebenenbüschelschiebung mit der Axe $[a_2 a_3]$ und der Zielebene $[a_1 a_2 a_3]$.

Mit diesen 14 Fällen sind die Kollineationen des Raumes erschöpft, welche sich nur durch das Auftreten einfacher oder mehrfacher Hauptzahlen und die Stufe der zugehörigen Hauptgebiete unterscheiden. Es ist beachtenswerth, dass diese 14 Fälle, welche die Methode von Nr. 390 ungezwungen ergiebt, abgesehen von dem Falle (10) der vollständigen Deckung, mit den 13 Fällen übereinstimmen, welche von Staudt in seinen *Beiträgen zur Geometrie der Lage* (Drittes Heft, Nürnberg 1860, S. 328 und ff.) aus einem andern Principe entwickelt hat*).

Eine besondere Behandlung erfordern schliesslich noch diejenigen speciellen Kollineationen, bei denen der unendlich ferne Kugelkreis oder auch nur die unendlich ferne Ebene eine ausgezeichnete Stellung einnimmt, das heisst, die Verwandtschaften der Kongruenz und Symmetrie, der Aehnlichkeit und Affinität.

Kongruenz. Um den Fall kongruenter, das heisst, durch Bewegung in einander überführbarer räumlicher Systeme erschöpfend behandeln zu können, wird es nöthig, noch einmal auf die ursprüngliche Form (1) des Bruches $\mathfrak{q}$, also auf die Darstellung

$$(41)\qquad \mathfrak{q} = \frac{b_0,\ b_1,\ b_2,\ b_3}{e_0,\ e_1,\ e_2,\ e_3}$$

zurückzugreifen. Ein solcher Bruch wird die Beziehung zweier kongruenten Systeme darstellen, wenn der erste Nenner e_0 und der erste Zähler b_0 einfache Punkte sind, und die drei letzten Nenner und Zähler e_1, e_2, e_3 und b_1, b_2, b_3 zwei gleichsinnige, einfache Normalsysteme je dreier Strecken bilden. Setzt man dann wieder das äussere Produkt aller vier Nenner

*) Diese Bemerkung verdanke ich meinem Freunde H. Wiener, dem ich überhaupt für manche werthvolle Anregung bei der Abfassung dieser Anmerkung verpflichtet bin. H. Grassmann d. J.

$$[e_0 e_1 e_2 e_3] = +1, \tag{42}$$

so wird auch das entsprechende Produkt der Zähler

$$[b_0 b_1 b_2 b_3] = +1, \tag{43}$$

und also auch der Potenzwerth des Bruches $\mathfrak{q}$

$$[\mathfrak{q}^4] = +1; \tag{44}$$

ferner wird

$$[b_1 b_2 b_3] = [e_1 e_2 e_3]. \tag{45}$$

Endlich lassen sich die b_i aus den e_i durch Gleichungen von der Form ableiten

$$\left\{\begin{array}{l} b_0 = e_0 + \mathfrak{b}_{0,1} e_1 + \mathfrak{b}_{0,2} e_2 + \mathfrak{b}_{0,3} e_3 \\ b_1 = \qquad \mathfrak{b}_{1,1} e_1 + \mathfrak{b}_{1,2} e_2 + \mathfrak{b}_{1,3} e_3 \\ b_2 = \qquad \mathfrak{b}_{2,1} e_1 + \mathfrak{b}_{2,2} e_2 + \mathfrak{b}_{2,3} e_3 \\ b_3 = \qquad \mathfrak{b}_{3,1} e_1 + \mathfrak{b}_{3,2} e_2 + \mathfrak{b}_{3,3} e_3, \end{array}\right. \tag{46}$$

in denen die Ableitzahlen $\mathfrak{b}_{0,k}$ $(k = 1, 2, 3)$ die Projektionen der Strecke $b_0 - e_0$ auf die Nennerstrecken e_k und die $\mathfrak{b}_{i,k}$ $(i, k = 1, 2, 3)$ die Richtungscosinus der Zählerstrecken b_i gegen die Nennerstrecken e_k sind. Hieraus folgt dann noch, dass sich umgekehrt die Nennerstrecken durch die Zählerstrecken ausdrücken vermöge der Gleichungen

$$\left\{\begin{array}{l} e_1 = \mathfrak{b}_{1,1} b_1 + \mathfrak{b}_{2,1} b_2 + \mathfrak{b}_{3,1} b_3 \\ e_2 = \mathfrak{b}_{1,2} b_1 + \mathfrak{b}_{2,2} b_2 + \mathfrak{b}_{3,2} b_3 \\ e_3 + \mathfrak{b}_{1,3} b_1 + \mathfrak{b}_{2,3} b_2 + \mathfrak{b}_{3,3} b_3, \end{array}\right. \tag{47}$$

deren Koefficienten aus denen der drei letzten Gleichungen (46) durch Transposition hervorgehen.

Um die Doppelelemente der Verwandtschaft zu ermitteln, berücksichtige man, dass durch den Bruch $\mathfrak{q}$ die unendlich fernen Elemente (Strecken) wieder in unendlich ferne Elemente (Strecken) verwandelt werden, dass also die unendlich ferne Ebene kollinear in sich übergeführt wird. Man bestimme daher zunächst diejenigen drei Doppelelemente der Verwandtschaft $\mathfrak{q}$, welche der unendlich fernen Ebene angehören, das heisst, diejenigen *Strecken*, die durch die Verwandtschaft $\mathfrak{q}$ höchstens um einen Zahlfaktor geändert werden, welche also der Gleichung genügen

$$a\mathfrak{q} = \mathfrak{r} a \quad \text{oder} \quad 0 = a(\mathfrak{r} - \mathfrak{q}).$$

Setzt man in dieser Gleichung $a = \mathfrak{a}_1 e_1 + \mathfrak{a}_2 e_2 + \mathfrak{a}_3 e_3$, so verwandelt sie sich in

$$\begin{aligned} 0 &= \mathfrak{a}_1 \,.\, e_1(\mathfrak{r} - \mathfrak{q}) + \mathfrak{a}_2 \,.\, e_2(\mathfrak{r} - \mathfrak{q}) + \mathfrak{a}_3 \,.\, e_3(\mathfrak{r} - \mathfrak{q}) \\ &= \mathfrak{a}_1(\mathfrak{r} e_1 - b_1) + \mathfrak{a}_2(\mathfrak{r} e_2 - b_2) + \mathfrak{a}_3(\mathfrak{r} e_3 - b_3) \end{aligned}$$

oder in

$$[(\mathfrak{r} e_1 - b_1)(\mathfrak{r} e_2 - b_2)(\mathfrak{r} e_3 - b_3)] = 0,$$

das heisst, in

$$\gamma_0 \mathfrak{r}^3 - \gamma_1 \mathfrak{r}^2 + \gamma_2 \mathfrak{r} - \gamma_3 = 0, \tag{48}$$

wo die Koefficienten $\gamma_0, \gamma_1, \gamma_2, \gamma_3$ unendlich ferne Flächentheile darstellen; denn es wird

$$\left\{\begin{array}{ll} \gamma_0 = [e_1 e_2 e_3] & \\ \gamma_1 = [b_1 e_2 e_3] + [e_1 b_2 e_3] + [e_1 e_2 b_3] = (\mathfrak{b}_{1,1} + \mathfrak{b}_{2,2} + \mathfrak{b}_{3,3})[e_1 e_2 e_2] & [\text{Gl. } 46] \\ \gamma_2 = [e_1 b_2 b_3] + [b_1 e_2 b_3] + [b_1 b_2 e_3] = (\mathfrak{b}_{1,1} + \mathfrak{b}_{2,2} + \mathfrak{b}_{3,3})[b_1 b_2 b_3] & [\text{Gl. } 47] \\ \gamma_3 = [b_1 b_2 b_3]. & \end{array}\right. \tag{49}$$

Wegen (45) sind nun aber die symmetrischen Koefficienten gleich gross, nämlich $\gamma_3 = \gamma_0$ und $\gamma_2 = \gamma_1$. Dividirt man daher noch die Gleichung (48) mit dem Flächentheil γ_0, wodurch sie sich in eine Zahlgleichung verwandelt, und stellt zugleich die symmetrischen Glieder zusammen, so erhält man

$$\mathfrak{r}^3 - 1 - \frac{\gamma_1}{\gamma_0}\mathfrak{r}(\mathfrak{r} - 1) = 0,$$

oder wegen (49)

$$(50) \qquad \mathfrak{r}^3 - 1 - (\mathfrak{b}_{1,1} + \mathfrak{b}_{2,2} + \mathfrak{b}_{3,3})\mathfrak{r}(\mathfrak{r} - 1) = 0.$$

Diese Gleichung besitzt die Wurzel $\mathfrak{r}_1 = 1$. In dem zugehörigen Hauptgebiete erster Stufe sei a_1 eine Strecke von der Länge 1; dann wird also $a_1\mathfrak{q} = a_1$, das heisst, die Strecke a_1 wird unter Wahrung ihrer Länge, ihrer Richtung und ihres Sinnes in sich übergeführt.

Die beiden andern Wurzeln der Gleichung (50) ergeben sich aus der nach der Division mit $\mathfrak{r} - 1$ verbleibenden Gleichung

$$\mathfrak{r}^2 + \mathfrak{r} + 1 - (\mathfrak{b}_{1,1} + \mathfrak{b}_{2,2} + \mathfrak{b}_{3,3})\mathfrak{r} = 0,$$

das heisst, aus der Gleichung

$$(51) \qquad \mathfrak{r}^2 - (\mathfrak{b}_{1,1} + \mathfrak{b}_{2,2} + \mathfrak{b}_{3,3} - 1)\mathfrak{r} + 1 = 0.$$

Diese ergiebt die Werthe

$$(52) \qquad \mathfrak{r} = \frac{1}{2}\left(\mathfrak{b}_{1,1} + \mathfrak{b}_{2,2} + \mathfrak{b}_{3,3} - 1 \pm \sqrt{(\mathfrak{b}_{1,1} + \mathfrak{b}_{2,2} + \mathfrak{b}_{3,3} - 1)^2 - 4}\right);$$

man erhält also, da $\mathfrak{b}_{1,1} + \mathfrak{b}_{2,2} + \mathfrak{b}_{3,3}$ nicht grösser als 3 sein kann, für $\mathfrak{r}$ reelle Werthe, wenn entweder

$$(53) \qquad \mathfrak{b}_{1,1} + \mathfrak{b}_{2,2} + \mathfrak{b}_{3,3} = 3,$$

oder

$$(54) \qquad \mathfrak{b}_{1,1} + \mathfrak{b}_{2,2} + \mathfrak{b}_{3,3} \leqq -1$$

ist.

Im *ersten Falle* sind die Richtungscosinus $\mathfrak{b}_{1,1}$, $\mathfrak{b}_{2,2}$, $\mathfrak{b}_{3,3}$ nothwendig alle drei gleich $+1$, und es fallen daher die drei Axenrichtungen des ersten Systems mit denen des zweiten zusammen. Ferner werden dann auch die beiden Hauptzahlen $\mathfrak{r}_2$ und $\mathfrak{r}_3$ gleich $+1$. Der Bruch $\mathfrak{q}$ hat somit die Form

$$(55) \qquad \mathfrak{q} = \frac{b_0,\ a_1,\ a_2,\ a_3}{e_0,\ a_1,\ a_2,\ a_3},$$

wo die Strecken a_1, a_2, a_3 ein einfaches Normalsystem bilden. Er lässt eine jede Strecke des Raumes nach Länge, Richtung und Sinn unverändert und stellt also eine blosse *Schiebung des Raumes* oder die *vollständige Deckung* dar, je nachdem $b_0 \gtrless e_0$ oder $= e_0$ ist.

Um den *zweiten Fall* übersehen zu können, bemerke man noch, dass sich an den Hauptzahlen und Hauptgebieten des Bruches $\mathfrak{q}$ nichts ändern kann, wenn man (nach Nr. 380) als Nenner des Bruches anstatt der drei Strecken e_1, e_2, e_3 irgend ein anderes gleichsinniges, einfaches Normalsystem einführt. Man wähle nun statt der Strecke e_1 die Strecke a_1, die nach dem Obigen in sich übergeführt wird. Dann wird der zugehörige neue Zähler ebenfalls gleich a_1. Behält man daher für die Ableitzahlen der neuen Zähler aus den neuen Nennern die alten Bezeichnungen bei, so wird $\mathfrak{b}_{1,1} = +1$, während $\mathfrak{b}_{1,2}$ und $\mathfrak{b}_{1,3}$ gleich Null sind. Nun ist aber der kleinste Werth, den die Grössen $\mathfrak{b}_{2,2}$ und $\mathfrak{b}_{3,3}$ annehmen können, gleich -1; bei der von uns getroffenen Wahl des Systems der Nenner kann daher die oben auftretende Summe $\mathfrak{b}_{1,1} + \mathfrak{b}_{2,2} + \mathfrak{b}_{3,3}$ überhaupt nicht kleiner werden als -1, das heisst, in der Vergleichung (54) hat nur das Gleichheitszeichen einen geometrischen Sinn. Ihm gehört aber die Doppelwurzel $\mathfrak{r}_2 = \mathfrak{r}_3 = -1$ zu; und, da diese nur eintreten kann, wenn $\mathfrak{b}_{2,2} = \mathfrak{b}_{3,3} = -1$ ist, wenn also die zu den beiden letzten Nennern gehörenden Zählerstrecken sich von ihren Nennerstrecken nur dem Sinne nach unterscheiden, so hat in diesem Falle der Bruch $\mathfrak{q}$ die Form

$$(56)\qquad \mathfrak{q} = \frac{b_0,\ a_1,\ -a_2,\ -a_3}{e_0,\ a_1,\ \ a_2,\ \ a_3}$$

und führt eine jede Strecke des Raumes in diejenige Strecke über, welche hervorgeht, wenn man das ganze System, dem sie angehört, um eine Axe mit der Richtung a_1 eine halbe Umdrehung beschreiben lässt.

Mit diesen beiden Fällen sind die Möglichkeiten, unter denen $\mathfrak{r}_2$ und $\mathfrak{r}_3$ reell sein können, erschöpft; in allen andern Fällen sind $\mathfrak{r}_2$ und $\mathfrak{r}_3$ *konjugirt komplex.*

Aber auch dann kann man die durch den Bruch $\mathfrak{q}$ bewirkte Umwandlung der Strecken des Systems leicht übersehen. Nach Nr. 161 lässt sich nämlich aus dem einfachen Normalsysteme a_1, e_2, e_3 das einfache Normalsystem a_1, b_2, b_3 durch eine einzige circuläre Aenderung ableiten, und nach Nr. 156 muss diese circuläre Aenderung positiv sein, da nach Gleichung (45) die kombinatorischen Produkte der Grössen beider Normalsysteme einander gleich sind. Folglich besitzen (nach Nr. 154) die Ausdrücke für die Strecken b_2 und b_3 die Form

$$b_2 = e_2 \cos\mathfrak{d} + e_3 \sin\mathfrak{d} \quad \text{und} \quad b_3 = e_3 \cos\mathfrak{d} - e_2 \sin\mathfrak{d},$$

und es wird

$$\mathfrak{b}_{2,2} = \mathfrak{b}_{3,3} = \cos\mathfrak{d}\,.$$

Die Gleichung (52) geht also über in $\mathfrak{r} = \cos\mathfrak{d} \pm i \sin\mathfrak{d}$ und der Bruch $\mathfrak{q}$ nimmt die Gestalt an

$$(57)\qquad \mathfrak{q} = \frac{b_0,\ a_1,\ e_2\cos\mathfrak{d} + e_3\sin\mathfrak{d},\ e_3\cos\mathfrak{d} - e_2\sin\mathfrak{d}}{e_0,\ a_1,\ \qquad e_2, \qquad\qquad e_3}.$$

Er bewirkt eine Drehung aller Strecken des Raumes um die Strecke a_1 als Axe und den Winkel $\mathfrak{d}$ als Drehwinkel. Der Sinn dieser Drehung stimmt mit dem des rechten Winkels $\angle(e_2 e_3)$ überein oder nicht, je nachdem der Drehwinkel $\mathfrak{d}$ positiv oder negativ ist.

Dieser Fall der Drehung um einen Winkel $\mathfrak{d}$ umfasst auch die beiden schon im voraus behandelten Fälle reeller Hauptzahlen, welche sich aus ihm für $\mathfrak{d} = 0$ und $\mathfrak{d} = \pi$ ergeben, und *es bewirkt daher überhaupt jede kongruente Umwandlung eines räumlichen Systems für seine Strecken nur eine Drehung um eine gewisse Axe.*

Um aber auch die Lagenänderung der im Endlichen liegenden Systempunkte zu ermitteln, wird es nöthig, auch noch die vierte Hauptzahl $\mathfrak{r}_0$ des Bruches $\mathfrak{q}$ zu bestimmen. Dazu hat man auf die auf S. 441 entwickelte biquadratische Gleichung

$$(10)\qquad \mathfrak{r}^4 - 4[\mathfrak{q}]\mathfrak{r}^3 + 6[\mathfrak{q}^2]\mathfrak{r}^2 - 4[\mathfrak{q}^3]\mathfrak{r} + [\mathfrak{q}^4] = 0$$

zurückzugreifen. Sie ist im Falle kongruenter Systeme eine reciproke Gleichung. Denn es ist zunächst (nach Gl. 44) $[\mathfrak{q}^4] = 1$; aber andererseits ist auch $4[\mathfrak{q}^3] = 4[\mathfrak{q}]$. In der That wird

$$(58)\qquad \begin{aligned} 4[\mathfrak{q}] = 4[\mathfrak{q}\, e_0 e_1 e_2 e_3] &= [e_0 e_1 e_2 b_3] + \cdots + [b_0 e_1 e_2 e_3] \quad \text{[Nr. 506, 504]} \\ &= \mathfrak{b}_{3,3} + \mathfrak{b}_{2,2} + \mathfrak{b}_{1,1} + 1 \qquad \text{[Gl. 46, 42]}, \end{aligned}$$

(59) $$4[\mathfrak{q}^5] = 4[\mathfrak{q}^3 e_0 e_1 e_2 e_3] = [e_0 b_1 b_2 b_3] + \cdots + [b_0 b_1 b_2 e_3] \quad \text{[Nr. 506, 504]}$$
$$= 1 + \mathfrak{b}_{1,1} + \mathfrak{b}_{2,2} + \mathfrak{b}_{3,3} \quad \text{[Gl. 45, 42, 47, 43]}.$$

Die Gleichung (10) nimmt daher die Form an

$$\mathfrak{r}^4 - 4[\mathfrak{q}]\mathfrak{r}^3 + 6[\mathfrak{q}^2]\mathfrak{r}^2 - 4[\mathfrak{q}]\mathfrak{r} + 1 = 0$$

oder

$$\mathfrak{r}^2 + \frac{1}{\mathfrak{r}^2} - 4[\mathfrak{q}]\left(\mathfrak{r} + \frac{1}{\mathfrak{r}}\right) + 6[\mathfrak{q}^2] = 0$$

oder

(60) $$\left(\mathfrak{r} + \frac{1}{\mathfrak{r}}\right)^2 - 4[\mathfrak{q}]\left(\mathfrak{r} + \frac{1}{\mathfrak{r}}\right) = 2 - 6[\mathfrak{q}^2].$$

Hier lässt sich dann auch noch die rechte Seite durch $[\mathfrak{q}]$ ausdrücken; es wird nämlich

(61) $$6[\mathfrak{q}^2] = 6[\mathfrak{q}^2 e_0 e_1 e_2 e_3] = [e_0 e_1 b_2 b_3] + [e_0 b_1 e_2 b_3] + [e_0 b_1 b_2 e_3]$$
$$+ [b_0 b_1 e_2 e_3] + [b_0 e_1 b_2 e_3] + [b_0 e_1 e_2 b_3]$$
$$= 2(\mathfrak{b}_{1,1} + \mathfrak{b}_{2,2} + \mathfrak{b}_{3,3}) \quad \text{(Gl. 47, 46, 45, 42, 43)}$$
$$= 2(4[\mathfrak{q}] - 1).$$

Man erhält somit für die rechte Seite der Gleichung (60) den Werth

$$2 - 6[\mathfrak{q}^2] = 4 - 8[\mathfrak{q}].$$

Setzt man daher noch $\mathfrak{r} + \frac{1}{\mathfrak{r}} = \mathfrak{s}$, so verwandelt sich die Gleichung (60) in

$$\mathfrak{s}^2 - 4[\mathfrak{q}]\mathfrak{s} = 4 - 8[\mathfrak{q}]$$

und ergiebt also für $\mathfrak{s}$ die Werthe

$$\mathfrak{s}_1 = 2,$$
$$\mathfrak{s}_2 = 4[\mathfrak{q}] - 2 = \mathfrak{b}_{1,1} + \mathfrak{b}_{2,2} + \mathfrak{b}_{3,3} - 1.$$

Für die gesuchten vier Wurzeln der biquadratischen Gleichung (60) bekommt man demnach die beiden quadratischen Gleichungen

$$\begin{cases} \mathfrak{r} + \frac{1}{\mathfrak{r}} = 2 \\ \text{und} \\ \mathfrak{r} + \frac{1}{\mathfrak{r}} = \mathfrak{b}_{1,1} + \mathfrak{b}_{2,2} + \mathfrak{b}_{3,3} - 1, \end{cases}$$

das heisst, die Gleichungen

(62) $$\begin{cases} \mathfrak{r}^2 - 2\mathfrak{r} + 1 = 0 \\ \text{und} \\ \mathfrak{r}^2 - (\mathfrak{b}_{1,1} + \mathfrak{b}_{2,2} + \mathfrak{b}_{3,3} - 1)\mathfrak{r} + 1 = 0, \end{cases}$$

von denen die zweite mit (51) genau übereinstimmt und wieder die alten Wurzelwerthe $\mathfrak{r}_2$ und $\mathfrak{r}_3$ ergiebt. Die erste Gleichung liefert neben der schon oben gefundenen Wurzel $\mathfrak{r}_1 = 1$ auch für die vierte Wurzel den Werth $\mathfrak{r}_0 = 1$. Bei der Aufsuchung des zu der Doppelwurzel $\mathfrak{r}_0 = \mathfrak{r}_1 = 1$ gehörigen Hauptgebietes hat man daher nach der Methode von Nr. 390 zwei Fälle zu unterscheiden.

Entweder ergiebt sich für diese Doppelwurzel *ein Hauptgebiet zweiter Stufe*, indem ausser der Strecke a_1 auch noch ein im Endlichen liegender Punkt a_0 ohne Hinzutreten eines Zahlfaktors in sich übergeführt wird. In diesem Falle bleibt dann die ganze Gerade $[a_0 a_1]$ punktweise in Ruhe, und der Bruch $\mathfrak{q}$ hat die Form

$$(63)\qquad \mathfrak{q} = \frac{a_0,\ a_1,\ e_2\cos\mathfrak{d} + e_3\sin\mathfrak{d},\ e_3\cos\mathfrak{d} - e_2\sin\mathfrak{d}}{a_0,\ a_1,\ e_2,\ e_3},$$

wo die Strecken a_1, e_2, e_3 ein einfaches Normalsystem bilden. Der Bruch $\mathfrak{q}$ bewirkt also eine Drehung des Systems um die Axe $[a_0 a_1]$ und den Winkel $\mathfrak{d}$. Dabei ist auch der Fall vollständiger Deckung beider Systeme (für $\mathfrak{d} = 0$) mit eingeschlossen.

Oder aber das Wurzelpaar $\mathfrak{r}_0 = \mathfrak{r}_1 = 1$ besitzt nur ein Hauptgebiet erster Stufe. Dann gehört dieses Hauptgebiet nach S. 458 sicher der unendlich fernen Ebene an. Ist daher wieder a_1 eine Strecke von der Länge 1 in diesem Gebiete, so lässt sich der Bruch $\mathfrak{q}$ nach Nr. 390 auf die Form bringen

$$(64)\qquad \mathfrak{q} = \frac{a_0 + \mathfrak{g}a_1,\ a_1,\ e_2\cos\mathfrak{d} + e_3\sin\mathfrak{d},\ e_3\cos\mathfrak{d} - e_2\sin\mathfrak{d}}{a_0,\ a_1,\ e_2,\ e_3}.$$

Er verschiebt einen jeden Punkt der Geraden $[a_0 a_1]$ um die Strecke $\mathfrak{g}a_1$. Jeder andere Punkt des Raumes erleidet ausser einer Verschiebung um dieselbe Strecke noch eine Drehung um die Axe $[a_0 a_1]$, deren Drehwinkel $= \mathfrak{d}$ ist. *Der ganze Raum erfährt also eine Schraubung um die Axe* $[a_0 a_1]$.

Symmetrie. Aendert man bei irgend einem der vier Zähler des Kongruenzbruches das Vorzeichen, was ein Ueberspringen seines Potenzwerthes $[\mathfrak{q}^4]$ in den Werth -1 zur Folge hat, so tritt an die Stelle der Kongruenz die Symmetrie, das heisst, der Bruch $\mathfrak{q}$ stellt dann *die Verwandtschaft zweier beliebig gelegener symmetrischer Systeme* dar. In der That, ersetzt man zum Beispiel den einfachen Punkt b_0 durch den Punkt $c_0 = -b_0$, das heisst, durch einen Punkt vom Gewichte -1, bildet also den Bruch

$$(65)\qquad \mathfrak{q} = \frac{-b_0,\ b_1,\ b_2,\ b_3}{e_0,\ e_1,\ e_2,\ e_3},$$

wo die e_s und b_s dieselbe Bedeutung haben sollen wie bisher, so lässt sich die durch den Bruch $\mathfrak{q}$ vermittelte Abbildung als Folge der beiden Verwandtschaften

$$\mathfrak{q}_1 = \frac{b_0,\ b_1,\ b_2,\ b_3}{e_0,\ e_1,\ e_2,\ e_3}$$

und

$$\mathfrak{q}_2 = \frac{-b_0,\ b_1,\ b_2,\ b_3}{b_0,\ b_1,\ b_2,\ b_3}$$

darstellen. Denn, setzt man $x\mathfrak{q}_1 = y$ und $y\mathfrak{q}_2 = z$, und ist $x = \mathfrak{x}_0 e_0 + \cdots + \mathfrak{x}_3 e_3$, so wird $y = x\mathfrak{q}_1 = \mathfrak{x}_0 b_0 + \cdots + \mathfrak{x}_3 b_3$ und

$$z = y\mathfrak{q}_2 = x\mathfrak{q}_1\mathfrak{q}_2 = -\mathfrak{x}_0 b_0 + \mathfrak{x}_1 b_1 + \mathfrak{x}_2 b_2 + \mathfrak{x}_3 b_3 = x\mathfrak{q},$$

also wirklich $x\mathfrak{q}_1\mathfrak{q}_2 = x\mathfrak{q}$ für jeden beliebigen Punkt x des Raumes, und man kann daher den Bruch $\mathfrak{q}$ als eine Art Produkt, als „Folgeprodukt“ der Verwandtschaftsbrüche $\mathfrak{q}_1$ und $\mathfrak{q}_2$ auffassen. Die geometrische Bedeutung der beiden Abbildungen $\mathfrak{q}_1$ und $\mathfrak{q}_2$ lässt sich leicht angeben. Denn der Bruch $\mathfrak{q}_1$ stellt nach dem Obigen eine beliebige Bewegung des Raumes dar und verwandelt das System der *einfachen* Punkte $x = e_0 + \mathfrak{x}_1 e_1 + \mathfrak{x}_2 e_2 + \mathfrak{x}_3 e_3$ in das kongruente aber beliebig gelegene System der einfachen Punkte $y = x\mathfrak{q}_1$. Um die Bedeutung der Abbildung $\mathfrak{q}_2$ zu finden, bezeichne man noch die von dem Punkte b_0 nach dem Punkte y gezogene Strecke mit v, setze also $y = b_0 + v$. Dann wird die Strecke v als Vielfachensumme der drei letzten Nenner durch die Verwandtschaft $\mathfrak{q}_2$ nicht geändert, der Punkt y also übergeführt in den Punkt

$$z = y\mathfrak{q}_2 = -b_0 + v = -(b_0 - v),$$

das heisst, in denjenigen Punkt, den man erhält, wenn man die Linie $y b_0$ über b_0 hinaus um sich selbst verlängert. Das ganze System der Punkte y erfährt also bei der Multiplikation mit $\mathfrak{q}_2$ eine „Spiegelung am Punkte b_0“ und verwandelt sich somit in ein zu sich selbst und zu dem Systeme der x symmetrisches System. Durch eine ganz willkürliche Bewegung $\mathfrak{q}_1$ und eine darauf folgende Punktspiegelung $\mathfrak{q}_2$ lässt sich nun aber jedes räumliche System in ein symmetrisches System von ganz beliebiger Lage überführen, und der Bruch $\mathfrak{q} = \mathfrak{q}_1 \mathfrak{q}_2$ ist somit wirklich der analytische Ausdruck für die Verwandtschaft zweier beliebig gelegener zu einander symmetrischer Systeme.

Aehnlichkeit. Ersetzt man ferner in dem Kongruenzbruche (41) den einfachen Punkt b_0 durch den kongruenten Punkt vom Gewichte $\mathfrak{m}$, das heisst, durch den Punkt $c_0 = \mathfrak{m} b_0$, wo

(66) $$\mathfrak{m} \text{ num} \gtrless 1$$

ist, bildet also den Bruch

(67) $$\mathfrak{q} = \frac{\mathfrak{m} b_0,\ b_1,\ b_2,\ b_3}{e_0,\ e_1,\ e_2,\ e_3}\ ^{*)},$$

so hat man den Ausdruck für die Verwandtschaft zweier ähnlicher Systeme von beliebiger Lage. Um dies zu zeigen, stelle man die Abbildung $\mathfrak{q}$ als Folge der beiden Verwandtschaften

$$\mathfrak{q}_1 = \frac{b_0,\ b_1,\ b_2,\ b_3}{e_0,\ e_1,\ e_2,\ e_3}$$

und

$$\mathfrak{q}_2 = \frac{\mathfrak{m} b_0,\ b_1,\ b_2,\ b_3}{b_0,\ b_1,\ b_2,\ b_3}$$

dar, so dass wieder $\mathfrak{q} = \mathfrak{q}_1 \mathfrak{q}_2$ wird. Dabei ist die erste Verwandtschaft $\mathfrak{q}_1$ wieder eine Bewegung allgemeinster Art und führt das System der einfachen Punkte x über in das System der einfachen Punkte $y = x \mathfrak{q}_1$. Die Verwandtschaft $\mathfrak{q}_2$ hingegen verwandelt jeden einfachen Punkt in einen $\mathfrak{m}$-fachen Punkt, lässt aber wieder die Strecken v unverändert. Den einfachen Punkt $y = b_0 + v$ ersetzt sie durch den $\mathfrak{m}$-fachen Punkt

$$z = y \mathfrak{q}_2 = \mathfrak{m} b_0 + v = \mathfrak{m}\left(b_0 + \frac{v}{\mathfrak{m}}\right),$$

welcher auf der Geraden $[b_0 y]$ so gelegen ist, dass sich sein Abstand vom Punkte b_0 zum Abstande des Punktes y von demselben Punkte wie 1 zu $\mathfrak{m}$ verhält. Die Systeme der Punkte z und y sind also zu einander ähnlich und ähnlich gelegen, haben den Punkt b_0 zum Aehnlichkeitspunkt und das Grössenverhältniss $1 : \mathfrak{m}$, das heisst, die Abbildung $\mathfrak{q}_2$ ist eine „*perspektive Aehnlichkeitstransformation*“ (eine „*Streckung*“) mit dem Mittelpunkte b_0 und dem Maassstabe $1 : \mathfrak{m}$.

Die Verwandtschaft $\mathfrak{q} = \mathfrak{q}_1 \mathfrak{q}_2$, welche die Punkte x direkt in die Punkte z verwandelt, erweist sich somit als die Folge einer ganz beliebigen Bewegung und einer perspektiven Aehnlichkeitstransformation und ist also „*die allgemeinste Beziehung zweier ähnlicher Systeme von beliebiger Lage*“.

Die Frage nach den Doppelelementen beider Systeme erfordert noch eine besondere Untersuchung. Für die drei Hauptgebiete der unendlich fernen Ebene freilich kann sich an den Ergebnissen für kongruente Systeme nichts ändern, da

*) Für diese Form des Bruches $\mathfrak{q}$ gilt dann freilich nicht mehr die Gleichung (7), denn es wird $[\mathfrak{q}^4] = \mathfrak{m}$; doch ist diese Form für die Deutung der durch den Bruch bewirkten Abbildung geeigneter.

die Voraussetzungen über die Umwandlung der unendlich fernen Gebilde dieselben geblieben sind; man erhält also wieder für die drei der unendlich fernen Ebene zugehörenden Hauptzahlen die Werthe $\mathfrak{r}_1 = 1$ und $\left.\begin{matrix}\mathfrak{r}_2\\ \mathfrak{r}_3\end{matrix}\right\} = \cos\mathfrak{d} \pm i\sin\mathfrak{d}$, das heisst, drei Zahlen vom numerischen Werthe 1. Um die vierte Hauptzahl zu finden, muss man auf die Gleichung (10) zurückgehen. Diese Gleichung ist jetzt nicht mehr reciprok, denn, ersetzt man in den Gleichungen (58), (59), (61) überall den einfachen Punkt b_0 durch den $\mathfrak{m}$-fachen Punkt $\mathfrak{m}b_0$, so erhält man

$$4[\mathfrak{q}] = \mathfrak{b}_{3,3} + \mathfrak{b}_{2,2} + \mathfrak{b}_{1,1} + \mathfrak{m} = \mathfrak{b} + \mathfrak{m}$$

$$4[\mathfrak{q}^3] = 1 + (\mathfrak{b}_{1,1} + \mathfrak{b}_{2,2} + \mathfrak{b}_{3,3})\mathfrak{m} = 1 + \mathfrak{b}\mathfrak{m}$$

$$6[\mathfrak{q}^2] = \mathfrak{b}_{1,1} + \mathfrak{b}_{2,2} + \mathfrak{b}_{3,3} + \mathfrak{m}(\mathfrak{b}_{1,1} + \mathfrak{b}_{2,2} + \mathfrak{b}_{3,3}) = \mathfrak{b}(1 + \mathfrak{m});$$

dazu kommt noch

$$[\mathfrak{q}^4] = \mathfrak{m}.$$

Die Gleichung (10) verwandelt sich daher in

$$\mathfrak{r}^4 - (\mathfrak{b} + \mathfrak{m})\mathfrak{r}^3 + \mathfrak{b}(1 + \mathfrak{m})\mathfrak{r}^2 - (1 + \mathfrak{b}\mathfrak{m})\mathfrak{r} + \mathfrak{m} = 0. \tag{68}$$

Diese Gleichung aber besitzt, wie man sofort sieht, die Wurzel $\mathfrak{r}_0 = \mathfrak{m}$; denn substituirt man diesen Werth, so heben sich die Glieder auf ihrer linken Seite paarweise fort. Wegen (66) ist aber diese Wurzel $\mathfrak{r}_0 = \mathfrak{m}$ von den drei andern Wurzeln, deren numerischer Werth $= 1$ war, sicher verschieden, und die Abbildung $\mathfrak{q}$ besitzt daher auch bestimmt ein im Endlichen liegendes Hauptgebiet erster Stufe, das heisst, einen im Endlichen liegenden Doppelpunkt a_0, der durch den Bruch $\mathfrak{q}$ in sein $\mathfrak{m}$-faches verwandelt wird. Der Bruch $\mathfrak{q}$ lässt sich also auf die Form bringen

$$\mathfrak{q} = \frac{\mathfrak{m}a_0,\ a_1,\ e_2\cos\mathfrak{d} + e_3\sin\mathfrak{d},\ e_3\cos\mathfrak{d} - e_2\sin\mathfrak{d}}{a_0,\ a_1,\ e_2,\ e_3}. \tag{69}$$

Sie zeigt, dass die Aehnlichkeit $\mathfrak{q}$ *als Folge einer blossen Drehung* um die Axe $[a_0 a_1]$ *und einer Streckung* vom Mittelpunkte a_0 aus aufgefasst werden kann. Setzt man nämlich noch

$$\mathfrak{q}_3 = \frac{a_0,\ a_1,\ e_2\cos\mathfrak{d} + e_3\sin\mathfrak{d},\ e_3\cos\mathfrak{d} - e_2\sin\mathfrak{d}}{a_0,\ a_1,\ e_2,\ e_3} \tag{70}$$

und

$$\mathfrak{q}_4 = \frac{\mathfrak{m}a_0,\ a_1,\ e_2\cos\mathfrak{d} + e_3\sin\mathfrak{d},\ e_3\cos\mathfrak{d} - e_2\sin\mathfrak{d}}{a_0,\ a_1,\ e_2\cos\mathfrak{d} + e_3\sin\mathfrak{d},\ e_3\cos\mathfrak{d} - e_2\sin\mathfrak{d}}, \tag{71}$$

so wird $\mathfrak{q}_4 = \mathfrak{q}_3\mathfrak{q}$, wo wirklich $\mathfrak{q}_3$ eine Drehung um die Axe $[a_0 a_1]$ und $\mathfrak{q}_4$ eine perspektive Aehnlichkeitstransformation (eine Streckung) mit dem Mittelpunkte a_0 darstellt. Damit ist der Satz bewiesen:

Jede Aehnlichkeitstransformation, die sich nicht auf eine blosse Kongruenz oder Symmetrie reducirt (vgl. die Ungleichung 66) *besitzt einen im Endlichen liegenden Punkt und eine durch ihn gehende Axe, welche bei der Abbildung in Ruhe bleiben.*

Man nennt jenen Punkt und diese Axe den *Situationspunkt* und die *Situationsaxe der ähnlichen Räume.* Auf der Situationsaxe verändern alle Punkte ihre Lage mit Ausnahme des Situationspunktes und des unendlich fernen Punktes. Jeder der beiden ähnlichen Räume lässt sich durch eine Drehung um die Situationsaxe in eine zum andern Raume perspektive Lage überführen.

Affinität. Ist wieder der erste Nenner e_0 und der erste Zähler b_0 des Bruches $\mathfrak{q}$ ein im Endlichen liegender Punkt und sind seine drei letzten Nenner e_1, e_2, e_3

und seine drei letzten Zähler b_1, b_2, b_3 *beliebige* unendlich ferne Punkte, das heisst, beliebige Strecken, *so weist der Bruch*

$$\text{(72)} \qquad \mathfrak{q} = \frac{b_0, b_1, b_2, b_3}{e_0, e_1, e_2, e_3}$$

immer noch jedem unendlich fernen Punkte des einen Systems einen unendlich fernen Punkt im andern zu, aber im allgemeinen nicht mehr einem Normalsystem der Strecken des einen ein Normalsystem von Strecken des andern, und die Verwandtschaft wird zur Affinität. Dabei kann man dann wieder über die Gewichte der Punkte e_0 und b_0 und über die Längen der Strecken $e_1, e_2, e_3, b_1, b_2, b_3$ so verfügen, dass die Gleichungen (5), (6) und (7) erfüllt werden, dass also ins Besondere

$$\text{(73)} \qquad [\mathfrak{q}^4] = \frac{[b_0 b_1 b_2 b_3]}{[e_0 e_1 e_2 e_3]} = \pm 1$$

wird.

Zwei besondere Arten der Affinität, die zu der allgemeinen Affinität in derselben Beziehung stehen wie die Kongruenz und Symmetrie zur Aehnlichkeit, ergeben sich noch, wenn man *die Gewichte der Punkte e_0 und b_0 gleich gross wählt.* Dann wird überhaupt jedem Punkte des ersten Systems ein Punkt von gleichem Gewicht im zweiten Systeme zugewiesen, namentlich also einem einfachen Punkte wieder ein einfacher Punkt. Besitzt dann noch *ausserdem der Bruch $\mathfrak{q}$ den Potenzwerth* $[\mathfrak{q}^4] = +1$, ist also

$$\text{(74)} \qquad [b_0 b_1 b_2 b_3] = [e_0 e_1 e_2 e_3],$$

so entspricht einem jeden durch vier einfache Punkte des ersten Systems bestimmten Spate ein Spat von gleichem Rauminhalt und gleichem Sinn im zweiten System. Denn ist Δ die Determinante der Zahlen, durch welche die vier einfachen Punkte w, x, y, z aus den Nennern e_0, e_1, e_2, e_3 abgeleitet sind, so wird (nach Nr. 63) das Produkt

$$[wxyz] = \Delta[e_0 e_1 e_2 e_3],$$

und, da die entsprechenden Punkte $w\mathfrak{q}, x\mathfrak{q}, y\mathfrak{q}, z\mathfrak{q}$ des zweiten Systems durch dieselben Ableitzahlen aus den Zählern b_0, b_1, b_2, b_3 hervorgehen, so wird das Produkt aus den entsprechenden Punkten dieses Systems

$$[w\mathfrak{q} \,.\, x\mathfrak{q} \,.\, y\mathfrak{q} \,.\, z\mathfrak{q}] = \Delta[b_0 b_1 b_2 b_3].$$

Wegen der Gleichung (74) wird daher

$$[w\mathfrak{q} \,.\, x\mathfrak{q} \,.\, y\mathfrak{q} \,.\, z\mathfrak{q}] = [wxyz],$$

und, da ausserdem auch die Punkte $w\mathfrak{q}, \ldots$ des zweiten Systems einfache Punkte sind, so haben (nach Nr. 263) die beiden durch die Punkte w, x, y, z und durch die Punkte $w\mathfrak{q}, x\mathfrak{q}, y\mathfrak{q}, z\mathfrak{q}$ bestimmten Spate gleichen Rauminhalt und gleichen Sinn. Die Verwandtschaft $\mathfrak{q}$ ist also eine *raumtreue Affinität.*

Ist der Potenzwerth $[\mathfrak{q}^4] = -1$, bleiben aber sonst die Bedingungen der raumtreuen Affinität erfüllt, so entspricht jedem Spate des ersten Systems ein Spat von gleichem Rauminhalt aber entgegengesetztem Sinn im zweiten System und die Affinität wird *symmetrisch-raumtreu.* H. Grassmann d. J.

Nr. **391.** S. 257—263. Es seien $e_1, \ldots e_n$ die ursprünglichen Einheiten und:

$$\Omega e_\varkappa = \sum_{\nu}^{1\ldots n} \alpha_{\varkappa\nu} e_\nu \quad (\varkappa = 1, \ldots n),$$

wo die $\alpha_{\varkappa\nu}$ *reelle* Zahlen bedeuten sollen. Setzt man dann: $a = \Sigma x_\varkappa e_\varkappa$ und $b = \Sigma y_j e_j$, so erhält der Ausdruck $[\Omega a b]$ die Gestalt:

$$[Q a|b] = \sum_{\varkappa, \nu, j} \alpha_{\varkappa\nu} x_\varkappa y_j [e_\nu|e_j] = \sum_{\varkappa, j} \alpha_{\varkappa j} x_\varkappa y_j,$$

und die Forderung, dass für beliebige a und b immer $[Qa|b] = [Qb|a]$ sein soll, kann daher durch die Gleichungen $\alpha_{\varkappa j} = \alpha_{j\varkappa}$ $(\varkappa, j = 1, \ldots n)$ ersetzt werden. Diese letzteren wiederum sagen aus, dass $[Qa|b] = \Sigma\alpha_{\varkappa j} x_\varkappa y_j$ die erste Polare von b in Bezug auf die quadratische Form: $[Qa|a] = \Sigma\alpha_{\varkappa j} x_\varkappa x_j$ ist.

Die andre Forderung, dass $[Qa|a]$ bei beliebigem a von Null verschieden sein soll, kommt darauf hinaus, dass die quadratische Form $\Sigma\alpha_{\varkappa j} x_\varkappa x_j$ für reelle x nur dann verschwinden kann, wenn alle x null sind, dass sie also eine beständig positive oder eine beständig negative Form ist. Diese Voraussetzung wird von Grassmann beim Beweise von Nr. 391 mehrfach benutzt, sie würde aber, wie sich nachher zeigen wird, zur Folge haben, dass die Hauptzahlen des Quotienten Q alle positiv oder alle negativ wären, sie muss also, wenn man den Satz 391 in seiner jetzigen allgemeinen Fassung beibehalten will, durch eine andere ersetzt werden, nämlich durch die, *dass die Determinante der quadratischen Form* $\Sigma\alpha_{i\varkappa} x_i x_\varkappa$ *oder,* was auf dasselbe hinauskommt, *der Potenzwerth des Bruches* Q *von Null verschieden sei.*

Wir werden nachher zeigen, wie sich der Beweis des Satzes 391 gestaltet, wenn man die Grassmannsche Voraussetzung durch die eben angegebene ersetzt. Vorerst wollen wir uns jedoch klar machen, was eigentlich der Sinn und der Zweck des Satzes ist. Dabei nehmen wir gleich an, dass der Potenzwerth des Bruches Q, das heisst, die Determinante der $\alpha_{\varkappa j}$, von Null verschieden ist.

Ausser mit Q steht die quadratische Form $\Sigma\alpha_{\varkappa j} x_\varkappa x_j$ noch mit einem andern Quotienten in Beziehung, nämlich mit dem Quotienten P, der durch die Gleichungen:

$$P e_\varkappa = \sum_{\nu}^{1 \ldots n} \alpha_{\varkappa\nu} | e_\nu \quad (\varkappa = 1, \ldots n)$$

definirt ist und dessen Zähler von $(n-1)$-ter Stufe sind, während die Nenner, wie bei Q, von erster Stufe sind.

Dieser Quotient P hat eine einfache geometrische Bedeutung. Denken wir uns nämlich $e_1, \ldots e_n$ in einem n-fach ausgedehnten Euklidischen Raume als n auf einander senkrechte Strecken von der Länge Eins durch einen Punkt O und fassen wir dementsprechend $x_1, \ldots x_n$ als rechtwinklige Koordinaten dieses Raumes auf, mit O als Anfangspunkt, so ordnet P jeder durch O gehenden Strecke die $(n-1)$-fach ausgedehnte Ebene zu, die alle conjugirten Durchmesser dieser Strecke in Bezug auf die ∞^1 Mannigfaltigkeiten zweiten Grades: $\Sigma\alpha_{\varkappa j} x_\varkappa x_j = \text{const.}$ enthält*).

Die Beziehung zwischen dem Bruche P und der quadratischen Form $\Sigma\alpha_{\varkappa j} x_\varkappa x_j$ ist von der Wahl der Einheiten $e_1, \ldots e_n$ unabhängig. Es seien nämlich $c_1, \ldots c_n$ n Grössen erster Stufe, deren kombinatorisches Produkt gleich Eins ist, also

---

*) Deutet man $x_1, \ldots x_n$ als homogene Koordinaten in einem R_{n-1}, so führt P jeden Punkt $x_1, \ldots x_n$ über in seine $(n-2)$-fach ausgedehnte Polarebene in Bezug auf die Mannigfaltigkeit: $\Sigma\alpha_{\varkappa j} x_\varkappa x_j = 0$, dagegen verwandelt Q den Punkt $x_1, \ldots x_n$ in den Pol der eben erwähnten Ebene in Bezug auf die Mannigfaltigkeit: $\Sigma x_\nu^2 = 0$.

$$c_\varkappa = \sum_\nu^{1\ldots n} \lambda_{\varkappa\nu} e_\nu \quad (\varkappa = 1, \ldots n),$$

wo die Determinante der $\lambda_{\varkappa\nu}$ gleich Eins ist, und es sei umgekehrt:

$$e_\nu = \sum_j^{1\ldots n} A_{j\nu} c_j \quad (\nu = 1, \ldots n),$$

endlich sei I das zu dem Systeme der Einheiten $c_1, \ldots c_n$ gehörige Ergänzungszeichen (s. Nr. 110). Dann ist nothwendig:

$$I c_\varkappa = \sum_\nu^{1\ldots n} \varrho_{\varkappa\nu} | e_\nu,$$

oder, wenn man diese Gleichung mit $\Sigma A_{j\mu} c_j = e_\mu$ multiplicirt: $A_{\varkappa\mu} = \varrho_{\varkappa\mu}$, also:

$$I c_\varkappa = \sum_\nu A_{\varkappa\nu} | e_\nu,$$

woraus durch Auflösung folgt:

$$| e_\nu = \sum_j \lambda_{j\nu} I c_j.$$

Nun findet man:

$$P c_\varkappa = \sum_\nu \lambda_{\varkappa\nu} P e_\nu = \sum_{\nu,\mu} \lambda_{\varkappa\nu} \alpha_{\nu\mu} | e_\mu$$

$$= \sum_{\nu,\mu,\tau} \lambda_{\varkappa\nu} \lambda_{\tau\mu} \alpha_{\nu\mu} I c_\tau.$$

Andrerseits ist: $a = \Sigma x_\nu e_\nu = \Sigma x_\varkappa' c_\varkappa$, also: $x_\nu = \Sigma \lambda_{\varkappa\nu} x_\varkappa'$, demnach verwandelt sich die quadratische Form $\Sigma \alpha_{\varkappa\nu} x_\varkappa x_\nu$ bei Einführung der neuen Einheiten $c_1, \ldots c_n$ in eine Form: $\Sigma \alpha'_{\varkappa\nu} x_\varkappa' x_\nu'$, wo

$$\alpha'_{\varkappa\tau} = \sum_{\nu,\mu} \lambda_{\varkappa\nu} \lambda_{\tau\mu} \alpha_{\nu\mu},$$

und vergleicht man damit den vorhin gefundenen Ausdruck für $P c_\varkappa$, so ergiebt sich:

(*) $$P c_\varkappa = \sum_\nu \alpha'_{\varkappa\nu} I c_\nu.$$

Diese Gleichungen aber sagen aus, dass die Beziehung zwischen dem Quotienten P und der quadratischen Form: $\Sigma \alpha_{\varkappa\nu} x_\varkappa x_\nu$ bei Einführung neuer Einheiten erhalten bleibt.

Anders ist es mit der Beziehung zwischen dem Quotienten Q und unsrer quadratischen Form. Nach der Definition von Q und P ist nämlich: $|Q c_\varkappa = P c_\varkappa$. Soll nun die Beziehung zwischen dem Quotienten Q und der Form $\Sigma \alpha_{\varkappa\nu} x_\varkappa x_\nu$ beim Uebergang zu den Einheiten $c_1, \ldots c_n$ erhalten bleiben, so muss:

$$Q c_\varkappa = \sum_\nu \alpha'_{\varkappa\nu} c_\nu$$

sein, also:

$$|Q c_\varkappa = \sum_\nu \alpha'_{\varkappa\nu} | c_\nu = \sum_\nu \alpha'_{\varkappa\nu} I c_\nu.$$

Da aber die Determinante der $\alpha'_{\varkappa\nu}$ nach Nr. 384 gleich dem Potenzwerthe von Q ist und somit sicher nicht verschwindet, so können die letzten Gleichungen nur bestehen, wenn $I c_\nu = | c_\nu$ ist, mit andern Worten (s. Nr. 167 und die Anmerkung dazu, S. 430), wenn $c_1, \ldots c_n$ ein vollständiges Normalsystem vom numerischen Werthe Eins bilden, oder, was auf dasselbe hinauskommt, wenn die Transformation: $x_\nu = \Sigma \lambda_{\varkappa\nu} x_\varkappa'$ orthogonal ist*) (vgl. die Anmerkung zu Nr. 155, S. 429).

Nach diesen Vorbereitungen können wir jetzt den Inhalt des Satzes 391 in einer von den Symbolen der Ausdehnungslehre unabhängigen Form aussprechen.

Zunächst wird in dem Satze behauptet, dass man immer n Grössen $c_1, \ldots c_n$ bestimmen kann, die in keiner Zahlbeziehung stehen und für die $[Qc_\varkappa | c_j] = 0$ ist, sobald $\varkappa \gtrless j$. Denken wir uns nun, was ohne Beschränkung der Allgemeinheit möglich ist, $c_1, \ldots c_n$ so gewählt, dass ihr kombinatorisches Produkt gleich Eins ist, so gilt für die $c_\varkappa$ die Gleichung (*), und da nach dem Früheren $|Qc_\varkappa = Pc_\varkappa$ und nach Nr. 144 $[Qc_\varkappa | c_j] = [c_j | Qc_\varkappa]$ ist, so wird:

$$[Qc_\varkappa | c_j] = [c_j \,.\, Pc_\varkappa] = \sum_\nu \alpha'_{\varkappa\nu} [c_j \,.\, Ic_\nu] = \alpha'_{\varkappa j}.$$

Da aber die Ausdrücke $[Qc_\varkappa | c_j]$ für $\varkappa \gtrless j$ sämmtlich verschwinden, so ergiebt sich aus (*):

$$Pc_\varkappa = \alpha'_{\varkappa\varkappa} Ic_\varkappa,$$

und die quadratische Form $\Sigma \alpha_{\varkappa j} x_\varkappa x_j$ erhält beim Uebergange zu den Einheiten $c_1, \ldots c_n$ die Gestalt: $\Sigma \alpha'_{\varkappa\varkappa} x_\varkappa'^2$. Hier kann endlich von den Grössen $\alpha'_{\varkappa\varkappa}$ keine verschwinden, denn nach Nr. 92 ist:

$$|Pc_\varkappa = ||Qc_\varkappa = (-1)^{n-1} Qc_\varkappa,$$

also wird:

$$[Qc_1 \,.\, Qc_2 \ldots Qc_n] = (-1)^{n(n-1)} [Pc_1 \ldots Pc_n] \qquad [98]$$

$$= \alpha'_{11} \ldots \alpha'_{nn} | I[c_1 \ldots c_n] \qquad [110]$$

$$= \alpha'_{11} \ldots \alpha'_{nn},$$

dieser Ausdruck aber kann nicht verschwinden, weil er den Potenzwerth von Q darstellt.

Wenn man daher $c_1, \ldots c_n$ in der angegebenen Weise bestimmt, so löst man im Grunde die Aufgabe, *die quadratische Form $\Sigma \alpha_{\varkappa\nu} x_\varkappa x_\nu$ durch eine reelle lineare homogene Substitution von der Determinante Eins auf eine Summe von n Quadraten zurückzuführen***). Die Zahl der positiven unter diesen n Quadraten ist dabei

---

*) Man kann das auch so ausdrücken: Der Quotient Q ist eine simultane Kovariante der beiden quadratischen Formen: $X = \Sigma \alpha_{\varkappa j} x_\varkappa x_j$ und $U = \Sigma u_\nu^2$, unter den x und u kontragrediente Veränderliche verstanden. In der That, wenn man die x als Punkt- und die u als Ebenenkoordinaten auffasst, so stellt die Kovariante

$$\frac{1}{2} \sum_j \frac{\partial X}{\partial x_j} \frac{\partial U}{\partial u_j} = \Sigma \alpha_{j\varkappa} x_\varkappa u_j$$

gleich Null gesetzt gerade die lineare homogene Substitution dar, deren Symbol der Quotient Q ist. Man vgl. hierzu: Gundelfinger, Vorlesungen aus der analytischen Geometrie der Kegelschnitte, herausgegeben von Dingeldey, Leipzig, Teubner, 1895. S. 70 ff.

**) Der Uebergang zu den Koordinaten x' ist natürlich gleichbedeutend damit, dass man die ∞^1 Mannigfaltigkeiten $\Sigma \alpha_{\varkappa j} x_\varkappa x_j =$ const. auf ein System konjugirter Durchmesser bezieht, daher der Ausdruck: „konjugirter Verein" auf S. 259, Z. 18 f. v. o.

gleich der Zahl der positiven unter den n von Null verschiedenen reellen Zahlen: $[Qc_\varkappa | c_\varkappa] = \alpha'_{\varkappa\varkappa}$.

In unserm Satze wird weiter behauptet, dass es immer ein Normalsystem $e_1, \dots e_n$ von der Art giebt, dass $Qe_r = \varrho_r e_r$ ist, wo die ϱ_r reell und unter ihnen so viele positiv sind, wie unter den Grössen $[Qc_\varkappa | c_\varkappa] = \alpha'_{\varkappa\varkappa}$. Wählen wir, was immer angeht, das Normalsystem $e_1, \dots e_n$ so, dass sein numerischer Werth gleich Eins wird, so ergiebt sich aus dem früher Gesagten, dass die quadratische Form $\Sigma\alpha_{\varkappa j} x_\varkappa x_j$ beim Uebergang zu den neuen Einheiten $e_1, \dots e_n$ die Gestalt: $\Sigma\varrho_r x_r^2$ erhält*). Demnach wird durch die Bestimmung eines solchen Normalsystems $e_1, \dots e_n$ im Grunde die Aufgabe gelöst, *die quadratische Form $\Sigma\alpha_{\varkappa j} x_\varkappa x_j$ durch eine reelle Substitution, bei der die Form Σx_ν^2 invariant bleibt*, das heisst, *durch orthogonale Substitution auf eine Summe von Quadraten zurückzuführen.* Man kann aber auch sagen, dass hier die Aufgabe gelöst wird, *die Hauptaxen der ∞^1 Mannigfaltigkeiten zweiten Grades* $\Sigma\alpha_{\varkappa j} x_\varkappa x_j =$ const. *des R_n zu bestimmen*, zugleich ist hiermit der bekannte Satz bewiesen, dass die Gleichung n-ten Grades, von der die Bestimmung dieser Hauptaxen abhängt, lauter reelle Wurzeln hat. (Vgl. S. 263, Z. 16—18 v. o., wo hinter „zweiter Ordnung" eigentlich noch eingeschaltet werden sollte: „mit Mittelpunkt".)

Die Thatsache endlich, dass unter den ϱ_r, den Hauptzahlen des Quotienten Q, genau so viele positive vorkommen, wie unter den Grössen $[Qc_\varkappa | c_\varkappa] = \alpha'_{\varkappa\varkappa}$, ist offenbar gleichbedeutend mit dem Sylvesterschen *Trägheitsgesetze der quadratischen Formen* (s. S. 263, Z. 13 f. v. o.). Dieses Trägheitsgesetz aber kann man bekanntlich benutzen, um zu ermitteln, wie viele reelle Wurzeln einer Gleichung zwischen zwei gegebenen Gränzen liegen (s. Hermite, Comptes Rendus Bd. 36, S. 294 (1853)), und damit ist zugleich der Zusammenhang mit dem Sturmschen Satze klargestellt (s. S. 263, Z. 14 f. v. o.).

Es bleibt uns jetzt noch zu zeigen, wie sich der Beweis von Nr. 391 gestaltet, wenn man die Voraussetzung, dass $[Qa | a]$ für jedes beliebige a von Null verschieden sei, durch die andere ersetzt, dass der Potenzwerth von Q, also die Determinante der $\alpha_{\varkappa j}$, nicht verschwinden soll.

Wir suchen zunächst n Grössen $c_1, \dots c_n$, die in keiner Zahlbeziehung stehen, und für die $[Qc_\nu | c_j] = 0$ ist, sobald $\varkappa \gtrless j$. Giebt es n solche Grössen, so sind nach dem Früheren die n Ausdrücke $[Qc_\varkappa | c_\varkappa]$ alle von Null verschieden, wir müssen deshalb bei der Wahl der $c_\varkappa$ von vornherein darauf achten, dass diese Bedingung erfüllt wird.

Wir wollen annehmen, wir hätten schon m Grössen $c_1, \dots c_m$ gefunden, die in keiner Zahlbeziehung stehen und die den Gleichungen $[Qc_\mu | c_\nu] = 0$ für $\mu \gtrless \nu$ genügen, während alle $[Qc_\mu | c_\mu] \gtrless 0$ sind. Wir behaupten, dass dann immer eine nicht aus $c_1, \dots c_m$ ableitbare Grösse c_{m+1} bestimmt werden kann, die den m Gleichungen: $[Qc_\mu | c_{m+1}] = 0$ $(\mu = 1, \dots m)$ und also auch den m Gleichungen: $[Qc_{m+1} | c_\mu] = 0$ genügt, während $[Qc_{m+1} | c_{m+1}] \gtrless 0$ ist.

Um unsre Behauptung zu beweisen, setzen wir: $Qc_\mu = k_\mu$ $(\mu = 1, \dots m)$, dann stehen sicher auch $k_1, \dots k_m$ in keiner Zahlbeziehung, weil sonst der Potenzwerth von Q nicht von Null verschieden sein könnte. Nunmehr bestimmen wir

*) Setzt man $a = \Sigma x_r e_r$, so wird $[Qa | a] = \Sigma\varrho_r x_r^2$, ein Ausdruck, der nur dann, wenn die ϱ_r alle positiv oder alle negativ sind, für jedes beliebige a von Null verschieden ausfällt. Hierdurch bestätigt sich das auf S. 465 Gesagte.

$n-m$ Grössen erster Stufe: $b_{m+1}, \ldots b_n$ so, dass sie in keiner Zahlbeziehung stehen und die Gleichungen:

$$[k_\mu | b_{m+j}] = 0 \quad (\mu = 1, \ldots m;\ j = 1, \ldots n-m)$$

erfüllen. Nach Nr. 163 und 159 ist das immer möglich, denn wir brauchen nur in dem Gebiete von $k_1, \ldots k_m$ irgend ein Normalsystem $k_1', \ldots k_m'$ von m-ter Stufe anzunehmen und dieses zu einem vollständigen Normalsysteme: $k_1', \ldots k_m', b_{m+1}, \ldots b_n$ zu ergänzen, dann sind $b_{m+1}, \ldots b_n$ Grössen von der verlangten Beschaffenheit und sogar zu einander normal. Zwischen $c_1, \ldots c_m$ und den gefundenen Grössen $b_{m+1}, \ldots b_n$ kann keine Zahlbeziehung:

$$\gamma_1 c_1 + \cdots + \gamma_m c_m + \beta_{m+1} b_{m+1} + \cdots + \beta_n b_n = 0,$$

bestehen, sonst müsste nämlich:

$$\sum_\mu \gamma_\mu [k_\nu | c_\mu] + \sum_j \beta_{m+j} [k_\nu | b_{m+j}] = \gamma_\nu [k_\nu | c_\nu] = 0$$

sein für $\nu = 1, \ldots m$, es müssten also $\gamma_1, \ldots \gamma_m$ verschwinden und zwischen $b_{m+1}, \ldots b_n$ allein eine Zahlbeziehung herrschen, was nicht der Fall ist. Ferner kann die Gleichung $[Qb|b] = 0$ nicht für jede Grösse: $b = \Sigma \lambda_{m+j} b_{m+j}$ erfüllt sein, sonst wäre nämlich:

$$[Qb|b] = \sum_{\varkappa, j}^{1 \ldots n-m} \lambda_{m+\varkappa} \lambda_{m+j} [Qb_{m+\varkappa} | b_{m+j}] = 0$$

für alle Werthe der $\lambda_{m+\varkappa}$, damit aber auch $[Qb_{m+\varkappa} | b_{m+j}] = 0$ für $\varkappa, j = 1, \ldots n-m$, es wäre also jede der Grössen $Qb_{m+\varkappa}$ zu allen Grössen $b_{m+1}, \ldots b_n$ normal und hieraus würde nach Nr. 159 folgen, dass alle Qb_{m+j} dem Gebiete der Grössen $k_1', \ldots k_m'$ oder, was dasselbe ist, dem Gebiete der Grössen $k_1, \ldots k_m$ angehörten:

$$Qb_{m+j} = \sum_\mu^{1 \ldots m} \delta_{\mu j} k_j,$$

woraus wiederum folgte, dass der Potenzwerth von Q null wäre. Wir können daher $c_{m+1} = \Sigma \lambda_{m+j} b_{m+j}$ immer so wählen, dass $[Qc_{m+1} | c_{m+1}] \gtrless 0$ wird, und es wird dann c_{m+1} mit $c_1, \ldots c_m$ in keiner Zahlbeziehung stehen und ausserdem die Gleichungen: $[Qc_\mu | c_{m+1}] = [Qc_{m+1} | c_\mu] = 0$ für $\mu = 1, \ldots m$ erfüllen.

Damit ist unsre Behauptung bewiesen. Da nun die vorhin gemachte Annahme für $m = 1$ sicher zulässig ist, weil man c_1 stets so wählen kann, dass $[Qc_1 | c_1] \gtrless 0$ wird, so ist damit offenbar gezeigt, dass es immer möglich ist, n Grössen $c_1, \ldots c_n$ von der verlangten Beschaffenheit zu bestimmen. Wir denken uns das ausgeführt und denken uns überdies der Einfachheit wegen $c_1, \ldots c_n$ so gewählt, dass ihr kombinatorisches Produkt gleich Eins ist. Setzen wir dann wie früher*): $[Qc_\nu | c_\nu] = \alpha'_{\nu\nu}$, so ist der Potenzwerth unsers Bruches Q gleich dem Produkte: $\alpha'_{11} \ldots \alpha'_{nn}$.

Durch das Vorstehende sind die Entwickelungen auf S. 258, Z. 4 v. o. bis S. 259, Z. 5 v. o. ersetzt. Der Rest des Grassmannschen Beweises braucht nicht geändert zu werden und bietet nur noch an zwei Stellen zu Bemerkungen Anlass.

---

*) Grassmann setzt auf S. 259, Z. 6 v. o. $[Qc_r | c_r] = \alpha_r$, benutzt aber nachher, auf S. 261 f. denselben Buchstaben α_r in ganz andrer Bedeutung.

S. 261, Z. 2—10 v. o. Hier fehlt noch der Nachweis, dass sich auch die Gleichung $x^2 + y^2 = 1$ immer befriedigen lässt, dass also γ nicht gleich i werden kann. Um das noch zu zeigen, beachte man, dass für $\gamma = i$ entweder $(r + r')^2$ oder $(r - r')^2$ gleich Null werden muss, oder, da r und r' reell sind, entweder $r + r'$ oder $r - r'$ gleich Null. Das ist aber unmöglich, denn jede der Grössen r und r' ist aus einer der Grössen $c_1, \ldots c_n$ durch Multiplikation mit einer reellen Zahl entstanden und zwischen $c_1, \ldots c_n$ besteht sicher keine Zahlbeziehung.

S. 262, Z. 2f. v. o.: „Da es nun ein Minimum ... geben muss". Die Grössen $a_1, \ldots a_n$ haben nach unsrer Bezeichnung: $[Q c_\varkappa \, c_\varkappa] = \alpha'_{\varkappa\varkappa}$ die Werthe:

$$a_\varkappa = c_\varkappa : \sqrt{\alpha'_{\varkappa\varkappa}} \quad (\varkappa = 1, \ldots n),$$

demnach wird das Produkt $\alpha_1 \ldots \alpha_n$ ihrer numerischen Werthe gleich dem Produkte der numerischen Werte von $c_1, \ldots c_n$ dividirt durch $\sqrt{\pm \alpha'_{11} \ldots \alpha'_{nn}}$, wo das Zeichen unter der Wurzel so zu wählen ist, dass die Wurzel reell wird, und die Wurzel selbst positiv zu nehmen ist. Nun aber ist (vgl. die Anmerkung zu Nr. 195, S. 432f.) das Produkt der numerischen Werthe von $c_1, \ldots c_n$ sicher nicht kleiner als der numerische Werth des Produktes $[c_1 \ldots c_n]$, der gleich Eins ist, andrerseits ist das Produkt $\alpha'_{11} \ldots \alpha'_{nn}$ gleich dem Potenzwerthe von Q, hat also immer denselben Zahlenwerth, demnach giebt es für den Werth des Produktes $\alpha_1 \ldots \alpha_n$ eine untere Gränze, die durch den Potenzwerth von Q bestimmt ist.

Nr. **399,** Anm. S. 269, Z. 10—12 v. o. „In diesem Sinne stellt also der letztgenannte Kreis jenes Gebiet, das heisst, das aus Kreisen erzeugbare Gebiet dritter Stufe dar." E. Müller macht in seiner Abhandlung: Die Kugelgeometrie nach den Principien der Grassmannschen Ausdehnungslehre (Monatshefte für Mathematik und Physik, Jahrgang 3 und 4, 1892 und 1893) darauf aufmerksam, dass es zweckmässiger ist, den Orthogonalkreis dreier Kreise *als das zu dem Gebiete jener Kreise ergänzende Gebiet* aufzufassen.

Nr. **401—404.** S. 270—274. Man vgl. hierzu die Darstellung in A_1, § 154ff., diese Ausg. I, 1, S. 259ff.

Nr. **406,** Anm. S. 276. Der Begriff der syncyklischen Verwandtschaft von Kreisen ist deshalb beachtenswerth, weil er von Grassmann auf Grund eines allgemeinen Uebertragungsprincipes aufgestellt wird. Dagegen ist seine praktische Bedeutung gering, weil beim Uebergang von einem Vereine von Kreisen zu einem syncyklisch verwandten Vereine im Allgemeinen berührende Kreise nicht wieder in berührende Kreise übergehen.

Nr. **409,** Anm. S. 279, Z. 12—14 v. o. Heutzutage ist für diese Verwandtschaft der Name „Transformation durch reciproke Radien" eingebürgert.

Nr. **420.** S. 284. Diese Benennungen sind nicht sehr glücklich gewählt; statt: „$f(q)$ verschwindet mit q" würde man besser sagen: „$f(q)$ wird mit q unendlich klein".

Nr. **454.** S. 303. Nach dieser Erklärung ist zwar jede ächte Reihe unbedingt konvergent, nicht aber umgekehrt jede unbedingt konvergente Reihe ächt.

Nr. **460.** S. 306. Man vermisst hier den Nachweis, dass jede Potenzreihe, solange sie ächt ist, eine stetige Funktion ihres Argumentes ist*) und dass die gliedweise differentiirte Reihe wirklich der Differentialquotient der Reihe ist. Es

*) In der Anmerkung zu Nr. 461 S. 308, Z. 9—11 v. o. setzt Grassmann das als selbstverständlich voraus.

kann nicht unsre Aufgabe sein, diese und ähnliche Lücken in der Grassmannschen Begründung der Differentialrechnung und Funktionentheorie auszufüllen, doch mag erwähnt werden, dass sich im Nachlasse Grassmanns Beweise für die erwähnten beiden Sätze finden, dass also Grassmann selbst die Nothwendigkeit eines Beweises dafür empfunden hat.

Nr. **462.** S. 309, Z. 12 v. u. Hier hätte bemerkt werden müssen, dass die linke Seite auch für ein unendliches n null bleibt, weil nämlich

$$\lim_{n=\infty} n(\Theta - 1) = 2\pi i$$

ist.

Nr. **470.** S. 321, Z. 11—9 v. u. Ersetzt man nämlich y durch $y + x_1\tau$, wo x_1 eine beliebige Grösse erster Stufe und τ eine beliebige Zahl ist, so erkennt man sofort, dass auch

$$f^{(n)}(0)x_1 y^{n-1} = n!\, a_n x_1 y^{n-1}$$

ist, und durch Fortsetzung dieses Verfahrens erhält man schliesslich:

$$f^{(n)}(0)x_1 \ldots x_n = n!\, a_n x_1 \ldots x_n,$$

worauf sich Nr. 357 unmittelbar anwenden lässt.

Nr. **483.** S. 327. Ist x eine aus $n > 1$ Einheiten ableitbare extensive Grösse, so hat das Integral von $f(x)dx$ an und für sich keinen bestimmten Sinn, sondern es muss noch der Integrationsweg vorgeschrieben werden. Von Grassmann wird hier der Integrationsweg so gewählt, dass er, wenn man $x_1, \ldots x_n$ als rechtwinklige Koordinaten eines R_n deutet, mit der Geraden vom Koordinatenanfange nach dem Punkte x zusammenfällt. Auf diese Weise bekommt $d^{-1}f(x)dx$ einen bestimmten Werth, der wegen: $t = \sqrt{x^2}$ und $e = x : \sqrt{x^2}$ wieder als eine Funktion von x allein dargestellt werden kann. — Die Forderung der allseitigen Integrirbarkeit des Differentials $f(x)dx$ ist gleichbedeutend mit der Forderung, dass der Werth des Integrals von $f(x)dx$ nur von dem Anfangs- und dem Endpunkte, nicht aber von der Gestalt des Integrationsweges abhänge.

Nr. **485.** S. 328, Z. 20 v. u. Hier wird im Original ausser auf Nr. 433 auch auf Nr. 431c verwiesen, ein Citat, das gar nicht passt, denn der Ausdruck $\frac{a}{l}$ ist kein Lückenausdruck, in dessen Lücke eine Grösse eintreten soll, sondern er soll gerade umgekehrt andeuten, dass a in die Lücke l eintreten soll. Man muss daher vielmehr so schliessen: Weil a konstant ist, so ist es gleichgültig, ob es vor oder nach der Differentiation in die Lücke l eintritt.

Nr. **495.** S. 338. Der Beweis dieses Satzes hat sich im Nachlasse vorgefunden, er ist aber zu lang und der ganze Satz von zu geringer praktischer Bedeutung, als dass es sich verlohnte, diesen Beweis mitzutheilen.

Nr. **500,** Anm. S. 342. Der äusserst fruchtbare Gedanke, die Integration einer partiellen Differentialgleichung erster Ordnung mit einer unbekannten Funktion auf das allgemeinere Problem der Integration einer Gleichung von der Form:

$$(*) \qquad X_1(x_1, \ldots x_n)dx_1 + \cdots + X_n(x_1, \ldots x_n)dx_n = 0$$

zurückzuführen, findet sich zuerst in der berühmten Abhandlung von Pfaff: „Methodus generalis, aequationes differentiarum partialium . . . primi ordinis, inter quotcumque variabiles complete integrandi", Abhandlungen der Berliner Akademie 1814—15, S. 76—136. Es ist daher jetzt allgemein üblich eine solche Gleichung (*) als eine Pfaffsche Gleichung zu bezeichnen. — Die beiden im Texte angeführten

Abhandlungen von Jacobi haben folgende Titel: „Ueber die Pfaff'sche Methode, eine gewöhnliche lineare Differentialgleichung zwischen $2n$ Variabeln durch ein System von n Gleichungen zu integriren" und: „Ueber die Reduction der Integration der partiellen Differentialgleichungen erster Ordnung . . . auf die Integration eines einzigen Systemes gewöhnlicher Differentialgleichungen". Sie sind in den Jahren 1827 und 1837 erschienen.

Nr. **501**, Anm. 1. S. 344, Z. 3 v. u. bis 345, Z. 7 v. o. Denkt man sich die gegebene partielle Differentialgleichung zweiter Ordnung nach t aufgelöst: $t = F(x, y, z, p, q, r, s)$, so hat man zu setzen:

$$u = e_1 x + e_2 y + e_3 z + e_4 p + e_5 q + e_6 r + e_7 s,$$
$$U_1 = [l|e_3] - p[l|e_1] - q[l|e_2],$$
$$U_2 = [l|e_4] - r[l|e_1] - s[l|e_2],$$
$$U_3 = [l|e_5] - s[l|e_1] - F[l|e_2],$$
$$U = e_1 U_1 + e_2 U_2 + e_3 U_3$$

und erhält auf diese Weise die Gleichung:

$$Udu = 0,$$

wo das Produkt Udu so zu verstehen ist, dass du in die Lücke von U eintreten soll.

Nr. **502.** S. 345, Z. 14 v. u. Im Originale steht hier bloss: „wo $c_1, \ldots c_n$ konstant sind", es kann aber keinem Zweifel unterliegen, dass sich Grassmann die c_ν als *willkürliche Konstanten* gedacht hat. In dem nachfolgenden Beweise (s. S. 345, Z. 9—2 v. u.) setzt er nämlich offenbar voraus, dass die Gleichungen: $u_1 = c_1, \ldots, u_n = c_n$ einen integrirenden Verein darstellen, welche Werthe auch die Konstanten $c_1, \ldots c_n$ haben mögen, sonst könnte er nicht schliessen, dass der Ausdruck Xdx *identisch* gleich Null wird, sobald man n von den Differentialen dx_ν durch die $m - n$ übrigen ausdrückt.

Nr. **503.** S. 346 f. Dieser Satz ist in der Allgemeinheit, wie er hier ausgesprochen wird, nicht richtig. In der That bietet gleich der Anfang des Beweises (S. 347, Z. 12—15 v. o.) Anlass zur Kritik.

Aus Nr. 502 folgt nämlich bloss, dass $Xdx = 0$ unter der Voraussetzung von Nr. 503 nicht durch einen Verein von $n' < n$ Gleichungen integrirt werden kann, der n' willkürliche Konstanten enthält *und nach diesen Konstanten auflösbar ist.* Dagegen ist es sehr gut denkbar, dass ein integrirender Verein von $n' < n$ Gleichungen vorhanden ist, aus dem sich eine von willkürlichen Konstanten freie Gleichung ableiten lässt. Dieser Fall tritt zum Beispiel ein, wenn in dem Ausdrucke: $Xdx = X_1 dx_1 + \cdots + X_m dx_m$ die Funktionen $X_1, \ldots X_{m-1}$ für $x_m = 0$ sämmtlich verschwinden, während X_m für $x_m = 0$ nicht identisch null wird, denn dann ist: $x_m = 0$ augenscheinlich eine Integralgleichung von $Xdx = 0$.

Man kann nicht sagen, dass Grassmann überhaupt nicht an die Möglichkeit des Auftretens derartiger integrirender Vereine gedacht hat, denn in Nr. 503 bemerkt er ja ausdrücklich, dass: $U_1 = 0, \ldots, U_n = 0$ ein integrirender Verein ist: es war ihm also keineswegs entgangen, dass man unter Umständen durch Nullsetzen aller Koefficienten des betrachteten Differentialausdrucks einen integrirenden Verein erhält. Er hat aber nicht beachtet, dass man auf diese Weise, auch unter der in Nr. 503 gemachten Voraussetzung, zuweilen integrirende Vereine von weniger als n unabhängigen Gleichungen finden kann, und zwar liegt das wohl hauptsächlich an einem andern Umstande, den er übersehen hat, an dem Umstande nämlich, dass ein integrirender Verein verloren gehen kann, wenn man die vorgelegte Gleichung $Xdx = 0$ durch die Gleichung:

$$U_1 du_1 + \cdots + U_n du_n = 0$$

ersetzt. Diese Möglichkeit liegt aber jedenfalls dann vor, wenn einzelne der Grössen: $u_1, \ldots u_n$, $U_1, \ldots U_n$ für alle Werthsysteme $x_1, \ldots x_m$, die dem betreffenden integrirenden Vereine genügen, unendlich grosse Werthe annehmen.

Der eben erwähnte, von Grassmann übersehene Umstand hat zur Folge, dass der Beweis von Nr. 503 selbst dann nicht ganz einwandfrei ist, wenn man die etwa vorhandenen integrirenden Vereine, die weniger als n von einander unabhängige Gleichungen enthalten, ganz von der Betrachtung ausschliesst. Ist nämlich: $v_1 = 0, \ldots v_n = 0$ ein integrirender Verein mit n unabhängigen Gleichungen, so kann man immer noch nicht wissen, ob die Funktionen $u_1, \ldots u_n$ für die Werthsysteme: $x_1, \ldots x_m$, die den Gleichungen: $v_1 = 0, \ldots, v_n = 0$ genügen, endlich bleiben, und es ist daher keineswegs sicher, dass sich das Gleichungensystem: $v_1 = 0, \ldots, v_n = 0$ durch einen Verein von Gleichungen zwischen $u_1, \ldots u_n$ und $m - n$ von den x ersetzen lässt, wie das auf S. 347, Z. 17—13 v. u. angenommen wird.

Im Grunde ist daher der Grassmannsche Beweis nur dann anwendbar, wenn man sich von vornherein auf integrirende Vereine von der Form: $v_1 = c_1, \ldots, v_n = c_n$ beschränkt, wo $c_1, \ldots c_n$ willkürliche Konstanten sind. Aendert man die Betrachtungen auf S. 347, Z. 19 v. u. bis S. 348, Z. 20 v. u. in diesem Sinne ab, so werden sie vollständig streng und zeigen, dass sich jeder integrirende Verein von der angegebenen Form auf die Gestalt (b), S. 347 bringen lässt, wo r eine der Zahlen 1, 2, ... n ist und wo die willkürlichen Konstanten $c_1, \ldots c_n$ nur in den Funktionen $\varphi_1, \ldots \varphi_r$ auftreten. Man kann dann noch bemerken, dass die Gleichungen (b) einen integrirenden Verein darstellen, welche Funktionen man auch für $\varphi_1, \ldots \varphi_r$ setzen mag, und dass auch der Fall $r = 0$ einen integrirenden Verein liefert.

Trotz dieser Ausstellungen, die wir an dem Satze 503 und seinem Beweise haben machen müssen, bleibt der Satz und sein Beweis doch immer noch beachtenswerth. Erstens bedeutet der Satz sicher einen gewissen Fortschritt gegenüber dem, was Jacobi in der auf S. 348, Z. 14 v. u. angeführten Abhandlung ausgesprochen hatte, obgleich natürlich Grassmanns Behauptung, „dass es ausser den Gleichungsvereinen (b) keinen Verein integrirender Gleichungen gebe", einer Einschränkung bedarf. Zweitens aber ist es bemerkenswerth, dass durch den Beweis von Nr. 503 implicite eine Aufgabe gelöst wird, die später in den Untersuchungen von Lie über partielle Differentialgleichungen und Berührungstransformationen als „Hülfsproblem" eine gewisse Rolle spielt, es ist das die Aufgabe, alle Vereine von höchstens n Gleichungen zwischen den $2n$ unabhängigen Veränderlichen $u_1, \ldots u_n$, $U_1, \ldots U_n$ zu bestimmen, vermöge deren die Gleichung: $U_1 du_1 + \cdots + U_n du_n = 0$ integrirt wird. Die Betrachtungen in Nr. 503 zeigen in der That, dass ein derartiger integrirender Verein mindestens n Gleichungen enthält und dass er, wenn er gerade n Gleichungen enthält, die Form (b) erhalten kann, wo r eine der Zahlen: 0, 1, ... n ist. Lie hat bei verschiedenen Gelegenheiten hierauf aufmerksam gemacht, s. Archiv for Mathematik og Naturvidenskab, Bd. 2, S. 341, Kristiania 1877 und Abh. d. Ges. d. Wiss. zu Leipzig, math.-phys. Klasse, Bd. XIV, Nr. XII, S. 539 (1888). An der letztern Stelle erwähnt Lie auch,

„dass Grassmanns Beweis unrichtig und sein Satz nicht allgemein gültig ist“; inwiefern das der Fall ist, haben wir soeben gesehen.

Nr. **504.** S. 349 f. Hat L gerade n Lücken und wird es nach Ausfüllung dieser Lücken eine Zahlgrösse, so kann man den Ausdruck: $[La_1 \dots a_n]$ folgendermassen schreiben:

$$[La_1 \dots a_n] = \frac{1}{n!} \Sigma \pm \varphi(i_1, \dots i_n).$$

Hier hat man für $i_1, \dots i_n$ nach und nach alle Vertauschungen der Zahlen 1, 2, ... n zu setzen und das Plus- oder Minuszeichen zu wählen, je nachdem die betreffende Vertauschung gerade oder ungerade ist; endlich bedeutet $\varphi(i_1, \dots i_n)$ die Zahlgrösse, die man erhält, wenn man die Grössen $a_{i_1}, a_{i_2}, \dots a_{i_n}$ der Reihe nach in die erste, zweite, ... n-te Lücke von L eintreten lässt, es ist also (vgl. 485, Anm., S. 328 f.):

$$La_{i_1} a_{i_2} \dots a_{i_n} = \varphi(i_1, \dots i_n).$$

Ist L insbesondere ein Produkt von n Ausdrücken mit je einer Lücke, die nach Ausfüllung ihrer Lücken sämmtlich Zahlgrössen werden, so hat die Funktion φ die Form:

$$\varphi(i_1, \dots i_n) = \varphi_1(i_1) \dots \varphi_n(i_n)$$

und der Ausdruck $[La_1 \dots a_n]$ wird eine gewöhnliche Determinante, die allerdings durch $n!$ dividirt ist.

Das Grassmannsche Symbol $[La_1 \dots a_n]$ ist demnach eine Verallgemeinerung des Determinantenbegriffs und zwar in der Hauptsache eben die Verallgemeinerung, von der Cayley schon 1848 bei seiner Untersuchung über das Jacobische*) Symbol (1, 2, ..., $2n$) ausgegangen war (s. die kurze Abhandlung: „Sur les déterminants gauches“, Crelles Journal Bd. 38, S. 93—96 und The collected mathematical papers of Cayley, Bd. I, S. 410—413).

Nr. **510.** S. 354. Der Beweis dieses Satzes ist nicht ganz befriedigend, weil keine Rücksicht auf den Zahlfaktor genommen ist, der nach Nr. 504 bei der Entwickelung jedes bezüglichen Lückenproduktes hinzugefügt werden muss. Wir wollen daher den Beweis des Satzes 510 etwas ausführlicher entwickeln.

Es seien $a_1, \dots a_{2n}$ Grössen erster Stufe und es seien $A_\varkappa$ und $A_{\varkappa\nu}$ ($\varkappa \gtrless \nu$) solche Produkte von je $2n-1$ und $2n-2$ dieser Grössen, dass

$$[a_\varkappa A_\varkappa] = [a_\varkappa a_\nu A_{\varkappa\nu}] = [a_1 a_2 \dots a_{2n}]$$

ist; sollte das Produkt $[a_1 a_2 \dots a_{2n}] = 0$ sein, so hat man sich $A_\varkappa$ und $A_{\varkappa\nu}$ so gebildet zu denken, dass jedes der beiden Produkte: $[a_\varkappa A_\varkappa]$ und $[a_\varkappa a_\nu A_{\varkappa\nu}]$ aus dem Produkte: $[a_1 a_2 \dots a_{2n}]$ durch eine *gerade* Anzahl von Vertauschungen je zweier der Grössen: $a_1, a_2, \dots a_{2n}$ entsteht.

Bei diesen Festsetzungen ist nach Nr. 504:

$$(1) \qquad [C^n a_1 \dots a_{2n}] = \frac{n}{2n(2n-1)} \sum_2^{2n} {}^\nu (Ca_1 a_\nu - Ca_\nu a_1)[C^{n-1} A_{1\nu}],$$

wo $Ca_\iota a_\varkappa$ bedeutet, dass a_ι in die erste und $a_\varkappa$ in die zweite Lücke von C ein-

*) Cayley hat später für dieses Symbol die Bezeichnung: „Pfaffian“ eingeführt; wir werden von dieser Bezeichnung keinen Gebrauch machen, da wir mit Lie der Ansicht sind, dass der Name „Pfaffscher Ausdruck“ unbedingt für die Ausdrücke von der Form $\Sigma X_\nu dx_\nu$ aufgespart werden muss.

treten soll, und wo im Zähler der Faktor n hinzugefügt ist, weil a_1 nach und nach in jede der beiden Lücken jedes der n Faktoren von C^n eintreten muss und weil infolgedessen bei der Entwickelung des Ausdrucks $[C^n a_1 \ldots a_{2n}]$ jedes Glied n-mal vorkommt. Wegen

$$\frac{1}{2}(Ca_1 a_\nu - Ca_\nu a_1) = [Ca_1 a_\nu]$$

folgt nun aus (1) sofort:

$$(2) \qquad [C^n a_1 \ldots a_{2n}] = \frac{1}{2n-1} \sum_2^{2n} {}^\nu [Ca_1 a_\nu][C^{n-1} A_{1\nu}].$$

Andrerseits ist aber nach Nr. 504:

$$[C^{n-1} A_1] = \frac{1}{2n-1} \sum_2^{2n} {}^\nu [C^{n-1} A_{1\nu}] a_\nu,$$

wo der Faktor von a_ν eine Zahlgrösse ist, folglich wird:

$$(3) \qquad \big[Ca_1 [C^{n-1} A_1]\big] = \frac{1}{2n-1} \sum_2^{2n} {}^\nu [Ca_1 a_\nu][C^{n-1} A_{1\nu}].$$

Damit ist die erste der Gleichungen von Nr. 510 bewiesen. Die zweite ergiebt sich, wenn man noch die unmittelbar einleuchtenden Gleichungen:

$$\big[C[C^{n-1} A_1] a_1\big] = -\big[Ca_1 [C^{n-1} A_1]\big], \quad [C^n a_1 A_1] = -[C^n A_1 a_1]$$

hinzunimmt.

Wir knüpfen hieran gleich noch einige Auseinandersetzungen über das Rechnen mit dem Symbole $[C^n a_1 \ldots a_{2n}]$. Wir hoffen dadurch das Verständniss der Nummern, in denen das Pfaffsche Problem behandelt wird, wesentlich zu erleichtern.

Es seien jetzt $e_1, \ldots e_{2n}$ lauter verschiedene Einheiten erster Stufe, so dass also das Produkt: $[e_1 \ldots e_{2n}]$ sicher $\gtrless 0$ ist; ferner denken wir uns $E_\varkappa$ und $E_{\varkappa\nu}$ in derselben Weise definirt, wie vorhin $A_\varkappa$ und $A_{\varkappa\nu}$. Dann ist nach (2):

$$(4) \qquad [C^n e_1 \ldots e_{2n}] = \frac{1}{2n-1} \sum_2^{n} {}^\nu [Ce_1 e_\nu][C^{n-1} E_{1\nu}].$$

Da nun das Produkt $[e_\nu E_{1\nu}] = E_1$ eine ungerade Anzahl von Faktoren enthält, so bleibt es ungeändert, wenn man seine Faktoren cyklisch vertauscht; demnach können wir die übrigen Glieder der Summe auf der rechten Seite von (4) aus dem Gliede

$$[Ce_1 e_2][C^{n-1} e_3 e_4 \ldots e_{2n}]$$

dadurch ableiten, dass wir $e_2, e_3, \ldots e_{2n}$ cyklisch unter einander vertauschen und das so oft wiederholen, als wir noch nicht wieder zu der ursprünglichen Reihenfolge gelangen. Entwickeln wir daher den Ausdruck $[C^{n-1} E_{1\nu}]$ in derselben Weise, wie vorhin den Ausdruck $[C^n e_1 \ldots e_{2n}]$ und setzen wir dieses Verfahren fort, so finden wir schliesslich:

$$(5) \qquad [C^n e_1 \ldots e_{2n}] = \frac{\Sigma [Ce_1 e_2][Ce_3 e_4] \ldots [Ce_{2n-1} e_{2n}]}{(2n-1)(2n-3) \ldots 3 \cdot 1}.$$

Hier besteht die Summe rechts aus allen den Gliedern, die man erhält, wenn man zuerst in dem hingeschriebenen Gliede die $2n-1$ letzten Indices $2, 3, \ldots 2n$

gerade $(2n-1)$-mal cyklisch vertauscht, wenn man dann in allen so entstehenden Ausdrücken die $2n-3$ letzten Indices $(2n-3)$-mal cyklisch vertauscht, und so weiter.

Diese Vorschrift stimmt genau mit der überein, die Jacobi schon 1827 zur Bildung seines Symbols $(1, 2, \ldots 2n)$ gegeben hat (Crelles Journal, Bd. 2, S. 390 ff., ges. Werke, Bd. 4, S. 27 f.). Ist daher $Ce_i e_\varkappa = \gamma_{i\varkappa}$ und also nach der Jacobischen Bezeichnung:

$$[Ce_i e_\varkappa] = \frac{1}{2}(\gamma_{i\varkappa} - \gamma_{\varkappa i}) = \frac{1}{2}(i, \varkappa),$$

so wird:

$$(6) \qquad [C^n e_1 \ldots e_{2n}] = \frac{(1, 2, \ldots, 2n)}{2^n . (2n-1)(2n-3)\ldots 3 . 1}.$$

Man vergleiche hierzu die auf S. 474 angeführte Abhandlung Cayleys, in der das Jacobische Symbol ganz ähnlich abgeleitet wird; in der Grassmannschen Bezeichnung wird jedoch Alles etwas übersichtlicher.

Ersetzen wir in der allgemeinen Formel (2) die Grösse a_1 durch $e_\varkappa$ und $a_2, \ldots a_{2n}$ durch die $2n-1$ Faktoren von E_μ, so müssen wir auf der rechten Seite a_ν und $A_{1\nu}$ durch e_ν und $E_{\mu\nu}$ $(\nu \gtrless \mu)$ ersetzen, denn für $\nu \gtrless \mu$ ist: $[e_\nu E_{\mu\nu}] = E_\mu$ und also $[e_\varkappa e_\nu E_{\mu\nu}] = [e_\varkappa E_\mu]$. Bedenken wir noch, dass $[Ce_\mu e_\mu] = 0$ ist, und setzen wir überdies fest, dass $E_{\mu\mu}$ und also nach Nr. 505 auch $[C^{n-1} E_{\mu\mu}]$ immer den Werth Null haben soll, so erhalten wir die Formel:

$$(7) \qquad \begin{cases} [C^n e_\varkappa E_\mu] = \dfrac{1}{2n-1} \displaystyle\sum_1^{2n}{}^{\nu} [Ce_\varkappa e_\nu][C^{n-1} E_{\mu\nu}] \\ (\varkappa, \mu = 1, \ldots 2n). \end{cases}$$

Nun ist für $\varkappa \gtrless \mu$ stets $[e_\varkappa E_\mu] = 0$, demnach auch die linke Seite von (7) null, während $[e_\varkappa E_\varkappa] = [e_1 e_2 \ldots e_{2n}]$ ist, folglich können wir für (7) schreiben:

$$(8) \qquad \varepsilon_{\varkappa\mu}[C^n e_1 \ldots e_{2n}] = \frac{1}{2n-1} \sum_1^{2n}{}^{\nu} [Ce_\varkappa e_\nu][C^{n-1} E_{\mu\nu}],$$

wo $\varepsilon_{\varkappa\mu}$ den Werth 0 oder 1 hat, je nachdem $\varkappa \gtrless \mu$ oder $\varkappa = \mu$ ist. Wegen: $[e_\varkappa e_\nu] = -[e_\nu e_\varkappa]$ und $E_{\mu\nu} = -E_{\nu\mu}$ dürfen wir hierzu noch die Gleichungen:

$$(9) \qquad \varepsilon_{\varkappa\mu}[C^n e_1 \ldots e_{2n}] = \frac{1}{2n-1} \sum_1^{2n}{}^{\nu} [Ce_\nu e_\varkappa][C^{n-1} E_{\nu\mu}]$$

fügen.

Ist nun insbesondere $[C^n e_1 \ldots e_{2n}] \gtrless 0$, so sagen (8) und (9) offenbar aus, dass von den beiden Gleichungensystemen:

$$(10) \qquad \alpha_\nu = \sum_1^{2n}{}^{\varkappa} [Ce_\nu e_\varkappa] x_\varkappa \quad (\nu = 1, \ldots, 2n)$$

und:

$$(11) \qquad [C^n e_1 \ldots e_{2n}] x_\mu = \frac{1}{2n-1} \sum_1^{2n}{}^{\nu} [C^{n-1} E_{\nu\mu}] \alpha_\nu \quad (\mu = 1, \ldots, 2n)$$

jedes die Auflösung des andern ist. Man vergleiche hiermit die Formeln, die sich ergeben, wenn man die Gleichungen (10) oder:

$$(10') \qquad \alpha_\nu = \frac{1}{2} \sum_1^{2n} {}^{\varkappa} (\nu, \varkappa) x_\varkappa \quad (\nu = 1, \ldots, 2n)$$

mit Hülfe des Jacobischen Symbols $(1, 2, \ldots, 2n)$ auflöst*). Man wird zugeben müssen, dass die Benutzung der Grassmannschen Bezeichnung gewisse Vorzüge hat, sie liefert etwas kürzere und auch übersichtlichere Formeln.

Bevor wir die Auflösung (11) der Gleichungen (10) mit der Auflösung durch Determinanten vergleichen, wollen wir noch Einiges einschalten.

Wenn man unter A einen Ausdruck mit einer Lücke versteht, der nach Ausfüllung dieser Lücke durch eine Grösse erster Stufe eine Zahlgrösse wird, so kann man setzen: $\alpha_\nu = Ae_\nu$ und also die Gleichungen (10) in der Form:

$$(12) \qquad Ae_\nu = \sum_1^{2n} {}^{\varkappa} [Ce_\nu e_\varkappa] x_\varkappa \quad (\nu = 1, \ldots, 2n)$$

schreiben. Setzt man noch $\Sigma e_\varkappa x_\varkappa = x$, so ergeben sich die Gleichungen:

$$(12') \qquad Ae_\nu = [Ce_\nu x] \quad (\nu = 1, \ldots, 2n).$$

Aus (11) findet man dann:

$$(13) \quad [C^n e_1 \ldots e_{2n}] x_\varkappa = \frac{1}{2n-1} \sum_1^{2n} {}^{\nu} Ae_\nu [C^{n-1} E_{\nu\varkappa}] = -[AC^{n-1} E_\varkappa] \quad [509],$$

da $[e_\nu E_{\nu\varkappa}] = -[e_\nu E_{\varkappa\nu}] = -E_\varkappa$ ist, oder:

$$(13') \quad [C^n e_1 \ldots e_{2n}] x = -\sum_1^{2n} {}^{\varkappa} e_\varkappa [AC^{n-1} E_\varkappa] = -2n [AC^{n-1} e_1 \ldots e_{2n}] \quad [504].$$

Versteht man endlich unter $c = \Sigma \varrho_\nu e_\nu$ eine ganz beliebige Grösse erster Stufe, so kann man die Gleichungen (12′) in die eine:

$$(12'') \qquad Ac = [Ccx]$$

zusammenziehen, und kann sagen:

Satz 1. *Es sei A ein Ausdruck mit einer Lücke und C ein Ausdruck mit zwei Lücken und zwar derart, dass beide Ausdrücke Zahlgrössen werden, wenn man ihre Lücken durch solche Grössen erster Stufe ausfüllt, die aus den $2n$ Einheiten $e_1, \ldots e_{2n}$ abgeleitet sind; ausserdem möge noch vorausgesetzt werden, dass A und C beide von Null verschieden sind, dass also weder alle Ausdrücke Ae_μ noch alle Ausdrücke $Ce_\mu e_\nu$ verschwinden. Ist dann $[C^n e_1 \ldots e_{2n}] \gtrless 0$, so wird die Gleichung (12″) durch den aus (13′) folgenden Werth von x erfüllt, welche aus $e_1, \ldots e_{2n}$ ableitbare Grösse auch c sein mag.*

---

*) In der auf S. 364 angeführten Abhandlung hat Jacobi die Auflösung der Gleichungen (10′) für den Fall $n = 2$ und $n = 3$ vollständig angegeben, aber ohne Beweis. Cayley hat später (1860) den Beweis für die Jacobischen Formeln geliefert und diesen zugleich noch eine etwas elegantere Form gegeben („Démonstration d'un théorème de Jacobi par rapport au problème de Pfaff", Crelles Journal Bd. 57, S. 275, Mathematical papers Bd. IV, S. 361). Die Ausdehnung der Cayleyschen Formeln auf ein beliebiges n hat keine Schwierigkeit, man findet sie bei Mansion, Théorie des équations aux dérivées partielles du premier ordre, Gand 1873, S. 105 f., in der deutschen Uebersetzung, Berlin 1892 auf S. 106 f. Vgl. auch Forsyth, Theory of differential equations, part I, Cambridge 1890, S. 95 f., in der deutschen Uebersetzung, Leipzig 1893, S. 105 f.

Ersetzt man hier A, C und x durch $\frac{1}{2}\lambda X$, $\frac{d}{dx}X$ und δx, so erhält man sämmtliche Ergebnisse von Nr. 515.

Wäre $[C^n e_1 \dots e_{2n}] \gtrless 0$, verschwänden aber alle Ausdrücke $[A C^{n-1} E_\nu]$ $(\nu = 1, \dots 2n)$, so würde aus (13) folgen: $x_1 = \dots = x_{2n} = 0$, was nach (12) mit der Voraussetzung in Widerspruch steht, dass $A \gtrless 0$ sei. Also:

Satz 2. *Sind A und C Lückenausdrücke von der in Satz 1 angegebenen Beschaffenheit, so zieht das Verschwinden aller $2n$ Ausdrücke $[A C^{n-1} E_\nu]$ $(\nu = 1, \dots, 2n)$ das Verschwinden von $[C^n e_1 \dots e_{2n}]$ nach sich.*

Es ist das der Satz Nr. 518 in einer etwas verallgemeinerten Fassung.

Ist endlich $[C^n e_1 \dots e_{2n}] = 0$, ohne dass alle Ausdrücke $[C^{n-1} E_{\mu\nu}]$ verschwinden, so zeigen die Gleichungen (8) immer noch, dass die Gleichungen:

$$0 = \sum_1^{2n} {}_\varkappa [C e_\nu e_\varkappa] x_\varkappa = 0 \quad (\nu = 1, \dots, 2n) \tag{14}$$

befriedigt werden, wenn man

$$x_\nu = \frac{1}{2n-1} \sum_1^{2n} {}_\varkappa [C^{n-1} E_{\nu\varkappa}] x_\varkappa' \quad (\nu = 1, \dots, 2n) \tag{15}$$

setzt, unter den $x_\varkappa'$ beliebige Zahlgrössen verstanden. Demnach wird $x = \Sigma x_\nu e_\nu$ die Gleichung: $[Ccx] = 0$ erfüllen, welche aus $e_1, \dots e_{2n}$ ableitbare Grösse auch c sein mag. Ist nun A ein nicht verschwindender Ausdruck mit einer Lücke, so können wir jedem $x_\varkappa'$ den Werth $\varrho \,.\, A e_\varkappa$ ertheilen, unter ϱ eine beliebige Zahlgrösse verstanden, und erhalten:

$$x_\nu = \frac{\varrho}{2n-1} \sum_1^{2n} {}_\varkappa A e_\varkappa [C^{n-1} E_{\nu\varkappa}] = \varrho [A C^{n-1} E_\nu] \qquad [509]$$

oder nach 504:

$$x = 2n\varrho [A C^{n-1} e_1 \dots e_{2n}], \tag{16}$$

was natürlich nur dann ein brauchbarer Werth von x ist, wenn nicht alle Ausdrücke: $[A C^{n-1} E_\nu]$ verschwinden. Die x_ν genügen noch einer andern linearen homogenen Gleichung, es ist nämlich:

$$\sum_1^{2n} {}_\nu x_\nu \,.\, A e_\nu = A x = \varrho \sum_1^{2n} {}_\nu A e_\nu [A C^{n-1} E_\nu] =$$

$$= 2n\varrho [A A C^{n-1} e_1 \dots e_{2n}] = 0 \qquad [509, 508].$$

Mit andern Worten:

Satz 3. *Haben A und C die in Satz 1 angegebene Bedeutung und ist $[C^n e_1 \dots e_{2n}] = 0$, während nicht alle $[C^{n-1} E_{\mu\nu}]$ und auch nicht alle $[A C^{n-1} E_\nu]$ verschwinden, so kann man x derart bestimmen, dass es nicht bloss die Gleichung $[Ccx] = 0$ erfüllt, welche aus $e_1, \dots e_{2n}$ ableitbare Grösse auch das c sein mag, sondern dass es auch noch die Gleichung $Ax = 0$ befriedigt; man hat zu diesem Zwecke nur x den Werth (16) zu ertheilen.*

In Nr. 516 ist dieses Ergebniss für den Fall abgeleitet, dass man A, C, x durch X, $\frac{d}{dx}X$, δx ersetzt.

Wir kehren jetzt zu den Gleichungen (8) und (10) zurück.

Setzen wir

$$[Ce_\varkappa e_\nu] = \frac{1}{2}(\gamma_{\varkappa\nu} - \gamma_{\nu\varkappa}) = \frac{1}{2}\beta_{\varkappa\nu}$$

und bezeichnen wir die Determinante der $\beta_{\varkappa\nu}$ mit Δ, so folgt aus (8) nach dem Multiplikationssatze der Determinanten:

$$[C^n e_1 \ldots e_{2n}]^{2n} = \frac{1}{2^{2n}(2n-1)^{2n}}\,\Delta\,.\,\text{Det.}\,[C^{n-1}E_{\mu\nu}].$$

Nun ist Δ eine ganze Funktion $2n$-ten Grades der $\beta_{\varkappa\nu}$ und $[C^n e_1 \ldots e_{2n}]$ eine ganze Funktion n-ten Grades, mithin kann die eben gefundene Gleichung nur bestehen, wenn sich Δ von dem Quadrate von $[C^n e_1 \ldots e_{2n}]$ nur durch einen Zahlfaktor unterscheidet. Da Δ das Glied: $\beta_{12}^2\beta_{34}^2 \ldots \beta_{2n-1,2n}^2$ enthält, so findet man, wenn man noch die Gleichung (5) berücksichtigt, dass

$$(17)\qquad [C^n e_1 \ldots e_{2n}]^2 = \frac{\Delta}{2^{2n}\,.\,[(2n-1)(2n-3)\ldots 3\,.\,1]^2},$$

was mit der zuerst von Cayley bewiesenen Gleichung: $\Delta = (1, 2, \ldots, 2n)^2$ übereinstimmt (vgl. Gl (6) und die auf S. 474 angeführte Abhandlung von Cayley).

Löst man andrerseits die Gleichungen (10) durch Determinanten auf, so erhält man:

$$x_\varkappa = \frac{2}{\Delta}\sum_1^{2n}{}_\nu \frac{\partial\Delta}{\partial\beta_{\nu\varkappa}}\,\alpha_\nu,$$

woraus durch Vergleichung mit (11) und durch Benutzung von (17) folgt:

$$(18)\qquad \frac{\partial\Delta}{\partial\beta_{\nu\varkappa}} = \mathfrak{a}[C^{n-1}E_{\nu\varkappa}][C^n e_1 \ldots e_{2n}],$$

unter $\mathfrak{a}$ eine Zahl verstanden*). Dies zeigt, dass mit $[C^n e_1 \ldots e_{2n}]$ zugleich alle $(2n-1)$-reihigen Unterdeterminanten von Δ verschwinden, eine Thatsache, die für das Verständniss des Satzes 3, S. 478 von Wichtigkeit ist.

Nr. **511.** S. 355. Es hätte hier bemerkt werden sollen, dass das Verfahren des Textes ohne Weiteres auch die Bedingung

$$\left[\left(\frac{d}{dx}X\right)^{n+1}\right] = 0$$

liefert, dass diese aber, wie sich später (in Nr. 518) herausstellt, eine Folge der Gleichung

$$\left[X\left(\frac{d}{dx}X\right)^n\right] = 0$$

ist.

Nr. **511,** Anm. S. 356, Z. 7 f. v. o. Ist nicht bloss x, sondern auch Xdx eine extensive Grösse, so ist die Gleichung $Xdx = 0$ gleichbedeutend mit einem Systeme von Pfaffschen Gleichungen:

$$(1)\qquad \sum_1^m{}_\mu X_{\varkappa\mu}\,dx_\mu = 0 \quad (\varkappa = 1, \ldots h).$$

---

*) Die unbequemen Zahlenfaktoren, die in den Gleichungen (17) und (18) auftreten, sind eine Folge der in Nr. 504 getroffenen Bestimmung, wonach der Ausdruck $[C^n e_1 \ldots e_{2n}]$ den Nenner $(2n)!$ bekommt. Es zeigt sich hier, dass diese Bestimmung für manche Zwecke unpraktisch ist.

Setzen wir nämlich $\Sigma x_\mu e_\mu = x$ und

$$X_\varkappa = \sum_1^m {}_\mu X_{\varkappa\mu} [l|e_\mu] \quad (\varkappa = 1, \ldots h),$$

so können wir das System (1) in der Form

(2) $$X_1 dx = 0, \ldots, X_h dx = 0$$

schreiben, wo $X_1 dx, \ldots, X_h dx$ Zahlgrössen sind; wenn wir daher noch:

$$e_1 X_1 + \cdots + e_h X_h = X$$

setzen, so wird das System (2) gleichbedeutend mit der Gleichung: $X dx = 0$.

Soll nun das System (1) oder (2) auf ein System zurückführbar sein, in dem bloss $n < m$ Differentiale vorkommen, so muss es möglich sein die Grössen u_ν und $U_{\varkappa\nu}$ derart als Funktionen von $x_1, \ldots x_m$ oder, was auf dasselbe hinauskommt, als Funktionen von x zu bestimmen, dass

(3) $$X_\varkappa dx = U_{\varkappa 1} du_1 + \cdots + U_{\varkappa n} du_n \quad (\varkappa = 1, \ldots h)$$

wird. Hieraus aber ergiebt sich:

(4) $$\left\{ X_\varkappa = \sum_1^n {}_\nu U_{\varkappa\nu} \frac{d}{dx} u_\nu, \quad \frac{d}{dx} X_\varkappa = \sum_1^n {}_\nu \left(\frac{d}{dx} U_{\varkappa\nu} \frac{d}{dx} u_\nu + U_{\varkappa\nu} \frac{d^2}{dx^2} u_\nu \right) \right. \quad (\varkappa = 1, \ldots h),$$

und wenn man diese Gleichungen nach dem Vorbilde von Nr. 511 behandelt, erhält man als nothwendige Bedingungen für die Möglichkeit jener Zurückführung die folgenden:

(5) $$\left[X_1^{\varepsilon_1} X_2^{\varepsilon_2} \ldots X_h^{\varepsilon_h} \left(\frac{d}{dx} X_1\right)^{r_1} \ldots \left(\frac{d}{dx} X_h\right)^{r_h} \right] = 0,$$

wo jedes ε_i einen der Werthe 0 oder 1 und jedes r_i einen der Werthe $0, 1, \ldots, n+1$ hat, und wo man $\varepsilon_1, \ldots \varepsilon_h, r_1, \ldots r_h$ auf alle möglichen Weisen so zu wählen hat, dass

$$\varepsilon_1 + \cdots + \varepsilon_h + r_1 + \cdots + r_h = n + 1$$

wird. Das sind offenbar die Bedingungen, die Grassmann im Sinne gehabt hat; möglicherweise hat er sie noch auf Gleichungen für die Grösse X allein zurückgeführt, etwa auf die Gleichungen:

(5') $$\left[X^\mu \left(\frac{d}{dx} X\right)^{n+1-\mu} \right] = 0 \quad (\mu = 0, 1, \ldots h),$$

wo der Ausdruck in der scharfen Klammer als ein algebraisches Produkt im Sinne von Nr. 364—371 aufzufassen ist.

Die Bedingungsgleichungen (5), deren Auftreten bisher noch gar nicht beachtet worden zu sein scheint, verdienten eine nähere Untersuchung; namentlich wäre es von Interesse zu wissen, ob sie auch im Falle $h > 1$ nicht bloss nothwendig, sondern auch hinreichend sind.

Nr. **512.** S. 357, Z. 8—4 v. u. Bei Jacobi ist der Ausdruck $(2, 3, \ldots, 2n+1)$ zunächst in etwas anderer Weise definirt (vgl. die Anmerkung zu Nr. 510, S. 475f.).

Nr. **514.** S. 361, Z. 11f. v. o. Es hätte gleich hier gesagt werden sollen, dass im Falle $\lambda = 0$ die Aufgabe gelöst ist, sobald es gelingt, δx so zu bestimmen, dass es die Gleichung:

$$\left[\frac{d}{dx} X \,.\, c \,.\, \delta x\right] = 0$$

für jeden Werth der Grösse c erfüllt und ausserdem auch noch die Gleichung: $X\delta x = 0$. Dadurch würde die Darstellung in Nr. 516 wesentlich gewonnen haben.

Nr. **515.** S. 362, Z. 13—16 v. o. Diese Zahlgleichungen lauten:

$$\lambda \,.\, Xe_\nu = 2\left[\frac{d}{dx} X \,.\, e_\nu \,.\, \delta x\right] = 2\sum_1^{2n}{}_\varkappa \left[\frac{d}{dx} X \,.\, e_\nu \,.\, e_\varkappa\right] \delta x_\varkappa \,.$$

Unter den hier gemachten Voraussetzungen kann man nach Anleitung von S. 476 f. die Auflösung dieser Gleichungen sofort hinschreiben, und übersieht zugleich vollkommen, wie die Auflösung zu Stande kommt. In der Grassmannschen Darstellung dagegen beruht Alles auf einem Kunstgriff, der nur geeignet ist, das Verständniss zu erschweren. Die Anwendung dieses Kunstgriffs hat überdies den Nachtheil, dass Grassmann erst noch besonders nachweisen muss, dass der gefundene Werth von δx wirklich den gegebenen Gleichungen genügt.

Nr. **515,** Anm. S. 365, Z. 1—13. Man vgl. die Anmerkung zu Nr. 510, S. 479. Dass sich die in Nr. 515 angewandte Methode „von selbst darbiete", wird man kaum zugeben können. Dagegen muss man allerdings anerkennen, dass die Grassmannsche Symbolik unmittelbar zu den Ergebnissen von Nr. 515 führt.

Nr. **516.** S. 365 f. Man vergleiche die Anmerkungen zu Nr. 514 und 510, S. 480 f. und 478.

Nr. **518.** S. 368. Man vergleiche die Anmerkung zu Nr. 510, S. 478, Satz 2.

Nr. **519.** S. 371, Z. 18 v. o. Im Original steht: „zwischen 1 und $\frac{m-1}{2}$", was offenbar ein Druckfehler ist.

Nr. **519.** S. 371, Z. 1 v. u. bis S. 372, Z. 9 v. u. Setzt man für δx seinen Werth: $\delta x = \Sigma e_\mu \delta x_\mu$ ein, so erhalten die Gleichungen: $G_s = 0$ die Form:

$$G_s = 2\sum_1^{m}{}_\mu \left[\frac{d}{dx} X \,.\, e_s \,.\, e_\mu\right] \delta x_\mu - \lambda X e_s = 0 \quad (s = 1, \ldots m)$$

und der hier bewiesene Satz sagt einfach aus, dass in der Matrix, die zu diesen m linearen homogenen Gleichungen gehört, alle $(2n+1)$-reihigen Determinanten verschwinden, sobald die Gleichung (b) erfüllt ist. Beim Beweise wird stillschweigend die Voraussetzung gemacht, dass der Ausdruck:

$$\left[\left(\frac{d}{dx} X\right)^n e_1 \ldots e_{2n}\right] \gtrless 0$$

ist, denn nur unter dieser Voraussetzung stellt die auf S. 372 abgeleitete Gleichung $\Sigma\alpha_a G_a = 0$ eine Zahlbeziehung dar, in der G_m wirklich vorkommt. Erst nachträglich (S. 372, Z. 2, 1 v. u. und S. 373, Z. 12—9 v. u.) macht Grassmann auf diese Voraussetzung aufmerksam.

Nr. **519.** S. 373, Z. 3 v. o. Es wäre besser gewesen, wenn diese Bedingung in der Form:

$$\left[X\left(\frac{d}{dx} X\right)^{n-1} e_1 e_2 \ldots e_{2n}\right] \gtrless 0$$

geschrieben worden wäre.

Nr. **519.** S. 373, Z. 9—6 v. u. Dabei ist natürlich vorausgesetzt, dass man nach S. 372, Z. 7—2 v. u. in den Gleichungen: $G_1 = 0, \ldots$ schon $\delta x_{2n+1}, \ldots \delta x_m$ gleich Null gesetzt hat.

Nr. **519.** S. 374, Z. 3—16 v. o. Auch hier wird vorausgesetzt, dass gerade

$$\left[X\left(\frac{d}{dx}X\right)^{n-1} e_1 \ldots e_{2n}\right] \gtrless 0$$

ist; selbstverständlich ist diese Voraussetzung keine Beschränkung der Allgemeinheit, da ja von vornherein vorausgesetzt ist, dass

$$\left[X\left(\frac{d}{dx}X\right)^{n-1}\right]$$

nicht verschwindet.

Nr. **520,** {Anm.}. S. 375. Dieser Zusatz ist gemacht worden, um zu erklären, warum Grassmann den Fall, wo $m = 2n - 1$ ist, gar nicht erwähnt. Es wäre ganz falsch, aus der Nichterwähnung dieses Falles zu folgern, dass Grassmann ihn ausgeschlossen habe, und es ist nicht recht verständlich, wie Forsyth*) behaupten kann: „It is assumed implicitly that, if the coefficients of an equation satisfy no characteristic condition, then the number of variables is even; so that Grassmann practically considers only the even classes of unconditioned equations.“ Grassmann sagt doch in Nr. 512, S. 356, Z. 7, 6 v. u. ausdrücklich, dass für $m < 2n + 1$, also insbesondere für $m = 2n - 1$ gar keine Bedingungsgleichung hervortritt, er war sich also vollständig darüber klar, dass die Gleichung: $X_1 dx_1 + \cdots + X_{2n-1} dx_{2n-1} = 0$ immer durch Vereine von n Gleichungen integrirt werden kann, mag nun

$$\left[X\left(\frac{d}{dx}X\right)^{n-1}\right]$$

gleich Null oder von Null verschieden sein.

Nr. **502—527.** S. 345—379. Wir wünschen Grassmanns bisher so wenig beachtete Untersuchungen über das Pfaffsche Problem möglichst auch solchen zugänglich zu machen, die nicht gewillt sind, sich den Grassmannschen Kalkül anzueignen. Deshalb wollen wir jetzt versuchen, den Inhalt der Nrn. 502—527, soweit er sich auf das Pfaffsche Problem bezieht, in der Sprache der gewöhnlichen Analysis darzustellen. Wir benutzen dabei das Jacobische Symbol $(1, 2, \ldots, n)$ und zwar in der Weise, wie das Cayley gelehrt hat. Mit Hülfe dieses Symbols sind wir im Stande, alle Rechnungen und Ueberlegungen Grassmanns durch vollkommen aequivalente zu ersetzen.

Uebrigens beabsichtigen wir keineswegs Grassmann Schritt für Schritt zu folgen — das würde zu weitläufig werden —, wir wollen nur seinen Gedankengang möglichst vollständig wiedergeben, um zu zeigen, was Grassmann eigentlich geleistet hat.

In Nr. 502 zeigt Grassmann zunächst, dass die Gleichung:

(1) $$X_1 dx_1 + \cdots + X_m dx_m = 0$$

dann und nur dann durch einen Verein von n Gleichungen:

(2) $$u_1(x_1, \ldots x_m) = \text{const.}, \ldots, u_n(x_1, \ldots x_m) = \text{const.}$$

integrirt werden kann, wenn der Ausdruck $\Sigma X_\mu dx_\mu$ auf die Form:

(3) $$\sum_1^m{}^{\mu} X_\mu dx_\mu = \sum_1^n{}^{\nu} U_\nu(x_1, \ldots x_n) du_\nu$$

---

*) Theory of differential equations, Part I, Cambridge 1890, S. 83, in der deutschen Uebersetzung (Leipzig 1893) auf S. 92.

mit nur n Differentialen zurückführbar ist*). Der Beweis ist unmittelbar verständlich.

Soll $\Sigma X_\mu dx_\mu$ auf die Form (3) gebracht werden können, so müssen die Gleichungen:

$$(4)\quad \begin{cases} X_\mu = \sum_1^n {}_\nu\, U_\nu \dfrac{\partial u_\nu}{\partial x_\mu} \\ \dfrac{\partial X_\mu}{\partial x_\varkappa} = \sum_1^n {}_\nu\, \dfrac{\partial U_\nu}{\partial x_\varkappa} \dfrac{\partial u_\nu}{\partial x_\mu} + \sum_1^n {}_\nu\, U_\nu \dfrac{\partial^2 u_\nu}{\partial x_\mu \partial x_\varkappa} \end{cases}$$

bestehen. Um hieraus die U und u zu eliminiren, bildet Grassmann den Ausdruck:

$$(5)\quad \sum \pm X_{\mu_1} \frac{\partial X_{\mu_2}}{\partial x_{\mu_3}} \cdots \frac{\partial X_{\mu_{2n}}}{\partial x_{\mu_{2n+1}}},$$

wo $\mu_1, \ldots \mu_{2n+1}$ irgend $2n+1$ unter den Zahlen $1, 2, \ldots m$ sind und wo die Summe in der Weise zu bilden ist, dass man $\mu_1, \ldots \mu_{2n+1}$ auf alle möglichen Arten permutirt und jeder geraden Permutation das Pluszeichen, jeder ungeraden das Minuszeichen giebt. Bei dieser Bildungsweise des Ausdrucks (5) fallen die zweiten Differentialquotienten der u_ν alle weg und es bleibt:

$$\sum_{\nu_1 \ldots \nu_{n+1}}^{1 \ldots n} U_{\nu_1} \sum \pm \frac{\partial u_{\nu_1}}{\partial x_{\mu_1}} \frac{\partial u_{\nu_2}}{\partial x_{\mu_2}} \frac{\partial U_{\nu_2}}{\partial x_{\mu_3}} \cdots \frac{\partial u_{\nu_{n+1}}}{\partial x_{\mu_{2n}}} \frac{\partial U_{\nu_{n+1}}}{\partial x_{\mu_{2n+1}}},$$

wo die innere Summe ebenso zu bilden ist wie bei (5). Da nun unter den $n+1$ Indices $\nu_1, \ldots \nu_{n+1}$ stets mindestens zwei gleiche vorkommen, so verschwindet die innere Summe identisch, und es ergiebt sich somit, dass alle Ausdrücke von der Form (5) den Werth Null haben müssen, wenn eine Gleichung von der Form (3) bestehen soll. Natürlich tritt diese Bedingung nur dann in Kraft, wenn $m \geqq 2n+1$ ist.

Das ist der Inhalt von Nr. 511. Die Ableitung der nothwendigen Bedingungen für das Bestehen von (3) ist vollständig Grassmanns Eigenthum und entschieden höchst beachtenswerth, zumal sie sich auch auf Systeme von Pfaffschen Gleichungen übertragen lässt (vgl. die Anmerkung zu Nr. 511 Anm. auf S. 479f.).

In Nr. 512 zeigt Grassmann, wie man die in Nr. 511 gefundenen Bedingungsgleichungen mit Hülfe des Jacobischen Symbols $(1, 2, \ldots 2n)$ schreiben kann. Indem er nämlich mit Jacobi:

$$(6)\quad \frac{\partial X_\mu}{\partial x_\varkappa} - \frac{\partial X_\varkappa}{\partial x_\mu} = (\mu, \varkappa)$$

setzt und jenes Symbol**) benutzt, bringt er die Gleichung, die durch Nullsetzen des Ausdrucks (5) entsteht, auf die Form:

---

*) Ueber Nr. 503 vgl. man die Anmerkung auf S. 472 ff.

**) Dieses Symbol ist eine ganze Funktion n-ten Grades der Ausdrücke $(\mu, \varkappa)$ und ist durch die Recursionsformel:

$$(1, 2, \ldots, 2n) = \Sigma(1, 2)(3, 4, \ldots, 2n)$$

definirt, wo die Summe rechts aus allen Ausdrücken besteht, die man erhält, wenn man in dem hingeschriebenen Ausdrucke die Indices $2, 3, \ldots, 2n$ einmal, zweimal, ...

(7) $$\Sigma X_{\mu_1}(\mu_2, \mu_3, \ldots, \mu_{2n+1}) = 0,$$

wo jetzt die Summe aus allen den Ausdrücken besteht, die man aus den hingeschriebenen durch einmalige, zweimalige, ... $(2n+1)$-malige cyklische Vertauschung der Indices $\mu_1, \ldots, \mu_{2n+1}$ erhält.

Wir brauchen uns wohl mit der Begründung dieses Ergebnisses nicht aufzuhalten und wollen daher gleich einschalten, dass die Gleichung (7) mit Hülfe eines von Cayley herrührenden Kunstgriffs*) in einer sehr eleganten Form geschrieben werden kann, die uns nachher gute Dienste leisten wird. Setzen wir nämlich mit Cayley:

(6') $$(0, \mu) = X_\mu, \quad (\mu, 0) = -X_\mu,$$

so erhält (7) die Gestalt:

(7') $$(0, \mu_1, \mu_2, \ldots, \mu_{2n+1}) = 0.$$

Wir kehren nach dieser kleinen Abschweifung zu Nr. 512 zurück.

Eigentlich hätte man alle Gleichungen (7) oder (7') zu bilden, die man erhält, wenn man für $\mu_1, \ldots, \mu_{2n+1}$ irgend $2n+1$ der Zahlen $1, 2, \ldots, m$ setzt. Grassmann beweist aber noch: *dass unter der Voraussetzung: $X_1 \gtrless 0$ diejenigen Gleichungen (7) oder (7'), in denen eine der Zahlen $\mu_1, \mu_2, \ldots, \mu_{2n+1}$ den Werth Eins hat, das Bestehen aller übrigen Gleichungen nach sich ziehen.*

Uebersetzen wir den Beweis Grassmanns in die hier gewählten Bezeichnungen, so kommt er einfach auf Folgendes hinaus: Die Gleichung:

$$(0, 0, 1, \mu_1, \mu_2, \ldots, \mu_{2n+1}) = 0$$

ist eine Identiät, da das Jacobische Symbol auf der linken Seite zwei gleiche Indices enthält. Entwickelt man aber diese Gleichung nach der für das Jacobische Symbol geltenden Regel, so erhält man, da das erste Glied verschwindet:

$$(0, 1)(\mu_1, \mu_2, \ldots, \mu_{2n+1}, 0) + \sum_1^{2n+1} (0, \mu_\varkappa)(\mu_{\varkappa+1}, \ldots, \mu_{2n+1}, 0, 1, \mu_1, \ldots, \mu_{\varkappa-1}) = 0$$

und diese Gleichung ist gleichbedeutend mit der folgenden:

$$X_1(0, \mu_1, \ldots, \mu_{2n+1}) - \sum_1^{2n+1} (-1)^{\varkappa-1} X_\varkappa(0, 1, \mu_1, \ldots, \mu_{\varkappa-1}, \mu_{\varkappa+1}, \ldots, \mu_{2n+1}),$$

aus der der zu beweisende Satz unmittelbar folgt.

In Nr. 514 wird die Aufgabe behandelt, *die Gleichung:*

$$X_1 dx_1 + \cdots + X_m dx_m = 0$$

durch Einführung neuer Veränderlicher auf eine Gleichung zurückzuführen, in der bloss noch $m-1$ Veränderliche vorkommen. Analytisch kommt diese Aufgabe darauf hinaus, *den Ausdruck $\Sigma X_\mu dx_\mu$ durch Einführung neuer Veränderlicher $y_1, \ldots y_{m-1}, t$ auf die Form:*

$(2n-1)$-mal cyklisch vertauscht. (Vgl. hierzu die Entwickelung auf S. 475 f.) Es folgt dann leicht, dass der Ausdruck $(\mu_1, \ldots, \mu_{2n})$ bei Vertauschung zweier Indices und auch bei cyklischer Vertauschung aller $2n$ Indices sein Zeichen wechselt, und dass er verschwindet, wenn zwei der Indices gleich sind. Man vgl. die auf S. 474 genannte Abhandlung von Cayley.

*) Vgl. die auf S. 477 angeführte Abhandlung von Cayley.

(8) $$\sum_1^m{}^\mu X_\mu dx_\mu = \mathsf{N}\sum_1^{m-1}{}^\nu Y_\nu(y_1, \ldots y_{m-1})dy_\nu$$

zu bringen, wo t nur in dem Faktor N *vorkommt.* Die ganze Aufgabe und das dabei benutzte Verfahren stammen von Pfaff*), der Inhalt von Nr. 514 ist daher im Wesentlichen nur eine Uebersetzung Pfaffscher Gedanken in Grassmannsche Sprache.

Die Aufgabe wird gelöst sein, wenn man die Gleichungen:

(9) $$\sum_1^m{}^\mu X_\mu \frac{\partial x_\mu}{\partial t} = 0, \quad \frac{\partial}{\partial t}\left(\frac{1}{\mathsf{N}}\sum_1^m{}^\mu X_\mu \frac{\partial x_\mu}{\partial y_\nu}\right) = 0 \quad (\nu = 1, \ldots, m-1)$$

befriedigt hat. Setzt man nun

(10) $$\frac{1}{\mathsf{N}}\frac{\partial \mathsf{N}}{\partial t} = \lambda,$$

so erhält man durch Verbindung der Gleichungen (8) die folgenden:

(11) $$\lambda\sum_1^m{}^\mu X_\mu \frac{\partial x_\mu}{\partial y_\nu} = \sum_{\mu,\varkappa}^{1\ldots m}\left(\frac{\partial X_\mu}{\partial x_\varkappa} - \frac{\partial X_\varkappa}{\partial x_\mu}\right)\frac{\partial x_\varkappa}{\partial t}\frac{\partial x_\mu}{\partial y_\nu} \quad (\nu = 1, \ldots, m-1),$$

die offenbar identisch erfüllt sind, wenn man die Gleichungen:

(12) $$\lambda(0, \mu) = \sum_1^m{}^\varkappa (\mu, \varkappa)\frac{\partial x_\varkappa}{\partial t} \quad (\mu = 1, \ldots m)$$

befriedigen kann, wo $(\mu, \varkappa)$ und $(0, \varkappa)$ die in (6) und (6′) angegebene Bedeutung haben.

Gelingt es nun umgekehrt, die $x_\varkappa$ derart als Funktionen von t und $y_1, \ldots y_{m-1}$ zu bestimmen, dass (12) erfüllt ist und dass λ nicht verschwindet, so wird augenscheinlich

(13) $$\sum_1^m{}^\mu (0, \mu)\frac{\partial x_\mu}{\partial t} = \sum_1^m{}^\mu X_\mu \frac{\partial x_\mu}{\partial t} = 0$$

und es bestehen zugleich die Relationen (11). Aus (13) und (11) folgen aber bei Benutzung von (10) die Gleichungen (9), also ist die Aufgabe gelöst.

Sind andrerseits die Gleichungen (12) so beschaffen, dass aus ihnen das Verschwinden von λ folgt, so muss man die $x_\varkappa$ so bestimmen, dass sie ausser den Gleichungen:

(12′) $$0 = \sum_1^m{}^\varkappa (\mu, \varkappa)\frac{\partial x_\varkappa}{\partial t} \quad (\mu = 1, \ldots m)$$

auch noch die Gleichung:

(13′) $$\sum_1^m{}^\mu (0, \mu)\frac{\partial x_\mu}{\partial t} = 0$$

erfüllen. Dann wird nämlich auch (11) erfüllt sein, wenn man $\lambda = 0$ setzt, und da die Gleichung (10) im Falle $\lambda = 0$ aussagt, dass N von t frei ist, so folgt

*) Vgl. die auf S. 471 angeführte Abhandlung.

aus (11) und (13′) oder (13) wieder das Bestehen der Gleichungen (9) und die Aufgabe ist gelöst*).

Der Fall, *dass m gerade ist,* wird jetzt in Nr. 515—517 unter gewissen Voraussetzungen vollständig erledigt.

Ist $m = 2n$, so folgt aus (12):

$$\lambda \sum^{(c)} (0, 1)(2, 3, \ldots, \mu - 1, \mu + 1, \ldots, 2n) =$$
$$= \sum_{1}^{2n}{}_{\varkappa} \sum^{(c)} (1, \varkappa)(2, 3, \ldots, \mu - 1, \mu + 1, \ldots, 2n) \frac{\partial x_\varkappa}{\partial t},$$

wo $\sum^{(c)}$ andeutet, dass die Summe aller der Ausdrücke zu bilden ist, die aus dem hingeschriebenen durch ein-, zwei-, ... $(2n - 1)$-malige cyklische Vertauschung der Indices: $1, 2, \ldots, \mu - 1, \mu + 1, \mu + 2, \ldots, 2n$ entstehen. Die letzte Gleichung aber lässt sich schreiben:

$$\lambda (0, 1, 2, \ldots, \mu - 1, \mu + 1, \ldots, 2n) =$$
$$= - \sum_{1}^{2n}{}_{\varkappa} (\varkappa, 1, 2, \ldots, \mu - 1, \mu + 1, \ldots, 2n) \frac{\partial x_\varkappa}{\partial t},$$

und da hier rechts alle Glieder verschwinden, in denen $\varkappa \gtrless \mu$ ist, so kommt:

$$(14) \quad \left\{ \lambda (0, 1, 2, \ldots, \mu - 1, \mu + 1, \ldots, 2n) = (-1)^\mu (1, 2, \ldots, 2n) \frac{\partial x_\mu}{\partial t} \right. \quad (\mu = 1, 2, \ldots, 2n).$$

Andrerseits ist:

$$(\varkappa, 0, 1, 2, \ldots, 2n) = 0,$$

welche unter den Zahlen $0, 1, 2, \ldots, 2n$ man auch für $\varkappa$ setzen mag, hieraus aber folgt, wenn man die linke Seite nach der Recursionsformel auf S. 483 entwickelt,

$$(\varkappa, 0)(1, 2, \ldots, 2n) + \sum_{1}^{2n}{}_{\mu} (\varkappa, \mu)(\mu + 1, \ldots, 2n, 0, 1, \ldots, \mu - 1) = 0$$

oder:

$$(15) \quad \left\{ \sum_{1}^{2n}{}_{\mu} (-1)^\mu (\varkappa, \mu)(0, 1, \ldots, \mu - 1, \mu + 1, \ldots, 2n) = (0, \varkappa)(1, 2, \ldots, 2n) \right. \quad (\varkappa = 0, 1, 2, \ldots, 2n).$$

Sind daher nicht alle $2n$ Ausdrücke:

---

*) Der Fall $\lambda = 0$ wird allerdings erst in Nr. 516 berücksichtigt, doch ist es besser ihn gleich hier zu besprechen. Noch zweckmässiger wäre es natürlich, zu sagen, dass die Aufgabe gelöst ist, wenn man λ und $x_1, \ldots x_m$ derart als Funktionen von $y_1, \ldots y_{m-1}$ und t bestimmt hat, dass die Gleichungen:

$$\lambda (0, \mu) + \sum_{1}^{m}{}_{\varkappa} (\varkappa, \mu) \frac{\partial x_\varkappa}{\partial t} = 0 \quad (\mu = 0, 1, \ldots m)$$

identisch erfüllt sind; doch wäre das eine wirkliche Abweichung von dem Grassmannschen Gedankengange und wir erwähnen das hier nur, weil man daraus erkennt, dass die Cayleysche Bezeichnung: $X_\mu = (0, \mu)$ in der Natur der Sache begründet ist.

$$(16) \qquad (0, 1, \ldots, \mu - 1, \mu + 1, \ldots, 2n) \quad (\mu = 1, \ldots, 2n)$$

gleich Null und ist auch $(1, 2, \ldots, 2n) \gtrless 0$, so werden die Gleichungen (12) durch die aus (14) folgenden Werthe der Differentialquotienten von $x_1, \ldots x_{2n}$ befriedigt, ohne dass λ verschwindet, und zwar kann man, wenn etwa:

$$(17) \qquad (0, 1, 2, \ldots, 2n - 1)$$

von Null verschieden ist, $x_{2n} = t$ setzen, und erhält dann λ und die Differentialquotienten von $x_1, \ldots x_{2n-1}$ nach t als Funktionen von $x_1, \ldots x_{2n-1}$ und $x_{2n} = t$ dargestellt.

Wenn dagegen zwar nicht alle Ausdrücke (16) verschwinden, wohl aber $(1, 2, \ldots 2n)$, also wegen (14) auch λ gleich Null ist, so zeigen die Gleichungen (15), dass (12′) und (13′) identisch erfüllt werden, wenn man setzt:

$$(18) \qquad \frac{\partial x_\mu}{\partial t} = \varrho (-1)^\mu (0, 1, \ldots, \mu - 1, \mu + 1, \ldots, 2n),$$

unter ϱ eine beliebige Grösse verstanden. Wenn daher insbesondere der Ausdruck (17) von Null verschieden ist, so kann man wieder $x_{2n} = t$ setzen und erhält ϱ und die Differentialquotienten von $x_1, \ldots x_{2n-1}$ nach t durch $x_1, \ldots x_{2n-1}$ und $x_{2n} = t$ ausgedrückt.

Ist also $m = 2n$ und sind nicht alle Ausdrücke (16) gleich Null, so erhält man immer ein System von Gleichungen:

$$(19) \qquad \frac{\partial x_\mu}{\partial t} = \xi_\mu(x_1, \ldots x_{m-1}, t) \quad (\mu = 1, \ldots, m - 1),$$

das zusammen mit: $x_m = t$ entweder die Gleichungen (12) bei nicht verschwindendem λ oder die Gleichungen (12′) und (13′) befriedigt; tritt der letztere Fall ein, so hat man $\lambda = 0$ zu setzen.

Die Differentialgleichungen (19) werden jetzt integrirt unter Zugrundelegung der Anfangsbedingungen*): $x_\nu = y_\nu$ für $t = 0$ $(\nu = 1, \ldots, m - 1)$. Berechnet man ferner N aus Gleichung (10), so erfüllen $x_1, \ldots x_m$ als Funktionen von $y_1, \ldots y_{m-1}$ und t die Gleichungen (9) und es besteht daher eine Gleichung von der Form (8). Macht man endlich in (8) die Substitution: $t = x_{2n} = 0$, so erkennt man sofort, dass die Gleichung: $\Sigma X_\mu dx_\mu = 0$ beim Uebergange zu den neuen Veränderlichen $y_1, \ldots y_{m-1}, t$ die Form:

$$(20) \qquad \sum_1^{m-1} {}^{\nu} X_\nu(y_1, \ldots y_{m-1}, 0) dy_\nu = 0$$

erhält.

Grassmann macht übrigens noch ausdrücklich darauf aufmerksam, dass in dem Falle, wo $(1, 2, \ldots, 2n)$ und also auch λ verschwindet, der Multiplikator N von t frei wird, dass also, sobald nicht alle Ausdrücke (16) null sind, die Gleichung $(1, 2, \ldots, 2n) = 0$ nothwendig und hinreichend ist, damit sich der Pfaffsche

*) Hierbei wird stillschweigend vorausgesetzt, dass die Funktionen $\xi_1, \ldots \xi_{m-1}$ für $t = 0$ endlich und stetig bleiben, eine Voraussetzung, auf die übrigens Grassmann selbst an einer späteren Stelle (S. 377, Z. 7 ff. v. o.) aufmerksam macht. Auch ist zu bemerken, dass Grassmann in Nr. 494 das *Vorhandensein* der Lösungen, die er hier benutzt, nicht wirklich bewiesen hat.

Ausdruck $\Sigma X_\mu dx_\mu$ durch Einführung neuer Veränderlicher $y_1, \dots y_{m-1}, t$ in einen Ausdruck überführen lasse, der nur noch $m-1$ Veränderliche enthält.

Der Inhalt der Nrn. 515—517 ist zum grössten Theile nur eine Erweiterung und Vervollständigung Jacobischer Gedanken. Denn Jacobi hatte bereits auf die besonderen Eigenschaften der Gleichungen von der Form (12) aufmerksam gemacht und hatte auch gezeigt, dass man durch Einführung der Anfangswerthe die neue Form (20) der Pfaffschen Gleichung: $\Sigma X_\mu dx_\mu = 0$ ohne Integration finden kann (s. Crelle Bd. 17, S. 157 ff., ges. Werke Bd. 4, S. 121 ff.).

Die allgemeine Erledigung der in Nr. 514 gestellten Aufgabe (s. S. 484 f.) bereitet Grassmann in Nr. 518 dadurch vor, dass er den Satz beweist:

Wenn alle Ausdrücke von der Form:

(21) $$(0, \mu_1, \mu_2, \dots, \mu_{2n+1})$$

verschwinden, so verschwinden auch alle Ausdrücke von der Form:

(22) $$(\mu_1, \mu_2, \dots, \mu_{2n+2}),$$

unter $\mu_1, \mu_2, \dots$ *irgend welche der Zahlen:* $1, 2, \dots m$ *verstanden.*

Der Grassmannsche Beweis dieses Satzes*) kommt auf die Bildung der Identität (15) hinaus, in der man nur n durch $n+1$ zu ersetzen hat; da man nämlich in dieser Identität den Zahlen $\varkappa, 1, 2, \dots, 2n+2$ irgend welche Werthe aus der Reihe $1, 2, \dots m$ ertheilen kann und da nicht alle $(0, \varkappa) = X_\varkappa$ verschwinden, so ergiebt sich die Richtigkeit des Satzes unmittelbar.

In Nr. 519 zeigt Grassmann jetzt, *dass zu jeder Pfaffschen Gleichung:* $X_1 dx_1 + \dots + X_m dx_m = 0$ *ein ganz bestimmter Werth von* n *gehört, derart, dass alle Ausdrücke von der Form:*

(21) $$(0, \mu_1, \mu_2, \dots, \mu_{2n+1})$$

verschwinden, nicht aber alle Ausdrücke von der Form:

(23) $$(0, \mu_1, \mu_2, \dots, \mu_{2n-1}).$$

Sind nämlich alle Ausdrücke von der Form (23) gleich Null, so verschwinden, wie soeben gezeigt worden ist, auch alle Ausdrücke: $(\mu_1, \mu_2, \dots, \mu_{2n})$ und damit auch alle Ausdrücke (21). Andrerseits hat für $2n+1 > m$ jeder Ausdruck von der Form (21) sicher den Werth Null, weil er dann zwei gleiche Indices enthält, während dagegen für $n = 1$ sicher nicht alle Ausdrücke (23), das heisst, nicht alle Grössen $X_1, \dots X_m$ verschwinden.

Demnach wird es zwischen den Gränzen: $1 \leqq n \leqq \frac{1}{2}(m+1)$ einen ganz bestimmten Werth von n geben, der die verlangten Eigenschaften besitzt. Diesen Werth denkt sich Grassmann für n gewählt.

Nun ist die in Nr. 514 gestellte Aufgabe bereits in dem Falle erledigt, wo m gerade und $n = \frac{1}{2}m$ ist (s. Nr. 515—517 und S. 486 f.). Es bleiben also nur die beiden Fälle: $m = 2n-1$ und $m > 2n$ übrig. Von diesen behandelt Grassmann in Nr. 519 nur den zweiten, und zwar mit gutem Grunde, denn in dem Falle $m = 2n-1$ ist die gestellte Aufgabe überhaupt nicht lösbar. Grassmann erwähnt das zwar nicht ausdrücklich, aber es unterliegt keinem Zweifel, dass er sich vollständig darüber klar war.

*) Bei der hier angewandten Bezeichnungsweise erscheint dieser Satz als die unmittelbare Erweiterung eines in Nr. 512 bewiesenen Satzes (s. S. 484, Z. 14 ff. v. o.).

Es sei also $m > 2n$. Nach dem Früheren kommt Alles darauf an, die Gleichungen:

$$(12)\qquad \lambda(0, \mu) = \sum_1^m {}_{\varkappa}\, (\mu, \varkappa)\, \frac{\partial x_\varkappa}{\partial t} \quad (\mu = 1, \ldots m)$$

zu befriedigen, und wenn das nur bei verschwindendem λ möglich sein sollte, ausserdem noch die Gleichung:

$$(13')\qquad 0 = \sum_1^m {}_{\mu}\, (0, \mu)\, \frac{\partial x_\mu}{\partial t}.$$

Grassmann zeigt aber, dass sich diese Forderung auf den einfacheren schon früher erledigten Fall zurückführen lässt, wo $m = 2n$ ist.

Unter den gemachten Voraussetzungen sind alle Ausdrücke von der Form (21) gleich Null, dagegen nicht alle von der Form (23). Ferner wollen wir zunächst noch annehmen, dass nicht alle Ausdrücke von der Form: $(\mu_1, \mu_2, \ldots, \mu_{2n})$ verschwinden, und zwar möge etwa

$$(24)\qquad (1, 2, 3, \ldots, 2n)$$

von Null verschieden sein. Dann lässt sich, wie Grassmann zeigt, nachweisen, dass alle Gleichungen (12) eine Folge der $2n$ ersten unter ihnen sind.

In der That, setzen wir mit Grassmann:

$$G_\mu = \lambda(0, \mu) + \sum_1^m {}_{\varkappa}\, (\varkappa, \mu)\, \frac{\partial x_\varkappa}{\partial t}$$

und verstehen wir unter $\sum^{(c)}$ die Summe aller Ausdrücke, die man erhält, wenn man die $2n+1$ Indices $1, 2, \ldots, 2n, 2n+\nu$ einmal, zweimal, ... $(2n+1)$-mal cyklisch vertauscht, so ergiebt sich

$$\sum^{(c)} G_1 (2, 3, \ldots, 2n, 2n+\nu) = \lambda \sum^{(c)} (0, 1)(2, 3, \ldots, 2n, 2n+\nu) + \\ + \sum_1^m {}_{\varkappa}\, \frac{\partial x_\varkappa}{\partial t} \sum^{(c)} (\varkappa, 1)(2, 3, \ldots, 2n, 2n+\nu),$$

hier aber lässt sich die rechte Seite in der Form:

$$\lambda(0, 1, 2, \ldots, 2n, 2n+\nu) + \sum_1^m {}_{\varkappa}\, \frac{\partial x_\varkappa}{\partial t}\, (\varkappa, 1, 2, \ldots, 2n, 2n+\nu)$$

schreiben und dieser Ausdruck verschwindet identisch, da nach der Voraussetzung alle Ausdrücke (21) und demzufolge (s. die vorige Seite) auch alle Ausdrücke (22) verschwinden. Es ist somit:

$$\sum^{(c)} G_1 (2, 3, \ldots, 2n, 2n+\nu)$$

identisch null, und da hier der Faktor von $G_{2n+\nu}$ den Werth $(1, 2, \ldots, 2n)$ hat und also von Null verschieden ist, so ist hiermit bewiesen, dass die Gleichungen: $G_{2n+1} = 0, \ldots, G_m = 0$ sämmtlich eine Folge der Gleichungen: $G_1 = 0, \ldots, G_{2n} = 0$ sind.

Es ergiebt sich hieraus, dass wir, jedenfalls sobald $(1, 2, \ldots, 2n) \gtrless 0$ ist,

$m-2n$ von den Grössen $\frac{\partial x_\mu}{\partial t}$ ganz willkürlich annehmen können, und zwar setzen wir mit Grassmann:

$$(25)\qquad \frac{\partial x_{2n+1}}{\partial t} = \cdots = \frac{\partial x_m}{\partial t} = 0.$$

Dadurch reduciren sich aber die Gleichungen (12) nach Weglassung der überflüssigen Gleichungen: $G_{2n+1}=0, \ldots, G_m = 0$ auf die folgenden:

$$(12'')\qquad \lambda(0,\nu) = \sum_1^{2n}{}_\varkappa (\nu, \varkappa)\frac{\partial x_\varkappa}{\partial t} \quad (\nu = 1, \ldots, 2n),$$

und wir erhalten wie auf S. 486:

$$(26)\qquad \left\{\lambda(0,1,2,\ldots,\nu-1,\nu+1,\ldots,2n) = (-1)^\nu(1,2,\ldots,2n)\frac{\partial x_\nu}{\partial t} \atop (\nu=1,2,\ldots,2n),\right.$$

wo die Faktoren von λ auf der linken Seite sicher nicht alle verschwinden, weil sonst (nach S. 488) auch $(1, 2, \ldots, 2n)$ null sein müsste.

Damit ist gezeigt, dass, sobald $(1, 2, \ldots, 2n) \gtrless 0$ ist, die Gleichungen (12) identisch erfüllt werden können, ohne dass λ verschwindet.

Es bleibt nun noch der Fall zu erledigen, wo alle Ausdrücke $(\mu_1, \mu_2, \ldots, \mu_{2n})$ verschwinden.

Bei diesem dürfen wir ohne Beschränkung der Allgemeinheit voraussetzen, dass nicht alle $2n$ Ausdrücke:

$$(0,1,2,\ldots,\nu-1,\nu+1,\ldots,2n) \quad (\nu=1,2,\ldots,2n)$$

verschwinden. Machen wir dann in den Gleichungen (12) die Substitution (25), so lassen sich, wie aus (26) hervorgeht, die entstehenden Gleichungen sicher nicht befriedigen, ohne dass λ verschwindet. Dagegen können wir, ähnlich wie auf S. 487, erreichen, dass die Gleichungen (12) für $\lambda = 0$ erfüllt sind, und dass ausserdem (13′) befriedigt wird.

In der That, setzen wir:

$$(27)\qquad \left\{\frac{\partial x_\nu}{\partial t} = \varrho(-1)^\nu(0,1,\ldots,\nu-1,\nu+1,\ldots,2n) \atop (\nu=1,\ldots,2n),\right.$$

so wird für $\varkappa = 0, 1, 2, \ldots m$:

$$\sum_1^{2n}{}_\nu (\varkappa,\nu)\frac{\partial x_\nu}{\partial t} = \varrho\sum_1^{2n}{}_\nu (\varkappa,\nu)(\nu+1,\ldots,2n,0,1,\ldots,\nu-1)$$

$$= \varrho(\varkappa,0,1,\ldots,2n) - \varrho(\varkappa,0)(1,2,\ldots,2n),$$

also unter den gemachten Voraussetzungen gleich Null. Damit aber ist unsre Behauptung bewiesen*).

*) In den vorstehenden Betrachtungen (S. 489—490), die nur eine Uebertragung der Grassmannschen sind, steckt ein Satz über die schief-symmetrische Determinante:

$$\Delta = \left| (0,\mu)\,(1,\mu)\ldots(m,\mu) \right|_{(\mu=0,1,\ldots m)},$$

der Satz nämlich, dass das Verschwinden aller Ausdrücke von der Form

Um jetzt unsre Aufgabe vollständig zu erledigen, wollen wir annehmen, dass $(0, 1, 2, \ldots, 2n-1) \gtrless 0$ ist, was wir offenbar dürfen. Dann können wir $x_{2n} = t$ setzen und erhalten für $x_1, \ldots, x_{2n-1}$ unter allen Umständen Differentialgleichungen von der Form:

$$\frac{\partial x_\nu}{\partial t} = \xi_\nu(x_1, \ldots, x_{2n-1}, t) \quad (\nu = 1, \ldots, 2n-1), \tag{28}$$

während $x_{2n+1}, \ldots x_m$ den Gleichungen (25) genügen müssen. Integriren wir die Gleichungen (28) unter Zugrundelegung der Anfangsbedingungen: $x_\nu = y_\nu$ für $t = 0$ und setzen wir überdies: $x_{2n+1} = y_{2n+1}, \ldots, x_m = y_m$, so erhalten wir $x_1, \ldots x_m$ als Funktionen von $y_1, \ldots, y_{2n-1}, t, y_{2n+1}, \ldots, y_m$ dargestellt, und es ergiebt sich genau so wie auf S. 487, dass die Gleichung: $\Sigma X_\mu dx_\mu = 0$ in den neuen Veränderlichen die Form:

$$\sum_1^{2n-1}{}_\nu X_\nu(y_1, \ldots, y_{2n-1}, 0, y_{2n+1}, \ldots, y_m) dy_\nu +$$
$$+ \sum_1^{m-2n}{}_\varkappa X_{2n+\varkappa}(y_1, \ldots, y_{2n-1}, 0, y_{2n+1}, \ldots, y_m) dy_{2n+\varkappa} = 0$$

erhält.

Dies der Inhalt von Nr. 519. Er geht ganz wesentlich über das von Jacobi Geleistete hinaus und zeigt, dass Grassmann die Theorie der Gleichungensysteme von der Form (12) vollständig beherrschte.

In Nr. 520 und 521 wird auseinandergesetzt, in welchen Fällen die bisherigen Betrachtungen erlauben, die Pfaffsche Gleichung: $X_1 dx_1 + \cdots + X_m dx_m = 0$ auf eine Gleichung zwischen bloss $m-1$ Veränderlichen zurückzuführen. Die betreffende Zurückführung ist nämlich immer dann möglich, wenn alle Ausdrücke von der Form

$$(0, \mu_1, \mu_2, \ldots, \mu_{2n'+1}) \tag{29}$$

verschwinden und überdies $m \geqq 2n'$ ist, denn dann ist die auf S. 488 definirte Zahl*) $n \leqq n'$ und also auch $m \geqq 2n$. Für $m > 2n$ ist aber die Zurückführung in Nr. 519 geleistet und für $m = 2n$ in Nr. 515—517.

Insbesondere ist die Zurückführung immer dann möglich, wenn m gerade, $= 2n'$ ist, denn dann enthält jeder der Ausdrücke (29) zwei gleiche Indices und ist daher sicher null.

In Nr. 522 wird nunmehr der wichtige und vor Grassmann noch nicht bekannte Satz abgeleitet, *dass die Gleichung:* $X_1 dx_1 + \cdots + X_m dx_m = 0$ *stets*

$(0, \mu_1, \ldots, \mu_{2n+1})$ das Verschwinden aller $(2n+1)$-reihigen Unterdeterminanten von Δ nach sich zieht. Da jeder Ausdruck $(0, \mu_1, \ldots, \mu_{2n+1})$ die Quadratwurzel aus einer $(2n+2)$-reihigen Unterdeterminante von Δ ist (vgl. S. 479) und zwar aus einer Unterdeterminante, die gerade $2n+2$ Elemente der Diagonale von Δ enthält, so ist klar, dass wir es hier mit einem der bekannten Frobeniusschen Sätze über schief-symmetrische Determinanten zu thun haben (s. Crelle, Bd. 82, S. 242, Satz V, 1877).

*) Es ist ein Mangel in der Grassmannschen Darstellung, dass der Buchstabe n in verschiedenen Bedeutungen gebraucht wird. Wir bezeichnen daher nur die auf S. 488 definirte Zahl mit n und schreiben sonst n' an Stelle von n.

auf eine Gleichung zwischen bloss $2n'-1$ Veränderlichen zurückführbar ist, sobald alle Ausdrücke (29) *verschwinden.*

Ist nämlich $m \geqq 2n'$, so kann man nach dem Früheren stets solche neue Veränderliche $y_1, \ldots, y_{m-1}, t$ einführen, dass die Gleichung: $\Sigma X_\mu dx_\mu = 0$ die Form:

$$(30) \qquad \sum_1^{m-1} {}^\nu X_\nu(y_1, \ldots, y_{m-1}, 0) dy_\nu = 0$$

erhält. Nun sind aber nach Voraussetzung alle Ausdrücke (29) gleich Null und bleiben somit auch gleich Null, wenn man in ihnen: $x_1 = y_1, \ldots, x_{m-1} = y_{m-1}$, und $x_m = 0$ setzt. Ist also noch $m - 1 \geqq 2n'$, so sind die Bedingungen erfüllt, unter denen die Gleichung (30) auf eine Gleichung zwischen bloss $m-2$ Veränderlichen zurückgeführt werden kann. Indem man dieses Verfahren genügend oft wiederholt, erhält man schliesslich die Gleichung: $\Sigma X_\mu dx_\mu = 0$ auf eine zwischen bloss $2n' - 1$ Veränderlichen zurückgeführt.

Nunmehr kann in Nr. 524 und 525 der Nachweis geführt werden, dass die in Nr. 511 abgeleitete Bedingung nicht bloss nothwendig, sondern auch hinreichend ist, *dass sich also der Pfaffsche Ausdruck:* $X_1 dx_1 + \cdots + X_m dx_m$ *stets dann aber auch nur dann auf eine Form:* $U_1 du_1 + \cdots + U_{n'} du_{n'}$ *mit bloss n' Differentialen bringen lässt, wenn alle Ausdrücke* (29) *verschwinden.* Auch dieser Satz war zu Grassmanns Zeit neu.

Nach Nr. 511 (s. S. 483f.) ist die genannte Zurückführung sicher nur dann möglich, wenn alle Ausdrücke (29) verschwinden. Ist diese Bedingung erfüllt, so bringt man die Gleichung: $\Sigma X_\mu dx_\mu = 0$ zunächst auf die Form einer Gleichung zwischen bloss $2n' - 1$ Veränderlichen, was nach dem Früheren sicher möglich ist. In dieser Gleichung wird, nach dem Vorgange von Pfaff, eine der Veränderlichen, sie heisse u_1, konstant gesetzt und dann die entstehende Gleichung zwischen $2n' - 2$ Veränderlichen auf eine zwischen $2n' - 3$ zurückgeführt. Von diesen $2n' - 3$ Veränderlichen wird wieder eine konstant gesetzt, die u_2 heisse, und so weiter. Hat man dieses Verfahren r-mal angewendet, so hat man r Funktionen $u_1, \ldots u_r$ der ursprünglichen Veränderlichen konstant gesetzt und hat noch eine Gleichung zwischen $2n' - 2r - 1$ Veränderlichen. Macht man daher $r = n' - 1$ und setzt man auch die letzte noch übrige Veränderliche $u_{n'}$ konstant, so ist augenscheinlich: $u_1 = \text{const.}, \ldots, u_{n'} = \text{const.}$ ein Verein, der die Gleichung: $\Sigma X_\mu dx_\mu = 0$ integrirt. Nach Nr. 502 (s. S. 482 f.) muss daher sein:

$$\sum_1^m {}^\mu X_\mu dx_\mu = \sum_1^{n'} {}^\nu U_\nu du_\nu,$$

und der Satz ist demnach bewiesen. Zugleich ist klar, dass die Bestimmung eines jeden u_χ die Integration gewisser gewöhnlicher Differentialgleichungen erfordert, die man aufstellen kann, ohne vorher $u_1, u_2, \ldots, u_{\chi-1}$ bestimmt zu haben*).

Nr. **525—529.** Aus dem eben bewiesenen Satze geht insbesondere hervor, dass ein Pfaffscher Ausdruck in $2n'$ Veränderlichen unter allen Umständen auf einen mit nur n' Differentialen zurückführbar ist, und hieraus folgt wiederum, dass die Gleichung: $\Sigma X_\mu dx_\mu = 0$ niemals auf eine Gleichung zwischen weniger als $2n - 1$ Veränderlichen zurückführbar ist, *unter n die auf S.* 488 *definirte*

*) Grassmann sagt das zwar nicht ausdrücklich, es war ihm aber unzweifelhaft bekannt, wie aus der Bemerkung auf S. 377, Z. 18—17 v. u. hervorgeht.

Zahl verstanden. Liesse sich die Gleichung nämlich auch nur auf eine Gleichung zwischen $2n - 2$ Veränderlichen zurückführen, so könnte man den Ausdruck: $\Sigma X_\mu dx_\mu$ auf einen Ausdruck mit bloss $n - 1$ Differentialen zurückführen und es wären also nach Nr. 511 alle Ausdrücke:

$$(0, \mu_1, \ldots, \mu_{2n-1})$$

gleich Null, was der Definition der Zahl n widerspricht.

Endlich kann nunmehr auch die Integration der Gleichung: $\Sigma X_\mu dx_\mu = 0$ geleistet werden, wenigstens wenn man sich auf integrirende Vereine von der Form: $u_1 = \text{const.}, \ldots, u_{n'} = \text{const.}$ beschränkt*). Ist nämlich n die auf S. 488 definirte Zahl, so giebt es keine integrirenden Vereine dieser Art, bei denen $n' < n$ ist, dagegen giebt es integrirende Vereine, bei denen $n' = n$ ist und nach Nr. 503 kann man alle diese integrirenden Vereine finden, sobald man den Ausdruck: $\Sigma X_\mu dx_\mu$ auf die Form: $U_1 du_1 + \cdots + U_n du_n$ gebracht hat.

Nachdem wir so die Untersuchungen Grassmanns über das Pfaffsche Problem kennen gelernt haben, wollen wir uns noch kurz vergegenwärtigen, was Grassmann zu den Leistungen seiner Vorgänger hinzugefügt hat.

Grassmanns Verdienst besteht zunächst darin, dass er — so können wir es heute ausdrücken — die Invariantentheorie einer beliebigen Pfaffschen Gleichung bis zu einem gewissen Grade vollständig entwickelt hat. Er zeigt nämlich, dass zu jeder vorgelegten Pfaffschen Gleichung $X_1 dx_1 + \cdots + X_m dx_m = 0$ eine gewisse ganze Zahl gehört, die für die Gleichung charakteristisch ist. Diese ganze Zahl liegt zwischen den Gränzen 1 und $\frac{1}{2}(m + 1)$, die Gränzen mit eingeschlossen, und kann ohne Integration gefunden werden. Hat sie den Werth n, so kann die Gleichung: $\Sigma X_\mu dx_\mu = 0$ durch Einführung neuer Veränderlicher auf eine Pfaffsche Gleichung in $2n - 1$, nicht aber auf eine in weniger als $2n - 1$ Veränderlichen zurückgeführt werden, und es kann ausserdem die linke Seite der Gleichung: $\Sigma X_\mu dx_\mu = 0$, also der Pfaffsche Ausdruck: $\Sigma X_\mu dx_\mu$ auf einen Ausdruck: $U_1 du_1 + \cdots + U_n du_n$ mit gerade n Differentialen, nicht aber auf einen mit weniger als n Differentialen zurückgeführt werden. Hiermit ist thatsächlich bewiesen, dass jede Pfaffsche Gleichung: $\Sigma X_\mu dx_\mu = 0$, deren charakteristische Zahl den Werth n besitzt, die Normalform:

$$y_1 dy_2 + y_3 dy_4 + \cdots + y_{2n-3} dy_{2n-2} + dy_{2n-1} = 0$$

erhalten kann, wo $y_1, \ldots y_{2n-1}$ von einander unabhängige Veränderliche bezeichnen, mit andern Worten, es ist bewiesen, dass die Zahl n die einzige Invariante der Pfaffschen Gleichung $\Sigma X_\mu dx_\mu = 0$ ist. Zwar spricht Grassmann sein Ergebniss nicht in dieser Form aus und auch die soeben angeführte Normalform findet sich bei ihm nicht, aber trotzdem kann man mit Recht sagen, dass er die Kriterien angegeben hat, an denen man erkennen kann, auf welche Normalform eine vorgelegte Pfaffsche Gleichung gebracht werden kann.

Bei dem Pfaffschen *Ausdrucke:* $\Sigma X_\mu dx_\mu$ bleibt nun noch die Frage zu erledigen, ob die Form: $U_1 du_1 + \cdots + U_n du_n$, auf die er gebracht werden konnte, noch einer weiteren Vereinfachung fähig ist oder nicht, ob also der

*) Dass Grassmann thatsächlich nur die integrirenden Vereine von dieser Form berücksichtigt, ist in der Anmerkung zu Nr. 503 (s. S. 472f.) gezeigt.

Ausdruck: $\Sigma U_\nu du_\nu$ auf einen Ausdruck mit n Differentialen aber nur $2n-1$ Veränderlichen zurückgeführt werden kann oder nicht; denn die Zurückführung auf einen Ausdruck mit nur $2n-2$ Veränderlichen ist sicher unmöglich, weil sich sonst die Zahl der Differentiale auf $n-1$ herabdrücken liesse. Auch auf diese Frage findet man bei Grassmann die Antwort*): die Zurückführung auf einen Ausdruck in $2n-1$ Veränderlichen ist nämlich dann aber auch nur dann möglich, wenn für den gegebenen Ausdruck: $\Sigma X_\mu dx_\mu$ alle Ausdrücke von der Form: $(\mu_1, \mu_2, \ldots, \mu_{2n})$ verschwinden, unter $\mu_1, \ldots \mu_{2n}$ Zahlen aus der Reihe 1, 2, ... m verstanden. Verschwinden diese Ausdrücke nicht alle, so kann $\Sigma X_\mu dx_\mu$ die Form:

$$y_1 dy_2 + \cdots + y_{2n-1} dy_{2n}$$

erhalten, verschwinden sie dagegen alle, so kann $\Sigma X_\mu dx_\mu$ die Form:

$$\varrho(y_1, \ldots y_{2n-1})(y_1 dy_2 + y_3 dy_4 + \cdots + y_{2n-3} dy_{2n-2} + dy_{2n-1})$$

erhalten, wo beide Male die y von einander unabhängige Veränderliche bezeichnen. Es fehlt also nur noch der Nachweis, dass der zuletzt geschriebene Ausdruck stets auf einen von derselben Form zurückgeführt werden kann, bei dem ϱ den Werth 1 hat; aber auch ohne diese Vereinfachung, deren Möglichkeit erst Clebsch erkannt hat**), bleibt das, was Grassmann für die Invariantentheorie eines Pfaffschen Ausdruckes geleistet hat, höchst beachtenswerth, denn im Grunde findet man bei ihm die Kriterien, an denen man erkennen kann, auf welche der beiden möglichen Normalformen ein vorgelegter Pfaffscher Ausdruck zurückführbar ist, und gerade in Bezug auf die Richtigkeit und Vollständigkeit der Kriterien steht Clebsch wesentlich hinter Grassmann zurück***).

Was die wirkliche Aufstellung der Normalform einer vorgelegten Pfaffschen Gleichung angeht, so hat Grassmann zwar gezeigt, dass sie durch Integration einer Reihe von gewöhnlichen Differentialgleichungen geleistet werden kann und dass alle diese Systeme ohne Integration angegeben werden können, aber man wird hierin, nach den Vorarbeiten Jacobis, keine besondere Leistung erblicken können. Die Frage, ob sich die Ordnung der erforderlichen Integrationen herabdrücken lässt, hat Grassmann überhaupt nicht behandelt; man wird daher in dieser Beziehung den nahezu gleichzeitigen Untersuchungen von Natani†) und Clebsch den Vorrang einräumen müssen, obwohl auch diese die Frage nicht zum Abschlusse gebracht haben, was erst dem folgenden Jahrzehnte vorbehalten war.

---

*) Ausdrücklich ausgesprochen hat er sie allerdings nur in dem Falle: $m = 2n$, siehe Nr. 516 Anm., vgl. auch S. 487, Z. 9 v. u.

**) S. dessen zwei Abhandlungen: „Ueber das Pfaffsche Problem", Crelle Bd. 60, S. 193—251 (1862, die Abhandlung ist vom 28. Sept. 1860 datirt) und Bd. 61, S. 146—179 (1863, datirt vom 25. Januar 1861), sowie eine kurze, vorläufige Mittheilung vom März 1861 ebenda Bd. 59, S. 190—192 (1861).

***) Darauf hat Lie zuerst hingewiesen und zugleich ausgesprochen, dass in der Aufstellung der richtigen Kriterien Grassmanns Hauptleistung für die Theorie des Pfaffschen Problems zu suchen ist. Vgl. den Nekrolog auf Grassmann, Math. Ann. Bd. 14, S. 28 (1879).

†) S. dessen vom Januar 1860 datirte Arbeit: „Ueber totale und partielle Differentialgleichungen", Crelle Bd. 58, S. 301—328, die aber erst 1861 erschienen ist und daher sicher keinen Einfluss auf Grassmann gehabt hat, ebensowenig wie die Arbeiten von Clebsch.

Nicht unterschätzen darf man dagegen, was Grassmann für die Theorie der Gleichungensysteme von der Form (12), S. 485 geleistet hat, und im Zusammenhange damit muss auch seine eigenthümliche Symbolik erwähnt werden, die der Jacobi-Cayleyschen vollständig ebenbürtig, ja sogar insofern überlegen ist, als die Grassmannschen Symbole immer unmittelbar an den Pfaffschen Ausdruck erinnern, aus dem sie gebildet sind, während das Symbol: $(1, 2, \ldots, 2n)$ als solches gar keine Beziehung zum Pfaffschen Probleme erkennen lässt. Deshalb ist auch die Grassmannsche Symbolik ohne Weiteres auf Systeme von Pfaffschen Gleichungen anwendbar, was bei der Jacobi-Cayleyschen nicht der Fall ist.

Sachregister

zur Ausdehnungslehre von 1862*).

*) Die Zahlen, vor denen kein S. steht, beziehen sich auf die Nummern der A_2. Bei den Kunstausdrücken der A_2, die schon in der Ausdehnungslehre von 1844 oder in der Selbstanzeige dieses Werkes oder in der geometrischen Analyse (diese Ausg. I, 1. S. 1—292, 297—312, 325—398) vorkommen, findet man immer einen darauf bezüglichen Vermerk. Solche Kunstausdrücke, die in den eben genannten Werken vorkommen, die aber Grassmann in der A_2 aufgegeben oder durch andere ersetzt hat, sind in scharfe Klammern eingeschlossen. In geschweifte Klammern { } ist Alles eingeschlossen, was sich auf die Zusätze und Anmerkungen der vorliegenden Ausgabe bezieht.

Berichtigungen und Nachträge.

Zum ersten Theile des ersten Bandes.

S. 8, Z. 2, 1 v. u. Der 2. Theil dieser Raumlehre hat den besonderen Titel: „Ebene räumliche Grössenlehre“ und es heisst auf S. **194** f. in einer Fussnote:

„Das Rechteck ist eigentlich selbst das *wahre geometrische Produkt,* und die Construktion desselben, wie sie § 53 gezeigt ist, *die eigentlich geometrische Multiplikation.* Nimmt man den Begriff des Produkts nämlich in seiner reinsten und allgemeinsten Bedeutung, so bezeichnet er das Ergebniss einer Construktion, welches aus einem schon Erzeugten (Construirten) auf gleiche Weise hervorgeht, als dieses Erzeugte aus den ursprünglich Erzeugenden, und die Multiplikation ist so nur eine Construktion in einer höheren Potenz. In der Geometrie ist der Punkt das ursprünglich „Erzeugende“; aus ihm geht durch jene Construktion die Linie hervor. Machen wir die begränzte Linie (als das durch die erste Construktion Erzeugte) zur Grundlage einer neuen Construktion, indem wir sie auf gleiche Weise behandeln, wie vorher den Punkt, so entsteht das Rechteck. Das Rechteck entsteht also aus der Linie ebenso, wie die Linie aus dem Punkte entstand.

„So verhält sichs nun auch in der Zahlenlehre. Hier ist das ursprünglich Erzeugende die Einheit, welche in Hinsicht auf die Zahl als schlechthin gegeben angesehen werden muss. Aus dieser geht durch das Zählen (die arithmetische Construktion) die Zahl hervor. Macht man diese nunmehr gebildete Zahl zur Grundlage eines neuen Zählens, indem man sie an die Stelle der Einheit setzt, so erhält man die arithmetische Verbindung zur Multiplikation, welche also nichts anders ist, als eine Zahl auf höherer Stufe, eine Zahl, deren Einheit auch eine Zahl ist. So könnte man etwa sagen, das Rechteck sei eine (begränzte) Linie, bei der an die Stelle des erzeugenden Punkts auch eine (begränzte) Linie getreten sei. Man würde dann die beiden vorstehenden Sätze auch so fassen können: *Rechtecke sind die geometrischen Produkte aus Grundseite und Höhe, und verhalten sich wie die arithmetischen.*“

In dem „Lehrbuch der ebenen und sphärischen Trigonometrie“ von J. G. Grassmann, Professor am Gymnasio zu Stettin, Berlin bei G. Reimer, 1835, liest man auf S. 10 in einer Fussnote Folgendes:

„Nimmt man den Begriff des Products in seiner reinsten und allgemeinsten Bedeutung, so bezeichnet er in der Mathematik das Ergebniss einer Synthesis, bei welcher das durch eine frühere Synthesis erzeugte, an die Stelle des ursprünglichen Elements gesetzt, und wie dieses behandelt wird. Das Product muss aus dem, was durch die erste Synthesis erzeugt ist, gerade ebenso hervorgehen, wie dieses aus dem ursprünglich erzeugenden. — In der Arithmetik ist die Einheit das Element, die Synthesis das Zählen, das Erzeugniss die Zahl. Wird nun diese Zahl, als das Erzeugniss der ersten Synthesis, an die Stelle der Einheit gesetzt, und eben so behandelt, d. h. gezählt, so entsteht das arithmetische Product, welches als eine Zahl auf höherer Stufe, als eine Zahl, deren Einheit schon eine Zahl ist, betrachtet werden kann. — In der Geometrie ist der Punct das Element, die Synthesis die Fortbewegung des Punctes nach irgend einer Richtung, das Erzeugniss, der Weg des Punctes, die Linie. Wird nun diese Linie, als das Erzeugniss der ersten Synthesis, an die Stelle des Punctes gesetzt, und ebenso behandelt, d. h. nach einer andern Richtung fortbewegt, so entsteht die Fläche, als der Weg der Linie; sie ist daher das wahre geometrische Product zweier Linear-Factoren, und erscheint zunächst als ein Rechteck, sofern in jener zweiten Richtung nichts von der ersten enthalten ist. Wird die Fläche an die Stelle des Puncts gesetzt, so entsteht der geometrische Körper, als das Product dreier Factoren, womit es in der Geometrie, da der Raum nur drei Dimensionen enthält, sein Bewenden hat, während die Arithmetik in Ansehung der Anzahl der Factoren nicht beschränkt ist. Vergl. meine Raumlehre 2ter Th. Berlin 1824."

S. 35, Z. 9 v. o. Hier hätte „sind" für „ist" gesetzt werden sollen.

S. 54, Z. 11 v. u. ist der Strich nach „aus" zu tilgen.*)

S. 94. Varignon hat diesen Satz zuerst in den Mémoires de l'Académie des Sciences de Paris, Année 1719, S. 66 veröffentlicht (Paris 1721). In Varignons „Nouvelle mécanique ou statique", Paris 1725, steht er in Bd. 1, auf S. 84, Lemme XVI.

Die von Grassmann angegebene, allgemein gültige Fassung des Satzes findet sich übrigens schon in der Statik von Möbius § 34 (1837); s. die ges. Werke Bd. III, S. 51.

S. 195, Z. 8—11 v. o., 6—1 v. u. Auf diesen Punkt werden wir im zweiten Bande zurückkommen.

S. 330, Z. 19 v. u. lies: $a'x'$ s $b'x'$.

S. 366, Z. 1 v. o. Hier hätte für $q_1 \delta p_1$ und $q_2 \delta p_2$ gesetzt werden sollen $q_1 \times \delta p_1$ und $q_2 \times \delta p_2$.

S. 380, Z. 12, 16 v. o. Hier hätte für $2 r \mathrm{S} \alpha a$ gesetzt werden sollen: $2 r \times \mathrm{S} \alpha a$.

S. 407, Z. 18 v. u. lies: „und das ist noch nicht gleichbedeutend", und am Schlusse von Z. 17 v. u. füge man hinzu: In den Betrachtungen auf S. 124, Z. 3—14 v. o. wird aber stillschweigend vorausgesetzt, dass C von $A . B$ unabhängig sei.

S. 409f. Das Grassmannsche Doppelverhältniss von vier geraden Linien ist, wie der Unterzeichnete nachträglich erfahren hat, bereits von Herrn Voss in ähnlichem Sinne behandelt worden, wie in der Anmerkung auf S. 409—411 des ersten Theils dieser Ausgabe, allerdings ohne Bezugnahme auf Grassmann. (Math. Ann. Bd. 8 (1875) S. 60, Bd. 13 (1878) S. 168, 232; vgl. auch Sturm, Crelles Journal Bd. 86 (1879) S. 130 und Mehmke, Zeitschr. f. Math. Jahrg. 40 (1895), S. 227.)

Wir entnehmen diesen Untersuchungen noch den folgenden Satz, der ganz ähnlich bewiesen werden kann, wie die früher aufgestellten: „Die nothwendige und hinreichende Bedingung dafür, dass vier gerade Linien A, B, C, D

*) Die Berichtigungen zu S. 54, 330, 366, 380, 421 Z. 8 v. u., 422 verdanke ich einer freundlichen Mittheilung von K. Zindler in Wien.

Tangenten von einer Raumcurve 3. O. (und folglich von ∞^1 solchen Curven) sind, ist

$$\sqrt[4]{AB\,.\,CD} + \sqrt[4]{AC\,.\,DB} + \sqrt[4]{AD\,.\,BC} = 0.\text{“} \;-$$

Auch die Gleichung

$$AB\,.\,CD + AC\,.\,DB + AD\,.\,BC = 0$$

hat eine einfache Bedeutung. Construirt man nämlich etwa in der durch B, C, D bestimmten Regelschaar die drei Strahlen B', C', D', die einzeln B, C, D zu je einer Gruppe von vier harmonischen Geraden ergänzen, so bilden die beiden Strahlen derselben Regelschaar, die A treffen, ein Strahlenpaar der durch A, A'; B, B'; C, C' bestimmten Involution. Oder anders ausgedrückt: Bringt man irgend eine Ebene Π mit den Strahlen B, C, D und der sie enthaltenden Fläche 2. O. zum Schnitt, so bestimmen das eingeschriebene Dreieck b, c, d des entstandenen Kegelschnitts und das zugehörige umschriebene Dreieck β, γ, δ einen Punkt p, den gemeinsamen Schnittpunkt von b , $c\gamma$, $d\delta$. Die Gleichung sagt aus, dass A ein Leitstrahl des durch die Zuordnung (Π, p) definirten Nullsystems ist. — Der Satz lässt sich auf den Fall ausdehnen, wo an Stelle von A, B, C,D beliebige lineare Complexe treten. Study.

S. 410, Z. 24 v. o. Statt: „Zahl“ lies: „Grösse“, denn ϱ ist zunächst ein gewisses Volumen und wird erst dann zu einer Zahl, wenn man eine Volumeneinheit festgesetzt hat.

S. 416, Z. 21f. v. o. Grassmann war durch Möbius (Brief vom 2. Februar 1845) auf die Preisaufgabe aufmerksam gemacht worden.

S. 416, Z. 22, 21 v. u. Mittlerweile habe ich auch dieses Gutachten selbst einsehen können. Dabei zeigt sich, dass Drobisch die Stellung der Preisaufgabe veranlasst hatte. Drobisch ist es auch, der, auf besonderen Wunsch von Möbius, zuerst sein Gutachten abgegeben hat. Das darauf folgende Gutachten von Möbius ist sehr ausführlich und enthält unter Anderm die auf S. 424, Z. 14—6 v. u. angeführten Aeusserungen fast wörtlich. Ich kann mir nicht versagen, den Schluss dieses Gutachtens mitzutheilen; es heisst da: „Zudem wünsche ich um so mehr, dass der deutsche Geometer, welcher die grossartige von einem der ausgezeichnetsten deutschen Heroen der Wissenschaft ausgegangene Idee einer geometrischen Analysis mit Erfolg zu verwirklichen gesucht hat, öffentliche Anerkennung finde, als erst voriges Jahr ein französischer Mathematiker (de Saint-Venant) auf einige dieser neuen Rechnungsarten, wie es scheint, für sich gekommen ist, und es dann, wie schon manchmal, auch hier geschehen könnte, dass deutsche Verdienste über denen von Ausländern vergessen würden.“

S. 417, Z. 6 v. o. lies: „merkwürdigen“.

S. 421, Z. 15 v. o. lies: „Bolyai“.

S. 421, Z. 8 v. u. lies: „a, b, c', d'.“

S. 422, Z. 13 v. o. lies: $\times\,\delta p_1$ statt: δp_1.

S. 424, Z. 19, 18 v. u. Das Möbiusarchiv befindet sich jetzt in den Sitzungsräumen der Kgl. Sächs. Ges. d. Wiss. zu Leipzig.

S. 429, rechts, Z. 17 v. u. Statt: 383 lies: *383*.

S. 433, rechts, Z. 7 v. o. Statt (295) lies: [295].

Zum zweiten Theile des ersten Bandes.

S. 25, in der Kopfüberschrift lies: „Gleichungen“, ausserdem füge man noch hinzu: „— Zurückleitung“.

S. 35, Z. 18 v. o. lies: „und, indem“.

S. 37, Z. 18 v. u. lies: „Multiplikationsgattung“.

S. 52, Z. 15 v. u. Statt — a' lies: ($-$ a').

S. 58 fehlt links von Z. 5 v. o. die Seitenzahl: 53.

S. 96, Z. 13 v. u. lies: „und, wenn“.

S. 106, Z. 9 v. u. hätte gesetzt werden sollen: „in den Gleichungen“.

S. 106, Z. 7 v. u. Statt: $\beta_1^{(1)}$ lies: $\beta^{(1)}$.

S. 181, Z. 2 v. u. lies: Fig. 11.

S. 213, Z. 1 v. u. lies: „*angenommenen*“.

S. 261, Z. 16 v. u. hätte für: „α_1 und α_2“ gesetzt werden sollen: „a_1 und a_2“.

S. 277, Z. 6 v. o. lies: „syncyklisch“.

S. 281, Z. 18 v. o. lies: „Quadratwurzel“.

S. 298, Z. 19 v. u. hätte nach: $+\cdots$, noch hinzugefügt werden sollen: „$\cdots$,“.

S. 330, Z. 18 v. u. muss es heissen: „eine mit x null werdende Funktion“.

S. 338, Z. 14 v. u. und 339, Z. 16 v. u. lies: „Differenzialgleichung“.

S. 365, Z. 6 v. o. lies: „der Brüche für $\delta x_1, \ldots \delta x_{2n}$“.

S. 397, Z. 6 v. o. Im Möbiusarchive befindet sich ein Brief Grassmanns, aus dem hervorgeht, dass am 31. Oktober 1861 ein Exemplar der A_2 an Möbius abgegangen ist.

S. 403, Z. 14 v. u. bis 404, Z. 19 v. o. Kürzer ist ein Beweis, den ich einer brieflichen Mittheilung von Study verdanke. Nimmt man nämlich an, dass A_2 das Glied $[e_{n-1}e_n]$ enthält, was keine Beschränkung der Allgemeinheit ist, so kann A_2 in der Form:

$$A_2 = \lambda\{[e_{n-1}e_n] + [e_{n-1}b] + [ae_n]\} + B_2$$

geschrieben werden, wo die Zahlgrösse $\lambda \gtrless 0$ ist und wo a, b, B_2 dem Gebiete $e_1, \ldots e_{n-2}$ angehören. Demnach wird:

$$A_2 = \lambda\,[(e_{n-1} + a)\,(e_n + b)] + B_2 - \lambda\,[ab].$$

Bildet man nun die Gleichung $[A_2 A_2] = 0$ und von dieser Gleichung die Zurückleitung auf das Gebiet $e_1, \ldots e_{n-2}$ unter Ausschluss des Gebietes: $e_{n-1} + a$, $e_n + b$, so erkennt man (s. Nr. 130 u. 131), dass sich $[A_2 A_2] = 0$ in zwei Gleichungen zerlegt, von denen die eine so lautet:

$$\big[(e_{n-1} + a)\,(e_n + b)\,(B_2 - \lambda\,[ab])\big] = 0\,,$$

aus dieser aber folgt nach Nr. 81, dass $B_2 - \lambda\,[ab] = 0$ ist, also ist A_2 sicher einfach, sobald $[A_2 A_2]$ verschwindet.

S. 409, Z. 1—3 v. o. Ebenfalls einer brieflichen Mittheilung von Study verdanke ich ein anderes Kriterium für die Einfachheit einer Grösse m-ter Stufe, jedenfalls das einfachste Kriterium, das sich überhaupt denken lässt. Ist nämlich A_m eine Grösse m-ter Stufe in dem Hauptgebiete n-ter Stufe: $e_1, \ldots e_n$ und ist B_{n-m+1} irgend eine einfache Grösse $(n - m + 1)$-ter Stufe, so ist das regressive Produkt $[A_m B_{n-m+1}]$ eine Grösse erster Stufe; ist A_m insbesondere einfach, so ist $[A_m B_{n-m+1}]$ der Grösse A_m untergeordnet und also das Produkt: $[A_m B_{n-m+1} \cdot A_m]$ gleich Null. Das Kriterium sagt nun aus, dass auch umgekehrt A_m dann einfach ist, wenn das Produkt $[A_m B_{n-m+1} \cdot A_m]$ verschwindet, welche einfache Grösse $(n - m + 1)$-ter Stufe B_{n-m+1} auch sein mag. Da aber jede einfache Grösse $(n - m + 1)$-ter Stufe aus den Einheiten von der betreffenden Stufe numerisch ableitbar ist und da diese Einheiten einfache Grössen sind, so genügt es, wenn die angegebene Bedingung für alle Einheiten $(n - m + 1)$-ter Stufe erfüllt ist, und wir können daher mit Study den Satz aussprechen:

Eine Grösse A_m von m-ter Stufe im Hauptgebiete n-ter Stufe ist dann und nur dann einfach, wenn sie der Gleichung:

$$(1) \qquad [A_m E_{n-m+1} \cdot A_m] = 0$$

genügt, welche Einheit $(n - m + 1)$-ter Stufe man auch für E_{n-m+1} setzen mag.

Beweis. Dass die Bedingung des Satzes nothwendig ist, ergiebt sich aus dem vorhin Gesagten. Um zu zeigen, dass sie auch hinreichend ist, wollen wir, was ohne Beschränkung der Allgemeinheit möglich ist, annehmen, dass A_m, als Vielfachensumme der Einheiten m-ter Stufe dargestellt, ein Glied von der Form $[e_1 \ldots e_m]$ enthält, so dass es also die Form hat:

$$A_m = \lambda [e_1 \ldots e_m] + \sum_1^m {}_\mu \sum_1^{n-m} {}_\varkappa \alpha_{\mu\varkappa} [e_1 \ldots e_{\mu-1} e_{\mu+1} \ldots e_m e_{m+\varkappa}] + \sum_i \beta_i E_m^{(i)},$$

wo λ eine von Null verschiedene Zahl ist und wo jede der Einheiten m-ter Stufe $E_m^{(i)}$ höchstens $m - 2$ von den Einheiten $e_1, \ldots e_m$ als Faktoren enthält. Setzt man dann:

$$E_{n-m+1}^{(\mu)} = [e_\mu e_{m+1} \ldots e_n] \quad (\mu = 1, \ldots m),$$

so wird nach Nr. 55, 94, 108 und 109:

$$[A_m E_{n-m+1}^{(\mu)}] = \lambda e_\mu + (-1)^{m-\mu} \sum_1^{n-m} {}_\varkappa \alpha_{\mu\varkappa} e_{m+\varkappa} = u_\mu \quad (\mu = 1, \ldots m).$$

Ist nun die Gleichung (1) für jede Einheit $(n - m + 1)$-ter Stufe erfüllt, so verschwinden alle Produkte $[u_1 A_m], \ldots, [u_m A_m]$, und da $u_1, \ldots u_m$ augenscheinlich in keiner Zahlbeziehung stehen, so ist A_m nach Nr. 84 dem äusseren Produkte $[u_1 \ldots u_m]$ kongruent und somit sicher eine einfache Grösse. Das aber war zu beweisen.

Das hiermit bewiesene Kriterium liefert unmittelbar die Relationen zweiten Grades, die zwischen den Ableitungszahlen einer Grösse m-ter Stufe bestehen müssen, wenn diese Grösse einfach sein soll, während die Aufstellung dieser Relationen auf Grund des Kriteriums auf S. 409 praktisch undurchführbar ist; doch behält das Kriterium auf S. 409 auch neben dem andern sein Interesse.

Erwähnt sei noch, dass man in dem Studyschen Satze die Einheiten $(n - m + 1)$-ter Stufe auch durch solche $(n - m - 1)$-ter Stufe ersetzen kann, und dass der dem Satze zu Grunde liegende Gedanke noch allgemeinere Sätze derselben Art liefert.

S. 431, Z. 18 v. o. Der Zähler des zweiten Bruches für $\cos \angle AA'$ muss lauten:

$$[A(|B(|A||B))].$$